硫黄回收二十年论文集

赵日峰 主编

中国石化出版社

内 容 提 要

　　本书总结回顾了20多年来中国炼油行业硫黄回收装置在生产运行、技术进步、催化剂研发、设备与仪表使用、环境保护等方面的经验与做法。系国内首次出版有关硫黄回收方面的论文与运行总结，对硫黄回收装置的管理人员、技术人员、操作人员有很强的指导意义，也是硫黄回收催化剂制造、科研设计人员很有价值的参考资料。

图书在版编目（CIP）数据

　　硫黄回收二十年论文集／赵日峰主编．
—北京：中国石化出版社，2015.10
　　ISBN 978-7-5114-3594-1

　　Ⅰ.①硫… Ⅱ.①赵… Ⅲ.①硫黄回收-文集
Ⅳ.①TE644-53

　　中国版本图书馆 CIP 数据核字（2015）第 204385 号

中国石化出版社出版发行

地址：北京市东城区安定门外大街 58 号
邮编：100011　电话：(010)84271850
读者服务部电话：(010)84289974
http://www.sinopec-press.com
E-mail：press@sinopec.com
北京富泰印刷有限责任公司印刷
全国各地新华书店经销

*

880×1230 毫米 16 开本 50.5 印张 1404 千字
2015 年 10 月第 1 版　2015 年 10 月第 1 次印刷
定价：180.00 元

编　委　会

主　　　编：赵日峰

副　主　编：达建文　李　涛

编委会成员：李　鹏　张义玲　刘爱华　刘剑利

前　言

克劳斯工艺由英国化学家 C. F. Claus 于 1883 年开发，1938 年经德国法本公司改良成现在的基本工艺流程。我国硫回收生产起步于 20 世纪 60 年代中期，第一套工业克劳斯装置于 1964 年在四川天然气田建成投产(1968 年威远气田)，1971 年石化行业第一套硫黄装置在齐鲁分公司炼油厂建成投产。截至 2014 年年底，中国石化已有 49 套硫黄回收装置，生产硫黄 2340kt。中国石油 2014 年年底共有 40 套硫黄回收装置，生产硫黄 390kt。

中国石化是国内最大的硫黄生产商，目前系统内已拥有一套单系列 110kt/a(青岛)，三套单系列 100kt/a(镇海、金陵、上海)硫黄回收装置，以及 12 套单系列 200kt/a 处理天然气净化气硫黄回收装置。硫黄装置的大型化、规模化已成为硫黄装置发展的主流。

随着原油劣质化和全球环境保护法规、条例趋于严格，硫黄回收装置已成为当今炼油工业生产清洁燃料生产的必备加工装置。2012 年，中国石化股份公司炼油事业部牵头，组成攻关小组，对炼油板块硫黄装置运行情况进行实地调研，摸清影响硫黄烟气 SO_2 排放浓度的制约因素，从工艺管理、流程优化、催化剂配套等三方面进行攻关。通过两年时间的攻关，解决了流程优化、催化剂开发等难题，同时根据镇海硫黄操作管理经验，制订了《降低硫黄装置烟气二氧化硫排放浓度指导意见》，要求炼油企业在硫黄装置上从严管理，指导企业降低硫黄尾气 SO_2 排放工作。2014 年中国石化硫黄装置烟气平均 SO_2 排放浓度降低到 $250mg/Nm^3$，部分装置达到 $100mg/Nm^3$ 以下，达到世界领先水平。

硫黄回收技术协作组成立于 1989 年，由中国石化齐鲁分公司研究院发起创建。2004 年，按照中国石化对行业协会进行规范管理的要求，业务上接受中国石化股份公司炼油事业部和科技部的指导与协调。该协作组的宗旨是通过广泛开展气体脱硫与硫黄回收技术交流与协作，推广先进技术成果和经验，促进技术进步，提高我国硫黄回收技术水平。经过 25 年的发展，协作组不断发展壮大，其专业职能作用也愈发凸显，该协作组已发展成为国内硫黄回收技术领域独家的"情报站"，拥有 70 多家会员单位，涵盖中国石化、中国石油、中国海油、中化国际、中国化工等国家特大型企业。协作组每两年举办一届年会，吸引了众多国内外硫黄回收领域的精英前来进行技术交流。

本书精选了协作组成立 25 年来约 180 余篇论文，汇总成集，系统回顾总结了硫黄回收装置 20 多年来在工艺技术进步、催化剂应用、设备与仪表、环境保护等方面的工作与成绩。希望帮助从事硫黄回收工作的技术人员在了解历史的基础上，借鉴吸收同行的管理与操作经验，进一步提高硫黄回收装置运行水平。

本书主要面向炼油工艺技术管理人员，同时也可作为科研、设计人员以及操作人员的工艺技术管理培训教材。

参加本书编辑的人员有：硫黄回收协作组张义玲、刘爱华、达建文，中国石化股份公司炼油事业部李鹏等同志。

编　者

2015 年 8 月

目　录

一、专题与综述

二、生产总结与技术进步

三、催化剂开发与应用

四、设备、仪表与防腐

五、气体脱硫与环境保护

降低硫黄装置烟气二氧化硫排放浓度指导意见

中国石化炼油事业部(股份工单炼技[2012]200号)

我国一直倡导节能减排工作，严格控制大气二氧化硫排放量。国家有关部门正在酝酿修订大气污染物综合排放标准，要求新建硫黄装置二氧化硫排放浓度小于400mg/Nm³(特定地区排放浓度小于200mg/Nm³)。中国石化积极实施绿色低碳发展战略，把降低硫黄装置烟气二氧化硫排放浓度作为炼油板块争创世界一流的重要指标之一，要求2015年二氧化硫排放浓度达到世界先进水平(400mg/Nm³)、部分企业达到世界领先水平(200mg/Nm³)。2012年3月份，炼油事业部对各企业硫黄装置运行情况进行了函调，2012年5月，又组织系统内科研、设计、生产等单位专家对6家炼油企业的13套硫黄回收装置运行情况进行现场调研。从调研结果看，大部分企业硫黄装置烟气二氧化硫排放浓度还不能达到世界先进水平要求。

通过分析影响硫黄装置烟气二氧化硫排放度因素，总结归纳了部分企业在生产运行管理上好的做法与经验，围绕二氧化硫排放浓度达到400mg/Nm³新要求，从流程完善和运行管理两个方面研究并制订了指导意见，并对下一步部分企业二氧化硫排放浓度达到200mg/Nm³的世界领先水平提出了攻关方向。

一、影响硫黄烟气 SO₂ 排放浓度因素分析

目前中国石化硫黄装置技术路线普遍采用二级克劳斯制硫+加氢还原吸收尾气处理工艺，该技术总硫回收化率可以达到99.9%，不同装置不同工艺主要是加热方式不同。

装置烟气中 SO₂ 主要来源及影响排放浓度的因素有：

1) 原料酸性气中硫化氢经过二级克劳斯制硫和尾气还原+溶剂吸收，净化尾气中残余硫进焚烧炉焚烧后生成了二氧化硫，这是硫黄回收装置排放的二氧化硫的主要来源。

2) 制硫单元产生的液硫中一般含有 300～500μL/L 的 H_2S 及 H_2S_x，在液硫脱气时，如果废气不进行处理直接进入焚烧炉，废气中所带的硫化物燃烧生成二氧化硫，会造成装置二氧化硫排放浓度增加 100～200mg/Nm³。要降低二氧化硫排放浓度，必须回收处理液硫脱气后废气中的硫。

3) 装置克劳斯跨线和尾气处理单元开工线上的阀门由于内漏，会有少量未处理的过程气燃烧生成二氧化硫。该股气中硫化物浓度很高，因此对二氧化硫排放的影响大。

4) 硫黄装置尾气加氢单元催化剂预硫化原料为酸性气，在装置常规开工的 48h 催化剂预硫化阶段，克劳斯过程气无法进入尾气处理单元进行加氢脱硫净化，直接经焚烧炉焚烧后通过烟囱高空排放，二氧化硫排放浓度较高。

5) 在硫黄回收装置停工操作中，克劳斯除硫尾气通过克劳斯跨线到焚烧炉焚烧后经烟囱排放。由于克劳斯除硫尾气中的硫没有得到回收，烟囱高空排放的烟气中二氧化硫浓度会短时间较高。

6) 炼厂脱硫醇尾气、酸性水罐顶气等恶臭气体，含有大量的硫醇、硫醚等有机硫化物，在焚烧炉燃烧后也会产生大量的二氧化硫，会增加装置二氧化硫排放浓度 50～100mg/Nm³。

7) 焚烧炉燃料气含有硫化物，燃烧后也会增加装置二氧化硫排放浓度，但影响较小。若以燃料气中硫化物含量按 20μg/g 计算，仅增加装置二氧化硫排放浓度 1mg/Nm³，所以该因素可以忽略不计。

综合上述分析，硫黄装置排放的二氧化硫主要来自处理后的净化尾气，对典型的原料和工艺用硫黄专用计算软件(Sulsim7)进行模拟计算[原料气：硫化氢浓度85%(v)、含氨1%(v)，不烧氨、含烃1%(v)，加热方式：蒸汽加热，烟道

气：氧含量 2%（v）、不含水]。

净化后尾气总硫、总硫回收率、烟道气中 SO_2 浓度的关系如表 1 所示。

表 1　净化后尾气总硫、总硫回收率、烟道气中 SO_2 浓度关系表

净化后尾气 总硫/（μL/L）	装置总硫 回收率/%	烟道气中 SO_2 浓度/（mg/Nm³）
500	99.88	1034
400	99.91	831
300	99.93	622
200	99.95	419
150	99.97	315
100	99.98	211
50	99.99	109

从表 1 可以看出，如装置烟气二氧化硫排放浓度小于 960mg/Nm³，净化尾气的总硫含量要求小于 450μL/L（v）；二氧化硫排放浓度小于 400mg/Nm³，净化尾气的总硫含量要求小于 200μL/L（v）；如二氧化硫排放浓度小于 200mg/Nm³，净化尾气的总硫含量要求小于 100μL/L（v）。

二、流程完善措施

1）尾气净化单元改造：

硫黄装置二氧化硫排放浓度取决于尾气处理单元的尾气净化度，如达到世界领先排放标准，净化后尾气中总硫浓度必须降至 100μL/L（v）以下。建议尾气处理单元可采用二级吸收、二级再生以及旋转床、超重力脱硫等技术，也可采用进口高效脱硫剂。

2）液硫脱气尾气处理单元改造：

液硫脱气废气中含硫化合物主要为硫化氢和部分单质硫黄（蒸气），目前液硫脱后废气一般去焚烧炉焚烧，增加烟气二氧化硫排放浓度 100～200mg/Nm³。目前液硫脱气方法较多，其中循环脱气和低压空气鼓泡脱气两种方法工艺成熟、投资少、消耗低、操作简单、运行稳定。

镇海开发了液硫脱气尾气处理新工艺：液硫脱气后废气进入脱硫罐进行除硫，除硫后废气再引至焚烧炉焚烧，能够有效降低液硫脱气废气对装置烟气二氧化硫排放浓度的影响。回收液硫脱气废气中的硫后，废气中硫化氢含量小于

10μL/L。

对采用 D′GAASS™ 脱气技术的装置，脱后废气可由入焚烧炉改为入反应炉；对采用循环脱气技术的装置，可更换原蒸汽抽射器，把脱后废气引入反应炉；对采用空气鼓泡脱气技术的装置，可借鉴镇海脱后尾气再处理技术。

3）关键设备升级改造：

装置开停工跨线上的阀门应选择泄漏等级高的阀门，并采用双阀，设氮气吹扫线。制硫炉燃烧器以进口为主，特别是规模大且烧氨的燃烧器。焚烧炉燃烧器可采用国内生产。制硫炉和在线炉可采用伸缩性点火器，焚烧炉可采用伸缩性点火器或长明灯。大型硫黄装置酸性气燃烧炉衬里采用刚玉砖+浇注料型式，小型硫黄装置酸性气燃烧炉衬里可采用浇注料，焚烧炉衬里采用浇注料。

废热锅炉出口温度应按 310～350℃ 设计，设备传热面积要有一定余量，防止装置运行后期管束结垢。急冷塔材质采用碳钢+316L，管线材质采用不锈钢。再生塔筒体采用复合钢板，内构件采用不锈钢材质。

4）优化催化剂选择：

目前国产硫黄催化剂物化性质、活性和稳定性已全面达到进口催化剂水平，部分性能优于进口催化剂，所有种类的制硫催化剂和尾气加氢催化剂全部可以实现国产化。建议制硫催化剂采用多功能硫黄回收催化剂或钛基催化剂和氧化铝基催化剂合理级配，使净化尾气中 COS 含量小于 10μL/L。

5）设置独立的溶剂再生系统：

硫黄装置吸收塔操作压力低，尾气脱硫化氢难度相对较大，因此，对溶剂品质要求较高，要求贫液中的硫化氢含量 ≤1g/L，因此溶剂再生系统必须独立设置，溶剂浓度控制在 35～45g/100mL，重沸器蒸汽温度 135～145℃，并定期分析溶剂中的热稳态盐，并控制热稳态盐含量 ≤1%。

建议新建大型硫黄装置，溶剂再生系统独立设置；新建中小型硫黄装置，全厂设一个溶剂再生装置，溶剂再生采用二级再生技术，再生塔上部分出半贫液给脱硫装置用，再生塔下部分出精贫液给硫黄装置使用。

6）合理安排 S Zorb 尾气处理方式：

S Zorb 尾气进硫黄装置处理，会对二氧化硫排放和能耗带来不利影响，为了减少其影响，各装置应结合实际情况确定合适的处理方法。如硫黄装置规模大，尾气可以考虑从制硫炉的后部进入，这样可不影响炉子的前部温度，同时把尾气流量信号引入需氧控制系统，减少尾气流量波动对配风的影响；如硫黄装置规模小，尾气可以考虑引入加氢反应器进行处理，使用齐鲁研究院开发的专用催化剂，可有效降低反应器尾气入口温度；如催化裂化烟气脱硫装置离 S Zorb 装置较近，可考虑将 S Zorb 尾气与催化烟气混合，引入催化烟气脱硫装置处理。

7）合理安排低浓度酸性气（如化肥酸性气、煤制氢酸性气）的处理：

低浓度酸性气进硫黄装置处理的影响主要有两个方面：

低浓度酸性气中的 CO_2 与 H_2S 反应生成 COS，水解不完的 COS 到焚烧炉焚烧后生成二氧化硫，造成硫黄装置排放烟气二氧化硫浓度上升。

低浓度酸性气中的 CO_2 带到硫黄尾气吸收塔，造成吸收溶剂中 CO_2 含量升高，影响溶剂对硫化氢的吸收能力，造成净化后尾气硫化氢含量升高。

建议化肥装置、煤制氢等装置合理安排装置负荷，装置负荷越高，其酸性气中的硫化氢浓度越高。有条件的企业要合理分配低浓度酸性气进硫黄装置的比率，原则上不能超过装置总处理量的 15%。硫化氢浓度低于 10%（v）的酸性气宜采用液相氧化还原等硫回收工艺进行处理。

8）脱硫醇尾气、酸性水罐顶气等恶臭气体不再进硫黄装置处理，采用中国石化开发的专有技术（低温柴油吸收+碱洗），在产生恶臭气体的界区就地进行处理，实现达标排放。

9）对于硫黄产量小于 1kt/a 的企业，不适合采用二级克劳斯制硫+加氢还原吸收尾气工艺处理酸性气，主要原因是无法保证装置正常运行，且装置硫回收率低，SO_2 排放会严重超标。此类装置建议采用液相氧化还原、生产 Na_2S 或 NaHS 等脱硫技术，以确保 SO_2 排放达标。

三、优化装置运行

硫黄装置长周期平稳运行是降低烟气中 SO_2 排放的主要措施，应着重抓好以下工作：

1. 合理设置工艺控制指标

硫黄装置应制订以下工艺控制指标（表 2），每年对工艺控制指标进行一次修订或确认，并纳入平稳率考核。

表 2　工艺控制指标

序号	工艺控制指标
1	原料气中 H_2S 浓度、烃含量
2	产品质量
3	SO_2 排放浓度
4	反应炉炉膛温度
5	一级硫冷凝器入口（床层）温度
6	克劳斯一、二级反应器入口（床层）温度
7	加氢反应器入口（床层）温度
8	中压（低压）蒸汽压力、出装置温度
9	反应炉前压力
10	急冷塔顶气相温度
11	急冷塔急冷水 pH 值
12	中压锅炉水汽指标
13	除氧器温度
14	急冷塔出口氢气含量
15	吸收塔溶剂入塔温度
16	再生塔顶温度
17	焚烧炉炉膛温度
18	贫液中 H_2S 含量
19	液硫池、除氧器、酸性气罐、燃料气罐、急冷塔、吸收塔、再生塔液位
20	酸性气回流罐压力
21	余热锅炉及硫冷凝器液位

工艺控制指标应结合装置特点，设置合理。急冷塔塔顶气相温度指标范围不宜太宽，该温度对吸收塔 MDEA 吸收 H_2S 效果和烟气二氧化硫排放浓度影响较大，建议温度控制在 33～42℃。

急冷塔底急冷水 pH 值对监控急冷水系统亚硫酸腐蚀具有重要作用，建议 pH 值范围控制在 6.5～9 之间。

一级反应器床层温度低于 300℃时，对 COS 水解率影响较大，建议一级反应器床层温度控制在 300~330℃为宜。

贫液中 H_2S 含量建议按 1g/L 控制。

烧氨的反应炉炉温控制指标建议下限按 ≥1250℃、上限按 ≤1350℃控制，既达到烧氨效果，又保证反应炉不超温。采用富氧工艺的，可按设计指标控制。

急冷塔出口尾气中氢含量建议按 2%~4%（v）控制。

2. 加强装置平稳操作

要避免操作上酸性气烧氨不完全、催化剂床层积炭、设备和管线积硫等问题影响装置压力降。尾气处理单元的尾气中氢气浓度必须大于 2%（v），防止加氢反应器催化剂硫击穿。随着催化剂运行时间延长，催化剂活性逐步下降，可适当提高催化剂床层温度，确保催化剂活性，但催化剂床层操作温度在任何工况下不得超过设备的设计温度，装置停工催化剂床层除硫时严禁过氧操作，以保持催化剂良好的活性。企业要加强对硫黄回收装置自控率管理，单套硫黄装置自控率必须达到 95%以上，并每月进行考核。

3. 加强酸性气原料管理

1）应设置上游装置酸性气出装置边界条件考核指标，防止酸性气流量大幅度波动以及酸性气带烃、带胺液、带水对硫黄装置的冲击。

2）干气脱硫塔贫液入塔温度一般应高于气体入塔温度 3~5℃，避免凝缩油进入胺液，同时溶剂温度不得大于 45℃。并保持干气脱硫单元胺液清洁，防止再生塔溶剂发泡。干气脱硫单元吸收塔、再生塔、富液闪蒸罐发现有油应及时脱油，定期脱油以一周两次为宜。干气脱硫单元酸性气外送温度按 ≤45℃控制为宜。

3）污水汽提装置要加强隔油，防止酸性气带烃。

4）干气脱硫单元及污水汽提单元如因生产异常，造成对硫黄单元冲击，要降量、改循环或放火炬，稳定后再向硫黄装置供酸性气。

5）做好酸性气平衡，短时出现产量过大异常情况时，首先应降上游运行装置负荷，并充分利用瓦斯气柜缓冲余地，避免酸性气直接放火炬。若长时间不平衡必须通过调整原油结构和一、二次加工装置负荷来减少酸性气量。

6）各企业应编制酸性气放火炬应急预案，并严格执行股份炼技函［2011］51 号文件要求，防止污染环境事故发生。

4. 优化尾气净化单元操作

硫黄装置吸收塔操作压力低，尾气脱硫化氢难度相对较大。可适当增加溶剂循环量。提高溶剂中 MDEA 浓度，控制溶剂中 MDEA 浓度为 35%~45%，重沸器蒸汽温度控制不大于 150℃，并定期分析溶剂中的热稳态盐不大于 1%。

5. 优化装置开停工操作

建议在开工期间对尾气加氢催化剂进行提前预硫化，缩短开工时间的同时减少二氧化硫排放。在克劳斯单元开工升温阶段，先引管网酸性气对尾气加氢催化剂进行预硫化，预硫化结束后克劳斯单元引酸性气开工，操作调整正常后克劳斯单元过程气随即进尾气处理单元加氢脱硫净化，实现硫黄装置回收克劳斯单元和尾气处理单元基本同步开工。

调整克劳斯单元停工除硫操作，建议将停工期间克劳斯除硫尾气引入尾气加氢单元再处理，回收其中的硫，降低烟气中二氧化硫排放浓度。

6. 合理控制装置负荷

硫黄装置为环保装置，装置负荷应留有适当的富余，以确保装置在紧急情况酸性气少放火炬或不放火炬，装置运行负荷以 70%~80%为宜，并采取 N+1 配置，单套硫黄装置设计时负荷上限可按 125%考虑。在酸性气生产装置应设置酸性气至低压瓦斯流程，在紧急情况下可将酸性气改至低压瓦斯系统，并通过低压瓦斯气柜，实现酸性气短时间缓冲回收。在一套硫黄回收装置出现问题，酸性气能够及时转移到其他硫黄装置，避免当一套硫黄装置出现异常时，酸性气放火炬或上游装置大幅降量。

7. 抓好联锁投用

硫黄装置联锁多，对装置安全平稳运行起到至关重要的作用，应根据 2011 年总部下发的股份工单生协（2011）18 号文件，并参照《青岛炼化安全联锁系统安全完整性等级评估阶段性审查会会议纪要》，企业应对装置联锁进行评估和完善，加强管理，严格执行联锁管理制度。硫黄装置有 3 个必配的联锁：克劳斯单元联锁、焚烧炉单元

联锁和净化气(尾气加热炉)单元联锁, 其设置应　达到以下基本要求(见表3~表5):

表3　克劳斯单元联锁必配条件和逻辑设置

联锁发生条件	发生值	逻辑关系	联锁动作
酸气脱液罐液位高高	93%(现场实际)	二选二	克劳斯单元联锁停车辅操台报警; 制硫炉空气切断阀关, 空气调节器状态变手动, 同时输出最小; 酸性气切断阀关, 酸性气调节器状态变手动, 同时输出最小; 净化单元旁路阀开, 旁路手操器变手动, 同时输出最小; 空气、酸性气切断阀关; 去焚烧单元停车信号; 去净化气单元停车信号
余热锅炉液位低低	17%(现场实际)	二选二	
制硫炉炉头压力高高	55kPa(现场实际)	二选二	
燃料气分液罐压力低低(开停工或有在线瓦斯炉的装置)	0.5kPa	二选二	
燃料气分液罐液位高高(开停工或有在线瓦斯炉的装置)	90%	二选二	
操作台紧急停车按钮	手动停车	一选一	
就地停车按钮	手动停车	一选一	
制硫风机停+制硫炉风流量低	风机停, 反应炉风流量低	二选二	

表4　尾气焚烧炉单元联锁必配条件

联锁发生条件	发生值	逻辑关系	联锁动作
瓦斯罐液位高报	90%(生产实际)	二选二	尾气焚烧炉单元辅操台联锁停车报警; 总空气切断阀关, 主空气调节器状态变手动, 同时输出最小, 第二空气调节器状态变手动, 同时输出最小, 次空气调节器状态变手动, 同时输出最大; 瓦斯切断阀关, 瓦斯调节阀电磁阀断电, 瓦斯调节器状态变手动, 同时输出最小; 氢气切断阀关, 氢气调节阀电磁阀断电, 氢气调节器状态变手动, 同时输出最小
尾气焚烧炉废热锅炉液位低	30%(生产实际)	二选二	
尾气焚烧炉风机停机	尾气风机停机	二选二	
尾气焚烧单元室内/外手动停车	手动停车	一选一	
尾气焚烧炉室温度高	750℃(根据生产实际)	二选二	
中压蒸汽过热器出口温度高	500℃	二选二	
克劳斯单元停车信号	克劳斯停车	一选一	

表5　净化单元联锁必配条件

联锁发生条件	发生值	逻辑关系	联锁动作
瓦斯罐液位高报	80%/63.3%	二选二	尾气净化单元旁路阀开, 旁路调节器状态变手动, 同时输出最大; 尾气净化单元入口阀电磁阀断电, 手操器状态变手动, 同时输出最小; 瓦斯切断阀关, 瓦斯调节阀电磁阀断电, 瓦斯调节器状态变手动, 同时输出最小; 氢气切断阀关, 氢气流量调节器状态变手动, 同时输出最小, 氢气压力调节器状态变手动, 同时输出最小; 空气切断阀关, 空气调节器状态变手动, 同时输出最小
尾气净化单元室内/外手动停车	手动按钮	一选一	
主风机停机	主风机停机	二选二	
加热炉温度高高	出口350℃	二选二	
克劳斯单元联锁停车信号	制硫单元停	一选一	
尾气净化单元室内紧急停车	手动	一选一	尾气净化单元旁路阀开, 旁路调节器状态变手动, 同时输出最大; 尾气净化单元入口阀电磁阀断电, 手操器状态变手动, 同时输出最小; 氢气切断阀关, 氢气调节阀电磁阀断, 氢气调节器状态变手动, 同时输出最小; 电加热器关停
尾气净化单元室外紧急停车	手动	一选一	
克劳斯单元联锁停车信号	制硫停	一选一	

四、加强分析管理

1. 统一规范总硫回收率计算

硫黄装置总硫回收率的理论计算公式：

（硫黄总产量/酸性气潜硫量）×100%

其中酸性气的潜硫量由酸性气流量和硫化氢含量计算而得，但实际生产运行中要准确测定酸性气中硫化氢含量十分困难。主要原因：一是分析相对误差大。采用色谱法检测酸性气中硫化氢浓度，分析误差在±2%左右，酸性气硫化氢浓度较高，相对误差较大。比如，硫化氢浓度90%的酸性气，分析硫化氢浓度在88.2%~91.8%之间均为正常值，但对总硫回收率会产生±2%的影响。二是酸性气来源复杂，组成波动较大。上游装置原料、处理深度或加工量等出现波动会直接影响硫黄装置酸性气组成，从而无法准确测定潜硫量。

而二氧化硫排放浓度值测量准确率较高，即使略有波动对总硫回收率计算偏差影响也较小，且硫黄产量易于计量。因此，建议硫黄回收装置总硫回收率计算采用倒算法，计算公式为：

[1-烟气总硫/（硫黄产量+烟气总硫）]×100%

其中外排急冷水中硫化氢含量很小，为便于计算忽略不计。

对有烟气在线分析仪表的装置可直接累计二氧化硫排放总量。若不能直接累计二氧化硫排放总量，建议安装烟气流量计。

2. 规范分析项目及频次

结合硫黄装置生产需求，规范了分析项目、分析方法及分析频次(表6)。

表6　分析项目、分析方法及分析频次

序号	样品名称	分析项目	在线仪表投用齐全分析频率	在线仪表未投用分析频率	分析方法
1	酸性气	H_2S	3/周	3/周	附件1
		CO_2、烃			附件1
		氨			附件2
2	一级、二级、三级硫冷器入口过程气	H_2S、SO_2、COS	1/周	1/天	附件3
3	加氢反应器入口过程气	H_2S	1/周	1/天	附件3
		H_2	1/周	1/天	附件4
4	加氢反应器出口尾气	H_2S	1/周	1/天	附件3
		H_2	1/周	1/天	附件4
5	急冷水	pH值	1/周	1/天	GB/T 6904.3—1993
6	净化后尾气	H_2S	1/天	1/天	附件2
		总硫	1/周	1/天	GB/T 11060.4—2010
7	贫液、富液	H_2S	3/周	3/周	附件5
		CO_2			附件6
		MDEA			附件7
		热稳态盐			附件8
8	烟道气	H_2S	1/月	1/周	附件2
		SO_2			附件3
9	溶剂再生塔顶回流罐酸性水	pH值	1/周	1/周	GB/T 6904.3—1993
		铁离子			附件9
		氯离子			附件10
10	锅炉水、凝结水	pH值	2次/周	2次/周	GB/T 6904.3—1993
11	锅炉水	PO_4^{3-}	2次/周	2次/周	GB/T 1576—2008
12	硫黄(产品)	纯度、灰分、酸度、砷、铁、有机物、水分	1次/周	1次/周	GB/T 2449—2006

3. 分析方法

硫黄装置净化气中硫化氢含量是考察烟气中二氧化硫排放量的一个重要指标，目前各企业基本采用比长管检测法测定。比长管法具有操作简单、分析速度快的特点，但存在测定数据误差大的问题。建议使用微库仑仪测定净化尾气中的总硫，每天使用比长管法测定净化气中的硫化氢，每周使用微库仑法测定总硫一次，两者数据进行比较。此外，还可利用微库仑法测定净化气中有机硫含量，以考察催化剂的有机硫水解能力。

测定方法为：

首先采用微库仑测定仪测定净化尾气总硫含量；让原料气通过内径为 5~10mm、长度为200~300mm 的玻璃管（内装固体硫酸镉试剂），吸收硫化氢，测定吸收硫化氢后的净化气的总硫含量，即为有机硫的硫含量。有机硫一般为 COS，折算为 COS 的公式：

$$COS 含量 = 有机硫的硫含量 \times 60/32$$
$$H_2S 含量 = (总硫含量 - 有机硫硫含量) \times 34/32$$

此外，各企业使用的微库仑仪均为国产品，其性能已完全可以满足分析需要，无需使用进口产品。

目前各企业对硫回收装置过程气及净化气采样是直接使用气带采样，由于气体中带有大量水蒸气，若不使用干燥管进行干燥则无法避免气体中水蒸气对二氧化硫气体的溶解，造成数据不准确。建议在硫回收装置过程气及净化气采样过程中使用干燥管对气体中水蒸气进行脱除，干燥剂使用球状无水氯化钙。当干燥管内的无水 CaCl$_2$ 变潮时，应及时更换新的干燥剂。

4. 在线仪表

（1）在线分析仪表配置

在线分析仪表配置见表7。

表7　在线分析仪表配置

配置要求	测量对象	仪表名称
必配	制硫反应器后尾气	H$_2$S/SO$_2$ 比值分析仪
	急冷塔循环水	pH 分析仪
	急冷塔出口气体	H$_2$ 分析仪
	焚烧炉出口烟气	氧浓度分析仪
	焚烧炉出口烟气	CEMS 分析仪带流量测量（根据当地方环保要求，确定其他测量参数和仪表配置）
建议配置	净化尾气	硫含量（H$_2$S、COS）分析仪

（2）测量方式和选型

1）分析仪表（见表8）。

表8　分析仪表的测量方式及选型建议

测量介质	仪表名称	测量方式及选型建议
CLAUS 出口尾气	H$_2$S/SO$_2$ 比值分析仪	选用成熟可靠品牌，如 AMETEK 或 AAI，目前技术成熟，应用较好
急冷塔循环水	pH 分析仪	可选用横河、EMERSON 等主流品牌，选配抗硫型电极
急冷塔出口气体	H$_2$ 分析仪	色谱仪相对热导分析仪有不受背景气和流量波动的影响等优点，建议选用西门子、ABB 或横河公司色谱仪
焚烧炉出口烟气	CEMS 分析仪	建议选用西门子、ABB、SICK 公司等主流产品。CEMS 分析仪带流量测量（根据当地方环保要求，确定其他测量参数和仪表配置）
焚烧炉出口烟气	氧浓度分析仪	氧化锆分析仪易受 SO$_2$、可燃性气体等背景气影响，而激光氧分析仪具有原位安装，维护量低等优点，因此条件许可，建议选用维护量低的激光分析仪
净化尾气	硫含量分析	建议增加 H$_2$S、COS 色谱分析仪

2）酸性气流量计：

硫黄装置酸性气量计量，建议采用带相对分子质量测量的超声波流量计。GE 公司的 GF 系列超声波流量计在现场应用较好，但安装要求高，正常时维护工作量少，且操作调校简单。

3）反应炉温度测量：

反应炉温度测量应配置热电偶和红外测温仪，建议热电偶管嘴直径 DN40 /50，在真实反映炉内温度的前提下，插入炉内部分尽量短。

五、下一步技术攻关方向

硫黄装置二氧化硫排放浓度要达到 200mg/

Nm^3 的世界领先水平，尾气总硫含量必须小于 $100\mu L/L(v)$。因此，必须从降低净化尾气的总硫含量着手，开展进一步技术攻关。

由于净化尾气中硫化氢浓度与溶剂贫度有关，贫液中 H_2S 含量越低，净化后尾气硫化氢浓度也越低，宜控制贫液中 H_2S 含量 0.5g/L 以下。同时，可考虑开发尾气吸收后精脱硫剂，并开展新型脱有机硫溶剂攻关，必要时可考虑进口。

继续对液硫脱气尾气再处理工艺进行技术攻关，完善工艺并延长运行时间。

附件1

一、酸性气中 H_2S、CO_2 及烃的测定

适用范围

本标准适用于气体(如硫黄装置工艺气体)中 H_2S、CO_2 及低碳烃的测定。

方法概要

本方法以 PORAPAK Qs 为固定相，热导检测器检测，一次性分离气体中的 $AIR+CO+CH_4$、H_2S、CO_2、C_2、C_3 等组分，用外标法进行定量计算。

试剂和材料

载气：氢气纯度 99.9% 以上，经过 5A 分子筛及硅胶净化处理；

色谱柱：不锈钢柱（二根），内径 2mm，长 2000mm；

填充物：PORAPAK Qs 60~80 目；

仪器

1. 型号

带热导检测器的气相色谱仪：如 SP-3400 型色谱仪。

2. 进样器

六通气体进样阀、进样口。

3. 记录器

色谱数据工作站。

4. 检测器

类型：热导检测器。

仪器准备

1 色谱柱准备

1.1 填充方法：真空泵法。

1.2 老化方法：柱出口端与检测器脱开，以氮气为流动相，流量调至约 30mL/min，于 150℃温度下老化 8h。老化结束，柱出口端与检测器连接，进行全程查漏，确认无漏后，更换规定的流动相种类，在操作温度下稳定 8h，直至基线稳定、走直。

1.3 柱效能的考核：在给定条件下，各被测组分之间的分离度大于 1.5。

2 调整仪器

2.1 柱箱温度 60℃；

2.2 检测室温度 110℃；

2.3 载气 H_2 柱前压 16psi（1psi = 6.89 × 10^3Pa）；

2.4 灯丝温度 170℃；

2.5 桥流 180mA；

2.6 器衰减 8，仪器量程 0.5。

注：以上条件是参考条件，具体应以仪器操作参数牌为准。

3 校准

3.1 外标法

3.2 标准样品

3.2.1 标准气：标准气中各组分的含量尽量接近工艺气中的含量。

3.2.2 使用条件

标准品进样体积与样品进样体积相同。

3.3 校准数据的表示

3.3.1 各组分使用校正因子法。

3.3.2 校正因子的测定

在标准的操作条件下，进 3.2.1 标准气若干次，根据积分仪或工作站的校正因子计算结果，取三次比较接近的数据的平均值作为校正因子。

3.3.3 校正周期

在正常情况下各组分的校正因子为每月测定一次；异常情况时，应视需要测定。

试验步骤

1 样品性质：硫黄装置工艺气，气态，稳定性较差，易被球胆吸收；均为有毒气体。

2 采集和储存方法

2.1 采集：根据取样装置的情况，用橡皮球胆或针筒取气样；用橡皮球胆取样时，气体应充满球胆，用夹夹紧。

2.2 保存：取样后应尽快分析，不宜超过

半小时。

3 预处理

采用六通阀进样时，样品进入六通阀前须经过装有无水 $CaCl_2$ 的预处理管，以脱除水分和固体物，当预处理管内的无水 $CaCl_2$ 变潮时，应及时更换新的预处理剂。

4 进样方式

气体六通阀进样，定量管 1.0mL，每次进样 1.0mL；高浓度 H_2S 样品（如酸性气）用注射器进样，进样量为 0.5mL。

5 操作

5.1 用鼠标点出色谱工作站相应通道，调出被测样品的分析参数。

5.2 六通阀进样：样品球胆与六通阀前予处理管连接，打开夹子，旋转六通阀于置换位置，充分置换后，把六通阀切至进样位置，进样，同时按动微机"起始"开关。

5.3 注射器进样：用 1mL 注射器抽取样品 0.5mL，注入进样口，同时按动微机"起始"开关，进样时遵循快进快出的原则。

6 色谱图的考察

6.1 标准色谱图

6.2 定性

可按操作条件中各组分对应的绝对保留时间进行定性。

6.3 定量

色谱峰的测量：色谱工作站自动积分。

7 安全及注意事项

7.1 取样必须二人同行。

7.2 H_2S、COS、SO_2 等均属有毒气体，在操作过程中要特别注意安全。

7.3 置换气体在进入尾气管前须用 H_2SO_4（80%）处理。

7.4 用针筒取回的高浓度 H_2S 样品，进样前的取样工作必须始终在通风柜内进行。

计算色谱工作站根据测得的峰面积自动计算出各组分的浓度。

报告

1 定性结果根据标准谱图中各组分的保留时间，确定样品中出现的组分数目和组分名称。

2 定量结果分析结果以体积百分比的形式表示。各组分的最小检测限规定如下：0.1%。

二、酸性气组成分析

适用范围

本标准适用于酸性气体组成分析（高含量）。

方法概要

使用 GDX301 柱，分析 H_2S，CO_2，烃类（1%~2%），H_2O 固定浓度为 6.9%。

试剂和材料

载气：H_2、空气

硫化物分析通道阀，定量环，管路，色谱柱钝化处理。

仪器

1 型号

带热导检测器的气相色谱仪。

2 进样器

六通气体进样阀。

3 记录器

色谱数据工作站。

4 检测器

类型：热导检测器。

仪器准备

1 色谱柱准备

1.1 填充方法：真空泵法。

1.2 老化方法：柱出口端与检测器脱开，以氮气为流动相，流量调至约 30mL/min，于 150℃ 温度下老化 8h。老化结束，柱出口端与检测器连接，进行全程查漏，确认无漏后，更换规定的流动相种类，在操作温度下稳定 8h，直至基线稳定、走直。

1.3 柱效能的考核：在给定条件下，各被测组分之间的分离度大于 1.5。

2 调整仪器

2.1 柱箱温度 80℃；

2.2 检测室温度 100℃；

2.3 载气 H_2 柱前压 0.12MPa，流量 50mL/min；

2.4 桥流 200mA；

2.5 记录仪量程 5.0mV。

注：以上条件是参考条件，具体应以仪器操作参数牌为准。

3 校准

3.1 外标法

3.2　标准样品

3.2.1　标准气：外购。

3.2.2　使用条件

标准品进样体积与样品进样体积相同。

3.3　校正因子的测定

3.3.1　测定方法

在标准的操作条件下，进 3.2.1 标准气若干次，根据工作站的校正因子计算结果，取三次比较接近的数据的平均值作为校正因子。

3.3.2　校正周期

在正常情况下：

a. 校正因子为每月测定一次；

b. 异常情况时，应视需要测定。

试验步骤

1　样品性质：过程气，气态，稳定性较差，易被球胆吸收；均为有毒气体。

2　采集和贮存方法

2.1　采集：用橡皮球胆取气样，气体应充满球胆，用夹夹紧。

2.2　保存：取样后应尽快分析，不宜超过半小时。

3　预处理

样品在进六通阀前，须经过装有无水 $CaCl_2$ 的预处理管，以脱除水分和固体物，当预处理管内的无水 $CaCl_2$ 变潮时，应及时更换新的预处理剂。

4　进样方式

气体六通阀进样，定量管 1.0mL，每次进样 1.0mL。

5　操作

5.1　用鼠标点出色谱工作站相应通道，调出被测样品的分析参数。

5.2　样品球胆与六通阀前予处理管连接，打开夹子，旋转六通阀于置换位置，充分置换后，把六通阀切至进样位置，进样，同时按动微机"起始"开关。

6　定性

可按操作条件中各组分对应的绝对保留时间进行定性。

7　定量

色谱峰的测量：色谱工作站自动积分。

8　注意事项

8.1　属有毒气体，取样过程须特别注意，严格执行有关规程及规定。

8.2　样品气体进入色谱柱前须用无水 $CaCl_2$ 作预处理，以除去气体中的水分等脏物。

附件2

1　适用范围

本标准适用于用气体检测管测定生产装置馏出口气体中一氧化碳、氨、氯化氢、二氧化硫、硫化氢含量的控制分析。

2　方法概要

气体试样用注射器注入检测管，检测管内指示层变色长度所指示的含量即为测定结果。

3　试剂和材料

无。

4　仪器

4.1　一氧化碳、氨、氯化氢、二氧化硫、硫化氢检测管。

4.2　100mL 注射器或专用泵。

5　仪器准备

无。

6　试验步骤

6.1　国产气体比长管

6.1.1　割断检测管两端封头。

6.1.2　用注射器采样，洗 2~3 次，根据检测管上的说明取相应的量和进样速度，将气样注入检测管中，具体颜色变化见使用说明。

6.1.3　指示层变色长度所指示的含量刻度，即为被测试样中一氧化碳、氨、氯化氢、硫化氢、二氧化硫的含量。

6.1.4　注意事项

6.1.4.1　可在温度 0~40℃下使用，温度不影响测定。

6.1.4.2　根据被测试样一氧化碳、氨、氯化氢、二氧化硫、硫化氢含量，选用相应型号的检测管。

6.2　Drager 气体比长管

6.2.1　在检测前打破检测管的两个尖端。

6.2.2　在泵上紧密地插入检测管，且箭头方向指向泵。

6.2.3　通过泵吸取样品气 10 个冲程。

6.2.4　读出检测管变色的整个范围。

6.2.5　操作结束后用空气清洁泵。

6.2.6　注意事项

6.2.6.1　在检测前必须进行泵的试漏。

6.2.6.2　可在温度10~30℃条件下使用。

6.2.6.3　其他各类比长管在使用前必须特别注意说明书中的干扰因素。

7　计算

无。

8　精密度

8.1　重复性

同一操作者重复测定两个结果之差不大于其算术平均值的20%。

8.2　再现性

无。

9　报告

取单样测定结果作为试样中一氧化碳、氨、氯化氢、二氧化硫、硫化氢的含量。

附件3

1　适用范围

本标准适用于测定硫黄装置原料气和转化器中含硫气体的组成。

2　方法概要

气体样品以氢气做载气，通过色谱柱被分离，由热导检测器检测，用面积归一化法定量。

3　试剂和材料

3.1　401有机担体：40~60目。

3.2　GDX-502高分子多孔微球：60~80目。

3.3　Porapak Q高分子多孔微球：60~80目。

3.4　氢气：纯度大于99.9%。

3.5　标样：与样品组分相似，浓度相近，外购。

4　仪器

4.1　气相色谱仪（带热导检测器）。

4.2　积分仪或色谱工作站。

4.3　色谱柱：长3m，内径3mm不锈钢柱；长3m，内径2mm不锈钢柱。

4.4　针筒：1mL、2mL、20mL。

5　仪器准备

5.1　色谱柱的填充：在色谱柱的一端，有棉花塞紧的一端接到真空泵上，在抽气同时将色谱填充物从柱另一端缓缓加入，并不断敲打管壁，直至填充物松紧合适，停止抽气，取下柱子，两端用棉花塞紧，装到色谱仪上老化。

5.2　色谱分离典型操作条件：

见表1：

A柱：401有机担体，分析原料气或过程气。

B组：GDX-502高分子多孔微球，分析原料气。

C柱：Porapak Q，分析过程气。

表1　色谱分离典型操作条件

色谱柱编号	A柱	B柱	C柱
色谱柱	401有机担体	GDX-502高分子多孔微球	Porapak Q
柱温	80~100℃	60~80℃	60~80℃
气化室温度	100~120℃	100℃	100℃
检测室温度	100~120℃	110℃	110℃
检测器	TCD	TCD	TCD
衰减	×1	—	—
检测器衰减	—	8	8
检测器量程	—	0.5	0.5
桥流	80~100mA	—	—
检测器热丝温度	—	160℃	160℃
极性	—	NO	YES
载气	H_2	H_2	H_2
流速	40mL/min	35mL/min	30mL/min
进样量	0.5mL	0.5mL	0.5mL

6　试验步骤

6.1　按上述操作条件，开启色谱仪，待基线稳定后，用1mL针筒取0.5mL的标样进样，待峰面积稳定后，根据峰面积，利用Atlas工作站，求出各组分的校正因子。

6.2　在6.1同样条件下，用同样方法进0.5mL的样品，待色谱峰出完后，处理色谱峰得到分析结果。

典型谱图如图1~图4所示。

7　计算

样品中各组成含量根据下式计算，一般通过处理机或工作站计算得到分析结果：

$$C_i = \frac{A_i \times f_i}{\sum A_i \times f_i} \times 100$$

式中　C_i——i组分体积分数，%；

A_i——i 组分峰面积；

f_i——i 组分校正因子。

8 精密度

8.1 重复性

同一操作者重复测定两个结果之差应小于其算术平均值的 5%。

8.2 再现性

无。

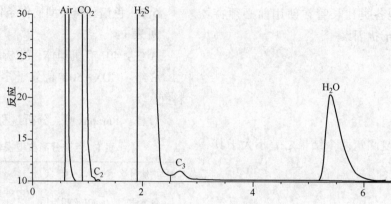

图 1   A 柱：原料气谱图

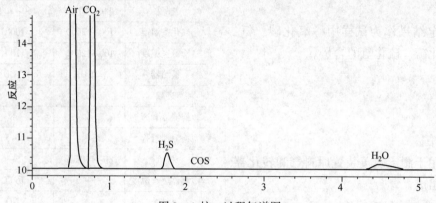

图 2   A 柱：过程气谱图

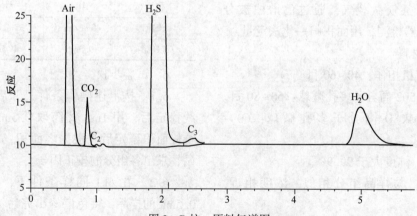

图 3   B 柱：原料气谱图

9 报告

取单样测定结果作为样品中各组分的浓度。

10 注意事项

10.1 H_2S 气体为无色无味的剧毒气体，在取样、分析时要注意安全，应严格执行《化验分析安全规程》。

10.2   载气为氢气，经过热导检测器的 H_2 应该排放到室外。

10.3   岗位人员应经常检查气路，以防泄漏。

10.4   采样注射器中如有固体硫黄存在，要及时清洗干净。

10.5   更换进样垫时，要先降柱温，关小载气，以防换进样垫时色谱柱内填充物冲出。

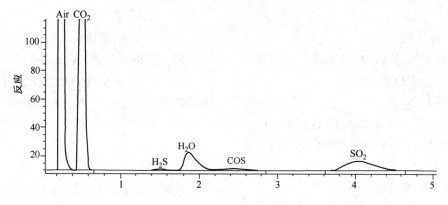

图4 C柱：过程气谱图

附件4

1 适用范围

本标准适用于气体中的 H_2、O_2、N_2、CH_4、CO 含量的测定，以及脱氢后气体中微量氢的分析。

2 方法概要

本方法用 13X 分子筛作为固定相，用热导检测器，一次性分离、测定气体中的 H_2、O_2、N_2、CH_4、CO 等组分。

3 试剂和材料

3.1 载气

氩气(高纯氩)，纯度 99.99%，经过 5A 分子筛及硅胶净化处理。

3.2 配制标准品时的试剂和材料

无。

3.3 制备色谱柱时使用的试剂和材料

3.3.1 色谱柱：不锈钢柱(二根)，内径 3mm 长 2000mm；

3.3.2 填充物：13X 分子筛 60~80 目。

4 仪器

4.1 型号

带热导检测器的气相色谱仪：如 GC-14B 色谱仪。

4.2 进样器

六通气体进样阀。

4.3 记录器

色谱数据工作站。

4.4 检测器

类型：热导检测器。

5 仪器准备

5.1 色谱柱准备

5.1.1 填充方法：真空泵法。

5.1.2 色谱柱老化：13X 分子筛先于马弗炉内 500 左右活化 4h，等到炉内冷却至 70℃左右，装柱。柱子的一端与进样口连接，另一端与检测器脱开；以氩气为流动相，流量调至约 30mL/min，于 320℃温度下老化 8h。老化结束后，柱出口端与检测器连接，并进行全程查漏，确认无泄漏，在操作温度下稳定 8h，直至基线稳定、走直。

5.1.3 柱效能和分离度：在给定条件下，各被测组分之间的分离度大于 1.5。

5.2 调整仪器

5.2.1 柱箱温度 80℃；

5.2.2 检测室温度 120℃；

5.2.3 热导温度 120℃；

5.2.4 载气 Ar，柱前压 200kPa，流量指示 130kPa(约 35mL/min)；

5.2.5 桥流 70mA。

注：以上条件只是参考条件，具体应以仪器操作参数为准。

5.3 校正

5.3.1 校正方法：外标法

5.3.2 标准样品

5.3.2.1 标准气：外购，组分及其浓度与被测样品相近，用于测定校正因子。

5.3.2.2 使用条件：标准品进样体积与样品进样体积相同。

5.3.3 校准数据的表示

5.3.3.1 使用校正因子法

在标准的操作条件下，进 5.3.2.1 标准气若干次，根据积分仪或工作站的校正因子计算结果，取三次比较接近的数据的平均值作为校正因子。

5.3.3.2 校正周期

在正常情况下标准气校准校正因子为每月一次；异常情况时，应视需要测定。

6 试验步骤

6.1 样品性质：合成氨 4115 装置 CO_2 产品气及尿素装置脱氢后气体，均含有高浓度的二氧化碳气体。

6.2 采集和贮存方法

6.2.1 采集：用橡皮球胆取气样，气体应充满球胆，用夹夹紧。

6.2.2 保存：取样后应尽快分析，不宜超过半小时。

6.3 预处理

样品在进六通阀前，须经过装有无水 $CaCl_2$ 的预处理管，以脱除样品气体中的水分，当预处理管内的无水 $CaCl_2$ 变潮时，应及时更换新的预处理剂。

6.4 进样方式

气体六通阀进样，定量管 1.0mL，每次进样 1.0mL。

6.5 操作

a. 用鼠标点出色谱工作站的相应通道，调出被测样品的分析参数。

b. 样品球胆与六通阀前予处理管连接，打开夹子，旋转六通阀于置换位置，充分置换后，卡住六通阀前面的乳胶管，稍等片刻(2~3s)，把六通阀切至进样位置，进样，同时按动工作站"起始"开关。

6.6 色谱图的考察

6.6.1 标准色谱图

标准色谱图见图5。

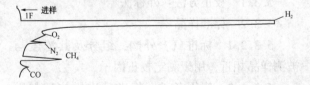

图5 标准色谱图

6.6.2 定性

可按操作条件中各组分对应的保留时间进行定性。

6.6.3 定量

色谱工作站自动检测峰面积。

6.7 注意事项

6.7.1 样品进样前，需经 $CaCl_2$(无水)作干燥处理，防止水分进入色谱柱而影响柱效。

6.7.2 如各组分的相对保留时间逐渐变小，说明柱效已下降，此时，柱温升至 320℃，老化 8h 左右，一般可恢复正常；如不能恢复正常，则必须更换固定相。

7 计算

色谱数据工作站自动根据测得的峰面积，乘以校正因子后给出被测组分的浓度值。

8 精密度

8.1 重复性

1%。

8.2 再现性

9 报告

9.1 定性结果

根据校正因子表中各组分的保留时间及标准谱图中各组分的出峰顺序，确定样品中出现的组分数目和组分名称。

9.2 定量结果

常量组分的分析结果以体积百分比形式表示。微量氢的分析结果以 mL/m^3 为单位。各组分的最小检测限为：ppm 级 H_2 $10mL/m^3$，O_2 0.02%，N_2 0.02%，CH_4 0.02%，CO 0.02%，常量 H_2 0.01%。

附件5

1 适用范围

本标准适用于乙醇胺、二异丙醇胺中硫化氢含量的测定。

2 方法概要

脱硫液吸收硫化氢后，生成相应的盐类。在弱酸性介质中，试样中的硫被已知足量的碘氧化，通过硫代硫酸钠标准溶液滴定过量的碘来计算试样中的硫化氢含量。

3 试剂和材料

3.1 醋酸锌：分析纯，配成 2%(m/m)溶液。

3.2 醋酸：分析纯，配成 10%(m/m)溶液。

3.3 碘：分析纯，配成 $C(1/2\ I_2)=$ 0.10mol/L 溶液。

3.4　硫代硫酸钠：配成 $C(Na_2S_2O_3)$ = 0.10mol/L 标准溶液。

3.5　淀粉指示剂：配成 5g/L 溶液，配成的溶液要过滤，取滤液作为指示剂，有效期为三天。

4　仪器

4.1　移液管：2mL、5mL、10mL。

4.2　碘量瓶：250mL。

4.3　量筒：10mL、50mL。

4.4　棕色滴定管：25mL。

5　仪器准备

无。

6　试验步骤

6.1　用移液管移取 1mL 试样置于 250mL 碘量瓶中，再加入 2% 的乙酸锌溶液（3.1）20mL 和 10% 的乙酸溶液（3.2）10mL，摇匀。

6.2　如果试样为贫液，则需往上述碘量瓶中加入碘标准溶液（3.3）5mL；如果试样为富液，则需往上述碘量瓶中加入碘标准溶液（3.3）10mL。

6.3　摇匀后用硫代硫酸钠标准溶液（3.4）滴定至浅黄色，再加入约 1mL 淀粉指示剂（3.5），继续滴定至蓝色消失，按同样的方法做一空白试验。

7　注意事项

7.1　试样呈碱性，避免试样溅到皮肤上。

7.2　分析过程中要用到醋酸，要防止被酸烧伤。

8　计算

$$X(g/L) = \frac{(V_1 - V_2) \times C \times 0.01704}{V \times 10^{-3}}$$

式中　X——脱硫液中硫化氢含量，g/L；

V_1——空白试验消耗的硫代硫酸钠溶液体积，mL；

V_2——试样消耗的硫代硫酸钠溶液体积，mL；

V——试样体积，mL；

C——硫代硫酸钠标准溶液的浓度，mol/L；

0.01704——与 1mL 硫代硫酸钠标准溶液[$C(Na_2S_2O_3)$ = 1.000mol/L]相当的以克表示的硫化氢的质量。

9　精密度

同一操作者重复测定两个结果之差，不应超过下列数值：

硫化氢含量，g/L	允许差数，g/L
大于 3	平均值的 10%
小于 3	0.2

附件 6

1　适用范围

本标准适用于脱硫液中 CO_2 含量的测定。

2　方法概要

乙醇胺脱硫液吸收硫化氢和二氧化碳后，生成乙醇胺的相应盐类，加入硫酸铜－硫酸溶液，使硫离子（S^{2-}）生成硫化铜沉淀，碳酸根被硫酸分解，析出 CO_2 气体，析出的二氧化碳气体导入量气管测出其体积，可求出二氧化碳含量。

其反应式：

$$S^{2-} + Cu^{2+} \longrightarrow CuS\downarrow$$

$$CO_3^{2-} + 2H^+ \longrightarrow CO_2\uparrow + H_2O$$

3　试剂和材料

3.1　硫酸：分析纯，浓度 96%~98%。

3.2　硫酸铜：在 600mL 蒸馏水中不断搅拌下加入分析纯硫酸铜晶体直到饱和，再加入 200mL 硫酸（3.1）混合均匀。

3.3　饱和食盐水：饱和食盐水中加入 1 滴 5% 硫酸，再加入 1~2 滴甲基橙，成为红色水溶液。

4　仪器

4.1　硫酸解析二氧化碳测定器一套。

4.2　移液管：1mL、2mL 各一支。

4.3　塑料盖。

5　仪器准备

无。

6　试验步骤

6.1　对仪器进行试漏检查，不漏气后在气体发生瓶中加入 2mL 酸性硫酸铜溶液，并在发生瓶的塑料盖里加入 1mL 脱硫液，注意，脱硫液不得溅出塑料盖外，然后把气体发生瓶的塞子塞紧。

6.2　调节系统压力使量气管内液面到零点，放低水准瓶。

6.3 剧烈摇动气体发生瓶 10~20s，使脱硫液与硫醇铜–硫酸发生反应，观察量气管中气体体积，再摇动 5s，如果两次体积不变，提高水准瓶记下气体体积，并记录测定时的大气压力和室温。

7 计算

$$CO_2(g/L) = \frac{1.9768 \times Kpt \times V_1}{V_0}$$

式中　1.9768——标准状况下 CO_2 密度，g/L；

V_1——量气管中 CO_2 气体体积读数，mL；

V_0——试样量，mL；

Kpt——气体体积，温度压力校正系数。

8 精密度

同一操作者重复测定的两个结果的允许差数规定如下：

CO_2 含量，g/L	允许差数，g/L
≤5	≤0.35
>5	≤0.45

附件 7

1 适用范围

本标准适用于生产装置脱硫液中有机胺浓度的测定。

2 方法概要

有机胺是一种弱碱性有机化合物，它与盐酸反应生成有机胺的盐酸盐。用容量滴定法测定有机胺浓度。脱硫常用的有机胺有单乙醇胺[简式为 NH_2—CH_2CH_2OH，相对分子质量为 61.08]，二乙醇胺[简式为 NH—$(CH_2CH_2OH)_2$，相对分子质量为 105.14]和 N—甲基二乙醇胺[简式为 CH_3—N—$(CH_2CH_2OH)_2$，相对分子质量为 119.16]。

3 试剂和材料

3.1 盐酸：分析纯，配成 $C(HCl)$ = 0.05mol/L 的标准溶液。

3.2 混合指示剂：将 1g/L 甲基红乙醇溶液和 1g/L 次甲基兰乙醇溶液按 2:1 体积比混合。

4 仪器

4.1 容量瓶：100mL。

4.2 移液管：2mL，5mL，10mL。

4.3 锥形瓶：150mL。

4.4 酸式滴定管：25mL。

4.5 铁架台。

5 仪器准备

无。

6 试验步骤

6.1 用移液管移取 V 体积（一般取 1~3mL）的待测样品于洁净的 150mL 锥形瓶中，用蒸馏水冲洗瓶壁至瓶中溶液体积 50~60mL。样品取样量视有机胺浓度大小而定，有机胺浓度大时取样量小，有机胺浓度小时取样量大。

6.2 向上述锥形瓶中加入 4 滴混合指示剂（3.2），摇匀，溶液呈绿色，用 0.05mol/L 的盐酸标准溶液（3.1）滴定锥形瓶中的溶液至浅紫色，记录消耗盐酸标准溶液的体积 V_1。

6.3 若样品的有机胺浓度太大或者样品为纯的有机胺，则需将样品稀释后再分析：

6.3.1 用移液管移取 V 体积（一般取 1~3mL）的待测试样于 100mL 洁净的容量瓶中，再用蒸馏水稀释至刻线，摇匀。

6.3.2 用移液管移取 V_2 体积（一般取 5~10mL）的样品稀释液（6.3.1）于洁净的 150mL 锥形瓶中，用蒸馏水冲洗瓶壁至瓶中溶液体积 50~60mL。样品稀释液的取样量视样品中有机胺浓度大小而定。

6.3.3 向上述锥形瓶中加入 4 滴混合指示剂（3.2），摇匀，溶液呈绿色，用 0.05mol/L 的盐酸标准溶液（3.1）滴定锥形瓶中的溶液至浅紫色，记录消耗盐酸标准溶液的体积 V_1。

7 注意事项

试验过程中涉及酸碱，应做好酸碱防护，防止酸碱灼伤。

8 计算

8.1 样品不经稀释时：

$$A(g/100mL) = \frac{C_1 \times V_1 \times M}{V} \times 100 \qquad (1)$$

8.2 样品经稀释时：

$$A(g/100mL) = \frac{C_1 \times V_1 \times M \times 100}{V \times V_2} \times 100 \qquad (2)$$

式（1）、式（2）中：

A——每 100mL 溶液中含有机胺的克数，

g/100mL。

M——与 1.00mL 盐酸标准溶液[C(HCl)= 1.000mol/L]相当的以克表示的有机胺的质量，单乙醇胺为 0.06108，二乙醇胺为 0.10514。N-甲基二乙醇胺为 0.11916。

C_1——盐酸标准溶液的浓度，mol/L。

V_1——滴定时消耗盐酸标准溶液的体积，mL。

V——待测试样的取样体积，mL。

V_2——样品经稀释后的取样体积，mL。

9　精密度

9.1　重复性

同一操作者两次重复测定结果之差不大于 0.5g/100mL。

9.2　再现性

无。

10　报告

取单样测定结果作为试验结果，结果保留两位小数。

附件 8

1　适用范围

本规程适用于胺液中热稳定态盐阴离子含量的分析。

2　方法概要

称取一定量的样品使其通过 H 型阳离子交换树脂柱。各种阴离子被转化成相应的酸，而胺被吸附在树脂上。从树脂中流出的含酸溶液用标准碱溶液滴定。

3　试剂和材料

3.1　强酸性阳离子交换树脂，50~100 目。

3.2　0.1mol/L 标准氢氧化钠。

3.3　10%HCL。

3.4　5g/L 酚酞指示剂。

3.5　去离子水。

3.6　pH 试纸。

3.7　交换树脂玻璃柱。

4　试验步骤

4.1　取 50mL 胺液样品，通过加热，鼓泡回流 5min，以除去残余的 CO$_2$ 和 H$_2$S。回流装置必须是敞开式的以利于排出这些气体。加热时应该

使用电热罩以防止胺降解。加热结束后为使样品尽量少吸附 CO$_2$，要用膜或石英玻璃盖住样品并在阴暗处进行冷却。为确保最终样品的体积与最初时相一致，可用去离子水补偿差值。

4.2　待样品冷却到室温后称取 2.0~3.0g 处理后的胺液样品于 100mL 塑料杯中，称准至 0.1g，记下质量(W)。

4.3　将样品倒入树脂柱，并用去离子水冲洗塑料杯几次，洗液也倒入树脂柱，然后用去离子水冲洗。用 250mL 三角烧瓶收集树脂柱中流出的溶液。用 pH 广泛试纸测试从树脂柱中的流出液，直至中性(pH=7)或等于冲洗水的 pH。

4.4　在三角烧瓶中加 2~3 滴酚酞指示剂，用 0.1mol/L NaOH(C)滴定至粉红色，记录 0.1mol/L NaOH 溶液消耗量(V)。

4.5　再生，用 15~20mL10%HCL 溶液冲洗交换树脂，并用去离子水冲洗树脂至中性或等于冲洗水的 pH。此树脂柱作为下次分析的备用。

5　计算

$$Wt\% \text{ 热稳态盐} = \frac{V(\text{NaOH}) \times C(\text{NaOH}) \times 11.9}{W}$$

式中　V(NaOH)——NaOH 消耗量，mL；

C(NaOH)——NaOH 浓度，mol/L；

W——样品重量，g；

11.9——甲基二乙醇胺相对分子质量 ×100/1000。

6　报告

取单样的分析数据作为样品的分析结果，结果保留小数点后面两位。

附件 9

1　适用范围

本标准适用于生产装置水样中总铁含量测定。

2　方法概要

样品中的铁经处理后转换成二价铁离子(Fe^{2+})，二价铁离子(Fe^{2+})在 pH=3~6 的水溶液中与邻菲啰啉溶液生成桔红色的 Fe(C$_{12}$H$_8$N$_2$)$_3^{2+}$。本方法最小可测出 0.3mg/L 的铁离子。

3　试剂和材料

3.1 醋酸－醋酸钠缓冲液：pH = 4.5，按 GB603 方法配制。

3.2 盐酸羟胺溶液：10%（m/m），称 10g 盐酸羟胺溶解于 100mL 蒸馏水中。

3.3 邻菲啰啉溶液：0.12%（m/m），称 0.12g 邻菲啰啉溶解于 100mL 蒸馏水中。

3.4 铁标准溶液：0.1mg/mL，称取十二水合硫酸铁铵 0.8635g，溶解于 200mL 蒸馏水中，移入 1000mL 容量瓶中，加 5mL 浓盐酸，用蒸馏水稀释至刻度，摇匀。

3.5 铁标准溶液：0.01mg/mL，用（3.4）铁标准溶液稀释 10 倍而得，此溶液使用时配制。

3.6 氢氧化钠：分析纯，4%（m/m）NaOH 溶液。

4 仪器

4.1 容量瓶：100mL。

4.2 移液管：1mL、5mL、50mL。

4.3 微量滴定管：5mL。

4.4 721 型分光光度计：波长范围 420～820nm，附有 3cm 的比色皿。

5 仪器准备

无。

6 试验步骤

6.1 标准曲线的绘制

取 100mL 容量瓶 7 只，分别用微量滴定管放入 0.01mg/mL 铁标准溶液的 0、1mL、2mL、3mL、4mL、5mL、6mL，加蒸馏水稀释至约 50mL，加醋酸——醋酸钠缓冲液 10mL，加盐酸羟胺溶液 1mL，加邻菲啰啉溶液 5mL，用蒸馏水稀释至刻度，摇匀，显色 30min，用 721 型分光光度计用 510nm 波长、3cm 比色皿测出各含量之吸光度，以所得数据绘制标准工作曲线。

6.2 水样处理

取 10～20mL 水样放入 100mL 烧杯中，如水样有沉淀和浑浊，则把 100mL 烧杯置于电炉上加热，并一滴一滴地加 1∶1HCl 溶液溶解水样至清，取下冷却后，用 NaOH（4.6）调 pH 值至 4～6（用 1～14 试纸测 pH 值），控制体积约为 50～60mL，冷却后转入 100mL 容量瓶中待测。

6.3 测试样时所加试剂及试验方法均同（6.1）标准工作曲线。

6.4 若铁含量大，取 1mL 试样放入烧杯中，

加入 4～5 滴 0.5mol/L HCl，并加少许蒸馏水，于电炉上加热煮沸，用 0.5mol/L NaOH 中和至 pH 值为 4～6，然后按 6.3 进行试验。

7 安全及操作注意事项

7.1 用电炉加热溶解烧杯试样时，烧杯底下应放置石棉网垫（严禁烧杯直接置于电炉上加热），且分析人员不得离开，防止试样溅出。

7.2 当加热溶解试样时，发现试样溅出，应重新取样分析。

7.3 使用酸、碱时要穿戴好防酸手套、防护眼镜等防护用品，以防酸碱灼伤。

8 计算

$$Fe(mg/L) = \frac{E \times K}{V}$$

式中 E——所测试样吸光度；

K——标准曲线斜率；

V——取样体积，L。

9 精密度

同一操作者重复测定的两个结果之差不应大于平均值的 10%。

附件 10

1 适用范围

本标准适用于炼油生产装置水样中氯离子含量的测定。

2 方法概要

在中性或弱碱性条件下，以铬酸钾溶液为指示剂，用硝酸银标准溶液滴定水样中的氯离子，硝酸银与氯离子反应生成白色的氯化银沉淀，过量的硝酸银与铬酸钾反应生成砖红色的铬酸银沉淀，以此来指示滴定终点。其反应式如下：

$$Cl^- + Ag^+ \longrightarrow AgCl\downarrow（白色）$$
$$2Ag^+ + CrO_4^{2-} \longrightarrow Ag_2CrO_4\downarrow（砖红色）$$

3 试剂和材料

3.1 铬酸钾指示剂：配成浓度为 50g/L 的水溶液。

3.2 硝酸银：分析纯，配成 $C(AgNO_3) = 0.05mol/L$ 标准溶液。

3.3 硫酸：分析纯，配成 $C(1/2\ H_2SO_4) = 0.05mol/L$ 的标准溶液。

3.4 氢氧化钠：分析纯，配成 0.2%（m/m）NaOH 溶液。

3.5 过氧化氢：分析纯，30%。

3.6 酚酞指示剂：配成浓度为 5g/L 的乙醇溶液。

3.7 定性滤纸。

4 仪器

4.1 烧杯：250mL。

4.2 三角烧瓶：250mL。

4.3 移液管：2mL，5mL，10mL，50mL。

4.4 量筒：50mL。

4.5 微量滴定管：5mL，10mL。

4.6 铁架台。

4.7 电炉。

4.8 石棉网。

5 仪器准备

无。

6 试验步骤

6.1 如果水样中含铁校多，则水样呈黄色：

6.1.1 用移液管移取一定体积 V（一般取10~50mL）的水样于 250mL 烧杯中，水样的取样量视其氯离子含量大小而定，氯离子含量大时其取样量可以小一些，氯离子含量小时其取样量可以大一些。

6.1.2 向烧杯中水样加入 2 滴酚酞指示剂（3.6），用 NaOH 溶液（3.4）调节水样至碱性（溶液显红色），若水样本身呈碱性则不必加 NaOH 溶液。

6.1.3 加热煮沸烧杯中水样至清澈后，取下冷却后用定性滤纸过滤，用适量蒸馏水洗涤 3~4次，收集滤液及洗涤液于一洁净的 250mL 三角烧瓶中。用稀硫酸溶液（3.3）将三角烧瓶中收集液中和至溶液由红色恰好变为无色。

6.1.4 向三角烧瓶中滴加铬酸钾指示剂（3.1）6 滴，用 AgNO$_3$ 标准溶液（3.2）滴定三角烧瓶中溶液至恰好呈砖红色，即为滴定终点，记下 AgNO$_3$ 标准溶液的消耗量 V_2。

6.2 如果水样中含有亚硫酸盐和 H$_2$S 等硫化物，则水样呈现黑色：

6.2.1 用移液管移取一定体积 V（一般取10~50mL）的水样于 250mL 烧杯中，水样的取样量视其氯离子含量大小而定，氯离子含量大时其取样量可以小一些，氯离子含量小时其取样量可以大一些。

6.2.2 向烧杯中水样加入 2 滴酚酞指示剂（3.6），用 NaOH 溶液（3.4）调节水样至碱性（溶液显红色），若水样本身呈碱性则不必加 NaOH 溶液。

6.2.3 再加入 30% 过氧化氢（3.5）2mL，加热煮沸烧杯中水样至清澈且无气泡后，取下冷却后用定性滤纸过滤，用适量蒸馏水洗涤 3~4 次，收集滤液和洗涤液于一洁净的 250mL 三角烧瓶中。用稀硫酸溶液（3.3）将三角烧瓶中收集液中和至溶液由红色恰好变为无色。

6.2.4 向三角烧瓶中滴加铬酸钾指示剂（3.1）6 滴，用 AgNO$_3$ 标准溶液（3.2）滴定三角烧瓶中溶液至恰好呈砖红色，即为滴定终点，记下 AgNO$_3$ 标准溶液的消耗量 V_2。

6.3 如果水样清澈干净，则直接用移液管移取一定体积 V（一般取 10~50mL）的水样于 250mL 三角烧瓶中，加入 2 滴酚酞指示剂（3.6），用 NaOH 溶液（3.4）和稀硫酸溶液（3.3）把三角烧瓶中水样调节至中性（溶液由红色恰好变为无色）。滴加铬酸钾指示剂（3.1）6 滴，用 AgNO$_3$ 标准溶液（3.2）滴定三角烧瓶中水样至恰好呈砖红色，即为滴定终点，记下 AgNO$_3$ 标准溶液的消耗量 V_2。

6.4 用移液管移取与水样试验相同体积的蒸馏水做空白试验，记下 AgNO$_3$ 标准溶液的消耗量 V_1。

7 注意事项

7.1 加热煮沸操作应在通风柜内进行，烧杯上应盖上表面皿，防止水样溅出。

7.2 必须严格按照规程要求添加铬酸钾指示剂，严格按照规程要求控制溶液酸碱度。

7.3 过滤洗涤操作时应小心细致，应尽量将氯离子洗涤转移干净。

7.4 试验过程中用到酸碱溶液，应做好酸碱防护，防止酸碱烧伤。

7.5 使用电炉时，应盖上石棉网。电炉周围不能有易燃易爆物质。防止烫伤。

8 计算

$$Cl^- \ (mg/L) = \frac{C_1 \times (V_2 - V_1) \times 0.0355}{V} \times 10^6$$

式中 V_1——空白试验消耗硝酸银标准溶液的体积，mL。

V_2——水样消耗硝酸银标准溶液的体积，mL。

C_1——硝酸银标准溶液的浓度，mol/L。

V——水样的取样量，mL。

0.0355——与1mL硝酸银标准溶液[$C(AgNO_3)$ = 1.000mol/L]相当的以克表示的氯的质量。

9 精密度

9.1 重复性

同一操作者重复测定的两个结果之差不应大于0.5mg/L。

9.2 再现性

无。

10 报告

取单样的分析结果作为试验报告结果，结果保留一位小数。

一、专题与综述

我国硫黄回收技术的进步

毛兴民

（中国石化齐鲁石化公司研究院）

1　前言

从含硫化氢气体中回收硫黄受到世界各国的普遍重视，竞相发展硫黄回收技术，大量建设硫黄回收装置。硫黄回收装置已成为大型天然气净化厂、煤气净化厂、炼油厂、石油化工厂加工含硫天然气、含硫原油和含硫煤炭时，必不可少的配套装置。硫黄回收装置在工厂中，既是环境保护装置，净化含硫化氢气体，又是生产装置，生产有用的单质硫，占有特殊地位，起着十分重要的作用。

我国克劳斯法回收硫黄的生产起步于 20 世纪 60 年代中期，第一套硫黄回收工业装置于 1965 年在四川东溪天然气田建成投产，首次从含硫天然气副产的酸性气中回收了硫黄。1971 年在山东胜利炼油厂又建成了以炼厂酸性气为原料，年产 5000t 硫的工业装置，从此揭开了我国硫黄回收技术发展的序幕。

随着石油化工工业的发展，硫黄回收装置迅速增多，至 1989 年，仅中国石油化工总公司系统的硫黄回收装置就有 22 套，设计生产能力达到 130kt/a。为了充分发挥总公司现有环保科研力量，尽快提高环保治理水平，中国石化总公司环委会发出关于决定成立"硫黄回收技术协作组"的通知，并于 1989 年 11 月召开了协作组成立大会和硫回收技术研讨会。参加协作组的单位有高等院校、科研设计单位、石油天然气企业和石油化工企业共 50 多个单位。多年来，在总公司环委会的领导和指导下，通过各单位和广大硫回收科技工作者的协作，努力攻关，我国硫黄回收技术有了长足的发展，硫黄回收装置的生产能力和技术水平有了很大的提高。

2　深入挖潜改造加强管理开好现有装置

20 世纪 80 年代末我国已建成 30 多套硫黄回收装置，但除少数装置技术水平和管理水平较高外，大部分装置没有及时的监控手段和尾气处理设施，工艺、设备、管理及人员素质较低。主要问题有酸性气预处理技术未完全过关，原料气带烃带水，严重影响硫回收装置的运行；分析监控手段落后，工艺水平较低，部分装置还使用低活性催化剂，转化率较低；有些装置尾气未处理，尾气含硫量高，以及硫资源利用未充分开发等。围绕上述问题，各单位技术人员针对本厂装置的实际状况，积极开展了技术革新和挖潜改造，并加强了技术管理，取得了巨大的经济效益和社会效益。这方面事例很多，仅举几例说明之。

金陵石化公司炼油厂有两套能力为 7500t/a 硫黄回收装置，处理来自焦化、热裂化装置干气脱硫，催化裂化、加氢裂化装置干气、液态烃脱硫，及含硫污水汽提装置产生的酸性气。因上游装置多，所产酸气数量、质量波动大，直接影响硫黄回收装置的正常操作，硫黄产量一直在 3000t/a 左右。自参加硫回收协作组及技术研讨会后，通过学习先进、找差距，制定了一系列行之有效的管理制度，提高了车间管理水平。通过加强岗位练兵，提高了职工操作水平及责任心。在工艺上增设了焦化、热裂化干气汽油吸收措施，改造了加氢裂化酸性气输送系统，增大了脱硫装置溶剂再生塔顶分液罐体积，提高了分离效果。硫回收装置投用了在线分析控制仪表，更换了活性氧化铝催化剂。通过一系列技术改造，多年来，硫回收装置做到了操作平稳，安全运行，硫黄产量、质量明显提高。1990 年硫黄增产超过 1000t，产品获省优质品称号。

武汉石油化工厂对硫黄回收装置进行了一系列挖潜改造，采用了 LS-811，LS-821 高效人工合成催化剂；扩大了两台转化器的容积；燃烧炉改为双火嘴；进行了酸性气管线改粗及硫成型机改造等。使制硫能力由 2000t/a 提高到 3000t/a，H_2S 总流转化率由 84% 提高到 95.8%，尾气中硫化物含量由原来 1.45% 降至 0.75%，片硫产品成为省优部优产品。

安庆炼油厂通过对硫回收装置技术改造和组织内部达标，酸性气处理率由 85% 提高到 94.2%，优质品率由 85% 提高到 98.1%，能耗由 8371.70MJ/t 硫（2.0×10^6 kcal/t 硫）降低到 1788.61MJ/t 硫（42.73×10^4 kcal/t 硫）。硫黄产量达到 3975t/a，超过了设计生产能力。

镇海石化总厂化肥厂针对硫黄回收装置处理量低，系统阻力大，大量酸性气火炬放空，污染环境这一现状，成立了技术攻关小组。提出了一系列技改措施和对策。提高了装置负荷；用工厂空气代替风机供风；克劳斯反应器改用 LS-811 催化剂；增设了液硫排污点；对工艺流程和设备进行了技术改造。从而减少了 H_2S 气体排空，使装置 H_2S 转化率提高，在 H_2S 浓度只有 13%~18% 的情况下，总硫转化率达到 89% 以上，达到了生产与环保同步达标，取得了较好的经济效益和环保效益。

济南炼油厂硫回收装置原设计 H_2S 浓度 > 50%，年产硫 2000t。但装置一直处于低负荷运行，H_2S 浓度只有 20%~30%，产硫 300~500t/a。通过技术改造，挖潜降耗，综合利用，使能耗由 7237.33MJ（172.9×10^4 kcal/t）硫降至 1897.45MJ（45.33×10^4 kcal）/t 硫，为低负荷装置达标创造了条件。

九江炼油厂通过技术攻关克服酸性气带烃带水，保证了硫回收装置的运行。该厂硫回收装置加工液化气、干气脱硫和污水汽提装置来的酸性气，由于酸性气大量带液，装置多次被迫停工。一年内抢修时间达 104d。通过进行酸性气脱液技术改造，彻底解决了该问题。装置运行多年来，再未发生酸性气带油、水进入燃烧炉的情况。做到了安稳长优运行，取得了很大的经济效益和较好的社会效益。

扬子石化公司芳烃厂由于加工原料油改变，酸性气产量大大低于设计值，硫回收装置的负荷只有设计的 18%~22%。他们通过技术改造，调整工艺参数，不断探索，终于使装置稳定运行，不但生产了硫黄，也避免了 SO_2 污染大气，并总结出一套硫回收装置低负荷运转的经验。

胜利炼油厂通过开好酸性水汽提装置，提高了酸性气质量，该厂南酸水汽提装置是设计能力 60t/h 的双塔高压汽提工艺，他们通过优化操作，提高了酸气质量。其做法是保持脱硫塔压力、吹汽量稳定，更好地分离硫化氢和氨。脱硫塔顶温度由 70℃ 改为 60℃，压力由 0.62MPa 至 0.68MPa，冷热进料比由 1：5 改为 1：4。加强进水的除油脱烃操作，使酸性气中 H_2S 浓度由 48% 提高到 60% 以上，产气量达 1000m³/h，为硫回收装置提供了更好的原料。

武汉石油化工厂通过对转鼓式硫黄成型机多次改造，使其外形更加美观，占地面积小，生产中实用，操作简单，维护方便，造价低。适合炼油系统小规模的硫回收装置，并已在多家推广应用。

通过几年的努力，依靠科学管理，技术改造，开好上游装置，加强酸性气脱液除烃，采用新型催化剂，采用先进的分析监测手段，优化操作及各方面的配套改造，我国硫黄回收装置的生产水平大大提高。绝大多数装置都达到了安稳长优运行，总硫转化率由 84%~85% 提高到 93%~95%，硫黄质量合格，取得了巨大的经济效益和社会效益。

3　不断引进新技术大量建设新装置

进入 20 世纪 90 年代，随着改革开放的深入和石化工业的迅速发展，我国的硫黄回收行业又进入了一个快速发展的时期。为了适应炼制进口高硫原油，适应原油深度加工的要求，为了保护环境，减少硫化物的排放，我国又建设了一大批新的硫黄回收装置及尾气处理装置。目前国内在石油化工、天然气加工及其他化工行业；已建成 50 多套硫黄回收装置。其中天然气田有 10 套，设计年产 120kt，炼油与石油化工行业有 35 套装置，设计能力 320kt/a，加上其他行业的装置，硫黄回收的总生产能力超过 400kt，每年回收硫 100~120kt，几套规模较大的新建装置如下所述。

大连西太平洋石油化工有限公司从法国引进了 100kt/a 硫黄回收装置和 Clauspol-1500 尾气处理装置，该硫黄回收装置是目前国内规模最大的一套装置。硫黄回收、尾气处理和硫黄成型部分全部是由法方设计的。Claus 加上 Clauspol-1500

总硫收率可达到99.5%。该装置于1994年建成。

中国石油天然气总公司四川石油管理局从加拿大Delta公司引进一套三反应器MCRC亚露点法硫黄回收装置,处理川西矿区净化厂脱硫装置生产的酸性气(H₂S 53.6mol%),设计硫黄回收率99.0%,硫黄产量45.05t/d。

MCRC法是Delta公司的专利技术,70年代工业化。其特点是集常规二级克劳斯过程和低温克劳斯过程于一身,达到回收硫黄及尾气处理的目的。三反应器MCRC法装置硫黄回收率可达98.5%以上,四反应器MCRC装置可达99.0%以上。MCRC法装置与一般常规二级克劳斯硫黄回收装置热低温克劳斯尾气处理装置(如Sulfreen、CBA)的组合相比较,由于少用一套反应器系统,也无需专门的再生-还原循环系统,其基建投资、能耗及其他消耗指标都低些。该MCRC法装置采用美国Kaiser公司的S-201或/和S-501或/和S-701催化剂,根据需要单独或组合使用。引进的MCRC法装置于1990年4月建成投入运行,总硫转化率为99.17%,硫黄回收率为98.98%,已通过中方验收。

1990年胜利炼油厂建成了40kt/a的硫黄回收及尾气处理装置,并于1991年一次投运成功,生产出合格的产品。该装置处理重油加氢联合装置排出的含H₂S酸性气。整个装置由两套20kt/a硫黄回收系列和一套还原吸收法尾气处理装置组成。该装置尾气净化度高,排放气硫化物含量一般在150μL/L以下,最大不超过300μL/L。该装置有如下特点:硫黄回收部分设置2个系列,操作灵活性大,满足了炼油厂原料气波动幅度大的需要;装置能量利用合理,多余蒸汽外送;装置布置上做到液硫自流,安全可靠;成型部分设有液硫脱气;尾气吸收部分设置了胺液复活系统;仪表及控制系统也比较先进,该装置是我国自行设计和建设的规模最大,技术水平较高的装置。

另外在炼油、石油化工和其他行业还新建了十几套规模较小的装置。

4 推广新技术提高经济效益

4.1 开发推广系列硫黄回收催化剂及尾气处理催化剂

我国硫黄回收装置,早期使用天然铝矾催化剂,总硫转化率只有80%~85%。20世纪80年代,我国研制成功LS-801、LS-811、LS-821和CT6-1、CT6-2活性氧化铝型催化剂,分别推广用于炼油厂和天然气净化厂硫黄回收装置。经过推广使用活性氧化铝催化剂,改进工艺和操作,目前我国硫回收装置的总硫转化率已提高到94%~95%的水平,尾气中硫化物含量已降到1%以下。90年代齐鲁石化公司研究院与其他单位合作还开发了LS-931氧化铝基硫黄回收催化剂和LS-901耐硫酸盐化催化剂,并且都已推广应用于工业装置。

四川天然气研究所研制的CT6-4尾气加氢催化剂和CT6-5低温克劳斯催化剂也已用于尾气处理工业装置。

通过推广应用新型催化剂,使我国硫黄回收技术提高到一个新水平。仅此一项每年可为国家增加1000万元的经济效益并带来较大的社会效益。采用新型催化剂厂家很多,仅举几例说明之。

茂名石化公司炼油厂硫黄回收装置加工H₂S浓度为65%左右的酸性气,1976年投产以来,一直使用海南铝矾土作为催化剂,总硫转化率在85%左右。自从装置采用了LS-811活性氧化铝型催化剂后,总硫转化率达到93%~94%,比原来提高8%~9%。

锦州炼油厂1990年上半年将原设计的铝矾土催化剂,改用了LS-811催化剂,使用实践证明可提高总硫转化率10%左右。每年可增产硫黄35t。

河北辛集化工厂用克劳斯法从生产碳酸钡副产的酸性气(含H₂S 30%~35%)中回硫黄,1990年采用LS-811催化剂后,每吨钡盐副产气回收的硫黄,由过去的109kg提高到123kg,在同一装置条件下,每年增产硫黄400t。

镇海石化总厂化肥厂引进的年产3000t的硫黄回收装置,原设计一段反应器装法国的CR和CRS-21催化剂,二段三段装CR催化剂。自装置投用以来,由于工艺条件和原料气组分的变化,使反应器各段催化剂表面结炭严重,管线和设备时常堵塞,系统压力增大,运转3~4个月就被迫停车处理。1990年采用LS-811后,该装置运转率由21%提高到75.1%。经过三年生产实践表明，其效果超过法国 CR 催化剂，在酸性气中 H_2S 浓度只有 13%～18%，CO_2 80%上的情况下，使用 LS-811 催化剂总硫转化率仍可达 89%以上。完全可代替进口催化剂。

4.2　开好用好进口 H_2S/SO_2 在线比例分析仪，增加效益

20 世纪 80 年代末我国从国外引进 7 台 H_2S/SO_2 在线比率控制仪，但由于多种原因，多数使用效果不好。为此，协作组组织了多次攻关。金陵石化公司炼油厂、镇海化肥厂、长岭石油化工厂、茂名石化公司炼油厂、广州石化公司炼油厂、扬子石化公司芳烃厂、上海石化总厂等做了大量工作。经过几年的努力，大多数仪器都投入了正常运行，为提高装置平稳率，转化率，增加经济效益发挥了很好的作用，仅举几例说明之。

金陵石化公司炼油厂第一硫回收装置 1987 年引进一台日本岛津 UVP-302H_2S/SO_2 在线比率分析仪，1989～1992 年该厂在对引进仪表消化吸收的基础上进行了全面改造，使该仪表不仅能连续显示尾气中 H_2S 和 SO_2 的浓度，而且把比率分析仪分析出的信号引入燃烧炉的配风系统，使配风实现自动跟踪。并把燃烧炉单路供风改为三路供风，提高了保持 H_2S/SO_2 为 2：1 的精度。

茂名石化公司炼油厂从美国杜邦公司进口了一台 4620 型比率分析控制仪，由于诸多原因，该仪器一直没有投用。曾两次请厂家代理商修理，均因仪器存在的问题较大而没有修复，搁置达 6 年之久。1995 年衡阳华联实业公司经过 3 个月的努力，终于修复了这台仪器，投运后反应灵敏，分析准确，受到现场操作人员的好评。另外，1990 年华联公司技术人员也为长岭炼油厂修复过一台搁置 4 年之久的加拿大西方研究和发展公司的 H_2S/SO_2 在线比率分析控制仪。采用自行研制的高压汞灯，寿命长达 6000h 以上，远远高于国外进口零部件。对采样系统也进行了改造，能保证在全天候下运行。此外镇海石化厂等也作了大量工作，使昂贵的进口仪表投入运行，发挥了作用。

胜利炼油厂在 40kt/a 硫黄回收装置的燃气配比复杂控制系统，采用了日本富士 PMK 可编程调节器。该仪表可进行多种数学运算，可实现串级、比值等复杂控制之功能。生产装置投用后，

装置运行表明配比控制效果优于常规气动仪表，调节质量好，操作方便，实现了五大参数配比控制和温压补偿效果

4.3　消化吸收引进技术开发自己的新工艺

胜利炼油厂在吸收引进的 SCOT 工艺的基础上，经过不断改进与改造，又自行设计了三套还原吸收法尾气处理装置。在该设计中全部采用国产设备、催化剂、溶剂及仪表，并采用了多项新技术，使其技术水平达到和超过原有装置。

我国从原联邦德国鲁奇公司引进了两套 Sulfreen 尾气处理装置，洛阳石化设计院又设计建造了两套该工艺的生产装置。镇海石化公司炼油厂的 Sulfreen 装置是国内自己开发的，也是第一套开车装置。在第一次开工试车时，由于工艺、设备、仪表等问题，试运中碰到了很多的困难。后经过多次改造使装置转入正常运行，1994 年 6 月至 7 月对该装置性能进行了考核。为该工艺在国内推广应用积累了宝贵经验。

4.4　开发硫黄新产品提高经济效益

胜利炼油厂开发研制的食品级硫黄新产品，1990 年通过了山东省科委组织的技术鉴定。硫黄质量经过化工部和山东省质量检测中心检验，符合 GB 3150—1982 技术指标。使用性能经过制糖、淀粉、焦亚硫酸钠（食品添加剂）等不同行业应用试验，证明该产品质量高，用量少，使用性能良好，具有明显的经济效益和社会效益。

九江石化公司三联精细化工厂生产出食品添加剂硫黄。食品添加剂硫黄可广泛用于食糖、淀粉、医药、酿酒、食品加工等方面，具有杀菌、漂白、入药等用途。该产品在江西省是一项空白，根据市场需求，三联精细化工厂参照胜利炼油厂的经验，结合本厂硫回收装置的特点，进行了试产食品添加剂硫黄工业试验，获得很大成功，当年创利 67 万元。

5　科技开发硕果累累

5.1　系列硫黄回收及尾气处理催化剂的开发

齐鲁石化公司研究院在 20 世纪 80 年代开发成功 LS-801、LS-811、LS-821 硫黄回收催化剂，并大规模应用于工业生产的基础上，又同山东铝业公司研究院合作开发了 LS-931Al_2O_3 基硫黄回收催化剂，同大连化物所合作开发了 LS-

901 二氧化钛基硫黄回收催化剂，并正在实验室进行选择氧化催化剂的开发。

（1）LS-931 氧化铝基硫黄回收催化剂

山东铝业公司研究院和齐鲁石化公司研究院合作开发研制的 LS-931Al$_2$O$_3$ 基硫黄回收催化剂于 1995 年 3 月通过了铝业公司组织的技术鉴定。该催化剂的克劳斯反应活性和稳定性，以及耐硫酸盐化中毒性能均优于工业上使用的 Al$_2$O$_3$ 催化剂，在国内处于技术领先地位。另外，该催化剂可直接采用工业原料生产，制备工艺简便；产品复杂性较好。物化性能稳定，外观光滑，机械强度均匀，生产中不产生"三废"污染，容易工业化生产。

（2）LS-901TiO$_2$ 基抗硫酸盐化作用催化剂

LS-901 硫黄回收催化剂是中国石化总公司发展部为配合引进装置生产而安排的科研项目。该催化剂由齐鲁石化公司研究院与大连化物所合作研制，于 1992 年 11 月完成了合同规定的实验室研制任务。试验结果表明，LS-901TiO$_2$ 基催化剂的物化性能和催化活性已达到和超过了法国 CRS-31TiO$_2$ 催化剂水平。其中催化剂的机械强度和稳定性，热稳定性和水热稳定性及耐磨损性能均优于法国 CRS-31 催化剂，而有机硫水解反应活性和克劳斯反应活性以及耐"漏 O$_2$"中毒性能则明显优予法国 CRS-31 催化剂。该催化剂研制项目于 1994 年 4 月通过了总公司发展部组织的技术鉴定。

目前该催化剂已在齐鲁石化第一化肥厂实现了工业化生产，并于 1995 年 5 月在武汉石油化工厂硫黄回收装置上进行了工业应用试验，试用结果表明该催化剂活性高，性能优良。

四川天然气研究所在开发成功 CT6-1、CT6-2、CT6-3 催化剂，并应用于工业装置的基础上，又开发成功 CT6-5、CT6-4 尾气处理催化剂，并用于工业生产。此外该所还正在进行超级克劳斯催化剂的开发。

（3）CT6-5 硫黄回收尾气加氢催化的工业应用

由四川天然气研究所与胜利炼油厂合作开发的 CT6-5 催化剂自 1989 年在该厂第二套硫黄尾气净化装置工业应用以来，经过几年的工业运行实际考查，证明该催化剂性能稳定，有机硫水解

转化效果明显优于 3641 催化剂，综合性能与进口的壳牌 S524 催化剂相当。该项成果已于 1991 年 10 月通过了由四川石油管理局组织的技术鉴定。目前该催化剂已在全国 5 套 SCOT 装置上应用。

（4）低温克劳斯催化剂 CT6-4

低温克劳斯过程是克劳斯法制硫过程的发展和延伸。即常规两转化器克劳斯法制硫过程尾气，在 130~150℃ 温度和催化剂存在下，当 H$_2$S/SO$_2$ 为 2:1 和无有机硫时，可使总硫转化率达 98% 以上。我国已引进了两套 Sulfreen 工艺装置和一套 MCRC 工艺装置，还自己设计建设了两套 Sulfreen 装置。为使低温克劳斯催化剂立足国内，四川天然气研究所研制了 CT6-4 催化剂。实验室成果已通过了中石化总公司组织的技术鉴定。为使 CT6-4 运用于工业装置，该所在川北矿区硫黄回收装置上进行了侧线试验。试验结果证实，CT6-4 催化剂的低温活性、活性稳定性、抗硫酸盐化特性及热稳定性好；其硫转化率达到 80% 以上，硫容量达到 30%，达到预期目标，完全能满足工业应用要求。侧线试验由四川石油管理局组织专家进行了鉴定。目前该催化剂已在镇海石化总厂 Sulfreen 法尾气处理装置上应用。

5.2 H$_2$S/SO$_2$ 在线比率分析仪的研制

经过分析仪表厂、石油化工厂和科研设计单位科技人员的共同协作，努力攻关，经过几年的努力，已研制成功紫外光型和色谱型两种类型的在线比率分析仪，并已成功地应用于工业装置。

（1）KL-107 型紫外 H$_2$S/SO$_2$ 在线比率分析仪研制成功

由中国石化北京设计院、北京分析仪器厂和武汉石油化工厂共同承担的中国石化总公司"八·五"重点科研项目"H$_2$S/SO$_2$ 在线比例分析仪的开发"完成研制工作，1995 年 3 月 23 日通过了中国石化总公司组织的技术鉴定。鉴定意见如下：该仪器设计合理、分析快速，反应灵敏，重复性好，调校简单，运行成本低。该仪器实现了紫外光谱吸收法在线分析硫黄尾气，在技术上处于国内领先水平，为该类产品的国产化取得了宝贵经验。

（2）HZ3830 型色谱 H$_2$S/SO$_2$ 在线比例分析仪研制成功

由化工部兰州自动化所、洛阳石化工程公司和洛阳炼油厂联合研制的 HZ3830 型 H_2S/SO_2 在线比例分析仪已完成开发工作,1994 年 10 月通过了中国石化总公司组织的技术鉴定。经现场考核各项技术指标符合要求。专家评议意见认为:该仪器成功地实现了应用工业气相色谱仪对硫黄回收装置尾气组分的在线分折,属国内首创,填补了该领域的国内空白。经应用试验表明,该分析系统设计比较合理,能满足工艺要求,运行稳定可靠,安装维护方便。控制器微机化,功能齐全,操作简便。该系统投入运行,硫回收装置的平均转化率提高 2%,有较明显的经济效益。

5.3　新型脱硫溶剂的开发与应用

为了保证硫黄回收装置的高效运行,改善气体脱硫及污水汽提的操作,提高酸性气的质量是至关重要的。各厂在开发及应用新型脱硫溶剂,优化操作方面,做了大量工作。目前在气体脱硫方面广泛应用的胺溶液有 MEA、DEA、DIPA、MDEA 及 DGA 等。从国内外的发展看,一是在适当的条件下,采用选择性胺溶剂,以提高酸性气中 H_2S 的浓度;二是适当提高胺溶液的浓度,以降低能耗。在这些方面,近几年也取得了明显的进步。

（1）YXS-93 高效脱硫剂的开发与应用

江苏宣兴炼油助剂厂在华东理工大学的帮助下,研制开发了 YXS-93 高效脱硫剂。该脱硫溶剂主要由甲基二乙醇胺和添加剂组成。该脱硫溶剂对 H_2S 吸收能力强,选择性好,溶剂性能稳定,使用中降解产物少。该脱硫剂研制项目于 1995 年 5 月通过了江苏省科委组织的技术鉴定。济南炼油厂、胜利炼油厂、广州石化公司炼漓厂、武汉石油化工厂、南京炼油厂、燕化公司炼油厂、洛阳炼油厂和锦西炼油厂使用 YXS-93 脱硫溶剂,进行了催化汽和液化气脱硫工业试验。试验结果表明,同 MEA 比较,使用 YXS-93 脱硫剂脱硫效率高,净化后气体 H_2S 含量小于 $10mg/m^3$;溶液循环量小,降低了能耗;脱硫选择性高,酸性气中 H_2S 含量可提高 10%～20%;工业应用中降解产物少,可取得明显的经济效益。

济南炼油厂催化裂化干气、液化气脱硫装置原来使用单乙醇胺（MEA）溶液,产生的酸性气中 H_2S 含量为 10%～20%,CO_2 为 60%以上。由于 H_2S 浓度低,硫黄回收装置操作困难,年产硫黄 300～400t。1994 年 5 月将溶剂更换为 YXS-93 新型脱硫剂,改善了酸性气的质量并降低了能耗。酸性气中 H_2S 浓度提高到 30%～40%,CO_2 浓度下降到 40%～50%,硫黄回收装置生产平稳,1994 年增产硫黄 258t,减轻了环境污染,取得了较大的经济效益和较好的社会效益。

（2）胜利炼油厂利用 MDEA 代替 DMA 脱硫酸

胜利炼油厂在硫黄尾气净化装置上采用了 MDEA 水溶液代替 DIPA 溶液进行脱硫,其脱硫率在 98%以上,使净化尾气总硫含量降至 $300\mu L/L$ 以下,达到了环保要求。采用 MDEA 后,提高了原来再生酸气质量,其 H_2S 浓度由原来的 26%～30%提高到 45%～48%,CO_2 浓度由 68%～70%下降到 47%～50%。选择性的提高降低了胺溶液的循环量,降低了能耗(水、电、再生用蒸汽),降低了溶剂损耗,从而降低了操作费用。经过标定核算,综合能耗降低了 24.43%。

（3）甲醇装置酸性尾气回收硫黄工业试验成功

齐鲁石化第二化肥厂 100kt/a 甲醇装置副产 2100m^3 低 H_2S 浓度酸性气。该气体含 H_2S 5.7%～6.5%,CO_2 80.5%～82%,此外还含有 CO、CH_3OH、COS 和 HCN 等有害杂质。该气体未经处理即由 60m 高火炬燃烧放空,相当于每年排放 SO_2 2750t,超过了国家规定化工毒物排放标准。齐鲁公司科技人员经过认真调查研究,提出了将该气体先用 MDEA 溶液提浓,然后送克劳斯装置回收硫黄的治理方案,并于 1993 年 6 月进行了工业化试验。在 2 个多月的试验期中,各装置都保持了稳定运行,安全生产。

试验结果表明,净化后的尾气含 H_2S<0.2%,焚烧后放空,符合国家排放标准。酸气中 H_2S 脱除率 95%以上,提浓后再生酸气 H_2S 浓度 25%～30%,送克劳斯装置处理,装置运转正常,每天可增产硫黄 3.5t,硫黄纯度 99.99%,各项指标符合国家标准。该项工业试验的成功,不但解决了一个污染问题,回收了硫黄,也为我国治理低浓度 H_2S 酸性气开创了一条新路子。

5.4 硫黄回收及气体脱硫计算机软件开发及应用

石油大学(北京)化工系开发了气体脱硫和硫黄回收装置全流程计算机软件,四川天然气所也开发了硫回收计算机模拟软件,武汉石油化工厂开发了硫回收装置标定计算软件。这些软件的开发和应用都取得了一定的经济效益,举例说明如下。

石油大学(北京)与胜利炼油厂就开发使用醇胺法脱硫过程离线调优技术进行了合作,以装置的水、电和蒸汽总费用作为目标函数,吸收塔顶和塔底的气液传质推动力作为约束条件,利用脱硫过程工艺模拟计算软件和醇胺—水—H_2S—CO_2体系的汽液平衡模型,计算目标函数及约束函数值,用优化算法寻找最优解,从热力学角度对装置的节能要求提出了优化操作方案。炼油厂据此方案进行了现场调优试验,仅对吸收塔循环量作了调节,即可使装置蒸汽用量降低 15%,相当于每年节约蒸汽 1.1×10^4 t,经济效益达 22 万元,同时冷却水和用电量也相应减少。

5.5 发挥协作组作用积极开展技术交流

硫黄回收技术协作组在积极组织协调硫回收新工艺、新技术、新仪表开发研制的基础上,积极组织技术交流,使生产厂、科研单位、设计单位密切合作,互通信息,并随时了解国内外的发展动态。协作组组织召开了三届年会及技术研讨会,第一届年会交流论文及技术报告 28 篇,第二届年会交流论文 49 篇,第三届年会交流论文及报告 41 篇。组织出版气体脱硫及硫回收译文集 2 本,约 50 万字,还组织编写了《硫黄回收技术》一书。组织与法国罗纳普朗克公司进行技术交流一次,与荷兰康普雷姆公司进行技术交流一次。另外,还组织了"H_2S/SO_2 在线比例分析仪维护使用学习班"和"硫黄回收装置控制分析及标定"学习班。这些活动的开展,有力地推动了我国硫黄回收技术的进步。

5.6 结语

自进入 20 世纪 90 年代以来,我国硫黄回收的技术水平有了一个较大的提高。现有装置大部分做到了安稳长运行,总硫回收率达到了 93%~94% 的水平,带有尾气处理装置的总硫收率可达到 99% 以上。另外又建成一大批新装置,在克劳斯硫黄回收装置中,我们有了生产能力从 1000t/a 至 10×10^4 t/a 各种规模的装置。在尾气处理方面,已有了五套 SCOT 还原吸收法装置,一套 MCRC 装置,四套 Sulfreen 装置,一套 Clauspol,一套 Beaven-Seletox 装置和碱洗装置等,即使没有尾气处理的小型装置也建设了尾气焚烧炉。基本满足了石油化工厂含硫气体处理的需要和当地环保的要求。

技术开发方面,在消化吸收引进技术的基础上,我国已能自行设计和建设各种规模和不同工艺路线的硫黄回收和尾气处理装置。已开发出从硫黄回收至尾气处理需要的各种催化剂;可替代进口,完全可满足生产需要。在消化吸收和开好引进在线分析自控仪表的基础上,在线 H_2S/SO_2 比例分析仪实现了国产化。在工艺设备、仪器仪表、分析测试等方面已形成一套完整的保障体系。有部分装置和某些技术已达到或接近国外先进水平。

但我们仍然应该看到我国的硫黄回收技术从整体上看,同国外先进水平相比,仍有相当大的差距。在生产装置优化、节能,催化剂系列化,自控仪表、关键设备及尾气处理方面仍有很多工作要做。特别是国外近几年开发的富氧工艺(COPE),超级 SCOT,Hy-drosulfreen 工艺、超级克劳斯以及新的硫回收方法等方面,国内尚未开展或刚刚开展工作。

另外,我们应该看到我们面临着艰巨的任务,要迎接炼制进口高硫原油、原油深度加工和环境保护要求更严格的三重挑战。我国的硫黄回收装置大多数规模小,大部分建在炼油和石油化工企业,受上游装置波动影响较大;气体组分复杂,加工难度大;多数装置在城市及工业区附近,对环境影响较大。我们要针对我国国情和不同企业特点,开发出一整套的硫黄回收新工艺、新设备、系列催化剂和尾气处理技术。

炼厂气脱硫技术进步

毛兴民

（中国石化齐鲁石化公司研究院）

1　前言

在天然气、炼厂气或其他工业气体中常含有 H_2S、CO_2 和有机硫化物。这些杂质的存在会腐蚀金属、污染环境，因此当天然气、炼厂气作为燃料或化工原料时，必须进行脱硫。醇胺法是气体脱硫工业中最重要的一类方法，以醇胺法处理含酸性组分的原料气，然后用克劳斯法装置从再生酸气中回收单质硫是最基本的传统技术路线。

我国在炼厂气脱硫中，广泛使用单乙醇胺法（MEA）脱硫。净化后的催化裂化干气、焦化干气和液化石油气，一般均可达到要求的净化度。但采用 MEA 脱硫，随着环保和节能要求的日益严格，下述三个问题显得相当突出。一是在脱硫装置再生塔中，为蒸脱其吸收下来的 CO_2，要消耗约 2090kJ/kg 的能量，因此能耗较高；二是 MEA 溶液没有选择性，再生时产生的酸性气，含 CO_2 浓度较高，给硫黄回收装置的操作造成一系列困难，降低了硫回收率。此外，MEA 碱性较强，对设备腐蚀较重，且在脱硫过程中 MEA 能与 CO_2 发生副反应，生成难以再生的噁唑烷酮等化合物，使溶剂降解，造成损失。

在 H_2S 与 CO_2 同时存在下，选择性脱除 H_2S 是胺法发展研究中的热点。选择性胺应用最成功、使用最广泛的是甲基二乙醇胺（MDEA）。对于醇胺法脱硫而言，出于节能的要求，20 世纪80 年代迅速发展的选择性吸收工艺是其最重要的进展。为了推动炼厂气脱硫技术的进步，推广选择性吸收工艺，降低能耗，改善克劳斯原料酸性气质量，在 1992 年 3 月召开的硫黄回收协作组第二届年会上，协作组安排了镇海石化总厂炼油厂和济南炼油厂进行甲基二乙醇胺溶剂用于炼厂气脱硫工业应用试验，并进行总结和逐步推广。1993 年胜利炼油厂采用 MDEA 提浓甲醇装置副产酸性气，并用克劳斯法回收硫黄工业试验获得成功。1993 年江苏省宜兴市炼油助剂厂在北京石油化工科学院等单位的支持下，研制开发了新一代脱硫剂，定名为 YXS-93 高效脱硫剂，其主要活性组分为 MDEA。经检测其性能和质量与美国联合碳化物公司的 U-carsol 系列的 HS-101 脱硫剂相当。经胜利炼油厂、济南炼油厂、南京炼油厂、武汉石化厂等十多家工厂的工业装置试用，证明 YXS-93 脱硫剂具有对炼厂气、液化石油气中的 H_2S 气体脱除率高、选择性好、性质稳定、不易降解、不易发泡、硫容量大、能耗低、使用方便、适用范围广等，是一种多组分新型高效脱硫剂，属国内首创。该成果于 1995 年 5 月通过了江苏省科委组织的技术鉴定。经过不断推广，该脱硫剂目前已用于 20 多套工业装置，取得了显著的经济效益和社会效益。

2　常用胺类溶剂的性质及其特点

常用胺类溶剂性质列于表1。在天然气和炼厂气脱硫应用的胺类中，MEA 和 DEA 得到最广泛的使用，但它们正在让位于较现代的，高效能的 MDEA 基的配方溶剂。

表1　几种胺和胺溶液的物化性质

胺	MEA	DGA	PEA	DIPA	MDEA	TEA	HS-101	YXS-93
胺的性质								
相对分子质量	61.09	105.14	105.14	133.19	119.17	149.19		
相对密度 $D20$	1.018	1.055	1.092 (30℃/20℃)	0.989 (45℃/20℃)	1.042	1.126	1.043 (20℃)	1.098 g/mL

续表

胺	MEA	DGA	PEA	DIPA	MDEA	TEA	HS-101	YXS-93
胺的性质								
沸点(1Pa)/℃	171	221	分解	248	247	360		
冰点/℃	10.5	-9.5	28	42	-21	21	-47	<-43
在水中溶解度(20℃)/%	互溶	互溶	96.4	87	互溶	互溶		
黏度(20℃)/mPa·s	24.1	26(24℃)	380(30℃)	198(45℃)	101	1013	150	117
蒸发热/(kcal/kg)	197	122	169(23mmHg)	102	124	108		
胺溶液的性质								
分子浓度(分子)/(kg/m²)	2.5	6	2	2	2	2		
重量浓度/%	15	63	21	27	24	30		
沸点/℃	118	124	118	118	118	118		
冰点/℃	-5	-50	-5	-5	-6			
黏度(40℃)/mPa·s	1.0	6.5	1.3	1.06	1.06			
蒸汽压(40℃)/mmHg①	55.6	30	55.6	55.6	55.6			

① 1mmHg=7.5×10⁻³Pa。

单乙醇胺(MEA)在醇胺中碱性最强。它与酸性组分反应迅速，能很容易地使 H_2S 含量降至 $5mg/m^3$ 以下。它既可脱除 H_2S，也可脱除 CO_2。一般情况下，对两者无选择性。MEA 因在醇胺中相对分子质量最小，故以单位质量或体积计，具有最大的酸气负荷。MEA 化学性质较稳定，但在脱硫过程中能和 CO_2 发生副反应，使溶剂部分丧失脱硫能力。MEA 还可与 CO_2 或 CS_2 发生不可逆反应，造成溶剂损失和某种固体副产物在溶液中积累。

二乙醇胺(DEA)是仲醇胺，它和 MEA 的主要差别是它和 COS 及 CS_2 的反应速度比 MEA 慢，因而由 DEA 与有机硫化物反应而造成的溶剂损失可降低。用于炼厂气及人造煤气脱硫较有利。DEA 对 H_2S 和 CO_2 也没有选择性。

甲基二乙醇胺(MDEA)是一种叔胺，虽然它与 H_2S 的反应能力稍差，但在 H_2S 和 CO_2 共存时，对 H_2S 有良好的选择性。因而自 80 年代以来在气体脱硫工业上应用日益广泛，成为当前最受重视的一种醇胺。在 20 世纪 50 年代初，美国 Flour 公司首先对 MDEA 法脱硫进行了研究，完成了中试和工业试验。国内四川精细化工研究院与四川天然气研究所在 80 年代对 MDEA 法脱硫进行了系统的开发，并成功地应用于天然气脱硫

和 SCOT 尾气处理部分的胺吸收装置。选择性胺法的特点是溶液的 H_2S 负荷高，可取得优于 MEA 法的节能降耗效益；现有装置改为选择性胺液后可望提高处理能力。另一明显优点是所产酸性气 H_2S 浓度高，对后续的克劳斯装置有一定好处。

YXS-93 脱硫溶剂是江苏省宜兴市炼油助剂厂开发的新产品，是一种复合型脱硫溶剂。其主要活性组分为 N-甲基二乙醇胺，加有消泡剂、缓蚀剂、抗氧剂、稳定剂等助剂而制成，外观是棕色透明液体，pH 值为 7.5~9.3。该溶剂是一种选择性脱硫剂。

联合碳化物公司提供了在联碳溶剂牌号(UcarsUl)下满足各种加工需要的品种繁多的处理溶剂。HS-101、HS-102 及 ES-501 都是选择性脱除 H_2S 的溶剂。

3 选择性胺液脱硫的效果与效益

甲基二己醇胺(MDEA)是一种高效的选择性脱硫溶剂。与其他胺类溶剂相比，它具有选择性好，能耗和操作费用低，投资省和腐蚀轻微等优点。MDEA 对同时含有 H_2S 和 CO_2 的酸性气脱硫十分有效。已广泛用于天然气、炼厂气、油田气的脱硫及克劳斯硫回收的 SCOT 尾气处理装置。净化气中的 H_2S 含量可降低到几个 ppm，同时还

可部分脱除有机硫。另外，活化 MDEA，可用于合成气、天然气的脱碳并脱硫。一般而言，采用 MDEA 作溶剂，过程能耗可降低 30%～50%，操作费用可减少 20%～30%，投资可节省 20%左右。

胜利炼油厂 1995 年 5 月在第二气体脱硫装置上使用 YXS-93 高效脱硫剂进行了工业试验。该脱硫装置处理孤岛蜡油催化裂化产生的干气和液态烃。装置设计处理能力 120kt/a。工业运转表明，同使用 MEA 溶剂相比，YXS-93 脱硫剂有如下优点：贫液循环量降低，由 44～48t/h，降至 22～25t/h，下降了 43%；该溶剂运行中不易发泡；选择性好，CO_2 脱除率由 90%降至 40%以下，再生酸性气中 H_2S 浓度提高 10%以上，有利于克劳斯装置；净化效果好，净化气含 H_2S 小于 10μL/L；可提高装置处理能力 20%～30%。经初步核算每年可增收节支 80 万元以上，且不包括酸性气 H_2S 浓度提高，为克劳斯装置带来的经济效益。目前该厂第一气体脱硫装置也采用了 YXS-93 高效脱硫剂。

济南炼油厂气体脱硫装置处理 RFCC 装置的液化气及干气，原来使用 MEA 溶剂脱硫，存在不少问题。为此改用了 YXS-93 新型选择性脱硫溶剂。装置安全平稳运行五个多月后进行了技术标定。工业运转结果表明，使用 YXS-93 脱硫剂有如下优点：装置操作平稳，净化气质量好。原来使用 MEA 时，净化干气含硫经常超标，使用 YXS-93 脱硫剂后，净化气合格率为 100%，含硫量<10mg/m³；再生酸气质量大大提高。因 YXS-93 对 H_2S 选择性好，酸气中 H_2S 由原来的 10%（体积分数）提高到 40%，CO_2 含量由 60%～70%降至 40%～50%，稳定了硫回收装置的操作，使硫回收率由 78.6%提高到 90.4%，每年可增产硫黄 330 多吨，仅此一项每年可增加经济效益 33 万元；气体脱硫装置能耗大幅度下降，由 353.52MJ/t 原料降至 200.86MJ/t 原料。另外溶剂降解和消耗也明显减少。

燕山石化公司炼油厂两套催化裂化干气、液化气脱硫装置均采用单乙醇胺做脱硫剂，由于 MEA 蒸汽压高，平衡蒸发损失大，使用浓度低，脱硫负荷受限制，选择性差，能耗高。为了解决这些问题，1995 年 1 月改用了 YXS-93 高效脱硫剂。工业运转结果表明，YXS-93 脱硫剂有如下优点：①脱硫效果好，在溶剂循环量大幅度降低情况下，净化干气中 H_2S 含量为零，净化指标合格。贫液循环量下降了 25%～45%，除了节约了冷却水、电以外，仅再生蒸汽每小时就节约 0.9t，仅此一项每年节约 33 万元。②溶剂选择性好，酸性气质量大为改善，再生酸气中 H_2S 含量平均增加了 9.21%，CO_2 下降了 9.23%，为后续克劳斯硫回收装置提高效益创造了条件。

武汉石油化工厂催化裂化装置干气、液态烃脱硫一直使用单乙醇胺溶剂，可以适应低硫原油催化裂化气体的脱硫精制。近几年来存在着设备腐蚀严重、溶剂再生塔热源不足和净化气质量难以保证等问题。为了解决这些影响安全、平稳生产的问题，采用 YXS-93 新型脱硫剂进行了工业试验。1994 年 11 月开始试用，1995 年 2 月进行了装置标定。工业运转结果表明，使用 YXS-93 脱硫剂，装置运转平稳，易操作，溶剂无起泡、无降解现象；从标定结果看出，使用 YXS-93 脱硫剂，净化度高，H_2S 脱除率达到 99.98%，保证了产品质量；降低了溶剂循环量，在保证产品质量和处理量的情况下，胺液循环量下降了 32.2%，节约了冷却水、电和再生蒸汽，相当于节省能量 71.52×10⁴kcal/h，得到了很大的节能效益；新型脱硫溶剂选择性好，CO_2 脱除率由原来的 79.84%下降至 62.8%，再生酸气中 H_2S 含量由 50.91%提高到 66.38%，提高了 15.67%。为后续硫黄回收装置提高效益创造了条件。

至目前为止，使用 YXS-93 高效脱硫剂处理炼厂气的单位有：齐鲁石化公司胜利炼油厂、济南炼油厂、金陵石化公司南京炼油厂、广州石化总厂炼油厂、茂名石化公司炼油厂、福建炼油厂、巴陵石化长岭炼油厂、镇海石化总厂炼油厂、武汉石油化工厂、洛阳石化总厂炼油厂、荆门石化总厂炼油厂、九江石化总厂炼油厂、沧州炼油厂、燕山石化公司炼油厂、锦西炼化总厂炼油厂、兰州炼油厂、乌鲁木齐石化总厂、吉化公司炼油厂等。共有 20 多套工业装置采用了 YXS-93 新型脱硫溶剂，普遍收到了好的效果。从各厂工业装置运转情况看，使用 YXS-93 高效脱硫剂达到了如下效果：①该溶剂凝固点低，便于配制，加入方便，装置运转平稳，易于操作，溶剂无发泡现象，溶剂降解少，腐蚀轻。②净化效果好，炼厂气经脱硫后，H_2S 含量小于 $10\mu L/L$，符合指标要求。③溶剂选择性好，吸收的 CO_2 大量减少，再生酸气中 H_2S 含量大大提高，可提高 $10\% \sim 20\%$，为硫回收装置降低操作费用及提高硫回收率创造了条件。④由于该溶剂使用浓度高及选择性好，能大幅度降低溶液循环量，从工业应用看可降低 $20\% \sim 50\%$，；由于溶剂循环量小，CO_2 吸收量少，气体脱硫装置能耗大大降低，节约了再生蒸汽、冷却水和电能。节能效果可达 $20\% \sim 50\%$。对一套 $100kt/a$ 工业装置，每年可创造经济效益 50 万~100 万元。全国 20 多套工业装置使用了选择性胺液脱硫，仅节能降耗每年可为国家创造 1000 万元以上的经济效益。这是炼厂气脱硫技术的一大进步。

4　不断发展炼厂气脱硫技术

单乙醇胺法是一种古典的净化工艺，该法使用范围广，适用于低含硫进料，简便可靠，溶剂价廉易得，装置投资小。国内炼厂广泛采用该法来处理炼厂气，至今已积累了二十几年的操作经验。二异丙醇胺法是荷兰壳牌发展公司开发的一个炼厂气脱硫工艺过程，亦称阿迪普（shellAdip）法，该法可选择性脱除 H_2S。国内 20 世纪 80 年代将其用于克劳斯尾气处理 SCOT 部分脱硫，南京炼油厂 80 年代初采用二异丙醇胺处理炼厂干气和液化气工业试验成功，现在国内已有多家应用，已积累了十几年的操作经验。甲基二乙醇胺（MDEA）法 80 年代中期在国内实现工业化，最初用于天然气脱硫和克劳斯硫回收 SCOT 尾气处理装置，90 年代初推广应用于炼厂气脱硫。新近开发的更现代化的高效能过程，大多数使用甲基二乙醇胺（MDEA）为基础的配方溶剂。联合碳化物公司的 HS-101 即是选择性配方溶剂。90 年代初，江苏宜兴市炼油助剂厂开发的 YXS-93 脱硫剂也是以 MDEA 为基础的配方溶剂，并已在炼厂中大面积推广应用，推进了炼厂气脱硫技术的进步。

今后，我国炼油厂将面临原油变重、炼制进口高硫原油和原油深度加工的任务，炼厂气脱硫也是摆在广大科技人员面前的重大课题，仍然有许多工作要做，科研、设计、生产单位应密切协作，不断发展炼厂气脱硫技术。笔者认为今后几

年应抓紧做好如下几方面工作。

1）在炼厂气脱硫领域，积极稳妥地推广选择性吸收工艺。我国炼厂气主要是指催化裂化、焦化干气和液化气，除含 H_2S 外，含有大量的 CO_2。而对炼厂气净化的要求，主要是脱除 H_2S，允许部分 CO_2 保留在净化气中。采用选择性吸收工艺不但获得显著的节能效果，而且为后续的硫回收装置提供了优质原料，经济效益也是很大的。并且可以收到便于操作，溶剂降解少，减轻腐蚀等好处，另外装置一般不必作大的改动，投资省。因此应以积极的态度不断推广，以获得更大的经济效益和社会效益。另一方面要稳妥，各厂要根据本厂炼厂气含硫的情况、对净化气的要求，现有装置状况进行认真的技术分析，经济核算，并经过工业试验和进行技术改造，才能选用和用好选择性吸收工艺。

2）积累操作经验，充分发挥选择性吸收工艺的优势。目前已有 20 多套工业装置采用 YXS-93 脱硫剂净化炼厂气。有的完全采用了 YXS-93 溶剂，有的单位将 YXS-93 与 MEA 或 DIPA 混用。有的在应用中，收到了显著的节能和提高酸性气质量的效果，有的单位在应用中效果不大，或出现了一些技术问题。这与选择性溶剂使用时间短，操作经验不足有关。各单位技术人员应根据本厂气体组成情况，对净化气的要求和装置现状，不断摸索，优化工艺条件，如溶液浓度、气液比溶液循环量及吸收、再生温度等多少效果最佳，经济效益最好等，并不断总结及改进。笔者建议，每 1~2 年，使用选择性溶剂单位的技术人员召开一次操作经验交流会，取长补短，共同探讨用好选择性吸收工艺的技术关键。石油大学（北京）等单位开发了气体脱硫过程计算机模拟软件，应配合生产厂对脱硫装置进行离线调优，提出优化操作方案，以取得最大的经济效益。

3）提高选择性胺溶剂质量，降低成本。甲基二乙醇胺是四川精细化工研究院开发研究成功的，并在 80 年代末实现工业化生产。国内虽有几家单位也生产该产品，但规模小，成本高。即使宜兴市炼油助剂厂开发的 YXS-93 配方溶剂，目前价格也较高，溶剂质量，如色泽、性能等也有待改进。作为溶剂生产单位，应该努力改革工艺，降低成本，提高质量，赶上进口溶剂的

水平。

4）脱硫溶剂系列化及开发新型溶剂。国外各公司为了扩大其溶剂适应各种条件的能力，纷纷将其掌握的方法系列化。美国 DOW 化学公司将其用于气体净化的系列方法命名为 Gas/Spec，此中：Gas/Spec、CS-L、CS-2、CS-3 及 CS-1M，均是同时脱除 H_2S 和 CO_2 的方法。Gas/SpecSS 及 ST 均是用于选择脱除 H_2S 的方法，已知 Gas/Spce SS 含有 MDEA。联合碳化物公司提供了牌号为 U-carsol 的各种溶剂，已知有 HS-101、HS-102 及 ES-501 都是选择性脱除 H_2S 的溶剂，其中 ES-001 是特别配制的，能在较低压力下，如 0.35~1.05MPa，使净化气中 H_2S 降至 4μL/L。CR 溶剂是为全部或大部脱除 CO_2 特别设计的，如 CR-301、CR-302、CR-303 等牌号。国内也应使脱硫溶剂及方法系列化。以适应不同要求。

80 年代以来，国外研制选吸性能比 MDEA 更好的新型胺类的工作亦取得进展，较成功的一类即所谓空间位阻胺，系指胺基（-NH_2）上的一个或两个氢原子被体积较大的烷基或其他基团取代后形成的胺类。1984 年美国 Exxon 公司报道研制成牌号为 Flexsorb 的三种空间位阻胺，Flexsorb SE 用于选择性脱硫，Flexsorb PS 用于同时脱硫脱碳。目前已有十几套工业装置应用。空间位阻胺和一般叔醇胺相比，在保持 H_2S 吸收速率很高的同时，使 CO_2 的吸收速率降得很低。由于改进了选择吸收性能，它对 H_2S 的负荷量也比 MDEA 高，应用时能进一步降低溶液循环量。四川天然气研究所曾以叔丁胺与二甘醇缩合制得过位阻

胺，称为 TBGA，并在常压下比较了它与 MDEA 的选择脱硫性能，认为它的酸气负荷、净化度及选择性均优于 MDEA，但未大量生产。应该继续开展位阻胺类溶剂的研制及应用研究，以便开发新型脱硫溶剂。

5）保持溶液清洁，减少溶剂降解和损耗。要保持胺法脱硫装置长周期、安全平稳操作，必须尽量除去进入溶液的杂质和降解产物。首先要采用高效分离器除去原料气中微粒、烃类、液滴等。其次要进行溶液过滤及溶剂复活。溶液过滤可采用筒式过滤器和活性炭过滤器，以除去各种杂质。3M 公司设计了一种独特的、在管线中的压力容器，配合 3M 高容量液体过滤器，能取得最佳的过滤效果。胺液装置中使用该过滤系统，固体粒子可降至 0.01% 以下，安装该高效过滤系统，能减少胺液发泡，延长运转时间，保持设备清洁，提高换热效率，减少能耗。建议选择 1~2 套工业装置试用，积累经验。

6）研究及改进传质设备。选择性脱硫其成功主要在溶剂体系方面，但传质设备也对选择性有重要影响。目前国内干气脱硫多采用浮阀塔板，采用选择性脱硫溶剂后，应在装置改造时，在吸收塔增开几个胺液入口，以探索最佳吸收塔盘数，提高选择性。另外国外研究表明，板式塔和鲍尔环填料塔选择性约为 100 的话，旋流型和离心型接触塔的选择性可达 160，并流旋涡管板吸收塔选择性可提高 10 倍。我们应密切注意这方面的发展，并开展新型传质设备的研制。

总之，我们要通过各方面努力，再过几年时间，使炼厂气脱硫技术再前进一步。

赴法国考察 CLAUSPOL 工艺的报告

戴学海　　王吉云

（大连西太平洋石化有限公司）

大连西太平洋石化有限公司硫黄回收装置的工艺、设备、仪表及分析化验人员一行 7 人，赴法国巴黎进行了为期三周的参观学习。

在三周的时间里，我们主要就硫黄回收装置的开、停工以及正常操作，尤其是 CLAUSPOL 单元的开、停工以及正常操作进行了研讨，并对设备、仪表以及分析化验的一些问题也进行了讨论。在此期间，我们还到了由 LGI 公司设计的两套硫黄回收装置和 TOTAL 公司 NORMANDIF 炼油厂的硫黄回收装置进行了现场参观学习。同时，我们还参观了在线分析仪厂家 AMETEK 公司及离心式压缩机厂家 LAMSON 公司，下面就这次赴法参观学习的情况谈一下自己的体会。

1　我厂装置情况

本装置硫黄回收部分采用 CLAUS 工艺，设有二级反应器，设有捕集器，在最后一级冷却器出口安装有除雾器；并在 CLAUS 单元的后部安装有在线分析仪。从 CLAUS 单元出来后，转化率可达到 95%。

本装置尾气处理部分采用 IFP（法国石油研究院）的 CLAUSPOL 工艺，其工艺特点：

1）操作简单，动设备少，只有两个控制回路（温度、比值）。

2）操作弹性大。CLAUSPOL 工艺能根据不同的设计要求处理各种 CLAUS 装置尾气，其操作弹性大，对低负荷原料气几乎没有限制。

3）溶剂稳定性较高，不需再生，可连续操作二年，而且 NH_3 的存在对操作没有影响。

4）转化率和硫回收率高。从 CLAUSPOL 单元出来后，总硫收率可达 99.5%。

2　H_2S/SO_2 比值的控制

对于 CLAUS 反应，1mol 的 SO_2 消耗 2mol 的 H_2S，如果在 CLAUSPOL 单元入口处的 H_2S/SO_2 比值为 2，若反应是在气相中进行的话，则此数值可称为最佳值。如果入口的比值大于 2，则此比值将随反应的进行而不断增大；若入口比值小于 2，则其随反应的进行而不断减少。

CLAUSPOI 工艺其反应可分为两步。

首先，来自气相中的 H_2S 和 SO_2 进入液相。

第二步就是液相中的 H_2S 和 SO_2 进行 CLAUS 反应。由于水杨酸、PFC（聚乙二醇）和可溶性钠盐（$S_xO_xNa_2$）形成了可溶性的络合物。它能加速上述反应的进行。

由于这种络合物的存在，从气相进入溶剂中的 H_2S 和 SO_2 便开始反应而生成液硫和水蒸气。液硫沉降后与溶剂分离，水蒸气随净化气体一同进入焚烧炉。

本反应生成硫的选择性是很高的，但同时也会发生一些副反应（尽管其速度很低），产生可溶性含氧钠盐。试验证明，在装置中形成的所有钠盐，最后都将变成硫酸钠。

H_2S 超过化学计量值将会改善催化剂的活性，增加络合物的稳定性并能限制硫酸盐的生成。

如果 SO_2 的剂量超过化学计量值，那么副反应将会增加。在某种程度上，还可由补充较多的催化剂来弥补；但如果 SO_2 过量太多或过量时间太长，将会破坏催化络合物。另外，SO_2 长期过量也会使液硫沉降困难，同时使液硫颜色变坏（有点米色）。

SO_2 在 PEC 中的溶解性要比 H_2S 高得多，所以生产操作时入口的 H_2S/SO_2 比值要大于 2，以保证液相中 SO_2 含量不过量，以便保护催化络合物，确保其催化活性。由于气相中的 H_2S/SO_2 随转化反应的进行而增加，所以在 CLAUSPOL 单元入口处的 H_2S 按化学计量值稍微过量一点，就可

阻止 SO_2 在液相中过量。

如果出口比值大于 20，由于 SO_2 量太少而使转化率降低。

如果出口比值小于 3，这样长时间操作将会对催化络合物的稳定性产生不良影响。

综合上述两点，入口比值应控制在出口比值 3~20 间相对应的数值。在正常情况下，入口比值最小为 2.01，最大值为 2.24。

3　催化剂配制与装置防腐

当我们在 TOTAL 公司 NORMANDIE 炼油厂参观学习时，炼油厂技术人员向我们介绍了 CLAUSPOL 单元的运行情况。TOTAL 公司 NORMANDIE 炼油厂有两套硫黄回收装置，分别于 1992 年和 1993 年建成投产。尾气处理全部采用 CLAUSPOL 工艺，处理能力分别为 125t/d 和 145t/d。使用 DCS 控制，与常减压、重油、加氢同在一个操作室内，每班只有 2 名操作员，分析化验在中心化验室。这两套装置的总硫收率都可达 99.5% 以上，生产出的硫黄产品，全部以液体形式用罐车装运出厂。在现场，我们还看到了催化剂的配制过程：将所需的 NaOH 溶液加到现场的催化剂配制罐中，开动搅拌器，再加入所需的生活用水，最后缓慢地加入水杨酸，控制温度不超过 70℃。

这两套 CLAUSPOL 的管道和设备，基本上都采用碳钢材质。但从开工生产以来，其腐蚀程度很小，其关键在于控制好反应塔及管道表面的温度，使它保持在水的露点温度以上。如果温度较低，就会出现蒸汽冷凝现象。这时，气相中的 SO_2 就有可能会溶解在冷凝水中，从而生成对碳钢严重腐蚀的亚硫酸，所以反应塔外部要有保温，这也是 IFP（法国石油研究院）CLAUSPOL 专利代表所强调的。同时反应塔及管道的保温层要保证完整好用，以确保其表面温度高于水的露点温度，避免腐蚀的发生。H_2S/SO_2 比值过低也是造成腐蚀的一个原因，在 H_2S/SO_2 比值过低，即 SO_2 过量的条件下连续操作会增加对设备及管线的腐蚀速度，因此，要防止 H_2S/SO_2 比值过低的情况出现。

4　硫酸盐沉积物洗涤

据炼油厂的工程技术人员介绍，在

CLAUSPOL 的操作过程中，会发生副反应而生成硫酸钠，所有加到装置中的钠最终都将变成硫酸钠，它不溶于溶剂，在循环中被填料滤出（吸附在填料上造成压力降增大）。沿塔的压力降增加很慢，经两年操作后可达到设计值。即使有可能延长操作时间，但洗涤工序要进行，借以排除填料上的硫酸盐沉积物。最好不要等填料上形成了很多的硫酸盐后再洗涤，因这样会给 CLAUSPOL 单元的运行带来很多麻烦。复杂的硫酸盐沉积物阻碍了溶剂在设计的流量下循环，且又降低了转化率等。加到装置中的钠一定要有一个确切的数字，因为洗涤的用水量与硫酸钠沉积物量成比例。NORMANDIE 炼油厂 1993 年投产的那套硫黄回收装置，虽然只运行了一年多，但由于压力降较大，在 1994 年停工检修时，也进行了洗涤操作。

洗涤的过程相当简单。将水加入到反应塔中，用溶剂泵进行循环，大约循环 5h，停泵后至少要等 24h，以充分除去填料上的沉积物。填料上的硫酸盐沉积物被 PEC 湿润，把水加到系统后，能够形成两相：一个是带有少量硫酸盐含有 52%PEC 的有机相，另一个是带有少量 PEC 含有 31% 硫酸盐的水相。

当环境温度很低时，不要进行洗涤操作。因为所回收的水相具有相当高的凝固点。在整个洗涤过程中，也必须对温度特别注意，水相的凝固点大约在 30℃ 左右（生成了芒硝 $Na_2SO_4 \cdot H_2O$）。

存在的两相（有机相和水相）由于密度和颜色不同，很容易分开（有机相颜色发暗，水相颜色浅得多）。水相先用生活用水稀释，以降低其凝固点。用溶剂泵通过周围的循环线以最小的流量进行稀释，水相流量要保持相当低，以便能用生活用水进行必要的稀释，最后将水相送至污水处理装置，有机相可存储在有机相罐中。开工后，可将其注到循环溶剂中，以回收其中的 PEC，洗涤完后，可用水冲洗几次，直到水中的含盐量小于 1% 为止。

5　其他工厂的参观

在学习期间，我们还参观了 HOECHST 公司和 CHEVRON 化学品公司的硫黄回收装置，这两套装置都是由 L. G. L 公司设计的。

HOECHST 公司的硫黄回收装置是 20 世纪 70 年代初建造的，设计能力为 165t/d，控制系统采用电三型表，装置的入口和出口都由在线分析仪控制。操作人员实行五班三运转，每班两人，操作工兼管分析化验。操作工还配备便携式 H_2S 报警器，便于操作工在现场巡检时使用。这套装置建成投产 20 多年来，操作一直很平稳。此套装置没有尾气处理，总硫收率可达 96% 左右。

CHEVRON 化学品公司的硫黄回收装置是 1992 年建成投产的。设计能力为 25t/d，原料为化工厂尾气，其中 H_2S 含量不到 30%，由于含量太低，其燃烧炉和反应器与普通使用的有很大的差别。尾气处理采用 CLAUSPOL 工艺，总硫收率可达 99%。此套装置的控制系统采用 DCS 控制，与酸性水装置同在一个控制室内。

在此期间，我们还到了分析仪厂家 AMETEK 公司和风机厂家 LAMSON 公司。我装置采用的分析仪为 PDA6200。这个分析仪通过模拟测量 H_2S、SO_2、COS、CS_2 和氧气含量，以进行优化克劳斯装置操作。此系统通过从工艺管线上连出的采样线相连，现场采样点和分析仪之间采用电加热形式保温。

LAMSON 公司总部在美国，在巴黎设有分公司的维修厂。主要生产用于污水处理和硫黄回收的离心压缩机。LAMSON-2007 型离心压缩机用于本装置反应炉供燃烧配风，其流量为 $14000m^3/h$，出口压力为 70kPa，使用电压为 6000V，转速为 3000r/min，其叶轮材质为铸铝，这与其他离心压缩机有所不同。

在这次学习参观过程中，我们发现国外硫黄回收装置主要有以下几个特点：

1）产品多采用液硫形式出厂。

2）操作工人数较少，有的厂操作工同时负责几套装置或兼管化验分析。

3）运行周期较长，基本上是两年停工检修一次。另外，一二级反应器排污口接到地下液硫罐（液硫储罐内设硫封）。这样反应器内积硫就能连续排入地下液硫罐。

4）鼓风机效率低，即有效功率低。我们装置的鼓风机选用 TSD-50 型罗茨鼓风机，额定流量为 $1200m^3/h$，出口压力 0.049MPa；在实际运行期间，鼓风机流量只能达到 $400\sim600m^3/h$，出口压力仅能达到 0.03MPa，如果提高出口压力，则鼓风机声音不正常，皮带打滑。

针对这种情况，我们采用装置的非净化风作紧急状态补充使用，同时系统安装一套仪表自动调节系统。由于生产负荷低，目前状态下鼓风机尚能满足生产要求。

5）低压蒸汽压力低（设计 0.3MPa）。满足不了硫黄装置夹套伴热的目的要求。尤其是末端排污排凝管线，经常发生积硫堵塞的情况。我们采取的措施是提高蒸汽压力，即由 0.3MPa 提至 0.45MPa，同时在低压汽管线上加安全阀。

低压蒸汽压力提高，又带来另一个问题，我们成型部分采用转鼓成型机，其夹套设计压力为 0.3MPa，蒸汽压力提高后，成型机夹套出现鼓包现象，我们采取在夹套内加筋板的办法对夹套进行补强。

6）捕集器在开工初期的系统升温过程中出现过积炭堵塞现象，造成系统阻力增大，硫封鼓开。我们注意调好配风，另一方面，我们拿出一层捕集器丝网，减少阻力。

7）转鼓成型机卸料斗不能及时卸料。由于一次卸料斗的定时卸料阀开度大，开启后硫黄急速卸入二次卸料斗，易造成堵塞。因此，我们在生产时将风动仪表调低，卸料阀缓慢开启，均匀卸料。

另外，我们在装置开工过程中还遇到了许多问题。有些是判断失误，有些是设计考虑不周，如：液硫泵出口管线在罐根部 100mm 长没有夹套伴热，造成开工多次堵管，硫黄在转鼓中积存，且间断操作，易自燃，对生产和安全带来一定的隐患。

通过一年来的装置开工及运行，我们解决了许多出现的问题和困难。但我们的经验很少，对一些问题的认识和处理不一定是最恰当的。希望和兄弟单位的交流能给予我们更多的学习机会，使我们装置能够安、稳、长、满、优运行。

8）装置设备布置紧凑，占地面积小。

总之，通过这次赴法国学习，我们开阔了眼界，学到了国外先进的管理和生产经验，加深了对 CLAUSOL 工艺的了解，增强了我们开好本装置的信心。

实施 SO₂ 排放新标准的问题和看法

关昌伦　陈运强　张　津

(中国石油天然气总公司四川设计院)

1　面临问题

随着社会的发展，保护人类生存环境、提高环境空气质量的问题已成为一项十分艰巨和紧迫的任务。当前，我国对工业企业环境保护问题已提出了更高的要求，制定了十分严格的《大气污染物综合排放标准》(GB 16297—1996)，这对石油化工和天然气行业的发展都将带来巨大的困难。

1996 年底以前，我国废气排放标准是按不同行业或地区制定 SO₂ 排放标准的，从未规定废气中 SO₂ 浓度，原有的《工业"三废"排放试行标准》(GBJ4—73)中 SO₂ 排放标准如表 1。

表 1　GBJ4—73 中的 SO₂ 排放标准　kg/h

排气筒高度/m 项目	30	45	60	80	100	120	150
电站	82	170	310	650	1200	1700	2400
冶金	52	91	140	230	450	670	—
化工	34	66	110	190	280	—	—

按照以往的国家和地方 SO₂ 废气排放标准。选择硫黄回收技术方案的一般原则是：当工厂硫产量规模过大，才用常规 Claus 工艺，经努力仍不能满足排放标准时，则考虑采投资低的低温 Claus 工艺(如 Sulfreen 和 MCRC 等方法)处理尾气，如仍不能满足要求(如进料硫在 500t/d 以上)，才采用其他类型的硫黄回收和尾气处理工艺(如 Claus/SCOT 或 Claus/BSRP 等方法)。

从 1997 年 1 月 1 日开始实施的 CB 16297—1996 标准，是强制性标准，要求 2000 年以后现有企业都要达到这一标准，该标准对 SO₂ 排放浓度作了严格的规定：新污染源，≤960mg/m³；现有污染源，≤1200mg/m³(注：本文中气体体积皆为 0℃，101.320kPa)，按此标准规定，要求硫黄回收装置达到的硫收率见表 2。

由表 2 可见，为满足现行的废气排放标准，当进料酸气 H₂S 浓度为 20%～80%，采用热力焚烧后直接排放，硫回收装置收率必须达到 99.63%～99.85% 以上，即使考虑尾气焚烧后掺入大量空气降温处理，所需硫回收装置收率也无明显降低。

表 2　满足 GB 16297—1996 标准
所需的硫回收装置收率　%

进料气 H₂S 浓度 烟气温度/℃	20	30	50	80	备注
600	99.63	99.73	99.81	99.85	热力焚烧后直接排放
300 标准	99.12	99.37	99.57	99.67	掺空气降温排放
250 标准	98.90	99.21	99.46	99.60	掺空气降温排放

注：*此种尾气经热力焚烧后掺入空气降温后排放情况，多用于小型硫黄回收装置，采用无耐热衬里的碳钢排气筒。

须指出，虽然 GB 16297—1996 标准未规定不能采用空气稀释的办法降低大气污染物浓度(对火电厂，新的专用标准 GB 13223，在规定烟气中 SO₂ 浓度时，限定了燃料的过剩空气系数)，但这种办法是极为有限的，掺入过多的空气会增大排气筒直径，降低排烟温度，降低排气筒抽力和影响 SO₂ 扩散。由于受到废气中硫酸露点的限制，排气筒内烟气设计温度通常不能低于 250℃(若采用催化焚烧法，焚烧温度不能低于此值；若采用热力焚烧后利用废气余热，为防止换热管腐蚀，余热锅炉蒸汽压力应不低于 2.5MPa)，如果为满足废气温度要求，在掺入空气稀释之后又再增加废气加热设施，将大大增加投资和能耗，是不可取的。

表 2 中所列数据与硫回收装置规模无关，要达到表中的硫收率，不仅常规 Claus 法不行，低温 Claus 法和 Superclaus 法也不行。要满足废气中 SO₂≤960mg/m³ 的要求。必须采用 SCOT 法或 BSRP 法处理 Claus 装置尾气，使总硫收率≥

99.80%。SCOT 法和 BSRP 法都是还原–吸收法，还原–吸收段硫收率皆在 95% 以上，因而总硫收率可达 99.8% 以上。两种方法的还原部分基本相同，吸收部分不同。SCOT 法采用选择性脱除 H$_2$S 的醇胺法，将吸收的 H$_2$S 返回上游 Claus 装置；BSRP 法则采用 ADA 法吸收 H$_2$S，直接转化为单质硫。国内尚无 BSRP 法装置，其操作问题比 SCOT 法装置还要多些。SCOT 法除存在流程复杂，需设酸水汽提装置，操作费用高等缺点外，国内自行设计的 SCOT 装置还存在一些操作问题，当操作波动，如上游硫回收装置转化率、捕集率降低，还原气供应不足时，皆可造成尾气中硫或硫化物加氢不完全。由于 SO$_2$ 的存在，易造成酸水循环冷却系统腐蚀和胺液选择性吸收系统溶液 pH 值降低，使溶液失效，腐蚀性增加，除增加操作费用外，还存在被污染溶液的处理问题。此外，加氢还原不够，在急冷塔内易引起积硫堵塞，SCOT 装置操作要求苛刻，需有在线分析仪对过程进行严格的监控。否则，装置故障率高、开工率低，实际平均硫收率低。

国内现有 60 多套硫回收装置中，除有几套装置采用 Claus/SCOT 法外，都不能满足现行国家标准要求，若无论其规模大小，都采用 Claus/SCOT 工艺进行技术改造，不仅需付出很高昂的投资和操作费用，而且，对于一些中小型规模或已经配备尾气处理的硫黄回收装置，实行这种技术改造的可能性是很小的。

为了满足现行国家排放标准，对于一些小型装置（如进料气潜硫量在 5t/d 以下的装置），可以考虑采用液相直接氧化法处理酸气，气体 H$_2$S 由碱性溶液吸收后直接以空气氧化为单质硫。此类方法的通病是：化学品耗量大；吸收液硫容量低；设备尺寸大；操作费用高；产品硫质量较差；系统内易积存硫膏，吸收塔易堵塞；有污水处理问题等。此类方法的突出优点是不需建 Claus 硫回收装置，处理后的废气中 H$_2$S 浓度极低，不需焚烧即可排放。液相直接氧化法中以 ADA 法应用最广，但国内尚无处理高硫气体的经验，存在的操作问题较多。20 世纪 80 年代中期国内开发的 PDS 法脱硫的适应性强，当进料气体中 H$_2$S 含量在 0.1~500g/m^3 范围内，经两级液相催化氧化段脱硫，均可达到环保要求。PDS 法的

其他优点是：生成的硫泡沫颗粒大，易分离、不堵塔；催化剂组分 PDS 用量少、成本低，其成本比国际上通用的 ADA 降低 50% 以上；副反应可以控制，无废液排放问题；无机硫（H$_2$S）的脱除率可达 99.8%，有机硫的脱除率可达 50%~80%。陕甘宁气田天然气净化厂设计采用 PDS 法处理 H$_2$S 含量为 3.411%（52.4g/m^3）、潜硫量为 3.9t/d 的酸性气体，脱除 H$_2$S 后主要含 CO$_2$ 的气体经压缩后输往附近的 100kt/a 甲醇装置作原料，起到一举两得的作用。国外较流行的液相直接氧化法是 Lo-Cat 法，此法脱硫剂稳定，生成的细粒状硫可以直接在氧化槽内沉降分离，工艺过程简单，Lo-Cat 法在加快氧化速度和提高硫容量等方面均有重要发展。Lo-Cat 法分双塔和单塔两种流程，前者可用于净化天然气，后者可用于处理酸气，处理后废气直接排放。Lo-Cat 法存在的问题是螯合剂需引进且价格昂贵，操作费用高，硫容量高时副反应加剧和产品硫质量较差的缺点，不宜用于硫产量超过 5t/d 的场所。

无论采用 SCOT 法，还是采用液相直接氧化法都存在投资大、运行费用高、操作问题多等缺点。随着我国天然气开发规模和进口高硫原油数量的不断增加，硫黄回收装置的套数和规模将不断增大，环保要求与发展之间的矛盾将日益突出。

2　几点看法

2.1　从废气中 SO$_2$ 浓度与排放标准的关系看，不宜过分限制废气 SO$_2$ 浓度

关于我国 SO$_2$ 排放标准的制定问题，现行的 GB 13223 对火电厂的 SO$_2$ 排放标准，不是直接由排气筒高度查取，而是由计算确定的，采用 "P" 值法计算。以往在制定地方标准时所遵循的《制订地方大气污染物排放标准的技术原则和方法》（GB 3840—1983）也采用 "P" 值法，"P" 值法类似日本的 "K" 值法，它是一种基于扩散棋式并考虑了政治、经济、自然条件多种因素的半经验方法，按照 "P" 值法，在一定的环境条件下，单根排气筒 SO$_2$ 的排放量是与排气筒的等效高度的平方（或近似二次方）成正比，与排气筒出口处风速成正比的。即：

$$Q = PUH_e^m \qquad (1)$$

式中　Q——SO$_2$ 允许排放量，t/h；

U——排气筒出口处风速，m/s；

H_e——排气筒等效高度，m；

$H_e = H$（排气筒几何高度）$+ \Delta H$（烟气抬升高度）；

m——地区扩散条件指数。按 GB13223 规定：城市 $m = 1.893$；农村、平原 $m = 2.075$，丘陵及其他 $m = 1.893$。而按 GB 3840—1983，无论城市或农村，$m = 2.0$；

P——排放控制系数，由所允许的 SO_2 最大着地浓度和经济、技术及现有污染源情况等条件决定。

由式（1）可见，若其他条件（P、U）相同，对同一 SO_2 排放量（Q），所要求的排气筒等效高（H_e）是相同的，若降低烟气中 SO_2 浓度（保持烟温不变），意味着烟气流量增大，热释放率增加，烟气抬升高度（ΔH）增加，可以采用相对较低的排气筒几何高度（H）。如表 1 所示，以往在制定 GBJ473 标准时，正是基于不同企业中排放烟气的条件不同（烟气温度特别是烟气中 SO_2 浓度不同），烟气抬升高度不同，可以按企业区别制定 SO_2 排放标准。由于电站烟气中 SO_2 浓度远低于化工厂和冶炼厂烟气，所以，同一几何高度的排气筒，电站的 SO_2 排放量远高于化工和冶金行业。

由以上分析知，就大气中污染物的扩散而言，废气中 SO_2 浓度的影响，是体现在烟气的抬升高度上的，因而，不宜将废气中 SO_2 浓度作为一个定值。而 GB 16297—1996 标准规定，无论排气筒高度如何，SO_2 排放速率大小，排气筒所在地区的风速等自然条件和经济技术条件如何，都必须满足一个规定的 SO_2 浓度值，这种限制是令人费解的。

此外，如上所述，电站烟气中 SO_2 浓度通常情况下比冶金和化工企业要低，电站的 SO_2 排放量又远高于冶金和化工企业，然而，同时 1997 年 1 月 1 日开始实施的新的国家标准《火电厂大气污染物排放标准》（GB 13223—1996），所规定的烟气中 SO_2 最高允许排放浓度却比 GB 16297—1996 综合排放标准还要高些（见表 3），这种情况也是令人费解的。

表 3　新建（第Ⅲ时段）火电厂烟囱 SO_2 最高允许排放浓度

燃料收到基硫分/%	≤1.0	>1.0
最高允许排放浓度/（mg/m³）	2100	1200

2.2　对天然气行业，SO_2 排放标准应有所放宽

事实上，每个国家和地方在制定大气污染物排放际准时，都要根据对大气环境的质量要求，综合不同地区的经济技术状况和大气扩散条件，如风速、风向、本底浓度、地貌等，并考虑到不同行业的实际情况，以求得环境效益与经济效益的统一。在我国现有的国家大气污染物排放标准体系中，按照综合性排放标准与行业性排放标准不交叉执行的原则对锅炉、工业炉窑和火电厂等行业都制定有相应的国家标准。我们认为，天然气行业也有特殊性，需另外制定天然气行业的 SO_2 排放标准。其理由如下：

1）天然气净化的主要任务是脱除矿物天然气中的 H_2S 和有机硫等有害杂质，为工业和民用提供优质、洁净、高效的原料和燃料，并将脱除的硫化物在硫回收置中生产硫黄。天然气行业是改善燃料结构的行业。以四川石油管理局在川东地区长寿、垫江、渠县所建的几座天然气净化厂为例，处理能力均为 $4.0 \times 10^6 m^3/d$，原料天然气 H_2S 含量为 $5g/m^3$（潜硫 18.82t/d）左右，若硫回收装置收率为 99%，每座工厂的排气筒所排放的 SO_2 量为 16kg/h 左右，仅相当于燃烧 6.4t/d 含硫量为 3% 的煤所排放的 SO_2 量，而 $4.0 \times 10^6 m^3$ 天然气的热值（按 CH_4 计）约与 4885t 标准煤相当。据统计，1992 年我国大气污染物中 SO_2 排放量每年约 14.6Mt，而其中燃煤过程中的 SO_2 排放量为 13Mt，占总排放量的 90% 左右，显然，若大量用天然气代替煤，必将大大改善大气质量，特别是将天然气用于民用，可消除原来燃煤时所造成的 SO_2 无组织排放严重污染情况。最近，随着我国陕甘宁气田的开发，已向西安和银川供气之后，又将向北京供气，陕京天然气管道的建成投用，必将为改善首都大气环境作出重要贡献。

2）天然气净化过程所排放的废气，尽管其 SO_2 浓度可能还较高，但与燃煤工业过程相比，其 SO_2 排放总量是相当低的，以我国最大的天然气生产基地四川石油管理局为例，1996 年全局排放废气中的 SO_2 总量为 4116.68t，仅占国家环保局规定的 2000 年全国 SO_2 排放总量控制值 20Mt 的 0.02% 左右。

3）由于天然气净化厂多建设在人口密度相对较低的气田内部，其 SO_2 本底浓度通常较低，

是可以将 SO₂ 排放量适当放宽的。

4）由于硫黄回收装置排放含 SO₂ 的废气温度（约 250~600℃）高于电站烟气温度（约 150℃）和冶金、化工企业的排烟温度，具有相对高的烟气抬升高度，当式（1）中 Q、P、U 等条件相同时，可以适当降低排气筒高度。鉴此，在制定行业性 SO₂ 排放标准时，是可以将天然气行业废气 SO₂ 浓度适当放宽的。

5）对火电厂为达到表 3 中烟气 SO₂ 浓度要求，若用煤为燃料，可采用选洗加工将高硫煤中主要硫化物 FeS_2 除去，将原煤硫含量降低 40%~90%，采用这种办法，可收到脱流、除灰、提高煤质等综合效益，满足 SO₂ 排放标准要求（目前我国煤炭入选率较低，不足 17%，而美国为 48%，日本几乎为 100%。全国因煤炭未入选，每年 SO₂ 排放将增加 12Mt），而对天然气行业和石油化工行业，要使排放烟气中 SO₂ 浓度 ≤960mg/m³，即使采用当今世界上一些最先进的硫黄回收工艺，如 MCRC 法和 Superclaus 法都不能满足要求。

6）国家在制定具体的行业性 SO₂ 排放标准时，的确是需要综合考虑经济技术条件的，由表 3 可见，GB 13223 标准规定新建火电厂 SO₂ 最高允许排放浓度，对含硫 ≤1.0% 的燃料，为 2100mg/m³，不考虑烟气脱硫，即可满足要求；对含硫 >1.0% 的燃料，为 1200mg/m³，需考虑烟气脱硫才能满足要求，如含硫为 2%，烟气脱硫率要求在 75%，含硫量为 4%，烟气脱硫率要求在 80% 以上。作这种规定，就是鼓励尽量采用低硫燃料或采用选洗方法降低高硫煤的硫含量。那么，对改善我国燃料结构的天然气工业，也可受到一些政策性的优惠，适当放宽要求，宁可在排气筒的 SO₂ 排放速率上定得严些，也不要将烟气中 SO₂ 浓度定得过严。

7）从工业化国家所执行的环保标准看，1978 年美国联邦环保局（EPA）制定的废气排放法规（40CFR，Part60）是：炼油厂 Claus 尾气焚烧后 SO₂ 浓度 <710mg/m³（250μL/L），但只是对炼油厂而言，对天然气净化厂未见明确规定，而 1985 年补充规定天然气净化厂潜在硫量 2t/d 以上需建硫回收装置，并视生产规模及其最低的硫回收率，规定 1978 年以后投产的工厂必须达到的最

低硫回收率如表 4 所示。另根据四川石油管理局 1995 年 7 月赴加拿大考察团的考察报告，目前加拿大对不回收硫黄的潜在硫上限量规定为 5t/d。西欧的规定介于美国与加拿大之间，绝大多数装置，当总硫回收率达到 98.5%~99% 时就可满足要求。

表 4　加拿大所规定的硫回收装置的最低收率

装置能力/(t/d)	10<C ≤100	100<C ≤1000	1000<C ≤2500	C>2500
最低硫收率/%	95	98	98.5	99
排放气 SO₂ 浓度/(mg/m³)	12800~31900	5200~13000	3900~9800	2600~6500

注：表中 SO₂ 浓度值为进料酸气中 H_2S 含量为 20%~80%，尾气经热力焚烧（t=600℃）后直接排放情况。

相比之下，国内现有的 SO₂ 综合排放标准，对天然气行业和石化行业来说都定得过严，无论硫回收装置规模大小，通常情况下，只能采用 Claus/SCOT 工艺才能满足排放气中 SO₂ 的浓度要求。炼油厂采用 SCOT 装置相对要容易一些，例如，其催化重整装置可以生产高质量氢气，用于加氢还原；石油化工系统的经济效益和自控及操作水平均相对于气田天然气净化厂为高，采用这种过程控制要求严格，运行费用高的方法，困难相对要小些。

综上所述，为了进一步发展我国的天然气工业，根据我国目前天然气产量仍很低的国情，有必要制定天然气行业 SO₂ 排放际准，将排放废气的 SO₂ 浓度适当放宽。这样，将有利于天然气资源的开发和利用，实现"以优质、洁净的天然气代替煤"，最终有利于国家对大气污染物排放总量的控制。

2.3　建议按硫回收装置规模大小规定其最低的硫回收率，从而决定采用的硫回收工艺

对气田上规模小的装置，当硫回收率一定时，其 SO₂ 排放量相对较小，为过分提高硫收率，采用费用高、技术难度大的硫黄回收工艺是不合理的，中小型规模装置采用 Claus/SCOT 法，在经济上显然是不合理的。建议参考加拿大国家的做法，根据硫回收装置规模的不同，规定其最低的硫收率，从而决定采用不同的处理方法。

1）对进料潜硫量在 10t/d 以下的小型装置，建议采用常规 Claus 法两段催化装置，其收率要

求为 88%～93%（进料气中 H_2S 浓度高，取高值），为了提高硫回收率，除采用高效催化剂外，必要时可设置尾气 H_2S/SO_2 比率在线分析仪。

对潜硫量小的装置，当条件允许时还可以考虑采用液相直接氧化法或用碱液吸收 H_2S 生产 NaHS 的方法。对前述的陕甘宁气田天然气净化厂产出 H_2S 浓度<4%的贫酸气，一种很好的选择是采用德国林德公司的 Clinsulf-DO 直接氧化法，该法可处理 H_2S 浓度为 1%～20%的气体。流程简单，为一段直接催化转化，采用装有特殊内冷却器的 Clinsulf 反应器，反应器出口过程气温度接近硫露点温度，硫收率为 92%～95%。

2）对进料潜硫量为 10～100t/d 的中型装置，由于尾气处理装置是在 Claus 装置正常操作下无法满足环保要求时所增加的设施，不仅投资和操作费用高，而且会增加制硫装置的操作复杂性，对于中等规模的装置，不宜采用尾气处理装置，建议采用 MCRC 法或 Superclaus 法这两种高效率硫黄回收工艺，两者都是 20 世纪 80 年代以来常规克劳斯工艺的新发展。前者利用低温克劳斯技术，末级反应器在硫露点下操作；后者用选择性氧化工艺，在末级反应器中将残余的 H_2S 直接转化为单质硫，两者皆克服了常规克劳斯工艺的局限性，兼有硫黄回收和尾气处理的双重功能。硫回收率可达 99.0%～99.5%。

值得提及的是 Clinsulf-DO 法，两级转化的 Clinsulf-DO 工艺（Claus+Clinsulf-DO）与三级转化的 Superclaus 工艺（二级 Claus+Superclaus）一次性投资相近，两者皆在末级反应器内采用直按氧化技术，都是高效率硫回收工艺，但前者硫回收率可达 99.6%，而后者仅为 99.0%，因此，在相同的投资费用情况下，Clinsulf-DO 工艺优于 Superclaus。

上述 3 种方法都存在专利技术或专有技术的使用费用问题。

对于潜硫量为 10～100t/d 的中型装置，若硫收率达 99.0%，其 SO_2 排放量已经很小，可以采用适当加高排气筒高度的办法，解决排放气体 SO_2 浓度超标问题，以满足大气中 SO_2 污染的扩散要求。

3）对进料潜硫量>100t/d 的大型装置，为了满足现行国家 SO_2 综合排放标准，对于潜硫量>100t/a 的大型装置，可以考虑增加尾气处理部分，建议采用 SCOT 法尾气处理技术，其硫收率可达 99.8%以上，完全能满足 GB 16297—1996 标准要求。

先进的 Lo-Cat Ⅱ 硫回收工艺技术

仝 明 亢万忠

（中国石化兰州设计院）

1 概述

Lo-Cat 工艺是由美国 ARI 技术公司在 20 世纪 70 年代末开发的一种环境保护型硫回收新工艺，被广泛应用于天然气、城市煤气、硫回收尾气、合成气、二氧化碳气、酸性污水等的脱硫和生产高质量硫黄的工艺中。根据酸气来源和净化要求的不同，Lo-Cat 工艺有常规式、自循环式、水系催化式和 Lo-Cat Ⅱ 等不同的工艺模式。国外已有 49 套工业装置，是近几年发展颇快的一种方法。

2 工艺说明

Lo-Cat 工艺是一种氧化还原法的硫回收工艺，化学反应方程式如下：

$$H_2S + 1/2O_2 \longrightarrow H_2O + S \tag{1}$$

这一反应是采用水溶性铁离子在洗涤系统完成的，这种铁离子可被大气条件下空气或工艺物流中的氧气氧化，其适宜的电位能把硫离子氧化为单质硫。简单地说，这一反应可以在含铁离子的水溶液中进行，其中的铁离子可从硫离子处移走电子（负电荷）将其转化为硫黄，铁离子本身在再生阶段把电子再转移给氧。虽然有许多金属都具有这一种功能，在 Lo-Cat 工艺中选用铁离子是由于它廉价且无毒。

Lo-Cat 工艺的基本反应由如下吸收和再生两个部分组成：

吸收阶段：

H_2S 的溶解：

$$H_2S(气) + H_2O(液) \Longleftrightarrow H_2S(液) + H_2O(液) \tag{2}$$

第一级电离：

$$H_2S(液) \Longleftrightarrow H^+ + HS^- \tag{3}$$

第二级电离：

$$HS^- \Longleftrightarrow H^+ + S^{2-} \tag{4}$$

Fe^{3+} 的氧化：

$$S^{2-} + 2Fe^{3+} \longrightarrow S^o(固) + 2Fe^{2+} \tag{5}$$

总的吸收反应式：

$$H_2S(气) + 2Fe^{3+} \longrightarrow 2H^+ + S^o + 2Fe^{2+} \tag{6}$$

再生阶段：

O_2 的溶解：

$$1/2O_2(气) + H_2O(液) \longrightarrow 1/2O_2(液) + H_2O(液) \tag{7}$$

二价铁的再生：

$$1/2O_2(液) + H_2O + Fe^{2+} \longrightarrow 2OH^- + 2Fe^{3+} \tag{8}$$

总再生反应方程式：

$$1/2O_2(气) + H_2O + 2Fe^{2+} \longrightarrow 2OH^- + 2Fe^{3+} \tag{9}$$

在总的化学反应式中，铁离子的作用是将反应吸收一侧的电子转移到再生一侧，而且每个原子的硫至少需要 2 个铁离子。从这个意义上来说，铁离子是反应物，但他们在反应过程中并不消耗，只作为 H_2S 和氧反应的催化剂。正因为其双重作用，铁离子的络合物被称为催化反应物。

在 Lo-Cat Ⅱ 工艺中，螯合的铁离子被用作催化剂而不是反应物，正如上述的反应式所示，采用螯合的铁离子作为反应物时，需要 2mol 的氧化态铁可生产 1mol 的硫黄。然而，采用螯合的铁离子作为催化剂时，需要的螯合铁少于理论值。

因此 Lo-Cat Ⅱ 完成同样的反应，生产同样数量的硫黄时，大大降低了生产成本，因为催化剂的浓度和催化剂的循环量都减少了。

无论是二价铁还是三价铁在水溶液里都是稳定的，而且通常也不以 FeS 和 Fe(OH)$_3$ 的形式发生沉淀，反应式如下：

$$Fe^{3+} + 3OH^- \Longleftrightarrow Fe(OH)_3 \tag{10}$$

$$Fe^{2+} + S^= \rightleftharpoons FeS \qquad (11)$$

为防止上述沉淀反应的发生，ARI 研制开发了一系列的螯合剂使铁离子在很宽的 pH 值范围内都溶于水。螯合剂作为有机化合物，它包裹着铁离子象条钳子一样在两个或更多的非铁原子和铁离子之间形成化学键。

在 Lo-Cat 工艺中，循环溶液的 pH 值是一个重要的操作参数，因为在溶液中 H_2S 溶解量与溶液的 pH 值成正比，在反应式(2)~式(4)达到平衡以后，增加氢离子的浓度会使反应式向左移动而减少 H_2S 在溶液中的溶解量。相反，增加 OH^- 的浓度会由于 OH^- 与 H^+ 生成水而减少 H^+，这样，化学反应式向右移动，溶液中的溶解的 H_2S 量会增多。

反应式(1)表明反应过程中没有过剩的 H^+ 或 OH^- 产生，因而溶液的 pH 值不发生变化，但是，几个相应的副反应会在一定程度上发生，因而，需加入碱性物质维持溶液 pH 值的相对稳定以保证 H_2S 的良好吸收。

溶解的 HS^- 与溶解的氧接触时会发生一个副反应，当 Lo-Cat Ⅱ 溶液中溶解的氧进入吸收部分的设备和容器时，或未反应完的 HS^- 从吸收部分进入到氧化部分时，会发生这种反应，反应方程式表示如下：

$$HS^- + 2O_2 \longrightarrow S_2O_3^= + 2H_2O \qquad (12)$$

当上述反应与电离反应相结合时，会生成过剩 H^- 并产生硫代硫酸盐。因此，需要诸如 KOH 这样的碱性物质以维持溶液的 pH 值。Lo-Cat Ⅱ 系统设计中均采取了有一定的措施来减少 $S_2O_3^=$ 的生成。当然，少量的 $S_2O_3^=$ 生成物可通过少量排放从系统中除去。

当处理含有 CO_2 气的物流时，也会由于 $CO_3^=$ 的生成而发生酸化，这是由于 CO_2 在 Lo-Cat Ⅱ 溶液中发生如下溶解而产生的：

$$CO_2(气) + H_2O(液) \rightleftharpoons H_2CO_3(水) \qquad (13)$$
$$H_2CO_3(水) \rightleftharpoons H^+ + HCO_3^- \qquad (14)$$
$$HCO_3^- \rightleftharpoons CO_3^{2-} + H^+ \qquad (15)$$

CO_2 的溶解和电离过程中释放 H^+ 会减少溶液的 pH 值，因而会减少 H_2S 在溶液中的溶解度，实际上导致了溶液对 H_2S 吸收能力的损失。

为了稳定溶液的 pH 值，需加入碱性物质如 KOH，使其与 CO_2 发生如下反应：

$$CO_2(气) + H_2O(液) \rightleftharpoons H_2CO_3(液) \qquad (16)$$
$$H_2CO_3(液) + 2KOH \rightleftharpoons K_2CO_3 + 2H_2O \qquad (17)$$
$$K_2CO_3 + H_2CO_3 \rightleftharpoons CO_3^= + 2KHCO_3 \qquad (18)$$

在 Lo-Cat 工艺中，硫黄以固体小颗粒的形式在水溶液中生成，大多数的硫黄可采用液-固分离技术如沉降而得以分离出来。通常，硫黄在吸收部分生成被洗涤液所润湿。由于硫的重度大约为水的两倍。因而会以相对较快的速度沉降。但应注意如下两种可能：

1) 在采用新鲜催化剂开始操作的初期，生成的硫黄颗粒极小，难以沉降。这里通过溶液中硫的浓度提高至每立升溶液 1~2g 的硫黄(质量分数 0.1%~0.2%)，可使硫黄颗粒长大至约 15mm。小的硫黄颗粒在硫的生成中起到了"种子"的作用。

2) 硫黄颗粒可能黏连在微小的气泡上或者被轻烃包裹漂浮在溶液表面，而不是沉在底部。通常这些漂浮的颗粒实际上被溶液所湿润，因此，在系统内的任何地方，漂浮物都不会积聚和造成阻塞，连续地加入少量的表面活性剂(ARI-600)可保持颗粒表面润湿。

为进一步处理硫黄，硫黄颗粒在沉降器的锥形底部被浓缩为 5%~15% 的浆液，并用泵送至皮带过滤器进行分离和洗涤。母液返回到氧化部分，硫黄滤饼再次成浆、融化并从系统中取出。

系统中溶液量通过进、出水量的平衡来维持，水进入系统有如下几种途径：①硫过滤阶段的洗涤水；②工艺酸气和氧化器空气中的湿气(水分)；③补充水；④生成硫黄的反应水。

Lo-Cat Ⅱ 装置有如下主要设备：Lo-Cat Ⅱ 吸收/氧化器、硫黄沉降器、Co-Cat Ⅱ 带式过滤机、硫再成浆系统、硫熔融系统、化学品添加单元等。

3 溶剂的化学分析

在正常操作期间，需检测循环溶液的特有性质并调整各种化学添加剂的添加速率以优化溶液的化学性能。有关的溶液性能有 pH 值、REDOX 电势、铁离子浓度和螯合剂的浓度。通常对于 pH 值和 REDOX 检测来说每天或每班取样就够。数天或数周的变化趋势较孤立的读数更为重要。铁离子和螯合剂的浓度必须每周测定，ARI对催化剂的化学性能的测定提供全面的实验室服务。

溶液的 pH 值：

为了在 Lo-Cat II 溶液中保证 H_2S 的良好吸收，溶液的 pH 值必须保持在弱碱性。增大溶液的 pH 值会增强脱硫效率，然而，生成硫代硫酸盐的速率也同样会加快，催化剂的再氧化就变的更为困难，溶液的 pH 值的控制是通过调整向系统中加入 KOH 的速率来实现的。

REDOX 电势：

测定 REDOX 电势用与测定 pH 值相同的电子仪器，只需要更换检测头。REDOX 电势表明了催化剂溶液相对于固定参照值的氧化程度。这一参数与系统的有效氧化率以及催化剂溶液中活性的三价铁离子与非活性的二价铁离子的比值有关。在氧化器出口将 REDOX 电势值保持在 -500mV 和 150mV 之间，就能保证系统中催化剂具有足够的活性。

在低负荷和较高的 REDOX 电势下（大于 -50mV），系统操作会相当地顺利，但高电势操作会导致硫代硫酸盐的生成。相反，超低电势（小于 -250mV）会导致催化剂的过度还原和失活。在这种情况下，铁离子会以硫化亚铁的方式沉淀。

pH 值和 REDOX 电势易于测定，而且是系统操作中仅有的两个日测定数据。铁离子和螯合剂的检测需要相当复杂的分析程序，其目的仅是为了减少催化剂的消耗，正因如此，ARI 建议 Lo-Cat 的用户不必购买测定铁离子和螯合剂浓度的分析仪器，而是将样品每月送到 ARI 进行分析。ARI 除分析样品外，还会提出建议改变各种化学添加剂的添加速率来改善溶液的化学性能。

4 专用化学添加剂

除 KOH 以外，维持系统正常操作还需要其他的添加剂，包括 ARI-340、ARI-350、ARI-600 表面活性剂、ARI-360 开车添加剂和消泡剂等，现分述如下：

催化剂浓缩液（ARI-340）：在生产中催化剂溶液中的铁浓度必须保证在设计水平才能保证在设计的循环液流量下有足够的铁离子将硫离子氧化为硫黄。为补偿铁离子被硫黄饼带出而造成的损失，需以浓缩、螯合的铁离子混合物的形式向系统中不断补加铁。

新鲜补充液（ARI-350）：铁离子在溶液中以 A、B 两种形式的螯合剂存在。A 型螯合剂在 pH 值小于 8.5 的溶液中有效，A 型螯合剂工艺过程中会被氧化而破坏，需不断补充，ARI-350 是一种为此目的而生产的稳定的螯合剂的特殊混合物。

表面活性剂（ARI-600）：硫黄颗粒可能黏附在微小的空气泡上或被轻烃包裹而漂浮在溶液的表面，不易在溶液中沉降。通常，这些漂浮的颗粒被溶液本身所湿润，而且在系统内的任何地方这些漂浮物都不会积聚。添加少量的表面活性剂（ARI-600）可保证颗粒被湿润。

生化剂（ARI-400）：在酸性的空气或新鲜水中，会有细菌存在，细菌会在催化剂溶液中生长。在这种情况下，细菌会消耗有机的螯合物，为避免这一现象发生，需连续不断地加入少量生化剂以控制细菌的生长。

消泡剂：通常在有外界杂质进入系统或过量添加表面活性剂时，会增加溶液的发泡性，一旦起泡，可间歇地加入消泡剂，以烃类为主要原料的 Nalco5740 通常是最适宜的消泡剂，也可采用其他能适应这种特殊场合消泡剂。

ARI-360（仅原始开车用）：如前所述，工艺过程中会连续不断地产生部分硫代硫酸盐，虽然硫代硫酸盐是副产品，但它的确能抑制 A 型螯合剂的降解。由于在原始开车期间溶液中硫代硫酸盐的含量极少，需加入以硫代硫酸盐为主要成分的 ARI-360 来抑制螯合剂的降解。

5 关键的操作参数

除检测和控制催化剂溶液的各种化学性质外，Lo-Cat 工艺中还有一些相当主要的工艺操作参数，并需严格检测和控制这些操作参数。

溶液温度：Lo-Cat 溶液的温度被控制在进口酸气温度的 2~3℃ 以上，在低温下操作会引起烃类和/或水在系统中冷凝。烃类的冷凝会导致起泡和/或使硫的沉降困难，水的冷凝会导致系统中水不平衡。

从工艺角度来看，操作温度高于 49℃ 并没有害处，然而，补充水的量随操作温度的升高而增加。对于处理 CO_2 含量较高的酸气，较高的操作温度对于减少 CO_2 在溶液中的溶解度是有好处的，这样可以降低加碱的速率。此外，螯合剂的降解速率在 49℃ 以上时也会增大。

硫黄融熔器的温度：系统中硫黄的取出是通过将硫熔化并采用物理方法使其与催化剂分离。硫黄在一个立式、下流、单程的管壳式换热器中通过与管侧的硫浆液换热而熔化。融熔器的出口温度必须高于硫的熔点(大于 113℃)，但同时应尽量的低以保证硫黄质量和防止堵塞。

管壁温度高于 132℃ 会导致硫和 Lo-Cat 催化剂发生热化学反应而使硫融熔器管壁结垢和硫黄产品不合格(表现为颜色发暗和灰分含量超高)。此外，融熔硫的黏度随温度变化特别敏感，在 149℃ 以上时黏度会迅速增大。

融熔硫的温度：一旦融熔硫从催化剂溶液中被分离出来，催化剂的热降解就不会再发生，但是，融熔硫的温度必须控制在 118~130℃ 以保证较小的黏度。

氧化器的空气量和液位：在氧化/吸收器内部溶液的循环以及二价铁被氧化为三价铁的速率取决于进入氧化器的空气量以及液体在氧化器中的积存量。在 Lo-Cat Ⅱ 系统中，设计氧量为化学当量的 9 倍(反应式 9)以保证足够的氧分压而达到所要求的氧的溶解度。此外，必须维持充足的溶液量以提供缓冲容积。采用适当的液位和空气量，溶液的循环就能得到保证。溶液循环量的调整可以通过装置内流量控制阀来实现。

时刻保证氧化空气的量是相当重要的，否则，催化剂会被过度还原，硫化亚铁会在溶液中沉积。催化剂的过度还原是不允许发生的。它会降低 H_2S 的脱除率，还能导致催化剂失活。

总之，由于过度还原，催化剂中可能会含有未反应的 H_2S，因而会引发很危险的事故。在这种情况下，H_2S 可能会在通常不可能存在的地方被发现，而这对操作人员的安全造成了极大的威胁。

Lo-Cat 工艺是一种氧化还原法硫回收工艺，具有众多优点，但在工业应用上也有相当大的局限性，主要问题有硫容量低、溶液中副反应多及化学添加剂价格较贵等。

国内外硫黄回收工业发展现状对比与展望

张义玲　　毛兴民　　王天寿

（中国石化齐鲁石化公司研究院）

1　前言

由于世界人口增长，经济发展，对石油产品需求不断增加，在 1996~2010 年，世界石油年消费量从 3.3Gt 增加到 4.3Gt，对轻质油品和优质中间馏分油的需求量将持续增长。而世界可供原油正在重质化，高含硫、高含金属原油的份额越来越大，因此炼油厂商正在开发新的技术，采取新的对策大量地采用渣油催化裂化、渣油加氢脱硫、重油加氢精制、催化裂化、焦化等深度加工工艺。另一方面环境污染已成为世人关注的焦点。消除污染，生产环境友好产品是大势所趋。由于原油深度加工和生产低硫油品，炼油厂必然副产大量的 H_2S 气体，硫回收生产必然有一个较大的发展。仅 1996 年 HP 报道的新建扩建硫黄回收装置就有 60 多套。

我国今后 10~15 年经济将会快速增长，为满足国内对油品的需求，沿海及沿江炼油厂将会大量加工进口原油，据预测我国至 2000 年将需进口原油 50Mt/a，到 2010 年进口原油量将达到 100Mt/a，而进口原油将大部分为中东高硫原油。加工高硫原油必然会产生大量的含 H_2S 气体。内地炼油厂由于对原油深度加工的要求，如渣油催化裂化等，也会副产大量酸性气，我们预计国内仍会大量建设硫黄回收装置，对硫黄回收及尾气处理技术有迫切的需求。另外为满足环保要求，还需要大量建设尾气处理装置，我国的硫回收工业将有一个大发展。

2　国内外硫黄回收生产现状及中国与国外的差距

2.1　国外克劳斯装置目前的水平与规模

自 20 世纪 30 年代改良克劳斯法实现工业化后，经过半个多世纪的努力，克劳斯法硫回收工艺日臻完善。在工艺方面，发展了直流法、分流法、直接氧化法、硫循环法流程，一般采用一段高温燃烧炉，两级、三级或四级低温转化器，可以加工含硫化氢 5%~100% 的各种酸性气体。在催化剂研制和使用方面，自克劳斯法发明以来沿用了近百年的铝钒土催化剂基本被淘汰，自 60 年代以来，普遍采用了活性氧化铝催化剂，如法国 Rhone-Poulenc 公司的 CR 催化剂，美国 Kaiser 铝化学品公司的 S-201 催化剂等。另外为了适应不同原料气，70 年代还研制和使用了在氧化铝载体上加有助剂的有机硫水解催化剂，80 年代开发和工业化了二氧化钛基的耐硫酸盐化催化剂和保护催化剂等系列催化剂。在自动化仪表方面，自 70 年代美国杜邦开发成功 H_2S/SO_2 比率控制仪表，部分装置采用计算机优化操作，大大提高了装置效率和硫回收率。另外在设备材质和防腐技术方面也都取得了重大进展。

近 30 年来，克劳斯装置正日益向大型化、高度自动化发展，大型装置一般都配有尾气处理单元。据不完全统计，世界上已建成硫黄回收装置 600 多套，回收单质硫已占全部硫产量的 60% 以上。最小规模的装置日产硫黄 2t，最大规模的装置日产硫黄 1750t。加拿大的硫黄回收装置平均日产硫已达 1000~1500t。美国的硫黄回收装置平均日产硫黄 150~200t。

由于克劳斯硫回收技术的进步，随着工艺条件的优化，催化剂的不断改进和自动化、自控水平的提高，克劳斯装置的效能和硫回收率也不断提高。现在一般克劳斯法硫黄回收装置的硫回收率可达 96%~97%，带有尾气处理的克劳斯装置总硫收率可达 99%~99.5%，甚至可达 99.9%。

2.2　我国硫黄回收及尾气处理装置概况

我国克劳斯法回收硫的生产起步于 20 世纪 60 年代中期，第一套克劳斯法硫黄回收工业装置于 1965 年在四川东溪天然气田建成投产，首次从含硫天然气副产的酸性气中回收了硫黄。1971
年在山东省胜利炼油厂又建成了以炼厂酸性气为
原料年产硫黄 5000t 的克劳斯硫黄回收装置，从
此揭开了我国硫回收技术发展的序幕。

1997 年四川天然气净化厂从日本引进了单套
处理能力为 $400×10^4 m^3/d$ 天然气净化装置，该装
置配套完整，自控水平较高，能耗较低。自 1980
年该装置投产以来，10 年累计处理含硫天然气
$115×10^8 m^3$，产优质硫黄 450kt。该装置的引进，
对促进我国硫回收技术的进步意义颇大。

1990 年胜利炼油厂建成了年产 40kt 的硫黄
回收装置。该装置处理重油加氢联合装置排出的
含 H_2S 酸性气。整个装置由两套 20kt/a 硫黄回收
系列和一套还原吸收法尾气处理装置组成。该装
置的建设投产，意味着我国不但掌握了天然气副
产酸性气的硫回收技术，而且也掌握了炼油厂副
产酸性气的硫回收技术。

大连西太平洋石化公司是一家中外合资企
业，1993 年引进法国技术建成一套 $10×10^4 t/a$ 硫
黄回收装置，尾气处理采用 IFP 的 Clauspol-1500
工艺，总硫收率高，可达 99.5%～99.8%，1998
年可产硫黄超过 60k/t，目前该装置是国内规模
最大的一套硫黄回收装置。

通过 30 年不断的努力，我国硫回收技术在
科研、设计和生产单位的通力合作下，以提高硫
回收率、减轻环境污染为目标，在完善设计、优
化工艺、改进设备、稳定操作等方面已取得了显
著的进步。迄今为止，国内在石油与天然气加工
领域已建成 60 多套克劳斯硫黄回收装置，有 18
套带有尾气处理装置[2]。

2.3　国内外硫黄回收催化剂

（1）国内硫黄回收催化剂生产现状

直到 1960 年以前，克劳斯装置采用的传统
催化剂仍然是颗粒状天然铝钒土，因为它们价廉
易得，所以特别有吸引力。但是随着人们日益重
视提高硫回收率，以及满足环保的要求，各国相
继开发了活性氧化铝催化剂。随后开展的研究以
加入某种助剂改善氧化铝催化剂的活性为主，不
同的生产厂家在 Al_2O_3 催化剂上添加的助剂有所
不同，这种作法不仅提高了催化效率，也提高了
催化剂的抗硫酸盐化能力。直到 20 世纪 80 年代
初才开发成功了 TiO_2 基催化剂，并对 Co-Mo 催

化剂进行了试验。目前国外有 7 个主要的硫回收
催化剂生产厂，这 7 个催化剂供应商为：法国罗
纳普朗克公司（Rhone-Poulenc）、美国铝业公司
（Al-coa）化学品分部、美国凯撒铝和化学品公司
（Kaiser）、德国恩格尔哈德公司（Engelhard）、德
国巴斯夫公司（BASF）、日本触媒化成株式会社
和荷兰壳牌公司（Shell）。

法国罗纳普朗克公司是世界上最著名的硫回
收催化剂生产商。该公司开发了一系列的 Claus
工艺用催化剂，除了标准的活性 Al_2O_3 型和 TiO_2
基催化剂，为了用于尾气处理，该公司还生产有
把硫化物转化为 SO_2 的助剂型 SiO_2 催化剂，以及
专门为 Sulfreen 工艺设计的催化剂。法国的 CR、
DR 等活性 Al_2O_3 催化剂从 60 年代后就在世界普
遍使用，加有 TiO_2 作为助剂的 Al_2O_3 催化剂也已
从 70 年代大量工业应用。纯 TiO_2 基的催化剂
CRS-31 是 80 年代初工业化应用的。CRS-31 可
以替换所有目前采用的常规及助剂型催化剂。
CRS-31 的优点是有较高的 Claus 活性，只需很短
的接触时间就能达到热力学平衡收率；有较高的
有机硫水解活性，更重要的是，CRS-31 对 O_2 不
敏感，可耐 $2000 μL/L$ 的氧而不影响水解活性，
可耐高达 1% 的漏氧而不影响 Claus 活性。

（2）国内硫黄回收催化剂生产现状

国内生产及供应硫黄回收催化剂的单位主要
有两家，齐鲁石化公司研究院和四川天然气研究
院。齐鲁石化公司研究院已经鉴定并工业化应用
的催化剂有 6 个牌号 LS-801、LS-811、LS-821、
LS-931、LS-901 和 LS-951。四川天然气研究院
经过鉴定并工业化应用的催化剂共有 3 个牌号
CT6-2、CT6-4、CT6-5，除上述硫黄回收催化
剂生产供应单位外，南京化学工业公司催化剂厂
也生产活性 Al_2O_3 催化剂 NCT-10、NCT-11，主
要在煤化工部门应用。

2.4　我国硫黄回收工业生产与国外的差距

我国的硫黄回收工业生产从无到有，从小到
大，达到拥有 60 多套装置，每年回收十几万吨
硫黄的水平，取得了长足的进步。但同国外先进
水平相比，整体水平不高，存在一系列问题与差
距，这些问题主要有：

1）由于我国环保法规不够健全，环保法规
执行不力，因而对硫黄回收生产的重要性认识不

足，作为重要的环保装置，从有关领导到各部门对硫回收给与的支持，管理的严格程度都不够，科研投入也不足。

2）我国已有的硫黄回收装置数目虽多，但规模较小，超过 10kt/a 的装置只有 13 套，国外装置一般年产 30~300kt，美国平均规模为 100~150t/d（30~45kt/a）。主要原因是，我国没有规模大的天然气田。在炼油方面，由于炼油厂规模小，炼制高含硫原油也少，因此硫黄回收装置小于 10kt/a 占 80%。

3）多数没有尾气处理装置，60 多套装置，只有 18 套有尾气处理。75% 以上无尾气处理装置，并且有些装置建了尾气处理装置，而实际上未开工。除了 SCOT 开的较好，MCRC 尚可以外，其他引进的和自己设计的装置尚没有工业经验。Sulfreen 装置开工不好。至于 5kt/a 以下的装置基本没有尾气处理，硫回收率较低，一般为 93%~94%；尾气排放 SO_2 较高，约 1%~3%，污染较严重，90% 装置达不到国家环保排放标准。

4）自动化在线分析及控制仪表尚不健全，有的厂硫回收装置无分析仪表，凭经验操作。进口的 H_2S/SO_2 分析仪，一是价格高，二是零配件及服务不好，只有少数单位用得较好；三是国产自动分析仪还不过关，推广不开。

5）硫黄回收及尾气处理国产催化剂品种少，型号单一，配套性差，系列化程度低。使用经验积累资料不足，由于科研投入少，所以不断开发新型催化剂的力度小、速度慢。

6）生产管理粗放。除少数规模较大的硫黄回收装置生产管理较好外，有不少装置，由于各种原因，生产管理较差。主要表现为：原料酸性气流量及组成波动大，带烃多及氨含量高；分析控制不及时；不能优化运行；只凭经验操作，满足于出硫黄就行；甚至有的装置因出黑硫黄，设备堵塞等原因，一年被迫停工 5~6 次。也有不少单位硫回收装置与全厂配套不好，有的装置负荷只有 10%~30%，有的 130%~150%，说明全厂规划及配套性差。

总之，我国的硫黄回收工业装置情况参差不齐，工业生产现状也大不相同。有一部分规模较大的装置和国外引进装置技术先进管理水平较高，运行率高，硫回收率也较高，为保护环境发挥了重要作用。另外还有一大批装置还处于粗放型管理中，今后向高效集约化发展是必然方向。

3 国内外硫黄回收技术的发展及中国与国外的差距

3.1 国外克劳斯工艺的改进

克劳斯法回收硫黄的技术在催化剂研制、自控仪表应用、材质和防腐技术改善等方面取得了很大的进展，但在工艺技术方面，基本设计变化不大，普遍采用的仍然是直流式或分流式工艺。由于受反应温度下化学反应平衡的限制，即使在设备和操作条件良好的情况下，使用活性好的催化剂和三级转化工艺，克劳斯法硫的回收率最高也只能达到 97% 左右，其余的 H_2S、气态硫和硫化物即相当于装置处理量的 3%~4% 的硫，最后都以 SO_2 的形式排入大气，严重地污染了环境。

鉴此，国外在不断开发具有高活性和多种性能特点的催化剂并形成系列化产品的同时，80 年代以来还开发了许多新的硫回收工艺技术。这些进展都是沿着两个方面开拓的。其一是改进硫回收工艺本身，提高硫的回收率或装置效能，这包括发展系列化新型催化剂、贫酸气制硫技术、含 NH_3 酸气制硫技术和富氧氧化硫回工艺等；其二是发展尾气处理技术，主要包括低温克劳斯反应技术、催化氧化工艺和还原吸收工艺。这些技术成功地开发和应用，对于今后面临的日益严格的环境和生态保护要求，实现高效能和高效益的回收硫生产具有重要的现实意义。

3.2 我国克劳斯技术的发展

我国自 20 世纪 60 年代建成克劳斯硫回收装置以来，在吸收消化引进技术、装置设计、生产管理、催化剂研制、分析仪表、自控调节等方面也做了大量技术改进工作。但总体来说在技术上没有重大突破，整个的技术水平相当于国外 70~80 年代的水平。有少部分引进装置达到国外 80 年代末期水平。

3.3 国外尾气处理技术的发展

尾气处理有多种方法，按其化学反应原理大致可分为三大类：尾气加氢还原吸收工艺、低温克劳斯工艺和 H_2S 直接选择氧化工艺。此外还有液相低温克劳斯工艺，如 IFP 的 Clauspol-1500 及其他工艺。

（1）尾气加氢还原吸收工艺

尾气加氢还原吸收工艺是尾气通过加氢反应，将所有含硫组分 SO_2、S_x、COS 和 CS_2 还原成 H_2S，然后用胺法选择吸收，经再生或汽提后循环至 Claus 装置。加氢工艺主要有 ARCO/Rritchard 公司的 ARCO 尾气处理、Parsons 公司的 BSR/MDEA、TPA 公司的 Resulf 和 Resulf - 10、Shell 的 SCOT、FB&D 的 SULFTEN 等工艺。

（2）低温克劳斯反应技术

所谓低温克劳斯反应是指在低于硫露点温度条件下进行的克劳斯反应。这类尾气处理方法的特点是在硫回收装置后面再配置 2~3 个低温转化器，反应温度在 130℃ 左右。由于反应温度低，反应平衡向生成硫的方向移动，且生成的部分液硫随即沉积在催化剂上，故转化器需周期性地再生，切换使用。

早期最初工业化的 Sulfreen 法，20 世纪 70 年代配置在加拿大的几个大型硫回收装置上，运转很成功，总硫回收率达 99% 以上。此后，美国阿莫科公司（Amoco）开发了过程相似的 CBA（冷床吸附）法，其改进之处在于利用过程气再生，取消了 Sulfreen 法的外循环再生系统。此外，加拿大的 Delta 公司开发了 MCRC 工艺。这类方法成功地应用于尾气处理后，引起了硫回收装置设计概念的变化，即转化器的操作温度也可低于硫露点，以提高转化率，在此基础上，开发成功了一系列低温克劳斯硫回收技术。

（3）H_2S 直接选择氧化工艺

直接氧化法是将贫酸气中 H_2S 直接氧化生成硫黄的方法。如西德 Linde 公司的 Clinsulf-Do 工艺、Comprimo 公司的超级克劳斯工艺、Parsons 公司的高活性工艺（Hi-Activity）、BASF 公司的 Catasulf 工艺。Clinsulf-DO 采用内冷式反应器系统，硫收率高，操作简单，既可用于常规 Claus 装置下游作为尾气处理单元，又可作贫酸气的硫黄回收，用作尾气处理时，总收率可达 99.3%~99.6%；同时回收硫黄范围较宽，如可从 1~20t/d，所处理的气体 H_2S 变化范围大（1%~20%），处理量（0.05~5）×10^4m^3/h，当用作尾气处理时，相当于硫黄产量约 500t/d 规模。Clinsulf-DO 与 Sulfreen 相比，投资和操作费用均较低，与 SCOT 相比则低得多，与超级克劳斯相比，投资相当，但收率最高可达 99.6%，略高于超级克劳斯的收

率。因此，Clinsulf-DO、Superclaus 等直接氧化法工艺的投资和操作费用均较低，收率也接近新的环保要求[7,8]。

3.4 我国尾气处理技术的发展

我国先后从国外引进 6 种尾气处理技术和工业装置。20 世纪 80 年代初首先引进了 SCOT 尾气处理工艺，在消化吸收的基础上，国内又自行设计建设了 7~8 套。SCOT 技术是消化吸收最好的，国内已完全能自行设计建设。配套催化剂、溶剂、设备仪表也可以完全立足国内，建成的装置能稳定运行。80 年代还引进了两套 Sulfreen 工艺装置，这两套装置也从未开工运转过，后来国内设计单位在消化吸收的基础上设计建成了两套 Sulfreen 工艺装置，并对一些关键设备组织了国内试制。其中一套装置运行了半年，但由于在线分析自控仪表、程序切换阀门、循环风机等不太过关，达不到设计要求，不能稳定运行，该装置也长期闲置，因此低温 Claus 法还是没有完全掌握好。

进入 90 年代，国内又从加拿大 Delta 公司引进了 MCRC 工艺（与 Sulfreen 相似，也是一种低温 Claus 技术），建成工业装置，并且又自行设计与建设了两套，在建设中引进了国外的关键设备与仪表。这三套装置都已运转 2 年以上，总硫回收率达到 98.5%~99.0%，该工艺技术是国内消化吸收比较好的。90 年代末期又引进了 Beavonseletox 工艺，但该装置从未开工运转。另外还从法国引进全套 Clauspol 工艺装置，已开工运行近两年。从荷兰引进的 Super Claus 装置也已开工。

通过 80 年代和 90 年代大量引进国外技术，我国尾气处理技术有了显著的提高。但还需 10 年时间，也就是说到 2010 年我们才可完全消化和掌握这些国外 80 年代的尾气处理技术，要自己有创新和改进就需要更长的时间，因此从总体上看在尾气处理技术方面同国外先进水平之间还有 20~30 年的差距。

3.5 我国硫回收技术与国外的差距

我国硫回收技术与国外的差距主要表现在以下几个方面：

1）80 年代克劳斯硫回收段的重大技术进步之一是开发了富氧 Claus 工艺，并已在世界上建成 30 多套工业装置。而国内尚未引进富氧 Claus

技术，也没有任何单位进行开发。

2）西德 Linde 公司开发了内冷式反应器硫回收技术，也已工业化，是 Claus 反应器的重大改革，国内尚未引进该项技术，也未有任何单位进行研究开发。

3）我国 80 年代从国外引进 SCOT 尾气处理技术，并先后建成了 7~8 套装置，但仍停留在原来的技术水平上。国际壳牌公司在 SCOT 工艺的基础上，80 年代开发了 Super SCOT 工艺，不但能耗大大降低，而且净化度由 $300\mu L/L$ H_2S 降至 $50\mu L/L$，国内未进行研究改进。

4）我国从国外引进 2 套 Sulfreen 尾气处理装置，但都没有开工，随后国内又自行设计建设 2 套，但开工试运时由于国产循环风机和程序切换阀门质量不过关，另外因原料气波动大等原因，运转不正常，最后装置停工闲置。也就是说 1989 年引进技术，10 年后还没有消化吸收好。

5）H_2S/SO_2 在线比例分析控制仪开发缓慢。对克劳斯硫回收装置来说，要提高转化率，最重要的工艺条件之一是保证过程气中 H_2S/SO_2 为 2/1。国外 70 年代初即开发成功，并广泛应用 H_2S/SO_2 在线比例调节仪。国内也从美国杜邦公司和日本岛津公司引进了十几台比例分析仪，除部分应用效果好外，大部分应用不好或停用。国内 80 年代也开发了两种牌号的在线分析仪，一种为紫外光型，一种为色谱型，但工业实验中存在一些问题，尚难以在国内推广。国外 90% 以上硫回收装置都采用在线比例调节仪，而国内 80% ~ 90% 以上装置仍采用常规仪表，手工采样分析，这也是亟待解决的一个重要问题。

6）基础研究薄弱。从 H_2S 回收硫黄的克劳斯法工艺已开发一百多年了，国外对化学反应的机理进行了大量的研究，各种刊物报导了大量 H_2S 氧化为单质硫的热力学和动力学研究结果，到目前为止仍在进行大量的基础研究。80 年代以来，基于这些新的研究成果，国外在硫黄回收工艺上又有了许多新的突破，如富氧 Claus 工艺，Super Claus 工艺，低温 Clasus 工艺等。并且在催化剂方面也进行了许多新的催化材料的研究开发。

我国从 60 年代开始了硫回收工业生产，并且围绕生产急需进行了一些工艺研究及配套催化剂的开发。但国内从事基础研究的单位很少，这方面的资料也很少有报导。国内的硫回收技术基本上是靠引进国外成套技术与设备，国内自己创新的技术基本没有。

4 发展硫黄回收技术的目标和重点

4.1 我国从事硫回收技术开发的单位及其优势

我国除了有 60 多套硫回收装置从事工业生产和生产厂的工程技术人员在不断改进现有技术以外，还有几个设计、科研单位长期从事硫回收技术的引进、新技术开发和科研工作。四川石油设计院从 20 世纪 60 年代中期就开始 Claus 硫回收装置的设计建设，70 年代从国外引进 SCOT 尾气处理技术，并消化吸收后又自行设计过几套 SCOT 装置，90 年代初引进加拿大 MCRC 工艺，并在消化吸收后自行建成一套装置，该单位先后设计过十几套 Claus 硫回收及尾气处理装置，对天然气净化副产酸性气的硫回收经验丰富。齐鲁石化公司胜利炼油设计院从 70 年代开始设计炼油厂酸性气硫回收和 SCOT 尾气处理装置，先后设计过十几套装置，自行设计的 80kt/a 装置是石化系统最大的一套，该单位对炼厂酸性气硫回收和 SCOT 尾气处理工艺经验丰富。中国石化洛阳设计院从 80 年代中期开始在石化系统设计硫回收装置，参加引进和设计过十几套装置。80 年代末该单位在吸收国外经验的基础上，设计过两套 Sulfreen 尾气处理装置，并组织有关单位进行过工艺、催化剂和某些关键设备的开发。四川天然气研究院从 70 年代中期即开始硫黄回收和尾气处理催化剂的开发，已工业化应用的催化剂主要有 CT6-2 Al_2O_3 催化剂，CT6-4 低温 Claus 催化剂和 CT6-5 CoMo/Al_2O_3 尾气加氢催化剂，在国内天然气净化厂和部分石化厂应用。齐鲁石化公司研究院从 70 年代中期开始从事硫回收和尾气处理催化剂开发。已工业化应用的催化剂有 LS-801 挤条 Al_2O_3，LS-811 球形 Al_2O_3，LS-821 TiO_2/Al_2O_3 和 LS-901 TiO_2 基催化剂，LS-931 改性 Al_2O_3 催化剂，LS-951 CoMo/Al_2O_3 尾气加氢催化剂、LS-971 克劳斯保护催化剂 7 个牌号，石化企业绝大多数硫回收装置都是应用齐鲁石化公司研究院开发的催化剂。目前齐鲁石化公司研究院正在实验室开发 LS-941、LS-961 H_2S 选择氧化催化剂。南京化学工业公司 80 年代也开发了三种硫回收用催化剂。NCA-10 用于燃烧炉中，分解 NH_3 及 HCN，主要为 α- Al_2O_3 加 NiO_2，NCT-10 为活性 Al_2O_3 催化剂用于各转化器。NCT-11 为有机硫水解催化剂，用于第一转化器上部。进入 21 世纪，如何将国内各个单位协调好，发挥各自的优势，推进我国硫黄回收技术的进步是一篇值得做好的大文章。

4.2 我国今后 10～15 年发展硫黄回收技术的目标和重点

（1）完善和开好现有装置

我们现在拥有的 60 多套装置，已经开发成功的催化剂、设备、仪表，引进的装置和技术，是我们今后发展的基础。规范化和推广这些技术是我们的一个重大课题。因此必须做好以下几件事情：

1）改善上游装置操作，提高酸性气的质量。

2）开好现有硫回收装置，提高硫的回收率，降低尾气排硫量。

3）提高分析及自动化控制水平。

4）消化吸收引进技术。

（2）引进国外先进工艺，开发适合国情的新技术

1）国外硫黄回收及尾气处理技术在不断发展，为提高我国硫回收装置的水平，应在认真调研的基础上，有选择地引进部分新工艺、新技术和某些关键设备和仪表。

2）在引进国外技术的基础上，国内科研开发设计部门要大力发展我国自己的技术，形成特色及专利。

（3）增加科技开发力度，完善系列化硫回收催化剂

科学技术是第一生产力，要提高硫回收技术的整体水平，必须增加科技投入、协调各学科力量，加强交流与协作，用 4～5 年的时间使硫回收系列化催化剂工业化，这样才能尽快赶上世界水平。

参 考 文 献

[1] 毛兴民，唐昭峥. 我国硫回收技术的进步[J]. 齐鲁石油化工，1996，1(3)：29-33.
[2] 张义玲，唐昭峥等. 炼厂气脱硫技术的进步[J]. 齐鲁石油化工，1997，2(6)：138-141.
[3] 唐昭峥，毛兴民等. 国外硫黄回收和尾气处理技术进展综述[J]. 齐鲁石油化工，1996，4(12)：302-311.
[4] CN 95110393 CN 88105904 CN 96100479
[5] WO 9638378 FR 2702673 WO 911920 WO 9717283
[6] EP 633220 EP 500320 EP 328820
[7] EP 409353 EP 242920 EP 242006
[8] DE 1910951 DE 4239811

国内外脱硫技术进展

沈春红　夏道宏

[中国石油大学(华东)]

原油及其馏分油、天然气、炼厂气等原料的加工和使用都需要脱硫。半个多世纪以来，脱硫剂不断更新，技术不断发展，从而大大促进了炼油工业的发展。

工业上针对不同对象和要求，采用不同的方法进行脱硫。随着原油质量变劣和环保法规日益严格，工业上对脱硫技术要求越来越高。20世纪30年代起主要应用液体脱硫剂乙醇胺(MEA)、二乙醇胺(DEA)，随后固体脱硫剂应运而生。50~70年代，国外开发了细菌脱硫和生物脱硫技术，至今仍在日新月异地发展。80年代，国外开始使用N-甲基二乙醇胺(MDEA)和一系列复合型脱硫剂，从而使脱硫理论研究和技术应用得到进一步完善。目前，许多炼油厂纷纷推出以节能，增效为主体的新型高效脱硫剂，使脱硫技术发展达到了前所未有的水平。

1 湿法脱硫技术进展

湿法脱硫处理量大，操作连续，投资和操作费用低，因此工业上主要采用湿法脱硫来处理含H_2S的气体。湿法脱硫是最早出现的脱硫技术，目前仍有广泛应用。一般采用溶剂进行物理或化学吸收，富硫溶液再经解吸放出H_2S使溶剂再生。其中醇胺类液体脱硫剂是工业上应用最成功的方法。目前大量使用的湿法脱硫剂有乙醇胺(MEA)，二乙醇胺(DEA)，二甘醇胺，二异丙醇胺(DIPA)，三乙醇胺，N-甲基二乙醇胺(MDEA)等。

1.1 MEA

MEA是较早开发出的脱硫剂，它使用广泛，结合反应能力强，易于解吸和再生。因而一经发现就在工业上得到广泛应用。

乙醇胺脱去气体中的H_2S、CO_2是同时进行的。温度较低时，它吸收H_2S、CO_2生成胺的硫化物和碳酸盐；当温度升高时，胺的硫化物和碳酸盐发生分解，逸出原来的H_2S、CO_2，故乙醇胺可以重复使用。通常炼厂气含羰基硫时用DEA进行吸收。

乙醇胺吸收H_2S为化学吸收，在吸收过程中乙醇胺易变质，且起泡明显易降解，跑损量大。通常采用较低浓度来吸收，以减轻发泡。目前MEA在炼油厂较少使用。

1.2 DIPA

DIPA是国外20世纪50年代发展起来的一种气体脱硫剂，它比MEA的能耗低、腐蚀轻，具有选择性吸收H_2S的能力。其基本反应原理为：

$$[CH_3CH(OH)CH_2]_2NH+H_2S \Longleftrightarrow (CH_3CH(OH)CH_2)_2NH_2^+ + HS^-(瞬间反应) \tag{1}$$

$$2[CH_3CH(OH)CH_2]_2NH+CO_2 \Longleftrightarrow (CH_3CH(OH)CH_2)_2NH_2^+ + [CH_3CH(OH)CH_2]_2NCOO^-(中速反应) \tag{2}$$

$$CO_2+[CH_3CH(OH)CH_2]_2NH+H_2O \Longleftrightarrow [CH_3CH(OH)CH_2]_2NH_2^+ + HCO_3^-(慢速反应) \tag{3}$$

利用DIPA脱硫剂能使H_2S近乎完全脱除，仅吸收部分CO_2。通过实践表明DIPA溶剂耗量比MEA降低26%左右，蒸汽、水、电的平均消耗量分别下降30%、18%、12%，经济效益显著。但它使设备换热效果差，而且DIPA黏度大，易发泡，实际操作浓度控制在30%以下。

1.3 SF-DIPA

1963年Shell公司推出一种用化学、物理溶剂处理酸性气体的新工艺，称为Sulfionlprocess，即以SF-DIPA(环丁砜-二异丙醇胺)水溶液作脱除H_2S、CO_2的溶剂，其优点是腐蚀性小，降解产物生成不敏感；在低酸气分压下以DIPA化学吸附为主，而在高分压下环丁砜的物理吸收则起主导作用，兼容了化学、物理吸收之长，而且更重要的是具有脱除有机硫的能力。

1.4　MDEA

MDEA 是 Fluor 公司最早开发的高效脱硫剂，80 年代我国也开始使用新型 MDEA。进入 90 年代，世界各大中型炼油厂相继使用 MDEA。

MDEA 的吸收原理如下：

$$(HOCH_2CH_2)_2NCH_3+H_2S \rightleftharpoons (HOCH_2CH_2)_2NH^+CH_3+HS^-（快反应）\qquad(4)$$

由于叔胺分子氮原子上没有氢原子，不能和 CO_2 直接反应，必须通过下列过程：

$$CO_2+H_2O \rightleftharpoons H^++HCO_3^-（慢反应）\qquad(5)$$

$$H^++R_2NCH_3 \rightleftharpoons R_2NH^+CH_3（瞬间反应）\qquad(6)$$

由于反应（2）速率极慢，所以 MDEA 对 H_2S 吸收具有较高的选择性。

MDEA 分子氮原子上无活泼氢原子，因此它不能同 CO_2、COS、CS_2 等直接反应，故无噁唑烷酮类的变质产物。MDEA 溶液腐蚀性很轻微，采用它吸收 H_2S 气体可以降低溶液循环量，提高酸气质量和减少总酸气量，并且他还可以减少装置的投资和操作费用，有较强的发展生命力。但是 MDEA 较其他胺的水溶液抗污染能力差，易产生溶液发泡、设备堵塞等问题。

New sulfinol 液体脱硫剂是克服单独使用 MDEA 的缺陷而开发的一种新型复合脱硫剂，它以环丁砜-MDEA 水溶液为溶剂，其优点是脱 H_2S 同时也能脱除大部分有机硫，对 H_2S 的吸收选择性优于 MDEA。目前 New sulfinol 法在炼油厂得到广泛的推广和应用。

1.5　UCARSOL

美国联碳公司开发的 UCARSOL 系列脱硫剂，主要目的是为了找出一系列能够应用于原来采用胺类脱硫装置的且使用性能各有不同的复合脱硫剂，UCARSOL HS 系列可选择性脱除天然气、油田伴生气、炼油厂废气以及克劳斯装置尾气等气体中的 H_2S。

其中 UCARSOL HS 101 是一种以 MEDA 为主的复配脱硫溶剂，与 MDEA 相比它具有更高的选择性，而且当气体 CO_2/H_2S（摩尔比）比大于 3 时，可节能 10%。UCARSOL HS 102 也显著优于目前最好的同类溶剂。

UCARSOL HS 系列用于气体脱硫，可降低能耗，使溶剂循环量减小，最大限度的脱除 H_2S，

热稳定性好，不易形成泡沫，而且浓度为 50% 时无腐蚀性。

近来，美国联碳公司又开发出叔胺类 UCARSO ES-501 等一系列高效脱硫剂，它应用于一些需要比一般胺类溶剂更有效吸收 H_2S 的装置。它的特点是在低压、低吸收温度状态下比一般脱硫溶剂能更好地吸收 H_2S。同 MDEA 相比，ES-501 选择性高 15%~20%。

1.6　叔胺-Selefining

Selefining 脱硫剂以叔胺为基础。它溶解在含一定水量的有机溶剂中，对 H_2S 有相当高的选择吸收能力。

叔胺脱硫过程是利用叔胺与 H_2S 起中和反应及叔胺的高选择性，反应原理如下：

$$2R_3N+H_2S \longrightarrow (R_2NH)_2S$$

$$R_3N+H_2S \longrightarrow R_3NH^+SH^-$$

其中一个 R 基中可连有羟基，其余 R 基亦可是烷基或带有羟基，生成物是胺的硫化物或二硫化物，其反应速度相当快。

Selefining 法可以大大降低吸收剂溶液的循环量，与 MDEA 法在提高溶液浓度上有相似之处，不同点在于选择性所受影响不会像 MDEA 那样显著，它适用于含 H_2S 量更高的气体，它是经过 MDEA、Selexol（聚乙二醇二甲醚法）两种处理过程仔细进行技术、经济比较后选择的。

和水-叔胺体系相比，该法缺点是烃类共吸作用较大。Selefining 法对有机硫（COS，CS_2，硫醇）的脱除是很彻底的，这些硫化物是脱除 H_2S 的同时附带进行的。

湿法脱硫技术的应用不断取得进展，高选择性、高效率的液体脱硫剂不断诞生。在所有脱硫剂技术开发中，湿法脱硫仍是目前研究与应用最活跃的领域。

2　干法脱硫技术进展

干法脱硫是将气体通过固体吸附剂床层来脱除硫化氢。常用的固体吸附剂有海绵铁、活性炭、氧化铅、泡沸石、分子筛等。仅用于处理含微量硫化氢的气体，基本能完全脱去硫化氢。由于该法是间歇操作，设备笨重，投资高，技术进展缓慢。

2.1　SULFA TREAT

最近，Shell 公司开发出一种新型干法脱硫

（Sulfa-treat）。实验证明该脱硫剂使用性能优越于海绵铁。同海绵铁相比，它的孔隙度和渗透率均匀，H_2S 的一次脱硫率高，操作费用低，床层使用寿命可以预测，而且最大的特点是它可以选择性脱除高达 2800×10^{-6} 的 H_2S，而不需要控制 pH 值，但它的一次投入成本较高。

2.2　金属氧化物和金属盐

工业生产脱 H_2S 采用湿洗方法，在洗涤的同时化合在 H_2S 中的 H 也损失掉了，如能将 H_2S 分解，利用其中的 H_2，这将是一项重大科技成果，但目前还不能进行工业生产与应用。

使用固体催化剂脱 H_2S，其加工温度较湿洗过程高。通常我们用固体吸附剂脱除高温气体中的 H_2S。这些固体常用的可分为两类：①含有碱土金属，以 CaO 及自然界中的石灰石、石灰岩、硅酸盐最引人注目；②含有过渡金属，包括氧化铁或它与某种载体的结合体。如氧化锌，铁酸锌，氧化锰等。另外 V_2O_5、WO_3 和 CuO 也可作为金属固体脱硫剂。

这些固体吸附剂对硫有较强的亲合力。H_2S 同金属氧化物反应，以达到脱除硫的目的。反应为一级反应，其中氧化锰最适合高温气体净化。反应方程式为：

$$Zn + H_2S \longrightarrow ZnS + H_2$$
$$CaO + H_2S \longrightarrow CaS + H_2O$$
$$MnO + H_2S \longrightarrow MnS + H_2O$$

3　生物脱硫技术进展

3.1　细菌脱硫

1947 年发现氧化铁硫杆菌，它氧化 Fe^{2+} 速度是没有细菌存在时的 500000 倍，细菌氧化 Fe^{2+} 速度比单独化学氧化速度至少快 200，000 倍。该细菌脱硫原理如下：

$$H_2S + Fe_2(SO_4)_3 \longrightarrow S \downarrow + 2FeSO_4 + H_2SO_4$$
$$2FeSO_4 + H_2SO_4 + 1/2O_2 \xrightarrow{\text{细菌}} Fe_2(SO_4)_3 + H_2O$$

$Fe_2(SO_4)_3$ 在吸收塔中同酸性气体接触，吸收 H_2S 并将其氧化成为 S，而 $Fe_2(SO_4)_3$ 则变为 $FeSO_4$。经分离器从溶液中分离出 S，溶液进入生物反应器，在与空气接触时，细菌使 $FeSO_4$ 氧化成 $Fe_2(SO_4)_3$，氧化后溶液循环返回吸收塔，以重复此操作过程。在闭路循环中不发生溶液变质，无废料排出，不需要催化剂和特殊药剂。

细菌脱硫脱除率高达 99.99% 以上，操作费用低，不排放有毒物甚至无废液排放，对 H_2S 的选择性高，无腐蚀问题。

3.2　微生物脱硫

原油和石油馏分油微生物脱硫理论的研究已有 30 多年。此课题涉及两个问题：①微生物是否具备将石油中的硫转变为可脱除的硫和必需的反应速率；②同其他技术相比，大规模生物脱硫过程是否具有经济上的竞争力。

现已提出 DM220 微生物进行脱硫的反应器设计。石油和水分开进入反应器，DM220 微生物细胞夹层固定在筒形内外的两种流体之间，反应流体再藉渗透膜进行分离。这样无需特殊的分离措施就可以得到脱硫的石油和含有机硫的废水。

3.3　新型生物脱硫剂

新型生物脱硫剂脱硫反应的选择性非常高，主要是使硫碳键断裂，使氧化还原速率增加，得到石油馏分和含硫液相产物的混合物，然后再进行分离得到脱去硫的石油馏分。

这类脱硫剂一般在公开前都已申请专利，如新型 Rhopdocows ATTC 55309 和 55310 生物脱硫剂，Energy Biosystemscorp 生物脱硫剂等，主要用于从原油、煤、焦油、馏分油中脱硫。

生物脱硫技术灵活性好，可用于处理多种原料，而且它可以在常温、常压下操作；生物脱硫 DBS 成本低，它比加氢脱硫投资少 50%，操作费用少 10%～15%，很少有废液排放，对环保极为有利。该脱硫技术在某些应用领域已成为现实，并公认为是 21 世纪的主要脱硫技术。

4　新型脱硫技术

4.1　国内发展状况

为了提高脱硫效率和选择性，我国许多有关科研单位和应用厂家一直致力于新型脱硫技术开发和应用。目前已在湿法脱硫技术方面取得较大进展。针对油田气和炼厂气产品硫含量不断升高，脱 H_2S 的装置负荷逐年增加，洛阳石油化工工程公司研究所生产出一种新型脱硫剂 LHS-1。

同 MEA、DEA 相比，LHS 具有以下优点：

①反应热低；②CO_2、H_2O 共存时，对 H_2S 具有足够的选择性；③损失少，且改善了液化石油气的铜片腐蚀指标；④抗发泡能力好，浓度可

以提高，溶液循环量低。

YXS-93 是我国开发的另一系列节能、高效复合脱硫剂。它的脱硫率高达 99.92% 以上，并能使原料气中 H_2S 脱除率大大降低，减小溶液的酸气负荷，减轻设备腐蚀，而且加热蒸气消耗量降低 50% 左右，YXS-93 稳定性好，化学降解少，溶剂消耗低，已有很多炼油厂使用 YXS-93。

此外，也开发与应用了 HS 系列、SSH 系列、ES-051 等复配型高效脱硫剂。

4.2 国外发展状况

国外，特别是美国、加拿大等国家除了对湿法脱硫技术进行深入开发外，也有不少研究集中在干法脱硫方面，例如新近报道以 ZnO、TiO_2 物质吸收 H_2S 技术等。20 世纪 90 年代国外较引人注目的脱硫技术进展则主要体现在生物脱硫技术上。美国能源生物系统公司（EBC）新近开发一种生物催化脱硫技术，目前已建立起每天处理 5 桶油的中试装置并运转，主要是从柴油中脱除硫。在中试基础上，不久将建成每天加工 1 万桶柴油的小型工业装置，逐步使该装置商业化。很快该公司将开发针对原油和汽油的生物脱硫技术。

5　结束语

目前脱硫技术在工业上的应用极其广泛。随着环保法规日趋严格，有关硫污染特别是 H_2S 的污染问题引起了人们普遍的关注，脱硫技术的开发具有广阔的应用前景。

1）新型高效液体脱硫剂以其高效节能、无起泡、脱硫效率高等优点取得了各炼油厂的信赖，大有取代 MEA、DEA、DIPA 之势。

2）干法脱硫技术由于固体吸附剂对硫的处理量低，不易再生等问题，发展相对缓慢。

3）生物脱硫（BDS）由于具有很好的灵活性，很容易适应未来脱硫技术的需要和环保要求，BDS 不久会在炼油工业占有一席之地。

参 考 文 献

[1] 刘燕龄，周理. 单乙醇负压下吸收 H_2S 的新工艺[J]. 炼油设计，1995，25（5）：24-26.

[2] 南京炼油厂. 二异丙醇胺水溶液用于炼厂气脱硫的工业实验总结[J]. 石油炼制，1985，（9）：42-48.

[3] 张涌，高秉宏. 炼厂气二异丙醇胺水溶液脱硫装置标定[J]. 石油炼制，1985，（9）：49-50.

[4] 朱利凯. H_2S 和 CO_2 在环丁砜-二异丙醇胺水溶液中的溶解度[J]. 石油与天然气化工，1991，20（4）：9-14.

[5] 刘克友，杜平. MDEA 法炼厂气脱硫[J]. 炼油设计，1995，25（3）：20-24.

[6] 王开岳，张建华. 甲基二乙醇胺选择性脱除 H_2S 的工业试验[J]. 石油炼制，1998，（9）：35-40.

[7] 朱利凯. 环丁砜甲基二乙醇胺水溶液处理酸性天然气工艺讨论[J]. 石油与天然气化工，1990，19（4）：36-43.

[8] 王降祥等. 甲基二乙醇胺（MDEA）选择性脱硫技术在川东天然气净化总厂的应用[J]. 石油与天然气化工，1994，23（4）：201-204.

[9] 李正西. 甲基二乙醇胺类气体脱硫溶剂 ES-501 物化数据[J]. 石油与天然气化工，1994，23（4）：229-230.

[10] 李正西. 甲基二乙醇胺的物化性质[J]. 炼油设计，1995，25（6）：55-61.

富氧硫回收装置改造技术进展

李文波　张义玲　付　静　胡文宾

（中国石化齐鲁石化公司研究院）

1　前言

从酸性气体中回收硫黄传统的方式是硫化氢在空气中燃烧，采用氧化催化，产生硫和水。早在 19 世纪末期，克劳斯就提出了氧化硫化氢制单质硫的工艺，通常称为克劳斯法（ClausProcess）。到 20 世纪 30 年代，各国在工艺流程上进行了重大改进，奠定了现今的基本工艺流程。20 世纪 70 年代以来，各国对硫回收装置的要求越来越高。为此，各国从装置节能、提高硫回收率和减轻环境污染出发，在硫黄回收和尾气处理上开发了一些新工艺。

90 年代开发出的富氧硫回收技术以富氧空气乃至纯氧代替空气用于克劳斯装置，可相应地减少惰性气体 N_2，从而提高装置的处理能力。因此，当工厂需要增加克劳斯装置能力时，可考虑采用富氧技术改造，所需投资大大低于新建一套装置的费用。

2　富氧硫回收工艺技术

富氧法是用含富氧的空气（氧含量由 21% 提高至 45% 左右），也可用纯氧代替普通空气在燃烧炉内与硫化氢燃烧生成 SO_2，避免浓度较低的酸性气被大量入炉的氮气稀释，减少多余的氮气从常温升至 1000℃ 而带走大量的热量，造成炉内有效热量损失。另外，由于助燃剂和空气减少，在处理相同浓度和流量的酸性气时流经系统总气量减少，可为进一步增产创造条件。

采用富氧法要求 H_2S 浓度不能太低，否则炉膛温度无法保持在 1000℃，采用富氧技术的主要问题是如何解决燃烧炉内稳定燃烧的温度问题。富氧氧化克劳斯装置中氧的富集程度是受反应炉耐火衬里的耐火度所限。由于氧浓度增加，反应速度加快，释放出的反应热量也迅速增加。在正常情况下，反应炉内的温度为 950~1250℃，而反应炉耐火内衬的耐火限度一般为 1550℃。超过此温度，内衬则被烧坏，故一般情况下，在没有采用特殊措施时，氧的富集浓度限制在 28%~30%。

在实际生产中，氧的富集程度除受耐火衬里的限制之外，还受到燃烧炉本身的耐火性能、废热锅炉材质、尾气激冷装置材质耐火性能的限制。

为取代改良克劳斯工艺所需的氧气（含在空气中），目前该领域开发了数种富氧克劳斯工艺。这些新工艺的采用提高了现有 Claus 装置的产量或降低了相同产量的克劳斯装置的建设费用。如果直接往空气管线中加入氧气，则氧气的比例可以从 21%（空气）提高到 28%；如果将氧气直接加入到克劳斯装置燃烧炉火焰区里，氧气的比例可以从 28% 提高到 45%；如果使用非常特殊的技术，则氧气的比例可从 45% 提高到 100%。

这些技术受燃烧炉耐火设计和酸性气体浓度的限制，根据我们调查，目前富氧技术的代表主要有 SURE 法（Parsons 公司，英国氧气公司），COPE 法（Goar，Allison 和 Associates 公司），OxyClaus（氧气克劳斯）法（Lurgi 公司），后燃烧（P-Combustion）工艺（Messer 公司），NOTIG 法（Brown & Root 公司）氧气注入法（TPA 公司），ClausPlus 法（Air Liquide 公司和 TPA 公司）等。已工业化的富氧克劳斯工艺主要有 COPE、SURE、OxyClaus 和后燃烧（P-Combution）工艺。另外，为解决操作成本问题，出现了以变压吸附供氧的 PSClaus 工艺；为解决炉温问题，产生了 NOTICE 工艺。

本文主要对比分析 Sure、Cope、OxyClaus 和 Meseer 最新推出的氧气"后燃烧"技术。

2.1　富氧硫回收 COPE 工艺（Goar Air Products）

COPE 意为氧基克劳斯（Claus Oxygen-based

Process Expansion），该法是 Air Products 公司和 Goar、Arrington&Associates 公司共同研制的，于 80 年代中期获得工业应用。第一套 COPE 装置于 1985 年 3 月由科诺科公司在莱克吉尔斯（Leke Cherles）炼油厂建成投产。该系统在使用现有耐火材料衬里的基础上，采取两项改进措施：一是以物料循环控制反应炉温度；二是设计了一种特殊燃烧器。从而将氧的富集程度提高到 100%。

COPE 系统安装前后的流程图见图 1、图 2。可看出 COPE 系统安装后除增加了一台新燃烧器和一条原料管线外，其他均基本相同。新系统在第一段冷凝器之后，将一部分气体用循环风机循环到燃烧器。COPE 系统燃烧器可处理酸性气体、空气、氧和循环气四种气体。循环风机可对离开第一段冷凝器的气体流量进行调节和控制，以便在允许增加气体的压力时提高生产能力。以氧气取代含氧空气，给可控温度的燃烧炉增加了循环气。成倍提高了处理富硫化氢酸性气体的常规克劳斯装置的生产能力，科诺科公司莱可吉尔斯炼油厂的三套硫黄回收装置中有两套采用了 COPE 技术，其生产能力可提高 85%~100%。另外，香普兰炼油公司的科普斯炼油厂中的两套硫黄回收装置也有一套采用了 COPE 技术，两家炼油厂采用 COPE 技术的情况如表 1 所示。COPE 装置中氧气代替空气流程见图 2。

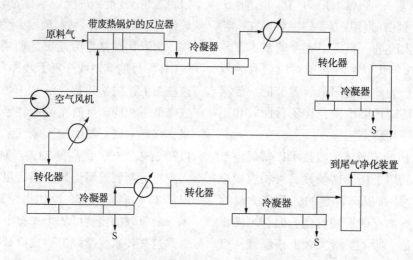

图 1　传统三级转化器克劳斯硫回收流程

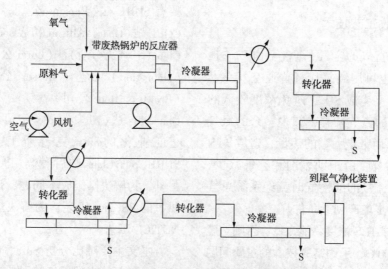

图 2　COPE 装置中氧气代替空气流程示意

投资费用对比：与传统空气氧化克劳斯硫黄回收装置相比，采用 COPE 技术的硫黄回收装置的投资可节省 30%~35%，其催化转化器、蒸气再加热器、硫黄冷凝器和尾气净化装置的规模也基本上可减少一半，其费用减少情况如表 2 所示。

因为火焰温度的限制，常规的装置只能使用富含氧气不超过30%的空气来提高使用贫酸性气的装置能力。比较而言，对于来自炼油厂的富酸气，COPE方法使用的氧气浓度可达100%；处理来自气田的酸气使用的氧气浓度可达80%。以氧气为基础的工艺可以控制燃烧炉火焰温度低于2800°F（约1538℃），这是耐火炉衬里实际限定的温度。使用氧气可降低或者消除稀释剂氮气，从而提高生产能力，与此同时，提高了硫回收装置中的整个酸气的转化率。多数情况下，节约的下游公用工程费可补偿氧的费用。

表1 使用COPE技术与采用空气氧化一般克劳斯技术的性能比较

项目	科诺科公司			香普兰公司	
	COPE公司1	COPE公司2	空气氧化装置3	COPE公司1	空气氧化装置2
酸性原料气成分/%					
H₂S	89	89	89	73	68
NH₃	0	0	0	6	7
CO₂	5	5	5	7	9
COPE的O₂浓度/%	65	54	21	29	21
硫黄回收量/(t/d)	199	196	108	81	66
废热锅炉出口温度/℃	407	405	360	—	—
反应炉炉温/℃	1410	1379	1301	1399	1243
反应炉压力/MPa	0.060	0.066	0.066	0.052	0.054

表2 新建硫黄回收装置（以新建装置为例）

项目	投资费用	百万美元
	COPE装置	空气氧化装置
克劳斯装置	5.7	8.8
SCOT尾气处理装置	4.3	6.0
装置外费用	2.2	3.5
合计	12.2	18.3

注：富含H₂S原料气；硫黄回收能力330t/d。

COPE工艺的主要设备区别是专门设计的燃烧炉，它能处理氧气、空气、新的酸性气体和循环气体以及安装在第一个硫冷凝器后面的热气循环风机，它能循环出部分气体来控制燃烧温度。把大部分负荷移到系统的前端，这样就重新分配了装置的压差。因为克劳斯装置脱除氮气会导致下游压降较低。

COPE工艺通过使用纯氧部分或完全代替空气，可使典型的克劳斯硫回收装置的硫处理能力

增加一倍。由于燃烧空气量的减少，进入的惰性氮气量也随之减少，从而可以加工更多的酸性气，该过程可分两段实现。随着O₂富集程度的提高，燃烧室温度上升，在不使用循环物流的COPE第一段，通过使用富氧使炉子温度达到耐火材料最高允许极限，处理能力往往可以增加50%。在使用内循环物流来调节燃烧温度的COPE第二段，富氧程度可以更高，达到100%纯氧。通过硫回收装置其余设备（废热锅炉、催化反应器、硫冷凝器）及尾气净化装置的流量大为减少。在较高的富氧燃烧温度下，氨和烃类杂质的分解使热反应段的转化率可以得到改善。硫回收装置的总硫回收率增加0.5%~1%。一个单一的专利COPE燃烧器可以处理酸性气、循环气、空气和氧气。其操作条件：燃烧压力从0.04~0.08MPa（表），燃烧温度可高达1538℃。O₂浓度从21%~100%。硫回收率为95%~98%。

经济分析：扩建硫黄回收装置和改建尾气装置增加硫处理能力所需的投资费用只相当于新建装置费用的15%~25%。新装置投资费用可节省25%，新增能力的投资费用只相当于基础投资费用的15%。操作费用是氧气费用的函数，可减少焚烧炉的燃料消耗，并降低操作和维护的劳力费用。

2.2 富氧硫回收SURE工艺（British OxygenCo.）

SURE工艺为BOC/Parsons共同开发的富氧硫黄回收技术，工艺流程见图3。1990年日本Osaka炼油厂用此工艺，O₂升至40%，装置能力由60t/d升至90t/d；装置改造费用仅相当于新建30t/d装置的20%。

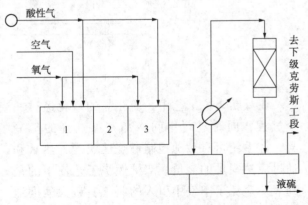

图3 SURE法流程示意

如图3所示，一部分氧化剂与全部或部分酸性气或含氨酸性气被输送到第一燃烧区（1）。反

应后的混合物被冷却(2)，剩余的气体被输送到第二燃烧区(3)，硫黄冷凝之后，剩余气流被输送到一个或更多的克劳斯转化器。

其操作条件：压力接近大气压，氧气在氧化剂中浓度为21%~100%，硫回收率90%~98%。

经济分析：用氧气代替空气将使克劳斯型硫回收装置及后继尾气处理装置的处理能力增大1倍。使用SURE工艺对于改造现有的克劳斯及其尾气装置，能显著地提高酸性气脱除率，在新装置上使用SURE工艺可大大地减少基建投资。

SURE法好处是：①可以大幅度提高装置处理能力。燃烧炉温度随氧浓度增加而升高的情况并不象预期的那样敏感，只要少量循环气量即能顺利控制。②可以很快地将空气改为富氧空气（28%~100% O_2）。循环鼓风机操作可靠，维护保养工作量不大。③酸气总硫转化率（体积分数）约可提高0.60%。

BOC公司近几年在富氧硫回收技术研究方面取得了较大发展，其富氧氧化硫黄回收技术还有以下几种。

（1）双炉燃烧工艺（Double Combustion Process）

BOC公司开发了双燃烧工艺（简称DCP）与美国燃烧有限公司（ACI）开发的两段燃烧 H_2S 的克劳斯加工工艺（Claus Plus Process，简称CPP）有些类似，现有装置采用DCP进行技术改造时，除了使用一台新式反应炉、废热锅炉和冷凝器之外，在现有反应炉中还需要安装一台新式氧燃烧器，尾气处理装置也需要同时进行局部技术改造（见图4）。在双燃烧炉中，氧气分两股进料在第一燃烧炉中有烧嘴，第二燃烧炉因温度已很高，不需要烧嘴，有一个氧腔。最大设计温度1600℃。它采用两个燃烧炉和废锅串联排列，全部酸性气和燃烧空气都送入装有SURE燃烧器的第一燃烧炉。部分氧通过该燃烧器的专用注氧喷嘴直接注入第一个燃烧炉。该炉燃烧产物经第一废锅冷却，然后流入第二燃烧炉。剩余氧通过氧柜注入第二燃烧炉。该炉燃烧产物经第二废锅冷却再送入催化段。第二燃烧炉不用点火器。兴亚石油公司大阪炼油厂于1990年引进SURE双燃烧炉工艺改造原制硫装置，产量从60t/d提高到90t/d。目前据调查世界上已有4套装置使用双燃烧炉技术。

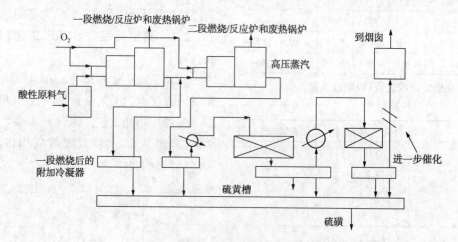

图4　BOC双燃烧炉硫黄回收流程

在双燃烧炉工艺中，硫化氢的氧化经过两个过程，同时进行中间冷却和可选择的硫冷凝，此系统可有效地控制燃烧区温度、热量和通过废热锅炉的流量。双炉燃烧工艺使用的是纯氧，避免了空气中引入的氮气，最大程度地提高现有设备的产量或最大化地减小新设备的规模。无论是新建或是改进原有设备，SURE双炉燃烧技术与普通的空气Claus技术相比可提高产量150%。

（2）副燃烧炉工艺

和双燃烧系统一样，副燃烧炉系统也可使用纯氧气进料。在该系统中，有一小部分含有硫化氢的酸性原料气体在传统克劳斯反应炉（即主反应炉）之前进入附加的副反应炉，与稍低于理论需要量的氧反应生成二氧化硫，见图5，这一附加反应炉的炉温由冷却和排气循环控制。自副燃烧炉出来的气体，除部分用作自身循环外，其余气体进入主燃烧反应炉，即传统的克劳斯装置，气体中的硫化氢与纯氧反应，最后达到克劳斯反应所要求的 H_2S/SO_2 比例。由于在副反应炉中生成的 SO_2 对主反应炉中克劳斯反应动力学有影响，选用副反应炉工艺的硫黄产量要比选用双燃烧系统时少一些，前者使硫黄产量增加 110%~120%，后者可增加 130%~150%。

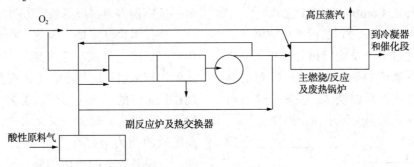

图5　副反应炉硫黄回收工艺

副燃烧炉工艺特别适用于老系统的技术改造，因为：①流程中采用的循环风机具有很大的灵活性；②老系统往往受场地的限制，一般很难布置下双燃烧系统诸多的设备和管线，而副反应炉工艺只需增加副反应炉和热交换器等少量的设备。

总结有关 BOS 的富氧专利技术情况可以汇总如表3：

表3　BOC 的 SURE 专利技术

项　　目	简单富氧	最大富氧	双炉燃烧
添加氧气	现有空气鼓风机不变	改烧嘴，普通烧嘴不行	利用第二反应炉
富氧浓度	提高至30%O_2	提高至45%O_2	100%O_2
限制因素	烧嘴、耐火材料	反应炉子的温度	回避了温度的限制
提高产量	20%~30%	75%	150%

2.3　富氧硫回收 OxyClaus 工艺（Lurgi & Pritchard）

Lurgi 等开发的氧基克劳斯工艺已有 12 套工业装置，其工艺如图6所示，与前二者基本类似。

OxyClaus 工艺对改进的 Claus 反应采用直接用氧燃烧的办法进行。其特点是采用专用的热反应器燃烧室（1），氧气利用程度可以达到 80%~90%。不需要任何类型的气体循环就能达到适度的燃烧温度。氧气和酸性气一起在极高温度火焰的芯部燃烧，同时在火焰周围引入空气，使其余酸性气燃烧。当接近热力学平衡时，在高温火焰芯部大量的 H_2S 裂解成氢和硫。二氧化碳也被还原成一氧化碳。可使用传统的耐火/保温砖材质，由于高温条件有利于 H_2S 裂解反应的平衡，所以当热的气体冷却时，在废热锅炉中所产氢气量就会降低。放热逆反应产生的热量在废热锅炉（2）中被除去。单质硫的下游回收采用传统的改良 Claus 工艺完成，这种工艺使用串联催化反应器（3）和硫的冷凝器。既不需要专用设备，也不需要改变传统的设计模式。

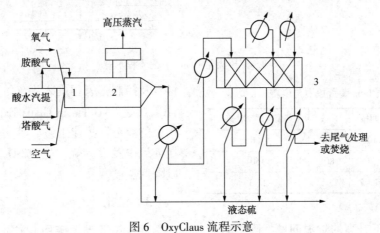

图6　OxyClaus 流程示意

经济分析：一套要求总硫回收率为99.9%的200t/d硫回收装置(克劳斯和尾气在处理装置)与仅用空气方案相比，采用富氧可燃节省投资200~300万美元。

2.4　后燃烧(P-Combustion)工艺

该工艺是德国Meseer公司最近推出的氧气后燃烧工艺，氧气通过多个喷枪以超音速喷入燃烧室中，见图7，高紊流的氧气在Claus装置的燃烧室中形成一个新增的后燃烧区，使离开烧嘴尚未完全燃烧的气体在后燃烧区中完全燃烧。

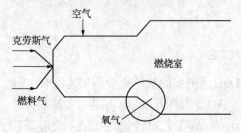

图7　用于Claus装置的后燃烧工艺示意

该工艺的优点：①脱硫能力增加58%；②新增设备投资费用低，仅为新建Claus装置的1%，与生产运行安全有关的部件如烧嘴、燃烧室、锅炉和催化反应器的运行温度均保持在允许值内，这些部件不需改动；③生产灵活性加大；④转化率提高；⑤第一反应器寿命延长，在常规工艺中，第一反应器中的温度一般只达到550℃，反应过程中剩余氧

和SO_2催化反应生成SO_3，SO_3又和氧化铝催化剂颗粒反应而生成硫酸铝，从而使催化剂失去活性，采用后燃烧工艺后，由于温度升高，致使反应产物有所改变，不会出现催化剂失活现象，故第一反应器寿命得以延长；⑥鼓风量减少。

该技术也已实现工业化，在德国已有两家应用厂家。改造只需一个星期。对于许多Claus装置的用户来讲，应用富氧工艺提高脱硫能力25%往往是不够的，而应用纯氧工艺，改造的费用昂贵且过高提高脱硫能力又无必要，后燃烧工艺提高脱硫的能力恰好介于富氧工艺和纯氧工艺之间，且设备改造的费用很低。因此，对国内大多数炼油厂来说，后燃烧工艺无疑是一种比较有效且廉价的提高脱硫能力的新方法。

2.5　其他富氧工艺

（1）PS Claus工艺

此工艺也是BOC的SURE技术的一种，在此工艺中，变压吸附(PS)氧气装置安装在鼓风机和常规的Claus装置的反应炉之间，如图8所示。此装置的全部成本，包括变压吸附装置，一般比同等的空气装置成本低30%，投资可较相应的常规克劳斯装置节省，如表4所示。变压吸附氧气装置消除储存和运输液氧的麻烦。可增加现有设备产量100%，对新建装置也有较大吸引力。

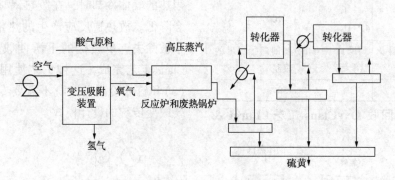

图8　变压吸附Claus工艺流程示意

表4　PS Clans装置投资与电费

项　目	两段	三段	两段+尾气处理
常规克劳斯投资	100	115	200
PS Clans投资	70	80	150
PS Clans电费	1.5	1.5	1.3

（2）NOTICE工艺

对于富氧条件下升高的炉温问题，除从耐火材料及控制富氧程度入手外，前不久提出了NOTICE工艺(NO Tie in Claus Expansion)，意为无约束的克劳斯扩建工艺。其关键点是将部分液硫在纯氧中浸没燃烧，生成SO_2送入克劳斯燃烧炉以降低温度。

3　结论

近几年世界上硫回收技术得到了较大发展，

特别是 20 世纪 90 年代以来开发的富氧硫回收工艺，能显著提高硫回收装置的处理能力。这种富氧硫回收技术根据氧气用量可分为低浓度富氧、中等浓度富氧和高浓度富氧。主要工艺有 SURE 工艺、COPE 工艺、OxyClaus 工艺以及氧气后燃烧工艺。富氧氧化克劳斯工艺的最大特点是可以大量减少或消除通过系统的惰性气体，从而提高系统处理气体的能力。克劳斯装置的生产能力最终要受到总降压的限制，原料气在反应炉燃烧器内的压力要求比常压高 0.05~0.075MPa，以防止反应炉的温度过高和后部出现的其他问题。在现有克劳斯装置中，用纯氧代替空气，使通过燃烧器的气体量减少，而要保证燃烧器所需的气体压力，必须增加原料气的量，从而提高气体的处理能力。而在气体处理量已定的情况下，采用富氧氧气比采用空气氧气的克劳斯装置规模要小，即节省投资费用。此外，由于采用纯氧代替部分或全部空气，进入系统的氮大幅度减少或完全消除，使得尾气量减少，尾气处理装置的规模变小，硫黄损失大大降低，二次加热器和焚烧的燃料费用也大幅度下降。

在扩能方面，如果通过新建回收装置，不仅建设周期长，而且投资巨大。用富氧技术扩能，既充分利用了现有装置，又避免了惰性气体氮气的进入，节省了大量的压缩能和热能。

国内不溶性硫生产现状

李正西

(中国石化金陵石化南京炼油厂)

1 前言

不溶性硫(Insoluble Sulphur)，学名为硫的均聚物，又称聚合硫，亦称 μ 形硫，简称 IS，指不溶于二硫化碳的聚合硫黄。不溶性硫黄是普通硫黄的一种无毒高分子改性品种，相对分子质量约 30000，分充油型和未充油型两大类。但是橡胶工业中的不溶性硫，99%是使用充油型的。不溶性硫黄的主要用途是作子午线轮胎的硫化剂。子午线轮胎的耐磨性比普通轮胎可提高 30%~50%，寿命为普通轮胎的 1.5 倍，节油 6%~8%。

不溶性硫的制造技术有如下方法。

1) 辐射法：该法是在酸性介质辐射含硫聚合物制得不溶性硫黄。

2) 接触法：该法使用硫化氢和二氧化硫为原料，将 H_2S 和 SO_2 分别通入有酸性介质的反应器中进行接触反应，就可制得不溶性硫黄。

3) 气化法：所谓气化法是使用均四氯乙烷去处理升华硫来制取不溶性硫黄的。将升华硫和均四氯乙烷按 1∶5(m)混合，温度控制 80~90℃，均四氯乙烷即可从升华硫中把可溶性硫萃取出来，余留部分就是不溶性硫黄。

4) 熔融法：熔融法和气化法大致相同，只是参与反应的硫是过热硫黄熔融物而不需要升华。

该法的生产过程是：在 130~150℃的温度下使原料硫黄熔融，添加 1%~3.5%的稳定剂(六氯对二甲苯)，然后将该混合物温度提高到转变温度 180~210℃，并在搅拌下保持 30~40min。此时可溶性硫可完全地转化为不溶性硫黄，所得之熔融物用水迅速冷却，然后把水从硫黄中分离掉，将熔融物在空气中放置到它完全固化。其结果，得到的物料中含有 30%~40%不溶性硫的块状物，再经过老化后将该物料在颚式粉碎机中粉碎。

5) 低温常压聚合及混合溶剂萃取法(太原法)：目前国内外大多采用高温(570℃以上)、高压的气化聚合法生产中品位 IS，进一步用二硫化碳萃取法生产高品位 IS。高温聚合耗电大，设备腐蚀严重，操作不安全，成本高，二硫化碳萃取法则污染严重，易燃易爆，溶剂回收困难，严重制约了正常生产和规模的扩大。

针对上述问题，太原工业大学化工系着重研究了低温常压聚合和混和溶剂萃取生产 IS 的新工艺，以期克服传统工艺的严重缺点。

6) 低温常压法(洛阳法)：1974 年以来，我国生产不溶性硫黄一直采用高温气化法。该工艺除生产过程中存在易燃、易爆、易腐蚀和有污染等问题外，产品稳定性也较差，不能满足橡胶工业的需要。洛阳富华化工厂采用低温、常压熔融的工艺技术生产 IS，不仅避免了过去高温气化法存在的种种问题，而且产品质量上了一个台阶。

7) 低温液相法(重庆法)：重庆大学化工学院与第三军医大学预防医学系合作，采用低温液相法制备 IS，并以不燃、不爆的取剂 TE 进行浸取。方法是先用低温液相法制取 IS 粗粉料。将纯硫和稳定剂按比例加入反应炉中，逐渐搅拌升温至指定温度。在此温度下恒温搅拌一定时间，缓慢放料于急冷液中骤冷，取出，用清水洗净得含可溶性硫与不溶性硫的透明弹性体。在 40~45℃的烘房固化 48h，粉碎(粒度要求达 100 目以上)得 IS 粗粉料，测定其不溶性硫含量。

然后浸取制备高含量 IS。将制得的 IS 粗粉料与浸取剂 TE 按比例加入浸取釜中，搅拌，升温至设定温度，恒温 1.5h，离心分离，滤饼置于真空干燥器后，测定其不溶性硫含量。

几种方法比较：

辐射法及接触法工业上用得较少，目前工业

上较普遍采用的传统方法是以硫黄为原粉气化法或熔融法来生产。

熔融法生产不溶性硫黄的优点是：投资少，见效快，耗料低，质量高，污染少。

近年来，我国出现三家低温法，他们普遍的特点是能耗低，设备造价低，腐蚀缓慢，使用命长，操作安全；采用混合溶剂或 TE 来萃取生产高品位 IS，安全，毒性小，操作简便，克服了 CS_2 溶剂工艺的致命缺点；低温法无污染，无废渣、废液和废气排出；混合溶剂或 TE 萃取法也适用于传统工艺（CS_2 路线）的改造，设备改动小，投资少。

2 国内生产厂家情况及发展现状

在我国，北京橡胶工业研究设计院于 1974 年开始了 IS 制备技术研究，先后用干法（二硫化碳淬火）、湿法（水介质淬火）、熔融法、气化法制出了含量为 55% 的 IS 产品，并于 1977 年在上海南汇瓦屑化工厂中试成功，对国内发展钢丝子午线轮胎起了很大的作用，仅上海大中华橡胶厂每年用量在 50t 左右，占该厂硫黄用量的 20%。

在"七五"中，为了适应国家引进钢丝子午线轮胎配套需要，上海京海化工总公司与北京橡胶工业研究设计院合作，瞄准美国 Stauffer 公司的 Crystex 产品水平，开发出"三线牌" IS 系列产品。京海公司已形成 600t/a 的生产能力（注：原文为 6000t/a，恐笔误），开发出新稳定体系，实现了连续化生产。它与南化公司研究院合作制定了 IS 专业标准，淘汰了含量为 58% 的低品位产品，中、高品位产品品种发展到 16 个，IS-90 含量 95% 以上，IS-60 含量不低于 63%，一些产品开始出口德国、巴西和美国。

据悉，四川也将建年产 1000t 不溶性硫黄的生产厂，品种有 60%~90% 的几种。

目前我国仅沪、苏、晋等地的几家工厂少量生产不溶性硫黄，年产能力不足 3000t。几年前南昌大学化学系用熔融法生产不溶性硫黄试产成功，并投入批量生产，年产量约 300t，为我国不溶性硫黄开创了一条新路。江苏武进经纬化工厂也能生产不溶性硫黄。四川天然气研究院在气化法制不溶性硫黄方面，做了大量的工作。南京东南大学（原南京工学院）化学化工系也试制成功不溶性硫黄，现正联系厂家生产。

太原工业大学化工系、重庆大学化工学院和洛阳富华化工厂高科技研究所等均在低温法制不溶性硫黄方面做了大量的研究工作。

3 市场和价格

由于 IS 产品是一种单用途产品，这就大大限定了它市场狭小。IS 市场与橡胶工业、特别是轮胎工业息息相关。尽管我国橡胶工业近年来的年耗硫黄量（作为硫化剂）约 30kt，但由于 IS 售价为普通硫黄的 5~15 倍（一般是 10 倍左右），这样，IS 产品就被限制在那些加工和使用性能要求很高的橡胶制品中，如钢丝子午线轮胎。在"七五"中，国家引进子午线轮胎给 IS 生产带来了发展机会。预计到 2000 年，IS 产量可望达到 10kt，占橡胶加工硫黄消耗量的 20%。如果中高品位 IS 产品售价控制为普通硫黄的 3~8 倍，IS 产品可望取得更大的市场。但是，从国际市场看，IS 消耗量占普遍硫黄的 50% 是极其困难的。

目前我国不溶性硫黄产能不足 3kt/a，据中国汽车工业总公司预测，到 2000 年，我国汽车轮胎需求量约为 8000 万条，其中子午胎产量将达 2700~3000 万条，需消耗不溶性硫黄 10kt/a 以上，故有一定的发展潜力。

不溶性硫黄价格也是逐年上升，1981 年美国的价格为 900 美元/t，1988 年国际市场上售价为 1600~1800 美元/t，现在基本上还是这个价格。

出口市场：经过技术和营销人员多年努力，我国京海公司"三线牌"不溶性硫黄产品 1994 年出口约 1kt，1996 年我国出 IS 约 1kt。如果在高含量和高稳定性两个方面都有进一步突破，出口前景看好。

同时，子午胎的出口量也逐年递增，1990 年共计出口了 27 万套，同 1989 年相比，增长了 30%。中国化工进出口总公司为扩大化工产品的出口，已将子午线轮胎的出口列为重点发展的出口商品，届时，不溶性硫黄的需量将激增。其需求量将以每年 15%~18% 的速度递增。

4 存在问题

尽管 IS 产品在我国已有 20 多年的生产历史，但从技术和市场看，它都属于发展中产品。因此，20世纪80年代以来，国内开发 IS 积极性与日俱增。据不完全统计，全国已有20多个省、30多个化工厂、研究院所和高等学校在进行 IS 开发，建有30多套生产装置，每套装置(或连同厂房)投资80万~1000万元，开发历时3~13年不等，至今尚未拿出符合专业标准的产品。在这种不可抗拒的开发势头中，下列问题应引起注意。

4.1 可行性研究不充分

同任何新项目一样，开发 IS 产品首先要研究其技术经济可行性，即应当考察本地区的原料构成、橡胶工业布局与水平、技术来源及可靠性、交通条件、能源状况、信贷政策、经济承受能力、竞争力、环境和总体政策条件等各方面因素。目前现状是，一些边远山区、缺水缺电地区、交通不畅地区、橡胶工业薄弱地区都在上 IS 项目，甚至某一个省有4个点，某一个镇有2个点，一个橡胶厂设1个点。这种不考察技术经济可行性、不考察规模效益、闻讯而上、盲目投入、难求产出的现象造成好多单位产品不达标、借贷难清的被动局面，应当引起重视。

4.2 技术未吃透

IS 的生产条件是化工技术中最为苛刻的，除了深刻理解硫化学及其化工过程并有效用于指导生产的基本科学条件外，对防爆技术、高温技术、抗静电技术、防腐技术以及材料选用、原料处理、三废治理、中间控制、检测系统、应用技术和故障排除等各方面都要具备一定水平。现在有一些单位的试用品品位较低，根本达不到国家标准。

4.3 盲目的市场观

从前面的分析中，一要看到 IS 在我国客观上属于发展中的产品，市场看好；二要看到 IS 是用途单一的产品，市场有，但并不大，在橡胶工业中，替代50%普通硫黄是很难的，几乎不可能；三要看到 IS 产品技术含量高，分割市场难度大。只看到 IS 产品具有活力的一面，未看到市场有限的一面，容易产生市场误导，造成决策上的失误。

5 建议

若在天然气净化厂或炼油厂硫黄回收装置之后直接设一条硫黄深加工生产线，其投资较少。因为产出的硫黄液体可直接淬冷后进入深加工工序，IS 含量在60%左右。这样就省去了预热炉、反应器及取热部分。其他原材料均来自硫回收装置所在的工厂内部。因此，对于年回收硫黄2~3kt 的装置，设计一个深加工能力为1kt/a 的不溶性硫黄装置较为合适，其投资约需1280万元(人民币)，半年即可建成投产。对于回收硫黄20~30kt/a 的硫回收装置，设计一个年深加工能力为10kt/a 的装置也是较为适宜的，其投资约需2250万元(人民币)，一年即可建成投产；每 t 不溶性硫黄利润约7000元，建成投产后的第二年可收回全部投资，利润也较为可观。而且还能部分地解决普通硫黄在国内市场饱和的问题。

不溶性硫的几种低温生产方法

李正西

(中国石化金陵石化南京炼油厂)

摘　要　本文介绍我国近年出现的三家用不同低温法生产不溶性硫的方法，分别是太原的低温常压聚合混合溶剂萃取法，洛阳的低温常压法，重庆的低温液相法。对它们作了一些比较，并提出了些建议。

关键词　不溶性硫　硫化剂　低温法　橡胶

国外大多采用高温($>570℃$)气化法来生产中品位不溶性硫，1974年以来，国内生产不溶性硫也一直采用高温气化法。为提高其品位，再用二硫化碳萃取，生产高品位的不溶性硫。高温聚合耗电大，设备腐蚀严重，操作欠安全，成本高，用二硫化碳萃取污染严重、易燃易爆、溶剂回收困难，严重制约了正常生产和装置规模的扩大，已成为国内外近年来共同关注并亟待解决的课题。

1　低温常压聚合混合溶剂萃取法

针对上述问题，太原工业大学化工系研究了低温常压聚合、混合溶剂萃取法生产不溶性硫黄的新工艺、以期克服传统工艺存在的诸多问题。

1.1　聚合反应机理

常温下单质硫一般以八元环状态(S_8)存在，当温度超过临界值($159℃$)后，S_8开始开环聚合，形成线型聚硫大分子，这一临界温度实际上是硫开环聚合和聚硫大分子解聚的平衡温度，称之为最低聚合温度。

生产不溶性硫时，为了使开环聚合正反应占主导地位，并保持足够高的聚合速率，应选择较高温度。但温度过高又会使聚硫大分子断链降解，形成聚合/降解另一平衡，这就有必要采用添加稳定剂来抑制溶解反应。

硫开环聚合属于自由基机理，由链引发、链增长、链终止等基元反应组成。引发是最慢的一步，热引发活化能高达$150kJ/mol$，是控制聚合总速率的关键步骤。高温气化聚合可采取单一热引

发，若添加引发剂和助引发剂，可使聚合温度降低，这就是低温聚合制不溶性硫的理论依据。

硫开环聚合有一个特性，即链增长反应都带有平衡倾向，加之在低温时有开环聚合与解聚成环的平衡，高温时有聚合与降解的平衡，致使硫的聚合转化率不会太高。结果表明，只能生产中品位不溶性硫。若温度选择得当，添加剂用量适中，则可提高转化率。

1.2　聚合工艺流程

低温聚合生产中品位不溶性硫的工艺流程如图1所示。

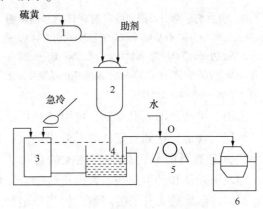

图1　聚合工艺流程图
1—熔化釜；2—反应釜；3—急冷液储槽；4—急冷罐；
5—水洗机；6—真空干燥机

1.3　主要工艺条件

(1) 反应温度

不溶性硫的含量与反应温度的关系见图2。由图可见1，硫处于液态时，反应温度升高，产品中$W(IS)$增大。这是由于热、引发剂、助引发

剂促进了硫的聚合反应，而稳定剂抑制了聚硫大分子的降解所致；当温度高于 300℃ 时，由于热降解速率的加快，致使产物中 $W(\text{IS})$ 降低。

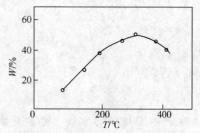

图 2 反应温度与 IS 含量的关系

T—反应温度/℃；W—不溶性硫的质量百分含量/%

（2）引发剂、助引发剂和稳定剂的品种与加入量

太原化工大学化工系通过试验，从可能作为引发剂、助引发剂和稳定剂的多个品种中，各筛选出有效的两种推荐采用。有关它们加入量的试验结果见图 3。

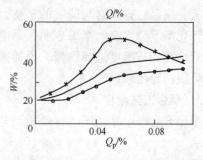

图 3 引发剂、助引发剂和稳定剂对 IS 含量的影响

1—引发剂+助引发剂+稳定剂；2—引发剂+助引发剂；3—引发剂；Q_c—引发剂用量（质量百分含量）,%；Q_s—稳定剂用量（质量百分含量）,%；Q_P—助引发剂用量（质量百分含量）%；W—不溶性硫黄的质量百分含量,%

由图 3 可知，加入引发剂、助引发剂可提高不溶性硫的含量，达到一定值时其效果甚微；适时补加稳定剂可明显提高不溶性硫的含量。因为，加入引发剂和助引发剂可以促进硫聚合，而稳定剂可抑制聚硫大分子的降解，但当稳定剂用量>0.1% 时，$W(\text{IS})$ 反而下降。这是由于加入过量的稳定剂或过早加入稳定剂，影响了反应过程中自由基的活性，从而起了阻聚作用。

（3）急冷液的氧化还原电势对 $W(\text{IS})$ 的影响

由图 4 可知，急冷液的氧化还原电势 E 在 0.7~0.8V 最佳，与文献[6]指出的值完全一致。

（4）其他工艺条件

升温速度的快慢、助剂加入的方式以及反应时间都对产品中 $W(\text{IS})$ 有影响，其中反应时间>

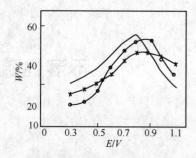

图 4 急冷液氧化还原电势对 IS 含量的影响

1—3#急冷液；2—1#急冷液；3—2#急冷液；

E—急冷液的氧化还原电势，V；W—不溶性硫黄的质量百分含量,%

2h 后影响甚微。另外，出料时的冷却速度必须足够快，即急冷液的温度必须维持在 45℃ 以下，这可能与聚硫大分子链的冻结或者是自由基活性的突然消失有关。

1.4 混合溶剂萃取生产高品位不溶性硫黄

采用混合溶剂萃取生产高品位的不溶性硫的工艺流程如图 5 所示。

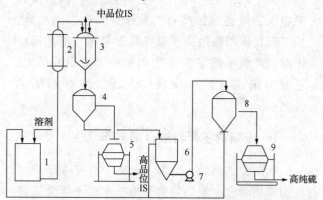

图 5 高品位 IS 生产工艺流程

1—混合溶剂储槽；2—预热器；3—萃取釜；4，8—过滤器；5，9—真空干燥器；6—冷却沉析槽；7—泥浆泵

（1）混合溶剂的优点

采用混合溶剂萃取较 CS_2 溶剂法具有以下优点：混合溶剂的沸点高（是 CS_2 沸点 46℃ 的 2 倍以上）、闪点高[比 CS_2 的闪点（-30℃）高 60℃]、燃烧温度高[是 CS_2 燃烧温度（100℃）的 6 倍]、易燃范围小[比 CS_2 易燃范围（1%~50%）缩小近 5 倍]，且毒性大大低于二硫化碳（安全限量是 CS_2 的 20 倍，大鼠致死量是 CS_2 的 8 倍）。采用混合溶剂与传统的二硫化碳做溶剂相比，操作危险性小、毒性低、溶剂易于回收，且工艺过程中省去了充氮保护、冷冻设施和蒸馏设备，从而降低了生产成本。另外还可副产价值较高的高纯硫，提高了经济效益。

（2）专用添加剂

为了抑制聚合硫大分子在萃取过程中的热转移降解，通过试验，筛选出了专用添加剂的品种，其加入量与不溶性硫的收率之关系如图6。由图可见其最佳用量在 0.05%~0.06%，且添加剂可随混合溶剂循环使用。

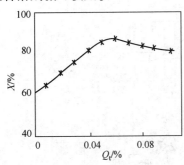

图 6　添加剂用量与 IS 收率的关系

Q_t—添加剂用量（质量百分含量），%；

X—不溶性硫黄的收率（质量百分量），%

（3）滤液的循环利用

混合溶剂萃取后的悬浮液，经过滤后其滤液只需在常温下静置冷却，溶质就会结晶析出。再经过滤后的滤液可直接返回混合溶剂储槽，循环使用，析出的晶体干燥后即为高纯硫。

由上分析可见：低温常压熔融聚合法生产的中品位不溶性硫，电耗显著降低，设备造价低，介质腐蚀性减轻，操作安全，使用寿命延长，优于高温气化法，其产品再用混合溶剂萃取生产高品位不溶性硫，克服了以二硫化碳为溶剂的致命缺点，安全，毒性小，操作简便；混合溶剂萃取中品位不溶性硫工艺无三废排放，副产的高纯硫提高了该工艺的经济效益；该工艺也适用于传统工艺（CS₂路线）的改造，设备改动小，投资少。

2　低温常压法

洛阳富华化工厂采用低温常压熔融工艺生产不溶性硫，不仅避免了高温气化法存在的种种问题，而且使产品质量上了一个等级。

2.1　工艺流程

该工艺流程如图7所示。把固体硫黄（纯度>99.9%）加入到容量为5t的熔融炉1，当加热至120℃以上时把熔融硫放入反应器2，同时把复合稳定剂 A 也加入到反应器中，用量为硫黄量的

0.1%~0.5%，反应 30min 后放入稳定池 5 中，使其在含 0.4%~0.7%稳定剂 B 的水溶液中急剧冷却，30min 后出料，经干燥器 6 干燥后粉碎至 0.11~0.14mm（80~100 目），并送入萃取塔 8 内，由储罐用泵送来的 CS₂ 注入萃取塔，并淹没粉状硫黄高出约 30cm 为宜，搅拌 40min 后把含有分散剂的溶剂由泵 12 打入萃取塔，其量为 CS₂ 量的 4%，继续搅拌 10min 后把混合液放入蒸馏塔 16 内，用蒸汽间接加热使混合液在 105℃下维持 15min，待 CS₂ 全部回收后停止加热。由萃取塔底部排出的松散状不溶性硫，经干燥器 17 干燥后，由粉碎机 18 粉碎至 0.14mm，即为非充油型的不溶性硫粉。充油型不溶性硫是用高速搅拌混合器配以雾化喷淋装置，将高芳烃油或环烷油均匀掺入到不溶性硫黄中，检测符合要求即为合格的充油型不溶性硫。萃取后的 CS₂ 混合液中加入其量为 8%的分散剂，在蒸馏塔中间接加热至 95℃，维持 60min，待 CS₂ 全部排入冷凝器冷凝后，由 CS₂ 储罐储存，余下的分散剂经泵 13 送入溶剂罐 15。沉积在蒸馏塔底部的球形小颗粒硫黄由底部排料口排出，可作为再次加工的原料送入熔融炉，或经粉碎后作为普通硫黄用。

2.2　复合稳定剂的选择

稳定性也叫热稳定性，通常是指在 90℃、3h 或 105℃、15min 加热老化前后不溶性硫产品中 IS 含量的变化。氯、溴、磺和烯烃、有机酸类作为稳定剂对提高不溶性硫的稳定性有一定的作用，但效果不理想。洛阳富华化工厂经过多次实验，采用复合稳定剂使不溶性硫的稳定性大幅度提高，见表1。

表 1　不同稳定剂对提高 IS 的稳定性的影响

%

项　目	普通稳定剂				复合稳定剂
	无	卤化物	卤化物和酸类	烯烃和有机酸	
基准（IS%）	98	98	98	98	98
90℃、3h	49.1	51.8	61.8	66.0	93.2
105℃、15min	0	0	35.2	49.0	88.4
105℃、39min	0	0	0	28.0	68.3

2.3　充油

把含复合稳定剂的不溶性硫与石油产品中某一馏分的油按一定比例混合并搅拌均匀，则不溶

性硫粉状颗粒完全被油包覆。由于复合稳定剂和分散剂的存在，充油型不溶性硫颗粒分散均匀、不结团、不掺油、不飞扬。实验证明，精制的芳烃油、环烷烃油对不溶性硫具有良好的分散功能和相容性，也是良好的橡胶软化剂，但应选用精制的芳烃油，因芳烃中的碱氮会使充油型不溶性硫的热稳定剂急剧下降(见表2)。

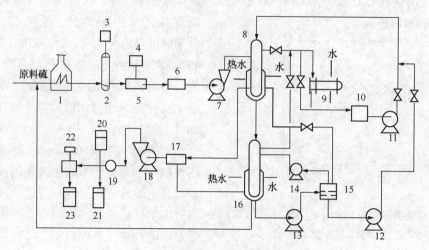

图7　不溶性硫生产工艺流程

1—熔融炉；2—反应器；3—稳定剂罐；4—急冷液罐；5—稳定池；6—干燥器；7—粉碎机；8—萃取塔；9—冷凝器；
10—CS_2储罐；11—CS_2泵；12~14—溶剂泵；15—溶剂罐；16—蒸馏塔；17—干燥器；18—粉碎机；19—检测仪；
20—IS粉；21—非充油IS粉；22—高速充油搅拌混合器；23—充油型IS粉

表2　不同油类对充油型IS热稳定性的影响

项目	精制芳烃油	烷基苯	环烷油
IS-6033，90℃，3h	88	84	75

3　低温液相法

针对不溶性硫黄传统生产方法(气化法和高温液相法即熔融法)的不足，重庆大学化工学院与第三军医大学预防医学系合作，采用低温液相法制备不溶性硫的粗粉料，以不燃、不爆的浸取剂TE浸取，制得高品位的不溶性硫。采用正交试验，方法如下：

将片状硫黄和稳定剂按比例计量后加入反应锅中，搅拌并逐渐升温，在指定温度下搅拌一定时间后，缓慢倒入急冷液中骤冷，取出后用清水洗涤，所得的为不溶性硫与可溶性硫混合的透明弹性体，在40~45℃的烘房中干燥48h后进行粉碎(要求粒度≤0.14mm)，测定所得粗粉料中的不溶性硫含量。然后把粗粉料和浸取剂TE按比例加入浸取釜中，搅拌并升温至设定温度后恒温1.5h，倒出后离心分离，滤饼在真空干燥器中干燥后测定其不溶性硫的含量。

3.1　制备IS粗粉料

采用$L_9(3^4)$的实验方案，所选用的影响因素及水平见表3。

分析试验结果表明：恒温温度与急冷液浓度对不溶性硫转化率的影响显著，其余两因素A、C的影响相对较弱，其顺序为：B>D>A>C；优选的工艺条件为$A_2B_3C_3D_3$。

表3　影响因素及水平

水平	A 稳定剂 用量/%	B 恒温温 度/℃	C 恒温时 间/min	D 急冷液 浓度/%
1	0.04	220	30	4.0
2	0.06	250	60	5.0
3	0.08	280	90	6.0

实验表明，恒温温度由250℃(B_2)提高至280℃(B_3)时，不溶性硫转化率的提高幅度已不明显，且恒温时间对不溶性硫的转化率的影响也不大。从降低生产成本考虑，将A_2、B_2、C_2、D_2作为适宜条件进行验证试验，并与优化条件对照，两者的试验结果对比见表4。

表4　IS 转化率的实验结果　　%

试验编号	适宜条件	优化条件
	$A_2B_2C_2D_3$	$A_2B_3C_3D_3$
1	46.93	47.49
2	46.74	47.60
3	46.94	47.66
平均值	46.87	47.58

由表4可见，按适宜条件制备不溶性硫粗粉料可取得较理想的效果。

3.2　用浸取剂 TE 制高品位 IS

浸取剂效果可用浸取效率来衡量，它随不溶性硫粗粉料与浸取剂的（质量）配比以及浸取温度的高低变化较大。对浸取剂的浸取效率试验中，浸取时间为 1.5h 的条件下，测得物料配比和浸取温度对其浸取效率的影响见表5和表6。

表5　物料配比对浸取效率的影响

质量配比		$W(IS)$/%		浸取效率
粗粉料	TE	粗粉料(P_1)	浸取后(P_2)	η/%
1	5	41.85	54.27	22.98
1	10	41.85	77.66	46.11
1	12	41.85	91.37	54.22
1	13	41.85	92.92	54.96
1	15	41.85	95.13	56.01
1	18	41.85	97.01	56.86

由表5可见，随着浸取剂 TE 用量的增大，浸取效率显著提高，当粗粉料与 TE 的配比达到 1∶15 后就不太明显了。结合产品品位和成本，粗粉料与 TE 的配比为 1∶(12~15) 较合适。由表6可见，浸取效率随浸取温度升高而增大，但在 90℃时反而有所下降，这是由于不溶性硫在此温度下不稳定，部分不溶性硫转变为可溶性硫。由此可见，浸取温度的适宜范围是 75~80℃。

表6　浸取温度对浸取效率的影响

浸取温度/ (t/℃)	$W(IS)$/%		浸取效率 η/%
	粗粉料(P_1)	浸取后(P_2)	
50	44.26	69.32	36.15
60	44.26	83.46	46.97
70	42.04	91.01	53.81
75	42.04	92.56	54.58
80	42.04	92.88	54.74
85	42.04	93.10	54.84
90	42.04	88.15	52.31

综上所述，采用低温液相法以浸取剂 TE 浸取制高品位不溶性硫黄 1 产品中 $W(IS) \geqslant 92\%$，其主要性能优于英国 DUNLOP 标准的规定；且具有能耗低、毒性小、操作简便安全、设备腐蚀缓慢、无三废排放等优点。该法亦适用于传统工艺（CS_2 路线）的改造，设备改动小，投资少。

参 考 文 献

[1] D Miklos. RO 927799(1987).

[2] 施凯等. 不溶性硫生产新工艺的研究[J]. 化工学报，1995(2)：254－258.

[3] EGR Gimblett. Inorganic Polymer Chemistry [M]. London：Butterworths，1993：214-219.

[4] 潘祖仁主编. 高分子化学[M]. 北京：化学工业出版社，1986：26-32.

[5] A. Schallis. US 2513524(1950).

[6] 赵水斌等. 不溶性硫黄生产新技术[J]. 炼油设计，1997(5)：13-15.

[7] 叶进春等. 不溶性硫黄的制备研究[J]. 精细化工，1997(3)：30-32.

硫回收技术进展评述

张义玲 李文波

（中国石化齐鲁石化公司研究院）

摘 要 本文综述了硫黄回收和尾气处理工艺及催化剂的新进展，并对其发展趋势进行了评述。

关键词 硫黄回收 尾气处理 催化剂 工艺

1 前言

为了保护生存环境、提高空气质量，我国对工业企业环境保护问题提出了更高的要求，重新制定了更加严格的大气污染物综合排放标准（GB 16297—1996）并规定从 1997 年 1 月 1 日开始强制性实施。GB 16297 规定，新污染源排放的 $SO_2 \leqslant$ 960mg/m³（336μL/L），现有污染源 $SO_2 \leqslant$ 1200mg/m³（420μL/L），并对硫化物排放量也作了规定。按此标准，要求炼油厂和天然气净化厂硫黄回收+尾气处理装置达到的总硫回收率见表1。

表1 满足 GB 16297 标准所需的总硫回收率质量分数

%

进料气 H_2S 浓度（摩尔分数）/% ＼ 烟气温度/℃	20	30	50	80	备注
600	99.70	99.79	99.86	99.90	热焚烧后直接排放
300	99.12	99.37	99.57	99.67	掺空气降温排放
250	98.90	99.21	99.46	99.60	掺空气降温排放

由表1可见，为满足现行的废气排放标准，当进料酸性气 H_2S 浓度为 20%～80%（摩尔分数），若采用热焚烧后直接排放，硫黄回收装置+尾气处理装置的总硫回收率必须达到 99.70%～99.90%以上，即使考虑尾气焚烧后掺入大量空气降温排放，所需总硫回收率也无明显降低，而表1所列数据与硫黄回收装置的处理规模无关，

要达到表中的总硫回收率，硫黄回收装置不仅采用常规的 Claus 法不行，并且采用低温 Claus 法、Superclaus 法等也不行，只有采用还原吸收法尾气处理工艺的装置才能达标，其他硫回收工艺装置均应进行技术改造，这样就面临着许多有待于研究和解决的技术问题。为了提高我国硫回收技术水平，我们对国外硫回收技术的新进展进行了调研，综述于后。

2 硫黄回收和尾气处理工艺新进展

近几年，硫回收工作者不断改进工艺，提高装置效能，降低尾气排硫量。因此含 H_2S 的酸性气转化为单质硫而回收的克劳斯工艺获得了极大的改进与完善，并出现了一些交叉组合工艺。同时，为进一步降低 SO_2 的排放量，尾气处理工艺亦获得了蓬勃发展。

2.1 亚露点工艺

（1）Sulfreen 工艺的发展

在低于硫露点的温度条件下进行克劳斯反应，最早工业化且应用较多的尾气处理工艺为 Sulfreen 法。为了提高总硫收率以适应更严格的 SO_2 排放标准，近年来各大公司又开发了 Hydrosulfreen、Carbosulfreen 和 Oxysulfreen 工艺。Hydrosulfreen 是在 sulfreen 过程的基础上增设了一个加氢段，总硫收率可达 99.5%，已有 3 套工业装置。Carbosulfreen 工艺又叫"活性炭"型的 sulfreen 工艺，第一段是低温克劳斯反应，第二段是以活性炭为催化剂催化氧化 H_2S，该工艺也已有 2 套工业装置，总硫收率为 99.9%。至于 Oxysulfreen 工艺可称之为"氧化"型 sulfreen 工艺，

与 Hydrosulfreen 大体相同，只不过加氢与氧化分别在两个反应器内进行，并且逐步被 Hydrosulfreen 工艺所淘汰。

（2）Clinsulf 工艺的发展

Linde 公司在 Clinsulf 工艺的基础上于 20 世纪 90 年代又开发了 Clinsulf-SDP 和 Clinsulf-SSP 工艺。Clinsulf-SDP 于 1995 年在瑞典 Nynas 炼油厂成功工业运行后，又建成 2 套工业装置，总硫收率达 99.5%。而 Clinsulf-SSP 仍处于实验室阶段，总硫收率可达 99.8%。Clinsulf-SDP 工艺是集常规克劳斯与低温克劳斯于一体，其核心是使用了等温反应器。这种反应器有一个较大间隙的盘管式换热器，在盘管的间隙装填催化剂，冷却盘管在催化剂床层中，如图 1 所示。

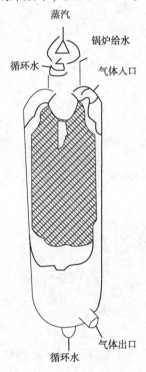

图 1　Linde 等温反应器示意

Clinsulf-SDP 是将克劳斯装置几个催化段与次露点、尾气处理系统结合在一起，仅采用两个内冷式反应器，装有两种不同的催化剂。第一反应器进行 Claus 反应和 COS 的水解反应（260～340℃），第二反应器仅进行 Claus 反应（125～150℃），其工艺流程示于图 2。同时该工艺概括起来有如下特点：

1）仅使用两个反应器，一个处于"热"态，进行常规克劳斯反应；另一个处于"冷"态，进行低温克劳斯反应，二者定期切换。

2）反应器内催化剂床层有"绝热"及"等温"两段，绝热段有助于加速转化（包括有机硫的水解），等温段则有利于化学平衡。

3）在装置的催化段仅用两个再热器及一个硫冷凝器，流程大为简化，设备减少许多。

4）虽然等温反应器远较绝热反应器昂贵，但因设备少了，故据估计其投资与常规三段克劳斯装置相当，可视为节省了亚露点尾气处理装置的投资。

（3）CBA 冷床吸附工艺

CBA 冷床吸附工艺是对改良 Claus 工艺的扩展，它的特点是具有两个或多个 CBA 催化反应器，一个用来进行低温反应，另一个进行催化剂再生，该工艺已开发了 4 种可达到不同要求的工艺构型。此种工艺可使得硫回收率从 96% 提高到 98% 以上。

（4）Clauspol-300 及 Clauspo199.9⁺工艺

Clauspol-300 工艺是在 Clauspol-1500（液相低温 Claus 法）的基础上改进而形成的第二代技术。主要改进是：①变直接注水冷却为间接冷却，不但使溶剂更容易控制，而且有助于提高平衡转化率；②采用了更可靠、更精确的 H_2S/SO_2 比例在线分析仪，使尾气中实际的 H_2S/SO_2 分子比尽可能接近理想值。通过以上两个方面的改进，可使总硫收率提高到 99.7%～99.8%。而 Clauspo199.9⁺工艺是在 Clauspol-300 工艺基础上的进一步完善，它一方面要求在硫回收装置中使用 CRS-31 纯二氧化钛催化剂强化 COS 和 CS_2 的水解，充分发挥了上游硫回收装置的优势；另一方面在 Clauspol-300 尾气处理装置上增设了溶剂的"脱饱和回路"，如图 3 所示。

这种"脱饱和回路"只包含有一些小型设备，对 Clauspol-300 的经济性没有多大影响，但却最大限度地减少了排放气中单质硫的含量，最终使总硫收率提高到 99.9% 以上。

2.2　还原吸收类工艺

（1）SCOT 法的发展

SCOT 法是 Shell 公司开发的尾气处理工艺，由于其净化尾气 H_2S 浓度<300μg/g，总硫收率可达 99.8% 以上，所以是目前世界上装置建设数量最多，发展速度最快，并将规模和环境效益与计划投资效果结合得最好的硫回收工艺。近年来康

普雷姆公司在 SCOT 艺基础上进一步开发了 Super SCOT 和 LS-SCOT 工艺(Low Sulfur SCOT)。Super SCOT 与 SCOT 相比有两个特点：一是采用两段再生得到半贫液及超贫液，使贫液更"贫"而汽耗下降；二是降低了超贫液的温度。因此，与传统的

SCOT 相比能耗降低了 30%，尾气中总硫含量<50μg/L，H_2S<10μg/L。LS-SCOT 其特点是使用了加有添加剂的选择性吸收溶液，再生时可获得更"贫"的贫液，而使净化尾气 H_2S 降至 10μg/L 以下，总硫小于 50μg/L。

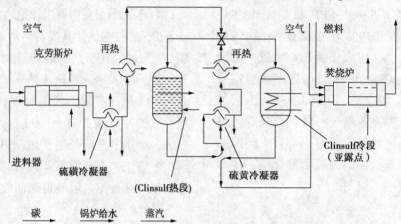

图 2　Clinsulf-SDP 硫回收工艺流程示意

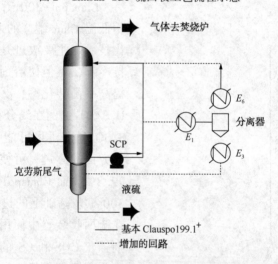

图 3　Clauspol 99.9⁺ 工艺流程示意

（2）HCR 工艺

HCR 工艺是意大利 NIGI(Nuova) 公司的专利技术。该工艺的流程和 SCOT 工艺相同，只是操作方式有所不同。它的特点是：①操作中减少了燃烧炉的空气量，尾气的 H_2S/SO_2 比例维持在 4~100 范围内。②不需外部氢源。由于 H_2S 和 SO_2 在高比率下操作，降低了需还原为 H_2S 和 SO_2 量。酸性气燃烧炉分解 H_2S 所产生的 H_2 就足以将过程气中硫化物加氢还原为 H_2S。硫回收率可达 99.8%。

（3）RAR 工艺

RAR 尾气处理工艺是 KTI 国际动力技术公司开发的，其基本原理与 SCOT 工艺相同，其工艺

与 SCOT 工艺的主要区别在于所用的过程以及选择更合适的 H_2S 吸收溶液方面有所不同，有如下特点：

1）回收率为 99.9%~99.99%；

2）无在线燃料气燃烧炉；

3）不注入碱液；

4）H_2S 溶剂的选择不受限制；

5）能够与现有的胺再生装置组合应用；

6）上游克劳斯装置操作不正常时对总硫回收率影响很小；

7）一套 RAR 装置可以与上游两套或三套克劳斯系列配套。

2.3　直接选择氧化类工艺

Selectox 工艺是工业化较早的工艺。目前该工艺根据酸性气中 H_2S 含量的不同，已形成三种不同的工艺流程：BSR-Selectox 过程；Selectox 过程和循环 Selectox 过程。三种循环过程的总硫收率分别为99.5%以上，97%和99.9%。

3　硫黄回收和尾气处理催化剂新进展

国外硫回收催化剂的研制开发始于20世纪50年代末期，我国开始于70年代，经历了几十年的发展形成了系列化的硫回收催化剂。

3.1　Al_2O_3 基硫回收催化剂

Al_2O_3 基催化剂的发展历史最长，由最初的天然铝钒土到活性氧化铝，整整经历了十年的改进。从而使硫回收装置的收率由原来的80%~85%提高到了94%，给硫回收工业带来了一次革命性的飞跃。80年代末到90年代初，世界各国催化剂制造商，如法国罗纳·布朗克化学公司、美国铝业公司、美国凯撒铝化学品公司、德国巴斯夫公司等都把注意力转到了 Al_2O_3 催化剂孔结构及它的助剂上。大约15年来，大多数催化剂制造商都获得了氧化铝催化剂的活性与常规的简单的孔结构即最小的微孔（<30A°）和最大的间隙孔（30~200A°）及大孔（>1000A°）的关系以及添加的各种助剂。

新近出现了一种含铜的负载型催化剂。这种催化剂在低温（$t<200℃$）下将硫化物直接氧化成硫和/或硫酸盐。催化剂载体为氧化铝，比表面 $40m^2/g$，活性组分为铜，含量最好为2%，或铜和铁、镍、钴、钙、钼等。使用此类催化剂可确保 H_2S 的转化率高，同时最大限度地减少转化成 SO_2 的量。

由此可见，Al_2O_3 基硫回收催化剂的助剂由过去单一的 Na_2O、CaO 逐步地转到了其他活性组分。而没有改革助剂的氧化铝基硫回收催化剂也在 Na_2O 的含量上作起了文章。根据 Na_2O 含量的相对减少，把这种氧化铝基催化剂又称之为"纯"氧化铝催化剂。这里的"纯"有两个方面的含义：一是指 Na_2O 的含量相对比较低；二是超大孔（孔>1000A°）。它具有如下优点：①转化率更高（使硫回收尾气处理前的回收率高于98%）；②使用寿命最长；③抗硫酸盐化性能最好。

3.2　TiO_2 基硫回收催化剂

为了抗硫酸盐化作用，法国罗纳·布朗克化学公司首先研制成功了 CRS-21TiO₂-Al₂O₃ 助剂型催化剂。后在此基础上又开发了性能更加优良的 CRS-31 助剂型 TiO_2 催化剂。齐鲁石化公司研究院在借鉴该公司技术的基础上，开发研制成功了 LS-901 TiO_2 催化剂，经过工业运用后证明性能优于 CRS-31 TiO_2 催化剂。并于1999年在扬子石化芳烃厂、武汉石油化工厂、高桥石化公司炼油厂等地工业运用，取得了可喜的成绩。

3.3　以 SiC 为载体的硫回收催化剂

以 SiC 为载体的 Claus 催化剂是法国埃尔夫·阿奎坦生产公司90年代初新研制出的催化剂。该催化剂的载体是 SiC，活性组分以氧化物或盐和/或单质态在的至少一种选自 Fe、Ni、Co、Cu 和 Zn 的金属组成。在一定温度与有水存在的组合效应影响下，氧化铝、二氧化硅、二氧化钛或活性炭的催化剂其比表面积和孔隙率都会下降，从而导致其催化剂活性降低。此外氧化铝基催化剂还会发生硫酸盐化，活性炭催化剂会燃烧，若有烃时，上述氧化铝、二氧化硅、二氧化钛或活性炭的催化剂易于被炭和处在基质中的烃沉积物毒化。要活化必须高温。而以 SiC 为载体的催化剂能克服上述缺陷，从而获得在产生高转化率的同时，又能长期维持硫的高选择性。

4　硫黄回收和尾气处理工艺技术及催化剂发展趋势

根据上述介绍，可归纳出克劳斯及尾气处理工艺及催化剂有以下的技术发展趋势：

（1）克劳斯与尾气处理出现了多样化的交叉组合"合二为一"型的工艺

早期仅有 CBA，后有 MCRC，最近又出现了 Clinsulf SDP，它们各有鲜明特色。总的来说，后开发的工艺克服了老工艺的一些缺点而更具优势。

（2）向获得更高的总硫收率方向发展

随着各国 SO_2 排放量及浓度实施愈来愈严格的限制，不仅克劳斯装置本身无法达标，即使加上总硫收率不高的尾气处理工艺也难以满足要求。为此，Lurgi 等在 SuLfreen 的基础上增加工序，开发了一些总硫收率可达99.5%甚至更高的新工艺。与此同时还出现了可在选吸中将净化尾气 H$_2$S 浓度从 300mL/m^3 降至 10mL/m^3 以下的新工艺。如 Super-SCOT、LS-SCOT 等，使总硫收率达到 99.9% 以上。

（3）等温反应器已经打破在克劳斯工艺中由绝热反应器垄断的局面

从克劳斯工艺问世以来，其催化剂转化器一直是绝热反应器一统天下，其优点是反应器便宜。进入 90 年代，使用等温反应器的 Clinsulf 系列工艺打破了绝热反应器的垄断地位。就反应器本身而言，等温反应器价格当然远高于构造简单的绝热反应器，但正如 Clinsulf-SDP 工艺所显示的，它可以从简化流程、减少设备中获得补偿，总投资并不高。此外，还应看到采用等温反应器使工艺及装置的适应性大大改善。因此，对等温反应器克劳斯等工艺的应用也应给予足够重视。

（4）新载体新催化剂的发展

硫回收催化剂一方面继续开发常用催化剂，从其比表面、活性组分的含量方面加以改进等；另一方面通过改变载体、改变添加的活性组分来提高催化剂的活性、寿命等。在原 Al$_2$O$_3$、TiO$_2$、SiO$_2$ 的基础上，相继出现了 ZrO$_2$、活性炭、SiC 等，增加的活性组分含：Na、K、Ni、Co、Mn 等，新近又出现了 Cu、Sb 等。这样不仅扩大了催化剂研制的范围，而且使催化剂的活性大大

增加。

参 考 文 献

[1] 李菁菁. 硫回收及尾气处理[J]. 炼油设计, 1999, 29(8)：36-42.
[2] 王开岳, 交叉组合的硫回收及尾气处理新工艺[J]. 石油与天然气化工, 1998, 27(3)：170-175.
[3] Harruff, Lew-is C ect. 用活性炭净化 Claus 进料酸性气 [C]//第 75 届气体加工年会论文, 1996：113-143.
[4] US 5675921.
[5] DE 19730510.
[6] Grigson S M ect. GPM 气体公司改进硫回收率[C]//第 76 届 Annu CPA CONV 年会论文, 1999：176-182.
[7] D Benavoun C Streicher ect. 采用 Clauspo 199.9$^+$尾气处理工艺以提高克劳斯硫回收率[C]//法国石油研究院论文集. 1997：83-89.
[8] Keeping Abreast of Regulations, Sulphar, 1994, 231：35-59.
[9] RU 2053838
[10] CN 1194593
[11] 胡文宾. TiO$_2$新型硫黄回收催化剂的活性评价工业应用[J]. 化工环保. 1999，19(4)：218-220.
[12] CN 1155874.
[13] CN 1173163.
[14] FR 2734809.

克劳斯硫回收工艺中的富氧技术

徐广华　　刘雨晴

（中国石化扬子石油化工股份有限公司）

摘　要　富氧硫回收技术可有效提高传统克劳斯装置的负荷。文章主要介绍了 Cope、Oxyclaus、Sure、No TICE 和 P-Combustion 等富氧技术的特点和在克劳斯装置中的应用，并指出 P-Combustion 技术是一种比较有效而又廉价的提高硫回收装置能力的好方法。

关键词　克劳斯　硫回收　酸性气　富氧技术

在硫回收技术领域中，富氧技术起步较晚。20 世纪 70 年代初，德国的 1 套硫回收装置曾经使用富氧空气处理贫酸气，但其目的仅仅是为了提高克劳斯燃烧炉的温度。

近年来，随着原油的重质化和生产低硫清洁产品使炼油厂副产了大量的硫化氢气体，很多已建成的硫回收装置面临着提高处理能力的问题，以纯氧或富氧空气替代空气的富氧技术引起了普遍重视。国外许多克劳斯装置开始采用富氧氧化技术。

1　硫回收工艺中的富氧技术

在传统的克劳斯硫回收工艺中，酸气中的硫化氢是与空气直接发生燃烧。利用空气则意味着通过克劳斯装置的 2/3 的气流是氮气。增加空气中氧浓度或使用纯氧替代空气，可以提高现有克劳斯装置的尾气处理能力。就新建装置而言还可大大降低克劳斯和尾气处理装置的占地空间和基建费用。

但是采用富氧工艺技术增加了进入装置的氧气量，引起反应炉温度升高，使其在硫回收工艺中的应用受到众多因素的限制：①反应炉温度的限制；②反应炉耐火材料的限制；③废热锅炉效率的限制；④反应炉温度的监控；⑤酸性气流比的控制；⑥氧气阀的密封性和可靠性。

这些因素均会引起装置事故的发生，同时还有氧气供应的费用问题。为了克服这些问题，世界许多公司和研究机构先后开发了多种富氧硫回收技术，如 Cope、Oxyclaus、Sure、No TICE 工艺和 P-Combustion 技术（后燃烧技术）等。这些富氧技术采用各种不同的方法克服了富氧技术带来的问题，使富氧技术成功地在硫回收装置上实现工业化。

1.1　Cope 工艺

Cope 工艺是美国空气产品和化学品有限公司提出的一种富氧硫回收技术。该技术对传统克劳斯装置改动很少，其技术的关键是采用了一种获专利的燃烧器，可使氧浓度增至 60%。随着技术的不断发展，现在的 Cope 工艺已允许通过装置的空气氧浓度增至 100%，装置的处理能力可提高 2 倍以上。当通过装置的空气中氧浓度大于 50% 时，需要增加 1 个循环鼓风机，将 1 号冷凝器排出的部分过程气返回反应炉（见图 1），以调节反应炉温度；当氧浓度小于 50% 时，则不需要气体循环降温。

1985 年 3 月，美国路易斯安娜州查尔斯湖（Lake Charles）炼油厂的 2 套硫回收装置首次采用了 Cope 硫回收技术，用 55% 的富氧空气代替空气操作，使装置的处理能力提高了 85%，达到日产硫黄 200t 的水平，收到了较好的经济效益。

随后，美国德克萨斯州 Champlin 炼油厂的硫回收装置也改用 Cope 技术操作，采用 29% 氧浓度的富氧空气，结果装置处理量从日产硫黄 66t 提高至 81t。到目前为止，世界上已采用 Cope 技术的硫回收装置已超过 11 套。

克劳斯装置采用 Cope 技术后运转平稳，开、停车方便。但是，其反应炉温度过高，最高控制在1480~1540℃，对反应炉的耐火材料要求严格并对反应炉温度控制提出了较高的要求。

1.2 Sure工艺

从1987年起Parons公司与BOC一起合作开发Sure系列工艺技术。该系列工艺通过酸性气体与富氧气体(氧浓度为21%~100%)2级或多级燃烧，大大提高了克劳斯装置的处理能力。同时，该工艺可生产99.9%的优质硫黄，其装置尾气可直接焚烧放空。采用Sure工艺改造传统克劳斯装置，无须更换任何主要设备(换热器、容器和燃烧炉)。随着富氧浓度捉高，只要适当地增加新设备，而现有设备仅需很小改动即可再用。

在技术人员的努力下，Parons公司与BOC先后开发了双燃室技术、侧流燃烧器技术、内循环工艺和PS克劳斯工艺。

(1)双燃烧室工艺

双燃烧室工艺是一种极具工业价值的单程工艺。在该工艺过程中，全部酸性气和空气都进入Sure燃烧器及第一燃烧炉，部分氧通过Sure燃烧器的专用注氧喷嘴进入第一燃烧炉，燃烧后过程气经第一废热锅炉冷却后进入第二燃烧炉，以控制其温度。剩余氧通过氧炬注入第二燃烧炉，燃烧产物经第二废热炉及冷凝冷却器冷却后进入反应器(其流程见图2)。

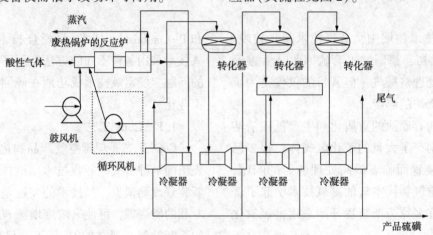

图1 Cope工艺流程示意

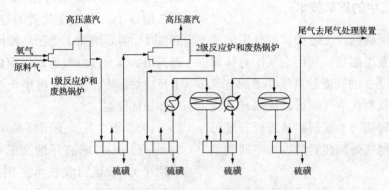

图2 Sure双燃烧室工艺流程示意

与其他富氧硫回收工艺相似，双燃烧室工艺反应炉与反应器实行串联，十分适合克劳斯装置扩能改造。相应所需的改造费用约占硫黄回收装置和尾气处理装置总费用的15%。该工艺显著减少了过程气流量，它使燃烧室中的压力降低，延长了气体与催化剂的接触时间，以维持装置的硫转化率。双燃烧室工艺从仅用空气到100%富氧情况都能运转，切换仅需10min，而且只涉及供氧系统。

1990年该工艺在日本的花王公司成功地实现了工业化，改造后装置的硫黄产量从60t/d提高到70~90t/d。

但是，在双燃烧室工艺中酸性气体必须在远低于耐火材料极限的安全运行温度下进行部分燃烧，此温度必须保证将氨及烃类完全分解。这就需要操作时加强对燃烧室的监控。而增加进入装置的氧气量,给实际操作带来了一些问题,如监控燃烧室温度、控制燃烧室前后含硫酸性气流比以及选择耐火材料等问题。据报道该公司已通过使用更好的检测设备和改变 Sure 控制系统的酸性气系数解决了这些问题。工业化实践证明 Sure 工艺采用的氧气阀关闭严密,氧气不会泄漏到系统中。

（2）侧流燃烧器工艺

该工艺实际上是两个燃烧器工艺的一种变化。在这种工艺结构中,部分酸性原料气从主燃烧炉分流到侧流燃烧炉,在这里硫化氢与富氧空气或纯氧燃烧生成二氧化硫。对燃烧炉出来的气体进行冷却以回收其热量;可将一部分冷却后气体再循环至侧流燃烧器中,以控制其温度。其余经冷却的气体和酸性原料气进入原有克劳斯反应炉中与适量的氧燃烧。

这种工艺可提高原有装置处理量,是原有装置受到空间限制时的理想选择。

（3）内循环工艺

Sure 循环技术包括多种工艺方案,但都以中间还原和中间灼烧这两种方法为基础。这些工艺设计的目的是为了提高硫化氢的转化率（中间还原工艺硫回收率可达 99.7%,中间灼烧工艺硫回收率可达 99%）。同时可大大提高原有装置的生产能力（中间灼烧工艺可将现有装置的生产能力提高 4 倍）。

在中间还原工艺中,气体循环是从 1 级冷凝器出来,经过催化还原和水解反应后回至反应炉。吹扫气体中的所有硫化合物还原成硫化氢,通过冷凝进行脱水。吹扫气体的量可以很少（占总原料气的 4%～5%）。就绝大都分欧洲国家的原料气而言,吹扫气所占比重将为起始克劳斯原料气的 4%～10%。有几种结构可供选择,而最有吸引力的是用于处理原料气中惰性气体含量低的现有克劳斯装置。在这种情况下,硫化氢的转化率可提高到 99.7%。

在中间灼烧工艺中,气体循环是从 1 级冷凝器出来,经灼烧后回到反应炉。所有硫化合物被氧化成二氧化硫,通过冷凝进行脱水。这种结构可使现有装置的生产能力提高 4 倍,硫化氢转化率提高到 99%。

（4）PS 克劳斯工艺

PS 克劳斯是 1 种综合克劳斯/脱氮工艺,在改良常规装置的鼓风机和反应炉之间,加装了一台 PSA 氧气装置。与传统的等处理量的传统克劳斯装置相比,增加这样一台装置的总费用要低 30%（见表 1）。

表 1　传统克劳斯和 PS 克劳斯费用比较

项　　目	传统克劳斯	PS 克劳斯	动力费用
2 级克劳斯	100	70	1.5
3 级克劳斯	115	80	1.5

成本基础:2 级克劳斯为 100。动力费用系与传统克劳斯比较

这种 PSA 装置能在现场生产氧气,这就排除了在炼油厂内需设置液氧储存或运输设施的要求。这是一种在经济上有吸引力、技术上可靠的供氧方式,特别是对远离大型液氧生产设备的地区更是如此。图 3 是典型的双床 PSA 供氧装置图。这种装置既可安装在克劳斯装置区内,也可安装于公用设施区。该工艺初步解决了富氧硫回收工艺的氧源问题;但尚不能满足大型装置的需求。

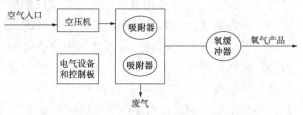

图 3　典型的双床 PSA 富氧装置平面示意

1.3　Oxyclaus 工艺

该技术的关键是采用 Lurgi & Root Braun 开发的一种新型反应炉,该反应炉准确而巧妙地控制酸性气体与氧气在火焰中心燃烧,较高的火焰中心温度促使硫化氢发生分解反应,同时气体中的二氧化碳也分解为一氧化碳,由于这两个反应均为吸热反应,通过热力学平衡有效控制了反应炉内的温度。随后气流经废热锅炉冷却,热力学平衡遭到破坏,气流中氢气浓度迅速下降。从废热锅炉中出来的气流经换热器冷却后送入下游反应器参加反应。

Oxyclaus 反应炉的另一特点是氧气利用率高,可达 80%～90%。

Oxyclaus 工艺流程与 Cope 工艺相似,技术更加成熟,即使氧浓度增至 100%,也不再需要任何类型的气体循环,并突破了富氧硫回收工艺对

耐火材料的特殊需求。

若采用此工艺，以日产200t硫黄、硫回收率为99.9%的克劳斯及尾气处理装置为例，Oxyclaus工艺装置较常规装置节约投资160万~250万美元。

据相关文献报导，欧美地区目前已有16套克劳斯硫回收装置采用了Oxyclaus工艺，世界各地正在兴建和设计的装置有14套，发展速度十分迅猛。

1.4　No TICE 工艺

No TICE工艺意为无约束的克劳斯工艺，其技术特点是引进了液硫燃烧技术，该工艺将部分液硫以纯氧浸没燃烧产生二氧化硫送入克劳斯燃烧炉以降低其温度。该技术由Brown & Root Braun开发，1993年工业化。

1.5　P-Combustion 技术（后燃烧技术）

P-Combustion技术是德国Messeer公司新近推出的，其特点是在反应炉的1/3处设置了多个超音速喷枪，由此送入氧气（反应炉前端仍然是空气），见图4。高紊流的氧气在反应炉里以形成一个新的燃烧区，使离开烧嘴尚未完全燃烧的气体在后燃烧区中再次燃烧，从而达到完全燃烧的目的。这样使得该技术克服了众多富氧工艺技术需要特殊烧嘴、反应炉耐火材料要求严格等缺陷，使得富氧硫回收技术变得更加经济、实用。

与其他富氧硫回技术相比较，该技术有以下优点：①新增设备费用低，仅为新建克劳斯装置的1%（普通的富氧硫回收工艺为新建等处理量装置的10%~15%），与生产运行安全有关的部件如烧嘴、反应炉、废热锅炉和催化反应器的运行温度均保持在允许值内，不需要改动；②生产灵活性大；③硫转化率大大提高；④鼓风量减少。

因此对国内大多数炼油厂来说，P-Combustion技术无疑是一种比较有效而又廉价的提高克劳斯硫回收装置能力的好技术。

2　供氧方法的选择

不过，富氧技术优点虽多，却增加了装置的操作费用，这主要来源于供氧费用的问题（供氧方法、需氧量和需求量的分布）。

供氧的方法很多：压缩气或气缸气；供液氧（将液态氧储存在真空隔热容器中，需要时，在

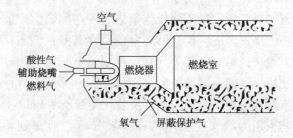

图4　氧在克劳斯反应炉中后燃烧示意

现场汽化）；管线供氧（采用变压吸附，PSA或真空变压吸附，VSA的非低温供应，也可采用薄膜技术）或低温供氧。

供氧的经济性决定于以下因素：①供氧量；②动力费用；③合同供应期限；④需求分布；⑤使用装置；⑥供氧压力；⑦离液态氧源的距离；⑧液态氧储罐大小；⑨环境因素。

一般说来，液态最适合用于小型用户或非连续性用户。对于连续性氧气用户，建议选用非低温供氧法：对能力≤20~30t/d装置采用PSA或薄膜技术，对能力较大，达到100t/d的装置采用VSA。对于用氧大户（>100t/d），应考虑低温供氧装置。

3　结语

近年来富氧硫回收技术发展很快，多种工艺已突破了富氧技术对反应炉耐火材料的严格限制和设备的特殊要求，工艺流程更加简单，更加适合现有克劳斯装置的改造。而PSA克劳斯、No TICE等工艺还引进了新技术，使富氧技术更具吸引力。总而言之，对处理典型炼油厂气的克劳斯装置而言，采用富氧技术用氧气代替空气，其基建费用可大大降低；如果该装置中包括有尾气处理装置和合适的氧源，节约的幅度将更大。

但是到目前为止，我国仅有少数厂家考虑采用富氧技术改造现有克劳斯装置，尚未进行任何具体的研究工作。而随着我国进口原油的增加，我国硫回收装置负荷不断加大。因此，笔者建议尽快进行富氧技术的研究工作。引进富氧硫回收技术，并加以消化吸收，改造现有的克劳斯装置或兴建富氧克劳斯装置。

应用于大型硫回收装置的 SSR 工艺技术

孙振光　　曲晓廉　　范西四　　邹德东

（中国石化齐鲁石化公司胜利炼油厂）

摘　要　介绍了齐鲁石化胜利炼油设计院开发的硫黄尾气还原吸收 SSR 工艺技术的特点。该工艺技术不仅应用于中小型硫回收装置，而且在大型硫回收装置上成功应用，采用 SSR 工艺技术的装置硫回收率高、生产成本低、产品质量好，而且占地少、投资省、操作灵活。

关键词　硫回收　SSR 工艺

随着我国高硫进口原油加工量的增长，以及国家对清洁燃料标准要求的日趋严格，炼油厂酸性气量也随之剧增，作为炼油厂处理酸性气的下游装置——硫回收装置也随之进入大发展时期。随着国家对环境保护的日益重视，新的大气污染物综合排放标准（GB 16297—1996）已发布和实施。然而，我国已引进的硫回收工艺如：超级 CLAUS 硫回收、MCRC 硫回收、SULFREEN 尾气处理和 CLAUSPOL-1500 尾气处理等工艺技术均不能满足新的大气污染物综合排放标准要求，其总硫回收率均达不到 99.5%。只有还原吸收尾气处理工艺能够达到总硫回收率 99.5% 以上，满足新国标规定的排放要求。而常用的 SCOT 还原吸收工艺流程复杂、操作费用和投资较高，占地较大，操作难度大。为此，开发应用新的硫回收技术，越来越受到人们的重视。齐鲁石化公司胜利炼油设计院在已有的 SCOT 尾气处理技术基础上开发的硫黄回收 SSR 工艺技术，不仅成功地应用在中小型硫回收装置上，而且在大型硫回收装置上也取得了成功。本文重点介绍 SSR 工艺技术特点及其在大型硫回收装置上的应用。

1 SSR 工艺技术

SSR 工艺属于还原吸收工艺，利用焚烧烟气余热加热制硫尾气，达到加氢反应的温度，与常规的 SCOT 尾气处理工艺相比，取消了 SCOT 工艺中的在线加热炉及其配套的鼓风机等设备。SCOT 工艺中在线加热炉的作用有两个，一是利用天然气中的甲烷与空气燃烧发生次化学当量反

应制取氢气，二是加热制硫尾气使之达到加氢反应所需温度。然而，多数炼油厂没有天然气，只有炼油瓦斯气，利用炼厂瓦斯在在线加热炉制取氢气存在着许多弊端。炼厂瓦斯气组成复杂，除含有 H_2、C_1、C_2 外，还含有大量的 C_3、C_4 甚至 C_5，且炼厂瓦斯气的组成变化较大，在尾气在线加热炉中，仅通过对瓦斯气量和空气量进行配比调节，很难保证瓦斯气中的 CH_4 与 O_2 在加热炉中只发生次化学当量反应，一旦配风失调、供氧不足，会生成焦炭，导致加氢反应器催亿剂床层顶部出现积炭现象，造成床层堵塞。供氧过量会使吸收溶剂生成不可降解的反应产物而加大溶剂损耗和降低处理效果。倘若制氢不足，会导致大量的 SO_2 或 S 在加氢反应器中来不及反应而穿透。由于急冷塔内急冷水的存在，穿透的 SO_2 与加氢反应生成的 H_2S 会发生化学反应生成硫，并且在急冷塔中因温度降低而析出，造成急冷塔塔盘堵塞，严重影响操作。另外，在线加热炉联锁控制系统复杂，操作难度大。许多炼油厂改用纯氢代替炼厂瓦斯气，虽然基本上解决了加氢反应器中催化剂床层表面积炭的问题。但是需要烧掉大量的纯氢，造成很大的浪费。

SSR 工艺不仅避免了 SCOT 工艺中存在的上述问题，而且具有以下特点：

1）SSR 工艺从制硫至尾气处理全过程，只有制硫燃烧炉和尾气焚烧炉，中间过程没有任何在线加热炉和外供热源的加热设备，利用自身尾气燃烧放出的热量加热制硫尾气达到加氢反应温度。该工艺的设备台数、控制回流路数少于类似

工艺,而且投资省、能耗低、占地面积较小。

2) SSR 工艺无在线加热炉,无燃料气和空气进入系统,即无额外的惰性气体进入加氢反应器及其后部系统,使过程气总量较有在线加热炉的同类工艺少 5%~10%,因此设备规模小,尾气排放量和污染物(SO_2)绝对排放量少。

3) 取消了繁锁复杂的控制系统,加氢反应器入口温度为单参数调节,仅需调节尾气加热器热旁路量来控制加氢反应入口温度,使操作简便易行。

4) SSR 工艺使用外供氢作氢源,但对外供氢纯度要求不高(可以采用重整氢),从而使该工艺对石油化工企业硫回收装置具有广泛的适应性。

5) SSR 艺的主要设备均使用碳钢制造,且都可由国内制造。

2　SSR 工艺在大型化装置上的应用

经过不断探索,逐步完善,已有 6 套采用 SSR 工艺的装置在国内相继建成投产,形成一定的生产规模,详见表 1。

表 1　应用 SSR 工艺完成的硫回收装置

装置名称	建设规模/ (kt/a)	投产时间及运行情况
胜利炼油厂第二硫回收装置	86	2000 年 10 月投产,运行良好
上海石化总厂硫回收装置	2×30	2000 年 2 月投产一套,运行良好
济南炼油厂硫回收装置	5	1998 年 8 月投产,运行良好
大庆油田助剂厂硫回收装置	5	准备投产
锦州石化炼油厂硫回收装置	5	2000 年 12 月投产,运行良好
燕山石化炼油厂硫回收装置	5	2000 年 2 月投产,运行良好

注:表中 5 套装置由齐鲁石化胜利炼油设计院完成设计,一套装置由该院提供 SSR 工艺包。

2.1　SSR 工艺流程

胜利炼油厂 80kt/a 硫黄回收装置是 SSR 工艺首次在大型硫回收装置上应用,该装置采用一段高温转化、两段催化转化 CLAUS 硫回收和 SSR 尾气处理工艺(其中催化剂采用齐鲁石化公司研

究院研制开发的 LS 系列催化剂)。采用高温掺合达到一级催化转化温度,利用一转反应器出口过程气换热方式达到二级催化转化温度,制硫尾气经尾气加热器达到加氢反应温度,尾气加热器采用热管式气-气换热器,该设备热效率高,设备投资低。该装置工艺流程如图 1 所示。

2.2　装置操作条件

该装置于 1999 年 7 月完成施工图设计,2000 年 7 月实现中间交换,2000 年 10 月投料试车,并产出合格产品。由于连续重整和加氢裂化联合装置还未开工,本装置酸性气进料负荷仅为设计负荷的 50%~60%,其中洁净酸气占进料的 85%,含氨酸气占 15%,总进料中硫化氢含量为 70%~80%,目前该装置运行正常,操作简单灵活,主要操作条件见表 2。

表 2　主要操作条件

项　　目	数据
制硫反应炉炉膛温度/℃	1100~1200
废热锅炉蒸汽侧压力/MPa	3.6
一转床层温度/℃	300~320
二转床层温度/℃	235~245
加氢反应器入口温度/℃	250~260
加氢反应器出口温度/℃	290~300
焚烧炉炉膛温度/℃	700~760
蒸汽过热器出口温度/℃	420~430

2.3　SSR 工艺实施效率

该装置开工后,分析结果表明净化气中总硫含量小于 $100mg/m^3$,总硫回收率大于 99.9%,产品质量完全达到一级品标准 GB 2449—92,接近优级品指标。产品质量指标如表 3 所示。

表 3　产品质量指标　　　　　　　　　%

指标名称		GB 2449—92		80kt/a 装置硫黄产品
		优级品	一等品	
硫(S)	≥	99.0	99.50	99.84
水分	≤	0.10	0.50	0.0005
灰分	≤	0.03	0.10	0.021
酸度(以 H_2SO_4 计) ≤		0.003	0.005	0.0013
有机物	≤	0.03	0.30	0.036
砷(As)	≤	0.0001	0.01	0.00003
铁(Fe)	≤	0.003	0.005	0.00033

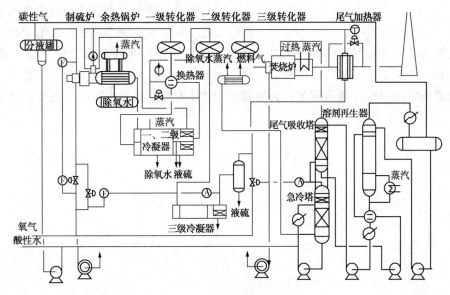

图1　SSR 装置工艺流程示意

3　SSR 技术与引进技术的对比

我国石化行业中的大型硫回收装置多为引进工艺技术，不仅投资高，占地面积大，而且有些工艺还达不到新国标规定的废气排放标准，造成环境污染。SSR 工艺技术投资和占地面积均小于引进技术，废气排放满足新国标的要求。SSR 工艺技术与引进技术在大型硫回收装置上应用对比数据如表4所示。

表4　应用于大型回收装置的 SSR 工艺技术技术与引进技术比较

装置名称	胜炼 86kt/a 硫回收装置	上海石化 2×30kt/a 硫回收装置	茂名石化 2×60kt/a 硫回收装置	镇海石化 70kt/a 硫回收装置	大连西太平洋 100kt/a 硫回收装置
工艺技术	SSR 工艺	SSR 工艺	CLAUS+SCOT	CLAUS+SCOT	CLAUS+Clauspol
技术来源	齐鲁 SSR	齐鲁 SSR	意大利 KTI	荷兰 Comprimo	法国 IFP
引进设备引进技术	烧氨火嘴1个。成型机1台，在线分析仪2台	烧氨火嘴1个。成型机1台，在线分析仪2台	火嘴8个，在线分析仪3台，电加热器2台，工艺包基础设计	火嘴5个，在线分析仪4台，增压机2台，工艺包基础设计	制硫部分全盘引进部分设备国内制造
总硫收率	>99.9%	>99.9%	>99.9%	>99.9%	~99.5%
装置包括主要内容	制硫、尾气处理、溶剂再生、中压锅炉给水系统、成型及包装	制硫、尾气处理、成型及包装	制硫、尾气处理、溶剂再生、上游溶剂再生、外管带 800m、成型及包装	制硫、尾气处理、成型及包装	制硫、尾气处理、全厂溶剂集中再生
总投资及投资分解	总投资 10000 万元	9760 万元(其中硫回收为 2 套 30kt/a 规模)	总投资 36000 万元，其中制硫及尾气处理设施投资约为 30000 万元	总投资 16000 万元	总投资 27000 万元制硫及尾气处理设施投资约 20000 元
占地面积	4611m²	3100m²	9334m²(其中上游溶剂再生占地 2665m²)	3680m²	8400m²
单位占地	53.6m²/kt 硫	50m²/kt 硫	55.5m²/kt 硫	52.5m²/kt 硫	84m²/kt 硫
单位投资	119.3 万元/kt 硫	157.4 万元/kt 硫	250 万元/kt 硫(不含上游溶剂再生及外管带)	228.8 万元/kt 硫	200 万元/kt 硫

4　结语

SSR 工艺技术已经在大型硫回收装置中成功地运行了 4 个月，证明了该工艺的设计和操作优势，通过与引进装置的对比，表明该工艺利用自身余热作热源，对减少投资、节省能源、降低运行费用非常有利。总之，采用 SSR 工艺技术所建成的装置硫回收率高、生产成本低、产品质量好，而且占地少、投资省、操作灵活，SSR 工艺技术是目前国内大型硫回收装置的首选工艺。

我国天然气工业的发展及面临的挑战

朱利凯

（中国石油西南油气田分公司天然气研究院）

摘　要　天然气净化工业中硫回收装置的行业特性与 GB 16297—1996 标准中规定的 SO_2 排放标准严重脱节，硫回收装置将形成天然气工业发展的"瓶颈"。基于国情，本文认为应制定有关天然气行业 SO_2 排放标准，其中包括：视装置处理规模分段规定最低硫回收率；不回收硫的潜硫量上限，以促进天然气工业进一步地发展。

关键词　天然气净化　硫回收　尾气处理　SO_2 排放标准

1　发展机遇与面临的挑战

目前我国陆上天然气产量约 $170\times10^8\,m^3/a$，其中四川（含重庆市，下同）占一半左右，且大都是含硫的，须净化后才能供作商品气。四川地区先后建设了近 20 套天然气净化装置，总设计处理能力可达 $2400\times10^4\,m^3/d$。国内正在运行的 9 套日处理能力超过 $100\times10^4\,m^3/d$ 的大型天然气净化处理厂，有 8 座建设在四川。因而四川天然气净化工艺技术的发展，在我国的天然气工业中有典型的意义。

21 世纪对全球而言将是"天然气世纪"。我国的天然气工业也面临良好的发展机遇。近十年来除四川盆地外，柴达木、塔里木、准噶尔、吐鲁番-哈密等盆地及映甘宁地区均发现丰富的天然气气藏。至 2010 年预计我国天然气的消费量将从目前的约 $200\times10^8\,m^3/a$ 跃增至 $1000\times10^8\,m^3/a$，其中国内产量将达 $700\times10^8\,m^3/a$。为此，四川、青海、新疆、陕甘宁地区外输天然气的大型管道正在规划之中。

但是，这一机遇正面临着来自两方面的挑战：其一，现有成熟的天然气净化工艺技术不足覆盖特定气质的场合，例如占天然气资源相当比例的高碳比、低硫天然气的处理，即使采用选吸工艺，再生酸气往往不能沿用常规的 Claus 法来处理；其二，我国天然气净化工业的现实与新颁布的 CB 16297—1996 规定的 SO_2 排放标准脱节，严重地制约了传统的胺法/Claus 法硫回收工艺技术。硫回收装置的尾气排放问题将形成我国天然气净化工业发展的"瓶颈"。

本文将着重讨论后者。

2　我国天然气净化发展的概况

2.1　天然气净化

四川现有 8 套净化装置处理了约天然气生产总量的一半，处理能力可达 $2000\times10^4\,m^3/d$。

与国外相似，以胺法脱硫为主。早期采用自行开发的 MEA 法。20 世纪 80 年代引进整套 $400\times10^4\,m^3/d$ 天然气净化工艺，包括三甘醇脱水、"Suffinol"法脱硫、二级 Claus 转化回收硫（250t/d）、SCOT 法尾气处理（处理后尾气中 $H_2S\leqslant300\times10^{-6}$）以及配套的污水处理等设施，其规模及设备之先进均占全国之冠。目前所用溶剂有两大类，均系天然气研究院（RINGT，Petro China）开发：一类是 MDEA 或 MDEA 配方溶液；另一类是砜/MDEA。后者大都适用于有机硫脱除场合。近期也开发了非再生的脱硫剂（Scavenger），硫容量可达 $\approx10\%$（wt），用在特定低硫天然气处理场合。

对低含硫天然气或潜硫量不太高的或贫酸气的处理，国外建议采用如图 1 所示的工艺[1]。

国内则除了胺法/Claus 法外，几乎别无其他手段可供选择，这就日渐突出了低含硫天然气的处理问题。

2.2　硫回收

据 1995 年统计，我国天然气、石化行业的

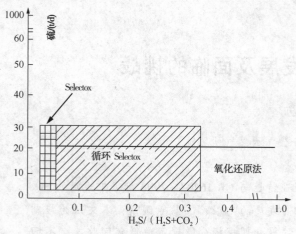

图1　较小产量的硫回收方法适用的范围
注：如≤75kg/d用脱硫剂法。

Claus法硫回收装置可能超过56套，总计设计生产能力大于$54×10^4t/a$。其中：$>1×10^4t/a$的装置约超过13套，占总的设计生产能力的76%左右，且各具不同形式的尾气处理装置；大约有40套无尾气处理装置的硫回收装置约有$12.4×10^4t/a$的生产能力[2]。

我国最大的天然气生产基地——四川地区，年产单质硫约占含硫油、气处理回收总量的1/4，因处理相当大部分的高碳比低硫天然气，故分流法Claus法制硫装置占较大比例。

国内现有尾气处理装置据1998年不完全统计如表1。

表1　国内尾气处理概况

尾气处理方法	总硫回收率/%	套数	备注
Sulfreen	≥98	4	金山、扬子由Lurgi公司引进各1套，洛阳、镇海国内设计各1套
MCRC	≥98	3	镇海、川西北各引进1套，川西北国内设计1套
SCOT	≥99	5	卧引、茂名各引进1套，胜炼国内设计2套，川西北国内设计1套
Super Claus	≥98	1	安庆引进
Concot		1	山西化肥，制稀硫酸
Clauspol-1500	≥98	1	西太平洋

为此，天然气研究院研制了系列高效的制硫催化剂，有机硫水解催化剂、尾气加氢催化剂、与国外Am-2相当并成功地用于"MCRC"装置中的低温催化剂，也开发了与Comprimo公司"Super Claus"法相当的直接氧化催化剂。

大致来说，我国硫回收装置的现状是：

1）现有尾气处理装置除SCOT法外，大都不能确保>99%的总硫回收率；

2）大约40套平均规模约为10t/d的硫回收装置无尾气处理，估计硫回收率约为约92%；

3）大致估算我国硫回收装置排出的SO_2总量约为$2.2×10^4t/a$，年产单质硫占含硫油、气处理回收总量1/4的四川，1996年排出SO_2总量约为5000t/a。据报道我国环保局规定2000年大气污染物SO_2排放的总量为$2000×10^4t/a$。如此，由硫回收装置排出的SO_2不足总量的0.1%，四川仅占约0.03%，甚为微小。

3　硫回收装置尾气中SO_2排放的特殊性

与燃烧过程排出含SO_2烟气截然不同，硫回收装置尾气中SO_2含量只决定于Claus反应过程中达到热力学平衡时的转化率，在相同转化率下，尾气中残余H_2S被灼烧成的SO_2与进料酸气中的潜硫成正比。转化率与装置规模大小无关。再则：①Claus反应过程中难免有COS、CS_2之类有机硫生成，即使应用了有机硫水解催化剂，仍有一部分不参与Claus反应而归入尾气，最终被灼烧成SO_2；②出最末一级硫冷凝冷却器的尾气流中必然夹带硫蒸汽、硫雾。故硫回收率必然低于由热力学计算出的转化率，有资料显示[3]，若计及操作上的因素，两者几可达≥1%。鉴此，国外的一些举措颇可借鉴：如图1的建议，它指出≥30t/d的硫回收装置适用胺法Claus法，在经济上有可能忍受，因具体情况而辅以相配套的尾气处理设施；<30t/d装置不采用常规的Claus二级转化（硫回收率≈92%），很难设想较小规模的硫回收装置在下游再建一套比自身更复杂的、花费颇大的尾气处理装置，而宁肯采用可能投资稍高但转化率较高的BSR/Selectox法或药剂消耗颇高（约100美元/t硫）[4]的Redox法，以避免尾气处理问题；在制定SO_2排放标准时，也充分虑及制硫行业的特殊性，如表2～表5所述，大致来说其原则是：因装置规模大小，分段规定硫回收率，规模大的较严格；炼油厂的硫回收率要求高于气体处理的，但≤10t/d

规模的硫回收率要求相同且不太苛刻[5]。

表2 美国德克萨斯州制定的硫回收指标（1997年）

污染源	装置规模 C（硫）/（Lt/d）	要求的硫回收率/%	
		改造装置	新建装置
油气处理厂	C>50	99.8+	99.8+
	20<C≤50	98.5~99.8+	99.8+
	10<C≤20	97.5~98.5	98.5~99.8
	2<C≤10	96	96.0~98.5+
	0.3<C≤2	视具体情况定	96.0+
	C=0~0.3	焚烧	焚烧
炼油厂	C>10	99+	99.8
	C=0~10	96	96~98.5+

注：（1）具体指标根据实际情况（如酸气中 H₂S 浓度、地理位置等）通过谈判后决定；
（2）要求申报单位以96%的硫回收率为目标，对所采用技术的实用性和经济合理性进行论证。

表3 加拿大制定的最低硫回收率新标准

装置能力 C/（t/d）	C≤5	5<C≤10	10<C≤50	50<C≤2000	C>2000
最低硫收率/%	70	90	96.5	98.5~99.0	99.8
排放气 SO₂ 浓度/（mg/m³）		~55000	~19000	900~6000	~1000

表4 德国制定的硫回收率指标

装置能力/（t/d）	<20	20~50	>50
最低硫回收率/%	97	98	99.5
排放气 SO₂ 浓度/（mg/m³）	<17000	<12000	<2800

注：按规定的最低硫回收率估算（考虑尾气经热力焚烧后直接排放）。

表5 SO₂排放达标标准部分内容（GB 16296—1996）

最高允许排放速率/（kg/h）				最高允许排放浓度/（mg/m³）	
	二级		三级		
排气筒高度/m	已建	新建	已建	新建	已建	新建
60	64	55	98	83		
70	91	77	140	120		
80	120	110	190	160	1200	960
90	160	130	200	200		
100	200	170	270	270		

4 GB 16297—1996 的严峻性

GB 16297—1996 与 GBJ 4—73 相比，除 SO₂ 排放速率有所降低之外，对废气中 SO₂ 的相对浓度另有严格规定。

4.1 SO₂排放浓度

燃料燃烧过程中，风量视所用的燃料而定，烟气中 SO₂ 相对浓度与燃料中的硫含量成正比，限制烟气中 SO₂ 排放浓度其意义是限制采用的燃料中含硫量；Claus 法制硫的风量则决定于进料酸气中 H₂S 的含量，其尾气如前所述，若也以 SO₂ 相对排放浓度来衡量，则要求 H₂S 有甚高的热力学转化率，这必然受到工艺上的限制，因此，这一规定对制硫行业是不太科学的。

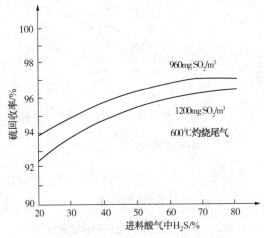

图2 GB 16297—1996 要求的硫回收率与进料酸性气 H₂S 浓度的关系

这一 SO₂ 相对浓度规定，对国内现有的硫回收装置的潜在压力是：

1）不论装置规模大小，严格划一规定硫回收率按 GB 16297—1996，依进料酸气中 H₂S 含量，本文估计达标时所需的硫回收率如图2所示，均要求 >99%，意味着现有的尾气处理方法中，只有花费最高的、设备、流程最复杂的 SCOT 法才能确保（SCOT 法的投资约为 MCRC 法两倍）；

2）即使排放速率合格也不一定能保证 SO₂ 相对浓度达标。

镇海炼化新建 3×10⁴t/a 制硫装置，进料酸气中 H₂S 为 74%~85%，引进 MCRC 法。标定期间计算的总硫回收率为 98.98%，尾气中 SO₂ 排放速率平均为 100.1kg/h，SO₂ 相对浓度为 10261mg/m³。即使排放速率合格而相对浓度仍然超标，为规定值的 8.6 倍[5]。

3）十分苛刻的 SO₂ 相对排放浓度。

参见表2~表4。加拿大 50~2000t/d 装置要求硫回收率为98.5%~99%，SO_2相对排放浓度为9000~6000mg/m^3；德国> 50t/d装置分别要求为99.5%，约2800mg/m^3。相比之下 GB 16297—1996的SO_2排放浓度严格得使国内硫回收装置几乎无回旋余地。

4.2 SO_2排放速率

GB 16297—1996的SO_2排放速率比 CBJ 4—73更严格，但与"质"的要求——SO_2排放浓度相比，这种"量"的变化，制硫行业的现状似尚能忍受，见图3分析。

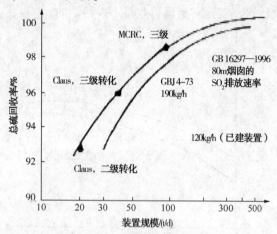

图3　SO_2排放标准决定的制硫装置规模

对国内现有的20~100t/d硫回收装置：20t/d装置有两个转化器可以达到要求的92%~94%总硫回收率；100t/d装置若配设 MCRC法则总硫回收率可达≥98%，即现有的硫回收和尾气处理工艺，只需加强管理可覆盖20~100t/d规模，有可能达到 GB 16297—1996现行舰定的排放速率。

5　小结

综上所述，我国的天然气净化工业与 GB 16297—1996严重脱节，其症结即在于苛刻的SO_2排放浓度。硫本身是一低价位的商品，这些硫回收装置排出的SO_2总量只不过占全国SO_2排放总量的0.1%左右。若按标准实施，势必需要巨大投入，以资改造。

近十年来尾气处理工艺基本上遵循两个方向发展：①在更低温位下于液相中或固相上延续 Claus 反应，以达到更高一些的转化率；②藉特殊的催化剂，甚至采取尾气加氢措施，按 Claus 反应直接氧化转化尾气中的H_2S，提高整个制硫过程的转化率。国内现有引进的10余套尾气处理装置也都有这两类方法的代表，即使近期报道有趋势综合这两类方法的新设计构思[6]，只要转化率与硫回收率两者固有的约等于1%差异，在当前的技术水平情况下，都很难确保实施 GB 16297—1996。

尾气的SO_2排放浓度是发展天然气行业的"瓶颈"。

本文认为，既然可以有电站、火电厂等的SO_2排放标准，也应有天然气行业的SO_2排放标准，这是天然气工业进一步发展的必要前提。可考虑：①按硫回收装置规模大小，分段规定最低硫回收率；②或只限定SO_2排放速率；③随着西部开发，四川、陕甘宁地区低硫或甚低硫天然气资源会有进一步的开发，有必要审时度势规定不回收硫的潜硫量上限。

参 考 文 献

[1] 朱利凯. 低含硫天然气处理和硫回收问题[J]. 石油与天然气化工，1996，25(2)：81.

[2] 郑子文. 高效率硫黄回收技术的发展趋势[J]. 石油与天然气化工，1996，25(1)：17.

[3] H. G. 巴斯基尔著，陈赓良译. 改良克劳斯法硫黄回收的效能. 四川石油管理局天然气研究所，气体净化资料(十二)，1984.

[4] Michael P. Quinlan. Technical and Economic Analysis of then Iron-Based Liquid redox Process, GPA 71 annual Convention Proceedings, Anaheim, California, March 16-18, 1992：215.

[5] 硫黄回收及尾气处理论文选编. 天研文集(二十一). 四川石油管理局天然气研究院，1996.6.

[6] 王丹. H_2S直接氧化法制硫技术发展概况[J]. 石油与天然气化工，1997，(3)：175.

Claus尾气处理技术的选用

文科武

(中国石化洛阳石油化工工程公司)

摘 要 讨论了当前所采用的各种Claus尾气处理工艺技术,对传统的焚烧工艺进行了分析,并比较了尾气处理的Claus工艺法(干床亚露工艺)、Claus工艺法(液相亚露工艺)、SO_2回收工艺法,H_2S回收工艺法,直接氧化法等几种工艺的特点和效能,具体工艺的选择应根据所在地环保标准、投资规模、操作费用综合考虑。

关键词 Claus尾气 硫回收 Claus法 SO_2回收法 H_2S回收法 直接氧化法

Claus尾气中一般含有N_2、CO_2、H_2O、CO、H_2,未反应的H_2S及SO_2、COS、CS_2,硫蒸气及夹带的液态硫。受反应平衡和其他硫损失所限,常规Claus装置的硫总回收率一般不超过97%。通常,Claus装置的尾气若不做进一步处理是不许直接排放的。为使尾气中的H_2S和SO_2浓度,SO_2的排放量等降至项目建设所在地的有关规范所要求的值,并且使尾气有足够的升力使其中的SO_2沿烟囱向大气扩散,最简单的尾气处理措施是焚烧。根据Claus装置的规模、原料酸性气中H_2S浓度以及装置建设地的地理位置,为满足环保达标要求,各企业应该考虑是否建设硫回收尾气工艺处理装置。

1 传统焚烧工艺

最简单的尾气处理工艺是直接将尾气中所含的H_2S(以及其他形式的硫)焚烧,使其变成SO_2。由于Claus装置的规模较小,国内有大约80%的硫回收装置的尾气处理采用了这种工艺。焚烧法工艺有两种:其一为热氧化法;其二为催化氧化法。热氧化法通常是在过量O_2及480~820℃的温度下进行的。大多数的焚烧炉采用自然通风,空气量由烟道挡板控制,炉膛在微负压下操作,过量的O_2含量控制在20%~100%。Claus尾气中含有一些可燃组分,如H_2S、COS、CO、CS_2、H_2、单质硫及少量油气(在上游硫回收装置采用"分流"式工艺时),但由于它们的总量之和常低于尾气总量的3%,可燃物浓度太低难以维持燃烧。

为保证将尾气中的S和硫化物转变成SO_2,需要补充其他燃料以维持焚烧所需要的高温。

使用催化焚烧法可显著降低燃料耗量。这种工艺过程是先将尾气用燃料气加热至315~430℃,然后混以定量的空气,再使混合气流通过催化剂床层进行焚烧反应。催化焚烧炉多为正压通风式,为便于控制空气用量,炉子在正压条件下操作。催化焚烧法工艺是专有技术,在热焚烧法燃料消耗费用很高时,可以考虑采用。

通过回收焚烧炉出口尾气余热的方法也可降低装置燃料总消耗。即利用尾气余热将(硫黄回收)装置自产的0.35~3.1MPa蒸汽加热,使其变为过热蒸汽。采用这种流程时,要考虑排放温度的降低对烟囱高度和气体扩散效果的影响。带排放尾气余热回收设施的焚烧炉常为正压通风式,炉子在正压下操作。

由加热Claus尾气、用风及燃料至要求的温度所需的热量就可确定焚烧所需的燃料用量。通常焚烧炉内停留时间不少于0.5s,有时也高达1.5s。炉内停留时间越长,满足H_2S排放要求所需的焚烧温度就越低,图1所示为满足H_2S排放浓度为10μL/L的条件下,炉内停留时间与焚烧所需温度之间的关系。

焚烧炉与烟囱可以做成一体,焚烧炉安置在下,烟囱立在炉体之上。火嘴一般在炉内水平安置,硫黄尾气既可直接进入火嘴,也可直接进到炉内邻近火嘴处。

焚烧炉和烟囱都设有耐火衬里以保护钢体。

由于焚烧温度较低，这些耐火衬里与 Claus 反应炉里所用的衬里不一样，焚烧炉的设计最高操作温度一般为1100℃，因此，能耐1210℃高温的耐火材料就可用作为焚烧炉及烟囱的高温保护用，并且一层就够了。当然，焚烧炉里火焰能及之处的耐火砖的等级较高，这时，用高铝砖（含铝60%以上）就可以了。

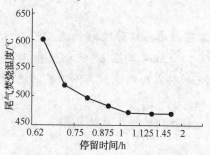

图 1　炉内停留时间与焚烧所需温度之间的关系
注：烟气中 O_2 含量约为2%，H_2S 含量 μL/L（mBx）。

对于炉体之上安有烟囱的立式焚烧炉来说，炉底钢板的保护非常重要。尽管炉底钢板已有耐火衬里保护，在设计中仍要在炉底板之下留有足够的空间，以便炉底周围的空气能循环，让炉底钢板冷却下来，使炉底钢板得到保护。

钢构件（炉底板、炉壁、烟囱壳）应在150~350℃范围内工作。换言之，设计中既要考虑内部衬里保护，也要考虑外部保温。一般来说，焚烧炉的耐火砖厚度在50~100mm。对立式炉，保护炉底钢板的耐火砖厚度在100~150mm。炉体及烟囱的外保温有两种方法，其一为铺一层（约25mm）毯式保温层，并以不锈钢皮或铝皮保护；其二为用不锈钢皮或铝皮作套，并使间隙距离为75~100mm。

为了防止烟囱外壳的腐蚀，对烟囱的主要部位（顶部5m段）也可用不锈钢制作，既不加保温，也不加衬里。

烟囱可设计成单立的、钢架支撑和钢缆牵引固定等结构形式。具体形式的选择要考虑烟囱的高度与直径，建设地的风载及地震烈度要求。用钢缆牵引固定的烟囱投资省，然而在平面布置上要考虑钢缆和锚砼的位置。少于75m的烟囱，可采用单立的钢烟囱。高于105m的烟囱既可采用钢架支撑式，也可采用单立的钢筋混凝土式。烟囱内气速与允许压降有关，一般为12~30m/s。

对于从烟囱外排的废气，环保部门一般要求做定期监测工作。在某些地区，对所排的气要求作连续监测并记录。为方便取样分析与维修，在烟囱适当地方要设操作平台，并设置相关的水、电、气、风接点。尾气排放量一般以 SO_2 kg/h 或 SO_2 μL/L（干基、无氧）表示。需要对烟气作连续监测的烟囱一般安装有烟气分析仪和烟气流量计，以测量烟气中 SO_2 排量和浓度。

2　尾气处理工艺比较

常提到的 Claus 尾气处理工艺可汇总如下：

1）Claus 工艺法（干床亚露点工艺）：美国的 CBA（Amoco/Pritchard/Ortloff）；德国的 Clinsulf SDP（Linde AG）；加拿大的 MCRC（DeltaHuson）以及法国的 Sulfreen（LurgiBamag/SNEA9P）。

2）Claus 工艺法（液相亚露点工艺）：法国 IFP 的 Clauspol Ⅱ 工艺和 Clauspol 1500 工艺。

3）SO_2 回收工艺法。Wellman-Lord（Lurgi-Bamag），Elsorb（ElkemTechnology），Chiyoda Thoroughbred（CT121）和 Cansolv（Che mtex）工艺。

4）H_2S 回收工艺法（吸收过程气中的 H_2S，将提浓后的 H_2S 和共吸的 CO_2 气流返回至 Claus 装置）。ARCO（ARCO/Pritchsrt）工艺，BSR-MDEA（Parsons/UOP）工艺，Exxon 工艺，Resulf（TPA）工艺，HCP（NuovolGI），Clintox（LindeAG）以及 SCOT（Shell）工艺。

5）H_2S 回收工艺法（直接将尾气中的 H_2S 氧化成硫黄）。MODOP（Mobil Oil）工艺，BSR/Selectox（Parsons/UOP）和 Superclaus99（StorkComprimo）及 Superclaus99.5 工艺。

要注意的是这些工艺过程并非都已工业化，但它们都属于专有技术。简单地说，现有的尾气处理工艺可分为4类：

1）Claus 工艺法。通过控制反应温度条件，使 Claus 反应在低于硫黄露点或使反应在温度高于硫黄熔点的液相中进行，以有利于 Claus 反应在最佳的平衡条件下生产更多的硫黄。

2）SO_2 回收工艺法。通过将尾气中的硫化物全部转化为 SO_2 并将其回收另作处理。

3）H_2S 回收工艺法。通过将尾气中的硫化物全部转化为 H_2S 并将其回收利用。

4）直接氧化法。将尾气中的 H_2S 直接氧化成硫黄。

2.1　Claus 工艺法

干床亚露点工艺主要有美国的 CBA、德国的 Clinsulf，加拿大的 MCRC 以及法国的 Sulfreen。一般来说，这些工艺技术的总硫收率在 99%~99.5%。在美国，由于它们所达到的硫回收率水平难以使尾气满足美国大气环保标准，因此这些技术在美国使用不多。一般来说，经过这类工艺处理过的尾气仍需焚烧处理，并且烟气中的 SO_2 浓度仍在 1200~2000μL/L。

法国 IFP 的 Clauspol Ⅱ 工艺的 Claus 反应，是在液相催化剂溶液中，温度高于液硫熔点但低于露点的条件下进行的。在填料塔中，溶液与尾气逆向接触，尾气中所夹带的硫和反应所生成的硫被吸收下来，并形成液体硫。总硫收率约 99.8%。

亚露点工艺流程与常规的 Claus 硫回收装置工艺流程极为相似，都是过程气先进废热锅炉，然后进催化转化器，冷凝器，再进一步加热。与常规 Claus 法工艺不同的是，亚露点工艺法中，当一台转化器处于亚露点温度下操作时，其他的转化器则处于冷却或再生状态。因为催化剂需要周期性再生，故转化器的切换操作是这种工艺的特点。

由于在低温下 Claus 反应平衡常数较高，有利于 S 的生成，因此，可以降低 Claus 尾气中未反应的 H_2S 及 SO_2 浓度。

亚露点法工艺中，过程气中 H_2S：SO_2 比值的控制非常关键。过程气中的 COS 和 CS_2 将直接排至尾气焚烧炉焚烧。

尽管亚露点工艺的基本原理相似，各不同的工艺过程还是有各自的特点，这里就不作详论了。

2.2　SO_2 回收工艺法

这类方法中，都是先将过程尾气焚烧，使过程气中所有形式硫转化为 SO_2，然后再作处理。

Wellman-Lord 法和 Cansolv 工艺都是用碱性溶剂将过程气中的 SO_2 吸收下来，然后通过溶剂再生，回收高纯度的 SO_2，SO_2 可制成气态或液态产品。

对于规模小的 Claus 装置，可用 NaOH 碱液洗涤过程尾气，回收 SO_2，使其变成亚硫酸盐溶液，然后用空气(或其他如过氧化氢之类的氧化剂)将其变成硫酸盐溶液后再作进一步处理。

2.3　H_2S 回收工艺法

在这类工艺过程中，过程气中所含的各种形式的硫，都先通过加氢和水解的方式变 H_2S。然后 Beavon-Stretford 工艺通过 Stretford 单元直接将过程气中的 H_2S 转变成单质硫加以回收；而 ARCO 工艺，BSR-MDEA 工艺、Exxon 工艺、Resulf 工艺以及 SCOT 工艺都是用对 H_2S 有较高选择吸收性能的胺溶液，将过程气中的 H_2S 吸收下来，再通过对溶液进行再生，将提浓后的 H_2S 和共吸的 CO_2 气流返回至 Claus 装置作为酸性气原料。

BSR-Stretford 工艺可使吸收尾气中的 H_2S 含量降至 10μL/L，而像 SCOT 这类采用不加添加剂的 MDEA 胺溶液吸收再生工艺技术，其吸收后尾气中的 H_2S 含量约为 100~150μL/L，而采用专有胺溶剂的工艺，如 DOW 公司的 GAS/SPEL 工艺、Exxon 的 FLEXSORB SE 工艺，Shell 的 SCOT-LS 和 Union Carbide 的 UCARSOL HS102 工艺等，其吸收尾气中的 H_2S 浓度也可降低至 10μL/L。上述各种工艺的总硫回收率均超过 99.9%。

2.4　直接氧化工艺法

MODOP 工艺和 Superclaua99 及 Super-claus99.5 工艺都是在专用催化剂的作用下，直接将尾气中的 H_2S 氧化成硫黄的工艺。在 MODOP 工艺中，先将过程尾气中的各种硫在还原(加氢或水解)单元里转化成 H_2S，然后用循环水冷却还原后的过程气，使过程气中的水含量降至 5%~9% 以利用于 H_2S 的氧化反应。再混入空气，在载有 TiO_2 催化剂的反应器里，H_2S 直接氧化成单质硫。有两种组合方式可使 MODOP 工艺技术的硫总收率可以达到 99.5%：其一是采用三级常规 Claus 反应器加一个还原单元和一个 MODOP 反应器；其二是采用二级常规 Claus 反应器加一个还原单元和二个 MODOP 反应器。

Superclaus99 工艺不含硫还原单元。自硫回收来的过程尾气，加热后与 Claus 反应炉风机来的风混合，在专有催化剂的作用下，在反应器中 H_2S 被直接氧化成了单质硫。根据上游 Claus 装置转化器的数量以及酸性气原料的质量情况，Superclaus99 工艺的总硫收率可达 99%。Super-claus99.5 工艺含有一个还原单元，其总硫收率可达 99.5%。工艺过程与 MODOP 工艺相似，只是因为水分不影响该催化剂的催化性能，所以没有对还原气进行直接水冷以阵低气流中的水含量。

3 结语

总之，Claus 尾气处理的工艺方法很多，各企业应根据所在地的环保标准要求、投资控制要求、操作费用要求和各种尾气处理工艺技术的优缺点进行综合考虑。由于尾气处理工艺技术大多为专有技术，为方便决策，企业应与有关专利商及工程公司协商、交流，以确定合适的工艺技术方案，促进企业的蓬勃发展。

硫黄的几种成型方法综述

李正西

（中国石化金陵石化南京炼油厂）

摘　要　本文介绍了目前硫黄的几种成型方法，并比较了各种方法的特征，特别注意新工艺及新技术的进展。这些新工艺、新技术将在今后为提供无粉尘、无腐蚀及干燥的固体硫而开辟道路。

关键词　硫黄　成型工艺　硫黄成型机　球形硫黄

为了改进或解决装运及运输问题，可以采用以下几种硫的成形形式：即薄片、板状、小粒、颗粒或块状。薄片硫是几种形式中最易生产的，即硫简单地在大型转鼓外侧冷却及凝固，在鼓上形成一个薄片盖层，最终剥离成片，但薄片硫在硫的几种形式中很不普遍。

板状硫技术是被广泛采用的硫黄成形技术，而且也是最容易、最便宜的技术。

小粒硫黄的成形方法比较复杂而且昂贵，它又有两种基本成形法，即空气小粒法及水小粒法。

几种方法中最后一种成形法称之为颗粒法或叫融熔结块法，该法是将硫的小粒在成粒器中被多次加上外层，以达到所需粒度，肥料生产中广泛采用这一相似技术。

1　板状法

该法源出于老的钢鼓薄片法，现在工业上采用的有两种，它们分别由加拿大的维那特·埃里索帕公司及瑞典的桑特维克传送带公司所开发。这两个方法基本上一样，即融熔硫在传送带上用水冷却后，成为厚 0.013~0.019m 的固体板，此固体板在脱离钢带时即断裂成小的板状硫。但这两法又有所不同，在维那特·埃里索帕法中，冷却硫黄所用的钢带是浸泡在水中的，而在桑特维克法中，硫黄是在钢带内侧用水间接喷淋冷却的。

1.1　维那特·埃里索帕法

该法是硫黄还在熔状态时，从气体净化工厂的硫黄回收装置输送到成板设备，把硫从 150℃ 冷到 130℃。最早是用空气进行冷却的，即熔硫在设有阶梯形隔板的碳钢塔中，从四周吹入冷气进行冷却。在后期的设备中，采用了二段冷却系统，一段用管壳式冷却器，把硫冷却到 120℃ 或以下。冷却有两个好处，即延长钢带的寿命和除去被携带的硫化氢气体。

从冷却器出来，熔硫以一定的速度导入成板设施，这个设施包括一个两端相连的钢带，其两侧各有一个挡脊（在赫德逊湾油气公司的凯鲍布工厂内，这种钢带长为 61m，宽为 1.52m）。硫黄放到钢带上并在 113℃ 凝固，然后将钢带浸泡在水中，使其温度低于 49℃，这就可以避免硫黄黏结，并可延长钢带寿命。硫黄到达钢带的另一端时，已变成固体的薄板，当其离开钢带时，破裂成小板。

1.2　桑特维克法

桑特维克钢带硫黄冷却装置在加拿大拉姆河天然气加工厂早已建成，它是由加拿大阿尔伯塔的爱克顿公司操作的，产品是板状硫，在该装置中有七条钢带，每条长 80m，宽 1.2m，产量 6.67kg/sec（千克/秒）。

该法的工艺过程是，将熔硫在 145℃ 从用蒸汽加热的堰导入钢带冷却器中，与维那特·埃里索帕法不一样的地方是水与硫黄不直接接触，而是在钢带内侧用水喷淋把热量涂去。水不污染硫黄是此法的一个大优点。在钢带的一头，硫黄被冷却到 90℃ 左右，并断裂为板条。有时采用切片机，但在拉姆河工厂它是在通过末一钢带轮时自动断裂的。最后板状硫被输送到堆放场所或装卸设施。

我国 1978 年从日本千代田化工建设公司引进了一套该装置,两根钢带,每根单边长 60m、宽 1.5m,1980 年投产。该装置安装在重庆市长寿区石桥县川东石油矿区卧龙河天然气净化总厂,使用效果良好。

2　水小粒法

各种小粒法内容基本相同,即把熔硫小滴在急冷罐中用水冷却凝固。熔硫从分配头喷出,当其下落时便分散成滴。在大多数方法中,水中加一种添加剂以控制其 pH 值。依里奥特法及苏尔佩尔法采用硅添加剂。各种湿式小球法的不同之处在于小球成粒器的构造及操作条件的不同。

决定小球质量的好坏有很多因素,熔硫及急冷水的温度都很重要。为了提高球的强度,两者间的温差越小越好。但为了避免蒸发损失过大,水温应越低越好,但温度太低也不好,因为会使小球的孔隙增多,而且形状也不规则。

小球成形器的分配头(喷淋嘴或多孔板)及急冷水间的距离与硫黄的喷淋压力一样是同等重要的。当硫黄分配头及急冷水间的距离增加,小球的形成数就增加。压力降增加,小球的总容积也就增加。

小粒法的操作条件(包括硫及急冷水的温度、分配头与水间的高差、压力降)范围很广。操作条件的不同就是各种小粒法不同之处,例如卡帕索尔法中特别强调喷雾嘴(硫黄是在加压下通过此嘴的)。其他方法,如在苏尔佩尔法及凯姆索斯法中,硫也是喷入急冷水中的,但压力都没有这么大,但在佛来彻法中,硫系从多孔板分布器中喷出来的,基本上是常压操作。硫的湿式小粒法比其他种类的硫成形法要多。

2.1　苏尔佩法

至少有 4 个工厂采用了该法,其中最后一个是多流设施。

该法是将融熔的硫黄先导入有分布头的罐,从那里它通过一个特制的喷嘴射出来到一个急冷罐。在急冷罐中装有保温的水,其中含有少量的硅添加剂,以便使小颗粒具有抗水性且发硬。罐内的水不断用一个漩涡喷注器喷注,使水发生旋转,以便增加其停留时间。这样,硫黄便凝固成为小的球粒。这些小球粒从急冷罐底取出、脱水、干燥。

生产出来的小粒直径为 0.0005 ~ 0.006m,内含水分约 0.25%,其堆积密度为 1280 ~ 1400kg/m³,休止角为 0.524 ~ 0.611 弧度(相当于 30° ~ 35°角)。

2.2　卡帕苏尔法

该法在许多地方与苏尔佩法(以及所有水小粒法)相似,其主要不同处在于成粒设施的设计。熔硫从缓冲罐经过一个漩涡空喷嘴导入成型罐,使之产生一个放射性锥状的硫薄板,漩涡状的硫薄板、其生成的液滴与罐中水发生冲击,产生了一种漩涡湍流,有助于硫固体小粒的形成。这些硫黄小粒形成后便落到罐底,它用空气通过斜槽提升到脱水筛网中去。然后,小球再经过一个干燥器,最后送到出料系统。

卡帕苏尔法小球的物理特性是由操作条件决定的,熔硫的操作温度范围是在 110 ~ 165℃ 之间,最硬的小球在 152℃ 形成。同样,急冷水的温度可为 4.5 ~ 99℃,较好的温度范围为 38 ~ 93℃,最好是 70℃ 左右,水与喷嘴间的距离为 0 ~ 1.27m,较好的距离为 0.2 ~ 0.5m,喷嘴的操作压力降可达到 275kPa(表)。最好是 7 ~ 34kPa(表)。压力降高于 275kPa(表),粉末就太多了。

在急冷水中可加一种表面活性剂(如洗涤剂,以改善其小粒的硬度及外表,也可加若干其他化学添加剂,以控制水的 pH 值)。

卡帕苏尔法小球的堆积密度在干燥前为 1152kg/m³,干燥后为 1169kg/m³,休止角在干燥前约为 0.663 弧度(相当于 38°),干燥后约为 0.541 弧度(相当于 31°)。

2.3　凯姆索斯法

在美国加里福尼亚洲的莫亚佛市有一个工厂采用了该法,而且一直在生产,小粒硫黄的生产量可达 22.22kg/s,大粒品可达 12.5kg/s,显然,后者易于运输。

根据该法,熔硫在成形前置于温度为 127 ~ 132℃ 的地下罐中,罐温由换热系统控制。硫从此罐定量地用压力导入特制的成粒器的集合管,成粒器长 3m,直径 1.8m。集合管里设有喷嘴板,其上装有多个喷嘴,硫从其中一个喷射到一个定温罐，硫与水接触就分散为液滴，并落到底部而凝固。固体硫小粒浆液（其中含 25% 重的硫，75% 重的水）到脱水管，把大部分水除去，水通过一个塔或热交换器再循环。脱水后小粒尚含有 3%~4% 表面水（据说已无内部水），再用热空气干燥。小粒的堆积密度为 1121~1281kg/m³，一般为 1169kg/m³，休止角为 0.611 弧度（相当于 35°）。

2.4　佛来彻法

加拿大采用该法的至少有两个工厂，第一个工厂在 1978 年 2 月投产，属于英国哥伦比亚石油化学公司的维特·纳尔逊工厂，而由西岸的传动公司操作，目前年产量为 10 多万吨成形硫。第二个工厂在帕林斯·布佩特港生产，其规模为 13.89kg/s，它是加拿大第一个沿海岸的成粒装置，投资花一百万加币。

该法的早期设计为一种带垫木的设计，液硫（122~177℃）首先被送入成粒器的急冷水中（82~110℃），成粒器中有蒸气加热多孔板，粒状硫从成粒器底部取出，而在塔中用热空气来干燥。从成形器来的水用换热器冷却，并在封闭式循环系统循环，其回收的热量即用于干燥塔中。用添加剂控制急冷水的 pH 值，急冷水的温度是相当高的。

该法所形成的小粒，往往是半扁平的，不规则的，其直径为 0.003~0.006m，休止角为 0.436~0.524 弧度（相当于 25°~30°）。

2.5　P.V. 商品系统法

在加拿大的斯特拉庆有两套装置采用该法并在运转，产量为 5.787kg/s，分别于 1979 年年底及 1980 年年初安装完毕投产。

液体硫黄原料导入一个分布器（多孔板）然后在低速下注入流动的水中，水中含有控制 pH 值的添加剂，硫黄的小粒用刮板（链板）输送机从急冷水罐底取出。输送机在水中的动作产生了急冷水的运动，小粒从急冷水中出来便去脱水。

该法产生的小粒，其固有水分为 0.5%~1%，休止角大于 0.559 弧度（相当于>32°），堆积密度为 1121~1217kg/m³（后者经压缩）。

2.6　硫黄成块法

美国德克萨斯州柯帕斯·克里司蒂的液体集装站公司开发了硫黄成块法，该法的中心是硫黄

通过浸泡在水浴中的一个特制的喷嘴进入水浴。

硫块的内部含水量为 0.5%~1.0%，其堆积密度为 1025kg/m³，休止角为 0.716 弧度（相当于 41°）。

2.7　卡尔顿巴哈法

该法由法国爱佛城一个叫卡尔顿·西的公司在 1973 年设计，在此之前，该公司成功的设计了如硝酸铵、尿素等肥料的若干成粒法的工艺。

3　空气小粒法

与水小粒法一样，各种空气小粒法之间没有什么大的不同，简单地说，硫被喷入一个塔的上升气流中，然后即被冷却及凝固为球装小粒。其中一个不同处为：一种方法是把硫的喷淋头设在塔壁，另一种是喷淋头设在塔顶。但空气小粒法有些问题，特别是不能形成高质量的小粒。为了改进小粒成形，有人建议把融硫喷射到有硫微尘的空气中去，此硫微尘作为晶种出现。这也是各种方法中的一个不同处，用不用水或蒸汽喷入是随便的。

3.1　锡西法

锡西（Ciech），波兰文，意即化学进出口公司。波兰于 1963 年开始硫黄成粒的研究，第一个大规模波兰成粒装置（150kt）建于丹诺布切克的硫黄矿场，第二个 500kt 的工厂建于丹斯克的西考波尔硫黄集装站，于 1973 年投产。现在，海湾加拿大资源公司正在它的斯特拉庆加工厂兴建一个日处理量为 1000t 的锡西法装置，费用约为 800 万美元。

温度为 135~150℃ 的熔硫通过一个有夹套的管线，进入成粒塔的顶部，在海湾公司的斯特拉庆工厂，这个塔的高度约为 60m。硫黄从顶部往下喷射，在塔内有一定量的硫黄晶种，小粒在上升所气流中下落并凝固，从塔底取出到卸料设施。小粒中，90% 的粒度在 0.002~0.035m 范围内。

3.2　斯顶罗格法

熔硫在 150℃ 的温度下被送到小粒成型车间，开始被储存在一个加热的地下受槽中，然后用泵送往热交换器，使其温度刚刚高于凝固点后，进入两个在成粒塔顶部的高位槽，熔硫依靠重力从高位槽流经喷嘴到成粒塔，在塔中硫黄即分散成

小粒，这些小粒在一股上升的空气流中冷却并凝固，小粒的冷却必须仔细进行，以使其强度合适。在最理想的状态下它们到达塔底时的温度为95℃，温度可由空气流速来调节。产品从成粒塔底抽出，用振动输送机送到储罐或装载设备。振动输送机有过筛段，它把过大及过小的小粒分出并送回到受槽去。该法所生产的小粒其堆积密度为1120~1280kg/m³，但休止角只有0.349弧度（相当于20°），该值与其他法相比，就显得低了。该法为加拿大斯顶罗格有限公司在1977年所开发。

3.3 奥托肯帕法

它是第一个水和空气兼用的小粒法，是1962年由芬兰的一个叫奥托肯帕公司所开发的，该公司厂址在柯柯达。成粒前，硫黄放在一个温度为130℃的水蒸气加热罐内，然后沿着水蒸气伴热的管子泵送到置于塔内侧的成粒器。硫黄与压缩空气及水一起喷入塔内，这样使硫的小粒更易于冷却，延长下落时间。另用一个鼓风机把上升的空气流打入塔内，以便进一步延长停留时间，当小粒落下时，它们就凝固了，可在塔底将其收集，这塔也就成了一个储存仓库。产品从塔内收集后便进行过筛，比规格小及比规格大的都回到熔硫罐里去。用该法生产的硫小粒直径在0.0005~0.003m，休止角为0.576~0.611弧度（相当于33°~35°），堆积密度为1200~1300kg/m³。

3.4 其他成粒法

另有两个不同的空气小粒及水小粒技术，它们分别由卡尔加里的路斯热系统公司及加里福尼亚的联合油公司所开发。第一个成粒法是用液硫从喷嘴出来后使小粒与上升的空气流中的水射流相碰，这样，硫小粒的冷却大部分由水射流相碰，这样，硫小粒的冷却大部分由水射流来完成。

由加里福尼亚联合油公司开发的方法所生产的产品叫做Popcorn硫黄，特别适合于农业上使用，是最简单的硫黄成形法，但其产品的残余水含量是很高的，Popcorn硫是靠普通过高压喷嘴喷射等量的熔硫及水直接到料堆而形成的，硫黄在飞行过程中形成小粒。可把喷嘴（放在塔底或顶部）旋转，以达到调节飞行路径的目的。

要求Popcorn硫中的90%水分在开始的24h内，从硫黄堆淌走，继续淌水的结果可使水含量降到1%~5%。这种硫的堆积密度约1000kg/m³，休止角为0.064弧度（相当于37°）。

4 颗粒法

又叫融熔结块法。各颗粒法间的原理是相同的，即把熔硫逐层黏在"芯"材上，并随之凝固下去，颗粒就这样逐渐变大，如果条件控制得好，由此法生产的颗粒的强度是很高的，如果条件控制不当，只能形成一个外壳，它在装运时将脱落。

颗粒法早已是肥料生产中的一个成熟方法，所以其处理量很易达到23.148kg/s（其大小由循比决定）。到目前为止，至少有两种颗粒法已被采用，其一采用喷流床，另一种采用一般的转鼓式。

4.1 潘罗麦迪克法

20世纪60年代初期，法国的APC及PEC工程公司开发了潘罗麦迪克法，它们采用喷流床技术。目前有若干工厂采用该成形法，特别是前苏联的奥伦堡工厂。在加拿大有巴尔扎克的彼特罗盖斯石油公司的一个工厂也采用该法。其处理量为4.167kg/s。

熔硫送到工厂后，开始放在一个储罐内，然后将其泵送到圆柱形罐的底部，熔硫与空气流一起喷射到固体硫颗粒床层的底部，使床层中固体硫颗粒产生循环运动，这样硫黄就能很平稳地在种子物质上凝固。最佳的床温（82℃）由喷入床层的空气温度来控制。

离开潘罗麦迪克装置的空气，经过一个旋风分离器以除去携带的粉尘，并令其返回原料罐. 小粒从装置出来后要筛分，过小的粒子及一部分合格的粒子返回循环。该法产品的堆积密度约1000kg/m³，其休止角为0.349~0.559弧度（相当于20°~32°）。

4.2 普罗柯GX法

该法的基础是成熟的肥料造粒技术及TVA尿素除硫试验，它是一个单元组合系统，可用固定装置或用配有三个垫木装置的方式供应。第一个GX装置建在加拿大壳牌公司的滑特顿气体工厂，装置处理量4.63kg/s。另外一个同样的装置建在哈马顿的壳牌工厂。用该法的最大工厂建在温得福尔的德克萨斯湾，其产量为 13.89kg/s，采用三套造粒装置。

熔硫喷入一个旋转造粒鼓，喷到由种子物质形成的珠帘（由过小的硫微粒组成）上。种子物质从造粒器一侧经过一连串的刮板到一个集合盘，它把物料引导到喷雾的地方落下，当熔硫撞击固体的同时，它被一股以离心风机吹入造粒器的空气所冷却。这样，硫的颗粒就慢慢地长大到所需的尺寸，把所得的颗粒筛去其过大及过小部分，循环回去作原料。冷却用空气放空前通过一个旋风分离器，以回收被携带走的硫黄粉末。

普罗柯 GX 法可以生产大小不同的颗粒，取决于鼓内停留时间及循环比。颗粒的休止角为 0.524 弧度（相当于 30°），堆积密度为 1150kg/s。

5　国内之现状及采用何种方法

我国于 20 世纪 60 年代开始搞天然气净化工业，当然也包括硫黄回收及硫黄成形。1965 年在四川威远建造我国第一个天然气脱硫厂时，当时的设计是采用了空气小粒法来成形硫黄的，由于试运时有些问题，加之当时处于文化大革命时期，无法深入地进行一些工作，本来已接近世界水平的东西就又回到最原始的自然冷却法上去了。

70 年代，山东胜利炼油厂、四川威远脱硫一厂、四川荣县脱硫二厂、重庆垫江脱硫厂等采用了鼓式结片机，对硫黄成型采用了薄片法。与自然冷却法相比，已是很先进的了，但与世界先进水平相比，还是很落后的。

70 年代末、80 年代初期，重庆长寿川东石油矿区卧龙河天然气净化总厂从日本千代田化工建设公司引进了桑德维克板状法，这与采用鼓式结片机的薄片法相比，还是进了一大步，当时在国内算是先进的了，但该法在当时世界已处于落后状态，属被淘汰的方法。

90 年代南京炼油厂及山东胜利炼油厂引进了桑特维克转鼓法，生产出来硫黄粒子如药片状，接近了世界硫黄成形的水平。

如上所述，硫黄成形的方法很多，究竟采用哪能种方法好，应由所需成形硫的性状及各方法的成本来决定。由于篇幅关系，既不能详论各种成形硫的特性，也不能细论各种方法的成本。但是，细细研究一下世界上最近已建和正在建的各个装置所采用的方法，会获得一些启示。如果以后我们对环保的考虑将受到如同国外尤其是加拿大一样重视的话，小粒状硫或颗粒硫将作为主要的运输对象，而板状硫与薄片硫一样将被淘汰。

笔者认为，随着环保问题的日益受到重视我国今后的硫黄成形技术应朝水小粒法、空气小粒法及颗粒（融熔结块）法方向发展。不管是从国外引进也好，或者自己试验也好，均应这样。尤其是 20 世纪 60 年代我国自己设计、自行安装、具有中国特色的空气小粒法，更应由国家组织人力试运，令其尽早过关，使我国的硫黄成形技术尽快赶上世界水平。

浅析硫黄回收装置处理含氨酸性气的技术

胡正明

（中国石化上海石化公司炼化部 2#炼油）

摘　要　本文从硫黄回收装置处理含氨酸性气的工艺原理、LURGI 燃烧器的技术特点及装置在含氨酸性气处理时出现的情况等几个方面，分析了装置运行方面存在的技术问题，并提出相应的对策，供同类装置运行时参考。

关键词　含氨酸性气　LURGI 火嘴　分析　对策

1　前言

为适应上海石化加工高硫原油、满足污染物总量达标排放、提高公司市场适应能力的总体要求，经过 14 个月的建设，于 2000 年 2 月 18 日，全国首家由国内设计院设计、引进国外先进烧氨技术的硫黄装置顺利开工。本装置由齐鲁石化胜利炼油厂设计院设计，Claus 制硫部分采用部分燃烧、二段转化的传统工艺，催化剂采用中国石油西南油气田分公司天然气研究院的 CT6-4B。由于需要处理含氨酸性气，引进了 LURGI 公司的烧氨专用火嘴。在装置试车运行期间出现了一系列问题，包括装置运行期间催化剂床层温升降低、系统堵塞和炉膛温度超温等情况，本文就含氨酸性气的处理进行技术分析。

2　含氨酸性气的处理工艺原理

含氨酸性气是炼油厂酸性水单塔无侧线汽提塔的汽提气，经原料缓冲罐的稳定与脱水，进入 LURGI 专用燃烧器。含氨酸性气在制硫燃烧炉内通过配风，氨分解成氮和水，硫化氢完全燃烧生成 SO_2。SO_2 作为反应物与炉膛内清洁酸性气的部分 H_2S 反应，生成气态硫和水，并使反应后过程气中 H_2S/SO_2 摩尔比等于或接近 2。过程气随后经取热和冷凝冷却分离出液体硫黄。脱除液硫的过程气在催化剂的作用下继续反应，其中 H_2S 和 SO_2 进一步反应生成气态硫和水，并同样冷凝冷却后得到液态硫。氨的处理在高温部分完成，出废热锅炉的过程气中 $NH_3 \leqslant 50\mu L/L$（v），$NO \leqslant$ $10\mu L/L$（v）。

1）Claus 制硫高温热反应发生在制硫燃烧炉燃烧室中。制硫炉中的反应复杂，数量在 $60 \sim 70$ 个之间。在工况温度达到 $1300 \sim 1500℃$ 时，含氨酸性气中的 NH_3 可以通过完全化学计量配风，得到分解处理。对 NH_3 分解产生影响的主要反应有：

$$2NH_3 + 3/2O_2 \longrightarrow N_2 + 3H_2O + Q$$
$$2NH_3 + 5/2O_2 \longrightarrow 2NO + 3H_2O + Q$$
$$C_nH_m + (n+m/4)O_2 \longrightarrow nCO_2 + m/2H_2O - Q$$
$$H_2S + 3/2O_2 \longrightarrow H_2O + SO_2 - Q$$

含氨酸性气物料中含 NH_3、H_2S、C_nH_m 和水蒸气等。根据有关研究，就制硫炉内，这些化合物稳定性的顺序为 H_2O（蒸汽）$>H_2S>CH_4>NH_3$，其中 NH_3 首先被离温分解。

2）NH_3 的处理对催化转化过程的直接影响较小，主要是装置每处理 $1mol$ NH_3，配空气时带入 $2.82mol$ 的氮，降低反应物浓度，增加过程气量，从而影响催化转化的深度，降低装置的硫转化率。

3）据国外研究结果和操作实践证实，NH_3 的处理对装置运行的副作用主要体现在以下 3 个方面：

①当 NH_3 反应不完全时，和气流中的某些硫化物反应，生成 NH_4SH、$(NH_4)_2S$、$(NH_4)_2SO_4$ 类固体，会引起设备，特别是废热锅炉炉管的堵塞，增加装置维修费用。

②NH_3 氧化反应会出现 NO（氮氧化合物），而 NO 会促使 SO_2 氧化形成 SO_3，造成催化剂硫酸

盐化，$3SO_3 + Al_2O_3 \longrightarrow Al_2(SO_4)_3$。$Al_2(SO_4)_3$使制硫催化剂完全失去催化作用。装置系统内出现明水时，SO_3对设备与管线产生严重腐蚀。

③ 为了使NH_3氧化分解反应完全，并保证过程气中H_2S/SO_2摩尔比等于或接近2。含氨酸性气完全配风，而清洁酸性气不足配风，这使得炉子的配风量随两种酸气流量和组成的变化而变化，使制硫炉的配风调节更加复杂。

3　LUEGI 烧氨火嘴技术特点

1）本装置采用的燃烧器为专门处理含氨酸性气而设计的 LURGI 燃烧器。该火嘴的基本技术参数如表1。

表1　LURGI 火嘴技术参数

工作温度/℃	工作压力/MPa	最高允许工作温度/℃	最高允许工作压力/MPa
1279	0.14	1450	0.60

设计基础条件	含氨酸性气	清洁酸性气
温度/℃	87	40
压力/MPa（表）	0.05	0.05
流量/(kmol/h)	13.35	143.343
组成(v)/%		
H_2S	36	91
CO_2	1.5	2.51
NH_3	37.1	0.16
H_2O	23.4	3.67
H_2	—	0.03
C_1	1	1.3
C_2	1	1.3

2）LURGI 火嘴的主要技术特点：

① 含氨酸性气与清洁酸性气分别进炉膛燃烧。含氨酸性气在燃烧器结构中有单独的燃烧喷嘴（中央火嘴），处于清洁酸性气喷嘴的包围中。中央火嘴周围安装12个H_2S燃烧喷嘴。

② 含氨酸性气单独配风，使氨完全分解，硫化氢完全燃烧成SO_2。清洁酸性气配风采取空气集中供给方式，使空气在12个喷嘴之间均匀分配，与H_2S充分接触，提高反应物混合程度并满足含氨酸性气的温度要求。

③ 燃烧器的特殊设计，使含氨酸性气气体燃烧在化学计量条件下进行，这样可以避免大量的NO进入催化剂床层导致催化剂失活的情况。

④ 在设计条件下，含氨酸性气化学计量配风时，H_2S完全燃烧产生的热量足以维持NH_3氧化分解的温度，因此未设置专门的检测含氨酸性气燃烧温度的测温仪。

4　LURGI 火嘴处理含氨酸性气过程问题与分析

1）问题一：含氨酸性气处理时催化剂床层温度的损失。装置的运行状况可以分三个阶段：第一阶段为处理清洁酸性气阶段，第二阶段同时处理清洁酸性气和含氨酸性气，第三阶段仅处理清洁酸性气。各阶段运行参数如表2所示。

表2　30kt/a 硫黄装置运行参数

参数	单位	第一阶段	第二阶段	第三阶段
清洁酸性气流量	NM^3/h	2144	2170	2025
清洁酸性气配风流量	NM^3/h	3524	3622	3386
含氨酸性气流量	NM^3/h		131.4	
含氨酸性气配风流量	NM^3/h		459	226
制硫炉炉膛温度	℃	1252	1273	1286
中压蒸汽压力	MPa（表）	3.72	3.61	3.73
过程气出废锅温度	℃	293	308	285
冷凝冷却器压力	℃	0.4	0.386	0.381
一转入口温度	℃	251.8	252.3	237.5
一转床层温度	℃	350.9	337.3	325.8
一转温升	℃	99.1	85	88.3
二转入口温度	℃	216.8	516	224.7
二转床层温度	℃	268.5	233.9	264.7
二转温升	℃	51.7	17.9	40
制硫尾气进 D-3104	℃	167	170.8	172.4
清洁酸性气	%			
H_2S		90.65	90.67	92.05
CO_2		3.8	2.99	3.65
NH_3		<0.1	<0.1	<0.1
CH		0.3	0.31	0.42
氮+氧		5.25	6.02	3.97
制硫尾气	%			
H_2S		0.87	1.56	0.84
SO_2		0.32	0.17	0.32
COS		0.1	0.1	0.1
CS_2		—	—	—
硫黄转化率	%	97.6	96.6	97.7

表 2 数据表明：

① 在装置处理负荷相近时，一转、二转的床层的温升在二阶段时比一、三阶段时要低。含氨酸性气处理时，由于 NH_3 的分解增加了系统内的过程气中的氮含量，降低了转化器内的反应物浓度，使反应热减少。

② 处理含氨酸性气后，第三阶段与第一阶段相比，一转、二转的床层的温升也有损失，但硫黄转化率没有下降，表明这种损失是催化剂硫酸盐化造成的(图1)。

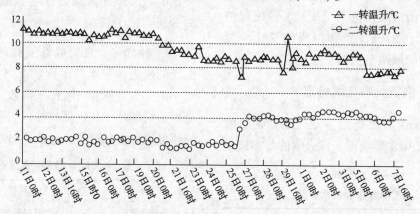

图 1　含氨酸性气处理过程中床层温升变化趋势

③ 制硫炉炉膛温度在处理含氨酸性气时达到1273℃，与燃烧器的技术要求接近。

2) 问题二：含氨酸性气处理的检修过程中，在系统内发现金属色泽的固体堵塞物。堵塞物分析结果示于表 3，分析数据表明，NH_3 的分解比较充分，系统中未发生铵盐结晶，但从系统中出现较大量的硫酸盐与亚硫酸盐，由此可以判断在操作中系统出现了 NO。另外，对样品的进一步分析还发现硫酸盐占样品总量 70% 左右，从而印证 NO 对 SO_2 转化成为 SO_3 的过程起了催化作用。

详见于图2。考虑到在 H_2S 过量环境对催化剂硫酸盐化产生抑制作用，并对催化剂活性恢复有益，因此装置减少了清洁酸性气的配风量。增加过程气中 H_2S 浓度的直接结果是二转的温升得到恢复。

通过以上分析可得出：在含氨酸性处理时过程气中出现浓度较高的 NO，使过程气中生成 SO_3，并使催化剂硫酸盐化，床层温升下降，转化率降低；部分硫酸盐化的催化剂通过还原操作得以恢复；在操作中 NH_3 分解需具备 1300 ~ 1500℃ 的温度得以维持。

表 3　装置检修时堵塞物分析

定量分析(m)/%	废热锅炉后管道内	E-3101A 管束内	D-3104 前管线内
铁	16	27	25
硫	19.22	22.36	19.88
锰	14.84	6.06	7.75
定性分析			
NH_4^+	无	无	无
CO_3^{2-}	无	无	无
S^{2-}	有	有	有
SO_4^{2-}, SO_3^{2-}	有	有	有

3) 问题三：在处理含氨酸性气的过程中，一转、二转的床层温升呈现逐渐下降的趋势(图1)。从含氨酸性气在不同配风情况下，产物中的 NH_3 与 NO 分布可知，系统中不可避免的产生NO，NO 的产生与含氨酸性气配风的关系密切，

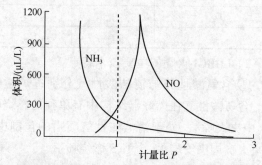

图 2　配风量与氨燃烧产物中氨残余物和 NO 生成量的关系
注：计量比 P = 实际配风量/化学计量配风量

在生产中，由于下列几个方面的存在影响了含氨酸性气处理过程的合理控制：

① 含氨酸性气的组成无法检测，配风不合理；

② 制硫炉炉膛温度的检测仪频繁损坏；

③ 装置操作负荷量的波动，无法准确掌握并

调整，使得制硫炉炉膛燃烧难以保持稳定，特别是低负荷运行期间；

④目前尚不掌握及时判定含氨酸性气处理结果的方法。

5 对策分析

（1）含氨酸性气组成

含氨酸性气的配风与其组成密切相关。含氨酸性气在制硫燃烧炉内通过配风，使氨分解成氮和水，使硫化氢完全燃烧生成 SO_2。含氨酸性气的配风公式为：$Y = X_1 \times X_2$，式中：X_1 为含氨酸性气流量，X_2 为一个取决于含氨酸性气组成的因子 2~5，该因子计算式为 $7.14C_{H_2S} + 3.57CNH_3 + 16.67C_{CH}$。16.67 是一个可变因子，与含氨酸性气中烃类的组成有关。

在尚未掌握含氨酸性气的组成分析方法情况下，设计部门认为可以通过酸性水汽提装置物料平衡计算，获得含氨酸性气的组成与流量。但在实际操作中，不确定的影响因素如酸性水加工量和组成变化、塔顶操作压力控制、操作温度调整及自动控制方案的选用等都将影响含氨酸性气中氨和硫化氢的含量，同时无法判定含氨酸性气中烃的含量。因而容易造成配风不足或配风不够。

如果采用分析室采样分析数据进行配风，除目前尚无通用准确的分析方法外，频度不足、信息滞后、准确率低等对含氨酸性气配风的及时调整同样不利。

从现有的技术分析，对于新建装置，采用多室（含氨酸性气和清洁酸性气分开）的方法，可以保证含氨酸性气的充分燃烧，如 LURGI 的 3 室处理技术；采用部分清洁酸性气和含氨酸性气混合的方法，可以降低含氨酸性气中氨的含量，避免含氨酸性气配风控制和组成分析的问题，如 NIGI 的炉膛两段设计。对于已经建设的装置，采用设置含氨酸性气在线分析仪的方法，可以使含氨酸性气的配风得到及时的调整。

（2）装置的处理负荷：

装置设计操作压力为 0.05MPa，设计负荷气体总量达 3510NM³/h，在实际运行中压力仅为 0.01~0.02MPa，运行负荷为 1500~2300NM³/h。装置在低负荷和低压力条件下运行时，由于酸性气喷嘴压力降的存在，清洁酸性气在各喷嘴的流量分布存在不均匀分布的特征。酸性气喷嘴检修情况表明，下部喷嘴流速快，喷嘴保护良好；上部和两侧的喷嘴流量小，火焰集中在喷嘴口燃烧，嘴口出现炭化。在处理含氨酸性气时，中心火焰产生的压力，对酸性气喷嘴的影响更明显，这样使得需要在操作中相对稳定的高温层不再稳定。

为稳定喷嘴处物料的流量分布，国内有关装置一般采用增加酸性气在线增压风机的措施；但从使用情况看效果不明显，因为这种方案不能有效改善经过各喷嘴的酸性气量的分布。LURGI 公司也认为影响火嘴使用情况的关键因素是清洁酸性气的处理负荷，与酸性气的压力关系不大。

因此根据装置处理量情况对喷嘴的数量与直径进行核算和调整值得考虑。如果在一个运行周期内保证酸性气量有一个相对稳定的区域，调整喷嘴的数量与直径是可行的，国内也有成功的经验，或者可以采用耐高温的非金属材料，如陶瓷等替代金属喷嘴的做法，可以提高喷嘴高温工况的使用性能，但这对装置的运行稳定提出新的要求，否则在炉膛开停工过程中，很容易发生陶瓷等非金属材料的破裂。

（3）制硫炉炉膛温度测量

温度的测量对装置的安稳长满优运行至关重要。氨的热分解需要>1300℃以上较高的温度保证。LURGI 认为在设计范围内不必对该处的温度进行检测，达到氨分解是没有问题的。在操作中制硫炉炉膛温度一般受清洁酸性气的硫化氢浓度限制，而一旦配风过量，炉膛温度会出现剧升。从装置的制硫炉炉膛高温热电偶使用情况看，故障率极高，使用时间最长才 2 个多月，最短才几天。对炉膛耐火衬里检查时发现，在炉膛操作温度不超过 1310℃的情况下，炉膛内衬的耐火层内的固定钉（材质 2520）就已融化，但按工况推断，炉温必须达到 1500℃时，才会导致上述情况发生。

一般认为制硫炉是硫黄装置的心脏，制硫炉炉膛温度需要严格控制，一旦失控，一方面不能保证相关工艺过程的进行，另一方面由于反应温度瞬时上升几百度，会导致设备管线严重超温，造成经济损失。在含氨酸性气加工过程中，过量的含氨酸性气配风将使高温层的温度更高，而由此产生的氮氧化合物和硫酸根则又进一步突出了热电偶的使用问题。

国外有关研究表明影响热电偶正常测量的影响因素有：测量环境高温、物料具有腐蚀性、测量元件的可靠性等。国外经验一般采取隔绝物料、空气（或氢气、氮气等）保护和安装补偿等方法措施。目前就制硫炉的结构特点与处理含氨酸性气的需要出发，根据国内有关厂家的运行经验，推广使用光学测温技术，可以避免测温元件直接接触高温物料，确保装置长期运行。

（4）含氨酸性气处理结果评价

含氨酸性气处理结果的评价，目前实验室还不能提供正确的检测过程气中微量 NH_3、NO 的方法。LURGI 提供了国际通用标准 ASTM D1426 和 ASTM D1608。由于实验室不具备分析设备，现在只能从催化剂床层温度变化、系统压降变化与检修情况予以判断。但由于催化剂硫酸盐化是一个累结的过程，因此用催化剂温升指标检验处理结果反映滞后时间长，且装置的硫回收率已降低，一旦出现床层温升和系统压降变化，装置的工艺过程已产生危害，装置处理能力开始下降，有时甚至不得不停工检修。

2000 年 11 月 5 日含氨酸性气投入后，11 月 20 日一转、二转催化剂床层温升先后损失。由于装置所用的催化剂 CT6-4B 具有抗硫酸盐性能和硫酸盐自我恢复能力，在硫酸盐化初期，通过对过程气中的 H_2S 过量操作，才使催化剂床层温升得以部分恢复。装置的运行数据也证实了这一点。

因此在没有对过程气采取有效分析手段前，装置不具备长期处理含氨酸性气的技术保证。若需要处理含氨酸性气，必须对装置的运行情况全面跟踪，建立含氨酸性气处理进程和床层温升、系统压降的趋势图，以便发现问题就及时停止处理含氨酸性气。

6　建议

通过对含氨酸性气处理过程的技术分析及目前存在的问题，提出以下建议：

1）影响氨分解的主要操作因素是含氨酸性气的配风。使用酸性气汽提物料平衡方式解决含氨酸性气的合理配风的方法存在问题，不能采用。

2）装置在尚不具备含氨酸性气分析与性能稳定的测温仪器设备前，装置不适宜处理含氨酸性气。

3）如果必须处理含氨酸性气，在没有过程气的有效分析手段前，建立时间和床层温升、系统压降的趋势图，用以掌握装置运行动态，一旦出现异常问题，及时停止处理含氨酸性气。

4）采用远红外测温技术，可提高测温元件在较长的运行周期里对制硫炉的炉膛温度监控能力，保证工艺参数的准确性和设备的安全，使装置长期正常运行。

5）采取改进或更换酸性气火嘴的有效手段，可适应装置低负荷与负荷的变化现状，提高喷嘴的酸性气分布均匀，保护酸性气火嘴。

参 考 文 献

[1] 英国硫黄公司. 克劳斯硫黄回收工艺现状[M]//硫黄回收技术论文集，1991，10.

[2] 王淑兰. 富氨酸气制硫技术[M]//硫黄回收技术论文集（一），1998，10.

[3] E. E. Brown Claus. 热反应器温度的可靠调节[J]. 气体脱硫与硫黄回收，2000，3.

CBA 和 SCOT 尾气处理技术的比较

李菁菁

（中国石化洛阳石化工程公司）

众所周知，CBA 尾气处理是在低于硫露点温度下，在固体催化剂上发生克劳斯反应，利用低温和催化剂吸附反应生成硫，降低硫蒸汽压，进一步提高平衡转化率。

世界上第一套工业化的 CBA 装置于 1976 年 9 月在加拿大投产，至今已连续运转了 20 多年。资料表明，直到 1998 年 1 月，有许可证的装置套数为 25 套。我国至今未引进该技术。

由于该工艺是克劳斯反应的继续，所以控制过程中 H_2S/SO_2 的比例是提高硫回收率的关键，它不能降低尾气中 COS 和 CS_2 含量，硫回收率约为 98.5%~99.5%。该工艺流程简单，投资和操作费用也较低，适用于中、小型规模装置。

为进一步了解 CBA 工艺，我们对 CBA 和 SCOT 尾气处理工艺分别在工艺过程、设备数量及规格、公用工程消耗指标、污染物排放、占地面积等方面进行对比。

1　工艺过程

工艺过程可从工艺原理、回收率、操作弹性、产品性质和停工系数 5 个方面进行比较。

1.1　工艺原理

众所周知，SCOT 工艺是典型的还原—吸收工艺，利用 H_2 等还原气体，将硫回收尾气中的 SO_2、COS、CS_2 和单质硫加氢还原或水解转变为 H_2S，再通过吸收—再生过程，解吸出酸性气，并返回至硫回收单元继续回收单质硫。

CBA 工艺属于低温克劳斯工艺，利用低温和催化剂吸附反应生成的硫，以提高平衡转化率。

1.2　工艺流程

由于 SCOT 工艺流程已被大家了解和熟悉，故不再介绍。

CBA 工艺的前端（包括酸性气燃烧炉、废热锅炉和反应器系统）和普通 Claus 硫黄回收工艺相同，后端具有 2 个或 3 个 CBA 反应器，反应器用时间程序控制器定时切换操作，起到了常规克劳斯加尾气处理一顶二的作用。

现以典型的 3 床反应器（1 个 Claus 反应器+2 个 CBA 反应器，R2、R3 循环）为例，说明工艺流程，见图 1。

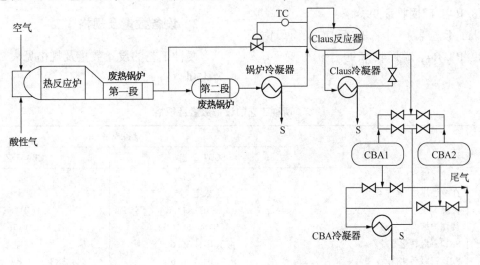

图 1　3 床反应器的 CBA 流程示意

离开 Claus 反应器温度约 343℃ 的过程气，经 Claus 硫冷凝器旁路，先后经第一个 CBA 反应器、CBA 硫冷凝器、第二个 CBA 反应器，至焚烧炉。此时第一个 CBA 反应器进行再生，第二个 CBA 反应器进行低温克劳斯反应及吸附，直至第一个 CBA 反应器出口温度和入口温度相同时，表明催化剂再生完成，时间大约 8~9h，然后 Claus 反应器出口过程气经 Claus 硫冷凝器，温度降至约 127℃，进入第一个 CBA 反应器进行冷却，时间大约 3h，随后第一、二两个 CBA 反应器顺序更换，进行另一个循环。

1.3　回收率

SCOT 工艺硫回收率保证值为 99.8%。

典型的 3 床反应器(1 个 Claus 反应器+2 个 CBA 反应器，R2、R3 循环)周期平均硫回收率保证值为 99%，其中运转初期硫回收率保证值约为 99.3%，运转末期硫回收率保证值约为 99%。

根据允许的 SO_2 污染物排放量、装置复杂性和装置投资可对 CBA 工艺中的反应器数量和循环方式进行选择，通常反应器总数为 3~4 个，其中 Claus 反应器为 1~2 个，剩余部分为 CBA 反应器，不同反应器数量和循环方式的预计硫回收率如下：

1 个 Claus 反应器+2 个 CBA 反应器，循环方式为 R2/R3，预计硫回收率 99.1%；

2 个 Claus 反应器+2 个 CBA 反应器，循环方式为 R3/R4，预计硫回收率 99.3%；

1 个 Claus 反应器+3 个 CBA 反应器，循环方式为 R2/R3/R4，硫回收率 99.4%；

1 个 Claus 反应器+3 个 CBA 反应器，循环方式为 R1/R2/R3/R4，硫回收率 99.5%。

硫回收率除和反应器数量和循环方式有关外，还和酸性气中 H_2S 浓度有关，见图 2。

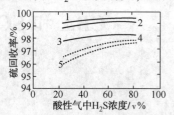

图 2　CBA 反应器数量、循环方式与硫回收率关系
1—CBA4 反应器/R1、R2、R3、R4 旋转；2—CBA3 反应器/R2、R3 旋转；3—CBA3 反应器/R2、R3 旋转；4—Claus4 反应器；5—Claus3 反应器

1.4　操作弹性

两种工艺都可在装置设计能力的 25%~100% 间操作。在上述范围内，硫回收率产品规格都将满足要求。

1.5　产品性质

两种工艺的开工系数相同，见表 1。

表 1　两种工艺的产品性质

项　　目	产品性质
纯度/%	>99.9
灰分/%	<0.02
酸度/%	<0.0013
有机物/%	<0.01
砷化物/%	0
水/%	<0.02
H_2S/(μg/g)	10

1.6　开工系数

两种工艺的开工系数相同，都高于 99%。

2　设备数量及规格

两种工艺的设备数量及规格见表 2(装置规模为 450kt/a)。

表 2　两种工艺的设备数量及规格

设备编号	设备名称	设备规格/m	
		SCOT 工艺	CBA 工艺
H101	酸性气燃烧炉	3.7×13.7	同左
H102	在线加热炉/混合器	未定	
H103	焚烧炉	~3.3(ID)×11.6	~3.1(ID)×11.3
H104	焚烧炉烟囱	~2.4(ID)×76.2(H)	~2.8(ID)×76.2(H)
R101	SRU 一级转化器	4.3(ID)×36.6	同左
R102	SRU 二级转化器	4.3(ID)×36.6	4.3×34.4(CBA 反应器)
R103			4.3×34.4(CBA 反应器)
R104	TGCU 加氢反应器	4.3(ID)×26.2	

续表

设备编号	设备名称	设备规格/m	
		SCOT 工艺	CBA 工艺
T101	TGCU 急冷塔	4.9(ID)×15.2	
T102	TGCU 吸收塔	5.2(ID)×19.8	
T103	TGCU 再生塔	3.2(ID)×25.9	
T104	液硫脱气接触器	3.1×9.1	同左
E101	SRU 废热锅炉 1#通道	41870kW	41170kW
E102	SRU 废热锅炉 2#通道	36050kW	33000kW
E103	SRU 一级冷凝器	12800kW	同左
E104	SRU 二级冷凝器	9300kW	2900kW(CLAUS 反应器预热器)
E105	SRU 一级转化器预热器	2330kW	11170kW(CLAUS 冷凝器 N01#)
E106	SRU 二级转化器预热器	2330kW	2680kW(CLAUS 冷凝器 N02#)
E107	末级硫冷凝器	5700kW	13700kW(CBA 冷凝器 N01#)
E108	BFW 预热器	4420kW	2680kW(CBA 冷凝器 N02#)
E109	TGCU 废热锅炉	8370kW	4300kW(BFW 预热器)4303
E110	TGCU 急冷水冷却器	21500kW	5470kW(LLP 蒸汽冷凝器)
E111	TGCU 贫液冷却器	6980kW	
E112	焚烧炉废热锅炉	23260kW	28500kW
E113	TGCU 再生塔重沸器	19540kW	
E114	TGCU 再生塔冷凝器	9650kW	
E115	TGCU 贫-富液换热器	23840kW	
E116	液硫脱气进料冷却器	810kW	790kW
E117	急冷水冷却器(微调)	8140kW	
E118	贫液冷却器(微调)	3140kW	
D101	酸性气分液罐	3.7(ID)×7	同左
D102	TGCU 开工风机分液罐	3(ID)×6	
D103	SRU 废热锅炉蒸汽分液罐	未定	同左
D104	TGCU 活性炭过滤器	4(ID)×4.6	
D105	TGCU 再生塔回流罐	3.4(ID)×5.8	
D106	TGCU 吸收塔顶分液罐	4.6(ID)×8	
D107	TGCU 重沸器冷凝水罐	0.9(ID)×1.8	
D108	焚烧炉废热锅炉蒸汽分液罐	未定	同左
D109	焚烧炉废热锅炉排污罐	未定	同左
F101	TGCU 急冷水过滤器	1070m³/h	
F102	TGCU 贫液过滤器	110m³/h	
F103	TGCU 贫液过滤器	110m³/h	
P101A/B	酸性气分液罐胺泵	22.7m³/h, $\Delta p=3.5kg/cm^2$	
P102A/B	TGCU 急冷水循环泵	1085m³/h, $\Delta p=5.3kg/cm^2$	
P103A/B	TGCU 富液泵	~400m³/h, $\Delta p=6.3kg/cm^2$	
P104A/B	TGCU 贫液泵	~400m³/h, $\Delta p=6.3kg/cm^2$	
P105A/B	TGCU 回流泵	13.6m³/h, $\Delta p=6.3kg/cm^2$	
P106A/B	液硫脱气进料泵	32.7m³/h, $\Delta p=5.2kg/cm^2$	同左
P107A/B	脱气后液硫接力泵	64.5m³/h, $\Delta p=8.76kg/cm^2$	同左
K101A/B	SRU 空气鼓风机	114176Nm³/h, $\Delta p=0.8437kg/cm^2$	98958Nm³/h, $\Delta p=0.8437kg/cm^2$
K102	TGCU 开工风机	27369.2Nm³/h, $\Delta p=0.1758kg/cm^2$	
K103A/B	焚烧炉鼓风机	57596Nm³/h, $\Delta p=0.049kg/cm^2$	64402Nm³/h, $\Delta p=0.049kg/cm^2$
Z101	硫池	10.668(宽)×32.0(长)×3.66(深)	同左
J101	硫池抽空器	1415.85Nm³/h	同左

两种工艺的各类设备数量具体比较见表3。

表3　两种工艺的各类设备数量比较

项　　目	SCOT	CBA
炉子及烟囱	4	3
反应器	3	3
塔	4	1
换热器	18	12
容器	9	4
泵	14(包括备用)	6(包括备用)
风机	5(包括备用)	4(包括备用)
硫池等	2	2
总计	59	35

可以看出，CBA工艺设备数量是SCOT工艺设备数量的59%，而设备重量相差50%以上。

3　公用工程消耗指标

CBA工艺和SCOT工艺公用工程消耗指标比较见表4。

表4　两种工艺公用工程消耗指标

名　　称	消耗指标	
	SCOT	CBA
燃料气/(m³/h)	5027.7	
焚烧炉	3568.7	
在线炉	1459	
电/kW	460(未包括风机)	(未包括风机)
蒸汽/(t/h)	33.6	—
冷却水/(m³/h)	582.8	0.23
净化风/(m³/h)	100	100
非净化风/(m³/h)	2589	2589
氮气/(m³/h)	141.5	117.5

4　催化剂及化学药剂

两种工艺的催化剂及化学药剂用量比较见表5。

表5　两种工艺的催化剂及化学药剂用量比较

名　　称	催化剂及化学药剂用量/m³	
	SCOT	CBA
活性氧化铝(首次加入量)	412.6	585.3
加氢催化剂(首次加入量)	135.92	—
活性炭(首次加入量)	38	—
MDEA溶剂(每年损失量)	51	

5　排放的污染物

SCOT工艺排放二股污染物：一股是从烟囱排放的含SO_2的烟气，其中SO_2量约为224.4kg/h；另一股是酸性水，工艺参数为：流量：33.16m³/h，其中含H_2S：13μg/g，CO_2：31μg/g；温度：43℃；压力：0.28MPa。

CBA工艺仅一股污染物，即从烟囱排放的含SO_2的烟气，其中这股污染物中SO_2的量约为1122kg/h。

6　占地面积

SCOT装置占地面积约为160m×122m，CBA装置的占地面积约为160m×82.3m。

从上述比较可以看出，CBA工艺比SCOT工艺流程简单、设备数量和占地面积少、投资节省、公用工程消耗量也少，因此只要回收率能满足排放标准要求，应优先选用。

为进一步提高硫回收率，扩大CBA应用范畴，在Claus +CBA的基础上，又发展了Ultra-CBA工艺，它是在Claus反应器和CBA反应器间增设加氢反应器、急冷塔和氧化反应器。Claus尾气首先经加氢使硫化物转化为H_2S，在急冷塔中使大部分水蒸气冷凝，1/3急冷塔顶气体加热后和空气混合，进入氧化反应器，使H_2S转化为SO_2，氧化后的过程气和其余2/3急冷塔顶气体混合进入CBA反应器，进行低温克劳斯反应，该工艺硫回收率为99.5%~99.8%。为减少费用，急冷塔也可取消，硫回收率预期为99.6%。原Claus+CBA工艺很容易改造为Ultra -CBA工艺。

用废气中的硫化氢开发有机硫化工产品

殷树青[1] 郑汉忠[2]

（1. 中国石化股份公司齐鲁分公司研究院；2. 中国石化齐鲁石化公司）

摘 要 介绍了硫化氢的提纯方法及下游产品的开发与应用。讨论了利用硫化氢开发有机硫化工产品中应注意的问题和发展趋势。

关键词 硫化氢 有机硫 废气 提纯 开发

硫化氢(H_2S)是一种无色有臭鸡蛋味的有毒气体，对环境污染极为严重。在天然气脱硫、甲醇装置再生气脱硫、以渣油为原料生产合成氨、碳酸钡为原料碳化法生产碳酸钡、石油钻井和炼油厂的催化干气脱硫、液态烃脱硫、含硫污水汽提等过程中产生的酸性气中均含有硫化氢。工业上普遍采用催化氧化法通过克劳斯装置把硫化氢转化为硫黄[1]。

在机械工业中，硫化氢用于硬质合金刀片的处理和柴油机缸套离子渗硫工艺；在电子工业中，高纯硫化氢用于大规模集成电路的制造以及彩色显像管荧光粉的生产。随着我国精细化学工业的发展，硫化氢可用于加工生产农用化学品、饲料添加剂医药制品、日用化妆品、聚合物助剂以及有机合成中间体等[2]。

1 提纯硫化氢的方法

回收提纯法是从化肥、化工、农药、橡胶、石油等工业产生的含硫化氢较高的尾气中回收硫化氢。由于提纯法生产硫化氢利用了化工尾气，因而提高了装置的整体效率，带动了下游产品的开发。根据工业尾气中硫化氢含量和其他组分的特性，通过选择吸附、减压蒸馏、加压液化等方式得到纯度较高的硫化氢。

近年来，炼油厂和天然气处理厂使用 N-甲基二乙醇胺（MDEA）选择性脱除尾气中的硫化氢已取得良好的效果。MDEA 吸收硫化氢、二氧化碳的反应式为：

$$(HOC_2H_4)_2NCH_3 + H_2S \rightleftharpoons (HOC_2H_4)_2N^+HCH_3 + HS^-（瞬间反应）$$

$$(HOC_2H_4)_2NCH_3 + CO_2 + H_2O \rightleftharpoons (HOC_2H_4)_2N^+HCH_3 + HCO_3^-（慢反应）$$

由于 MDEA 与 H_2S 和 CO_2 反应速度上存在巨大差异，借助于吸收过程的反应动力学可以实现这两种酸性组分的选择性分离。对于低浓度、高 CO_2/H_2S 比值的酸性气采用常压硫化氢提浓工艺；对于硫化氢浓度高，但 CO_2/H_2S 比值低的酸性气，可采用压力选择吸收工艺。

在生产二硫化碳的尾气中提纯硫化氢，一般采用加压液化、减压蒸馏法[3]。首先将尾气压缩，使其液化，因为甲烷、氮气的沸点较低，在硫化氢的临界压力下，仍然是气体，所以可通过气液分离除去甲烷和氮气；然后再将液态的硫化氢进行减压蒸馏，分离出大部分二硫化碳；最后再将蒸馏后的液体硫化氢进行减压蒸馏，分离出含量大于99%的硫化氢。

2 硫化氢的应用

2.1 生产硫脲

硫脲[$CS(NH_2)_2$]用途非常广泛，是一种国内外市场十分紧缺的化工产品。硫脲可用于制造药物（磺胺噻唑、蛋氨酸）、环氧树脂、染料、橡胶硫化促进剂、金属矿物浮选剂、重氮感光剂、过氧化硫脲和冷烫剂等；也可用于树脂压塑粉、电镀、晒图、清洗电厂高压锅炉和抑制土壤硝化的肥料；还可用作生产邻苯二甲酸酐和富马酸的催化剂。

在真空下将硫化氢与石灰浆作用生成硫氢化钙[$Ca(HS)_2$]，再与氰胺化钙（$CaCN_2$）反应。反应完成后，将反应液过滤，滤液加入活性炭于

85℃脱色0.5h。过滤后的滤液减压浓缩,当浓缩液密度达到1.09g/cm³时停止浓缩。浓缩液进入结晶罐,冷却结晶,所得结晶硫脲于70~80℃脱水干燥即得固体成品。化学反应式如下:

$$Ca(OH)_2 + 2H_2S \longrightarrow Ca(HS)_2 + 2H_2O$$

$$Ca(HS)_2 + 2CaCN_2 + 6H_2O \longrightarrow$$
$$2(NH_2)_2CS + 3Ca(OH)_2$$

湖南省衡南县化工农药厂的一套年产500t硫脲装置,于1988年投产,产品的三分之一销往国外,年增产值500万元,创利税75万元,经济效益可观。

2.2　生产蛋氨酸

蛋氨酸作为蛋白质饲料的强化剂和弥补氨基酸不足的营养添加剂,在配合饲料中的添加量已从0.02%增加到0.04%,预计2010年我国对蛋氨酸需求量将超过70kt。

以前用硫脲与二甲醇反应生成甲硫醇,再由甲硫醇与丙烯醛经过系列反应,最后生成蛋氨酸。目前国外多数厂家均采用海因法生产蛋氨酸。我国蛋氨酸主要由天津化工厂生产,1999年产量为5kt左右。改进工艺后,用硫化氢与甲醇反应生成甲硫醇来生产蛋氨酸,这样可以降低成本,缩短生产过程[4]。主要反应如下:

$$CH_3OH + H_2S \longrightarrow CH_3SH + H_2O$$

$$CH_3SH + CH_2 = CHCHO \longrightarrow CH_3SCH_2CH_2CHO$$

$$\xrightarrow{HCN} CH_3SCH_2CH_2CHOHCN \xrightarrow{NH_3} CH_3SCH_2CH_2CH$$

$$(NH_2)CN \xrightarrow{HCl} CH_3S-CH_2CH_2CH(NH_2)COOH$$
(蛋氨酸)

2.3　生产硫化物

一些废气中只含有硫化氢及惰性组分,可以用氢氧化钠水溶液吸收剂制成具有广泛用途的硫化物,如硫化钠、硫氢化钠和硫化锌等。

(1) 硫化钠　目前国内大都采用硫酸钠和镁粉为原料生产硫化钠(Na_2S),该方法艺流程繁琐,制得的产品杂质含量高。用氢氧化钠吸收硫化氢生产硫化钠,工艺简单、吸收率高、方法成熟且无三废排放。

(2) 硫氢化钠　硫氢化钠(NaHS)是生产农药、燃料、助剂和有机化工产品的原料。在采矿、制革、化肥、人造纤维工业中亦有广泛的使

用价值。氢氧化钠和硫化氢反应生成硫化钠,继续通入硫化氢,硫化钠和硫化氢反应生成硫氢化钠。

(3) 硫化锌　在以重晶石($BaSO_4$)为原料、用碳化法生产碳酸钡的过程中,排放含硫化氢的尾气。以氧化锌为原料制成吸收液,吸收尾气中的硫化氢,制得硫化锌。硫化锌可用于生产锌钡白[5]。

2.4　生产甲硫醇

甲硫醇(CH_3SH)主要用于医药、农药、染料及饲料工业中。将硫化氢及适量的甲醇蒸气连续送入低压及装有催化剂(负载钨酸钾的活性$Y-Al_2O_3$)的反应器中,在220~280℃下反应制得甲硫醇。法国Elf Atochem公司利用石油天然气回收所得的硫化氢及甲醇为原料,采用连续法合成甲硫醇,生产能力在20世纪末已超过20kt/a。

2.5　生产乙硫醇[6]

乙硫醇(CH_3CH_2SH)主要用作抗菌剂401,农药甲拌磷、乙拌磷等有机磷农药的重要中间体,也可用作试剂及城市燃料气的加臭剂。仅以作城市燃料气的加臭剂为例,每标准立方米焦炉煤气需加入76mg乙硫醇,天然气中加入量较少,为16mg/m³。

乙硫醇一般通过气相催化反应合成,反应在常压、360~380℃下进行,以浸渍钨酸钠或钨酸钾的活性氧化铝为催化剂,乙硫醇收率(以乙醇计)可达70%~79%。

2.6　生产有机合成中间体

硫化氢可与其他化学物质反应合成有机中间体,其主要深加工有:

1) 硫化氢与甲醇催化反应合成二甲硫醚,再用二氧化氮氧化二甲硫醚,经综合处理、蒸馏,制得二甲基亚砜(DMSO)。该产品是选择性很高的溶剂,可用于丙烯酸树脂及聚砜树脂的聚合和缩合,芳烃分离,丁二烯抽提,聚丙烯腈、醋酸纤维聚合抽丝等石油化工行业的溶剂和精细化工原料。

2) 硫化氢被氢氧化钠溶液吸收后制得硫化钠,硫化钠与氯乙酸反应得巯基乙酸。它是生产冷烫精、脱毛剂等日用化妆品的主要原料。

3) 硫化氢与乙酸反应生成硫代乙酸。硫代乙酸是制造利尿药螺内酯的中间体。

4）硫化氢与环氧乙烷生产 β-巯基乙醇。β-巯基乙醇是一种有机中间体，用于合成农药、医药和燃料，在塑料、橡胶、涂料、纺织工业中可用作助剂。

2.7　用于生产橡胶硫化促进剂 M 的后处理[7]

在生产橡胶硫化促进剂 M 的过程中会产生大量的硫化氢气体。将废气硫化氢氧化成二氧化硫，在表面活性剂存在下代替硫酸应用于橡胶硫化促进剂 M 生产的后处理工艺，具有良好的经济效益和社会效益。

3　结语与建议

开发利用硫化氢及其深加工系列产品具有广阔的发展前景。充分利用合成氨、甲醇生产、石油炼制、天然气净化等工业过程中产生的硫化氢废气，依托现有企业的公共辅助设施，可实现工业污染废弃物的减量化和无公害化，符合国家资源再生和综合利用的产业政策，环境效益和经济效益十分可观。

利用硫化氢生产精细化工产品，一定要从产品品种、装置规模、原料选点及运输等方面考虑，资源利用必须与深加工相结合。因所用原料、中间产品甚至是最终产品往往属于易燃、易爆、有毒物质，因此不易分散布点，拟在资源附近建厂，这样有利于"三废"治理并节省投资。

参 考 文 献

[1] Wen T C, Chen D H. Simulation of Claus Dynamics [J]. Energy Processing, 1987, (7)：8.

[2] 步维智，刘功年 . 硫化氢的开发与应用[J]. 中氮肥 . 2001, (3)：88.

[3] 白雪峰，吴伟，宋华 . 硫化氢的生产及应用[J]. 化学工程师，1998, (2)：21.

[4] 何小记，韩长梅，郑孝臣 . 硫化氢的提纯及应用[J]. 辽宁化工，1997. 26(2)：106-107.

[5] 钱芳 . 用废气中的硫化氢制硫化锌[J]. 化工环保，1999, 19(5)：315-316.

[6] 薛祖源 . 利用硫资源发展有机硫化工产品[J]. 现代化工，2001, 21(6)：1-7.

[7] 吴祥荣，叶芳尘，卢启江，等 . 废气——硫化氢在生产促进剂 M 后处理中的应用[J]. 温州师范学院学报(自然科学版)，1996, (6)：62-64.

硫黄回收装置的设备设计

李菁菁

（中国石化洛阳石化工程公司）

随着含硫原油及含硫天然气加工量的逐年增加，我国 SO_2 排放标准的日趋严格，硫黄回收装置的套数及规模也迅速扩大，目前中国石化总公司和中国石油天然气总公司约有 80 多套硫黄回收装置，单套规模最小的是 500t/a，最大的是 $10 \times 10^4 t/a$。

国内第一套从含硫天然气和炼厂气中回收硫黄的装置分别是 1966 年和 1971 年建成投产的。30 多年来，我国自行设计和投产的装置约占总套数的 90%，使我们在实践中得到了提高，积累了经验，在此基础上，又和多家国外公司进行了技术交流，并相继引进了国外公司专利技术及关键设备，使我们在设计思路、设计方法和设计手段上越来越接近国际水平。

本文主要介绍硫黄回收装置主要设备的设计思路和设计方法。硫黄回收装置的主要设备有酸性气燃烧炉、废热锅炉、转化器、冷凝器、焚烧炉和液硫成型设备，现分别加以说明。

1 酸性气燃烧炉

酸性气燃烧炉是硫黄回收装置的主要设备之一，60%~70% 的 H_2S 在炉中转化为硫，燃烧炉设计的好坏直接影响到装置的安全及硫回收率。但由于燃烧炉内化学反应的复杂性，并缺乏对化学反应速度的全面了解，因而还不可能提出明确的设计准则，现就一般准则叙述如下：

1.1 主燃烧器

主燃烧器是酸性气燃烧炉的关键设备，酸性气和空气混合和燃烧是否完全是影响硫回收率的重要因素，虽然国内外采用的喷嘴结构大致相同，但在结构可靠性、操作性能和自控水平上仍有不少差距，主要表现为：

1）国外燃烧器须经冷态和热态燃烧试验和测试后提供用户，以保证燃烧效果，国内则缺乏上述试验和测试手段。

2）国外燃烧器自控水平较高，如一般均带有两个火焰监测器及相应的自控联锁系统，确保操作安全；国内仅有一个看火口。

3）国外燃烧器带有可自动伸缩的电打火器及相应的自控联锁系统；国内仅有一个电打火器。

由于主燃烧器的重要性及和国外存在的差距，因此目前规模较大装置的主燃烧器往往是引进的，而规模稍小的则采用国产燃烧器。

1.2 炉膛温度

从热力学和动力学的观点来看，较高的炉膛温度有利于提高硫转化率，一般炉膛温度应控制在 1100~1300℃，尤其是当进料酸性气中含 NH_3 时，炉膛温度必须高于 1200℃。炉膛温度受酸性气组成、入炉空气量、酸性气和空气入炉温度、热损失等因素影响。当炉膛温度不够高时，可采取预热空气和酸性气；加入燃料气；用富氧代替空气或采用双喷嘴燃烧器等方法，其中以预热空气和酸性气法最简单，目前国内新设计装置大部分采取了预热空气和酸性气流程。

1.3 炉膛体积

国内以往酸性气燃烧炉炉膛体积都按炉膛体积热强度（体积热强度为 $159.3 kW/m^3$）来确定，因此炉膛体积庞大；国外则采用停留时间确定炉膛体积，停留时间都控制在 1s 内，因再增加停留时间，转化率提高很少，但设备体积陡然增加，投资和热损失也相应增加，因此炉膛体积较小。当酸性气中 H_2S 浓度高于 50% 时，两种计算方法所得到的炉膛体积大约相差 4~5 倍。

近年来，我们也采用停留时间确定炉膛体积。只是由于国内未对燃烧器效果进行测试，为保证酸性气和空气混合均匀，反应完全，设计时停留时间一般按 1~2s 考虑。

1.4 设计压力

国内原设计均采用防爆膜作为安全措施，这种方式不利于安全和环保。根据国外的设计方法，新设计的酸性气燃烧炉和尾气焚烧炉都已取消防爆膜，采用提高全装置设备设计压力的办法，设备的设计压力按压力源可能出现的最高压力（一般按 0.25MPa），即安全阀定压考虑，再按爆炸压力（爆炸压力一般按 0.7MPa）下校核炉体不超过材料的流动极限（0.9 流动极限 σs），保证在爆炸时炉体不产生永久性变形，壁厚按其中较大者选取。

1.5 炉壁温度

炉壁的设计温度必须保证在任何环境条件下均高于 SO_3 的露点温度，否则会导致腐蚀，影响装置的使用寿命。国外不同公司的炉壁设计温度稍有差别，如荷兰 Jacobs 公司炉壁设计温度是 250℃，意大利 KTI 公司为 350℃。国内炉壁设计温度一般按 150~250℃ 考虑。

1.6 花墙

设置花墙的目的是：

1）提高并稳定炉腔温度。

2）使反应气流有一个稳定的充分接触的反应空间。

3）使气流尽可能均匀地进入废热锅炉，减轻高温气流对废热锅炉管板的热辐射。

4）阻挡、分离气体携带的固体颗粒。

1.7 防护罩

炉壁上方应设置一弧度为 270° 或 180° 的金属罩，其作用是防烫防雨，可避免因环境温度变化过大而引起炉壁温度变化过大。

2 废热锅炉

2.1 形式

国内硫黄回收装置的废热锅炉主要有三种形式：

1）由锅炉、汽包、数根升汽管和下水管组成。汽水从中间的上升管流向汽包，汽水分离后，水从两侧下降管流入锅炉底部，形成循环。本炉型在工艺性能和结构受力方面都是最理想的，但设备结构较复杂，一般适用于大、中型装置。

2）不单独设置汽包，仅在锅炉下半部排管，上方设有蒸发空间，锅炉顶部设置蒸汽出口和汽水分离设施。该炉型结构简单、制造方便、造价较低，但由于管板的未布管面积较大，管板的受力不均匀，需要采用较大的管板厚度，而如果管板厚度过厚，又会进一步恶化管板的受力状态。因此该炉型仅适用于低压力、小直径的情况。

3）为解决 2）型结构管板受力不均匀的问题，在 2）型结构的基础上，使管束布满管板，而上方的蒸发空间两侧改进为斜锥体型，该炉型适用于压力较高，炉体直径不大的情况。

2.2 传热系数

传热系数是废热锅炉设计的重要设计参数。众所周知，废热锅炉传热系数的控制因素是管内过程气的传热系数，而管内传热系数直接和过程气线速相关，因而提高过程气线速是提高传热系数的最好手段，因此只要在压力降允许的前提下，可通过增加管束长度和气体线速，以提高传热系数，减少换热面积和设备投资。表 1 是引进装置废热锅炉的设计数据。

目前国内过程气线速和传热系数虽较以往设计有较大提高，但和国外相比，仍有较大潜力。

表1 引进装置废热锅炉的设计数据

公司名称	Jacobs	Jacobs*	KTI
装置规模×10⁴/（t/a）	2	2	6
热负荷/kW	5441	5295	11628
过程气温度/℃	1250（入口）	1250（入口）	1122（入口）
	324（出口）	322（出口）	307（出口）
锅炉内水的温度/℃	198	190	258
有效温差/℃	436	446	284
管束管径/mm	$\phi38.1×4.6$	$\phi38.1×4.55$	$\phi50.8×5$
管束长度/mm	4.27	4.27	9.4
管子根数/根	301	277	420
换热面积/m²	150.4	138.8	749
过程气线速/（m/s）	54.8（入口）	54.1（入口）	42（入口）
	21 出口		
压力降/Pa	3922.65（允许）	3922.65（允许）	
计算传热系数/［W/（m²·K）］	83	85.6	54.7

＊硫黄回收部分工程设计由洛阳石化工程公司完成，上述数据是 Jacobs 公司提供的。

2.3 结构设计

1) 因过程气入口温度较高，管板金属表面应采用耐高温材料加以保护，管头必须采用保护套管。

2) 考虑到负荷降低时，有可能产生硫黄冷凝，废热锅炉出口管箱低部需设置液硫出口管嘴，且设备安装应有一定坡度（往过程气出口端倾斜），一般坡度为2%。

3 转化器

转化器设计的好坏，很大程度上要影响到 H_2S 的转化率。同时，转化器形式的选择能决定整个装置的布置格局，关系到长期平稳操作及装置的总投资。

3.1 形式

转化器有卧式和立式二种。采用卧式时，转化器可单独设置，也可用径向的内壁把一个容器分割为几个转化器，气体入口在顶部，出口在低部，催化剂呈一个约1m厚的矩形床层，床层位置约位于容器中部。采用立式时，转化器也可单独设置，或上下重叠设置，或中间用径向内壁割开。

一般来说，大、中型规模的装置应优先选择卧式转化器，它布置灵活，操作简便，并可缩小占地面积；小型规模的装置可选择立式转化器。近年来，新设计的硫黄回收装置以采用卧式转化器为主。

3.2 空速和停留时间

空速和停留时间二者都表示反应时间的长短，国内通常以空速作为转化器的主要设计参数，空速过高，停留时间就过短，压力降增加，更主要是温升提高，不利于提高转化率；空速过低，停留时间过长，设备体积过大，投资和占地面积相应增加。

空速取决于催化剂性能。不同的催化剂允许的空速也不同，近年来，我国的催化剂研制工作有了很大的发展和提高，其中也包括允许空速的提高，目前设计空速一般为 $600\sim800h^{-1}$，和国外催化剂的允许空速相近。

国外有的公司以停留时间作为设计参数，如拉姆河硫黄回收装置设计床层停留时间为7s。

通常不同级数的转化器规格相同，由于二级、三级转化器操作温度较低，使实际操作空速下降约30%，以弥补因反应物浓度大幅度下降所产生的不利影响。

3.3 操作温度和转化率

由于克劳斯催化反应是放热反应，从热力学角度考虑，降低反应温度，有利于提高平衡转化率，但若温度过低，易使液态硫沉积在催化剂床层上，降低催化剂活性，因而，通常认为，要保证在硫露点以上至少30℃操作。

当酸性气中含有较多 CO_2 时，燃烧炉中易产生 COS 和 CS_2，往往采用提高一级转化器操作温度的办法，促使水解，增加硫转化率，故一般一级转化器入口温度取 $240\sim280℃$，二级、三级取 $210\sim220℃$。

H_2S 在各级转化器中的转化率受 H_2S 浓度、催化剂性能、操作温度等因素影响，表2是一些公司采用的转化率数据。

表2 转化器的转化率数据

公司名称	酸性气燃烧炉转化率/%	一级转化器转化率/%	二级转化器转化率/%	总转化率/%
国内采用的设计数据	≤65	22~24	6~9	94~95
德国鲁奇公司	60~70	15~18	8~15	95
法国泰克尼普公司	48	32	15	95
荷兰 Jacobs 公司	63.45	21.18	10.93	95.56
意大利 KTI 公司*	48	37.9	9.36	95.26
四川卧龙河天然气净化厂	65.7	24.35	5.72	95.77

* 该数据为硫回收率数据。

3.4 床层高度

上游脱硫装置酸性气的压力通常限制了硫黄回收装置的总压力降。所以，为降低压降，无论转化器是立式或卧式，床层高度一般不大于1.2m，通常设计床层高度为 $0.9\sim1.1m$。

3.5 结构设计

1) 为防止转化器金属壁受硫露点腐蚀，应设保温层。同时考虑催化剂再生的需要，内壁须设置隔热衬里，衬里厚度和金属壁的设计温度及衬里材料有关，国内一般为100mm，国外一般为50mm。

2) 为保证过程气均匀通过催化剂，须设置气体分布器，防止气体短路和产生死角，造成部分催化剂的浪费。

3）为防止催化剂床层超温，应在转化器入口过程气管线上设置蒸汽或氮气管线；为防止床层温度过低而产生液硫，立式转化器需设置低点排液口。

4）为了解催化剂活性及反应转化率，观测催化剂床层的温升，必须在床层不同高度设置测温热电偶；为装卸催化剂，必须设置装卸口。

5）为支撑催化剂及利于气体的均匀分布，床层上下部或下部需铺设小瓷球。

4 硫冷凝器

4.1 形式

一般硫冷凝器采用卧式，可单独设置，也可

几个硫冷凝器组合在一个壳体内，此时壳程产生同一压力的蒸汽；硫冷凝器和扑集器可单独设置，也可组合在一起。通常中、小型规模的硫回收装置推荐几个硫冷凝器和扑集器组合设置，以较大幅度降低钢材用量和设备投资，减少液面、进水、蒸汽等控制系统，减少占地面积。

4.2 传热系数

同废热锅炉一样，传热系数也是硫冷凝器的重要设计参数，也可在压力降允许前提下，采用增加管束长度和过程气线速的办法来提高传热系数。表 3 是荷兰 Stork 公司和意大利 KTI 公司的设计数据。

表 3　硫冷凝器的传热系数

公司名称	Jacobs			KTI		
装置规模×10⁴/(t/a)	2			6		
冷凝器级数	一级冷凝器	二级冷凝器	三级冷凝器	一级冷凝器	二级冷凝器	三级冷凝器
热负荷/kW	728	679	284	1952	1840	722.4
过程气温度/℃	324(入口)	329(入口)	228(入口)	310(入口)	228(入口)	228(入口)
	186(出口)	182(出口)	167(出口)	165(出口)	160(出口)	155(出口)
壳程水的温度/℃	154	154	154	152	152	152
有效温差/℃	83	80	35	49.6	37.8	19
管束管径/mm	均为 38.1×2.8	38.1×3.5	25.4	31.75×3.5		
管束长度/m	均为 4.88(一、二、三级硫冷凝器同一壳体)			均为 6.1		
管子根数/根	184	195	196	691	870	960
换热面积/m²	105	111	112	504.5	557	584
过程气出口线速/(m/s)	21	21.7	22	13.65	26.3	17.17
压力降/mmH₂O	各级允许值均为 300					
计算传热系数/[W/(m²·K)]	83.8	76.6	72.7	78	87.4	65.1

从表 3 数据可以看出，国内提高传热系数仍有较大潜力。

4.3 结构设计

1）当采用卧式冷凝器时，则设备安装需有一定坡度，一般坡度为 2%。

2）管箱底部设有衬里。为防止冷凝的液硫滞留在管箱底部，在入口管箱和出口管箱（当液硫出口设置在出口管箱端部而不是底部时）底部需设有衬里，衬里高度和最下层管束底部高度相同。

3）出口管箱设有夹套，用低压蒸汽加热，管箱端部法兰表面设置蒸汽盘管，采用低压蒸汽加热保温。

5 焚烧炉

由于 H_2S 的毒性远比 SO_2 严重，因而无论硫黄回收装置是否有后续的尾气处理装置，尾气均应通过焚烧将尾气中微量的 H_2S 和其他硫化物全部氧化为 SO_2，故焚烧炉是硫黄回收装置必不可少的组成部分。

5.1 焚烧类型

尾气焚烧有热焚烧和催化焚烧二种。热焚烧是指在有过量空气和燃料气存在下，使尾气中的 H_2S 和硫化物转化为 SO_2；催化焚烧是指在较低温度下，加入催化剂，使其中的 H_2S 和硫化物转化为 SO_2。显然催化焚烧的燃料和动力消耗均明显低于热焚烧，但自20世纪70年代中期投入应用后，发展并不快，其原因如下：

1）H_2、COS或其他硫化物在较低的温度下不一定能焚烧完全。

2）催化剂的费用较昂贵。

3）催化剂的二次污染还没有完全解决。

5.2　焚烧温度

热焚烧温度宜控制在 540～700℃，低于540℃时H_2和COS不能完全焚烧，加拿大Delta公司提出，尾气焚烧温度的下限值为538℃；高于700℃，再提高温度对焚烧完全影响不大，但燃料气用量大幅度增加。

5.3　停留时间

资料指出停留时间至少要大于 0.5～1.5s，意大利KTI公司为我国某引进装置设计的焚烧炉停留时间约为1.2s，最大量时为1.03s，荷兰Jackbs公司为我国某引进装置设计的焚烧炉停留时间约为1.76s，该公司为卧龙河天然气净化厂设计的立式焚烧炉焚烧段停留时间为0.66s，蒸汽过热段停留时间为0.77s，共1.43s。

5.4　尾气排放温度

为防止腐蚀，尾气排放温度必须高于硫露点温度，该温度和气体组成有关，一般排放温度控制在250～350℃，上述温度不仅可减轻烟囱的腐蚀，同时也在钢材允许使用温度之内。若焚烧后直接排放，则烟囱投资要大量增加。

为提高装置的经济合理性，大、中型硫黄回收装置焚烧炉后宜设置废热锅炉以回收热量，同时也降低了尾气排放温度。

6　液硫成型设备

当装置规模较小或无对口单位需要液硫时，则仍以固硫形式出厂。固硫有块状、片状和粒状3种形式。

6.1　片状硫

由转鼓结片机成型，由水冷却的筒型转鼓下半部浸于液硫中，内壁喷水冷却或采用夹套冷却，在转鼓表面形成薄层固化硫黄后用刮刀刮下即得产品。它占地面积小、操作简单、投资低，但转鼓热胀冷缩容易变形，而且处理量有限，只适合于中、小型硫黄回收装置。

6.2　块状硫

由钢带成型机成型，设备由国内生产，钢带通常引进，钢带宽1～1.5m，轮距长20～70m，处理量可达2～20t/h，成型机具体尺寸需视装置规模和周围环境而定。成型机结构较转鼓结片机复杂，占地面积较大，对钢带的材质有严格要求，但处理量大，适合大、中型装置使用。

6.3　粒状硫

近年来，我国先后从山特维克公司和班道夫公司引进了粒状成型机，由于这种造粒方式生产能力大、粒度均匀、操作环境粉尘较少、包装及输送方便，适合大型硫黄回收装置。

硫黄回收及尾气处理工艺新型流程

曲晓廉　邹德东

（中国石化齐鲁石化胜利炼油设计院）

摘　要　针对硫黄回收及尾气处理 Claus+SCOT 装置存在的问题进行探讨，提出采用非在线加热炉并合理利用自身热源的新型简化流程。对新老流程进行了对比，指出了新流程设计中应考虑的问题。

关键词　硫黄回收　尾气处理　操作　能耗　流程设计　环境保护

随着我国进口高硫原油加工量的增加，酸性气的产量越来越大，炼油厂中硫回收装置愈加重要，尤其是执行《大气污染综合排放标准》（GB 16297—1996）后，对硫黄尾气中 SO_2 的排放限制更加严格，只采用 Claus 硫黄回收而无尾气处理装置所排放的烟气不可能达到新的环保标准，必须增加制硫尾气处理措施。在众多的硫黄回收及尾气处理工艺中，由 Claus+SCOT 组成的硫黄回收及尾气处理是一种比较好的工艺，不仅总硫回收率高，而且排放的烟气能满足环保标准的要求。但是，常规的 Claus+SCOT 工艺仍然存在着流程复杂、能耗高、操作难度大等缺点。为此，我们优化设计了一种硫回收及尾气处理工艺新型流程，从根本上克服了上述缺点。

1　常规 Claus+SCOT 工艺流程

1.1　工艺流程简介

在常规 Claus+SCOT 工艺流程中，Claus 制硫部分通常采用高温热反应和两级催化反应生成硫黄。以部分燃烧法为例，酸性气在制硫炉内进行的高温热反应主要为反应式（1）和式（2），在转化器催化剂床层上按反应式（2）进行低温催化反应。

$$H_2S + 3/2O_2 \longrightarrow SO_2 + H_2O \qquad (1)$$
$$2H_2S + SO_2 \longrightarrow 3/xS_x + 2H_2O \qquad (2)$$

冷凝除硫后的过程气通过高温掺和的方式升温，使之达到两级催化转化反应所需的入口温度。SCOT 尾气处理部分采用在线加热炉，通过对进炉的炼厂瓦斯与空气量进行配比调节，使二者在炉前段发生次化学当量反应生成还原气 H_2 和 CO。制硫尾气进在线加热炉后段与前段产生的还原气混合，使之达到加氢反应器入口温度 300℃。当还原气中氢气不足时，由系统直接补纯氢。在加氢反应器中制硫尾气中的单质硫（此温度范围以 S_8 的形式存在）和 SO_2 加氢还原为 H_2S，CS_2 和 COS 等有机硫化物水解为 H_2S，其主要反应式为：

$$S_8 + 8H_2 \longrightarrow 8H_2S \qquad (3)$$
$$SO_2 + 3H_2 \longrightarrow H_2S + 2H_2O \qquad (4)$$
$$COS + H_2O \longrightarrow H_2S + CO_2 \qquad (5)$$
$$CS_2 + 2H_2O \longrightarrow 2H_2S + CO_2 \qquad (6)$$

加氢后的过程气经蒸汽发生器降温后，依次经过水洗、胺液吸收和溶剂再生过程，将脱除的酸气返回 Claus 制硫部分发作原料，吸收后剩余的尾气进焚烧炉焚烧后由烟囱排放至大气。Claus+SCOT 工艺流程见图1。

1.2　存在的问题及原因分析

1）除硫后的过程气通过高温掺和的方式升温，高温掺和阀是制硫部分的关键。该阀门始终处于制硫炉后部高温、高含硫的过程气中。在高温下，活性硫能与金属直接反应生成硫化物，硫在300℃时对钢材有严重的腐蚀，且这种腐蚀随温度的升高而加剧。高温掺和阀在高温加腐蚀性介质的恶劣环境中运行，其阀芯很容易损坏，导致整个硫黄回收及尾气处理装置停工，进而危及上游装置的正常生产。

2）未经除硫的高温过程气掺和进到转化器

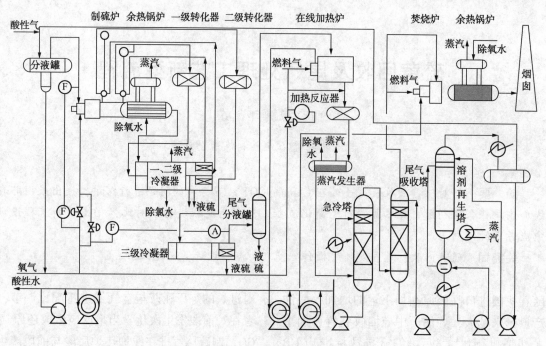

图1　Claus+SCOT 工艺流程示意

中，一方面由于未经除硫的高温过程气和冷凝除硫的低温过程气混合后，提高了硫蒸汽的浓度（与冷凝除硫后过程气的硫蒸汽相比），相应提高了气流的硫露点，为了防止液硫凝积于催化剂表面使之失去应有的活性，不得不提高转化器的入口温度；另一方面反应物中硫浓度的提高，抑制了反应式（2）中 H_2S 继续向生成硫方向的转化，降低了硫回收率。

3）进入在线加热炉中的炼厂瓦斯气复杂，除含有 H_2、C_1、C_2 外，还含有大量的 C_3、C_4，甚至 C_5，而且炼厂瓦斯气的组成变化较大，在制硫尾气在线加热炉中，仅通过对瓦斯气量和空气量进行配比调节，很难保证瓦斯气中的 CH_4 与 O_2 在加热炉中只发生次化反应来制取氢气。一旦配风失调、供氧不足，炼厂瓦斯气中所含的其他轻烃则不能完全燃烧，便会生成焦炭，其结果将导致加氢反应器催化剂床层顶部出现积炭现象，造成床层堵塞。因此，现有许多炼油厂改用纯化氢代替炼厂瓦斯气，虽然基本上解决加氢反应器中催化剂床层表面积炭的问题，但是需要烧掉大量的纯氢，造成很大的浪费。

4）在炼油厂生产中，硫黄回收及尾气处理装置为下游装置，上游装置的生产稍有波动，便会引起该装置进料流量和组成的较大变化。该流程中，加氢反应所用氢气是由组成复杂的炼厂瓦斯

气燃烧产生的，很容易出现产氢不足。此外，加氢气反应器出口气体采样分析措施也不完善，当进料发生波动使制硫尾气中含有大量 SO_2 时，倘若产氢不足或采样分析措施落后，反馈调节滞后，补充氢气不及时，会导致大量的 SO_2 在加氢反应器中来不及反应而穿透。据文献[1]报道：硫化氢和二氧化硫在无水的情况下不发生反应，而在有水蒸气或水膜存在时，反应不仅会发生，而且是很快速的。

可以认为：由于急冷塔内急冷水的存在，穿透的 SO_2 与加氢反应生成的 H_2S 会按反应式（2）进行化学反应生成硫，并且所生成的硫在急冷塔中因温度降低而析出，造成急冷塔塔盘堵塞，严重影响操作。

5）该工艺流程自身热量利用不充分，燃料消耗较多，能耗和操作费用均较高。

6）由于必须燃烧大量的瓦斯气或纯氢气才能使制硫尾气达到加氢反应所需的条件，故排放废气量增大，加重了环境污染。

2 新型工艺流程

2.1 工艺流程简介

在硫黄回收及尾气处理工艺的新型流程中，Claus 制硫部分仍采用高温热反应和两级催化反应生成硫黄，改用烟气余热加热经一级冷凝器除

硫后的过程气,使之达到一级催化转化器入口温度。利用一级催化转化器出口的过程气与经二级冷凝器除硫后的过程气换热,使之达到二级催化转化器入口温度。尾气处理部分取消了常规Claus+SCOT工艺流程中的在线加热炉及其配套的鼓风机等设备,改用制硫尾气与氢气直接混合利用烟气余热加热混合物,使之达到加氢反应温度。加氢后的过程气经蒸汽发生器降温后,依次经过水洗、胺液吸收,将溶剂再生脱除的酸气返回Claus制硫部分作原料。吸收塔顶部出来的尾气经烟气预热器加热升温后进焚烧炉焚烧,烟气经烟囱排入至大气。硫黄回收及尾气处理工艺新型流程见图2。

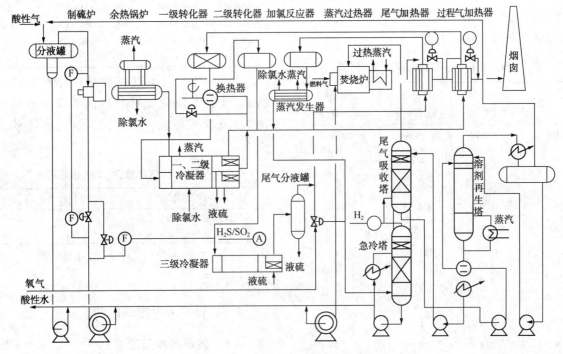

图2 硫黄回收尾气处理工艺新型流程

2.2 流程设计特点

1)一、二级催化转化器入口过程气通过换热的方式达到所需温度。取消常规流程中一、二级高温掺和阀,避免了常规流程中因高温掺和阀的损坏而造成的停工。另外,由于催化转化器前不掺入高温高硫浓度气体,进转化器的过程气中单质硫含量比常规Claus流程中单质硫的含量低,提高了硫回收率。

2)在新型流程中,取消了SCOT尾气处理流程中的在线加热炉及其配套的鼓风机等设备。其优点为:

①加氢反应条件不必通过燃烧瓦斯气和补充纯氢的方式达到,而是利用间接加热和掺入氢气的方式达到,即通过利用烟气余热进行换热的方式来给制硫尾气和氢气混合物加热升温,使之达到加氢反应对入口温度的要求。由于新型流程中直接使用外供氢气作为还原气,而不是通过发生次化学当量反应来制备氢,从而避免了加氢反应器催化剂床层上积炭的问题。此外,对外供氢源的要求也比较宽松,可用加氢装置排出的废氢或其他含氢气体,节约了纯氢气。该新型流程既节省了瓦斯气和空气耗量,又减少了排入大气的烟气量。与常规流程相比,减轻了对大气的污染。

②取消了繁琐复杂的控制系统。新流程中,加氢反应器入口温度为单参数调节,使操作简便易行。

3)采用烟气加热制硫尾气措施,尽量回收利用烟气自身的热量。由于合理地利用了废热,减少了炼厂瓦斯气和空气耗量,因而,降低了装置能耗。

4)在尾气急冷塔顶气体出口线上,设置氢气浓度在线分析仪,检测加氢反应产物中氢气浓度,并将分析结果进行反馈,从而及时调节加氢反应中所需氢气量,保证硫黄尾气中所有SO_2均加氢转化成H_2S,即使操作波动较大,也不会造

成 SO_2 穿透，从而有效地解决了水洗急冷塔板结硫堵塞问题。

3 两种流程对比

为了定量地对比硫黄回收及尾气处理工艺新型流程与常规 Claus+SCOT 工艺流程，本文以部分燃烧法为例，利用硫黄回收流程模拟软件（SULSIM）进行优化计算和对比。炼厂瓦斯气、酸性气和氢气的组成见表1。

表1 炼厂瓦斯气、酸性气和氢气的组成

项　目	酸性气体积分数/%	瓦斯气体积分数/%	氢气体积分数/%
H_2	3.96	23.6	90.0
O_2		2.77	
N_2		10.43	
C_1	0.58	24.23	4.97
CO_2	0.5	1.01	
C_2	0.11	23.94	3.42
H_2S	85.83		
H_2O	5.04		
NH_3	3.48		
C_3	0.1	10.19	1.23
C_4	0.11	3.33	0.38
C_5	0.29	0.8	
合计	100	100	100

新型流程与常规 Claus+SCOT 工艺流程相比具有如下优点：

1）返回制硫部分的循环量略少，总硫回收率的质量分数提高约 0.01%。

2）合理利用装置自身热量，瓦斯气和氢气耗量的体积分数均减少 50% 以上（见表2），节约了资源。

表2 瓦斯气和氢气耗量

流程名称	新型流程	常规流程
瓦斯气耗量/（m³/t 硫黄）	44	844
氢气耗量/（m³/t 硫黄）	0.02	1.5

3）两种流程除瓦斯气耗量、除氧水耗量和产汽量差别较大外，水、电、汽、风消耗新型流程比常规流程略少，在此忽略不计。新型流程比常规流程降低了单位能耗，硫黄能耗降低约 180MJ/t。两种流程能耗对比见表3。

表3 两种流程能耗对比

项目名称	常规流程/(t/t硫黄)	新型流程/(t/t硫黄)	能耗差(常-新)/(t/t硫黄)	能耗指标/(MJ/t)	能耗差(常-新)/(MJ/t硫黄)
瓦斯气消耗	0.0850	0.0446	0.0404	41868	1691.5
1.0MPa 蒸汽	-3.1488	-2.6135	-0.5353	2930.76	-1568.8
0.4MPa 蒸汽	-0.9598	-0.8954	-0.0644	2763.33	-178.0
除氧水消耗	4.3140	3.6840	0.6300	385.11	242.6
合计					187.3

4）焚烧炉后烟气排放量的体积分数减少 15% 以上，二氧化硫排放量的质量分数减少约 10%，改善了环境。烟气、二氧化硫排放量见表4。

表4 烟气排放量、SO_2 排放量

流程名称	新型流程	常规流程
烟气排放量（硫黄）/（m³/t）	2427	2897
SO_2 排放量（硫黄）/（kg/t）	1.578	1.749

5）由于制硫尾气量（V）减少 8% 左右，可节约建设投资。

4 设计中应考虑的问题

4.1 减小系统压降

因为硫黄回收及尾气处理整个系统的压力均很低，最高压力仅为 0.05MPa（表），为使过程气顺利通过整个系统，在设计中应尽量减小各工艺设备和管道的压力降。废热锅炉和硫冷凝器是产生压降的主要设备，在设计时应合理选取管内流速，减少设备压降，避免系统压力降过大，出现无法操作的事故。

4.2 温度控制

一、二级转化器和加氢反应器入口过程气温度均通过换热的方式达到，在转化器和反应器前的换热器或加热器出口增设旁路温度调节阀，通过调节换热器或加热器的旁路量来控制各转化器和加氢反应器入口过程气温度，使之满足反应温度的要求。在该新型流程设计中，还应考虑适当提高一级转化器入口温度，其原因是：①为避免其后部气—气换热器出口过程气的温度较低，到硫露点以下影响操作；②在燃烧炉内生成的 COS、CS_2 要在一级转化器内分别按反应式（5）、（6）发生水解反应，其速度随温度的升高而增加。

所以，一级转化器入口温度的提高，有利于 COS、CS_2 在一级转化器中水解转化成硫。

4.3　尾气处理系统事故状态联锁控制系统

1）硫黄尾气处理系统的 H_2S、SO_2、S、H_2O 等介质，比较容易发生硫堵塞和酸腐蚀问题，造成硫黄尾气处理系统停工。此时，为避免对环境和生产产生较大影响，最好是将尾气处理部分短时间停工，制硫部分仍正常操作。因此，在设计中应考虑到当尾气处理系统出现故障，尾气无法去加氢反应器，而硫黄回收系统和尾气焚烧炉还能正常操作时，设置手动联锁控制系统，使制硫尾气经尾气加热器后不去加氢反应器而直接引入焚烧炉内焚烧掉。即：制硫尾气不去加氢反应器，而是，依次进尾气预热器、尾气加热器，再引入焚烧炉内焚烧。由于此时进炉尾气温度比尾气处理系统正常运行时尾气进炉温度高约 150℃，因此，在设计用炉温来调节燃料气量和空气量的控制方案中，必须兼顾事故状态的调节参数。

2）进尾气焚烧炉的尾气中间可燃气体的成分较少，为了使含硫组分充分燃烧生成二氧化硫，必须将燃料气引入焚烧炉中，提高炉膛温度达 700℃ 以上，从而使尾气中的硫化氢完全燃烧生成二氧化硫，随烟气排空，满足环保要求。然而，当尾气量突然剧增时，很容易造成焚烧炉熄火，为此设置火焰熄火检测自动联锁系统，一旦火焰熄灭，自动关闭进炉燃料气阀，同时打开进炉的氮气阀，以扫净炉内的可燃气体和有毒气体。

4.4　加热器换热管的保护方案

在开工对尾气焚烧炉烘炉时，由于无尾气进入制硫尾气加热器，也无过程气进一级转化器上游的过程气加热器，在温度高时，易造成换热管变形或烧坏。为此，需采取保护制硫尾气加热器和过程气加热器换热管的措施。在设计中考虑将蒸汽通入 3 个加热器换热管中进行保护，并且设置氮气吹扫设施。

5　结论

1）新流程由于不设在线加热炉及其配套设施，设备布置更加紧凑，可减少装置占地面积，从而节省了整个装置的建设投资，特别是在大型硫回收装置中，优势更加明显。

2）在满足环保要求的前提下，装置能耗大幅度减少。

3）流程简单，操作调整灵活、方便，有利于安全生产。

4）烟气和二氧化硫排放量均减少，改善了周围环境。

硫黄资源的市场分析

茆卫兵　徐会建

（中国石化南化集团研究院）

2003 年上半年我国硫黄供应一直偏紧，尤其是伊拉克战争后期，中东硫黄无法运出，更是造成国内市场硫黄的紧张，其价格在一季度达到了近十几年来的高峰，95~98 \$/t(CFR 价)。2003 年 6 月份后硫黄货源充足，价格开始急剧下跌，直到 8 月初稳定下来，下旬略有上涨，现价格在 70~75 \$/t(CFR 价)。

1 硫黄资源

1.1 国内资源

近几年来随着我国进口原油的增加，特别是进口高硫原油的增加，硫黄回收能力和产量都出现较大幅度增长。2002 年我国共进口原油 69410kt，2003 年上半年为 43800kt，预计全年将突破 80000kt[1]。其中中国石化股份公司上半年加工高硫原油就达 21453kt，同比增长 14.10%[2]。总的硫黄回收能力超过 1000kt/a(有报道说 1420kt/a)，2002 年硫黄实际产量 650kt 左右，其中中国石化集团共回收 425.5kt。表 1 为我国主要硫黄回收厂家、装置能力和 2002 年的产量。

表 1　我国主要硫黄回收厂家及装置能力和 2002 年产量[3]

生产企业	装置能力/ (kt/a)	2002 年产量/ kt
齐鲁石化胜利炼油厂	10+40+86	64.8
茂名石化公司炼油厂	10+60×2	90.5
大连西太平洋石化有限公司	100	62
镇海炼化公司炼油厂	30+70+70	74.4
四川川东天然气净化厂	75+25	-80
金陵石化南京炼油厂	7.5×2+40	32.7
扬子石化公司	20+14	20.4
安庆石化炼油厂	5+20	12.9
四川川西北矿区天然气净化厂	15+17	-30
广州石化炼油厂	6+20	14.3
洛阳石化公司炼油厂	20	9.6
上海石化	2+10+72	38.7
天津石化炼油厂	7.5×2	3.0

中国石化集团拟将茂名石化、齐鲁石化、镇海炼化和金陵石化作为高硫油炼制基地，增加高硫油炼制比例，这样硫黄的回收量也会同步增长，扬子石化正在建 70kt/a 的硫黄回收装置，金陵石化也将再建设一套 50kt/a 的硫黄回收装置。据了解，中国石油西南油气田分公司为满足西气东输，2007 年前将在重庆的忠县每年回收 250kt 左右的硫黄。

1.2 国际资源

根据英国硫黄咨询机构的统计，2002 年世界硫黄产量为 43065kt，比 2001 年的 42338kt 多出 727kt。其中北美(美国及加拿大)生产 16496kt，中东 6871kt，前苏联 7580kt，亚洲 4186，西欧 4521kt，中欧 1139kt，拉丁美洲 1882kt。近几年世界及主要硫黄生产国的硫黄产量见表 2。

表 2　近几年世界及主要硫黄生产国的硫黄产量

kt

国家	2000	2001	2002
全世界合计	42573	42338	43065
美国	9280	8270	8481
加拿大	8743	8305	8015
前苏联	6716	7178	7580
沙特	2101	2345	2364
日本	2071	2024	1865
德国	1735	1750	1745
波兰	1480	1056	917
阿联酋	1100	1490	1605
伊朗	920	995	1200
墨西哥	851	878	887
法国	781	835	792
科威特	512	524	634
韩国	690	700	670

一些国家的生产量大于需求量，每年向外出口大量硫黄，主要出口国及 2002 年的出口量见

表3。加拿大一直以来是世界硫黄的主要供应国，每年的出口量在6Mt以上；中东硫黄资源丰富，增产潜力很大，且消费量很小，是硫黄增量的重要来源；日本每年也出口近1Mt硫黄，主要供应中国沿海和沿江地区企业，但没有多少增量；前苏联的硫黄产量很大，主要是物流还不太完善，但也是世界硫黄最有潜力的地区之一。

表3　2002年世界主要硫黄出口国及出口量　kt

加拿大	英国	前苏联	波兰	德国	沙特
6308	664	2800	464	1097	2099

阿联酋	伊朗	日本	其他	合计
1577	846	1091	3564	20509

2　硫黄消费

无论是国内自产的硫黄产量，还是从国外进口的硫黄产量都有了不同程度的增长。2002年我国硫黄的表观消费量达到了4700kt以上，其中进口硫黄量达到了4092kt。今年的硫黄进口见表4。1~7月份共进口硫黄2937kt，2002年同期进口硫黄2262kt，同比增加23%，增加的量主要来自中东国家。主要来源国有加拿大（1213727t）、日本（447136t）、阿联酋（322343t）、伊朗（212777t）等国。进口硫黄的卸货港集中在主要用户所在地，如防城港、青岛港、连云港和南通港等。8月进口硫黄到港见表5。

表4　硫黄进口量　　　　　　　　　　　　　　t

进口国	2003年7月	2002年7月	2001年7月	2003年1~7月	2002年1~7月	2002年
加拿大	188928	67660	224915	1213727	1213712	2127547
伊朗	30250	36891	15112	212777	139699	236364
日本	58834	49001	53784	447136	433354	706590
哈萨克斯坦	12654	—	—	57514	—	—
韩国	20681	13727	17288	88319	85133	139307
科威特	—	21001	—	106341	48910	111965
卡塔尔	30763	—	—	63767	—	—
沙特阿拉伯	18398	—	—	133268	31500	89661
新加坡	—	—	—	12804	7845	—
中国台湾	20148	36749	43	76191	88533	88726
阿联酋	76750	—	74378	322343	163841	359670
美国	84509	770	717	184516	39491	203492
其他	1643	385	1	18625	10325	28830
合计	543558	226184	386238	2937328	2262343	4092152

表5　2003年8月中国到港硫黄

贸易商/货源	kt	船名	到达港
Swiss Singapore/阿联酋	34	Blue Forture	湛江
Swiss Singapore/伊朗	30	Chennai Velarchi	湛江
Tranfer/阿联酋	30	Asha Miki	防城
ICEC/阿联酋	30	Faraki	防城
Trammo/IPCC	30	Iran Iqbel	
Trammo/IPCC	30	Iran Madani	北海
—	5	Xoh Pack	锦州
Interacid/NIGC	20	Little lady	锦州
Prism/加拿大	60	Captain George L	防城、南通、新港
Shell/加拿大	60	—	防城
总计	269		

今年以来我国硫黄的消费量增长很快，带动了硫黄价格的上扬，但这并没有抑制硫黄消费量的增长。主要原因是20世纪90年代以来硫黄出现了许多新用途，主要集中于硫黄混凝土、硫黄沥青、硫肥等。特别值得一提的是硫黄用于制酸，它是2000年以后硫黄消费量增长的最大原因。据初步统计，我国现有约100家硫黄制酸厂，能力已达到12Mt/a以上，2002年我国共生

产硫酸 30519kt，其中硫黄制酸 11116kt。今年上半年全国硫酸产量为 15952kt，同比增长 11.9%，其中硫黄制酸 5783kt。今年新建成投产的能力超过 2Mt/a，如加拿大威顿公司 400kt/a 装置、宿迁磷肥厂 140kt/a 装置、奥宝化工 100kt/a 装置、江磷集团 300kt/a 装置、云南三环 600kt/a 装置、杭州颜料化工厂 200kt/a 装置和湖北洋丰 200kt/a 装置等。据悉，还有一些拟建和在建硫黄制酸项目，这些项目将在 2004 年建成投产，包括苏州精细化工集团 1Mt/a、镇江硫酸厂 280kt/a 及嘉化集团 300kt/a 的搬迁硫黄制酸项目，云南三环 800kt/a、云南富瑞化工 800kt/a、开磷集团 600kt/a、涪陵化工 400kt/a、中阿公司 300kt/a、新沂磷肥厂 300kt/a、贵州西洋特肥 400kt/a、无锡白炭黑厂 200kt/a 等装置和大峪口 300kt/a×2 硫铁矿改硫黄制酸装置，这些装置的建成又将使硫黄制酸的能力增加 5Mt/a 以上。宜昌与加拿大 Spur 公司的合资公司—宜昌枫叶化工有限公司将在 2005 年之前合资建设一套 1.1Mt/a 的硫黄制酸装置。可见今明两年硫黄的消费还会有较大的增长。预计今年的硫黄消费量将超过 5Mt。

2002 年世界硫黄的消费量为 41431kt，其中北美 1041Ukt，拉丁美洲 3320kt，西欧 3795kt，中欧 895kt，前苏联 3450kt，非洲 6415kt，中东 2261kt，亚洲 9960kt，大洋洲 925kt。贸易量为 20509kt。

3　市场分析

经历了 6、7 月份的急剧下跌后，硫黄的价格 8 月份稳定下来，在 8 月底还略有上涨，目前的港口到货价在 70~75 $/t。贸易商零售价 770~800￥/t。9 月份后，随着中国一些新的硫黄制酸装置的投产以及磷肥需求旺季的到来，对硫黄的需求量会进一步增加；印度的硫黄需求量最近也在增加，特别是 Oswal 公司 1 月份停产的装置将在近期重新开车，它每年要消费 800kt 硫黄。由于中国用户担心价格继续上涨及四季度的货源问题，购买积极，港口存货量进一步下降。同样，中东及加拿大的供货商和贸易商希望在中国和印度需求量增加的时候能够稳定甚至提高价格。虽然从统计数字上看世界硫黄供大于求，但物流是一个问题。俄罗斯和哈萨克斯坦硫黄的产量都很高，由于基础设施较差，储运成本高，一时还无法满足我国硫黄需求量的增长。预计以后年我国硫黄供应依然偏紧，价格应趋向稳定。

参 考 文 献

[1] 张义玲等. 国内硫回收技术现状与展望[J]. 硫酸工业，2001，(2)：16-19.

不断完善的 SSR 硫回收工艺

范西四

（山东三维石化工程有限公司）

　　摘　要　介绍了 SSR 硫回收工艺的基本原理和工艺特点，对工业装置的投资、占地、效益等进行了对比分析，重点介绍了大型装置的概况和生产中碰到的问题；论证了该工艺的应用推广价值。

　　关键词　公司简介　SSR 硫回收工艺

1　前言

　　1996 年国家颁布了《大气污染物综合排放标准》（GB 16297—1996），要求硫回收装置排放废气中 SO_2 浓度不大于 $960mg/Nm^3$，这是一个非常严格的指标。为了达到这一排放值，当时沿海几个大的炼化基地相继引进国外工艺技术，较好地解决了硫黄回收装置废气的达标排放问题。同时，重复引进消耗了大量外汇，集团公司领导层敏锐地意识到这一问题，及时组织生产、设计单位进行联合攻关，推动大型硫回收装置成套技术国产化，齐鲁石化公司及胜利炼油设计院抓住机遇，积极投身这一进程。经过不懈努力，自主开发了无在线炉硫回收工艺（SSR），并将该技术成功地应用在二十几套大、中、小型工业装置上，实现了大型硫黄回收装置成套技术的国产化。

　　随着国内能源结构的调整和燃料供求关系的变化，预计在今后 5~10 年内，加工进口含硫原油将达 200Mt/a 左右，加工过程中必将产生大量含 H_2S 气体，因此，硫回收已成为工厂加工过程中不可缺少的配套装置。SSR 工艺是以克劳斯硫回收和加氢还原吸收尾气处理为基础技术，经过优化工艺过程而开发的新工艺，已投用的工艺装置的运行实践证明，用 SSR 工艺建设的硫黄回收装置，硫收率和尾气净化度高，投资少，能耗低，流程简单，操作控制方便，生产运行稳定，安全可靠。

2　工艺特点

　　图 1 是典型的 Claus-SCOT 硫回收及尾气处理工艺流程，在 Claus 过程的一、二级制硫转化器和 SCOT 尾气处理加氢反应器前的过程气再热方式是用在线炉作为再热设备，由燃料气燃烧产生的热气流混入过程气，使之达到反应所需入口温度条件，该流程是目前国外广泛采用的硫回收工艺。图 2 是无在线炉硫回收工艺流程，高温热旁路（即高温掺合阀）、气/气换热器取代了传统工艺的在线加热炉，热源取自工艺反应余热；尾气加热器取代了加氢反应器前的在线还原气发生炉，热源取自尾气焚烧炉的烟气废热。

2.1　SSR 工艺特点

　　SSR 工艺有如下特点：

　　1）SSR 工艺从制硫至尾气处理全过程，只有制硫燃烧炉和尾气焚烧炉，中间过程不采用在线炉或任何外供能源的加热设备，使装置的设备台数、控制回路数均少于类似工艺，形成了投资省、能耗低、占地较少的特点。

　　2）无在线炉工艺说明无额外的惰性气体进入系统，使过程气总量较有在线炉的同类工艺少 5%~10%，形成了设备规模小，尾气排放量和污染物（SO_2）绝对排放量较少的特点。

　　3）SSR 工艺是使用外供氢作氢源，但对外供氢纯度要求不高，从而使该工艺对石油化工企业硫回收装置具有广泛的适应性。

　　4）SSR 工艺的主要设备均使用碳钢制造，且都可国内制造，从而形成了投资低、国产化率高的特点。

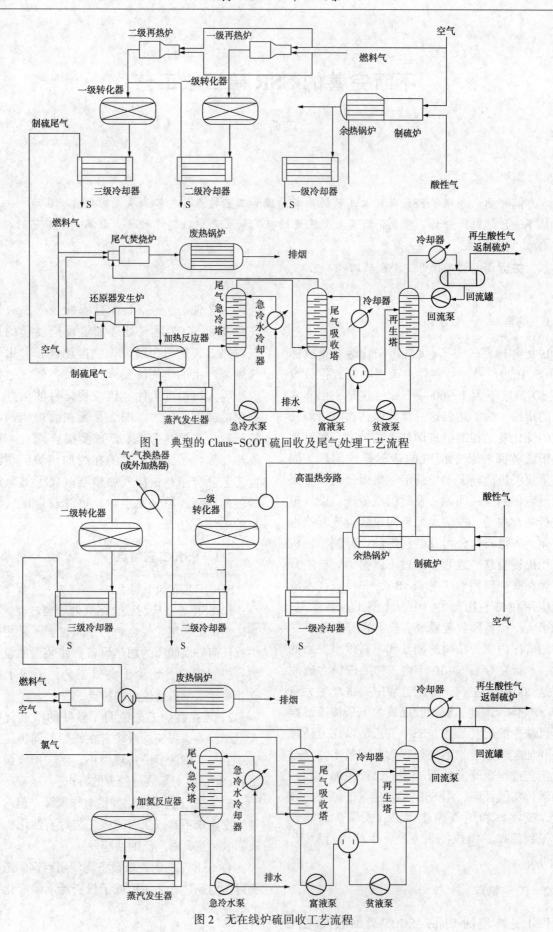

图 1　典型的 Claus-SCOT 硫回收及尾气处理工艺流程

图 2　无在线炉硫回收工艺流程

2.2 建设投资分析

1）资料介绍：二级转化 Claus 装置相对投资为 100 时，增加 SCOT 尾气处理装置后，相对投资增加至 200，操作费用亦大幅上升。根据已投产和在建的采用 SSR 工艺的硫回收装置投资分解，二级转化制硫加尾气焚烧相对投资为 100 时，增加的尾气处理部分，如不含溶剂再生设施，相对投资增至 130~135；尾气处理部分同时包含溶剂再生设施时，相对投资增至 165。SSR 工艺比 Claus+SCOT 工艺投资下降 30% 左右。

2）采用三级再热炉的硫回收装置，由于燃料气的燃烧，使工艺过程中的过程气量逐级递增，增加量从 3.7% 至 12.6% 左右，致使工艺设备和管道规格亦相应加大，导致建设投资上升成为必然。

3）在线炉的控制由在线分析仪和复杂的多路控制系统来完成，而 SSR 工艺相应部分均为简单的单参数控制。自动控制系统的简单化是 SSR 工艺建设投资较低的重要因素之一。

3 工业装置现状

3.1 工业化装量

SSR 无在线炉硫回收工艺由胜利炼油设计院开发成功，1997 年完成了第一套工业装置的设计；1998 年第一套 5000t/a 工业装置投入运行。至今已有 20 套硫黄回收工业装置使用 SSR 工艺，详见表 1。

表 1 SSR 工艺硫黄回收工业装置（包括在建）提供

序号	项目名称	规模/(t/d)	设计时间	制硫工艺	尾气工艺	投产时间	备注
1	大庆油田助剂厂硫回收装置	12	1997	2 级 Claus	SSR	2000	
2	济南炼油厂第二硫回收装置	21	1998	2 级 Claus	SSR	1998	
3	胜利炼油厂第二硫回收装置	255	1998	2 级 Claus	SSR	2000	
4	上海石化第二硫黄回收装置	90	1999	2 级 Claus	SSR	1999	共用一套尾气处理，规模 216t/d
5	上海石化第二硫横回收装置	126	2000	2 级 Claus	SSR	2002	
6	锦州石化公司硫回收装置	15	1999	2 级 Claus	SSR	2000	
7	燕山石化公司尾气处理装置	12	1999		SSR	1999	
8	济南炼油厂第三硫回收装置	60	2000	2 级 Claus	SSR	2002	
9	胜利石化总厂硫回收装置	12	2001	2 级 Claus	SSR	2002	
10	抚顺石油三厂硫回收装置	4.5	2001	2 级 Claus	SSR	已建成	原料不足未投产
11	大庆石化硫回收装置	9	2003	2 级 Claus	SSR	2004.8	
12	辽阳石化硫回收装置	24	2001		SSR	2002	
13	武汉石化总厂硫回收装置	60	2001		SSR	2003.6	
14	抚顺石油一厂硫回收装置	3	2003	2 级 Claus	SSR	正在设计	
15	锦西石化硫回收装置	18	2002		SSR	2002	
16	山东华星石化硫回收装置	45	2003	2 级 Claus	SSR	建设中	
17	克拉玛依石化硫黄回收装置	12	2003	2 级 Claus	SSR	2004.7	
18	大连西太平洋硫黄回收装置	240	2003	2 级 Claus	SSR	正在设计	详细设计阶段
19	神华集团硫黄回收装置	80	2004	2 级 Claus	SSR	正在设计	基础设计已完成
20	海南实华硫黄回收装置	230	2004	2 级 Claus	SSR	正在设计	详细设计阶段
21	石家庄炼油厂硫黄回收装置	90	2004	2 级 Claus	SSR	正在设计	可行性研究完成
22	九江石化硫黄回收装置	90	2004	2 级 Claus	SSR	正在设计	基础设计阶段

3.2 大中型装置情况简介

1）上海石化炼化部 2# 炼油装置的硫黄回收装置，制硫部分由两条生产线构成，规模分别为 90t/d 和 126t/d，共用一套尾气处理设施。1999 年建成第一条制硫生产线和尾气处理生产线（尾气处理规模为 180t/d）并于 1999 年底投入运行。

该装置是胜利炼油设计院采用 SSR 工艺技术设计的第一套大型硫回收装置，开工初始，由于热管式尾气加热器内漏导致热管破裂，尾气处理被迫停工；后来将其重新设计为列管式尾气加热器，2000 年初投用至今三年多，运行状态良好。2002 年第二条 126t/d 的制硫生产线建成，同时对尾气处理部分进行适当改造，规模达到 216t/d；2002 年 7 月投入运行，至今已经安全运行了两年多。

该装置由于条件所限，装置区占地面积仅 3200m³，设备布置相当紧凑；开工初期酸性气只有 1000m³/h 左右，仅为硫回收设计负荷的 30%，尾气处理设计负荷的 15%，说明该装置具有良好的低负荷操作弹性。装置运行三年多，净化尾气中的总硫含量在 100μg/g 左右，远低于 300μg/g 设计值，焚烧后烟气的 SO₂ 浓度保持在 960mg/m³ 以下，完全符合《大气污染物综合排放标准》(GB 16297—1996) 规定的排放标准；装置的总硫收率稳定在 99.9%，大部分产品质量达到 GB 2449—1992 中优级品质量指标，其余产品达到一级品质量指标。

第一条 90t/d 制硫生产线使用国外引进的高温掺合阀，一年内出现 7 次阀芯断裂而被迫停工。2001 年 7 月更换为胜利炼油设计院与浙江石化阀门厂合作开发的内冷式高温掺合阀，至今未出现过任何故障；第二条 126 t/d 制硫生产线也使用内冷式高温掺合阀，同样表现出良好的安全性能和可操作性能。

90t/d 制硫生产线和 126t/d 制硫生产线分别使用了国外引进的火嘴，在 Claus 高温反应时将酸性水汽提装置的含氨酸性气同时处理，含氨酸性气中的氨被焚烧为氮，氮氧化物生成量低于允许排放标准。

2) 齐鲁石化胜利炼油厂第二硫黄回收装置，是中国石化集团公司"十条龙"重大科技攻关项目之一(大型硫黄回收成套国产化技术)，设计规模 255t/d，装置区占地面积 4081m²，2000 年 10 月底投料，至今已安全运行 4 年。2001 年 11 月 9 日通过了中国石化集团公司的鉴定；2002 年获得中国石化集团公司优秀设计一等奖。该装置是采用 SSR 工艺建设的规模最大的硫回收装置，从 1997 年立项到 2000 年投产，历时 4 年，完成的主要工作有：

① 开发并完善了 SSR 工艺技术，完成了 255t/d 硫回收装置工程设计、安装建设；

② 开发 SSR 工艺软件包：完成调研、数据收集、建立数据库；程序编制和调试；

③ 完成了大型设备的开发研究、工程设计和设备制造、安装，国产化率>90%；

④ 研制开发高温掺合阀：完成耐高温材料的研制和结构设计，完成设备试制；

⑤ 催化剂的研究：完成侧流中试，确定催化剂的装配方案和工业应用。

该装置开工初期的半年，处理量为设计负荷的 65.5%，吸收塔出口净化气总硫平均值为 76.43μg/g，最大值为 154.9μg/g，各项工艺技术指标均达到设计值。后来尾气处理部分的溶剂再生塔溶剂发泡，频繁冲塔，溶剂循环量仅能维持在设计负荷的 40%，循环量不足，导致净化气中总硫超标。为了解决再生塔的冲塔问题，先后更换了两种新型塔盘，冲塔问题仍然没有缓解；2003 年 11 月装置将 MDEA 更换为复配 MEA，没有再出现冲塔，但由于尾气吸收系统存在的溶剂质量不适合尾气处理要求、溶剂过滤器过滤效果差、吸收再生设备设计偏小等问题致使吸收效果不理想，目前正在进行系统改造，预计 2005 年 4 月完成。

该装置投产 4 年，操作平稳，设备运行可靠，产品质量合格，能耗指标达到设计值，并且加氢反应器出口未检测到 SO₂，说明 SSR 的硫黄回收和加氢还原工艺是可靠的。

3) 济南炼油厂第三硫黄回收装置设计能力 60t/d，装置区占地面积 850m²，2002 年 8 月投料，至今已安全运行二年。

该装置是济南炼油厂第二硫黄回收装置 (21t/d) 采用 SSR 工艺后，由于生产能力扩大而续建的新装置。因为第二硫黄回收装置的成功经验，60t/d 装置从设计、建设、投产的各环节都很顺利。装置设计后期，考虑到已有 100t/h 的酸性水汽提装置(单塔侧线工艺)能耗高、液氨销路不畅等原因，将酸性水汽提装置改造为单塔全抽出工艺，硫回收亦改为烧氨火嘴，取得了节能降耗的满意效果。

装置运行初始，各项工艺技术指标均达到设计值，随后亦出现了尾气超标问题。原因之一是系统供给的溶剂量(全厂集中再生)不能满足生产需要；二是尾气吸收塔偏小，经过改造，于今年 7 月投产后，各项工艺技术指标均达到设计值。

4) 装置运行中暴露的尾气质量问题：尾气吸收存在的问题已被充分认识，通过整改完全可以满足烟气达标排放。

4 总结

4.1 应用成果

SSR 工艺自 1997 年开发至今,短短的六、七年时间内,已在国内 20 套工业装置上加以实施,规模从 4.5t/d 至 255t/d。其中,设计规模大于 100t/d 的大型装置 5 套;设计规模 45~90t/d 的中型装置 6 套;设计规模小于 45t/d 的小型装置 11 套。SSR 工艺如此迅速的发展、推广速度,令世人瞩目。该工艺能在企业中迅速推广应用的重要原因是:

1) SSR 工艺开发初期,由于认识上的局限性,出现过这样那样的问题,随着时间的推移,认识上的深化,工艺上的不断改进,SSR 工艺已经成熟。SSR 工艺与传统工艺相比,在技术、投资、运行费用、占地面积等方面的优势被广泛认同;SSR 工艺的优良业绩得到企业管理者的首肯。

2) 原有硫回收装置,没有尾气处理设施时,总硫收率在 90%~95%,废气中 SO_2 浓度约 25000~30000mg/m³,仅正常的排污收费,都会对企业带来相当大的负担。增加尾气处理设施后,装置总硫收率达 99.9%,收率提高后的产品效益,以现行市场价 ¥1000 元/t 计算,每万吨规模装置每年可增加销售收入 ¥50×10⁴ 元。

3) 用 SSR 工艺建设的装置,建设投资较传统的工艺低 35% 左右,根据统计资料,一套硫回收装置的固定资产约占建设投资的 82%,大修理费用占总成本比例约 13%;假定原材料价格、耗量和人工费都一样,装置的大修理费占固定资产原值的 5%,依此计算,投资对生产总成本的影响率,SSR 工艺较传统工艺下降 10%。由于 SSR 工艺装置的消耗更少,生产总成本也更低。

4) 由于工艺流程的优化,使装置的占地面积较省,施工期缩短,能迅速地形成生产力。从已建成的工业装置来看,大于 20kt/a 规模的装置,装置区占地在 45m²/kt(硫),小型装置占地也不超过 100m²/kt(硫),而尾气处理部分的占地相当低,仅 10m²/kt(硫)左右。占地面积小是 SSR 工艺具有吸引力的原因之一。

4.2 生产实践

1) SSR 工艺应用于大型硫黄回收装置,技术是成熟的,各项工艺技术指标均达到或好于设计值,废气排放质量完全可以满足《大气污染物综合排放标准》(GB 16297—1996)的要求。

2) SSR 工艺配套开发的 LS 系列催化剂可以使用三年以上,并保持较高的活性,说明 SSR 工艺取消在线炉,完全避免了燃料气燃烧后的废气对催化剂的污染,有利于装置的长期稳定运行。

3) 装置的大型化导致了设备的大型化,装置的大型工艺设备,95% 以上由国内自行设计制造。生产实践表明,大型国产化设备的工艺性能,机械寿命可以满足装置长、安、稳、满运行的需要。

5 结语

SSR 硫回收工艺理论基础坚实,科学性强,工业装置经得起生产实践的检验,具有建设投资省,占地面积小,能耗物耗低,社会效益好的特点。

随着石化企业工厂规模的扩大,含硫原油加工量的增加,原有硫回收装置将进行扩能改造,新建工厂将同时建设新的硫回收装置。SSR 硫回收工艺,可以适应于新老企业的大、中、小型硫黄回收装置的建设,已发展成为成熟的,具有市场竞争力的硫回收工艺技术,有着坚实的推广应用基础和良好的市场前景。

我国硫黄回收的前景

张义玲　达建文

（中国石化齐鲁分公司研究院）

摘　要　介绍了我国硫黄回收及尾气处理发展现状，并结合国内的环保法规，有针对性地介绍了几种国内外先进的硫黄回收及尾气处理新工艺。在此基础上，分析了硫回收技术发展的趋势及硫黄的应用市场，对于新建和扩建硫回收装置提出了建议。

关键词　硫黄回收　尾气处理　装置操作　硫资源

1　引言

我国国民经济的快速增长带动石油、天然气加工工业的高速发展，含硫原油加工量和含硫天然气处理量随之相应增加。因此，原有硫黄回收装置的生产能力都有待提高，需要新建或者扩建硫黄回收装置，以扩大硫回收生产能力来满足需要。按国家 GB 16279—1996《大气污染物综合排放标准》中规定的已建装置 SO_2 排放浓度必须 < 1200mg/Nm^3（相当于硫的回收率>99.6%）和新建装置 SO_2 排放浓度必须 < 960mg/Nm^3（相当于硫的回收率>99.8%）的严格要求，目前多数硫回收装置需增建尾气处理装置才能达到排放标准。上述原因，给我国的硫黄回收和尾气处理技术的发展提供了一个大的发展空间。虽然我国在该技术领域经过 30 多年的努力，依靠自身力量开发硫回收及尾气处理工艺，先后全套或部分引进国外先进技术，并经过消化吸收，已经形成我们自己配套的硫黄回收及尾气处理工艺技术，但与国外先进水平相比仍然存在一定的差距。为了尽快缩短与国外先进技术的差距，必须抓住这一机遇，努力追赶，尽快使我国的硫回收技术再上一个新的水平。

2　目前的现状及发展趋势

2.1　装置规模及达标情况

据不完全统计，迄今为止我国已建设了 100 多套硫黄回收装置，按行业分布石油炼制 71 套，天然气净化 12 套，焦化冶金 7 套，煤气化工 21 套。其中除了沿海沿江为加工进口含硫原油而配套建设了一批 $2\times10^4 \sim 8\times10^4$ t/a 规模的大型硫黄回收及尾气处理装置外，其余均为万吨级以下的中、小型装置，而这些万吨级以下的中、小型硫回收装置大多采用二级催化转化工艺，硫黄回收率仅为 90% ~ 94%，并且自动化程度低，管理粗放，迫切需要升级改造、新建或者扩建硫黄回收及尾气处理装置。

2.2　硫黄回收技术现状

20 世纪 80 年代以来，通过开展对外技术交流、消化吸收国外先进技术和有益经验，我国的硫回收技术在装置工艺设计、单元设备改造、催化剂开发使用以及防腐节能等方面取得了显著的进步。如：齐鲁石化胜利炼油设计院借鉴 SCOT 工艺，并克服其流程复杂、能耗高、操作难度大的缺点，与齐鲁分公司研究院合作优化设计了一种新型硫黄回收及尾气处理成套技术 SSR 工艺，并率先在胜利炼油厂 86kt/a 装置实现了工业化。该工艺不设在线加热及其配套设施，设备布置更加紧凑，流程简单，操作调整灵活、方便，特别适合大型硫回收装置建设。另外，在此期间，我国还总计从国外引进或部分引进了 18 套克劳斯硫黄回收及尾气处理装置，有效地带动了和促进了国产装置的技术进步，使我国主要生产装置的硫回收率和尾气排硫量在短期内较快地达到了国外先进水平。与此相配套的催化剂也实现了国产化，有代表性的有两大系列：一是齐鲁分公司研究院研究开发的 LS 系列；二是西南油气田分公司四川天然气研究院的 CT 系列。LS 系列催化剂有 LS-811 及 LS-300 克劳斯氧化铝催化剂、LS-901 TiO$_2$ 基抗硫酸氧化中毒催化剂、LS-931 Al$_2$O$_3$ 基耐硫酸盐化作用催化剂、LS-951T 和 LS951Q 克劳斯尾气专用加氢处理催化剂、LS-971 克劳斯高活性脱漏氧保护双功能催化剂等多个品种,该系列催化剂在中国石化、中国石油的多套大型硫回收装置上已实现工业应用,效果良好;CT 系列催化剂有 CT6-1 和 CT6-2 常规 Al$_2$O$_3$ 催化剂、CT6-3 有机硫水解催化剂、CT6-4 及 CT6-4B 低温克劳斯催化剂、CT6-5 及 CT6-5B 硫黄回收尾气加氢催化剂、CT6-6 选择性氧化催化剂和 CT6-7 有机硫水解硫黄回收催化剂。这两大系列催化剂其主要物化性能和技术指标与国外同类产品相当,有的品种达到了国际先进水平,且已代替进口催化剂在引进装置上使用,取得了显著的经济效益和社会效益。目前,国内绝大多数硫黄回收装置已普遍采用国产催化剂,并且国产硫回收催化剂有出口的可能。

3 相关工艺技术介绍

目前国内各家硫黄回收和尾气处理装置所采用的各种工艺技术中,通过 30 多年的实践表明,对大型装置比较适宜的是 Claus+SCOT 工艺。由于该工艺可以充分利用炼油厂的富余 H$_2$,加上硫黄回收装置和脱硫装置本身工艺简单成熟、操作灵活方便,Claus+SCOT 组合工艺及相关的类似工艺(Claus+SSR—国内自行设计)安全可靠,是当今世界上装置建设数量最多和发展速度最快的尾气净化工艺。然而,由于此类工艺也存在投资费用和能耗、消耗较高的缺点,因此,除了日产 100 t 以上硫黄的大型装置和在入口稠密地区外,一般在中、小型装置上难以普遍推广使用。另外,一些碳酸钡、锶盐生产厂,化肥、煤气、焦化、冶金和燃煤电厂等用于处理贫酸气的硫回收装置,迫切需要解决 SO$_2$ 对周边环境的大气污染问题等,此类装置迫切需要设备费用低、投资少、占地面积小的硫黄回收工艺及尾气处理技术。由此可见,目前国内硫黄回收工艺技术首先需要解决以下问题:①如何开好和提高现有硫黄回收装置的总硫收率;②大多数硫黄回收装置均需增设尾气处理单元,以减少 SO$_2$ 排放污染。针对以上因素,我们就近几年来国外应用比较成熟,且能够满足现行环保要求的工艺简单进行介绍。如美国的 CBA 工艺、MODOP 工艺;德国的 Clinsulf SDP 工艺;加拿大的 MCRC 工艺;法国的 Clauspol 工艺、Sulfreen 工艺;荷兰何丰的 THIOPAQ 工艺等,可分为以下几类:

3.1 富氧克劳斯工艺

富氧克劳斯工艺是普通克劳斯硫回收装置的改进,即用氧气部分或全部代替工艺空气以处理更多的富酸性气原料,可大大提高装置的处理能力。它分为 3 类,有低浓度富氧(O$_2$<28%)、中等浓度富氧(O$_2$>28%)和高浓度富氧(O$_2$>40%)。从 80 年代开始富氧工艺的发展就很快,如 Parsons/BOC 公司的"可靠 SURE"富氧技术,采用分段燃烧和燃烧产物中间冷却的方法;Lurgi 公司的克劳斯工艺,采用多级烧嘴方法;GAA/空气产品公司的 COPE II 型工艺,采用冷的循环气急冷火焰的方法等。采用富氧技术比新建一套硫回收装置不仅投资省,而且改造周期短。到目前为止,工业化的装置已有 100 多家。如仅考虑装置扩能,且有氧源,推荐采用此种工艺。

3.2 亚露点工艺

亚露点工艺与常规的克劳斯硫黄回收工艺极为相似,都是过程气先进废热锅炉,然后进催化转化器、冷凝器,再进一步加热。与常规克劳斯工艺不同的是,亚露点工艺法中,当一台转化器处于亚露点温度下操作时,其他的转化器则处于冷却或再生状态。因为催化剂需要周期性再生,故转化器的切换操作是这种工艺的特点。如:CBA 工艺、Clinsulf-DO 工艺、Sulfreen 工艺、Clauspol 1500 工艺等。亚露点工艺中,过程气中 H$_2$S:SO$_2$ 比值的控制非常关键。国内已经成功应用有 Sulfreen、Clauspol 1500。

3.3 直接氧化工艺

直接氧化法硫回收是在专用催化剂的作用下,直接将尾气中的 H$_2$S 氧化成单质硫的工艺。该处理气体的 H$_2$S 含量一般低于 20%。这是传统的克劳斯技术所无法做到的,它的技术关键是反应器和催化剂。如 MODOP、LSP SuperClaus(增强型超级克劳斯)工艺。有两种组合可使 MODOP 工艺技术的总硫达到 99.6%:其一是采用三级 Claus 反应器+一个还原单元+一个 MODOP 反应器;其二是采用二级 Claus+一个还原单元+二个

MODOP 反应器。该类工艺装置简单、投资少、易操作，已引起普遍重视，我国很少采用该技术回收硫黄，然而在实际的生产中，常常会遇到了贫酸气的处理难题，所以应加大对该技术的消化吸收以及催化剂研制等关键技术的开发投入力度，尽快开发出自主知识产权技术，以满足生产需求。

3.4 生物脱硫工艺

生物脱硫工艺是利用生物转化工程从含 H_2S 的酸性气中脱除 H_2S 以生成单质硫的方法，如 THIOPAQ 工艺。生物脱硫技术无需庞大的装置建设，所用设备简单(生物反应器)在接近常温和常压条件下操作，占地面积小，故投资和操作费用较低。并对不同的 H_2S 含量(体积分数 50% ~ 84%)和负荷(50 ~ 130kg/d)的酸性气进行净化脱硫适应性强，脱硫率高(>99.9%)，尤其适应于处理 H_2S 浓度较低的贫酸气和极贫酸气，以及需要就地进行净化脱硫的小型硫回收装置的建设。因此具有很强的市场竞争潜力。

4 应对的办法

近年来我国经济一直保持良好的发展势头，对石油的需求量年增长率在 5% 以上，但同期国内石油产量年均增长率只有 1.8%，因此需要大量进口石油。据不完全统计，2000 年我国进口石油已达 50Mt，2003 年进口石油达到 100Mt，其中大部分为中东含硫和高含硫原油，按目前的 1Mt/a 的硫回收能力来看，至少还需增加 50% 才能满足生产需要。因此这就需要我们做以下工作：

(1) 发挥硫黄回收技术协作组的作用，通过行业内部的技术交流，提高现有装置的操作管理水平，解决目前经常发生的溶液污染、发泡、降解、腐蚀、控制水平低等问题，保证装置长、稳、安运行；

(2) 引进先进工艺技术，加快消化吸收，尽

早开发出 H_2S 回收，特别是低浓度 H_2S 回收和尾气处理的工艺及催化剂，形成专利技术，占领国内市场；

(3) 尽早开发出硫黄回收及尾气处理工艺技术的模拟软件，以指导科研开发及催化剂的研制工作；

(4) 加强科研—设计—生产部门的合作，加大环保技术开发投入，力争在脱硫和硫黄回收新技术开发与应用方面赶超世界先进水平。

5 市场应用

硫黄是一种重要的化工原料，除了可以用来制硫酸，直接用于农药配置等以外，用它可生产蛋氨酸、二硫化碳、硫化促进剂、二甲亚砜、硫醚、甲硫醇等精细硫化工产品。另外，也可用来生产涂硫尿素、颗粒硫肥等植物营养素硫、硫黄混凝土、硫黄沥青等。20 世纪 90 年代以来，由于世界硫黄市场一直供大于求，价格不断走低，硫黄进口量急增，刺激了我国硫黄制酸工业的发展，这也是 2000 年以来硫黄消费量增长的最大原因。预计 2005 年我国硫黄产量约 1Mt。但也只占硫黄总消费的 12% ~ 15%，大部分要依赖进口；到 2007 年世界硫黄制酸预计占硫酸总产量 65%，硫黄制酸产量年均增长率为 3.7%. 而我国的年均增长率远远高于世界增长水平，因此未来 3 ~ 5 年内，硫黄价格可能居高不下。

作为石油化工、天然气化工以及煤化工过程中必不可少的环节，硫黄回收技术水平的高低直接与整个化工行业环保水平的高低相关，随着我国能源相关产业的快速发展，迫切需要在引进、消化、吸收国外先进硫回收技术的基础上，通过产、学、研结合逐步形成具有自主知识产权的硫回收技术，同时注重硫产品的开发应用，形成既有社会效益又有经济效益的硫黄回收及应用产业。

关于脱硫及硫黄回收和国外公司的技术交流

李菁菁

（中国石化洛阳石化工程公司）

近年来，随着我国加工含硫原油量的增加，脱硫、硫黄回收及尾气处理装置的规模及套数也迅速扩大和增加，为适应上述情况，在不断总结我国自己操作和设计经验的同时，也在努力学习和借鉴国外的先进经验，采用出国访问、引进技术和接待来访等方式，进行了较多的技术交流，现把交流内容以问、答形式介绍给各位同行，供大家参考。时间为近 10 年，包括 Comprimo、KTI、Delta、Parsons、BOC、UCC、NIGI、IFP、DOW、Linde、Black & Veatch Pritchard（BVPI）/Chemtex 等公司。

1 有关脱硫装置问题

1 问：你们对炼厂气脱硫后的产品质量有什么要求？

A 答：我们在脱硫方面有丰富的经验，产品质量可以达到不同的标准。炼厂气脱硫后要求 H_2S 含量小于 l00μg/g，天然气输送时，要求 H_2S 含量为 1~3μg/g。

B 答：美国（1996 年技术交流时提供）一般控制燃料气中 H_2S 含量小于 160mg/m³，加利福尼亚州要求严格控制 H_2S 含量小于 40mg/m³。

2 问：你们对 MDEA 的溶剂质量有什么要求？

A 答：我们只要求 MDEA 的溶剂成分符合表 1 的要求就可以。

B 答：我们没有 MDEA 的溶剂成分要求，只有理化性能要求。

C 答：我们要求 MDEA 的纯度大于 99.9%。

表 1　MDEA 溶剂成分的要求

项　　　目	试验方法	规格要求
MDEA 纯度/%（wt）		>98
其他叔基胺含量/%（wt）		<1.5
一级胺/二级胺含量/（μg/g）		<1000
氯化物含量/（μg/g）		<1
水分含量/%（wt）	SMS 51	<0.5

3 问：闪蒸罐的位置设置及内部结构是如何考虑的？

A 答：一般当脱硫压力<1.0MPa 时，采用冷闪蒸；当脱硫压力>1.0MPa 时采用热闪蒸，这里的热闪蒸是将闪蒸罐设置在换热器中间，而不是设置在末级换热器后，若设在末级换热器后，因温度较高，H_2S 闪蒸量增加，洗涤吸收 H_2S 的溶剂量也需相应增加。

闪蒸罐的结构如图 1 所示。

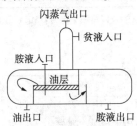

图 1　闪蒸罐结构示意

B 答：如果吸收塔操作压力高于 2.0MPa，或富液中携带液体烃时，需设置闪蒸罐，通常采用冷闪蒸，闪蒸压力约 0.5MPa，富液在闪蒸罐内的停留时间一般为 20~30d。

4 问：请对几种常用溶剂性能及使用范围进行比较。

A 答：几种常用溶剂性能比较见表 2。

B 答：常用溶剂性能比较见表 3。

该公司同时还举实例说明不同溶剂操作性能，见表 4 和表 5。

溶剂 HS103 是美国 UCC 公司专门用于尾气处理的溶剂，它除具有良好的选择性外，还可使 H_2S 脱到非常低的水平，尾气可不经焚烧而直接排放以降低投资和操作费用。

C 答：常用溶剂性能比较见表 6。

D 答：MDEA 溶剂使用浓度为 50%，但用于液化气脱硫时，使用浓度最好为 40%。

5 问：脱硫酸性气和溶剂进入脱硫塔的温度

有何要求？

A 答：为防止脱硫酸性气中烃冷凝而引起溶剂发泡，脱硫酸性气进塔温度比溶剂进塔温度一般低 5~7℃，脱硫酸性气中 H_2S 浓度愈高，二者温差应愈大。该温差由脱硫酸性气组成和吸收塔操作压力通过计算来确定。设计和生产中该温差往往通过设置脱硫酸性气冷却器或调节、控制贫液冷却后的温度来实现。

6问：不同溶剂对脱硫装置酸性气压力有何影响？

A 答：采用不同溶剂时酸性气压力见表 7。

表 2　常用溶剂性能比较

溶剂种类 性　质	MEA	DEA DIPA	MDEA
	一级胺	二级胺	三级胺
吸收率/%　H_2S	100	100	100
CO_2	100	60	10
再生部分蒸汽相对耗量	100	70	60
溶液浓度/(mol/L)	2	2　4	4
富液酸性气负荷/[mol(H_2S+CO_2)/mol 胺]	<0.4	<0.6　<0.8	<0.8

表 3　常用溶剂性能比较

溶剂种类	MEA	DGA	DEA	DIPA	MDEA	高效脱硫溶剂
溶剂使用浓度/%	20	50	30	40	50	50
富液酸性气负荷/[mol(H_2S+CO_2)/mol 胺]	0.3~0.4		0.4~0.5		0.5~0.6	
贫液质量/[mol(H_2S+CO_2)/mol 胺]	0.05	0.05	0.03	0.03	0.005	0.005

注：贫液质量的条件是回流比为：MEA、DGA：2~3；DEA、DIPA：1.5~2.0；MDEA、高效脱硫剂：1.25，再生塔塔盘数为 15~20 块塔盘。

表 4　脱硫装置不同溶剂操作性能

溶剂种类	30%DEA	50%MDEA	50%HS101
富液酸性气负荷/[mol(H_2S+CO_2)/mol 胺]	0.5	0.37	0.42
贫液质量/[mol(H_2S+CO_2)/mol 胺]	0.02	0.01	0.005
净化气中 H_2S 含量/(μg/g)	100	100	50
净化气中 CO_2 含量/%(mol)	0.1	1.1	1.5
CO_2 共吸收率/%	98	75	65

表 5　硫黄回收尾气处理装置不同溶剂操作性能

溶剂种类	27% DIPA	50% MDEA	50% HS101	50% HS103
富液酸性气负荷/[mol(H_2S+CO_2)/mol 胺]	0.19	0.09	0.09	0.09
贫液质量/[mol(H_2S+CO_2)/mol 胺]	0.02	0.01	0.005	0.002
净化气中 H_2S 含量/(μg/g)	250	150	100	<10
净化气中 CO_2 含量/%(mol)	2.9	3.3	3.8	3.8
CO_2 共吸收率/%	30	20	8	8

注：脱硫装置原料气组成为：H_2S：4%(mol)、CO_2：4%(mol)，温度43℃，压力1.7MPa，脱硫塔塔盘数为 20 层。硫黄回收及尾气处理装置原料气组成为：H_2S：2%(mol)、CO_2：4%(mol)，温度32℃；压力0.004MPa，脱硫塔塔盘数为 13 层。

表 6　常用溶剂性能比较

溶剂种类	胺的典型浓度		酸性气负荷*	再生蒸汽用量	
	kmol/m^3	%(wt)	kmol 酸气/m^3 溶液	kg 蒸汽/m^3 溶液	kg 蒸汽/m^3 酸气
MEA	2.5	15**	1.0	255	255
DEA	2	21	1.62	152	94
DIPA	3.7	50	1.3	74	57
MDEA	4.2	50	1.75	235	134

* 酸性气负荷以下面参数为基准：酸性气中 H_2S 由 10% 脱除至 4μL/L，反应平衡在吸收塔顶接近 33%，塔底接近 70%，吸收塔压力为 1.5MPa。

** 因考虑腐蚀问题，酸性气负荷限制在 0.4mol(H_2S+CO_2)/mol 胺以下。

表7　采用不同溶剂时的酸性气压力

溶剂种类	再生塔底部压力/kPa	再生塔底部温度/℃	再生塔顶部压力/kPa	酸性气冷凝冷却器后压力/kPa	酸性气燃烧炉入口压力/kPa	压力对 MCRC 工艺的影响
MEA	97	120	76	55	45	压力太低，需设置鼓风机
DEA	119	124	98	77	67	可接受
DIPA	138	128	117	96	86	无论三床或四床 MCRC，压力都够
MDEA	143	127	122	101	91	无论三床或四床 MCRC，压力都够
DGA	112	122	91	70	60	若采用四床、MCRC，需设置鼓风机

注：(1) 表中数据仅为典型数据，确切数据需根据气体组成计算确定；

(2) 再生塔和酸性气冷凝冷却器压降分别按允许最大压降2lkPa计算；

(3) 酸性气冷凝冷却器至酸性气燃烧炉间压力包括控制阀和估计的管线损失。

7问：在工艺流程设计时，采取什么措施降低溶剂损失？溶剂的补充量约为多少？

A答：在工艺流程设计上，减少溶剂损失的重要方法是采取水洗。气体脱硫可在塔顶管线上设置立式水洗沉降罐或脱硫塔顶部设水洗段，为使低流速的水充分和净化气体有效地接触，水洗段由二层泡罩塔盘组成，水洗水量很少，例如有一脱硫塔溶剂循环量为1200m³/h，水洗水量仅为1.5~2m³/h。

液化石油气脱硫也可在脱硫塔顶设置水洗系统，水洗前液化气中溶剂含量为1%~2%，水洗后液化气中溶剂含量降至100~150μg/g，水洗沉降罐停留时间为15~20天，沉降罐底分离出的水及少量溶剂，其中约75%经泵循环至静态混合器前，约25%至闪蒸罐，循环泵前再补充约25%的水洗水。此外液化气和溶剂在脱硫塔上部的沉降分离时间最少为5天。

溶剂的补充量每年约为：

脱硫装置：30%~40%的系统容量；

尾气处理装置：20%~25%的系统容量。

例：若有一脱硫装置，系统容量为2000t，使用浓度为50%，则补充量为：2000×50%×(30%~40%)=(300~400) t/a，即每年需补充溶剂300~400t。

B答：在工艺流程设计上，减少溶剂损失的方法对液化石油气脱硫可在脱硫塔顶设置水洗系统，水洗前液化气溶剂含量为200μg/g，水洗后液化气溶剂含量降低为25μg/g。

8问：溶剂采用什么过滤形式？

A答：我们通常采用三级过滤，第一级采用机械过滤器，过滤精度为10μm，第二级采用活性炭过滤器，活性炭应采用煤质的，不要采用椰壳的，第三级仍采用机械过滤器，过滤精度提高为5μm。当采用 MDEA 时，通过过滤器的溶剂量为10%~15%，当采用 MEA 时，因设有复活釜，通过过滤器的溶剂量可减少为5%~10%。

过滤器都安装在贫液管线上，因富液含烃和H_2S，不便于操作。

B答：过滤器有两种：机械型和活性炭型。机械型包括袋式和滤芯式，过滤范围1~100μm，可用于脱除导致发泡、腐蚀等颗粒物（腐蚀物、硫化铁、残渣等），它可用于全流通过或部分通过；可置于贫液或富液管线上；也可置于活性炭过滤器前后。

活性炭过滤器用于吸附夹带的烃类、胺降解物、抗泡剂等。活性炭以褐煤或烟煤为原料。活性炭过滤器通常安装于贫液管线上，也有安装于富液管线上的。

9问：液化气脱硫时，对液化气和胺液的液液比有什么要求？

A答：液化气和胺液的液液比最大为1：(7~9)，当液化气中 H_2S 或 CO_2 含量增加时，胺液量也需相应增加，液液比缩小。

10问：MDEA 溶剂的脱硫效果怎样？

A答：MDEA 的脱硫效果和压力有直接关系，见表8。

表8　MDEA 脱硫效果和压力的关系

操作压力/MPa	10	1	0.1	0.002
净化气体中 H_2S 含量/(μg/g)	2	25~30	300~400	400

2　有关硫黄回收装置和尾气处理装置问题

1问：对酸性气进硫黄回收装置的压力有何要求？

A 答：当采用 MCRC 工艺时，对酸性气压力　的要求见表 9。

表 9　MCRC 工艺对酸性气的压力要求　　　　　　　　　　kPa

项　　目	硫黄回收装置界区入口压力		酸性气燃烧炉喷嘴入口压力		尾气炉压力	
	最低值	设计值	最低值	设计值	最低值	设计值
三床 MCRC	65	75	55	65	0	10
四床 MCRC	80	90	70	80	10	10

B 答：当采用三级 Claus 转化，尾气处理采用 Super Claus 工艺，尾气焚烧采用催化焚烧时，酸性气进入硫黄回收装置界区的压力最好高于 0.068MPa，最低为 0.065MPa。

C 答：当采用 Claus 硫黄回收和 RAR 尾气处理流程时，要求酸性气进硫黄回收装置的压力为 0.07MPa。当压力低于该值时，可采用增大管径、降低管线压力降；RAR 尾气处理设置增压机或改变流程，改变流程方法很多，图 2 是其中一例。

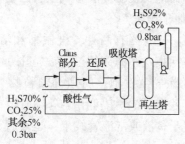

H₂S92%
CO₂8%
0.8bar

Claus 部分　还原　吸收塔

H₂S70%
CO₂25%
其余5%
0.3bar　酸性气　再生塔

图 2　新改变的流程之一

图 2 所示流程的结果是：

1）Claus 硫黄回收装置原料气中 H_2S 浓度由 70% 提高至 92%。硫黄回收装置硫回收率提高至 96.5%。

2）RAR 尾气处理中的吸收再生部分投资增加。

3）Claus 硫黄回收及 RAR 尾气处理中的加氢还原及急冷部分投资降低。

上述 2）、3）二项的综合结果是：Claus 硫黄回收部分投资节省 30%，RAR 尾气处理部分投资提高 25%，蒸汽消耗也相应增加。

D 答：我们约建设了 170 套装置，其中有 40 套酸性气进硫黄回收装置压力为 30kPa，有 30 套为 90kPa，其余在 30~90kPa 间，压力最低的为 25kPa。

Claus 硫黄回收部分压降按 22kPa 考虑（设计值按 18kPa 考虑），SCOT 尾气处理部分压降按 25kPa 考虑。酸性气进入硫黄回收装置边界处压力以高于 55kPa 为好，此时可不设增压机。若压力低于上述值时，就需设置增压机。增压机位置以设置在 SCOT 尾气处理部分为宜，因为这里压力低，泄漏可能性小，且 H_2S 浓度低；机械维护方便；节约电耗。增压机只需一台，不需备用，当然需备有零部件配件，当增压机出现故障时，过程气可短时间经旁路至焚烧炉焚烧。

2 问：酸性气鼓风机的特性是什么？

A 答：酸性气鼓风机是容积式的，具有夹套，用水冷却。一般需设置三台，二开一备，每台为 50% 负荷。它是由特殊防腐材质制造的，价格较贵。

3 问：当原料气中含 1.5%~2% NH_3 时，应采取哪些措施？

A 答：NH_3 的最低分解温度为 1200℃，因此为分解 NH_3，酸性气燃烧炉炉膛温度必须高于 1200℃，当原料气组成为：1.5% NH_3、2% 的烃、60% H_2S 时，酸性气燃烧炉炉膛计算温度为 1260℃；68.5% H_2S 时，炉膛计算温度为 1390℃，上述计算结果基于空气和酸性气都预热至 177℃，由于炉膛温度都已高于 1200℃，故不必添加燃料气，若添加燃料气，则会因燃料气燃烧不完全，引起结炭和催化剂堵塞。

NH_3 的分解是在酸性气燃烧器内完成的，当 NH_3 含量高于 10% 时，建议采用二级燃烧，第一级为富氧燃烧。

NH_3 燃烧器生产厂家有荷兰的 Dulker 公司、加拿大的 Conemara 公司和 Aecometric 公司。

B 答：为保证酸性气中 NH_3 的分解，酸性气燃烧炉炉膛温度必须高于 1250℃，为此可根据酸性气中不同的 H_2S 浓度，加入不同量的燃料气。见表 10。

表 10　所需燃料气量（装置规模为 20kt/a）

酸性气中 H_2S 浓度/%	燃烧炉需燃料气量/（kg/h）	一级在线炉需燃料气量/（kg/h）
60	~100	
68	10	32
75	不需要	~30

当原料气中含有 NH_3 时,必须使用烧 NH_3 喷嘴。

C 答:在酸性气组成为:63.7% 的 H_2S,2% 的 C_2H_6,0.5% ~ 1% 的 NH_3 时,空气需预热至 240℃,才能使酸性气燃烧炉炉膛温度达到 NH_3 的分解温度 1350℃,若 NH_3 含量为 5%,则除空气预热外,酸性气也必须预热,才能使酸性气燃烧炉炉膛温度达到 NH_3 的分解温度 1400℃,因分解温度和 NH_3 含量有关。燃烧后气体中 NH_3 的最高含量为 $15\mu g/g$。

若酸性水汽提装置和脱硫装置的二股酸性气是分别进入硫黄回收装置的,且酸性水汽提装置酸性气中 NH_3 含量高于 2% 时,可采用如图 3 流程。

图中酸性气燃烧炉分前后二个区,酸性水汽提装置酸性气和一部分脱硫装置酸性气混合经喷嘴进入第一个区,脱硫装置剩余酸性气经旁路进入第二个区,经旁路的最大流量为 60%,否则要产生 SO_3 气体。

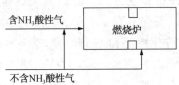

图 3　设有旁路的单燃烧器流程

D 答:烧 NH_3 有三种流程,除图 3 流程外,还有如图 4 的双燃烧器流程和图 5 的单燃烧器流程。三种形式中推荐如图 5 的单燃烧器流程。

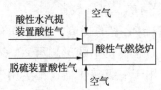

图 4　双燃烧器流程

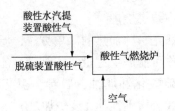

图 5　单燃烧器流程

该公司认为,影响 NH_3 燃烧是否完全的因素有:

(1)温度

过程气中剩余 NH_3 浓度和炉膛温度关系见图 6。由图 6 可见,理想的炉膛温度是 1350℃。提高炉膛温度的措施有:预热空气和酸性气;供给燃料气和采用富氧。

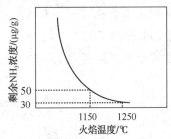

图 6　过程气中剩余 NH_3 浓度和炉膛温度有关(酸性气中含 3% 的 NH_3)

(2)停留时间

从反应动力学角度看,NH_3 的燃烧速度最快,几种物质氧化反应的相对速率为:

$$NH_3:烃:H_2S = 1:2:3$$

因此,只要 H_2S 燃烧的停留时间够了,那么 NH_3 燃烧的停留时间就足够了。

(3)燃烧器结构

要求酸性气和空气混合均匀、完全。

(4)酸性气与空气二者的比例

要求空气供给量比理论需要量高。

NH_3 燃烧后气体中 NH_3 含量一般为 $10\mu g/g$,保证值为 $30\mu g/g$。

4 问:硫黄回收装置过程气进入转化器的加热方式有哪几种?不同的加热方式对投资及硫回收率有什么影响?

A 答:我们对采用蒸汽加热、在线炉加热和热掺合三种加热方式的优缺点认识如下:

(1)蒸汽加热

1)蒸汽压力要求:

当硫黄回收装置后设有 SCOT 尾气处理装置时,一级转化器正常生产时入口温度为 215℃,但为了脱除催化剂上的冷凝硫(生产正常时,半年需脱除一次;停工后再开工时需脱除;当床层温差降低时,也需脱除),要求一级转化器入口温度为 245℃,为满足上述温度要求,需有高于 4.0MPa 的蒸汽,但工厂一般只有 3.5MPa 蒸汽,因而实现蒸汽加热有困难;若通过本装置废热锅炉自产的 4.0~4.5MPa 蒸汽,则大大增加了废热锅炉的设计与制造难度，投资也大幅度增加，这种做法在中、小型硫黄回收装置不可取。

当硫黄回收装置采用三级转化+SuperClaus流程时，一、二、三级转化器入口过程气都应采用在线炉加热，若一级转化器过程气入口采用蒸汽加热，则加热温度受到限制，不利于 COS 和 CS_2 的水解，硫回收率约降低 0.2%，如：

当酸性气中 H_2S 浓度为 75% 时，硫回收率由 99% 下降为 98.8%。

当酸性气中 H_2S 浓度为 68% 时，硫回收率由 98.9% 下降为 98.7%。

若二、三级转化器过程气入口采用蒸汽加热，则炼油厂通常采用的 3.5MPa 蒸汽不能满足 AM+CR 催化剂的再生温度要求，只能采用 CRS31 催化剂，换句话说，当采用 AM+CR 催化剂时，必须采用在线炉加热。

2）催化剂种类要求：

当转化器内装填普通催化剂时，除定期脱除催化剂上的冷凝硫外，还需定期再生，再生时要求气体入口温度 270℃，几乎没有炼油厂具有相应高压力的蒸汽，因而若采用蒸汽加热，最好采用对硫堵塞不敏感、又不需要再生的 CRS31 催化剂，或在蒸汽加热器后增加一个电加热器，当催化剂需要再生时，可采用电加热器加热。采用 CRS31 催化剂和普通催化剂比较见表 11。

表 11　CRS31 催化剂和普通催化剂比较

催化剂种类	CRS31	普通催化剂
相对用量	1	1.5
是否需再生	不需要	需要
相对价格	4	1
寿命	5~7 年	4~6 年
		（用天然气时最高寿命为 8 年）

采用蒸汽加热，正常生产时没有 O_2 带入转化器，但开、停工时还会带入 O_2，形成硫酸盐，引起催化剂失活，若二、三级转化器内没有装填 AM 保护催化剂，又不能再生，则催化剂寿命仅为二年。

3）控制简单。

（2）在线炉加热

1）调节方便，控制灵活，弹性范围大，可达 15%~105%。

2）催化剂种类要求

转化器床层上部装填一层 AM 保护催化剂，下部可装填普通催化剂，一般每年再生一次，催化剂寿命可达 4~6 年。

3）对燃料气质量要求：

要求 C_4、C_5 含量分别小于 0.1%（v）；燃料气相对分子质量为 20~40，若相对分子质量过低，喷嘴可能不能提供所需的热能；分子量过高，可能产生结炭。

4）对燃烧的要求：

为使过程气不把 O_2 带入转化器，要求在线炉燃烧为次化学当量燃烧，所谓次化学当量燃烧系指供给燃烧的空气量低于完全燃烧所需理论空气量时进行的无碳燃烧反应，要求空气比控制在 ~95%，因为空气比大于 100%，就会带入 O_2；空气比小于 73%，会引起结炭。

蒸汽加热和在线炉加热二种方法，按欧洲标准，投资差不多，但中国需按国情进行选择，如喷嘴需引进等因素。

（3）热掺合

我们不推荐这种方法，因为废热锅炉要采用双管程，设备变复杂了；弹性范围小，下限不小于 30%；转化率下降，若一级转化器采用热掺合，则转化率下降 0.2%~0.3%，若一、二级都采用热掺合，则转化率下降约 1%。但我们对中国能在 1350℃高温下工作的掺合阀非常感兴趣。

综上所述，我们推荐在线炉加热。

B 答：气体加热方式有下列几种：

（1）热掺合

1）流程简单，投资最省。

2）影响转化率的提高，但对具有三个转化器的装置，对总转化率的影响可忽略不计，因通常热掺合仅用于一级转化器，很少用于二级和三级转化器。

3）操作弹性低。

（2）在线燃烧炉

该方法是一种加热的简单方法，但不适当的设计或操作可能产生过量氧或结炭，前者会引起催化剂亚硫酸化和腐蚀，后者会引起催化剂失活，因而我公司不推荐在线炉加热的方法。

（3）蒸汽加热

我们认为利用蒸汽加热是最好的方法，其优点为：

1）投资和设备维修费用适中；

2) 操作控制方便；

3) 操作弹性大；

4) 开工速度快。

（4）气-气换热

一般利用一级转化器的出口气体来加热二级或三级转化器入口气体，其缺点为：

1) 压力降较高；

2) 开工速度慢；

3) 管线布置复杂，费用高。

（5）在线电加热器

我公司认为，当工厂无高压蒸汽，装置规模小于 50t/d 时，最好采用电加热器加热，其优点为：

1) 投资和维修费用低；

2) 操作弹性大；

3) 调节灵敏，操作方便；

4) 开工速度快。

我们也建议将电加热器作为其他加热方法的辅助设施。

我们认为，不同的加热方式，转化器内使用的催化剂也不同。如采用蒸汽加热，一级转化器催化剂上部可采用 CR 催化剂或 S201 催化剂，下部采用 CRS31 催化剂，二级转化器催化剂可全部采用 CR 催化剂或 S201 催化剂；当采用在线炉加热时，一级转化器催化剂全部需采用 CRS31 催化剂，二级转化器催化剂上部采用 AM 保护催化剂，下部则可采用 CR 催化剂或 S201 催化剂。当本装置废热锅炉产生 4.0MPa 高压蒸汽时，一级转化器入口过程气采用外掺合，二级转化器采用蒸汽加热；当废热锅炉产生低压蒸汽时，一级转化器采用外掺合，二级转化器可采用气—气换热法。

不同的加热方式对硫回收率、投资及操作弹性的影响见表 12。

表 12　不同加热方式对硫回收率、投资及操作弹性的影响

加热方式	硫黄同收装置碱回收率/%	相对投资	操作弹性	备注
一二级转化器均为蒸汽加热	95.5	100	30%~100%	三种加热方式的硫黄回收装置+RAR 尾气处理装置后，总的硫回收率都一样
一级转化器外掺合，二级转化器蒸汽加热	95.45	92	30%~100%	
一、二级转化器均为外掺合	95.2	84	37%~100%	

*是指当酸性气入 U 压力为 0.03MPa 时的弹性范围，弹性范围随入口压力的增加而增加。

综上所述，我们推荐蒸汽加热，原因如下：

1) 由于采用蒸汽加热，不易产生过剩氧，也就不易产生硫酸盐，再生间隔时间延长；

2) 由于一级转化器过程气的入口温度控制为 235℃，已接近催化剂再生温度 240℃，故再生时只要改变 H_2S/SO_2 比例即可；

3) 采用蒸汽加热比采用在线炉加热催化剂寿命可延长 2~3 倍；

4) 采用蒸汽加热比采用在线炉加热可提高硫回收率。

5 问：燃烧炉喷嘴的设计压降是如何考虑的？

A 答：酸性气燃烧炉喷嘴设计压降为 10kPa（100%负荷时），压降大小决定混合程度，我们压降取得较大，目的是保证当负荷为 10% 时，混合也能完全，喷嘴可在 10%~100%负荷范围内操作。当喷嘴压降为 25mm H_2O（1mmH_2O ≈

9.8066Pa）时，会予报警；当喷嘴压降小于 10mmH_2O 时，喷嘴会烧坏，必须停车。

B 答：酸性气燃烧炉喷嘴设计压降为 200~300mmH_2O，可在 20%~100% 的负荷下操作，气体在燃烧炉内停留时间为 1~1.2s。

6 问：酸性气燃烧炉是否会产生 NO_x？

A 答：若要生成 NO_x，必须发生下列反应，$N_2+O_2 \longrightarrow NO_x$，而燃烧炉中 O_2 不足，因而在酸性气燃烧炉的环境中不会生成 NO_x，即使生成了 NO_x，但存在过量 H_2S，也会发生如下反应，$NO_x+H_2S \longrightarrow N_2+H_2O$，因此不可能存在 NO_x。

B 答：NO_x 含量随供给空气量的增加而增加，其量不大，但始终会存在。

7 问：请举例说明酸性气组成和燃烧炉燃烧温度的关系。

A 答：酸性气组成和燃烧炉燃烧温度的关系

见表13。

8 问：酸性气预热器的设置位置如何考虑？

A 答：因酸性气中含有 H_2S 和 NH_3，当温度低于80℃时，它们会发生反应生成盐类而堵塞分液罐内的丝网，故预热器须放在分液罐前。

表 13　酸性气组成和燃烧炉燃烧温度的关系

酸性气组成/%(v)	H_2S	100	90	70	99	90
	CO_2	0	10	30	0	0
	NH_3	0	0	0	1	10
燃烧温度/℃		1300	1270	1250	1310	1400*

* 因为 NH_3 燃烧的发热量比 H_2S 大，所以温升电高。

9 问：酸性气需设置烃在线分析仪吗？

A 答：不需要，因为烃在线分析仪都采用色谱分析，分析结果滞后时间太长，为8d，不起作用。实际燃烧温度的高低也反映了酸性气中烃含量的多少。为确保酸性气中烃含量不要太高，上游脱硫装置需设置容积足够大的闪蒸罐，并设有分油措施。

10 问：废热锅炉设计中应注意哪些问题？

A 答：废热锅炉一般有二种类型：

1）由废热锅炉、汽包、数根升汽管和下水管组成。

2）由废热锅炉和气液分离器组成，见图7。

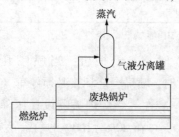

图 7　带有气液分离器的废热锅炉

大型装置选择类型（一），中、小型装置选择类型（二）。废热锅炉的管板设计需特别注意。管板厚度一般要求小于35mm，否则管板与管板保护层接触点温度将超过340℃，会引起腐蚀。

管板保护层厚度和保护层材料性质有关，一般为75mm。

管束排列方式取决于蒸汽量大小，由于废热锅炉蒸汽量大，为便于气泡上升至气相，管束排列采用正方形排列，而冷凝器采用正三角形排列。

B 答：废热锅炉管板厚度要求小于40mm，否则管板温度超过300℃，会引起腐蚀。

保护层采用90%氧化铝衬里材料。管束入口处安装了陶瓷套管。

11 问：废热锅炉产生不同蒸汽压力的投资及产值对比情况如何？

A 答：废热锅炉产生不同蒸汽压力的投资及产值对比情况见表14。

表 14　废热锅炉产生不同蒸汽压力的投资及产值对比

产生的蒸汽压力等级/MPa	相对投资比较	产生的蒸汽量/(kg/h)	蒸汽价值/($/h)
4.5	100(单管程)	19750	1777
4.5	110(双管程)	19750	1777
0.4	75	21000	1617

注：按欧洲标准，4.5MPa 蒸汽的单价为 0.09 \$ /kg，0.4MPa 蒸汽的单价为 0.077 \$ /kg 计算。

12 问：你们 Claus 催化剂的空速多少？

A 答：Claus 催化剂空速一般为 $700 \sim 750 m^3$（标）$/h \cdot m^3$，新的多微孔催化剂空速比上述值高得多。

所有催化剂在使用初期性能差别都不大，但在使用一段时间后，差别就明显了。

若要测定催化剂空速，需三个月时间。

13 问：为什么要用 AM 催化剂？

A 答：当过程气中有 O_2 时，会引起催化剂硫酸盐化，从而降低转化率。当催化剂的硫酸盐含量超过5%时，催化剂就需要再生了。图8是过程气中 O_2 含量和催化剂硫酸盐含量关系示意图，图9是催化剂硫酸盐含量和转化率关系示意图。

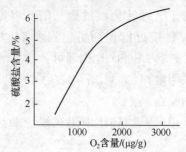

图 8　过程气中 O_2 含量对催化剂硫酸盐含量的影响

O_2 是通过酸性气燃烧炉和在线炉带入的，一般废热锅炉出口 O_2 含量为 $200 \sim 500 \mu g/g$。

AM 催化剂促进下列反应：$H_2S + 3/2O_2 \longrightarrow SO_2$，$H_2S + 1/2O_2 \longrightarrow S$，因而能减少过程气中 O_2 含量。

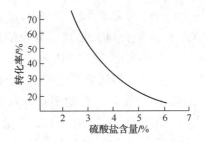

图 9　催化剂硫酸盐含量和 H_2S 转化率的关系

因一级转化器入口气体中 H_2S 含量较高，故对硫酸盐化不敏感，可不装填 AM 催化剂，而二、三级转化器入口气体中 H_2S 含量较低，对硫酸盐化敏感，故 AM 催化剂通常装填在二、三级转化器床层顶部。

14 问：三级转化器出口温度为什么定为 155℃，不能再降低些吗？

A 答：若克劳斯硫回收装置三级转化器出口过程气直接至焚烧炉焚烧，为提高转化率，出口温度可定为 130℃左右；若硫回收装置后接 SCOT 尾气处理装置，则没有必要温度定得那么低，因为这里损失的转化率在 SCOT 装置是很容易得到弥补的，而且还能节省冷凝冷却器的热负荷及换热面积。

15 问：焚烧炉的设计参数如何考虑？

A 答：我们控制三个参数：①温度控制在 650℃；②控制过量氧燃烧，通过在线分析仪控制气体中氧含量约 2%；③停留时间约 0.8s。只要符合上述三个条件，就可保证焚烧后的尾气中 H_2S 含量<10μg/g。

B 答：当有尾气处理装置时，焚烧炉负荷应考虑尾气处理装置故障，走旁路时的工况；停留时间<1s；焚烧温度为 800℃，以保证焚烧后气体中 H_2S 含量<10μg/g，若焚烧温度为 600℃，则 H_2S 含量为 25~30μg/g。

C 答：尾气焚烧温度不能低于 538℃，加拿大一般都定为 650℃，其目的是为了高空易于扩散的需要，加拿大要求排烟温度 650℃，尾气焚烧炉和烟囱直接相连，中间无换热或加入冷空气。不同焚烧温度对燃料气用量的影响见表 15。

16 问：催化焚烧和热焚烧有什么差别？

A 答：采用催化焚烧的目的是降低燃料气用量。在装置规模为 $2×10^4t/a$，酸性气中 H_2S 浓度 68%，燃料气热值为 10924kcal/kg 时，不同的焚烧方式所需燃料气量分别为：

表 15　焚烧温度对燃料气用量的影响（装置规模 20kt/a）

项目	焚烧温度为 650℃时的燃料气用量/(标 m³/h)	焚烧温度为 600℃时的燃料气用量/(标 m³/h)
酸性气中含 H_2S 含量为 60%	163	132
酸性气中含 H_2S 含量为 68.5%	143	115

催化焚烧　　　　　70kg/h
热焚烧（600℃）　　170kg/h
热焚烧（800℃）　　320kg/h

催化焚烧后 H_2S 含量<5μg/g，催化剂 099 寿命 3~5 年，缺点是一次投资大，催化剂对 H_2S 浓度敏感，因而一般 H_2S 浓度限制在 1% 左右，另外废催化剂的处理目前还没有更好的办法，存在二次污染，近年来催化剂已改为使用铝系催化剂 ST739，该催化剂不含重金属，对环境无污染，是法国罗纳普郎克公司产品。

17 问：当烟囱抽力能使尾气焚烧炉保持负压自吸空气时，能否取消尾气焚烧炉的鼓风机？

A 答：我们公司不这样做，其原因是当操作不正常时，会发生气体泄漏，那样就不够安全。

18 问：你们烟囱的结构如何？

A 答：烟囱的结构见图 10。

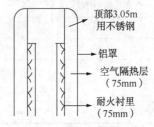

图 10　烟囱结构示意

为防止因气体外渗，引起低温露点腐蚀，烟囱钢壳体温度应高于 250℃，因此必须设置空气隔热层。

19 问：烟气进入烟囱的温度（478℃）为何这么高？

A 答：由于烟气扩散的需要，从烟囱顶部出口的烟气温度需高于 100℃。当烟囱采用金属材料时，气体在烟囱内温降很大，如烟气进入烟囱的温度为 480℃，则在烟囱高度 40m 处，烟气温度约 300℃，在烟囱高度 80m 处，烟气温度约

150℃，现由排放标准确定的烟囱高度为 100m，故烟气进入烟囱的温度不能再低了。

20 问：液硫脱气的目的是什么？脱气方法有哪些？它们各自的优缺点是什么？

A 答：液硫中通常 H_2S 含量为 300 ~ 350μg/g，一、二、三级冷凝冷却器的液硫因过程气组成、温度和压力不同，液硫中 H_2S 含量也不同，一级冷凝冷却器液硫 H_2S 含量约 400μg/g、二级约 200μg/g、三级约 50μg/g。

液硫脱气目的有三个：

1）液硫运输中的安全问题：

液硫运输过程中，由于震动和温度降低，液硫所含的多硫化物分解，释放出 H_2S，气相中的 H_2S 浓度可能达到爆炸极限或大量泄出时危及人身安全。

2）液硫冷却成型时大量 H_2S 释放出来，污染周围环境。

3）H_2S 存在于固体硫黄中，会影响硫黄强度。

液硫脱气通常采用循环脱气或 Shell 脱气二种方法，当采用循环脱气时，液硫需连续循环，循环量为 10 倍的液硫产量，注 NH_3 量为 10 ~ 60μg/g（NH_3 作为催化剂，加速下列反应朝右进行，$H_2S_x \longrightarrow H_2S+S$），除注 NH_3 外，也可注 DI-PA、MDEA 等物质。该法要形成 $(NH_4)_2SO_4$ 固体沉淀物，每隔 6 个月需对硫池清理一次。图 11 是循环时间、循环倍率和液硫中 H_2S 含量关系的示意图。当采用 Shell 脱气方法时，约 60% 的 H_2S 和空气反应生成单质硫，因而液硫中 H_2S 含量较低，一般为 1~3μg/g，保证值为 10μg/g。

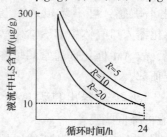

图 11 循环时间、循环倍率和液硫中 H_2S 含量关系的示意

H_2S 和空气中氧的反应式为：$H_2S+O \longrightarrow S+H_2O$。

二种脱气方法的比较见表 16。

表 16 二种脱气方法的比较

脱气方法	循环脱气	Shell 脱气
注入介质	NH_3 等（作为催化剂）	空气（空气中的氧参加反应）
液硫在硫池内停留时间/h	>24	<24
脱气后液硫中 H_2S 含量/(μg/g)	<50	<10
投资	较低	比循环脱气法稍高
操作费用	因循环量大，循环时间长，电机功率消耗大，因而操作费用及能耗均较高	只要是从鼓风机出口管线中抽出极少量空气，因而操作费用及能耗均较低
是否专利技术	否	是

21 问：设计 SCOT 部分时，负荷如何和上游 Claus 部分匹配？

A 答：按 Claus 部分回收率为 93% 来考虑 SCOT 部分负荷，以保证当上游 Claus 部分负荷和回收率变化时，SCOT 部分也能正常操作。

B 答：按 Claus 部分回收率为 94% 来考虑 SCOT 部分负荷。

22 问：SCOT 尾气处理中加氢反应器入口过程气采用蒸汽加热和在线炉加热如何比较？

A 答：二种加热方法的比较如下：

（1）投资

采用在线炉加热时，在线炉和加氢反应器后的废热锅炉的总投资比换热器投资约减少 10% ~ 15%，但由于过程气量增加，急冷塔投资约增加 2%。

（2）催化剂寿命

采用蒸汽加热可保证催化剂寿命为三年，比采用在线炉加热约延长三倍。

（3）压降

采用蒸汽加热比采用在线炉加热压降大，前者压降约为 5884kPa（600mmH_2O）。

23 问：SCOT 尾气处理中加氢反应器入口过程气采用电加热的特点是什么？电加热器所需面积如何计算？

A 答：优点为：①控制方便、灵活、简单。②能避免使用在线炉因燃料气质量不稳定所带来的问题。③压降小，约 392Pa（40mmH$_2$O）。④电加热器采用电压 380V、50Hz、三相、防爆。

是否采用电加热器要取决于电价，如欧洲电价很便宜，就可广泛使用。

电加热器所需表面积可通过以下方法计算：首先计算出电容量，然后按每平方厘米通过的电容量为 1.3W（即 1.3W/cm^2）就可计算出所需表面积。

24 问：是否可利用尾气焚烧炉的高温气体来加热加氢反应器入口过程气，以减少换热面积？

A 答：利用上述加热方法确实可大幅度降低换热面积，换热器也可不单独设置，换热管直接放在焚烧炉内，但我们不推荐这种方法。

25 问：SCOT 尾气处理中加氢过程的 H$_2$ 量是如何控制的？

A 答：一般加氢过程所需的 H$_2$ 是通过在线炉发生次化学当量燃烧而产生的，过程气中的 H$_2$ 含量可通过 H$_2$ 在线分析仪来了解，它不起控制作用，仅起测量和报警作用，当测量值为 1% 时就预报警，测量值为 0.5% 时就报警，然后通过调节 H$_2$S/SO$_2$ 比例实现调节 H$_2$ 含量目的。我们设计的 150 套装置中有 90% 是这样控制的。当然也可使在线仪参与控制或联锁，但我们不推荐这种方法，我们希望操作员了解上游装置到底发生了什么。

如有外供 H$_2$，则仍需加热炉加热，当然也可采用换热器，但压降需增加。

由于 Claus 尾气中约含 1%～2%（v）的 H$_2$，所以外供需氢量很少，对于一个 70kt/a 的 SCOT 尾气处理装置约需 2kg/h。

26 问：SCOT 尾气处理中的吸收塔如何控制 CO$_2$ 共吸率？

A 答：CO$_2$ 共吸率一般小于 10%，控制共吸率的关键是贫液质量，即贫液中的 H$_2$S 含量，当 H$_2$S 含量高时，贫液须经吸收塔上部开口入塔，贫液在塔内停留时间增加，CO$_2$ 共吸率也相应增加。因此 CO$_2$ 共吸率是通过贫液在吸收塔内的停留时间来控制的，而停留时间取决于贫液质量。

27 问：Super Claus 装置过程气的加热方式和催化剂类型、回收率间的关系是什么？（酸性气组成为 H$_2$S：68%，CO$_2$：24.5%，NH$_3$：1.5%，H$_2$O：4%，烃：2%）

A 答：过程气加热方式决定了使用催化剂的类型，并且也直接影响了装置回收率，当然废热锅炉产生蒸汽的压力等级是选择过程气采用蒸汽加热的先决条件，它们间的综合关系见表 17。

表 17　加热方式和催化剂类型及回收率的关系

废热锅炉产生蒸汽压力等级/MPa	4.0	4.0	1.3
一级转化器入口过程气加热方式	蒸汽加热	使用燃料气的在线加热炉	使用燃料气的在线加热炉
一级转化器装填催化剂类型	CRS31	CRS31	CRS31
二级转化器入口过程气加热方式	蒸汽加热	使用燃料气的在线加热炉	使用燃料气的在线加热炉
二级转化器装填催化剂类型	CRS31	AM/CR	AM/CR
三级转化器入口过程气加热方式	蒸汽加热	使用燃料气的在线加热炉	使用燃料气的在线加热炉
三级转化器装填催化剂类型	CRS31	AM/CR	AM/CR
Super Claus 转化器入口过程气加热方式	蒸汽加热	蒸汽加热	使用燃料气的在线加热炉
Super Claus 转化器装填催化剂类型	铝基/硅基	铝基/硅基	铝基/硅基
装置回收率/%	98.9	99	98.9
装置回收率的安全系数/%	0.2	0	-0.05

说明：1）若酸性气中 H$_2$S 浓度提高至 75%，则装置回收率可达 99%，回收率的安全系数为 0.15%。

2）酸性气中的 NH$_3$ 含量对回收率影响不大，即使 NH$_3$ 含量降低至 0.1%，回收率仍达不到 99%。

3）采用燃料气在线炉时，由于稀释了过程气中 H$_2$S 浓度，因而使回收率下降。

4）现世界上测定硫回收率比较权威的单位是西方研究公司。

28 问：装置的设备材质是如何考虑的？

A 答：硫黄回收部分除反应器衬里的保温钉

及除雾器丝网是不锈钢外, 其余都是碳钢, 若采用热掺合的加热方式, 则旁路管线可采用不锈钢或带衬里的碳钢管线, 掺合阀为不锈钢。RAR 尾气处理部分采用不锈钢的部分是: 加氢反应器的出入口管线; 靠近急冷塔的一段入口管线及急冷塔; 换热器后的富液入再生塔的管线及再生塔富液入口下方的二层塔盘; 重沸器及富液泵(凡是温度高于 80℃ 的胺液管线都需要采用不锈钢管线), 除此之外, 都是碳钢材质了。

29 问: 硫黄回收及 SCOT 尾气处理装置哪些设备容易损坏?

A 答: 硫黄回收及 SCOT 尾气处理装置容易损坏的设备如下: 所有炉子的耐火衬里部分, 取决于衬里材料的性能和施工质量; H_2 在线分析仪很重要, 若 H_2 不足, 会发生 $H_2S + SO_2 \longrightarrow S_8$, 造成堵塞和腐蚀; 急冷塔的塔体壁厚应考虑 6mm 的腐蚀裕度, 塔内填料也应考虑一定的腐蚀裕度, 塔内液相的 pH 值需严格控制, 因而我们设有二套化学药剂加入系统, 正常生产时使用注氨系统, 事故状态时, 使用注碱系统; 硫封若发生堵塞, 可拿出来吹扫; 硫池易发生地下水渗漏, 荷兰在处理地下水渗漏方面有很多经验; 转动设备是易损坏部分, 泵和酸性气燃烧炉鼓风机均设有备机, 而增压机不需备机, 这是因为 Claus 部分硫回收率约 95%, 而 SCOT 部分硫回收率约 4.8%, 因而 Claus 部分不能停工, 而 SCOT 部分若因增压机损坏而停工, 则可临时走旁路。

关于检修周期, 欧洲正朝 3~4 年检修一次发展, 它取决于上游装置, 就硫黄回收装置本身而言, 连续运转上述时间是没有问题的。

30 问: 当硫黄回收装置发生事故时, 酸性气是如何处理的?

A 答: 我们采用以下措施:

1) 设计上游脱硫装置时, 溶剂罐的停留时间按大于 1h 考虑, 事故时可暂时把溶剂储存起来。

2) 当尾气焚烧炉采用催化焚烧时, 出事故时酸性气可至火炬燃烧后排放; 当尾气焚烧炉采用热焚烧时, 出事故时酸性气除可至火炬燃烧后排放外, 还可至尾气焚烧炉焚烧, 因此尾气焚烧炉的设计应考虑焚烧酸性气的工况。

但无论尾气焚烧炉采用那一种焚烧方式, 荷兰允许发生事故时酸性气排至火炬燃烧时间为 0.17~2.5h, 若超过 2.5h, 则装置须停工处理。

B 答: 当硫回收装置发生事故时, 酸性气通至火炬焚烧后排放, 为此火炬应设有长明灯。

C 答: 当硫回收装置发生事故时, 酸性气放火炬, 也可少量排至焚烧炉, 焚烧炉设计按 30% 酸性气流量考虑。

31 问: 哪些部位需要采样分析?

A 答: 对 Super Claus 工艺, 正常操作时需定期采样分析的部位有五处: 酸性气组成、四、五级冷凝冷却器出口过程气组成、烟囱入口气体组成和硫池抽出气体组成。

在装置标定时, 除上述五处外, 还需分析一、二、三级冷凝冷却器出口及燃料气组成, 此外还有 O_2 及 H_2S/SO_2 在线分析仪。

32 问: 硫黄产品质量保证值是什么?

A 答: 硫黄产品质量的保证值和期望值见表 18。

表 18　硫黄产品质量的保证值和期望值

项　　目	纯度/%	水分/%	有机物/%	灰分/%	酸度/%	液硫中 H_2S 含量/$(\mu g/g)$
期望值	>99.9	<0.1	<0.025	<0.03	<0.005	<10
保证值	>99.9	<0.1	<0.025	<0.05	<0.001	<10
GB 2449-92 优等品*	≥99.9	≤0.1	≤0.03	≤0.03	≤0.003	

* 为便于比较, 把我国硫黄产品质量要求也一并在表中列出, 除表中所列数据外, 我国还有砷含量、铁含量和机械杂质要求。

我们给欧美等国设计装置的硫黄产品质量保证值都一样, 不会有问题, 灰分主要由酸性气带入, 硫黄产品的酸度和液硫停留时间有关, 停留时间愈长, 酸度愈高。

B 答: 我们商业级硫黄产品要求纯度为 99.5% ~ 99.9%, 液硫中 H_2S 含量小于 10 ~ 20$\mu g/g$。

33 问: 装置操作弹性范围是多少?

A 答: 一般装置操作弹性范围是 30% ~ 105%, 如果需要, 可到 10% ~ 105%, 但仪表和设备需做相应修改。

34 问: 你们有液硫长距离输送的经验吗?

A答：液硫输送有二种方式，一是用液硫槽车，二是用管线输送，此时可以用蒸汽夹套保温，也可用电加热，我们公司为南美洲设计的 $DN80$ 液硫输送管线采用电加热，输送距离3.5公里。

35问：超级SCOT法（Super SCOT）、低硫SCOT法（LS-SCOT）和SCOT法的区别是什么？

超级SCOT法（Super SCOT）和低硫SCOT法（LS-SCOT）是近年来新发展起来的方法，净化气中 H_2S 含量可小于 $10\mu g/g$ ，总硫含量小于 $50\mu g/g$ ，总硫回收率可达99.95%。

第一套超级SCOT装置于1991年投产，现有五套装置在运行，其中三套在台湾，二套在俄罗斯。

超级SCOT法的主要特点是二段再生和降低贫液温度以改善吸收效果。上述二个特点可单独采用，也可同时采用。

由于净化气中 H_2S 含量是和进入吸收塔顶贫液中 H_2S 含量相平衡的，故为了降低净化气中 H_2S 含量，必须降低进入吸收塔顶贫液中 H_2S 含量，提高该部分贫液的再生效果，为了既降低进入吸收塔顶贫液中的 H_2S 含量，又降低再生需要的蒸汽耗量，为此，再生塔分为上、下二段，上段贫液采用浅度再生，再生后部分贫液送至吸收塔中部作为吸收溶剂，其余部分进入下段进行深度再生；深度再生后贫液送至吸收塔顶部，以改善净化气质量。示意流程见图12。

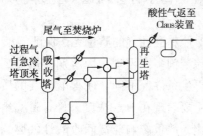

图12　超级SCOT法中吸收—再生部分流程示意

众所周知， H_2S 在胺液中的溶解度随温度降低而增加，因此降低贫液温度就可降低 H_2S 的分压，从而达到降低净化气中 H_2S 含量的目的。

和SCOT装置相比，由于部分溶剂采用了深度再生，蒸汽耗量增加，台湾某炼油厂的二套超级SCOT装置，蒸汽耗量分别为 $320kg/m^3$ 溶液和 $350kg/m^3$ 溶液。当然在要求SCOT法也达到超级SCOT法的净化度时，则超级SCOT法蒸汽用量比SCOT法降低30%，但装置投资却要增加30%~40%。低硫SCOT法是在溶液中加入一种廉价的助剂以提高溶液再生质量，降低净化气中 H_2S 及总硫含量，达到提高硫回收率的目的。因为添加了助剂，所以装置最好设计为独立式。

低硫SCOT法和SCOT法的主要差别为：

1）低硫SCOT法比SCOT法的回收率高，前者回收率保证值为99.95%，后者为99.8%。

2）低硫SCOT法的吸收塔和再生塔塔盘数比SCOT法多。

3）低硫SCOT法的溶剂中需加入助剂，这种助剂能改善再生效果，即在相同蒸汽耗量时，贫液质量提高；或为达到相同贫液质量，蒸汽耗量降低。

4）为降低净化气中 H_2S 含量，低硫SCOT法溶剂进入吸收塔的温度比SCOT法低，当然进入吸收塔的气体温度也需相应降低。

低硫SCOT法投资比SCOT法约增加15%，主要花费在：

1）吸收塔和再生塔塔盘数增加。

2）由于进入吸收塔的贫液和气体温度降低，冷却器面积需增加。

大型化硫黄回收装置设计的关键点

王志中

（中国石化洛阳石化工程公司）

自从 20 世纪 30 年代改良 Claus 法实现工业化以来，以硫化氢酸性气为原料的硫黄回收生产装置得以迅速发展，特别是 50 年代以来开采和加工含硫原油及天然气，工业上普遍采用了 Claus 过程回收单质硫。据不完全统计，世界上已建成 500 多套装置，从硫化氢中回收硫黄的产量达 2600 多万 t，占世界产品硫总量的 45%。我国自 1966 年第一套从天然气中回收硫黄的装置投产以来，随着加工原油硫含量及天然气开采量的增加及环保要求的提高，硫黄回收装置的数量及规模迅速增加，目前国内硫黄回收装置已超过 80 余套，其中炼油厂 60 余套，单套规模最小的为 300t/a，最大的为 100kt/a，绝大部分规模偏小。30 多年来，我国自行设计与投产的装置约有 60 余套，工艺方法除少数厂因处理低浓度酸性气采用分流法外，其余都是采用部分燃烧法。

经过将近 40 年的不断努力，我国硫黄回收工业有了较大的发展，在石油化工和天然气加工领域内，建成了 80 余套硫黄回收装置，为国民经济的发展和环境的改善做出了一定的贡献，但与国外先进水平相比，还有相当大的差距，尤其是在装置的大型化、长周期运转等方面，还有待进一步地提高。

随着国内炼油厂原油加工量的扩大及加工进口含硫原油比例的增加，硫黄回收装置逐步大型化，考虑到国家越来越严格的环保法规，一旦硫黄回收装置因事故停车时，其他的上游装置也会被迫停工或减产，造成工厂不应有的损失。同时，鉴于硫黄回收装置规模大、原料来源多、组分复杂、波动范围大，而且又是全厂性配套装置，属全厂公用工程，这就要求硫黄回收必须安全可靠，因此，努力提高硫黄回收装置运行的可靠性和延长装置的开工周期是非常必要的。

洛阳石化工程公司（LPEC）是集设计、科研、开发和生产于一体的大型工程公司，经过 30 多年的工程设计及工程开发，通过引进消化及吸收国外先进的技术，在脱硫及硫黄回收领域积累了丰富的经验和独有的技术。本文通过多年的实际设计经验，并参考国外先进的设计理念，针对大型硫黄回收装置设计的关键点提出一点看法和建议，以使得大型化硫黄回收装置在适应性和可操作性、硫回收率、产品质量、能耗指标、设备防腐性能和长周期运转等方面均达到新的较高水平。

1 全厂酸性水和酸性气集中处理措施

目前，国内大多数炼油厂的酸性气、酸性水处理设施的配置模式多种多样，每个厂的情况都不尽相同，但归纳起来都有如下相同之处：脱硫溶剂再生、酸性水汽提分散在主体装置内。酸性气多点输送，距硫黄回收装置较远。

由于酸性水、酸性气的分散处理，在实际生产中已经暴露了许多问题，主要有以下几个方面：

（1）原料酸性气的质量无法保证

脱硫溶剂多点再生，因溶剂使用类型、使用浓度、再生条件等不同，使得酸性气的质量无法保证，主要表现在 H_2S 浓度、烃含量等组分的大幅度变化，严重影响硫黄回收酸性气燃烧炉的正常运转。

（2）酸性气压力无法保证

对于有尾气处理（采用还原—吸收工艺）的硫黄回收装置而言，系统压降一般在 0.055～0.065MPa 之间，溶剂分散再生，酸性气在输送过程中，由于上游各分散排放点的酸性气操作条件不同，带液量无法控制，而且系统管道存在多个低点，造成积液，使酸性气流动不畅，无法保证硫黄回收对酸性气压力的要求。

（3）存在安全的隐患

工艺生产装置的脱硫溶剂再生及酸性水汽提分散建于主体装置内，以酸性气的形式输送到硫黄回收装置，整个工艺装置区及系统管带都存在高浓度 H_2S 泄露的安全隐患，由于系统酸性气管道排放积液引起 H_2S 泄漏造成的人身伤亡事故时有发生。

因此上游装置的富溶剂和酸性水应进行统一集中再生和处理，这样变输送酸性气为输送贫富溶剂和酸性水，一方面避免了由于输送酸性气带来压力降大，硫黄回收装置操作不稳的困难；同时避免了酸性气长距离管道输送需定期排液，一旦发生了泄漏将造成不堪设想的人身事故的危险，而且溶剂集中再生与分散再生相比，具有投资省、占地少、能耗低、便于硫黄回收操作的优点。基于安全和正常操作的需要，国外许多炼油厂都将脱硫溶剂集中再生，并把溶剂再生装置建设在硫回收装置附近，从而大大缩短了酸性气管道，为炼油厂的安全生产、硫黄回收装置正常和长周期运转创造了必要的条件。

2　改善原料气的质量和提高热反应炉温度

上游装置脱硫采用选择性溶剂提高酸性气中 H_2S 浓度；强化富溶剂闪蒸，减少酸性气带烃量；在酸性气分液罐内加装破沫网及聚结填料等措施均可减少酸性气带液，降低酸性气的水分含量。

提高热反应炉温度对硫转化率非常有利，同时温度越高，越不利于 CS_2 的生成，有利于酸性气中杂质 NH_3 分解完全。热反应炉温度达到1300℃时，即不再生成 CS_2；炉温增加至 1300～1350℃ 时，NH_3 分解后可保证过程气中 NH_3 小于 $20\mu g/g$。

提高热反应炉炉温的措施也很多，一般采取的措施有：预热原料气和燃烧空气、加注燃料气助燃、在燃烧空气中加注氧气，提高燃烧空气中的氧浓度。

上述措施各有利弊，加注燃料气助燃提高温度带来的危害是控制不好易产生积炭，而且对燃料气的组成要求很严，燃烧空气中加注氧气，对没有副产氧气的工厂，尚需一套制氧设施。原料气和燃烧空气的预热是较为经济合理也是普遍采用的手段。

3　燃烧器型式的选择

燃烧器是 Claus 硫黄回收装置中的关键设备，酸性气燃烧器的性能直接影响装置的硫回收率及产品的质量，其操作弹性直接决定着装置的操作弹性，其使用寿命也直接决定着整个装置的开工时间。因此，燃烧器型式的选择就显得尤其重要。

燃烧器必须能够将三分之一的 H_2S 燃烧成 SO_2 以满足 Claus 工艺的化学计量要求，同时还要将酸性气中的杂质（NH_3、烃类）完全分解，并且不能有过剩氧；在正常的原料气流速下及 15%～20% 正常流速下，燃烧器必须能够高效的发挥作用；在开工及停工时，燃烧器还必须能够在燃料气低于化学计量燃烧的情况下正常使用。

性能优良的燃烧器应该具备以下工艺特点：使气体充分混合达到反应平衡，使原料气的杂质 NH_3、烃类完全燃烧、没有过剩氧，实现点火及控制的自动化。

国内小型硫黄回收装置采用的同轴（双套管）国产燃烧器普遍存在的问题是：①火焰稳定性差，燃烧效率低；②空气与酸性气混合状态不好造成漏氧，烧氨性能差，导致设备的腐蚀、催化剂失活并堵塞管道、设备及催化剂床层；③燃烧器喷头过分暴露在炉体耐热衬里的反应热辐射中，造成熔硫和高温腐蚀；④开停工燃料气燃烧时出现积炭；⑤点火与控制水平低。上述不利因素导致了装置的停工维修、更换催化剂以及经常的故障，降低了硫黄回收装置的可靠性。

国外从 20 世纪 60 年代中期就开始了含氨酸性气燃烧技术的研究与开发，许多公司都有自己专门的燃烧器技术。针对含氨酸性气的燃烧技术已经相当成熟，可以归纳为三大类：

1）采用双区燃烧炉，含氨酸性气及部分再生酸性气进入炉子的 I 区，在接近化学燃烧比例的较高温度下燃烧，达到氨分解的目的；剩余的再生酸性气进入炉子 II 区。此项技术以 Black & Veatch Pritchard 公司及 KTI 公司为代表，其优点是烧氨效果好，氨分解彻底，缺点是燃烧炉长径比大、控制回路多、操作复杂。

2）采用增设卫星燃烧器的方法来专门燃烧

含氨酸性气，即设置一个中心燃烧器及一个或多个卫星燃烧器，中心燃烧器用来在次当量下燃烧再生酸性气，卫星燃烧器则用来在接近化学当量条件下焚烧含氨酸性气。此项技术以 Lurgi 公司为代表，其优点是炉子的结构较简洁，燃烧效果也较好，但它仅适用于含氨酸性气的组分、流量均比较稳定的情况，而且要求其中的氨含量不能太高、H_2S 含量不能太低。燃烧效果也与卫星燃烧器的设置位置密切相关。

3）采用单一的常规高强燃烧器，但通过加大燃烧炉炉膛体积的办法来实现氨的焚烧。此项技术以 Jacobs Comprimo（采用 Babcok Duiker 公司的 LMV 高效燃烧器）高强力燃烧器为代表，其优点是炉子简单，无须附加的测控设备，操作也较方便，缺点是炉膛体积稍嫌庞大，而且含氨酸性气及再生酸性气是混合后再进入燃烧器中，如果结构设置不当则可能会有铵盐结晶生成。

为确保装置的长周期、安全可靠地运行，考虑到近年来酸性水汽提装置大部分采用单塔低压全吹出工艺方案，建议大型硫黄回收装置宜采用进口燃烧器及相关的技术，燃烧器应达到如下性能：

1）采用特殊烧氨结构，能在燃烧器及燃烧炉的范围内将混合含氨酸性气完全燃烧；

2）具有较高的调节能力，调节比应达到 1：5 或更高；

3）具有自动点火、火焰检测及熄火自动保护等功能，能在现场及在中控室实现燃烧器自动点火；

4）结构设计合理，能确保长周期无故障运行。

4　酸性气燃烧炉的设计

酸性气燃烧炉是硫黄回收装置的主要设备之一，60%~70% 的 H_2S 在燃烧炉中转化为硫，燃烧炉设计的好坏直接影响到装置的安全及硫回收率。

停留时间：反应气体在热反应段的停留时间是决定反应炉结构的重要参数，合理的停留时间，不仅能减少副反应发生，而且减少炉膛体积、降低热损失、减少投资。合理的设计停留时间为 0.8~1.5s。

设计压力：取消防爆膜，提高设备设计压力。设计压力按压力源可能出现的最高压力考虑，再按爆炸压力下校核炉体不超过材料的流动极限，保证在炉内介质闪爆时，炉体不产生塑性形变。

衬里结构设计：炉衬设计温度按 1600℃，最高允许工作温度为 1800℃，迎火面选用耐火刚玉砖，第二层选用耐磨耐酸衬里，第三层用隔热耐酸衬里，这种结构的优点是耐火温度高，隔热效果好，使用寿命长，可保证使用寿命在 10 年以上。

炉壁温度：为防止腐蚀，炉壁温度应高于 SO_2 的露点温度。Mobil 公司设计的炉壁温度为 150~300℃；荷兰 Comprimo 公司按正常炉壁温度为 200℃，最高和最低炉壁温度分别为 250℃ 和 150℃ 设计；意大利 KTI 公司炉壁设计温度为 350℃（炉壁最高操作温度按 300℃ 考虑）。国内设计一般按 150~250℃ 考虑。

花墙的设置：设置花墙的目的是提高并稳定炉膛温度、使反应气流有一个稳定的充分接触的反应空间、使气流尽可能均匀地进入废热锅炉，减轻高温气流对废热锅炉管板的热辐射、阻挡分离气体携带的固体颗粒等；国内设计的花墙位置一般为花墙后长度取 ϕ0.6~1.0m 国外公司设计的花墙位置也不尽相同，意大利 KTI 公司为茂名石化公司炼油厂设计的花墙位置为 ϕ1.1m，荷兰 Comprimo 公司为安庆石化总厂设计的花墙位置在壳体缩径前的最末端，而法国 IFP 公司为大连西太平洋石化公司设计的燃烧炉因长度较长（9m），设置了二座花墙。

防护罩：炉壁外上方应设置一弧度为 270° 或 180° 的金属罩，其作用是防烫防雨，避免因环境温度变化过大而引起炉壁温度变化过大。

5　中压废热锅炉的设计

国内小型硫黄回收装置的废热锅炉普遍产生低压蒸汽（1.0MPa），规模较大的装置，废热锅炉产生中压蒸汽居多。1998 年镇海炼油化工股份有限公司从 Comprimo 公司引进的 70kt/a 硫黄回收装置，同时茂名石化公司从 KTI 公司引进的 60kt/a 硫黄回收装置都已经顺利投产，废热锅炉均产生中压蒸汽。废热锅炉产生中压蒸汽，在能量升值、逐级利用上合理，但中压蒸汽废热锅炉设备结构较复杂，设备投资较高。

酸性气燃烧炉废热锅炉的主要作用是冷却酸性气燃烧炉出口过程气，通过产生蒸汽回收热量，进口温度 1100～1400℃，出口温度 350℃左右。过程气的主要成分为腐蚀性气体如 H_2S、SO_2、硫蒸气等，国内关于酸性气燃烧炉废热锅炉损坏的报道时有所闻。作为硫黄回收装置中最重要、工作条件最苛刻的工艺设备，酸性气燃烧炉废热锅炉的设计水平的高低，直接制约着整个装置的安全、平稳、长周期运行。

LPEC 已经拥有了相当多的火管式锅炉设计经验，并且成功地为山东鲁北酸厂设计了目前国内压力最高的管壳式废热锅炉。近年来，LPEC 设计的典型火管式锅炉见表 1。

表 1　LPEC 设计的典型火管式锅炉

厂名	装置	设计压力	内径	管长	蒸汽产量/(t/h)	制造年限
广州石化	硫黄回收	1.3MPa	2100	4200	12	1998
茂名石化	硫黄回收	5.2MPa	2600	9400	19.2	1998
茂名石化	制氢	4.8MPa	1600	6320	45	1998
鲁北酸厂	硫黄制酸	6.1MPa	3000	5900	43.0	1999

对于大型硫黄回收酸性气燃烧炉中压废热锅炉的设计，LPEC 设计的主要特点如下：

1）采用蒸发器及汽包上下分开放置的结构型式，由上升管及下降管连接及支撑；

2）采用柔性管板结构，为突破 GB/T 16508—1996《锅壳锅炉受压元件强度计算》有关管板直径不超过 2000mm 的限制，拟采用最新版的德国 AD 规范，并根据以往经验对柔性管板进行有限元分析设计；管板采用薄管板结构，设计灵活，避免厚管板由于其复杂的温度场及不合理的应力状态，引起高温硫腐蚀；

3）管子与管板连接处采用刚玉陶瓷套管保护；

4）管子与管板的接头设计：管子与管板的接头作为管壳式废热锅炉中最薄弱、最易发生故障的环节，对管接头焊缝设计应投入较大的精力，应给予较多的关注。

6　过程气加热方式选择

过程气加热方式的选择是否合适，将直接影响大型化硫黄回收装置能否长周期运行。

过程气的再热方式主要有三种：间接加热法（中压蒸气加热、电加热、气-气换热、热油再热）、热气旁通法（高温掺合）、再热炉加热法（酸性气再热炉、燃料气或天然气再热炉）。

热气旁通法（高温掺合）操作和控制都很简单，造价低，但一般使用于小型硫黄回收装置。由于掺和阀的高温硫腐蚀比较严重，不利于装置的长周期运行，大型硫黄回收装置一般不采用。在进料酸性气 H_2S 相同的情况下，采用间接加热的二级转化 Claus 装置可能达到的最大回收率比热气旁通法要高 0.2%～0.3%。

燃料气在线炉法要求燃料气和空气流量比例控制严格，否则空气不足或空气过量都将会引起催化剂失活或亚硫酸化，而炼厂燃料气组分变化较大，配风比例不易控制，一般不宜采用；如果工厂有天然气来源，采用天然气再热炉也不失为一个好的选择。

酸性气在线炉加热也要求严格的配风调节，且要求酸性气组成稳定。

气-气换热法通常利用一级转化器出口过程气来预热二级或三级转化器入口过程气，该法的缺点为压降较高，管线布置较复杂，装置操作弹性范围较小，投资较高。

电加热法操作和控制都很简单，但能耗较高，一般使用于小型硫黄回收装置。

热油再热相对易于控制和操作，过程气温度可以根据工艺需要进行调节，控制和操作简单、方便。但需要配套建设一套外部热油加热、循环系统，投资、占地都比较大，如果热油再热器换热管发生泄漏，热油将严重污染下游的催化剂床层。

蒸汽加热法操作简单，投资适中，为满足一级转化器入口温度要求，需用 4.2MPa 的中压蒸汽作为加热介质。对于大型硫黄回收装置，可以采用废热锅炉自产的 4.2MPa 的中压蒸汽作为加热介质。为满足大型化硫黄回收装置安全、平稳、长周期运行，过程气加热方式采用中压蒸汽加热，是一个比较好的选择。

7　尾气加热方式选择

自 Claus 段来的尾气温度一般在 135～160℃，

为满足过程气进加氢反应器的温度条件（280～320℃），需要设置尾气加热器，该设备是尾气处理的关键设备，其设计的好坏，将直接影响大型化硫黄回收装置能否长周期运行。

过程气的再热方式主要有三种：间接加热法（气-气换热+中压蒸气补充加热、电加热、气-气换热、热油再热、管式加热炉）、直接加热法（燃料气在线还原炉）。

电加热、热油再热的优缺点同过程气加热，不再赘述。

尾气采用在线还原炉加热升温，要求燃料气和空气流量比例控制严格，否则，一方面燃料气燃烧不完全，加氢反应器很容易结炭、失活；另一方面，空气过剩，需补充大量的氢气，而炼厂燃料气组分变化较大，配风比例不易控制，因此，需要设置完善的控制手段和精心的操作。如果尾气采用在线还原炉加热升温，最好采用某一套装置的燃料气，对单一装置来说，燃料气组分相对稳定；采用高低交叉限位控制次当量比例（0.75～0.95），设置临时外补氢源，根据操作情况补充适量蒸汽。

气-气换热法有两种，一种是利用加氢反应器出口过程气来加热 Claus 段尾气，开工或低负荷时 Claus 尾气由电加热器加热到所需温度；另一种是利用高温烟气来加热 Claus 段尾气。两种方案均利用外补氢气作为加氢反应氢源，保持尾气加氢反应所需的氢气浓度，其缺点为管线布置较复杂，投资较高。对于大型硫黄回收，应慎重考虑设备的材质及结构型式。

气-气换热+中压过热蒸汽补充加热的方式是利用加氢反应器出口过程气来加热 Claus 段尾气，再利用中压蒸汽补充加热的方式将 Claus 尾气加热到所需温度；利用外补氢气作为加氢反应氢源，保持尾气加氢反应所需的氢气浓度，该方案较多的热利用率较高，能耗低，但增加的设备投资较多，流程复杂，系统压降较大。

尾气加热方式采用管式加热炉，温度控制容易，过程气温度可以根据工艺需要进行调节，控制和操作简单、方便。但燃料消耗较大，投资较高，占地大。

8 尾气焚烧炉的设计

无论硫黄回收装置是否有后续的尾气处理装置，尾气均应通过焚烧将尾气中微量的 H_2S 和其他硫化物全部氧化为 SO_2 后排放，故焚烧炉是硫黄回收装置必不可少的组成部分。

尾气焚烧有热焚烧和催化焚烧两种。热焚烧是指在有过量空气存在下，用燃料气把尾气加热到一定温度后，使其中的 H_2S 和硫化物转化为 SO_2；催化焚烧是指在有催化剂存在，并在较低温度下，使其中的 H_2S 和硫化物转化为 SO_2。催化焚烧的燃料和动力消耗均明显低于热焚烧，但催化剂的费用较高、存在催化剂的二次污染，并且对于还原—吸收尾气处理工艺，因尾气中含有 H_2、CO 等还原组分，容易使催化剂失活，不宜采用。

焚烧温度：焚烧温度宜控制在 540～750℃，低于 540℃ 时 H_2S 和 COS 不能完全焚烧，高于 750℃ 对焚烧完全影响不大，但燃料气用量大幅度增加。

空气过剩系数：空气过剩系数愈大，尾气中的 H_2S 及硫化物焚烧也愈完全，但同时也降低了炉膛温度，增加了燃料气用量，增加了 NO_x 的生成量。空气过剩系数取 2%～3% 比较适宜。

停留时间：气体的停留时间至少要大于0.8～1.5s，意大利 KTI 公司为茂名石化公司设计的焚烧炉停留时间约为 1.2s，最大量时为 1.03s，荷兰 Comprimo 公司为镇海炼油化工有限股份公司设计的焚烧炉停留时间约为 1.76s。

设计压力：取消防爆膜，提高设备设计压力。设计压力按压力源可能出现的最高压力考虑，再按爆炸压力下校核炉体不超过材料的流动极限，保证在炉内介质闪爆时，炉体不产生塑性变形。

炉壁温度：与酸性气燃烧炉相同，采用热壁炉。

尾气排放温度：小型硫黄回收装置因烟囱直径较小，不能采用非金属材质，受钢烟囱材质的限制，焚烧后的高温气体不能直接排入烟囱，需经空气混兑冷却后才能排入烟囱；同时为防止烟囱腐蚀，排放温度又需高于 SO_2 的露点温度，该温度和气体组成有关，约为 250～350℃，因而尾气排放温度一般高于250℃，以减轻烟囱的腐蚀，同时也在钢材允许使用温度之内。

9　设备的防腐设计

目前，为提高炼油厂经济效益，硫黄回收一般要求三年一检修，这就要求设备必须满足长周期安全运行，相应对于大型硫黄回收的设备的防腐设计就显得尤其重要。设备的防腐设计主要体现在两个方面，首先是合理的设备结构和选材设计，其次是确定适宜的操作条件。

反应器类设备：内部介质温度在400℃左右，壳体内衬隔热衬里，设备存在着高温硫腐蚀及低温酸性气露点腐蚀的问题，其与介质接触的全部内件皆采用0Cr18Ni9；壳体材料采用碳钢（20R），并应注意衬里的安全使用，保证壳体的厚度在要求的范围之内，同时对设备进行整体热处理。

冷凝器类设备：内部管程介质温度在160~350℃，壳体为冷凝水，换热管壁温在200℃左右，设备不存在严重的高温硫腐蚀及低温酸性气露点腐蚀的问题，因此，换热管及冷凝器的材料皆可采用碳钢（20R，10钢管）。

其他类设备：内部介质温度皆较低，有些设备存在着低温酸性气的电化学腐蚀的问题，考虑投资的问题，一般是采用碳钢材料（20R，20g），取较大的腐蚀裕量（最高可取6mm），或者可采用整体热处理的措施，以保证设备的安全运行。

同时，对所有碳钢设备，为降低材料的硬度及材料的脆性，对材料还应有成分的含量要求，即应对材料的C含量、S含量、P含量、Ni含量进行限制。需要指出的是，在国内以往的设计中，对废热锅炉、冷凝器的设计选材问题，有许多不太恰当的地方，如为防止换热管的腐蚀，把管子的材料选为0Cr18Ni9Ti，因为0Cr18Ni9Ti的线胀系数较大，在碳钢的壳体上就需增设波纹管膨胀节，这样不但增加了投资，而且使用膨胀节本身也容易发生事故，管材料选用0Cr18Ni9Ti也是完全没有必要的。

合理的设备结构和选材是设备防腐设计的关键，但正确的操作条件也很重要，比如装置停工吹扫是否干净，是否进行有效的氮气保护等。

10　主要控制方案和紧急停车联锁系统

设计完好及正确安装的仪表是一套硫黄回收装置的高效率及安全可靠的保证。没有良好的仪表控制方案设计，没有正确的仪表选型设计，尤其是腐蚀、堵塞介质的仪表优化选型，硫黄回收装置就不能很好的发挥其作用。同时，仪表控制应尽可能简单可靠，否则太多的仪表、过于复杂的控制方案，反而降低了硫黄回收装置的可靠性。下面针对硫黄回收的主要控制方案和紧急停车联锁系统提出一些建议。

1）进装置酸性气与空气比值控制：

正确的原料流量测量及主炉燃烧空气控制是维持硫黄回收装置高效、可靠操作的最重要参数。由于有多路原料气进入本装置并同时去燃烧器参与反应，本设计中将这些酸性气流量相加后的信号做为主配风流量调节器的给定信号，以控制参加反应的空气量。同时，考虑到原料气的组分可能发生变化，以精确控制配风量；

2）原料进装置压力控制。

3）Claus尾气中H_2S与SO_2比值控制：在Claus尾气管线上设置H_2S与SO_2比值分析仪，其输出信号作为微量空气调节器的给定信号，及时校正反应所需的空气量；

4）主燃烧炉鼓风机采用典型的反喘振控制。

5）为了保证废热锅炉安全可靠地运行，取汽包液位、蒸汽流量、给水流量三个变量构成汽包液位三冲量控制系统，以及时补偿蒸汽量对水位的干扰，克服假液位，从而维持汽包液位稳定。

6）主燃烧炉高温监控。

7）加氢反应器温度控制。

8）紧急停车系统（SIS）。典型的硫黄回收SIS主要包括以下联锁单元：

①硫黄停车子系统；

②风机停车子系统；

③液硫脱气停车子系统；

④酸性冷凝液停车子系统；

⑤气处理停车子系统。

11　平面布置及高温大口径管道设计

硫黄回收装置平面布置的优劣，将直接决定着装置的投资、占地、系统压降、操作的难易程度等，因此，优化硫黄回收装置平面布置、优化高温大口径管道热补偿设计，对于大型硫黄回收的设备的防腐设计就显得尤其重要。

（1）平面布置原则

在满足工艺要求的前提下，采用流程式布置，兼顾同类设备相对集中；采用多层构架立体布置，充分利用空间，尽量减少装置占地，以节省投资；保证装置的安全可靠性及必要的操作、检修空间。

（2）管道设计及布局原则

1）使所有管线（过程气、尾气、液硫等管线）尽可能短，从设计上采取措施，利用自然热补偿方法解决高温管线的热补偿问题；

2）高温、大口径过程气管道不使用膨胀接头；

3）使过程气、尾气、液硫等管线都有一定的倾斜度；

4）液硫管线采用十字交叉，可从两个方向解决管道疏通问题；

5）所有液硫管线按 $I \geqslant 2\%$ 坡度设计，以利于液硫畅通；

6）使所有液硫管线、阀门等采取有效的夹套保温拌热措施。

（3）管道的柔性分析

所有管道的柔性分析均采用国际公认的、COADE 公司编制的 CAESAR II 计算机应用程序。

12　系统安全设计

在硫黄回收装置中原料为高 H_2S 浓度酸性气，反应生成的介质分别是 H_2S、SO_2 等有毒气体，产品为液体或固体硫黄有潜在的自然危险，设备及材料在高温、高腐蚀介质条件下运行。针对硫黄回收装置所有这些固有的潜在危险，要求我们特别注意，在设计中必须设置有足够的安全措施来实现运行稳定、人员安全以及设备安全。根据多年的设计经验的总结，并参考国外先进的设计理念，首先应防止紧急事故的发生：①设置足够多的仪表及控制来监控整个装置的运行，使操作者能推断出装置的运行趋势，防止其向危险方向运行；②正确地确定各设备的相关设计条件。其次是紧急事故处理，硫黄回收装置紧急事故的正确处理是非常重要的，以保证操作工的安全、保护设备不受破坏、尽可能减轻环境污染，主要依靠安全设施（联锁、报警、安全阀等），保护装置使其不在超过其设计值的危险条件下运行。

以上针对大型硫黄回收装置设计的关键点提出一点看法和建议，使得大型化硫黄回收装置在适应性和可操作性、硫回收率、产品质量、能耗指标、设备防腐性能和长周期运转等方面均达到新的较高水平。

几种硫回收率的计算方法

李菁菁

（中国石化洛阳石化工程公司）

硫回收率是硫黄回收装置设计和操作好坏的重要标志，因此备受人们关注。本文将介绍国内（包括引进装置）硫回收率的几种计算方法，供同行们参考。

1 通常硫回收率的计算方法

硫回收率=硫黄产量/酸性气中的硫=硫黄产量/(酸性气流量×酸性气中 H_2S 含量) (1)

可以看出，硫回收率计算的准确程度取决于硫黄产量、酸性气流量和酸性气中 H_2S 含量的准确程度，由于上述三项按照目前的测量方法都可能产生较大偏差，导致硫回收率计算不准，个别装置甚至出现硫回收率超过100%的现象。

中国石化系统内装置硫回收率计算自1991年以来一直采用武汉石油化工厂编制的标定程序，该程序还是以式[1]为基础的，由于测量和分析误差都较大，给标定带来困难。

2 张晋玺提出的计算方法

为提高硫回收率计算的准确程度，张晋玺提出采用硫黄产量和尾气中硫损失计算硫回收率。

硫回收率=硫黄产量/(硫黄产量+尾气中硫)=硫黄产量/(硫黄产量+尾气中未转化的硫+尾气中单质硫) (2)

上式中，硫黄产量是主要的，占94%以上（即当硫回收率高于94%时），它是通过定期检测硫池液面，并经液硫温度校正而得到的；其余两个量是通过检测尾气组成、温度和压力，并经氮元素平衡法计算而得到的，只要这两个量的测量误差小于±10%，则硫回收率的计算误差小于±0.6%。

3 王开岳提出的计算方法

为进一步提高硫回收率计算的准确性和可靠性，王开岳利用 Claus 反应的元素平衡，分别导出了碳、氢、氧、氮及硫平衡的体积增长率，并通过平均体积增长率计算硫回收率。计算公式如下：

硫回收率 $= 1 - \{K_m[(H_2S)^* + (SO_2)^* + (COS)^* + 2(CS_2)^* + \Sigma(Se)^*]\}/H_2S$ (3)

式中 K_m——平均体积增长率；

$(H_2S)^*$、$(SO_2)^*$、$(COS)^*$、$(CS_2)^*$、$\Sigma(Se)^*$——尾气中各组分的湿基浓度；

H_2S——酸性气中 H_2S 的湿基浓度。

4 某引进装置的计算方法

20世纪90年代，我国先后引进了不同专利技术的数套装置，使我们有机会接触并学习国外先进技术，在工艺过程、设备结构、仪表控制和平面布置等方面都有了质的提高，但对某些方面如硫回收率的计算重视还不够，为此本文将以××引进装置为例，介绍该公司的硫回收率计算方法。

硫回收率=(酸性气中的硫−尾气中的硫)/酸性气中的硫 (4)

式中，酸性气中的硫 $S_{酸}$(kmol/h)=酸性气流量（干基，kmol/h）×酸性气中 H_2S 含量（干基，v%）。

折合酸性气中的硫 $S_{酸}$(kg/h)=酸性气中的硫 $S_{酸}$(kmol/h)×32

测定的酸性气流量需通过操作压力、操作温度和相对分子质量进行校正。酸性气组成可采用色谱仪或专利商指定的方法测定。由于色谱仪分析是以干基为基准的，因此得到的 H_2S 含量需通过水含量和压缩系数进行校正。

尾气（指末级捕集器后气体）中的硫包括以 H_2S、SO_2、COS、CS_2 和 S 蒸气存在的硫。其中 H_2S、SO_2、COS 和 CS_2 可采用色谱仪或专利商指定的方法测定。然后通过氮元素平衡确定 N_2 对尾气总量(干基)的分子比(NT-GS),进入装置的 N_2 量需通过水分和因进料气中 NH_3 分解所增加的 N_2 量进行校正。最后通过下式计算尾气中以 H_2S、SO_2、COS、CS_2 形态存在硫的分子流率。

$$S_{尾}(kmol/h) = [(H_2S + SO_2 + COS + 2 \times CS_2) \times N_2]/NTGS \tag{5}$$

式中　H_2S、SO_2、COS、CS_2——尾气中各组分的干基浓度,v%。

　　N_2——进入装置 N_2 的分子流率,kmol/h。

尾气中硫蒸气量可通过以下方法计算。在 100~200℃范围内,硫在常压下的饱和蒸汽压可用下式计算:

$$\log P_s = 6.0489 - 4087.8/(273 + T) \tag{6}$$

式中　P_s——常压下硫的饱和蒸汽压,大气压(绝压);

　　　　T——尾气温度,℃。

当尾气测量温度的准确度为±2℃时,则硫饱和蒸汽压的准确度为±12%。

尾气中硫蒸气的分压 $P_分 = P_s/P_总$

式中　$P_总$——尾气的压力,大气压(绝压)。

然后通过氮元素平衡确定 N_2 对尾气总量(湿基)的分子比(NWG),同样,进入装置的 N_2 量需通过水分和因进料气中 NH_3 分解所增加的 N_2 量进行校正。在 100~200℃间,每分子硫蒸气的原子数是 7.65,这样就可从下式计算出硫蒸汽(全部折合为 S_1)的分子流率:

$$S_{vapur}(全部折合为 S_1,kmol/h) = (P_s \times 7.65 \times$$

$$N_2)/(P_总 \times NWG) \tag{7}$$

这样,尾气中以 H_2S、SO_2、COS、CS_2 和 S 蒸气存在硫的质量流率为:

$$S_{\Sigma尾}(kg/h) = (S_尾 + S_{vapur}) \times 32 \tag{8}$$

引进装置的硫回收率是有保证值的,也是有合同约束的,为此各专利商对硫回收率保证值都非常慎重。当酸性气流率、温度、压力和组成偏离设计条件时,则硫回收率的保证值也会相应改变。具体约束条件和硫回收率改变情况如下:

1)酸性气流率:在装置设计能力 70% ~ 105%间,酸性气进料流率允许的波动范围是小于 4%/60s。

2)进料气体温度偏离设计温度最高允许 5℃。

3)进料气体压力要求能满足克服全装置压力降需要。

4)酸性气中的水含量:设计条件中水含量是 4(v)%,允许水含量≤12.5(v)%,但当超过 4(v)%后,水含量每增加 1(v)%,硫回收率要降低 0.011%。

5)酸性气中的烃含量:设计条件中烃含量是 2(v)%,允许烃含量≤4(v)%,但烃含量每增加 1(v)%,硫回收率保证值降低 0.05%,而且相对分子质量大于 72 的烃不能超过 0.1(v)%。

6)酸性气中的 NH_3 含量:设计条件中 NH_3 含量是 1.5(v)%,允许 NH_3 含量≤8.5(v)%,但 NH_3 含量每增加 1(v)%,硫回收率保证值降低 0.014%。

影响克劳斯转化率的因素

刘爱华　靳　昀　陶卫东

（中国石化齐鲁石化分公司研究院）

摘　要　本文从影响克劳斯催化剂活性的主要因素、影响装置操作的主要因素两个方面阐述了影响克劳斯转化率的主要因素，为工业装置操作提供参考。

关键词　硫黄回收　催化剂　装置　转化率　影响因素

1　前言

我国国民经济的快速发展，对轻质油品和优质中间馏分油的需求量将持续增长。而世界范围内可供原油正在逐渐重质化，高含硫、高含金属原油的份额越来越大。伴随着原油深加工和低硫油品的生产，必然副产大量的含 H_2S 酸性气体，而天然气、含硫石油的大量开采和加工业的迅速发展，带来了日益严重的社会公害——硫化物对环境的污染。

对硫化氢的治理，国内外普遍采用克劳斯工艺。克劳斯工艺最大的污染源为制硫尾气。由于受克劳斯反应热力学平衡及可逆反应的限制，即使在设备及操作条件良好的情况下，装置总硫转化率最高也只能达到 96%~97%，尾气中仍有 1%（v）左右的硫化物以 SO_2 等形态排入大气，损失了硫资源，造成严重的污染。发达国家制定的环保标准比较具体，其环保标准要求达到的硫回收率一般根据装置规模和地区不同而有所差异。欧洲总硫排放标准见表 1。

表1　欧洲总硫排放标准

国家名称	德　国		意大利	加拿大
生产能力	新装置	现有装置	新装置	新装置
<10t/d	98.0%	97.0%	95.0%	90.0%
10~20t/d	98.0%	97.0%	95.0%	96.0%
20~50t/d	99.0%	98.0%	96.0%	96.0%
		99.8%（SCOT）		
>50t/d	99.9%	99.5%（Sulfreen）	97.5%	98.5%

我国新的大气污染物综合排放标准"GB 16297—1996"规定，SO_2 的最高允许排放浓度：新污染源≤960mg/m³（336μL/L）、现有污染源≤1200mg/m³（420μL/L），并对硫化物排放量也作了规定。这就要求装置硫回收率高于 99.6%。

为了满足各国越来越严格的环保法规并提高单质硫的回收率，世界各国对硫黄回收技术进行了大量的改进。国内外发展和实现的硫回收尾气处理技术已有几十种。相应开发了适用于不同技术要求的尾气处理催化剂。

目前的工业装置上的硫黄回收催化剂主要有以下几类：活性氧化铝、含铁氧化铝催化剂、含钛氧化铝催化剂和钛基催化剂。以下简要介绍一下各种催化剂的使用条件、主要性能及存在的优缺点。

1.1　活性氧化铝催化剂

优点：初期活性好，压碎强度高，成本低，克劳斯硫回收率高。

缺点：易发生硫酸盐化中毒，结构稳定性差，活性下降速度快，CS_2、COS 等有机硫水解活性低。适用于操作稳定的普通克劳斯反应，一般装填于保护剂的下部。

有机硫化合物的水解速度随着温度的升高而增加。若用活性氧化铝催化剂，温度升高 20℃，CS_2 的水解约增加 2 倍。用性能良好的催化剂，在 315~343℃ 范围内操作，就足以使 CS_2、COS

的水解率达到 95%~100%。

1.2 硫回收催化剂保护剂

优点：含有铁助剂，具有脱漏氧保护功能，保护下游氧化铝基催化剂。同时具有硫回收功能，其活性与氧化铝基催化剂基本相似。可部分装填，也可全床层装填。

缺点：有机硫水解性能不理想。

一般装填于催化剂床层的顶部，脱除多余的氧气，保护下部的氧化铝催化剂，延长催化剂使用周期。

1.3 助剂型氧化铝催化剂

优点：孔体积、比表面积大，结构稳定性好，有机硫水解性能将获得一定程度的改善。

缺点：抗氧能力不理想，易发生硫酸盐化中毒。

适用于操作稳定的普通克劳斯反应，一般装填于保护剂的下部。

1.4 钛基催化剂

优点：有机硫（CS_2、COS）水解活性高，总硫回收率高，稳定性好，不易发生硫酸盐化中毒。

缺点：制备成本较高，孔体积、比表面积低，磨耗较大，抗结炭性能差。

特别适用于过程气中有机硫含量较高的反应过程或者没有 SCOT 单元的硫回收装置，提高硫回收率，减少硫的排放。

1.5 多功能复合硫回收催化剂

与氧化钛催化剂相比，强度高，磨耗低，孔体积、比表面积大。

与氧化铝催化剂相比，CS_2、COS 等有机硫水解活性高，耐硫酸盐化能力强。

其催化剂同时具有良好的克劳斯活性、有机硫水解活性和脱漏氧活性，更重要的是该催化剂具有良好的抗积炭性能，明显优于纯氧化铝和纯氧化钛催化剂，特别适用于含烃原料气，提高催化剂的抗结炭性能，从而延长催化剂的使用寿命，延长装置的运行周期，消除由于硫黄回收装置带来的瓶颈制约。

2 影响克劳斯催化剂活性的因素

硫黄回收催化剂的性能和硫黄回收装置的转化率受催化剂失活的影响较大，其中失活的原因

有多种，包括由于热老化和水热老化引起的比表面积下降、SO_2 的吸附及硫酸盐化、硫沉积和炭沉积等。

以下将讨论实际设计和操作方法来控制克劳斯催化剂的失活，重点是通过提高克劳斯催化剂的性能来提高催化剂抗失活的能力。

2.1 克劳斯催化剂的性能

2.1.1 比表面积、孔体积、孔结构

在世界范围内使用最广的硫黄回收催化剂是无助剂的球形氧化铝催化剂（由水合氧化铝通过脱水制备的过度态氧化铝）。与优良的无助剂型氧化铝有关的特性包括高比表面积、合理的孔分布及较好的物理特性等。性能优良的克劳斯催化剂应具备较大的表面积、较大的孔体积、合理的孔分布和较高的压碎强度、较低的磨耗。

Custom-tailored 孔结构理论指出合理的孔结构即最小量的微孔（在正常的硫黄回收装置的操作条件下单质硫<30Å 的孔内发生凝聚），最大量的中间孔（30~100Å，这些孔提供了 90%的比表面积及相应的高转化率）和大孔（>750Å 增加了扩散速度及上述反应物和产物的出入速度）。大孔（>750Å）的孔对催化剂的孔体积贡献比较大，但是大孔过多催化剂的强度会有所下降。催化剂的比表面积大，可以提供较多的活性中心，从而催化剂的活性高。

80 年代，R. A. Burns、R. Blipper 和 R. K. Kerr 等对几种典型 Claus 催化剂的孔半径考虑后，发现其<100Å 的孔对表面积的贡献达到 95%以上，而只占总孔的大约一半，在此基础上提出了所谓 B·L·K 方程。

$$\lg\left(\frac{转化率\ \%}{100}\right) = \frac{4}{S \cdot V}\sqrt{6V_oK}\left(\frac{V < 40\text{Å}}{R}\right)$$

式中 $S \cdot V$——气体空速，L/kg·h；

V_o——分子平均自由程，cm/s；

K——催化剂反应速度常数；

R——催化剂颗粒直径，cm；

V<40Å——代表孔半径 40Å 以下细孔体积，mL/g。

可以看出硫转化率与催化剂孔半径小于 40Å 以下细孔体积成正比，与催化剂的粒度成反比。1977 年，美国凯撒铝和化学品公司的 M. J. Pearcon 进一步用"逐项回归"技术建立了 S-

201 Al_2O_3 催化剂对 H_2S 和 COS 的转化率方程式为：

H_2S 转化率% = - 59.09 + 1.324B - 60.6S + 0.3051T - 0.001975$B \times T$ + 0.1392$S \times T$ - 0.0009320B + 1.167S^2

COS 转化率% = - 7.39 + 0.5614B - 25.71S + 0.08664$B \times S$ + 0.001261$B \times T$ + 2.737S^2

式中 B——比表面积；

       S——催化剂上 SO_4^{2-} 的质量分数，%；

       T——反应器床层温度，℃。

上式用来估价工业装置转化率获得了成功，同时表明 Claus 催化剂必须具有大的比表面积和孔体积，较低的 SO_4^{2-} 含量。

2.1.2 压碎强度

催化剂的压碎强度是保证催化剂长周期运转必要的条件。催化剂强度高，在运转的过程中不会破碎，运转周期长。因此在制备过程中加入一些粘结剂，可以增加催化剂的强度。

2.1.3 水热稳定性

克劳斯反应过程中产生大量水蒸气，水蒸气对催化剂的结构稳定性和活性稳定都有一定的影响。水蒸气与氧化铝可发生化学反应，形成水合物，从而小孔破坏，催化剂的比表面积下降，导致催化剂强度降低和活性下降，因此在制备催化剂过程中有针对性地加入各种助剂，以保持催化剂骨架的稳定性。

2.1.4 磨耗

在克劳斯反应器中催化剂重要的物理性质还包括抗磨耗性能，因为过多的催化剂粉末会导致压降增加、发生沟流及硫黄块的形成，并在冷凝器中产生硫雾及硫阻塞。

2.1.5 堆密度

催化剂的堆密度也是催化剂的重要指标。堆密度与催化剂的孔体积与孔径分布有关。一般催化剂的堆密度大，相对孔体积就较小。近几年国内外最新推出的催化剂堆密度都向轻质化发展，因为，催化剂要求有更大的孔体积。

2.1.6 活性组分

为了提高催化剂的活性，在原单一组分催化剂的基础上，除了添加助剂外，还添加各种活性组分，如为了脱除漏"氧"，催化剂中添加铁，为了提高催化剂有机硫水解活性，催化剂中添加钛

等。SCOT 尾气加氢催化剂一般浸有钴钼或钼镍活性组分。活性组分在催化剂表面的分布与催化剂的活性有直接的关系。分布均匀，催化剂活性高。活性组分的分布又与催化剂的制备工艺及载体的比表面积有关，一般催化剂的比表面积越大，活性组分的分布越均匀。

2.2 热老化

在硫黄回收装置的正常操作条件下，热老化会使催化剂的比表面积逐渐降低。这实际上是由于热崩塌使较小的孔变为大孔而发生的不可逆现象，由此引起的比表面积的损失是时间与温度的函数。由热老化引起的失活速率可由上游燃烧炉火嘴的故障而加速，其中包括开/停工期间或在氧化催化剂再生期间[由烧掉催化剂上沉积的烃类引起的超温可 >650℃（1200℉），由此引起了催化剂比表面积的永久性损失]。大多数催化剂在 480℃（900℉下）是热稳定的，可以使用相当长的时间。

但克劳斯催化剂的热老化是在正常的克劳斯操作条件下的固有结果，比表面积的加速热损失可以降至最低。可通过下列几点得到理想的催化剂寿命：

1) 用性能优良的火嘴、机械设计/建筑材料；

2) 装热电偶及温度控制仪表；

3) 工前进行正确的硫吹扫；

4) 尽量不要烧炭。

2.3 水热老化

当活性氧化铝催化剂处在高水蒸气分压的条件下，能够发生比表面积的再水合作用。在正常的克劳斯转化器操作条件下，催化剂会缓慢地转变为一水软铝石或一水合氧化铝物相。然而，如果在 175℃ 以下注入水蒸气或蒸汽换热器发生泄漏，克劳斯催化剂的比表面积就会发生快速下降。为了获得最高的克劳斯转化率，这些情况应该避免。然而催化剂的水热老化是不可避免的（原因是在正常的克劳斯操作条件下水热老化同样会发生）。选择合适的催化剂可以提高抗水热老化的能力。将工业上使用的无助剂催化剂与有助剂催化剂进行了试验数据对比。在相同的实验条件下助剂型催化剂表现出更好的抗水合能力。

2.4　硫沉积(硫黄冷凝)

硫沉积是由毛细凝聚现象引起的单质硫沉积在克劳斯催化剂孔中的现象。在正常高于硫露点的克劳斯反应条件下，通过改良克劳斯反应产生的 S_1 至 S_8 分子可以阻塞催化剂的孔道。具有大量小孔的克劳斯催化剂，由于硫的冷凝而使孔阻塞，结果导致转化率的降低。相反，具有优良孔径的克劳斯催化剂(中孔为 30~50Å，大孔为 >750Å)不会发生阻塞。能够保持其比表面积，因此在较低的操作温度下仍能保持较好的活性，对于 H_2S 与 SO_2 的转化具有更好的热力学优势。

克劳斯催化剂的硫冷凝是一可逆过程。冷凝的硫可通过"热浸泡"来脱除，对催化剂没有不利影响。"热浸泡"在硫回收装置内进行，通常包括以下步骤：

1) 据不同的床层操作温度，将转化器温度提高 15~35℃(27~54℉)。对于第一转化器，此温度应高于 340℃(644℉)。下游床层的操作温度也应相应提高 15~30℃。

2) H_2S/SO_2 之比应保持正常操作水平。用于硫燃烧的游离氧不能进入床层。

3) 热浸泡需持续 12~36h，时间长短依据催化剂孔中硫黄冷凝的严重程度而定，之后装置可慢慢冷却至正常的操作温度。

2.5　SO_2 的化学吸附/硫酸盐化

国外一些大学和公司的研究人员开展 Claus 催化剂的基础和应用研究工作一直十分活跃。20 世纪 70 年代初，A. V. Deo 和 I. G. Dalla Lana 通过对反应物分子在 Al_2O_3 表面吸附状况的红外光谱研究，率先揭示了克劳斯反应机理，是 H_2S 和 SO_2 反应物分子以强的氢键与 Al_2O_3 表面的 OH 基缔合，循适当方向聚集于表面进行反应；指出了 SO_2 在 Al_2O_3 表面碱性部位的不可逆化学吸附，可形成类似硫酸盐构造，导致活性部位被覆盖而降低催化剂活性；认为 Claus 催化剂的活性与表面酸的类型和强弱关系不大。

Cherles. C. Chang、R. Fiedorow 等用红外技术进一步探查到硫酸盐化成因来自于三条途径：①Al_2O_3 与 SO_2 直接反应成为硫酸铝；②SO_2 和 O_2 在 Al_2O_3 上催化反应生成硫酸铝；③SO_2 在表面不可逆化学吸附成为类似硫酸盐的构造。

按照这个原理建立了一种对催化剂进行催速快评的实验方法，较为典型和有代表性的是法国 Rhone Progil 公司的技术。通过实验发现：TiO_2-Al_2O_3 对 SO_2 和 CS_2 的转化活性都较 Al_2O_3 优越。后来，I. G. Dalla Lana 等还进一步发现，在 Claus 反应条件下，原料气中存在的微量 O_2 能破坏 Al_2O_3 表面的活性中心——具有电子授体特征的还原中心，即某种暴露的未完全配位的 O^{2-} 离子"缺陷"部位。上述 OH 基部位，实际上也是一种还原中心，这与早先 Flack 类于 Al_2O_3 表面存在两种还原中心的研究结果相一致。SO_2 的化学吸附/硫酸盐化是平衡现象，主要取决于硫黄回收装置的操作温度、H_2S/SO_2 比、由腐蚀而漏入的氧、不合理的设计及克劳斯火嘴的不合理操作等。硫和 SO_2 氧化形成 SO_3 吸附在催化剂的活性位(表面积)上导致了硫酸盐化，由此减少了克劳斯反应的活性中心。表 2 显示了新鲜的、用过半个周期的、用过一个周期的克劳斯催化剂的典型分析。

表 2　克劳斯催化剂的典型分析数据

催化剂	表面积/(m^2/g)	单质硫/%	化学吸附 SO_2/%	碳/%
新鲜样品	325~340	0	0	0
使用半个周期样品	200~250	0~4	2~4	0.1~0.5
用过的样品	100~125	0~25	3~7	1~2

化学吸附的 SO_2 达到平衡的水平为 2%~4%。如果 SO_2 的吸附量较大将降低克劳斯反应活性。克劳斯催化剂的制备工艺不同，其耐硫酸盐化的能力也不同。既然硫酸盐的形成是由于开/停工过程中原料气中过剩的氧造成的，因此在克劳斯反应器操作过程中控制氧是一关键步骤。硫酸盐化是一部分可逆过程，采用以下"再生"程序可以消除("与热浸泡"同时进行)：

1) 不用将克劳斯装置冷却至正常温度，调节燃烧炉酸性气/空气控制器提高入口器中 H_2S/SO_2 的比例最小为 2:1，以脱除硫酸盐，在硫酸盐的还原过程中维持较高的"热浸泡"温度。

2) 整个还原过程可持续 12~16h，要求还原完全以满足尾气要求或环保法规。温度越高，需要的还原时间越短。

3) 慢慢重新建立 2:1 的化学计量比，之后降低每一床层的操作温度至硫露点以上的正常温度，将流速调整至正常水平，记录每一床层的温度差别以检验再生的效果。如果没有明显的温升，失活可能是由其他原因造成的，需要进行催化剂的更换。

2.6 碳/氮化合物的沉积

酸性气中的杂质如芳烃、高相对分子质量烃、氮化物(来自铵盐)和胺能够阻塞克劳斯催化剂的孔道而使催化剂失活。炭在克劳斯催化剂上的沉积有两种类型：

1) 轻度、粉末状炭，主要在装置开工时形成，由于燃料气燃烧时配风不足造成。

2) 重度积炭、主要由芳烃和其他高分子量烃的裂解造成。

粉末状的炭一般不会使催化剂失活，但将充满球间空隙，增大压降或使气流通过转化器时分布不均匀。

另一方面，由胺吸收塔带至燃烧炉的芳烃，在克劳斯转化器中裂解或分解使催化剂严重失活。克劳斯催化剂的抗积炭能力不同。有助剂的催化剂其抗积碳能力很强。

另一种减轻烃和铵盐中毒的方法是在第一反应器(在此由于积炭而使催化剂失活)克劳斯催化剂上部使用球形填料。3~6in(76~152mm)高的球形填料装在克劳斯催化剂的上部以提供一保护层。硫黄回收装置的球形填料的孔隙提供了烃和氨盐沉积的比表面，由此保护了下面的催化剂。如果硫黄回收装置存在极为严重的高分子烃积炭问题，研究结果已证实这层保护层延长催化剂的寿命。

由炭和铵盐造成的孔阻塞在本质上是不可逆的，因此采用合适的上游机械设备(清洗器/分离器、胺接触器、冷凝器、燃烧炉火嘴等)是解决此问题的根本方法。

3 影响装置操作的主要因素

在克劳斯硫黄回收装置生产中，影响长、安、稳运行的主要原因有进料酸性气的 H_2S 含量、烃类和 NH_3 等杂质组分、H_2O 含量、风气比、H_2S/SO_2 比例、反应器操作温度及催化剂的选择使用等因素。

3.1 酸性气 H_2S 含量

酸性气中 H_2S 的含量的高低可直接影响到装置的硫回收率和投资建设费用。因此，上游脱硫装置使用高效选择性脱硫溶剂既可有效地降低酸性气中的 CO_2 含量，同时又提高了 H_2S 含量，对于确保下游克劳新装置的长、安、稳运行非常重要。表3给出了酸性气中 H_2S 含量与硫回收率和投资费用的关系。

表3 酸性气中 H_2S 含量与硫回收率和投资费用的关系

H_2S/%(v)	16	24	58	93
装置投资比	2.06	1.67	1.15	1.0
硫回收率/%	93.68	94.20	95	65.9

3.2 烃类和醇胺类溶剂

酸性气体中烃类的主要影响是提高反应炉温度和废热锅炉热负荷，加大空气的需要量，致使设备和管道相应增大，增加了投资费用，然而更重要的是过多的烃类存在还会增加反应炉内 COS 和 CS_2 的生成量，影响硫的转化率，而没有完全反应的烃类则会在催化剂上形成积炭，尤其是醇胺类溶剂在反应炉高温下和硫反应而生成的有光泽的焦油状积炭，即使少量积炭也会降低催化剂的活性。

3.3 氮

NH_3 的危害主要表现为其必须在高温反应炉内与 O_2 发生氧化反应而分解为 N_2 和 H_2O，否则会形成 NH_4HS、$(NH_4)_2SO_4$ 类结晶而堵塞下游的管线设备，使装置维修费用增加，严重时将导致停产。此外 NH_3 在高温下还可能形成各种氮的氧化物，促使 SO_2 氧化成为 SO_3，导致设备腐蚀和催化剂硫酸盐中毒。为了使 NH_3 燃烧完全，反应炉配风需随着含 NH_3 气流的组成及流量而变化，因而使 H_2S/SO_2 的比例调节更加复杂，NH_3 氧化生成的附加水分，还可能会因质量作用定律而导致生成单质硫的反应转化率降低。

3.4 水

进料气中水含量变化对转化率有很大的影响。以一级转化反应器为例，H_2S 含量低的贫酸性气受此影响的程度远大于 H_2S 含量高的富酸性气。一般情况下酸性气中的水含量约为2%~5%。另外，过程气中也含有水，且含量变化很大，特别是在夏天暴雨或冬天暴雪的情况下，将会有相当的水分进入过程空气中，在日常生产时则还要注意避免在风机的吸入口处排放水蒸气。

3.5 风气比

风气比是指进反应炉的气体中空气和酸性气

的体积比。在原料进气中 H_2S、烃类及其他可燃组分的含量已确定时，可按化学反应的理论需 O_2 量计算出风气比，在克劳斯反应过程中，空气量

的不足和过剩均使转化率降低，但空气不足比空气量过剩对硫转化率的影响更大，详细情况见表4。

表4　风气比对硫转化率的影响

空气供应情况		空气不足			正确	空气过剩		
风气比/%		97	98	99	100	101	102	103
硫平衡转化率	二级转化	3.6	3.12	2.7	2.53	2.56	2.79	3.2
损失/%	三级转化	3.1	2.14	1.32	1.05	1.20	1.54	2.1

3.6　H_2S/SO_2 的比例

理想的克劳斯反应要求过程气 H_2S/SO_2 的比例是 $2:1$ 的化学计量要求，才能获得高的转化率，这是克劳斯装置最重要的操作参数。若反应前过程气中 H_2S/SO_2 与2有任何微小的偏差，均将对反应后装置的总硫转化率产生更大的偏差，而且转化率越高偏差越大。鉴此，目前多数克劳斯装置都采用紫外分光光度计或气相色谱在线分析仪连续测定尾气中 H_2S/SO_2 之比，尤其以使用前者为多。

3.7　反应器操作温度

反应器的操作温度不仅取决于热力学因素，还要考虑硫的露点温度和气体组成。从热力学角度分析，操作温度越低，平衡转化率越高，但温度过低，会引起硫蒸气因催化剂细孔产生的毛细管作用而凝聚在催化剂的表面上，使其失活。因此过程气进入反应器床层的温度至少应比硫蒸气露点温度高 $20\sim30℃$。由于过程气中 COS 和 CS_2 形态硫的损失，工业上一般采用提高一级反应器床层温度的办法以促使 COS 和 CS_2 的水解，并通过二级或三级反应器来弥补因前述温度提高而引起的平衡转化率的下降。例如在350℃操作温度下，Al_2O_3 催化剂对水解率大约在50%左右，但其克劳斯理论转化率却要从300℃下的74.3%下降至350℃下的57.6%，因此第一反应器的最佳操作温度应是能够达到 COS 和 CS_2 最高水解率的最低的反应温度。工业实践已经表明，TiO_2 催化剂即使在300℃以下对 CS_2 的水解率也可以达到90%以上，这样就有可能在保证 CS_2 转化完全的前提下不影响克劳斯反应的转化率。至于第二和第三反应器应使用尽可能大的比表面积和孔体积的催化剂。例如美国 S-201 Al_2O_3 催化剂的比表面积高达 $320m^2/g$，法国 CR-3S Al_2O_3 催化剂不仅具有 $360m^2/g$ 的比表面积，而且其孔径 $\geq1\mu m$

的超大孔体积与孔径 $>0.1\mu m$ 的孔体积之比竟高达 0.7 以上，从而减少了颗粒内部的扩散限制，增加了硫的吸附量，故其与普通 Al_2O_3 催化剂相比，允许在更低的温度下操作，可以确保装置达到更高的转化率水平。

3.8　氢气的影响

对于 SCOT 尾气加氢催化剂而言，影响催化剂活性最关键的因素还有氢含量。在加氢反应器中发生的主要反应如下：

$$S_2+3H_2 \Longrightarrow H_2S+2H_2O$$
$$S+H_2 \Longrightarrow H_2S$$
$$COS+H_2O \Longrightarrow H_2S+CO_2$$
$$SO_2+3H_2 \Longrightarrow H_2S+2H_2O$$
$$S+H_2 \Longrightarrow H_2S$$
$$COS+H_2O \Longrightarrow H_2S+CO_2$$
$$CS_2+2H_2O \Longrightarrow 2H_2S+CO_2$$

足量氢气的存在除了可提供氢源外，还可在加氢催化剂的表面形成一层保护膜，阻止催化剂结炭。另外，在氢气存在的情况下有机硫的水解活性大大增加。

3.9　催化剂的选择使用

催化剂的选择使用直接关系到总硫转化率和硫回收率水平。在机械强度和磨损率均能满足使用要求的前提下，还应选择使用大的比表面积和孔体积的催化剂，以尽可能增加足够数量的活性中心的面积及减少对反应物和产物分子扩散阻力的影响。为实现回收硫的优化生产，从技术经济角度出发，最有效对策和措施是发展功能齐全的系列催化剂，在现场生产工艺条件基本不变或变动不大的情况下，应用催化技术来提高装置的效能。这已为国内外工业生产实践结果所证实。据资料报道，在酸性气中 H_2S 含量同为 $60\%(v)$ 条件下，使用不同的催化剂装填方案，在同一装置和相同工艺条件下得到意想不到的效果。

酸性气体中硫化氢的微生物脱除方法

蒲万芬[1]　胡　佩[1,2]

（1. 西南石油学院石油工程学院；2. 四川师范大学化学学院）

摘　要　气体中硫化氢的存在不仅会引起设备和管道腐蚀、催化剂中毒，而且还会严重地威胁人身健康与安全，因此必须采用经济有效的方法予以脱除。与传统物理化学脱硫方法相比，微生物方法反应条件温和、化学品与能源的消耗量大大降低、运行成本低，并且也无二次污染产生，因而具有极大的发展前景。为此讨论了硫化氢的微生物脱除原理及脱除方法的最新进展；总结了自然界中能够氧化硫化氢的微生物。详细探讨了它们在微生物脱硫过程中的应用现状与工艺流程，包括光合硫细菌、异氧菌、硫杆菌等的脱硫条件、脱硫效率、除硫产物及适用范围，并对它们脱除硫的优缺点进行了比较说明，还对今后微生物脱硫的前景与发展方向进行了展望。

关键词　酸性气体　气体脱硫　微生物　细菌脱硫　机理　工艺　对比

硫化氢具有剧毒、强腐蚀性与恶臭气味，属必须消除或控制的大气污染物。它是天然气、焦炉煤气、炼油厂气、半水煤气和生物气等气体中主要的含硫组分。它的存在不仅会引起设备和管道腐蚀、催化剂中毒，而且还严重地威胁人身安全。因此，寻找经济、有效的硫化氢脱除技术，尤其是可同时实现硫回收的资源化工艺，一直是近百年来研究者不断追求的目标，各种方法层出不穷。典型的工艺有克劳斯法、氧化铁法、液体吸收法与湿式氧化法[1,2]。这些传统的物理化学方法一般需要高温高压，或者要消耗大量的化学药剂与催化剂，投资与运行费用较大。而利用微生物方法脱除硫化氢的技术是近年兴起的研究热点，其基本原理是：将 H_2S 溶解于水中，利用微生物对 H_2S 的氧化作用将之从酸性气体中脱除。与传统物理化学方法相比，微生物方法反应条件温和、化学品与能源的消耗大大降低、运行成本低，并且无二次污染产生，因而具有极大的发展前景。

1　具有生物脱硫潜力的微生物

自然界中能够氧化硫化物的微生物主要有：丝状硫细菌、光合硫细菌与硫杆菌。它们能将硫化物氧化成硫酸盐，同时以单质硫、硫代硫酸盐、连多硫酸盐、亚硫酸盐等为中间产物。各种微生物对营养的需要不同，它们催化氧化硫化物的具体途径也有所差别。表1列出了自然界中能够氧化硫化物的部分微生物。它们大多是光能自养或化能自养型细菌（即以 CO_2 为碳源）。但已发现一些他能异养菌，如 Hyphomicrobium spI55[3]，Xanthomonas spDY44[4]，Pseudomona sputidaCH11[5] 等能氧化 H_2S。因此它们也可用于微生物脱硫工艺。

表 1　自然界中一些能够氧化硫化物的微生物

微 生 物	适宜 pH 值	适宜温度
Chlorobum thiosul fato philum[1,3]	7.5	30℃
Prosthecochioris aestus rii[1,3]	6.5	23℃
Halorhodospira abdel male kiib[1,4]	8.4	
Thio microspirasp CVO[2,4]	7.4	32℃
Xantho monas sp DY44[2,5]	7.0	
Thioalkali microbiumcyclicum[2,3]	7.5~10.5	
Thiobecillus thioo xiduns[2,3]	1.4~6.0	28~35℃
Thiobacillus thioo xidans[2,3]	0.5~6.0	10~37℃
Thiobacillus thioparus[2,3]	4.5~10.0	11~25℃
Thiobacillus neapolitanus[2,3]	3.0~8.5	28℃
Thiobacillus novellus[2,3]	5.0~9.0	30℃
Thiobacillus albertis[2,3]	2.0~4.5	28~30℃
Thiobacillus perometabolis[2,3]	2.6~6.8	30℃

注：1，2 分别表示光能和化能；3，4，5 分别表示专性自养，兼性自养和异养。

2　微生物法脱除 H₂S 的研究现状

　　根据终产物不同，微生物法脱除硫化氢的工艺可分两类：一类将 H_2S 最终氧化为硫酸盐；另一类仅将 H_2S 氧化为单质硫。后者相对来说更具优势，主要原因是：①单质硫比硫酸盐更容易从液相中被分离出来，并且回收价值更大；②与硫酸盐相比，单质硫是更无害的硫形态；③在好氧氧化工艺中，以单质硫为目的产物可减少通氧引起的能耗；④最近发现，与普通硫黄产品相比，这种由微生物氧化作用产生的单质硫（也称生物硫）具有亲水性，颗粒也较细，因此使用性质更为优越，特别是作为硫素肥料或微生物湿法冶金领域的应用效果更好。生物滤池、生物滴滤池和生物洗涤塔是当前应用最为广泛的气体生物脱硫反应器。其中，前 2 种适用于以硫酸盐为终产物的脱硫工艺，而后者较适合以单质硫为目的产物的脱硫工艺，表 2 列出了一些气体生物脱硫工艺中几个典型参数。事实上，气体生物脱硫是当前最为活跃的研究领域之一，许多工艺与方法已被申请了专利。

表 2　微生物硫化氢去除率和产物的比较

微生物	H₂S 去除率	产物
Chlorlbium thiosul fatopilum	99.9%	S(67.1%)　SO₄²⁻(32.9%)
Chlorobiumthiosul fatophilum	≈100%	S 占绝大多数
Prosthecochloris sestuarill		S
Xantho monas DY44		多硫化物
Thiobacillus denitri ficans	>97%	SO₄²⁻
Thiobecillus thioparus TK-m	95%	SO₄²⁻
T. thioparus DW 44	>99%	SO₄²⁻
T. thioparus ATCC 23645	100%	SO₄²⁻
Thiobacillus ferrooxidans	>99.99%	S
Thiomicrospira	≈100%	SO₄²⁻

3　各种脱硫细菌比较

3.1　光合硫细菌

　　光合硫细菌是一类光能营养细菌，它以硫化物或硫代硫酸盐作为电子供体，从光源中获得能量，依靠体内特殊的光合色素，同化 CO_2 进行光合作用。这就是著名的 Van Niel 反应，反应式如下：

$$2nH_2S + nCO_2 \xrightarrow{hv} 2nS + n(CH_2O) + nH_2O$$

(1)

　　光合硫细菌中的绿菌科（Chlorobiaceae）与着色菌科（Chromatiaceae）能够在厌氧条件下催化 Van Niel 反应，将 H_2S 转化成单质硫[6]。利用这一反应，Cork 等[7]开发出一个新型的硫化氢脱除工艺（见图 1）。他们向一个接种嗜硫代硫酸盐绿菌（Chlorobiumthiosul fatophilum）的光反应器中通入含 H_2S 的酸气（3.0% H_2S，9.2% CO_2，86.4%N_2，0.5%H_2），结果发现硫化氢的去除率高达 99.9%，其中 67.1% 的 H_2S 转化成单质硫，其余的转化为硫酸盐。SO_4^{2-} 的产生与积累直接降低了 H_2S 转化成 S° 的得率。Kim 等（1990）等利用 C. thiosul fatophilum 的海藻酸盐固定化细胞进行 H_2S 的微生物转化，他们同样遇到了因副反应导致硫酸盐积累的问题。这一副反应如下：

$$2H_2S + 2CO_2 + 2H_2O \xrightarrow{hv} H_2SO_4 + 2(CH_4O)$$

(2)

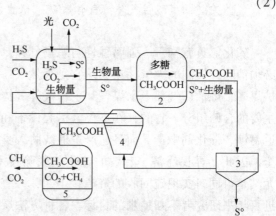

图 1　利用光合硫细菌脱除酸气中硫化氢的反应流程
1—光反应器；2—暗反应器；3—沉降池；
4—离心；5—厌氧发酵产生甲烷

　　影响光合硫细菌脱硫的因素主要有：光照、进气中 H_2S 浓度与负荷、pH 值等。一般来说，在 H_2S 负荷较高、细菌可利用光源较强的情况下，H_2S 的氧化转化率较高，并且有利于单质硫的生成。例如，Kim 等（1990）证实可以通过改善厌氧光反应器中细胞对光的利用率来抑制硫酸盐的生成，他们发现海藻酸盐固定化反应器中，由于透明介质的光散射性，光子更易被光合细胞吸收，因而 H_2S 生物氧化率最大可达 3.8mmol/L·h，并且没有 SO_4^{2-} 的明显积累。

　　最近，Takashima 等（2000）发现，另一种光合绿硫细菌——江口突起绿菌（Prosthecochloris aestuarii）也能应用于 H_2S 的微生物去除。结果表明，在适宜条件下（pH 值介于 6.2～6.8，温度 23℃与白日光灯照射），连续厌氧生物反应器中每个 P. aestuarii 细胞的 H_2S 氧化率可达 2.02mmol ×10^{-11}/h，并且若白光灯与近红外发光二极雷同时使用，H_2S 氧化率可增加 35%。

3.2　异养菌

第一个被报道的可用于硫化氢脱除的化能异养菌是 Xanthomonas DY44，由 Cho 等（1992）在一个二甲基二硫醚驯化的泥炭中分离得到[5]。在一个序批式反应系统中，H_2S 的最大氧化脱除率为 3.92mmol（H_2S）/g（细胞干重）·h。与一般微生物脱硫工艺不同的是，H_2S 氧化的最终产物是多硫化物，因此在反应过程中 pH 值可维持在中性。利用黄单胞菌（Xanthomonas）脱硫有如下优点：①与化能自养菌相比，Xanthomonas DY44 的生长与繁殖快；②多硫化物作为终产物比硫酸盐要好；③当多种含硫气体共存时，Xanthomonas DY44 可以通过去除 H_2S 来提高有机硫降解菌的活性，因为对这些有机硫降解菌来说，H_2S 可能是有毒的。然而异养型黄单胞菌脱硫在生长过程中需要补充有机物。

另一个被报道的异养菌是恶臭假单胞菌 CH11 菌株（Pseudomonas putida CH11）[5]，从养殖废水中分离得到。Chung 等（1996）等将 P. putida CH11 细胞固定到藻酸钙载体上，制成填充床生物过滤反应器，结果发现当 H_2S 浓度为 10～150mg/L 时（气体流量低于 72L/h），约有 96% 的 H_2S 被脱除，主要产物是单质硫。其后，Chung 等（2001）等利用藻酸钙为载体，制成 P. putida CH11 与 Arthrobacter oxydans CH8（一株 NH_3 降解菌）的共固定化细胞，用于处理同时含 H_2S 与 NH_3 的气体。运行结果表明，当 H_2S 与 NH_3 浓度在 5～65mg/L 时，两种气体的去除率均高于 96%[8]。

3.3　硫杆菌

化能自养型硫杆菌（Thiobacilli）的营养需求简单，生长过程无需有机物，是当前生物脱硫的研究最为广泛的微生物，其中脱氮硫杆菌、排硫硫杆菌、氧化亚铁硫杆菌尤为突出，以下分述之。

（1）脱氮硫杆菌

脱氮硫杆菌（Thiobacillus denitrificans）是一种严格自养和兼性厌氧型细菌，能在好氧或厌氧条件下将 H_2S 催化氧化成硫酸盐。在好氧条件下，氧化反应式为：

$$HS^- + 2O_2 \longrightarrow SO_4^{2-} + H^+ \qquad (3)$$

在厌氧条件下，它利用 NO^{3-} 为电子最终受体，将硝态氮还原成游离氮，其反应式为：

$$5HS^- + 8NO_3^- + 3H^+ \longrightarrow 5S_4^{2-} + 4N_2 + 4H_2O \qquad (4)$$

Sublette 等（1987）首先提出利用脱氮硫杆菌脱除硫化氢的设想，并构建了一个连续搅拌式厌氧反应池，H_2S 的生物脱除率大于 97%。但他们也认为，H_2S 的氧化脱除速率（2.3mmol/L·h）太低，还远不能达到实际应用的要求。同年，Sublette 与 Sylvester 证实，反应器运行过程异养菌污染对 H_2S 氧化的影响极小，这就省去了运行过程中复杂的防腐操作。Abma、Buisman（1997）等比较了 T. denitrificans、多能硫杆菌（T. versutus）、那不勒斯硫杆菌（T. neapolitanus）、排硫硫杆菌（T. thioparus）、氧化硫硫杆菌（T. thiooxidans）5 种硫杆菌氧化 H_2S 的能力。结果表明，T. denitrificans 厌氧条件下对 H_2S 脱除率最高。此外，与嗜酸性的 T. thiooxicians 与 T. ferr00xidans、T. denitrificans 的可适应较高的 pH 值。因此对酸性气体吸收非常有利用。

利用 T. denitrificans 脱硫工艺最为成功的是荷兰 Paques 公司开发 Thiopaq。自 1993 起，该工艺就被成功地用于生物气（CH_4、CO_2 和 H_2S 混合物）的脱硫。后来，Paques 公司与壳牌公司合作，将其用于炼油厂气、天然气、合成气与克劳斯尾气的脱硫。该技术采用碱液吸收 H_2S，生成 HS^-，通过控制氧浓度，HS^- 被氧化生成硫。其过程为：

$$H_2S + OH^- \longrightarrow HS^- + H_2O \qquad (5)$$

$$HS^- + 1/2O_2 \longrightarrow SO + OH^- \qquad (6)$$

（2）排硫硫杆菌

Tanji 等（1989）开发了一个利用排硫硫杆菌（T. thioparus）同时处理甲硫醇，二甲基硫醚与 H_2S 的装置。T. thioparus TK-m 被固定在一个装有多孔聚丙烯片的圆柱体填充塔中，与含硫气体充分接触，结果 H_2S 最易被脱除（95% 的 H_2S 被去除，去除速率约为 0.73mmol/L·h），甲硫醇次之，二甲基硫醚最难脱除。1992 年，Cho 等建立了一个中试规模的生物脱臭系统。在这个接种

T. thioparus DW44 的泥炭生物滤器中，通过喷施污水湿度保持为 60% ~ 70%，通过预热进气使温度维持在 8℃ 以上。6 个月连续运行结果表明，在滤器体积为 78.5L，空速为 46h^{-1} 的条件，当 H_2S、甲硫醇、二甲基硫醚和二甲基二硫醚的进气浓度分别为 25 ~ 45mg/L、2 ~ 3mg/L、2mg/L、0.2mg/L 时，它们的脱除率分别为 99.8%、99.0%、89.5%、98.1%。2003 年，Qyarzun 等尝试采用 T. thioparus 来处理高浓度的 H_2S 气体，通过维持适宜条件，泥炭生物滤器中 T. thioparus ATCC23645 的细菌数量可 2.7×10^8 个/kg，当 H_2S 液度为 355mg/L（气体流量 0.030m^3/h）时，脱硫率为 100%，H_2S 脱除速率最高可达 55g/m^3·H[9]。

（3）氧化亚铁硫杆菌

氧化亚铁硫杆菌（Thiobacillus ferrooxidans）是中温、好氧、嗜酸的无机化能自养菌。与一般硫杆菌不同的是，T. ferrooxidans 不仅能氧化还原性硫（如硫化物、单质硫、硫代硫酸盐等），而且还能将 Fe^{2+} 氧化成 Fe^{3+}。而 Fe^{3+} 是活性较强的氧化剂，能将 H_2S 迅速氧化成单质硫，因而它也是目前 H_2S 液相氧化去除方法中使用最为广泛的氧化剂与催化剂[2,3]。因此，T. ferrooxidans 的应用可分为两方面[10]：一是利用其对硫直接氧化作用脱除 H_2S；二是利用其氧化再生 Fe^{3+} 的能力，也是通常所称的间接氧化作用。由于后者的终产物是生物硫，因此相对来说应用更为广泛。一个典型的例子就是日本钢管公司制作所开发的 Bio-SR 工艺。

Bio-SR 工艺（如图 2）是利用 T. ferrooxidans 的间接氧化作用，用硫酸铁脱除硫化氢，再用 T. ferrooxidans 菌将亚铁氧化成三价铁。其脱硫过程如下：在吸收塔中脱硫吸收液中螯合铁与含 H_2S 的酸性气体接触，高铁离子将 H_2S 氧化生成单质硫，高铁离子自身也被还原成亚铁离子，吸收液固液分离并回收得到硫黄产品，然后吸收液被泵入生物氧化塔，T. ferrooxidans 催化氧化亚铁离子生成三价铁，再次进入吸收塔与 H_2S 反应，从而实现了循环式 H_2S 脱除与硫回收的目标。具体可用以下反应式表示：

$$H_2S + Fe_2(SO_4)_3 \longrightarrow SO\downarrow + 2FeSO_4 + H_2SO_4$$
$$(7)$$

$$2FeSO_4 + H_2SO_4 + 1/2O_2 \longrightarrow Fe_2(SO_4)_3 + H_2O$$
$$(8)$$

总反应为：$H_2S(g) + 1/2O_2(g) \rightleftharpoons H_2O + SO\downarrow$
$$(9)$$

Bio-SR 的优点是：

① Fe^{3+} 与 H_2S 的氧化反应非常迅速与完全，脱硫率可达 99.99%；

② 除了 SO，该工艺的唯一产物是 H_2O，反应中无盐的形成与积累，并且工艺过程中无溶液降解，因此无废物处理；

③ 与以螯合铁为氧化剂的工艺相比化学品消耗低，运行过程仅需补充少量的氨、硫酸等，细菌从 Fe^{2+} 的生物氧化过程中获得能量，同时利用空气中的 CO_2 合成自身细胞的组成物质，并且由于该菌的嗜酸性，反应在酸性条件下进行（适宜 pH 值介于 1.2 ~ 1.8），杂菌不易生存，因此操作管理较为方便；

④ 运行费用低，据估算运行费用仅为传统物理化学方法的 1/9，投资费用也较传统方法略低。

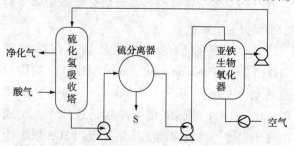

图 2　Bio-SR 法脱除 H_2S 的工艺流程

然而，该工艺也存在一些缺陷：①吸收液的低 pH 值降低了 H_2S 的吸收与传质效率，因而不适合处理 H_2S 浓度较高的气体；②该过程只能脱除无机硫，对有机硫无能为力；③强酸性反应条件要求防腐蚀设备。

（4）硫杆菌混合菌群

1994 年，美国气体研究院与能源部联邦能源技术中心发起了一个以混合菌群为催化剂进行天然气脱硫的工艺研究，其商标名为 BIODESULF™。据 Srivastava 等提供的经济评估报道[10]，当处理量 5.7×10^4 m^3/d 时，BIODESULF™ 工艺投资是现有装置中最低的。目前，这种微生物菌团保存在美国典型培养物保藏中心（ATCC 202177），它至少由 4 种硝酸盐还原—硫化物氧化细菌（NR - SOB）组成，这些

NRSOR 细菌脱氮硫杆菌非常相似，能够以 NO^{-3} 为电子受体，将 H_2S 氧化成 SO_4^{2-}，反应式如下：

$$0.422H_2S + 0.422HS^- + NO_3^- + 0.346CO_2 +$$
$$0.0685HCO_3^- + 0.0865NH_4^+ \longrightarrow 0.844SO_4^{2-} + 0.5N_2 +$$
$$0.288H^+ + 0.4025H_2O + 0.0865C_8H_7O_2N \qquad (10)$$

目前开展的实验室研究表明，ATCC 202177 菌团可耐受 7MPa 的高压，在无氧、pH 值介于 7.5～8.0、温度为 10～60℃ 条件下，可将浓度高达 l0000mg/L 的 H_2S 脱至小于等于 4mg/L，达到天然气管输要求，CO_2 可从 10% 降至 5%。并且，COS、CS_2、CH_3SHCH_3、$CH_3C_2H_5SH$ 均能达标。近来，McCo mas（2001）等分离到一株硫微螺菌（Thiomicrospirasp. CVO）优势菌群的培养物，该培养物表现出与 T. denitrificans 相似的氧化活性，但是它能耐受极端的培养条件，如更宽范围的 pH 值（5.6～10.4）、更高的温度（接近 46℃）、更高的盐浓度（10% 的 NaCl）。微生物脱硫试验表明，H_2S（浓度为 l0000mg/L）的脱硫率高达 100%，每克菌体蛋白每小时可将 5.8mmol 的 H_2S 转化为硫酸盐。因此具有很好的应用前景[11]。

4　结论与展望

H_2S 的微生物法脱除技术是一项极具发展前景的新兴脱硫技术，特别是可同时实现硫回收的微生物方法。以氧化亚铁硫杆菌的间接氧化作用为 Bio-SR 及其改进工艺将会成为当今物理化学方法的有力竞争者。今后的研究重点将集中在：

1）如何在多种含硫组分或其他气体（CO_2、COS、CS_2、CH_3SHCH_3 等）共存的条件下，稳定、高效地脱除 H_2S 并回收硫。

2）对现今已发现的硫化物氧化菌进行详细生理生化研究，筛选可用于 H_2S 生物脱除的高效菌种。

3）利用现代生物技术工具分离与鉴定硫氧化的相关基因或功能基因，构建新型高效菌种。

4）结合生物技术与化学工程技术开发高效、连续流、脱硫效果稳定的生物反应器并优化工艺过程，为进一步工业化提供技术支撑。

总而言之，微生物脱硫技术条件温和、能耗低、投资运行费用少，有着广阔的应用前景。随着生物技术和化学工程的不断发展，微生物脱硫技术必将取得更大的进展。

参 考 文 献

[1] Demmink J F；MehraA；Beenackers A A C M. Adsorption of hydrogen sulfide into aqueous solutions of ferricnitrilorri acetic acid：local auto-catalytic effects. Chem Eng Sci, 2002, 57：1723-1734.

[2] Me Manus D；Marrell AE. The evolution, chemistry and applications of chelated iron hydrogen sulfide removal and oxidation processes. J Mol Catal A Chem, 1997, 117(1-3)：289-297.

[3] Zhang L；Hirai M；Shoda M. Removal characteristics of dimerhyl sulfide by a mixture of hypomiuobium sp. 155 and Pseudomonas acidovorans DMR-11. J Ferment Bioeng. 1992, 74：174-178.

[4] Cho K S；Hirai M；Shoda M. Degradation of hydrogn sulfide by Xanthomonas sp. strain DY44 isolated from peat. Appl. Environ Microbiol, 1992；58：1183-1189.

[5] Chung YC；Huang C；Tseng C Y. Biodegradation of hydrogen sulfide by a laboratory-scale immobilized Pseudomonas putida CH11 biofilter. Biotechnol Prog, 1996, 12：773-778.

[6] Pandey R A；Malhotra S. Desulfurization of gaseous fuels with recovery of elemental sul-fur：An over review. Crit Rev Environ Sci Technol, 1999, 25 (2)：141-199.

[7] Cork D J. Photosynthetic bioconversion sulfur removal. US4666852.

[8] Chung Y C；Huang C；Tseng C P. Biological elimination of H_2S and NH_3 from waste gases by biofilter packed with immobilized heterotrophic bacteria. Chemosphere. 2001, 43：1043-1050.

[9] Oyarzun P；Aranabia F；Canales C etal. Biofiltraion of high concentration of hydrogen sulphide using Thiobacillus thioparus. Process Biochemistry, 2003, 39：165-170.

[10] Srivastava K C；Garg S；Walia D S. Microbiological desulfurization of sulfur containing gases. US6287873.

[11] McComas C；Sublette K L；Jenneman G etal. Characterization of a novel biocatalyst system for sulfide oxidation. Biotechnol Prog, 2001, 17：439-446.

不断完善走向成熟的"SSR"工艺技术

范西四　曲思秋

（山东三维石化工程有限公司）

摘　要　论述采用"SSR"工艺的硫黄回收装置的工艺原理、工艺特点和最近几年的运行状况，对"SSR"的技术进步进行了总结，重点介绍了大型装置的概况和生产中碰到的问题及采取的措施。对工业装置的投资、占地、效益等进行了对比分析；论证了该工艺的应用推广价值。

关键词　大型制硫　国产化　运行　瓶颈　装置改造

1　概述

"SSR"（SINOPEC SULPHUR RECONERY）工艺技术是中国石化集团公司 1998 年度"十条龙"重大攻关项目之一。大型硫黄回收成套国产化技术攻关是为了避免重复引进，资金浪费。开发一种既满足环保法规要求，又节省投资、消耗低的国产化工艺技术而提上议事日程的。在中国石化集团公司的领导下，攻关组经过 3 年的工作，成功开发出大型硫黄回收及尾气处理成套技术"SSR"，并于 2001 年 11 月 9 日通过了中国石油化工股份有限公司科技部组织的科学技术成果鉴定。该项技术在产品质量符合要求、烟气排放质量符合国标 GB 16297—1996《大气污染物综合排放标准》的前提下，基本建设投资、占地面积、能耗物耗等指标都达到或低于国外同类技术水平。经过近 10 年的不懈努力，"SSR"工艺技术经过了研究、开发、完善、成熟的过程，已经在国内 26 套工业装置上实施，生产规模大于 70kt/a 的装置有 4 套，其中齐鲁石化的 80kt/a 装置和上海石化的 72kt/a 装置已经安全运行了 5 年以上，大连西太平洋的 80kt/a 装置于 2005 年底投产，海南石化的 80kt/a 装置已进入烘炉试车阶段。

攻关组按照攻关总目标的要求完成了以下主要工作：

（1）"SSR"工艺开发；

（2）LS 系列制硫催化剂和尾气加氢催化剂的开发；

（3）"SSR"工艺设计应用软件的开发；

（4）内冷式高温掺合阀的研发；取得了国家发明专利，专利号：ZLO0 1 11165.5；

（5）筛选了新型制硫尾气净化吸收溶剂；

（6）研发了大型硫回收装置的全套工艺设备，建成了 80kt/a 工业装置。

2　"SSR"硫回收工艺描述

2.1　基础技术

制硫部分采用一级高温反应，两级催化转化的部分燃烧法硫回收工艺。

尾气处理部分采用外供氢源的加氢还原吸收工艺。

"SSR"工艺的基本原理与国外技术如 Claus+SCOT、KTI 的 RAR 工艺、NIGI 的 HCR 工艺相同，所以产品质量和尾气排放质量相当。"SSR"的优势是：过程气再热完全利用装置自身余热，在能耗、投资、污染物（SO_2）绝对排放量等方面优于国外类似工艺。

2.2　"SSR"的工艺特点

1）"SSR"工艺从制硫至尾气处理全过程，只有制硫燃烧炉和尾气焚烧炉，中间过程没有任何在线加热炉或外供能源的加热设备，使装置的设备台数、控制回路数均少于类似工艺，形成了投资省、能耗低、占地较少的特点。

2）无在线炉工艺说明无额外的惰性气体进入系统，使过程气总量较有在线炉的同类工艺少

5%~100%，形成了设备规模，尾气排放量和污染物（SO₂）绝对排放量相对较少的特点。

3）"SSR"工艺是使用外供氢作氢源，但对外供氢纯度要求不高，从而使该工艺对石油化工企业硫回收装置具有广泛的适应性。

4）"SSR"工艺的主要设备均使用碳钢制造，且都可国内生产，从而形成了投资低、国产化率高的特点。

3　"SSR"工艺在大型工业装置上的应用情况

3.1　齐鲁分公司80kt/a硫回收装置

3.1.1　装置简况

齐鲁分公司胜利炼油厂80kt/a硫回收装置设计能力为日产硫黄255t（按8400h计，实际生产能力为89250t/a），产品达到GB 2449—1992中一等品质量标准；排放烟气中SO₂浓度为559mg/m³，符合GB 16297—1996的排放标准；装置处理清洁酸性气，含氨酸性气和甲醇装置废气总量为124570t/a，总硫收率为99.9%，设计计算单位能耗为-1308MJ/t（S）。

装置由制硫、液硫脱气、尾气处理、溶剂再生、尾气焚烧、中压除氧水供给和产品成型等工序组成，总占地面积11819m²，其中设备布置区占地面积408lm²。

装置2000年10月投料生产，安全运行至今。

3.1.2　装置运行状况

1）装置投产初期负荷率50%~60%，2001年7月份装置负荷率达70%左右，2001年9月份后装置逐渐达到满负荷运行。

2）装置尾气处理系统自2000年11月1日投产至2001年5月装置停工消缺，处理负荷约65.5%，工作状态良好，2001年3月吸收塔出口净化气总硫平均值为76.43μg/g，最大值为154.9μg/g。

3）2001年6月至2004年10月：处理量为设计负荷的70%~100%，再生塔开始出现冲塔现象，溶剂循环量不足，导致净化气中总硫超标。为此，采取了更换塔盘；更换溶剂等措施，效果不明显。分析认为主要原因是：①引进火嘴有缺陷，炉温太低，NH₃分解不完全，导致换热管堵

塞和溶剂污染；②再生塔设计偏小，处理能力不足；③溶剂过滤器的过滤效果不理想。

4）2004年11月装置大检修后，对装置进行了改造，主要动改内容有：制硫燃烧炉火嘴改造；尾气急冷塔和溶剂再生塔改造；更换过滤器和新到溶剂。改造后溶剂再生效果明显提高，贫液H₂S含量从改造前的6.04g/L降至0.79g/L。净化气总硫达标，吸收塔出口总硫从1050μg/g降至203μg/g（比色管法）。

5）80kt/a硫黄回收装置于2005年11月份进行了标定。装置标定期间，处理负荷接近100%（以原料气中潜硫含量为基准），标定结果表明：齐鲁石化胜利炼油厂80kt/a硫黄回收装置经过改造后，设备、电气、仪表等运行良好，装置处理量达到满负荷运转，产品质量、净化气质量、物耗、能耗等指标都达到或接近设计值。改造后运行半年多来，从未发生尾气加热器管束结盐、再生塔拦液冲塔、净化气不达标的现象，说明改造彻底解决了制约装置运行的瓶颈问题。生产单位认为：胜利炼油厂80kt/a硫回收装置应用了诸多先进技术、仪表、设备、工艺、材料，代表了国内先进的设计水平。该装置投资省，占地面积少，操作灵活，能耗小。5年多的运行表明，该装置工艺技术可靠先进，工程设计满足生产要求。新型的高温掺合阀研制成功，具备长期运行的安全可靠性和良好的调节性能。LS系列硫黄回收催化剂完全能够满足大型硫黄回收装置的使用要求，可以进一步推广使用并替代进口催化剂进行使用。火嘴和炉膛结构改造后，燃烧质量较好，系统中O₂含量降低，胺液变质污染减轻，解决了尾气加热器管束结盐的问题。尾气处理部分改造后胺液循环量完全达到生产要求，贫液再生质量合格，净化尾气排放总硫合格，低于尾气排放国家标准。80kt/a硫黄回收装置能耗数据远远低于胜利炼油厂其他两套硫黄回收的数据，这与设计的节能思路是分不开的。一是中压锅炉所产中压蒸汽对该装置的能耗数据起重要的作用；二是SSR工艺的采用，不仅大大降低了电耗，而且使H₂耗大大降低；另外空冷的采用，大大降低了循环水的用量。表1为改造后胺液及净化尾气分析数据。

表1　改造后胺液及净化尾气分析数据

时间	酸气量/(m³/h)	胺液循环量/(t/h)	C202 总硫/(μg/g)	H₂S/(g/L) 贫液	H₂S/(g/L) 富液
2005-04-20 To 8：00	5649	113	500	1.23	1.3
2005-04-20 To 8：00	5628	102	400	0.85	4.17
2005-04-20 To 8：00	5060	95	200	0.68	5.36
2005-04-20 To 8：00	5341	93	400	0.75	4.43
2005-04-20 To 8：00	5200	80	400	0.81	4.34
2005-05-20 To 8：00	5567	83	0	0.58	5.53
2005-05-20 To 8：00	5710	80	70	0.48	4.35
2005-05-20 To 8：00	5886	86	10	0.48	4.69
2005-05-20 To 8：00	5339	84	10	1.36	7.82
2005-05-20 To 8：00	5923	79	40	0.72	4.77
均值		89.5	203	0.79	4.68

3.2　大连西太平洋石油化工有限公司 80kt/a 硫回收装置

3.2.1　装置简况

装置设计能力为日产硫黄 240t（按 8400h 计，实际生产能力为 84000t/a），产品达到 GB 2449—1992 中一等品质量标准；排放烟气中 SO₂ 浓度 ≤ 600mg/m³；装置处理清洁酸性气，含氨酸性气总最为 14752kg/h，总硫收率为 99.9%，设计单位产量（硫黄）计算能耗为 -8260.53MJ/t。装置由制硫、尾气处理、尾气焚烧、中压除氧水供给等工序组成，装置设备布置区占地面积 2445m²。

装置 2005 年 7 月完成全部施工图设计并于 2005 年 12 月 19 日实现中交；2005 年 12 月 24 日投料生产，12 月 26 日装置正常；安全运行至 2006 年 3 月 24 日停工，计划消缺后投入长周期生产后停运 100kt/a Clauspol 装置，对 Clauspol 尾气处理部分按"SSR"工艺进行改造（正在开展基础设计），改造后全装置硫回收能力达到 180kt/a。

3.2.2　装置运行状况

装置开工后 2006 年 1、2 月份处于 35%~40% 低负荷运行；3 月份开始逐渐加大处理量，最大负荷达到 82% 左右；3 月 23 日开始降量停工。3 个月运行期间没有发生尾气急冷塔堵塞；没有出现任何工艺设备和机械设备故障。装置至今没有进行标定，也没有分析尾气吸收塔的净化尾气质量，无法获得准确的分析数据。在 1~3 月份，80kt/a"SSR"装置与 100kt/a Clauspol 装置同步开车，WEPEC 每月进行 2 次排烟分析，因为两套装置共用一个排气筒，只能通过车间提供的分析数据看到"SSR"对污染物绝对排放量的阵低趋势。

表2 是 2006 年 1~5 月份排气筒烟气化验分析数据表。表3 是"SSR"装置 3 月份主要运行数据的日平均值。

表2　排气筒烟气化验分析数据

2006 年	总产量/t	运行天数	烟气采样(1)/(mg/m³) CO	SO₂	NOₓ	H₂S	烟气采样(2)/(mg/m³) CO	SO₂	NOₓ	H₂S
1 月	2760.4	31	340	2140	15	0	965	5098**	33	0
2 月	7124.4	28	905	1015	29	0	1324	1315	27	0
3 月	6278.3	31	1411	2310	52	0	899	4246**	42	0
4 月	6291.3	29.2	1295	3135	42	0	1859	3993	46	0
5 月	8313.0	31	1126	12633**	77	0	2248	3783	54	0

*3 月 23 日后仅开 Clauspol 装置；**Clauspol 装置的尾气处理部分停工期的数据。

表3　2006年装置主要运行数据

日　期	酸性气流量/ （t/h）	制硫炉炉膛 温度/℃	尾气注氢量/ （m³/h）	MDEA 循不量/（t/h）	尾气炉燃料气量/ （m³/h）
2006-03-01	4.660	1269	194	110	185
2006-03-02	4.525	1228	192	110	160
2006-03-03	4.504	1250	192	110	166
2006-03-04	4.299	1243	197	110	166
2006-03-05	4.338	1235	198	110	152
2006-03-06	5.325	1282	195	110	200
2006-03-07	5.925	1260	214	110	245
2006-03-08	6.567	1175	235	110	249
2006-03-09	6.923	1205	237	110	297
2006-03-10	7.176	1197	240	110	315
2006-03-11	6.769	1229	242	110	263
2006-03-12	5.825	1243	225	110	247
2006-03-13	6.100	1225	186	110	269
2006-03-14	4.938	1230	183	110	234
2006-03-15	4.810	1239	192	110	207
2006-03-16	4.883	1242	194	110	218
2006-03-17	5.325	1219	217	110	190
2006-03-18	5.733	1236	221	110	235
2006-03-19	8.658	1261	407	110	339
2006-03-20	8.275	1274	395	110	323
2006-03-21	9.350	1250	245	110	352
2006-03-22	9.892	1272	446	110	404

4　"SSR"工艺技术的优势

4.1　计算数据分析

1）制硫一、二、三级冷凝器的出口过程气温度约为160℃，一级转化器入口温度多在240℃左右，二级转化器入口温度在220℃左右，而加氢反应器入口温度一般均在300℃，依次进行计算，采用Claus+SCOT工艺与采用"SSR"工艺比较，每千摩尔过程气经三次再热需增加耗燃料气总量为0.252kg，过程气总增量体积分数约为12.6%。

2）根据理论计算和统计数据表明，尾气焚烧炉燃料气耗量约为0.6kg/kmol（过程气），采用Claus+SCOT工艺与采用"SSR"工艺比较，燃料气耗量将增加约50%。这对全装置的能耗指标影响很大。

3）工艺过程的净化气通常需控制总硫≤300μg/g，依此推算，使用再热炉工艺使过程气流量增加12.6%左右，说明最终经排气筒排放烟气的排放量相应增加，烟气中SO₂绝对排放量亦同步增加12.6%。在人们的环保意识日益增强的今天，硫回收装置如何减少SO₂污染，以获得最佳环境效益是非常重要的。

4.2　建设投资分析

1）资料介绍：二级转化Claus装置相对投资为100时，同等规模的二级转化Claus+SCOT尾气处理装置相对投资增加至200，操作费用亦大幅上升。根据已投产的采用"SSR"工艺的硫回收装置投资分解，二级转化制硫加尾气焚烧相对投资为100时，增加的尾气处理部分，如不含溶剂再生设施，相对投资增至130~135；尾气处理部分同时包含溶剂再生设施时，相对投资增至165。"SSR"硫回收装置比采用Claus+SCOT装置投资下降30%左右。

2）采用三级再热炉的硫回收装置，由于燃料气的燃烧，使工艺过程中的过程气量逐级递增，增加量从 3.7% 至 12.6% 左右，致使工艺设备和管道规格亦相应加大，导致建设投资上升成为必然。

3）在线炉的控制由在线分析仪和复杂的多路控制系统来完成，而"SSR"硫回收工艺相应部分均为简单的单参数控制。自动控制系统的简单化是"SSR"硫回收工艺建设投资较低的重要因素之一。

4.3　装置能耗对比

表4　胜利炼油厂3套硫回收装置能耗数据对比

kg

时间	80kt/a 装置能耗(标油)	10kt/a 装置能耗(标油)	40kt/a 装置能耗(标油)
2004-03	-60.63	135.28	197.51
2004-04	-88.3	137.64	160.23
2004-05	-51.35	133.85	217.34
2004-06	-48.57	136.2	189.48
2004-11	-54.89	131.24	224.99
2004-12	-17.07	132.7	178.92
平均值	-53.468	134.485	194.745

表4是胜利炼油厂3套硫回收装置的能耗对比表，10kt/a 和 40kt/a 装置均采用在线还原气发生炉的 SCOT 尾气处理工艺；80kt/a 装置采用"SSR"工艺。表4数据表明"SSR"工艺装置的能耗较低(表4数据没有考虑装置的规模效应)。

胜利炼油厂 80kt/a 硫回收装置委托青岛科技大学于 2005 年 11 月标定数据显示：全年硫黄产量为 73031.33t，则单位产量(硫黄)计算能耗为：-1642.693MJ/t；全年硫黄产量为 84350.50t，则单位产量(硫黄)计算能耗为：-1358.097MJ/t。设计装置计算能耗为-1308MJ/t，与标定值基本一致。国内某引进 Claus+SCOT 工艺的 70kt/a 硫回收装置的标定数据的单位能耗为 2464.7MJ/t (硫)，在装置处理量相仿的前提下，单位能耗远高于 80kt/a 硫回收装置，说明"SSR"工艺在装置能耗方面具有很大优势。

4.4　数据对比表

表5为硫黄回收装置的建设投资、占地面积、能耗等各种参数对比。

表5　硫黄回收装置的建设投资、占地面积、能耗、技术参数对比

装置名称	胜炼 80kt/a 装置	国内 A 装置	国内 B 装置	WEPEC 80kt/a 装置
建设规模/(t/d)	255	2×180	210	240
工艺技术	SSR 工艺	二级转化制硫+SCOT 尾气处理	二级转化制硫+SCOT 尾气处理	SSR 工艺
技术来源	自行开发	意大利 KTI	荷兰 Comprine	自行开发
主要引进设备和技术	制硫火嘴1个，成型机1台，在线分析仪表2台	火嘴8个，成型机2台，成线分析仪3台，电加热器2台，工艺包基础设计	火嘴5个，在线分析仪4台，增压机2台，工艺包基础设计	制硫和尾气火嘴各1个，在线分析仪表3台
总硫收率/%	>99.9	>99.9	>99.9	>99.9
装置包括的主要内容	制硫、尾气处理、溶剂再生、中压锅炉给水系统、成型及包装	制硫、尾气处理、溶剂再生、外管带800m、成型	制硫、尾气处理、溶剂再生	制硫、尾气处理；110t/h 污水汽提 350t/h 溶剂再生
总投资及投资分解	总投资 10000 万元	总投资 36000 万元，其中溶剂再生 4000 万元，外管带约 1000 万元	总投资 19000 万元	总投资 15100 万元，硫回收投资 9700 万元
装置区占地面积/m²	4611	9334(其中溶剂再生占地 2665)	3680	2445
单位产硫占地/(m²/kt)	53.613	55.575	52.57	30.6
单位产硫投资/(元/t)	1192.79	2583.33	2714.28	1212.5
单位产硫能耗(S)/(MJ/t)	-1358.1	未收集到数据	2464.7	装置未标定

5 结论

1)"SSR"硫回收工艺是在吸纳已有 Claus +
SCOT 装置的生产实践,以科学分析和精确计算
的结果作为工艺开发研究的依据,工艺基础坚
实,科学性强。

2)"SSR"硫回收工艺已在近 30 套工业装置
上应用,特别是胜利炼油厂 80kt/a 和大连西太平
洋 80kt/a 大型硫回收装置的成功实施,说明
"SSR"工艺技术路线成熟,实现了科学技术转化
为生产力的飞跃,完全可以替代引进工艺技术,
在大型硫回收装置上实施。

3)工业装置运行数据表明,各项工艺指标
达到或略低于设计值,说明按"SSR"硫回收工艺
设计的工业装置是完全成功的,经得起生产实践
的检验。

4)按"SSR"硫回收工艺建设的装置,建设投
资低,能耗物耗低于国外类似技术;在同等尾气
排放质量和产品质量的前提下,总硫收率较高,
烟气中 SO_2 排放量更少,具有显著的经济效益和
环境效益。可以适应于各种规模硫回收装置的新
建和改扩建,是一种极具市场竞争力,具有自主
知识产权的新工艺。表 6 为"SSR"硫回收装置工
作业绩。

表 6　硫黄回收装置工作业绩

序号	项目名称	规模/(kt/a)	完成时间	制硫工艺	尾气工艺	投产时间
1	大庆油田化学助剂厂硫回收装置	4	1997	2 级 Claus	SSR	2000
2	济南炼油厂第二硫黄回收装置	7	1998	2 级 Claus	SSR	1998
3	胜利炼油厂第二硫黄回收装置改造	85	1998	2 级 Claus	SSR	2000
4	上海石化公司炼化部硫黄回收装置	30+42	1999	2 级 Claus	SSR	1999,2002
5	锦州石油化工公司硫黄回收装置	5	1999	2 级 Claus	SSR	2000
6	燕山石油化工公司尾处理装置	4	1999	2 级 Claus	SSR	199
7	济南炼油厂第三硫黄回收装置	20	2000	2 级 Claus	SSR	2002
8	青岛石油化工厂硫黄回收装置	10	1999	2 级 Claus	SCOT	1998
9	胜利油田石化总厂硫黄回收装置	4	2001	2 级 Claus	SSR	2002
10	抚顺石油三厂硫黄回收装置	1.5	2001	2 级 Claus	SSR	2005
11	大庆石化硫回收装置	3	2002	2 级 Claus	SSR	2004
12	辽阳化纤硫黄回收装置	8	2001	2 级 Claus	SSR	2002
13	武汉石化总厂硫黄回收装置	20	2001	2 级 Claus	SSR	2003
14	神华集团硫黄回收装置	60	2004	2 级 Claus	SSR	基础设计
15	大连西太平洋硫黄回收装置扩能改造	80	2005	2 级 Claus	SSR	2005-12
16	山东华星集团硫黄回收装置	15	2004	2 级 Claus	SSR	2005
17	山西石化硫黄回收装置	6	2003	2 级 Claus	SSR	2003
18	海南炼化建项目硫黄回收装置	30	2004	2 级 Claus	SSR	正在施工
19	石家庄石化分公司硫黄回收装置	20	2005	2 级 Claus	SSR	正在设计
20	九江分公司硫黄回收及尾气处理装置	30	2006	2 级 Claus	SSR	2006-03
21	安庆石化分公司硫黄回收装置	20		2 级 Claus	SSR	正在设计
22	独山子石化硫黄回收装置	50		2 级 Claus	SSR	正在设计
23	大连西太平洋 100% 硫回收尾气改造	100		2 级 Claus	SSR	正在设计
24	华丰造气厂硫黄回收装置	4		2 级 Claus	SSR	正在设计
25	哈尔滨石化硫回收装置	4		2 级 Claus	SSR	正在设计

浅析硫黄回收工艺中氨的处理

李铁军　刘玉法

（中国石化齐鲁分公司胜利炼油厂硫黄车间）

摘　要　针对齐鲁分公司胜利炼油厂 80kt/a 硫黄回收装置制硫燃烧炉烧氨效果不理想的实际情况，通过对比分析，指出影响燃烧器烧氨效果的三要素：温度、停留时间及混合程度，指导实际生产进行合理改进并取得良好效果。

关键词　硫黄回收　烧氨效果

氨类是硫黄回收工艺中令人讨厌的物质，对装置的正常生产或多或少产生一定的影响，正确认识氨类在硫黄生产中的分布及其反应变化，并在设计阶段或正常生产过程中预先消除氨类的影响是确保硫黄回收装置正常运行的关键之一。

1　不同硫黄回收装置燃烧器烧氨效果对比

齐鲁分公司胜利炼油厂 80kt/a 硫黄回收装置于 2000 年建成投产，原料气中 NH_3 的体积含量在 3%～9% 之间，过程气在反应炉内的停留时间为 6～8s，反应炉炉膛温度为 1100℃（红外线测温仪）左右，燃烧器采用进口烧氨火嘴。在

开工初期，酸气中氨的处理效果不够理想，多数氨不能分解成 H_2 和 N_2 而是生成了 NO_x，具体表现在直排大气烟气中的 NO_x 含量大于 $2000\mu g/g$，在系统温度出现大幅度波动的部位（E201 管程）出现结盐现象，曾一度导致装置系统压力升高而被迫停工。胜利炼油厂 40kt/a 硫黄回收装置采用的是国内自行设计的普通酸性气燃烧器，原料气中 NH_3 的体积含量一般在 15% 左右，过程气在反应炉内的停留时间为 16～20s，反应炉炉膛温度为 1180℃（红外线测温仪）左右，热偶温度指示一般为 1255℃ 左右，直排大气烟气中的 NO_x 基本上检测不到。

表 1　检测结果

检测项目	E201	C202	R201	烟道	分析方法
铵离子	6.25	0.29	24.08	9.01	QC/SLJ-02-15-98
铁离子	10.60	30.12	—	13.45	QC/SLJ-03-03-98
硫酸根	36.83	—	58.76	63.27	QC/SLJ-02-13-98
碳酸根	1.00	2.70	0.67	0.60	QC/SLJ-03-13-98
总硫	14.59	25.5	18.78	13.84	GB/T387
550℃灼烧	68.09	45.00	99.28	59.49	QC/SLJ-02-04-98

意见与解释：1）E201 主要成分是 $FeSO_4$ 或 $Fe_2(SO_4)_3$，$(NH_4)_2SO_4$，有机物和少量的单质硫及碳酸盐。2）R201 主要成分是 $(NH_4)_2SO_4$ 占 81%，另外还有少量有机物和碳酸盐等。3）C202 主要成分为 FeS、单质硫、有机物和少量的碳酸盐、铵盐等。4）烟道主要成分是 $Fe(SO_4)_3$、$(NH_4)_2 \cdot SO_4$，有机物和少量的碳酸盐。

2　原因分析

针对两套装置截然不同的使用效果，对装置检修过程中发现的容易结垢的部位进行采样分析，检测结果见表 1。经检测发现，在 80kt/a 硫黄回收装置部分部位出现铵盐，分析原因是由于烧氨效果不佳，尾气加氢换热器管程一侧过氧且

存在较大的温度变化，所以铵盐析出结晶造成系统堵塞。从实际情况分析，制硫燃烧炉在得到硫黄的同时将氨气烧掉的条件是可控的，硫回收装置中氨处理不当，会引起以下问题：

1）未燃烧的 NH_3 加剧了铵盐的形成。

2）产生 NO_x，它是 SO_2 氧化生成 SO_3 的良性催化剂，加速了设备腐蚀的速度。

3）硫回收率降低。

4）引起脱硫装置中循环胺液中 NH_3 的富集，这些氨携带大量的"黏附"的 H_2S 和 CO_2，降低了解析塔的解析能力，造成吸收塔吸收能力的降低。

中型装置的试验结果表明（见图1），当制硫燃烧炉的温度为1200℃时，过程气中残留 NH_3 浓度为1000μg/g，温度愈高，分解愈完全。一般要求燃烧炉温度应高于1250℃。同时，为保证 NH_3 的充分分解，必须保证酸性气在制硫燃烧炉中与空气充分的混合和足够的反应时间。在上述三个因素中，温度的控制最重要。如果温度不够，再充足的停留时间和混合程度也达不到理想的烧氨效果，但在满足温度要求的前提下，增加其他两个因素中的任何一个，都会改善制硫燃烧炉的烧氨效果。从另外的角度分析，提高燃烧器的混合程度不仅仅可以提高燃烧炉的烧氨效果，而且可使尾气中氧的残留量相应减少，可以抑制稳定铵盐的形成和尾气装置硫化氢吸收剂 MEDA 的氧化降解，从另一方面提高硫黄回收及尾气装置的运行性能。

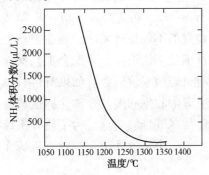

图1　剩余 NH_3 浓度与火焰温度的函数关系

NH_3 在燃烧炉中主要完成氧化与分解的反应过程，其主要反应为：

$$2NH_3 + 3/2O_2 \longrightarrow N_2 + 3H_2O$$
$$2NH_3 \longrightarrow N_2 + 3H_2$$
$$2NH_3 + SO_2 \longrightarrow 2H_2O + H_2S + N_2$$
$$2NH_3 + 3H_2S + 4O_2 \longrightarrow S_2 + SO_2 + 6H_2O + N_2$$

通过理论分析并结合胜利炼油厂80kt/a硫黄回收装置的实际情况，表明该装置制硫燃烧炉火嘴采用酸性气旋转、空气平流的方式使酸性气与空气混合部分单位体积内反应强度不足，降低了燃烧炉的整体温度，从而达不到氨的分解温度，导致氨的分解不够彻底。

3　装置改进

为解决燃烧器的混合问题，于2004年10月和2005年4月两次对 F101 燃烧器进行了改造，分别增加了一道花墙并在风道内沿轴向增加导向叶片10片均布，斜度20°，风道出口火盆前加导向锥。目的是为了加强酸气与空气的旋转混合，保证酸性气与空气在炉膛内有足够的停留时间，使反应尽可能地完全。

F101 火嘴和炉膛结构改造后，燃烧质量大幅提升，直排大气烟气中的 NO_x 含量小于80μg/g，系统中 O_2 含量降低，E201 管束结盐的问题基本上得到解决，废锅使用寿命延长，胺液变质污染减轻，说明针对制硫燃烧器的理论分析及实际改造思路正确，效果明显。

4　结论

经过实践证明，影响制硫燃烧器烧氨效果的主要因素为燃烧器温度、介质停留时间和混合程度，通过改善上述三因素将得到较好的烧氨效果从而实现制硫装置的长周期运行。

有机硫对硫黄回收装置转化率的影响

温崇荣

（中国石油西南油气田分公司天然气研究院）

摘　要　硫黄回收装置过程气中有机硫水解率高低的变化，打破了原有 H_2S 与 SO_2 的比例，改变了 Claus 反应的平衡转化率，从而影响着装置各段转化率以及装置的总硫转化率，装置总硫转化率影响程度可达到 2 个百分点以上。

关键词　有机硫　水解率　转化率

1　引言

随着石油与天然气工业的发展和技术进步，采用 Claus 法的硫黄回收装置越来越多，技术发展也越来越完善，环境对尾气排放的要求也越来越严格，硫黄回收装置过程气中有机硫也越来越受到重视，而且已经成为广泛关注的话题。目前针对有机硫已经开发出了较多的改进型或新型催化剂，现有催化剂已基本上能满足各种工艺技术和环保的严格要求，但目前硫黄回收装置过程气中的有机硫在工艺过程中的各反应段的影响往往只限于较宏观的认识。为了更深地认识有机硫在各反应段的影响，本文利用 Sulsim 软件，试图根据 CS_2 在各反应器中的情况来讨论有机硫在尾气排放达标过程中的重要作用。

各种硫黄回收装置中的有机硫一般包括 COS 和 CS_2 两种形式，它主要来源于反应炉内反应的副产物。硫黄回收装置酸性气原料中除含有 H_2S 外，一般还含有 CO_2、H_2O、烃类、NH_3 以及脱硫溶剂等，H_2S 在反应炉内与氧反应生成硫和 SO_2 的主反应过程中，还产生大量的副反应，主要的副反应产物有 COS、CS_2、H_2、CO、NO_2、NO、N_2 等，其中有机硫（COS、CS_2）就是对装置收率有较大影响的副产物之一。

有机硫在反应炉内的生成情况，特别是生成量的影响因素已有大量的较详尽的研究报导。一般认为有机硫的生成量与酸气中的 H_2S 浓度、CO_2 和烃类含量以及火嘴的操作温度有

直接关系，如果 H_2S 浓度较低、CO_2 和烃类含量较高，炉内生成的有机硫含量也较高，因此常常把有机硫，特别是 CS_2 的生成归因为烃类的存在。在工艺装置设计过程中，常常尽可能地提高酸气中 H_2S 的浓度，降低 CO_2 和烃类等杂质含量，适当提高反应炉温度作为降低有机硫生成量考虑的重要因素。

从反应炉来的有机硫在后序催化剂床层上水解生成 H_2S，H_2S 再进一步反应生成单质硫。根据工艺装置的不同设计要求，现在市场上皆有相应的多种催化剂供选择，再配合工艺操作温度共同完成有机硫的水解问题。如果有机硫没有处理好会对装置的收率和尾气排放达标造成较大的影响，甚至使尾气排放超标。为了使有机硫在各反应段的影响有个量的认识，拟对有机硫作更深入的探讨。

2　二级常规 Claus 工艺

为了便于问题的讨论，本文借用了标准的常规直流两级 Claus 工艺装置和通用的典型工艺操作条件，并借用 Sulsim 硫黄回收专用软件进行演算。目的在于对有机硫相关各参数的影响有个量的认识和参考。表 1 是一组较为典型的酸性气气质组成和较典型的常规操作条件，以这些参数为基础并假设有机硫完全转化，通过热力学演算，获得过程气气质组成和各级转化率如表 2。通过这种方式对装置的不同运转情况进行演算，并对数据进行整理对比，其主要输出数据如表 3。

表1　主要输出数据

过程单元		一级反应器		二级反应器 出口	装置
		入口	出口		
过程气主要组分/(kmol/h)	H_2S	114.418	39.852	10.424	
	COS	9.7	0.045	0.035	
	SO_2	20.437	19.930	5.211	
	CS_2	8.397	0	0	
	S_1	391.87		151.52	
				44.16	
单元或总硫转化率/%		64.67	71.69	23.81	97.38

3　一级反应器有机硫水解率对装置运行状况的影响

利用上面提供的气质条件和操作条件，假设比例控制仪设在二级反应器的后面，各级反应器的 H_2S 与 SO_2 反应的平衡转化率效率为100%（即每级反应器的出口皆处于热力学平衡）。一级反应器有机硫水解率的高低对装置各段单质硫的影响见表2，对装置各段的转化率和装置总转化率的影响见表3。

表2　一级反应器有机硫水解率对各段单质硫的影响

一级反应器有机硫水解率/%	废热锅炉出口单质硫/(kmol/h)	二级反应器出口单质硫/(kmol/h)	二级反应器出口单质硫/(kmol/h)
100	391.87	151.52	44.16
80	390.55	149.13	43.28
60	388.63	147.23	42.22
40	386.75	145.33	41.31

表3　一级反应器有机硫水解率对装置
各段转化率和总转化率的影响

一反有机硫水解率/%	各级转化率/%			装置总转化率/%
	反应炉	一级反应器	二级反应器	
100	64.67	71.69	73.81	97.38
80	64.49	70.21	68.39	96.66
60	64.21	68.77	63.15	95.88
40	63.94	67.37	58.69	95.14

从以上数据可知：一级反应器有机硫水解率的高低对后序工段的运行状况有较大影响。随着一级反应器有机硫水解率的降低，各级冷凝器的硫负荷随之减小，各段转化率相应降低，总硫转化率也是如此。一级反应器有机硫水解率从100%降到40%，总硫转化率从97.38%降到95.14%，降幅达2.24个百分点。

实际上是因为一级反应器有机硫水解率的不同改变了过程气中 H_2S 的浓度，同时打破了原有的 H_2S 与 SO_2 的比例，造成了各级总硫分布和转化率的差异。

4　在线比例调节仪控制点的位置对过程气组成的影响

通常比例调节控制仪设在尾气部分，也有设在一级反应器出口的，为了便于比较，假设亦可设在一级反应器前。通过以上3种方式来比较当有机硫存在时，对装置运行情况的影响。当然，如果没有有机硫，理论上讲无论设在哪里都是一样的。

假设一级反应器有机硫的转化率为80%，各级 H_2S 与 SO_2 的 Claus 转化处于平衡转化时，经过演算获得以上3种情况的过程气组成和各级转化反应器总硫分布的差异(见表4和表5)。

表4　主要工艺操作参数

过程单元	反应炉	一冷	一反进	一反出	二冷	二反进	二反出	三冷
温度/℃	1040.1	135	250	323.1	130	210	230.2	120

表5　典型的酸性气组成

成分	C_1	CO_2	C_2	H_2O	H_2S	合计
流量/(kmol/h)	5.541	361.048	2.214	32.926	598.220	1000

从以上数据看，控制点在不同位置时，对过程气的组成和冷凝器的硫负荷以及各段转化率还是有影响的，特别是对一级反应器前的影响更明显。这是因为一级反应器有机硫转化率比较高，所以对一级反应器后的过程气影响较小，如果一级反应器有机硫水解率较小，将影响更大。这同

样是因为有机硫的存在，改变了原有过程气中 H_2 S 与 SO_2 的比例造成的(见表6~表9)。

表6　控制点在二反后过程气组成 kmol/h

组分	一反入	一反出	二反出
H_2S	116.7	38.346	10.389
COS	9.497	1.941	1.315
SO_2	69.335	19.625	5.197
CS_2	8.444	1.689	1.552
S_1	390.55 (废热锅炉出)	149.13	43.28

表7　控制点在一反后过程气组成 kmol/h

组分	一反入	一反出	二反出
H_2S	117.228	38.690	10.699
COS	9.446	1.931	1.308
SO_2	69.140	19.348	4.904
CS_2	8.458	1.692	1.555
S_1	390.20 (废热锅炉出)	149.38	43.33

表8　控制点在一反前过程气组成 kmol/h

组分	一反入	一反出	二反出
H_2S	129.734	47.683	22.951
COS	8.320	1.718	1.277
SO_2	64.870	13.555	0.865
CS_2	8.736	1.747	1.644
S_1	381.48 (废热锅炉出)	153.94	38.07

表9　控制点在不同位置对各段转化率的影响 %

过程单元	反应炉	一反	二反	装置
控制点在一反前	63.16	69.85	57.29	95.26
控制点在一反后	64.44	70.22	68.40	96.65
控制点在二反出	64.49	70.21	68.39	96.66

5　一级反应器处于非平衡反应时有机硫对各段转化率的影响

　　假设一级反应器有机硫的水解率为80%，一级 H_2 S 与 SO_2 平衡转化的效率分别为80%、60%时，通过演算获得过程气中 S_1 组分和各段转化率以及总硫转化率，列于表10、表11。

表10　一级反应器处于非平衡转化时有机硫对过程气中单质硫的影响

H_2S 与 SO_2 转化效率/%	不相识过程气 S_1 组成/(kmol/h)		
	废热锅炉出	一反出	一反出
100	390.55	149.13	43.28
80	390.62	129.86	59.99
60	390.71	107.18	79.51

表11　一级反应器处于非平衡转化时有机硫对各反应段转化率和装置转化率的影响 %

过程单元	反应炉	一反	二反	装置
H_2S 与 SO_2 的转化效率100%时转化率	64.49	70.21	68.39	96.66
H_2S 与 SO_2 的转化效率80%时转化率	64.50	61.15	72.70	96.24
H_2S 与 SO_2 的转化效率60%时转化率	64.51	60.49	75.64	95.72

　　实际上工业操作过程中，很多时候都处于非平衡转化状态，特别是在催化剂使用寿命的中后期。从表9、表10可以看出，处于这种状态时，有机硫的存在对装置各单元过程气中的总硫分布和转化率都会产生较大的影响，特别是对反应器的总硫分布影响较大，对转化率亦有 0.4~0.94 个百分点的变化幅度。这同样是因为有机硫的存在加上一级反应器处于非平衡状态下共同影响的结果。如果一级反应器有机硫水解率更低，那么对装置的运行影响会更大。

6　有机硫不同浓度对装置运行状况的影响

　　通过 Sulsim 软件经验运行模式，对有机硫的浓度进行调节，假设一级反应器有机硫的水解率仍维持80%，各级反应器 Claus 转化效率为100%，通过演算获得过程气中的 S_1 组分和各级转化率以及装置总转化率，列于表12、表13。

表12　不同有机硫浓度对各段冷凝器硫负荷的影响

一反入 COS/CS_2/ kmol	废热锅炉出/(kmol/h)	一反出/(kmol/h)	二反出/(kmol/h)
6.143/4.487	388.61	154.15	42.25
9.497/8.444	390.55	149.13	43.28
11.839/11.964	383.44	151.50	45.66

表 13　不同有机硫浓度对各段转化率及
总硫转化率的影响　　　　　%

过程单元	反应炉	一反	二反	装置
一反入 COS/CS$_2$（kmol）= 6.143/4.487 时转化率	64.15	71.89	70.09	96.99
一反入 COS/CS$_2$（kmol）= 9.497/8.444 时转化率	64.49	70.21	68.39	96.66
一反入 COS/CS$_2$（kmol）= 11.839/11.964 时转化率	63.36	69.12	67.47	96.32

可见有机硫浓度的差异对装置各段总硫分布和转化率仍有较明显的影响，对装置转化率的影响可达 0.5 个百分点左右。一级反应器有机硫的水解率降低将加剧这种影响。

7　讨论

依赖硫黄回收专用软件 Sulsim，采用二级直流常规 Claus 工艺流程，对一些较典型的硫黄回收数据作了演算。尽管演算数据不是真实的现场数据，而且软件本身存在一定的误差，但演算的数据仍然能反应各参数的影响趋势，且演算的结果对参数的量有一个参考作用，特别是有机硫的存在对各级反应段的硫分布和转化率以及装置总硫转化率的影响有了一个量的参考。此次演算没有对各种情况作全方位的计算，但基本上可以看到有机硫水解率的高低、有机硫浓度的高低、比例调节仪的位置差异、一级反应器 H$_2$S/SO$_2$ Claus 反应平衡效率的大小对装置的运行情况都有不同程度的影响。可以推测，如果一级反应器有机硫的水解率、有机硫浓度的高低、比例调节仪的位置差异、一级反应器 H$_2$S/SO$_2$ Claus 反应平衡效率以及第二级反应的非平衡反应因素叠加在一起会使装置的运行情况更加复杂化，多种不利因素的叠加会使装置的总硫分布，特别是装置收率造成更大的影响。

8　结论

造成装置运行转化率差异的核心因素有两个：其一是由于 H$_2$S 与 SO$_2$ 的比例；其二就是 H$_2$S/SO$_2$ 反应的平衡效率。有机硫的存在影响着过程气中 H$_2$S 与 SO$_2$ 的比例，同时影响着装置各段的总硫分布、转化率以及装置总转化率，从而影响装置收率，影响尾气 SO$_2$ 的排放量和排放浓度。

一级反应器有机硫水解率的降低对装置运行状况影响很大，可使装置转化率降低 2 个百分点以上；一级反应器有机硫浓度的差异亦可影响装置转化率达到 0.5 个百分点；如果一级反应器 H$_2$S/SO$_2$ Claus 反应平衡效率的降低加上有机硫的影响，装置转化率的下降可达 1 个百分点左右。多种不利因素的叠加会使装置转化率造成更大的影响。

硫黄回收装置的 SO_2 排放标准

李菁菁

（中国石化洛阳石化工程公司）

摘　要　在比较国内外 SO_2 排放标准基础上，介绍了我国目前排放标准的修改情况，并在此基础上介绍了尾气处理工艺方法的选择原则。

关键词　硫黄回收　二氧化硫　尾气处理　排放标准

我国国家大气污染物综合排放标准（GB 16297）公布已有 10 年了，随着排放标准的公布和实施，人们的环保意识不断增强，大气环境质量不断改善，取得了可喜的成绩。但由于我国的排放标准不够具体和细致，执行过程中也遇到了一些问题，尤其是对于中、小规模装置，为满足排放标准，也必须采用流程复杂、基建投资和操作费用高的吸收还原工艺，影响装置经济效益。本文希望通过国外排放标准、尾气处理工艺方法和硫回收率及投资的相对关系、排放标准的修改情况和尾气处理工艺方法选择原则 4 部分，进一步说明排放标准修改的必要性及标准修改后的尾气处理工艺方法选择原则。

1　排放标准

关于硫黄回收尾气的 SO_2 排放标准，各国间差别较大，而且考虑的角度也不同。有些是根据地区（如是天然气净化厂或炼油厂）、酸性气中 H_2S 浓度、烟囱高度规定允许排放的 SO_2 量，也有同时规定允许排放的 SO_2 浓度；而更多的国家及地区则是根据硫黄回收装置的规模规定必须达到的总硫回收率，规模愈大要求也愈严。一些经济发达国家硫黄回收装置硫回收率要求见表 1。

表 1　一些国家硫黄回收装置硫回收率要求

国名	装置规模/(t/d)							
	<0.3	0.3~2	2~5	5~10	10~20	20~50	50~2000	2000~10000
美国德克萨斯州						98.5~99.8		
新建装置	灼烧		96.0	96.0	97.5~98.5		99.8	99.8
已建装置	灼烧	96.0	96.0~98.5	96.0~98.5	98.5~99.8	99.8	99.8	99.8
加拿大	70	70	70	90	96.3	96.3	98.5~98.8	99.8
意大利	95	95	95	95	95	96	97.5	97.5
德国	97	97	97	97	97	98	99.5	99.5
日本	99.9	99.9	99.9	99.9	99.9	99.9	99.9	99.9
法国	97.5	97.5	97.5	97.5	97.5	97.5	97.5	97.5
荷兰	99.8	99.8	99.8	99.8	99.8	99.8	99.8	99.8
美国	98	98	98	98	98	98	98	98

从表 1 可以看出：

1）一些国家尤其是美国，装置规模划分很细，不同规模回收率要求也不同，规模愈大要求也愈严。

2）从自身国情出发制定标准，因此标准有显著差别。如加拿大因地广人稀，标准也较宽松；日本人口密集，标准最为严格。

对比发达国家的排放标准，我国的排放标准虽然体现了对环保的重视，但标准粗放，不够具体，既未考虑装置所在地区的周围情况，也未考虑装置规模，而且标准的严格程度仅次于日本，显著超过美国、法国、意大利和德国等发达国家。为此企业需花费大量投资及操作费用，尤其是对于一些中、小型规模装置采用吸收—还原工艺在技术经济上不尽合理，而这类硫回收装置我国又不少。此外对已经配备尾气处理但还不能满足国家排放标准的中、小型装置也处于进退两难的尴尬局面。

2　选择尾气处理工艺的经济考虑

众所周知，尾气处理装置所回收的硫仅占总硫的百分之几，但基建投资和操作费用都很高，而且所要求的回收率愈高，装置的投资和操作费用也愈高。因此尾气处理不是一种有经济效益的措施，只有在硫黄回收装置正常操作而无法保证合格排放时，为了满足排放标准、保持环境质量而不得已采取的手段。

装置采用的工艺方法和硫回收率及装置投资关系见表 2。

表 2　工艺方法和硫回收率及投资的相对关系

项　目	相对投资	总硫回收率/%
二级转化 Claus 法	100	92.5~95
三级转化 Claus 法	113	93.5~97
二级转化+Super Claus99	122	98.5~99.2
三级转化+Super Claus99	137	99.0~99.4
三级转化 MCRC	137	96.8~99
四级转化 MCRC	155	98.8~99.5
二级转化+串级 SCOT	160	99.8~99.9
二级转化+常规 SCOT	180	99.8~99.9
二级转化+LS SCOT	200	99.95
二级转化+Super SCOT	220	99.95

可以看出，硫黄回收尾气处理方法很多，每种方法各有特点，通常是净化度愈高的方法，投资和操作成本也愈高，就是说环境效益、社会效益和经济效益往往是矛盾的，因而在选择工艺方案时，首先要考虑环境效益，满足排放标准，同时也要考虑装置的经济效益，使其既满足环保要求，又最大限度地节省投资和操作成本。

3　排放标准的修改情况

国家大气污染物综合排放标准是设计单位和建设单位必须遵守的法规，为此在我国无论周围环境如何，装置规模多大，都必须设计和建设吸收还原尾气处理装置，如山东三维石化工程有限公司在 1997~2003 年，就设计了 11 套规模小于 8000t/a 装置，其中规模最小的仅为 1000t/a，洛阳石化工程公司在 1999~2004 年也设计了 5 套规模小于 10000t/a 装置，上述装置全部采用吸收还原工艺，但由于操作费用高，投产与否对环境的影响又不大，因此尽管尾气处理装置都已完成建设，但某些尾气处理装置实际未投产，造成投资和设备的很大浪费。为此中国石油集团公司和中国石化集团公司分别根据各自情况，也向国家环境保护总局反映情况并提出修改意见和建议。

1999 年国家环境保护总局环函 48 号文"关于天然气净化厂脱硫尾气排放执行标准有关问题的复函"中，已明确表示：天然气净化厂二氧化硫污染物排放应作为特殊污染源，制订相应的行业污染物排放标准进行控制；在行业污染物排放标准未出台前，同意天然气净化厂脱硫尾气排放二氧化硫暂按《大气污染物综合排放标准》（GB 16297—1996）中的最高允许排放速率指标进行控制，并尽可能考虑二氧化硫综合回收利用。这意味着天然气净化厂已不受二氧化硫排放浓度的限制，使尾气处理工艺的选择范围大幅度增加，装置规模为硫黄 10kt/a 的重庆天然气净化总厂渠县分厂就是在 2001 年引进荷兰 Jacobs 公司的 Super Claus 技术就是一例证。

中国石油化工集团公司正在起草《石油炼制工业污染物排放标准》，该标准是依据石油炼制工业技术发展水平和可得到的污染物治理技术的基础上制定的。该标准经国家环保总局批准后，就具有强制执行的效力，并且从该标准实施之日起，《大气污染物综合排放标准》（GB 16297—1996）与石油炼制工业有关的条款即行废止。目前报批稿已报至国家环保总局待批，报批稿中具体而细致地规定了石油炼制工业中装置或设备的排放标准，其中硫黄回收及尾气处理控制指标中的内容是：

1) 石油炼制工业脱硫形成的酸性气体必须经硫黄回收装置回收单质硫或经硫酸装置生产硫酸。

2) 硫黄回收装置的单质硫回收率最低限值应符合表 3 规定。

表 3　炼油厂酸性气硫回收率最低限值

设计规模/(t/a)	硫回收率/%
$C \le 1000$	82.0
$1000 < C \le 3000$	85.0
$3000 < C \le 6000$	90.0
$6000 < C \le 15000$	95.0
$15000 < C \le 60000$	99.0
$C > 60000$	99.8

3）炼油厂酸性气硫单质回收装置产生的尾气必须经氧化控制系统或还原控制系统处理。

4）尾气灼烧处理装置排气筒高度应使排出的大气污染物落地浓度符合 GB 3095—1996《环境空气质量标准》的要求。

5）利用炼油厂酸性气生产硫酸，其排气筒 SO_2 浓度应小于 $800mg/Nm^3$（干基）。SO_2 浓度是指烟气的过剩氧浓度在 0 条件下的浓度。

从上述的内容可以看出，无论国家环保总局的批准稿如何的变化或修改，但装置的硫回收率最低限值和装置规模有关不会改变，同时也表明了硫回收尾气处理工艺不仅仅局限于采用吸收—还原工艺，可以有更广泛的选择。

4 尾气处理工艺方法选择原则

当新的石油炼制工业污染物排放标准颁布后，尾气处理工艺方法的选择范围就宽了，工艺方法选择是否合适，直接影响装置投资和操作费用，尾气处理工艺方法选择的一般原则是：

优化硫黄回收装置的工艺条件和操作参数，提高硫黄回收装置的硫回收率，这是考虑和选择尾气处理的首要条件，否则不仅造成极大的浪费，还会给后续尾气处理装置带来一系列问题。

当装置规模很小，周围环境又不是人口密集区时，硫黄回收采用二级或三级转化后，考虑采用热焚烧排放的方法。

对中、小型规模装置，当热焚烧不能满足排放要求时，首先应考虑采用流程较简单、投资和操作费用都较低的 Super Claus 工艺或固相低温 Claus 工艺，如 MCRC 和 CBA 等工艺。使其在满足排放要求的同时，技术经济更合理。

对大、中型规模装置，在采用上述尾气处理工艺仍不能满足要求时，可采用吸收—还原工艺。吸收—还原工艺中，规模较大装置宜采用 SCOT 工艺，因 RAR 工艺中的气-气换热器，传热系数很小，使用条件受设备规格的限制，而且为满足加氢反应器入口温度的要求，电加热器需连续使用，基建投资、操作费用和能耗都较高；若采用间接加热炉，热效率低，投资、能耗和占地面积都很大。

根据各厂具体情况，因地制宜选择串级 SCOT 工艺。如广州石化分厂，由于预留面积太小，而上游脱硫装置的换热和再生系统还有一定余量，则可选择串级 SCOT 工艺。

在装置排放要求极其严格地区，且装置规模较大时，可考虑采用超级 SCOT 和低硫 SCOT，但应作技术经济比较后决定是否采用。

在国内低温 SCOT 催化剂完成工业化试验后，则采用吸收—还原工艺的大、中型装置首先应考虑采用低温 SCOT 工艺。

当采用吸收—还原尾气处理工艺时，通常应按"两头一尾"方式设计，即上游按两个系列 Claus 部分设计，尾气处理、硫黄成型按照单系列设计，既实现了装置的大型化和规模化，又能维持炼油厂上游装置的连续生产。

利用 Topsøe 公司的湿法硫酸法处理硫黄回收尾气，由于要引进专利技术和专利设备，技术经济不够合理。但利用该方法或南化设计院开发的干法制硫酸工艺处理酸性气，不仅改变了产品，也提高了装置的经济效益，因此可因地制宜（如装置所在地有否需要硫酸的对口单位等），进行市场分析（如硫黄和硫酸的市场需求情况等）和技术经济比较后确定。

国外大型硫黄回收技术考察

刁九华

（中国石化洛阳石化工程公司）

摘　要　本文介绍国外一家公司大型硫黄回收设计特点，包括大型化后装置套数的设置、工程设计特点等。并针对国内建设大型硫黄回收装置提出几点意见。

关键词　大型　硫黄回收　Claus　尾气　Flexsorb 溶剂　液硫脱气

BayTown 炼油厂建于 1921 年。经过几十年的不断扩能改造，原油处理能力达到 26Mt/a，居 2001 年世界第 8 大炼油厂，是 ExxonMobil 的第一大炼油厂，属于世界级规模。他主要加工中东含硫多品种原油。炼油厂有常减压，催化裂化，催化重整，溶剂脱沥青，焦化，脱硫，酸性水及硫黄回收装置。硫黄回收装置的规模为 560kt/a。

1　大型硫黄回收装置的设置

BayTown 炼油厂为了追求最好的经济效益，非常强调各装置长周期安全平稳运行。炼油厂各装置 3 年分步大修 1 次。为了使硫黄回收装置适应炼油厂加工原油品种的变化，并满足分步检修，炼油厂共设置 4 套硫黄回收，单套规模 140kt/a，有 3 套建于 20 世纪 80 年代前；1 套 2001 年建成并投产。4 套硫回收配 3 套尾气处理，每套硫黄回收及尾气处理之间设有跨线，且留有较大的操作弹性，生产中一旦某一套硫黄回收或尾气处理故障时，可通过跨线切换到其他部分。4 套硫黄回收配有 4 套液硫脱气，有 3 套为地下罐，一套为地上罐。另外设有一个地上硫池，供事故使用。根据经验，若某液硫脱气池故障时，可通过跨线暂时切换到其他脱气池，从而达到不停工检修的目的。装置内的液硫通过管线输送到装置外的液硫储罐，由码头装船外运。流程如图 1 所示。

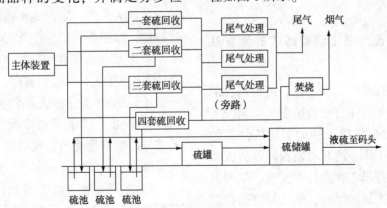

图 1　大型硫黄回收装置流程

2　工程设计特点

2.1　工艺流程

1) 采用二级 Claus 工艺。

2) 过程气的加热方式：新建的一套采用导热油作热媒，另外 3 套用气—气换热。根据经验，导热油作热媒比气—气换热更可靠。

3) 一、二级硫冷凝器采用同壳异管程合为一台，三级硫冷凝器为独立的一台。认为大型硫冷凝器 3 台合为一台，不如两台更易操作及检修。

4) 尾气处理采用 Flexsorb 技术，过程中采用一种新溶剂，可使吸收后的尾气中 H_2S 小于

10μg/g。新溶剂比常规溶剂具有溶剂循环量低、节能，设备尺寸小的特点。

5) 贫液系统设有缓冲罐，以保证溶液系统平稳操作。

6) 液硫脱气采用 Exxon Mobil 的技术，向液硫池内鼓入空气，或在液硫停留时间不充足时，向液硫池内注入催化剂，以加速液硫中的多硫化氢(H_2S_x)，以 H_2S 的形式向气相转移。然后用气抽子把池内的 H_2S 送至焚烧炉。

2.2 仪表控制

采用 DCS 集散控制系统，设有正常生产和开停工自保逻辑系统，设有比例分析仪、在线分析仪，其余的控制与常规相同。

2.3 平面布置

新建的硫黄回收采用框架式立体布置，设有3层，液硫罐设置在地上，液硫管线自上而下，有利于液硫的流动。平面布置很紧凑，便于操作和检修(见图2)。

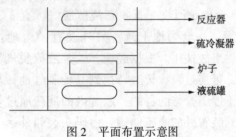

图2　平面布置示意图

3 对国内建设大型化硫黄回收的装置几点意见

随着国内一些炼油厂的大型化，硫黄回收的规模相应增加，近年来 LPEC 为镇海、茂名、大连、广州扩建 10Mt/a 级以上的大型化炼油厂的总体设计做了许多工作，同时对硫黄回收的大型化非常重视，组织技术考察及技术交流，学习国外硫黄回收大型化方面的经验，结合国情提出建设大型硫黄回收装置的几条意见：

1) 首先提高对大型硫黄回收装置重要性的认识。硫黄回收装置虽属于工艺环保装置，但与上游大型主体装置密切相关。对于大型炼油厂硫黄回收装置，生产中一旦发生故障，大量的酸性气，为剧毒气体，不能直接排放，有条件的可短时间经备用装置处理，或经过焚烧后高空排放，若较长时间不能修复，会影响上游主体装置的正常生产，或降量生产，严重时会停工，这将影响工厂的经济效益。因此对于大型硫黄回收装置的可靠性，保证长周期安全平稳运行是非常重要的。

2) 装置套数的设置。宜设置两套或多套，装置留有较大的操作弹性。主要基于以下考虑：

① 炼制不同品种的原油，加工流程及操作条件的变化，对全厂硫平衡有较大影响。硫黄回收规模不是固定不变的，非常准确地确定硫黄回收规模较困难，如国内某炼油厂建设了一套100kt/a硫回收装置，实际开起来很小，低于30%，开工难度很大，改造后才开工。由于只设有一套，灵活性较差，若设置两套：最低处理量时只开一套，另一套可备用；待处理量变大时两套全开。由此看出，对于大型炼油厂，甚至中型炼油厂设置两套或多套，装置留有较大的操作弹性是必要的。

② 目前，中大型炼油厂一般考虑3年大修一次，分组检修。设置两套或多套，以便一套检修时，另外一套在操作。

③ 硫黄回收与尾气处理配置考虑的因素：既要考虑工厂的发展，满足操作的灵活性，又要简化流程，节省投资。如两套硫黄回收配置一套尾气处理，即两头一尾，或三头一尾，四头三尾等，视工厂的发展规划而定，如 Batytown 炼油厂，由于工厂滚动发展，先建设的三头两尾，后扩建并联的一头一尾，共4套硫黄回收及三套尾气处理，即四头三尾。

3) 选择先进可靠的工艺技术，满足环保要求。设计完善的工艺自动控制流程，提高自动化控制水平，对于关键的操作参数设置监控及特殊报警。

4) 设备、炉子及硫冷凝器设计选材要充分考虑长周期平稳运行，尤其注意在防止 SO_2 的露点腐蚀。

5) 溶剂再生、酸性水汽提、硫黄回收平面布置采用三联合集中布置，便于操作及管理。因为溶剂再生、酸性水汽提的产品酸性气就是硫黄回收的原料，以前曾把溶剂再生、酸性水汽提分散布置上游主体装置，造成酸性气管线较长，曾出现长距离管线酸性气泄露的问题，酸性气的泄露不仅影响长周期生产，且严重威胁人的生命。平面布置采用三联合布置可避免此问题，确保装置安全、平稳、长周期的运行。

硫黄回收装置的10年回顾

李菁菁

（中国石化洛阳石化工程公司）

摘　要　从原料来源、工艺流程、设备、自动控制、催化剂、平面布置等方面总结了10年来硫黄回收装置取得的成绩与进步；并从基础研究、计算程序、专利技术、新工艺和新催化剂的开发、工业装置生产现状等方面提出了不足与差距，并努力克服。

关键词　10年回顾　提高与进步　不足与差距

自1995年我国炼油厂首次引进国外硫黄回收专利技术至今已有10年，10年来炼油厂硫黄回收装置迅速大型化，同时在尾气处理技术多样化、国产催化剂系列化、仪表控制先进化、国产设备成熟化和平面布置合理化等方面都取得了长足的进步。文章通过10年回顾总结取得的成绩和存在的不足。

1995年安庆石化分厂首次引进国外专利技术——Super Claus技术时，装置规模为$2 \times 10^4 t/a$，当时除齐鲁分公司胜利炼油厂于1991年投产的2套$2 \times 10^4 t/a$装置外，其余装置规模都小于$1 \times 10^4 t/a$，大部分都是$(0.3 \sim 0.5) \times 10^4 t/a$，但目前规模为$5 \times 10^4 t/a$以上装置就约有20套（包括设计中装置），而且先后引进了Sulfreen、MCRC、Clauspol、SuperClaus、SCOT、串级SCOT、RAR等尾气处理工艺，可以说我国基本上拥有了至今世界上各种先进的尾气处理技术。

1　成绩与进步

1.1　原料来源

硫黄回收装置的原料——酸性气来源于脱硫装置（或溶剂再生装置）和酸性水汽提装置。1995年洛阳石化工程公司学习国外先进经验，首次为安庆石化分公司设计了溶剂集中再生装置，而且平面布置紧靠硫黄回收装置，将原来直接输送酸性气改为输送贫、富液，克服了原来输送酸性气所带来的腐蚀、泄漏及H_2S中毒等问题，也满足了对酸性气的压力要求。

目前全厂溶剂集中再生模式已被设计单位和

建设单位广泛认可，成为新建炼油厂或老厂改造的基本模式。

酸性水汽提装置是酸性气的另一来源，过去由于国内不能制造烧NH_3喷嘴，引进喷嘴又非常困难，所以酸性水汽提都采用双塔汽提或单塔加压侧线抽出汽提流程，即酸性水中的H_2S和NH_3是分别回收的。通过和多家国外公司的技术交流，对烧NH_3喷嘴的认识进一步加强，因此近几年设计的一些大型硫黄回收装置，如中国石油大连石化分公司、大连西太平洋石化有限公司和镇海石化股份有限公司都采用烧NH_3喷嘴，酸性水汽提采用单塔低压全吹出流程，极大地简化了酸性水汽提流程，也降低了装置投资、占地面积和操作费用。

1.2　工艺流程

1.2.1　酸性气和空气的预热

众所周知，温度是NH_3燃烧是否完全的关键因素，为保证足够高的燃烧温度，可采用预热酸性气和空气，供给燃料气和采用富氧3种方法，其中以预热酸性气和空气最简单。安庆石化分厂引进装置是采用本装置自产1.3MPa蒸汽预热酸性气和空气的，上述措施给予国内同行极大的启发，此后国内设计的大部分装置也都根据酸性气组成、燃烧温度要求采用同时预热酸性气和空气或单独预热酸性气的方法以提高燃烧温度，来满足NH_3分解的温度需要。

1.2.2　Claus反应器入口过程气的加热方法

国内以往设计大部分采用掺合法，个别装置

采用掺合+气–气换热法，但因气–气换热容易冷凝积硫，不久也都被改造为外掺合法。考察了金山芳烃厂和扬子芳烃厂引进装置掺合阀的安装位置，洛阳石化工程公司也把掺合阀从反应器顶部移至主燃烧炉顶部，将原设有衬里的又粗又长的掺合管道改进为无衬里的小管道。

近 10 年通过和国外公司的多次技术交流，对各种加热方式的优缺点有了较深刻认识，国外所有的加热方法包括掺合法、在线炉加热法、蒸汽加热法、气–气换热法和电加热法目前在国内装置都有使用。各种预热方法的比较见表 1。

表 1　各种预热方法的比较

预热方法	适用范围	主要特点	
		优点	缺点
掺合法	规模较小装置	流程和设备简单、投资和操作成本低；温度调节灵活	硫转化率略有下降；掺合阀材质和制造难度大；操作弹性较小；影响长周期运行
在线炉加热法	中、大型规模装置；工厂燃料气质量比较稳定	调节方便，控制灵敏，弹性范围大，可达 15%～105%	投资和操作成本较高；由于过程气流量增加，管线和设备也相应增大；燃料气和空气比例控制严格
蒸汽加热法	中、大型规模装置	操作简单、温度控制方便；操作弹性大	投资和操作成本较高
气–气换热法	适合于二、三级反应器入口气体的预热	操作简便、不影响过程气中 H_2S 和 SO_2 的比例和转化率	换热器设备庞大；操作弹性小；压降增加；管线布置复杂；开工速度较慢，易形成硫冷凝
电加热法	规模小的装置	操作方便、温度调节灵敏；操作弹性大，开工速度快	能耗高

以上各种预热方法也可混合采用。如一级反应器采用掺合法，二级反应器采用蒸汽加热法或气—气换热法等。电加热也可作为其他加热方法的辅助设施。

设计人员可以根据装置规模、各厂具体情况因地制宜选择加热方法。目前以采用燃料气在线加热炉和本装置自产中压蒸汽加热 2 种方法居多。

1.2.3　加氢反应器入口过程气的加热方法

由于 1995 年前只有齐鲁分公司胜利炼油厂的 2 套 2×10^4t/a 装置设有尾气处理装置，采用的是在线还原炉，喷嘴国产，由于操作中易生成炭黑，不好控制，后用炼油厂富氢气代替还原气，在线还原炉仅起加热作用。

引进的 SCOT 工艺和 RAR 工艺分别采用在线还原炉和气—气换热法，当规模较大时，RAR 工艺采用尾气加热炉形式。几个 RAR 装置的投产，表明仅通过气—气换热器，不能满足加氢反应器入口温度的需要，还必须运转电加热器，这样势必增加能耗。采用尾气加热炉，不仅设备庞大，而且热效率低，燃料气消耗量大。如中国石油大连石化分公司的尾气加热炉(尾气处理部分规模为 13.5×10^4t/a)本体设备平面尺寸为 15.4m×7m，

1t 硫黄的燃料气用量达 35kg，炉子热效率约为 65%～70%。

炼油厂燃料气组成波动是否会影响在线还原炉的正常操作是大家特别关注的问题，通过镇海石化股份有限公司、广州石化分公司等装置的操作，说明只要设置合适的测量仪表和控制系统，炼油厂采用在线还原炉是可以正常生产的，尤其是装置规模越大，在线还原炉设备体积小，操作和调节方便的优点也越明显。

除上述加热方法外，SSR 工艺采用硫黄尾气和焚烧炉烟气换热的方法，因平均温差较高，换热面积比 RAR 气—气换热面积小。

中国石化工程建设公司为燕山石化分厂设计的加热方法是采用自产中压饱和蒸汽和过热蒸汽加热的二步加热法。

总之目前采用的加热方法较多，而各种方法的设备费用和操作费用相差较大，因此应作技术经济方案比较后确定。

1.2.4　液硫脱气

随着对液硫脱气重要性认识的不断提高，从过去不脱气或个别装置即使设计了简单的循环脱

气过程，生产中也不操作的状态到目前所有装置都设计了脱气过程，脱气方法除采用循环脱气外，还引进了 Shell 脱气法和 Amoco 脱气法，脱气方法的比较见表2。

表2　3种脱气方法的比较

脱气方法	脱气后液碱中 H$_2$S 含量/(μg/g)	主要特点	
		优点	缺点
循环脱气法	≤50	流程和设备较简单；无专利费	循环量大，循环时间长，电机功率消耗大，因而操作费用及能耗均较高；硫池容积较大，以满足停留时间需要；通常需加入催化剂
Shell 脱气法	≤10	所需空气流量小，压力低，容易获得，操作费用低；由于液硫所需停留时间较短，硫池容积较小；不需要加入催化剂	属专利技术，有专利费；若是改造项目，由于硫池内部结构需改造，则将延长装置停工时间
Amoco 脱气法	≤10	不需要加入催化剂，硫性能不受影响；被汽提出的 H$_2$S 大部分氧化为单质硫，降低了 H$_2$S 的排放量；由于接触器设置在硫池外，因而安装与维修灵活、方便	属专利技术，有专利费；增加脱气催化剂、硫提升泵、接触器、硫进料冷却器、空气预热器和压缩空气来源，增加了投资和操作费用

目前引进 Shell 脱气法的炼油厂有安庆石化分厂、镇海石化股份有限公司和青岛石化有限责任公司，全部已投产。引进 Amoco 脱气法的装置有中国石油大连石化分公司、金陵石化分公司和青岛炼化厂，全部处于设计阶段。

选择液硫脱气方法需考虑成品硫质量、操作可靠性、投资及操作费用。

1.2.5　采用二段再生和降低贫液温度

国外 Super SCOT 艺的技术特点是采用两段再生和降低贫液温度。两段再生就是再生塔分为上、下二段，上段贫液采用浅度再生，再生后部分贫液返回至吸收塔中部作为吸收溶剂，其余部分进入下段进行深度再生，深度再生后贫液返回至吸收塔顶部。也可根据全厂情况，上段贫液至脱硫吸收塔，下段贫液至尾气处理吸收塔。可以看出在要求相同气体净化度时，二段再生可降低蒸汽耗量，也就是在蒸汽耗量相同时，能改善气体净化度，当然设备投资要增加。

H$_2$S 在胺液中的溶解度随温度降低而增加，因此在贫液质量相同时，降低贫液温度可提高气体净化度。据资料介绍，在典型的操作条件下，贫液温度降低值与净化尾气中 H$_2$S 含量下降值间的对应关系见表3。

两段再生和降低贫液温度两个措施可单独采用，也可同时采用。

受 Super SCOT 工艺启发，最近国内设计的几套大型装置都已单独或同时采用两段再生和降低贫液温度两个措施。

表3　贫液温度的下降与脱硫效率的对应关系

尾气中 H$_2$S 体积分数设计值/%	100	90	80	65	50	35
贫液温度下降值/℃	0	1	2	4	6	10

1.3　设备

1.3.1　设备的设计压力

国内以往设计都是按实际操作压力的 0.05~0.07MPa 设计，全装置仅在酸性气燃烧炉设了防爆膜作为安全措施，既不安全也影响环境质量。

国外公司均不采用防爆膜结构，而是将设备的设计压力提高到足以能够承受气体的爆炸压力。几家国外公司的设计压力见表4。

可以看出不同的国外公司设备设计压力也不完全相同。荷兰 Jacobs 公司认为：设计压力应按压力源可能出现的最高压力，即上游再生塔的安全阀定压作为设备的设计压力，再按爆炸压力(爆炸压力一般按 0.7MPa)校核设备不超过材料的流动极限(0.9 流动极限 σs)，壁厚按其中较大者选取，保证在爆炸时炉体不产生变形。法国 TOTAL 公司认为设备设计压力应高于 0.25MPa，否则发生爆炸时将会超压。意大利 KTI 公司认为爆炸压力为 0.35~0.38MPa，通常设计压力采用 0.5MPa。

表4　国外公司设备设计压力

厂名	采用的工艺	引进的国外公司	酸性气进装置压力/MPa	设计压力/MPa
安庆石化总厂	Super Claus	荷兰 Jocobs	0.066	0.25
广州石化总厂	串级 SCOT	荷兰 Jocobs	0.065	0.35
茂名石化总厂	RAR	意大利 KTI 公司	0.06	0.5
镇海石化股份有限公司	SCOT	荷兰 Jocobs	0.028	0.28
大连石化分公司	RAR	意大利 KTI 公司	0.065	0.5
金山和扬子石化厂	Sufreen	德国鲁奇公司	0.065	0.25

尽管确定的设计压力不同，但取消防爆膜，提高设计压力的设计理念很快被大家接受，所以1995年以后设计的硫黄回收装置都提高了设备的设计压力，取消了防爆膜。

1.3.2　主燃烧炉的体积

以往国内炉膛体积都按炉膛体积热强度(159.3kW/m³)来确定，国外则采用停留时间来确定，通常停留时间采用0.8~1s，因停留时间再增加，转化率提高很少，但投资和热损失却大幅增加，如炉膛体积每增加一倍，耐大材料及散热损失就增加60%，设备钢材投资也增加60%多。比较国内外设计的燃烧炉，由于不同的设计观念，使国内设计的炉膛体积几乎是国外设计的8倍，既浪费了投资，又增加了占地面积。

显而易见，硫黄回收装置的主燃烧炉不是加热炉，而是反应炉，因此采用停留时间的理念是合适的。

当然炉膛体积和气体的混合程度、燃烧质量都有关，显然这些取决于燃烧器的性能，因此燃烧器良好的燃烧性能是缩小炉膛体积的前提。

1.3.3　废热锅炉的操作压力

以往国内设计的废热锅炉都产生1.0MPa蒸汽，1997年镇海石化股份有限公司和茂名石化分公司分别引进的SCOT工艺和RAR工艺中废热锅炉分别产生3.9MPa和4.4MPa蒸汽，当时硫黄回收装置产生中压蒸汽的废热锅炉设计是一难题，为此镇海石化股份有限公司还组织有关行业的专家进行攻关，通过近10年的设计、制造和操作摸索，至今中压废热锅炉的设计已很成熟。随着装置规模的扩大，考虑能量利用的合理性，废热锅炉产生中压蒸汽的应用也愈来愈广泛。

1.3.4　设备组合

安庆石化分厂引进装置采用一级、二级、三级硫冷凝器、扑集器组合在同一壳体内，一级、二级、三级 Claus 反应器组合为同一壳体，以利于降低投资、减少钢材用量和缩减占地面积。此后国内设计的大部分中、小型规模装置也都采用设备组合。

1.3.5　提高传热系数

废热锅炉和硫冷凝器的传热系数由于无合适的计算方法，以往设计中都采用23~29W/(m²·K)的经验值，造成传热面积较大，而实际生产中往往操作负荷又达不到设计负荷，进一步降低了传热系数，这种恶性循环的现象维持了多年。

国外公司都在压降允许前提下，尽可能增加线速以提高传热系数，废热锅炉和硫冷凝器传热系数分别为40~80W/(m²·K)和65~80W/(m²·K)，可以看出较国内原传热系数提高2~3倍，显然传热面积也较国内设计小很多。目前国内设计虽然也都提高了气体线速和传热系数，但因还未能从理论计算确定最佳传热系数，从设计安全考虑，仍采用较保守数据。

1.3.6　硫封结构的改进

目前国内设计的硫封已和国外一样，除硫封外还能观察到液硫的流动情况，也可在此进行采样。

1.4　自动控制

自动控制的落后也是和国外装置的主要差距之一，以往国内装置仅有几个简单的单回路控制，起不到检测和控制装置正常生产及保证装置安全生产的作用。国外装置有先进的测量仪表和过程控制、数量较多的控制回路和繁琐的自保联锁逻辑系统。

测量仪表随介质和操作条件不同而不同，如1997年引进的广州石化分公司串级SCOT装置和镇海石化股份有限公司SCOT装置酸性气、燃料气和过程气采用超声波流量计、它们可以利用压力、温度参数计算出分子量，再计算出质量流量参与过程控制。空气采用热质流量计，它们可以直接测出气体的质量流量而无需温度、压力校正。当然随着测量仪表技术的发展，目前采用的测量仪表更先进，选择范围也更宽了。

国内装置以前无在线仪表，现具有 H_2S/SO_2 在线分析仪、pH 值在线分析仪、H_2 在线分析仪、O_2 在线分析仪和 SO_2 在线分析仪。个别装置还设置了酸性气在线分析仪。

国内原装置都无联锁逻辑系统，引进装置有复杂的联锁逻辑系统，通常包括以下 5 个主要联锁逻辑系统：Claus 部分联锁、焚烧炉联锁、液硫脱气联锁、尾气处理部分联锁和风机联锁。除此之外某些引进装置还设有电加热器联锁、尾气加热炉联锁、溶剂部分联锁、循环风机联锁及回流泵、富溶剂泵和地下溶剂泵联锁。几年的生产实践使大家感到引进装置操作方便，安全可靠，但同时也感到国外的设计是机、电、仪一体化，联锁繁琐，不少装置根据运行经验对联锁逻辑进行了大量删减，如茂名石化分厂将联锁数量由 121 个减为 59 个，其中工艺联锁仅保留 15 个，其余主要是成型包装部分的联锁。因此国内设计要根据国情，合理设置联锁系统和联锁内容，同时要确定合适的联锁值，否则也会引起严重后果。

1.5　催化剂

众所周知，10 年来我国在催化剂系列化、引进装置催化剂国产化、开发新催化剂方面都作了大量工作。1995 年首次引进 Super Claus 技术时，中国石油天然气研究院就开始研制 Super Claus 催化氧化催化剂，后又在武汉石化分厂作了工业侧线试验，表明催化剂的工艺特性与国外催化剂相当，只是由于受我国大气排放标准的限制，未再建设该类型工业装置，催化剂的发展也受到影响。齐鲁石化研究院和中国石油天然气研究院在催化剂系列化方面都作了大量工作，目前齐鲁石化研究院的 LS 系列催化剂包括 LS－811 A1203Claus 转化催化剂、LS－300 大孔体积、大比表面积催化剂、LS－901 有机硫水解催化剂、LS－971 保护型催化剂，LS－951 尾气加氢催化剂、中国石油天然气研究院的 CT 系列催化剂包括 CT6－1、CT6－2 Claus 转化催化剂、CT6－3 有机硫水解催化剂、CT6－4B 低温 Claus 反应催化剂

和 CT6－5B 尾气加氢催化剂。此外上述二研究单位的低温加氢催化剂也都在研制中，并已取得好的效益。

1.6　平面布置

引进装置和国内以往装置在平面布置方面的最大区别是：引进装置设备的竖向布置采用阶梯式，即硫池布置在地下，是全装置的最低点，燃烧炉、焚烧炉、废热锅炉和硫冷凝器布置在地面上，废热锅炉和硫冷凝器产生的液硫可自流至硫池，反应器布置在构架上，反应器出口可直接至硫冷凝器，管道最短。上述竖向使设备布置很紧凑，加上引进装置设备规格小和采用设备组合，因此占地面积比国内设计小很多，学习国外平面布置特点也是 10 年来的巨大进步。

综上所述，通过学习国外先进技术，10 年来在工艺流程、设备、自动控制、催化剂和平面布置等方面都取得了巨大的成绩。

2　与国外的差距

在取得成绩与进步的同时，还应看到不足及和国外的差距：

2.1　基础研究工作不够

基础研究的面很宽，包括催化剂的研究、单体设备如喷嘴的研究、过程原理及计算程序的研究等。相对于其他方面，催化剂的基础研究尽管在开发和研制新催化剂、配合新工艺的开发上还有不足，但由于有齐鲁分公司研究院和中国石油天然气研究院两大研究单位，对催化剂的基础研究还是做了不少工作。

缺乏对单体设备的基础研究，如喷嘴是硫黄回收装置的关键设备，国外有专业化的研究和制造厂家，产品要进行冷模和热模试验，并有先进的测试手段。相比国外喷嘴，国内喷嘴属于粗放、原始的产品，尤其是烧 NH_3 喷嘴目前还没有单位研究，更没有能力生产制造，为此要花费大量的外汇购买。由于国内无喷嘴的基础研究单位，虽然已多次引进，但仍缺乏对国外喷嘴的消化吸收，更谈不上开发新喷嘴，看来喷嘴引进还要继续。

计算程序和标定程序是设计工作和装置实现最佳化生产必不可少的工具，虽然国内一些院校、设计和研究单位编制过计算程序和标定程

序，但由于反应非常复杂，又没有公认的计算数学模型，程序中往往采用了较多的简化，而又缺乏准确的生产数据及生产数据的长期积累，更缺乏过程原理的基础研究，以不断修正程序，因此目前国内几个主要设计单位计算程序都是向国外购买的，虽然也了解国外程序的不足甚至错误，但目前仍只能用它作为设计工具。

2.2 没有自己的专利技术

虽然已引进了多套硫黄回收及尾气处理装置，我国也已基本拥有世界上各种先进的尾气处理技术，但至今还没有我国自己的专利技术，当然原因是多方面的，需要领导和广大技术人员进行总结。

2.3 新工艺和新催化剂的开发工作不够

新工艺和新催化剂的开发是不可分隔的，例如只有开发出低温加氢催化剂，才能取消加氢反应器前的加热过程和加氢反应器后的废热锅炉，相比 SCOT 流程还可缩小后续设备规格，设备投资约降低 15%，目前国产低温加氢催化剂正在研制中，国外催化剂又太贵，直接影响了该工艺的采用；又如低温 SCOT 流程的技术关键是在溶液中加入一种廉价的助剂以提高溶液再生效果，即在相同蒸汽耗量时，贫液质量提高，即贫液中的 H_2S 含量更低；在达到相同贫液质量时，蒸汽耗量降低，但由于目前还不知道这种助剂是什么，也就直接影响了该工艺的使用，影响了装置能耗和尾气净化度。

2.4 工业装置情况参差不齐

我国的硫黄回收工业装置情况参差不齐，引进装置和部分规模较大装置技术先进、管理水平较高，为环境保护发挥了重要作用；数量较多的中、小规模装置技术仍较落后，生产管理粗放，有待进一步提高。

总之通过 10 年回顾，欣喜地看到取得的成绩和进步是多方面和全方位的，和国外的差距正在缩小。希望加强资金投入，强化基础研究工作；希望设计和研究部门尽早作好各种准备，为新排放标准的颁布作好催化剂和技术准备；更希望通过设计、研究和生产部门的技术交流和良好合作尽早开发出具有自由知识产权的国产化技术。

SCOT硫黄尾气处理技术改进综述

刁九华

（中国石化洛阳石化工程公司）

摘　要　结合国内工程设计及应用经验介绍SCOT工艺的改进。包括工艺流程、新催化剂、余热回收改进；并对几种SCOT工艺进行技术经济分析。
　关键词　低温SCOT　新催化剂　加热方式　余热回收改进　技术经济

1　概况

　　SCOT硫黄尾气处理技术自20世纪70年代初开发，不断改进，技术上取得了非常大的成功。目前全世界已有200多套装置，单系列生产能力达到8250kt/a。其中国内约有30多套，配置硫黄回收的规模0.5~220kt/a。近几年硫黄回收尾气处理技术研究的主要内容是进一步提高硫回收率，减少投资，降低消耗，以满足日益严格的环保要求，同时技术经济合理。国外相继开发了超级Claus，低硫SCOT，串级SCOT，以及新开发的低温SCOT工艺。其国内两套串级SCOT已先后投产。结合国内工程设计及应用经验介绍SCOT工艺的改进，包括工艺流程、新催化剂、余热回收改进；并对几种SCOT工艺进行技术经济分析。

2　工艺流程的改进

2.1　低温SCOT工艺(LT-SCOT)

　　该工艺是Shell公司最新开发的一种新工艺，它与常规SCOT工艺比较，主要是开发了低温SCOT催化剂，进入SCOT反应器的温度由原来的280℃降低到230℃，一套低温SCOT工艺50t/d SCOT工艺已在荷兰Ammen炼油厂运转了5年。

2.1.1　LT-SCOT催化剂的特点

　　常规SCOT工艺使用的为钴钼催化剂，典型的反应器入口温度280~300℃，这就需要尾气从150℃加热至280℃，甚至300℃，可用在线炉，气-气换热，电加热器等。蒸汽加热需要的蒸汽压力8.0MPa、400℃，炼油厂难以实现。由Shell新开发的一种LT-SCOT催化剂可使进入SCOT反应器的温度降低到230℃。据Shell专家介绍，该催化剂是一种良好的加氢催化剂，尾气中的SO_2及单质硫几乎完全转化为H_2S；低温下的热平衡对于减少COS是有利的，但低温下的COS水解（$COS + H_2 \longrightarrow H_2O + H_2S$）反应速度降低；$CS_2$不能被水解，少量的被加氢微量的甲硫醇。因此，进入SCOT反应器的COS及CS_2必须在一级Claus反应器的上部装一层钛级催化剂，可使过程气中的COS及CS_2水解率在90%以上。从而降低进入SCOT反应器的COS及CS_2的浓度。

2.1.2　用蒸汽预热硫黄尾气

　　由Shell新开发的一种LT-SCOT催化剂可使进入SCOT反应器的温度降低到230℃。采用4.0MPa的蒸汽预热硫黄尾气，用蒸汽加热器比在线炉/气-气换热/电加热器/导热油加热器，具有流程及操作简单，操作弹性大，可靠性强的优点。现分述如下：

　　1）在线炉加热，要求原料气组成稳定，直接加热燃烧，控制次化学比例燃烧在73%~95%，生成氢气和CO还原气。在线炉加热分为前后两段，前段为燃烧段，温度高达1700℃，后段为混合段，硫黄尾气与还原气混合温度为280~300℃，通常次化学比控制不低于73%，以防生成炭黑，堵塞催化剂床层；另一方面过剩的氧进入SCOT反应器，发生$O_2 + H_2 \longrightarrow H_2O$，不仅耗氢高，床层温升大，如每0.1%的氧产生15℃的温升。若过氧时间较长，造成催化剂失活。设计次化学比控制是通过空气/燃料气比例来实现的。燃料气的组成波动反映不出来的，如炼油厂的燃料气组成常常是波动的，有时带 C_3，C_4 重组分，此时次化学比控制应不低于 85%，设置燃料气密度在线分析仪，以实现对给定次化学的修正，并设置上下交叉线位的复杂控制。实际生产中，由于燃料气组成波动较大，长周期平稳运行是困难的。它更使用于天然气作燃料的场合。

2）气-气换热主要有：硫黄尾气-SCOT 反应器出口气体和硫黄尾气-烟道气换热，前者换热方式已在茂名石化公司规模 60kt/a 双系列硫黄回收装置应用，于 1999 年投产。在硫黄尾气中没有足够的还原组分时，需要外补氢气。

这两种换热方式比在线炉控制简单，避免使用燃料气对操作带来的麻烦。但气-气换热设备较大，材质较高，投资较大，操作弹性较小的问题。

3）热油加热炉或管式加热炉均比气-气换热器操作弹性大、易调节，但存在流程复杂、投资大，尤其前者需要独立设置热油系统。

4）由 Shell 新开发的一种 LT-SCOT 催化剂可使进入 SCOT 反应器的温度降低到 230℃。采用 4.0MPa 的蒸汽加热硫黄尾气。蒸汽加热器在蒸汽入口处设置温度控制，其操作简单可靠。

2.1.3 取消废热锅炉

常规装置一般采用废热锅炉回收反应器出口的热量，产生低压蒸汽。低温反应器出口温度较低；并且没有使用在线炉，不需要燃料气，过程气不再被烟气稀释，总体积相应减少，可回收的热量减少，因此可不设废热锅炉。过程气直接进入急冷塔。从而简化了流程，节省占地和投资。

2.1.4 急冷塔系统规格较小

与常规 SCOT 比较，LT-SCOT 过程气量可减少 6%，相应的急冷塔冷却热负荷降低。循环冷却系统(包括冷换、机泵)规格变小，节省投资约 7%。

目前国内还没有 LT-SCOT 工艺装置。

2.2 低硫 SCOT 工艺

该工艺的技术关键是在胺液中加入一种廉价的添加剂，使脱硫溶剂更易于再生，贫液中 H_2S 含量低，从而可使排放尾气中 H_2S 浓度低于 10μg/g，或总硫含量小于 50μg/g 的规范。胺液再生塔的再生效果受到底部平衡条件的限制，胺液中加入添加剂改变了平衡条件，对同样的贫液需要较少的蒸汽，或使用同样的蒸汽量可获得 H_2S 含量更低的贫液。

现有的标准 SCOT 装置改为低硫 SCOT，一般达不到新建低硫 SCOT 同样好的预期效果。标准 SCOT 的效果可能受到吸收塔和/或再生塔中塔盘数目的限制，但无论如何，降低硫的排放和/或降低再生能耗是可以达到的。

胺再生塔的效果通常受到塔底平衡条件的限制。这一平衡条件与汽提蒸汽和溶剂贫度有关。添加剂的使用改变了平衡条件，对同样的贫度，蒸汽需求量减少，或者同样的蒸汽量可达到更高的贫度。

2.3 超级 SCOT 工艺

超级 SCOT 工艺可使排放尾气中 H_2S 含量为 10μg/g，或者总硫含量低于 50μg/g。其原理是富液用二级再生和用较低溶剂温度进行吸收，这两点可分别采用或合并使用。富液经一段再生后部分半贫液进入吸收塔中部，部分半贫液进入二段再生塔深化汽提，贫液进入吸收塔顶部，由于贫液中 H_2S 分压低，当吸收温度降低时，H_2S 在胺液中的溶解度增加，就可达到降低排放尾气中 H_2S 浓度的目的。超级 SCOT 工艺既可降低尾气中总硫含量至小于 50μg/g，又可比标准 SCOT 装置减少蒸汽消耗 30%。

第一套超级 SCOT 装置 1991 年在台湾高雄 CPC 建成投产，运行数据见表 2。另有 6 套装置分别建在台湾高雄、桃园和哈萨克斯坦。

2.4 串级 SCOT 工艺

由于 SCOT 在吸收塔酸性气分压低，从 SCOT 吸收塔出来的富液仅有部分酸气负荷，因此，此溶剂可以进上游气体脱硫塔的中部，它可以利用剩余的酸性气负荷，以这种方式把 SCOT 吸收分级，以降低进入再生塔的溶剂量。国内已投产 2 套，它不仅省掉溶剂再生系统，而且节能 15%。几种不同 SCOT 工艺的技术经济比较见表 1。

表1　几种不同的SCOT工艺能耗与投资的比较

项目	2级Claus +常规SCOT	2级Claus +LT-SCOT	2级Claus +Super-SCOT	2级Claus +LS-SCOT
工艺流程	复杂，操作灵活	较简单，操作灵活	复杂	复杂
硫回收率/%	99.8	99.8	99.95	99.95
尾气净化度/($\mu g/g$)	总硫<300	总硫<300	<50	<50
能耗	100	80	70	60
投资	100	45~50	220	200

3　SCOT工艺装置在工程设计中的改进

3.1　急冷塔采用高效低压降规整填料

在SCOT工艺流程的设计中，由于受到上游溶剂再生系统压力的限制，系统压降应尽量低。过去设计的急冷塔多数采用板式塔，近期设计的几套均采用了低压填料代替板式塔。如镇海及广州石化公司均采用规整填料250X，均顺利投产。生产实践证明，采用规整填料比采用塔盘，具有操作弹性大，压降低，可减小塔的尺寸的优点。

采用规整填料与采用常规塔盘SCOT系统总压降分布如表2。

表2　常规塔盘SCOT系统总压降分布数据

名称	板式塔/kPa	规整填料/kPa
预热器	0.03	0.03
反应器	0.04	0.04
废热锅炉	0.04	0.04
急冷塔	0.06	0.06
吸收塔	0.1	0.1
总计	0.27	0.21

由于采用低压降规整填料，并且流程中取消废热锅炉，SCOT系统压降从0.27kPa降到0.21kPa。从而降低了酸性气入Claus主燃烧炉的压力，主风机的出口压力从80kPa降低至65kPa。既节省了电耗，又使酸性气入Claus主燃烧炉的压力得到保证。

3.2　加强循环急冷水的过滤

从SCOT反应器出来的热过程气325℃，经废热锅炉产生低压蒸汽，过程气冷却至170~180℃。进入急冷塔必须冷却至40~45℃送胺吸收塔，同时把Claus尾气中的水含量27%~30%降低至5%~6%。尾气与急冷水直接冷却时，可把尾气中催化剂粉末，微量的氨及微量的SO_2溶解在水中。通过把部分循环急冷水过滤，以防止这些杂质进入胺系统。尾气中22%~24%的水蒸气被冷凝，作为酸性水从塔底排出。

3.3　用气抽子代替机循环风

在常规SCOT的工艺流程的设计中，均设置开工机循环风，有时带分液罐，从急冷塔到吸收塔，然后返回上游尾气管线。这个循环系统用于开工和停工。如在线炉衬里干燥，催化剂加热预硫化，钝化及床层冷却，以及低处理量时，部分尾气循环。循环风机的流量按尾气量的30%左右，以实现低处理量时尾气的循环，从而保证塔的下线操作，由于操作介质中含有H_2O、NH_3、H_2S、CO_2等介质，具有腐蚀性，并且间断使用，该风机选型时要考虑耐用，所以投资较大。在近期的设计中，用气抽子代替循环风机，起到与风机同样的作用。气抽子用低压蒸汽驱动，驱动蒸汽与尾气直接进入急冷塔。实践证明气抽子投资省，占地面积小，可靠性强。

3.4　尾气的余热回收

对SCOT工艺的各种热量回收方案进行了研究。热联合的目的是尽量降低燃料消耗，这无论从能量利用角度，还是从环境保护角度都减少了CO_2排放。

在SCOT工艺中，可以考虑热量回收的地方有：

1）吸收塔尾气/烟道气换热；

2）尾气/烟道气换热；

3）烟气余热锅炉；

4）烟气蒸汽过热器。

吸收塔尾气/烟道气换热器已成功安装于德国Grossenkneten的BEB天然气工厂。热量评价计算表明这一可供选择的方案最有吸引力。

尾气/烟道气换热器已设计安装于壳牌公司的Pemis炼油厂（荷兰）。这种SCOT方案有时称为"无在线燃烧炉"SCOT，已证明运转良好，当没有足够的还原性组分存在于 Claus 尾气之中时，需要外部配备供应还原性气体。

5）在规模较大的硫黄及尾气处理装置，烟气宜设置余热锅炉或烟气蒸汽过热器，以回收烟气的热量，同时降低烟气的温度。如国内某炼油厂 70kt/a 硫黄回收装置设置烟气余热锅炉，产生 4.0MPa 蒸汽。已平稳运行 7 年。

4　结语

随着炼油厂的大型化及含硫原油的加工、硫黄回收的规模逐渐变大，在硫黄尾气处理工艺的选择上除满足环保要求外，还需同时考虑节省投资及成本消耗、技术经济合理等因素。建议国内尽早开发低温尾气催化剂，以提高国内尾气处理工艺水平。

硫黄后续产品的开发

张义玲　徐兴忠

（中国石化齐鲁分公司研究院）

摘　要　由于近年来硫黄产量的快速提高，硫黄后续产品的开发及利用又重新引起了人们的重视。对现有的已工业化的硫黄后续产品进行了介绍及分析。

关键词　硫黄　后续产品　开发

我国是硫资源贫乏的国家，硫黄资源主要来自以下几个方面：天然硫铁矿、含硫金属矿（如硫铁矿、有色金属硫化物矿）与含硫天然气、冶炼厂含硫废气、燃高硫煤发电厂排出烟气、加工含硫原油所回收的硫等。每年约生产 3.5Mt 硫黄，其中硫铁矿土法炼硫约占 2.0Mt，天然气回收硫黄约占 600~700kt，其余由石油炼制和合成氨原料气脱硫回收以及由天然硫矿提炼生产。

硫资源的化工利用是其最重要的利用途径，以硫黄为原料可生产的化工产品（包括中间体）甚多，已工业化的主要技术路线如图 1。

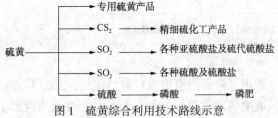

图 1　硫黄综合利用技术路线示意

1　硫黄制硫酸

含硫化工产品的品种至少在 100 种以上，其中最重要的是硫酸，世界硫黄产量的 80% 以上用于硫酸生产，其次为各类专用硫黄（特种硫黄）。我国的情况比较特殊，国产硫黄只有不到 30% 用于生产硫酸，而 70% 以上的硫黄应用于其他各行业，用于硫酸生产的硫黄则大量依靠进口，2004 年进口硫黄 676.6kt。20 世纪 90 年代以来，由于世界硫黄市场一直供大于求，价格不断走低，硫黄进口量急增，刺激了我国硫黄制酸工业的发展，这也是 2000 年以来硫黄消费量增长的最大原因。2002 年我国硫酸产量达 3.052×10^7t（约占世界总产量的 18%），2005 年超过 3.8×10^7t，预计到 2010 年将达到 4.5×10^7t。表 1 为近年来硫酸原料发生变化的情况。

表 1　近年来我国硫酸生产情况及原料结构[4]

年份	硫酸总产量/kt	硫铁矿产量/kt	制酸比例/%	硫黄产量/kt	制酸比例/%	冶炼烟产量/kt	气制酸比例/%	其他原料产量/kt	制酸比例/%
1996	18650	14290	76.6	550	2.9	3300	17.7	108	0.60
1997	20030	14320	71.5	1080	5.4	4290	21.4	233	1.20
1998	20620	13670	66.3	2090	10.1	4370	21.2	298	1.40
1999	22510	11850	52.6	4960	22.0	5450	24.2	250	1.10
2000	24550	11220	52.6	5850	23.8	6530	26.2	420	1.70
2001	27860	12360	47.9	8180	29.6	7010	25.4	432	1.60
2002	30520	12060	39.5	11120	36.4	6930	22.7	414	1.35

从表 1 数据中可看出，在 1996~2002 年的短短 7 年间，我国硫酸产量以年均 7.7% 的速度增长，但硫铁矿制酸的比例却大幅度下降，从 76.6% 降到 39.5%；利用冶炼烟气制酸逐步增长，磷石膏等其他硫资源利用率变化不大。而硫黄制酸因其特有的优越性，7 年里其制酸比例从

2.9%猛增到36.4%，2004年增到68.6%，烟气制酸仍维持在20.9%，而硫铁矿制酸则降到了百分之十几，使得硫黄价格的飞涨。

2　精细硫化工产品

精细硫化工产品由于有其独特的物理、化学性质，而被广泛地用于饲料、农药、医药、溶剂、表面活性剂、油品添加剂、分子量调节剂及城市燃料气的增臭剂等，因此已日益显出其重要性。现根据国外技术发展状况和国内市场需求列出以下主要精细硫化工产品及彼此间的生产关系，见图2。

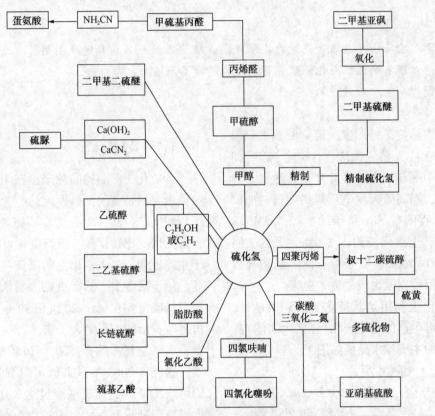

图2　精细硫化合物产品系统示意

蛋氨酸是近年来发展极快的精细硫化工产品，目前全球生产能力已达到500kt/a，我国不足10kt/a，而进口量达20kt/a以上。其广泛应用于医药、食品、饲料和化妆品等工业，尤其饲料工业用量最大。根据饲料发展规划，2005年我国蛋氨酸的需求量将达70~80kt/a，故此项附加值极高的硫化工产品在我国很有发展空间。

表2是国内当前几种精细硫化工产品的简况。

表2　精细硫化工产品的生产状况

产品名称	国内现采用的制造方法	主要用途
甲硫醇（CH_2SH）	由硫脲与硫酸二甲酯反应生成甲基异硫脲硫酸盐，经加碱、水解而得	为精细化工生产的重要合成原料，主要用于生产饲料、合成医药、染料和农药等工业
乙硫醇（CH_3CH_2SH）	以无水乙醇、发烟硫酸和硫氢化钠为原料，经反应而制得	为农药工业的重要中间体，主要用作生产抗菌剂401，农药乙拌磷等有机磷农药，并用于城市煤气作加臭剂
二甲基硫醇（CH_3SCH_3）	以甲醇与二硫化碳合成法为主	用于生产二甲基亚碳及农药生产的中间体，局部用于血液药品、植物病理学和营养物中
甲硫基丙烯醛（$CH_3SCH_2CH_2CHO$）	由丙烯醛与甲硫醇加成而得	作为生产饲料蛋氨酸的中间体用

续表

产品名称	国内现采用的制造方法	主要用途
二甲基二硫（CH₃SCH₃）	由硫酸二甲酯与 Na₂S₂ 作用而得	作溶剂用，国外主要用于硫黄改性沥青作溶剂，作催化剂的纯化剂、农药中间体、结焦抑制剂等
二甲基亚砜	用硫酸二甲酯与 Na₂S₂ 反应制得二甲基硫醚，再以 NO₂ 氧化得粗品，经中和处理蒸馏后得产品	为选择性很高的溶剂，可用于芳烃分离、丁二烯抽提、腈纶纺丝等
硫脲	以硫化钡与硫酸反应生成硫化氢，经石灰乳负压吸收制得硫氢化钙，再与石灰氢（氰氨化钙）反应制得硫脲液体，经蒸发、结晶干燥即得成品	用于医药（如磺胺噻唑及抑制甲状腺病的药物等），染料、树脂、压缩粉等的原料，纺织印染工业中作为漂白剂、染料助剂，还可制取橡胶硫化促进剂等
DL-蛋氨酸	由甲硫醇、丙烯醛、氰化钠、硫酸氢铵等制成	在饲料工业、医药工业、保健产品和食品方面均有广泛用途，它是合成动物蛋白饲料必需的氨基酸之一，为蛋白质饲料的强化剂和弥补氨基酸平衡的营养添加剂
硫酸二甲酯	以硫酸、甲醇为原料经酯化、缩合、吸收、合成等过程而制得	为良好的甲基化剂，用于生产医药（安乃近、氨基比林、咖啡因、氨茶碱等）、农药、染料、香料等
巯基乙酸（HSCH₂COOH）	由一氧醋酸与 H₂S 反应制成	用于化妆品及医药工业，而其酯则广泛用于塑料的稳定剂，尤其是锡盐用于 PVC 中

若以蛋氨酸为龙头建设精细化工联合企业，实现网络化生产见图 3，不但能有效解决部分硫黄的出路，还将获得良好的经济效益。

硫脲是一种国内外市场十分紧缺的化工产品，可用于制造药物、环氧树脂、燃料、橡胶硫化促进剂、重氮感光剂、过氧化硫脲、冷烫剂和树脂压塑粉等；还可作生产邻苯二甲酸酐和富马酸的催化剂。

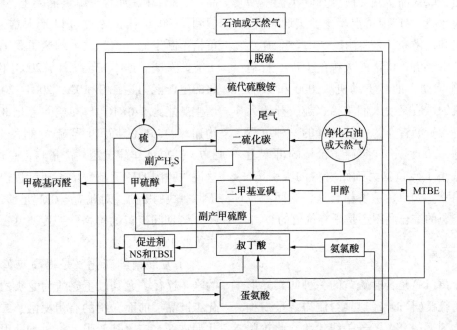

图 3　以硫黄为原料沟产的精细硫化工产品链

甲硫醇主要用于医药、农药、燃料及饲料工业中，据市场预计 2010 年需求量为 70kt。

3　含硫新产品的开发

硫肥。硫是农作物、经济作物、牧草和园艺作物必需的营养元素之一。20 世纪 70 年代以来，随着环保控制的加强，高浓度无硫或低硫复合肥料的普遍使用，加上作物品种、栽培技术的改进是单位产量大幅度提高，使土壤缺硫的矛盾比较突出。国外 20 世纪 80 年代就开发出多种以单质硫形式直接施加的新品种硫肥，如硫-膨润土、涂硫尿素等所谓的缓释肥料，尤其是涂硫尿素，它不仅向土壤补充了硫，还使尿素中氮的使用效率提高近1倍，因而受到普遍重视。据硫研究所（TSI）报道，2000年农场施用的硫肥近10Mt，2002年要满足农作物对硫的需求，还需施用8.6Mt含硫肥料。到2011年，预计农业缺硫10.5Mt。

硫黄在建筑行业的应用，尤其是用作铺路材料，未来有很大的增长潜力。含硫建筑材料虽然目前尚未广泛应用，但它的性能优于传统材料，尤其适用于酸性或盐的特殊环境。含硫建筑材料包括硫黄混凝土、含硫沥青铺路材料以及混凝土预制件、压制件及现场浇注件。美国早在20世纪70年代就做了大量硫-沥青的研究工作，结果表明把硫掺入沥青中能使路面使用寿命延长1倍。到20世纪80年代中期，已在20个国家建成了约200条硫-沥青公路。硫黄混凝土具有优良的抗酸、抗盐及早强性能，在化工、炼油、造纸、冶炼等企业的强腐蚀性环境中，是波特兰水泥混凝土的理想取代品。到20世纪80年代中期美国已建成约80套生产硫黄混凝土的工业装置，其产品在北美和西欧被广泛采用。20世纪80年代中期以后，由于硫黄价格的大幅度上涨，打消了人们改用含硫沥青的经济动机。2000和2001年大量低价硫的供应又使人们重拾兴趣，开始大规模试验，将含硫沥青作为传统沥青的一种可行的经济替代物。2002~2004年硫黄价格的再度上扬，又一次减小了硫黄作为铺路材料的吸引力，但并未完全消除。如果硫黄价格合适，这两项技术对我国硫资源的综合利用还是颇有价值的。

4　特种硫黄

不溶性硫黄（IS）是普通硫黄的一种同素异形体，可由普通硫黄斜方硫经热聚合制得。是一种高效橡胶硫化剂，用来生产子午线轮胎，此轮胎具有耐磨耗、寿命长、节能等优点。轮胎子午化被列为化工业重点发展的七大工程之一和国家近期经济增长点之一，子午线轮胎的迅速发展必将大大提高市场对不溶性硫黄的需求。

近年来国际市场上不溶性硫黄（IS）的售价为1600~1800美元/t，是我国普通硫黄售价的几十倍。若在炼油厂硫黄回收装置之后直接建一条硫黄深加工生产线，其投资较少。对于一套2~3kt/a的硫黄回收装置，设计一套1kt/a的不溶性硫黄装置较为合适，其投资金额约为1280万元，半年可建成投产；对于20~30kt/a的硫黄回收装置，可设计一套10kt/a的不溶性硫黄装置，其投资金额为2250万元，一年可建成投产，吨利润约7000元，建成投产后的两年内可收回全部投资。

5　Na-S电池

Na-S电池是随着环保法规对燃料油汽车尾气排放要求的日益严格而开发的，其特点是能量密度大，体积小，价格低，设计灵活，不受环境温度的影响，不会因自动放电而使电能消耗。

6　小结

1）以硫黄为原料生产的硫化学品品种很多，主要的开发应用集中在20世纪的70~80年代，应用较广泛的是以蛋氨酸为龙头的精细硫化工产品。硫肥、硫-沥青、硫黄混凝土、特种硫黄等。但到了90年代，硫黄进口量大增，供过于求，价格不断走低，这就大大刺激了我国的硫黄制酸工业的发展。据不完全统计，2003年新增硫黄制酸的生产能力达$3.0×10^6$t，2004~2005年间将新增生产能力$5.0×10^6$t。3a合计新增$8.0×10^6$t，年均递增18.6%，而世界硫黄制酸年均增长为3.7%，2004年硫黄制酸产量将占总产量68.6%。这说明我国的硫黄制酸增长速度过快，必将面临资源短缺的威胁，对此应当引起足够重视。2003~2004年期间硫黄的价格曾一度飞涨，这已经引起了行业工作的警惕。

2）发展精细硫化工是提高硫黄产品附加值的唯一途径，尤其以蛋氨酸为龙头的精细硫有机化工产品。前面介绍的有蛋氨酸、二硫化碳、硫化促进剂、二甲基亚砜、氢氰酸、甲醇等产品组成的产品网络，势必带来更大的经济效益。但必须指出，目前国内尚不能提供全面的技术支持，关键技术必须引进。

3）除了精细硫化工产品外，发展如涂硫尿素、颗粒硫肥等所谓的植物营养素硫（PNS）、乙硫沥青为代表的铺路材料和硫黄混凝土为代表的建筑材料也是值得注意的发展动向。特别是在国民经济快速发展的今天，对这些新型产品的需求量很大，建议加强调查研究，做好发展规划和前期工作。

4）不溶性硫黄（IS）的生产。IS是橡胶工业生产的重要助剂，由于汽车生产量的增长，国内对汽车轮胎的需求也随之增加，同时给IS销售提供了较大的市场空间，若在天然气脱硫厂或炼油厂硫黄回收装置就近生产不溶性硫黄，产生的液硫直接淬冷后进入深加工工序，IS含量在60%左右，省去了预热炉、反应炉和取热部分，利润更为可观。

5）开展Na-S电池技术的开发研究，以减少汽车尾气的排放量。

石化企业酸性气回收工艺的国产化

范西四　　曲思秋

(山东三维石化工程有限公司)

摘　要　对国内近、中期硫回收的市场进行了分析，回顾了国内硫回收技术的发展过程，介绍了自主开发的 SSR 硫回收工艺与国外类似工艺的区别和特点。

关键词　工艺路线国产化 SSR

国外对中国炼油产品需求预测认为：原油加工量 2000 年为 210.62Mt，2005 年达到 233Mt，2010 年将达到 270Mt，年增长率 3%，2015 年将达到 300Mt，年增长率达到 1.4% ~ 2.1%。国内资料统计：2001 年年底，全国拥有原油一次加工能力 273.7Mt，其中含硫原油加工能力 35Mt，同年原油年加工量为 210.51Mt，原油净进口量 52.71Mt；专家预测，2010 年我国原油需求量 302Mt，原油进口量将达到 134Mt，含硫原油加工能力预计达到 119Mt。目前进口原油主要是中东含硫原油，计划中的新油源，俄罗斯油也是含硫原油，全国现有含硫原油加工能力仅为 35Mt，不能满足我国进口含硫原油加工的要求。

加工含硫原油的副产品，回收酸性气的硫黄回收装置的能力逐年增加，规模逐渐扩大，拟建的福建、大连、青岛石化的硫黄回收装置规模均在 0.2Mt/a 以上。目前国内硫黄回收装置总能力约 1.0Mt/a，与现有含硫原油加工能力基本配套；伴随含硫原油加工能力的变化，硫黄回收能力必将同步提高，预计到 2010 年，国内石化企业的硫黄回收能力将达到 2.0Mt/a。

根据我国能源战略的调整，煤制油和煤化工项目方兴未艾，原料和产品中的酸性气无序排放不符合国家的环境保护策略，回收利用其中的硫资源，必将带动硫黄回收在该领域的持续发展。

1　国内硫回收技术的发展

从 1997 年至 2005 年的 8 年间，是石化企业硫回收能力急剧提升的时期，处理能力翻了两翻。1997 年以前，全国共有硫回收装置 68 套，

硫回收工艺有回收率 95% 左右的二级、三级常规 Claus；有回收率接近 99% 的 Sulfreen、超级 Claus、Claus-pol、MCRC；有回收率达到 99.9% 的 Claus-SCOT。国外所有的硫回收工艺，在国内几乎都能觅到踪迹，其中回收率最高的 Claus-SCOT 工艺装置，全国共有 4 套，生产能力为 0.13Mt/a。1996 年国家颁布了 GB 16297—1996《大气污染物综合排放标准》，规定硫黄回收装置的排放废气中 SO_2 浓度必须小于 960mg/m³。为了达到这一排放值，Claus 硫回收后还应配套相应的尾气处理设施，使全装置的总硫收率大于 99.8% 才能与之相适应。而目前已开发的各种尾气处理工艺，仅有加氢还原吸收技术可以稳定地实现这一目标。为此，近 10 年石化企业新建、改扩建的几十套硫回收装置，无论是引进技术或者国产化技术，几乎全部采用 Claus 尾气加氢还原吸收工艺，形成了 Claus 加氢还原吸收工艺技术一统天下的局面。

加氢还原吸收技术是目前公认的最彻底的尾气处理方法，Claus 硫回收尾气中的 SO_2、S_x、COS、CS_2 等在较小的氢分压和操作压力下，经尾气加氢专用催化剂处理后全部还原、水解为 H_2S，再经溶剂吸收后，尾气中的总硫降至 300×10^{-6} 以下，净化气最后经热焚烧后排入大气。该方法的特点是尾气净化度高，操作稳定可靠，但是由于其流程长，建设投资大，操作运行费用高，使许多企业管理者在装置建设前难以决断。1996 年中国石化工程部组织了几个沿海石化企业和设计单位探讨大型硫回收成套技术国产化联合攻关问题。1998 年中国石化集团公司根据齐鲁石

化扩建 85kt/a 硫黄回收装置的契机,将其列入"十条龙"科技攻关项目,推动大型硫回收装置成套技术国产化进程。齐鲁石化公司及胜利炼油设计院抓住机遇,经过不懈努力,自主开发了无在线炉硫回收工艺 SSR,2001 年 SSR 通过了中国石油化工股份有限公司科技部组织的科学技术成果鉴定,实现了大型硫黄回收装置成套技术的国产化。到 2007 年已经有 30 多套大、中、小型工业装置成功使用 SSR 工艺,使中国自己的技术在硫回收领域具有了举足轻重的地位。

2　SSR 与国外类似技术的比较

无在线炉硫回收工艺 SSR 是以 Claus 硫回收和加氢还原吸收尾气处理为基础技术,经优化工艺过程而开发的新工艺,与国外广泛使用的 SCOT、RAR、HCR 的工艺原理完全一样,但 SSR 的过程气再热过程与国外工艺不同。

典型的 Claus-SCOT 硫回收及尾气处理工艺,在 Claus 过程的一、二级制硫转化器和 SCOT 尾气处理加氢反应器前的过程气再热方式是用在线炉作为再热设备,由燃料气燃烧产生的热气流混入过程气,使之达到反应所需入口温度条件。SSR 无在线炉硫回收工艺,一级再热炉被高温热旁路(即高温掺合阀)取代;二级再热炉用气/气换热器取代,热源取自工艺反应余热;加氢反应器前的在线还原气发生炉被尾气加热器取代,热源取自尾气焚烧炉后的烟气废热。再热方式的改变,使 SSR 具有以下工艺特点。

1)无在线炉工艺从制硫至尾气处理全过程,只有制硫燃烧炉和尾气焚烧炉,中间过程不采用在线炉或任何外供能源的加热设备,使装置的设备台数、控制回路数均少于类似工艺,形成了投资省、能耗低、占地较少的特点。

2)无在线炉工艺没有额外的惰性气体进入系统,使过程气总量较有在线炉的同类工艺少 5%~10%,形成了设备规模小,尾气排放量和污染物(SO_2)绝对排放量较少的特点。

3)无在线炉工艺是使用外供氢作氢源,但对外供氢纯度要求不高,从而使该工艺对石油化工企业硫回收装置具有广泛的适应性。

4)无在线炉工艺的主要设备均使用碳钢生产,且都可国内制造,从而形成了投资低、国产化率高的特点。

尽量避免额外的惰性气体进入系统,可以缩小设备、管道规格,减少 SO_2 绝对排放量,已经被国内外同行广泛认可。即使是加氢还原吸收技术的鼻祖,荷兰壳牌的 SCOT 工艺,在许多新设计的硫回收装置上,也采用间接换热取代再热炉。SSR 采用的高温热旁路技术,关键设备是高温掺合阀,SSR 配套开发的内冷式高温掺合阀解决了几十年来金属阀芯无法抗高温硫化腐蚀的难题,内冷式高温掺合阀同时获得了国家发明专利(专利号:ZL00111165.5)。

3　SSR 硫回收工艺的前途和发展方向

SSR 工艺开发的初始阶段,由于对某些技术环节的认识偏差、工程投资的限制、设计和操作失误等主、客观原因,装置生产中出现过问题。通过不断地改进和完善,SSR 工艺已经渐趋成熟。在国内硫黄回收存在大量商机的今天,一些硫回收领域的国外专业大公司,已经把 SSR 锁定为中国境内的最大竞争对手。SSR 是中国石化集团公司花费了大量人力物力开发的具有自主知识产权的硫回收工艺技术,单套装置规模已经达到 85kt/a,接近国外单套同类装置的生产能力。福建、大连引进的 0.2Mt/a 硫回收也是 2~3 个系列的组合装置。在今后大型硫黄回收装置的建设过程中,搭建一个公平竞争的平台,为 SSR 营造一个与其他国内外硫回收技术公平竞争的氛围,对 SSR 的发展无疑是有益的。

SSR 工艺在许多方面还有提升的空间,如工艺技术进步、催化剂研发、设计优化、工艺装置的规范化和系列化等。自身的不断完善,SSR 才能更具市场竞争力。

加强与国外专业公司之间的技术交流与合作,以便吸取国外硫回收技术的精华,取长补短,在发展和壮大自身的同时,积极参与国外硫回收项目的竞争,走出国门,开拓国际市场,是 SSR 逐渐适应市场经济变化的必由之路。

4　结语

在可以预计的将来,伴随进口含硫原油的逐年递增和能源战略的调整,我国硫黄回收装置的建设还有一段较长的增长期。面对机遇和挑战，中国石化硫回收技术 SSR 应该发扬自身的技术优势，不断完善和壮大自己，争取更大的市场份额。在国内大型、特大型硫回收装置的建设中，国产化技术理应在公平的竞争环境下得到扶持和帮助。现阶段，重走重复引进、盲目引进的老路，显然违背了集团公司开发大型硫回收成套国产化技术的初衷。只有直面市场经济的大潮，走外延发展之路，国产化技术才能做强做大，成为真正的国际品牌。

TYTS-2000 脱除工艺气中有机硫的探讨与应用

李正西[1]　秦旭东[2]　宋洪强[2]　吴锡章[2]

(1. 中国石化金陵分公司炼油厂；2. 江苏天音化工股份有限公司)

摘　要　TYTS-2000 脱硫剂是一种新型高效脱硫脱碳溶剂，主要成分是聚乙二醇二甲醚。介绍了 TYTS-2000 脱除工艺气中有机硫(羰基硫、硫醇等)的理论基础和脱除工艺气中的羰基硫和硫醇等的应用。最后对 TYTS-2000 脱除羰基硫及硫醇的规律进行一些探讨。

关键词　脱硫　脱碳　气体净化　聚乙二醇二甲醚

1　TYTS-2000 简介

TYTS-2000 化学名称为聚乙二醇二甲醚，主要成分是聚乙二醇二甲醚的同系物，国外的商品代号为 Selexol，国内的商品代号原为 NHD，现改为 TYTS - 2000。它的分子式为 $CH_3-O-(CH_2CH_2O)_n-CH_3$，式中 $n=3\sim8$。它是一种浅黄色或无色液体，接近中性、无味、无毒性、无腐蚀性、化学稳定性和热稳定性较好，使用时不起泡，不污染环境。25℃时的主要性质为：平均相对分子质量 250~270，密度 1027kg/m³，凝固点(或冰点)-29~-22℃，蒸气压 0.093Pa，表面张力 0.034N/m，动力黏度 4.3(mPa·s)，传热系数 0.18W/(m·K)，比热容 2.10~2.11kJ/(kg·K)，闪点 151℃，燃点 157℃。

近年来，TYTS-2000 脱硫、脱碳技术已得到广泛应用，不仅应用于合成氨原料气的脱硫及变换气的脱碳，还逐渐向其他领域扩展。如将 TYTS-2000 用于炼厂气的脱硫脱碳，目前正在进行大型工业化试验；再如甲醇生产过程中原料气的脱硫、脱碳，羰基合成所需 CO 气体中酸性气的脱除等。在上述气体中，均含有一定量的有机硫气体(如羰基硫、硫醇等)。由于制气原料、制气方法及预处理工艺不同，其 COS 和硫醇等的含量也不相同。合成反应要求将合成气中总硫脱除到 0.1μg/g 以下，以保护催化剂。一般通过干法精脱硫工艺来实现，也有通过磺化酞菁钴来脱除有机硫。当然，也可以用 TYTS-2000 脱除 COS、硫醇等。本文讨论 TYTS-2000 脱硫剂脱除有机硫

气体的理论与实践问题，为合理设计精脱硫工艺装置提供依据。

2　TYTS-2000 溶剂脱除有机硫的理论基础

TYTS-2000 脱硫剂具有很好的脱硫脱碳性能，是一种优良的物理吸收溶剂，对 H_2S、CO_2、COS、硫醇等气体有很强的吸收能力，并能选择性地吸收 H_2S，也有一定的脱水、脱油功效。TYTS-2000 脱除酸性气体属物理吸收，酸性气体在 TYTS-2000 溶剂中的溶解度较大。其溶解特性符合亨利定律，即提高酸性气体分压，降低吸收温度，有利于酸性气体的吸收，反之，则有利于气体的解吸。以 CO_2 的相对溶解度为 100 计，各种气体在 TYTS-2000 脱硫剂中相对溶解度如表 1。

表 1　各种气体在 TYTS-2000 中相对溶解度

CO_2	COS	H_2S	CH_3SH	CS_2
100	233	893	2270	2400

2.1　TYTS-2000 溶剂吸收各种气体的特性

TYTS-2000 溶剂吸收硫化物过程中，有 3 个方面的特征。

1) H_2S 在 TYTS-2000 溶剂中的溶解度相当于 CO_2 溶解度的 9 倍，说明 TYTS-2000 溶剂吸收 H_2S 气体能力极强。因而，脱除 H_2S 气体的溶剂循环量较小，体现了 TYTS-2000 溶剂能够选择性吸收 H_2S 的特性。

2) COS 在 TYTS-2000 溶剂中的溶解度只相当于 CO_2 在 TYTS-2000 溶剂中溶解度的 2 倍多，

TYTS-2000 选择性吸收 COS 的性能并不明显。TYTS-2000 溶剂在吸收 H_2S 时，也能吸收一部分 COS，但由于受到 TYTS-2000 溶剂循环量的限制，对 COS 的净化度不会很高。

3）当气体中含有大量 CO_2 时，在吸收硫化物的同时，也能把残余的 COS 脱除得较干净。

4）甲硫醇和二硫化碳在 TYTS-2000 溶剂中的溶解度分别为 CO_2 在 TYTS-2000 溶剂中溶解度的 22 倍和 24 倍，说明 TYTS-2000 脱除 CH_3SH 及 CS_2 的能力极强。

2.2　溶解于 TYTS-2000 中各种酸性气解吸时的特性

溶解于 TYTS-2000 溶剂的酸性气体（H_2S、CO_2、COS 和硫醇等）在解吸时的特性也不一样。COS 与 CO_2 从分子结构上看有些相似，CO_2 的一个氧原子被硫原子取代后便生成 COS。硫元素与氧元素在元素周期表中属同一族，有着相同的化学属性。所以 COS 与 CO_2 在 TYTS-2000 溶剂中的溶解及解吸过程相似：

1）COS 和 CO_2 气体的解吸。溶解于 TYTS-2000 溶剂中的 COS 和 CO_2 气体，在减压过程中逐渐解吸出来。当减压正常后，溶解的气体大部分被解吸出来，残留于 TYTS-2000 溶剂中的 CO_2、COS 等气体即使在较低的温度下，用 N_2 或空气进行汽提就能达到满意的分离效果。汽提后的溶剂能将合成气中 CO_2 和 COS 脱除到百万分之几或更低。

2）H_2S 气体的解吸。由于 H_2S 在 TYTS-2000 溶剂中的溶解度很大，且 H_2S 与 TYTS-2000 溶剂分子结合力较强，通过减压闪蒸，在大量 CO_2 气体闪蒸出来的同时，也有少部分 H_2S 被 CO_2 汽提出来，大部分仍然留在 TYTS-2000 溶剂中。在较低温度下，用 N_2 或空气进行汽提，残留在溶剂中的 H_2S 也不能象 CO 和 COS 那样达到满意的分离效果。在连续的吸收和再生过程中，H_2S 在溶剂中逐步积累，最终会影响 TYTS-2000 溶剂吸收 H_2S 气体的能力及净化度：若用含氧气体汽提，还会使 H_2S 氧化成单质硫，污染溶剂，堵塞填料，影响装置正常运行。

实验证明，在 80～120℃ 较高温度范围内用无氧汽提残留在 TYTS-2000 溶剂中的 H_2S 气体，可使残留于溶剂中的 H_2S 含量小于 $10\mu g/g$，这

种贫度的溶剂可以满足吸收工艺要求。但被汽提出来的 H_2S 与汽提气混合后，因 H_2S 浓度很低，不易回收利用，对环境造成污染。为了回收 H_2S，减少污染，用水蒸气作为汽提剂，这样既分离出 H_2S，保证溶剂的再生度，又可将汽提出的酸性气与水蒸气通过冷凝进行分离，获得较高浓度的 H_2S 气体，以便回收硫黄作为产品出售。

3）若 TYTS-2000 溶剂基本上没有吸收 H_2S 气体，只吸收了 COS 和 CO_2 气体，则没有必要采用热再生的办法使 TYTS-2000 溶剂再生，只需要采用减压闪蒸及用 N_2（或空气）进行汽提，即使在较低温度下（如 -5～10℃）也可以使溶剂达到满意的再生效果。当然这要求有相应的汽提气流量和合理的分离设备。

3　TYTS-2000 脱除有机硫的应用

3.1　国外的应用

TYTS-2000 溶剂的组成和性能与 20 世纪 60 年代美国 Alliel Chemical 公司开发的 Selexol 溶剂大体相同。该溶剂最初用于美国许多 H_2S 含量较低的天然气净化装置。也可用来分离合成氨原料气中的 CO_2，并可选择性的脱除天然气中的 H_2S。

1973 年 11 月德国 NEAG 二厂第二套装置使用 Selexol，装置的净化结果见表 2。

表 2　NEAG-Ⅱ　Selexol 装置操作净化结果

组　分	原料气	净化气	脱除率/%
H_2S/%	9.0	≈0	≈100
CO_2/%	9.5	8.0	15.8
COS/($\mu g/g$)	130	70	46.2
RSH/($\mu g/g$)	100	≈0	≈100

1977 年 5 月，德国 Wintershall 有限公司的 Duste Ⅱ 型天然气净化装置正式投产，这是按 Selexol 法处理 H_2S 的典型装置。该装置运行结果表明，Selexol 溶剂对 H_2S 有较强的吸收能力，而且净化度也很高，净化气中 H_2S 含量达到 $2\mu g/g$，硫醇脱除率为 100%，而羰基硫从 $118\mu g/g$ 降至 $40\mu g/g$，脱除率为 66.1%。

20 世纪 80 年代初，美国政府资助的德士古水煤浆气化制合成氨原料气侧流实验装置在田纳西州 TVA 工厂建成。该装置在耐硫高温变换炉之后串入一个 COS 水解装置，水解装置操作温度高

于合成气的露点温度。经水解后，合成气进入
Selexol 净化装置脱除酸性气体，然后并入该厂生
产装置的低变炉系统。侧流试验运行结果并不理
想，经净化装置脱除酸性气的合成气中总硫含量
仍超过 10μg/g。试验时间很短，由于美国政府中
止资助而中断。

通过这一试验认为，对于合成气中 COS 含量
较高的情况，要想彻底脱除合成气中的 COS，最
好的办法是通过水解或加 H_2 把 COS 转化为 H_2S，
然后再脱除 H_2S。

3.2　国内的应用

安徽淮化集团（简称淮化厂）180kt 合成氨装
置，变换气中的 H_2S 和 CO_2 浓度较高，其中 H_2S
质量分数为 0.21%、CO_2 质量分数为 44%，采用
天音产 TYTS-2000 溶剂脱硫脱碳。脱硫装置设计
时进口 H_2S 等总硫浓度为 4.4g/m^3。近年来为降
低生产成本，淮化厂采用部分高硫劣质煤，此煤
进入德士古中进行气化，使进入脱硫装置的 H_2S
等总硫浓度高达 6.8g/m^3，经 TYTS-2000 脱硫
后，脱硫塔出口净化气 H_2S、COS 质量分数仍保
持在 5μg/g 以下。COS 的具体数据为：变换气
1.6μg/g，脱硫气 1.0μg/g，高闪气 3.1μg/g，低
闪气 5.3μg/g，再生气 1.8μg/g。

我国第一套水煤浆气化制合成氨原料气装置
于 1993 年在山东鲁南化肥厂（简称鲁南厂）投入
试运行。该装置合成气净化流程如下：合成气→
耐硫全低变→聚乙二醇二甲醚脱硫→COS 水解干
法脱硫→聚乙二醇二甲醚脱碳→甲烷化。

上述流程中在聚乙二醇二甲醚脱硫后，设置
了 COS 水解及干法脱硫，其目的是保护脱碳系统
不受硫的污染，保证脱碳气的净化度，最终保护
甲烷化催化剂。COS 水解催化剂为湖北化学研究
所的 EH-1（T504）型催化剂。试车初期发现水解
槽进出口 COS 含量没有明显差别，一般在 0.5 ~
3μg/g 之间，经分析认为原因如下：

1）低变炉出口温度较低，只有 200 ~ 210℃，
水蒸气含量较低；变换催化剂的活性较高，使
COS 的转化率达 99% 左右，所以低变炉出口 COS
含量比较低，一般在 3.6μg/g。

2）脱硫气中水含量较低（约 500μg/g），CO_2
含量较高（约 35%）。由于试车初期缺乏经验，脱
硫气中 H_2S 含量较高，一般在 10 ~ 15μg/g，因此

水解反应 COS+H_2O —→CO_2+H_2S 受到平衡的限
制，出口 COS 含量为 0.5 ~ 3μg/g 时，已接近反
应平衡值。

针对微量 COS 气体进入脱碳系统，会不会在
脱碳溶剂中逐渐积累，对脱碳溶剂是否会造成污
染等问题，技术人员对脱碳系统 COS 进行测定和
计算。测定结果见表 3。

表 3　脱碳系统 COS 含量测试结果　μg/g

编号	脱碳入口	高闪气	低闪气	汽提气
1	0.58	0.62	1.2	0.76
2	0.46	0.38	0.69	
3	0.50	0.36	0.86	0.56
4	0.74	0.46	0.9	

根据测定数据进行物料衡算，结果证明，进
入脱碳系统的 COS 与离开脱碳系统的 COS 量是
相等的，脱碳溶剂中 COS 没有积累，脱碳气中亦
测不出 COS。据此，将装置 COS 水解槽催化剂卸
出，改装脱硫剂。至今，这套装置已运行 10 a
多，随着生产负荷的提高及改烧高硫煤，系统
COS 含量不断增加。在上述情况下，脱碳系统运
行一直正常，脱碳塔出口中 COS 含量一般检不
出，有效地保证了甲烷化炉的正常运行，与开车
初期相比，低压闪蒸气中 COS 含量增至 5 ~ 6 倍。

3）黑龙江黑化集团（简称黑化厂）氮肥装置，
采用聚乙二醇二甲醚物理吸收溶剂脱硫脱碳以脱
除变换气中的无机硫、有机硫和 CO_2。变换工序
来的变换气（2.64MPa、40℃）进入脱硫塔底部，
与从塔顶喷淋而下的 24℃ 脱硫溶液逆流接触，吸
收绝大部分 H_2S 气体及部分 COS、CO_2 气体和少
量 H_2，出脱硫塔气体温度仍为 24℃，组分的质量
分数为 H_2S 1 ~ 5μg/g，COS 8.9μg/g，CO_2 31.8%。

2000 年 6 月在山东鲁南化肥厂投产的以水
煤浆为原料的 100kt/a 甲醇装置，其合成气净化
流程与美国 TVA 侧流流程类似，即：合成气→
耐硫部分变换→COS 水解→脱硫→脱碳→精
脱硫。

聚乙二醇二甲醚脱硫后的合成气中 COS 含量
提高，脱碳气中 COS 含量有所增加，脱碳系统聚
乙二醇二甲醚脱碳溶剂对 COS 有较高的净化度。
表 4 所列数据为 2001 年 8 月份所测一组数据及该
厂技术人员的计算数据。

表4　鲁南厂甲醇净化脱碳系统 COS 测定及计算数据

µg/g

项　目	脱碳入口	高闪气	低闪气	汽提气
测定值	22.8	0.86	28.6	91.4
计算值	20.0	0.50	26.0	85.0

表4所列数据说明，进入甲醇脱碳系统的 COS 量是进入合成氨脱碳系统 COS 量的 10 倍左右，但甲醇脱碳系统聚乙二醇二甲醚溶剂仍没有发现有 COS 积累的迹象。COS 的净化度也会令人满意。

4）中国石化金陵分公司研究院对 TYTS-2000 应用于液化石油气脱除有机硫的评价试验，结果于表5所示。从表5可知，应用 TYTS-2000 在对炼厂气脱硫脱碳的同时，也可以一次性的把炼厂气中有机硫脱除下来，从而使磺化酞菁钴（或聚酞菁钴）脱有机硫装置停运。

表5　TYTS-2000 脱除有机硫情况

序号	脱前原料气(S)/(mg/m³)	脱后净化气(S)/(mg/m³)	脱除率/%	另一种方法计算的脱除率/%
COS				
1#	16.62	1.9	88.57	98.26
1#-1(1)	17.78	0.09	99.49	99.89
1#-1(2)	19	0.04	99.79	99.89
2#	36	1.8	95.0	97.94
2#-1	25.25	2.85	88.71	90.16
甲硫醇				
1#	213.25	2.76	98.71	64.17
1#-1	273.76	11.14	95.93	52.40
2#	254	1.55	99.39	90.71
2#-2	248.56	11.15	99.51	45.60

4　讨论

了解 TYTS-2000 溶剂脱除羰基硫、甲硫醇等有机硫气体的规律，可以合理设计和有效管理合成气、炼厂气等工业气体的净化装置。但是业内专家对于上述问题的看法并不一致。部分技术人员认为，COS 属硫化物，被 TYTS-2000 溶剂吸收后，再生比较困难，只有通过"热再生"方能再生彻底，否则会造成 COS 在 TYTS-2000 溶剂中的"积累"。这样，既污染了 TYTS-2000 溶剂，也影响其对 COS 的吸收能力及气体净化度。在国内某 CO 制备装置设计时，基于此考虑，用 TYTS-2000 脱碳后的 CO 气体，又采用经过"热再生"的 TYTS-2000 溶剂再精制一次，来保证 CO 气体的净化度。

尽管技术专家对 TYTS-2000 脱除有机硫（尤其是 COS）的问题有不同的看法，但是：

1）TYTS-2000 可以简化 COS 气体的脱除流程。各种合成气及工业气体中，脱除 H_2S 之后残余的 COS 气体，不必采用水解和加氢的办法将其转化为 H_2S 进行脱除，可直接随同 TYTS-2000 脱硫脱碳过程一起将其脱除达到工艺要求，如合成氨变换气中的 COS 气体，在 TYTS-2000 脱碳过程中就可以达到很高的净化度。

2）如需采用"夹心饼"式流程对合成气进行精脱硫时，也可把 TYTS-2000 脱碳装置夹在中间。流程：合成气→T101 或 F703→TYTS→2000 脱碳→T504 COS 水解→T101 或 T703 精脱硫；或者：合成气→T101 或 1703 脱硫→TYTS-2000 脱碳→T104 精脱硫。采用这两种流程，可以减轻精脱硫装置的负荷，延长催化剂及精脱硫剂的寿命。

3）应用 TYTS-2000 进行炼厂气的脱硫脱碳时，也可以一起将炼厂气中羰基硫和甲硫醇等有机硫一起脱除，使后面的磺化酞菁钴（或聚酞菁钴）脱有机硫装置停运，既可以节能还可以节约人力等。

硫回收尾气催化焚烧技术进展

李凌波　刘忠生

（中国石油化工股份有限公司抚顺石油化工研究院）

摘　要　从国内外专利、文献、商品催化剂及专有技术等方面介绍了硫回收尾气催化焚烧技术的研究进展，并比较了催化焚烧与热焚烧的技术经济性。结果说明催化焚烧可大幅度降低硫回收尾气焚烧的能耗，尤其适用于SCOT等深度硫回收工艺尾气的焚烧。

关键词　硫回收　尾气　催化焚烧

炼油厂加工原油中的硫大部分通过其硫回收装置以单质硫的形式回收，硫回收工艺包括克劳斯工艺和克劳斯加尾气深度净化工艺两类。克劳斯工艺硫回收率一般不超过96%，克劳斯加尾气深度净化工艺（如超级克劳斯、低温克劳斯或SCOT等）硫回收率一般为98.5%~99.8%，未回收的硫以硫化氢、二氧化硫、二硫化碳、羰基硫等形式进入硫回收尾气。无论采用何种硫回收工艺，其尾气中均含有一定量的硫化氢和有机硫化物，为满足恶臭污染物排放标准，必须焚烧后才能排放。由于克劳斯尾气中的可燃组分常低于尾气总量的3%，必须补充燃料才能完全燃烧，并将硫化物氧化为二氧化硫。尾气焚烧工艺有热焚烧和催化焚烧两类，国内克劳斯装置尾气基本采用热焚烧法处理。热焚烧法通常在过量氧气及650~820℃进行。由于难以精确控制焚烧温度等操作条件，实践中常出现过低温度导致焚烧不完全，或过高温度导致焚烧炉烧变形的情况。催化焚烧在催化剂作用下，能以较低温度（如300~400℃）使尾气中的硫化氢、羰基硫等硫化物氧化为二氧化硫。催化焚烧的投资比热焚烧略高，能耗和操作费用可大幅度降低，随着技术的成熟及燃料价格的不断上涨，催化焚烧技术的潜力逐渐显现。此外，为满足日趋严格的排放标准，单纯的克劳斯硫回收工艺将逐步升级为克劳斯加尾气深度净化工艺（如SCOT工艺）。深度净化工艺尾气相对清洁，催化剂不易污染或中毒，更适合催化焚烧。催化焚烧的实际收益与装置的规模有关，一个100t/d的硫回收装置可节约1000m³/d

的燃气，催化剂使用寿命期间节约的燃料费用是所消耗催化剂费用的10倍以上。装置规模更大时，节能效果更加显著。

笔者调查了国内外炼油厂硫回收尾气（包括克劳斯尾气及SCOT尾气等）催化焚烧的研究概况，可为硫回收尾气催化焚烧技术的选型、催化剂及工艺开发提供支持。

1　硫回收尾气来源及组成

硫回收工艺主要为克劳斯工艺或克劳斯加尾气深度净化工艺，尾气深度净化工艺主要为SCOT及类似工艺，上述工艺主要反应如下，克劳斯反应：

$$3H_2S+3/2O_2 \longrightarrow 3S+3H_2O$$
$$H_2S+3/2O_2 \longrightarrow SO_2+H_2O$$
$$2H_2S+SO_2 \Longleftrightarrow 3S+2H_2O$$

克劳斯副反应：

$$CO_2+H_2S \longrightarrow COS+H_2O$$
$$COS+H_2S \longrightarrow CS_2+H_2O$$
$$2COS \longrightarrow CO_2+CS_2$$

SCOT反应：

$$S_2+2H_2 \longrightarrow 2H_2S$$
$$SO_2+3H_2 \longrightarrow H_2S+2H_2O$$
$$CO+H_2O \Longleftrightarrow CO_2+H_2$$
$$COS+H_2O \Longleftrightarrow CO_2+H_2S$$
$$CS_2+2H_2O \Longleftrightarrow CO_2+2H_2S$$

SCOT副反应：

$$SO_2+3CO \Longleftrightarrow 2COS+2CO$$
$$S_2+2CO \Longleftrightarrow 2COS$$

$$H_2S+CO \Longrightarrow 2COS+H_2$$

由上述反应可知硫回收尾气一般含有硫化氢、羰基硫、二硫化碳、二氧化硫、单质硫、一氧化碳、二氧化碳、氢气、氮气、氩气、水蒸气及少量油气等，其组成及浓度与工艺及操作条件等因素有关。一般而言，克劳斯尾气中硫化氢的含量为 $2000\sim8000\mu L/L$，羰基硫约为 $1500\mu L/L$，二硫化碳约为 $1000\mu L/L$，二氧化硫约为 $1400\mu L/L$，氮气加氩气约占 60%，水蒸气(体积分数，下同)约占 30%，氢气约占 0.5%，一氧化碳约占 0.3%，二氧化碳占 $2\%\sim12\%$；SCOT 尾气中硫化氢的浓度为 $500\sim1000\mu L/L$，羰基硫为 $100\mu L/L$，氮气加氩气占 $50\%\sim60\%$，水蒸气占 $20\%\sim30\%$，氢气占 $0.5\%\sim1.0\%$，一氧化碳约占 0.2%，二氧化碳占 $5\%\sim15\%$。

2 硫回收尾气催化焚烧与热焚烧对比

朱利凯等对热焚烧和催化焚烧两种工艺进行了技术和经济对比分析，指出一个 $100t/d$ 的硫回收装置采用催化焚烧工艺，每小时可节约 $30m^3$ 燃气。硫回收尾气催化焚烧与热焚烧的技术指标对比详见表1。与热焚烧相比，催化焚烧可节约 60% 的燃料消耗，随着能源价格的上涨，节能效益十分显著。催化焚烧装置投资略高于热焚烧，受制于催化剂的耐受能力，其对进料气的适应范围不及热焚烧。随着排放标准的日趋严格，单纯的克劳斯硫回收工艺将逐渐被克劳斯加尾气深度净化硫回收工艺代替，国外某大型硫回收装置提供了较为合理的设计，同时建设催化焚烧及热焚烧两套尾气焚烧系统，硫回收装置正常运转时，使用催化焚烧系统；当催化焚烧系统、SCOT 尾气处理系统或整个硫回收系统发生故障时，启用热焚烧系统。这种设计特别适合于我国现有硫回收尾气热焚烧系统的节能改造，即在原有热焚烧装置的基础上建设催化焚烧系统。

表1 硫回收尾气催化焚烧与热焚烧的技术指标对比

项 目	催化焚烧	热焚烧
处理气量/(m^3/h)	20000	20000
预热温度/K	400	400
反应温度/K	600	1070
停留时间/s	0.48	0.5
压降/Pa	3000	500

续表

项 目	催化焚烧	热焚烧
出口硫化氢含量/($\mu L/L$)	<10	<10
一氧化碳转化率/%	10	45
氮氧化物排放量/(kg/h)	1	4

注：空速为 $7500h^{-1}$。

3 国内技术进展

尚未见到催化焚烧处理在国内炼油厂硫回收尾气(包括克劳斯尾气及 SCOT 尾气等)工业应用的报道。陈宇清等报道了一种含硫工业废气催化焚烧催化剂及工艺，催化剂的活性组分主要是氧化钛，硫化氢的转化率约为 90%，该催化剂的强度较差。殷树青等报道了 LS-991 二氧化硅基硫化氢催化焚烧催化剂的制备和性能研究，在微型反应器上考察了制备方法对催化剂活性的影响，评价了活性组分的添加量、操作温度和空速对催化剂活性和选择性的影响。在温度 $290℃$，空速 $5000h^{-1}$ 条件下，硫化氢转化率和二氧化硫生成率在 99.9% 以上，未报道硫回收尾气中羰基硫及二硫化碳等恶臭组分的处理效果，也未见该催化剂工业应用的案例。殷树青等也公开了一种气体中硫化氢的焚烧催化剂及制备、使用方法，催化剂载体为氧化硅，活性组分为钒和铁的氧化物，操作温度 $250\sim350℃$，只选择氧化硫化氢，而氢气、一氧化碳、氨及轻烃不氧化，硫回收尾气中另一种常见恶臭且有毒组分——羰基硫的焚烧效果未见报道。李玉书等公开了一种气体中硫化氢的催化焚烧工艺，用于处理克劳斯尾气，以活性碳为催化剂，在温度 $200\sim400℃$ 下，将硫化氢催化氧化为二氧化硫。硫化氢为 $0.5\%\sim4\%$，水汽 $4\%\sim30\%$，空速 $3000\sim10000h^{-1}$，硫化氢的转化率为 100%，二氧化硫生成率 $90\%\sim99\%$，该催化剂的活性及寿命不能保证，为非主流催化剂。鞍山热能研究所、浙江大学、齐鲁分公司研究院等单位做了一些相关研究工作，但未实现大规模工业应用。

4 国外技术进展

4.1 专利技术

Hass 等公开了一系列硫化氢氧化催化剂及催化焚烧工艺，可将硫化氢氧化为二氧化硫，催化剂的活性组分为钒的氧化物或钒与铋的硫化物，也可以由钒与锡或锑构成，载体为非碱性多孔耐高温氧化物由氧化铝、二氧化硅/氧化铝、二氧化硅、二氧化钛、氧化锆、二氧化硅/二氧化钛、二氧化硅/氧化锆、二氧化硅/氧化锆/二氧化钛中的一种或多种构成。催化剂操作温度为150~480℃，在水汽存在时仍具有高活性和稳定性，进料气中的氢气、一氧化碳、轻烃及氨未被氧化，专利已用于地热发电厂废气的处理。Dupin等公开了一种将硫化氢或有机硫氧化为二氧化硫的催化剂及其制备工艺，催化剂的载体为二氧化钛或二氧化钛与氧化锆、二氧化硅的混合物，活性组分由一种碱土金属硫酸盐与铜、银、锌、镉、钇、镧、钒、铬、钼、钨、锰、铁、钴、铑、铱、镍、钯、铂、锡及铋中的至少一种金属构成。在反应温度380℃，空速1800h⁻¹，进料气含硫化氢800μL/L、羰基硫100μL/L、二硫化碳500μL/L、二氧化硫400μL/L、氧气2%、水汽30%、氮气67.82%条件下，硫化氢的催化转化率高于99%，二硫化碳的催化转化率61%~98%，羰基硫的催化转化率为52%~94%。Sugier等公开了一系列含硫化合物氧化催化剂及催化焚烧工艺，可将克劳斯尾气中的硫化氢、羰基硫、二硫化碳氧化为二氧化硫，催化剂活性组分为钒、铁的氧化物或钒的氧化物和银，载体为氧化铝或高铝水泥。Singleton和Van DenBrink等公开了一类克劳斯尾气焚烧催化剂及工艺，活性组分为铜、铋氧化物或钙、铋氧化物，载体为含磷或无磷氧化铝。Chopin等公开了一种可将含硫化合物氧化为二氧化硫的催化剂，载体为二氧化钛，活性组分为铁和铂。Voirin等公开了一种含硫废气催化焚烧工艺，可用于克劳斯尾气的处理，该工艺有两个阶段构成，首先将二硫化碳、羰基硫、硫醇等硫化物加氢还原为硫化氢，然后再将硫化氢催化氧化为二氧化硫。其氧化段的催化剂为硫酸铁/二氧化钛。Srinivas等公开了一种二氧化钛载体催化剂，活性组分为铜、钼、铌等金属氧化物，可用于SCOT尾气的催化焚烧专利。

上述22项专利中，美国加利福尼亚联合油公司10项、壳牌石油公司4项、法国罗纳-普朗克公司3项、法国石油研究院3项、法国埃尔夫公司1项、美国TDA研究公司1项。含硫废气焚烧催化剂的载体一般为多孔非碱性耐高温氧化物，如二氧化硅、活性氧化铝、二氧化钛等，活性组分一般为钒、铋、钼、锑、锡、铬、铁、铜、钙等金属的氧化物。加利福尼亚联合油公司专利催化剂具有较好的硫化氢氧化效果，进料气中的氧气、一氧化碳、轻烃基本未氧化，但硫回收尾气中共存组分(如羰基硫、二硫化碳)的氧化效果较差。壳牌石油公司和法国石油研究院的专利催化剂已大规模工业应用。

4.2 硫回收尾气催化焚烧工业应用概况

早期，由于油气价格低廉，催化焚烧并未受到足够重视，但随着油气价格的攀升，节能环保的硫回收催化焚烧技术将逐步取代能耗较高的热焚烧技术。壳牌石油公司和法国石油研究院的硫回收尾气催化焚烧工艺已在国外广泛应用。如壳牌石油公司的工艺主要用于SCOT尾气催化焚烧，已有30余套工业化装置，法国石油研究院(IFP)的催化焚烧工艺在1980年前已至少4套用于克劳斯装置的尾气处理。以下简要介绍壳牌石油公司和法国石油研究院的硫回收催化焚烧工艺。

1) 壳牌石油公司硫回收尾气催化焚烧工艺。该工艺主要用于SCOT尾气的催化焚烧，主要操作参数为：催化剂S-099或CRITERION-099，反应温度370℃，空速7500h⁻¹。进料气硫化氢300μL/L、羰基硫10μL/L、二硫化碳1μL/L时，出口硫化氢浓度小于4μL/L、三氧化硫浓度小于1μL/L。

2) 法国石油研究院的硫回收尾气催化焚烧工艺。该工艺主要用于克劳斯尾气的催化焚烧，主要操作参数为：催化剂RS-103或RS-105，操作温度300~400℃，空速2500~5000h⁻¹，过氧量0.5%~1.5%(体积分数)，出口硫化氢≤5μL/L，二硫化碳加羰基硫≤150μL/L。

上述两种工艺类似，均采用耐硫酸盐化氧化铝载体催化剂和燃料气直燃式预热，通过燃料气量控制预热温度，温控较复杂，防爆要求较高，可考虑用非明火的电加热预热。空气过剩量需严格监控，过多的氧可能促进三氧化硫生成。空气过剩量不应低于5%(体积分数)，否则催化剂上的金属硫酸盐将还原为硫化态，硫化态再氧化释放的大量热量会促发不期望的热反应。尾气中硫化氢等组分也应控制在爆炸极限内。

4.3　商品催化剂及应用

国外含硫废气催化焚烧催化剂已商品化，主要有英荷壳牌公司的 CRITERION-099、S-099 及 S-599 催化剂、法国罗纳普朗克公司的 CT-739、CT-749 催化剂、恩格哈德公司的 Cl-739 催化剂、法国石油研究院的 RS-103、RS-105 催化剂等，其主要物性指标见表 2。其中，CRITERION-099 为 Shell 公司最新一代硫回收尾气催化焚烧催化剂，工业应用 10 余年。该催化剂可同时氧化尾气中的硫化氢、羰基硫及二硫化碳，不能氧化尾气中的一氧化碳、烃类及氢气等组分，避免这些组分燃烧产生的过热破坏催化剂，焚烧尾气中三氧化硫的生成率也较低。法国石油研究院及罗纳普朗克公司的催化剂也有工业应用的案例。这类催化剂一般以比表面不低于 $200m^2/g$ 的非碱性耐热氧化物（如二氧化硅、活性氧化铝、二氧化钛等）为载体，一种或多种活性氧化物为主要活性成分。使用这些催化剂的焚烧装置尾气焚烧温度由 750℃ 降至 300~400℃，出口硫化氢可降至 $10\mu L/L$ 以下。这类催化剂研究的难点：①如何克服催化剂活性中心的硫酸盐化，保持催化剂的长期运行的稳定性和活性；②降低催化剂成本，利于推广应用。

表 2　国外催化焚烧催化剂的型号及物性指标

型号	载体	外观	比表面积/ (m^2/g)	压碎强度/ (N/粒)	堆密度/ (kg/L)	生产商
RS-103	氧化铝	φ5~6mm 球形	>200	—	—	法国石油研究院
RS-105	氧化铝	φ5~6mm 球形	>200	—	—	法国石油研究院
CT-739	二氧化硅	φ4~6mm 球形	250	100	0.60	法国罗纳普朗克公司
CT-749	二氧化硅	φ4~6mm 球形	250	100	0.60	法国罗纳普朗克公司
S-099	二氧化硅	φ3~4mm 球形	—	>90	0.81	英荷壳牌公司
S-599	二氧化硅	φ3~4mm 球形	—	>90	—	英荷壳牌公司
CRITERION-099	氧化铝	φ4mm 球形	235	140	0.73	英荷壳牌公司

5　结语

硫回收尾气催化焚烧技术起步较晚，其应用数量不及热焚烧。由于早期燃气价格低廉，催化焚烧技术发展较慢。硫回收尾气的催化焚烧工艺尚未在国内工业应用，壳牌石油公司和法国石油研究院的硫回收尾气催化焚烧工艺已在国外广泛应用。催化焚烧相对于热焚烧的一个主要优势是节能，随着技术的成熟及燃料价格的不断上涨，催化焚烧技术的潜力逐渐显现。催化焚烧更适于处理相对清洁的深度硫回收工艺尾气。催化焚烧技术的关键是催化剂，目前 Shell 公司的 CRITERION-099 催化剂应用较多，其特点是对尾气中的硫化氢、羰基硫及二硫化碳都有较好的焚烧效果，三氧化硫的生成率较低，尤其适用 SCOT 尾气的催化焚烧。催化焚烧可在已有热焚烧系统基础上建设，作为硫回收装置正常运转时的尾气处理设施，热焚烧作为事故应急焚烧手段。

镇海炼化硫回收技术十年回顾

徐才康

（中国石油化工股份有限公司镇海炼化分公司）

摘　要　自1999年从荷兰引进第一套70kt/a硫回收装置开工投产起，镇海炼化经过10a发展，在消化吸收国外先进技术的基础上，形成了以ZHSR为代表的自主知识产权的硫回收技术，从装置运行角度出发，对长周期运行的一些热点问题进行分析讨论。

关键词　硫回收　长周期　运行　含氨酸性气

1994年前，镇海炼化原油加工能力还只有5Mt/a，配套的硫回收装置只有2套7kt/a的小装置，采用二级克劳斯制硫工艺，总硫回收率低于95%。1994年开始镇海炼化相继开展了以加工中东含硫原油为中心的炼油7Mt/a改造工程、炼油8Mt/a扩建工程、炼油20Mt/a综合加工能力改造工程等。到目前，公司已拥有一次加工能力22Mt/a、综合加工能力20Mt/a，成为国内最大的含硫油加工基地。与此同时，为解决含硫原油加工中的环境保护问题，镇海炼化在20世纪90年代中期开始从国外引进先进的硫黄回收技术，经过消化吸收和自主创新，分别建成了4套大型硫黄回收装置，设计硫回收总能力达到270kt/a，实际硫回收能力达到285kt/a。

1　严格的环保要求促进了硫回收技术的进步

镇海炼化对环保工作一直十分重视，坚持可持续发展，走环境和生产协调发展之路，努力创建环境友好型企业。1995年地方政府对镇海炼化下达的SO_2总排指标为不超过10kt/a（折合硫为5kt），随着炼油加工能力的迅速扩大、加工深度的增加、原油劣质化程度的加大，原油加工量已经从1995年的5620kt增加到2007年的186125kt，原油平均硫含量1995年是0.424%，2007年上升到1.32%。10年过去了，在当前炼油综合加工能力比1995年增加2倍以上、原油硫含量翻了一番的情况下，SO_2总排指标没有松动，控制值仍然是不超过10kt/a。虽然镇海炼化在10年发展中面临的环境减排压力十分巨大，但反过来也促进了硫回收技术的进步，近10年是镇海炼化硫黄技术飞速发展的10年，从引进先进技术到消化吸收、自主创新，形成了以ZHSR为代表的自有技术。在推动硫回收技术进步和环境减排中主要做了如下工作：①进行CFB锅炉烟气脱硫技术的研究用以指导生产；②开展瓦斯"全回收、全压缩、全脱硫"工作；③开展密闭采样和密闭脱水工作；④增加含硫污水处理能力；⑤自主创新拥有了硫回收自有技术。

2　硫回收装置长周期运行的环境分析

镇海炼化现有的4套硫黄回收装置中，除了最早建成的30kt/a硫回收装置（MCRC工艺）已停运外，其余3套硫黄回收装置即2套70kt/a硫回收装置和1套100kt/a硫回收装置，目前均处于生产运行之中。这3套硫回收装置运行平稳，与主体装置一样实现了长周期生产运行的目标，其中Ⅳ套硫黄回收装置自2006年7月18日更换催化剂后开工至今连续运行650d，Ⅴ（另一套70kt/a）套硫黄回收装置于2002年8月8日开工至2007年11月5日停工检修装置连续运行1916d，创国内同类装置运行周期最高记录。10kt/a套硫黄回收装置于2006年6月8日建成投产，采用"直接注入法"烧氨工艺，至今已连续运行690d。镇海炼化硫黄回收装置能够实现长周期生产运行的主要经验是有一个比较协调的内、外部运行环境。

2.1 工艺先进、设计可靠、自动化程度高、监控措施齐备

1）2 套 70kt/a 与 1 套 100kt/a 硫黄回收装置采用二级常规 Claus 制硫加尾气净化（SCOT）工艺，其中 Claus 部分采用在线炉再热流程，操作灵活，开停工能起到快速启动升温的目的，尾气净化单元采用还原加热炉，不需依靠外部氢源。地下液硫池采用 Shell 液硫脱气工艺用以脱除液硫中的 H_2S，脱气后液硫中 H_2S 小于 10×10^{-6}，脱吸气被蒸汽抽气器抽至焚烧炉焚烧。

2）2 套 70kt/a 硫黄回收装置在尾气（SCOT）处理单元，采用 2 种循环方式：①当吸收塔负荷低于 30%时，经急冷塔和吸收塔的尾气利用增压机长循环，避免吸收塔漏液，保证吸收塔正常操作；②当在线风机入口负荷低于 60%时，尾气进行短循环，避免风机发生喘振。100kt/a 硫黄回收装置在前 2 套装置设计基础上作了较大改进，尾气净化单元未设置增压机，开停工循环采用 1.0MPa 的蒸汽抽射器替代，可以有效降低投资与电耗。

3）尾气净化炉通过扩展双比率交叉限位控制方案，使燃料气和空气在一定比例下实现轻度的不完全燃烧，使之既产生热量又产生还原性气体，并通过急冷塔后的 H_2 分析仪在线监测和控制尾气净化炉的配风量。

4）为了使尾气中的 H_2S 充分燃烧成 SO_2，并最大限度地减少燃料气消耗以及 NO_x 的生成，尾气焚烧炉采用三级配风的单交叉限位控制方案。

5）为了保证装置正常操作和较高的硫回收率，在二级 Claus 反应器后设置 H_2S/SO_2 在线分析仪，急冷塔后过程气设置 H_2 在线分析仪，急冷塔的工艺水中设置 pH 仪，焚烧炉出口设置 O_2 分析仪。

6）100kt/a 硫回收装置在尾气净化单元采用了两段吸收、两段再生的技术，实际测量净化尾气中的 H_2S 不大于 15×10^{-6}，标定期间尾气中 SO_2 排放浓度仅为 358mg/m³，远远低于国标规定的排放要求。

2.2 上游装置的运行管理

上游共有 8 套脱硫装置，布局上每套脱硫装置都是单独再生，另外还有 2 套污水汽提装置和合成氨装置低温甲醇洗单元来的酸性气也进炼油硫回收装置处理，脱硫装置点多面广，酸性气来源分散，上游装置的管理核心是要防止酸性气带烃、带液，平稳脱硫装置操作，防止对硫黄装置造成冲击。

1）新建硫黄装置设计酸性气含量要求高于 45%，1996 年前脱硫装置使用单乙醇胺脱硫溶剂，酸性气 H_2S 含量较低，在 30%～50%，CO_2 含量较高，为了满足新建硫黄装置对酸性气浓度的要求，相继在上游脱硫装置进行了更换脱硫溶剂的工件，先在产品精制的脱硫装置上试用复合型 MDEA 溶剂，然后逐渐在全厂推广，目前全厂 8 套脱硫装置全部使用来自 3 个厂家的复合型 MDEA 溶剂，硫黄装置酸性气含量平均达到 70%以上，满足了硫黄装置运行中的酸性气设计要求。

2）做好上游脱硫装置的生产监控管理，平稳进硫黄装置的酸性气流量，防止酸性气带烃、带液等异常情况，避免对硫黄装置造成冲击。对脱硫装置的酸性气流量、再生塔顶回流罐压力、温度、液位等操作参数和富液闪蒸罐投用情况进行重点监控。

2.3 硫黄装置运行管理

1）硫黄装置实行 DCS 控制，岗位人员编制比较紧凑，仪表是操作人员的眼睛，日常要做好硫黄回收装置 H_2S/SO_2、氢分仪、氧分仪、pH 等在线仪表的维护管理，确保在线仪表投用正常，测量可靠。加强仪表自控率管理，确保仪表自控率 95%以上。

2）做好硫黄回收装置废热锅炉炉水水质管理，增设锅炉水加药技术措施，制订锅炉水水质控制指标，规定了分析频率，规范操作方案。

3）做好硫黄装置关键设备、机组、部件的运行控制和维护等工作，包括反应炉、在线炉、焚烧炉、反应器、废热锅炉、风机、烧嘴等的运行控制和维护工作。

4）强化巡回检查制度的落实，及时调整工艺参数，对工艺指标执行情况、操作平衡率、SCOT 后净化尾气 H_2S 含量、焚烧炉后尾气 SO_2 含量等主要操作参数和工艺指标进行监控考核。

5）加强硫黄回收装置的联锁管理，既要保证联锁全部投用，又要防止因联锁动作引起的非计划停工。首先从装置设计开始就对联锁设置的合理性进行分析把关，取消了一些不必要的联锁自保，既不影响安全生产，又不至于因联锁设置不合理引起联锁动作跳车。在生产运行中为确保安全，联锁切除实行审批制，不允许操作人员随便切除。每次停工检修后在开车之前都要对联锁逻辑系统和联锁设置值重新进行确认，以防止开车后联锁误动作。

6）加强非计划停工管理，若 SCOT 单元由于运行不正常需要切出处理或者因联锁原因造成 SCOT 单元联锁跳车等情况也同主体装置一样视为非计划停工来进行考核。

7）加强技术培训工作，形成一支技术过硬、作风良好、掌握操作要领的职工队伍。

3 总硫回收率

镇海炼化目前运行的 3 套硫黄回收装置的硫回收率都超过 99.5% 以上（见表1），就硫回收装置本身来说这一指标是先进的，但就原油中的总硫回收率来看，比例并不太高，硫黄产量约占全厂所加工原油硫比例的 65% 左右，表 2 列出了最近 3 年硫黄产量占原油总硫比例的有关情况。

表 1 3 套硫黄回收装置硫回收率情况

装置	进料酸性气中总硫/t	回收硫黄/t	排放尾气总硫/t	尾气 SO$_2$ 浓度/（mg/m^3）	硫回收率/%
Ⅳ硫黄	47533	47499	33.41	348.00	99.93
Ⅴ硫黄	44208	44168	39.42	477.85	99.91
Ⅵ硫黄	66914	66882	31.65	298.50	99.95
总平均	158654	158550	104.49	374.78	99.93

注：表中数据为 2007 年平均值。

表 2 硫黄产量与原油总硫比例

年份	原油加工量/t	平均含硫/%	总硫量/t	硫黄产量/t	硫黄产量占原油总硫/%
2005	17101365	1.36	231755	148986	64.29
2006	17503550	1.41	246800	160262	64.94
2007	18612466	1.32	243823	158550	65.03

上述因素的存在与镇海炼化渣油加工采用脱碳工艺的流程有关，公司在含硫原油加工的流程上选择了轻质油品加氢精制、渣油进焦化装置处理、石油焦化 CFB 锅炉燃料的加工工艺，在渣油资源利用上，除了一小部分硫含量较低的渣油作为催化裂化装置掺渣资源外，大部分渣油都进延迟焦化装置加工，高硫石油焦作为 CFB 锅炉燃料，石油焦中的这部分总硫是作为燃料被烧掉因而不被回收，其燃烧产物 SO$_2$ 用生石灰吸附，因此全厂硫平衡中有相当一部分硫是进到灰渣中去了。例如，2007 年 CFB 锅炉因燃烧石油焦燃料而被生石灰固定的总流量为 40140t，比例占原油总硫量的 16.28%；除此之外，还有一部分渣油由于生产沥青产品，进入沥青产品的硫约占原油总硫量的 11% 左右，在渣油的加工和利用中，石油焦和沥青产品中的总硫量占原油总硫的 27% 以上，这是造成总硫回收率不高的主要原因。

4 含氨酸性气处理

镇海炼化自行设计的 100kt/a 硫回收装置（Ⅵ套硫黄）采用"直接注入式"烧氨工艺，来自常压污水汽提装置的含氨酸性气进Ⅵ套硫黄装置处理。Ⅵ套硫黄回收装置于 2006 年 6 月 8 日引酸性气开工，含氨酸性气于 6 月 11 日进装置处理。目前国内采用烧氨工艺在运行的硫黄回收装置有大连西太平洋和济南、沧州、海南、燕化分公司等，在生产运行中均或多或少地出现过一些问题，主要是在烧氨上存在氨烧不尽的问题。镇海炼化 100kt/a "直接注入式"烧氨工艺运行工况良好，连续运行 690d，在同行业中处于较好的运行水平。

4.1 反应炉温度控制

在处理含氨酸性气时工况较为稳定的原因有以下几方面：①反应炉温度控制较好，炉膛温度高于 1250℃，炉前区温度高于 1300℃。要将酸性气中的氨烧尽应控制较高的温度，温度不足会导致氨燃烧不完全；②进Ⅵ套硫黄回收装置处理的酸性气浓度较高，基本上都高于 90%，高浓度酸性气有利于提高反应炉温度，相对较低的酸性气则进其他 2 套不处理含氨酸性气的硫黄回收装置处理；③对进反应炉的酸性气进行了预热处理，预热后温度高于 150℃；④当负荷较低反应炉温度不能维持在 1250℃ 以上时，适当补充少量瓦斯助燃以提高炉膛温度，但关键是控制系统要灵活好用并且严格控制好配风比，以确保瓦斯完全燃烧不产生炭黑。

4.2　酸性气中氨含量的监控

来自常压污水汽提装置的酸性气温度为 90～98℃，约含有 30% 的水蒸气，给含氨酸性气的取样分析带来极大困难，大量水蒸气冷凝后形成硫氢化氨造成分析不准，因此进 Ⅵ 套硫黄装置的酸性气中氨含量是根据常压污水汽提装置的氨平衡计算来进行监控的，酸性气氨含量的设计点为 8%，烧氨火嘴允许最高氨含量为 25%，目前运行工况一般在 10%～15%（见表 3），在此工况下不会对装置平稳运行造成影响。

表 3　酸性气中氨含量

日　期	酸性气流量/（m³/h）	酸性气含量/%	酸性气含氨量/%
2008-03-03	6235	94.16	11.06
2008-03-04	6010	95.59	11.97
2008-03-05	5897	95.16	13.33
2008-03-06	6379	95.42	11.10
2008-03-07	6116	95.80	14.06
2008-03-08	6073	95.13	13.94
2008-03-09	6348	96.88	11.76

4.3　氨燃烧效果

如果酸性气中氨未充分燃烧，会造成低温部位铵盐结晶和堵塞现象，造成系统压降上升，因过程气中氨含量难以分析测定，但未烧掉的氨在后部会被急冷水吸收，故委托质管中心按连续 10d 的时间要求，同时对 Ⅳ、Ⅴ、Ⅵ 三套硫黄装置急冷水中的氨含量进行分析测定，其中 Ⅳ、Ⅴ 硫黄不处理含氨酸性气，Ⅵ 硫黄处理含氨酸性气，分析数据见图 1。由图 1 可见，Ⅵ 套硫黄回收装置在处理含氨酸性气时，由于工况适宜，急冷水中氨含量与不处理含氨酸性气的 Ⅳ、Ⅴ 套硫黄装置比较没有明显差异，Ⅵ 套硫黄回收装置的急冷水氨含量介于 Ⅳ、Ⅴ 套硫黄回收装置之间，说明氨在反应炉中燃烧分解较为充分，生产运行平稳，系统压降与开工初期比较无明显上升（见表 4）。

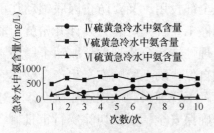

图 1　急冷水中的氨含量

表 4　硫黄装置运行中系统压降

时　间		系统压降/kPa
运行初期	2006-07-03	6.9
	2006-07-04	6.79
	2006-07-05	7.64
	2006-07-06	7.06
	2006-07-07	6.29
时　间		系统压降/kPa
一年后	2007-07-01	7.56
	2007-07-02	7.13
	2007-07-03	7.85
	2007-07-04	6.75
	2007-07-05	7.43
时　间		系统压降/kPa
一年半后	2008-02-13	7.91
	2008-02-14	8.09
	2008-02-15	7.66
	2008-02-16	7.78
	2008-02-17	7.73

注：装置于 2006 年 6 月 8 日试车设产一次成功。

5　结语

1）在含硫原油加工中，硫黄回收技术在"三废"综合利用、减少 SO_2 排放、保护环境中起了十分重要的作用。镇海炼化 1999 年从荷兰引进的第一套 70kt/a 硫回收装置开工投产起，经过 10 年发展，在消化吸收国外先进技术的基础上自主创新，形成了以 ZHSR 为代表的自有硫回收技术，装置运行经验表明，ZHSR 硫回收工艺总硫回收率高，操作灵活、弹性大、运行可靠，技术经济指标达到国内外先进水平，单套装置规模达到 100kt/a，尾气排放可以满足当前和今后的环保排放要求。

2）近年来，我国硫黄回收技术取得了明显

的进步，但总体仍存在规模偏小、硫回收率不高、自动化程度低、非计划停工频繁等问题，所以提高硫回收率，提升装置运行水平应为我国硫回收技术今后努力的方向。镇海炼化硫黄回收装置从 7kt/a 规模逐步发展为 270kt/a 三套大装置并列运行的格局，并不断对低浓度酸性气的回收处理、在线增压机停运、装置快速热启动、Claus、SCOT 单元同步开工、联锁管理、装置长周期运行以及上游脱硫装置的平稳运行等，进行

了长期的探索，积累了丰富的技术管理与实际操作经验，在实现环境友好的同时，也取得明显的经济效益。

3）镇海炼化在含氨酸性气的处理方面也取得了一些经验，投产于 2006 年 6 月的 100kt/a 硫回收装置，采用直接注入式处理常压污水汽提装置的含氨酸性气，至今装置已连续运行 663d，烧氨工况稳定，系统压降与开工初期比较无明显变化，能够满足继续长周期运行的要求。

ZHSR 硫回收技术

朱元彪　陈　奎

（中国石化镇海石化工程有限责任公司）

摘　要　介绍了镇海石化工程有限责任公司 ZHSR 硫回收技术的生产方法、工艺原理、技术特点、专利技术，并对操作、运行可靠性等方面进行了对比分析，说明了该技术在工业上的应用情况，论证了该技术的先进性及应用推广价值。

关键词　ZHSR　硫回收　酸性气　处理方法

自 20 世纪 90 年代中期起，各炼油厂在原油加工量逐年增加，加工中东高硫原油比例大幅度提高以及汽柴油等石油产品硫含量降低的情况下，炼油厂的硫回收产量逐年增加。但与炼油厂主体装置配套的硫回收装置能力普遍较小，硫回收率又低，这一状况制约了各炼油厂原油加工量的进一步提高，无论是装置规模还是硫回收技术都不能适应实际生产需要和对环保的要求。因此，建设规模大、硫回收率高、安全可靠的硫黄回收装置显得尤为重要。

镇海石化工程有限责任公司 20 世纪 90 年代初与国外工程公司合作，先后设计了不同工艺技术（包括低温 Claus、MCRC、SCOT 尾气净化）和不同规模的硫黄回收装置。为便于消化、吸收国外的先进技术，镇海石化工程有限责任公司采用了由外国公司提供工艺设计包、自己承担基础工程设计等的合作方式，并结合工程建设和生产实际，不断总结经验，通过数套装置的设计，已经掌握了硫黄回收全套装置的设计技术，并形成了有自己特色的 ZHSR 国产化大型硫黄回收技术。

中国石化集团公司科技部于 2004 年 4 月和 2007 年 6 月，分两次组织有关专家对镇海石化工程公司的 ZHSR 大型硫黄回收国产化技术进行了鉴定，与会专家对采用该技术的镇海炼化分公司的 70kt/a 和 100kt/a 国产化硫黄回收装置进行了实地考察，并依据装置的标定报告、现场的实测分析数据，对该技术给予了充分肯定和积极评价。

1　生产方法和原理

1.1　生产方法

原料气经装置的硫回收、尾气净化和尾气热焚烧 3 大单元处理。在硫回收单元中，原料气先进行分液、预热，然后进入反应炉烧嘴与适量空气进行充分混合、发生燃烧反应；燃烧产物（称过程气）在反应炉内短暂停留进行高温热力反应，然后进一级、二级反应器进行催化反应。在此单元中经过一系列的反应和催化转化将完成硫化氢转化成单质硫的过程，其间单质硫被不断冷凝和捕集回收。

硫回收单元的过程气（称尾气）进尾气净化单元经过加氢还原、急冷和溶剂吸收几个过程的处理，将尾气中未捕集的单质硫和其他硫化物转化成 H_2S，与原残留的 H_2S 在吸收塔内被溶剂低温吸收；从溶剂中解吸出来的 H_2S 气体被返回原料气中，这样使原料酸性气中 99.9% 以上的硫得到回收。

从尾气处理单元出来的气体（称净化尾气）接着去热焚烧单元，热焚烧单元将净化尾气中的微量 H_2S 焚烧成 SO_2。净化尾气经焚烧后（称烟道气）最后经烟囱高空排入大气，烟道气中污染物含量低于国家标准允许排放的浓度。

1.2　基本原理

在反应炉中的发生的主要热反应有：

$$2H_2S+3O_2 \longrightarrow 2SO_2+2H_2O$$

$$2H_2S+SO_2 \longrightarrow 3/S_x+2H_2O$$

在一、二级反应器发生的催化反应有：

$$2H_2S+SO_2 \longrightarrow 3/S_x+2H_2O$$

$$CS_2+2H_2O \longrightarrow CO_2+2H_2S$$

$$2COS+2H_2O \longrightarrow 2CO_2+2H_2S$$

在尾气加氢反应器发生的催化反应有：

$$CS_2+2H_2O \longrightarrow CO_2+2H_2S$$
$$2COS+2H_2O \longrightarrow 2CO_2+2H_2S$$
$$SO_2+2H_2 \longrightarrow H_2S+2H_2O$$
$$S_x+xH_2 \longrightarrow xH_2S$$

在尾气吸收塔和溶剂再生塔发生的 H_2S 吸收和解吸反应有：

$$2R_3N+H_2S \rightleftharpoons (R_3NH)_2S$$

$$(R_3NH)_2S+H_2S \rightleftharpoons 2R_3NHHS$$

2 ZHSR 硫回收技术工艺特点

2.1 工艺流程

制硫部分工艺流程见图1，尾气部分工艺流程见图2。

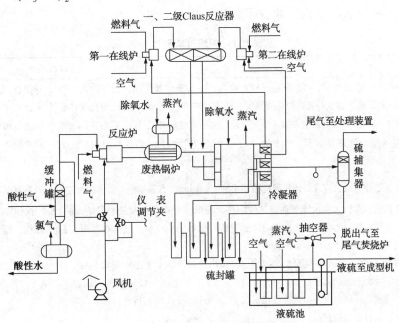

图 1 制硫部分工艺流程

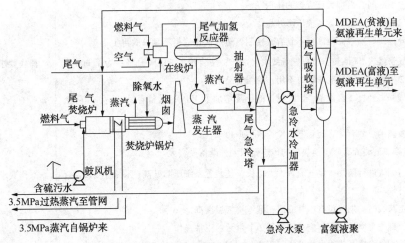

图 2 尾气部分工艺流程

2.2 工艺特点

1）采用二级常规 Claus 制硫和加氢还原尾气净化工艺。工艺先进、成熟、硫回收率高、操作弹性大、灵活、适应性强。

2）制硫单元采用在线加热炉再热或蒸汽加热，流程成熟、可靠、操作方便，同时升温快捷。

3）尾气加氢部分采用在线加热炉，方便加氢催化剂预硫化和钝化的操作。

4）尾气净化部分采用溶剂两级吸收、两段再生技术。

5）尾气焚烧采用热焚烧，焚烧炉后设蒸汽过热器和蒸汽发生器，以充分回收能量。

6）装置采用一定的在线分析仪表，确保装置平稳、高效运行。

7) 尾气加氢单元的开停工循环采用蒸汽抽射器,比循环风机投资低、操作简单、维护方便,使设备运行更加可靠。

8) 装置硫回收单元的反应炉、锅炉、硫冷器、加热器、反应器、硫封罐、液硫池采用特殊的布置方式,使生成的液硫自动全部流入液硫池,全装置无低点积硫。

9) 液硫储槽主体为水泥结构,减少了装置占地,槽内设有空气鼓泡脱气设施,可将溶解在硫中的微量 H_2S 脱至 10×10^{-6} 以下。

10) 针对硫黄装置原料酸性气流量、组成波动大的特点,装置采用了串接、比值、分程、选择、前馈–反馈和交叉限位控制,加强了装置的适应能力。

2.3　加热方式比较(见表1)

表1　加热方式对比

加热方式	不　足	优　点
燃料气的在线炉再热	对燃料气有一定的要求,要求其组分相对稳定且不含重烃类杂质,为了防止产生炭黑、NO 和形成游离氧对催化剂造成危害,要求操作在空气/燃料气比为化学计量的 95% 左右。采用合适的控制方案,燃烧气能产生一定量的 CO、H_2,这对采用加氢型的尾气处理装置来说有利在线炉加入了大约为主物料的 5% 左右的 N_2、CO_2 和 H_2O	操作灵活性强和操作弹性大,是唯一能对反应器内催化剂进行再生的加热方式、气体的压降几乎为零
蒸汽加热	由于热源温位有限,反应器入口温度控制不够高,因此,有蒸汽介质泄漏的可能	热源稳定,操作要求低
热气体旁通掺合	对转化器的危害较大,由于旁通热气体的热量较低,分流量是总进料量的 5%~10%,这些气体中的硫蒸气和硫化物增加了下游转化器的硫负荷,气体在硫露点温度也随之下降,降低了转化器硫的转化率 在装置低负荷时,由于冷流量负荷减少,冷流出现过冷现象使温度偏低,为了确保转化器温度大于硫的露点温度,热气流的掺合量需大大提高,硫转化率下降增加 由于掺合阀的介质温度过高腐蚀性强,极容易出现设备故障,另外,掺合阀寿命短,不利于装置长周期运行 反应炉顶部有掺合阀口,使反应炉顶部衬里容易脱落;另外为了保证反应气体有足够的停留时间,需加大反应炉的体积 过程气管线长,使装置系统压降升高 装置开停工时反应器温度得不到有效控制,造成催化剂得不到有效再生	操作要求低,工程投资相对较低,适合中小规模的装置使用
气/气换热	过程气管线气/气换热,过程气管线大大增长,使装置系统压降升高;为了调节温度设了 2 根跨线,该管线正常时不用,管线容易堵塞 过程气需多经过 2 台设备,因此设计的压降增加了 4kPa,设备容易结垢,压降上升快 由于换热的热源有限,转化器温度控制不理想 气/气换热的热源有限,换热器的传热面积大,设备投资大	操作要求低
尾气的烟气换热	尾气与烟气进行换热,尾气流程大大增长,使装置系统压降升高;设备容易结垢,压降上升快 尾气走跨线时,烟气没有冷却介质,烟气排气温度高 尾气处理与焚烧炉相互影响,不利于 2 个单元的正常操作 尾气与烟气介质杂质多,传热效果下降快;尾气管线上切换阀多,出现故障的机率多	操作要求低

ZHSR 硫回收技术选择加热方式原则是:①设备和管道的压力降尽可能低;②提供的热源应稳定可靠,能确保装置最佳工况操作。表1是对常用各种加热方式优缺点比较分析。

从表1比较分析可以得出,ZHSR 采用在线炉和蒸汽的加热方式,热源稳定可靠不受装置本身的限制,操作灵活可靠、弹性大,投资适中,介质压力降低,设备布置紧凑。

3　工业应用

举例1:镇海炼化分公司 70kt/a 硫黄回收装置

（1）装置概况

装置 2002 年 7 月 3 日完成中交，8 月 8 日 Claus 部分引酸性气并生产出合格硫黄，8 月 11 日尾气处理部分引尾气开工，净化后尾气合格，装置 2002 年 9 月 22～28 日通过性能考核。由于工厂硫黄产量高，装置开工后就一直平稳运行至 2007 年 11 月 5 日才计划首次检修，在此期间装置始终保持高效运行，没发生一次非计划停工，装置连续运行达 5 年多，创国内同类装置的连续运行时间最长的纪录。

（2）装置标定结果

装置负荷：按硫黄产量计，标定期间装置的平均负荷为 82.1%，最大负荷为 105%，装置的实际负荷完全能达到设计要求。

装置硫转化率：标定期间净化后尾气的 H_2S 含量平均为 $163×10^{-6}$。经过计算装置硫转化率平均为 99.93%，达到设计硫转化率大于 99.9% 的要求。

装置能耗：装置标定期间平均能耗为 $-292.24MJ/t$，比设计值 $-1155.57MJ/t$ 高，原因是标定期间装置的平均负荷为 82.1%，没有达到 100% 的设计点，使装置能耗增加。

排放烟道气中 SO_2 含量：标定期间烟道气中 SO_2 浓度在 465～506mg/m^3，低于国家对新装置的排放浓度要求。

（3）装置运行分析

装置设计控制先进。在装置原料组成带烃、带液，浓度和流量波动大的工况下，能通过先进控制，确保装置平稳运行，并保持高的硫回收率。

操作弹性大。全装置最高负荷曾经达到 110%，装置运行平稳。硫回收单元最低负荷 15%（反应炉通瓦斯助燃），尾气处理单元最低负荷为 0（开循环风机）。

装置工艺成熟。设计充分考虑装置的开停工操作，Claus 反应器催化剂热浸泡和硫酸盐还原，加氢反应器催化剂预硫化和钝化操作，以及 Claus 和尾气处理单元操作的独立性，为装置增加了操作的灵活性。

装置溶剂消耗低。装置开工初期，在溶剂含量 46% 时有尾气带液现象，后来把含量降至 40% 后，尾气带液量小，全装置年消耗小于 20t。

装置环境好、无污染。由于装置的液硫脱气投运正常、酸性气实行密闭脱液和采样、现场无液硫就地排放、装置设备泄漏点少，从根本上解决了硫黄回收装置现场作业环境差的问题。

举例 2：镇海炼化分公司 100kt/a 硫黄回收装置

（1）装置概况

装置 2006 年 4 月 30 日中交，2006 年 6 月 8 日引酸性气进装置开工并生产出合格硫黄。2006 年 6 月 12 日尾气净化单元引尾气开工，净化后尾气合格。2006 年 7 月 7～9 日通过装置性能考核。装置开工后就一直平稳运行，在此期间装置始终保持高效运行，没发生一次非计划停工。

（2）鉴定结果

该装置具有三合一硫冷凝器、二合一反应器、在线炉再热、尾气还原加热炉、循环抽射器、废锅产生 3.5MPa 蒸汽等特点；工艺上采用了反应炉烧氨技术、开发了溶剂两级吸收和两段再生新技术。该装置还具有工程设计先进、装置能耗低、设备布置紧凑、占地面积小，且装置规模大、操作弹性宽、原料适应范围广、自动控制方案和安全联锁设置合理、装置操作自动化程度高，达到国际先进水平。

装置已经过了一年的工业连续运转，其标定结果表明：装置平均硫回收率达到 99.95%，高于设计值（99.9%）；净化尾气中硫化氢浓度为 $12×10^{-6}$，低于设计值（$300×10^{-6}$）；烟道气中 SO_2 排放浓度为 358mg/m^3，低于国家标准 GB 16297—1996 对新建装置的 960mg/m^3 排放要求；烟道气中 SO_2 排放速率为 10.2kg/h，低于国家标准对新建装置 100m 烟囱排放速率（二级）170kg/h 的要求；硫黄产品质量达到国家标准 GB/T 2449—2006 优质品的质量要求。

4 结论

1）ZHSR 硫回收技术工艺成熟有特色、装置设计能耗低、设备布置紧凑、占地面积小，且装置规模大、操作弹性宽、原料适应范围广、自动控制方案和安全联锁设置合理、装置操作自动化程度高，达到国际先进水平。

2）ZHSR 硫回收技术经过多套工业化装置的应用证明：装置运行平稳、设计选用的设备和仪表运行可靠、装置运行周期长；装置硫回收率大于 99.9%；烟道气中 SO_2 排放浓度远低于国家标准；硫黄产品质量为优级品。

硫黄新产品的开发与利用

李正西[1]　秦旭东[2]　宋洪强[2]　钱明理[2]

(1. 中国石化金陵分公司；2. 江苏天音化工有限公司)

摘　要　硫黄是石油加工的副产品之一，广泛用于制造硫酸、农药、化纤、橡胶、染料、造纸、医药、火药和炸药等行业。根据近年的文献资料，介绍了以硫黄为原料制造不溶性硫黄，硫黄混合胶悬剂，硫化油、二硫化碳、羰基硫、聚苯硫醚等的方法及应用情况，并结合我国的实际，提出了开发利用硫黄的一些设想。

关键词　硫黄　硫化油　二硫化碳　羰基硫

到 2005 年底国内万吨级以上大型硫黄回收和尾气处理装置已有 60 多套，2006 年国内硫黄总产能达到 1618.7kt，产量为 1008.3kt。

硫黄熔点 112.8 ~ 120℃，沸点 444.6℃，易溶于二硫化碳，不溶于水，稍溶于酒精和醚类，易燃烧，其粉尘或蒸汽能与空气形成爆炸性混合物。广泛用于制造硫酸、农药、化纤、橡胶、染料、造纸、医药、火药和炸药等行业，也用于冶金、选矿等方面。

国产工业硫黄主要有块状、粉状和粒状 3 种。由于我国硫黄的产量将进一步增大，如果能对硫黄进一步加工，开发出新产品，将对提高企业经济效益大有好处。

1　硫黄的精制及质量指标

1.1　工业硫黄及其脱砷精制

工业硫黄已有国家标准，由土法炼制的硫黄，含砷量一般较高，使其应用受到限制。工业上硫黄脱砷以石灰法和石灰相交换法为主。石灰法是向液硫中加入石灰乳，其除砷效率与石灰乳浓度、石灰添加量、反应时间、试样接触情况等有关；而石灰相交换法是石灰法的改进。

1.2　精制硫黄及其分析方法

精制硫黄的质量指标与工业硫黄完全不同。按照日本东芝公司制定的指标：重金属含量(以 Pb 计)要求在 0.0001% 以下，铁含量也要求在 0.0001% 以下，铜含量则要求在 0.00005% 以下。而日本涂料株式会社提出了更高的技术要求，其

中铁含量要求在 0.3×10^{-6} 以下，铜含量在 0.2×10^{-6} 以下，铅含量在 0.5×10^{-6} 以下，镍含量也要低于 0.5×10^{-6}。经过精制以后，金属杂质含量大大降低，适用于彩色显像管用荧光粉的制造。

根据日本涂料株式会社的分析方法，除主要成分硫采用化学分析方法以外，其余杂质元素都采用原子吸收光谱法，用空气—乙炔火焰，在 248.3nm 波长处测定铁，在 324.7nm 波长测定铜，在 232.0nm 波长处测定镍，在 217.0nm 波长处测定铅。

2　硫黄的开发利用

硫黄最大的用途是用于制硫黄，制糖行业和化纤行业也用得比较多，这里就不再赘述，本文的重点放在硫黄的精细化工利用方面。

2.1　荧光级精制硫黄

荧光级精制硫黄的纯度高、杂质低，其质量指标可参考日本涂料株式会社的标准。电视机彩色显像管所用的荧光粉大多为金属硫化物，它们均是以精制硫黄为原料制得的；此外这种精制硫黄也可作化学试剂。国内陕西澄城已有小规模生产，并出口日本和韩国等国。

2.2　杀菌用硫黄

硫黄是防治农作物病虫害历史最久的化学药剂之一，至今仍大量应用，从早期的硫黄粉直接使用，到现在发展成胶体硫及石硫合剂为其使用的主要形态。

可湿性硫用作杀虫杀菌剂。硫在 130℃ 及适

当压力下，和加有表面活性剂的过热水混合均匀，得到硫的乳化液，快速冷却后得到分散度很高的硫悬浮液，再经喷雾干燥，成自由流动的棕色粉状物。由于硫粒子表面被表面活性剂包裹，是完全可湿性的，产品含硫80%～85%，粒径小于6μm，具有良好的杀螨杀菌作用。

另一类杀菌剂是硫黄混合悬浮剂（胶悬剂），这种20世纪80年代初的产品在国内已成为主要的杀菌新制剂之一，其实际产量进入国内农药制剂前四位的水平。硫黄混合悬浮剂是将硫黄和高效内吸性杀菌剂复配成混合悬浮剂，它有两个特点：①使硫制剂真正达到高效的目的；②可减少高效内吸杀菌剂的用量，降低农药成本；③具有延续和克服病原菌对内吸杀菌剂的抗性。制剂明显提高硫黄防病虫害的效果并扩大了应用范围，其中多硫（灭病威）和硫环唑等混合胶悬剂尤为突出。灭病威是广州珠江电化厂多硫胶悬剂的商品名，它对稻粒黑粉病有优良的防治效果。

有多菌灵和硫黄混配制成的多硫胶悬剂用于防治花生锈病和叶斑病，由于其具有较好的展着性和黏着性，药效更持久。由甲基托布津与硫黄配成的甲硫胶悬剂是防治小麦赤霉病的理想药剂，其相对防治效果是80%以上。

硫黄混合悬浮剂具有明显的社会和经济效益，如水稻稻瘟病常用进口的富士一号，药费为3.3元/亩，防治效果仅60%～80%；而用硫环唑悬浮剂药费为1.8～2.3元/亩，防治效果达90%以上，并能抑制水稻纹枯病的危害；此外还可以减少农药进口，节约外汇。硫黄混合悬浮剂的使用价值在于可以针对不同的作物和不同的病害配制各种杀菌制剂，也可利用硫黄本身的杀螨作用开发高效的杀虫杀螨制剂。

2.3　硫化油

用硫与松节油反应生成的硫化油可用于陶瓷装饰工艺中制造"金水"的颜料。原金水是由黄金等多种贵金属和芳香油、有机溶剂、硝化松香、填料等制成的液体混合物，是陶瓷制品的主要装饰材料之一。

硫化油是一种萜烯类油的含硫有色产物，而不是硫和松节油等形成的混合物。其制造方法是松节油和硫以2:1的比例在160℃左右反应，再用乙醇萃取提纯。

硫化油在金水生成中的应用，简化了生产方法，提高了产品质量，降低了生成成本。此外，硫化油在贵金属选矿等方面具有应用开发前途。

另外，有一种硫化油（又称黑油膏）是由不饱和植物油（如菜油、亚麻仁油）与硫黄反应制成棕褐色非热塑性弹性固体，可用作橡胶软化剂和填充剂，多用于制海绵鞋底、蓄电池隔板等。

2.4　二硫化碳

二硫化碳是无色、透明、高折光、易流动的液体，密度1.26g/cm³，熔点-110.8℃，沸点46.3℃，闪点（闭）-30℃，自燃点100℃，溶于乙醇、乙醚、微溶于水，具有很强的溶解能力，可溶解碘、硫、磷、溴、蜡、树脂、脂肪、樟脑以及橡胶等，而且它也极易挥发，其蒸汽与空气混合后易于着火及爆炸。带有剧毒，对人畜有害。

二硫化碳的工业生产方法可分为木炭法和甲烷法2种。木炭法是将红后的木炭与硫黄蒸汽在830～920℃高温下进行反应，所得的二硫化碳气体经过除硫、冷却、精馏等工序后得到精制的液体二硫化碳，此种方法所使用的设备和技术较为先进且简单易行，并能保证安全生产和获得较高的产品质量。甲烷法是采用甲烷或天然气和硫黄蒸气为原料，在600～1000℃的高温下进行反应而得到二硫化碳；由于甲烷不是各地都能生产，且其投资较大，因此该法的发展受到一定限制。

二硫化碳用于制造黏胶纤维、四氯化碳、玻璃纸、杀虫剂、衣服去渍剂、羊毛去脂剂、油漆脱模剂、浮油选矿剂、飞机加速剂，以及用作油漆、树脂、蜡、硫、橡胶等的溶剂。目前二硫化碳大都用作制造黏胶纤维、玻璃纸的原料，除此之外，由二硫化碳制成的硫氰酸铵（NH_4SCN）是氨处理系统中设备管道的良好防腐蚀剂。

2.5　羰基硫

羰基硫是生产农药、医药以及其他化学制品非常有价值的原料。其生产方法有：二硫化碳与二氧化碳法、二氧化碳与二硫化碳闭管法、硫化氢与一氧化碳法、一氧化碳与硫黄气相法等，其中一氧化碳与硫黄气相法是比较好的方法。该法是在300～400℃熔融硫黄中连续不断地通入一氧化碳，使用催化剂（如硅酸盐或金属硫化物）时，反应温度为250～500℃，不用催化剂则400～

650℃，反应接触时间 3~20s，常压或加压均可进行。反应器材质也有要求，最好是铬镍合金。

2.6　聚苯硫醚

聚苯硫醚(PPS)是一种具有良好工程特性的高性能材科。1985 年以来各国竞相建厂，总生产能力 30kt/a 以上。工业上 PPS 生产有 2 种方法：①在极性有机胺溶剂中由硫化钠和对二氯苯反应合成(称硫化钠法)；②由硫黄和对二氯苯在极性有机胺溶剂中制备(称硫黄溶液法)。该法以硫黄、对二氯苯和纯碱为原料，溶剂比 300~800mL/mol，在 170~250℃下反应 6~14h，所得产物经乙醇、水洗、干燥得白色粉末树脂，熔点 265~284℃，硫含量 28%。

近年来研究了由硫黄和苯直接反应制备 PPS，产品热稳定性高，但由于直链上含较多噻蒽键，易发生支化和交联，以致无熔点。

PPS 主要用于电子电气、机械、汽车、涂料、薄膜和纤维等。我国 PPS 的生产尚处于起步阶段，四川长寿化工总厂已有 PPS 原粉生产能力 20t/a。

2.7　橡胶硫化促进剂

橡胶硫化促进剂主要分为 6 类：噻唑类、次磺酰胺类、二硫代氨基甲酸盐类、秋兰姆类、硫脲类及胍类。

噻唑类的代表是硫醇基苯并噻唑(促进剂 M)，近几十年来其用量一直居首位，所用原料苯胺可由硝基苯氢化而成。它除用作硫化促进剂外，也用来制备杀真菌农药，还可作腐蚀抑制剂。

在次磺酰胺类中，促进剂 CZ(化学名 N-环已基-2-苯并噻唑次磺酰胺)是目前国内最畅销的产品，其原料易得、价格便宜、性能优良，主要用于轮胎工业。合成 CZ 中的环已胺可由苯胺或环已醇制得。综合各类促进剂的使用性能与适用范围，噻唑类、次磺酰胺类、秋兰姆类(TMTS、TMTD)和胍类(二苯胍)的国内外消耗量最大，而噻唑类是次磺酰胺类的原料，二硫代氨基甲酸盐类是秋兰姆类的原料，硫脲类是胍类的原料。

2.8　香料用含硫化合物

一些含硫化合物，如单硫或多硫，直链或环状、硫醇、硫醇酯、异硫氰酸酯、噻吩、噻唑类等可用作食品香料。

近年来香料界对含硫化合物的研究开发比以前更为活跃，作为香料应用的商品也逐年增加，其中不少已列入"Flavor and Extract Manufacturers Association"的许可应用范围。

含硫化合物具有特殊的气味，阈值低。薄荷-8-硫醇、薄荷-8-硫酮、1-对孟烯-8-硫醇等都是这类化合物的典型代表，它们只需十亿分之几(ppb)至万亿分之几(ppt)就能被嗅辨出来。用于香料的含硫化合物主要有如下几类：

1) 硫醇类，这类化合物在香料香精工业上的应用占有相当的比重，同时也是制备其他含硫化合物的重要原料。

2) 硫醚类，作为香料应用的硫醚类化合物占有重要地位，葱、韭、蒜的香辣味很强，其最特征的香气多数为硫醚类化合物。

3) 硫杂脂肪醇(羟烷基甲硫醚)。

4) 硫杂脂肪醛(甲硫基醛化合物)。

5) 硫杂羧酸及其酯。

6) 硫杂酮类。

7) 缩醛基化合物。

8) 其他含硫化合物。

例如糠基硫醇，有浓厚的焦香气味，稀释后有咖啡气味，无毒，沸点 155℃，密度 1.1319g/cm^3，折射率 1.5329，由糠醇和硫脲合成，也可以由糠基氯与硫脲缩合，再水解而成。

2.9　涂硫尿素

由于硫黄价格低廉，又是作物蛋白质必需的元素之一，并有优良的输送和储存性能，用它涂覆在尿素颗粒的表面，制成缓效尿素，降低了氮损失，提高了尿素利用率。若在尿素中添加绿丰源(聚天门冬氨酸)制成硫壳增效尿素，则效果更佳。澳大利亚用涂硫尿素(含氮 30.3%)，氮损失降低 5%~6%；印度施用这种肥料使水稻增产 10%~15%。

涂硫尿素价格低，应用范围广，尤其适用于生长期长的作物，如甘蔗、牧草、菠萝、水稻等。美国 TVA 首先工业化生产涂硫尿素，它是把尿素在流化床中加热至 65℃，然后进入转鼓，用 155℃的硫黄熔融涂膜后割成涂硫尿素。

2.10　其他

硫黄还可用于制含硫黏合剂、含硫涂料、含

硫泡沫等，尤其是含硫黏合剂（混凝土），国外研究和应用较多。此外，硫黄还可作润滑油添加剂、泡沫抑制剂、纤维阻燃剂、重油加工催化剂组分、羰基化反应的促进剂等。

3　硫黄的市场

硫黄是多种行业需要的化工原料，近年来市场供求和价格变化较大。由于近几年来，硫黄的生产逐年有所上升，其中化工系统产量最大，约占总量的50%～60%。

硫黄的主要用户为制（硫）酸行业，约占30%，但由于硫黄块制酸的成本较高，部分酸厂改用硫精砂来制酸，因而制酸用硫黄量有所下降，但其用量仍在100kt/a以上。制糖行业，全国每年需要40kt硫黄，并有逐年增加的趋势。化纤行业，需用硫黄块30kt用于生产黏胶纤维。化肥行业，磷酸厂主要用硫铁矿和硫精砂制酸生产化肥，只有少数厂家用硫黄制酸生产化肥。农药行业、火柴行业和医药行业用硫黄量都稳步增长。染料行业，由于近几年纺织工业不景气，硫化染料生产逐年有所下降。其他行业如化工、橡胶、洗衣粉等硫黄的用量也逐年增长。因此，全国硫黄的需求量在25～30Mt。

4　结语

综上所述，结合我国的实际情况，开发利用硫黄可行的方案是：

1）生产涂硫增效尿素。不仅提高了尿素氮的利用率，为硫黄打开了销路，而且生产工艺简单，设备投资少。

2）自产或与农药厂联产硫黄混合悬浮剂。生产工艺也比较简单，成本低，我国广州电化厂和江门农药厂已有这类产品的生产装置。

3）硫黄精细化工的利用，可结合我国实际，考虑开发硫化油。该产品生产工艺简单，成本也低，可进行市场调查后进一步开发利用。

再热方式对硫黄回收装置的影响

范西四

（山东三维石化工程股份有限公司）

摘　要　硫黄回收装置有各种不同的过程气再热方式，通过计算，对不同的再热方式进行 Claus 总转化率、总硫收率、污染指数和能量折算值的比较，并提出判断标准和建议，供硫黄回收装置的设计者和使用者参考。

关键词　硫黄回收　再热方式　影响

1　前言

随着 Claus 工艺技术的进步，硫黄回收装置的再热方式也在不断地发展创新，过程气再热方式可以分为热旁路、再热炉和间接加热 3 大类。选择不同的再热方式对 Claus 工艺过程的结果是有差异的，它将对 Claus 的转化率、装置的建设投资、能耗及污染物排放量等产生影响。本文将针对目前国内外在用的各种再热方式进行讨论，分析各自的优劣，为硫黄回收装置的设计者和使用者提供一个分析、判断的依据。选择最为合理的工艺过程，使硫黄回收装置成为尽可能合理的节能环保型生产装置。

热旁路再热分为高温热旁路再热方式和中温热旁路再热方式，高温热旁路再热方式是将反应炉后的高温气流分出 3%～5% 与低温过程气直接混合，使过程气温度送到 Claus 转化器入口温度条件；中温热旁路再热方式是将反应炉后的余热锅炉设计成 2 个管程，经过第一管程出口的过程气温度约为 600～650℃，分出 10%～15% 左右与低温过程气混合达到 Claus 转化器入口温度条件。

在线炉再热分为燃料气在线炉再热方式和酸性气在线炉再热方式。燃料气在线炉是将燃料气引入在线炉燃烧，燃料气燃烧后的高温气流与过程气混合，使过程气温度达到 Claus 转化器入口温度条件。酸性气在线炉是将一部分原料酸性气引入在线炉燃烧，原料酸性气中的 H_2S 完全反应生成 SO_2，高温气流与过程气混合，使过程气温度达到 Claus 转化器入口温度条件。酸性气在线

炉再热将一部分酸性气引入在线炉，使反应炉和一级转化器在 H_2S 与 SO_2 比值大于 2 的条件下进行 Claus 反应，转化率会明显降低，有明显缺陷，该再热方式在国内已经不使用，文中将不进行讨论。

间接加热的再热方式可以用自身反应热进行气-气换热，也可以用外热媒再热，如蒸汽加热、电加热、燃料气加热炉加热及其他热媒加热方式等。间接加热的再热方式由于没有额外的惰性气体（如燃料气在线炉的烟气）进入系统，与在线炉再热流程相比，明显减少了尾气排放量，近年来已被广泛使用。

2　流程模拟计算的条件

假定一个完全相同的操作条件，用 Sul-sim 计算软件进行模拟计算，然后对计算数据进行分析，得出相对合理的结论，供硫黄回收装置的设计者和使用者参考。假定条件如下：

1）硫黄回收（SRU）采用两级 Claus 转化工艺，空气供氧；尾气处理（TGT）采用加氢还原吸收工艺；溶剂再生（ARU）对不同的过程气再热方式影响比较小，不予讨论。

2）原料酸性气流量 100kmol/h，摩尔浓度 H_2S 90%，CO_2 8%，C_2H_6 2%。

3）一级转化器进口温度 240℃，二级转化器进口温度 220℃，制硫余热锅炉出口过程气温度 350℃，各级硫冷凝器出口过程气温度 160℃，尾气急冷塔的急冷水出口温度 65℃，尾气焚烧炉炉膛温度 650℃，烟囱排烟温度 300℃，过氧

量2%。

4）SRU 的总硫收率不考虑雾沫夹带，按100%计。

5）ARU 再生酸性气 H_2S 与 CO_2 比值为2比1。

6）TGT 加氢反应器如果使用外供氢（以 H_2 计），则尾气吸收塔出口过程气 H_2 摩尔浓度按1.5%控制。

7）燃料气使用 C_2H_6，燃烧热为 $-11477kcal/kg$。

8）余热锅炉生产 3.5MPa 级蒸汽（按过热至400℃输出计算能耗）。硫冷凝器和蒸汽发生器生产0.3MPa 级饱和蒸汽（按全部输出计算能耗）；装置保温伴热用蒸汽按同一消耗量计（不计算能耗）；在能耗计算过程中，不计算热损失。

9）鼓风机和机泵按0.7效率计算电耗。

10）能耗计算执行《石油化工设计钱耗计算标准》GB/T 50441-2007。

3 工艺流程

工艺流程详见图1。

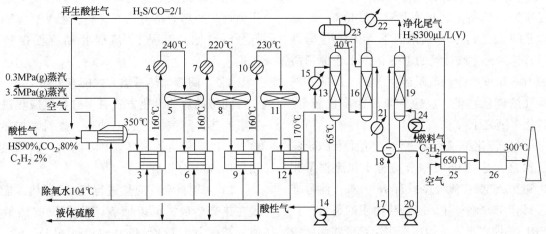

图1 硫黄回心装置工艺流程

1—反应炉；2—制硫余热锅炉；3——级硫冷凝器；4—一级再热设备；5—一级转化器；6—二级硫冷凝器；7—二级再热设备；
8—二级转化器；9—三级硫冷凝器；10—三级再热设备；11—尾气加氢反应器；12—蒸汽发生器；13—尾气急冷塔；
14—急冷水泵；15—急冷却器；16—尾气吸收塔；17—富溶剂泵；18—贫富溶剂换热器；19—溶剂再生塔；20—贫溶剂泵；
21—贫溶剂冷却器；22—再生塔顶冷凝器；23—再生塔顶回流器；24—再生塔底再沸器；25—尾气焚烧炉；
26—烟气能量回收设备；27—烟囱

模拟计算了以下6种过程气再热流程：

流程Ⅰ：一级转化器中温热旁路；二级转化器、加氢反应器间接加热，外供氢。

流程Ⅱ：一级转化器、二级转化器中温热旁路；加氢反应器间接加热，外供氢。

流程Ⅲ：一级转化器高温热旁路；二级转化器、加氢反应器间接加热，外供氢。

流程Ⅳ：一级转化器、二级转化器高温热化器、加氢反应器间接加热，外供氢。

流程Ⅴ：一级转化器、二级转化器燃料气在线炉；加氢反应器还原气发生炉，自产氢。

流程Ⅵ：一级转化器、二级转化器、加氢反应器间接加热，外供氢。

4 数据分析

根据流程模拟计算数据，分别比较分析了转化率、污染指数、能耗。

4.1 转化率和污染指数分析

转化率、收率和污染指数比较分析的流程模拟计算数据见表1。

表1 流程模拟计算数据

对比项	流程Ⅰ	流程Ⅱ	流程Ⅲ	流程Ⅳ	流程Ⅴ	流程Ⅵ
高温转化率/%	72.40	72.29	72.40	72.35	72.39	72.40
Class 总转化率/%	96.65	95.68	96.67	96.18	96.65	96.68
ARU 再生酸性气流量/(mol/h)	6.064	7.553	6.025	6.771	6.109	6.001

对比项	流程 I	流程 II	流程 III	流程 IV	流程 V	流程 VI
烟气排放量/(kmol/h)	327.471	330.125	327.434	328.743	380.330	327.392
烟气中 SO_2 含量/(mol/h)	0.068	0.07	0.068	0.069	0.079	0.0686
总硫收率/%	99.9244	99.9222	99.9244	99.9233	99.9122	99.9244

总硫收率：$\theta = (A-B)/A$

式中：θ——总硫回收率，%；

　　　A——原料酸性气中 H_2S 的流量，kmol/h，为 $100 \times 0.9 = 90$kmol/h；

　　　B——烟气中 SO_2 含量，kmol/h。

反应炉中的高温转化率最高 72.40%，最低是流程 II 的 72.29%，差别来源于 ARU 再生酸性气流量差异。再生酸性气的 H_2S 浓度低于原料酸性气的 H_2S 浓度，返回流量越大，进入反应炉的总酸性气浓度就越低，反应炉炉膛温度也越低，高温转化率随之下降。

Claus 总转化率流程 VI 最高，达到 96.68%；流程 III 次之，达到 96.67%；流程 I 和流程 V 相当，达到 96.65%；流程 IV 只有 96.18%；流程 II 最低，只有 95.68%。Claus 总转化率的高低，代表了 SRU 总体水平，采用两级中温热旁路和两级高温热旁路流程对 Claus 总转化率有较大影响。目前国内的 SRU 没有采用两级中温热旁路流程的；两级高温热旁路流程都出现在早期建设的装置和产量小于 10t/d 的小规模装置。

Claus 总转化率按优劣排序（最优者 6 分，依此至最劣者 1 分）：流程 VI 得 6 分；流程 III 得 5 分；流程 I、流程 V 各得 3.5 分；流程 IV 得 2 分；流程 II 得 1 分。

流程 II 与流程 IV 的对比数据可见，无论是 Claus 总转化率或总硫收率对比，流程 IV 均优于流程 II。为了达到同样的转化器入口温度条件，中温热旁路流量比高温热旁路流量大，导致反应炉内生成的反应产物过多地进入催化剂床层，阻碍了 Claus 反应平衡右移。流程 I 与流程 III 的对比数据说明了同样的道理：高温热旁路优于中温热旁路。

在 TGT 同样的净化尾气条件下，烟气排放量、烟气中 SO_2 含量和总硫收率代表了硫黄回收装置的环保指标的优劣。流程 I、流程 III、流程 VI 的指标基本相同，污染指数得 5 分；流程 II 和流程 IV，因为 TGT 再生酸性气流量的影响（CO_2

的回流），指标分列 5、4 位，污染指数得 2 分和 3 分；流程 V 由于在线炉燃料气燃烧产生的惰性气体进入系统，烟气排放量增加了 16% 左右，指标列第 6 位，污染指数得 1 分。

热旁路再热方式的流程 III 在后面的论述中将作为唯一的热旁路再热方式与流程 V、流程 VI 进行分析对比，流程 I、流程 II 和流程 IV 将不再讨论。

4.2　间接加热再热方式能耗分析

间接加热的再热方式有：自身反应热进行气—气换热、蒸汽加热、电加热、燃料气加热炉加热等。以流程 VI 的尾气加热器为例，需要热量为 327.36kW，分析如下。

1）采用自身反应热进行气-气换热，能耗体现在热交换后，可以回收产生蒸汽的热量的差值，能耗为 $327.36 \times 3600 = 1178496$kJ。

2）采用电加热，需要用电 327.36kW。GB/T 50441—2007 的能耗折算值为 10890kJ/kW，能耗为 $327.36 \times 10890 \approx 3564950$kJ。

3）采用燃料气加热炉加热，燃料气加热炉的热效率约为 65%，能耗为 $327.36 \times 3600/0.65 \approx 1813071$kJ。

4）采用 3.5MPa 级蒸汽加热，计算能耗如下：

① 3.5MPa，400℃ 过热蒸汽的焓值为 3223.84kJ/kg；3.5MPa 凝结水的焓值为 1052.14kJ/kg；3.5MPa 级蒸汽消耗量：$327.36 \times 3600/(3223.84 - 1052.14) \approx 542.66$kg/h；能耗折算值为 $542.66 \times 3684 \approx 1999159$kJ。

② 凝结水减压至 0.3MPa 闪蒸，产生蒸汽 Xkg/h；0.3MPa 蒸汽的焓值为 2737.75kJ/kg；0.3MPa 凝结水的焓值为 601.64kJ/kg；则：$542.66 \times 1052.14 = 2737.75X + (542.66 - X) \times 601.64$；$X \approx 114.45$kg/h；能耗折算值为 $114.45 \times 2763 \approx 316225.35$kJ。

③ 实际回收凝结水量为：$542.66 - 114.45 = 428.21$kg/h；能耗折算值为 $428.21 \times 320.29 \approx$

137151.38kJ。

④ 3.5MPa级蒸汽加热的计算能耗为：1999159−316225.35−137151.38≈1545782kJ。

5）通过以上计算值对比，自身反应热进行气–气换热的能耗最低，为1178496kJ；3.5MPa级蒸汽加热的计算能耗为1545782kJ，与自身反应热进行气–气换热相比，能耗增加约31%；燃料气加热炉加热能耗为1813071kJ，与自身反应热进行气–气换热相比，能耗增加约54%；采用电加热能耗为3564950kJ，是自身反应热进行气–气换热能耗的3倍左右。

6）自身反应热进行气–气换热是最节能的间接加热再热方式，中压蒸汽加热虽然能耗增加约31%，但大部分耗能可以通过产生的低压蒸汽加以回收，中压蒸汽加热可以作为备选再热方式；燃料气加热炉加热和电加热方式，能耗和投资均较高，笔者不推荐使用。

4.3　流程Ⅲ、流程Ⅴ和流程Ⅵ能耗对比

1）流程Ⅲ按一级再热高温热旁路，二级再热用一级转化器出口高温气流气–气换热，尾气加热用尾气焚烧炉烟气气–气换热；流程Ⅴ采用三级在线炉再热；流程Ⅵ采用三级3.5MPa级蒸汽加热。

2）制硫余热锅炉和尾气余热锅炉按高温位热源，产生3.5MPa级蒸汽计算能耗；硫冷凝器和加氢尾气的蒸汽发生器按低温位热源，产生0.3MPa级蒸汽计算能耗。

3）消耗的除氧水按104℃计算，不考虑锅炉排污。

4）对比数据见表2（表2中的计算方法不作详细叙述）。

5）由表2数据可以直观地看到，流程Ⅲ的能量折算值是流程Ⅴ能量折算值的98.40%，是流程Ⅵ能量折算值的97.88%；流程Ⅴ的能量折算值是流程Ⅵ能量折算值的99.47%。

6）流程Ⅲ的过程气再热过程只有热能交换，没有能量转换后的热能交换，能量计算值最低。

7）流程Ⅴ的过程气再热过程是通过燃烧燃料气来实现的，虽然能量可以通过产生低压蒸汽加以回收，但能量计算值会增加；另外再热炉产生的惰性气体进入系统后导致尾气焚烧炉燃料气用量增加，鼓风机、机泵耗能增加，300℃烟气携带的能量也比流程Ⅲ和流程Ⅵ多，是流程Ⅴ能量计算值偏高的主要原因。

8）流程Ⅵ的过程气再热使用中压蒸汽，回收后产生低压蒸汽，能量折算值减少了25%，是流程Ⅵ能量计算值较高的主要原因。

9）能耗指标优劣排序为流程Ⅲ、流程Ⅴ、流程Ⅵ，分别得到3分、2分、1分。

表2　各种流程能耗数据对比

对比项	流程Ⅲ		流程Ⅴ		流程Ⅵ	
	软件计算值	能量折算值/kJ	软件计算值	能量折算值/kJ	软件计算值	能量折算值/kJ
反应炉供风量/(mol/h)	240.691	1142720*	240.808	1309806*	240.658	1142568*
一级在线炉供风量/(kmol/h)	—		10.222		—	
二级在线炉供风量/(kmol/h)			7.658			
还原气发生炉供风量/(kmol/h)	—		17.195		—	
制硫余热锅炉放热量/kW	−4212.483	−23460018	−4411.528	−26798725	−4409.026	−25957519
尾气焚烧炉烟气放热量/kW	−719.079	24529222	−1221.868	2802009	−1047.539	2714055
一级硫冷凝器放热量/kW	−815.061		−853.681		−853.059	
二级硫冷凝器放热量/kW	−370.512	−7837918	−533.149	−8968162	−524.141	−8661080
三级硫冷凝器放热量/kW	−235.032	1092648**	−243.348	1250215**	−233.975	1207441**
蒸汽发生器放热量/kW	−390.292		−441.854		−389.908	
酸性水输出流量/(kmol/h)	80.306	66566***	83.984	69614***	80.295	66557***
急冷水冷却放热器/kW	−1310.433	529528*	−1398.353	565055*	−1310.217	529442*
H_2消耗量/(kmol/h)	0.55	139546	—		0.53	134472
尾气焚烧炉C_2H_6耗量/(kmol/h)	3.855	5557203	4.499	9757900	3.856	558644
一级在线炉C_2H_6耗量/(kmol/h)	—		0.62			

续表

对比项	流程Ⅲ		流程Ⅴ		流程Ⅵ	
	软件计算值	能量折算值/kJ	软件计算值	能量折算值/kJ	软件计算值	能量折算值/kJ
二级在线炉 C_2H_6 耗量/(kmol/h)	—		0.464		—	
还原气发生炉 C_2H_6 耗量/(kmol/h)	—		1.186		—	
尾气焚烧炉供风量/(kmol/h)	103.787	108410*	120.871	126248*	103.776	108388*
一级蒸汽再热器供热量/kW	—		—		224.187	
二级蒸汽再热器供热量/kW	—		—		163.525	3376544
三级蒸汽再热器供热量/kW	—		—		327.360	
合计		−20208393		−19886004		−19780488

*表示鼓风机、机泵和循环水消耗的能量折算值；＊＊表示除氧水消耗的能量折算值；＊＊＊表示污水处理的能量折算值。

4.4 再热流程综合指标评定

再热流程综合指标评定见表3。

表3 几种再热流程综合指标得分

对比项	流程Ⅲ	流程Ⅴ	流程Ⅵ
Claus 总转化率得分	5	3.5	6
污染指数得分	5	1	5
能耗指标得分	3	2	1
合计得分	13	6.5	12

5 结语

硫黄回收装置兼有环保装置和生产装置的双重职能，其环境效益和经济效益的最大化越来越受到关注。选择合理的过程气再热流程，可为硫黄回收装置的设计和操作优化提供依据。根据文中的数据对比和分析，建议如下：

1）采用一级再热高温热旁路，二级再热用一级转化器出口高温气流气-气换热，尾气加热用尾气焚烧炉烟气气-气换热的流程Ⅲ，综合评定得分最高，是应该优先选择的过程气再热方式。

2）采用三级 3.5MPa 级蒸汽加热的流程Ⅵ，综合能耗偏高，但环境友好，综合评定得分较高，是可供选择的过程气再热方式。采用三级 3.5MPa 级蒸汽加热流程会因为工厂条件使其实施受限，如果不自产 3.5MPa 级蒸汽，且工厂缺少 3.5MPa 级蒸汽时，该再热流程难以实现；如果不使用低温尾气加氢催化剂，3.5MPa 级蒸汽难以将制硫尾气加热至 280~300℃，TGT 的尾气加氢无法进行。

3）采用三级在线炉再热的流程Ⅴ，综合评定得分最低，笔者不推荐使用。如果工厂没有氢源，例如天然气净化厂的硫黄回收装置，还原气发生炉是 TGT 尾气处理的唯一选择。

4）过程气再热流程的选择，应该根据工厂条件、建设投资、自动控制水平等进行综合评定，文中观点只是硫黄回收装置优化选择的判断标准之一。

如何提高硫黄回收装置的适应性和可靠性

郭宏昶

（中国石化洛阳石化工程公司）

摘　要　从如何保证硫黄回收装置的低负荷运行、装置联锁系统的设置、管线及设备的蒸汽伴热系统、催化剂的特殊处理流程等方面，初步探讨了提高装置的适应性和可靠性。

关键词　硫黄回收　适应性　可靠性

硫黄回收装置作为对炼油厂的酸性气处理、回收硫黄并保证大气 SO_2 污染物排放达标的装置，受到了越来越多的重视，也因其对社会效益和经济效益的巨大贡献而受到更多的关注。近年来，在各研究机构、工程设计单位以及生产企业的共同努力下，我国目前总体的硫黄回收水平较以往取得了长足的进步。无论是工艺流程的优化、催化剂的改进、设备制造能力的提升、大型化的进展等各方面都达到了一定的水平。但是需要对装置的适应性和可靠性等方面的问题应给予足够的关注，因为硫黄回收装置的长周期、稳定、安全以及高效的运行直接关系到整个炼油厂的清洁生产过程。硫黄回收装置承受波动的能力需要提高，连续且稳定运行的周期应该满足全厂的检修计划安排。

本文从装置的低负荷运行、联锁系统的设置、装置伴热系统、催化剂的特殊处理流程等方面对如何提高装置的适应性和可靠性进行初步的探讨。

1　装置的低负荷运行

从硫黄回收项目的立项阶段开始，规模的确定应该是以满足工厂最大处理规模、加工计划中的最高含硫量的原油等条件下需要的最大的硫黄回收规模，不可避免的是硫黄回收装置将可能处于低负荷运行的工况。作为配套处理全厂酸性气的装置，装置的处理负荷将受全厂生产加工的影响。在装置开工初期以及工厂加工低硫原油等情况下，装置将处于低负荷甚至低低负荷的工况下运行。有必要对装置低负荷运行的情况进行分

析，尽可能的改善装置的操作，提高装置对低负荷运行的适应性。

装置低负荷运行的关键点在于：Claus 燃烧器、取热系统、尾气处理系统、自控系统等。

1.1　燃烧器的承受能力

衡量酸性气燃烧炉燃烧器的操作范围的指标是操作比，操作比的定义为：

$$操作比 = \sqrt{\frac{设计工况下的燃烧器压降}{最小工况下的燃烧器压降}}$$

针对处理量的变化、原料组成的变化等工况，燃烧器的设计需遵循 2 个原则；①基于燃烧器最大压力降的设计原则；②能适应各种预定工况下的正常操作原则。

通常情况下，燃烧器的最大压降为 $7.5\sim10kPa$（随各制造商的不同而不同），即燃烧器在设计工况下的压降。

当装置处于低负荷工况下运行时，燃烧器的操作面临如下风险：

1）积炭的形成。因为此时燃烧器的混合强度下阵，燃烧效果变差，容易造成烃类的不完全燃烧，并导致后续系统的积炭问题。但是这个风险会因为过程气在酸性气燃烧炉炉膛的停留时间的相对延长而部分抵消。

2）回火。如果气体通过燃烧器的火喉部分的流速过低，则容易导致回火。对于回火的风险可以用燃烧器的压力降指标进行提示。为了防止回火，通常控制燃烧器的最小压降不小于 $0.15\sim0.2kPa$（随各制造商的不同而不同）。这个指标就是最小工况下的燃烧器压降。

选择高操作比的燃烧器将使燃烧器能够在低

负荷甚至低低负荷工况下保持良好的操作。

1.2 取热系统

在低负荷工况下，过程气的取热过程受到的影响需要进行核算和评价。这是因为：

1）废热锅炉和硫冷凝器管程线速的降低以及换热后温度的降低将导致过程气中的液硫过早冷凝和沉积。

2）换热设备的换热系数降低。

3）工艺管线及设备的热量损失相对增加。

以上这些情况的发生对装置的稳定运行带来的最大的危害是它们会使 Claus 反应器的入口温度过低。

尽管低温有利于提高 Claus 反应的平衡常数，但是低温也会带来严重的操作问题，影响装置的可靠性。

低温一方面容易导致过程气中的硫蒸气在催化剂床层冷凝沉积，催化剂的活性通道被堵塞。另外，进入 Claus 反应器的过程气温度偏低也将影响 COS 和 CS_2 在一级反应器催化剂床层中的水解效率。

为了克服这些问题，首先需要对换热设备在低负荷下的工况进行核算，使得传热系数、管程质量流率、换后温度、换热管壁温等参数处于一个可以被接受的范围内。

其次，为了应对因为工艺管线的热损失而使进入反应器的过程气温度过低，建议在反应器入口管线上设置蒸汽伴热（中压蒸汽）以进行弥补。

1.3 尾气处理系统的调整

尾气处理部分的最低负荷应与其配套的 Claus 部分相匹配，对于配套多系列 Claus 单元的尾气处理的最低操作负荷将更加严格。

尾气处理部分应对低负荷的瓶颈在于：

1）尾气气-气换热器换热效果（对于采用气—气换热器加热 Claus 尾气达到加氢反应器入口温度要求的流程）。

2）尾气加热器（过热中压蒸汽）的换热效果（对于采用过热蒸汽加热 Claus 尾气的流程）。

3）急冷塔的接触传热效果。

4）尾气吸收塔的传质效果。

当尾气处理处于低负荷运行的时候，应启动尾气循环风机维持这部分的生产能力至少达到能改善气—气换热器或尾气加热器（过热中压蒸汽

加热）操作的水平。

对于急冷塔和尾气吸收塔，选择合适的传质内件并对低负荷工况进行核算是十分必要的。尽管填料具有十分理想的操作弹性，但是由于急冷塔内容易因为上游加氢效果不理想而导致堵塞的发生，所以对于急冷塔采用的填料需十分慎重。

在最小负荷工况下，急冷水循环量维持在正常设计流量或稍低于正常流量下操作，一方面可以强化塔内的两相接触传热效果，另一方面也有利于急冷水循环冷却降温。尾气中的水蒸气会在急冷塔内得到冷凝，因为低工况下的冷凝水量比较小，所以控制急冷塔底液位的调节阀需要能够在低流量的情况下保证良好的调节效果。进入尾气吸收塔的贫 MDEA 溶剂的流量是可以进行调节的。调节的依据是保证离开吸收塔的尾气中的 H_2S 含量达到设计要求。

1.4 低负荷下仪表的工作

装置内的调节阀应该能够在低负荷下有效地工作，对于确实不能兼顾低负荷工况的调节阀，应采用双调节阀（并联布置、切换操作）使得装置对负荷的变动具备更强的控制能力。同样，对于流量测量仪表也应该被设计成能够在低负荷下有效地工作，对于确实不能兼顾低负荷工况的流量测量仪表，应采用双表形式（并联布置、切换操作）进行测量。

2 催化剂的处理

硫黄回收催化剂的活性会随着生产的进行而不断降低，尽可能保持催化剂的活性对于保证装置长周期的平稳运行是必须的。

2.1 热老化以及水热老化

即使在正常操作情况下，催化剂的活性也会因为热老化而不断降低。因催化剂的孔结构会由于高温造成破坏。水蒸气会导致催化剂表面水合作用的发生，在一些极端情况（如高水蒸气分压和低温）下，氧化铝的相变化将导致表面积的不可逆性损失。水热老化在正常操作条件下是十分缓慢的，但是当用含较多水的过程气来对冷催化剂床层升温的时候，水热老化的速度将很快。尽管由热老化以及水热老化而引起的催化剂比表面的减少比较有限，但是由于其不可逆，应引起重视。反应器的温度需要保持在控制水平，尤其是

在"烧硫再生"过程。另外建议控制催化剂与过热蒸汽的接触时间，否则会导致氧化铝比表面积的减少。

2.2 硫酸盐化

当活性氧化铝接触到 SO_2 气体时，最初的现象是吸收 SO_2。部分 SO_2 实际上是被化学方法吸收的，不可逆转地被固定下来，吸收的 SO_2 化学性质不稳定，易于和表面羟基基团反应形成硫酸盐。温度低于300℃时，不管是否有氧气存在，SO_2 很快被吸收并且开始慢慢形成硫酸盐。这种反应使催化剂很快老化。故此，对于活性氧化铝基的催化剂硫酸盐化的损坏是难以避免的。当这种活性的降低影响到硫黄回收装置的操作时，必须及时采取措施消除其危害。

被化学吸收的 SO_2 或者硫酸盐在相对较高温度条件下可与 H_2S 生成单质硫和水。SO_2 氧化铝的结合物越疏松，该反应就越容易进行。所以首先需要提高反应器的入口温度，并且适当提高过程气中的 H_2S 与 SO_2 的比值。

对于采用装置自产中压蒸汽(饱和)加热过程气的流程，因为其饱和温度约有250℃左右，引工厂蒸汽管网的中压蒸汽(过热)进入过程气加热器作为补充热源的措施将是有帮助的。当需要对催化剂进行再生的时候，可手动调节来自中压蒸汽管网的过热蒸汽，提高反应器的入口温度，同时适当减少酸性气燃烧炉的配风量以增加过程气中的 H_2S 与 SO_2 的比值[约(3~5)/1]，消除催化剂床层的硫酸盐化。

2.3 积硫

在正常运行时，会有一定数量的液硫冷凝在催化剂上。由于沉积的硫黄将堵塞催化剂的活性通道，导致活性降低。对于积硫的处理类似于应对硫酸盐化的处理，只需将反应器入口温度提高(连续24h以内)的方法除去。

当装置停工时，必须进行吹硫以除去催化剂上所有剩余的硫磺，通过在主燃烧器中燃烧燃料气来完成。燃烧期间产生的热烟气将催化剂上聚积的液硫蒸发掉，液硫在催化反应器下游的冷凝器被冷凝下来。燃烧的过程需要严格控制，避免配风过多导致漏氧以及燃烧不完全导致积炭。有的工厂在燃料气工况会引进急冷蒸汽以控制温度，需要注意的是严格控制蒸汽的流量，将有利

于保护火焰和催化剂。

2.4 对催化剂进行监测

在生产操作过程中，保持对催化剂的反应活性进行监测，及时了解反应器内催化剂的情况将有助于确定是否需要再生以及再生的频率和形式。

通常的监测方式包括以下几种：①对进入和离开反应器的过程气进行定期分析，以检查催化剂的转化效率；②监控催化剂床层各不同高度下的温度情况；③检查反应器的压降以检测是否由于液硫冷凝、积炭或者催化剂热老化而引起的催化剂堵塞情况。

3 夹套管线的堵塞

硫黄回收装置的操作好坏很重要的一点取决于工艺管线和设备的加热系统是否工作正常。蒸汽系统的正确操作对于避免堵塞问题和腐蚀问题很重要。

通常需要进行夹套伴热的管线有：①进入一、二级反应器的过程气管线；②液硫管线；③尾气补集器出口管线；④液硫池抽出气管线等。

如前所述，进入一、二级反应器的过程气管线需要采用中压蒸汽进行夹套伴热，其作用在于当装置处于低负荷工况下，可以对过程气进行加热以提高进入反应器的过程气的温度，提高硫转化率。液硫管线、尾气捕集器出口管线以及液硫池抽出气管线等需要采用低低压蒸汽进行夹套伴热，其目的在于防止堵塞。对于这些管线伴热介质的选择需要注意的是蒸汽的温度，要求在125~150℃，温度过低将导致液硫凝固，而温度过高则会使液硫的黏度迅速增加而不利于液硫的流动。

在对伴热介质选择确定后，需要注意这些管道的布置问题，通常需要遵守如下原则：①管线尽可能的短，且避免死区；②管线不能出现袋型布置；③管线夹套中的蒸汽入口和凝结水的出口要足够长，且不能出现伴热的死区；④避免使用夹套带眼法兰，对于法兰优先采用夹套蒸汽短管连接；⑤选择高品质的疏水器，并在操作中经常检查疏水器的运行情况。

4 联锁自保系统的设置

通常硫黄回收装置将装备 SIS(或 ESD)系统

以确保装置的安全,如 Claus 部分紧急停车,尾气焚烧炉部分紧急停车等联锁系统。该系统对装置的安全运行是必须的,但是如果因为设置不合理、维护不当等问题,也容易发出假信号导致装置停车,使得装置运行的可靠性降低。以下将对自保系统的设置进行初步的探讨。

4.1　装置系列的设置

尾气焚烧炉的联锁自保系统的启动不仅仅导致尾气焚烧炉及尾气处理系统的停车,同时往往还会导致 Claus 部分的停车(对于 Claus 尾气在尾气处理事故状态进入到尾气焚烧炉处理的流程)。对于较大规模的硫黄回收装置为了降低投资,往往采用一个尾气处理配套两个 Claus 系列的流程设置方式。对于装置流程设置,尾气焚烧炉的联锁自保系统显得尤为重要,因为它将牵动整个硫黄回收装置的正常运行。

通常引发尾气焚烧炉联锁自保系统的原因有:①尾气焚烧炉熄火;②炉膛温度过高;③燃料气压力过低;④空气压力过低;⑤烟气去热系统故障等。

如果任何一个引发原因出现,将导致联锁自保系统的启动而使全装置停车,并给整个炼油厂各上游生产装置的运行带来麻烦。建议对于多系列硫黄回收装置应尽量避免采用 1 个尾气处理配套 2 个 Claus 系列的流程设置方式,而优先采用“一对一”,即 1 个尾气处理单元仅仅配套处理来自 1 个 Claus 单元的尾气。这样即使 1 个系列的尾气焚烧炉出现问题导致停车,其他的硫黄回收与尾气处理系列依然可以正常运行。

4.2　测量元件的选择和测量位置的选择

为了避免现场一次仪表可能出现的故障而导致装置的停车,需要对测量元件及其安装位置进行慎重的选择。首先应当针对测量介质、温度、压力等因素选择可靠性高的一次仪表,且正确选择仪表的安装位置。

测量主燃烧炉配风的压力仪表应安装在风管线的顶部,且距离风机尽可能的接近。可以避免空气中的水分出现冷凝导致仪表腐蚀和损坏。

测量酸性气燃烧炉炉膛压力的仪表可以安装在燃烧器风箱位置(此处压力接近于炉膛实际压力)。如果燃烧器采用 DUIKER 公司的 LMV 燃烧器,该燃烧器提供可以安全测量燃烧器内部压力的开口。

Claus 尾气管线压力测量仪表应进行伴热,且需要引氮气进行吹扫。

测量酸性气流率的现场表、酸性气分液罐液位测量仪表、急冷塔出口过程气流量测量仪表等应进行伴热。

另外,对重要或容易发生故障的联锁信号应避免采用单信号引发联锁系统启动的形式,而应尽量采用“二取二”或“三取二”以避免假指示或者仪表的损坏而导致的装置停车。

5　结语

提高硫黄回收装置的适应性和可靠性是关系到炼油厂清洁生产的一个重要课题。低负荷甚至低低负荷运行的问题则是现场经常遇到的,这需要从燃烧器的设计或选择、系统的设计和优化等方面给予足够的重视,使得装置能够适应低负荷平稳运行的工况。维持装置长周期的运转,催化剂是关键,不仅要求提高催化剂自身的各项性能指标,同时,对于过程中不可避免地对催化剂造成影响的各种因素,系统设计时要尽可能采取各种措施来稳定催化剂的使用性能,延长其使用寿命。伴热系统是体现细节决定成败的极佳案例,对于硫黄回收装置来说,只有当其伴热系统的重要性得到足够的体现,装置才得以平稳运行。设置合理的联锁系统是保护操作人员和装置安全的一个重要环节,同时还能够避免装置的非计划停工。各研究机构、工程设计单位以及生产企业应加强协作,增强硫黄回收装置的适应性和可靠性,提高装置的开工率。

硫黄回收装置设计及操作影响因素分析

刘春燕

(中国石化洛阳石化工程公司)

摘　要　介绍了硫黄回收装置原料酸性气中各组分含量对装置设计及操作的影响，反应温度、进入转化器的气体中 H_2S 和 SO_2 的配比、催化反应器空速等操作条件的选取对装置硫回收率的影响。

关键词　硫黄回收　酸性气　氨含量　反应温度　配风比　空速

Claus 硫黄回收工艺日趋完善，无论在基础理论、工艺流程、催化剂研制、设备结构、控制方案及分析仪表等方面都有了很大改进与发展。我国硫黄回收技术在科研、设计和生产单位的通力合作下，在上述方面也取得了显著进步，但各装置情况参差不齐。部分较大规模和中等规模装置引进工艺包及部分设备和仪表，技术水平已达到国外先进水平，但绝大部分中、小型装置技术水平仍较落后，体现在硫回收率较低、尾气处理投用少、自动化水平较低、化验分析水平落后等方面。

现从几方面，对硫黄回收装置设计及操作的影响因素进行分析。

1　原料性质的影响

炼油厂硫黄回收装置进料酸性气主要来自脱硫装置(或溶剂再生装置)和酸性水汽提装置，通常设计中，对炼油厂两个装置酸性气的质量要求分别列于表1和表2。

表1　脱硫装置酸性气的质量要求

%(体)

组　分	H_2S	CO_2	HC	H_2O	总计
质量要求	≥50	余量	≤2~4*	饱和水	100

*烃含量一般要求小于2%，不大于4%。

表2　酸性水汽提装置酸性气的质量要求

%(体)

组　分	H_2S	NH_3	HC	H_2O	总计
质量要求①	余量	≤2	≤2	饱和水	100
质量要求②		余量	≤2	饱和水	100

① 采用单塔加压侧线抽出或双塔加压汽提流程时的质量要求；
② 采用单塔低压汽提流程时的质量要求。

实际操作中其流量和组成通常是不稳定的，尤其是其中的烃和氨的含量变化较大。

1.1　进料酸性气中 H_2S 含量

(1) 决定了工艺方法的选取

根据进料酸性气中 H_2S 含量不同，Claus 硫黄回收工艺可以分为部分燃烧法、分流法和直接氧化法3种工艺方法。当酸性气中 H_2S 体积含量(下同)小于15%时，推荐采用直接氧化法；酸性气中 H_2S 含量在15%~40%时，推荐采用分流法；酸性气中 H_2S 含量高于40%时，推荐采用部分燃烧法。3种方法酸性气中 H_2S 浓度的划分范围并非十分严格，关键是酸性气燃烧炉内必须维持稳定的火焰，否则装置将无法正常运转。

由于炼油厂酸性气中 H_2S 浓度都高于40%，尤其是上游脱硫装置采用选择性脱硫溶剂后，H_2S 浓度提高至70%以上，因而炼油厂硫黄回收装置都采用部分燃烧法。

(2) 对火焰温度的影响

对硫黄回收装置而言，理想的原料气应该几乎由纯的 H_2S 组成，处理 H_2S 含量高的酸性气不仅使设备尺寸缩小，而且可以得到较高的硫回收率。不同原料酸性气中 H_2S 含量与 Claus 燃烧炉燃烧室中的火焰温度关系如图1。

主燃烧炉有效操作的最低温度约为927℃，低于此温度时火焰的稳定性差，后部废热锅炉出口气流中经常出现游离氧，会引起反应器中单质硫氧化乃至燃烧，使催化剂床层温度剧烈上升，残氧量的存在还会加速催化剂的硫酸盐化，致使装置无法正常运转。

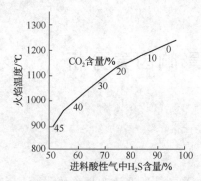

图1　主燃烧炉中火焰温度与进料
酸性气中 H_2S 含量的关系
注：酸性气中 CO_2 浓度不等。

（3）与转化级数及回收率的关系

由图2可以看出，进料酸性气中 H_2S 浓度越高，对于相同催化反应级数装置而言，H_2S 转化率及装置硫回收率相对较高。

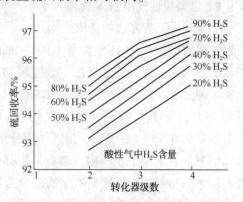

图2　进料酸性气中 H_2S 含量与转化级数及回收率的关系
注：酸性气中 CO_2 浓度不等。

1.2　进料酸性气中的杂质

（1）烃及其他有机物

进料酸性气中烃类的危害主要在于：烃和其他有机物等含量高时，不仅使燃烧炉温度升高，废热锅炉热应力、热负荷增加，而且增加进炉空气的需要量，其燃烧生成的 CO_2 和 H_2O 作为惰性气体稀释了反应物，有抑制 Claus 反应的倾向。

烃含量波动大时，易导致燃烧部分配风不及时，一方面可能会产生漏氧；另一方面较重的烃类特别是芳烃和烷基醇胺，在缺氧的情况下，会分解产生积炭，污染硫黄产品、堵塞催化剂并使其失活。因此酸性气中一般要求烃含量小于2%。

（2）NH_3

通常炼厂酸性气都含有 NH_3，NH_3 会形成氨盐，堵塞管道和设备，严重时甚至迫使装置停工；此外 NH_3 在酸性气燃烧炉中会形成 NO_x，它

能促使 SO_2 转化为 SO_3，而 SO_3 容易形成硫酸盐，沉淀在催化剂床层上，引起催化剂失活。为此，必须在酸性气燃烧炉内使 NH_3 分解。NH_3 在燃烧炉中的化学反应非常复杂，同时会发生氧化反应、分解反应，还会和 SO_2 发生反应。

影响 NH_3 完全燃烧的因素：

① 温度。燃烧炉温度愈高，NH_3 的燃烧愈完全。NH_3 含量越高，燃烧所需温度也越高。可通过预热进炉的空气和酸性气，提高炉膛温度；②酸性气与空气的混合程度。是烧 NH_3 的基本条件，显然混合得越好，烧 NH_3 效果也越好。此外，空气量的大小也直接影响 NH_3 的完全燃烧和 NO_x 的生成量；③更加酸性气中 NH_3 含量选择烧 NH_3 流程。烧 NH_3 流程和炉型可根据酸性气中 NH_3 含量、设备结构、流程的复杂程度和操作是否稳定等因素进行选择。目前常采用的流程有两室串联和同室同喷嘴型。

两室串联型（即有旁路的燃烧器）流程：部分不含 NH_3 酸性气（脱硫酸性气）、全部含 NH_3 酸性气（酸性水汽提酸性气）和全部空气进入酸性气燃烧炉喷嘴，进行燃烧，其余不含 NH_3 酸性气直接进入燃烧室后部燃烧。NH_3 燃烧稳定可通过调节不含 NH_3 酸性气的旁路流量来控制。旁路酸性气流量越多，则 NH_3 燃烧温度越高。

同室同喷嘴型（即无旁路的燃烧器）流程：含 NH_3 酸性气和不含 NH_3 酸性气合并后进入燃烧炉同一喷嘴。该流程和不含 NH_3 酸性气燃烧流程相同。为满足烧 NH_3 温度要求，可采用预热空气和（或）酸性气；添加燃料气或采用富氧，通常采用预热空气和（或）酸性气的方法。

酸性气中 NH_3 含量的高低取决于酸性水汽提装置采用的工艺方法。目前国内酸性水汽提装置大部分采用单塔加压侧线抽出汽提流程或双塔加压汽提流程，汽提酸性气中 NH_3 含量较低，加之汽提酸性气量比脱硫酸性气量要少得多，使混合酸性气中 NH_3 含量一般都小于1%~1.5%，可采用无旁路的燃烧器流程。近年来随着酸性水汽提装置越来越多的采用单塔低压汽提流程，汽提酸性气中 NH_3 含量大幅度增加，硫黄回收装置采用烧 NH_3 流程也相应增加。烧 NH_3 流程应由采用的燃烧器形式和酸性气中 NH_3 含量综合考虑确定。

（3）CO_2

大多数情况下，H_2S 和 CO_2 共同形成酸性气的主体。酸性气中的 CO_2 除了稀释作用外，它的主要有害影响是降低了反应炉的火焰温度、增加了燃烧炉出口过程气中的 COS 和 CS_2 含量，假如在低温催化反应阶段不能充分水解，将影响装置的转化率和收率。

（4）水

水蒸气对操作的影响不像 NH_3、CO_2 那么明显，但也是可观的，它所起的作用是作为一种实际的惰性物质又是 Claus 反应的一种产物，因此对 Claus 平衡和反应物有效分压都有影响。

综上所述，为了提高装置回收率，上游装置可以通过采用选择性脱硫溶剂，提高酸性气中 H_2S 浓度；强化富溶剂闪蒸，减少酸性气带烃量；在酸性气分液罐内加装破沫网及聚结填料等措施减少酸性气带液，降低酸性气的水分含量等手段，以减少进料酸性气中的杂质含量。

2 操作条件的影响

2.1 反应温度

反应温度是 Claus 硫回收过程的主要影响因素，它贯穿了整个 Claus 装置的两个阶段，即热反应阶段（燃烧炉内）和催化反应阶段。由于 Claus 反应在高温条件下主要为生成岛的吸热反应，低温条件下主要为生成 S_6、S_8 等的放热反应，所以，在热反应阶段 H_2S 的转化率随温度的升高而增高。在低温催化反应阶段则其转化率随温度的降低而增加，但其反应速度却随之逐渐减慢。温度的分界点~550℃。催化和冷凝区合适的温度范围 121~371℃，自由火焰区合适的温度范围 927~1371℃。

为了获得比较高的 H_2S 的转化率，实际操作中，酸性气燃烧炉温度尽可能选择高些（一般大于 980℃）。转化器温度选择尽可能低些。其选择原则是：每个转化器的操作温度都应高于过程气的硫蒸汽露点温度，使生成的硫呈蒸气状态。否则在硫露点以下操作时，硫蒸汽将冷凝沉积在催化剂上，堵塞催化剂的微孔及催化剂颗粒之间的空隙，不仅影响催化剂的活性，还会导致催化剂床层阻力的增加。通常对于一级转化器由于受到过程气硫露点的限制，并考虑到 COS 和 CS_2 的水

解，操作温度可适当选择高些，以后各级转化器由于经冷凝冷却逐级脱除了液硫，过程气的硫露点降低，可以在较低的温度下操作，从而获得较高的 H_2S 转化率。如果催化剂活性足够高，末级转化器出口温度每降低 11℃，装置的硫收率约增加 0.5%。

2.2 进入转化器的气体中 H_2S 和 SO_2 的配比

由于 H_2S 和 SO_2 反应，每消耗 2mol H_2S，就必然消耗 1mol 的 SO_2，在任何转化率下，甚至当转化率接近化学计算最大转化率 100% 时，H_2S 与 SO_2 之比仍为 2，如果原始 H_2S 与 SO_2 比值等于 1.9 时，由于 H_2S 与 SO_2 反应，H_2S 与 SO_2 比值逐渐减小，当转化率接近化学计算最大转化率 98.3% 时，H_2S 与 SO_2 的比值减小到 0。又当原始的 H_2S 与 SO_2 比值等于 2:1 时，随转化率的增加，其比值逐渐增大，当转化率接近化学计算最大转化率 96.8% 时，H_2S 和 SO_2 的比值逐渐增大到无限大。由此可见，H_2S 与 SO_2 的比值大于 2 或小于 2，都会使转化很难接近化学计算最大值，也就是说，H_2S、SO_2 不能得到充分利用。因此，为获得最大转化率，必须保证进转化器的 H_2S 与 SO_2 比值为 2:1。

2.3 转化反应器的空速

空速是转化反应器运行和设计的主要参数。空速过高，反应气体在催化剂床层停留时间短，一部分物料来不及接触，转化率降低；另外空速过高时床层温升幅度大，反应温度高，亦降低平衡转化率。空速过低则设备体积大，装置效率低。

2.4 加氢催化剂活性

加氢催化剂活性和气体中氢含量是影响加氢效果的主要操作因素。催化剂活性取决于催化剂种类、床层温度和使用时间。通常催化剂床层温度在 280~360℃较适宜。温度过高或过低都会影响催化剂活性。由于催化剂活性随使用时间的加长而逐步减弱，因此末期比初期的床层温度要高，以弥补因催化剂活性降低所带来的不利影响。

2.5 溶剂选择性

MDEA 与 H_2S 的反应是受气膜控制的瞬时反应，与 CO_2 的反应是受液膜控制的慢反应，这种反应速率上的差别是 MDEA 溶剂产生选择性吸收

的动力学基础，工程上往往是通过改变贫液不同的入塔位置来控制 H_2S、CO_2 与胺液间的接触时间，使之在完成 H_2S 吸收反应基础上，尽量少进行 CO_2 的吸收反应，以提高选吸性能，降低 CO_2 共吸收率，并满足产品净化度要求。

2.6 尾气净化度

贫液中 H_2S 含量是影响尾气净化度的关键因素，一般要求贫液中的 H_2S 含量小于 $1g/L$。贫液中 H_2S 含量主要受再生蒸汽量和再生塔塔盘层数的影响。

贫液温度对尾气净化度的影响比较明显，因此在条件允许时，应尽可能降低贫液温度，以获得满意的尾气净化效果。

3 结语

随着环保要求的日益严格以及含硫原油加工量的不断扩大，近十年来，中国石化、中国石油所属炼油厂的硫黄回收装置处理能力从约 400kt/a 增长到约 1650kt/a，硫黄回收装置作为全厂性配套的环保装置，操作运行的好坏，愈来愈成为工厂及环保部门关注的焦点。

一套装置设计水平的高低，最终还是要体现到装置运行情况上，影响因素是多方面的，主要内容包括：工艺基础数据的影响、设备设计与实际操作偏差的影响、施工质量的影响、上游装置操作波动对装置的影响、车间操作人员素质的影响、设备、仪表产品质量的影响、分析数据准确性的影响、工厂配套公用工程系统条件变化的影响等。因此，要在及时总结、不断改进、不断完善的基础上，进一步提高环保意识、健全环保法规，增强环保法规的执行力度、健全环保法规，增强环保法规的执行力度、增加科研投入、加强生成管理，力争在较短的时间内，使国内的硫黄回收技术水平全面地接近或达到世界先进水平。

低浓度酸性气回收处理控制难点与对策

师彦俊

（中国石化镇海炼化分公司）

摘　要　在简要介绍镇海炼化分公司2套采用常规Claus+SCOT尾气处理硫黄回收装置工艺技术特点的基础上，对处理低浓度酸性气的工况变化进行分析，提出了处理低浓度酸性气体时的主要控制难点和对策。

关键词　低浓度酸性气　反应炉温度　羰基硫COS

镇海炼化分公司目前有2套70kt/a（Ⅳ、Ⅴ硫黄）硫黄回收装置，都采用了常规Claus+SCOT尾气处理工艺。负责处理炼油干气脱硫装置、液化气脱硫装置和酸性水汽提装置产生体积浓度（下同）为45%~85%的酸性气，操作弹性30%~105%，酸性气浓度为70%时，可处理的最大气量为12678.6kg/h，设计硫回收率99.8%，年产优等品硫黄70kt。

1　常规Claus+SCOT尾气处理工艺特点

镇海炼化分公司的2套70kt/a硫黄回收装置采用二级常规Claus制硫加SCOT尾气净化工艺，其中Claus部分采用在线炉再热流程，SCOT部分设还原加热炉。

1）一级常规Claus反应器装填常规Claus制硫催化剂，在二级Claus反应器上部装填了三分之一"漏氧"保护催化剂，可以有效避免"漏氧"造成的硫酸盐化。SCOT还原反应器采用进口钴/钼（CR-534）催化剂，尾气净化部分采用一定浓度的MDEA脱硫溶液。

2）在SCOT部分，采用增压机对尾气部分压力进行提升操作。在工况允许时，可以停用增压机，尾气部分直接跨过增压机进行脱硫操作。SCOT炉通过扩展双比率交叉限位控制方案，使燃料气和空气在一定比例下实现轻度的不充分燃烧，使其既产生热量又有还原性气体生成，并通过急冷塔后的H_2分析仪在线监测和控制配风量。

3）为了使尾气中的H_2S充分燃烧成SO_2，同时为了最大限度地减少空气和燃料气的消耗以及

NO_x的生成，尾气焚烧炉采用三级配风的单交叉限位控制方案。为了保证装置正常操作和较高的硫回收率，在二级Claus反应器后设置H_2S与SO_2比值在线分析仪；在极冷塔后设置H_2在线分析仪；在急冷塔的工艺水中设置pH计；在焚烧炉后设置O_2分析仪。地下液硫池采用Shell液硫脱除H_2S工艺，脱气后液硫H_2S质量含量小于0.001%，脱吸气被蒸汽抽气器抽至焚烧炉焚烧。

2　低浓度酸性气引入后的主要问题

2.1　低浓度酸性气组分分析

镇海炼化分公司的低浓度酸性气压力为0.15~0.18MPa，温度为0~40℃，流量在1500~1900m³/h之间，较为稳定，但由于其酸性气的H_2S浓度只有20%~25%，而CO_2的浓度却高达70%~80%（分析数据具体见表1），这使得进Ⅳ硫黄装置酸性气的组成发生了较大变化。

表1　酸性气组成分析　　　　%（体）

H_2S	CO_2	COS	CO	甲醇	甲烷	(N_2+Ar)	合计
20.01	75.99	0.24	0.01	0.37	0.01	3.37	100.00

2.2　装置工况改变及主要影响

2001年8月低浓度酸性气部分改入Ⅳ硫黄装置进行回收处理，表2列出Ⅳ硫黄装置酸性气在改进前、后的变化情况。

表2　酸性气改进前、后Ⅳ硫黄装置关键操作参数变化情况

时　　间	0:00	4:00	8:00	12:00	16:00	20:00
酸性气流量/(kg/h)	9185	8858	9268	10789	10625	11422
风气比	2.03	2.03	2.00	2.00	1.90	1.63
反应炉温度/℃	1322	1328	1321	1335	1324	1275

2.2.1　反应炉温度下降

酸性气的全部改入使得进Ⅳ硫黄装置的酸性气中 H_2S 浓度下降了 6.33%，CO_2 浓度上升了 7.81%，烃含量变化不大。由表2可以看出，反应炉的热电偶温度指示值下降了 30～40℃，降低至 1275℃，气风比由原来的 2.03 降至 1.63，反应炉工况变化十分明显。但在当时的较高负荷（以硫黄产量计负荷为 65%）的工况下主要控制参数的变化并未对装置的正常运行造成较大影响。在负荷较低时，反应炉温度将明显下降，甚至出现低于反应炉温度控制指标的现象。

2.2.2　净化后尾气中 H_2S 浓度上升

20日，Ⅳ硫黄装置净化后尾气中的 H_2S 浓度开始出现上升的现象，由原来的 100×10^{-6} 左右升至 165×10^{-6}。详见表3。

表3　低浓度酸性气改进前后Ⅳ硫黄净化后尾气、烟气排放监测数据

时间	净化后尾气/10^{-6}	烟气中		
		SO_2 浓度/(mg/m^3)	NO_x 浓度/(mg/m^3)	H_2S 浓度/(mg/m^3)
03-14T8：00	95	494	18.8	7.97
03-20T15：00	165	950	37.5	7.01

2.2.3　烟气中 SO_2 排放浓度明显增加

20日Ⅳ硫黄回收装置的烟气中 SO_2 排放浓度也开始出现明显升高的现象，由原来的 $500mg/m^3$ 左右升至 $900mg/m^3$ 以上（见表3），但烟气中 H_2S 浓度未出现明显的变化。

3　低浓度酸性气回收处理过程分析

2002年3月18日低浓度酸性气的改入使得Ⅳ硫黄装置反应炉气风比由 1.69 下降至 1.52，炉温也下降了较多，这主要是由于进装置酸性气中惰性气体 CO_2 浓度增多所致（见表2）。酸性气中 CO_2 浓度的增多在 SCOT 单元中会导致 MDEA 对 SCOT 尾气中 H_2S 的吸收能力相对减弱，这是Ⅳ硫黄装置净化后尾气中的 H_2S 浓度升高的主要原因。

另外，酸性气中大量的 CO_2 会在反应炉中与 H_2S 燃烧生成 COS（羰基硫）等有机硫，其反应式为：

$$H_2S + CO_2 \longrightarrow COS + H_2O \qquad (1)$$

COS 在后续反应器床层的较高温度下会发生水解反应（吸热反应）生成 H_2S，其反应式为：

$$COS + H_2O \longrightarrow CO_2 + 2H_2S \qquad (2)$$

如果 Claus 反应器催化剂活性下降，催化剂床层操作温度控制不当，这会使 COS 等有机硫在反应器中水解率下降，由于脱硫剂（MDEA 水溶液）对 COS 等有机硫没有明显的吸收作用，所以会造成净化后尾气中总硫含量增加。以上两点将会不同程度的引起烟气中 SO_2 排放浓度的升高。酸性气中 CO_2 的浓度变化引起有机硫的浓度变化也可通过表4中Ⅳ、Ⅴ硫黄净化后尾气中含硫化合物的对比加以确定。

表4　Ⅳ、Ⅴ硫黄净化后尾气中含硫化合物分析结果　　　　　　　　　　　　　　　mg/m³

取样点	羰基硫	硫化氢	二硫化碳	甲硫醇	甲硫醚	甲乙硫醚	丁硫醇	二甲二硫	乙硫醚
Ⅳ硫黄吸收塔出口	398	160	54.1	65.3	23.9	<3.39	<4.01	25.7	<4.01
Ⅴ硫黄吸收塔出口	148	123	45.1	89.4	<2.77	<3.39	<4.01	16.6	<4.01

注：取样时间为 2006 年 3 月 22 日，当时低浓度酸性气只进Ⅳ硫黄，分析数据来源于镇海炼化分公司环保检测站。

取样时进Ⅳ硫黄装置酸性气中 H_2S 的浓度为 73.47%，CO_2 的浓度为 26.38%；进Ⅴ硫黄装置酸性气中 H_2S 的浓度为 90.67%，CO_2 的体积浓度为 9.32%。由表4可以看出Ⅳ硫黄吸收塔出口尾气中有机硫浓度远远超过Ⅴ硫黄，尤其是 COS 浓度。这些有机硫带入到尾气焚烧炉焚烧后，自然会使烟气中 SO_2 排放浓度增加。

这种现象在装置运行后期，催化剂活性下降，负荷较高的工况下尤为明显，当过程气体积流量超过催化剂床层空速，直接导致 Claus 制硫反应与有机硫水解反应效率下降，大量含硫化合物带入 SCOT 单元，致使净化后尾气中 H_2S 浓度和其他含硫化合物增加，严重时甚至会发生烟气中 H_2S 排放浓度超标的现象。这时应在尽量控制装置负荷的前提下，提高 SCOT 反应器床层操作温度，增加 COS 的水解率，并优化溶剂循环系统操作，减少吸收塔出口的总硫含量。

4 措施及效果

4.1 反应炉温度

低浓度酸性气所占比例过大，反应炉温度明显下降甚至低于控制指标时（1100℃），首先采用投用空气预热器提高反应炉中燃烧空气温度的方法；如这样仍达不到反应炉温度的控制要求时，就必须采用反应炉补燃料气的方法，维持住炉温，但会使装置的燃料气单耗明显增加，同时燃料气会燃烧产生大量的 CO_2 和水蒸气等惰性气体。其中燃烧生成的 CO_2 会造成更多的 COS 等有机硫生成，生成的水蒸气会抑制 Claus 制硫反应的顺利进行，燃烧过程还会使过程气的流量增大，导致更高的硫蒸气损失和更大的焚烧炉燃料气消耗，更重要的是燃烧过程增大了反应器催化剂积炭中毒的可能性，从而大大提高硫黄回收装置的操作难度。

最佳方案是优化酸性气管网流程，在源头上解决问题，将低浓度酸性气分流到多套硫黄回收装置，减少 CO_2 对某一套硫黄装置的不利影响，把反应炉温度控制在指标要求上，降低反应炉补充瓦斯的可能性。

4.2 净化后尾气中 H_2S 浓度

低浓度酸性气体改入Ⅳ硫黄后，为使净化后尾气中的 H_2S 浓度降低至以前的水平，提高了 SCOT 单元脱硫剂（MDEA 水溶液）循环量，由原来的 85t/h 逐步提高到 90t/h、100t/h。Ⅳ硫黄装置净化后尾气中 H_2S 浓度恢复到原来的水平。

4.3 烟气中 SO_2 排放浓度

导致烟气中 SO_2 排放浓度增加的主要因素有2个：①净化后尾气中 H_2S 含量增加；②尾气中 COS 含量增加，最终导致净化后尾气中总含硫量

增加，经尾气焚烧后使烟气中 SO_2 排放浓度也相应升高。通常采用上述增加 SCOT 单元脱硫剂循环量，置换部分老化脱硫剂的方法来降低净化后尾气中的 H_2S 浓度；同时提高反应器入口温度的设定值，以提高 SCOT 催化剂床层的控制温度，将床层温度控制在 310～330℃，提高 COS 水解率，降低净化后尾气中 COS 的含量。

5 结语

作为一套大型环保装置，烟气中 SO_2 排放数据的高低至关重要。低浓度酸性气中富含 CO_2，而 CO_2 在反应炉中会燃烧反应生成 COS 等有机硫，如在后续过程中不加以有效的回收处理，它将是导致烟气中 SO_2 排放浓度增加的主要因素。为此，必须按照以下要求来克服这些不利影响，以达到提高硫黄装置总硫回收率，减少烟气中 SO_2 排放浓度的目的，确保硫黄回收装置对环境的友好。

1) 调整操作温度。根据进装置酸性气中 CO_2 的浓度变化，适当调整 Claus 反应器催化剂床层的操作温度，并对床层温升以及系统压降加强监控；提高 SCOT 反应器入口温度，使 SCOT 床层温度控制在 310～330℃，以增强有机硫的水解效果，另外随着装置运行时间的增长，催化剂活性的下降，SCOT 床层控制温度也应不断的提高。

2) 优化操作。合理调整脱硫单元的操作，调节脱硫剂循环量和再生蒸汽量。

3) 加强管理。严格控制硫黄装置的负荷，避免上游装置的酸性气流量与浓度的波动；分流低浓度酸性气，降低 CO_2 对某一套硫黄装置的不利影响，将反应炉温度控制在指标要求上，降低反应炉补充燃料气的可能性。

硫黄回收装置 Claus 尾气加热方式探讨

王占顶

(中国石化洛阳石化工程公司)

摘　要　对硫黄回收装置 Claus 尾气加热方式进行简单对比分析，强调了开发低温加氢催化剂的意义。

关键词　Claus 尾气　加热方式　低温加氢　催化剂

1　概述

通常，硫黄回收装置 Claus 尾气(加氢反应器入口)在催化剂反应初期需要加热至 280℃，反应末期需要加热至 320℃，常见的加热方式有气-气换热(包括和加氢反应器出口过程气换热或和焚烧炉烟气换热)、在线还原炉、尾气加热炉、蒸汽加热、电加热等，装置规模不同，加热方式也不尽相同。

2　工艺对比

2.1　气-气换热

气-气换热的显著特点是加氢反应器入口没有燃料气在线燃烧炉，它利用反应器出口的尾气或焚烧炉出口的烟气通过气-气换热器来加热入口工艺气体。

2.1.1　与加氢反应器出口尾气换热工艺

加氢反应器入口温度是通过调节气-气换热器热侧旁路流量来控制的(见图1)。考虑到增加装置弹性和操作稳定性，工程上通常会考虑在气-气换热器后部增加电加热器，必要时可通过电加热器加热满足加氢反应器入口温度要求，因此实际生产中加氢反应器入口温度可通过调节电加热器的加热量来实现。

该工艺的优点在于操作方式简单，可靠性高。在线燃烧炉的操作需要精确的配风来维持燃料气的化学计量燃烧，过多或过少的燃烧空气都会对加氢催化剂造成不良影响，严重时会造成超温或催化剂失活。气-气换热器没有配风和燃料气流量调节，它通过控制换热器旁路的阀门开度来控制换热量，从而达到控制反应器入口温度的

目的。KTI 公司推荐优先选用气-气换热器而不用在线燃烧炉，以避免在线燃烧炉内燃料气不完全燃烧而引起的诸多问题。但若无富氢气体可用，则必须使用在线燃烧炉。

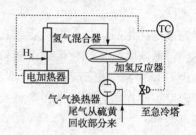

图1　与加氢反应器出口尾气换热工艺

该工艺的局限性在于：在开工过程中或生产不正常的情况下，由于加氢水解反应放热量小，反应器出口温度低，需要利用辅助的加热系统来保证反应器的入口温度，而且气-气换热器设备体积较大，装置操作弹性小。

2.1.2　与焚烧炉出口的烟气换热工艺

加氢反应器入口温度也是通过调节尾气加热器热侧旁路流量来控制的(见图2、图3)，尾气焚烧炉出口设置二次风或废热锅炉来调节加热器入口烟气温度。

(1)二次风调节加热器入口烟气温度(见图2)

加热器入口烟气温度用鼓风机出口二次风来调节，流程简单，操作方便。但焚烧炉出口烟气余热得不到回收，而且增加了电耗。因此当硫黄回收规模较小，设置废热锅炉回收该部分余热不经济时，适宜采用该工艺。

(2)废热锅炉调节加热器入口烟气温度(见图3)

加热器入口烟气温度通过废热锅炉内中心管

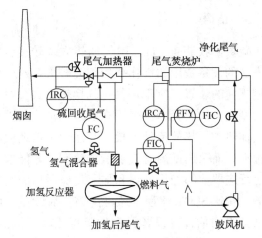

图2　与焚烧炉出口的烟气换热工艺

塞阀的开度来调节，废热锅炉回收了焚烧炉出口烟气余热。采用该工艺，中心塞阀调节的灵活性需要进一步提高。

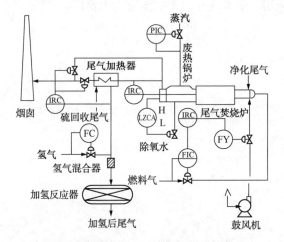

图3　与焚烧炉出口的烟气换热工艺

2.2　在线还原炉

还原气生成及尾气加热是通过在线还原炉实现的，该炉分前后两段，前段为还原气生成段，后段为尾气混合段。在前段是通过燃料气在在线还原炉发生次化学当量反应产生 H_2、CO 等还原气体，反应式如下（以 CH_4 为例）：

$$CH_4+1/2O_2 \longrightarrow CO+2H_2$$

为防止形成炭黑，供给的空气量约为理论计算量的 75%～95%。

当工厂有固定的还原气源时，则在线还原炉仅通过 Claus 尾气和高温烟气混合，起到提高尾气温度的作用。

加氢反应器入口温度是通过入口温度和燃料气流量串级控制燃料气量，再通过燃料气和空气的比值及空气流量串级控制空气量，使燃料气在

在线还原炉中发生次化学当量反应，产生还原气，见图4。当燃料气组分变化较大时，宜在燃料气总管道上设置密度分析仪，要注意的是它只能反映烷烃组成的变化，不能反映 N_2 或烯烃组成的变化。

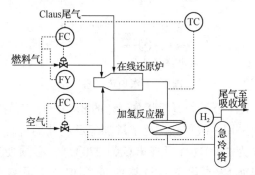

图4　在线还原炉加热工艺

炼油厂燃料气组成波动是否会影响在线还原炉的正常操作是广受关注的问题。镇海炼化、广州石化等装置的操作实践表明，只要设置合适的测量仪表及控制系统，炼油厂采用在线还原炉是可以正常生产的，尤其对于硫黄回收规模较大的装置，在线还原炉设备体积小，操作和调节方便的优点也越明显。

2.3　尾气加热炉

最近，大连石化分公司 $27×10^4 t/a$ 硫黄回收、青岛炼化 $22×10^4 t/a$ 硫黄回收和天津石化 $20×10^4 t/a$ 硫黄回收的装置均引进意大利 TechnipktI 公司的 Claus+RAR 工艺技术，且均采用尾气加热炉工艺。正常工况下，入口温度和燃料气流量串级控制燃料气流量，为避免因燃料气压力超限而引起联锁停车，燃料气压力与流量组成选择性调节回路，即燃料气流量和燃料气压力进行高、低选，以保证燃烧火焰不会发生脱火或回火。见图5。

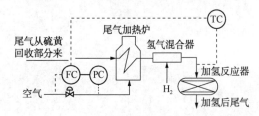

图5　尾气加热炉工艺

采用尾气加热炉，不仅设备庞大，而且热效率低，燃料气消耗量大。

2.4　蒸汽加热

硫黄回收装置 Claus 尾气采用自产中压饱和蒸汽和过热蒸汽加热的两步加热法，见图6。

NiGi 公司为惠州设计的 $6×10^4$ t/a 硫黄回收就是采用该工艺。该装置使用常规加氢催化剂,进加氢反应器的过程气温度为 270℃。

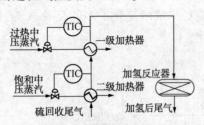

图 6 蒸汽加热工艺

KTI 公司为厦门腾龙设计的 $8×10^4$ t/a 硫黄回收只采用一级加热,要求进加氢反应器的过程气温度为 240℃,(反应末期为 270℃),必须使用低温加氢催化剂。与其他工艺相比,设备投资少。

2.5 电加热

由于 Claus 尾气采用电加热器加热只适宜规模较小的装置,而且能耗较高,因此采用该工艺的装置较少。

3 结语

硫黄回收装置 Claus 尾气加热方式较多,各种方法的设备费用和操作费用相差较大:对于中小型规模的装置,宜采用气—气换热方式,对于中大型规模的装置,宜采用在线还原炉,若采用间接加热炉,热放率低,投资、能耗和占地面积都很大。而采用低温尾气加氢催化剂,才能取消加氢反应器前的加热过程和加氢反应器后的废热锅炉,相比 SCOT 流程,还可以缩小后续设备的规格,粗约估计,设备投资约降低 15%。因此,采用还原—吸收工艺的大、中型装置应首先考虑采用低温加氢催化剂工艺。而中国石化齐鲁分公司研究院已经研制出 LSH-02 低温尾气加氢催化剂,且在胜利炼油厂 80kt/a 硫黄回收装置上工业应用,效果良好。下一步应大力推广。

国内硫资源的化工利用初探

李正西

（中国石化金陵分公司）

摘　要　通过介绍国内硫资源利用状况和研究情况，提出了以硫资源为中心开发具有经济价值的硫化工产品，建立相应的硫化工研究中心和生产基地的建议。

关键词　硫　硫化工　资源　利用

在我国天然气生产中，以 H_2S 形式伴生于天然气中的硫资源，长期以来基本上都采用克劳斯法回收获得各种形状的单质硫产品，并大多以此作为初级产品销售出去。位于四川省东北部的达州市，天然气资源储量达 3.8 万亿 m^3，目前探明储量超过 6600 亿 m^3，预计到 2010 年可产天然气 200 亿 m^3。达州境内的天然气含硫很高，约 15% 左右，天然气净化副产硫黄将达到 400 万 t/a 以上，占国内硫黄供给量的 60%，将成为我国乃至亚洲最大的硫黄生产基地，极具开发综合利用价值。在"十一五"计划期间，如何加强天然气生产中副产品硫黄资源的利用，改变单一的产品结构，变资源优势为经济优势，是目前经济形势下面临的一个重要课题。本文试图通过对近年来国内硫资源的供需、消费结构和开发、应用硫资源新动向的调研，在此基础上提出意见及建议，为天然气中硫资源的利用提供具有一定参考价值的信息。

1　硫资源状况

1.1　国内对硫黄的消费量

中国对硫的消费是世界上增长最快的国家，主要是硫酸对硫的消费。2007 年全国消费硫 2206 万 t，同比增长 9.4%。硫黄消费量 1060 万 t，其中制酸消费硫黄 860 万 t，其他消费硫黄 200 万 t，进口硫黄 965 万 t。硫黄消费量占总消费硫量 43.8%；硫铁矿折硫 586 万 t，占总硫量 26.6%；冶炼硫酸折硫 454 万 t，占总量 20.6%。进口硫黄和进口有色金属矿以及进口硫酸，中国硫消费量的对外依存度已达到 60% 左右。

2008 年国内硫酸产量在 6000 万 t 左右，同比增长 5.3%；其中硫黄制酸 2800 万 t，同比增长 6.8%，占总产量 46.7%；冶炼制酸 1390 万 t，增长 5.4%，占 23.2%；硫铁矿制酸 1760 万 t，增长 3.3%，占 29.3%；石膏及其他制酸 50 万 t。硫酸表观消费量 6200 万 t，其中 70.8% 用于化肥生产，约 4300 万 t；29.2% 用于除化肥以外其他工业，约 1800 万 t。

以此测算全国各种形态硫消费量 2280 万 t，同比增长 3.4%，其中硫黄消费量 1120 万 t，制酸消耗硫黄 920 万 t，其他工业消耗硫黄 190 万 t，硫铁矿折硫 150 万 t，冶炼折硫 470 万 t；国内硫黄产量在 130~140 万 t；需要进口硫黄 100 万 t 左右，同比增长 3.6%；对外依存度达到 60% 以上。

1.2　硫的消费结构

国内硫的消费结构由于无完整的统计数据，仅根据零星和分散报道的资料，以制成硫化工产品形式，可归纳如表 1 所示，供参考。

表 1　近年国内硫的消费结构

产品	消费硫量/万 t	占硫总消费量的质量含量/%	说明
硫酸	400	80	
硫化碱	11.2	2.2	按生产 27.4 万 t 理论计算消费硫 11.2 万 t
二硫化碳	6.1	1.2	按生产 7.3 万 t 理论计算消费硫 6.1 万 t
二氧化硫	2.4	0.5	液体 SO_2 产量 4.8 万 t，按理论计算消费硫 2.4 万 t
其他	80.3	16.1	
合计	500	100	

1.3　硫资源利用情况

国内含硫天然气绝大部分在四川，当然也是从天然气中回收硫黄的主要产地，伴生于其中的 H_2S 主要以硫黄形式进行回收。早在 20 世纪 70 年代四川就利用硫黄回收尾气中的 SO_2 来生产焦亚硫酸钠产品，年产量开头几年一直维持在 400t/a 左右，以后扩大到 1000t/a。

此外还建立了规模不等的小型硫粉加工厂。四川天然气研究院还开展了不溶性硫黄的制备研究，环丁砜（四氢噻吩）也是该院于 20 世纪 60 年代在实验室里合成出来的，以后到锦州石油六厂中试并工业化。2001 年在四川江油聚优化工有限公司建有不溶性硫黄的生产装置，年产 1500t，引用的是河南洛阳富华化工厂的技术，产品供重庆川橡化工厂、新疆橡胶轮胎厂和银川中策橡胶有限公司等做生产子午线轮胎的硫化剂使用。

中国石化和中国石油所属炼油厂和石化企业，作为从石油中回收硫黄的主要产地，目前在硫资源的利用上亦处于起步阶段，已开发的产品有食品级硫黄和药片状硫黄。

2　开发利用硫资源的新动向

2.1　从 H_2S 原料出发

（1）二甲基亚砜

目前只有美国、法国、日本和中国 4 个国家拥有二甲基亚砜（DMSO）的生产装置，产品除供本国使用外还外销其他国家。1999 年 DMSO 世界总产量达 3.5 万 t，以年均 17% 的速度递增，其中国内约 7000t/a（表观生产能力已超过 1.1 万 t/a）。DMSO 属小批量工业产品，除美国 Gaylord 公司规模超过 1 万 t/a 外，其他生产国家的规模一般都在 2000~6000t/a。法国和日本的生产厂是采用甲醇和 H_2S 合成二甲基硫醚的工艺方法，而美国 Gaylord 公司是利用附近的 Kraft 造纸厂的副产二甲基硫醚为原料生产 DMSO，国内则是采用甲醇和二硫化碳为原料的生产工艺路线。详见文献[2]。

（2）巯基乙酸及其酯类

巯基乙酸及其酯类的后续产品酯基锡近年来广泛用作聚氯乙烯树脂的无毒热稳定剂，用于药品和食物包装，从而使得对该产品的需求量迅速增长。天津跃进化工厂已建成年产 300t 巯基乙酸和年产 400t 巯基乙酸异辛酯的生产装置。成都化工研究院的 100t/a 连续加压法生产巯基乙酸装置曾被列入四川省"七五"精细化工发展规划重点开发项目，20 世纪 90 年代中期已进入后续产品的开发工作。1990 年酯基锡稳定剂需求量为 3000t/a，需巯基乙酸异辛酯 1700t/a，当时产品量远远满足不了需求而需依赖进口。详见文献[3]。

（3）二甲基二硫

自 20 世纪 70 年代初以来，该产品在炼油工业上就用作加氢裂解和加氢精制催化剂的预硫化剂，1982 年以后，作为超酸性气井的优良硫溶剂而开拓了新的应用领域。中国科学院长春应用化学研究所用甲硫醇氧化法合成 $(CH_3)_2S_2$，其工艺早已通过了技术鉴定，从而克服了硫酸二甲酯与 Na_2S_2 合成法存在的环境污染问题。

（4）硫脲及其衍生物过氧化硫脲

硫脲和过氧化硫脲两者都是出口创汇产品。年设计生产能力为 2500t 硫脲的江苏昆山化工厂，产品外销率曾达到 75%，创历史最高记录。该厂的过氧化硫脲产量曾翻了 4 倍，出口创汇曾翻了 5.4 倍。山东烟台助剂厂过氧化硫脲产品的出口量也为前 4 年出口总和的 4 倍。国内用过氧化硫脲替代印染行业使用的保险粉势在必行，有很大的潜在市场。2000t/a 规模的过氧化硫脲生产装置投资在 20 世纪 90 年代初约 60 万元，现在估计约 6000 万元，每吨产品在以前至少获利 0.4 万元。

（5）甲硫醇

甲硫醇是合成饲料添加剂蛋氨酸的主要原料。我国天津化工厂从法国引进了 1 套年产万吨蛋氨酸装置的国家重点工程已于 1991 年下半年投产。目前国内甲硫醇的主要来源还只限于副产品回收或用实验室方法制取。吉林市化工研究设计院曾在实验室对由 H_2S 和 CH_3OH 气相直接合成甲硫醇进行过催化剂方面的筛选工作。

（6）2-巯基乙醇

聚合级的该产品用作聚氯乙烯、聚丙烯腈、聚丙烯酸酯的调聚剂自 20 世纪 70 年代末以来已在世界各国得到广泛应用。国内以前所需的巯基乙醇几乎全部依赖进口。四川省精细化工研究设计院所研制的聚合级高纯度巯基乙醇早已通过小试省级鉴定，并被列入国家料技攻关项目，四川省的重点科研课题。

（7）硫化碱

硫化碱是制造硫化染料的主要原料，一直滞销的该产品在 1989 年下半年由低谷跃入顶峰。是一种销势转旺的很有发展前途的产品。

2.2 从硫黄原料出发

（1）不溶性硫黄

子午线轮胎是我国今后几十年内汽车轮胎工业的发展方向。原化工部所属的十六家重点橡胶厂均相继从意大利、德国、美国和日本引进了子午胎的生产线，要求用不溶性硫黄作为硫化剂。20 世纪 70 年代初由北京橡胶工业研究设计院开发成功了不溶硫生产工艺，上海正泰集团已建成产量为 500~600t/a 的生产装置，可生产 5 种不溶硫系列产品。

不溶性硫黄在我国尚属发展中的产品，对其研究还很欠缺，虽然据统计已有 20 多个省市进行不溶硫的开发，并建有 30 多套生产装置，但尚未生产出符合国外专业标准的产品。这些厂家大多是孤军作战、各自为阵。但是，据一位不溶硫的调查者说，国内东北中科院某研究所的不溶硫技术是过关的，它的技术转让原则是一个国家只能转让一家工厂。其他详情请见文献[4-10]。

（2）荧光级精制硫黄

它是制作彩色电视机的心脏——彩色显像管所用金属硫化物（即荧光粉）的原料之一。要求高纯度、低杂质的含量。国内陕西澄城已有小规模生产，并出口日本、韩国等国家。

（3）食品级硫黄或食品添加剂硫黄

食品添加剂硫黄可广泛用于食糖、淀粉、医药、酿酒、食品加工等方面，具有杀菌、漂白、入药等用途，生产的关键在于脱砷和脱汞。江西九江石油化工总厂三联精细化工厂引进了污水汽提酸性气，引进后，硫黄的强度、灰分含量下降，经过摸索，该厂对装置进行了较大的技术改造，并及时调整了燃烧炉温度等工艺参数，生产出食品添加剂硫黄，质量指标达到 GB 3150/82 的要求。

（4）硫化异丁烯

硫化异丁烯是一种优良的润滑油添加剂，北京石油化工科学研究院用硫黄、氯气和异丁烯为原料，常压合成硫化异丁烯的技术已获得发明专刊，并在兰州胜利化工厂建成了我国第一套

300t/a 的工业生产装置。

（5）硫胶悬剂和晶体石硫合剂

由中国农业科学院植物保护研究所研制的、作为中国专利发明创造金奖、中国专利优秀奖评选申报项目的农用杀菌硫胶悬剂，自 1984 年在昆明农药厂提供了中试放大产品的基础上，已先后纷纷在全国各省市建立了众多生产装置。另一种防治螨类害虫的新型农药——晶体石硫合剂亦由河北省辛集市化工三厂研制成功、并通过了部级鉴定，投入工业生产。四川川安化工厂也具备了 500~1000t/a 晶体石硫合剂的生产能力。

（6）二硫化碳

辽阳电化厂从意大利引进生产工艺和先进设备、利用外资（加拿大贷款 980 万美元）、国内投资 1.1 亿元、年设计生产能力为 2.6 万 t 的国内乃至亚洲最大的 CS_2 技术改造工程，经过 3 年的动工兴建已完成投产。

（7）二氯化硫

大庆石油学院和大庆石油化工厂以工业硫黄和液氯为主要原料，一步法直接制备二氯化硫，起始反应温度 100~110℃，氯气通入反应时间 6h，通氯气量 75 L/h，精制蒸馏温度 60~65℃，稳定剂三氯化磷用量 0.1%~0.3%，在此工艺条件下制备的二氯化硫收率可达 80%以上。

2.3 从 SO_2 原料出发

（1）环丁砜

丁二烯与 SO_2 在催化剂的作用下生成环丁烯砜，再将环丁烯砜加氢得环丁砜（又叫四氢噻吩），它是一个非常优良的溶剂，在炼油厂广泛应用于芳烃抽提，而在天然气净化厂则是一个很好的物理吸收溶剂。丁二烯不宜长途运输，因它会发生聚合作用。如果用丁烷脱氢制丁烯，再将丁烯脱氢制丁二烯的话，那么成本就太高了。我国除锦州石油六厂外，在辽阳也有一民营企业生产环丁砜。

（2）硫酰氟

硫酰氟（SO_2F_2）具有杀虫谱广、渗透力强、用药量小、分解吸收快、吸附量少、低温使用方便，对人体毒性低等优点，而且对金属类、纺织品、毛类、皮革、塑料、工艺品等无腐蚀、无色泽影响。据有关资料报道，硫酰氟将是溴甲烷的重要替代产品之一。

2001 年，江苏省张家港检验检疫局首次使用硫酰氟对张家港口岸进口的 1351 箱废物及两艘废钢船实施了熏蒸处理。对 136 箱废物熏蒸后开箱检查，集装箱内未发现有成活的病媒生物；从废钢船熏蒸处理结果观察，并在废钢船上检获 489 只蟑螂（德国小蠊）和 856 只苍蝇（家蝇、大头金蝇、丝光绿蝇、麻蝇等），取得了较好成效。

长期以来，世界各国都将溴甲烷作为熏蒸处理的首选药剂，国内也不例外。但因其对大气臭氧层具有破坏作用，联合国环境保护署正鼓励各国减少溴甲烷的使用并寻找替代熏蒸剂。我国政府在签署了《关于消耗臭氧层物质的蒙特利尔议定书》后，于 1993 年 1 月制定了逐步淘汰消耗臭氧层物质（ODS）国家方案，其中将溴甲烷熏蒸剂列为淘汰产品。随着 2010 年溴甲烷熏蒸剂将被停止使用，世界各国都在积极寻找能完全替代溴甲烷的熏蒸剂。所以，硫酰氟是一个非常有市场潜力的环保绿色产品。

（3）焦亚硫酸钠

年产 1.1 万 t 其中出口 7000 多 t、焦亚硫酸钠产量居全国之首的湖南长沙湘岳化工厂，1991 年在原有 1.1 万 t 生产能力的基础上又扩大了 6000t，投产后全年可新增产值 1300 万元，新增税利 250 万元（指 20 世纪 90 年代的价格）。重庆綦江脱硫厂也生产该产品。

3　几点建议

国内尤其是四川达州从天然气中回收硫黄的产量占据十分重要的地位，在 2010 年时将达到 400 万 t/a 以上，是我国乃至亚洲最大的硫黄生产基地。然而与国外相比，我国天然气中硫资源的利用只能说是刚刚起步，原有的 H_2S 资源优势还未能获得有效合理的利用，又如何能够变资源优势为经济优势呢？为此提出以下几个具体建议，供参考。

1）大力加强硫化工产品的研究开发工作，以提高硫资源利用的经济效益。可参照法国拉克气田早期以伴生于天然气中心 H_2S 这一资源为中心开发一系列有机硫化学品的经验，根据产品国内外市场近期的需求和动态预测，建立起从小试、中试规模逐渐放大的生产装置。

2）为配合硫化工产品的开发，必须建立起相应的研究中心，以期促进硫资源的进一步开发和利用。

3）天然气回收硫黄占有明显的质量优势，要加强这一方面的技术宣传工作，努力促进并扩大它在橡胶、食品、医药等领域中的应用，以实现资源利用的合理化。

4）硫精细化工产品的开发毕竟在硫资源消费结构中的比重不大，因而实施以大宗硫黄产品的增值工作亦具有十分重要的意义，应抓好 H_2S 制酸和以硫黄制酸的工作，除此加工成药片状的硫也不失为行之有效的途径之一。

参 考 文 献

[1] 齐焉. 中国及世界硫酸、硫黄产量和需求简析[J]. 科学中国人（增刊），2008(4)：4，14-16.

[2] 李正西. 二甲基亚砜的生产与市场前景分析[J]. 亚洲化工中间体网刊，2001(1)：5-7.

[3] 李正西等. 巯基乙酸的生产、应用与市场[J]. 精细与专用化学品，2006，14(18)：25-28.

[4] 李正西，石溶性硫黄的生产和市场现状[J]. 化肥设计，2002，40(3)：26-28.

[5] 李正西. 不溶性硫的几种低温生产方法[J]. 气体脱硫与硫黄回收，2002，(1)：12-17.

[6] 李正西. 生产不溶性硫黄的方法[J]. 化工设计，2002，12(3)：44-48.

[7] 李正西. 国内不溶性硫黄生产和市场现状[J]. 江苏化工，2000，28(9)：32-33.

[8] 李正西. 不溶性硫黄（一）[J]. 硫磷设计与粉体工程，2001(1)：15-19.

[9] 李正西. 不溶性硫黄（二）[J]. 硫磷设计与粉体工程，2001(2)：17-22.

[10] 李正西. 关于不溶性硫黄若干问题的探讨[J]. 硫磷设计与粉体工程，2006(3)：27-31.

[11] 罗勤高. 浅谈食品添加剂硫黄的生产[J]. 石油化工环境保护，1995(1)：26-28.

S Zorb 再生烟气处理技术开发

刘爱华　达建文　徐兴忠　陶卫东

（中国石化齐鲁分公司研究院）

摘　要　开发成功 LSH-03 低温高活性 Claus 尾气加氢催化剂，可使 S Zorb 再生烟气直接引入硫黄回收装置尾气加氢单元处理，不需要新建装置及装置改造，节约投资，降低能耗，回收硫资源，保护环境。

关键词　汽油吸附脱硫　再生烟气　处理

1. 前言

S Zorb 汽油吸附脱硫技术中吸附剂的连续再生产生的含硫烟气，在国外通常采用碱液吸收方法除去 SO_2，但废碱液的处理会产生污染，同时也浪费了硫资源。国内大多数炼油厂均配套硫黄回收装置，选择烟气进入硫黄回收装置是较好的处理方式，既不会造成污染，同时也能够变废为宝。但是烟气组成中 90% 以上为氮气，SO_2 的含量波动较大，进入硫黄装置的前半部分，如制硫炉、一级、二级转化器，由于氮气不参与过程气反应，再加上 SO_2 含量瞬间波动，会降低整个硫回收装置的处理量，造成装置波动，增加装置能耗。如果进入尾气加氢单元，由于烟气中 SO_2 和氧含量较高，普通加氢催化剂容易发生 SO_2 穿透，很难达到装置要求，同时由于烟气温度较低（160℃左右），达不到尾气加氢单元的反应温度要求，需增设加热器，使得装置能耗升高。

齐鲁分公司研究院开发成功了 LSH-03 低温、耐氧、高活性的尾气加氢催化剂，加氢反应器入口温度 220℃ 的条件下，具有良好的加氢和水解活性，烟气在不增设加热设施的情况下直接进入尾气加氢单元。

LSH-03 催化剂开发成功后，先后应用于齐鲁分公司 80kt/a、燕山分公司 10kt/a、沧州分公司 20kt/a、高桥分公司 55kt/a 硫黄回收装置尾气处理单元。硫黄回收装置未进行任何改动，仅增加一条 S Zorb 装置到硫黄装置加氢反应器入口的管线，S Zorb 再生烟气直接引入尾气加氢反应器

入口。运行结果表明，硫黄装置操作稳定，能耗低，净化尾气中 SO_2 排放量远低于 960mg/m³ 国家排放标准。

2　低温耐氧高活性 Claus 尾气加氢催化剂的开发思路

2.1　S Zorb 再生烟气的组成及特点

S Zorb 再生烟气具有以下特点：

1）进硫黄装置温度较低，设计值 160℃，实际运行只有 110~140℃；

2）O_2 含量较高，正常工况下体积分数为 0~2%，非正常情况下最高可达 5% 以上，而且频繁波动；

3）SO_2 体积分数 0~5% 之间波动，是常规 Claus 尾气的几倍，而且频繁波动；

4）S Zorb 再生烟气主要成分为氮气，体积分数在 90% 左右。

2.2　低温耐氧高活性 Claus 尾气加氢催化剂的开发思路

根据 S Zorb 再生烟气的组成及特点，开发的低温耐氧高活性尾气加氢催化剂应具有以下特点：

1）低温活性好。由于 S Zorb 再生烟气温度较低，进硫黄装置的烟气只有 160℃，而常规 Claus 尾气加氢催化剂的使用温度要求 280~320℃，S Zorb 再生烟气进尾气加氢反应器前须增设加热或换热装置。如使用低温 Claus 尾气加氢催化剂，不需要增设加热或换热装置，混合后可直接进 Claus 尾气加氢反应器，减少了

装置投资。因此，开发低温型 Claus 尾气加氢催化剂是十分必要的。

2）耐硫酸盐化能力强。由于 S Zorb 再生烟气 SO_2 体积含量高达 5.41%，常规 Claus 尾气中 SO_2 含量小于 0.5%，较高浓度的 SO_2 如不能全部加氢，会导致加氢催化剂反硫化，而且载体氧化铝发生硫酸盐化，最终导致催化剂 SO_2 穿透而失活。因此，适合 S Zorb 再生烟气加氢的催化剂应具备不易反硫化及耐硫酸盐化的特点。

3）加氢活性高。由于 S Zorb 再生烟气 SO_2 含量高，如催化剂活性低，不能满足高 SO_2 加氢的要求，催化剂床层很容易发生 SO_2 穿透现象。因此，适合 S Zorb 再生烟气加氢的催化剂应该较常规催化剂具有更高的加氢活性。

4）具有良好的脱氧活性。S Zorb 再生烟气氧含量较高，加氢催化剂的活化状态为硫化态，氧会导致催化剂由硫化态变为氧化态而失去活性。因此，催化剂应具有很好的脱氧活性。

2.3 LSH-03 催化剂物化性质

表1给出了满足 S Zorb 再生烟气处理要求的 LSH-03 催化剂的主要物化性质及使用温度。

表 1　LSH-03 催化剂的主要物化性质及使用温度

项　目	比表面积/ (m^2/g)	孔体积/ (mL/g)	侧压强度/ (N/cm)	堆密度/ (kg/L)	入口温度/ ℃
质量指标	≥180	≥0.3	≥150	0.80±0.05	220~280

3　齐鲁分公司 80kt/a 硫黄装置应用情况

中国石化齐鲁分公司胜利炼油厂 900kt/a 的 S Zorb 装置开车成功后，再生烟气全部引入 80kt/a 硫黄装置尾气处理单元。

3.1　S Zorb 再生烟气的组成

S Zorb 汽油吸附脱硫装置再生烟气的组成见表2。

表 2　S Zorb 再生烟气的流量及组成

时　间	流量/ (m^3/h)	体积分数/%		
		O_2	SO_2	CO_2
2010-6-13	856	1.0	0	2.1
2010-6-14	947	1.2	3.0	2.2

续表

时　间	流量/ (m^3/h)	体积分数/%		
		O_2	SO_2	CO_2
2010-6-15	870	0.5	2.9	2.5
2010-6-16	760	0.9	1.6	1.8
2010-11-17	961	1.8	1.7	4.4
2010-11-18	953	1.0	1.3	3.9
2010-11-19	902	1.1	0	6.4
2010-11-20	850	1.3	0.8	4.6

从表2可以看出，S Zorb 再生烟气 SO_2 体积分数在 0~3.0% 之间，氧体积分数最大为 1.8%。

3.2　引入烟气前后催化剂床层温升的变化

引入 S Zorb 再生烟气后加氢催化剂床层温度变化见表3。其中，2010 年 2 月 10~11 日为未引入 S Zorb 再生烟气前催化剂床层温度变化的情况，6 月 13~16 日、11 月 17~20 日为引入 S Zorb 再生烟气后催化剂床层温度变化的情况。

表 3　引入烟气前后催化剂床层温升的变化℃

时间	状态	入口	反应器床层	反应器温升
2010-2-10	S Zorb 再生烟气引入前	230	255	25
2010-2-11		228	257	29
2010-6-13	S Zorb 再生烟气引入后	245	282	37
2010-6-14		237	280	43
2010-6-15		240	272	32
2010-6-16		235	271	36
2010-11-17		230	270	40
2010-11-18		235	278	43
2010-11-19		238	285	47
2010-11-20		229	265	36

从表3可以看出，正常的 Claus 尾气加氢，控制加氢反应器的入口温度为 228~230℃，催化剂床层温升 25~29℃；引入 S Zorb 再生烟气后，控制加氢反应器的入口温度为 229~245℃，反应器温升 32~47℃，床层温度最高达到 285℃，未出现床层超温及床层温度大起大落的现象。

3.3　净化尾气 SO_2 排放情况

2010 年 1 月至 12 月硫黄回收装置净化尾气 SO_2 排放检测结果为 187~361 mg/m³，由此可见，使用 LSH-03 低温 Claus 尾气加氢催化剂，将 S Zorb 再生烟气引入该装置 SCOT 单元后，净化尾

气 SO_2 排放量(每月平均值)低于 $400mg/m^3$,远低于 $960mg/m^3$ 的国家环保标准,并且 SO_2 排放没有出现增加的现象。说明 LSH-03 催化剂在较低的使用温度下,完全满足 S Zorb 再生烟气处理的要求。

3.4 硫黄装置运行能耗的比较

3.4.1 氢气消耗量的比较

S Zorb 再生烟气引入硫黄装置 Claus 尾气加氢反应器,按 S Zorb 再生烟气流量 $1000m^3/h$,占 Claus 尾气的比例为 6%,SO_2 含量 3% 和 O_2 体积含量 2% 计算,理论上需要增加氢气消耗量为 0.78%。

硫黄装置在引入 S Zorb 再生烟气前,考虑到正常 Claus 尾气的组成在一定范围内波动,Claus 尾气加氢后氢气需要有一定的富裕量,一般控制氢气的余量指标为 2%~4%。引入 S Zorb 再生烟气后,由于 LSH-03 催化剂加氢活性高,氢气余量指标可以控制在 1%~3% 范围内,因此,多余的氢气完全可以满足 S Zorb 再生烟气加氢的要求,不需要提高氢气加入量。

3.4.2 瓦斯消耗量的比较

硫黄回收装置尾气处理单元更换 LSH-03 催化剂之后,加氢反应器入口温度由原来的 290℃ 以上降至 220~240℃,S Zorb 再生烟气引入硫黄装置后,由于烟气中含有约 90% 的氮气,理论上会增加硫黄装置的能耗,但由于加氢反应器入口温度降低 60℃,瓦斯消耗量大幅降低,由原来的 $379m^3/h$ 降至 $308m^3/h$,平均下降 $71m^3/h$,每年节约瓦斯 716t。

4 在沧州分公司 20kt/a 硫黄装置应用

中国石化沧州分公司 900kt/a 的 S Zorb 装置开车成功后,2010 年 10 月完成了硫黄装置改造,更换了 LSH-03 低温耐氧高活性的尾气加氢催化剂,于 2010 年 11 月初硫黄装置开车成功。开工正常后,11 月 12 日 S Zorb 再生烟气全部引入 20kt/a 硫黄装置尾气处理单元尾气加氢反应器入口。

4.1 引入再生烟气前后床层温升的变化

引入 S Zorb 再生烟气前后床层温升的变化见图 1。其中,2010 年 11 月 12 日引入 S Zorb 再生烟气,之前为正常 Claus 尾气。

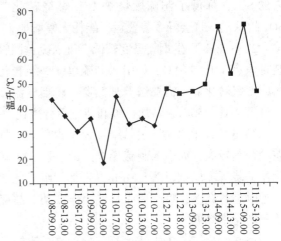

图 1　引入再生烟气前后床层温升的变化

从图 1 可以看出,正常 Claus 尾气加氢控制加氢反应器的入口温度为 230℃ 左右,催化剂床层温升 40℃ 左右;引入 S Zorb 再生烟气后,控制加氢反应器的入口温度为 230~240℃,床层温升一般在 50℃ 左右,最高 73℃,床层温度最高达到 313℃,未出现床层超温及床层温度大起大落的现象。

4.2 净化尾气 SO_2 排放情况

2011 年 3 月 25~28 日,对硫黄回收装置净化尾气 SO_2 排放情况进行了标定,结果见表 4。

表 4　标定期间净化尾气 SO_2 排放浓度

时间	2011-03-25	2011-03-26	2011-03-27	2011-03-28
净化尾气总硫/ (mg/m^3)	289	292	356	273

表 4 结果可以看出,使用 LSH-03 低温 Claus 尾气加氢催化剂,将 S Zorb 再生烟气引入该装置 SCOT 单元后,净化尾气 SO_2 排放量低于 400 mg/m^3,远低于 $960mg/m^3$ 国家环保标准。

5 S Zorb 再生烟气处理能耗比较

理论上 S Zorb 再生烟气可引入硫黄装置的 3 个部位:①与酸性气混合,引入制硫燃烧炉;②与制硫炉后过程气混合,引入制硫单元一级转化器或二级转化器;③与 Claus 尾气混合,引入 Claus 尾气加氢反应器。

1) S Zorb 再生烟气的主要成分为 N_2,N_2 为惰性气体,不参与反应,而且温度低,比热大,如与酸性气混合后,在制硫燃烧炉内需要加热到 1200℃ 以上。由于 S Zorb 再生烟气中含有 3% 左

右的 SO_2，降低了制硫燃烧炉 H_2S 燃烧转化为 SO_2 的总量，将会导致装置运行能耗大幅增加。

2）S Zorb 再生烟气温度较低，进入硫黄回收装置只有 110~140℃，如引入制硫单元一级转化器或二级转化器，需要增上加热器，将烟气温度提升至 230~250℃，增加投资和装置运行能耗。

3）S Zorb 再生烟气中 O_2 及 SO_2 含量高，且波动范围较大，如引入制硫燃烧炉或一、二级转化器，装置配风难以随 S Zorb 再生烟气组成的变化随时进行调整，将会造成装置操作波动及总硫单程转化率降低。

表 5 给出了 S Zorb 再生烟气处理能耗比较。

表 5 S Zorb 再生烟气处理能耗比较

引入部位	制硫燃烧炉	一级转化器	加氢反应器（低温催化剂）
投资/%	10	100	10
能耗/%	100	40	−20

S Zorb 再生烟气引入一级转化器，需要增上加热器，增加投资较高；引入制硫燃烧炉，能耗较高；使用 LSH-03 低温加氢催化剂，引入尾气加氢单元，由于加氢反应器入口温度降低 60℃，总体能耗降低。

6 结论

使用 LSH-03 低温高活性尾气加氢催化剂，硫黄装置不需要进行任何改动，S Zorb 再生烟气不需要加热，直接由管线引入加氢反应器前，与 Claus 尾气混合后进入加氢反应器。操作稳定，装置能耗低，净化烟气 SO_2 排放量低于国家环保标准，是目前 S Zorb 再生烟气较理想的处理方式。

硫黄回收低温尾气处理工艺的设计思路和探讨

郭宏昶

（中国石化洛阳石化工程公司）

摘　要　硫黄回收低温尾气处理工艺的思路在于通过采用新型的低温尾气处理催化剂，设计优化尾气处理工艺流程。新工艺能在装置能耗、投资、操作可靠性、环保排放等诸多因素间实现更好的平衡，以实现装置综合效益的最大化。

关键词　硫黄回收　尾气处理　工艺设计　节能　优化

1 硫黄回收低温尾气处理工艺的设计思路

1.1 硫黄回收技术的发展

第一套较现代化的改良 Claus 工业装置于1944 年投产，它奠定了现代硫黄回收工艺的基础。当时的这套改良 Claus 装置由酸性气燃烧炉、废热锅炉、反应器、硫冷凝冷却器、焚烧炉和风机等设备组成。这也标志着 Claus 硫黄回收大规模应用的开始。经过 20 多年的发展，因为化学平衡的限制和催化反应温度的制约，无法进一步提高硫黄回收率。为满足更加严格的大气环保要求，于是人们开始了对尾气处理的研究，终于在1970 年第一套 Sulfreen 法尾气处理工业装置投产，标志着尾气处理作为一种新型工艺技术正式问世。1974 年第一套 SCOT 装置建成投产，此后10a 间，尾气处理工艺蓬勃发展，被研究过的方法达 70 种以上，已工业化的也有 20 种左右。20世纪 80 年代中期以后，各类方法在不断完善的基础上逐步定型，终于形成了以低温 Claus 工艺、选择性催化氧化工艺和还原–吸收工艺三大类的尾气处理技术。其中还原–吸收尾气处理工艺能够达到的总硫黄回收率最高，得到的应用也最广泛。本文讨论的低温尾气处理工艺即归属于还原–吸收尾气处理技术类。

从主流上讲，有三个主要的力量推进着还原–吸收尾气处理技术的持续发展：第一是环保要求的力量。要达到更高的回收率，人们想到了革新溶剂再生系统，通过深度再生可以得到更"贫"的溶剂（如 SUPER SCOT 工艺）；人们想到

在溶剂中增加添加剂，使得可以降低贫液中 H_2S含量（如 LS SOCT 工艺）；人们甚至想到要进一步回收液硫中溶解的硫化氢和多硫化氢。第二是提高装置操作稳定性的力量。硫黄回收装置作为炼厂重要的环保装置，提高装置运行的可靠性，使其长周期稳定运行十分重要，所以人们也想到了很多的办法，比如 HCR 工艺，适当 Claus 部分的配风比，增加尾气中的硫化氢与二氧化硫的比值，这样就降低了尾气加氢和急冷系统发生故障的几率；人们会使用管式加热炉等间接的方法来加热 Claus 尾气；同样是为了提高装置的稳定性的目的，人们逐渐摒弃了催化焚烧，趋同于热焚烧的方式等等。第三是降低能耗的推力。几乎每个人都知道节能降耗对技术发展的推动力正变的越来越大，人们会更多的使用空冷以降低循环水耗；人们会竭尽所能用到所有能用到的余热；人们会更倾向于使用高效的机械设备和电机；人们会更加倾向于使用新型的液硫造粒设施，等等。

所以到了 2010 年的今天，硫黄回收及尾气处理技术的发展日趋完善，工程经验更加丰富，同时，客户也拥有了更多的选择。

1.2 国产硫黄回收的技术发展

挑战就是机遇，要求就是推力。国产硫黄回收技术的发展也必然是要应对这些挑战，满足日益严格的要求。如上文所描述的，环保的要求，可靠性的要求以及节能降耗的要求就是技术发展的推动力，也指明了技术发展的方向。

（1）环保的要求是根本

硫黄装置烟囱排放的烟气中的二氧化硫的速

率和浓度的控制是最基本的要求，几乎所以的人都会关注这两个数据，因为他们是计算装置总硫黄回收率的基础数据。各个炼油厂实际采用的计算方法各有不同，这里引用了工程部建议使用的计算公式如下：

$$硫回收率(\%) = (S_0 - S_e) \times 100\% / S_0 \quad (1)$$
$$S_0 = M_{H_2S} \times Q_0 \times 32.06/22.4 \quad (2)$$
$$S_e = (C_{SO_2} \times 0.5 + C_{H_2S} \times 0.94 + C_{CS_2} \times 0.842) \times Q_e \times 10^{-6} \quad (3)$$

虽然计算公式是科学和完备的，但是往往由于受到分析检测的限制，对于高硫黄回收率要求的装置，往往很难得到真正的回收率数据，所以往往首先更加关心烟气中二氧化硫的数量。而对于推行精细化管理的今天，还要关注硫的其他去向。只有控制了硫的损失，才能得到更高的实际效率。首先是控制急冷水所带走的硫化氢量，急冷系统的一个重要作用是脱除尾气中残存的二氧化硫，防止对醇胺溶剂造成损害。虽然二氧化硫在中性水中即可得到脱除，但若加入过多的碱，导致 pH 值过高，尾气中的硫化氢也将得到脱除，表观上看硫黄烟囱中排放的二氧化硫少了，但硫却以硫化钠和硫氢化钠的形式被转移到了酸性水中，增加了净化污水的 COD 值。用氨来调节 pH 是一个好办法，但是不良的调节将会给上游的酸性水汽提装置增加负担。液硫也会以溶解的形式带走一些硫化氢。当要求更高硫黄回收率的时候，是需要考虑将液硫脱气后的气体返回的Claus 部分进一步回收的。

（2）提高装置运行可靠性是保障

提高装置运行可靠性的理念受到越来越多的重视。只有在装置稳定的长周期运行得到保障的前提下，去讨论在其他方面进一步的优化才有意义。提高装置运行可靠性在于充分考虑装置运行的操作弹性(尤其是负荷下限)、增强装置对原料酸性气的适应能力、保证自控系统和自保联锁系统的稳定、提升管道系统(包括伴热和夹套蒸汽系统)的科学性、以及合理的材料和设备选择等。甚至对于某些特定的案例还可以考虑以 $n+1$ 为原则设置硫黄回收备用系列。

（3）节能降耗是发展的趋势

低碳经济的来临为硫黄回收技术的发展提供了契机，当人们乘次飞机都要被计算消耗了多少

能量、排放了多少二氧化碳的时候，对于硫黄回收装置来说，实在没有理由不全力研究如何降低装置的能耗。可以预见，未来硫黄回收的技术进步，将有相当一部分是出于节能降耗方面的。

1.3　低温尾气处理技术的总体理念

提出低温尾气处理理念，正是顺应了低碳经济这个时代的要求，在节能降耗、满足环保要求、稳定装置操作、降低投资等诸多方面找到最佳平衡点的理念。

硫黄回收低温尾气处理技术的总体思路是：在保证环保要求，满足装置长周期运行可靠性的同时，采用齐鲁研究院研制的新型低温尾气加氢催化剂，降低加氢反应器的入口温度，达到大幅度降低能耗的目的。这是一个系统的工程革新。

通过分析新型催化剂(LSH-02)在不同入口温度条件下的硫组分的加氢转化率和水解率数据；反应空速和反应温度的相对关系；催化剂承受上游波动的能力，催化剂抗硫酸盐化和水热老化的水平等数据(来自实验室和工业试验)来确定适合的尾气加热方式，确定适宜的工艺流程。

低温尾气处理技术理念不仅仅限于尾气处理部分的革新，更是一个装置全流程的解决方案。其目的不仅仅是节能，而是在影响装置的诸多因素中实现平衡，而这个平衡的评判标准就是装置的综合效益最大化。另外，这个理念的提出还包括了如何更好地应对新的清洁燃料和环保形势下硫黄回收装置任务的改变。

2　低温尾气处理技术解决的问题和思路

2.1　降低能耗

采用 Claus+还原—吸收型尾气处理技术的硫黄回收装置已经成为国内炼油厂的标准配置。Claus 尾气包含了硫化氢，二氧化硫，硫蒸汽，二硫化碳，羰基硫等硫组分。在进入加氢反应器前，常规流程需要将尾气从加热到 280～320℃，只有这样才能满足加氢反应器中的催化剂达到较高的加氢转化率和水解率。而采用低温尾气处理技术，只需要将尾气加热到 220～240℃就能够满足加氢反应器的入口温度要求，所以加热尾气所需的耗能降低了 50%左右，节能降耗效应明显。

加氢反应温度的降低还影响到了尾气处理废热锅炉。尾气处理废热锅炉(回收加氢反应器出

口尾气的余热)的设置一直以来受到广泛的争议。支持设置尾气处理废热锅炉的人们认为该设备可以回收更多的热量,能够降低装置的能耗,但是反对者则认为这台设备会成为全流程的薄弱点,因为加氢反应器的不良运行效果将直接导致尾气处理废锅出现故障,没有还原的单质硫和二氧化硫将在管束中产生堵塞和腐蚀问题,严重时会导致尾气处理的停工。不仅如此,该设备回收的热量只能用来产生低低压蒸汽,温位低,利用价值不大。这个问题的争论使得有的常规的尾气处理单元设置了尾气处理废热锅炉,而有些则没有。当采用低温尾气处理技术后,尾气处理废锅的热负荷由于加氢反应器温度的降低而减小了,回收的热量减少了,对于中小规模装置可以不设置该设备,一方面节省了一次投资,另一方面也提高了装置操作的可靠性。对于大型装置,特别是配套专用溶剂再生的装置,可以通过设置尾气处理废锅,既可以回收热量降低能耗,又可以生产低低压蒸汽,直接供给溶剂再生的重沸器使用。所以采用低温尾气处理工艺,不仅仅利于节能降耗,其更加重要的意义是在于有利于完成安全、环保、投资、节能、平稳运行等诸多因素的和谐统一。

对于不设置尾气处理废锅的装置,采用低温尾气处理技术,则因为加氢反应器出口尾气的温度的降低而有效地降低急冷部分的能耗。不仅仅急冷水的循环量降低了,相应的电耗较小,而且冷却部分的负荷也减小了,所以空冷用电和水冷循环水的需求也相应的减少。

2.2 简化尾气加热方式

如前所述,常规的工艺中,为了达到良好的还原活性和有机硫组分的水解活性,尾气加氢反应器的入口温度需要达到300℃左右。在炼油厂中要将尾气加热到这个温度通常有以下几种方法:

常见的加热方式有气-气换热、焚烧炉烟气加热、在线炉、尾气加热炉等,各种加热方式的比较见表1。

由表1可见,对于传统的工艺技术,不论采用哪种方式来加热尾气,都难以避免其所带来的缺点。这是困扰我们许多年的问题。

采用低温尾气处理技术,加氢反应器所需的入口温度降低到220~240℃,这使得采用中压蒸汽来加热尾气成为可能,尤其对于大规模装置,其废热锅炉自产的中压蒸汽即可满足要求。用中压蒸汽加热尾气,其流程简单、占地小、控制简单,避免了上述各种方法的弊端。

表1 各种加热方式的优缺点比较

项 目	优 点	缺 点
气-气换热	能耗低 对加氢催化剂影响小 操作费用较低 控制简单	流程长,过程气压降高 设备规格大 占地较大 适应性差,需要电加热器作为补充热源
焚烧炉烟气加热	能耗低 对加氢催化剂影响小 占地较小 操作费用较低	流程长,过程气热量损失大 控制较复杂
在线炉	加热效果和适应性好 投资低 占地小	能耗高 对催化剂影响大 控制复杂 操作费用高
尾气加热炉（管式）	加热效果和适应性好 控制简单 对加氢催化剂影响小	设备规格过大 占地大 能耗高

2.3 对下游加氢催化剂影响小

采用蒸汽加热Claus尾气的方法属于间接加热法,和其他间接加热的方法一样,尾气系统中没有引入其他的介质,所以该工艺对下游加氢催化剂的影响也最小。可以不必担心氧气对催化剂造成的损害,也不必担心催化剂床层发生积炭而使活性下降。而所有的一切只需要一台蒸汽加热器和一个简单的温度控制回路就可以实现。

2.4 适于处理其他含二氧化硫酸性气

清洁燃料生产的需要和环保标准的日益严格也在不断地改变着传统炼油厂的装置结构和处理流程,而其中的一些改变也给硫黄回收装置提出了新的任务。也许不久的将来,硫黄回收装置不仅要处理传统意义上的硫化氢酸性气,还要处理二氧化硫酸性气。这其中,一部分来自以生产低硫汽油的S-Zorb装置的尾气;另一部分来自催化裂化可再生湿法烟气脱硫的尾气。这两种酸性气各有特点,但是他们的共同点是:第一,他们都含有二氧化硫,第二,在炼油厂中硫黄回收装置是他们最合适的出路。

以可再生湿法烟气脱硫尾气为例,由于其富含二氧化硫,如果都在尾气处理部分引进到装置，则会造成加氢反应器的温升大大增加，在尾气流量比较大的时候就会超过催化剂及设备所能承受的温度要求。当然可以考虑将这股尾气引入到酸性气燃烧炉的后部，使其在高温部分直接发生 Claus 反应，而且因为配风需求的减少而导致火焰温度的降低也在可以接受的范围内，但是对于改造装置来说，工程量会比较大，而且控制也会更加复杂些。当采用低温尾气处理工艺时，因为反应温度的降低，就无形中会允许更多的含二氧化硫尾气直接进入到尾气处理单元来进行处理。这无疑增加了工艺的灵活性，降低装置的投资。当然，所有工艺技术的选择都需要综合考虑各方面的因素，比如硫黄回收装置的规模，烟气脱硫尾气中的硫含量，溶剂再生的能力（尤其是对于单独为硫黄回收配套的溶剂再生）等，但是一般的来说，对于硫黄回收装置规模比较大，烟气脱硫尾气的硫含量不高的情况下，选择低温尾气处理技术是非常有效的。

2.5　全流程的解决方案

低温尾气处理技术不是也不应该只是硫黄回收尾气处理部分的革新，而是整个硫黄回收装置全流程的解决方案。因为它需要兼顾安全、环保、投资、节能、长周期的诸多环节，并从中找出最佳的契合点。显然，对于不同的工厂，不同的地域，不同的总流程，不同的原料，这个点是不会重合的，具体的情况需要具体的进行分析，才能针对具体项目，实现最优。

安全和环保是首先需要得到保证的。从防火、防爆、防毒、防高空坠落、防雷、防电、防烫、防震、安全阀排放等措施是实现人员安全和健康以及必不可少的手段。并且，对于装置处理过程中任何可能的波动都需要进行有效的检测和控制，装置还需要一套安全连锁系统来保证当某种紧急情况出现的时候系统能自动、即时地进行处理。硫黄回收装置作为环保装置，首先需要确保酸性气在进行处理后烟囱能达标排放，并且也要关注装置次生出来的环境问题，比如急冷水的问题、初期雨水问题、噪声问题等。

几乎所有关心的问题最终都会归结到投资上，各个因素的相互关联使得控制投资变得不那么容易。不能为降低投资而刻意降低材料等级；不能为降低投资而刻意降低仪表系统的档次和等级；也不能为降低投资而刻意选择那些价格便宜

的设备，因为那会影响到安全和长周期运行，且过低的投资所得到的收益注定是短暂的。低温尾气处理技术能够在不对其他因素参数负面影响的同时有效的控制投资，因为它的尾气加热方式更加简单，尾气处理废锅可以取消，急冷水空冷的片数可以更少等。当然，控制投资还需要体现在对平面布置进行充分的优化，控制和自保系统尽可能的简单而有效，以及适当的材质和腐蚀余量的选择上。

低温尾气处理技术对节能的贡献在上面已经论述过了，这确实突破了以投资换能耗，以钢材换节能的传统思想，实现了节能和投资的完美融合。这里想谈的是一个更加广义的节能概念，能耗并不是文件中的一个数据，我认为的能耗是一套装置在一年内所有消耗的能量（包括非计划开停工，局部检修等）加上所有外排介质给下游处理单元所增加的能量消耗的总和。这个数据是无法计算并且难以统计的，但是提出所谓的广义节能概念是想说明装置的平稳和长周期运行本身其实就是节能。这里且不谈硫黄回收装置的长周期平稳运行对整个工厂的意义，但就其对自身的影响就十分巨大，虽然无法计算一次非计划停工需要耗费多少蒸汽，多少氮气，但是可以肯定，调整固有的思路，超越传统能耗概念，优化装置设计，提高装置运行的适应性和可靠性，就能对节能降耗作出更大的贡献。

3　结论

1）三种力量在过去的几十年来极大地推进硫黄回收技术的进步，他们分别来自环保的要求，提升装置的操作稳定性的要求和节能降耗的要求。这三种力量还在继续给科研、工程、操作、管理提出新的要求，而这种压力就是我国硫黄回收技术进步的动力所在。

2）低温尾气处理技术可以更加有效的解决装置节能降耗问题，简化尾气加热方式，并且提升装置的整体素质。

3）低温尾气处理技术更有利于处理含二氧化硫的气体。

4）低温尾气处理技术是整个硫黄回收装置全流程的解决方案，兼顾了安全、环保、投资、节能、长周期的诸多环节，并更容易从中找出最佳的契合点。

硫黄回收装置低负荷启动的探讨与实践

李铁军

(山东三维石化工程股份有限公司)

摘　要　随着国内大气污染物排放限制的逐年增强，装置在开工初期、末期的适应性问题逐步显现出来。本文着重探讨了硫黄装置低负荷启动运行的技术，介绍了扩展装置处理规模的调整方案。

关键词　硫黄回收　低负荷　工艺

炼化企业的投产是一个逐步增加产量的过程，期间产生的硫化物主要以 H_2S 的形式送到硫黄回收装置进行处理，最后以固体或液体硫黄的形式储存、运输以及销售。炼化装置满负荷运行时所产生的 H_2S 是装置设计时着重考虑的因素，但是开、停工期间，由于上游装置的负荷变化、原料含量变化等因素造成硫黄回收装置的原料——H_2S 的量有可能远远低于或超出硫黄回收装置的设计操作范围，绝大部分 H_2S 在开工初期排放火炬，对周围环境造成巨大的污染。随着国家逐步加强对污染物二氧化硫排放的控制，硫黄回收装置的低负荷启动问题不得不提到议事日程上来。如何降低硫黄回收装置的启动负荷，实现硫黄回收装置的全方位运行，减少污染物的排放是必须考虑的问题。

1　硫黄回收工艺描述

在石油化工企业中一般均采用工艺路线成熟的高温热反应和两级催化反应的 Claus 硫回收工艺，根据酸性气中 H_2S 含量不同，通常采用部分燃烧法和分流法，酸性气浓度较高时采用的是部分燃烧法，此法是将全部原料气引入制硫燃烧炉，在炉中按制硫所需的 O_2 量严格控制配风比，使 H_2S 燃烧后生成 SO_2 的量满足 H_2S/SO_2 比值接近于 2，H_2S 与 SO_2 在炉发生高温反应生成气态硫黄。未完全反应的 H_2S 和 SO_2 再经过转化器，在催化剂的作用下，进一步完成制硫过程。对于含有少量烃类的原料气用部分燃烧法可将烃类完全燃烧为 CO_2 和 H_2O，使产品硫黄的质量得到保

证。部分燃烧法工艺成熟可靠，操作控制简单，能耗低，是目前国内外广泛采用的制硫方法。

从 Claus 单元排出的制硫尾气，仍含有少量的 H_2S、SO_2、COS、S_x 等有害物质，直接焚烧后排放达不到国家规定的环保要求，需进入尾气处理单元。硫黄回收尾气处理方法主要有低温 Claus 法、选择氧化法、还原吸收法。根据国家环保局 1997 年开始实施的排放标准《大气污染物综合排放标准》GB 16297—1996 的规定，除要求烟囱的排放高度和 SO_2 的排放量的关系外，还限制 SO_2 最高排放浓度为 960mg/m^3，这就要求硫黄回收率达到 99.8% 以上，目前只有采用还原吸收工艺才能达到。

加氢还原吸收工艺是将硫回收尾气中的单质 S、SO_2、COS 和 CS_2 等，在很小的氢分压和极低的操作压力下(约 0.02~0.03MPa)，用特殊的尾气处理专用加氢催化剂，将其还原或水解为 H_2S，再用醇胺溶液吸收，再生后的醇胺溶液循环使用。吸收了 H_2S 的富液经再生处理，富含 H_2S 气体返回胺液再生部分，经吸收处理后的净化气中的总硫小于 300×10^{-6}。

2　硫黄回收装置的操作弹性

从硫黄回收及尾气处理工艺路线上可以清晰的看到，制约硫黄回收装置操作弹性底限的关键因素在于制硫燃烧炉的反应热。制硫炉内部的反应热作为主要能源必须能够支撑整个 Claus 反应的连续进行，否则就会造成 Claus 反应的终止。也就是说，此时达到了装置操作的底线。针对硫

黄回收装置来说，装置操作运行的底限不能简单的以 H_2S 的量来判断，而应该以原料燃烧产生的热量多少来判定。

整个系统的能量输出包括以下几个方面：

1）系统设备的表面热量散失。为保证 Claus 工艺的正常运作，必须确保制硫燃烧炉的温度在 975℃ 以上以及两台转化器的温度保持在适当的温度。前者的目的在于确保制硫燃烧炉的燃烧效率以及最低的残氧量，后者主要是保证 Claus 反应的顺利进行。由此产生的相应设备热损失就不可避免。设备热损失能够占到整体反应热的 5%～8%。

2）工艺过程中必要的能量流动。为保证 99.9% 以上的硫黄转化率，就应使制硫燃烧炉在高温运行，而两级转化反应则尽量降低反应温度，以利于 H_2S 与氧气的反应向反应方程式右侧进行。因此，Claus 工艺中需要利用硫冷凝器在适当的时机通过换热取走反应热量，同时捕集截流反应中生成的液态硫黄。此过程也消耗整个 Claus 工艺的热量。

这两项能量的输出是不可避免的，而且由于工艺条件决定了相应设备的工艺指标温度，因此装置的热损耗相对来说是固定的。因此，制约硫黄回收装置操作运行的底限在于原料的焓值。

3　寻求低负荷启动的措施

3.1　方案的确定

增加硫黄回收装置原料焓值的方法包括如下方案：

1）整体提高原料以及空气的温度。

2）混掺高焓值组分进入原料内部，从而提高原料的焓值。

整体提高硫黄回收装置的原料需要增加换热设施，同时也需要消耗高品质的能源，而且提高原料温度的方法实际上增加了物料的显热，成效有限。

采用富氧的方法也是一种相对有效的方案。但是在炼化企业中氧是一种资源紧张的原料，由于炼化企业没有大的空分装置，因此氧气资源有限，对于大多数企业来说，使用氧气是不合实际的。

混掺高焓值组分可以大幅度提高原料的焓

值，确保装置在低负荷情况下启动运行，而且调节方便，操作性高，是一个相对高效的方法。

3.2　混掺组分的确定

硫黄回收及尾气处理工艺需要的公用工程中包含氢气、燃料气，在不增加额外公用工程条件的前提下，达到混掺高焓值组分的目的将极大地增加硫黄回收工艺的可操作性。

两种介质的拌烧各有优缺点。氢气属于洁净能源，燃烧不生成任何杂质，对硫黄回收装置的产品质量无任何影响，属于混掺组分最佳的选择。缺点是价格相对昂贵。

燃料气价格相对低廉，但是混烧存在一定的风险，对燃烧器的要求相对比较高，操控不好极易出现析炭的情况，引起系统的堵塞。为了解决硫回收装置的低负荷运行问题，不断对燃气拌烧方案进行了完善和调整，找到了控制拌烧燃气的控制要点，使拌烧燃气开始大面积推广使用。综上分析，如果仅仅作为开、停工期间阶段性的辅助手段，氢气作为拌烧介质最为合适。

3.3　装置实施情况

某煤化工企业 20kt/a 硫黄回收装置正常工况下，最低负荷可处理表 1 组成的酸性气。

表 1　几种酸性气组成

项　　目	酸性气 1	酸性气 2	酸性气 3
流量/（m³/h）	2526	800	2375
H_2S 体积分数/%	34.24	11.03	0.77

为解决装置开工前期酸性气量不足的问题，将组成主要是氢气的变换气作为拌烧介质进行混烧，达到良好的效果，装置在酸性气量达到 1622m³/h，体积分数仅有 26% 的情况下实现顺利启动，并于次日产出合格产品。以纯 H_2S 计，装置的操作弹性底限从 30% 降至 14.6%。

3.4　控制方案说明

控制方案主要有以下 3 点：

1）燃烧温度控制是拌烧方案中最为重要的一点。为保证燃气的完全分解，必须保证燃烧炉内的温度达到 1100℃ 以上的温度，随着拌烧燃气的组成愈重，控制温度愈高。

2）适当分流是保证顺利拌烧的有一个关键点。在烧氨炉膛中一般采用双炉膛设计，适当的分流可以使燃烧炉前部出现局部"过氧"的现象，有利于烃类的分解。

3）合理采用水煤气反应，消除析炭影响。

4 结论

利用硫黄回收装置原有工艺物料——氢气或燃气作为装置低负荷运行的混烧介质，提升了装置的运行范围，通过实践证明是切实可行的。利用这种方法不仅可以提高低负荷运行的可靠性，极大地降低了开工期间对环境的污染，而且不需要对现有的装置进行任何改造即可实现。硫黄回收装置的低负荷运行对于化工企业逐步实现清洁生产具有重要的意义。

低纯氢作为硫回收装置氢源的可行性研究

刘剑利　　刘爱华　　陶卫东　　许金山　　刘增让

（中国石化齐鲁分公司研究院）

摘　要　研究了低纯氢作为硫回收装置氢源的可行性。试验结果表明：使用 LSH-02 低温 Claus 尾气加氢催化剂，可采用氢气体积含量 67% 以上的加氢释放气代替纯氢作为硫黄装置的氢源，大大降低了生产成本。

关键词　低纯氢　硫回收装置　氢源　Claus 尾气加氢

目前，国内炼油厂加氢装置每年产生大量的低纯度氢气（低纯氢），氢气体积含量一般在 50%~80%，大部分作为制氢原料或进行膜分离处理，提高氢气纯度后再进行（变压吸附）PSA 处理，为加氢装置提供合格氢源，但成本较高；少量的并入瓦斯管网作为燃料气烧掉，但热值较低。

国内硫回收装置 Claus 尾气加氢单元使用的氢气一般为氢气体积含量 95% 以上的纯氢，加氢成本较高。随着国家对节能减排的日益重视，不少石化企业有使用廉价氢源代替纯氢的设想，但至今未见工业化实施的报导。使用低纯氢取代目前硫回收装置使用的纯氢作为氢源，对于装置节能降耗，降低加工成本具有重要的意义。

中国石化齐鲁分公司共有 4 套硫黄回收装置，其中 80kt/a 装置 2 套、40kt/a 装置 1 套、10kt/a 装置 1 套。4 套硫黄装置每小时需使用氢气 1400~1600m³，每年消耗氢气 1200t 以上。老 80kt/a 硫黄回收装置于 2008 年 11 月更换齐鲁分公司研究院最新开发的 LSH-02 低温型 Claus 尾气加氢催化剂，该催化剂具有低温活性好、抗结炭能力强的特点，反应器入口温度 220~230℃；新建 80kt/a 硫黄回收装置于 2008 年 5 月开工，使用齐鲁分公司研究院早期开发的 LS-951T 常规 Claus 尾气加氢催化剂，该催化剂相比 LSH-02 催化剂使用温度高 60℃ 以上，反应器入口温度 280~300℃，高温使用抗结炭能力较差。利用低纯氢代替高纯氢作为 Claus 尾气加氢装置的氢源，对两种催化剂进行了试验室性能考察，开展了低纯氢作

为硫回收装置氢源的可行性研究。

1　试验部分

1.1　试验装置及方法

试验是在 10mL 硫黄微反评价装置上进行的，反应器由内径为 20mm 的不锈钢管制成，置于恒温箱内，恒温箱采用电加热方式，近似等温炉体。催化剂装填量为 10mL。反应气（干基）体积组成为 1% 的 H_2S、0.6% 的 SO_2、0.5% 的 CS_2、8% 的 H_2，其余为氮气和烃类，此外水蒸气占总体积含量 30%。反应条件为体积空速（干基）1600h^{-1}、反应温度 250℃（或 300℃），压力为常压。

1）根据下式计算催化剂的 SO_2 加氢转化率：

$$\eta_{SO_2} = \frac{M_0 - M_1}{M_0} \times 100\%$$

其中，M_0、M_1 分别代表反应器入口及出口处 SO_2 的体积浓度。

2）根据下式计算催化剂的水解转化率：

$$\eta_{CS_2} = \frac{C_0 - C_1}{C_0} \times 100\%$$

其中，C_0、C_1 分别为反应器入口及出口处 CS_2 的体积浓度。

1.2　试验所用氢源

经过调研，采用胜利炼油厂氢气体积含量分别为 80%、50% 的加氢释放气作为氢源（见表1），在 10mL 微反装置上对 LSH-02 催化剂和 LS-951T 催化剂分别进行了性能考察。

表1　胜利炼油厂净化瓦斯组成

组成体积含量/%	氢源1	氢源2
氢气	82.31	51.68
甲烷	4.45	13.36
乙烷	4.71	14.48
丙烷	4.32	10.24
正丁烷	2.21	3.74
异丁烷	0.62	3.31
正戊烷	0.57	1.19
异戊烷	0.48	1.46
总碳六	0.33	0.54
合计	100.00	100.00

2　结果与讨论

2.1　催化剂催化性能考察

以氢源1配制的原料气(加氢反应器入口混合气体)标识为1#原料气,以氢源2配置的原料气(加氢反应器入口混合气体)标识为2#原料气,原料气的组成见表2,试验结果见图1和图2。

表2　模拟原料气组成

组成体积含量/%	1#原料气	2#原料气
硫化氢	1.02	1.01
二氧化硫	0.59	0.60
二硫化碳	0.50	0.49
氢气	8.00	8.01
甲烷	0.38	1.98
乙烷	0.41	2.15
丙烷	0.37	1.52
正丁烷	0.19	0.56
异丁烷	0.06	0.49
正戊烷	0.05	0.18
异戊烷	0.04	0.22
总碳六	0.03	0.08
N_2	88.36	82.71
合计	100.00	100.00

从图1和图2可以看出,分别以氢纯度为51.68%、82.31%的净化瓦斯取代纯氢作为氢源,在一定的条件下,催化剂的SO_2加氢转化率和CS_2转化率都达到了100%,对催化剂的活性基本没有影响。

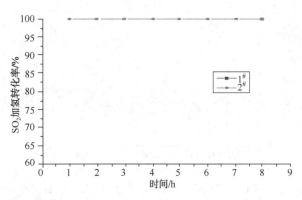

图1　LSH-02催化剂的SO_2加氢转化率

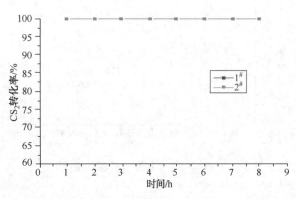

图2　LSH-02催化剂的CS_2转化率

2.2　催化剂稳定性的考察

为了考察催化剂的稳定性,分别以含氢51.68%、82.31%的净化瓦斯作为试验所用氢源(1#、2#原料气),反应温度为250℃,其他条件同3.1,对LSH-02催化剂分别进行了500h活性评价,结果见图3、图4;在反应温度为300℃,其他条件同3.1,对LS-951T催化剂分别进行了500h活性评价,结果见图5、图6。

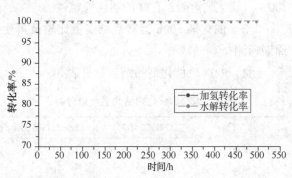

图3　1#原料气LSH-02催化剂稳定性考察

从图3、图4、图5、图6中可以看出,分别以含氢51.68%、82.31%的净化瓦斯为氢源,在试验考察的500h内,LSH-02催化剂和LS-951T催化剂的加氢转化率和水解转化率都保持在

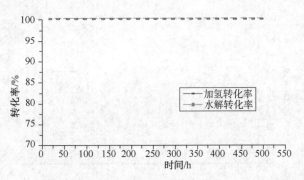

图 4　2#原料气 LSH-02 催化剂稳定性考察

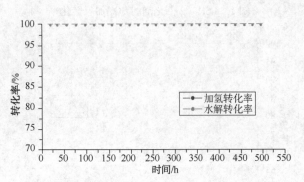

图 5　1#原料气 LS-951T 催化剂稳定性考察

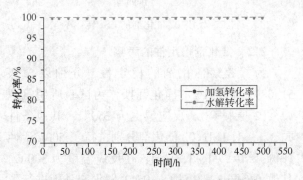

图 6　2#原料气 LS-951T 催化剂稳定性考察

100%，催化剂表现出良好的活性稳定性。

2.3　催化剂 500h 运转后结炭量比较及再生周期预测

运行 500h 后催化剂的结炭量见表 3。

表 3　运转后催化剂结炭量质量分数　　%

项　目	LSH-02 结炭	LS-951T 结炭
1#原料气	0.12	0.55
2#原料气	0.23	1.23

从表 3 中可以看出，LS-951T 催化剂的结炭量明显高于 LSH-02 催化剂，主要原因是 LSH-02 催化剂使用温度较低，反应温度为 250℃，在反应温度低于 300℃ 的反应条件下，原料气中携带的轻烃热裂解析碳速率非常慢；LS-951T 催化

剂使用温度较高，反应温度为 300℃，工业装置上催化剂床层温度在 300~330℃，在反应温度高于 300℃ 的反应条件下，原料气中携带的轻烃裂解析碳速率加快，导致催化剂结炭速率加快。

根据油品加氢催化剂失活规律研究，正常情况下，催化剂积炭量达到 10% 以上，催化剂的活性位被积炭所覆盖，催化剂活性会大幅降低，在此情况下，催化剂需要再生或更换新剂。如使用氢气体积含量为 82.31% 的净化瓦斯作为氢源，按上述结炭速率进行计算，LSH-02 催化剂使用一年的结炭量为 2.02%，催化剂的再生周期预计可达 5 年；LS-951T 催化剂一年的结炭量为 9.24%，催化剂的再生周期预计 1 年。如使用氢气体积含量为 51.68% 的净化瓦斯作为氢源，按上述结炭速率进行计算，LSH-02 催化剂的再生周期预计可达 3 年，LS-951T 催化剂的再生周期预计半年。硫黄装置的开工周期一般与主装置相一致，目前一般是三年一检修，在检修期间才能进行催化剂的再生。因此，如使用氢气含量较低的释放气，建议新建 80kt/a 硫黄装置尾气加氢催化剂更换为 LSH-02 低温 Claus 尾气加氢催化剂。

2.4　工业实施的可行性

胜利炼油厂硫黄回收装置使用的氢气为纯氢，加氢反应器的反应压力基本为常压。因此，从经济性上考虑应使用压力等级较低的含烃气体来代替纯氢。目前，炼油厂排放的净化瓦斯压力一般在 0.4~0.7MPa，低分气压力为 2.0MPa 左右，因此，优选净化瓦斯或低分气作为硫回收装置使用的低纯氢氢源。

胜利炼油厂有 4 套硫黄回收装置，其中 80kt/a 装置两套，这两套装置是采用齐鲁分公司自主开发的 SSR 工艺，Claus 尾气的再热方式为气-气换热；此外有 1 套 40kt/a 和 1 套 10kt/a 装置，Claus 尾气的再热方式采用在线加热炉，以氢气作为燃料气。

80kt/a 硫黄回收装置再热方式采用的是气-气换热，从加氢反应器出来的加氢尾气，先经急冷塔降温，再经胺液吸收净化，净化后的尾气仍含有微量硫化氢及有机硫，必须经尾气焚烧炉焚烧转化为二氧化硫之后，才允许排入大气。如净化瓦斯中烃类含量较高，非硫化氢的含硫化合物加氢消耗氢气后，剩余的含烃气体进入尾气焚烧

炉焚烧，焚烧后气体经蒸汽过热器后与 Claus 尾气换热，换热后排入大气。由于蒸汽过热器是把制硫单元生成的 3.5MPa 的中压蒸汽过热至 450℃，然后并入过热蒸汽管网，因此，工艺指标中对焚烧炉的温度有所控制，过高可能超过设计值，过低过热蒸汽达不到并网温度，这就需要严格控制焚烧瓦斯量。

如果用烃类含量较高的含烃氢气取代纯氢，剩余的含烃气体会随之进入尾气焚烧炉，焚烧炉即使不额外添加瓦斯，剩余的含烃气体也会造成焚烧炉超温，即存在净化瓦斯中烃类含量过剩问题，因此，用于取代纯氢的含烃气体中应有最低氢气含量限制。

80kt/a 硫黄回收装置尾气焚烧炉瓦斯用量为 200~300m³/h，以最低量 200m³/h 计；纯氢用量 400m³/h 左右，以 400m³/h 计，含氢气体最高用量为 600m³/h，据此计算，氢气体积含量应控制在 66.67% 以上，控制氢气体积含量在 66.67% 以上焚烧炉不会发生超温现象。

上述试验结果已经说明在氢气体积含量 51.68% 的情况下，对 LSH-02 催化剂活性基本没有影响，催化剂结炭速率慢。兼顾尾气焚烧炉的稳定运行，建议控制氢气体积含量在 67% 以上。

对于使用 SSR 工艺的两套 80kt/a 硫黄回收装置来说，该项目的实施需增加一条加氢释放气到硫黄回收装置的管线。此外，由于新 80kt/a 硫黄回收装置使用的是 LS-951T 催化剂，抗结炭能力差，需更换为 LSH-02 低温型 Claus 尾气加氢催化剂。

胜利炼油厂 40kt/a 硫黄回收装置使用的催化剂为 LS-951T 常规 Claus 尾气加氢催化剂，10kt/a 硫黄回收装置使用的催化剂为 LSH-02 低温型 Claus 尾气加氢催化剂。40kt/a 和 10kt/a 硫黄回收装置使用在线炉作为 Claus 尾气的再热方式，氢气作为燃料气。氢气和空气先在炉中发生次当量燃烧，然后在混合室与 Claus 尾气混合进入加氢反应器，如氢气中含有烃类，燃烧不完全会生成炭，炭会带入到加氢反应器中，沉积在催化剂表面造成催化剂积炭。经与设计单位多次沟通，如果使用含烃氢气取代纯氢，需对装置进行 3 项改造：①采用杜克火嘴和专用控制程序；

②增加 C/H 比值分析仪或瓦斯分子量分析设备；③通过程序软件控制次当量燃烧。在上述改造的基础上，40kt/a 硫黄回收装置催化剂还需要更换为 LSH-02 低温 Claus 尾气加氢催化剂。

2.5 经济效益估算

以胜利炼油厂两套 80kt/a 硫黄回收装置为例，每小时消耗氢气 1000m³，相当于每年消耗氢气 750t，按 2010 年 11 月份二化供应炼油厂氢气不含税价格 1.3115 万元/t 计算，每年耗氢成本为 984 万元。如果使用氢纯度 70% 的排放氢，每年需消耗 1071t。目前这类排放氢作为制氢原料或燃料，以 2010 年 11 月份瓦斯内部互供不含税价格 2051 元/t 价格计算，每年费用 220 万元。用排放氢置换高纯氢后每年降本 764 万元。

另外，使用排放氢作为氢源，按照氢气被消耗，剩余的含烃气体进入尾气焚烧炉，每年可降低尾气焚烧炉瓦斯消耗量至少 321t，以 2010 年 11 月份瓦斯内部互供不含税价格 2051 元/t 价格计算，每年降低瓦斯消耗的效益为 66 万元。合计每年增加经济效益 830 万元。

此项目的实施只需增加一条释放气到硫黄装置的管线即可，按管线单价 100 元/m，长度 1000m 计算，投资约 10 万元。

3 结论

1）LSH-02 低温 Claus 尾气加氢催化剂的结炭速率明显低于 LS-951T 常规 Claus 尾气加氢催化剂，如使用低纯度氢气代替纯氢，建议催化剂更换为 LSH-02 低温 Claus 尾气加氢催化剂。

2）兼顾尾气焚烧炉的稳定操作，推荐含烃气体中合适的氢气体积含量应在 67% 以上。

3）两套 80kt/a 硫黄回收装置使用低纯度氢气取代纯氢，需增加一条加氢释放气到硫黄回收装置的管线，新 80kt/a 硫黄回收装置所用催化剂需更换为 LSH-02 低温型 Claus 尾气加氢催化剂，实施后每年可增加效益 830 万元；40kt/a 和 10kt/a 硫黄回收装置，若使用含烃氢气取代纯氢，需要对装置进行相应改造。

4）硫黄回收装置尾气处理单元使用低纯度氢气取代纯氢作为氢源是可行的。

高 H_2S/SO_2 比率硫黄回收新技术及应用

刁九华　马强　郭宏昶

（中国石化洛阳石化工程公司）

摘　要　本文结合国内首次某引进的意大利 SINI 公司高 H_2S/SO_2（HCR）硫黄回收新工艺技术，介绍了高 HCR 硫黄回收新技术特点、并与常规技术进行对比。

关键词　Claus　高 H_2S/SO_2 比率　流程　改进

常规的 Claus 硫回收采用化学当量反应操作 H_2S/SO_2 为 2∶1，以获得最大转化率。这仅在进料原料酸性气稳定的条件下，可以实现最佳操作。但对于大型炼油厂加工多种原料油，其数量和硫含量差异较大，使得进入硫黄回收装置的酸性气原料量及组成变化甚大，图 1 为某实际生产装置，操作按 H_2S/SO_2 为 2∶1 的运行结果[1]。由图 1 表明由于快速及频繁的组成变化，操作中保持预定的 H_2S/SO_2 比率相当困难，难以达到预期效果。2009 年国内首次在某新建大型炼油厂引进

一套意大利 SINI 公司的高 H_2S/SO_2 比率（HCR）硫黄回收新技术，建设规模为 6 万 t/a。该装置于 2009 年 4 月顺利投产，产品指标达到国家优质品标准，硫黄回收率达到 99.9%，排放烟气中 SO_2 浓度不大于 496mg/m³，满足国家大气污染物综合排放标准（GB 16297—1996）。该装置生产实践证明，HCR 技术克服了常规工艺存在的问题，不仅硫回收率较高，而且对于原料波动的适应性强、装置操作弹性大。

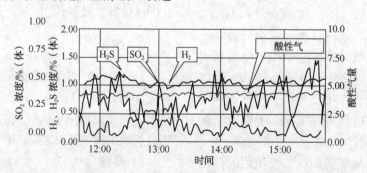

图 1　原料量和 Claus 尾气中 H_2S、SO_2、H_2 浓度随时间变化

1　HCR 技术基本概念

众所周知，Claus 装置的硫黄回收率与离开最后一级冷凝器的尾气中的 H_2S/SO_2 比率有关，尾气中 H_2S/SO_2 的摩尔比等于 2 是获得最佳结果的优化值。而不太为人所知的是，该影响仅在理论上是惊人的。以采用一台热反应器和两段催化反应器进行操作的标准 Claus 装置为例加以说明：

表 1、表 2 为匈牙利油气公司某炼油厂两级 Claus 装置的硫黄回收的实际操作数据[1]。从表 2 看出，Claus 尾气中的 H_2S/SO_2 比率在 2~5 范围

变化时，硫黄回收率降低约 0.18%，其影响较小。

表 1　酸性气组成

项　目	胺酸性气	SWS 酸性气
组成质量分数/%		
H_2S	89.2~90	33.0
NH_3		33.0
C_2H_6	1.0	1.0
CO_2	4.0	
H_2O	5.0	33.0
流量/（kg/h）	3500	2062
温度/℃	47	

表2　硫黄回收率随着 H_2S/SO_2 比率变化

Claus 尾气中的 H_2S/SO_2 比率	1.27	1.53	1.85	2.00	2.27	2.65	3.48	4.87
硫黄回收率/%	94.82	94.88	94.92	94.92	94.92	94.90	94.81	94.64

图2为 H_2S/SO_2 比率与硫黄转化率的关系曲线[2]。从图2看出，曲线较平缓，接近常规比率（ $H_2S/SO_2=2$ ），对应的最大转化率的值域较宽。在 H_2S/SO_2 为2~8的范围内，偏离比率时，硫的转化率降幅较小。HCR 新技术就是基于这一概念，对常规 Claus 进行改进，采用高 H_2S/SO_2 比率代替常规比率。该新技术对 Claus 部分的硫回收率影响较小，其流程与还原吸收尾气处理结合后，装置的总硫黄回收率不受影响。

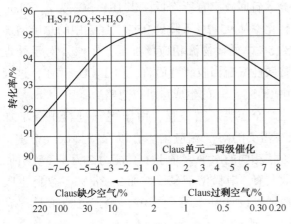

图2　Claus 单元 H_2S/SO_2 比率与转化率

2　HCR 技术特点

2.1　主燃烧器空气量容易控制

高 H_2S/SO_2 比率是通过小幅度调节进入主燃烧器工艺空气的流量来实现的，图3所示 H_2S/SO_2 比率与配风量变化曲线[1]，由图3看出通过常规控制回路较容易实现。

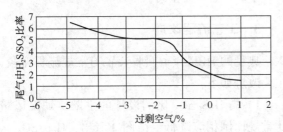

图3　H_2S/SO_2 比率与过剩空气

2.2　高 H_2S/SO_2 比率变化对绝热火焰温度影响较小

图4所示不同 H_2S/SO_2 比率与炉膛绝热火焰温度关系[1]。从图4看出，绝热火焰温度在 H_2S/SO_2 为2~7的范围内变化较小，意味着偏离比率对于离开热反应器的气体组成影响较小，对于热量平衡和物料平衡计算影响不大，模拟计算也证明了这一点。

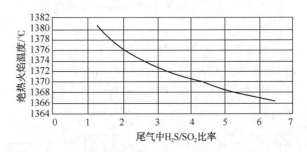

图4　不同 H_2S/SO_2 比率与绝热火焰温度

2.3　高 H_2S/SO_2 比率，尾气中 SO_2 含量相应减少

在原料酸性气组成一定的条件下，随着 H_2S/SO_2 比率的提高，Claus 尾气中的 SO_2 含量相应降低。图5所示 H_2S/SO_2 比率与 SO_2 含量关系。由图5看出在 H_2S/SO_2 比率在2~6内，尾气中 SO_2 含量减少幅度较大(约43%)，并随着比率增加而越来越低。在比率为10或大于10时，SO_2 含量达到 0.05%~0.1%，比率再增加则不会有大的影响。

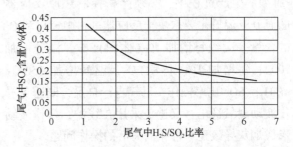

图5　不同 H_2S/SO_2 比率尾气中 SO_2 含量

2.4　不需要外补氢，自产氢气可满足要求

没有充足的氢气，就不能保证 SO_2 还原反应完全。大多数尾气处理过程是把在 Claus 尾气中残余的 SO_2 和 S 蒸气催化还原反应为 H_2S ：典型的加氢反应如下：

$$SO_2+3H_2 \longrightarrow H_2S+2H_2O \qquad (1)$$

$$S+H_2 \longrightarrow H_2S \qquad (2)$$

除上述主要反应外，还会有 CO 转移、COS 和 CS_2 水解反应。上述反应表明，还原每 molSO_2，至少需要 3molH_2。由于 Claus 燃烧炉热反应中 H_2S 的热分解，进料中约 6% 的 H_2S 分解为氢气和硫黄。尾气中已含有的氢气可为还原含硫化合物提供相应的还原剂。与常规技术相比，HCR 技术尾气中 SO_2 含量减少，这意味着氢气消耗相应减少。因此自产氢气足以满足要求，不需要外部提供氢气，也不需设置基于燃料气不完全燃烧生产氢气的在线炉系统，因而可降低投资和操作费用。

图 6 所示以典型 H_2S/SO_2 为 4~2 时，剩余氢对 Claus 操作的影响示意图。由图 6 看出，高比率操作过程中剩余氢气对于原料波动或能力缓冲十分有力。

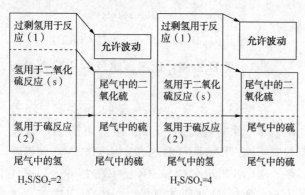

图 6　采用 H_2S/SO_2 = 4 与 2，过剩氢对
Claus 操作的影响示意图

2.5　提高尾气处理系统的操作稳定性

1）生产过程中，必须严格控制还原反应器的温升。温升主要取决于反应器进料中 SO_2 和 O_2 的含量。大约每增加 1%（体积）SO_2，温升增加 70℃；每增加 1%（体积）O_2，温升增加 150℃。高 H_2S/SO_2 比率操作，氢气自产自足，既避免操作波动漏氧逸出，又避免采用在线炉，操作波动形成烟灰导致还原催化剂失活的操作问题。

2）通常对于大型炼油厂的 Claus 装置多种进料或多套装置操作方案引起的尾气组成波动，尽管在常规 Claus 设有 H_2S/SO_2 在线比例分析仪，而实际上由于工厂原料变化或上游装置操作波动，这种情况经常发生在 Claus 单元 H_2S/SO_2 在线比例分析仪失控，引起 SO_2 含量突然变化。在氢气不足的情况下，H_2S 和 SO_2 的混合气体进入急冷塔。在塔内液相中发生 Claus 反应，在液相

中形成胶状硫。依次形成的固体硫黄，堵塞急冷塔。如不能定期清理就会造成装置被迫停工。影响了装置的长周期平稳运行。

HCR 技术通过提高 H_2S/SO_2 比率的操作，较大的缓解因酸性气组成的波动或仪表失常，使尾气中 SO_2 波动带来的上述操作问题。同时避免了脱水部分洗涤液的酸化，造成的对设备严重腐蚀问题，也使排放的酸性水对下游装置干扰的可能性降低。高比率操作控制较容易，H_2S/SO_2 可在 2~5 较大范围内变化。

2.6　高比率操作的负面影响

H_2S/SO_2 比率越高，所需要吸收 H_2S 的溶剂量越大。其原因可从图 2 看出，高比率 Claus 部分的硫回收率有所降低。当 H_2S/SO_2 为 4，Claus 转化率从 95.2% 下降到 95%。尾气中的总硫增加约 5%。循环物流相应增加低于 10%。对于处理贫酸性气硫回收装置而言，由于 CO_2 存在，过程中 COS、CS_2 的生成量可以忽略。

至于溶剂循环量，由于尾气进料中硫增加 5% 需要的溶剂相应增多，以保持排放气中 H_2S 维持相同的水平。对于 1 套能力 3 万 t/a 硫黄回收装置，其胺溶剂量仅增加 2~3m^3/h。实际上吸收塔的设计基本不受影响，尤其适用于对现有 Claus 改造。

关于硫黄回收装置总处理能力（酸性气+空气+循环物流），预测循环酸性气增加 10%，使得总能力减少小于 1%。但考虑到 Claus 操作 H_2S/SO_2 为 4 代替 2，需要的燃烧空气量相应减少 1%~2%，过程气量的增加会因为需要燃烧的空气量减少而得到部分补偿，其结果是装置处理量基本保持不变。因此，设计 1 套硫黄回收装置按 4:1 与 2:1 基本上相同，不需要额外投资。

3　工艺流程改进

典型的 HCR 硫黄回收装置与常规流程比较，主要改进如下：

1）高 H_2S/SO_2 比例设计的主燃烧炉配风量比常规比例相应降低，由图 2 看出，H_2S/SO_2 从 2 提高到 10 时，配风量降低约 3%。综合考虑最佳操作及溶剂消耗等因素，典型 HCR 硫黄回收装置设计 H_2S/SO_2 为 4，相应的配风量降低约 1%~2%。

2）一级、二级硫冷凝器组合，壳层产生 0.55MPa 低低压蒸汽；三级硫冷凝器温位较低，单独设置，其过程气与高压锅炉给水换热，不产生蒸汽，而是把锅炉水温换热到 150℃ 后进入主燃烧炉废热锅炉产生中压蒸汽，过程气被冷却温度至 135℃，以尽量多地从过程气中分离出夹带的雾状硫黄。

3）尾气进入还原反应器前，采用两级自产蒸汽换热，其中一级换热器采用尾气与中压饱和蒸汽，然后尾气再进入二级换热器与中压过热蒸汽换热。该换热流程简单，升温速度易控制。

由于既不需要在线炉，也不需要外补氢系统（氢气混合器、管线及阀门），只设置蒸汽加热，就可提供加氢反应器所需的热量，工艺流程简单，操作方便，装置可靠性增大。

4）急冷塔分为上下两段冷却，其中一段脱过热段，塔内设有塔盘，以避免操作波动，工艺凝液对胺系统的污染；二段为水蒸气冷凝段，塔内设有填料层。

一段脱过热段循环水冷却设置部分过滤系统，清除塔下段系统杂质，避免了操作波动气体进入塔上部二段时，夹带杂质堵塞填料的问题。进一步提高了操作的稳定性。

4　工业应用实例

HCR 硫黄回收新技术首次工业示范装置于 1988 年 11 月在意大利 Apig Petro Li 公司，Robassomero 地区，至今世界上已有 15 套装置在操作[1]。其多数用于新建装置，部分用于扩能改造。2009 年国内首次投产了一套 HCR 硫黄回收装置。以该新建硫黄回收装置为例介绍其工业应用情况。

4.1　概况

该新建 6 万 t/a 硫黄回收装置，按双系列制硫配置一套尾气处理方案。其中包括液硫脱气及成型部分。其工艺流程特点如下：

1）酸性气燃烧炉废热锅炉产生 4.5MPa 中压蒸汽；过程气采用自产中压蒸汽加热。

2）尾气处理采用 SINI 公司的 HCR 加氢还原溶剂吸收工艺；采用具有选择性的甲基二乙醇胺（MDEA）溶剂。

3）液硫脱气采用 SINI 公司的专有汽提技术，

将液硫中 H_2S 含量降至最低，减轻操作环境的污染。

4.2　试生产结果

该装置于 2009 年 4 月一次投料试车成功，生产的硫黄产品质量达到国家优等品标准（GB 2449—1992），尾气排放达到设计要求，满足国家环保排放指标。开工期间，由于工厂加工原油含硫量较低，只需要单系列满负荷上限运行，尾气处理部分运行约为设计负荷的 60%，硫黄产量 95t/d。主要操作数据与设计数据比较见表 3。从表 3 看出，主要生产数据达到设计要求。

表 3　主要操作数据

项　目	操作数据 （仅开单系列）	设计数据
胺酸性气量/(kg/h)	3300	2204
SWS 酸性气量/(kg/h)	2500	2523
酸性气含量/%	75~80	83
空气流量/(kg/h)	9860	8384
燃烧炉膛温度（1区/2区）/℃	1349/1176	1390/1260
主废热锅炉		
产汽压力/MPa	4.4	4.5
产汽量/(kg/h)	9.3	8.3
Claus 反应器温度/℃		
一级入口/一级出口	231.3/300.4	235/303
二级入口/二级出口	205.3/221.5	205/223
硫冷凝器温度/℃		
一级入口/一级出口	338/175	339/177
二级入口/二级出口	300.4/169.1	303/171
三级入口/三级出口	221.5/133.5	223/135
还原反应器进/出温度/℃	259/280	270/294
急冷塔顶/底温度/℃	38/77	40/78
吸收塔顶底温度/℃	40	41
溶剂循环量/(t/h)	28	42.6
烟气中 SO_2 含量/(mg/m³)	200~260	496
焚烧炉膛温度/℃	743	750
烟囱排烟温度/℃	265	330
液硫产品质量百分含量/%	99.9	99.9

5　结论

1）采用 H_2S/SO_2 为 4 代替传统 H_2S/SO_2 为 2 且与还原吸收工艺流程结合，在总体硫回收率与常规技术保持一致（99.8% 以上）及不额外增加投资条件下，装置抗原料酸性气量和组成的波动能力增强，同时尾气处理系统的操作稳定性提高，装置操作更趋于平稳，确保装置的长周期平稳运行。从而做到整体化设计技术经济合理。

2）装置实际操作数据与设计数据比较表明，该装置除了由于工厂酸性气量仅约 60% 外，其余各项指标均达到设计要求。采用 Claus 高 HCR 技术 H_2S/SO_2 为 4 工艺对原料组成的变化有较好的适应性，操作弹性较大，硫黄回收率达到

99.9%。经生产考核证明，装置运行良好，达到设计要求。

参 考 文 献

[1] L. Micucci. Optimize Claus operations [J]. Hydrocarbon Processing, 2005, (12): 78-80.
[2] 天然气利用手册(第二版) [M]. 北京：中国石化出版社, 2006, 10.

影响硫黄回收装置长周期运行主要因素及对策

师彦俊

（中国石化镇海炼化分公司）

摘　要　介绍了镇海炼化分公司两套70kt/a和一套100kt/a的烧氨硫回收装置在长周期运行方面经验教训，结合多年运行管理实践对影响装置长周期运行因素进行了分析探讨，并提出改进措施，为国内同类装置提供了借鉴。

关键词　硫黄回收　长周期　影响因素　改进措施

硫黄回收装置是石油化工、煤化工企业的"收尾"装置，主要用于回收处理上游脱硫、污水汽提、低温甲醇洗等装置产生的酸性气体。随着硫黄装置的大型化以及环保法规的日益严格，硫黄装置长周期运行，减少非计划性停工等不但为企业节约了维修费用，减少了开停工过程的公用工程消耗和物料损失，增加了企业规模效益，而且也可以有效避免对环境的影响。本文结合镇海炼化分公司硫黄回收装置的运行管理经验，阐述、分析了影响装置长周期运行的主要因素，提出了延长装置运行周期的对策。

1　国内硫黄装置运行现状

中国石化26个炼油厂现有硫黄装置有49套，但是小规模（10kt/a以下）的占了80%以上，大规模硫黄回收装置（30kt/a以上，主要是近年来发展起来的）不到20%，主要采用国外MCRC、RAR、SCOT等专利技术，随着国内硫黄设计技术的持续提升，也有了镇海石化工程公司的ZHSR和三维设计院的SSR专利技术。国内运行周期最长的是中国石化镇海炼化分公司（简称镇海炼化）采用常规二级Claus制硫+ZHSR尾气回收专有技术设计的70kt/a硫回收装置，首个周期连续运行时间达到了63个月，而其他企业硫黄装置一般为15~30个月。表1对中国石化26个炼油厂中大、中（10~30kt/a）、小规模的硫黄装置运行率（1a中运行天数的百分比）进行的统计，年运行率在80%~95%说明此装置在当年进行了大检修，年运行率在95%~100%说明此装置当年进行过消缺检修。

表1　中国石化硫黄装置年运行率统计　　　　　%

时间 \ 规模	大型硫黄装置			中型硫黄装置			小型硫黄装置		
	Ⅰ	Ⅱ	Ⅲ	Ⅰ	Ⅱ	Ⅲ	Ⅰ	Ⅱ	Ⅲ
2004 年	100	100	84.7	96.7	8.45	96.4	100	84.9	100
2005 年	94.8	100	92.9	85.2	100	96.7	87.9	93.4	91.8
2006 年	100	100	100	97.3	91.2	100	100	98.4	100
2007 年	94.3	83.3	100	99.2	100	97.3	88.2	98.2	88.2
2008 年	100	100	92.3	0	100	93.2	93.7	41.1	100
2009 年	94.0	100	89.9	56.7	92.6	57.9	80.5	0	100
2010 年	95.6	100	92.1	18.4	100	100	0	0	91.2
平均值	95.9			80.3			77.9		

从表1可以看出中国石化大型硫黄装置在7a中的运行率平均值为95.9%，基本平均为2~3a大修一次，中型硫黄装置运行率平均值为80.3%，小型硫黄装置运行率平均值为77.9%，基本都为2a大修一次。

2　停、开工造成的影响

延长硫黄回收装置的运行时间可以最大限度的发挥上游酸性气产生装置的效能，减少经济损失。硫黄装置的异常停工检修所带来影响主要体现在以下 5 个方面。

表2　硫黄装置停、开工能耗

项目	水			电/kW·h	蒸汽/t	燃料气/t	能耗/MJ
	新鲜水/t	循环水/t	软化水/t				
停工	82	7040	1166	88500	76	44	327×104
开工	150	3500	1900	131350	336	55	512×104

2.2　物料损失

以 70kt/a 硫黄回收装置为例，装置停工热浸泡时流量为 2000m³/h 左右、浓度为 60% 的酸性气，浸泡时间为 48h 计算，约有 70t 以上的单质硫损失；开工预硫化期间（48h），制硫单元尾气直接进入焚烧炉焚烧，装置负荷按照 70%、酸性气浓度为 75% 计算，也约有 20t 以上的单质硫损失，合计整个停、开工过程有 90t 以上的单质硫损失。

2.3　环境污染

计算标准同上，约有上百吨的二氧化硫排放大气，以及停工需要的钝化剂、除臭剂排放处理、废催化剂等废固处理，对环境的影响可想而知。

2.4　检修费用

硫黄装置的大检修期间，传统的常规检查如换热器抽芯、主风机大修、换油、换剂、打通道板、空冷管束清洗、压力容器检测等需要较高的检修费用。据统计中型硫黄装置一次的常规检修费用平均为 350 万元左右。

2.5　减产损失

一般国内硫黄装置有两到三套并列运行，如果各套装置的平均负荷在 80% 以上，一套处理能力较大的硫黄发生非计划停工需要进行大修，酸性气由其他一或两套运行着的硫黄装置回收是无法保证的，随着环保要求的日益严格，上游脱硫装置降负荷生产成为首要选择，但这也意味着要承受巨大的减产损失。

3　镇海炼化公司硫黄回收装置运行现状

镇海炼化目前有两套 70kt/a（Ⅳ、Ⅴ套硫黄回收装置）和一套 100kt/a 的烧氨硫回收装置（Ⅵ套硫黄回收装置）并列运行，通过多年的运行管理实践，在装置长周期运行方面取得了一定的成绩。其中Ⅳ硫黄装置连续运行时间超过 3a，其中Ⅴ硫黄装置更是实现了"保五争六"的长周期运行目标，第一个运行周期就超过 1917d，达到国内领先水平，另外 100kt/a 的烧氨硫回收装置（常规 CLAUS+ZHSR 尾气回收工艺）的首个运行周期的连续运行时间也超过了 45 个月，运行情况良好。镇海炼化 3 套大型硫黄回收装置年运行时间统计情况见表3。

2.1　开、停工能耗

硫黄装置在停工期间需要二氧化硫吹扫或热浸泡、二氧化碳吹扫、钝化、系统降温等步骤，开工需要烘炉烘器、预硫化等步骤，都要消耗大量能量。具体能量消耗情况见表2。

表3　镇海炼化大型硫黄回收装置年运行时间统计
d

时间	Ⅳ套硫黄回收装置	Ⅴ套硫黄回收装置	Ⅵ套硫黄回收装置	备注
2002 年	214	122	—	Ⅴ套硫黄回收装置 2002 年 8 月开工
2003 年	132	365	—	—
2004 年	365	366	—	—
2005 年	365	365	—	—
2006 年	335	366	177	Ⅳ套硫黄回收装置 2006 年 7 月检修，Ⅵ套硫黄回收装置 2006 年 6 月开工
2007 年	365	333	365	Ⅴ套硫黄回收装置 2007 年 11 月检修
2008 年	340	366	366	Ⅳ套硫黄回收装置 DCS 升级
2009 年	365	365	365	
2010 年	365	365	338	

镇海炼化第二套 70kt/a 硫黄装置首个运行周期便达到了 1917d，新建 10t/a 烧氨硫黄装置首个运行周期也达到了 1281d，期间未发生一起由于操作原因引起的非计划停工。

4 影响长周期运行主要因素及对策

4.1 原料的影响

硫黄装置要回收处理上游脱硫、污水汽提、低温甲醇洗、焦煤制氢、再生烟气等装置产生的酸性气体，原料来源复杂，浓度在 15%～98% 不等，同时含有 H_2S、CO_2、H_2O、NH_3、SO_2、O_2 等多种组分。对于老式的炼油厂，脱硫装置没有统一配置，所以一旦一套上游装置发生了冲塔等异常波动，这直接对硫黄装置的酸性气流量、浓度关键参数产生影响，对硫黄装置造成冲击。硫黄装置常见的冲击有带烃、带水、带脱硫剂等，尤其以上游装置带烃，特别是带重烃冲击对硫黄装置的影响尤为明显，这往往会造成废热锅炉、硫冷器管束堵塞，制硫催化剂床层积炭中毒，污染硫黄储罐等，严重的还会造成尾气加氢催化剂床层击穿，尾气净化单元停工等工况。另外，对于烧氨硫回收装置原料的波动还会直接影响到反应炉炉温的变化，烧氨效果下降，系统铵盐结晶堵塞，最终造成装置非计划停工。上游装置的冲击还有可能造成火焰监测仪、酸性气或空气流量、焚烧炉路后温度等工艺联锁动作，造成装置停工现象。

为减少上游装置酸性气对硫黄装置的冲击，镇海炼化分公司对上游脱硫装置的液位、压力等参数列入平稳率考核。目前镇海炼化 3 套运行装置的自控率保持在 95% 以上，减少了操作人员手动操作的"误动作"几率，平稳率也保持在 96% 以上。同时优化联锁设置，在充分论证后逐步取消了火焰监测仪、酸性气、空气低流量等极易误动作的联锁，一些联锁设置了"三取二"，或者延时动作，对于取消的联锁对其报警保留，如发生报警，当班人员会对照参考其他参数来确定是否有真实的联锁条件发生。

4.2 仪表投用情况

H_2S、SO_2 在线比值分析仪，H_2 分析仪等在线仪表正确使用，以及投用对于维持装置平稳率、弱化装置波动，延长装置运行周期也至关重

要。同时，为了最大幅度的弱化上游装置对硫黄装置的冲击，仪表的自控率至关重要。表 4 硫黄回收装置仪表自控率统计。

表 4　硫黄装置仪表自控率年统计表　　%

装　置	2006 年	2007 年	2008 年	2009 年	2010 年
Ⅳ套硫黄回收装置	94.6	97.1	97.3	96.0	97.17
Ⅴ套硫黄回收装置	98.7	98.8	99.2	98.57	98.25
Ⅵ套硫黄回收装置	98.4	99.1	98.2	97.71	97.0

4.3 烧嘴的选择

反应炉主燃烧器是硫黄回收装置的核心部分，它具有产生 Claus 反应所需要的 SO_2，以及破坏酸性气中烃类与氨等杂质防止制硫反应器床层积炭和铵盐结晶堵塞的作用。国内厂家引进过意大利 NIGI 公司、荷兰 Duiker 公司、加拿大 AECO 公司、英国 Hamworthy 等公司不同型号的烧嘴。镇海炼化分公司目前运行的 3 套大型硫黄回收装置中都是引进了 Duiker 公司的高强度烧嘴。Duiker 高强度烧嘴主要特点是确保高流量的注入气体(酸性气、瓦斯气、空气等)在集成化的小型燃烧室内充分彻底的混合，以保证产生短而稳定的高效能火焰。如图 1 所示。

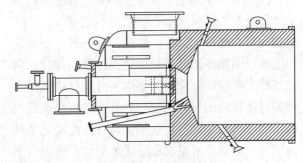

图 1　高强度燃烧器示意

目前镇海炼化运用 Duiker 高强度燃烧器的 3 套硫黄回收装置在运行过程中前后遇到酸性气严重带烃、流量、浓度波动、超低负荷等多种异常工况，燃烧器效能发挥正常，避免了装置发生非计划停工发生，大大延长了硫黄装置的运行时间。尤其是 100kt/a 的烧氨硫回收装置在 2007 年 3 月由于上游脱硫装置生产异常，有 24h 仅有 Ⅱ 套污水汽提装置的含氨酸性气进入，硫黄装置负荷仅维持在 20% 左右，烧氨浓度接近 30%，操作数据显示硫黄装置生产运行正常，Claus 单元压差正常，未发生铵盐结晶堵塞现象。具体操作数据见表 5。

表 5　低负荷运行主要数据

项　　　目	26日12:00	26日16:00	26日20:00	27日0:00	27日4:00	27日8:00
入装置压力/kPa	15	15	15	14	15	16
酸气流量/(m³/h)	3379	3083	2781	2667	2915	3340
主空气流量/(t/h)	2.11	2.68	3.04	7.21	6.94	8.03
反应炉温度/℃	1273.8	1332.2	1332.1	1362.1	1382.4	1366.3
炉前压力/kPa	13	13	14	13	14	14
尾气净化单元压力/kPa	12.87	12.96	12.92	13.14	12.74	12.78
尾气加氢床层温度/℃	356.7	345.0	342.1	329.7	322.6	327.3
焚烧炉炉后温度/℃	655.1	639.3	600.5	591.0	565.9	572.8
装置负荷/%	28.3	27.4	21.7	20.8	22.8	28.6
烧氨浓度/%	24.5	26.1	28.3	28.8	26.0	24.1

注: 由于酸性气含氨无法进行分析, 表中的"烧氨浓度"采用Ⅱ套污水汽提装置的氨平衡进行计算所得。

4.4　主反应炉衬里的选择

主反应炉是硫黄装置的关键设备, 其运行工况好坏直接关系到装置运行周期的长短。主反应炉正常操作温度在 1100~1400℃, 炉内介质主要含有 H_2S、SO_2、O_2、水蒸气、气态硫等多种物料, 这就需要主反应炉衬里的耐火材料就有良好的耐高温性、耐腐蚀性以及稳定性。镇海炼化Ⅳ套硫黄回收装置主反应炉锥段处采用双层衬里结构, 2a 后装置大修时发现主反应炉锥段耐火衬里上半部分发生了较大面积的烧毁脱落现象, "Y"型锚固钉方螺母上部基本烧毁。分析其主要原因为主反应炉锥体上部是炉体中温度最高部位, 所以其易发生锚固钉烧损, 而锚固钉氧化烧毁基本丧失对浇注料的抓固功能; 同时锚固钉受热后膨胀, 浇注料受热后产生收缩, 而且浇注料是整体浇注开工后易在衬里表面形成龟裂纹, 所以极易使浇注料沿着锚固钉的走向形成裂纹。

为了避免同类问题的发生, 对Ⅴ套硫黄回收装置主反应炉椎体的内衬材料进行了改进, 迎热面选用铬刚玉砖, 厚度为 114mm, 并且对咽喉预制件刚玉砖单块尺寸进行缩减, 这样可以有效提高强度, 并能错缝砌筑。首个运行周期 63 个月后的第一次大检修进行发现主反应炉内衬仍保护良好, 未发生任何内衬脱落现象, 大大延长了炉体的运行时间。

4.5　炉水的管理

硫黄装置的废热锅炉和硫冷凝器是确保装置安稳运行的关键设备之一, 但Ⅳ套硫黄回收装置由于设备制造原因, 反应炉、焚烧炉废热锅炉曾发生泄漏, 兄弟单位也发生过类似问题。为确保装置长周期运行, 2002 年 10 月对 2 台废热锅炉增设了加药和蒸汽、炉水采样设施, 并对炉水、给水和外送蒸汽根据指标进行严格控制, 从而大大提高设备运行质量。2006 年至 2009 年炉水合格率见表 6。

表 6　硫黄装置年炉水合格率统计表　　%

装　　置	2006 年	2007 年	2008 年	2009 年	2010 年
Ⅳ套硫黄回收装置	100	99.02	99.96	99.71	99.92
Ⅴ套硫黄回收装置	99.63	99.29	99.91	99.84	99.91
Ⅵ套硫黄回收装置	99.46	100	100	99.63	99.83

4.6　腐蚀的影响

由于硫黄装置原料的特殊性, 设备腐蚀比较频繁。常见腐蚀主要有高温硫腐蚀、硫酸露点腐蚀、SO_2-H_2O 的腐蚀、$R_2NH[R-N(R'_2)]$-CO_2-H_2S-H_2O 腐蚀、应力腐蚀、硫化氢腐蚀等。

4.6.1　高温硫腐蚀

硫黄装置普遍采用部分燃烧法制硫, 与反应炉相连的废热锅炉管板、管束都受到高温气流的冲刷, 以及反应炉废热锅炉其后部管线, 一冷管板都会同样会受到高温硫腐蚀。一般当某一点碳钢温度在 260℃ 以上时, 由 H_2S 引起的硫化腐蚀就可以逐渐显露, 310℃ 以上高温硫化速度加快, 371℃ 以上高温硫腐蚀速度会大大提高。

建议反应炉设多层耐热耐火衬里或耐火砖, 钢体炉壳外表面温度需大于 150~280℃, 表面设防雨罩, 对废热锅炉以及一级硫冷器管束采用陶瓷套管, 对反应炉废热锅炉后部管线及一冷管板升级，减少或避免高温硫腐蚀的发生。

4.6.2 硫酸露点腐蚀

过程气及尾气中多余的 O_2 以及 NO_x 会使 SO_2 氧化生成 SO_3，在温度低于110℃时过程气以及尾气中几乎全部的 SO_3 会与水蒸气合成 H_2SO_4 蒸气，尤其是在低凹的部位，如反应炉、焚烧炉人孔、扑集器、尾气膨胀节等处，那里温度比管道、设备中的平均温度要低，只要有少量的 H_2SO_4 蒸气，就易形成 H_2SO_4 露点腐蚀。一般在温度低于酸露点温度20~45℃，腐蚀速率最大。

预防硫酸露点腐蚀的最佳方案是正常投用 H_2S、SO_2 比值分仪表，调节 H_2S、SO_2 正常配比；使用荷兰 Duiker 等公司成熟的烧嘴产品，减少漏氧以及 NO_x 的生成；另外频繁停、开工也是造成硫酸露点腐蚀的重要原因之一。

4.6.3 SO_2-H_2O 的腐蚀

经过加氢还原的过程气在正常操作条件下 SO_2 小于 $50mL/m^3$，急冷塔中的酸性水呈无色透明状，pH 值在 7 以上。一旦发生异常，SO_2 击穿尾气加氢催化剂床层溶于急冷水中，使其由无色透明状变成黑色，酸性水中固体颗粒增加，pH 值下降，对系统设备产生明显腐蚀。这种情况常常发生在尾气加氢催化剂预硫化、钝化、再生，以及制硫单元操作异常尾气中 SO_2 浓度大幅度增加的工况下。国内多个厂家都曾经发生过急冷塔塔体腐蚀、急冷水泵叶轮腐蚀、壳体穿孔的情况。

为了减轻 SO_2-H_2O 腐蚀可将急冷塔材料升级，目前常用复合板。在制硫系统设置并投用好 H_2S、SO_2 比值分仪表，尾气加氢系统设置 H_2 在线分析仪，有效控制尾气中的 SO_2 浓度，在急冷水系统中设置在线 pH 值检测仪，发现急冷水 pH 值下降及时注入氨水溶液或利用高 pH 值除氧水进行置换，控制急冷水 pH 值呈微碱性。

5 结语

随着环保意识的不断增强，以及高含硫原油的进口和炼油装置的大型化，硫黄回收装置的数量与规模也得以很快发展，硫黄装置的长周期运行也显得尤为重要。为此必须做到以下几点：

1）加强管理，减少酸性气流量、浓度波动，减少对硫黄装置的冲击。

2）选择高质量的燃烧器，对决酸性气中的杂质对硫黄装置的影响。

3）对主反应炉衬里进行合理选择。

4）强化对炉水的管理。

5）了解硫黄回收装置的腐蚀机理，材料升级和工艺防腐相结合，减少对装置的腐蚀。

参 考 文 献

[1] 师彦俊. 镇海炼化分公司硫黄回收生产实践[J]. 硫酸工业, 2008, (6): 42-48.
[2] 师彦俊. 100kta 烧氨硫回收装置能耗分析及节能途径探讨[J]. 石化技术与应用, 2009, (6): 533-536.
[3] 郭拥军. 硫黄回收装置中酸性气燃烧炉炉衬的选择优化[J]. 河南化工, 2007, (9): 36-37.
[4] 肖秋涛. 硫黄回收装置中工艺条件对废热锅炉设计的影响分析[J]. 天然气与石油, 2000(1): 15-17.
[5] 孙家孔主编. 石油化工装置设备腐蚀与防护手册[M]. 北京: 中国石化出版社, 2001.

硫黄回收装置存在问题浅析

郭新根

（中国石化中原油田普光分公司）

摘　要　由于原料气波动大，公用工程介质波动，在线仪表发生故障及部分工艺条件选择和控制不合理等因素，硫黄回收工艺存在 Claus 炉火检闪烁，硫黄回收率低，尾气排放二氧化硫超标，废热锅炉蒸汽压力波动大等问题。通过认真分析问题现象，及时总结原因，合理调整工艺参数，精细操作，有效解决了有关问题，保证了装置平稳高效运行。

关键词　硫黄回收　硫黄回收率　尾气排放

2009 年 10 月 12 日，中原油田普光分公司天然气净化厂首列装置投产，2010 年 6 月 17 日，普光净化厂六联合全面投产，至此，普光净化厂全面投产成功。普光净化厂自投产以来，为国家和社会提供了源源不断的天然气，同时，把原料气中的硫化氢转化为硫黄回收利用，既增强了企业的经济效益，又保护了周边的环境。因此，研究硫黄回收工艺，无论从经济还是环保角度，都具有十分重要的意义。

1　硫黄回收工艺基本原理

从脱硫单元胺液再生塔分离出来的酸性气，经过酸气分液罐，进入 Claus 炉，与燃烧空气混合燃烧，发生如下反应：

$$H_2S+3/2O_2 \longrightarrow SO_2+H_2O \qquad (1)$$

$$2H_2S+SO_2 \longrightarrow 3S+2H_2O \qquad (2)$$

生成硫黄，通过一级硫冷器降温冷凝，转化成液硫，进入硫封罐，然后进入液硫池；剩余气体，通过预热，进入一级反应器，在催化剂作用下，继续进行反应式（2）的反应生成硫黄，通过二级硫冷器降温冷凝，转化成液硫，进入硫封罐，然后进入液硫池；剩余气体，通过预热，进入二级反应器，与一级反应器一样生成硫黄，通过末级硫冷器降温冷凝，转化成液硫，进入硫封罐，然后进入液硫池；剩余气体，经过加氢反应炉和加氢反应器，将从末级硫冷器出来气体中的 SO_2 转化成 H_2S，然后经过尾气吸收塔，将 H_2S 吸收，尾气吸收塔中的胺液再通过脱硫单元的胺液循环实现再生，提高硫的回收率；从尾气吸收塔出来的气体，经过尾气焚烧炉燃烧，排至大气[1,2]。

2　硫黄回收装置存在问题

2.1　Claus 炉火检闪烁

在开工准备工作中、烘炉和正常升温时，Claus 炉火检经常发生闪烁现象，多次因为检测不到火检而熄灭，影响了开工投产进度；在开工生产过程中，Claus 炉火检也时常闪烁，虽然火检和 Claus 炉低温同时触发才会联锁 Claus 炉跳车，但火检经常闪烁也给生产带来了隐患，不利于装置的平稳运行。

2.2　硫黄回收率低

硫黄回收装置的主要目的就是回收酸性气中的硫元素，提高经济环境效益。然而，由于诸多原因，硫黄回收率有时并不理想。如何提高硫黄回收率，是所有硫黄回收装置都要面对的问题。

2.3　二氧化硫排放超标

对于二氧化硫排放标准，有关部门已经有了明确的标准。在装置运行过程中，偶有二氧化硫排放超过 $800mg/m^3$，给周围的空气造成了很大污染，日积月累会降低当地雨水的 pH 值，不利环保，应该极力避免。

2.4　废热锅炉蒸汽压力波动过大

硫黄回收工艺的 Claus 炉和尾气焚烧炉都有废热锅炉，用来吸收过程气中多余的热量，生产蒸汽，最终把蒸汽并到管网中；装置运行过程中，锅炉蒸汽压力有时会发生很大波动，甚至会影响整个管网蒸汽的质量。

2.5 液硫池中硫化氢含量较高

液硫池中硫化氢含量较高，既浪费了大量硫单质，又造成液硫池压力升高，给装置运行及后续部分硫黄成型都带来了安全隐患。

2.6 现场伴热蒸汽过大

为了保证液硫良好的流动性，需要维持其温度在130~160℃，而饱和蒸汽压为0.4MPa的蒸汽其对应的温度正好为145℃左右，因此液硫管线用0.4MPa蒸汽伴热。但是，随着夏季气温升高，现场伴热蒸汽过多现象显得日益突出，这不仅造成蒸汽能源浪费，还增加了凝结水系统的负荷。

3 硫黄回收装置存在问题原因分析

3.1 Claus炉火检闪烁原因分析

Claus炉火检闪烁，很多情况下因为火检仪表线路松动，或者火检安装不在最佳位置，造成火检检测不到；当Claus炉炉头压力过高时，导致酸性气进料量大幅下降，也会出现火检闪烁，同时，还可能伴有Claus炉温度降低等现象；在烘炉过程和开工运行时，若燃烧空气过量，也会出现火检闪烁。

3.2 硫黄回收率低原因分析

由于原料气管网波动大，加之公用工程介质尤其是低压蒸汽不稳，造成胺液再生波动，引起Claus炉酸气组分和进料量发生波动，同时两级反应器的催化效果也受到影响，硫黄回收率必然受到影响；同时，由于在线仪表故障，如硫化氢/二氧化硫在线分析仪以及H_2在线分析仪滞后甚至所测结果误差甚大，导致操作人员不能很好地参照仪表显示来调节Claus炉配风，影响了硫黄回收率。

胺液发泡会影响整套装置的运行，脱硫再生系统会发生很大波动，甚至出现冲塔现象，导致大量液体带至酸气分液罐，这将会严重影响硫黄回收装置运行，十分不利于硫黄回收率的提高。

3.3 二氧化硫排放超标原因分析

由于在线仪表故障频发，H_2S/SO_2在线分析仪、H_2在线分析仪、pH值在线分析仪，在生产运行中频繁发生故障，造成分析结果滞后，影响

操作人员调控手段的实施，容易出现尾气排放中二氧化硫含量超标[3]。

由于原料气管网波动，加之公用工程蒸汽波动，导致酸气组分中H_2S含量波动，造成其他工艺参数波动，不利于二氧化硫指标的控制。

从加氢反应器出来的过程气，经过尾气吸收塔吸收进入尾气焚烧炉。若进入尾气吸收塔吸收H_2S效果不好，进入尾气焚烧炉的H_2S就会增多，经过燃烧，导致尾气排放中二氧化硫含量超标。

进入尾气焚烧炉的气体，除了过程气，还有脱硫单元的闪蒸气，以及脱水和酸水单元的少量气体（一般影响不大）；脱硫单元的闪蒸气中含有大量H_2S，若胺液再生效果不理想，闪蒸气吸收塔的吸收效果不好，也会造成进入尾气焚烧炉的H_2S增多，进而尾气排放中二氧化硫含量就会增多甚至超标。

3.4 废热锅炉压力波动过大原因分析

Claus炉和尾气焚烧炉的废热锅炉的蒸汽产量和压力，都受炉子温度和酸性气的影响，若炉子燃烧的酸气增多，产生的热量变大，则锅炉产生的蒸汽量就会增多，压力就会升高，反之，则蒸汽量减少，压力降低。

3.5 液硫池中硫化氢含量较高原因分析

在Claus炉配风中，燃烧空气过少，会导致在硫化氢和二氧化硫发生$2H_2S + SO_2 \longrightarrow 3S + 2H_2O$的反应中硫化氢过量，进而导致生产的液硫中含有大量硫化氢，随硫蒸汽冷凝进入液硫池。同时，抽空器EJ-301的蒸汽量过小，也会导致液硫池中的硫化氢无法及时抽出，造成H_2S含量浓度较高。

3.6 现场伴热蒸汽过大原因分析

由于参数波动大，加之昼夜气温相差较大，现场没有及时关小液硫伴热，液硫出口温度都已升高，此时现场伴热蒸汽就显得过大。

4 硫黄回收装置问题应对措施

4.1 Claus炉火检闪烁应对措施

联系仪表定期对火检进行校验，增大仪表校验频率，避免因仪表误报导致停炉；开工期间，合理调整酸性气与燃烧空气配比；开工准备阶段，合理调控燃料气与燃烧空气配风比。

另外，还需密切关注 Claus 炉炉头压力，若压力突然升高，应及时检查后路流程，查看是否是液硫管线或过程气流程不畅所致；同时，适当增大胺液再生塔顶压力和 Claus 风机出口压力，防止火检熄灭。

4.2　硫黄回收率应对措施

联系仪表定期校验在线分析仪表；合理调整配风比，尽量保证出 Claus 炉单元过程气的硫化氢与二氧化硫比值为 4:1，配风过高过低都不利于硫黄的产生；密切关注 Claus 炉和两级反应器的入口温度；控制两级反应器床层温度，防止催化剂失活；认真查看其他单元运行状况，若原料气处理量发生变化，酸性气组分就会变化，其中的 H_2S、烃类和水的含量就会变化，此时要参考其他参数变化，及时调整；若有发泡现象，应立即采取措施，避免大的波动。

4.3　二氧化硫排放超标应对措施

联系仪表定期校验在线仪表；综合比较 Claus 炉、两级反应器、加氢反应炉、加氢反应器温度，结合 H_2S/SO_2 在线分析仪、H_2 在线分析仪、pH 值在线分析仪，尽量保证 H_2 在线分析仪在数值 3%~5% 之间，防止大的波动；密切注意尾气吸收塔出口 H_2S 含量，适当增大尾气吸收塔的胺液循环量，控制尾气吸收塔的压力，调节脱硫单元胺液再生系统的蒸汽量，提高贫液再生质量；适当增加闪蒸气吸收塔顶的胺液流量，减少闪蒸气中的 H_2S 含量。

4.4　废热锅炉波动过大应对措施

在原料气管网发生波动时候，认真调节各单元工艺参数，避免大的波动；若需调节原料气量和酸性气量，应精细操作，缓慢调节，密切关注余热锅炉液位、压力、温度，若有必要，可现场开关蒸汽放空，避免波及管网。

4.5　液硫池中硫化氢含量较高应对措施

合理调整 Claus 炉酸性气和燃烧空气配风比，

减少 Claus 炉单元出口尾气中 H_2S 的含量，可参照 H_2 在线分析仪读数等参数调节；液硫通过一、二级喷射器 EJ-301/303 机械搅拌后，适当增大抽空器 EJ-301 的蒸汽量，尽可能多地把从液硫中释放出来的 H_2S 送入到尾气焚烧炉。

此外，可以采用其他工艺对液硫池中的硫化氢进行脱除。喹啉装置，就是一个很好的选择。旧的液硫脱气工艺一般选择液氨，由于腐蚀、结垢影响蒸汽盘管加热效果和造成脱气系统堵塞等原因，现在一般改用喹啉。采用喹啉后，可以显著降低液硫池中的硫化氢浓度，为硫黄成型等后续工作提供有力的安全保证。

4.6　现场伴热过大应对措施

在确保液硫正常流动性的情况下，保证其他各工艺参数正常平稳，可以根据实际条件，适当关小现场液硫蒸气伴热，节约能源。

5　结语

综上所述，由于诸多原因，硫黄回收装置中存在硫黄回收率低、二氧化硫排放超标等问题，根据实际问题分析原因，在实际生产中采用上述一系列措施后，硫黄回收率得到了很大提高，尾气中二氧化硫含量大大降低，硫黄回收装置存在的其他问题都得到很好解决，保证了硫黄回收装置的高效平稳运行。

参 考 文 献

[1] 王巧巧. 10kt/a Claus 硫黄回收装置设计特点望[J]. 广州化工，2010，38(3)：185-187.
[2] 陈赓良. Claus 法硫黄回收工艺技术进展[J]. 石油炼制与化工，2007，38(9)：32-37.
[3] 邵武. 硫黄回收装置尾气排放 SO_2 超标问题分析及对策[J]. 石油规划设计，2005，16(5)：41-43.

硫回收技术及催化剂进展

刘爱华 刘剑利 陶卫东 刘增让

（中国石化齐鲁分公司）

摘　要　论述了近年来中国石化齐鲁分公司研究院开发的 LS 系列硫回收和尾气加氢催化剂，以及与各设计单位合作开发的系列硫回收和尾气处理技术，重点介绍了针对硫回收装置节能减排开发的新技术和催化剂，可满足不同酸性气组成、不同工艺和不同排放标准的要求。

关键词　硫回收　尾气加氢　催化剂　工艺

1　前言

中国石化齐鲁分公司研究院从 20 世纪 70 年代中期开始从事硫回收催化剂研究和生产，具有三十多年硫回收催化剂的开发经验，所开发的 LS 系列硫回收催化剂和专有硫回收工艺技术，已成为中国石化的优势技术之一。

目前在工业装置上普遍使用的制硫催化剂有 LS-300 氧化铝基催化剂、LS-901TiO$_2$ 基催化剂、LS-971 双功能保护催化剂，以及最新推出已经被市场广泛接受的 LS-981 多功能制硫催化剂，最新开发成功、近期准备工业化应用的 LS-02 大比表面积新型氧化铝基制硫催化剂。常规 Claus 尾气加氢催化剂主要有 LS-951Q 球型 Co-Mo/Al$_2$O$_3$ 催化剂和 LS-951T 条型 Co-Mo/Al$_2$O$_3$ 催化剂；为了优化硫回收装置工艺流程，降低装置投资费用以及操作成本，开发成功了 LSH-02 低温 Claus 尾气加氢催化剂，可将反应器的入口温度降至 200~240℃；针对 S Zorb 汽油吸附脱硫再生烟气引入硫回收装置加氢单元处理，开发了 LSH-03 低温耐氧高活性 S Zorb 再生烟气加氢专用催化剂，在加氢反应器入口温度 220~240℃ 的工况下，将 S Zorb 再生烟气引入 Claus 尾气加氢反应器，操作稳定，能耗低，对硫回收装置烟气二氧化硫排放基本没有影响。开发的硫化氢直接氧化制硫催化剂，在反应温度 220~240℃ 的条件下，硫的回收率大于 90%，硫化氢转化率大于 95%。开发的催化焚烧催化剂，可将焚烧炉温度由 600℃ 左右降至 300℃ 以下。

近年来，齐鲁分公司研究院与多家设计单位合作开发了多项专有工艺技术，如与镇海工程公司合作开发了 16 万 t/a 硫回收工艺包，与 SEI 合作开发了 20 万 t/a 硫回收工艺包，与洛阳石化工程有限公司合作开发了 LQSR 节能型硫回收尾气处理工艺包，与山东三维石化工程有限公司合作开发了 SSR 硫回收工艺包等等。近期针对液硫脱气和降低烟气二氧化硫排放浓度，与山东三维石化工程有限公司合作开发成功新型液硫脱气及废气处理工艺，液硫中硫化氢可脱至 10μg/g 以下，液硫脱气的废气引入加氢反应器处理，烟气 SO$_2$ 排放浓度降至 200mg/m^3 以下，优化操作后可将 SO$_2$ 排放浓度降至 100mg/m^3 以下，率先达到了世界领先水平。

2　LS 系列催化剂研究进展

2.1　制硫催化剂

2.1.1　氧化铝基制硫催化剂

LS-300 催化剂是一种大比表面积和高强度 Al$_2$O$_3$ 基克劳斯硫回收催化剂。该催化剂具有颗粒均匀、磨耗小、活性高和稳定性好等特点，其综合性能和技术指标全面达到国际先进水平。主要特点是催化剂外形为球形，流动性好，易于装卸；孔结构呈双峰分布，大孔较多，有利于气体的扩散；比表面积较大，具有较多的活性中心；压碎强度高，为催化剂长周期稳定运转提供保证；杂质含量低，钠含量小于 0.2%（m/m），水热稳定性好。

在 LS-300 的基础上，通过改变原料和制备工艺,开发了具有更高孔体积和比表面积,更合理孔径分布的 LS-02 新型氧化铝基制硫催化剂。主要特点是:①比表面积大于 350m²/g,具有较多的活性中心。②孔结构分布合理。催化剂具有最小量的小于 3nm 的微孔,单质硫在微孔内易发生凝聚,催化剂失活速度快;最大量 3~10nm 的中间反应孔道,这些孔提供了 95% 的比表面积及相应的高转化率;适宜的大于 75nm 的大孔,大孔占总孔体积的 30% 以上,增加了气体扩散的速度及反应物和产物的进出速度,催化剂失活速度慢,有利于保持较高的活性。LS-02 催化剂的综合性能与国际上最先进的 BASF 公司 DD-431 催化剂和美国 Porocel 公司 727 催化剂性能相当,其物化性质的比较见表1。

表1　三种催化剂物化性质的比较

项 目	DD-431	Maxcel727	LS-02
外观	白色小球	白色小球	白色小球
外形尺寸	$\phi 3 \sim 5$	$\phi 3 \sim 5$	$\phi 3 \sim 5$
比表面积/(m²/g)	375	365	370
孔体积/(mL/g)	0.44	0.44	0.45
大孔体积/(mL/g)	0.16	0.17	0.17
平均孔径/nm	4.89	4.88	4.90
强度/(N/颗)	155	160	158

氧化铝基催化剂一般具有初期活性好,压碎强度高,成本低的优点。但氧化铝基催化剂具有易发生硫酸盐化,结构稳定性差,活性下降速度快,CS_2、COS 等有机硫水解活性低的缺点。适用于操作稳定的普通克劳斯反应,可全床层装填,也可装填于保护剂的下部,或与有机硫水解性能较佳的催化剂级配使用。

2.1.2　LS-901 TiO_2 基水解催化剂

LS-901 催化剂是一种 TiO_2 基抗硫酸盐化作用的硫回收催化剂。该催化剂对有机硫化物的水解反应和 H_2S 与 SO_2 的克劳斯反应具有更高的催化活性,几近达到热力学平衡;对于"O_2"中毒不敏感,水解反应耐"O_2"中毒能力为 0.2%(v),克劳斯反应时则高达 1%(v),并且一旦排除了高浓度 O_2 的影响,活性几乎得到完全恢复;对达到相同的转化率水平,允许更短的约 3s 接触时间,相当于 1000~1200h⁻¹ 空速,因此可以缩小反应器体积。但该催化剂制备成本较高,孔体积、比表面积较小,磨耗较大,抗结炭性能较差。

2.1.3　LS-971 双功能克劳斯保护催化剂

LS-971 脱氧保护催化剂是以专用氧化铝为载体,浸渍专利活性组分制备而成。工业应用结果表明,开发的 LS-971 催化剂的物化性能指标全面达到了国外同类催化剂水平,而脱氧活性和克劳斯活性,尤其是对高浓度 O_2 的脱氧活性明显地优于国外同类催化剂(如法国的 AM 催化剂),其脱氧能力大于 2.0%。

该催化剂可全床层装填,也可分层装填。在分层装填使用时,可将 LS-971 催化剂装填在反应器的上部,约占床层总体积的 1/3~1/2,脱除多余的氧气,保护下部的氧化铝基催化剂,避免和减少了床层下部 Al_2O_3 催化剂的硫酸盐化中毒,延长催化剂使用周期。

2.1.4　LS-981 多功能克劳斯硫回收催化剂

针对现有催化剂存在的优缺点,开发了集活性氧化铝、含铁氧化铝催化剂、含钛氧化铝催化剂和钛基催化剂优点于一身的 LS-981 多功能硫回收催化剂。该催化剂采用钛铝复合载体代替普通氧化铝催化剂以提高催化剂的耐硫酸盐化能力;同时通过添加其他金属氧化物来提高催化剂的脱氧保护功能及有机硫化物水解活性;加入骨架稳定剂,提高了催化剂的结构稳定性,从而延长催化剂的使用寿命。特别适用于过程气复杂(如含烃),工况波动较大的硫回收装置,延长装置的运行周期。

LS-981 多功能硫回收催化剂在含烃较高的硫回收装置一级转化器运行 3a,与装填在同一装置二级转化器的 LS-300 催化剂进行了比较,图1给出了一级转化器 LS-981 催化剂使用三年后的 XRD 物相谱图,图2给出了二级转化器 LS-300 催化剂使用 3a 后的 XRD 物相谱图。

从图1可以看出,LS-981 卸出催化剂与新鲜催化剂 XRD 谱图基本一致,说明装置运行 3a 后 LS-981 催化剂物相基本没有发生变化。

从图2可以看出,LS-300 卸出催化剂与新鲜催化剂 XRD 谱图有了很大的改变,新鲜催化剂主要以一水铝石为主,含有部分氧化铝,而卸出催化剂一水铝石已转化为氧化铝和部分硫酸铝。这说明催化剂在运转过程中受高温影响,一水铝石逐渐转化为氧化铝,并部分发生硫酸

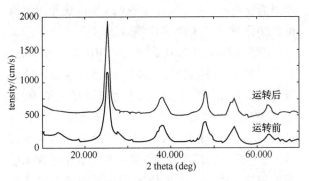

图1 LS-981 新鲜样品和卸出样品的 XRD 谱图示意

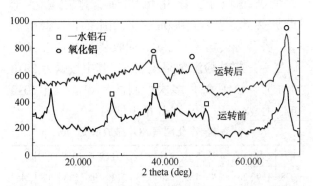

图2 LS-300 新鲜样品和卸出样品的 XRD 谱图示意

盐化。

表2给出了使用3a后两种催化剂的物化性质。

表2 卸出催化剂与新鲜催化剂物化性质

项 目	一转 LS-981 催化剂			二转 LS-300 催化剂		
	上	下	新鲜样	上	下	新鲜样
侧压强度/(N/cm)	262	258	241	98	120	202
孔体积/(mL/g)	0.26	0.28	0.33	0.32	0.35	0.43
比表面积/(m²/g)	171	186	228	192	201	305
S/%	3.0	2.7	0.2	2.9	2.7	0
C/%	3.81	3.00	0	5.68	4.32	0

从表2结果可以看出，LS-981 多功能硫回收催化剂虽然装填在一级转化器，受气流冲击较大，但强度不但没有下降，反而略有升高；孔体积、比表面积有所下降，但下降幅度不大。LS-300 催化剂强度、孔体积、比表面积下降幅度均较大。LS-981 催化剂中的硫含量（包括催化剂中残余的硫和反应生成的硫酸根）与装填在二级转化器的 LS-300 氧化铝基催化剂相当，结炭量明显低于 LS-300 催化剂。由此结果可以说明，LS-981 多功能硫回收催化剂结构稳定，耐硫酸盐化能力强，抗结炭效果优良。

对工业装置运行3a后的催化剂样品进行了活性评价，结果见表3。

表3 LS-981 与 LS-300 催化剂运转 3a 后样品活性评价结果

项 目	LS-981 催化剂			LS-300 催化剂		
	上	下	新鲜样	上	下	新鲜样
Claus 反应活性/%	61	64	77	62	64	78
有机硫水解活性/%	82	93	100	0	6	82

从表3评价结果可以看出，两种催化剂运行3a后，Claus 活性均有所下降，下降幅度基本一致；水解活性下降幅度较大，LS-981 催化剂虽然装填在一级反应器，但催化剂水解活性下降幅度相对较小，LS-300 氧化铝基催化剂虽然装填在二级反应器，但水解活性基本丧失。由此可以说明，LS-981 催化剂具有更好的活性稳定性，使用寿命可以达到氧化铝基催化剂的2倍以上。

2.2 Claus 尾气加氢催化剂

常规 Claus 尾气加氢催化剂使用温度 280～320℃，我院开发的 LS-951、LS-951T、LS-951Q 三种催化剂已在多套工业装置上应用，特别是中国石化齐鲁分公司、茂名分公司、镇海炼化使用三种催化剂，在加氢反应器入口温度 250～260℃ 的工况下，取得了良好的工业应用效果。

近年来，为了优化硫回收装置工艺流程，降低装置投资费用以及操作成本，开发成功了 LSH-02 低温 Claus 尾气加氢催化剂；针对 S Zorb 汽油吸附脱硫再生烟气引入硫回收装置加氢单元处理，开发了 LSH-03 低温耐氧高活性 S Zorb 再生烟气加氢专用催化剂。

2.2.1 LSH-02 低温型 Claus 尾气加氢催化剂

LSH-02 低温 Claus 尾气加氢催化剂具有良好的低温加氢和水解活性，Claus 尾气加氢反应器入口温度由 280～300℃ 降至 220℃，大型装置可直接采用装置自产中压蒸汽加热，省去换热器或加热炉，节约装置投资，降低装置操作成本。

LSH-02 催化剂在齐鲁分公司8万t/a硫回收装置应用，加氢反应器入口温度 220～240℃，与使用常规加氢催化剂相比较，吨硫黄加工成本降低50元以上，烟气二氧化硫排放浓度小于400mg/m³。图3为2008年12月～2010年9月每月烟气二氧化硫排放浓度的平均值。

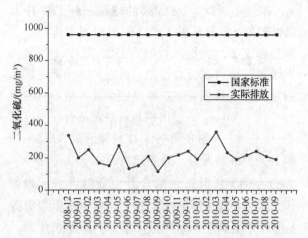

图 3　齐鲁 8 万 t/a 硫回收装置烟气二氧化硫排放浓度

LSH-02 催化剂在青岛石化厂 2 万 t/a 硫回收装置应用，加氢反应器的操作条件见表 4。

表 4　青岛石化厂 2 万 t/a 硫回收装置
加氢反应器操作条件　　　　　℃

时　间	加氢反应器				
	入口	上部	中部	下部	温升
2010-07-29 T 9:00	213	239	239	240	27
2010-07-29 T 11:00	208	224	228	232	24
2010-07-30 T 9:00	223	238	235	234	15
2010-07-30 T 11:00	220	242	235	227	22
2010-07-31 T 9:00	210	227	235	225	17
2010-07-31 T 11:00	213	238	229	225	25
2010-07-31 T 5:00	211	240	235	227	29

与设计值相比较，加氢反应器的入口温度降低 78℃，催化剂床层温度降低 77℃，焚烧炉炉膛温度降低 115℃，焚烧炉瓦斯消耗量降低 60%，吨硫黄节约成本 58 元。该催化剂已有 30 余套装置的应用业绩，取得了良好的工业应用效果。

2.2.2　LSH-03 低温耐氧高活性 Claus 尾气加氢催化剂

为了实现汽油质量升级，中国石化收购了美国康菲公司 S Zorb 汽油吸附脱硫技术，可生产硫含量小于 10μg/g 的国 V 汽油，但 S Zorb 再生烟气的处理成为该技术推广的瓶颈。针对 S Zorb 再生烟气温度低、SO₂ 含量高、流量及组成波动较大的特点，开发了 LSH-03 低温耐氧高活性 Claus 尾气加氢催化剂。使用该催化剂硫回收装置不需要任何改动，直接将 S Zorb 再生烟气引入硫回收装置尾气加氢单元与 Claus 尾气混合，加氢尾气

经溶剂吸收-再生，硫化氢返回 Claus 单元回收硫黄，净化尾气经焚烧炉焚烧后达标排放。

齐鲁分公司 S Zorb 装置于 2010 年 3 月 18 日开工正常后，再生烟气全部引入 8 万 t/a 硫回收装置尾气处理单元，其中二氧化硫含量在 0.5% ~ 3.0% 之间，氧含量控制小于 3%。硫回收装置未进行任何改动，S Zorb 再生烟气直接引入加氢反应器，反应器入口温度控制 230~250℃，催化剂床层未出现超温或床层温度急剧变化的现象，尾气焚烧炉温度稳定，净化烟气总硫排放量小于 300mg/m³，远小于 960mg/m³ 的国家环保标准。

齐鲁分公司 8 万 t/a 硫回收装置 2010 年净化尾气 SO₂ 排放检测结果见表 5，其中数据为 2010 年 1 月 ~ 12 月每月多次检测的平均值，自 2010 年 3 月 18 日引入 S Zorb 再生烟气。

表 5　净化尾气 SO₂ 排放浓度　　mg/m³

1月	2月	3月	4月	5月	6月	7月	8月	9月	10月	11月	12月
238	199	361	227	187	220	238	212	195	222	208	245

由表 6 结果可见，净化尾气 SO₂ 排放量每月平均值低于 400mg/m³，远低于 960mg/m³ 的国家环保标准，将 S Zorb 再生烟气引入加氢反应器后，SO₂ 排放浓度没有出现增加的现象。说明 LSH-03 催化剂在较低的使用温度下，完全满足 S Zorb 再生烟气处理的要求。

济南分公司 4 万 t/a 硫回收装置，S Zorb 再生烟气的流量为 1070m³/h，占到制硫尾气的 24.3%。S Zorb 烟气引入前后尾气加氢反应器操作条件对比见表 6。

表 6　S Zorb 烟气引入前后尾气加氢反应器操作条件对比

项　目	反应器入口温度/℃	反应器床层温度/℃	吸收后过程气总量/(m³/h)	过剩氢量/%	耗氢量/(m³/h)
引入前	260	281	4400	2	120
引入后	235	280	5470	2	185

引入 S Zorb 再生烟气前后尾气加氢反应器操作条件主要有以下变化：

1) S Zorb 烟气引入硫回收装置前，加氢反应器温升在 20℃ 左右；引入后，加氢反应器温升平均为 45℃，较引入前增加了 25℃。

2) 尾气吸收塔吸收后过程气总量增加了 1070m³/h，较引入前增幅为 24%。

3) 控制过剩氢含量 2%(v)，耗氢量增加约 $60m^3/h$(H_2 纯度 90%)。

4) 过程气分析结果表明，制硫尾气中 SO_2 含量为 0.3%(v)左右，S Zorb 烟气引入后，混合尾气中 SO_2 均值达到 0.9%(v)，在加氢反应器温度为 235℃的操作条件下，加氢后过程气中未检出 SO_2，说明加氢催化剂 LSH-03 的低温活性高，反应充分。S Zorb 再生烟气引入硫回收装置后，SO_2 在线仪表显示的烟气中 SO_2 排放浓度为 200~280mg/m³。

多套装置应用结果表明，使用 LSH-03 低温高活性尾气加氢催化剂，将 S Zorb 再生烟气引入硫回收装置尾气处理单元，操作简单，装置能耗低，总硫排放量低，是目前 S Zorb 再生烟气较理想的处理方式。

2.3 LS-04 催化焚烧催化剂

硫回收装置尾气的焚烧处理分为热焚烧和催化焚烧两种工艺，热焚烧处理温度较高，一般在 600~800℃，消耗大量的燃料和氧，装置能耗高，温室气体 CO_2 的量较大，并经常出现温度过低导致焚烧不完全或温度过高导致焚烧炉变形等情况。催化焚烧是在较低的温度（一般 200~400℃）及催化剂作用下把硫化氢等硫化物转化为二氧化硫，使用此工艺装置能耗和操作费用可显著降低。

齐鲁分公司研究院开发了一种活性高、稳定性好及耐硫酸盐化能力强的催化剂，在入口气体中 H_2S 1%、气体体积空速 4000~8000h^{-1}、反应温度为 260~300℃的条件下，硫化氢的转化率和二氧化硫的生成率均达到 98%以上。

2.4 LS-06 硫化氢选择性氧化催化剂

在硫回收工艺中，直接氧化制硫工艺以操作简单、硫回收率高而受到广泛关注。它采用特殊的催化剂，将过程气中的硫化氢直接催化氧化为单质硫。这种工艺既可处理贫酸性气，又可处理常规克劳斯尾气。该工艺的反应过程打破了常规克劳斯过程的化学平衡因素限制，将克劳斯尾气中大部分硫化氢直接氧化成单质硫，所以催化剂的性能起着决定性的作用。

齐鲁分公司研究院以氧化硅为载体，通过添加多种助剂，开发了副反应少、活性高的选择氧化催化剂，在硫化氢体积浓度为 1%~3%、气体

体积空速为 1600h^{-1}、反应温度为 200℃条件下，硫化氢的转化率达到 95%以上，硫黄产率达到 90%以上。催化剂对水不敏感，处理克劳斯尾气时不用脱除 H_2O。

3 系列硫回收技术

近几年来，我院与各设计院合作开发了系列硫回收工艺技术，可以满足不同气体组成、不同工艺条件、不同排放标准和不同规模的硫回收装置的要求。

3.1 SSR 硫回收技术

与山东三维工程公司合作开发了 SSR 大型硫回收及尾气处理成套技术，该技术特点：①从制硫至尾气处理全过程，只有制硫燃烧炉和尾气焚烧炉，中间过程没有任何在线加热炉或外供能源的加热设备，使装置的设备台数、控制回路数均少于类似工艺，具有投资省、占地较少、运行费用低的特点。②无在线炉工艺说明无额外的惰性气体进入系统，使过程气总量比有在线炉的同类工艺少 5%~15%，所以设备规模较小，尾气排放量和污染物（SO_2）绝对排放量相对较少。③尾气加氢使用外供氢源，但对外供氢纯度要求不高，从而使该工艺对石油化工企业硫回收装置具有广泛的适应性。④主要设备使用碳钢，均可国内制造，从而形成了投资低、国产化率高的特点。

3.2 LQSR 节能型硫回收尾气处理技术

与中国石化洛阳工程公司合作开发了 LQSR 硫回收尾气处理工艺技术，该技术的特点：①硫回收采用二级转化 Claus 制硫工艺，过程气采用装置自产中压蒸汽加热方式；②催化剂采用中石化齐鲁分公司研究院开发的 LSH-02 低温型 Claus 尾气加氢催化剂，Claus 尾气用自产中压蒸汽加热升温，并设置外补氢气源，保持尾气加氢反应所需的氢气浓度，节能效果显著；③液硫脱气采用专利脱气技术，将液硫中的 H_2S 降到最低，减轻操作环境的污染；液硫脱气废气引入制硫炉回收硫黄，降低烟气 SO_2 排放浓度 100~200mg/m³。

3.3 160kt/a 硫回收工艺包

与镇海工程公司合作开发了国内具有自主知识产权的 160kt/a 硫回收工艺包，特点是：①装置采用两级 Claus 反应器制硫加 SCOT 尾气净化工艺，其中 Claus 部分采用在线炉再热流程，

SCOT 部分设还原加热炉和尾气焚烧炉。②尾气净化采用两级吸收、两段再生工艺，使贫溶剂更贫，比一级吸收、一段再生工艺吸收效果更好，可减少重沸器蒸汽用量，进一步降低能耗。③还原氢自产——加氢还原反应所需氢气通过炉用燃料的次化学反应产生，正常时不需外供氢源。

3.4　200kt/a 硫回收工艺包

与 SEI 合作开发了 200kt/a 大型硫回收装置工艺包及其配套的国产化催化剂。针对天然气净化厂和炼油厂硫回收装置的不同特点，结合普光天然气净化厂和各炼厂新近引进的大型硫回收装置，与国外引进技术和工艺包比较，进行消化吸收再创新，开发了具有自主知识产权的大型硫回收技术。

天然气净化厂一般没有外供氢气，硫回收装置一般采用在线加热炉发生次当量反应提供加氢所需的还原气体氢气，同时作为克劳斯尾气的再热方式。而炼油厂并不缺少氢气，外部有充足的氢气可供给硫回收装置使用，因此克劳斯尾气的再热方式有多种选择，如气气换热、蒸汽加热和在线炉等。

3.5　液硫脱气及气废气处理新工艺

为了降低烟气 SO_2 排放浓度以及液硫装车现场异味，满足即将实施的新环保标准要求，齐鲁石化研究院、胜利炼油厂和山东三维石化工程公司开展了液硫脱气以及废气处理的研究，开发了具有自主知识产权的液硫脱气及废气处理专利技术。该技术采用硫回收装置净化后尾气作为液硫脱气鼓泡的气源，尾气吸收塔塔顶引出部分净化尾气，用引风机将净化尾气引到液硫池，在液硫池底设盘管，盘管上开一定数量的孔，在液硫池内鼓泡。通过鼓泡搅动液硫池中的液硫，同时降低液硫池气相空间中 H_2S 的分压，使液硫池中的 H_2S 不断溢出，池顶含 H_2S 和 S 蒸汽的废气用抽空器抽到加氢反应器中，硫蒸汽在加氢反应器中反应生成 H_2S，生成的 H_2S 进入胺液吸收系统吸收，胺液再生后 H_2S 返回制硫系统回收单质硫。

该工艺首先在齐鲁石化胜利炼油厂第四硫黄装置进行了工业应用试验，其工艺流程示意见图 4。经过近两个月的标定，液硫脱气后液硫中溶解的硫化氢由 $100 \sim 300 \mu g/g$ 降至 $10 \mu g/g$ 以下，现场的化工异味明显降低，液硫装车、固硫成型等环节杜绝了因 H_2S 超标而造成的各种隐患。烟气中的 SO_2 排放浓度降至 $200 mg/m^3$ 以下，正常工况在 $100 mg/m^3$ 以下，最低能达到 $30 mg/m^3$。装置在加工二氧化碳高达 75% 的甲醇尾气或大幅波动时，烟气中的 SO_2 排放浓度在 $100 \sim 200 mg/m^3$ 之间。

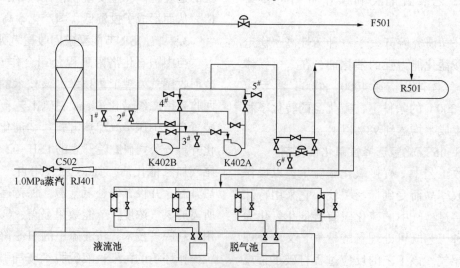

图 4　齐鲁四硫黄液硫脱气工艺流程示意

4　结论

LS 系列硫回收和尾气加氢催化剂综合性能全部达到进口催化剂水平，与相关设计单位合作开发的系列硫回收工艺技术可以满足不同气体组成、不同工艺以及不同规模硫回收装置的要求。采用操作稳定、投资低、运行费用少的硫回收工艺，配套高性能的硫回收催化剂和脱硫溶剂，可以解决烟气 SO_2 排放高、能耗高和运行周期短的现实问题，满足即将执行的新的环保法规要求。

我国硫黄回收技术的进步

张义玲 赵双霞 宋晓军

（中国石化齐鲁分公司）

摘　要　结合国内即将实施的新的《大气污染物综合排放标准》，通过对国内石油、石化及煤化工行业大型硫黄回收装置的规模、工艺、新型催化剂开发应用、催化剂级配方案的优化及烟气 SO_2 排放情况等进行总结，展示近年来我国硫黄回收技术进步，提出发展建议。

关键词　硫黄回收　技术　工艺　催化剂　SO_2 排放　知识产权

硫黄回收装置是石油化工、天然气净化和煤化工企业的关键环保装置，随着硫黄回收装置的大型化和装置数量的日趋增加，排放烟气中 SO_2 对环境的影响日益受到重视。为有效降低大型硫黄回收装置尾气中排放的 SO_2 对环境造成的影响，国家环境保护局已着手对 GB 16297—1996《大气污染物综合排放标准》进行修订，准备从 2014 年开始执行新标准，硫黄回收技术协作组为了配合新标准的即将实施，对中国石化 30 家企业 48 套硫黄回收装置进行了调研，同时结合中国石油和煤化工一些装置情况进行总结归纳，从中可窥见我国硫黄回收技术的进步。

1　工艺技术的国产化

近年来，我国在引进国外技术工艺包的基础上，经过消化、吸收和再创新，开发出了一系列具有自主知识产权的硫黄回收工艺技术，且加强了知识产权的保护意识，硫黄回收技术迎来了新一轮的快速发展。

1.1　国产化历程

1.1.1　专利申请量的变化

从相应的知识产权网站[1~4]检索挑选出我国在 1990~2012 年间 362 篇硫黄回收技术方面的专利进行了分析，图 1 给出了我国作为主权国在硫黄回收技术领域的专利申请量的变化趋势。

从图 1 可看出在 1990~2007 年间，硫黄回收专利增长非常缓慢。从 1990~2007 年，每年专利申请量最少只有一件，最多才到 12 件，增长幅度不大，中间经历了 14 年时间，发展缓慢。结

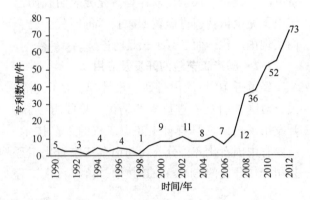

图 1　中国硫黄回收专利发展趋势示意

合我国硫黄回收的发展来看，这期间正是我国从国外引进大型硫黄回收技术，消化、吸收的过程。从 2008 年开始，专利数量增长迅速，2008 年的专利数量是 2007 年的 3 倍，2012 年则接近 7 倍。这表明从 2008 年以后我国的硫黄回收技术进入再创新时期，有了国产化技术，得到了快速发展。

1.1.2　专利权人分析

表 1 列出了 1990~2012 年间专利数量在中国排名前 10 位的公司，排在前 5 位的就有两家中国公司，分别是中国石化和山东三维石化工程有限公司，且中国石化排在第一位。

表 1　硫黄回收专利数量在中国排名前 10 位的公司

序号	公司名称	在中国的基本专利数	该公司的基本专利数
1	中国石化	28	28
2	Linde Ag	14	50
3	Royal Dutch Shell Plc	14	47

续表

序号	公司名称	在中国的基本专利数	该公司的基本专利数
4	Jacobs Engineering Group Inc.	14	14
5	山东三维石化工程有限公司	12	12
6	Institut Francais du Petrole（IFP）	10	30
7	Total S. a.	9	32
8	Thyssenkrupp Ag	5	13
9	Sanofi-aventis Sa	5	9
10	Fluor Corporation	5	13

对表 1 国内两家公司的基本专利分析后得知，其专利内容涵盖硫黄回收工艺、催化剂及制备方法、设备、仪表、取样等。充分表明我国已结束了完全依赖引进硫黄回收技术的时代，已全面实现国产化，而且有了长足的进步。

1.2　国产工艺包的开发及应用

经过近 10 年国内科研、设计单位的联合攻关，对国外引进先进技术的消化、吸收再创新，开发出了一系列具有自主知识产权的工艺技术。主要有中国石化齐鲁分公司与山东三维石化工程公司合作开发的 Claus+SSR 技术、镇海石化工程公司开发的 Claus+ZHSR 技术、中国石化齐鲁分公司与洛阳石化工程公司合作开发的 LQSR 工艺技术。其中，SSR 技术是采用气气换热方式，ZHSR 技术是采用在线炉加热方式，LQSR 工艺技术采用在线炉加热、气气换热（包括和加氢反应器出口过程气换热以及和尾气焚烧炉烟气换热等）。经过多年的发展，国内自主创新开发的硫黄回收技术已日趋成熟，达到和国外同类技术先进水平。

2　硫黄回收装置的大型化

截止 2012 年，国内约有 150 多家企业近 200 套硫黄回收装置运行，开工负荷为 60% ~ 90%。其中，中国石化 59 套，中国石油 64 套，其余为中海油、煤化工、化肥、电厂、钢厂等。其中 50kt/a 以上的装置占总数的近 30%，且主要集中在中国石化、中国石油和中化集团公司。表 2 所列国内主要硫黄回收装置情况简介。从表 2 可看出我国大型硫黄回收装置全部自主设计，并且除普光、惠州等几家装置使用国外工艺包外都拥有自主知识产权。

表 2　国内主要硫黄回收装置简介　　　　　　　　　　　　　kt

序号	单位	规模	处理工艺	设计单位
1	中国石化茂名分公司	120	Claus+ZHSR	镇海石化工程股份有限公司
		100	Claus+ZHSR	镇海石化工程股份有限公司
		60	Claus+RAR	洛阳石化工程公司
		60	Claus+RAR	洛阳石化工程公司
2	中国石化齐鲁分公司	80	Claus+SSR	山东三维石化工程公司
		80	Claus+SSR	山东三维石化工程公司
		40	Claus+SSR	山东三维石化工程公司
3	中国石化青岛炼化股份有限公司	110×2	Claus+RAR	洛阳石化工程公司
4	中国石化天津分公司	100×2	Claus+SCOT	镇海石化工程股份有限公司
		60	Claus+SCOT	南京工程有限公司
5	中国石化普光分公司	200×12	Claus+SCOT	中国石化工程建设公司
6	中国石化镇海炼化分公司	100×2	Claus+ZHSR	镇海石化工程股份有限公司
		70×2	Claus+SCOT	镇海石化工程股份有限公司
7	中国石化上海石化分公司	160	Claus+ZHSR	镇海石化工程股份有限公司
		100	Claus+ZHSR	镇海石化工程股份有限公司
		72	Claus+SSR	山东三维石化工程公司
8	中国石化高桥分公司	55×2	Claus+SCOT	洛阳石化工程公司
		30	Claus+SCOT	洛阳石化工程公司

续表

序号	单位	规模	处理工艺	设计单位
9	中国石化金陵分公司	100	Claus+RAR	南京金陵石化工程设计有限公司
		100	Claus+ZHSR	镇海石化工程股份有限公司
		50	Claus+RAR	南京金陵石化工程设计有限公司
		40	Claus+RAR	南京金陵石化工程设计有限公司
10	中国石化扬子分公司	100	Claus+SCOT	南京工程有限公司
		70×2	Claus+SCOT	南京工程有限公司
11	中国石化广州分公司	70×2	Claus+SSR	南京工程有限公司
12	中国石化海南炼油化工有限公司	80	Claus+SSR	山东三维石化工程公司
13	中国石化福建联合石油化工有限公司	100×2	Claus+RAR	南京工程有限公司
14	中国石化长岭分公司	60	Claus+ZHSR	镇海石化工程股份有限公司
		60	Claus+ZHSR	镇海石化工程股份有限公司
15	中国石化武汉分公司	60	Claus+SSR	武汉石化设计院
16	中国石化燕山分公司	30×2	Claus+SCOT	燕山石化公司设计院
17	中国石化北海炼化分公司	60	Claus+SSR	南京工程有限公司
18	中国石化荆门分公司	65	制酸	南京工程有限公司
19	大连西太平洋股份有限公司	100	Claus+SSR	中国石化工程建设公司
		80	Claus+SSR	山东三维石化工程公司
20	中国石油广西石化分公司	100	Claus+SSR	山东三维石化工程公司
		100	Claus+SSR	山东三维石化工程公司
		60	Claus+SSR	山东三维石化工程公司
21	中国石油四川石化分公司	50×2	Claus+SSR	山东三维石化工程公司
22	中国石油大连石化分公司	90×3	Claus+SCOT	洛阳石化工程公司
23	中国石油独山子分公司	50	Claus+SSR	山东三维石化工程公司
24	中海油惠州石化有限公司	60	Claus+SCOT	洛阳石化工程公司
25	中化集团昌邑石化有限公司	50	Claus+SCOT	山东齐鲁石化工程公司
26	中化集团华星石化有限公司	50	Claus+SSR	山东三维石化工程公司
27	山东润泽石化有限公司	50	Claus+LQSR	洛阳石化工程公司
29	山东金典化工	80	Claus+SCOT	上海河图石化有限公司
30	华锦化工有限公司	60	Claus+SCOT	洛阳石化工程公司
31	内蒙古大唐国际克什克腾煤制天然气有限公司	50	两级 Claus	山东三维石化工程公司
		50	两级 Claus	山东三维石化工程公司
32	中化国际泉州石化有限公司	100	Claus+SSR	山东三维石化工程公司
		100	Claus+SSR	山东三维石化工程公司
		100	Claus+SSR	中国石化工程建设公司(总包)
		80	Claus+SSR	中国石化工程建设公司(总包)
33	腾龙芳烃化工有限公司	80	Claus+SCOT	洛阳石化工程公司

3 催化剂的快速发展

虽然硫黄回收及尾气处理工艺多样化,但 Claus+SCOT 工艺占主流,其他工艺技术的基本原理与之相似[5]。催化剂的选择和使用直接关系到硫黄回收装置的总硫收率。为了实现优化生产,无论是从技术上,还是经济上来讲,最有效的对策和措施是发展功能齐全的系列化硫黄回收及尾气加氢催化剂。因此，随着硫黄回收装置的大型化和国产化，与之配套的催化剂也得到了快速发展。

3.1 国产催化剂的性能及牌号

硫黄回收装置催化剂包括 Claus 催化剂和尾气加氢催化剂，在国内应用广泛的主要有 LS(中国石化)和 CT(中国石油)两大系列的催化剂，依据处理的酸性气含量及杂质的不同，按其功能不同进行合理搭配以取得最高的硫黄收率。

3.1.1 Claus 催化剂(见表 3)

表 3 各种性能的 Claus 催化剂及牌号[6~8]

牌号	载体	活性组分	比表面积/(m^2/g)	压碎强度/(N/cm)	特点	研发单位
LS-300	Al_2O_3		≥300	≥140		
LS-931	Al_2O_3	助剂	≥230	>120	耐硫酸盐化	
LS-901	TiO_2	助剂	≥100	≥80	高水解性	
LS-971	Al_2O_3	专利	≥260	≥130	保护剂	齐鲁分公司
LS-981	$Al_2O_3+TiO_2$	助剂	≥180	≥200	多功能	
LS-01	Al_2O_3		≥	≥		
LS-02	Al_2O_3		≥350	≥140	大比表面积	
CT6-2B	Al_2O_3		≥260	≥160		
CT6-4B	Al_2O_3	助剂	≥>240	≥>160	耐硫酸盐化	
CT6-7	Al_2O_3	助剂	≥230	≥200	多功能	西南油气田分公司
CT6-8	TiO_2	助剂	≥110	≥150	水解	
CT6-9A	SiO_2	助剂	35~50	≥120	选择氧化	
CT6-9B	Al_2O_3	助剂	10~30	≥130	选择氧化	

从表 3 中可以看出，Claus 催化剂的发展有 3 大特点：①活性氧化铝催化剂向大比表面积、大孔体积，且具有高 Claus 活性的方向发展；②为了克服氧化铝催化剂硫酸盐化和水解性能差的问题，相应研发了专用催化剂和多功能复合型催化剂；③在原有催化剂的基础上新开发出性能更优的同类(如 LS 新牌号催化剂和 CT6-XB 类)催化剂。

3.1.2 尾气加氢催化剂

尾气加氢催化剂见表 4。

表 4 尾气加氢催化剂的性能及牌号[9~11]

牌号	载体	活性组分	比表面积/(m^2/g)	压碎强度/(N/cm)	入口温度/℃	研发单位
LS-951Q	Al_2O_3	CoO/MoO_3	≥260	≥120	260~380	
LS-951T	Al_2O_3	CoO/MoO_3	≥300	≥150	260~380	
LSH-01	Al_2O_3	CoO/MoO_3+助剂	≥200	≥150	260~380	齐鲁分公司
LSH-02	Al_2O_3	CoO/MoO_3+助剂	≥180	≥150	220~360	
LSH-03	TiO_2	CoO/MoO_3+助剂	≥180	≥150	220~360	
CT6-5B	Al_2O_3	CoO/MoO_3	≥220	≥150	280~360	西南油气田分公司
CT6-10	Al_2O_3	助剂	≥240	≥150	260~400	

从表 4 中可以看出，尾气加氢催化剂向低温型方向发展，温度与国外先进水平相当，加氢反应器入口温度达到了 220℃，比传统的尾气加氢催化剂入口温度降低了 60℃左右，所需热量、加热介质的成本比传统 SCOT 工艺降低 50%以上[12]，且装置操作更加平稳；若新建硫回收装置则可省去在线燃烧炉和废热锅炉，既节约了投资成本，又优化了工艺流程。国产低温尾气加氢催化剂的推

广应用，表明我国的硫黄回收技术上了一个新台阶。

3.2 催化剂级配方案的优化

硫黄回收装置催化剂典型的级配方案，是在一级或二级 Claus 反应器上部装填 1/3 的脱漏氧保护催化剂，下部装普通氧化铝催化剂；另一反应器内装填普通氧化铝催化剂；尾气加氢反应器全部装填常规加氢催化剂，催化剂使用寿命在 3~4 年，烟气 SO_2 排放小于 960mg/m³。近年来，硫黄回收装置处理的酸性气组成更加复杂，且装置波动大，还要进一步降低 SO_2 的排放量，由此对催化剂的级配方案进行了两个方面的优化：①一级反应器上部装填 1/3~1/2 的多功能催化剂或钛基催化剂；②尾气加氢催化剂使用低温加氢催化剂。

通过上述催化剂级配方案的优化，可确保催化剂使用寿命达到 6 年以上，Claus 单元总硫转化率和有机硫水解率均有所提高。同一装置与原有级配方案相比，其中加氢后尾气中有机硫体积分数从 $30×10^{-6}$ 下降为 $10×10^{-6}$，烟气中 SO_2 排放质量浓度可降低 40~50mg/m³[11]。

4 烟气 SO_2 排放浓度大幅降低

通过硫黄回收技术协作组 2011 年对中国石化 30 家企业 59 套硫黄回收装置调研可知，在正常工况下，1997 年 1 月 1 日前建设的装置排放烟气中 SO_2 的质量浓度小于 1200mg/m³；1997 年 1 月 1 日后建设的装置排放烟气中 SO_2 的质量浓度小于 960mg/m³；均能满足现行 GB 16297—1996《大气污染物综合排放标准》的要求。大型硫黄回收装置排放烟气中 SO_2 质量浓度在 200~700 mg/m³，其中排放烟气中 SO_2 质量浓度低于 400mg/m³ 的占 48 套装置总数的 56%。可以看出硫黄回收装置烟气 SO_2 排放浓度有了大幅降低，但有部分装置达不到即将颁布实施的新排放标准。

5 结语

硫黄回收主要是用于处理上游脱硫装置、酸性水汽提装置及低温甲醇洗涤装置产生的酸性气，为炼化企业生产流程的一个末端装置，一旦出现问题，牵一发而动全身。且受到越来越严格的环保法规的限制，虽然经过多年的创新和发展取得了长足的进步，但还需要从以下 3 方面进行改进：①硫黄回收装置受酸性气的影响波动很大，现行装置自动化程度绝大多数不高，要想装置运行平稳，必须提高装置仪表的自控化程度；②进一步完善国产系列化催化剂，加紧焚烧催化剂、高效脱硫剂的工业化进程；③全面使用低温尾气加氢催化剂，实现节能降耗，进一步降低排放。

参 考 文 献

[1] 中国专利信息中心. http：//www.cnpat.com.cn.

[2] 中国知识产权网. http：//www.cnipr.com.cn.

[3] 上海知识产权（专利信息）公共服务平台. http：//www.shanghaiip.cn.

[4] SOOPAT 专利搜索引擎. http：//www.soopat.com.

[5] Jong S C, Sang C P, Hee S K, et al. Removal of H_2S and SO_2 by catalytic conversion technologies [J]. Catalysis Today, 1997, 35(1/2)：37-43.

[6] 殷树青. LS 系列硫黄回收催化剂的制备及应用[J]. 炼油技术与工程, 2006, (10)：38-40.

[7] 许金山, 刘爱华, 达建文. LS-981 多功能硫回收催化剂的研制与开发[J]. 炼油技术与工程, 2010, 40(10)：48-51.

[8] 卞凤鸣, 谭国强, 刘文. 茂名分公司硫黄回收联合装置运行总结[J]. 石油与天然气化工, 2003, 32(3)：150-157.

[9] 张义玲, 赵双霞, 徐兴忠. 低温型 Claus 尾气加氢催化剂开发应用进展[J]. 齐鲁石油化工, 2010(3)：231-234.

[10] 刘宗社, 何金龙, 温崇荣, 刘波, 李法璋. 三叶草型硫回收尾气加氢水解催化剂 CT6-10 的研究[J]. 石油与天然气, 2011, (4)：347-350.

[11] 张绍光. LSH-02 低温硫黄尾气加氢催化剂的工业应用[J]. 化工进展, 2010(4)：782-787.

[12] 师彦俊. 镇海炼化分公司硫黄回收生产实践[J]. 硫酸工业, 2008, (6)：42-48.

生物法脱除硫化氢工艺技术进展

张帅帅[1] 刘 浩[2]

（1. 山东三维石化工程公司；2. 中国石化金陵分公司）

摘 要 综述了生物脱除硫化氢（H_2S）工艺技术进展，包括脱硫微生物、生物反应器、生物硫产品和典型工业化生物脱硫技术。与传统硫回收技术相比，生物法操作条件温和、流程简单、投资小，适用于中等规模的硫回收装置，具有广阔的发展前景。

关键词 硫化氢 脱硫微生物 反应器 脱硫工艺

硫化氢（H_2S）是一种有毒的酸性气体，浓度低时为臭鸡蛋气味，浓度高时可麻痹嗅觉神经。H_2S 的燃烧和排放会引起酸雨、土壤和水体酸化和臭氧层空洞等问题。

现有的脱硫技术主要包括：①吸收法，包括物理吸收和化学吸收；②吸附法，包括可再生的吸附剂（如活性炭、分子筛和钛酸锌等）和不可再生的吸附剂（如 ZnO）吸附；③氧化法，包括干法氧化和湿法氧化，工业上广泛采用的有 Claus 法、Super Claus 法、Streford 工艺、Lo－Cat 工艺等；④分解法，包括热分解和微波技术分解等；⑤生物法。

生物脱硫技术是 20 世纪 80 年代发展起来的脱硫新工艺，它利用微生物将氧化态的含硫化合物还原为 H_2S 或者硫化物，然后经生物氧化过程生成单质硫。与常规脱硫工艺相比，生物脱硫技术具有反应条件温和、成本低、能耗少、易于操作且无二次污染等优点，有广阔的发展前景。

1 自然界中的硫循环

1.1 硫循环

硫是生命物质所必需的元素，是某些氨基酸、维生素和辅酶等成分。自然界中的硫和 H_2S 经微生物氧化生成 SO_4^{2-}，再经植物或微生物同化还原成有机硫化物。生命体死亡后，微生物分解其尸体中的有机硫化物为 H_2S 和单质硫返回自然界。此外，SO_4^{2-} 在缺氧环境中可被微生物还原成 H_2S。其循环过程如图1所示。

1）异化还原过程：厌氧环境中硫酸盐还原菌（sulfate reducing bacteria，SRB）将 SO_4^{2-} 还原为硫化物。

2）生物氧化过程：硫氧化细菌（sulfur oxidizing bacteria，SOB）将硫化物氧化为单质硫和硫酸盐。

3）同化还原过程：植物和微生物可将硫酸盐还原为有机硫化物，然后再以巯基等形式固定到蛋白质等成分中。

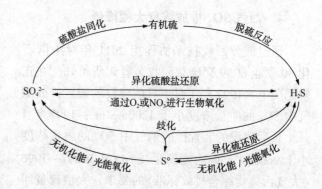

图1 自然界中硫循环示意

1.2 脱硫微生物

生物脱硫过程依靠脱硫菌及菌群的代谢活动，将低价态硫化物转化为单质硫或者硫酸盐，主要脱硫细菌有光能营养菌（phototrophic bacteria）和化能营养菌（chemotrophic bacteria）等。

光能营养菌中的紫色硫菌和绿色硫菌能在光照条件下以 H_2S 为供氢体，还原 CO_2 合成细菌细胞，H_2S 被氧化成单质硫或进一步氧化成硫酸（反应1，2）。

$$2nH_2S+nCO_2 \xrightarrow{hv} 2nS^0+(CH_2O)_n+nH_2O \quad (1)$$

$$nH_2S + 2nCO_2 + 2nH_2O \xrightarrow{hv} nSO_4^{2-} + 2nH^+ + 2(CH_2O)_n \tag{2}$$

表1　部分光能营养菌脱硫效果[1]

菌　种	H_2S浓度/(mg/L)	H_2S流量/(mg/h)	脱除率/%	光强/(W/m^2)
硫氧化菌	16	0.59~1.27	81~92	缺省
硫氧化菌	19~24	102~125	100	缺省
栖泥绿菌		74~109	100	150~2000
栖泥绿菌	1~2mmol	32~64	90~100	139
嗜硫代硫酸盐绿菌		14.6~19	99.8	15.2
嗜硫代硫酸盐绿菌	25000μg/g	94.4	>96.6	缺省
嗜硫代硫酸盐绿菌	141~380	111~286	82~100	254
栖泥绿菌	91~164	1323~1451	100	152

　　影响光能营养菌脱硫效果的因素有光照、硫化物浓度和流量、pH值等。一般来说，高H_2S负荷和强光源条件下，H_2S的氧化转化率和单质硫生成率较高[2]。由于生成的单质硫大部分在细胞内，分离单质硫和菌体成为工业应用的主要技术难点之一。部分用于脱硫反应的光能营养菌如表1。

　　化能营养菌以无机碳源（化能自养菌，chemoautotrophic bacteria）或有机物（化能异养菌，photoheterotrophic bacteria）为碳源，将硫化物转化为单质硫和硫酸盐。缺氧条件下按反应（3）生成单质硫；有氧条件下，主要以反应（4）为主生成硫酸盐。

$$HS^- + 1/2 O_2 \longrightarrow S^0 + OH^- \qquad \Delta G^0 = -169.35 kJ/mol \tag{3}$$

$$HS^- + 2O_2 \longrightarrow SO_4^{2-} + H^+ \qquad \Delta G^0 = -732.58 kJ/mol \tag{4}$$

　　由于对营养物质要求简单，化能自养菌成为工业上脱硫的理想菌种。无色硫细菌是土壤和水中最重要的化能自养菌群，其中以硫杆菌（thiobacillus）研究最多。表2列出了部分用于脱硫的化能营养菌和它们的性质。

表2　部分用于脱硫反应的化能营养菌[3]

菌　种	最适pH值	碳源	硫产物
氧化硫硫杆菌	2~5	自养	胞外
排硫硫杆菌	6~8	自养	胞外
脱氮硫杆菌	6~8	自养	胞外

续表

菌　种	最适pH值	碳源	硫产物
硫杆菌W5	7~9	自养	胞外
白硫丝菌		兼性	胞内
泥生硫微螺菌	6~8	自养	胞外
嗜酸氧化硫硫杆菌	2~5	自养	胞外
氧化亚铁硫杆菌	2~6	兼性	胞外
嗜碱硫杆菌	7.5~10.5	自养	胞外
詹氏嗜碱菌	7~11	自养	胞外
硫发菌	7.5~10.5	自养	胞外
黄单胞菌	7	异养	胞外

　　目前国内对脱硫细菌的生化性能、菌群优化构建等研究较少，限制了我国生物脱硫技术的发展。

2　生物脱硫过程控制

　　生物反应器为生物系统的生化反应提供了可控的环境条件，以促使生物过程高效进行，例如温度、pH值、溶氧、传质和补料等。目前对生物脱硫反应器研究较多的有流加式反应器、连续反应器、光反应器、膜反应器、生物滤池、生物洗涤塔等。

2.1　光能营养菌反应器

　　用于光能营养菌的反应器主要有流加式/连续反应器、光反应器和膜反应器等。

　　气相流加式反应器（gas-fed batch reactor，GSB）[图2(a)]是间歇反应器的一种，采用间歇或者半连续的操作方式。Kim等人[4]研究了气相流加式反应器中海藻酸锶凝胶固定化栖泥绿菌和游离菌对H_2S的转化能力，研究表明与游离菌相比固定化菌对光照的要求降低30%，前40h的H_2S脱除速率为68mg/h。Kim等人[5]还研究了反应器体积对脱硫效率的影响，结果表明体积增大1倍，脱硫率降低36.36%，这可能是因为体积增大反应器中光照密度降低引起的。

　　连续反应器（continuous-flow reactor）[图2(a)]和流加式反应器型式相同，但气相和液相连续进料和出料。连续反应器用于硫回收需要配套后续分离设备，从发酵液中分离出单质硫，同时将菌体截留在反应器中。连续反应器脱硫效果较差，Henshaw等人[6]采用连续反应器和离心分离的方法脱硫，结果只有29%菌体和90%单质硫得到了有效分离。

光反应器(phototube reactor)内部为透光不透氧的光电管,细菌在光电管内壁生长。图2(b)和图2(c)是两种典型的连续操作的光反应器。Kobayashi 等人[1]采用 φ3.2mm×12.8m 的光电管在硫化物进料量为 67mg/h 时 24.6min 内脱硫率

达95%。

固定膜光反应器集成了连续反应器和光反应器的优点,分离单质硫截留菌体同时满足细菌生长对光照的要求。Henshaw 等人[7]利用固定膜光反应器脱除废水中的硫化物,当硫化物进料量为 111~286mg/h 时,硫转化率为 92~95%。

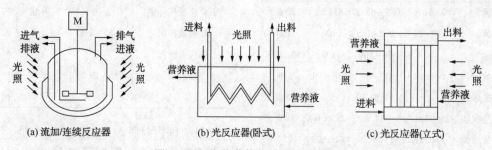

图2　用于光能营养菌脱硫的反应器

2.2　化能营养菌反应器

用于化能营养菌脱硫过程的生物反应器主要有流加式反应器、生物滤池(biofilter)、生物洗涤塔(bioscrubbers)和生物滴滤塔(biotrickling filter)。

Janssen 等人[1]采用气相流加式反应器研究了氧化亚铁硫杆菌硫化物的硫转化率,当氧气和硫化物进料比为 0.6~1.0(质量流速比)时,单质硫产率最大,产率为 73%±10%。当氧气供应不足时,细菌氧化能力降低,硫代硫酸盐生成量增加;当氧气供应过大时,氧气用于促进菌体繁殖,硫化物被氧化为硫酸盐,单质硫产量降低。

生物滤池是是装有生物填料的气液固三相反应器[图3(a)],在欧洲和美国广泛应用于处理恶臭气体和挥发性有机物[8]。微生物在具有多孔性高持水性的填料上生长,经润湿后的含硫气体,通过附有生物膜的填料层时被氧化为单质硫。Shareefdeen 等人[9]采用商业化生物滤池 BIOMIX™处理含有 H_2S 和氨等的模拟气体,当进料流量为 1.07mg/m^3时, H_2S 的脱除率达到 96.6%。Schieder 等人[10]研究了 BIO-Sulfex 生物滤池脱除沼气中 H_2S 的效果。硫杆菌被固定在反应器中,生成的单质硫被不断移出反应器中。采用 6 个 BIO-Sulfex 反应器处理浓度为 5000μg/g、流量为 10~350m^3/h 的 H_2S,其 H_2S 脱除率达90%以上。

用于脱硫反应的生物洗涤塔,包括 H_2S 的吸收和氧化两部分[图3(b)]。位于加拿大阿尔伯特布鲁克斯北部的某工厂采用 Shell-Paques® 工艺脱除 H_2S,用 Na_2CO_3/$NaHCO_3$ 吸收 H_2S,然后在

生物洗涤塔中氧化为单质硫。由于 3.5% 左右的硫化物会转化为硫酸盐,为避免硫酸盐的积累,液相为连续流动。当进料 H_2S 为 2000μL/L 时,产物中 H_2S 可降至 4μL/L[1]。

生物滴滤塔[图3(c)]是生物滤池的一种,床层填料为挂膜的无机填料,培养液连续滴流式加入床层。Sercu 等人[11]利用氧化硫硫杆菌 ATCC-19377 在 1L 聚乙烯填料的滴流床反应器上,进行脱硫反应。进料气体中 H_2S 浓度为 400~2000ppm,流量为 0.03~0.12m^3/h。实验结果表明,反应过程中 pH 值降低为 2~3, H_2S 最大脱除率为 100%,并且进料 H_2S 含量和流量的波动,对 H_2S 脱除率影响不大。但由于填料塔中生物量增加速度过快易引起滤塔堵塞等问题,使得生物滴滤塔在工业上应用较少[8]。

2.3　生物硫产品

硫氧化细菌产生的单质硫,以聚合硫球或疏水硫球积累在细菌体内或者体外,颗粒直径达 1μm,为白色或者浅黄色,密度低于(化学)斜方硫。Gueeruro 等人[12]测定红硫细菌产生的硫密度为 1.22g/cm^3,而化学方法得到的硫密度为 2g/cm^3。生物硫表面亲水性好,能高度溶解于水和无机盐溶液中,具有很强的水润湿性和流动性,避免了生产过程中设备的堵塞和腐蚀现象[13,14]。化能营养菌产生的硫,以 S_8 和连多硫酸盐形式存在。生物硫黄表面特性好,能增加土壤营养的有效性和 N、P、Fe、Mn、Zn 的利用率,而且农作物对其吸收好,特别适合生产化肥。[15]

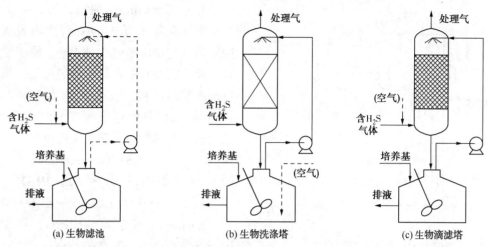

图3　用于化能营养菌脱硫的反应器

(a) 生物滤池　　　(b) 生物洗涤塔　　　(c) 生物滴滤塔

3　工业化生物脱硫技术

3.1　Shell-Paques 生物脱硫技术

20世纪80年代，荷兰瓦格宁根大学（Wageningen University）开始进行生物方法处理 H_2S 的实验室研究[16]。如图4左侧所示，该方法首先在弱碱性溶液条件下吸收 H_2S（反应5a 和5b）。然后溶解的 HS^- 在生物反应器中被氧化成单质硫，同时产生第一步所需要的 OH^-（反应6），再生碱液返回到吸收塔中循环使用。该过程中需向生物反应器通入空气为细菌生长提供有氧环境，但当氧气过量时，H_2S 会被氧化为 SO_4^{2-}（反应7），因此必须控制反应过程中的氧浓度。最后生成的单质硫，通过沉降分离得到产品。

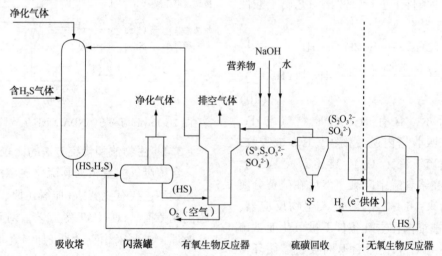

图4　生物脱硫工艺流程[虚线右侧为最新的硫酸盐还原工艺（反应8）]

$$H_2S(aq)+OH^- \rightleftharpoons HS^-+H_2O \quad （H_2S 吸收）$$
$$\text{(5a)}$$
$$H_2S(aq)+CO_3^{2-} \rightleftharpoons HS^-+HCO_3 \quad （H_2S 吸收）$$
$$\text{(5b)}$$
$$HS^-+1/2O_2 \longrightarrow S^0+OH^- \quad （硫黄生成）\text{(6)}$$
$$HS^-+2O_2 \longrightarrow S_4^{2-}+H^+ \quad （硫酸盐生成）\text{(7)}$$
$$HSO_4+4H_2 \longrightarrow HS^-+4H_2O \quad （硫酸盐还原）$$
$$\text{(8)}$$

荷兰壳牌（Shell）和 Paques 公司将该工艺工程化（THIOPAQ 工艺），并成功应用于气体净化和脱硫领域。THIOPAQ 工艺采用脱氮硫杆菌（thiobacillus denitrificans）和专利设计的生物反应器，属于碱性条件生物脱硫工艺。根据处理要求，反应器可采用固定膜式或气升式，微生物附着于反应器生长，不会被排出。图5是 CirCox® 气升式生物反应器示意图，其主体为立式圆柱形容器，反应气体、空气或氢气在中央上升管内举升。顶部为三相分离器，液体与生物质在此进行分离。

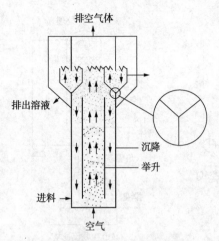

图 5　THIOPAQ 生物反应器示意

3.2　Bio-SR 工艺

Bio-SR 工艺最初由日本 DowaMining 公司开发, 日本钢管公司(NKK)将其工程化并用于化工厂和炼油厂脱硫过程[17]。首先用 $FeSO_4$ 在 pH 值 12~14 条件下脱除 H_2S(反应 8), 然后用氧化亚铁硫杆菌将 Fe^{2+} 氧化为 Fe^{3+}, 在此过程中细菌获得能量(反应 9)。由于氧化亚铁硫杆菌为嗜酸菌, 反应在酸性条件下进行, 故该工艺属于酸性条件生物脱硫工艺。

$$H_2S+2Fe^{3+} \longrightarrow S+2Fe^{2+}+2H^+ \qquad (9)$$

$$4Fe^{3+}+4H^++O_2 \xrightarrow{\text{氧化亚铁硫杆菌}} 4Fe^{2+}+2H_2O$$
$$(10)$$

如图 6 所示, 含有 H_2S 的原料气与 $Fe_2(SO_4)_3$ 溶液在吸收塔内逆流接触, H_2S 被吸收, 并氧化为单质硫, $Fe_3(SO_4)_3$ 被还原成 $FeSO_4$。生成的单质硫在浆料罐中凝聚, 然后在硫黄分离器中被分离出来。$FeSO_4$ 溶液进入生物反应器, 在有氧条件下被细菌在空气条件下被氧化亚铁硫杆菌还原为 $Fe_2(SO_4)_3$, 然后返回吸收塔循环使用, 形成闭式循环。

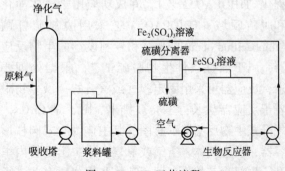

图 6　Bio-SR 工艺流程

3.3　EnvironTec 脱硫工艺

奥地利英环(EnvironTec)生物脱硫工艺用于脱除沼气与垃圾废气中的 H_2S, 属于酸性脱硫工艺。该工艺设备主要是生物脱硫塔, 塔内部安装特殊的塑料填料, 脱硫细菌(如丝硫菌属或者硫杆菌属)在填料中繁殖并将 H_2S 转化为单质硫, 进而转化为硫酸。化学反应式如下:

$$H_2S+2O_2 \longrightarrow H_2SO_4 \qquad (11)$$

$$2H_2S+O_2 \longrightarrow 2S+2H_2O \qquad (12)$$

$$S+H_2O+1.5O_2 \longrightarrow H_2SO_4 \qquad (13)$$

EnvironTec 工艺流程如图 7, 可处理原料气中 H_2S 浓度为 $1000 \sim 20000\mu g/g$, H_2S 脱除率最高达到 99.5%, 但主要产物为硫酸盐, 不能得到单质硫。

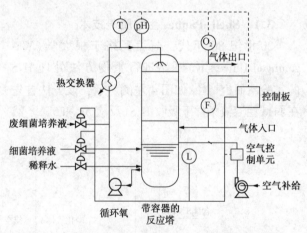

图 7　EnvironTec STANDALONE 生物脱硫工艺流程

3.4　生物法和传统方法的比较

含硫废气主要根据其硫化氢浓度选择硫回收工艺类型, 要有克劳斯+加氢还原、低温亚露点、超优克劳斯、LO-CAT 等工艺。对于高浓度酸性气处理, 主要采用克劳斯+加氢还原工艺可满足要求。而对于(超)低浓度酸性气的处理, 克劳斯法存在一定局限性, 主要体现在酸气二氧化碳浓度高、热反应温度低、无法满足工艺需要、以及因此带来的多种不利影响, 而随着国家环保要求的提高, 含硫废气的排放日趋严格。因此(超)低浓度酸性气的处理也愈加棘手。

生物脱硫适合于处理中低浓度 H_2S 气体, 其操作条件温和、流程简单、投资小, 在中小型气田和炼油厂尾气、沼气处理等领域有经济和技术优势。目前, 实现处理含 H_2S 气体生成单质硫工业化的有 HIOPAQ 工艺和 Bio-SR 工艺。THIOPAQ

工艺工程上和技术上比较成熟，流程简单，操作方便，不存在硫黄堵塞问题。但该工艺约有3%～5%的H₂S被转化为硫酸盐，作为废液排出，同时需要补充一定量新鲜碱液。Bio-SR工艺存在操作条件苛刻、操作复杂、生成硫黄纯度低、生物氧化过程有副反应等缺点。同时受微生物代谢速率等的限制，生物脱硫工艺处理能力小于5t/d，仍无法满足天然气和大型炼厂气的要求。

4　结语

随着我国大气污染的日益严重和国家环保力度的加大，对含硫废气排放的限制将更加严格。生物脱硫工艺最初应用于废水废气脱硫，随着技术的发展逐步应用到沼气、天然气和炼厂气脱硫方面。与常规脱硫工艺比较，生物法成本和能耗低，但受微生物生长速率和传质过程的限制其处理量较低。选育高效脱硫菌、开发生物反应器和产物分离技术提高其处理量，是生物法脱硫技术的开发方向。

参 考 文 献

[1] M. Syed, G. Soreanu, P. Falletta et al. Removal of hydrogen sulfide from gas streams using biological processes-A review[J]. Canadian Biosystems Engineering. 2006, 48: 2.1-2.14.

[2] 蒲万芬, 胡佩. 酸性气体中硫化氢的微生物脱除方法[J]. 天然气工业. 2005, 25(3): 1-5.

[3] L. F. v. d. B. Pim. Biological sulfide oxidation natron-alkaliphilic bacteria. 2008.

[4] B. W. Kim, H. N. Chang. Removal of hydrogen sulfide by *Chlorobium thiosulfatophilum* in immobilized-cell and sulfur-settling free-cell recycle reactors[J]. Biotechnology Progress. 1991, 7(6): 495-500.

[5] B. W. Kim, H. N. Chang, I. K. Kim et al. Growth kinetics of the photosynthetic bacterium *Chlorobium thiosulfatophilum* in a fed-batch reactor[J]. Biotechnology Bioengineering. 1992, 40: 583-592.

[6] P. F. Henshaw, J. K. Bewtra, N. Biswas. Biological conversion of sulfide to elemental sulfur[J]. Indian Journal of Engineering & Material Sciences. 1997, 5: 202-210.

[7] P. F. Henshaw, W. Zhu. Biological conversion of hydrogen sulfide to elemental sulfur in a fixed-film continuous flow photo-reactor[J]. Water Research. 2001, 35(15): 3605-3610.

[8] 王恒颖, 孙珉石, 王洁等. 微生物法处理SO₂、NOₓ废气研究概要[C]//中国环境科学学会学术年会优论文集. 2007: 669-673.

[9] Z. Shareefdeen, B. Herner, S. Wilson. Biofiltration of nuisance sulfur gaseous odors from a meat rendering plant[J]. Journal of Chemical Technology and Biotechnology. 2002, 77: 1296-1299.

[10] D. Schieder, P. Quicker, R. Schneider et al. Microbiological removal of hydrogen sulfide from biogas by means of a separate biofilter system: Experience with technical operation[J]. Water Science and Technology. 2003, 48(4): 209-212.

[11] B. Sercu, D. Núñez, V. H. Langenhove et al. Operational and microbiological aspects of a bioaugmented two-stage biotrickling filter removing hydrogen sulfide and dimethyl sulfide[J]. Biotechnology and Bioengineering. 2005, 90(2): 259-269.

[12] R. Guerrero, J. Mas, C. Pedrós-Alió. Buoyant density changes due to intracellular content of sulfur in Chromatium warmingii and Chromatium vinosum[J]. Archives of Microbiology. 1984, 137(4): 350-365.

[13] 何环, 夏金兰, 彭安安等. 嗜酸硫氧化细菌作用下单质硫化学形态的研究进展[J]. 中国有色金属学报. 2008, 18(6): 1143-1151.

[14] 汪家铭. Shell-Paques生物脱硫技术及其应用[J]. 化工科技市场. 2009, 32(11): 29-34.

[15] 刘鸿元. THIOPAQ生物脱硫技术[J]. 中氮肥. 2002, 5: 53-56.

[16] B. Cees. Biotechnological sulphide removal with oxygen. Wageningen Agricultural University. 1989, Wageningen, The Netherlands.

[17] 龙晓达. 生物脱硫技术及其应用前景探讨[C]//全国气体净化信息站2006年技术交流会论文集, 2006: 56-62.

高含硫天然气净化厂总硫回收率计算方法研究

张立胜　裴爱霞

（中国石化原油田普光分公司）

摘　要　总硫回收率是评价硫回收装置性能的关键指标，传统总硫回收率计算方法公式繁琐，准确度低，工作量大。本文在元素平衡计算公式的基础上，通过对多种元素综合平衡公式进行优化，提出一种以硫、碳两种元素平衡为基础的简易计算方法。本方法应用数据少、工作量小、计算简便，已成功应用于普光气田高含硫天然气净化厂多套硫回收装置标定和日常考核中。

关键词　硫回收装置　总硫回收率　元素平衡　碳元素　硫元素

总硫回收率是评价硫回收装置性能的关键参数。对于新建硫回收装置，总硫回收率是考核装置工艺设计是否达标的重要指标。对于现有装置，通过总硫回收率，可以判断并优化装置运行参数达到最佳工况。此外，总硫回收率可作为评价硫转化催化剂活性和更换催化剂的决策依据。准确计算装置总硫回收率需要精确的过程气流量数据和准确的气体组分数据，但对于一般工业装置而言，由于尾气及各段过程气计量仪表设置不全，过程气部分项目的分析准确度尚待提高，因此，无法获得完整的气体流量和组分数据。

目前，计算总硫回收率的方法主要为元素平衡法。传统的氮平衡法简单易行，但准确度低，采用碳、氢、氮、硫等元素综合平衡法准确度高，但计算公式复杂，采集数据繁多，需要时间较长，无法满足工业装置运行需求。本文通过对多种元素综合平衡计算方法进行优化，针对普光高含硫天然气净化厂硫回收装置总硫回收率的计算，提出一种以硫、碳两种元素平衡为基础的简易方法，利用气体流量、组分含量之间的转化换算，采用小误差数据代替大误差数据，大大提高了总硫回收率的计算准确度和适用性。

1　高含硫天然气净化装置简介

普光高含硫天然气净化厂处理原料为酸性天然气，采用甲基二乙醇胺（MDEA）法脱硫、三甘醇（TEG）法脱水、两级常规 Claus 工艺和配套尾气加氢还原吸收工艺进行硫回收，工艺流程如图 1 所示。原料天然气经过滤后进入脱硫单元，在吸收塔内与贫胺液和半富胺液发生反应，硫化氢（H_2S）和二氧化碳（CO_2）等酸性气体被吸收脱除，湿净化气进入脱水单元经脱水后并入净化气管网外输。吸收酸性气后的富胺液进入脱硫单元再生塔进行再生，再生酸性气送入硫回收单元进行硫回收，液硫经冷凝分离后进入硫黄成型单元；剩余过程气进入尾气处理单元，过程气中二氧化硫（SO_2）、羰基硫（COS）等经加氢还原后进入尾气吸收塔，与贫液反应后送入脱硫单元进一步吸收后再生，吸收后的净化尾气送入尾炉焚烧后达标排放。净化装置产生的酸性水送入汽提单元，汽提后酸性气送入尾气吸收塔进行回收。

脱硫单元设置富胺液闪蒸罐，闪蒸气部分经过小股贫液吸收后，进入尾炉回收利用闪蒸气热能，当闪蒸罐压力超过设定值时，部分闪蒸气通过压控阀进入火炬燃烧。闪蒸气、燃料气管线均设有流量计和取样器，原料气、净化气、尾气吸收塔出口气体和烟囱外排气体均设有在线分析仪表，可进行流量计量和组分分析。普光净化厂燃料气采用自产净化气，可认为两者组分基本相同。

2　计算方法设计

2.1　硫元素平衡分析

以硫元素平衡为主线，净化装置各工艺阶段

硫元素平衡如图2所示。由于天然气净化装置汽提单元酸性气中硫元素含量较低,约为0.0019%(mol),且流量较低,故本文在计算时忽略不计,未纳入硫元素平衡。处于硫元素回收主线的单元(或设备)包括脱硫单元、硫回收单元、加氢单元在线加氢燃烧炉、尾气吸收塔和尾气焚烧炉。尾气吸收半富胺液带入脱硫单元中的总硫为一循环量,需根据胺液中溶解的H_2S、硫醇等含硫化合物浓度和胺液循环量计算得出,本计算方法利用净化装置总硫元素守恒计算得出进入硫回收单元总硫量,从而避免对该循环总硫流量进行计算,即:

$$S_2 = S_1 - S_3 - S_4 - S_5 - S_9 - S_{12} \quad (1)$$

式中 S_1——原料气中总硫量;
　　　S_2——进入硫回收单元总硫量;
　　　S_3——外输产品气中总硫量;
　　　S_4——放空至火炬闪蒸气中总硫量;
　　　S_5——至尾炉闪蒸气中总硫量;
　　　S_9——至在线加氢燃烧炉燃料气中总硫量;
　　　S_{12}——至尾气焚烧炉燃料气中总硫量。以上总硫单位为mol/h。

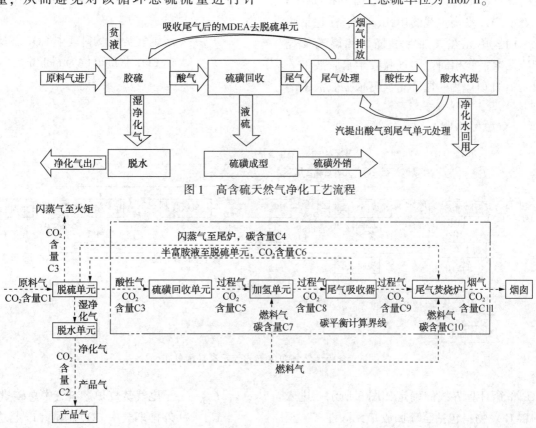

图1 高含硫天然气净化工艺流程

图2 含硫天然气净化工艺硫元素平衡分布

硫平衡计算界线的确定如图2所示。以进入硫回收单元的总硫摩尔流量为计算基数,则进入界线的含硫物料包括至硫回收单元酸性气、至尾炉闪蒸气、至加氢单元在线燃烧炉燃料气、至尾气焚烧炉燃料气,出界线的含硫物料包括至硫黄成型单元液硫和至烟囱烟气。由此,硫回收单元总硫平衡计算公式如下:

$$S_2 + S_5 + S_9 + S_{12} = S_7 + S_{13} \quad (2)$$

式中 S_7——硫回收单元生成的液硫中总硫量;
　　　S_{13}——外排烟气中总硫量。以上总硫单位为mol/h。

由式(1)和式(2)可得出总硫回收率计算公式为:

$$X_R = 1 - \frac{S_2 - S_7}{S_2} \times 100\%$$

$$= 1 - \frac{S_{13} - S_5 - S_9 - S_{12}}{S_2} \times 100\%$$

$$= 1 - \frac{S_{13} - S_5 - S_9 - S_{12}}{S_1 - S_3 - S_4 - S_5 - S_9 - S_{12}} \times 100\%$$

$$(13)$$

式中　X_R——总硫回收率，%。

由于外排烟气压力低，流量计量误差较大，故式（3）中 S_{13} 无法直接计算得出。本文通过碳元素平衡的相关流量、组数据计算得出外排烟气中的总硫量，其余数据可直接通过各介质流量计量和组分分析数据计算得出。

2.2　碳元素（CO₂）平衡分析

由于 CO_2 在天然气脱硫、硫回收和尾气处理等单元较为稳定，且含量远远超过 COS、CS_2、硫醇等其他含碳化合物，故本文以 CO_2 为主线进行碳平衡计算，则各工艺单元碳平衡分布如图 3 所示。处于 CO_2 平衡主线的单元（或设备）包括脱硫单元、加氢单元在线加氢燃烧炉和尾气焚烧炉。与硫元素平衡相同，尾气吸收半富胺液带入脱硫单元中的 CO_2 为一循环量，需根据胺液中溶

解的 CO_2 浓度和胺液循环量计算得出。本计算方法利用整体净化装置 CO_2 守恒，计算得出进入硫回收单元 CO_2 总量，从而避免对该循环流量进行计算，即：

$$C_5 = C_1 - C_2 - C_3 - C'_4 - C'_7 - C'_{10} \quad (4)$$

式中　C_1——原料气中 CO_2 总量；
　　　C_2——外输产品气中 CO_2 总量；
　　　C_3——放空至火炬闪蒸气中 CO_2 总量；
　　　C'_4——至尾炉闪蒸气中 CO_2 总量；
　　　C_5——至硫回收单元 CO_2 总量；
　　　C'_7——至在线加氢燃料炉燃料气中 CO_2 总量；
　　　C'_{10}——至尾气焚烧燃料气中 CO_2 总量。以上 CO_2 总量单位为 mol/h。

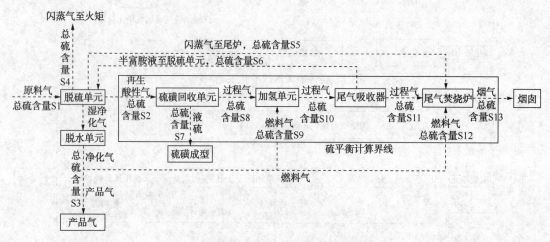

图 3　含硫天然气净化工艺碳元素平衡分布

CO_2 平衡计算界线的确定如图 3 所示。进入界线的含 CO_2 物料包括至硫回收单元酸性气、至尾炉闪蒸气、至加氢单元在线燃烧炉燃料气、至尾气焚烧炉燃料气；出界线的含碳物料为至烟囱烟气。由于燃料气在加氢燃烧炉、尾气焚烧炉中燃烧，以及闪蒸气在尾气焚烧炉中燃烧后，最终均以 CO_2 形式排入大气，故计算 CO_2 时，燃料气和闪蒸气中甲烷、乙烷等可燃气体均转化为 CO_2 进行计算。由此，碳元素平衡计算公式如下：

$$C_4 + C_5 + C_7 + C_{10} = C_{11} \quad (5)$$

式中　C_4——至尾炉闪蒸气中总碳量；
　　　C_7——至在线加氢燃烧炉燃料气中总碳量；

　　　C_{10}——至尾气焚烧炉燃料气中总碳量；
　　　C_{11}——外排烟气中 CO_2 总量。以上总碳单位为 mol/h。

2.3　总硫回收率计算方法

对于低压气体而言，流量计算存在误差较大，本计算方法中避免采用低压气体流量（如至硫回收单元再生酸性气流量、尾气焚烧炉烟气流量等）参与计算。由于普光净化厂原料天然气中无重烃，脱硫单元至硫回收单元再生酸性气中烃主要为 CH_4 且含量较低，CO_2 含量约为烃含量的 160 倍，对总硫回收率而言，烃含量的影响甚微，可忽略不计。总硫回收率计算公式（3）中相关各参数及计算式如表 1 所示。

表1　总硫回收率相关参数计算

项　目	气体摩尔流量/(mol/h)	硫元素		碳元素	
		摩尔分数(湿基)/%	摩尔流量/(mol/h)	摩尔分数(湿基)/%	摩尔流量/(mol/h)
原料气	F_1	m_1	$S_1=F_1 \times m_1$	$n_1(CO_2)$	$C_1=F_1 \times n_1$
产品气	F_3	m_3	$S_3=F_3 \times m_3$	$n_2(CO_2)$	$C_2=F_3 \times n_2$
闪蒸汽至尾气焚烧炉	F_5	m_5	$S_5=F_5 \times m_5$	$n_3(CO_2)$	$C'_4=F_5 \times n_3$
				$n_4(CO_2$ 及以外其他碳元素$)$	$C_4=F_5 \times n_4$
闪蒸气至火炬	F_4	m_4	$S_4=F_4 \times m_4$	$n_5(CO_2)$	$C_3=F_4 \times n_3$
加氢炉燃料气	F_9	m_3	$S_9=F_9 \times m_3$	$n_2(CO_2)$	$C'_7=F_9 \times n_2$
				$n_6(CO_2$ 及以外其他碳元素$)$	$C_7=F_9 \times n_6$
尾气焚烧炉燃料气	F_{12}	m_3	$S_{12}=F_{12} \times m_3$	$n_2(CO_2)$	$C'_{10}=F_{12} \times n_2$
				$n_6(CO_2$ 及以外其他碳元素$)$	$C_{10}=F_{12} \times n_6$
烟气	—	m_{13}	S_{13}	$n_{11}(CO_2)$	C_{11}

对于气体而言，通常流量计测得的为体积流量，需换算为摩尔流量参与计算。化验室内分析数据均为干基浓度，即不包含饱和水，需要根据工艺物料的温度、压力计算得出水的饱和蒸汽压和该状态下饱和水的含量，并根据式(6)将干基浓度转化为湿基浓度。

$$m_{湿基} = m_{干基} \times \frac{100 - m_{水}}{100} \times 100\% \qquad (6)$$

式中　$m_{湿基}$——气体中某组份湿基浓度，%(mol)；
　　　$m_{干基}$——气体中某组份干基浓度，%(mol)；

$m_{水}$——气体中饱和水浓度，%(mol)。

如上所述，总硫回收率计算公式中，外排烟气中总硫摩尔流量 S_{13} 无法直接计算得出，根据碳平衡公式，可准确计算出外排烟气 CO_2 总摩尔流量 C_{11}，由此，根据烟气中硫元素和碳元素摩尔含量之比换算得出两者流量之比，即：

$$S_{13} = \frac{m_{13}}{n_{11}} \times C_{11} \qquad (7)$$

式中　m_{13}——外排烟气中 SO_2 摩尔含量，%(mol)；
　　　n_{11}——外排烟气中 CO_2 摩尔含量，%(mol)。

由此，总硫回收率计算公式如下：

$$X_R = 1 - \frac{\frac{m_{13}}{n_{11}} \times C_{11} - S_5 - S_9 - S_{12}}{S_2} \times 100\%$$

$$= 1 - \frac{\frac{m_{13}}{n_{11}} \times (C_4 + C_5 + C_7 + C_{10}) - S_5 - S_9 - S_{12}}{S_1 - S_3 - S_4 - S_5 - S_9 - S_{12}} \times 100\%$$

$$= 1 - \frac{\frac{m_{13}}{n_{11}} \times (C_4 + C_1 - C_2 - C_3 - C'_4 - C'_7 - C'_{10} + C_7 + C_{10}) - S_5 - S_9 - S_{12}}{S_1 - S_3 - S_4 - S_5 - S_9 - S_{12}} \times 100\%$$

由于产品气中总硫含量较低，不超过30μmol/mol，可忽略不计。由此，式(8)可简化为：

$$X_R = 1 - \frac{\frac{m_{13}}{n_{11}} \times (C_4 + C_1 - C_2 - C_3 - C'_4 - C'_7 - C'_{10} + C_7 + C_{10}) - S_5}{S_1 - S_5} \times 100\% \qquad (9)$$

综上，本总硫回收率计算方法中，需要测量的流量数据包括：原料气流量、外输产品气流量、在线加氢燃烧炉燃料气流量、尾气焚烧炉燃料气流量、闪蒸气至尾炉燃料气流量和闪蒸气至火炬燃料气流量，共计 6 个流量数据。需要进行化验分析的项目包括：原料气中 CO_2 含量、产品气中 CO_2 含量、闪蒸气中 CO_2 含量、烟气中 CO_2 含量、烟气中 SO_2 含量、原料气中总硫含量、闪蒸气中总硫含量、闪蒸气总碳（包括甲烷、乙烷、COS、硫醇）含量，共计约 11 个分析项目。相比于传统计算方法，工作量大大减少，且由于所测流量介质压力较高、分析化验项目中介质浓度较高，回收率计算准确度大为提高。

3　计算过程

以普光气天然气净化厂硫回收装置为例进行计算，净化厂原料气、产品气、闪蒸气等各组分分析结果如表 2 所示。原料气压力为 83bar、温度为 35℃、饱和水分压为 5.6kPa、饱和水含量为 0.067%；产品气的水露点约为 -22℃，外输产品气及燃料气中饱和水含量为零；闪蒸气温度为 40℃、压力为 5.83bar、饱和水分压为 7.4kPa、饱和水含量为 7.375%。总硫回收率计算公式中，m_{13}/n_{11} 为烟气中 CO_2 和 SO_2 浓度的比值，与分析数据为干基或湿基无关，无需对干基数据进行换算。由此，表 2 换算为湿基浓度如表 3 所示。

原料气流量、外输产品气流量、在线加氢燃烧炉燃料气流量、尾气焚烧炉燃料气流量、闪蒸气至尾炉燃料气流量和闪蒸气至火炬燃料气流量测量值及换算如表 4 所示。

表 2　总硫回收率相关计算项目分析化验数据（干基）

%

分析项目	相对分子质量	原料气	产品气	闪蒸气	燃料气	烟气
CH_4	16.043	74.790	97.221	91.181	97.221	0.000
CO_2	44.010	10.050	1.553	8.341	1.553	15.950
C_2H_4	28.054	0.000	0.000	0.000	0.000	
C_2H_6	30.070	0.020	0.049	0.033	0.049	
H_2S	34.080	14.550	0.000	0.000	0.000	
COS	60.069	0.01065	0.000	0.004	0.000	
C_3H_6	42.081	0.000	0.000	0.000	0.000	
C_3H_8	44.097	0.000	0.000	0.000	0.000	
SO_2	64.060					0.024

表 3　总硫回收率相关计算项目分析化验数据（湿基）

%

分析项目	相对分子质量	原料气	产品气	闪蒸气	燃料气
CH_4	16.043	74.790	97.221	84.457	97.221
CO_2	44.010	10.043	1.553	7.726	1.553
C_2H_4	28.054	0.000	0.000	0.000	0.000
C_2H_6	30.070	0.020	0.049	0.031	0.049
H_2S	34.080	14.550	0.000	0.000	0.000
COS	60.069	0.011	0.000	0.004	0.000
C_3H_6	42.081	0.000	0.000	0.000	0.000
C_3H_8	44.097	0.000	0.000	0.000	0.000
SO_2	64.060				

表 4　总硫回收率相关流量及换算

项目	原料气	产品气	至硫回收酸气	至尾炉闪蒸气	至火炬闪蒸气	加氢炉燃料气	尾炉燃料气	烟气
气体体积流量/(m³/h)	104291.7	71439.8		916.28	260.03	586.00	1365.7	
气体摩尔流量/(kmol/h)	4336.14	2970.25		40.89	11.60	26.15	60.94	
CO_2 摩尔流量/(kmol/h)	435.49	46.13	385.31	3.16	0.90		0.9464	
总碳摩尔流量/(kmol/h)				37.7218	10.7050	25.8541	60.2541	0.1595
总硫摩尔流量/(kmol/h)	630.9471	0.00	630.9542	0.0015	0.0004	0.0000	0.0000	0.0002

由此，根据式（8）可得出装置总硫回收率为：

$$X_R = 1 - \frac{\dfrac{0.024}{15.95} \times (37.722 + 435.49 - 46.13 - 10.71 - 3.16 - 0.41 - 0.95 + 25.85 + 60.25) - 0.0015 - 0 - 0}{630.9471 - 0.0015 - 0 - 0.0004} \times 100\%$$

$$= 0.998814843 \times 100\% = 99.88\%$$

根据式（9）可得出装置总硫回收率为：

$$X_R = 1 - \frac{\dfrac{0.024}{15.95} \times (37.722 + 435.49 - 46.13 - 10.71 - 3.16 - 0.41 - 0.95 + 25.85 + 60.25) - 0.0015}{630.9471 - 0.0015} \times 100\%$$

$$= 0.998814842 \times 100\% = 99.88\%$$

由上述计算结果可知，对于工业生产装置，式(9)可以代替式(8)进行计算，硫回收率计算误差几乎为零，但工作量可大大减少。

4　结论

在传统元素平衡计算公式的基础上，通过对多种元素综合平衡公式进行优化，提出一种以硫、碳两种元素平衡为基础的简易计算方法，利用气体流量、组份含量之间的转化换算，采用小误差数据代替大误差数据，大大提高了总硫回收率的计算准确度。本方法应用数据少，工作量小，计算简单方便，已成功应用在普光气田高含硫天然气净化厂多套硫回收装置标定和日常考核，可在类似高含硫净化装置推广应用。

参 考 文 献

[1] 叶茂昌，何金龙等. 硫回收率计算方法探讨[J]. 石油与天然气化工，2010，5.

[2] 张晋玺. 用元素法计算硫收率[J]. 石油与天然气化工，2000，1.

[3] 张晋玺. 用元素法计算硫收率[J]. 石油与天然气化工，1984，3.

[4] 刘峰，任骏等. 用元素平衡法计算克劳斯装置的硫转化率和硫收率[J]. 宁夏石油化工，2005，3.

[5] 夏力，金力强等. 提高克劳斯硫回收装置收率的方式[J]. 现代化工，2006，4.

[6] 岑兆海. 天然气净化厂装置性能考核与硫收率计算探讨[J]. 天然气与石油，2011，1.

[7] 肖生科. 硫回收提高总硫回收率的技术对策[J]. 天然气与石油. 2009，3.

一种新的硫回收工艺

范西四[1]　　汪志和[2]

(1. 山东三维石化工程股份有限公司；2. 成都华西化工科技股份有限公司)

摘　要　为了满足新的环保法规的要求，开发了一种以 SO_2 形式回收制硫尾气中的硫化物的硫回收新工艺，即：克劳斯制硫+离子液吸收尾气处理工艺技术。该技术具有适应性广、烟气 SO_2 排放量低、建设投资少、生产成本和能耗低等优势，有着广阔的市场前景。

关键词　新工艺　硫回收　离子液

1　引言

1997 年 1 月 1 日《大气污染物综合排放标准》(GB 16297—1996) 开始实施，17 年来，国内的硫回收工艺技术发生了翻天覆地的变化。17 年前，多种硫回收工艺技术并存，建设投资和生产成本低廉、总硫收率在 90% ~ 99% 的工艺技术是主流工艺。《大气污染物综合排放标准》实施后，要求硫回收装置的烟气中 SO_2 排放浓度 $\leqslant 960mg/m^3$，较高的环保标准要求，使总硫收率更高的"克劳斯制硫+加氢还原吸收尾气处理"工艺技术，逐渐取代了总硫收率较低的硫回收工艺技术。目前，"克劳斯制硫+加氢还原吸收尾气处理"工艺技术已经发展成为硫回收领域的主流工艺，市场占有率达到 80% 以上。

《大气污染物综合排放标准》使企业在生产过程中有法可依，有章可循，改变了盲目追求利润，忽视环境保护的局面。17 年来，《大气污染物综合排放标准》的实施，对硫回收装置的技术进步，提高环境效益发挥了巨大作用。随着国民经济的快速发展，环保意识的逐步加强，大气污染形势越来越严峻，现行标准《大气污染物综合排放标准》已经无法适应当前形势，更为严格的环保法规近期可能出台。新法规要求硫回收装置排放烟气中二氧化硫浓度 $\leqslant 400mg/m^3$，特殊地区二氧化硫浓度 $\leqslant 200mg/m^3$。常规"克劳斯制硫+加氢还原吸收尾气处理"工艺如果没有新的突破，将很难满足新法规的要求；同时新法规的实施也必将催生出新的硫回收工艺技术。下面介绍一种由山东三维石化工程股份有限公司和成都华西化工科技股份有限公司共同开发的新工艺："克劳斯制硫+离子液吸收尾气处理"工艺技术。

2　基本原理

2.1　克劳斯制硫

克劳斯制硫原理如下：

$$H_2S+O_2 \longrightarrow SO_2+H_2O \tag{1}$$

$$H_2S+SO_2 \longrightarrow S+H_2O \tag{2}$$

总反应式：

$$H_2S+O_2 \longrightarrow S+H_2O \tag{3}$$

克劳斯工艺过程回收率约为 95%，剩余的 5% 左右的硫以 H_2S、SO_2、S_x 等形式存在于制硫尾气中，通过尾气焚烧炉将其全部氧化成 SO_2。

$$H_2S+O_2 \longrightarrow SO_2+H_2O \tag{4}$$

$$SX+O_2 \longrightarrow SO_2+H_2O \tag{5}$$

600 ~ 700℃ 的仅含 SO_2 的克劳斯尾气，经过余热回收、降温后进入离子液吸收尾气。

2.2　离子液吸收尾气

离子液吸收尾气采用的脱硫剂是以有机阳离子、无机阴离子为主，添加少量活化剂、抗氧化剂组成的水溶液。该吸收剂对 SO_2 气体具有良好的吸收和解吸能力；其脱硫机理如下：

$$SO_2+H_2O \Longleftrightarrow H^++HSO_3^- \tag{6}$$

$$R+H^+ \Longleftrightarrow RH^+ \tag{7}$$

总反应式：

$$SO_2+H_2O+R \Longleftrightarrow RH+ +HSO_3^- \tag{8}$$

上式中 R 代表离子液吸收剂，式(8)是可逆反应，低温下反应(8)从左向右进行，高温下反应(8)从右向左进行。离子液吸收法正是利用此原理，在低温下吸收 SO_2，高温下将离子液吸收剂中 SO_2 再生出来，从而达到脱除和回收克劳斯尾气中 SO_2 的目的，离子液再生后循环使用。

3 工艺过程

3.1 两种工艺过程对比

传统的"克劳斯制硫+加氢还原吸收尾气处理"工艺过程如图1所示。

新的"克劳斯制硫+离子液吸收尾气处理"工艺过程如图2所示。

两种工艺过程对比说明：①"克劳斯制硫+加氢还原吸收尾气处理"工艺过程溶剂再生返克劳斯制硫的再生酸性气是 H_2S；而"克劳斯制硫+离子液吸收尾气处理"工艺过程离子液再生返克劳斯制硫的再生酸性气是 SO_2；②"克劳斯制硫+离子液吸收尾气处理"工艺过程没有尾气加氢还原工序。

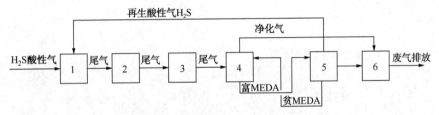

图1 克劳斯制硫+加氢还原吸收尾气处理

1—克劳斯制硫；2—尾气加氢；3—尾气冷却；4—溶剂吸收；5—溶剂再生；6—尾气焚烧

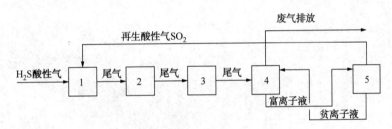

图2 克劳斯制硫+离子液吸收尾气处理

1—克劳斯制硫；2—尾气焚烧；3—尾气冷却；4—离子液吸收；5—离子液再生

3.2 新工艺的技术优势

1）无需克劳斯尾气加氢还原工序，不消耗氢源；建设投资和运行费用较低。

2）离子液对二氧化硫的吸收能力非常强，溶剂循环量只有 MDEA 溶剂的 1/15～1/5，公用工程消耗比 MDEA 溶剂吸收和再生低得多，能耗更低，在生产成本上有优势。

3）离子液吸收后的净化气 SO_2 浓度 ≤ 200mg/m³，尾气中的 SO_2 收率可以达到 99.5% 以上。如果要进一步降低排放废气中的 SO_2 浓度，只要对操作参数进行适度调整，无需对装置进行改造，生产成本也不会增加。

4）离子液再生可以获得大于 99.5% 以上的 SO_2，回收的 SO_2 可返回克劳斯反应炉制硫，也可以生产液体 SO_2、制酸原料或作为其他化工原料，用途广泛。

5）离子液只吸收 SO_2，不存在 MDEA 溶剂对 CO_2 的共吸收问题，对含 CO_2 很高的煤化工酸性气处理，具有 MDEA 溶剂吸收不可比拟的优势。且免除了大量 CO_2 循环带来的副作用，设备尺寸可以缩小，建设投资费用更低。

6）为了避免液硫脱气的废气进入尾气焚烧炉对烟气排放质量的影响，"克劳斯制硫+加氢还原吸收尾气处理"工艺须对脱气工艺进行改造、优化；而采用"克劳斯制硫+离子液吸收尾气处理"工艺则完全没有必要，采用传统的液硫脱气措施，废气进入尾气焚烧炉后，SO_2 被离子液吸收重新制硫，对装置的烟气排放质量没有任何影响。

7）通常情况下，原料酸性气浓度低于15%，被认为不宜采用克劳斯工艺回收硫黄。如果采用离子液吸收尾气处理技术，只要原料酸性气中不含烃类，则采用分流法制硫即可。

4 结论

1）为了满足新的环保法规的要求，开发了

新的硫回收工艺技术。

2）"克劳斯制硫+离子液吸收尾气处理"工艺技术具有适应性广、烟气 SO_2 排放量低、建设投资少、生产成本和能耗低等优势，有着广阔的市场前景。

3）因为离子液的 pH 值在 4~5 左右，使用的设备、管道材质等级会高一些，对建设投资有一定影响。但综合测算，采用"克劳斯制硫+离子液吸收尾气处理"工艺技术建设的装置，比采用"克劳斯制硫+加氢还原吸收尾气处理工艺"建设的同类装置，建设投资低 15% 左右。离子液尾气处理，回收吨硫生产成本约为 5000 元，远低于加氢还原尾气处理工艺。

二、生产总结与技术进步

安庆炼油厂 5kt/a 硫黄回收装置鉴定报告

张长平　毕光友

（中国石化安庆石化总厂炼油厂）

炼油厂Ⅱ套硫回收装置是按照总厂"八·五"环保规划进行建设的，设计能力 5kt/a 工业硫黄，采用二级 Claus 和尾气热焚烧工艺流程。SO₂ 排放量 90.96kg/h，远低于 80m 烟囱允许 190kg/h 的国家排放标准。设计由洛阳石化工程公司承担，施工由化三建完成。1995 年 3 月建成并投入正常运行。

与以往装置相比，该装置具有如下特点：

1）酸性气燃烧炉采用 LHG 燃烧器，强化了酸性气与空气的涡流混合燃烧特性。

2）废热锅炉管程流速较高，管束较长，进一步提高了传热效果，同时体积较小，节省了基建投资。

3）捕集器采用丝网除雾器，大大提高了溶硫捕集效果。

4）冷凝器入端封头改为偏心式，避免了最低层几排管束的堵塞和腐蚀。

5）平面布置宽松，为今后改造成超级克劳斯或 MCRC 工艺创造了条件。

6）选用了比较先进的过程气采样技术。

为掌握各设备的运行状况，考察装置的处理能力。于 1995 年 10 月 6 日对装置进行了全面标定，结果令人满意。

1　基础数据

1）酸性气流量 1032Nm³/h、空气流量 1833Nm³/h、尾气焚烧炉瓦斯用量 76Nm³/h、脱氧水压力 1.9MPa、流量 2291kg/h。

2）硫黄产量 23.6t/d，收率 94.8%。

3）温度、压力测试数据见表 1。

表 1　温度、压力测设数据

项　目	温度/℃	压力/MPa
酸性气进装置	40	0.034
酸性气进燃烧炉前		0.016
酸性气燃烧炉	1168	

续表

项　目	温度/℃	压力/MPa
废热锅炉出口	340	1290
产生蒸汽压力		0.96
一级冷凝器出口	156	
产生蒸汽压力		0.3
一级捕集器出口	156	976
一级反应器入口	250	900
床层最高温度	293	
出口温度	278	784
二级冷凝器出口	153	
产生蒸汽压力		0.3
二级捕集器出口	153	635
二级反应器入口		563
床层最高温度	228	
出口温度	216	437
三级冷凝器出口	128	
产生蒸汽压力		0.022
三级捕集器出口	128	155
尾气焚烧炉	600	−15
烟囱底部	251	−40

4）化验分析数据见表 2。

表 2　化验分析数据体积分数　　　　%

项目	N₂	CO₂	H₂S	SO₂	COS	烃
酸性气	4.52	24.75	70.50			0.23
废热锅炉出口	80.56	10.97	5.08	2.99	0.38	
一转入口	81.86	10.59	4.77	2.37	0.40	
一转出口	86.37	11.39	0.65	1.51	0.15	
二转入口	86.00	11.47	0.94	1.44	0.16	
二转入口	87.12	11.12	0.37	1.19	0.18	
烟囱底部	97.00	2.84	0.0	0.16		

5）能耗：

瓦斯：76m³/h～84kg/h～2016kg/d

除氧水：2291.1kg/h～54984kg/d

电：85kW/h～2040(kW·h)/d

新鲜水：1t/h～24t/d

产生蒸汽1.3MPa：1.66t/h～39.8t/h

　　　　0.3MPa：0.414t/h～9.4t/d

装置能耗：507×10⁴kcal/d

单位产品耗能：21.48×10⁴kcal/t·s

2　标定结果及技术分析

2.1　酸性气燃烧炉和尾气焚烧炉的标定核算

结果如表3所示。

表3　酸性气燃烧炉和尾气焚烧核算结果

项　目	热负荷/ (10^4kcal/h)		体积热强度/ [10^4kcal/(m^3·h)]		停留时间/s	
	标定值	设计值	标定值	设计值	标定值	设计值
酸性气燃烧炉	144	115.67	9.94	7.98	3.63	4.3
尾气焚烧炉	114	85.2	10.75	8.03	<0.52	0.52

从表3看出：

1）两台炉子的热负荷和体积热强度均超过了设计值，但以体积热强度13.7×10⁴kcal/m³·h的推荐值衡量，这两台炉子分别在热负荷

8.29GJ/h 和 6.07GJ/h 下运行都不会有什么问题。

2）一定的停留时间，对于酸性气燃烧炉来讲是为了保证炉内克劳斯反应达到平衡；对于尾气焚烧炉来讲，是为了保证 H_2S 单体硫和有机硫完全燃烧生成 SO_2。对于克劳斯反应一般认为 0.8～0.1s 便可达到平衡。但实际上，由于酸性气和空气在燃烧中混合不均匀，燃烧炉结构不尽合理，或酸性气中 H_2S 浓度低，含有杂质等都有碍于克劳斯反应迅速进行，所以停留时间一般取 1～2s，过长的停留时间，固然对克劳斯反应达到平衡有利，但炉子尺寸过大，增加投资，同时停留时间过长会导致副反应增加，影响总转化率。标定结果中的 3.63s，虽然未达到 4.3s 的设计值，但仍高于 1～2.5s 的推荐值，也无碍于炉内的克劳斯反应的平衡。停留时间是尾气焚烧的三大基本要素之一（停留时间、焚烧温度、喘流混合）一般要求在 0.8s。0.52s 的设计值和小于 0.52s 的标定值，看来却不符合要求，有必要提高焚烧温度至700℃加以弥补。

2.2　废热锅炉及三台冷凝冷却器

表4为废热锅炉及三台冷凝冷却器的标定结果，从中看出：

表4　废热锅炉和冷凝器核算结果

项　目	热负荷/ (10^4kcal/h)		传热系数/ [10^4kcal/(m^3·h·℃)]		对数平均温差 Δt		管程流速/ (m/s)	停留时间/s	产生蒸汽/ (kg/h)
	标定值	设计值	标定值	设计值	标定值	设计值			
废热锅炉	97	70.95	37.20	33.6	436	433	32	59.7	1661
一级冷凝器	14	15.91	14.62	25	76	82.6	6.7	126	245
二级冷凝器	9.66	11.26	13.85	25	55	54.4	6.4	126	169
三级冷凝器	6.67	9.56	11.0	25	48	62.6	6.21	126	118

1）废热锅炉取热效果很好，总传热系数已超过了设计值。分析其原因主要是设计时选用了直径较小、长度适中、数量合适的管束。管内过程气平均流速达到了 32 m/s，从而提高了对流给热系数，强化了传热效果。从这一观点出发，结合标定时废热锅炉出口温度只有 340℃ 的现状，可以预测在装置压力降允许的前提下，废热锅炉还可以完成更大的换热负荷，这意味着酸性气处理能力还可以进一步提高。

2）三台冷凝冷却器的热负荷、传热系数等均低于设计值，管内过程气平均流速均处于一般

推荐值 5～30m/s 的下限范围，从这一点考虑，三台冷凝器还有较大的潜力可挖。冷凝冷却器内存在有硫蒸气的相变过程，由于液硫黏度较大，管内过程气平均流速太低，对硫的流动不利，同时过程气中夹带的机械杂物如催化剂粉尘、衬里粉尘、腐蚀产物、碳黑等容易与液硫形成堵塞物，另外过程气流速小时，对流给热系数较小，K 值过小，影响传热效果。

2.3　液硫捕集器

三台液硫捕集器的标定结果见表5。

表5　液流捕集器标定结果

项　　目	一级捕集器	二级捕集器	三级捕集器
温度/℃	156	153	128
过程气量/（m³/s）	0.95	0.97	0.973
气相密度/（kg/m³）	0.79	0.79	0.82
液流密度/（kg/m³）	1800	1800	1800
允许最大气速/（m/s）	5.53	5.54	5.42
适宜操作气速/（m/s）	1.11~5.92	1.11~5.93	1.11~5.80
丝网面积/m²	0.23	0.23	0.23
通过丝网气速/（m/s）	4.15	4.21	4.23

过程气通过丝网的直线速度，直接影响捕集器的效率和压降。从表5数据看出，三台液硫捕集器的丝网处气速均在适宜操作气速范围之内，据资料报道，通过丝网的气速在 1.5~4.1m/s 时，捕集率可达 97.5%。

2.4　转化器

两台转化器的标定结果列于表3。

从表3看出：两台转化器入口的总高温掺合量只占总过程气的 11.3%，近似于 10% 的设计值，另外床层温升适中，进出口温度均高于其露点温度，且在合适的范围内，这些都表明转化器运行正常，唯独空速超过设计值，空速取决于催化剂活性和装置的压降。由于 LS811 和 CT-6 的 Claus 活性很高，可以在更短的接触时间内使反应达到平衡，标定核算的空速值虽然超过了设计值，但低于 800~1000 的推荐值，说明还有较大潜力。

2.5　有机硫的水解

有机硫包括 COS 和 CS_2 等，有些是酸性气中固有的，有些是酸性气燃烧炉内的副产物。COS 和 CS_2 的存在极大地影响了克劳斯装置的净化效能。它们约占尾气排硫的 20% 左右。提高 COS 和 CS_2 的水解率对改善装置的转化率和减少硫的排放量关系重大。从标定分析结果看出，COS 的水解率第一级转化器只有 63%，二级转化器内基本没有什么变化，追究原因：

1）CT-6 催化剂的有机硫水解活性较低

2）操作温度低（入口 250℃，床层 290℃），与 Claus 反应不同，高温有助于 COS 和 CS_2 的水解。文献报道：COS 和 CS_2 的水解反应在 310~315℃ 才能进行，且反应速度随温度的升高而增加，一般认为 315~340℃ 可使水解率达到 95%。

2.6　SO_2 排放量和烟囱的露点温度

标定中 SO_2 排放量 108kg/h，高于 90.96kg/h 的设计值，但低于 80m 烟囱 190kg/h 的国家排放标准，其尾气排放浓度为：

SO_2　0.15%（V）　　CO_2 2.74%（V）
H_2O　3.47%（V）　　N_2　93.64%（V）

烟囱中露点温度，尾气中 SO_2 0.16%（约 1600μg/g）。SO_2 转化成 SO_3 的转化率取 3%，即 SO_3 含量 48μg/g。尾气中的 H_2O 3.47%，查图知露点温度为 134℃。

现测得烟囱底部温度为 251℃，按每米降温 1℃ 时则烟囱顶部温度为 171℃，高于 134℃ 的烟气雾点温度，不会造成较严重的腐蚀。

3　结论及建议

1）装置在酸性气流量 1000m³/h、H_2S 70.5% 下可以长周期平稳运行，按此硫黄产量可达 7800t/a，远远超过 5000t/a 的设计能力。以各主要设备的标定结果看，在此基础上还有潜力可以发挥。

2）废热锅炉的设计和造型合理，运转情况和传热效果较好。

3）尾气焚烧炉前负压很大，烟囱抽力有余，建议强制通风改成自然通风，以降低操作维护费用和装置能耗。

4）在 1000m³/h 酸性气体流量下，装置产能和耗能相抵消后还有大于 23×10⁴kcal/t·s 的能力运输。

5）转化器的有机硫水解率较低，直接影响到装置的总转化率，建议：

①适当的时候更新催化剂为 LS811，或者在一级转化器上部填装 200~300mm 厚的 LS901 新型钛基催化剂（该催化剂具有比较高的有硫水解活性和抗"漏 O_2"性能）。

②将一级转化器的床层温度控制指标由目前的 280~300℃ 提高到 300~320℃，对于因一级转化器床层温度提高而受到影响的 Claus 反应转化率，可以在第二级转化器内得到弥补。（第二级转化器仍维持目前的操作条件，至于 COS 水解率低的问题，由于 94% 过程气中的 COS 已在第一级转化器内水解，剩下 6% 过程气中的 COS 可以忽略而不影响大局。）

30kt/a MCRC硫回收装置运行总结

林宵红

（中国石化镇海炼化股份有限公司炼油厂）

1　概述

镇海炼化股份有限公司30kt/a硫回收装置是从加拿大DELTA公司引进技术，由DELTA公司负责基础设计，炼化公司设计中心负责施工设计的硫黄回收装置。装置采用目前世界上较为先进的亚露点硫黄回收技术，该工艺注册商标为"MCRC"。其催化转化部分分常规克劳斯和MCRC转化两部分。装置设计处理H₂S浓度（体积分数）为45%~85%的酸性气，操作弹性30%~105%。当酸性气浓度为45%时，可处理最大气量5824Nm³/h，设计转化率99%，年产硫黄30kt，整套装置采用DCS集散控制，为了保证有高回收率，用西方研究公司生产的空气需氧分析仪（AVDA900）实现闭环控制。

2　基本流程和工艺特点

2.1　基本流程

炼油厂各脱硫装置和污水汽提装置的酸性气从管网进装置，经脱水与预热分液后，进入酸性气增压机，增压后的酸性气进入反应炉进行部分燃烧。

反应机理如下：

$$H_2S + 3/2O_2 \Longleftrightarrow H_2O + SO_2 + Q$$

$$2H_2S + O_2 \Longleftrightarrow 2H_2O + 2/xS_x + Q$$

生成的过程气经废热锅炉取热后，大部分进入1#硫冷凝器，1#硫冷凝器出来的过程气再与废热锅炉第一管程出口抽出的高温过程气掺合，使之温度达到282℃进入第一级克劳斯转化器，在催化剂的作用下发生克劳斯反应及COS、CS₂等有机硫的水解反应。

$$2H_2S + SO_2 \Longleftrightarrow 3/xS_x + 2H_2O + Q$$

$$CS_2 + H_2O \Longleftrightarrow CO_2 + H_2S - Q$$

$$COS + H_2O \Longleftrightarrow CO_2 + H_2S - Q$$

离开转化器的过程气，根据程序设定温度控制2#硫冷凝器后过程气通过气体再热器的量，控制前一段MCRC在设定温度（前8个小时268℃，后10个小时198℃）下再生。后一段转化器在127℃工况下进行亚露点低温转比。最后的尾气在焚烧炉焚烧后去80m高的烟囱直接高温排放。

各个冷凝器出来的液硫汇集到地下液硫储罐，用液硫泵一路送至成型机成型包装，另一路通过液硫喷嘴循环脱除溶于液硫中的硫化氢气体，脱除的气体通过抽气器送焚烧炉焚烧。

脱氧水进装置换热后进入废热锅炉产生1.2MPa蒸汽，一部分进入1.0MPa蒸汽管网送出装置。另一部分蒸汽经减压、降温作为装置中切换阀、硫封罐、液硫罐和液硫管线伴热蒸气，同时回收冷凝水送出装置2#、3#、4#硫冷凝器产生的0.3MPa蒸汽分别当作酸性气和锅炉水预热介质，多余部分经空冷降温后均进入凝结水罐，再由凝结水循环泵分别送至2#、3#、4#硫冷凝器控制其液面。

2.2　装置工艺特点

1）酸性气进料设预热器，避免产生铵盐晶体堵塞管道和设备。酸性气入反应炉前设增压机，解决酸性气压力不足问题。

2）反应炉采用高强度烧嘴保证氨和烃类完全燃烧。

3）装置常规克劳斯转化器采用美国凯撒铝化学品公司生产的氧化钛载体催化剂（S-701），它具有很高的CS₂和COS水解活性，其转化温度较其他普通催化剂低。MCRC转化器采用美国凯撒铝化学品公司生产的氧化铝载体催化剂（S-201），这种催化剂表面积大，内部结构存在一定比例的大直径空隙，反应发生在催化剂内部，生成物也被吸附在催化剂内部，床层压力减小，且热稳定性好，是一种更适用于低温克劳斯工艺的催化剂。

4）装置过程气再热采用掺合和换热两种方式，克劳斯转化器入口温度采用高温掺合阀调节，一级 MCRC 转化器入口温度采用气/气换热器控制。

5）MCRC 转化器第一级处于高温再生，并同时进行常规克劳斯反应，另一级则处于低温反应和吸附。两级 MCRC 转化器根据程序控制定期切换、在线再生，起到常规克劳斯加尾气处理一顶二的作用。

6）装置硫冷凝器和捕集器合二为一，设备布置紧凑。转化器置于冷凝器上，无液硫死角。

7）焚烧炉后不设废热锅炉，焚烧后烟气通过 80m 高烟囱直接高温排放，排烟温度 565℃，可提高烟柱抬升高度，以减少地面 SO_2 浓度。

3　装置试运投产及考核情况

30kt/a 硫回收装置于 1996 年 10 月 3 日中间

交接，备转化器装好催化剂后，于 12 月 10 日 17 时引酸性气进装置，20 时产出合格硫黄，开工以后于 12 月 28～31 日进行 72h 考核，从考核情况看，生产运行基本正常，硫黄质量稳定，转化率 98.69%，二氧化硫排放量 45.09kg/h，符合环保要求。

3.1　考核期间主要工艺条件

1）酸性气入装置压力 20～40kPa；
2）酸性气预热后温度 70～100℃；
3）反应炉空气/酸性气比值 1.5～2.5；
4）反应炉压力<70kPa；
5）反应炉炉膛温度 980～1440℃；
6）克劳斯反应器入口温度 270～290℃；
7）MCRC 入口温度 130～280℃；
8）焚烧炉温度 500～700℃；
9）烟囱顶部温度 540～680℃。

3.2　硫黄产品质量

硫黄产品质量见表 1。

表 1　硫黄产品质量　　　　　　　　　　%

项目	硫	灰	酸度	砷	铁	有机物	水分	机械杂质
优等品指标	≥99.9	≤0.03	≤0.003	≤0.0001	≤0.003	≤0.03	≤0.01	不允许
质量	99.97	0.008	0.0027	0.00000613	0.0009	0.0012	0.0012	无

硫黄的产品质量达到工业硫黄优等品标准，也符合国家标准 GB 2449—1981 中一级品质量标准。

3.3　硫黄转化率

硫黄转化率见表 2。

表 2　硫黄回收装置总硫转化率　　　　　　%（体）

日期	酸性气			尾气（焚烧炉前）				转化率
	COS	CO_2	H_2S	CO_2	COS	H_2S	SO_2	
12：28：08 时	0.4	11.52	83.66	3.6	0.02	0.0042	0.549	97.59
12：28：14 时	0.47	10.15	83.19	4.2	0.02	0.01696	0.378	98.63
12：29：08 时	0.7	11.08	77.13	2.0	0.07	0.0215	0.337	96.45
12：29：14 时	0.58	12.61	80.91	6.4	0.0	0.0184	0.2904	99.145

根据公司设计中心按总碳平衡推导的转化率公式计算：

转化率＝$\{i-[\sum C/\sum S]$IN/$[\sum C/\sum S]$OUT$\}\times$ 100%。

去除最高和最低点平均为 98.11%，而 DELTA 电算结果为 98.69%。

考核期间转化率未达到合同要求，按照合同要求，当装置负荷在 30%～100% 酸性气浓度大于 70% 时，硫转化率为 99%。在考核期间酸性气流

量为 1006～1221m^3/h，酸性气浓度 75.5%～83.2%，基本满足考核条件。使硫转化率未达到合同要求的主要原因有两个：一是在线分析仪 ADA 因配件坏而无法投用，因此过程气 H_2S/SO_2 比值只能靠化验分析数据控制，而化验分析的滞后性，使控制滞后，影响了硫转化率；二是 TV-260A 温控阀配件因弹簧未到货而没有投用，使处于再生态的 MCRC 转化器在经过 8h 再生后，在以后的近 10h 中无法达到为提高转化率需将入

口温度降至198℃，这就影响了转化率的提高。

3.4 焚烧炉 SO$_2$ 排放量

焚烧炉 SO$_2$ 排放量见表3。

SO$_2$ 平均排放量为 40.09kg/h，大大低于国家环保局规定的 80m 烟囱 SO$_2$ 允许排放量 190kg/h。

表3　焚烧炉 SO$_2$ 排放量

日期	SO$_2$ 排放平均浓度		烟气量	SO$_2$ 排放量	回收率
	mg/m^3	kg·mol/h	kg·mol/h	kg/h	%
12:28:08时	7757	0.27	283	48.95	98.22
12:28:14时	6017	0.21	290.52	39.08	98.65
12:29:08时	6535	0.2285	272.38	39.87	98.23
12:29:14时	4783	0.1672	278.61	29.84	98.82
12:30:08时	12759	0.446	290.4	82.97	98.88
12:30:14时	4614	0.16	271.54	29.83	98.78

4　装置和程序完善

在1997年4~5月装置停工期间，我们对装置在试运行时暴露的问题进行了整改和完善。

1）修复 TV-260A 并投用，投用后进 MCRC 再生态转化器温度控制良好。

2）原来装置酸性气分水器只有 6.3IT13，在前部装置酸性气大量带水时来不及脱水，容易造成装置跳车。我们在酸性气进预热器前增加一只 25m^3 的脱水罐，罐内设档板和破沫网，加强脱水效果。

3）原来装置反应炉只有常规冷启动程序，启动时要经过吹扫、点长明灯、点主火嘴、引酸性气的步骤开工。装置遇联锁跳车或紧急停车后，需要恢复正常生产时，若用冷启动程序启动，经过氧吹扫，克劳斯反应器内硫黄燃烧，反应器温度急剧升高，因此只能强制程序打开酸性气和空气进装置切断阀紧急开工。我们在检修期间增设了 REHS 程序，在反应炉温度高于800℃，低于1450℃时，可通过该程序紧急启动。

4）增加装置联锁（FSD）、焚烧炉联锁 INSD、反应炉联锁 RFSD 旁路开关，在装置仪表校验、检修时旁路联锁，避免联锁动作跳车。

5　存在问题

30kt/a 硫回收装置在生产过程中受酸性气带烃影响较为严重。因酸性气来源广，炼油厂Ⅲ套加氢、焦化、催化、加氢裂化的脱硫装置和污水汽提装置的酸性气均通过管网进入硫黄装置。

1）酸性气带烃，严重影响硫黄生产：

① 烃类不能完全燃烧产生炭，黏结在克劳斯催化剂上，造成催化剂失活和床层压降增加，影响硫黄回收率。

② 酸性气少量带烃时，可提高克劳斯反应炉气风比，大量带烃时反应炉来不及燃烧的烃类和酸性气到焚烧炉燃烧，造成焚烧炉超温，特别严重时会造成焚烧炉缺氧灭炉，或烃类和酸性气在烟囱上燃烧，威胁装置安全生产。

2）前部装置操作不稳，造成进硫回收装置酸性气波动大，气风比投自动时跟不上，只能手动调节，这样影响了装置的平稳操作和硫黄转化率。

3）在炼油厂Ⅰ、Ⅱ系列分开停工检修时，酸性气来量少，低时只有 700m^3/h 左右，大大低于装置设计负荷，为了维护装置的低负荷运行，我们采取向酸性气内补充氮气的方法。

6　带烃原因及对策

6.1　引起酸性气带烃的原因

1）焦化酸性气带烃。由于油品来的瓦斯组成中 C$_3$ 以上的组分含量高（有时达20%），且组分变化频繁，量不稳定，引起焦化干气的脱硫操作的不稳定，从而引起酸性气带烃。

2）Ⅲ重整酸性气带烃。由于干气脱硫能力小，实际生产中大大超过设计负荷，干气不干（设计 C$_3$ 以上的含量为30%~40%），到Ⅲ加氢脱硫后，引起Ⅲ加氢脱硫超负荷，从而导致酸性气带烃。

6.2　对策

1）各脱硫装置加强监控，平稳操作，保持酸性气外放量稳定均衡，提高酸性气质量。

2）发现装置操作不稳，酸性气质量恶化时，及时放火炬，以免带烃酸性气进入管网，冲击硫黄生产。

3）在油品瓦斯压缩机出口增上一台冷却器，把干气中的轻烃分离出来，确保焦化脱硫装置平稳操作。

4）将Ⅲ重整塔 202 顶的干气（压力较高）分出部分到焦化富气压缩机后的缓冲罐 V-201 中，再到焦化的吸收稳定系统去，使Ⅲ重整 T-201 和 T-202 的干气分开脱硫，解决Ⅲ加氢脱硫超负荷

和干气不干的问题。

7　结语

1）加拿大 DELTA 公司的 MCRC 硫黄回收工艺巧妙地在克劳斯转化段后应用了低温克劳斯技术，使之兼有克劳斯反应和尾气处理的功能。同时最后一级转化器中过程气在硫蒸气露点温度下反应，使实际转化率能接近理论计算值。加之 MCRC 转化器在线再生，所以有硫黄转化率高，操作方便，投资少等优点。

2）为了保证硫黄装置安稳运转，前部装置必须稳定操作，控制外排酸性气量的稳定和酸性气中烃含量在指标内。

制硫原料气降低烃含量的预处理技术

李正西

（中国石化金陵石化南京炼油厂）

1　前言

多年的生产实践证明，炼油厂硫黄装置能否平稳地生产，产品质量是否合格的关键在于原料酸性气的质量，尤其是酸性气中的烃含量。

酸性气烃含量高，不仅增加硫黄回收装置的风机负荷，也影响到燃烧炉的工作状况，降低了硫收率，加剧了尾气污染问题。

为了提高经济效益，增加优质品率，确保装置平稳长周期运行，寻求降低酸性气中烃含量的对策，优化生产，就显得尤为重要了。本文为此对国内外的情况作一调研。

2　国外情况及解决措施

现将美国佩尔森厂、德国格罗辛克余潭厂、日本挥发油公司、日本千代田公司以及法国赫尔蒂公司等脱硫装置酸性气烃含量情况列于表1。国外脱硫装置闪蒸罐及工艺条件比较列于表2。

从表1和表2可见，国外为了保证既有足够的闪蒸界面，又有充分的停留时间，一般都使用卧式闪蒸罐，而国内如四川卧龙河脱硫厂则为立式闪蒸罐，立式罐的闪蒸界面及停留时间均较小。富液温度升高既可以降低烃的溶解度，又可降低溶液黏度，从而改善气液分离效率，这一点是应当重视的。

国外降低酸性气烃含量的主要措施有：

①脱硫装置吸收塔底部原料气入口与富液液面之间有一层填料，用以减少富液夹带的气（烃）量。

表 1　国外脱硫闪蒸及酸性气烃含量情况

项　目	萨菲诺法（采用环丁砜、二异丙醇胺及水）				DEA法
	美国	德国	日本	日本	法国
	佩尔森厂	格罗辛克余潭厂	挥发油公司	千代田公司	赫尔蒂公司
处理量/($10^4 m^3/a$)	100	440	400	400	400
循环量/(m^3/h)	—	800	260	250	222
气液比		228	641	667	750
吸收压力/MPa	7.0	7.7	6.4	6.4	6.4
甲烷分压/MPa	5.75	5.85	6.0	6.0	6.0
总烃分压/MPa	6.46	5.85	6.13	6.13	6.13
闪蒸压力/MPa	—	1.7	0.7	0.7	0.7
富液温度/℃	—	29	—	—	-
闪蒸气量/(m^3/h)		4160	1350	1710	275
闪蒸气／原料气/%	百分之几	2.27	0.81	1.03	0.17
酸性气烃含量/%	$C_1 \sim C_4$ 1.20 C_5 0.50 芳烃 0.20 总烃 1.90	<2 （估计）	C_1 1.22 总烃 2.31	—	C_1 0.46

续表

项　目	萨菲诺法(采用环丁砜、二异丙醇胺及水)				DEA 法
	美国	德国	日本	日本	法国
	佩尔森厂	格罗辛克余潭厂	挥发油公司	千代田公司	赫尔蒂公司
富液带出烃/(m³/m³)	—	6.9	6.06	—	1.43
闪蒸效率/%	>90	75~80	C₁ 91.6 总烃 85.7	—	86.5

注：富液带出烃可设想系由两部分组成，即受平衡控制溶解的气(烃)和机械夹带的气泡。

② 在脱硫装置上采取良好的闪蒸措施，富液具有较高的温度，在进入闪蒸罐时进行喷淋，有较大的气液界面与较长的停留时间；

③ 在脱硫装置的闪蒸罐及酸性气分离器设有分油措施。

由于采取了上述措施，国外闪蒸效率通常可达80%以上，酸性气烃含量一般低于2%。目前尚未见到有脱硫及硫回收装置之间增加脱烃装置的报道。

表2　国外脱硫装置闪蒸罐及工艺条件比较

项　目	德国	日本	四川
	格罗辛克余潭厂	挥发油公司	卧龙河脱硫厂
闪蒸罐形式	卧式	卧式	立式
溶液停留时间/min	2	4	1.5~2.5
闪蒸界面/[m²/(100m³/h)]	约3.5	5~6	1.7
闪蒸压力/MPa(G)	1.7	0.7	0.6
闪蒸温度/℃	72	60~70	45
溶液入塔情况	喷淋	喷淋	未喷淋
闪蒸效率/%	75~80	90	35~45

3　国内情况

3.1　九江石化总厂炼油厂的情况及解决对策

九江石化总厂炼油厂，酸性气中烃类含量超高，有时高达10%，特别是重质烃含量高时燃烧会使炉子超温，炉子衬里损坏，若燃烧不完全，生成烷基砜、硫酸、CS_2、COS、碳黑等副产物，也会导致尾气燃烧炉二次燃烧；产品颜色变黑，有臭味，产品质量指标中有机物含量、酸度等指标超标；催化剂床层积炭和有机硫化物使催化剂中毒失活，装置效率下降，硫黄产率和反应转化率降低。该厂解决的对策是：

(1) 降低气体脱硫装置操作温度

脱硫装置原料气温度过高，干气或液态烃中夹带的油气分子进入脱硫系统，与塔顶贫液相互接触，油气被冷凝，浮在脱硫剂表面，排油若不及时，烃类物质会随脱硫剂进入脱硫系统闭路循环，这也是造成酸性气中烃类含量过高的一个主要原因。在操作上控制原料气温度小于40℃，并使贫液温度稍高于原料气温度3~4℃，以减少烃类在胺液中的溶解度。

(2) 改造吸收稳定系统

该厂催化裂化装置再吸收塔的干气经常携带C_5馏分及吸附剂(轻柴油)进入干气脱硫塔，使塔顶酸性气含烃量增加，为解决"干气不干的"的现象，九江炼油厂子1991年对吸收稳定系统进行了改造，将吸收、解吸、再吸收、稳定4座塔塔盘换成 JKB-200Y、YKB-350Y 规整填料，从而使干气中的C_3含量在冬、夏季经常达到2%(冬季)或3%(夏季)的水平。

(3) 在脱硫系统增加富液闪蒸罐

采用先换热后闪蒸，流程见图1。闪蒸压力低对烃类闪蒸有利，其下限为火炬管网的压力，上限为富液能自压至再生塔的压力；闪蒸温度高对烃类闪蒸有利，其上限为富液换热后温度，停留时间长也对闪蒸有利。一般认为，闪蒸压力为0.25MPa、闪蒸温度为70~80℃，停留时间为3~5min 便可达到较好的结果。

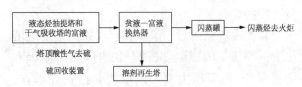

图1　富液闪蒸流程示意

3.2　四川卧龙河脱硫厂情况及对策

四川卧龙河脱硫厂由于原料气(天然气)温度很低(约10℃)，这就使脱硫装置吸收塔富液温度通常只有45~48℃，酸性气甲烷含量因闪蒸效率很低而高达7%左右。为降低其烃含量，该厂对装置中的闪蒸塔、闪蒸流程和吸收塔等进行了改造。

1）闪蒸塔：改造的中心目的是加大闪蒸塔内的气体闪蒸界面，根据装置的实际情况，对原立式闪蒸塔作了如下改造：

a. 中部增加六层折流板（见图2）；

b. 增加富液入塔后的喷淋管；

c. 闪蒸塔下部新增凝析油撤出槽及排放阀；

d. 闪蒸塔富液出口增加防涡流挡板；

e. 闪蒸塔上部洗涤段直径由 $\phi200$ 改为 $\phi400$，填料高度亦由2m增至3m。

2）闪蒸流程要使装置具备如下两种可能性。

a. 低温富液进闪蒸塔（简称闪蒸旧流程）：即吸收塔出口富液→闪蒸塔→一级换热器→二级换热器。此流程的特点是富液先闪蒸后换热；

b. 加温富液进闪蒸塔（简称闪蒸新流程）：即吸收塔出口富液→一级换热器→闪蒸塔→二级换热器。此流程的特点是富液先换热后闪蒸。

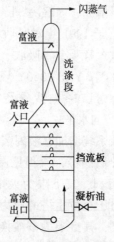

图2　闪蒸塔改造示意

3）吸收塔：塔底原料气入口与富液界面间新增一层筛板（$\phi30$，孔701个），目的是减少富液夹带的烃量。

装置改造完成后，该厂在不同处理量及气液比下，变动了闪蒸温度（即分别走闪蒸旧流程和新流程）、闪蒸压力及闪蒸塔液面位置等因素，观察了对闪蒸效率和酸性气烃含量的影响，所得结果如下：

1）提高闪蒸温度是降低酸性气烃含量的关键因素。在闪蒸压力0.6MPa下，闪蒸温度由45～50℃升至65～70℃，在处理量为 $1.0\times10^6 m^3/d$、气液比值540下的酸性气 CH_4 含量可由6%～7%

降至1.5%～2.0%；闪蒸效率相应达到80%以上。与此同时，粗闪蒸气中的 H_2S 含量也由7%急剧上升到21.8%。

2）在闪蒸温度60～70℃下，闪蒸压力由0.6MPa升至0.9MPa时，酸性气中 CH_4 含量由1.5%～2.0%升至2.1%～2.75%，闪蒸效率则由80.2%降至77.7%，粗闪蒸气中的 H_2S 含量则降至12.4%。

3）闪蒸塔液面位置由2/6升至3/6操作时，对酸性气 CH_4 含量和闪蒸效率无显著影响；

4）富液带出烃（包括夹带和溶解两方面）由改造前的2.89～3.43m^3/m^3降至改造后的2.63～2.93m^3/m^3，说明吸收塔底所装的筛板有显著效果，富液夹带的烃量降低0.5～0.8m^3/m^3。

5）闪蒸塔内所增加的富液喷淋及溢流板，在富液带出烃降低15%～25%的情况下，按闪蒸旧流程操作时可使闪蒸效率增加5%。

该厂酸性气烃含量下降所得的收效非常显著。首先，硫黄回收所用风量可大幅度下降，例如，当酸性气 CH_4 含量由7%降至2%，C_2^+ 亦由0.7%降至0.2%时，耗风量可下降20%；其次，硫回收燃烧炉温度可有所下降，硫收率有所上升，而尾气含量可相应下降。

3.3　齐鲁石化公司胜利炼油厂情况及对策

山东胜利炼油厂硫黄尾气处理装置因采用选择性溶剂（先采用二异丙醇胺，后采用甲基二乙醇胺），在运转中出现了再生塔冲塔跑胺现象，有时甚至十分严重，使脱硫装置无法正常操作，经反复摸索，终于寻找到了跑胺的基本原因，并采取了相应的对策。

（1）严格控制水平衡

欲使装置能持久、正常地运转，则应注意操作系统内水的平衡；如进出水不平衡，结果装置中的水会逐渐增加，造成溶液稀释，出现脱硫溶液体积的增加，难以维持正常的胺液浓度。该装置没有工业水掺入系统，而是因为原料气温度过高，达到≥42℃（正常为38～40℃），结果由原料气多带入80～100kg/h的水。现场采用以面积180m^2的冷却器代替135m^2的冷却器201，彻底解决了水不平衡的问题，并使原料气入吸收塔的温度降至小于36℃，从而稳定了溶液中胺的浓度，并使溶剂损耗得以减少，环境污染得以改善，工人劳动强度有所减轻。

（2）管线布局力求合理

装置要正常运行，除各控制阀及仪表齐全，再生设备安装位置应力求合理，以消除引起再生塔胺液冲塔的不利因素。胜利炼厂原先的布置如图3（a）所示，再生酸性气的冷凝冷却器与酸性气气水分离器间，因水平度不同而形成高1.8m的U形管，生产中酸性水自然沉积于管路中，很容易形成1.8m高的液柱。从而使再生塔压力波

动，为使酸性水带出，通常应具备20~50m/s的气速才行，实际上因气速过低，是不能将酸性水带出的，从而使再生塔内压力逐渐升高，当压力达到能克服管路中液柱造成的阻力时，酸性水既迅速冲出，与此同时，也引起再生塔内压力突然下降约0.02MPa，塔内气速会突然增大，可能引起胺液的发泡或轻微地冲塔。以后该厂将设备位置变动为图3（b）后，就达到了克服冲塔跑胺的效果。

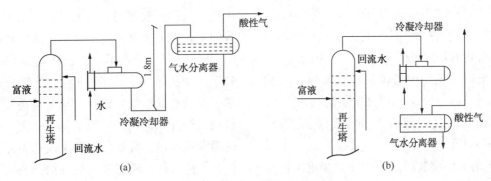

图3　再生塔改装前后流程

（3）正确控制温度与压力的关系

贫液质量的好坏，与再生温度、塔顶回流比有密切关系。众所周知，一种溶液在一定的压力下，仅有一个相应的沸点温度，此时的温度是不随加热蒸汽量的增加而上升的。蒸汽量的增大，

仅仅造成再生塔气相负荷上升、浮阀孔速加大、全塔压降增高。表3为胜利炼油厂尾气处理装置正常操作时的塔顶压力（表压）及塔底再生温度的指示值。

表3　再生塔再生温度与塔顶压力值

塔顶压力/10^5Pa	DIPA	0.63	—		0.70	0.80			DIPA 溶液
	MDEA	—	0.67		—	—	—	—	循环量 15~21t/h
再生温度/℃		115.4~116.4	117.0	117.0	119~119.5	120	123		MDEA 溶液
									11~15t/h

此外，真正塔底溶液沸腾时的压力，应是表3中指定温度下的塔顶压力与克服17层塔盘压力降0.06×10^5Pa之和。如不能正确掌握再生温度与压力的关系，而一味地靠提高蒸汽量来升高再生温度，这不仅不能提高再生温度，反而易引起再生塔冲塔跑胺。

（4）胺液过滤

胜利炼油厂最初开工时，因无滤料，胺液未进行过滤，故出现发泡现象严重；后来坚持认真的过滤，以除去部分细小的隐泡物质，开工前除全面进行认真吹扫外，还要进行化学清洗和工业水水洗，以除去绝大部分的机械杂质；在其他一些措施的配合下，该厂冲塔跑胺现象已得到明显

好转。

3.4　金陵石化南京炼油厂情况及对策

金陵石化南京炼油厂也曾遇到上述兄弟厂同样的问题，当制硫原料气（即脱硫装置酸性气）中烃含量增高时，不仅使硫黄颜色由黄变黑，而且会使硫黄质量不合格，可使一级品硫黄一下子变为等外品硫黄。对脱硫装置来说，导致酸性气烃含量上升的原因主要有：富液酸性气负荷少、干气原料带凝析油、脱硫塔压力高、温度低、闪蒸效果差等。

吸取80年代初的经验教训，我厂气分车间第一套脱硫装置的闪蒸流程从以前的先闪蒸后换热改为先换热后闪蒸；第二套脱硫装置是新建装

置，其富液是先换热后闪蒸。然后再经换热后进再生塔。不管是一脱硫还是二脱硫，其闪蒸罐都是采用卧式结构。

硫黄回收装置是否平稳操作，很大程度上取决于脱硫装置的操作是否平稳。而脱硫装置能否平稳操作，又在很大程度上取决于再生塔是否冲塔。再生塔冲塔现象一般表现为：

1）富液不能得到彻底再生，故再生酸性气量下降，塔顶压刀下降，而酸性气中 H_2S 浓度下降。我厂气体分离车间一脱硫用二异丙醇胺（DE-PA）法脱硫，再生塔冲塔时，其再生酸性气 H_2S 浓度（体积分数）从 25% 下降为 10%~15%；

2）严重时，从再生塔顶冲出的液体，其胺液浓度、H_2S、CO_2 含量与富液十分接近；

3）塔顶与塔底压差增大，塔底液面下降，甚至贫液循环泵抽空。

当再生塔冲塔跑胺时，可迅速减少重沸器加热蒸汽量，从而减少塔内二次蒸汽量。同时适当关小塔顶酸性气控制阀，提高再生系统压力，减少塔内气体流速。该措施，在不停工的情况下，能较快止住溶液冲塔。实践中视具体情况，找出冲塔原因，采取相应措施：减少酸液循环量、或添加新胺液、或向外甩水增浓胺液，达到降低循环量，从而实现稳定运转。

胺液浓度不宜过低。低浓度溶液运转对操作十分不利。我厂气分车间干气脱硫，其 DIPA 水溶液浓度以 20%~30% 为宜，过低容易发泡。原料气中 H_2S 和 CO_2 含量一定时，单位时间内所需胺分子数（即溶液循环量），也就确定了，故胺液浓度的选择十分重要。通常胺液浓度的高低受腐蚀、机械损失（包括化学降解、气相损失和漏损）等因素的限制。溶液对 H_2S 的净负荷视溶剂不同而不等。此外，从对 H_2S 的净负荷看，其胺液浓度过低，则需要较大的溶液循环量，才能满足净化气合格指标的要求。

溶液循环量不宜过大。过大不仅增加塔的负荷，而且加热蒸汽量也会显著增加。由此造成塔内二次蒸汽增多，塔内空塔气速上升，浮阀塔孔速增加，造成塔盘差压加大。加之开工初期设备内杂质多，以至塔盘溢流槽内沉积物增多，增大了溢流液的阻力，这就很容易产生拦液，以至冲塔跑胺。

为了降低酸性气中的烃含量，我厂在设备改造和仪表改进方面，还做了如下工作：

（1）催化裂化装置吸收-解吸塔改造

我厂催化裂化装置的汽油-液态烃-干气分离加工部分的吸收-解吸塔，原为单塔，即同一塔的上部为吸收段，以稳定汽油、粗汽油作吸收剂，脱去压缩气体中 C_3^+ 组分；下部为解吸段，在提高塔底温度的条件下，使液相的汽油、液态烃组分中的 C_2 以下的轻组分被解吸。从而获得干气与汽油、液态烃的分割效果。由于吸收、解吸的工艺条件要求是不一样的，所以塔顶气体中 C_3^+ 组分较多，干气不干，也使液态烃大量被带到干气中去，同时，液态烃中 C_2 组分较多，影响了液态烃的质量。1983 年装置改造使吸收段与解吸段分开，但仍在一个塔体中，由于精馏要求的塔盘数不足，吸收段、解吸段都不能很好地工作，上述气体、液态烃和汽油的分割状况仍不能达到要求，干气中的 C_3^+ 含量高达 20%（按质量计达 30% 以上），大量的液态烃损失而进入干气中，减少了液态烃产量和化工原料 C_3 的产量，可以回收的液态烃每年损失达到 8000t 以上。

针对上述情况，我厂决定改造吸收解吸塔流程，由单塔分离改为双塔流程，将原吸收塔移至地面并增加七层塔盘，原解吸塔接高，增加五层塔盘。吸收塔底油进入解吸塔，解吸塔顶气体并入高压压缩富气。流程改造后，于 1992 年正常开工。

1993 年装置气压机 106 换为新高压压缩机，吸收稳定系统进一步提压操作，吸收塔-解吸塔压力提高后，对干气 C_3^+ 的回收更趋有利。

经过改造后的吸收解吸塔比较稳定，并在改造设计的参数范围内，改造后的气体组成中 C_3^+ 由近 20.0% 减少到 5% 以下，取得了预定效果。从产品收率看，液态烃收率相应增加了 1% 以上；从干气密度比较分析已明显降低，干气收率也相应减少。

（2）利用色谱分析，提高产品质量和经济效益

我厂最早的液态烃成分分析是靠化验室来进行的，分析的周期长，从采出样品到出数据一般要 3~4h，而且还存在着一定的误差，不能满足自动化大生产的需要。之后，我厂采用一台国产

的 8110 型色谱仪来进行液态烃组分数据在线分析，这是一种比较先进的色谱仪，对工艺生产起到了一定的指导作用。后来，我厂采用了兰州自动化仪表公司生产的 PGC9100 型微机气相工业色谱仪。该机设计先进，在快速、灵敏、精确等方面有了提高，在信息存储、数据处理、程序软件化、故障诊断、输出通讯等方面都有实质性、突破性的进展，其操作也很方便。

在安装过程中，为了节省开支，我厂利用原有的旧房和样品管线进行了改造和安装，考虑到在线分析仪表对样品的要求苛刻，样品的纯净度、流量的恒定等直接影响到色谱仪的运行。根据现场条件和工艺情况，我厂设计制作了一套预处理装置，该系统包括：汽化稳压器、两级过滤器（一为硅胶填充、一为毛毡内芯）、调节阀、流量计和水封稳压器等。另外，为了减少样品滞后时间，将汽化系统的安装位置尽可能地靠近工艺管线采样口。同时，为了更好地为生产服务，除了与操作室内的 DCS 集散系统联网，从电视屏上直接观察到当时的每个组分的含量数据和一般时期的走势曲线外，还接入一台数据打印机，可以直观、准确地知道某一时间液态烃中各组分的百分含量数据和打印出各种输入到分析仪的参数。

该机安装完毕后，我厂和仪器的生产厂家共同进行了一系列并机、调试工作。首先通入了标准气对各组分数据进行了整定，然后与质检处经常所做的十个组分化验值进行了比较，基本符合。在打印机上该仪器共打印出液态烃的十五个组分百分含量值，依次为：①乙烷；②乙烯；③丙烷；④丙烯；⑤异丁烷；⑥正丁烷；⑦正丁烯+异丁烯；⑧反丁烯；⑨丁二烯+顺丁烯；⑩异戊烷；⑪正戊烷；⑫正戊烯；⑬异戊烯；⑭反戊烯；⑮顺戊烯。从正常的工艺生产来说，这其中的①、②两项之和不能大于32；⑩~⑮六项之和

也不能大于 3%。达到这个指标要求，则产品是合格的，也不会增加酸性气中的含烃量；若达不到，就要调整工艺参数。而这台仪器可准确地、连续地知道各组分的百分含量，显然对指导工艺生产、提高产品质量、增加经济效益尤其是降低酸性气中的烃含量都提供了保证，经过一段时间的运行，该机运行性能良好[7]。

尽管我厂在设备改造和仪表改进等方面做了不少工作，但气分车间在其操作规程中明确表示，为了降低酸性气中的含烃量，应采取如下措施：

1）开好闪蒸罐，把富液中烃类闪蒸掉，保证酸性气中烃含量（体积分数）<5%；

2）干脱装置排凝析油罐容 401（催化干气原料罐）、容 402（焦化干气原料罐）要定时排放，避免原料干气带油进脱硫塔；

3）提高贫液温度，减少溶剂对烃类的溶解；

4）在不影响净化产品质量时，降低溶剂循环量，减少富液带烃量。

4　建议

（1）在脱硫装置吸收塔底部原料气入口与富液液面之间加一层填料或新增一层筛板（φ30，孔 700 个左右），以减少富液夹带的烃量；

（2）在有条件时，对催化车间的吸收、解吸、再吸收、稳定 4 座塔塔盘换成 JKB-250Y、YKB-350Y 规整填料，从而使干气中的 C$_3$ 含量降低；

（3）目前在国内外的文献中尚未见到有关在脱硫装置及硫黄回收装置之间增加一脱烃装置的报道，若要试验的话，可将变压吸附装置搬至这两个装置之间重新安装，PSA 装置若不搬家，则将脱硫装置厂出来的酸性气用管线送至 PSA 装置，从 PSA 出来后再用管线送至硫黄回收装置。

硫回收装置二级转化改三级转化小结

翟玉章

（中国石化扬子石化股份有限公司芳烃厂）

1　前言

扬子石化股份有限公司曾采用德国鲁奇公司专利及相应设备建设了一套 14.4kt/a 硫回收装置。该装置采用二级克劳斯硫回收加萨弗林尾气处理工艺，其中二级克劳斯单元设计硫回收率为 92%，若加上萨弗林尾气处理则总硫回收率可到 98.5%。自 1990 年 1 月开工投产以来，由于负荷低而一直未能启用萨弗林尾气处理单元，致使二级克劳斯单元由于 H_2S/SO_2 在线比率分析控制仪的原因及负荷偏低，转化率一直在 88%～90% 之间徘徊。

近年来随着社会环境要求日益严格，人们的环保意识不断增强，国家环境保护局制定了新的大气污染物综合排放标准（GB 16297），严格规定新污染源从 1997 年 1 月开始和现有污染源从 2000 年 1 月 1 日开始强制性实施下列二项指标：

1）通过排气筒排放废气最高允许排放浓度。

2）通过排气筒排放的废气，按排气筒高度规定的最高允许排放速率。任何一个排气筒必须同时遵守上述两项指标，超过其中任何一项均为超标排放。

新标准严格规定了 SO_2 最高允许排放浓度：新污染源 ≤960mg/Nm^3，现有污染源为 1200mg/Nm^3。我厂考虑到原装置设计烟气中 SO_2 排放浓度 ≥4280mg/Nm^3，远超过 1200mg/Nm^3 新标准，并且配置修复在线仪等仪表设备需投入百万元以上费用，因此决定采取二步走的技术措施。其一是利用现有萨弗林装置的闲置设备如反应器、冷凝器、热交换器等将二级转化改造成为三级转化，并选用性能更好的催化剂，使装置总硫回收率达到 96% 左右；其二是选择合适的尾气处理工艺，以满足 SO_2 排放浓度 <1200mg/Nm^3 的要求。本文着重介绍二级改三级克劳斯工艺过程及催化剂的选择和使用。

2　装置工艺改造

二级改三级克劳斯装置后的工艺流程示于图 1。由图 1 可以看出，来自 DC-1101（反应器）下部的工艺过程气经过 EA-1103（三级冷凝器）冷凝后，进入 FA-1103（硫捕集器）分离出过程气中含有的液硫，其温度为 130℃，进采用化学分析和实物检测相结合的方法手段以确保不超温、超氧和析炭；停工期间若采用 N_2 保护，还可取得更好的效果。

由于我们采取了以上综合措施，确保了 LS-811 催化剂的 4 年长时间运行，预计可达 4～6 年甚至更长时间使用，三个周期后仍能保持高达 95.6% 以上的总硫转化率，并且基本上没有产生过催化剂的粉碎和阻力增加现象，另外机械强度一直令人满意，价格较低，运输、装填和卸剂都非常方便，与国外普遍推广使用 AL_2O_3 催化剂一样，是一种适合国内克劳斯硫回收装置使用的比较理想的催化剂，关键是催化剂的正确操作和使用。

入 EA-1152（热交换器）与 BA-1102（焚烧炉）排出的废气（410℃）进行热交换，将其温度升至 190℃ 左右，进入 DC-1151 三级反应器（原萨弗林低温反应器）进行三级转化后，温度升至 200℃ 左右，再进入 EA-1151（硫冷凝器），将生成的气态硫冷凝分离出来，过程气则进入 BA-1102（焚烧炉）将未反应的 H_2S 焚烧成为 SO_2 后，再经由 EA 1152 进行热交换，使温度降低至 360℃ 左右后，从烟囱排入大气。由于充分利用了原有的闲置设备，因此全部改造费用仅花了 2 万元。

3　催化剂选用

3.1　LS-901 催化剂

德国鲁奇公司原设计 DC-1101（反应器）一级

反应器的上层装填使用 CR Al$_2$O$_3$ 催化剂，下层装填使用 CRS-31 TiO$_2$ 催化剂，而二级反应器的上层和下层全部装填使用 CR Al$_2$O$_3$ 催化剂。本次技术改造，我们选用 LS-901 TiO$_2$ 基催化剂取代 CRS-31 TiO$_2$ 催化剂，用 WHA-201（CT6-2）Al$_2$O$_3$ 催化剂取代 CR Al$_2$O$_3$ 催化剂。据资料介绍，LS-901 TiO$_2$ 基催化剂与目前已在工业装置上广泛使用的 Al$_2$O$_3$ 催化剂相比，具有以下几个方面特点：

1）对有机硫化物的水解反应和 H$_2$S 与 SO$_2$ 的克劳斯反应具有更高的催化活性，几近可以达到热力学平衡转化率。

2）对于漏 O$_2$ 中毒不敏感，水解反应耐"漏 O$_2$"中毒能力为 2000μg/g，克劳斯反应则高达 10000μg/g，并且一旦排除了高浓度 O$_2$ 的影响，活性几乎得到完全恢复。

3）对于达到相同的转化率水平，允许更短的约 3s 接触时间，相当于 1000h^{-1}~1200h^{-1} 空速，因此可以缩小转化器体积。

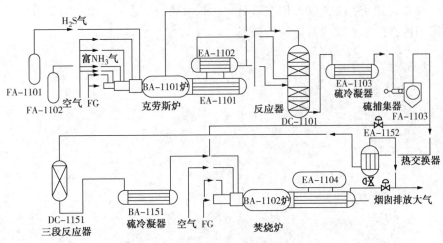

图1　硫黄回收工艺流程示意

3.2　LS-971 催化剂

为了减轻 Al$_2$O$_3$ 催化剂受工艺过程中"漏 O$_2$"引起的硫酸盐化中毒，本次改造后在二级反应器的下层 Al$_2$O$_3$ 催化剂上铺垫了一层 350mm 高的 LS-971 催化剂，与此同时在三级反应器的 Al$_2$O$_3$ 催化剂上铺垫了一层 200mm 高的 LS-971 催化剂，主要目的是用于脱除所谓的过剩 O$_2$ 即"漏 O$_2$"，起到保护下部 Al$_2$O$_3$ 催化剂免受硫酸盐化危害的作用。据有关资料介绍，LS-971 催化剂是一种高克劳斯活性和脱漏"O$_2$"保护双功能催化剂，它置于 Al$_2$O$_3$ 催化剂的上部，占床层体积的 1/3~1/2，有关脱"漏 O$_2$"保护的反应机理如下列化学反应方程式所示：

$$FeSO_4 + 2H_2S \Longrightarrow FeS_2 + SO_2 + 2H_2O \quad (1)$$

$$FeS_2 + 3O_2 \Longrightarrow FeSO_4 + SO_2 \quad (2)$$

$$2H_2S + O_2 \Longrightarrow 2S + 2H_2O \quad (3)$$

从以上反应方程式中可以看出脱除 O$_2$ 活性组分在 FeSO$_4$ 和 FeS$_2$ 两种形式上进行反复变化循环，与此同时使 H$_2$S 与过剩 O$_2$ 进行选择性催化氧化成为单质硫，使上述过剩 O$_2$ 最终与硫化氢中的氢生成水而随过程气排出。

4　结果和讨论

本装置自 1998 年 7 月大修后全部装填使用 WHA-201（CT6-2）AL$_2$O$_3$ 催化剂，1998 年 11 月 24~26 日进行抽样检测，标定结果总硫回收率平均值仅为 90.2%，低于设计值 92%，其主要原因有：

1）无杜邦在线分析仪，不能及时准确测定尾气中的 H$_2$S 和 SO$_2$ 含量，致使用于 H$_2$S 燃烧的空气不能及时地正确配置，从而影响到按照 H$_2$S/SO$_2$ = 2/1 的化学计量要求来进行克劳斯反应。

2）全床层装填使用 Al$_2$O$_3$ 催化剂，其克劳斯反应活性和水解反应活性均不如 TiO$_2$ 催化剂。

3）从操作情况看，因原料气带烃超标，使系统内尤其是反应器床层积炭，致使催化剂活性降低，影响了转化率和总硫收率。

1999 年 6 月大修后，我们将二级克劳斯工艺流程改为三级克劳斯过程并选用了 LS-901 TiO$_2$

基催化剂及 LS-971 高克劳斯活性和脱"漏 O_2"保护双功能催化剂，于 1999 年 9 月 24 日由南京市环境监测站进行了监测，采用了 NSI 二氧化硫测试仪和 TH-990 智能型烟气分析仪，其数据如下：酸性气 H_2S 浓度 78%(v)，流量 860.2 m^3/h，烟气 SO_2 浓度 8829mg/Nm^3（相当于 3224μg/g），SO_2 排放量 108.40kg/h，计算得到的总硫回收率为 95.3%。

通过将二级转化改为三级转化并选用了 LS-901 和 LS-971 两种催化剂，可使装置总硫回收率从原来的 90.2% 提高到 95.3%，若投用在线分析仪或定时地采用色谱技术来取代目前较为简易且不定时采样的玻璃管析测分析方法，并将 LS-971 双功能保护催化剂的装填体积达到全床层催化剂体积的 1/3~1/2，则预期总硫回收率将达到 96% 以上。

本装置设计生产能力为 14.4kt/a，总硫回收率提高至 95.3% 约可增产硫黄 600 多 t。若按目前负荷年产 10kt 硫黄进行核计，则可增产 550t 硫黄，价值 38.5 万元。若再算上由此减少了 1100t SO_2 排放，则还可为企业节省排污费 22 万元，因此在技改后不到一年时间就可以收回全部投资费用，达到了预定的效果和效益。

大连100kt/a硫黄回收及尾气处理装置的运行

王吉云　　初尔军

(大连西太平洋石油化工有限公司)

大连西太平洋石油化工有限公司100kt/a硫黄回收及尾气处理装置，是本公司5Mt/a炼油工程的配套环保项目，该装置由法国通用煤气工程公司(简称IGI)设计，中国化工建设第三安装公司施工安装。整套装置设计能力最大为年生产硫黄105kt；处理干气脱硫装置、三套加氢装置和两套酸性水汽提装置所产生的全部酸性气，设计最大处理量为14982kg/h(H_2S含量为84.8%)。全装置共分六个单元：Claus制硫系统；Clauspol尾气处理系统；尾气焚烧系统；硫黄成型、包装系统；配套除尘系统；配套冷却循环水系统。

大连西太平洋石油化工有限公司100kt/a硫黄回收及尾气处理装置，于1997年5月全面建成，同年6月25日引酸性气进反应炉，一次投料超低负荷试车成功，生产出高质量(一级品)硫黄。在此之前，于1996年9月装置只开尾气焚烧系统，将FCC装置送来的酸性气在焚烧炉内充分燃烧变成SO_2后，由130m烟囱排入大气。硫黄回收及尾气处理全套装置，于1997年10月，在设计负荷范围内，装置首次全流程开工投产，一次打通全流程，产出高品质硫黄。

1 装置工艺原理

1) 装置Claus制硫系统采用二级Claus工艺。

在反应炉内发生部分高温氧化反应，大约有60%的H_2S转化为单质硫黄。反应方程式如下：

$$H_2S+3/2O_2 \longrightarrow H_2O+SO_2+Q \qquad (1)$$
$$3H_2S+3/2O_2 \longrightarrow 3H_2O+3/xS_x+Q \qquad (2)$$

以上反应均为放热反应，反应炉内温度在1300℃左右。

分离出硫黄的过程气进入一级反应器，在催化剂作用下进行催化反应，约有30%的H_2S转化为单质硫黄。反应方程式如下：

$$2H_2S+SO_2 \longrightarrow 3/xS_x+2H_2O+Q \qquad (3)$$

此反应也为放热反应，反应器内催化剂床层有温升。

脱除硫黄后过程气进入二级反应器，在催化剂作用下继续进行催化反应，约有5%的H_2S转化为单质硫黄[反应方程式如(3)]。在二级反应器内还装填AM催化剂，AM催化剂除具有催化Claus反应外，还有重要的脱氧功能，其反应机理如下：

$$FeSO_4+2H_2S \longrightarrow FeS_2+SO_2+2H_2O \qquad (4)$$
$$FeS_2+3O_2 \longrightarrow FeSO_4+SO_2 \qquad (5)$$

从以上化学反应方程式可以看出，AM催化剂在H_2S和O_2的环境下，其脱氧活性组分在$FeSO_4$和FeS_2两种物态上交替变化，最终结果是过程气中的O_2与H_2S作用生成H_2O和SO_2而得到脱除。

2) 尾气处理系统采用Clauspol 300(或Clauspol Ⅱ)工艺。

从二级反应器出来的Claus尾气进入到Clauspol尾气处理系统，在尾气反应塔内溶剂(PEG)中催化剂的作用下，H_2S和SO_2继续进行Claus反应生成单质硫黄[反应方程式如(3)]，这样一来可使总的硫回收率达到99.5%。反应生成的液硫靠密度差不断沉积，从PEG中分离出来。

3) 从尾气反应塔出来的净化尾气进入尾气焚烧系统，焚烧后经过130m烟囱排放到大气中。

2 装置特点

1) 装置处理能力大，大连西太平洋石油化工有限公司是全加氢型炼油为主的企业，原设计年加工中东高硫原油5Mt，为此建造了目前国内最大的一套硫黄回收装置。原设计操作弹性为15%~105%，后经过技术改造后操作弹性高达5%~105%。这样大处理能力和操作弹性，不但加工高含硫原油及油品的深加工，而且为多种原油油品的切换加工创造了有利条件。

2）制硫系统工艺采用二级 Claus 制硫技术，在一级反应器内装填 LAROCHE 催化剂 S201、S501，反应所需热量由废热锅炉一段出口高温过程气掺合所得，反应器入口温度通过高温掺合阀自动控制。在二级反应器内装填 LAROCHE 催化剂 S701 和 PROCATALYSE 催化剂 AM，反应所需热量由气/气换热器获得，反应器入口温度通过气/气换热器跨线阀自动控制。由于尾气处理系统对 Claus 尾气中不允许有氧存在，因此在二级反应器中装填过氧保护催化剂 AM，使过程气中的氧转化为 H_2O 和 SO_2 而被除去[反应方程式如（4）和（5）]。

3）尾气处理系统工艺采用法国 IFP 专利技术–Clauspol 300（或 Clauspol Ⅱ）工艺，其特点是工艺流程短、操作弹性大、投资省、操作简单、费用低、产品纯度高等特点。该套尾气处理装置是目前国内正式投用的唯一一套 Clauspol 装置。为保证尾气处理效果，提高硫回收率，引进了美国 AMETEK 公司生产的"0205 型"在线分析仪，安装在尾气进反应塔前管线上，对硫黄回收过程尾气连续进行分析 H_2S、SO_2、COS 和 CS_2 的浓度，并反馈至反应炉前副风调节阀，使尾气反应塔入口尾气中 H_2S 与 SO_2 之比达到 2∶1，以便获得最大转化率。

4）尾气焚烧系统的突出特点，是焚烧后的尾气余热利用蒸汽过热器得到回收，其目的是不致于使排放的尾气温度过低，减轻对钢质尾气烟囱的露点腐蚀。

5）液硫池内液硫通过脱气泵，在脱气池内打循环，使溶解在液硫中 H_2S 等废气解吸出来，通过蒸汽抽气器把脱除的 H_2S 等废气抽送至焚烧炉进行焚烧。

6）液硫成型、包装系统的生产过程，均在密闭系统下进行，各有一套单独的废气排放系统和除尘系统，这样大大改善了生产环境。同时，液硫成型系统配备一套单独的冷却循环水系统，因此，可以最大限度地满足液硫成型系统生产需要。

3 装置运行

3.1 装置投料开工的三个阶段

装置从首次投料开工到正常生产运行，大致经历了三个阶段。

（1）酸性气焚烧阶段

1996 年 9 月 23 日，大连西太平洋石油化工有限公司前七套装置采用大庆原油开工，由于原油硫含量不到 0.1%，只有催化裂化装置产生的酸性气不足 500kg/h（H_2S 浓度只有 20% 左右），这样低的酸性气量远远没有达到制硫系统最低负荷开工的要求，另外，装置制硫系统、尾气处理系统此时尚未安装完工。为此，决定在酸性气罐增加一条到焚烧炉 DN100 的管线，同时在焚烧炉加装一个酸性气火嘴，将 FCC 装置送来的酸性气在焚烧炉内充分燃烧变成 SO_2 后，由 130m 烟囱排入大气。这种情况一直持续到 1997 年 3 月份，在此过程中全套装置只开尾气焚烧系统，操作运行比较稳定，达到预期目的，主要操作参数和分析数据如表 1。

从表 1 中可以看出，焚烧炉炉后氧含量远超于设计指标，这是由于焚烧炉焚烧的是富含 H_2S 的酸性气而不是净化尾气，如焚烧炉炉后氧含量控制过低，焚烧炉炉后烟气中 H_2S 浓度严重超标。

表1　酸气焚烧阶段主要操作参数和分析数据

项　目	单位	设计指标	实际数据			
			1996 年 10 月 23 日	1996 年 12 月 9 日	1997 年 2 月 1 日	1997 年 3 月 1 日
酸性气量	kg/h	<800	354	417	386	403
酸性气中 H_2S 浓度	%(v)		24.57	28.57	26.34	22.41
焚烧炉炉膛温度	℃	660~750	700	699	699	702
焚烧炉炉后氧含量	%(v)	2.0	14.37	13.87	15.35	13.97
烟道温度	℃	310~340	351	345	320	334
过热器出口温度	℃	345~375	355	360	354	363
过热蒸汽冷却后温度	℃	245~255	255	245	250	252
过热蒸汽流量	kg/h	>4000	7470	7380	7040	7480

（2）超低负荷开工生产阶段

1997年5月，将原油中硫含量从0.1%逐步提高到0.4%左右，同时酸性气由500kg/h增至1000～1500kg/h，H_2S浓度也上升到60%左右。此时的酸性气量也只能达到设计负荷的5%以上，要达到该装置最低开工负荷（15%）仍有较大的距离。经过征求一些国内知名专家和法国LGI专家的意见后，决定对Claus装置进行超低负荷开工改造。在反应炉内加筑一道花墙。反应炉酸性气火嘴也进行必要的改造，在一级冷却器出口和三级冷却器出口之间加装一条DN300的跨线，其目的是在装置超低负荷运行时，过程气不经过反应器，而直接从一冷进焚烧炉，进行超低负荷生产。

超低负荷改造后，1997年6月25日引酸性气进反应炉，反应炉在燃烧酸性气的同时，根据炉膛温度情况配烧一定量的瓦斯。由于超低负荷运行的特点，一些重要工艺指标进行调整：废热锅炉出口温度由280℃±5℃降到200℃左右，一冷出口温度由195℃±5℃降到125～130℃，并且相应提高了系统压力，使反应生成的单质硫尽可能全部得到冷凝回收，H_2S/SO_2比例在线分析仪经美方专家现场调试后，正式投入运行。

从超低负荷生产情况看，H_2S在反应炉内的转化率为65%左右，回收率可达60%左右，生产出的硫黄达到一级品标准。

主要操作参数和分析数据见表2、表3。

表2　超低负荷开工阶段主要分析数据

项　目		单位	设计指标	实际数据			
				1996年6月28日	1996年7月12日	1997年8月18日	1997年9月16日
酸性气	H_2S	%（v）		55.29	76.88	72.16	63.42
	CO_2	%（v）		25.82	19.90	26.70	32.52
	NH_3	%（v）	≤1	0	<0.5	0	<0.5
	烃	%（v）	≤2	0	0	0	0
尾气	H_2S	%（v）		1.66	3.26	2.68	1.20
	SO_2	%（v）		2.63	2.56	1.64	2.34
	O_2	%（v）		2.0	0.3	0	0
产品硫黄	纯度	%（wt）	99.9	99.96			
	灰分	%（wt）	0.04	0.0048			
	有机物	%（wt）	0.05	0.011			
	酸度	%（wt）	0.005	0.0026			
	砷	%（wt）	0.001	0.0001			
	铁	%（wt）	0.003	0.0009			
	水	%（wt）	0.1	0.012			
	H_2S	μg/g	<10	0			

表3　超低负荷开工阶段主要操作参数

项　目	单位	设计指标	实际数据			
			1997年6月28日	1997年7月12日	1997年8月18日	1997年9月16日
酸性气量	kg/h		1135	1542	1125	800
反应炉炉膛温度	℃	1100～1400	1315	1260	1211	1158
入反应炉瓦斯量	kg/h		80.0	40.0	40.0	25.0
废锅出口过程气压力	kPa		30.0	27.5	33.6	45.2
废锅出口过程气温度	℃	200	198	197	196	195
一冷出口过程气温度	℃	125～130	132	131	129	126
焚烧炉炉膛温度	℃	660～750	690	683	691	686
焚烧炉炉后氧含量	%（v）	2.0	6.89	8.27	12.59	
烟道温度	℃	310～340	353	352	345	314

续表

项　目	单位	设计指标	实际数据			
			1997年6月28日	1997年7月12日	1997年8月18日	1997年9月16日
过热器出口温度	℃	345~375	359	363	351	353
过热蒸汽冷却后温度	℃	245~255	250	250	250	249
过热蒸汽流量	kg/h	>4000	7970	8400	7750	6590

据表2、表3数据分析，装置超低负荷运行存在一些不太完善的地方，由于流程太短，硫回收率不高，使得含有大量气态硫的过程气进入焚烧炉，发生二次燃烧，经常使焚烧炉后部超温。反应炉配烧瓦斯，如瓦斯组分波动配风跟不上，烃类燃烧不完全生成炭黑，出现过 H_2S/SO_2 在线分析仪取样管堵塞故障，同时影响到产品质量。

（3）设计负荷正常流程开工生产阶段

1997年9月，大连西太平洋石油化工有限公司前十一套装置全面开工投产，加工原油中硫含量达到1.5%以上，具备100kt/a硫黄回收及尾气处理装置全面开工条件。于同年10月17日，装置首次全流程开工投产，获得一次贯通全流程，产出高品质（一级品）硫黄，本次开工酸气量达到设计15%的最低开工负荷。

在本次开工期间，利用3天的时间，对装置进行72h标定，标定期间原油硫含量2.1%，硫黄回收装置酸性气平均流量为7819kg/h，H_2S 浓度大于85%，达到设计负荷的52.2%。

装置首次全流程开工主要操作参数和分析数据见表4、表5。

从表4、表5中数据可以看出，本次开工装置运行各项指标，均达到（或接近）设计值。第一反应器、第二反应器温升均小于设计指标，这是因为酸性气负荷低于设计负荷，在一反和二反中的 H_2S、SO_2 摩尔数小于设计值，反应生成热较少所致。300#焚烧系统，焚烧炉炉膛温度与设计指标偏差较大，当时分析主要原因之一是酸性气负荷低，从 Claus 制硫系统送来的蒸汽量较小，炉温升高后，蒸汽过热器回收热量有限，以致于焚烧炉膛温度提高受到限制。

Clauspol 尾气处理系统本次为首次开工。从1997年10月17日引尾气进反应塔开工运行，到1998年3月15日装置全面停工检修，共计运行149天。在此开工运行阶段，从控制指标和分析数据（可参考表4、表5中数据）可以看出，基本上达到了设计要求，尾气处理系统运行状况较好，体现出了 Clauspol300 尾气处理工艺的操作弹性大、能耗低、产品纯度高、操作简单、运行平稳等特点。

表4　首次全流程开工主要分析数据

项　目			单位	设计指标	实际数据		
					1997年10月22日	1997年12月2日	1998年2月13日
酸性气		H_2S	%(v)	>80	89.48	94.60	96.25
		CO_2	%(v)	≤5	8,25	4.12	1.88
		NH_3	%(v)	≤1	<0.5	<0.5	<0.5
		烃	%(v)	≤2	0	0	0
过程气分析	一反入口	H_2S	%(v)	4.86	2.40	1.35	2.49
		SO_2	%(v)	2.59	0.83	0.26	0.19
	二反入口	H_2S	%(v)	2.05	1.38	1.03	2.53
		SO_2	%(v)	1.01	0.29	0.25	0.04
	尾气	H_2S	%(v)	0.66	0.77	1.01	1.87
		SO_2	%(v)	0.32	0.45	1.22	<0.01
	净化尾气	H_2S	%(v)	0.08	<0.01	0.01	0.01
		SO_2	%(v)	0.02	<0.01	<0.01	<0.01
	烟道气	H_2S	μg/g	0			
		SO_2	μg/g	8.29			

续表

项 目		单位	设计指标	实际数据		
				1997 年 10 月 22 日	1997 年 12 月 2 日	1998 年 2 月 13 日
循环溶剂 PEG	酸度	mmol/kg	<30	28.8	4.4	52.4
	水杨酸	mmol/kg	60~110	105	181	159
	Na⁺	mmol/kg	60~110	80.2	54.9	52.4
	硫	%(v)	≤40	4.8	1.03	3.4
	水	%(v)		1.62	1.69	2.21

表 5 首次全流程开工主要操作数

项 目	单位	设计指标	实际数据		
			1997 年 10 月 22 日	1997 年 12 月 28 日	1998 年 2 月 13 日
酸性气量	kg/h		2700	3353	7800
酸性气压力	kPa	60~80	63.2	65.4	60.8
反应炉炉堂温度	℃	1100~1400	1218	1247	1240
废锅出口过程气压力	kPa	45~55	29.8	25.0	39.5
废锅出口过程气温度	℃	275~285	200	203	245
一冷出口过程气温度	℃	195~200	184	155	175
一反入口过程气温度	℃	220~240	230	229	231
一反床层下部温度	℃	310~330	283	288	301
二冷出口过程气温度	℃	160~170	156	150	153
二反入口过程气温度	℃	200~210	220	215	210
二反床层下部温度	℃	230~240	220	221	227
三冷出口过程气温度	℃	155~165	157	146	150
反应塔液相温度	℃	120~125	124	123	124
反应塔出口尾气温度	℃	118~122	119	118	107
反应塔进出口压差	kPa	≥7		1.23	1.31
溶剂循环量	m³/h	1300~1400	726	780	853
焚烧炉炉膛温度	℃	660~750	599	577	632
烟道气温度	℃	310~340	334	358	357
过热器出口温度	℃	340~375	365	358	356
过热蒸汽冷却后温度	℃	245~255	250	253	256
过热蒸汽流量	kg/h	>4000	7440	6810	15220

由于本次开工生产负荷在大部分时间里，只有设计负荷的 20%左右，因此，溶剂循环泵只用单泵运行。而只有在 1998 年 2 月短短几天装置标定的时间里，生产负荷达到设计负荷的 50%以上，溶剂循环泵采用双泵运行。在尾气处理系统运行过程中，当生产负荷较低时，溶剂循环泵单泵运行，能够满足生产要求，尾气反应塔出口净化尾气中 H_2S、SO_2 的含量达到了设计指标，尾气处理系统运行状况良好。可是，当生产负荷较高时，如果溶剂循环泵再单泵运行，那么尾气处理系统运行状况变坏，净化尾气中 H_2S、SO_2 的含量时而超标。另外，H_2S/SO_2 在线分析仪控制

数据一定不要小于 2:1，否则 SO_2 过量对系统产生的影响是相当大的。在尾气处理系统运行中 H_2S/SO_2 略大于 2，使 H_2S 适当过量，可起到减少 Na_2SO_4 盐生成量、降低催化剂消耗量、提高硫转化率、防止循环溶剂(PEG)氧化和延长尾气处理系统运行周期等作用。

在尾气处理系统本次开工中也存在一些问题和不足，比如：液硫与溶剂分离情况不理想；催化剂消耗量偏大；撇沫渣线循环不畅，并且带气。就装置出现的此类问题，与法国专家进行了技术交流，采用了他们一些好的建议及方法，取得了一定效果。但是，撇沫渣线循环不畅，并且

带气的问题当时始终没有得到彻底解决，据分析可能还有其他原因，如反应塔底防冲板高点无拔气口，下落溶剂夹带的气体排不出来；撇沫渣线内介质黏度大，流动性差。

由于 Clauspol 尾气处理系统本次开工，只运行将近 5 个月的时间；加入进系统的催化剂总量较低；尾气反应塔进出口压差低于 7kPa。因此，在 1998 年 3 月的装置大检修期间，尾气处理系统没有进行检修，同时也没有进行消除 Na_2SO_4 盐的洗涤塔操作。

总之，装置首次全流程开工投产很成功，达到了设计要求，为下一步的生产运行奠定了良好的基础。

3.2 装置正常生产运行

（1）装置正常生产运行概况

装置自全流程开工至 2000 年 9 月 18 日，共计生产一级品硫黄 114022t，平均生产负荷为设计负荷的 33.5%。2000 年以来加大了国外高硫原油的加工比例，因此，硫黄回收装置生产负荷同以前相比有所提高。从 2000 年年初到 9 月 18 日共计生产硫黄 45701t，平均生产负荷为设计负荷的 58.4%，近期最高负荷达到了设计负荷的 95% 以上。

从表 6、表 7 中数据可以看出，在正常生产运行过程中，绝大部分指标均达到（或接近）设计值，生产运行也较为平稳。吨产品硫黄能耗由开工初期的 474.36kg 标油降到目前的 172.25kg 标油，吨酸性气加工费由考核初期的 1517.21 元降到目前的 566.19 元。因此，装置生产运行状况较好，并且取得了很好的经济效益和社会效益，但是，装置在生产运行中也存在不足。

（2）Clauspol 尾气处理系统生产运行

Clauspol 尾气处理系统从 1998 年 4 月第二次开工运行，到 1999 年 8 月装置全面停工检修，共计运行 480 多天。该系统又于 1999 年 10 月第三次开工运行，到 2000 年 9 月 18 日共计运行 350 多天。在此两个开工运行阶段，连续运行时间较长，生产负荷高于首次开工，从运行指标和分析数据（可参见表 6、表 7）可以看出，尾气处理系统总体运行状况要好于首次开工。

尾气处理系统在第二次、第三次开工生产运行中，尾气反应塔出口净化尾气中 H_2S、SO_2 的含量指标合格率高于该系统首次开工。催化剂和溶剂（PEG）消耗量接近设计指标，低于首次开工。产品硫黄质量达一级品。但是，此系统生产运行还存在不同程度的问题和不足。

表 6　正常生产运行主要操作参数

项　　目	单位	设计指标	实际数据				
			1998 年 10 月 8 日	1999 年 7 月 8 日	2000 年 2 月 3 日	2000 年 6 月 2 日	2000 年 9 月 18 日
酸性气量	kg/h		5760	8350	9140	7740	14860
反应炉炉堂温度	℃	1100~1400	1190	1186	1246	1228	1221
废锅出口过程气压力	kPa	45~55	31.2	36.4	32.9	37.6	35.8
废锅出口过程气温度	℃	275~285	223	258	251	239	296
高温掺合气温度	℃	590~1610		524	508	513	575
一冷出口过程气温度	℃	195~200	160	186	180	170	216
一反入口过程气温度	℃	220~240	230	230	230	230	230
一反床层下部温度	℃	300~320	289	310	309	307	311
二冷出口过程气温度	℃	160~170	150	157	155	151	156
二反入口过程气温度	℃	200~210	210	210	210	210	210
二反床层下部温度	℃	220~230	219	225	225	225	229
三冷出口过程气温度	℃	155~160	147	154	151	147	151
反应塔溶剂入口温度	℃	120~122	121	119	134	123	129
反应塔靴部温度	℃	120~125	124	132	71	127	123
反应塔进出口压差	kPa	≥7			0.59	1.14	6.56

续表

项目	单位	设计指标	实际数据				
			1998年10月8日	1999年7月8日	2000年2月3日	2000年6月2日	2000年9月18日
反应塔出口尾气温度	℃	118~121	118	114	109	120	126
溶剂循环量	m³/h	1300~1400	890	1346	825	918	168
焚烧炉炉膛温度	℃	660~750	522	569	609	550	470
烟道气温度	℃	310~370	306	354	345	361	347
过热器出口温度	℃	340~375	318	357	320	344	300
过热蒸汽冷却后温度	℃	245~255	252	290	290	290	287
过热蒸汽流量	kg/h	>4000	10480	16350	18110	15500	20830

表7　正常生产运行阶段主要分析数据

项目		单位	设计指标	实际数据				
				1998年10月8日	1999年7月8日	2000年2月3日	2000年6月2日	2000年9月18日
酸性气	H_2S	%(v)	>80	89.10	95.01	90.86	94.06	90.59
	CO_2	%(v)	≤5	9.39	3.76	5.86	4.69	8.86
	NH_3	%(v)	≤1					
	烃	%(v)	≤2					
过程气分析	一反入口 H_2S	%(v)	4.86	1.80	1.49	1.96		
	一反入口 SO_2	%(v)	2.59	0.40	0.35	0.21		
	二反入口 H_2S	%(v)	2.05	1.51	0.92	0.88	1.24	1.00
	二反入口 SO_2	%(v)	1.01	0.44	0.43	0.10	0.15	0.42
	反应塔入口 H_2S	%(v)	0.66	0.57	0.74	0.45	0.55	0.44
	反应塔入口 SO_2	%(v)	0.32	0.02	0.04	0.01	0.05	0.05
	反应塔出口 H_2S	%(v)	0.08	0.09	0.08	0.04	0.07	0.06
	反应塔出口 SO_2	%(v)	0.02	<0.01	<0.01	0.01	0.01	0.02
循环溶剂 PEG	酸度	mmol/kg	<30	45.2	41.5	19.7	14.6	23.3
	水杨酸	mmol/kg	60~110	136	181	173	182	214
	Na^+	mmol/kg	60~110	39.2	21.0	69.3	62.6	17.2
	硫	%	≤40	12.1	21.6	17.4	40.4	51.2
	水	%		1.22	2.30	0.66	3.08	1.78

Clauspol尾气处理系统在生产运行中，可以测得循环溶剂（PEG）的密度，再根据图1曲线获得循环溶剂中硫含量。因此，通过监测循环溶剂的密度，来对循环溶剂中硫含量进行跟踪，为生产操作提供依据。

Clauspol尾气处理系统在1999年8月停工检修中，对尾气反应塔填料层进行水洗操作。水洗的目的是除去尾气反应塔填料层结盐（在系统生产运行时所加催化剂中Na^+最终都要转化为Na_2SO_4盐），降低尾气反应塔进出口气相压差；

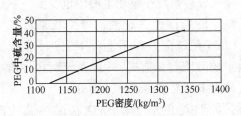

图1　循环溶剂的密度曲线

循环溶剂（PEG）中含有过量的Na_2SO_4盐会使生成的液硫与溶剂分离困难，并且很容易形成乳化硫，尾气反应塔运行状况恶化，因此，当Na_2SO_4盐积累到一定量时，必须进行洗塔操作，整个水洗操作过程实际就是：由尾气反应塔原来的两相平衡体系（固相 Na_2SO_4 盐，有机相 PEG）开始加水；经过三相不平衡体系（固相 Na_2SO_4 盐，有机相 PEG 和水相）的水洗过程；最终达到的结果是尾气反应塔内介质只有两液相平衡体系（有机相 PEG 和水相）。水洗后有机相 PEG 和水相静止分层，下层含有 Na_2SO_4 盐的水相送污水处理系统，上层有机相 PEG 返回溶剂罐内。尾气反应塔水洗所加入的洗涤水量是经过计算确定的，计算依据是：系统生产运行时所加催化剂中 NaOH（最终生成 1.78 倍 Na_2SO_4 盐）总量；润湿尾气反应塔填料层 Na_2SO_4 盐沉积物的溶剂（PEG）量；尾气反应塔水洗温度；尾气反应塔水洗过程塔内各相变化（如图 2）的要求等。尾气反应塔经过本次水洗后，塔内填料层几乎无 Na_2SO_4 盐，在第三次开工运行初期尾气反应塔进出口气相压差小于 1kPa，完全达到水洗目的。

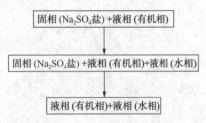

图 2　尾气反应塔水洗相变趋势示意

尾气处理系统在 1999 年 8 月停工检修为首次，利用此机会对系统存在的部分问题进行整改：尾气反应塔底防冲板高点开装拔气口（DN80）；液硫/溶剂分离罐隔板高度进行调整等。在第三次开工运行期间，撇沫渣线循环时再没有带气现象，液硫/溶剂分离罐内液硫/溶剂分离效果好于整改前，由此表明，此次整改是成功的，均达到了预期目的。

尾气处理系统在正常生产中也受到一些因素的影响：原料酸性气带油、带烃及来量波动大时，Claus 系统配风跟不上；H_2S/SO_2 在线分析仪由于故障问题，造成 Claus 系统配风困难。以上两种因素都能致使进反应塔的尾气中 SO_2 浓度超标，同时避免不了带入 O_2，这样循环溶剂（PEC）被氧化降解，使生成的硫黄很难从循环溶剂中分离，循环溶剂的黏度、密度越来越大。在这种情况下溶剂循环泵的负荷也随之增大，甚至有时超负荷运行，对设备危害是相当大的。当此问题出现后，为了避免这种情况逐步恶化，使尾气不得不从 Clauspol 尾气处理系统中切除，导致总硫收率降低，烟气中排放的 SO_2 量大大增加。由于进尾气反应塔的尾气中 SO_2 浓度超标，同时使循环溶剂（PEG）酸性增强，这样对溶剂循环系统的设备和管线的腐蚀作用加剧，其中循环溶剂冷却器管束只用了 630 多天而被报废，就是一例证。

另外，Claospol 尾气处理系统的尾气反应塔撇沫渣线循环不畅的问题，一直没有得到彻底解决。目前，采取尾气反应塔底→溶剂排放罐→尾气反应塔顶的循环方式，这样可以达到循环效果。但是，此循环方式操作繁琐；如果操作不当时，可能致使溶剂被氧化降解。

总之，Clauspol 尾气处理系统的生产运行比较平稳。在经历将近三年的生产实践。体现出了 Clauspol 300 尾气处理工艺的一些优点。同时，对开好 Clauspol 尾气处理系统积累了一些有益的经验。

4　装置生产运行出现的问题

从表 6、表 7 中数据可以同样看出，有个别实际数据与设计指标有偏差，这说明了装置的生产运行还没有达到尽善尽美的地步。

1）1999 年 8 月前，由于尾气焚烧系统排放烟气超温，必须通过系统过热蒸汽大量放空来进行调整。这是因为，用来回收焚烧炉烟气余热的蒸汽是由反应炉后废热锅炉送来，经回收余热后并入界区 1.0MPa 蒸汽管网，由于此部分蒸汽量受多种因素限制，比如：生产负荷、反应炉炉温、界区 1.0MPa 蒸汽管网压力等。因此，当尾气焚烧系统排放烟气超温，只能使过热蒸汽大量放空来提高蒸汽量，达到降低排放烟气温度的目的。为解决此问题，1999 年 9 月对此单元蒸汽系统进行技术改造，在原工艺基础上加装一条管线，把尾气焚烧系统生产的过热蒸汽直接送到本车间 MDEA 再生装置。在过去将近一年生产运行的时间里，再没有出现像以前尾气焚烧系统过热蒸汽放空的现象，达到了预期目的。

2）液硫脱气系统，原设计要求注氨液硫循环工艺，由于注氨后脱除的废气系统结盐严重，在弯头、缩径等部位聚积而使系统堵塞。目前，液硫脱气系统停止注氨，为保证液硫脱气效果，在操作上进行调整。液硫脱气喷嘴前压力由150kPa 提高到 250kPa 以上，另外，脱气液硫循环时间也相应延长一倍。从当前运行情况看，在不注氨的情况下，同样达到了设计要求。

3）本装置开工初期工艺联锁较多，共计有59 条，这样对装置稳定运行很不利，因此，在征得设计专家的同意后，摘除了一些没必要的工艺联锁，同时，修改了一些联锁值。目前，就保留的 34 条工艺联锁同样可以保证装置安全运行的需要。

4）反应炉再开工时间过长。原设计为：反应炉由于某种原因停工后，如再开工必须经过至少 20min 的氮气吹扫，然后点燃临时火嘴、主火嘴，待炉温升至引酸性气条件时，才能引酸性气进反应炉恢复正常生产运行。在此开工过程中．如果一次临时火嘴点火不成功，程序要求重复上述开工步骤，这样一来反应炉温降的更低，致使恢复正常生产运行的所需时间更长。为此，在征得法方设计专家的同意后，增加反应炉再开工的"热启动程序"，在反应炉炉温高于 1000℃；一级反应器入口温度高于 200℃ 时，可以启动"热启动程序"直接引酸性气进反应炉，使生产运行得到尽快恢复。到目前为止，经过几次启动"热启动程序"，其效果非常明显。

5）尾气焚烧炉炉膛温度偏低，正常控制值为 660～750℃ 之间，而实际值很少超过 600℃。其直接原因是炉后部烟气温度超标，限制了尾气焚烧炉炉膛温度的提升。据分析主要有以下原因：焚烧炉内燃烧物停留时间短、蒸汽过热器换热面积小（或传热效率低）、过热蒸汽量不够、烟道气测温点位置不合理等。

6）尾气处理系统易产生乳化硫。在生产运行时，反应生成的液硫溶解在溶剂（PEG）中，液硫在溶剂（PEG）中的浓度正常控制值不大于40%，而实际值有时要高出 40%，这是因为液硫在溶剂（PEG）中形成乳化硫，使生成的液硫很难从 PEG 中分离出来，因此，PEG 中硫含量会越来越大。这种情况在开工初期比较严重，随着经验的积累、技术的提高，此种情况有所好转，乳化硫的生成量基本上得到控制。

7）供电系统晃电联锁停工，在装置正常生产运行中曾多次出现（同样晃电问题，可本车间

MDEA 再生装置没有停工），给装置稳定运行造成威胁。因此，准备修改此部分电气联锁，目前，已确定了修改方案，待装置停工检修时再予以实施。

8）国家颁布的最新尾气排放标准，对总硫和 SO_2 的排放指标比以前要求更高。如果就本套硫黄回收装置在设计满负荷下运行，总硫回收率必须达到 99.8% 以上时，才能满足尾气总硫和 SO_2 排放的新标准，而本套硫黄回收及尾气处理装置的工艺总硫回收率只有 99.5%，这样势必影响到本装置处理酸性气的能力。

5　结论

1）该套硫黄回收及尾气处理装置生产操作弹性大，酸性气量在设计负荷的 5%～105% 范围内，装置都能生产运行，并能生产出高品质硫黄。满足加工高含硫原油和多种原油油品的切换加工要求。

2）一级、二级反应器入口温度均采用调节阀进行自动控制，以及尾气反应塔入口采用 H_2S/SO_2 在线分析仪，自动控制尾气反应塔入口尾气中 H_2S 与 SO_2 之比达到 2:1。因此，生产运行特别平稳，在保证较高的转化率的同时，提高了催化剂、溶剂（PEG）的使用寿命。

3）尾气处理系统工艺采用法国 IFP 专利技术——Clauspol 300 工艺，在生产运行中体现出：工艺流程短、操作弹性大、投资省、操作简单、费用低、产品纯度高等特点。

4）液硫脱气、成型及成品硫黄包装均在密闭下进行，这样最大限度地改善了生产环境。

5）该套硫黄回收及尾气处理装置的生产运行，达到了设计要求，取得了较好经济效益和社会效益。同时，为国内开好硫黄回收积累了成功经验，特别是 Clauspol 尾气处理系统，为目前国内唯一的一套正式投用的 Clauspol 装置，开好 Clauspol 尾气处理系统，对我国硫黄回收技术的提高有一定促进作用。

6）在国家颁布的最新尾气排放标准后，本套硫黄回收及尾气处理装置在设计满负荷下运行，99.5% 的总硫回收率，满足不了尾气总硫和 SO_2 排放的新指标。

大庆石化公司脱制硫装置投产运行分析

王云鹏

（中国石油大庆石化公司炼油厂）

摘　要　本文介绍了装置开工投产概况、工艺原理、流程，并对影响投料试车过程中的各种因素，采取的相应对策及收到的效果进行了深入地分析探讨。

关键词　脱硫　制硫　投料试车

1　前言

大庆石化公司炼油厂脱制硫装置，是我厂炼油系统 1400kt 重油催化裂化装置改造工程的配套环保项目，由大庆石油化工设计院设计，于 2000 年 4 月 25 日建成，包括酸性水汽提、硫黄回收两大部分。

酸性水汽提装置包括酸性水汽提及氨精制两个单元。装置采用单塔汽提处理酸性水，处理规模为 90t/h 酸性水，主要原料来自新老重油催化、加氢裂化、焦化、柴油加氢和气体分馏等装置排出的酸性水。主要产品为净化水、酸性水、气氨、液氨。

硫黄回收装置包括制硫和碱洗两个单元，是对酸性水汽提塔顶排出的酸性气进行处理，生产能力为 1200t/a 硫黄，装置采用部分燃烧、外掺和、三级转化、四级冷凝、四级捕集的三级克劳斯制硫工艺。尾气焚烧处理，使所有的硫化氢氧化成 SO_2，经 15% NaOH 溶液吸收处理后，经 60m 高烟囱排入大气。

硫黄回收——酸性水汽提联合装置 5 月 25 日开工投产，联合装置在投料试车过程中遇到了影响装置运行的诸多因素，经过不断地对生产工艺的优化和技术改进，使装置得到了进一步完善，满足了生产需要，为装置的安稳长满优生产创造了有利条件。

2　工艺原理与流程

2.1　酸性水汽提装置工艺原理

一部分酸性水与塔底净化水、侧线抽出气体换热后，温度达 150℃ 左右，在塔的上部入塔，此温度已大大地超过了硫化氢电离反应与水解反应的拐点温度（110℃），H_2S、NH_3 由液相转入气相并向塔顶移动。

从塔顶打入温度为 40℃ 左右的冷进料，保持塔顶温度小于 40℃，由于 40℃ 时 NH_3 比 H_2S 溶于水的量要大，故下行的冷却水，不断将上升的 NH_3 吸收，H_2S 很少被吸收，为此在塔顶取得含 H_2S 浓度较高的酸性气。

在塔底用蒸汽加热，保持塔底温度为 150～160℃，使污水中的 NH_3、H_2S 全被汽提出，获得合格的净化水。在塔底被汽提的 NH_3、H_2S 不断上升，为此在整个塔体，自上而下温度越来越高，即在塔下部，NH_3、H_2S 不断被汽提上升，在塔中部 NH_3 浓度较高的密集区开侧线，将 NH_3 抽出，这样的富氨气体再经逐级降温、降压、高温分水、低温固硫三级分凝工艺，制取的氨气中，还有少量 H_2S，为除去它，还要采用结晶-吸附的方法，再经压缩冷却成液氨产品。

2.2　酸性水汽提装置工艺流程简述

（1）汽提部分工艺流程

各装置来的含硫酸性水进入原料脱气罐（V-101），将溶解在其中的烃类气体脱出，脱出的轻油气排至硫黄回收尾气焚烧炉（F-302）或火炬，脱气后的酸性水进入原料水罐（V-202、V-203）进行沉降脱油，除掉的污油排至污油罐（V-104），经污油泵（P-105）送出装置。

除油后的原料水由原料水泵（P-108、P-109、P-110）抽出，分为冷热两路。一路先经分凝液换热器（E-116），净化水三次换热器（E-

127)，侧线二次换热器(E-117)，净化水二次换热器(E-118)，侧线一次换热器(E-120、E-121)，净化水一次换热器(E-123、E-124、E-125、E-126)后换热至153℃左右，使 H_2S 和 NH_3 都以解离态的分子存在于热料中，然后进汽提塔(T-112)第44层作为热进料进行汽提。另一路经原料水冷却器(E-111)冷却后(<40℃)，作为冷进料从塔顶进入，气体与塔顶喷入的冷原料水(40℃)，在塔顶端的精馏段进行吸收和分离，H_2S 从塔顶溢出，经汽液分离罐(V-113)分液后送往硫回收装置，分离出的凝液并入凝液系统去原料罐(V-102、V-103)。

含 NH_3 水沿塔下降，并在塔底重沸器(E-114)提供的热量下，经各塔盘及反复汽提，以至在塔内有一个 NH_3 浓度最高点，NH_3 即从该点抽出，侧线抽出的 NH_3，含有水汽及少量残留的 H_2S，经与原料水换热器(E-120、E-121)，冷凝冷却后至131℃，进入一级分凝器(V-122)高温分水，分液后的气相，至侧线二次换热器(E-117)与原料水换热冷却至90℃，进入二级分凝器(V-129)，分凝后的气相，经过循环冷却器(E-130)冷却至40℃，进入三级分凝器(V-131)，气相进入结晶吸附部分。一级、二级凝液汇合，经(E-116)与原料水换热后，与三级分凝液汇合，回原料罐(V-103)。

塔底以 0.8MPa 蒸汽作热源，用再沸器(E-114)加热，产生的凝结永，经凝结水定位罐(V-001)，至回收系统回收利用。净化水在塔下段再经高温汽提后由塔底排出，与原料水三次换热器(E-123、E-126、E-118、E-127)换热后，再经过空冷器(E-128)，和净化水后冷器(E-115、E-119)，冷却至40℃后，出装置至各回用点回用，剩余部分排入全厂污水管网.

(2)氨精制部分工艺流程

由三级分凝器(V-131)顶出来的氨气，进入结晶器(V-132)，通入液氨，温度控制在-2℃以下，粗氨气中的硫化氢，部分结晶为硫氢化氨，含有少量硫化氢的氨气，进入吸附器(V-133)底部，在30℃、0.08MPa 的条件下，进一步脱掉硫化氢后，进入氨气分液罐(V-134、V-135)进行分液。为进一步提高氨的质量，分液后的氨气经氨气过滤器过滤后进入氨压机(C-138、C-139)压缩，压缩后进入氨油分离器(V-140)分油，再进入氨气脱硫罐(V-141)，在 80~100℃、1.0MPa 条件下脱硫后，使氨气中的硫化氢浓度降到 $1\mu g/g$ 以下，一部分经空冷(E-150)冷却后，气氨去硝铵车间。另一部分经冷却器(E142)冷却后为液氨进入液氨储罐(V-143、V-144)，作为合格产品至回用点回用。

2.3 硫黄回收工艺原理及流程

硫黄回收装置根据原料中 H_2S 含量特点，采用部分燃烧法，即全部酸性气进入燃烧炉，控制空气流量，使酸性气中65%硫化氢转化为硫蒸气，剩余的35%的1/3转化二氧化硫，2/3保持不变，利用外高温掺和的再热方式，在转化器内催化剂的作用下，SO_2 与未反应的 H_2S 进一多转化为单质硫。

(1)制硫工艺流程

自酸性水汽提单元来的酸性气，经计量进入酸性气燃烧炉(F-201)和空气混合燃烧，燃烧所需空气由装置空气提供，通过控制空气流量，使得酸性气中所含全部烃类和1/3的硫化氢在炉内燃烧，当炉内温度达1240℃高温下，部分生成的二氧化硫和剩余的硫化氢反应，生成单质硫。

在酸性气燃烧炉中生成的硫黄高温气体的一部分，通过旁路做为进入转化器(R-205/208)的过程气的掺合气，其余通过过程气取热器(F-202)发生 1.0MPa 蒸汽，冷却至380℃后，进入一级冷凝冷却器(E-203)。

在一级冷凝冷却器中，过程气进一步被冷却至160℃，并发生 0.3MPa 蒸汽，其中的大部分硫黄蒸气被冷凝为液态硫，并被分离出来，未被冷凝的过程气进入一级捕集器(V-204)，其中的硫黄液滴被捕集。

出一级捕集器的过程气与一部分掺合气体混合，升温至261℃进入一级转化器(R-205)，硫化氢与二氧化硫进一步反应，生成硫黄，然后通过过程气换热器(E-221)、二级冷凝冷却器(E-206)、二级捕集器(V-207)在过程气换热器(E-221)、二级冷凝冷却器(E-206)、二级捕集器(V-207)中分出硫黄后与另一部分掺合气混合，升温至240℃进入二级转化器(R-208)，再经过三级冷凝冷却器(E-209)、三级捕集器(V-210)，分离硫黄，出三级捕集器的过程气经过程气加热器（E-221）与一反过程气换热后，温度达到240℃直入三级转化器（R-222），再经过四级冷凝冷却器（E-223）、四级捕集器（V-224），分离出硫黄。

一级、二级、三级、四级冷凝冷却器中均发生0.3MPa蒸汽，各冷凝冷却器、捕集器分离出来的硫黄分别送往硫封罐，然后，自流至硫黄储罐（V-213），用泵（P-214、P-215）抽送至硫黄高位罐（V-216）。

液体硫黄经转鼓成型机（M-217）冷却、成型、粉碎，进入固体硫黄槽，人工装袋后，运至硫黄仓库。

出四级捕集器的过程气经增压鼓风机（C-301）升压后进入尾气焚烧炉（F-302），用燃料气燃烧，使炉膛温度升至700℃以上将剩余硫化氢、硫全部转化成二氧化硫，尾气经废热锅炉（F-303）发生0.3MPa蒸汽。

（2）碱洗部分工艺流程

F-303出口的尾气放入碱洗塔（T-315）内，在塔内与碱液反应将二氧化硫脱除后，从塔顶排入烟囱（S-317）放空。

由系统来的30% NaOH溶液与新鲜水进入碱液配制罐（V-304），用碱液配制泵（P-305）循环混合，分析浓度15%后进入碱液储罐（V-309），用碱液补充泵（P-319、P-320）补充碱液循环系统。

碱洗塔（T-315）底部碱液，用碱液循环泵（P-311、P-312）升压，再经碱液冷却器（E-310）冷却后进入碱洗塔（T-35）顶部循环使用。同时在碱液循环泵（P-311、P-312）出口排出少量废碱液排至废碱液罐（V-318），废碱液罐（V-318）内废碱液定时装车送出装置。

3 影响装置运行的问题与对策

（1）酸性水含氨浓度波动大的问题与对策

酸性水含氨浓度波动大（3000~20000μg/g），导致酸性水汽提冲塔，侧线三分超压高达0.2MPa，两台氨压机超负荷运行，还有部分气氨由V-131返回原料水罐，造成原料水中氨含量的进一步超高，并恶性循环，影响汽提塔和氨精制的平稳运行。

对上游装置氨洗注氨量进行协调，注氨量控制在3000~5000μg/g的正常指标范围内，以保证汽提塔和氨精制的运行平稳。

（2）原料水脱气问题与对策

酸性水汽提装置运行过程中，V-101脱出的气体放火炬，V-101脱气压力0.1MPa以上，含H_2S气体冲破V-102水封污染环境。

增设一条V-101脱气罐去停用的400t/a硫黄装置尾气焚烧炉（F-102）的专用跨线，V-101脱出的气体送到F-102进行焚烧。降低了V-101、V-102压力，减少了含H_2S气体冲破V-102水封污染环境。

（3）原料水罐V-102/103水封经常突破与对策

原料水罐V-102/103水封经常突破有H_2S外溢，原因是来水氨含量超高、V-101背压高、结晶器液相排氨返回原料水罐及一级、二级、三级分气液相排氨返回原料水罐频繁导致原料水罐压力增大，冲破水封，H_2S外溢污染环境。

除对各影响因素采取相应措施外，对水封后气体增设了循环碱洗系统，以减少H_2S外溢。

（4）原料水量异常对汽提塔的影响与对策

来水量低于50t/h热进料与侧线换热量减少导致结晶器及一级、二级、三级分凝器温度降不下，注氨量增加，气提塔处理水量超过100t/h净化水氨超标。

将部分低含硫污水分流到污水处理场空气氧化法处理，将汽提塔处理水量控制在60~90t/h范围内，避免净化水氨超标。

（5）氨精制部分管线经常结晶堵塞问题与对策

三级分凝器（V131）气相管线'U'形弯低点阀组和排液管线经常被堵塞，是硫氢化铵积存结晶所致。

将三分到结晶器的"U"形弯取直，采取步步高布管，减少结晶物积存堵管。加强侧线抽氨操作控制带硫化氢量。

（6）氨压机入口压力调节问题与对策

原设计侧线至氨压机入口前没有调节控制措施，不利氨压机的平稳运行。

在三分气相返回原料水罐线上增设了压控调节阀，可以有效调节三分压力，以利氨压机的平稳运行。

（7）氨精制一级、二级、三级分凝液管线振动与对策三分液相温度＜40℃，一二分液相经换热后温度在50℃左右，两者汇入一条管线产生水击，引起管线振动。

增设一条三级分凝独立排液线，以消除两者汇合一条管线产生水击引起管线振动。

（8）氨冷却器E-130冷却效果差与对策

E-130换热面积不足，冷却效果差，粗氨气冷却后温度在42~50℃，导致结晶器温度高频繁注氨排液，引起原料水罐氨含量持续上升、压力升高突破水封的恶性循环。

增设一台DN600的旧冷却器与E-130串并连使用，氨气冷却使之达到35~40℃。

（9）循环水量不足的问题与对策

设计循环水量266.5t/h，实际进装置量为208t/h避免影响换热效果。

增设污水处理厂总排污水回用管线，回用总排污水对净化水冷却器独立供水，冷却净化水，以解决循环水量不足的问题。

（10）氨产品后路问题与对策

氨精制设计生产气氨供给硝铵车间，但在硝铵检修时无去处。

在液氨储罐上增设装车线，并利用停用的28t/h酸性水汽提装置的部分设备，配制氨水。

（11）反应炉和焚烧炉风供给不足的问题与对策

反应炉和焚烧炉设计工业风减压后供给两炉用风，总风量满足不了两炉用风需要。影响反应和焚烧效果。

增设工业风总线到焚烧炉供风专用线，使两炉用风得到满足。

（12）入焚烧炉管线积硫与对策

入焚烧炉前的DN200的70m管线在低点及阀门等处经常积硫，导致系统憋压，阀门开关不动。

在尾气线上增加夹套拌热，用夹套阀取代原有的普通闸阀。并在低处设立了积硫放空点，以消除积硫和系统憋压。

（13）焚烧炉火嘴结构不合理的问题与对策

尾气焚烧炉火咀原型为瓦斯火嘴外套环形尾气火嘴，尾气每次引入尾气焚烧炉，瓦斯火焰都被扑灭，使尾气焚烧炉无法投用，导致装置无法正常生产。

增设了3个100独立尾气焚烧火嘴，从炉体3个方位将尾气引入瓦斯火嘴外焰处焚烧，保证了尾气中硫化氢的充分燃烧。

（14）碱洗系统问题与对策

制硫尾气焚烧后经碱洗塔喷淋碱洗后，尾气从烟囱排放，运行过程中，塔内矩鞍型散堆填料和塔顶除沫网易堵塞，尾气带水汽腐蚀烟囱内衬，尾气中SO₂含量虽能部分吸收但还达不到环保标准。

通过加强克劳斯硫回收效果和焚烧炉配风调控，以减少运行过程中塔内填料和塔顶除沫网积碳积硫堵塞，入塔尾气线增设了降温容器，进烟囱尾气线增设了分液罐，以减少尾气带水汽腐蚀烟囱内衬。

（15）成型系统凝线问题与对策

成型系统部分管线、容器管嘴、阀门等处经常积硫凝固，导致成型系统无法运行，阀门开关不动。

对成型系统、管线、管嘴增加夹套拌热，用夹套阀取代原有的普通闸阀，以防止积硫凝固。

4　改进效果及存在的问题

硫黄-酸性水汽提联合装置经过不断地技术改进，相应的问题得到了解决和完善，运行状况良好，达到了设计负荷。取得了比较理想的效果。现在仍然存在的问题有：

1）原料水罐水封碱洗系统效果没达到零污染。

2）氨精制系统的612.5往复式氨压机故障率高。

3）三级反应器床层温升低（130~138℃），床层积硫。

4）反应器底部、工艺管路低点积硫。

5）没有实现在线分析和计算机控制。

6）尾气虽然经过碱洗SO₂含量有所下降，但仍达不到环保排放标准。

大庆石化公司脱制硫装置，开工投产过程中对影响投料试车的各种因素进行了相应的技术改进，收到了一定效果，但还存在有待进一步解决的问题，我们将不断吸收消化国内外的先进经验和技术，对脱制硫装置进行不断地技术攻关、改造，使装置不断完善，争取使环境、经济效益进一步提高。

20kt/a 硫黄回收装置污染源的分析和控制

夏秀芳　郭　宏

（中国石化金陵石化炼油厂）

摘　要　硫黄回收装置是炼油厂的环保装置，在运行过程中它本身也会有污染物产生，本文通过对金陵石化公司炼油厂 20kt/a 硫黄回收装置污染源的产生进行技术分析，总结了控制污染物排放的措施，为硫黄回收装置长期使用这些措施提供了实用可行的依据。

关键词　硫黄回收　环境保护　分析　控制

1　工艺简介

硫黄回收是将炼油厂含硫气体和含硫污水中脱除出来的酸性气（主要成分 H_2S，用 CLAUS 反应原理将其中的硫元素转化成硫黄的反应过程，CLAUS 反应原理就是含 H_2S 的酸性气在供氧不足的条件下进行部分燃烧，保证燃烧后的气流中 H_2S 与 SO_2 的摩尔数之比为 $2:1$，在此条件下 H_2S 化学反应的最终结果是生成单质硫。

金陵石化炼油厂东套硫黄回收装置建于 1996年，设计回收能力 20kt/a，采用 CLAUS 部分燃烧加二级低温转化制硫工艺，处理的原料酸性气来自于重油催化裂化、气体分离干气、液态烃脱硫及加氢裂化、含硫污水汽提等装置，反应生成的硫黄通过冷凝分离，在液体状态下被收集下来，再通过成型设备冷凝固化成一定形状的硫黄产品。反应过程中的其他气相物流（硫黄尾气）仍夹带少量硫化物，进入尾气焚烧炉焚烧后由 100m 高的烟囱直接排放。

硫黄回收装置属环境保护装置，所处理的高浓度 H_2S 气体及生产过程中产生的含硫气体均具有剧毒及腐蚀性，因此，装置以防治气体污染为主的工作尤为重要。

2　污染源分布

硫黄回收装置的污染源分为水污染源、气污染源、废渣污染源和噪音污染源四个部分，它们的分布情况见图 1。

3　污染源分析及控制

3.1　水污染源分析及控制

全装置排水污染源数据见表 1。

表 1　东套硫黄回收装置水污染源分析数据　　　　　　　　　　　　　　mg/L

水污染源名称	水量/(t/h)	pH	油	S^{2-}	酚	氰	COD	NH_3-N
锅炉排污水	0.5~1.0	11	26	未检出	31	0.26	368	
机泵冷却水	30~40	6.5	2.5	未检出	0.1	0.007	6	0.1
酸性气凝结水	间断	9.0	94	5.8×10^4	190	0.008	8.4×10^4	3.8×10^4
伴热蒸汽凝结水	8~10	6.5	1.8	1.6	0.1	0.002	7.4	7.3

（1）锅炉排污水

锅炉用水在除盐过程中需加入 Na_3PO_4 及其他化学物质，在发汽时蒸发凝缩，水质碱度增大，为了保证锅炉水质及发生蒸汽的品质，必须对锅炉汽包中水进行连续和定期排污。硫黄回收装置的锅炉排污水来自于废热锅炉和硫冷凝器，

从表 1 可以看出该部分废水除 pH 值相对较高外，其他污染物浓度较低，可以通过掺入新鲜水冷却稀释后排往假定净水系统。

影响锅炉排污水量的主要因素是装置处理负荷，负荷大，锅炉耗水量高，排污水量相应增大，操作上主要通过检测锅炉水质的 pH 值来控

制锅炉水排污量，pH 值一般控制在 11 左右，假如低于这一数值，就要减小排污量，避免过多的

污染物排出和水资源的浪费。

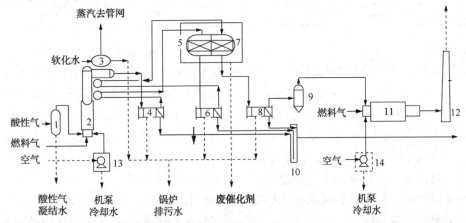

图1　硫黄回收装置污染源分布示意

1—酸性气脱水罐；2—酸性气燃烧炉；3—废热锅炉；4——级硫冷凝储集器；5——级转化器；6—二级硫冷凝储集器；
7—二级转化器；8—三级硫冷凝储集器；9—末级硫储集器；10—硫封；11—尾气焚烧炉；12—烟囱；
13—燃烧炉鼓风机；14—焚烧炉鼓风机

（2）机泵冷却水

硫黄装置的机泵冷却水主要来自鼓风机轴承的冷却，正常情况下，该部分水质在冷却前后除温度上升外，应没有变化。如鼓风机轴承的密封性能不好，冷却水中可能会有油。

使用新鲜水直排冷却是造成排水量大的根本原因，排量最多可达 40t/h。采用循环水冷却可以完全消除这一污染源，唯一要注意的就是定期检查，避免油、水互串。

（3）酸性气凝结水

由于脱硫装置操作波动及酸性气的长距离输送，酸性气中往往会夹带液相组分，此股液相含很高浓度的硫化物（见表1），并有可能夹带醇胺溶剂。若发生冲塔等不正常现象，瞬间带液量可以达到 3～4t/h，水中硫化物含量可以达到 50000mg/L 以上，有剧毒。

酸性气凝结水必须在酸性气进燃烧炉之前在密闭的环境下脱除，引入含硫污水汽提装置处理。最根本有效的防治措施是搞好脱硫操作，减少酸性气带液现象。将各脱硫装置的富溶剂集中再生，可以减少气相输送带来的问题，便于酸性气的管理。

（4）保温伴热蒸汽凝结水

硫黄回收装置的液硫管线及储罐都需要用蒸汽夹套保温，所产生的泛汽（含冷凝水和饱和蒸汽）在不能回收的情况下只能采用加注新鲜水的方法冷却后通过明沟排放，每小时的排放量可多

达 10t，排放的水温仍较高（60～90℃），在设备内漏时会含有硫化物。

防治措施是回收利用，把凝结水引入锅炉给水系统，重新用来发汽。对于单独的克劳斯装置，可以直接把凝结水引入废热锅炉给水罐，见图2。对炼油厂来说，应建立相应的低压蒸汽凝结水回收系统，确保硫黄装置回用不完的凝结水由动力锅炉回用。

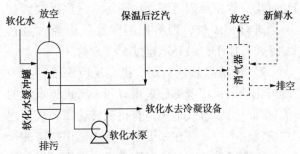

图2　伴热蒸汽回用流程示意（虚线部分为改造前流程）

（5）临时吹扫排水

装置停工检修时，酸性气、燃料气管线及相关设备需要用蒸汽进行吹扫，初期吹扫产生的凝结水和排放物含有数万 mg/L 的硫化物，若直接排放会引起恶臭。

将管线、设备中最初的吹扫物引入燃烧炉进行高温焚烧，后续需排放的凝结水排入地下污水回收罐，送往含硫污水汽提装置处理。

3.2　大气污染源分析及其控制

大气污染源数据见表2。

表 2　硫黄回收装置大气污染源数据

名称	排放量/(m³/h)	温度/℃	SO_2/(mg/m³)	H_2S/(mg/m³)	CO_2(v/v)/%	CO(v/v)/%
制硫尾气	10000~15000	350	15000~20000	检不出	2~5	0.3~0.5

（1）制硫尾气

硫黄回收装置最大的污染源为制硫尾气。由于受克劳斯反应热力学平衡及可逆反应的限制，即使在设备及操作条件良好的情况下，装置总硫转化率最高也只能达到 96%~97%，尾气中仍有 1%(v/v)左右的硫化物以 SO_2 等形态排入大气，损失了硫资源，造成严重的污染。石化企业正在根据不同生产规模的硫黄回收装置采取相应的技术成熟、可靠的尾气治理措施。

采用二级转化，装置总硫转化率一般在 92%~95%，提高硫黄转化率直接关系到减少尾气烟囱中 SO_2 排放量，主要措施是：

1）降低酸性气中烃含量：酸性气中含烃量高，必须采用过量的配风操作以维持正常生产和保证硫黄产品质量，烃含量的突然上升，造成反应过程气中的 H_2S/SO_2(mol)比值小于 2，不利于克劳斯反应，硫黄转化率降低。酸性气大量带烃甚至导致制硫系统结炭，操作压力降上升，催化剂活性下降，轻者影响产品质量，严重时装置被迫停工。必须加强上游产气装置操作管理，脱硫装置均设置富液闪蒸罐，含硫污水进汽提装置前必须进行预脱油，严格控制酸性气中烃含量在 2%(v/v)以下，最高不超过 5%(v/v)。

2）选用高效催化剂，提高反应深度：在一级转化器内采用或部分采用有利于有机硫水解的催化剂，可以有效地提高有机硫转化率，从而使总硫转化率提高。在二级转化器中使用抗硫酸盐化的克劳斯催化剂，可以降低反应温度，提高反应深度。部分使用 TiO_2 基制硫催化剂可以强化有机硫水解，长期保持催化剂的高活性。催化剂的合理配置可以有效地将总硫转化率提高 1.5%以上。但无论使用何种型号的制硫催化剂，一级转化器应在相对较高的温度（310℃）下操作，有利于制硫反应副产物 COS、CS_2 水解成 H_2S。二级转化器应在相对较低的温度（230℃）下操作，有利于使制硫反应受热力学平衡的限制降到最低（H_2S 和 SO_2 反应为放热反应）。采用三级转化器的硫回收工艺可以使总硫转化率提高到 97%以上。

3）采用 H_2S/SO_2 在线比率分析控制仪：H_2S/SO_2 在线分析仪可以连续对硫黄回收过程尾气中 H_2S、SO_2 的浓度进行分析，通过这一数据反馈控制燃烧炉的配风操作，实现自动串级控制，使反应过程气中 H_2S/SO_2 比率稳定地维持在 2 附近，使克劳斯反应在最佳条件下操作，可获得最大的转化率。

4）控制酸性气中氨含量：酸性气中含氨量高，影响制硫操作，降低反应效率和产品质量，还会引起催化剂中毒和设备腐蚀。酸性气大量带氨会产生铵盐结晶，造成管线堵塞，严重影响酸性气的正常输送。开好含硫污水汽提装置，同时脱硫装置控制好操作温度，防止溶剂降解，可以控制酸性气中氨含量在 1.5%(v/v)以下。如处理含氨高的酸性气，燃烧炉温度必须高于氨的分解温度（1300℃以上），或者采用高效的烧氨火嘴。

开好硫黄回收装置，不断提高硫黄转化率，也是开好后续各类尾气处理装置的必要条件。另外，尾气焚烧炉燃烧深度对尾气中的 CO 含量有影响，焚烧效果好，CO 含量低。

5）要进一步提高硫黄装置排放尾气的净化度，就必须增上尾气处理装置，有尾气处理措施的硫黄回收装置，总硫收率可以达到 98%以上，甚至达到 99.9%。

（2）催化剂活化再生及系统吹扫

硫黄装置在开工前，需要进行催化剂的升温活化。装置停工检修前，要对催化剂进行再生，通过升温过程，将催化剂床层上的积硫、积炭除尽。制硫系统存有大量的含硫气体，在停工检修前必须将系统处理干净，以达到安全和环保要求。

一些小型的硫黄回收装置采用完全燃烧酸性气的方法对制硫催化剂进行开工活化或停工前再生，在这段时间内硫黄得不到回收。对于 2 万 t/a 的硫黄回收装置来说，开工活化一次排放的 SO_2 总量达 40~60t（开工升温活化按 48h 计算），正常生产时，硫黄回收装置在 48h 内尾气硫化物排放总量大约是开、停工排放的十分之一。采用燃料气活化的方法，能有效地减少燃烧酸性气产生的

SO$_2$ 排放量，并在上游炼油装置产生酸性气之前使硫黄回收装置达到开工条件，上游装置一旦产生酸性气可以立即引入装置进行硫黄回收。在停工过程中，可以在酸性气完全处理完后，再进行催化剂再生处理。避免了用活化（或再生）催化剂过程中，酸性气不能全部处理而需部分放火炬燃烧所产生的环境污染问题。

（3）液硫脱气

液体硫黄中可以溶解 450mg/L 以上的 H$_2$S 和 H$_2$S$_x$，在储存或运输过程中这些硫化物会逐渐挥发出来，不但污染环境并可能发生爆燃，必需进行脱气处理。用抽气泵从液硫储存设备抽出挥发气体，引入尾气焚烧炉中焚烧后随尾气一道由烟囱排放，脱气后的液体硫黄中 H$_2$S 浓度大约是 75mg/L。对于需要长途运输的液体硫黄，可以采用注 NH$_3$ 等催化剂增强脱气效果，硫黄中残留 H$_2$S 能够降到 15mg/L 以下。

（4）无组织排放废气

1）设备泄漏：

装置区最易发生设备故障造成泄漏的区域是制硫反应系统、气态硫的冷凝、捕集与硫封系统。当设备、管线等发生泄漏应按紧急停工要求及时切断酸性气进料，改去火炬或备用装置处理，尽快组织抢修。

a. 为减少事故状态下酸性气直排火炬，可采取另一套硫黄回收装置处于同时开工或备用状态。若酸性气去火炬，必须同时加大燃料气用量以确保酸性气中 H$_2$S 的完全燃烧。

b. 为防止含硫气体的内漏和外泄，对关键部位例如酸性气管道、含 SO$_2$ 等介质的烟气管道，必须采用性能良好的阀门。

c. 改进设备，减少泄漏点、排污点。

将转化器位置抬高防止液硫存积，并采用冷却器捕集器合为一体的措施，尽量减少甚至消灭硫黄排污点，可以大大降低有毒气体的泄漏，提高了硫黄回收率。

2）采样口气体泄漏：

硫黄回收装置有 8 个采样口，即原料酸性气线、废热锅炉出口、一级、二级转化器出入口、尾气焚烧炉入口、烟囱入口。

对原料酸性气及过程气取样分析过程中，容易发生 H$_2$S、SO$_2$ 等有毒气体泄漏。改进采样阀或采用密闭采样措施能有效地防止含硫气体的外漏，改善工作环境。对于酸性气采样管线残余气体，可以采取碱液吸收的措施，杜绝乱排放。

3.3　固体废弃物污染分析及其控制

固体废弃物污染源数据见表 3。

表 3　硫黄回收装置固体废弃物污染源典型数据

固体废弃物名称	排放量 1	废物组成（m/m）/%			
		Al$_2$O$_3$	NaO	Fe$_2$O$_3$	SiO$_2$
废制硫催化剂	20（三年）	88	0.3	0.5	0.3

硫黄回收装置采用 Al$_2$O$_3$ 基制硫催化剂，二台转化器中催化剂一次装填量 20t，使用寿命 2～3a，失效的催化剂进行安全掩埋或作水泥厂原料，还可送回催化剂厂家回收利用。

3.4　噪声源分析及其控制

硫黄回收装置噪声源见表 4。

硫黄回收装置区的面积是 3000m³，边界噪声 65dB（A），影响边界噪声的声源是鼓风机的噪声。

表 4　硫黄回收装置噪声源数据

序号	噪声源	型号	功率/kW	声压级/dB（A）
1	燃烧炉鼓风机	C150-1.5	185	82
2	焚烧炉鼓风机	C100-1.235	75	72

硫黄装置的噪音污染基本控制在指标范围内，无须特别处理。

4　结语

通过以上分析可见，目前 20kt/a 硫黄装置的水、渣、噪音等污源基本得到了有效控制，能够达到环保要求。但最大的污染源—制硫尾气中的硫化物排放量严重超标，用仅有 CLAUS 工艺的 20kt/a 硫黄回收装置来治理炼厂酸性气，已经不能适应要求，必须加快技术改造步伐，增加尾气处理措施，这样才能在治理深度上做到与新建投用的 40kt/a 硫黄装置相互备用。

KTI硫黄回收工艺技术特点及应用实践

张明会

(中国石化洛阳石油化工工程公司)

茂名石化公司两套$6×10^4$t/a硫黄回收装置是其$1350×10^4$t/a炼油改扩建工程的环保配套装置,本着技术先进可靠,节省投资的原则,选择引进意大利KTI公司的硫黄回收和尾气处理技术(两级Claus+RAR)。洛阳石化公司负责初步设计,茂名石化设计院完成施工图设计,该工程于1999年12月建成投产。

1 装置设计概况

1.1 装置组成

硫黄回收装置由硫黄回收、尾气处理、液硫成型三部分组成。

1.2 装置规模及弹性

装置规模:$6×10^4$t/a。

装置弹性:30%～110%。

1.3 原料与产品的技术规格

(1)原料性质

原料性质见表1。

表1 原料性质 %(体)

组成	溶剂再生酸性气		酸性水汽提酸性气	
	范围	设计	范围	设计
H_2S	60～80	60	60～90	75
CO_2	16～36	34	5.5～35.5	17
HC	1～2	2	1～2	2
NH_3			0.5～2	2
H_2O	3～5	4	3～5	4
总计	100	100	100	100

(2)产品质量

纯度≥99.9% 灰分≤0.03% 砷≤0.001%

铁≤0.003% 水分≤0.1%有机物≤0.03%

酸度≤0.003%(以H_2SO_4计) 无机械杂质

液硫中H_2S≤50μg/g

1.4 工艺方案

1)硫黄回收采用双区燃烧炉及两级Claus反应,硫黄回收率达到94.8%。

2)尾气处理采用KTI公司RAR尾气处理专有技术,总硫回收率达99.8%以上。

3)硫黄尾气采用热焚烧后经100m烟囱排空,烟气中SO_2浓度小于960mg/m^3。

4)液硫脱气采用循环脱气,脱后液硫H_2S含量小于50μg/g。

5)液硫成型采用钢带成型及粒状成型,生产片状及粒状硫黄,硫黄自动包装。

6)除催化剂、部分关键设备、在线分析仪、DCS及少量特殊阀门引进外,其他均采用国内产品。

2 KTI硫黄回收技术的主要特点

2.1 工艺

1)采用双区燃烧炉:

其特点就是将含氨酸性水汽提酸性气及部分脱硫酸性气引入燃烧炉的1区,全部酸性气燃烧的空气也从1区进入,这样含氨酸性气在过剩氧条件下燃烧,就能保证酸性气中氨分解完全,燃烧炉出口过程气NH_3<15μg/g,烧氨温度为1350～1380℃;剩余部分脱硫酸性气进入燃烧炉的2区,参加Claus反应。此种情况,炉温可以很容易达到1350℃以上,酸性气及燃烧空气不需预热。

根据KTI的计算结果及经验,在30%～110%的弹性范围及上述酸性气组成条件下,脱硫酸性气进入1区的比例为30%～70%,设计工况下(180t/t硫黄)的比例为50%。

2)废热锅炉产生4.5MPa蒸汽。除部分用于加热一级、二级过程气外,剩余部分经尾气焚烧炉过热到430℃,并减压至3.5MPa外输管网。

3)过程气的再热方式:

为保证Claus单元的硫回收率不小于94.8%,延长转化催化剂寿命,降低催化剂投资，过程气的加热采用废热锅炉自产4.5MPa蒸汽间接加热。

此种加热方式同热旁路相比，不会因硫蒸气带入转化器，带来硫转化率的降低；同在线加热炉相比，控制简单、投资省，不会因燃料气波动造成积炭，也不会因配风过剩而"漏氧"。同时，转化器不需AM型保护催化剂。

4）尾气处理采用KTI的RAR尾气处理技术。

其工艺原理与传统SCOT相同，RAR（Reduction-Absorption-Recycle）即还原、吸收、循环。见图1。但就工艺方案与SCOT方案相比，具有以下不同点：

①尾气加氢反应器的升温方式不用在线炉，而是用加氢反应器出口气体与尾气换热方式。

②尾气加氢氢源采用外供氢气。

③加氢反应器出口不需废热锅炉，尾气经气-气换热后，194℃直接进急冷塔。

SCOT工艺采用在线炉方式，是用燃料气在炉内次当量燃烧产生氢气并直接加热Claus尾气至加氢反应入口温度，反应后加氢尾气经废热锅炉降温后进入急冷塔。该方案的最大缺点是燃料气组成波动，燃烧不完全，造成加氢反应器床层积炭，催化剂中毒失活。尤其在炼油厂，燃料气组成波动很大，上述情况很严重。

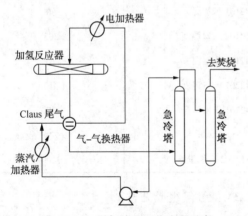

图1　RAR尾气处理工艺流程示意

国内几个炼油厂采用SCOT尾气处理的装置，在最初运转的几年中因燃料气组成不稳定，加氢反应器床层积炭，催化剂中毒失活，造成装置停工的情况经常发生，不得不改烧富氢气，即使如此，若配风控制不当，因富氢气带烃，也会发生床层积炭的情况。比较而言，天然气处理厂采用SCOT尾气处理工艺的装置，运转情况就稳定

得多。

因此，KTI的RAR技术关键就是克服上述方案的缺点，而采取的有效措施。

根据KTI的比较，气-气换热方案投资较SCOT方案（在线炉+废热锅炉方案）高10%~15%，但就整体考虑（CO₂量加大，溶剂加大）仅高5%；但是SCOT方案不能保证加氢催化剂3年寿命，气-气换热方案催化剂寿命保证3年，实际运转中寿命可达5年以上；压降较SCOT方案低250mm H₂O左右。同时，流程简单，没有SCOT方案复杂的控制系统，适用范围宽，不会因负荷的变化而波动。

5）急冷塔材质采用316L不锈钢，不需注氨、注碱。使流程简化，不会因操作失误或注氨不及时带来设备的腐蚀。

6）吸收溶液采用MDEA溶剂，较SCOT方案使用DIPA溶剂有更大的H_2S选择性，同时提高了酸性气负荷，降低了溶剂循环量。

7）加氢反应器入口设电加热器。装置低负荷运转时，气-气换热后尾气不能达到加氢所需温度，启动电加热器，保证加氢反应器入口温度稳定于312℃。操作控制简单，采用出口温度控制电加热器的开关及加热负荷，电加热器功率为150kW。

2.2　催化剂及溶剂

（1）Claus催化剂

一级反应器设计空速：782h⁻¹，催化剂装填量共29.4m³，其中活性氧化铝催化剂19.6m³，同时为提高有机硫水解活性，装填9.8m³的水解催化剂。

二级反应器设计空速：757h⁻¹，催化剂装填量29.4m³，全部为氧化铝催化剂。

KTI推荐的活性氧化铝催化剂牌号：S201。

有机硫水解催化剂牌号：S501。

（2）加氢催化剂

加氢反应器设计空速：1500h⁻¹，催化剂装填量：14.8m³。

KTI推荐牌号：N39。

（3）溶剂的质量要求

KTI推荐MDEA的使用浓度50%，质量要求见表2。

表 2 MDEA 质量要求

项目	质量指标/%
纯度	>98
伯胺+仲胺	<1000μg/g
叔胺	<1.5
水	<0.5
氯化物	<1μg/g

2.3 工艺设备

1) 主燃烧器:

KTI 推荐的主燃烧器采用 NIGI 公司开发专用燃烧器。该燃烧器的性能优良,自控水平高。其最低处理弹性可到 20%。设计压降 300mmH$_2$O。

该燃烧器带有两台火焰监视器;带有自动伸缩电点火器,实现自动点火,点火成功,自动感应停止打火,如果火焰监测器测不到火焰,10~15s 自动关闭燃料气。燃烧器前板带有两个人工看火孔。

2) 尾气焚烧炉燃烧器:

采用 KTI 自己开发的专用燃烧器,该燃烧器的设计负荷按焚烧 Claus 尾气 110% 负荷工况考虑。最大热负荷:5.05×10^6 kcal/h,允许压降 0.09MPa。焚烧后尾气 H$_2$S≤10μg/g。

3) 废热锅炉:

废热锅炉产生 4.5MPa 中压蒸汽,安全阀定压 5.2MPa;采用顶部设置汽包,汽水循环管方案。

4) 系统过程气设备的设计压力按 0.5MPa 考虑。

5) Claus 单元的所有设备均采用碳钢材质,RAR 单元急冷水系统、气-气换热器、溶剂再生塔、再生塔顶冷凝器,重沸器材质均采用 316L 不锈钢材质。

2.4 自动控制

1) 采用 DCS 集散型控制系统。

2) 主要自控方案:

① 酸性气配风:采用酸气与空气的比值调节加尾气 H$_2$S/SO$_2$ 在线分析反馈微调的控制系统。

② 脱硫酸性气进燃烧炉 1 区、2 区的分配采用流量控制。

③ 尾气焚烧采用尾气焚烧炉温度与燃料气流量的串级主调节,并用炉后烟气在线分析过剩氧含量进行修正。

3) 在线分析仪的设置:

① Claus 尾气设 H$_2$S/SO$_2$ 在线分析仪。

② 急冷水设 PH 在线监测仪。

③ 急冷塔后尾气设氢气在线分析仪。

④ 尾气焚烧后烟气设微量氧在线分析仪。

4) 设置较复杂、全面的安全逻辑连锁系统。

3 装置开工及运行

I 套硫黄回收于 1999 年 11 月 26 日焚烧炉点火升温,12 月 9 日将尾气再生酸性气引入酸性气燃烧炉,完成开工并转入正常生产;II 套于 2000 年 1 月 18 日正常生产。两套硫黄装置开工后生产基本正常。

3.1 生产操作数据分析(I 套)

1) 操作参数数据见表 3。

表 3 操作参数

项 目	单位	操作参数数据
再生酸性气量	m^3/h	3330(I 区:2752,II 区:578)
循环酸性气量	m^3/h	280
I 区温度	℃	1303
II 区温度	℃	1228
配风量	m^3/h	7263
R2101 入口温度	℃	217
R2101 床层温升	℃	60
R2102 入口温度	℃	203
R2102 床层温升	℃	10
R2201 入口温度	℃	310
R2201 床层温升	℃	20
H$_2$ 加入量	m^3/h	220
T2202 气体量	m^3/h	7100

2) 酸性气组成见表 4。

表 4 酸性气组成 %(体)

组分	设计	实际
H$_2$S	60~80	89.82~93.2
CO$_2$	16~36	4~7
烃类	3~5	0.1

3) 尾气组成见表 5。

表5　酸性气组成　　%（体）

组分	V2105 出口	R2201 出口	T2202 出口	循环酸性气
H_2S		2.26	2.87	
CO_2	1.96	4.51	5.54	
COS	5.21			26.92
CS_2				70.68
SO_2	0.4			
H_2		2.7	2.53	

注：上表数据均为分析数据，有一定误差。

4）数据核算结果。由于分析数据不全且误差较大，初步核算结果如下：

① 开工阶段装置硫负荷 50%～60%，而气体负荷仅 30%～40%。

② CLAUS 部分硫转化率约 93.8%；总硫回收率大于 99.8%。

③ 烟囱排放尾气 SO_2 浓度 370mg/m^3。

3.2　取得的经验及存在的问题

该装置开工及正常运行的状态已充分体现了 RAR 尾气处理工艺的技术特点。主要表现在几方面：

1）引进 NIGI 的燃烧器从启动、吹扫、点火等程序运转良好，燃料气、酸性气两种工况均能稳定燃烧，未出现系统结炭情况。弹性好，20% 的气体负荷工况下能稳定燃烧。

2）整个系统的硫负荷 50%～60%，但实际气体负荷只有 30%～40% 的情况下运转正常，达到总回收率 99.8% 以上。

3）虽然配风比较低 CLAUS 尾气中 H_2S/SO_2 远大于 2，CLAUS 部分硫转化率约 93.8%，但加氢反应器尚有 20℃ 温升，说明加氢水解反应完全。

4）急冷系统运转正常，未出现硫堵塞现象。

5）虽然 RAR 系统 H_2S 负荷较高，但尾气吸收效果好，再生酸性气 H_2S 浓度 26.92%，超过设计值。

但也存在一些问题：

1）原设计酸性气浓度 60%，实际生产达到 89%～93%，系统设备负荷率较低。尤其是尾气-气换热器因负荷低，换热效果差，使得电加热器一直全功率运转，才能使尾气温度达到 280℃ 以上。

2）RAR 尾气处理开工升温流程复杂，升温速度慢，实际开工升温时间超过 40 小时。

3）硫冷凝器腐蚀严重。

4）进口循环风机质量问题，轴密封，H_2S 泄漏。

5）装置连锁停车系统（ESD）过于复杂。

6）尾气 H_2S/SO_2 在线分析仪无法投入正常使用。

4　问题探讨及建议

通过茂名石化公司 6×10^4 硫黄回收项目的整个实施过程，结合本人多年从事硫黄回收装置设计的经验，在以后设计新的硫黄回收装置时，尤其是大型化硫黄回收装置，针对炼油厂可回收硫负荷变化较大，酸性气组成不稳，燃料气组成变化等特点，结合目前硫黄回收装置存在的问题有以下几点建议：

1）在考虑硫负荷的变化所确定的装置回收硫弹性的前提下，还需考虑酸性气组成可能的变化范围，避免设计组成与实际生产偏差太大，带来系统设备处理能力富余量太大，造成开工和运转的不稳定。尤其是目前国内炼厂油品加氢比例提高，气体脱硫采用选择性溶剂，酸性气的 H_2S 浓度也大大提高。

2）考虑全厂脱硫溶剂集中再生，酸性水分类集中处理，与硫黄回收组成联合装置，统一管理，联合操作。

3）Claus 系统采用间接加热方式，如蒸汽加热。提高转化率的同时，简化操作。

4）尾气处理应采用间接+外补氢气方案；间接加热的方式有过热蒸汽、加热炉、电加热器等。当然，采用与焚烧炉烟气换热方式也是可行的，但需考虑因焚烧炉负荷、焚烧温度、烟气前级取热负荷等因素带来烟气侧超温，使该气-气换热器损坏，造成整个装置可靠性的降低。

若使用在线炉加热，应采用较完善的控制方案，提高次当量配风比至 0.85～0.95，并保留外补氢气；同时考虑在燃料气中加入适量蒸汽以降低炭的生成并防止在线炉超温。

5）采用双功能型催化剂，在保证 Claus 段硫转化率的前提下，尽可能降低过程气中的过剩氧含量。不仅保护了催化剂，也会降低系统设备的腐蚀。

6) 腐蚀问题

因设备腐蚀造成装置停工已成为影响硫黄回收装置长周期运转的主要因素。除选材因素外，尚需考虑过程气中的过剩氧、设备结构型式、低负荷系统温度的保持、开停工操作的系统置换和保护等因素。比如，硫冷凝器的腐蚀问题特别突出，笔者认为单纯改变换热管材质不能解决问题，应将重点防在如何避免腐蚀性产物出现如 SO_3^{2-} 以及设备结构的优化(管板、换热管的焊接方式、水入口的位置及分配方式)等。

7) 急冷系统仍采用注氨、注碱，节省投资。

8) 结合系统及装置的具体情况，在保证装置安全的前提下，适当简化装置连锁停车系统(ESD)。

影响小型硫黄回收装置冬季运行的因素及对策

王云鹏

（大庆石油化工总厂）

摘　要　介绍了大庆石化总厂小型硫黄回收装置冬季运行状况，对影响冬季运行的因素进行了分析探讨，并采取了相应的对策，实现了装置冬季长周期运行。

关键词　硫黄回收装置　冬季运行　分析

1　概述

大庆石油化工总厂硫黄回收装置，是建设 1Mt/a 重油催化裂化工程的环保"三同时"配套项目，于 1993 年建成，是 500t/a 设计规模的小型硫黄回收装置，于 1995 年 8 月和 1996 年 8 月试生产运行，生产出合格产品。由于酸性气浓度和产量不足，装置在半负荷状态下运行，酸性气反应炉膛温度 900～1000℃，反应器床层温度 190～240℃，整个系统温度偏低，进入 10 月份后北方气温下降，由于伴热系统及酸性气脱水系统不够完善，适应不了北方寒冷季节装置生产的需要，相继出现了过程气管路和反应器床层积硫，系统压力升高，一级反应器入口、4 路硫黄成品线和尾气焚烧炉火嘴发生硫堵现象，使硫黄回收装置无法正常生产，被迫冬季停工。1997 年，针对硫黄回收装置冬季生产运行存在的问题进行攻关探讨，对装置伴热系统、酸性气脱水系统及硫回收工艺进行了全面的技术改进，优化了工艺控制方案，使硫回收装置达到了冬季生产运行的要求，经受住了零下 35℃ 严寒的考验，顺利度过高寒期，实现了小型硫黄回收装置冬季连续长周期生产运行，为北方寒冷地区小型硫回收装置的冬季运行探索出一条可行之路。

2　工艺原理

这套小型硫黄回收装置是采用 Claus 部分燃烧法硫回收工艺，以 1Mt/a 重油催化裂化装置排出的酸性水，经汽提装置汽提产生的酸性气为原料生产硫黄，酸性气经 1000mm 的输气管线，送到硫回收装置的酸性气反应炉，按烃类完全燃烧和 1/3 H_2S 完全燃烧生成 SO_2 进行配风，反应的结果有 65% H_2S 反应生成气态硫，余下的 35% 的 H_2S 中 1/3 燃烧生成 SO_2，2/3 保持不变，炉内反应剩余的 H_2S 和 SO_2 在转化器内的 LS-81 1 的催化作用下发生反应，进一步生成气态硫，生成过程中主要发生以下化学反应：

$$3H_2S+3/2O_2 \Longrightarrow 3/2S_2+3H_2O \quad (1)$$

放热量 417MJ/kg

$$H_2S+3/2O_2 \Longrightarrow SO_2+H_2O \quad (2)$$

放热量 519MJ/kg

$$2H_2S+SO_2 \Longrightarrow 3/xS_x+2H_2 \quad (3)$$

放热量 88MJ/kg

上述反应过程都是放热反应，根据化学反应平衡和速度的要求，反应炉温度一般控制在 1100～1200℃，反应器床层温控一般在 220～290℃ 的范围，装置才能正常运行。

3　工艺流程

采用 Claus 部分燃烧、外掺和、两级反应、三级冷凝、一级扑集、尾气焚烧的硫黄回收工艺见图 1。

4　影响装置冬季运行的因素及原因分析

4.1　酸性气质量

酸性气的浓度和流量是影响反应炉和反应器床层温度的主要因素，酸性气的浓度和流量不足，反应放热减少，无法维持整个硫回收装置系统在正常工艺指标范围内的产散热平衡，反应炉、反应器床层及系统温度达不到工艺要求，造成系统管线和反应器床层积硫，系统压力升高冲破硫封，使装置无法正常生产，1995年装置在试生产过程中，重油催化裂化装置排出的酸性水量18~20t/h使酸性水汽提装置不能满负荷运行，仅生产出19~30Nm³/h、浓度为15%~50%（v）的酸性气，使设计处理53.9Nm³/h、81.1%（v）酸性气的硫黄回收装置反应炉温达不到工艺控制指标，仅在900~1000℃，反应器床层温度仅在150~230℃，系统管路和反应器床层积硫，催化剂与反应物接触面积减少，催化效能下降，H_2S的转化率和硫的收率下降，系统压力升高，硫封多次被冲破，造成装置多次紧急停工。

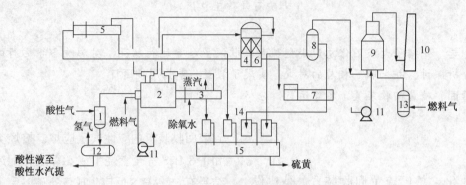

图1　硫黄回收工艺流程

1—气液分离罐；2—燃烧炉；3，5，7—一级、二级、三级冷凝器；4，6—一级、二级转化器；8—液硫捕集器；
9—焚烧炉；10—烟囱；11—鼓风机；12—酸性液压送罐；13—燃料气罐；14—液硫封罐；15—液硫储罐

4.2　伴热方式

不同的伴热方式，防冻凝效果也有所不同。在大庆寒冷地区装置管线内外温差大，热损失多，硫黄回收装置原采用Dg10mm伴热线拌热，进入冬季后冷凝器出来的130~150℃的过程气因伴热效果不好，而热损失大，管内过程气温度达不到工艺控制指标，管线内有液硫析出，在弯头，低点等处积聚形成硫堵，过程气采样时经常有液硫喷出，低于118℃以下时，液硫开始凝固，进而造成流程中断。

4.3　伴热介质

主要在0.3MPa蒸汽和1.0MPa蒸汽，在气候相对温暖的地区多采用0.3MPa蒸汽，而在北方寒冷地区应根据硫黄回收装置的各部分工艺特点，采用相应的伴热介质，才能收到较好的保温伴热效果。硫黄装置过程气管线原采用0.3MPa蒸汽伴热（120~130℃），就无法保证过程气温控在150~220℃的工艺要求。

4.4　工艺管路失热面积

硫回收装置在运行过程中，工艺管路内的介质都在150℃以上，因此总表面积大热损失就多。如成品线的4个液硫封罐表面积相对较大，静密封点较多，运行过程中因热损失较多，出现过液硫凝固使冷凝器冷凝下来的液硫不能回收，被带到下一道工序，影响装置的正常运行。

4.5　酸性气带水、带烃

酸性气带水增加了反应炉和反应器中化学反应平衡生成物的总量，不利于化学平衡向正反应方向进行，同时水汲收反应热降低了系统内温度，水会造成催化剂的潮解，带烃会使催化剂积碳催化效能下降，反应热减少，这些因素都不利装置冬季运行。

4.6　原料气温度

进入反应炉的原料气温度的高低会影响炉堂内的温度控制。原料气不经预热进入反应炉内，就会降低反应炉内温度，影响系统热平衡。

4.7　除氧水防冻

硫黄回收装置冷换器用的除氧水用量小，液位由自动调节阀控制，供水管线水流速低，间断供水，容易造成冬季管线冻凝，硫回收装置供水中断。在1996年装置冬季运行中，由于除氧水部分管线没有伴热线造成冻凝使硫回收装置供水中断。

5　对策

5.1　提高酸性气质量

提高酸性气浓度和产量，是保证硫回收装置冬季运行的重要条件之一。1997年对酸性水汽提系统进行改进，将老催化装置和加氢装置排出的8~10t/h酸性水引入到酸性水汽提装置，有效的提高了酸性气的浓度和产量，使硫回收装置所需酸性气浓度由 15% ~ 50%（v）提高到 40% ~ 60%（v），流量 19 ~ 30Nm³/h 提高到 38 ~ 55Nm³/h，有效的提高了装置反应炉膛和反应器床层温度，满足了装置热平衡的需要，为装置冬季运行创造了有力条件。

5.2　改进伴热方式

对硫回收装置过程气管线和成品线原采用的 Dg10mm 伴热线进行了改进，采用夹套伴热方式，提高了保温伴热效果，有效的防止了高寒地区散热带来的系统温降，避免了系统内因低温积硫造成的负面影响。

5.3　采用相应的伴热介质

不同的伴热介质有着不同的伴热效果，改变原系统采用 0.3MPa 蒸汽的作法，将过程气和成品管路伴热采用 1.0MPa 蒸汽介质伴热，防止管路积硫，而冷换器封头内的除沫器和捕集器则采用 0.3MPa 蒸汽介质伴热。这样即防止了过程气管路积硫，又能收到较好的硫捕集回收效果。

5.4　减少热损失

对原 4 个散热面积较大，静密封点较多的液硫封罐（Dg80 ~ 25）进行了技术改进，将 4 个液硫封罐和液储罐合为一体，在隔离出的部分液硫储罐内形成硫封，在保证硫封效果的前题下，减少了散热面积和静密封点泄漏率，有效的防止了硫堵现象的发生。

5.5　减少酸性气带水带烃

原酸性气分液罐容积小（ϕ529mm×377mm），气液分离时间短，导至气相带水，改用规格为

（ϕ1000mm×3000mm）酸性气分液罐，改善了脱水效果，避免了因酸性气带水给硫回收系统造成的温降。

5.6　酸性气预热

对进入反应炉前的原酸性气管路采用 1.0MPa 蒸汽进行预热，有利于反应炉堂温控在 1000 ~ 1150℃，提高了硫回收装置冬季运行能力。

5.7　除氧水管线保温伴热

将部分伴热的除氧水管线进行全程伴热，避免缓慢、间断流动除氧水的管线冻凝。以保证冬季硫回收装置除氧水的正常供给。

5.8　优化操作

利用高温掺和阀将一级反应器入口温度控制在 260 ~ 290℃ 的较高温度段，防止管线积硫。根据二级反应器出口 H_2S 和 SO_2、COS 的比值（2:1）来反馈调节酸性气燃烧炉的配风量，有利于提高化学反应速度，使化学反应平衡向正反应（产硫、放热）方向进行。

在北方高寒地区，对影响小型硫回收装置冬季运行诸因素，只要采取相应的技术措、选择优化的工艺控制方案，小型硫回收装置冬季连续、安稳、优质运行是完全可以实现的。

6　效果

通过对影响小型硫回收装置冬季运行诸因素的全面技术改进和生产工艺条件的不断优化，大庆这套小型硫回收装置冬季运行已顺利度过零下 35℃ 的高寒期，冬季装置连续运行生产优质硫产品见表 1。

表 1　小型硫回收装置改造前后经济情况

项　目	酸性气		反应炉/℃	反应器入口/℃		反应器床层/℃		硫黄纯度/%	硫黄收率/%	运行（冬季）
	H_2S(v)/%	流量/(m³/h)		R101/A	R101/B	R101/A	R101/B			
改进前	15 ~ 50	19 ~ 30	900 ~ 1000	175 ~ 230	160 ~ 220	150 ~ 230	150 ~ 210	98 ~ 99.8	50 ~ 62	停工
改进后	40 ~ 50	38 ~ 55	1100 ~ 1180	230 ~ 290	220 ~ 260	240 ~ 290	230 ~ 260	99.91 ~ 99.99	78 ~ 86	连续

上海石化新建硫回收装置生产运行分析

李学平

（中国石化上海石化公司）

摘　要　介绍了硫回收装置开车投产概况、工艺原理、技术特点、工艺流程等，对影响装置生产运行的各种因素进行了分析和探讨，并采取了相应的措施。

关键词　硫回收　尾气处理　生产运行

1　概述

上海石化新建硫黄回收装置由齐鲁石化胜利炼油设计院设计，为上海石化"四期工程"的配套装置之一，该装置对上海石化加工进口含硫原油、提高原油的加工深度具有重要意义。该装置处理的酸性气包括胺处理装置产生的清洁酸性气和无侧线酸性水汽提装置产生的含氨酸性气。

本装置设计规模为 $3 \times 20kt/a$，即两列常规 Claus 制硫，一列 SSR 尾气处理，操作弹性范围为 $20\% \sim 110\%$，采用两级常规 Claus 制硫和 SSR 尾气处理技术回收酸性气中的硫。同时将含氨酸性气中的 NH_3 转化为 N_2，排入大气，减轻对环境的污染。该装置制硫炉火嘴采用德国 Lurgi 公司专用烧氨火嘴，引进 H_2S/SO_2、H_2、$SO_2 \& O_2$、pH 值等在线分析仪表，并采用瑞典 SANDVIK 公司生产的硫黄成型造粒机将部分液体硫黄加工成硫黄粒子，由哈尔滨博实自动化设备有限责任公司生产的自动化包装码垛系统将硫黄粒子包装成袋，实行自动化操作，减轻操作工的劳动强度。

$3 \times 20kt/a$ 硫回收装置分二期建成，一期工程包括 30kt/a Claus 制硫及 60kt/a 尾气处理，另 30kt/a Claus 制硫二期建成。一期工程于 1999 年 9 月 30 日打下第一根桩，1999 年 10 月 28 日实现中间交接，2000 年 2 月 18 日一次开车成功。4 月 21 日 SANDVIK 成型造粒机调试成功，5 月 8 日码垛系统全线调试成功，成型及码垛系统实现了自动化操作，从而在国内硫回收装置中第一次实现硫黄成型及包装的自动化生产，减少了粉尘污染，改善了环境条件，并大大降低了操作工的劳动强度。运行期间，清洁酸性气加工负荷为 $900 \sim 3200Nm^3/h$，生产的液、固硫全部达到设计要求。

硫回收装置在试运行过程中，遇到了严重影响装置生产运行的诸多因素，通过不断地对生产工艺指标进行优化和技术改造，硫回收和尾气处理技术逐步完善，基本满足了生产需要，为装置的长周期运行创造了有利条件。

2　生产工艺原理和流程

2.1　工艺原理

利用部分燃烧法，通过高温热反应和低温催化反应，使酸性气中的 H_2S 大部分转化为硫，NH_3 转化为 N_2，未完全反应的 SO_2 及其他硫化物在尾气处理部分经过加氢反应转化为 H_2S，未完全转化的 H_2S 和加氢反应生成的 H_2S 被 MDEA 吸收，使尾气得到净化，净化后的尾气经焚烧后排放。

高温热反应的化学反应方程式为：

$$H_2S + 3/2O_2 \longrightarrow H_2O + SO_2$$
$$2H_2S + SO_2 \longrightarrow 2H_2O + 3/2S_2$$
$$3H_2S + 3/2O_2 \longrightarrow 3H_2O + 3/2S_2$$
$$4NH_3 + 3O_2 \longrightarrow 2N_2 + 6H_2O$$

低温催化反应的化学反应方程式为：

$$2H_2S + SO_2 \longrightarrow 2H_2O + 3/2S_2$$
$$COS + 2H_2O \longrightarrow H_2S + CO_2$$
$$CS_2 + 2H_2O \longrightarrow 2H_2S + CO_2$$

加氢反应的化学反应方程式为：

$$SO_2 + 3H_2 \longrightarrow H_2S + 2H_2O$$
$$S_8 + 8H_2 \longrightarrow 8H_2S$$
$$COS + H_2O \longrightarrow H_2S + CO_2$$

$$COS+2H_2O \longrightarrow 2H_2S+CO_2$$

2.2 主要技术特点

1）采用两条并列生产线，对原料含硫量变化的适应能力力强，在其中一套故障时，另一套仍可正常生产，可避免大量酸性气排放污染环境。

2）采用特殊的烧氨火嘴，解决了含氨酸性气的燃烧问题。

3）采规 Claus 部分过程气再热采用一级高温掺合，二级气/气换热方式。

4）尾气处理部分采用 SSR 还原吸收工艺，总硫回收率达 99.92%(v)，尾气净化度高，抗干扰能力强。

5）操作弹性范围大（20%~110%）。

6）尾气处理部分过程气再热采用气/气换热方式，氢气由外界供给，取消了在线加热炉。

7）一级、二级、三级冷凝冷却器采用组合设备，一级、二级转化器采用组合设备，急冷塔和吸收塔重叠布置，节约了占地。

8）液硫成型采用钢带式造粒机，固体硫黄的包装采用自动化包装、码垛系统。

9）除硫坑外，装置内还设置了一个液硫储罐，有液硫出厂措施。

10）制硫余热锅炉设计为中压烟管式锅炉，发生 3.5MPa(g) 中压蒸汽，经焚烧炉烟道气过热至 340℃ 并网。

11）富胺液送至界外集中再生。

2.3 工艺流程说明

（1）制硫部分

清洁酸性气和含氨酸性气脱液后，分别进入酸性气燃烧炉（F-3101A），在炉内通过控制配风量使约 70%(v) 的 H_2S 进行高温 Claus 反应而转化为硫，余下的 H_2S 中有 1/3 转化为 SO_2，并将酸性气中的氨和烃类等杂质全部氧化分解。燃烧时所需空气由制硫鼓风机（K-3101/1，2）供给。进炉的空气量按比例控制调节。自 F-3010A 排出的高温过程气，进入制硫余热锅炉（ER-3010A）冷却至 350℃，ER-3010A 壳程产生 3.7MPa(g) 的饱和蒸汽，该蒸汽经蒸汽过热器（E-3203）过热至 340℃ 出装置并入中压蒸汽管网。从 ER-3010A 出来的过程气进入一级冷凝冷却器（E-3010A），过程气由 350℃ 被冷却至 170℃，在 E-3010A 管程出口，冷凝下来的液硫与过程气分

离，自底部流出进入硫封管，再溢流至液硫脱气池。从 E-3010A 出来的过程气经高温掺和阀被调节至 261℃ 进入一级转化器（R-3010A），在催化剂的作用下进行低温 Claus 反应，反应后的气体温度为 315℃，先经过过程气换热器（E-3004A）管程与进二级转化器（R-3102A）前的冷气流换热，温度降至 264℃ 后再经二级冷凝冷却器（E-3102A）被冷却至 170℃。E-3102A 出来的过程气经 E-3104A 壳程与一级转化器出口的高温气流换热后，温度由 170℃ 升至 225℃ 进入二级转化器（R-3102A），过程气在催化剂的作用下继续进行低温 Claus 反应，反应后的过程气进入三级冷凝冷却器（E-3103A）温度从 251℃ 被冷却至 170℃。在 E-3103A 管程出口，被冷凝下来的液硫与过程气分离，液硫自底部流出进入硫封管，过程气去尾气分液罐（D-3104）经分液后进入尾气处理部分。一级冷凝冷却器（E-3101A）、二级冷凝冷却器（E-3102A）、三级冷凝冷却器（E-3103A）共用一个壳程，产生 0.4MPa(g) 的饱和蒸汽。

（2）尾气处理部分

制硫部分排出的制硫尾气与氢气混合后进入尾气加热器（E-3201），与尾气焚烧炉（F-3201）出口的高温烟气换热，温度升至 300℃ 后进入加氢反应器（R-3201），在尾气加氢催化剂下的作用下进行加氢、水解反应，使尾气中的二氧化硫、单质硫、有机硫还原或水解为 H_2S。反应后的高温气体，进入蒸汽发生器，壳程产生 0.4MPa(g) 饱和蒸汽。同时，管程出口高温气体被冷却至 170℃，再进入尾气急冷塔（C-3201）下部，与急冷水逆流接触，水洗冷却至 40℃，再进入尾气吸收塔（C-3202）下部。尾气急冷塔使用的急冷水，用急冷水泵（P-3201/1，2）自 C-3201 底部抽出，经急冷水空冷器（A-3204/1~4）和急冷水后冷器（E-3205）冷却至 40℃ 后返 C-3201 循环使用，多余部分送至酸性水汽提装置进行处理。自界区来的 MDEA 贫液进入吸收塔（C-3201）上部，与尾气急冷来的尾气逆流接触，尾气中的 H_2S 被吸收。自塔顶出来的净化尾气，进入尾气焚烧炉（F-3201），在 700℃ 高温下，将净化尾气中残留的硫化物焚烧成 SO_2。焚烧后的高温烟气经过蒸汽过热器和尾气加热器回收热量

后，烟气温度降至 320℃，最后经烟囱（S-3201）排入大气。吸收 H₂S 后的 MDEA 富液，自 C-3202 塔底流出经富液泵（P-3202/1，2）抽出并升压后返回界外进行集中再生。

液硫经脱气、成型、包装后出厂，或经液硫储罐（D-3205），以液硫形式经槽车外运出厂。

3　生产运行中出现的问题、原因分析及处理措施

3.1　蒸汽过热器 E-3203 爆管

在酸性气处理负荷较低的情况下（当时清洁酸性气流量为 1300Nm³/h，H₂S 浓度为 86%，相当于负荷 40% 左右，在 20%~110% 的操作弹性范围之内），余热锅炉 ER-3101A 发汽量较低，而尾气炉在正常工况运行，导致蒸气过热器 E-3203 蒸汽出口温度达到 515℃，大大超过设计值 380℃，造成蒸汽过热器 E-3203 管程过热而爆管。

采取对策如下：①将 E-3203 由逆流换热改为顺流换热。②平稳操作，保持 ER-3101A 液面 LIC-3101A 相对稳定，防止突然补水造成蒸汽流量的大幅波动。③在制硫炉低负荷运行时，降低尾气炉操作温度，以防止 E-3203 管程过热。经过对 E-3203 进行改造后，蒸汽过热器 E-3203 重新投入运行，至今未发生异常情况。

3.2　尾气加热器 E-3201 爆管

尾气加热器 E-3201 设计上采用热管式，而热管式换热器的泄漏量相对较大，尾气中携带的液硫和氢气泄漏至热侧导致燃烧，使 E-3201 热侧进出口温度和加氢反应器进口温度

TI-3201 升高，从而使正线温度控制调节阀 TV-3201/1 关小，副线温度控制调节阀 TV-3201/2 开大，造成 E-3201 冷侧物料流量减小，使 E-3201 管程温度过高而爆管，并造成尾气炉熄火；在尾气炉恢复正常生产时，因尾气炉吹扫介质为空气，空气吹扫再次导致液硫燃烧和 E-3201 爆管，使事故进一步恶化。同时因尾气炉氮气吹扫连锁阀无法手动打开，尾气系统特福隆阀门无法动作，给事故处理带来很大困难。

针对尾气加热器 E-3201 爆管这一情况，采取以下措施：①对所有特福隆阀门进行更换。②鉴于热管式换热器存在一定的不安全性，将热管式换热器改为列管式换热器。③焚烧炉增加 N₂ 吹扫管线，在紧急停炉情况下用于炉膛吹扫。④对尾气处理的流程进行整改，在尾气进 E-3201 之前增加截止阀和尾气去尾气炉及烟囱的跨线阀，在尾气处理运行不正常时，硫回收可以保持正常运行，增大了操作的灵活性，并可减轻酸性气放火炬对环境造成的污染。

3.3　R-3101A 入口温度无法调节、高温掺合阀 TV-3101A 故障频繁

设计上 R-3101A 入口温度 TI-3101A 采用高温掺合阀 TV-3101A 进行调节，在生产运行过程中常常发生 TV-3101A 全关，但 TI-3101A 仍超温，TV-3101A 一动就发生阀芯破裂的情况，高温掺合阀根本没法投自动，没有起到调节阀的作用。高温掺和阀历次使用情况见表 1 所示。

表 1　高温掺合阀使用情况

序号	1	2	3	4	5	6
使用寿命/d	44	42	53	161	140	19
阀芯配件	进口件	进口件	国产件	进口件	进口件	国产件
TI-3101A	过低	过低，阀门略开后过高	过低	过高	过高	过高
原因说明	阀芯断裂	阀芯断裂	阀芯膨胀松化	阀芯断裂	阀芯断裂	排硫线堵塞

高温掺合阀 TV-3101A 虽为进口设备，但阀内衬里为国内生产、国内施工，施工质量存在一定问题，造成阀芯、阀座结合不紧密，或阀芯和阀座相碰，因阀芯为陶瓷材质，极易造成阀芯损坏。若一级冷凝器管程部分堵塞压降增大，改变

了高温掺合阀冷热物料的掺合比例，也会造成 TI-3101A 超温；在高温掺合阀和一级冷凝器都正常的情况下；因 TI-3101A 离高温掺合阀太近，冷热气流混合不均匀，也会造成 TI-3101A 超温。

针对以上几种原因，采取以下措施：①计划

对高温掺合阀重新进行选型，改陶瓷阀芯为金属阀芯；②大修中，对一级冷凝器管程进行彻底清洗。③计划在一级反应器入口处增设一只新的热电偶，R-3101A 入口温度以此为准。

3.4 二级反应器和加氢反应器进口温度调节阀无法实现自动控制

因过程气中硫蒸气的存在，在二级反应器进口温度调节阀主阀 TV-3102/1A（或二级反应器进口温度调节阀副阀 TV-3102/2A）、加氢反应器进口温度调节阀主阀 TV-3101/1（或加氢反应器进口温度调节阀副阀 TV-3101/2）关闭的情况下，管线末端形成死角，温度下降，液硫凝固，导致阀门无法动作。

针对这种情况，采取了以下措施：将 TV-3102/2A、TV-3101/2 改为蒸汽夹套阀，并对该阀门的最小开度进行限制，以防 TV-3102/2A、TV-3101/2 关死，正常情况下保持 TV-3102/1A、TV-3101/1 手动全开。

3.5 过程气冲破硫封、硫封管堵塞及腐蚀

含氨酸性气或燃料气燃烧不完全，造成系统积盐、积炭，或系统积硫严重、阀门动作不灵活，导致系统憋压，使过程气冲破硫封，造成环境污染。因硫封管处在液硫坑内，腐蚀比较严重，检修相当困难。

针对这种情况，采取了以下措施：在大尾气线增加排硫管线，用夹套蝶阀取代原有的普通蝶阀；增大硫封压力，把硫封高度由 2859mm 改为 4000mm；硫封管由液硫坑内移至液硫坑外；在停车阶段增大赶硫烟气量，增强赶硫效果。

3.6 液硫池内蒸汽伴热管泄漏严重

液硫池内蒸汽拌热管线采用碳钢管，腐蚀严重，造成拌热管线蒸汽大量泄漏，液硫池压力上升，蒸汽和硫化氢泄漏至现场，污染环境。

将液硫池内部分蒸汽拌热管线改为不锈钢材质后，基本解决了伴热管线蒸汽大量泄漏的问题。

3.7 K-3101/1，2 润滑油泵停运导致装置停工

在 K-3101/1，2 润滑油泵主油泵运行期间，

当润滑油压力低报时，润滑油泵副油泵启动；当润滑油压力低低报时，K-3101/1，2 连锁停机。因 K-3101/1，2 采用高压电机驱动方式，K-3101/1，2 润滑油泵采用低压电机驱动方式，当高压电停电时，直接导致鼓风机停运；当低压电停电时，因润滑油泵主油泵、副油泵为一路供电（因设计原因，即使润滑油泵主油泵、副油泵为二路供电，主油泵停运时，副油泵也不能马上启动），两台润滑油泵同时停运，使润滑油压力低低报，导致 K-3101/1，2 连锁停机。因 K-3101/1，2 停机，进而导致整个硫回收装置联锁停车。

针对这种情况，采取了以下措施：将润滑油泵主油泵、副油泵供电线路改造为二路供电方式；对电器控制回路进行整改，使主油泵因停电或故障停机时，副油泵能马上自动起动，避免因低压电停电等原因导致高压电机停运。

3.8 氢气分析仪 AI-3201 无法顺利采样

设计制硫炉前和吸收塔顶压力分别为 0.048MPa（g）、0.014MPa（g），但实际生产运行中，制硫炉前压力只有 0.01~0.02MPa（g），吸收塔顶压力只有 4~5kPa（g），氢气分析仪采不到样，无法正常运行。

通过对采样系统进行改造，在采样口处设置负压泵，使氢气分析仪实现了顺利采样。

4 改进效果及存在问题

硫黄回收装置经过不断地技术改造，解决了诸多影响装置安稳运行的问题，装置基本实现长周期运行，并经受了满负荷运行的考验，SO_2 排放量和排放浓度都小于环保控制指标，取得了比较理想的效果。但生产运行中仍存在一些问题，尚需解决。

1）高温掺合出口温度无法调节；
2）尾气炉点火枪故障频繁；
3）制硫炉热电偶使用寿命太短；
4）含氨酸性气的组成无法分析。

用生物过程脱除气体中的硫化氢

刁九华　林付德

(中国石化洛阳石化工程公司)

摘　要　本文介绍一种 Shell-Pagues/THIOPAQ 生物法脱除气体中的硫化氢，同时氧化为单质硫的工艺。内容包括工艺原理，生物硫黄的处理，通过试验证明生物硫黄可作为良好的农用肥料；生物法脱硫的操作经验，投资及操作费用比较。

关键词　生物　气体　脱硫　硫黄肥料

炼厂气及天然气脱硫后回收硫黄，多数采用胺+Claus 工艺。它适用于回收硫黄规模较大(>15t/d)的场合。对小型气体脱硫，通常采用液相氧化还原工艺。这种工艺有时受气体中 H_2S 浓度及能力适用范围的限制。从长远考虑，需要开发用于高 H_2S 浓度的小型气体脱硫工艺。

Shell-Pagues/THIOPAQ 工艺是一种生物脱硫技术，用于脱除气体中的 H_2S。它是通过弱碱溶液吸收气体中的 H_2S，然后把吸收的硫化物通过微生物氧化为单质硫。

Shell-Pagues/THIOPAQ 工艺特点：

1) 取代胺法脱硫、Claus 及尾气处理或液相氧化还原工艺。

2) 与液相氧化还原比较，化学消耗低。

3) 气体脱硫与硫回收合二为一。

4) H_2S 的脱除率 99.99%。

5) 生物反应器硫化物 100% 转化，其中 95%~98% 转化为单质硫。

6) 生物催化剂不失活。

7) H_2S 的使用浓度 100μg/g~100%(v)，压力 0.1~7.5MPa。

与传统的工艺如 Amine/Claus 比较，具有以下优势：

1) 进入下游吸收器的气体没有游离 H_2S，安全易管理。

2) 需要的控制和操作人员少。

3) 过程中没有复杂控制。

4) 使用溶剂量大，且便宜，因此溶剂组成和性能变化缓慢，过程持久耐用。

第一套用于脱除生物气中 H_2S 的 THIOPAQ 装置已于 1993 年开工。在以后的几年中，已在德国、英国、法国和意大利建成几套。气体中 H_2S 从 20%(v) 脱到 10~100μg/g，甚至可脱到几个 μg/g。

UOP 与 Shell 合作更进步开发了 ShellPagues/THIOPAQ 工艺，应用于天然气和炼厂气脱硫。在 1999 年秋，THIOPAQ 工艺首次应用在 AMOC 公司(埃及亚历山大)新建脱蜡厂，用于处理尾气、胺再生气体及脱硫的碱渣，硫黄产量 13t/d。

本文将介绍 Shell Pagues/THIOPAQ 过程原理、技术经济及操作经验。

1　工作原理

Shell Pagues/THIOPAQ 工艺示意流程见图 1。

Shell-Pagues/THIOPAQ 工艺，在压力(高达 7.5MPa)的情况下，含 H_2S 的气体在吸收段中被碱性溶液吸收。含烃气体通过一台塔盘或填料塔，气—液逆流接触。在低压下，不含烃的气体可直接进入生物反应器。在反应器内溶解的硫化物被氧化为单质硫。

H_2S 的吸收和水解：

$$H_2S(g) + OH^- \longrightarrow HS^- + H_2O \qquad (1)$$

生物硫的形成：

$$HS^- + 1/2O_2 \longrightarrow S^o + OH^- \qquad (2)$$

从以上反应式看出，吸收了 H_2S 的碱液，在生成单质硫的过程中被再生。正常情况下少于 3.5% 的硫化物被氧化为硫酸盐。为了防止硫酸盐的积累，需从生物反应器内排放一些废物流，

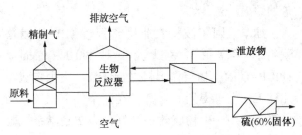

图 1 Shell-Pagues/THIOPAQ 工艺示意流程
注：Shell-Pagues 技术应用于天然气和 Claus 尾气；THIOPAQ
同样的技术应用于炼厂气及其他

同时向反应器内补碱。在干燥地区大量的硫酸盐排入环境是不允许的，为了把硫酸盐的排放降至最少，可用一种薄膜过滤器，这种过滤器可从其他的离子中分离出硫酸盐离子，从而产生较浓的硫酸盐废液。为了避免泄放流物排除，可把生物反应器内的部分液体连续地循环到硫酸盐还原段，以使硫酸盐转化为 H_2S（$SO_4^{2-}+4H_2 \longrightarrow HS^- + OH^- + 3H_2O$）。在 1999 年，用 H_2 作为还原剂的一套处理能力 4t/d H_2S 装置已投产。

Shell Pagues/THIOPAQ 工艺最大的特点是它的生物反应器设计，根据所需要负荷，反应器可以采用固定膜式或气体上升循环式设计。气体上升循环式进行硫化物氧化及硫酸盐还原为 Pagues 特有的设计。

2 粗硫黄的处理

在许多场合，Shell Pagues/THIOPAQ 工艺，在生物反应器内的分离器中，可分离出 20% 的固体稀浆液。为了获得硫黄产品，需对其进行处理。

2.1 硫黄浆液处理

1）用一台洗涤离心机脱除硫黄浆液中的水，生产的硫黄滤饼含固体 60%～65%，脱除的水用作生物反应器循环补水。硫黄纯度 95%～98%，剩余 2%～5% 是有机物和微量盐，尤其是碳酸氢钠、硫酸钠可作为炼油厂无害废物安全堆放。

2）用同样的洗涤，并增加二次浆罐，用于脱除溶解盐，这种盐类对硫晶粒有破坏作用。经二次分离和过滤的产品，硫饼含有 60%～65% 的固体，但硫黄纯度达 99%。水洗水可返回到 THIOPAQ 过程作为补水。这种硫黄适合添加到炼厂硫池里。

3）使用一台硫黄溶化器，把 1）、2）分离出

的硫黄，放入硫黄溶化器内，溶化反应的硫黄纯度 99.9%，可用于出售。脱除的水可循环到过程中补水，固体杂质可以地面堆放。

2.2 硫的洗涤

值得注意的是，这种硫黄含有钠 3.5% 和硫酸盐 1.5%，硫代硫酸盐 0.9%。钠产生于添加在过程中的氢氧化钠，硫酸盐和硫代硫酸盐产生于 H_2S 过氧化。过滤后砷含量 7.5%，但通过水洗，砷含量降至 0.09% 是容易的（水洗水量为物料体积的 2 倍）。这种洗涤材料，干燥后硫黄中碳含量从 1.37% 降到 0.72%。FTIR 光谱测定证明，直链烃缺乏是由于细菌的细胞壳引起的。通过水洗烃含量仅有一半脱除，似乎非常像是细胞壳与硫强烈地相互作用，使得生物硫具有较强的亲水性。

2.3 硫饼的干燥

已对一种硫黄干燥剂的性能进行过全面测试。从洗涤器/离心机排出的含水 40% 的硫黄饼，进入一种搅拌干燥器（滚筒式/搅拌相结合）。干燥器内设有夹套换热器，用水或蒸汽作为热媒，热氮气与固体逆向流动，以携带蒸发水至冷凝器。

一种理想的操作，干燥后硫黄含水 10%，晶体粒度测试表明：40% 固体晶粒 < 400μm，而 60% 固体晶粒 400～1000μm。经过干燥生物硫黄的亲水性未受到任何影响。

2.4 硫黄溶化

ASRL 公司（Alberta Sulfur Research Ltd）研究过生物硫的溶化。在高压釜内，把硫黄浆加热至 130℃，气体压力增加到几公斤。在 120℃ 下清彻的液硫层在釜底阀门排出，结晶硫黄为黄色。这种硫黄的颜色与高级硫黄的颜色相差不大。釜的上部是水溶液，含有溶解的钠盐、生物物质的水解产物。

硫黄产品中砷的含量 70μg/g，碳含量 250～300μg/g 可满足出口工业硫黄规格。

出售含杂质硫黄溶化设备的制造商、世界出口公司之一，Enersul 会司（在加拿大卡尔加里），基于此市场前景，在中试装置，可按要求进行生物硫的溶化性能试验。经过滤的 4kg 硫饼（含固体 52%～60%），用直接蒸汽溶化（DSM）。中试中测定温度、压力、停留时间、过滤材料及过滤

精度对硫黄纯度的影响。表1是探索最佳条件的试验结果。

表1　在中试装置溶化后硫黄产品质量

项　目	加拿大出口规格	溶化生物硫
硫黄纯度/%	>99.9	>99.97
砷含量/%	<0.05	0.005~0.011
碳含量/%	<0.025	0.015~0.016

T=120~140℃，压力0.2~0.4MPa. 停留时间40min，过滤精度<50μm。

结论：DSM过程（包括过滤），产品硫黄质量满足国际工业硫黄规格要求。如硫黄纯度仅要求99.9%，可省掉过滤。

3　生物法生产硫黄可用作肥料

硫是植物的主要营养素之一。它与常规营养素比较，排序第5或第6，可与磷相比。植物需要的硫可从大气中强还原态（微量COS、CS_2、H_2S）到强氧化态（SO_2）中获得，可是大多数硫是通过植物根从水溶性的硫酸盐获得。由于工业国家控制污染，减少大气中SO_2的排放。20世纪60年代末以后，许多国家以烧煤为主改为烧天然气，空气质量改善，对环境是有利的。但1980年以后，硫的减少，导致土壤用于耕种的硫缺乏，如几种高硫需求的植物、尤其是油菜籽、谷类，在丹麦、英国及苏格兰等这些国家需要添加硫组分。

表2　生物硫和工业肥料在温室试验中菜籽油产量比较

硫的来源	硫的堆放堆置	菜籽油产量/(g/盆) 84d以后
参考试验	无	15.6
S95	成排	19.6
	分散	25.1
T90CR	成排	16.1
	分散	19.2
Agnum S	成排	20.2
	分散	20.1
$(NH_4)_2SO_4$	成排	20.7
	分散	22.4
生物硫	成排	22.6
	分散	22.6

生物硫的亲水性和它微小的粒度（<100μm）为农业提供方便，可用于短季节气候植物生长中

硫的缺乏。

加拿大阿尔波特农业研究所（AARI）和爱德蒙特大学，在温室试验中对Shell - Pagues/TfflOPAQ的生物硫作肥料进行评估。用生物硫与几种工业上可得到的硫肥料在同条件下比较，结果第一年用于生物硫效果很好，表2是温室试验结果（数据取平均值）。从表中看出用生物硫的产量比无硫肥料高50%。试验结果证明生物硫在现有硫肥料中是最好的。

AARI在成功的温室试验后，在加拿大西部进行菜籽油田间试验，对各种肥料：K_2SO_4、Claus硫黄、生物硫黄进行比较（见表3），进一步证明生物硫是非常好的肥料。

表3　生物硫和工业肥料在田间试验菜籽油产量比较

硫的来源	产量/(kg/ha)
无	14.6
K_2SO_4	15.9
T90CR	17.4
S95	18
Claus硫	17.1
生物硫黄浆	22.3
生物硫黄粉末	19.8

说明：试验重复4次，应用15kg/ha硫黄。

4　THIOPAQ的操作经验

1993年第一套THIOPAQ装置开工，气体来自荷兰Eerbeek工业废水处理的生物气，气体7200Nm³/d，其中：H_2S 2.5v%，CO_2 20%，CH_4 78%。2000年年底，已有16套THIOPAQ处理生物气装置，其中一套处理排放气，大部分已开车；同时在不同条件下高压天然气的工业试验由Shell和Pagues在德国GrobenknetenBEB天然气体厂进行。

自1993年至今，操作经验归纳如下：

1）改进的吸收器，精制气中H_2S含量从250μg/g降至1μg/g。

2）坐物反应器能力（以单位体积反应器每天转化的H_2S计）比最初设计已提高5倍。

3）处理的气体体积增加10倍。

4）吸附器和生物反应器组合为一体，首次用于处理排放气。

5）自1999年，用于小型装置的喷气式吸收器取代气-液接触洗涤器，使投资大大降低。

6）新增的硫酸盐还原段，减少了泄放物的排放。

5 第一套 THIOPAQ 装置用于处理炼厂气

1999年10月，UOP 专利的新 THIOPAQ 应用在 AMOC 公司，预计2002年开工。

AMOC 的 THIOPAQ 装置的设计是从3股物料中(见表4)同时脱除硫化氢并回收硫黄。自加氢排出的含硫气体进入洗涤塔；自胺再生来的酸性气和脱硫后的废碱液则不需洗涤直接进入生物反应器，并由硫化氢转化为硫黄。见流程图(图2)。该装置的处理能力及组成如下：

5.1 设计的原料及产品组成

设计的原料及产品组成见表4～表6。

表4 原料及产品组成 m^3/h

含硫排放气	437	H_2S 3.09% NH_3 0.1%
酸性气	290	H_2S 93% NH_3 0.02%
碱渣	0.0075	3.09%硫化物

表5 精制后气体规格及排放物组成

精制后排放气	H_2S 3μg/g NH_3 100μg/g
生物反应器排放气	H_2S 6μg/g NH_3 1μg/g
排放水溶液	硫化物 3μg/g 硫酸盐 3.4% wt 1.8m^3/h

表6 硫回收规格

硫黄能力/(t/d)	13.5
硫回收率/%	95
硫黄纯度/ $	99.0(干基)

5.2 AMOC THIOPAQ 工艺流程

AMOC THIOPAQ 工艺流程见图2。

工艺流程简述：

生物反应器进料：含硫的气体直接进入吸收器，用循环碳酸钠溶液脱除 H_2S，脱硫后的气体直接排入管网，吸收了 H_2S 的液体进入生物反应器。由于酸性气主要含 H_2S，不需要吸收，直接

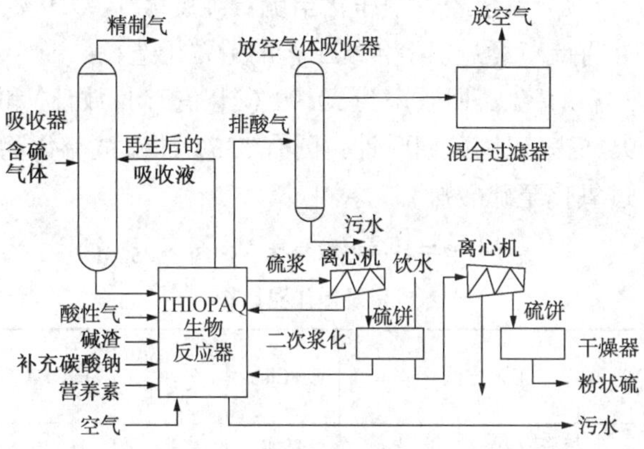

图2 AMOC 公司 THIOPAQ 工艺流程

进入生物反应器，H_2S 被溶解在溶液里，碱渣也直接进入生物反应器。在生物反应器内提供营养物流、空气及补充碳酸钠，用以补充钠离子的损失。生物反应器的物料通过空气提升系统强烈混合。

生物反应器排料：从生物反应器内排出的过剩空气，用碱吸收，以脱除微量 H_2S 或 NH_3。碱渣排入污水处理。从吸收器排出的空气通过过滤器混合，以脱除微量 H_2S 和臭味。

硫黄处理：硫黄浆用离心过滤机脱水，脱出的水循环至生物反应器。含有60%固体滤饼进入二次浆化及离心过滤，以提高硫黄的纯度。从二次离心过滤排出的水分两股：一股去生物反应器补水，另一股排入废水处理。含有60%固体硫饼经干燥后，呈粉末状含水10%。

氨：THIOPAQ 设计没有考虑 NH_3 转化，大约35%的 NH_3 进入生物反应器，与微生物结合为蛋白质结构，剩余氨从生物反应器排出，进入吸收器被收，以满足排放要求。

5.3 投资和操作费用

最近对 THIOPAQ 过程与传统的胺+Claus 及胺+Claus+SCOT，处理同一种气体(硫黄38.5t/d)进行比较(见表7)。假设传统工艺如下：

1）醇胺吸收装置有一个低压吸收塔来处理燃料气；

2）克劳斯装置既处理胺吸收酸性气，又处理酸水汽提酸性气；

3）克劳斯+SCOT 尾气处理+热焚烧炉；

4）液硫用壳牌液硫脱气工艺进行脱气处理，然后进一步进造粒机造粒。

对于使用 THIOPAQ 工艺，装置考虑如下：

1）硫浆经熔融净化至硫黄纯度大于 99.9%，并将硫黄经过以上传统工艺的造粒机造粒；

2）硫黄回收率为 99.99%（以 SO_2 排放计）和 96.5%（以固硫回收计，因有 3.5% 的硫被硫化物过氧化至硫酸盐）。

表 7　用于处理低压气体，产硫 38.5t/d 投资及操作费比较

工艺方法	胺+Claus	胺+Claus+SCOT	THIOPAQ
投资/（10^6/美元）①	15.8	19.8	12.1
操作费/[10^3/（美元/a）]	330	416	923
操作费（硫）/（美元/t）	21	30	66
投资+5 年操作费/（10^6/美元）	17.5	21.9	16.7
硫回收率（以 SO_2 排放计）/%	95	99.9	99.99
硫回收（以 $S°$ 产品计）/%	95	99.9	96.5

① 投资包括所有设备、仪表、设计和工程建设±35% 估算。

② 操作费包括蒸汽、电（0.05 美元/kW·h）、补碱和细菌营养素。不包括操作人员及检修费。

从以上比较看出，Shell-Pagues/THIOPAQ 工艺比传统工艺投资低得多，但操作费较高；而从投资+5 年操作费为基准，硫黄规模 30~50t/d，Shell-Pagues/THIOPAQ 有较强的竞争力，尤其用在小型规模。操作费用高，主是碱耗引起的。为了降低碱耗，提高用于大型规模的经济性，减少硫酸盐生成硫化物的逆反应，硫酸盐离子的还原段正在研究中。

6　生物脱硫工艺专利权拥有者和名称

开发应用于生物气脱硫的 THIOPAQ 工艺 Pagues 与 Shell 公司合作，扩展开发适用于高压天然气和合成气；同时 UOP 与 Pagues 合作开发适用于处理碱渣和液化气（LPG）脱硫工艺。表 8 列出相应名称及拥有者。

从表 8 看出，Pagues 在这些应用中不能独立的转让这些专利技术。由 UOP 和/或 Shell 或由他们指定转让人转让。在不同领域转让的特权，由该领域的技术拥有者共同享有。

表 8　生物脱硫的拥有者及名称

序号	应用	名称	拥有者
1	天然气	Shell-Pagues	Shell、Pagues
2	合成气	Shell-Pagues	Shell、Pagues
3	Claus 尾气	BCO-SCOT	Shell、Pagues
4	炼厂气	THIOPAQ	Shell、UOP、Pagues
5	碱渣	THIOPAQ	UOP、Pagues
6	Seletox	THIOPAQ	UOP、Pagues
7	LPG	THIOPAQ	UOP、Pagues

7　结语

Shell-Pagues/THIOPAQ 已具有下列经验：

1）H_2S 负荷 50~13000kg/d，试验装置测试证明：Shell-Pagues/THIOPAQ 用在高达（硫黄）40t/d 是经济的。

2）气体中 H_2S 的浓度 $50\mu L/L$（v）~84%（v）。

3）精制后气体中 H_2S 含量 $1\mu L/L$。

4）含硫气体压力 7.5MPa。

5）反应器容积范围 5~2000m^3。

6）具有高 H_2S 负荷的适应性。

7）与常规胺/Claus/SCOT 比较，操作简单。

8）过程安全，下游吸收器中没有游离的 H_2S 排放。

9）硫黄的亲水性，避免堵塞问题，维修量少。

10）硫黄产品可用于硫酸、硫化氢，也可直接用作化肥。

硫黄回收及尾气处理装置尾气加热器使用方法

刘崇洪

（中国石化齐鲁石化胜利炼油设计院）

摘　要　齐鲁石化胜利炼油设计院开发的"无在线炉硫回收工艺"即SSR工艺，已先后在十几套工业装置上加以实施，取得了令人瞩目的成果。"无在线炉硫回收工艺"其中关键的设备为尾气加热器，该设备的作用是利用焚烧炉将尾气焚烧后的热量将制硫尾气加热，达到进入加氢反应器反应温度的要求。在操作过程中，如果使用方法不当或操作失误，不但影响尾气加热器的使用寿命，而且还影响制硫装置排放的尾气能不能达标。如何延长尾气加热器的使用寿命，避免损失，减少大气污染，有必要从工艺流程、进入焚烧炉的气体对尾气加热器的寿命影响等角度考虑对策。

1　工艺流程简述

从制硫装置来的尾气，经尾气焚烧炉后的尾气加热器进行加热、加氢反应进行加氢、尾气急冷塔冷却、胺液吸收塔吸收净化、尾气焚烧炉焚烧、尾气加热器换热后进入烟囱。尾气加热器壳程走制硫尾气，管程走焚烧炉焚烧后的尾气，工艺流程见图1。

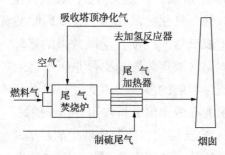

图1　尾气处理装置工艺流程示意

2　进入尾气加热器的气体组成

某炼油厂尾气处理装置正常生产情况下进入尾气焚烧炉的组成见表1。

表1　正常生产情况下尾气焚烧炉的气体组成

组成	O_2	N_2	H_2O	炼油厂瓦斯	CO_2	H_2S	H_2
%（v）	5.5	83.01	4.5	1.66	3.8	0.23	1.3

在非正常生产的情况下，进入尾气焚烧炉的组成见表2。

表2　非正常生产情况下尾气焚烧炉的气体组成

组成	O_2	N_2	Ar	H_2O	S	炼油厂瓦斯	CO_2	H_2S	H_2
%（v）	4.5	63.61	0.53	24.5	0.04	1.36	3.06	1.3	1.15

由表2可以看出，需经焚烧炉焚烧的气体有：瓦斯、单质硫、H_2S、H_2。以上组分的燃点见表3。

表3　焚烧炉焚烧的气体组成

组成	炼油厂瓦斯	S	H_2S	H_2
燃点/℃	365~537	250	260	500~560

3　尾气焚烧炉焚烧温度的确定

尾气焚烧炉的温度确定由4方面因素确定：

1）进入尾气焚烧炉的有毒有害气体完全焚烧，表3中的气体在600℃时能完全焚烧；

2）保证尾气加热器出口进入尾气加氢反应器的过程气温度达到控制指标；

3）钢材的使用温度限制；

4）进入尾气焚烧炉较低的燃料消耗。

4　进入尾气加热器的气体对尾气加热器寿命的影响

4.1　氧气的影响

钢材在高温下除了内部产生组织变化以外，表面在氧化性介质中易被氧化。钢材的氧化程度主要取决于氧化膜的结构与厚度。如碳

钢的氧化膜为 $Fe_3O_4+Fe_2O_3+FeO$，它们的比例约为 $1:10:100$，FeO 晶型简单，晶格内氧原子未填满而疏松，无抗氧化能力，达到一定程度后，自行脱落，使钢材氧化减薄，加热炉管长期在高温炉气下工作，尤其是在局部过热的情况下，表面氧化加上蠕变而产生鼓泡而破坏。

4.2 硫化氢的影响

硫化氢在焚烧炉内 600℃ 的温度下与氧气反应生成二氧化硫，如果尾气焚烧炉配风量偏小，则有剩余部分的硫化氢进入尾气加热器，气相硫化氢比液相硫化氢腐蚀厉害，硫化氢与铁直接作用：

$$H_2S+Fe \longrightarrow FeS+H_2$$

硫化氢对金属的腐蚀，决定于温度和浓度。在 260℃ 以上急剧加速，至 425℃ 达到最高值。在 350~400℃ 时硫化氢可分解为活性很强的硫，在 480~540℃ 腐蚀下降。

$$H_2S \longrightarrow S+H_2 (350~400℃)$$
$$Fe+S \longrightarrow FeS (强烈反应)$$

H_2S 和 H_2 存在的条件下对钢材的腐蚀比无氢条件下硫化氢高温腐蚀要严重一些(因还有氢的腐蚀)。

4.3 二氧化硫的影响

在焚烧炉内，在过剩空气条件下，SO_2 与 O_2 在有 Fe_2O_3 存在的条件下生成 SO_3，低温情况下，三氧化硫与烟气中的水蒸汽结合生成硫酸，而在低于烟气露点温度的表面上冷凝，产生低温硫酸腐蚀，也称烟气腐蚀。当表面温度低于水蒸气温度时，烟气中水蒸气凝于金属表面，吸收了烟气中二氧化硫生成亚硫酸，因此产生低温亚硫酸腐蚀。当金属表面温度低于烟气露点温度 10~50℃ 范围内金属腐蚀最严重。

4.4 氢气的影响

在高温下，氢原子或氢分子通过晶格向钢内扩散，渗入的氢与钢中的碳化物(渗碳体)发生化学反应生成甲烷($Fe_3C+2H_2 \Longrightarrow 3Fe+CH_4$)，造成钢材内部脱碳与渗碳体中的碳生成甲烷。由于生成的甲烷在钢中的溶解度很小，扩散力又差，不易从钢中排出，因而聚集在晶位的边缘，压力越来越高，这样就使钢材沿晶

界产生裂纹和鼓泡，钢材失去原有的弹性而变脆，产生氢腐蚀。氢腐蚀是永久脆化、是不可逆的。

5 操作过程中的对策

1) 尾气焚烧炉在操作过程中控制减少燃烧过剩空气系数，可减少尾气加热器管材的氧化，从而延长尾气加热器的使用寿命。操作过程中注意分析焚烧炉后的氧含量控制在 2%~5%。

2) 加强尾气焚烧炉后焚烧尾气的化验分析，看有没有焚烧完全的硫化氢，如有硫化氢存在，尾气焚烧炉应增加配风。

3) 提高尾气处理装置的硫化氢的吸收效果，减少进入焚烧炉的硫化氢含量。其一，环保要求较低的总硫排放量；其二，减少了硫化氢在焚烧炉反应生成二氧化硫的量，减少了对尾气加热器的腐蚀。

4) 在满足加氢反应器需要氢气量的情况下，尽量减少氢气进入焚烧炉内的流量，急冷塔出口氢含量控制在 2%~3% 为宜。因此要正确使用及加强维护氢在线分析仪。

5) 严格按比例控制硫黄回收装置尾气中的硫化氢与二氧化硫的比例，硫黄回收装置中酸性气组成流量的波动、配风效果的好坏，直接影响到尾气处理装置的操作是否平稳及进入焚烧炉腐蚀物质的多少。因此，必须确保硫黄回收装置的在线比值分析仪用好、维护好。

6) 硫黄回收装置制硫催化剂及尾气加氢催化剂的活性、使用寿命等，不但直接影响硫黄装置的硫黄回收率，而且也影响尾气加热器的腐蚀。

7) 吸收塔吸收剂的浓度，贫液中的硫化氢、二氧化碳的浓度不但直接影响尾气处理装置能否达标，而且也影响尾气加热器的腐蚀。

8) 尾气焚烧炉炉温尽量稳定，在停工过程中尽量减少奥氏体不锈钢敏化时间。

9) 严禁将酸性气放至尾气焚烧炉进行焚烧，硫黄回收装置在事故状态下，酸性气应放火炬。

10) 开停工过程中尾气加热器的保护好坏，也是影响尾气加热器使用寿命的重要因素。在开停工过程中应避免尾气加热器出现露点腐蚀、在壳程没有换热介质的情况下干烧。

参 考 文 献

[1] 中华人民共和国公安部消防局，可燃气体，蒸汽，粉尘火灾危险性参数手册[M].黑龙江：黑龙江科学技术出版社，1990，3.

硫黄回收装置扩能改造及效果分析

沈志刚　　楚运通

(中国石化股份有限公司沧州分公司)

摘　要　沧州分公司近年来原油加工能力不断提高，并且所加工的原油主要为高硫的胜利原油与塔河原油，所以原硫黄回收装置不能满足生产的需要。本文主要分析了在原5000t/a硫黄回收装置上提高处理量的可行性，并分析了改造后的情况。

关键词　硫黄回收　处理量　分析　改造

1　前言

随着国民经济的发展以及炼油能力的提高，国产低含硫原油已无法满足规模日益扩大的炼油厂需要。为了寻求发展，沧州分公司于1999年开始加工胜利原油与进口阿曼原油，2001年始掺炼塔河原油。随着这些高硫原油的进厂及炼油量的增加，酸性气量越来越大。这对于原设计能力5000t/a的硫黄回收装置来说，难以满足新的生产要求。为适应新形势，这些老装置必须做出改造的选择。沧州分公司原5000t/a硫黄回收装置于1998年3月破土动工，1999年4月投产。工程设计能力为5000t/a硫黄，正常生产能力为4450t/a硫黄，最小生产能力为3800t/a硫黄。采用成熟可靠的Claus硫回收工艺，由部分燃烧外掺合法制硫、尾气焚烧及液硫固化成型三部分组成。设三级转化，前两级转化器的入口过程气经高温掺合阀加热，第三级转化器的入口过程气经气体换热器换热，由一级转化器出口高温气流提供热量。装置总硫回收率可达到96.4%。本文就原5000t/a硫黄回收装置扩能改造及效果进行分析。

2　装置情况分析

2.1　高温热反应

硫黄生产在反应炉内的反应：$H_2S+1/2O_2 \longrightarrow 1/2S_2(g)+H_2O+Q$（高温，氧不足）与$H_2S+3/2O_2 \longrightarrow SO_2(g)+H_2O+Q$（高温，氧充足）占整个制硫过程的65%，是硫黄回收装置最重要的反应。但由于酸性气内除含有H_2S外还含有烃类、氨类等可燃性气体，H_2O、CO_2等非可燃性气体，以及配风带入的大量N_2（惰性气体，不参与反应）。由于这些组分的存在明显影响了处理量的提高。显然要提高处理量，减少酸性气中除H_2S、O_2以外的组分含量是一种途径。

2.2　反应炉热负荷

该装置投产后于10月份进行了简单标定。酸性气进炉量为$582Nm^3/h$，略大于$543Nm^3/h$的设计量。炉膛温度为1180℃，远小于1388℃的设计值。热负荷为771.7kW，也远远小于1256kW的设计值，因此其裕度较大。

2.3　转化器

该装置使用的是CT6-4B氧化铝型催化剂，其设计空速为$200 \sim 1000h^{-1}$，转化器容积为$8.6m^3$，因此其流量允许为$1720 \sim 8600m^3$。

2.4　废热锅炉

在日常生产中显示反应炉后废热锅炉出口温度为420℃左右，而在正常生产中要求为300~350℃。该废热锅炉的换热面积偏小，是正常生产和装置提高处理量的瓶颈，需要改造或更换。尾气焚烧炉后废热锅炉出口温度为270℃，有一定裕度。

2.5　冷换设备

各冷换设备据日常生产及标定数据来看，除一级硫冷凝器外均有一定的裕度。一级硫冷凝器出口温度为170℃，显然处理量提高后会显示出其换热能力的不足。

2.6　系统压降

硫黄回收装置的生产最易发生积硫、冷凝堵塞等现象。它将直接致使系统压力上升，从而导致酸性气及配风进炉受阻，极大地影响了处理量的提高。该装置影响压降最大的位置在尾气线上。由于受四级硫冷凝器及捕集器的影响，硫蒸气雾沫夹带硫及其他杂质如氨盐，在该管线低点和拐角处沉积，从而导致压降上升。因此，消除或降低压降是提高处理量必不可少的一步。

3　改造情况

3.1　增设一级分液罐

针对消除 H_2S 以外的杂质，该装置设置了两级脱液。在酸性气分液罐前增设了一台 $50m^3$ 的分液罐，以尽可能多地脱除酸性气中夹带的液相组分，这样就有效地避免了酸性气带液进炉对生产造成的影响，同时也提高了装置的处理量。

3.2　采用高效脱硫剂，提高 H_2S 浓度

在上游脱硫装置使用高效脱硫剂。由于其选择性较强，可较好地提高酸性气中 H_2S 浓度，降低 CO_2 的含量。

3.3　更换反应炉后废热锅炉

经过核算将反应炉后换热面积较小的废热锅炉更换，消除了此瓶颈。

3.4　解决系统压降问题

由于该装置尾气线较长且拐弯处较多，水平线较长，甚至有的地方下坠，从而形成杂质积集。为此重新铺设了一条只有原尾气线 1/3 长度的新尾气线，并在其低点处增设了一台捕集器，将此问题彻底解决。

3.5　开发应用富氧工艺

由于在反应炉内除 H_2S、O_2 以外其他组分主要为 N_2。它是随反应物之一的 O_2 进入的，其量十分巨大。因为 N_2 在这里是一种惰性气体，不参与反应。因此，减少 N_2 的进入量，就能使更多的反应物 H_2S、O_2 进入。借鉴国外经验，该装置应用了低浓度富氧工艺（O_2 浓度为28%，此项目为总公司技术开发项目）。从而大大地提高了处理量。

3.6　改造成型机

该装置成型机为原 2000t/a 硫黄回收装置的配套设备，原设计每小时产硫黄 0.8t，每天运行 8h。通过增加喷淋，用吹风机加快液硫冷却速度等改造，增加至每小时产硫黄 1.4t，可 24h 连续运行。

4　改造效果

经以上改造该装置于 2002 年 7 月 25 日进行

了标定，其酸性气处理能力平均为 $976Nm^3/h$ [40℃，0.4MPa，H_2S：77.4%（v），CO_2：22.5%(v)，烃：0.1%(v)]，瞬时处理量可达 $1200Nm^3/h$。配风 $1360Nm^3/h$（富氧），日产硫黄 23.4t。

5　遗留问题及分析

1）反应炉热负荷较大，以 $976Nm^3/h$ 的进料量计算，热负荷为 1613.6kW，是设计值 1256kW 的 1.28 倍。但炉膛温度未超过 1388℃ 的设计值，最高为 1 320℃，一般稳定在 1280℃ 左右。由于反应炉热负荷较大，相应造成废热锅炉、一级硫冷凝器换热面积相对偏小，废热锅炉正常生产要求出口温度为 300~350℃，标定值为 370℃。一级硫冷凝器正常生产要求出口温度为 160±5℃，标定值为 190℃。能满足正常生产。

2）由于酸性气在反应炉内停留时间缩短，各捕集器相对偏小，同时废热锅炉、一级硫冷凝器换热面积偏小，二、三两级转化器内催化剂使用周期较长（1999 年 4 月投用）活性较差，且各级转化器空速均较大，而造成转化器内低温催化反应效果较差，最终致使总硫转化率、总硫回收率较低（分别为 93.5% 与 90.4%，设计值分别为 97.1% 与 96.4%）。这其中二、三两级转化器内催化剂使用周期较长活性较差是主要原因。如果将这两级转化器内催化剂更换会取得良好效果。

3）尾气焚烧炉超负荷，设计每小时用燃料气量60kg/h，实际达到82kg/h，炉膛温度可控制在 700~800℃ 的指标范围内。废热锅炉出口温度偏高，正常生产要求出口温度为 300~350℃，标定值为 375℃。能满足正常生产。

4）由于反应炉热负荷较大，相应造成废热锅炉热负荷较大。造成 1.0MPa 蒸汽系统有时憋压，原设计 1.0MPa 蒸汽外送量为 1.8t/h，改造后达到 2.35t/h，瞬时量最高达 3.3t/h，系统管线较细，产量相对较大。

6　结语

该装置经扩能改造后，基本能保证正常生产运行。装置的处量能力比原设计提高了 68%，达到 7500t/a 硫黄。基本满足了分公司生产的需要，消除了酸性气直排火炬的污染，经济效益和环保效益均十分显著。

Claus 硫黄回收系统的烧氨反应

罗 军

（Aecometric Corp，中国上海）

随着综合炼油能力的提高，炼油厂硫黄回收系统面临着越来越多的氨气处理问题。

1 硫黄回收装置氨气的来源

炼油厂硫黄回收装置的氨气主要来源于酸性水气提酸性气，在炼油厂有很多技术可将氨气直接从酸性水中提取出来以降低酸性水中的氨气量，但是目前通常不采用从酸性水中直接提取氨气的工艺，因为那样做不仅设备投资比较大，而且由于氨气的质量问题使得氨气缺乏销路。

炼油厂的酸性水通常经过污水处理塔进行处理，以降低酸性水中的氨气含量，在污水处理塔中氨气被从酸性水中"洗出"并进入由塔顶排出的污水气提酸性气中我们通常称这部分酸性气为含氨酸性气，通常在污水气提的酸性气中含有等量的 H_2S、水、氨气和少量的碳氢化合物，而且这种含氨酸性气的输送温度不能低于85℃以防止氨盐析出而堵塞输送管道。

随着炼油厂酸性气 H_2S 浓度的不断提高，越来越多的用户采用将含氨的酸性气直接送入 Claus 硫黄回收装置反应炉，在得到硫黄的同时将氨气烧掉的方法处理污水气提酸性气中的氨气。这种处理方式的优点是投资少，设备运行费用低而且没有多余的 NO_x 排放，因此既创造了经济效益又降低了环境污染。但是，由于进反应炉的酸性气中混入了高浓度的氨和水，所以在设计处理增加了含氨酸性气的过程气的硫黄回收反应炉时要考虑以下几点：

1) 选择高效率燃烧器，如果将整个硫黄回收装置比喻成为一个人体的话，硫黄回收反应炉烧嘴就相当于人体的心脏。它不但直接影响着下游设备的运行效率，而且70%左右的硫黄都在反应炉中生成。因此选择一台高质量、高效率的反应炉烧嘴，会对硫黄回收工艺起着事半功倍的效果。在具有烧氨特性的反应炉中如果烧嘴混合不均匀、燃烧效率不高会直接影响到反应炉内的烧氨效果。

2) 在原有的酸性气中混入含氨酸性气将影响现有反应炉的操作：含氨酸性气与不含氨酸性气混合时一定要保证在一定的温度以上（85℃），以防止混合气体在管道中结盐。

3) 额外的含氨酸性气的混入会降低进入反应炉的酸性气的浓度。这将影响反应炉内的温度，同时带来的是如何保证反应炉内的温度达到彻底去除酸性气中杂质使之不影响下游催化剂床的使用功能的问题。

4) 混入额外的含氨酸性气会相应地增加助燃风机的负荷。

2 反应炉内烧氨的化学反应

氨在硫黄回收反应炉中是如何被烧掉的呢？这个问题在国际硫黄回收行业中一直颇有争议，有的人认为氨在反应炉中的氧化反应在 H_2S 氧化之前就完成了，有的认为氨的氧化反应滞后于 H_2S 的氧化。近年来随着对反应炉烧氨的重视程度的逐渐提高越来越多的国外科研机构开始仔细研究反应炉的烧氨现象，根据近年的试验室的研究和实际生产的经验，反应炉内烧氨反应过程可归结为 3 种主要反应。

（1）氨氧化反应

试验显示氨与氧气的反应速度低于 H_2S 与氧气的反应速度，所以在缺氧的情况下 H_2S 夺走了反应炉内的绝大部分的氧气。因此氨氧化反应不是反应炉内的主要反应。但是，在氧气充足的情况下，在 1200℃ 时 65% 的氨气被氧化，在 1300℃时氨的氧化率达到 90%。试验表明 NH_3 与 O_2 在大于 1200℃ 的环境下开始发生实质的氧化反应而且反应微弱，相对 H_2S 在 400℃ 时即大量

与 O_2 发生氧化反应，因此在 1200℃ 以下时 H_2S 与氧气的反应速度大于 NH_3 与氧气的反应速度，而在硫黄回收反应炉中的反应是缺氧的环境中发生的，因此在 NH_3 与氧气反应之前，H_2S 就与氧气发生反应而生成 SO_2。图 1 显示的是 H_2S，NH_3 与氧气和 NH_3 分解的反应率与温度的倒数之间的关系，从此图中可以看出反应炉中的反应顺序是，H_2S 最先与氧气发生反应其次是 NH_3 与 SO_2 的反应，然后才是 NH_3 本身的分解反应。

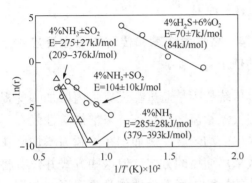

图 1　H_2S 和 NH_3 氧化的 Arrhenius 曲线

（2）氨的热分解反应

氨气的分解反应直接受到反应温度的影响。在没有 H_2S 和水的状态下，在 1100℃ 时 90% 的氨气分解，在 1200℃ 时氨气的分解达到 100%。但是 H_2S 和水的出现会强烈地抑制氨气的热分解反应。从图 2 中可以看出当反应炉内水的含量与氨含量为 1:1 时氨气的热分解率在 1200℃ 时低于 20%。

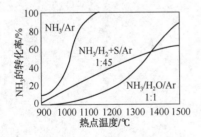

图 2　H_2O 和 H_2S 存在时 NH_3 的分解

（3）与 SO_2 反应

氨气与 SO_2 的反应贯穿在整个烧氨反应过程中。从图 3 可以看出 NH_3 和 SO_2 在 700℃ 时即开始反应相对于 NH_3 与 O_2 在 1200℃ 时才开始微弱氧化反应。这一事实说明 NH_3 在反应炉内的氧化反应其实是 NH_3 与 SO_2 的反应。化学反应方程式如下：

$$2NH_3 + 3/2O_2 \longrightarrow N_2 + 3H_2O \qquad (1)$$

$$2NH_3 \longrightarrow N_2 + 3H_2 \qquad (2)$$

$$2NH_3 + SO_2 \longrightarrow 2H_2O + H_2S + N_2 \qquad (3)$$

$$5H_2S + 2NH_3 + 4O_2 \longrightarrow S_2 + 2H_2S + SO_2 + 6H_2O + N_2 \qquad (4)$$

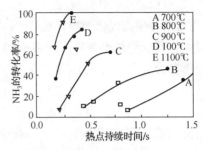

图 3　SO_2 存在下 NH_3 的转化

（原料：4%NH_3，3%SO_2，bal. Ar）

以上试验是由加拿大 ALBERTA SULPHUR RESEARCH LTD 在 1999 年 6 月公布的试验研究报告中的研究结果。此研究报告详细地介绍了硫黄回收反应炉中烧氨的全部过程，报告中还特别强调所有的试验都是在反应物混合非常均匀的条件下得出的结论。这也提醒我们在硫黄回收反应炉的设计和使用过程中反应炉内气氛的均匀性直接影响着反应炉的使用效率。这点可以从以下的副反应中看出。

由于反应炉烧嘴的火焰区域温度很高，因此如果烧嘴内的反应物混合的不均匀，就不能限制 NH_3 与氧气发生部分的氧化反应而生成 NO 而不是 N_2。而 NO 又会进一步氧化成 NO_2 影响到下游设备的使用情况。因为在充满 SO_2 的气氛中 NO_2 与 SO_2 反应生成 SO_3，从而成为 H_2SO_4 的来源。而 H_2SO_4 对于设备具有很强的腐蚀性。

$$NO + 1/2O_2 \longrightarrow NO_2 \qquad (5)$$

$$NO_2 + SO_2 \longrightarrow NO + SO_3 \qquad (6)$$

$$SO_3 + H_2O \longrightarrow H_2SO_4 \qquad (7)$$

反应炉烧氨过程是一个非常复杂的动态过程，但是，它仍然是可以得到有效控制的，根据 AECOMETRIC 公司在国内和国外的烧氨经验，只要采用高效率烧嘴和一些有效的炉子控制工艺，即使过程气中的氨气含量在 30% 左右时，也可在反应炉内全部烧掉，不会影响到下游生产设备的运行效果。而用户只须在烧嘴上增加一些投资，不仅可以提高整个反应炉的生产效率，而且可以有效的降低过程气对下游设备的不良影响，从而提高整个硫黄回收生产线的工作效率。

3　为什么高强力火嘴可以烧氨？

这是由高强力烧嘴的特点所决定的。高强力烧嘴的最大特点就是：

1）火焰短而稳定，燃烧完全。

2）烧嘴具有强力混合和搅拌功能。

这两点是其他传统形烧嘴所不具有的。由于高强力烧嘴混合充分所以燃烧非常完全（燃烧反应基本上是在烧嘴燃烧室内完成）、火焰非常短（相对于传统烧嘴而言），因此大部分氨气和碳氢化合物杂质在燃烧室内即充分混合并被烧掉了，同时由于烧嘴火焰非常短，使得炉膛的高温区更接近烧嘴端，相应地增大了炉膛内火焰后部的空间，使得炉气在炉膛内高温区停留时间加长，从而提高了反应炉的硫黄转换率和去除杂质的能力。此外，高强力烧嘴具有极强的搅拌功能，它可以在燃烧室内产生循环状涡旋流动的流体形式，即有把部分炉气抽回到烧嘴燃烧室内混合燃烧后再排入炉膛内的功能，因此可在炉膛内产生强烈二次混合，增强了炉膛内炉气的混合均匀度，从而提高了反应炉的能力。

硫黄回收专家们通过对各种方式的硫黄回收反应炉的长期研究，证明了影响反应炉效率和烧氨效果的因素有三个，即我们常讲的3T：停留时间、温度和混合程度。在这3个因素中温度是前提，如果温度达不到，烧氨温度再长的停留时间和再强的混合也达不到理想的烧氨效果，在温度满足烧氨要求的前提下（1250℃以上），增加另两个因素的任何一个都有助于提高反应炉的烧氨效率。但是在满足温度的前提下如果反应炉内的过程气混合不均匀或停留时间不够也都会直接影响到反应炉的硫黄转换率和去除杂质（去除氨气、碳氢化合物）的效果。

在硫黄回收率普遍都达到99%以上的今天，硫黄回收反应炉烧嘴的运行效果会直接影响到整个硫黄回收生产线的硫黄回收效率。这也是为什么高强力烧嘴越来越受到硫黄回收工艺设计人员的重视的原因。

4　高强力烧嘴和传统烧嘴在反应炉上不同的使用

传统烧嘴是通过在反应炉内增加一些提高炉内气流紊流度的措施，来增加酸性气在反应炉膛内的均匀度。例如：在炉膛内增加麻花砖墙或采用缩径的方式。但这些方式并没有将反应炉的炉膛体积有效地作为高温区来利用。主要原因是传统烧嘴的混合不强烈、燃烧不完全，所以火焰比较长。而高强力火嘴的混合和反应都在烧嘴内的燃烧室内完成了，因此，整个反应炉的炉膛都可作为高温区来有效利用，同时由于烧嘴所具有的特殊流体形式也使得炉膛内气体的湍流度增加，从而促使炉内气体产生强烈的2次混合。所以高强力烧嘴可适合各种形式和几何形状的硫黄回收反应炉。

100kt/a 硫黄回收装置操作中的主要问题及对策

王吉云

（大连西太平洋石油化工有限公司）

摘　要　本文介绍了大连西太平洋石化公司 100kt/a 硫黄回收装置 6 年多来的运行状况，概述了操作负荷变化对装置的影响，考察了 Claus 催化剂寿命和活性衰减情况，结合操作数据分析了影响该催化剂使用寿命的主要因素，最后总结了操作中遇到的主要问题及对策。

关键词　硫黄回收　操作负荷　Claus 催化剂　乳化硫

1　装置概况

大连西太平洋石化公司 100kt/a 硫黄回收装置是目前国内单套生产能力最大的一套。主体部分由法国煤气工程公司设计，尾气处理工艺采用法国 IFP 的 Clauspol 技术，配套的富胺液集中再生装置由国内设计。硫黄回收装置主要有 Claus 单元、Clauspol 单元和焚烧单元。装置设计的总硫收率为 99.5%。1996 年 10 月部分单元开工，1997 年 9 月装置全部开工，至今已运行 6 年以上。期间操作负荷平均为 50%，共生产成品硫黄 300kt 左右。

2　操作负荷变化情况

与开工初期相比，上游装置的原油加工量和原油中的硫含量都发生了较大的变化。原油加工量由最初的 3Mt/a 增加到 7Mt/a 左右，原油品种也由原来的低硫油变成现在的大部分中东进口的高硫原油。随着原油加工量和原油中的硫含量增加，装置的操作负荷也经历了一个较大的变化过程（如图 1 所示）。

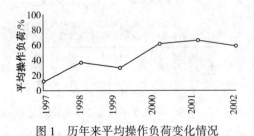

图 1　历年来平均操作负荷变化情况

2.1　操作负荷对 Claus 单元的影响

考虑到单套装置生产操作的灵活性，设计时将操作弹性确定为 15%~105%，以适应原油加工量和原油中硫含量大幅度变化的需要。装置运行几年来，操作负荷基本维持在 30%~70% 之间（如图 1 所示），有时也可达到 10%~105%。对于采用中温外掺合工艺的 Claus 单元，当操作负荷低于 30% 时，过程气大部分都将以掺合气的形式不经过冷凝而直接进入第一反应器，这一方面造成平衡转化率下降，另一方面会有大量的气态硫冷凝在催化剂表面导致其部分中毒失活。另外，此时由于操作负荷较低，系统难以达到热量和温度平衡，在管线的低点易发生气态硫冷凝现象，甚至有可能堵塞相关设备及管线。当操作负荷高于 30% 时，掺合气的量明显下降，系统也逐渐达到了热平衡，各项工艺参数趋于平稳。负荷越高，工艺指标越接近于设计值，操作也越易于控制。

2.2　操作负荷对 Clauspol 单元的影响

相对于 Claus 单元而言，操作负荷的变化对 Clauspol 单元的影响要小的多。总的说来，操作负荷增加有利于该单元的稳定运行，反之亦然。这是因为当操作负荷较低时，尾气进入反应塔与塔顶喷淋下来的溶剂和催化热逆向接触时很难达到均匀的传质传热效果，并可能形成短路，这样便会降低转化率，增加催化剂单耗。综合几年来的操作经验，若操作负荷长时间在 30% 以下时，催化剂的加入量要比计算值多 30% 左右，总硫收率最高也仅能达到 99%。当操作负荷超过 30% 时，传质传热效果明显好转，形成短路的可能性大大降低，总硫收率和物料消耗也逐渐接近于设计值。

2.3 操作负荷对富胺液集中再生装置的影响

由于富液再生装置是双塔并联运行，外加有内部循环管线，所以操作弹性相对而言要宽一些，最低操作负荷为20%，最高可达到120%。

3 Claus 单元催化剂活性和使用寿命考察

Claus 单元共装有4种催化剂，其中第一反应器装有 S-201 和 S-501，第二反应器装有 S-701 和 AM。前三种催化剂由美国铝业化学品公司生产。S-201 具有较高的 Claus 反应活性，而 S-501 对有机硫有较强的水解活性；S-701 则是一种钛基催化剂，对有机硫水解率可达到97%以上，另外这种催化剂还具有很强的抗硫酸盐化能力。AM 催化剂是由法国罗纳普朗克公司生产的，它是一种保护催化剂，其主要作用是消除过程气中的漏氧，以防止过量的氧存在而对 Clauspol 单元所产生的不良影响。

自1997年9月装置全面开工以来，上述4种催化剂已运行了近6年半时间，期间分别经历了1998年3月、1999年9月、2001年3月和2002年9月的4次开停工考验，使其活性和强度都受到了一定程度的影响（如表1所示）。

另外自1997年装置全面开工以来，由于上游装置生产不正常，多次出现酸气带油带烃现象，对催化剂活性和使用寿命都有不同程度的影响。图2和图3分别是操作负荷在50%和70%条件下反应器床层温升曲线。

表1 装置开停工期间两反应器经历的异常情况及对催化剂性能的影响（反应器中热电偶最高温度指示值为400℃）。

表1 装置开停工期间两反应器异常情况及对催化剂性能的影响

时间	异常情况	原因分析	采取的措施	对催化剂的危害
1998.3.21—3.23	停工期间吹硫一反出口温度超过400℃约2小时二反出口温度也达到320℃	床层残硫未吹净，增加风量时导致其着火	降风后恢复正常	破坏催化剂活性中心导致催化剂失活和强度下降
1998.3.27	打开反应器人孔时二反床层下部温度由60℃升至380℃长达10小时	床层有残硫，遇氧后自燃	用氮气吹扫降温后正常	同上
1999.12.5	开工初期一反无温升二反温升却比正常高出15℃左右	开工初期操作负荷低需配烧瓦斯造成一反床层结硫或结碳	将一反入口温度提高约20℃经20小时后恢复正常	催化剂活性中心被积硫和积碳堵塞导致其中毒失活
2001.3.17	停工吹硫期间二反床层多次出现着火温度很快超过400℃	床层积碳未吹净提高氧含量时残硫着火	降低氧含量后床层温度慢慢恢复正常	破坏催化剂活性中心并使其强度下降
2002.9.13	停工吹硫期间二反床温度多次发生超400℃现象	床层积碳未吹净提高氧含量时残硫着火	降低氧含量后床层温度慢慢恢复正常	破坏催化剂活性中心并使其强度下降

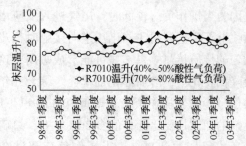

图2 第一反应器历年来在不同负荷下的床层温升曲线

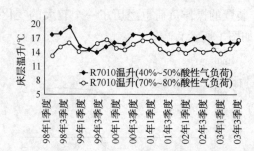

图3 第二反应器历年来在不同负荷下的床层温升曲线

从图2、图3中可以看出，两反应器温升自首次开工以来变化不大。一反在50%操作负荷下，温升基本保持在75℃左右；在70%的负荷下则保持在85℃左右。二反在50%和70%的负荷下温升基本保持在13℃和16℃左右。说明尽管催化剂已使用了6年多时间，但反应活性并没有太大的下降。这与很长时间以来，装置的H_2S/SO_2比例分析仪运行状况良好不无关系。但最近一段时间以来，两反应器的压降有所上升，其后的硫封过滤器也经常被一些黑色粉状物质堵塞。分析原因可能是由于随着催化剂使用时间的增加，催化剂强度有所下降，部分催化剂产生粉化所致。为此，2002年9月停工检修时，委托四川泸州天然气研究院对其强度等指标进行了测试．结果如表2所示。

表2 4种催化剂强度测试结果

催化剂名称	强度（N）	新催化剂强度（N）	强度下降/%	磨耗
AM	67.9	140	51.5	3.70
S-201	117.4	159	26.2	0.78
S-501	61.2	91	32.8	0.89
S-701	49.0	136	74	5.98

从表2可以看出，4种催化剂强度都有不同程度的下降，但两反应器的情况却相差较大。一反中的两种催化剂S-201和S-501强度下降大约在30%左右，而二反中的两种催化剂AM和S-701强度下降都超过了50%，最高达到74%。根据操作纪录，在过去的几个生产周期的停工吹硫操作中，二反床层多次出现超温着火现象，并超过热偶测温上限（400℃）。这从一个侧面说明，床层超温着火是造成催化剂强度下降的一个主要原因。另外，AM和S-701的磨耗也明显增加，其中S-701的磨耗高达5.98%。磨耗大将导致催化剂易产生粉化，使床层压降增加，严重时会堵塞反应器。

综上所述，尽管从两反应器催化剂床层温升判断，Claus单元4种催化剂仍具有较高的活性（有文献记载类似催化剂工业寿命已超过10年以上，仍有较好的转化效果），但由于催化剂强度下降太多，粉化严重，故很难适应下一周期（再运行3年），因此，公司决定在2004年停工检修时将催化剂全部更换。

4 操作中遇到的主要问题及对策

综合几年来的操作情况，遇到的主要问题有：胺液发泡、酸气带油带烃、Clauspol单元产生的乳化硫、电器故障和控制系统连锁过多经常误动作导致装置停车。

4.1 胺液发泡

胺液发泡的直接结果一是严重影响装置的脱硫效果，致使产品中的H_2S含量超标，并最终导致处理量大幅度下降甚至停工；二是造成大量脱硫溶剂跑损。如2001年12月装置由于胺液系统出现发泡，直接影响重油加氢装置的循环氢脱硫塔操作长达50多天。由于发泡，致使脱硫效果严重下降，循环氢中的H_2S含量有正常的$10\mu g/g$上升至超过$5000\mu g/g$，最高达$35000\mu g/g$，最后不得不将其放火炬烧掉。与此同时，由于严重发泡，导致大量胺液跑损，据初步统计，本次发泡共损失了大约200t胺液。

造成胺液发泡的原因是多方面的，其中主要有以下几种因素：

1）胺液中存在大量的分散细微固体悬浮物，如各种腐蚀产物和机械杂质；

2）胺液中带油或溶解了烃类；

3）胺液中降解物增多。

由于全厂的富胺液在硫黄回收装置集中再生，几套加氢装置时常要根据市场要求不得不进行频繁开、停工切换操作，稍有不慎就可能将各类杂质和烃油类物质带到系统中而导致胺液发泡。如2001年12月份所发生的胺液严重发泡现象就是因为馏分油加氢脱硫装置在重新开工时将大量的催化剂粉末带至胺液系统所致。

为彻底解决胺液发泡问题，我们采取了以下措施并收到了很好的效果。

1）定期化验胺液中的机械杂志含量，控制其小于0.1%。若发现超过0.1%，则对贫胺过滤器中的活性炭进行再生或更换。

2）增加贫胺过滤器出入口的机械过滤滤袋目数，进一步降低系统中的机械杂质。

3）将两贫胺罐串联使用并适当提高罐中的物料液位，以增加胺液的停留时间，尽可能降低带入系统中的杂质含量。

4）每次开停工期间都要对贫胺罐进行清理，以清除罐底的机械杂质。

4.2 酸气带油带烃

酸气带油带烃是国内外硫黄回收装置存在的

一大技术难题，多年来一直困扰着装置的安全生产。其后果：一是造成反应炉超温，烧坏内部衬里，致使装置连锁停车；二是使得反应器中的催化剂积碳而导致催化剂失活，并有可能产生黑硫黄；三是当含烃酸气来不及在反应炉完全燃烧而带入焚烧炉后和烟囱时便出现二次燃烧并伴有闪爆产生。开工几年来，我装置多次出现因酸气带油带烃而引起的烟囱下部和出口处着火，致使烟囱内筒变形而下沉，导致烟道气在排入大气前直接与温度较低的烟囱外筒接触，从而形成了严重的 SO_2 露点腐蚀，最终使烟囱顶部 2~4m 环状处被腐蚀穿透而不得不在 2002 年 9 月检修时进行更换处理。

另外，酸气带油带烃也是诱发胺液发泡的因素之一。

造成酸气带油带烃的主要原因是上游装置出现操作异常所致。另外，富胺液闪蒸罐压力太高也是一个重要因素。针对以上情况，我们采取的措施有：一是做好上游装置的平稳操作，增设富液罐撇油设施；二是将富液闪蒸罐压力由 1.0MPa 降至 0.7MPa，并控制装置的富液集合管压力不得超过 0.3MPa。

由于闪蒸压力降低，其闪蒸效果非常明显。闪蒸气体调节阀开度由过去的不足 50% 增加到 100%（有时需打开副线阀）。从 2001 年 5 月份整改后，基本上杜绝了酸气带油带烃现象，消除了危及安全生产的重大隐患。

4.3　Clauspol 单元乳化硫问题

4.3.1　乳化硫的形成

Clauspol 单元是 1997 年 10 月底正式投入运行的。在 1998 年 2 月之前，各项工艺参数基本上被控制在正常范围内，反应中生成的液硫由于与循环溶剂之间存在有较大的密度差而很快分离沉降到反应塔底部，并最后流入液硫池。但从 1998 年 3 月份开始，由于此时 H_2S/SO_2 在线比例分析仪出现故障，使得 Clauspol 单元不能精确配风。特别是经常出现配风过大，造成进入反应塔尾气中的 SO_2 过量，最后导致循环溶剂中的酸度大大超过正常范围。这一方面增加了系统内副反应的发生，另一方面还会破坏循环溶剂中的催化剂络合物，最终会使生成的液硫颜色变差并出现液硫沉降困难。这是形成乳化硫的最根本原因。所谓乳化硫是指反应中生成的液硫靠密度差已经不能与循环溶剂有效地分离而两者互相包容乳化在一起所形成的物质。另外，在配制催化剂和补加溶剂时，不当的操作会使空气中的氧进入到系统中，造成部分溶剂产生降解，这也是乳化硫产生的一个原因。

4.3.2　乳化硫的危害

乳化硫形成后，由于反应过程中生成的液硫不能与循环溶剂有效地分开，溶剂中的硫含量会慢慢增加。运行一段时间后，硫含量由正常的 10% 以下升高至 40% 以上（最高达到 60% 左右），循环溶剂的密度也随之由 1.2~1.4g/mL 左右。这些高密度的溶剂在循环过程中，一是经常造成溶剂泵超负荷导致损坏；二是由于密度高黏度大，流通不畅，时常出现反应塔床层堵塞和压差增大现象。严重时会使溶剂泵出现低流量连锁停泵而致使塔液位突然升高，并导致溶剂直接倒回并充满过程气管线，最后流入液硫池和焚烧炉内，其结果将出现 Claus 单元憋压和焚烧炉超温甚至造成烟囱着火；三是由于乳化硫的酸度较高，所以其具有较强的腐蚀性。随着操作周期的延长，对整个系统的危害越来越大。如两台溶剂泵壳由于腐蚀产生了大小不均的麻点而不得不全部更换，循环溶剂线上的流量调节阀因被腐蚀成锯齿状而失效，溶剂管线也有原来的 10mm 厚腐蚀减薄为 2mm 左右，反应塔外壁和内件腐蚀也非常严重；四是由于与液硫分离不好造成大量溶剂浪费，同时对环境又形成了新的污染；五是由于乳化硫的原因使得 Clauspol 工艺始终不能正常运行，而导致尾气不得不经常从反应塔中切除。综合这几年来的情况，尾气被切除的时间要比引入的时间长的多，以致于在大多数时间里，烟道气中的 SO_2 浓度大大超过了国家标准，严重污染了周围环境。

4.3.3　乳化硫的治理

乳化硫的存在给员工的正常操作带来了很大的困难，同时也严重地危及到了装置的安全生产。为彻底解决这一棘手问题，我们利用 2002 年 9 月停工检修的机会，将反应塔内大约 850m³ 的矩鞍瓷环全部扒出进行彻底清洗以除掉其表面的乳化硫附着物，并对整个系统反复洗涤以尽可能除去设备和管线表面存在的乳化硫。同时根据专利商的意见，操作时尽可能避免采用向系统注水取热降温的方式。用除氧水代替自来水配置催化剂，以减少带入系统中的氧含量。通过对前几周期操作数据的整理可以看出，H_2S/SO_2 在线比例分析仪有一段时间不能正常运行是导致开始产生乳化硫的最主要原因。因此实现该分析仪稳定的自动控制是非常关键的一个环节。在公司质量部在线仪表处的配合下，经过反复调试，终于在 2003 年 3 月份使该分析仪投入了自动控制，为 Clauspol 单元平稳运行和彻底消除乳化硫打下了坚实的基础。下一步，我们打算在 Claus 反应炉入口处增设原料分析仪联合参与控制，以弥补 H_2S/SO_2 在线比例分析仪因流程长，有时出现控制滞后的缺点。与此同时，对溶剂中的催化剂含量变化趋势进行跟踪，并有效控制其加入量。对产出的液硫颜色、溶剂密度、硫含量及溶剂泵的电流、出口压力等指标进行跟踪检查。定期将一定量的硫黄加入到循环溶剂中进行沉降分离试验，并将其结果与新鲜溶剂比较，以监控系统中循环溶剂的有效性。每周将塔内溶剂和液硫界面存在的盐类（主要为 Na_2SO_4）进行一次抽出操作，再经溶剂循环线打回塔内，以避免其在塔内不断积累，妨碍正常生成的液硫有效沉降。

由于采取了以上措施，效果非常明显。装置自 2002 年年底开工以来运行状况良好，酸度和溶剂中的硫含量等主要指标都严格控制在正常范围内，硫在循环溶剂中的沉降速度与新鲜溶剂相差无几，乳化硫的问题已从根本上得到了解决。

4.4 电气和控制系统问题

4.4.1 供电系统问题

开工初期发现仪表盘带静电严重，PLC 经常死机，调节器、指示仪时常烧毁，多次造成装置联锁停工。经检查发现是由于仪表接地与电气接地公用同一根地线所致，彼此分开后，仪表工作正常。仪表用 24VDC 供电不稳定也多次造成 PLC 死机或联锁动作而停工，更换 24VDC 电池并将其联锁摘除后，最后使问题得以解决。

4.4.2 控制系统联锁过多

由于是国外设计，其设计思想是机、电、仪一体化，联锁繁多，有些地方根本不适合中国国情。原机泵的控制方案为仪、电双重保护，由于电器联锁保护信号为强电信号，而 PLC 接受的为弱电开关信号。随着装置的运行，触点将逐渐产生一定的腐蚀，导致阻值增加，从而有时出现 PLC 误动作，造成机泵停运。其次是此控制方案抗干扰能力差，有时供电电网出现波动联锁即可动作。最后在 PLC 程序中摘除这些电器联锁并对触电做了防腐处理后，使问题得到解决。对于原设计中的所有联锁，根据这几年来的运行经验进行了重新审核，摘除了一些作用不大的联锁。最后将联锁数量由 121 个减为 59 个，其中工艺联锁仅保留 15 个，其余联锁主要为成型包装系统设置。2001 年 3 月份，利用停工机会对反应炉增加了热启动程序。一旦出现装置停工，只要反应炉温度高于 1000℃，即可直接引酸气或瓦斯进炉开工，这大大地缩短了事故状态下的再开工恢复时间。

4.4.3 仪表品种繁多，维护困难

目前装置使用的仪表共有 30 多个生产厂家，其中大多数为欧洲产品，并且有些产品已不再生产。尤其是控制室内的二次表，相对故障率较高，经常出现因备件无处采购而影响装置正常操作的情况。若更换新型号，就可能影响整个控制系统的稳定运行。因此，公司已决定在今年停工检修时，将其全部更换为 DCS，以彻底解决装置控制系统存在的问题。

5 结语

1）大连西太平洋石化公司 100kt/a 硫黄回收装置已经平稳运行 6 年半了，共生产硫黄 30 多万吨，总硫收率达到了设计的 99.5%。

2）操作负荷的变化对 Claus 单元影响比较大。当负荷低于 30% 时，装置由于难以维持系统的温度和热量平衡，不能达到一种稳定的运行状态。当操作负荷超过 30% 时，各项工艺参数趋于平稳。负荷越高，工艺指标越接近于设计值，操作也越易于控制。

与 Claus 单元相比，操作负荷的变化对其他单元和配套装置的影响要小得多。总的说来，负荷高有利于各单元的平稳运行。

3）Claus 单元催化剂已使用 6 年多了，仍具有较高的活性，但强度有较大的下降，粉化现象比较严重，磨耗也较高，而造成催化剂强度下降的主要原因是由于床层超温着火所致。

4）综合装置 6 年来的运行情况，操作中遇到的主要问题有：胺液发泡、酸气带油带烃、乳化硫和控制系统联锁过多等。前几项问题都已基本得到解决，第四项问题也将在 2004 年 3 月份的停工检修中进行处理。这些问题的解决，消除了安全生产中存在的重大隐患，为装置的平稳运行打下了良好的基础。

参 考 文 献

[1] 王吉云．硫回收装置在不同负荷下的运行状况和最低负荷的确定[J]．石油炼制与化工 2002，33，（9）：60-62.

[2] 董克林，李军．进口硫黄回收 Claus 催化剂使用总结[J]．石油与天然气化工，2003，32(4)：226-229.

[3] 朱利凯．天然气处理与加工[M]．北京：石油工业出版社，1997，159-170.

[4] 戴学海．胺液的发泡原因及处理措施[J]．石油与天然气化工 2002，31(6)：304-309.

[5] 钟文坤，王吉云．10 万 t/a 硫黄回收装置自控系统运行情况[J]．气体脱硫与硫黄回收 2002，38（2）：36-40.

不溶性硫黄的工业生产

赵水斌

（洛阳富华化工厂）

摘 要 介绍了洛阳富华化工厂低温液相法生产不溶性硫黄专利技术的工业应用情况。2001年以来，先后建成了两套加工能力分别为1500t/a和3000t/a的工业化装置。产品质量优良，销路良好。若新建一套千吨级的生产装置，投资仅需约500万元，一年即可回收全部投资，且不污染环境。不溶性硫黄作为汽车用子午线橡胶轮胎的首选硫化剂，市场需求量大。由于不溶性硫黄的价格是普通硫黄的10~20倍，因此生产不溶性硫黄不失为炼油厂和天然气加工厂提高其副产硫黄附加价值的一种有效手段。

关键词 不溶性硫黄 生产工艺 环境保护

1 概述

查尔斯·固特异（Charlas Goodyear）于1838年发现了硫黄对橡胶有交联作用，能使橡胶由线型结构变为三维网状结构，从而极大地提高了橡胶的性能。之后，硫黄作为硫化剂的主要品种在橡胶工业中使用了150多年。特别是20世纪70年代以来，炼油和天然气加工副产的硫黄，质优价廉，为橡胶工业的发展做出了很大贡献。但随着汽车工业的发展，性能更好的子午线轮胎用量急剧增加，人们发现普通硫黄在胶料中易喷霜，使胶片自黏性变差，导致成型加工困难。采用不溶性硫黄（Insoluble Sulfur，缩写IS）则解决了上述问题。

多年来，生产不溶性硫黄主要采用高温气相法。该生产工艺存在易燃、易爆和易腐蚀等缺点，还会产生三废，污染环境。20世纪90年代中期洛阳富华化工厂开发的低温液相法生产不溶性硫黄新工艺，则克服了上述缺点。目前，已有两套千吨级的工业装置在正常运转。其产品质量高，稳定性好，达到或接近了世界同类产品水平，相继出口到德国和日本等国家。不溶性硫黄的市场需求前景看好。据统计，2001年我国生产了7921万（标准）条轮胎，约需不溶性硫黄13.3kt，一半以上靠进口，预计2005年生产9000万条轮胎，不溶性硫黄的需求量约15kt。而目前国内不溶性硫黄的产量只有6kt左右，缺口较大。因此，急需加快不溶性硫黄的生产。对于炼油厂和天然气加工厂而言，投产一套千吨级的不溶性硫黄生产装置，不但可以缓解普通硫黄市场滞销问题，高附加价值的不溶性硫黄产品还可为企业带来可观的经济效益，还解决了污染问题，因而受到了人们的青睐。

2 低温液相法生产不溶性硫黄

生产不溶性硫黄的传统工艺是高温气相法。虽然产品质量尚可，但存在易燃易爆，能耗大和污染环境的弊病。低温液相法则克服了上述缺点，把不溶性硫黄的生产推向了一个新水平。两种工艺技术的比较如表1所示。

表1 两种生产IS工艺技术的比较

项 目	高温气相法	低温液相法
反应温度/℃	446~700	120~300
相反应	气相	液相
能耗	较高	较低
生产成本/（元/t）	6000~9000	4000~6500
产品质量	较好	好
污染情况	有污染	基本无污染
危险程度	危险	基本无危险
工业化情况	有多套	国内有两套
知识产权		自主知识产权

洛阳富华化工厂曾于1994年投产了一套不溶性硫黄生产能力为600t/a的半工业化生产装置,详细工艺流程见参考文献。之后又进行了多次改进,年产量达到1500t,形成了从工艺到整套设备的专利技术,并且实现了设备的国产化。对原料无特殊要求,炼油厂或天然气加工厂副产的普通硫黄即可作为直接进料。若建在硫黄回收装置旁边,还可进行热进料,省却了原料的加热设备。2001年以来,有两套千吨级的不溶性硫黄生产装置先后建成投产。其主要设备流程如图1所示。

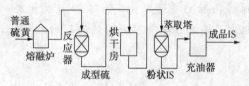

图1　不溶性硫黄生产装置主要设备流程

低温液相法除保持原有的稳定液作为催化剂,使之所生产的不溶性硫黄具有良好的稳定性外,与先前的技术相比,还具有以下特点:

1)装置首次采用了液压管式闭路循环回收CS₂的新流程,并循环使用廉价无污染的回收介质来分离不溶性硫黄,减少了环境污染,改善了操作条件。

2)使用新型三回流液压器,基本上解决了生产过程中易燃易爆的难题。

3)使用FHQJ型专用萃取设备,一次萃取便可使不溶性硫黄纯度达到95%~97%,提高了生产效率。

4)使周FHQR型专用环保设备,既回收了不溶性硫黄,降低了生产成本;又使生产中的尾气达到了排放标准,既获得了经济效益,又获得了环保效益。

3 液相法生产不溶性硫黄技术的工业化

2001年11月,四川省江油聚优化工有限公司采用洛阳富华化工厂的液相法生产不溶性硫黄的技术(包括工艺技术和整套设备),投产了一套1500t/a生产装置,并生产出合格产品。主要供应重庆川橡化工厂、新疆橡胶轮胎厂和银川中策橡胶有限公司,做生产子午线轮胎的硫化剂使用。产品质量符合HG/T 2525—1993标准。

2003年4月,完全采用洛阳富华化工厂生产

技术的辽宁省营口亚田化工有限公司又投产了一套加工能力为3kt/a的生产装置,产品质量优于HG/T 2525—1993标准,基本上达到了国外同类产品的质量标准。

4 工业化产品质量

洛阳富华化工厂生产的不溶性硫黄应用于上海轮胎橡胶集团公司,华南橡胶轮胎有限公司和山东轮胎厂等各大中型企业,均获得好评;还出口德国、日本和加拿大等国家。由于洛阳富华化工厂生产的不溶性硫黄IS-7020具有下列特点,因而受到用户好评。

1)抗热稳定性好。

2)分散性好,达到国际先进水平,产品不飞扬,不黏连,粒子大小均匀,储存不渗油。

3)混炼车间环境污染程度降低,因本产品中加入稳定剂有消除亚硝胺的作用,它能使橡胶混炼过程中产生的96%的亚硝胺被中和而消失,从而达到净化工作环境,保护操作人员健康之目的。

4)硫化铁含量低,可以从碳黑混合物中还原出更多的铁离子,从而达到与碳黑更有利的结合。

洛阳富华化工厂生产的不溶性硫黄(FHIS)与国外同类产品的性能比较见表2。

由表2数据可看出,FHIS基本上达到了国外同类产品的质量水平。

四川省江油聚优化工有限公司和辽宁省营口亚田化工有限公司,采用洛阳富华化工厂低温液相法专利技术的两套工业化装置生产IS的性质见表3。

表2　国内外IS同类产品的性能比较

项目	规格 (HG/T 2525—1993标准)	国外样品	FHIS
含量/%	≥70	75.6	75.6
灰分/%	≤0.3	0.06	0.06
稳定性/%			
105℃	无	97.0	96.0
115℃	无	91.8	89.0

由表3数据可看出,两套工业化装置生产的不溶性硫黄均达到了设计所规定的质量标准。接

近了国外同类产品的质量水平。

表3 工业化装置生产 IS 性质

项目	规格	四川省江油泵优化工有限公司	辽宁省营口亚田化工有限公司
含量/%	≥70	73.6	75.5
灰分/%	≤0.3	0.07	0.04
稳定性/% 105℃		86	90

5 效益分析

5.1 经济效益

目前，国内市场普通硫黄呈过饱和状态，每吨价格仅 1000 元左右；而含量不同的不溶性硫黄每吨价格为 6000～15000 元，高含量不溶性硫黄为 17800～25000 元。但产量尚不能满足需求量的一半。进口不溶性硫黄的价格则更高。因此，可以说国内不溶性硫黄不仅需求量大，而且生产利润相当可观。

若采用洛阳富华化工厂生产不溶性硫黄的专利技术，半年即可建成一个千吨级的不溶性硫黄加工厂，设备全部国产化，投资只需数百万元。

在产品质量水平相当的情况下，按低于进口产品价格投放市场，其利润仍超过 30%。投资回收期约 1 年。

5.2 社会效益

1）建一个千吨级的不溶性硫黄加工厂，可解决近百人的就业问题。

2）由于采取了水洗塔及陶瓷过滤板除尘，CS_2 溶剂全部密封操作和储运，使工厂基本无污染。达到环保排放标准。

6 结语

洛阳富华化工厂开发的生产不溶性硫黄（FHIS）专利技术，经过不断完善，已有两套千吨级的工业化生产装置投入生产，技术可靠，产品质量达到国外同类产品的水平。目前，产品十分畅销，且有部分出口。预计建一个年产千吨级的不溶性硫黄加工厂一年即可回收全部投资。随着我国汽车工业的发展，子午线轮胎的需求量将会不断扩大，而作为子午线轮胎的首选硫化剂，需求量也会随之稳步增长。炼油厂和天然气加工厂采用 FHIS 的专利技术，将会提高副产硫黄的附加价值，产生良好的经济效益和社会效益。

炼油厂硫黄回收装置过程气全分析

张彩霞　李恒树

（中国石油化工股份有限公司沧州分公司）

摘　要　随着沧州炼油厂加工高含硫原油的增加以及对环境保护的日益重视．硫黄回收装置变得越来越重要，对分析的要求也越来越高，本文介绍了一种全面准确而又经济的硫黄过程气和尾气全分析的方法。

关键词　硫黄回收　过程气　色谱　全分析　经济

硫黄回收工艺是将炼油厂生产中的副产物酸性气经过高温氧化和在催化剂的作用下转化为单质硫黄的克劳斯工艺，酸性气氧化是在高温（1250℃左右）与酸性气和空气的流量在一定的比值条件下进行，沧州炼油厂一直采用人工调节酸性气和空气的流量比值。根据硫黄回收装置尾气的化验分析结果，由 H_2S 和 SO_2 比值对风量的配比进行调节，化验分析的结果直接影响硫黄回收装置的操作和酸性气的转化率，因此，硫黄回收过程气全分析对硫黄回收装置的操作至关重要。对过程气的化验分析，主要是针对 H_2S、SO_2 及 COS 进行的分析，随着对硫黄回收装置综合能力要求的提高，特别是对回收率、转化率、有机硫分解率要求的提高，要求对过程气的其他组分（如：CO_2、CS_2、H_2、CO、O_2、N_2）也要进行分析；按常规的方法，对过程气中各种组分进行分析要配备3台色谱仪，本文介绍的是一种仅需一台整机气路流程色谱仪就可以完成各组分的分析工作，而且分析结果准确、经济，分析速度又快，且能满足生产工艺的需要。

1　工作原理

本方法所用仪器为 TSY-1 型色谱仪，是一种重要的仪器，具有两个热导体检测仪，选用高灵敏度四臂铼钨丝作热导池敏感元件，分别采用氢气、氮气作载气，形成双气路系统，同时又有机地结合在一起。仪器有5个进样口，5根色谱分离柱，五次进样后可灵敏准确地完成硫黄回收过程气中的 H_2S、COS、SO_2、CS_2、CO、CO_2、O_2+

Ar、H_2、N_2、CH_2、C_2H_4、NH_3 等组分的全分析。分析结果准确可靠。

整机气路流程如图1所示。

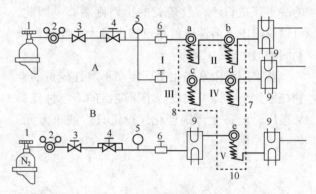

图1　整机气路流程示意

1—载气钢瓶；2—氧气减压阀；3—开关阀；4—稳压阀；
5—压力表；6—稳流阀；7—(a、b、c、d、e)进样器；
8—I、II、III、IV、V—色谱柱；
9—热导池；10—恒温箱

仪器的两个检测器分别具有独立的气路系统。分析氢气时，选用氮气作载气，此回路为单气路，即流程图中的 B 部分，载气经稳压、稳流后首先经过检测器内串的参比室，然后经进样器、色谱柱 V，进检测器内串的测量室，最后放空，在此气路中只有一个进样器，可随时进样分析。分析硫化物、氧、氮、氨、碳化物、烃类时，选用氢气作载气，即流程图中的 A 部分，载气经稳压形成并联的双气路，一路经稳流后通过进样器 a、色谱柱 I、进样器 b 和色谱柱 II、再进入热导池内串的两臂，最后放空；另一路经稳流后通过进样器 c、色谱柱 III、进样器 d 和色谱柱 IV、再进入另外内串的两臂，最后放空。当在进样器 a 或 b 进样时，此气路通过的热导池内串的两臂为测量室；相反，当在进样器 c 或 d 进样时，此气路通过的热导池内串的两臂为测量室，另一气路通过的热导池内串的两臂为参比室，即两气路通过的热导池互为参比室，其优点是节省了一个热导池，只是两气路不能同时进样。

当没有进样分析时，载气对热导池的参比室和测量室的影响相同，钨丝的电阻变化相同，使桥路处于平衡状态，反映到记录器上就是一条直线，称为基线；当取样分析时，载气把被测组分带入色谱柱，由于样品中的各组分对色谱柱中的固定相的分配系数或吸附性不同而被分离，由于各组分的热导系数不同，使热导池两室中的钨丝阻值发生变化，则桥路失去平衡产生信号，在记录器上出现色谱峰，被记录下来，根据记录的各组分的保留时间进行对照定性，根据各组分的峰高或峰面积，与相应的标物浓度比较进行定量。色谱柱恒温箱中安装的色谱柱规格和每根色谱柱分离的组分见表1。

表1 色谱柱的规格及分离的组分

色谱柱编号	规格 $\phi 3 \times 0.5 \mathrm{m}$ 不锈钢柱	分离组分	载气	进样口
I	2000	CH_4、C_2H_6、C_2H_4、CO_2、COS、SO_2、H_2S	H_2	a
II	200	CS_2	H_2	b
III	1000	O_2+Ar、N_2、CO	H_2	c
IV	2000	NH_3	H_2	d
V	1500	H_2	N_2	e

在色谱柱恒温箱的上方设置有五个进样口 a、b、c、d、e，各对应五根色谱柱 I、II、III、IV、V。进样器的结构见图2。

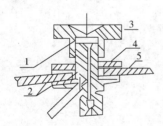

图2 进样器的结构图

1—针刺橡胶垫；2—垫圈；3—螺帽；4—压帽；5—仪器面板

2 主要技术参数

1）环境条件：环境温度 5~40℃；环境相对湿度 ≤85%；

2）电源：220V±10%，50Hz，1.5kW；

3）灵敏度：以氢气为载体，流量为 40mL/min，以 H_2 为样品测的灵敏度 s 为 2500mV·mL/mL；以氮气为载体，流量为 40mL/min，以 H_2 为样品测的灵敏度 s 为 5000mV·mL/mL；

4）稳定性：基线漂移 ≤60μV/h，噪声 ≤10μV；

5）控温精度：柱箱：350℃±0.1℃；检测室：350℃±0.1℃。

3 实验部分

3.1 仪器操作条件

温度：柱箱温度 60℃，检测器温度 80℃；载气速度：氢气 25mL/min，氮气 30mL/min；桥流：氢气 150mA，氮气 80MPa。

3.2 色谱仪操作程序

仪器启动时，应先接通载气，然后接通电源，通过适当的调整使其达到 3.1 中给定的条件。停机时截断电源再停载气。

待仪器达到给定的操作条件，基线走直后，用清洁干燥的进样器进样，获得如图 3 所示的色谱图。

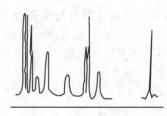

图3 色谱示意

3.3 定性分析

在相同的操作条件下，按 3.2 的顺序，分别进样气和标气，记录色谱测得色谱峰的保留时间，根据保留值相同的原理，确定样品气相色谱中各组分的位置。

3.4 定量分析

在相同的条件下，分别进等量的样品气和标气，测量色谱峰信号，试样中待测组分 i 的体积分数 ϕ_i 按下式计算：

$$\phi_i = \phi_s \cdot A_i / A_s \quad (1)$$

式中 ϕ_s——标气中组分 i 的体积分数，%；

A_i、A_s——分别为样气、标气中组分 i 的色谱峰值，mm 或 mm^2。

3.5　实验数据

表 2 为硫黄回收过程气典型采样点平行测定所得的一组数据。

由表 2 可见，两次平行测定的结果中，当被测组分浓度小于 1% 时，两次测定结果之差不大于较小值的 5%，当被测组分浓度大于 1% 时，两次测定结果之差不大于较小值的 2%，分析数据准确可靠。

表 2　过程气平行测定分析数据采样点

采样点	次数	H_2S	SO_2	CO_2	COS	CS_2	H_2	CO	O_2+Ar	N_2	NH_3	烃
反应器 1 出口	1	6.08	4.57	10.10	0.75	0.08	0.78	—	1.33	75.70	—	—
	2	6.06	4.58	10.07	0.75	0.08	0.76		1.35	75.36		
反应器 3 入口	1	1.04	0.97	13.80	0.06	未检出	0.89	1.49		81.70		
	2	1.02	0.97	13.75	0.06	未检出	0.87	1.52	81.77			
反应器 3 出口	1	0.27	0.74	14.10	0.03	未检出	0.89	1.53		84.10		
	2	0.27	0.73	14.04	0.03	未检出	0.88	1.52		83.94		
烟道气	1	未检出	0.43	4.25								
	2	未检出	0.43	4.23								

4　结论

1) 由于此仪器具有两个热导池，分别采用氢气、氮气作载气，形成双气路系统，同时配有五根色谱柱，因而能承担三台色谱所承担的分析任务。

2) 此仪器可检测 H_2S、COS、SO_2、CS_2、CO、CO_2、O_2+Ar、H_2、N_2、NH_3、烃；对过程气中的组分能较全面检测，特别适合于装置标定及需全面了解装置运行情况时进行分析。

3) 硫黄回收过程气分析产生误差的一个主要原因是采样带来的误差，尤其是呈负压的采样点，采样一定要认真仔细，确保采到真实的有代表性的样品。

4) 采样时一定要用氯化钙进行干燥脱水，否则，会直接影响到分析结果的准确性。

5) 本仪器分析硫黄过程气的结果比较准确可靠，而在分析速度上还有待于提高。

还原吸收再循环硫黄回收及
尾气处理工艺的工业应用

郭　宏　张松平

（中国石化金陵石化公司炼油厂）

摘　要　文章介绍了在 40kt/a 硫黄回收装置上采用还原、吸收、再循环（RAR）的尾气处理技术，对尾气中的硫再回收，并与 1200kt/a 柴油加氢精制装置配套，对其富胺溶剂进行再生。装置的标定数据表明，总硫回收率达 99.86%，比在使用 RAR 技术前提高 6.60 个百分点；排放尾气中的 SO$_2$ 含量为 0.27t/d，远低于国家新的排放标准。对装置开工中的影响因素进行了分析，并提出了相应的处理方法，强调了必须改进尾气加氢反应温度的控制系统。

关键词　硫回收装置　克劳斯法尾气　加氢过程　工业规模

1　前言

金陵石化公司炼油厂 40kt/a 硫黄回收装置是炼油厂为加工进口含硫原油而建的环保装置。它与 1200kt/a 柴油加氢精制装置配套，对加氢精制脱硫后的富胺溶剂进行再生并提供贫胺溶剂，同时对由此产生的酸性气进行处理，回收硫黄。炼油厂原有二次加工及污水汽提装置产生的酸性气也集中到该装置处理。该装置包括硫黄回收与尾气处理两个单元，由意大利 KTI 公司提供基础设计，采用 Claus（克劳斯）部分燃烧和还原、吸收、再循环（RAR）尾气处理技术，设计硫回收能力为 120t/d，回收率 99.9%，在设计能力 25%~115% 的范围内可以正常操作。装置建成后于 2000 年 12 月底开工。其中的 RAR 部分于 2001 年 5 月正式投入运行，2001 年 6 月进行了标定。

2　装置工艺流程

2.1　Claus 单元工艺流程

装置进料分为两部分，第一部分为来自炼油厂各装置的酸性气，第二部分为来自尾气处理部分的循环酸性气。循环酸性气一部分与炼油厂酸性气混合后送入主燃烧器进入热反应器第一区，其余的进入热反应器第二区。酸性气在主燃烧器内与助燃风相遇，进入主燃烧器的风量控制在正好使酸性气中所有的烃和氨全部氧化，并维持

Claus 部分出口尾气中 H$_2$S 与 SO$_2$ 体积比达 2∶1 的要求。

工艺气离开热反应器后进入余热锅炉，回收工艺气的热量，并产生低压蒸汽，经尾气焚烧炉过热后输出到低压蒸汽管网。余热锅炉分两管程：第一管程出口的工艺气温度约为 650℃，从上部出来用于控制 Claus 一级反应器入口工艺气温度，第一管程出口凝结的液硫在下部通过硫封排入硫黄坑；第二管程出口的工艺气冷却至约 290℃后进入 I 级硫冷凝器，其中含有的硫在管内凝结，经硫封排入硫黄坑。

离开 I 级硫冷凝器的工艺气在进入第一 Claus 反应器之前，与来自余热锅炉的第一管程出口的热气混合，加热到 220℃后进入到第一 Claus 反应器，H$_2$S 和 SO$_2$ 在其中连续起反应，直至达到平衡。从第一 Claus 反应器出来的气体经过气-气换热器，在气-气换热器中将来自 II 级硫冷凝器的工艺气加热，送入第二蒸汽 Claus 反应器。在 II 级硫冷凝器内冷凝的硫黄经硫封排出。工艺气从第二 Claus 反应器流出，进入最后的 III 级硫冷凝器，在 III 级冷凝器中凝结的硫经硫封排入硫黄坑。

Claus 单元的流程见图 1，此单元回收的硫黄约占酸性气中总硫含量的 95%。

2.2　RAR 单元工艺流程

Claus 尾气进入 RAR 部分后，在气-气换热

器中加热，经过混氢器加入富氢气，混氢后的气体送入加氢反应器；加氢反应器内装有专用 CoMoX 催化剂，促使 SO_2-COS-CS_2 加氢反应。

RAR 工艺的显著特点是它的反应器入口没有燃料气在线燃烧炉，它利用反应器出口的热气流通过气-气换热器来加热入口的工艺气体。

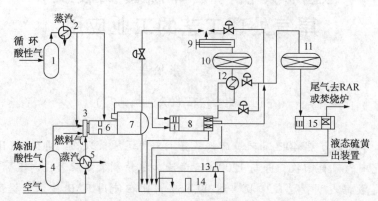

图 1　金陵石化公司炼油厂 40kt/a 硫黄回收装置的 Claus 单元流程示意

1—循环酸性气洗涤器；2—循环酸性气预热器；3—主燃烧器；4—炼油厂酸性气分液罐；5—空气预热器；6—热反应器(酸气性燃烧炉)；7—余热锅炉；8—Ⅰ、Ⅱ级硫冷凝器；9—电加热器；10—第一 Claus 反应器；11—第二 Claus 反应器；12—气-气换热器；13—液硫泵；14—液硫坑；15—Ⅲ级硫冷凝器

二硫化碳和气态硫转变为硫化氢。在装置开工过程中和 Claus 部分异常的情况下，可用电加热器来提高反应器的入口温度。

从加氢反应器出来的还原热气体经过气-气换热器，与反应器入口的气体换热后，流经急冷塔冷却到 40℃ 以下，脱除气相中的饱和水分，进入急冷气分离罐内将夹带物分离，进入吸收塔。

在吸收塔内，气体与来自再生部分的贫胺溶剂接触，其中的 H_2S 绝大部分被吸收下来，形成富含 H_2S 的富溶液，从塔底出来的富胺溶液由富胺泵送去再生塔再生，再生产生的循环酸性气送去 Claus 部分处理。在 RAR 部分开工的加氢催化剂预硫化阶段和装置停工过程中，利用循环气风机使系统保持氮气循环。工艺流程见图 2。

RAR 部分的胺再生是一个专用独立系统，可以同时处理来自于尾气处理或 HDS(柴油加氢)装置的富胺溶剂，富胺溶剂再生后的贫胺溶剂将循环使用。它的再生工艺与传统方法没有区别。

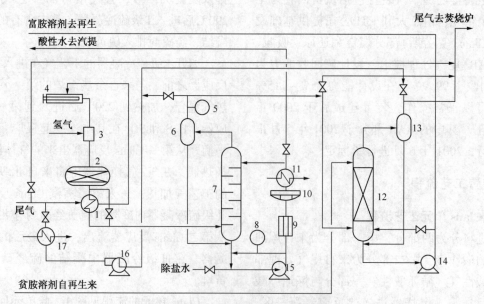

图 2　RAR 还原-吸收部分流程示意图

1—气-气换热器；2—加氢反应器；3—混氢器；4—电加热器；5—氢分析仪；6—分液罐；7—急冷塔；8—pH 分析仪；9—过滤器；10—空冷器；11—水冷却器；12—吸收塔；13—尾气分液罐；14—富胺泵；15—急冷水泵；16—循环风机；17—蒸汽加热器

3　工艺特点

3.1　无在线燃烧炉

这一选择的优点在于操作方式简单，可靠性高。在线燃烧炉的操作需要精确的配风来维持燃料气的化学计量燃烧，过多过少地燃烧空气都会对加氢催化剂造成不良影响，严重时会造成超温或中毒。气–气换热器没有配风和燃料气流量的调节，它通过控制换热器旁路的阀门开度来控制换热量，从而达到控制反应器入口温度的目的使用气–气换热器的局限性在于：①在开工过程或生产不正常的情况下，由于反应放热量小，反应器出口温度低，需要利用辅助的加热系统来保证反应器的入口温度；②在线燃烧炉工艺可以利用燃料气中的 H_2 资源，对于制硫尾气加氢反应来说可以减少（甚至不需要使用）富氢气消耗，而 RAR 工艺必须使用富氢气来进行加氢反应。

3.2　热反应器(酸性气燃烧炉)采用分区操作

为了分解酸性气中的氨，热反应器的温度要求控制在1350℃以上，而尾气加氢回收的酸性气体积分数在55%左右，使酸性气热反应温度很难达到1350℃以上。为了保证这一温度，采用分区操作的方式，将带氨的酸性气与炼油厂的其他高含量酸性气送入热反应器第一区，而热反应器配风全部进入第一区，低含量的循环酸性气则一部分送入第一区，另一部分送入热反应器第二区，进入第一区的循环酸性气流量根据第一区反应的温度来调整，若反应温度不能足够高，所有的循环酸性气都要进入第二区。若循环酸性气中含氨量偏高的话，就需要利用循环酸性气洗涤器先去除其中的氨。为了保证第一区的反应温度，必要时可以对循环酸性气和配风进行预热(见图1)。

3.3　共用的胺再生系统

RAR工艺产生的富胺溶剂可以与其他脱硫工艺产生的富胺溶剂集中再生。金陵石化公司炼油厂40kt/a硫黄回收装置的胺再生系统需要同时处理柴油加氢和尾气处理部分的富胺溶剂，即使用同一个再生塔(见图3)。其优点在于减少了设备数量，节省了占地面积，解决了酸性气因长距离输送压降大，硫黄回收装置原料入口压力偏低的问题，对稳定酸性气的质量大有好处。但共用再生系统再生塔设备的规格较大，在某个脱硫单元停工时，为了维持最低的溶剂循环量，操作费用显得较高，生产管理上要尽量保证再生单元的大负荷生产，避免浪费。同时，公用再生系统的溶剂循环回路多，每路的溶剂循环量需要稳定，溶剂的跑损原因也变得复杂，加强溶剂的管理需要投入更大的精力。

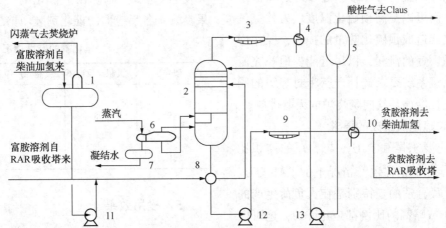

图3　金陵石化公司炼油厂40kt/a硫黄回收装置的溶剂再生系统流程示意图
1—闪蒸罐；2—再生塔；3—酸性气空冷器；4—酸性气冷却器；5—回流罐；6—重沸器；7—凝结水罐；8—贫富胺溶剂换热器；9—费胺溶剂空冷器；10—贫胺溶剂冷却器；11—富胺溶剂泵；12—贫胺溶剂泵；13—酸性水回流泵

4　装置运行情况

4.1　加氢催化剂的预硫化

4.1.1　预硫化介质的选择

使用酸性气或制硫尾气对加氢催化剂进行预硫化，在预硫化前，必须对加氢反应和急冷系统进行氮气置换，使氧含量控制在 $10\mu g/g$ 以下。利用循环风机建立一个加氢反应器—急冷塔—加氢反应器之间的氮气循环，通过辅助的加热系统对循环气体进行升温，当反应器入口温度达到

230℃以上时，可以加入硫化介质和少量氢气，控制循环气中 H_2S 的摩尔分数在2%左右，氢的摩尔分数则控制在2%~6%。硫化物在循环的过程中置换出催化剂中的氧，预硫化反应是放热过程，但由于预硫化介质的浓度控制得较低，放热量不会太大。

利用酸性气作为预硫化介质要注意脱除其中的氨，必要情况下需要进行水洗。利用制硫尾气进行预硫化，Claus 尾气中 H_2S 摩尔分数最好不超过2%，SO_2 含量必须小于 $300\mu g/g$，这就需要对 Claus 部分的配风操作进行调整，以满足这一需要。

4.1.2　预硫化温度的控制

在预硫化的初期，RAR 加氢催化剂放热反应很微弱，反应器的出口温度低于入口温度，这时从反应器出来的循环气不需经过反应器出口的换热器，而应从旁路直接进入急冷塔，以免反应器出口的冷气流带走入口气体中的热量。在反应器出口温度高于入口温度后，从反应器出来的循环气则应经过气–气换热器（见图2），要保证换热的效果，尽量减少热量损失，系统管线和设备必须有良好的保温和伴热。

循环风量的大小对预硫化温度的影响也不可忽视，降低循环风量，可以减少过多的热量被带入急冷塔，从而可以提高预硫化温度。另外氮气补充量过大也会造成预硫化热量的损失，操作中应尽量减少循环气的泄漏，以尽可能少地补充氮气。设计时加氢系统要求选择严密密封等级的阀门；操作时应杜绝循环气向焚烧炉的无谓排放。

4.2　对制硫尾气组成的要求

Claus 反应要求尾气中 H_2S 与 SO_2 的体积比控制在2:1，对于正常生产情况下的 RAR 工艺来说，这也是最合适的。特别是在大负荷生产的情况下，2:1或略高的比例都是允许的，这可以节约氢气的加入量，但要保证足够的反应温度。

在低负荷生产的情况下，如果按这一要求操作，由于尾气中的 SO_2 总量少，加氢反应的放热量也少，反应的床层温度往往不能维持在310℃以上，就需要降低 H_2S 与 SO_2 的比例，甚至控制其体积比在0.5~1.0之间。虽然这种操作方式会浪费更多的氢气，但对于维持反应温度是必须的。加氢反应器除了加氢反应外，还进行着有机

硫的水解反应，310℃以上的温度是水解反应的最佳温度。

特别要强调的是，过低的 H_2S 与 SO_2 的比例要绝对禁止，尾气中 SO_2 含量太高，不但会引起加氢反应器超温，而且，来不及加氢的 SO_2 一旦进入急冷塔，势必造成系统积硫堵塞。带有 SO_2 的尾气一旦进入到溶剂循环系统，对溶剂的损害也非常大。

4.3　RAR 尾气管线阀门的选择

制硫尾气中总会带有硫黄成分，这些硫黄在伴热不足的情况下容易凝固，导致尾气管线上的阀门操作失灵，所以最好选择带蒸汽夹套的调节阀。尾气入口阀门的密封性能一定要好，这些阀门在连锁跳车时将自动动作。一般不设副线与截止阀，如果发生泄漏，处理起来十分困难。如果 Claus 尾气直接去焚烧炉的阀门泄漏，导致少量尾气不能进入 RAR 处理，那么，整个硫黄回收装置的尾气排放是不会达到要求的。

4.4　催化剂的使用

在开工第一周期，装置使用了进口的制硫催化剂和尾气加氢催化剂，由于受到两次酸性气带烃的冲击，制硫催化剂有失活现象，检修期间进行了撇头处理，部分更换使用了齐鲁石化研究院开发的 LS-971 制硫保护催化剂[1]，目前使用效果良好。各反应器的催化剂装填情况见表1。

表1　催化剂的装填情况　　　　　　m^3

型号	一级制硫反应器	二级制硫反应器	尾气加氢反应器
CR-3S	15.5	23.3	—
LS-971	7.8	—	—
C29-2-4	—	—	15
载体	2.5	2.5	1.7

5　投用效果

全陵石化公司炼油厂的 40kt/a 硫黄装置于2000年12月开工一次成功后，运行效果良好，装置运行后的硫黄产量最大曾达 145t/d，最大处理量（标准状态）达到 4000m³/h 以上。该装置于2001年2月对 Claus 部分进行标定，6月进行了全流程标定。

5.1　装置的主要操作条件

标定时装置的主要操作条件见表2。从表2

可以看出，Claus 部分的总压降为 8kPa，说明操作弹性较大。胺再生塔的负荷为设计指标的75.31%，主要原因是柴油加氢的脱硫单元没有全面开工。由于富胺溶剂中 H_2S 含量较低，再生蒸汽用量仅为设计指标的 45.09%，再生塔的操作情况良好。RAR 急冷塔、吸收塔的各项操作指标基本符合设计要求。加氢反应器的操作指标与设计值存在一定差距，主要有两个方面：

表 2　标定时装置的主要操作条件

项　　　目	数值	设计值
热反应		
炼油厂酸性气流量[①]/(m³/h)	2521	3200
循环酸性气流量[①]/(m³/h)	1060[②]	4200[②]
配风量[①]/(m³/h)	16671	10110
入口压力/kPa	31	37
入口温度/℃	301	312
床层温度/℃	336	340~350
出口温度/℃	323	351
入口压力/kPa	23	20
急冷塔		
塔顶压力/kPa	11	6
塔顶温度/℃	33	38
急冷水循环量/(t/h)	110	95
急冷水 pH 值	6.5	5~7 吸收塔
出口氢体积分数/%	4.01	2~6
塔顶温度/℃	30	40
塔顶压力/kPa	9	2
贫胺入塔量/(t/h)	202	256
再生塔		
富胺入塔量/(t/h)	241	320
塔顶温度/℃	105	
塔底温度/℃	121	
塔顶压力/kPa	82	
蒸汽用量/(t/h)	12.4	27.5

注：取样时间为 2000 年 6 月 8 日 8 时。
① 标准状态。
② 包括柴油加氢装置来的富溶剂再生出的酸性气。

1) 加氢反应器的入口温度设计值为 312℃，而操作中只能达到 301℃，催化剂床层的温度也比设计值低，在生产负荷达到 75.31% 的条件下，辅助电加热器也需要投入运行。主要原因是：RAR 气-气换热器的换热效果与理论计算可能存在差异；加氢反应系统的设备、管线保温伴热效果不理想，散热量偏大。

2) 加氢反应器入口压力为 23kPa，比设计的20kPa 略高，原因主要在于尾气的入口管线有部分堵塞现象，加氢反应器入口管线倾斜角度施工与设计方案有一定出入，管线中的液硫没有完全回流到 Claus 末级硫冷凝器中。

5.2　装置的主要气体组成

装置的主要气体组成分析结果见表 3。由表 3 可见，RAR 加氢反应进行得较为完全，急冷塔入口的 H_2S 含量比加氢前上升了 0.55 个百分点，其他硫化物含量很低。虽然加氢反应器的温度比设计值偏低，但达到了反应的效果。吸收塔出口的 H_2S 含量为 $80\mu g/g$，远低于设计值 $254\mu g/g$。

表 3　主要气体组成分析结果　%

项目	数据	项目	数据
Claus 出口尾气		急冷塔入口	
H_2S	0.81	COS	0
SO_2	0.43	H_2	4.8
COS	0.10	急冷塔出口	
加氢反应器入口		H_2S	1.60(1.64)
H_2S	0.65	H_2	5.3
SO_2	0.41	吸收塔出口	
COS	0.10	$H_2S/(\mu g/g)$	80(254)
H_2	5.5	H_2	5.8
急冷塔入口		循环酸性气	
H_2S	1.20(1.27)	H_2S	56.1
SO_2	<0.1	烃0.1	

注：取样时间为 2000 年 6 月 8 日 8 时。括号中的数据为设计值。

5.3　RAR 开工前后装置的物料平衡数据

RAR 开工前后的物料平衡数据见表 4。从表 4 可以看出，RAR 开工后总硫回收率上升到99.86%，比开工前上升了 6.65 个百分点；RAR 开工后尾气排放的 SO_2 含量为 0.27t/d（合11.25kg/h），远低于大气污染国家新的排放标准（170kg/h）。

表 4　RAR 开工前后的物料平衡数据　t/d

项　　　目	RAR 开工后 (6 月 8 日、9 日)	RAR 开工前 (2 月 8 日、9 日)
原料		
酸性气	109.14	81.5
H_2S	90.44	76.1
CO_2	17.3	5.2

续表

项　目	RAR 开工后 (6月8日、9日)	RAR 开工前 (2月8日、9日)
烃	1.4	0.2
空气(热反应器中)	251.7	182.5
N₂	203.5	143.3
O₂	48.2	39.2
氢气	0.52	–
燃料气	1.83	–
空气(热氧化器中)	116.5	
O₂	21.21	
N₂	95.29	
合计	479.69	264
产品		
硫黄	85	66.76
烟气①	394.69	197.24
SO₂②	0.27	10.04
N₂	298.79	143.3
O₂	40.43	1.8
CO₂	7.29	2.5
CO	0.72	–
H₂O	47.19	39.6
合计	479.69	264
总硫回收率/%	99.86	93.21

① 烟气的排放温度在 450℃ 以上。

② RAR 开工前此项数据为末级硫冷凝器出口硫化物总量，RAR 开工后的为装置烟囱排出的 SO_2 总量。

6　结论

RAR 硫回收尾气处理工艺利用还原、吸收、再循环技术，对制硫装置尾气中的硫化物进行再回收，可以使排放尾气中 SO_2 含量满足国家新的环保排放标准。但要充分发挥该工艺的效率，必须改进尾气加氢反应温度控制系统，确保装置的平稳生产，使得总硫回收率达到 99.9% 以上。

参 考 文 献

[1] 唐昭峥，胡文宾，刘玉法等.LS-971 脱氧保护型硫黄回收催化剂的工业应用[J].石油炼制与化工，2001，32(9)：35.

络合铁法液相氧化还原脱硫技术的研究与工业试验

何云峰　何金龙　张　伍

（中国石油西南油田分公司四川天然气研究院）

1 小规模硫化氢脱除背景

醇胺法脱硫加克劳斯回收硫和尾气处理是天然气和炼厂气大规模脱硫的传统方法。1997年1月1日开始实施 GB 16297—1996 气体排放标准，不仅减少了 SO_2 的排放速率，同时限制了 SO_2 的排放浓度。规定新建装置小于 $960mg/m^3$（420×10^{-6}），已有装置小于 $1200mg/m^3$（420×10^{-6}）。这一标准将使少量硫脱除时，过去常考虑的胺法脱硫加酸气焚烧放空遇到困难。以每小时脱除 $10kg$ H_2S 为例，该酸气焚烧后，用空气稀释至 $300℃$ 放空。若 SO_2 浓度降到 $960g/m^3$，需天然气 5664 m^3/d 拌烧；配一个 $200kW$ 的风机。两项合计 30.3 元/kg·S（按气 0.7 元/m^3，电 0.6 元/kW·h）。加上脱硫部分的费用这将是一个昂贵的脱硫工艺。此外还要建一座 $35m$ 高，内径大于 $1m$ 的烟囱。

间歇式的脱硫方法（如氧化铁）因不能再生，脱硫剂消耗高且产生大量废料，一般不用于潜硫大于 $0.1t/d$ 的场合。

众所周知，克劳斯装置通过一个高温火焰段和二至三催化转化段完成硫回收：

$$H_2S + 1/2O_2 \Longrightarrow H_2O + 1/xS_x \tag{1}$$

$$H_2S + 3/2O_2 \Longrightarrow H_2O + SO_2 \tag{2}$$

$$2H_2S + SO_2 \Longrightarrow 2H_2O + 3/xS_x \tag{3}$$

式中 $x = 1 \sim 8$。反应温度越高，x 越小。

式（1）为克劳斯反应。理论计算和实践表明，由于反应（1）、（3）的热力学限制，克劳斯（包括低温克劳斯，超级克劳斯）过程，尚不能使硫收率大于 99.9%（大于此收率，任何硫化氢浓度的酸气生产的尾气，SO_2 均可达标。）。而小规模的硫回收装置由于不能稳定操作，规模越小实际硫收率越低。如 $2t/d$ 的克劳斯硫回收装置很难达到 80% 的硫收率，含硫 $0.4t/d$ 的尾气必须经过稀释或其他方式的再处理才能达标排放。以上分析的结论是：新标准实施后，无论潜硫量多大，克劳斯回收装置必须经过尾气处理，SO_2 才能达到标准排放。对于小规模胺法脱硫，如小于 $5t/d$，也将沿用胺法脱硫+克劳斯回收硫+尾气处理过程。这在技术上，经济上都难以接受。一个集脱硫、硫回收和尾气处理于一体，不存在尾气排放问题的液相氧化还原法，在新的形势下特别适应于上述小规模硫的脱除。

2 液相氧化还原法脱硫基础和国内外概况

2.1 脱硫基础原理

液相氧化还原法是在常温下完成反应：

$$H_2S(g) + 1/2O_2 \Longrightarrow H_2O(1) + S(s)$$
$$\Delta G = -195kJ/mol(25℃) \tag{4}$$

反应（4）与（1）相比除生成物的相态不同外，十分相似。自由能为 $-195kJ/mol$，热力学上反应可以进行到底。但气固反应不可能使用固体催化剂，只能使用能与硫分离的水相氧化还原剂（脱硫剂 Q）作为催化剂，经脱硫和再生两步完成反应（4）。

脱硫：$H_2S + Q_{氧化型} \Longrightarrow S + Q_{还原型} + 2H^+ \tag{5}$

再生：$Q_{还原型} + 1/2O_2 + 2H^+ \Longrightarrow Q_{氧化型} + H_2O \tag{6}$

反应（4）的自由能是个总结果，不能真正计算脱硫过程的热力学程度，而利用可以准确测量的电极电位更容易描述液相氧化还原法的热力涵义：

$$H_2S(g) - 2e \Longrightarrow 2H^+ + S \quad E^0 = 141mV \tag{7}$$

$$O_2 + 4H^+ + 4e \Longrightarrow 4H_2O \quad E^0 = 1229mV \tag{8}$$

$$O_2 + 2H^+ + 2e \Longrightarrow H_2O_2 \quad E^0 = 682mV \tag{9}$$

假设：反应温度为 $25℃$，压力量为 1 个大气压，净化气硫化氢 $1\mu g/g$，氧的利用率 $1/4$。某些还原型载氧体（$Q_{还原型}$）以氧再生是经过中间产物 H_2O_2 进行的，H_2O_2 属强氧化剂，浓度难积累，由硫容推算最大浓度为 10^{-2} mol/L。代入能思特方程 $E = E^0 + RT/n/F \times Ln([氧化型]^a/[还原型]^b)$，式(7)~式(9)表示的三条电极电位随 pH 值变化见图1。

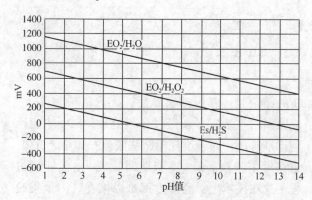

图1　电极电位随溶液 pH 值变化

对于任何氧化还原剂(Q)只要其电位高于 ES/H_2S 又低于 EO_2/H_2O 热力学上都有可能成为液相氧化法的脱硫剂。有些还原型和氧气之间按(6)进行的反应非常慢，再生反应按下式进行：

$$Q_{还原型} + O_2 + 2H \Longrightarrow Q_{氧化型} + H_2O_2 \quad (10)$$

这类氧化还原剂的电位必须高于 ES/H_2S 又低于 EO_2/H_2O_2 才可能把 H_2S 脱至 1μg/g 又能被空气再生。液相氧化还原法为了保证 H_2S 进入液相，pH 值一般为 8~9。如令 pH 值 = 8.5，则：

$$E_s/H_2S = -178.9\text{mV}, \quad EO_2/H_2O_2 = 251.0\text{mV},$$
$$EO_2/H_2O = 722.6\text{mV}$$

偏钒酸钠是钒基脱硫工艺主要催化剂之一，5 价钒和 4 价钒水溶液有多种形态。在 pH 值 = 8.5 时，分别以 $H_2VO_4^-$ 和 $HV_2O_5^-$ 占优势，氧化还原电位可表示成：

$$E = 0.718 - 87.24 \times pH + 29.08 \times \log[H_2VO_4^-]^2/[HV_2O_5^-] \quad (11)$$

当总钒克原子浓度为 0.01mol/L，其中 5 价钒占 50% 时，把计算钒的浓度和形态比倒代入式(12)得：$E = -83.1$mV。偏钒酸钠和蒽醌-二磺酸钠组成的脱硫液就是 ADA 法。

Fe^{3+}/Fe^{2+} 的电位：$E = 771 + 58.16 \times \log[Fe^{3+}]/[Fe^{2+}]$ (12)

由于 Fe^{3+} 易生成 $Fe(OH)_3$ 沉淀，三价铁脱硫在 pH 值 = 2 时曾作为铁酸法进行研究。Fe^{3+}/Fe^{2+} 的电位高于 O_2/H_2O_2 的电位，脱酸后无法通过 $2Fe^{2+} + O_2 + 2H^+ \Longrightarrow 2Fe^{3+} + H_2O_2$ 再生。酸性介质中亚铁被空气的再生速度比期望的速度慢数十万

倍，铁酸法至今未见工业化。而经细菌催化再生的铁酸法，即日本 NKK 的 Bio-SR 已经工业化。铁碱法 $Fe(OH)_3 + e \Longrightarrow Fe(OH)_2 + OH^-$，$E^0 = -560$mV。在 pH = 8.5 时电位是 -240.1mV，此电位仅可使硫化氢浓度在常压下降到 127.5μg/g。悬浮液中 $Fe(OH)_3$、$Fe(OH)_2$ 沉淀极易发生管线堵塞。铁碱法曾在川南矿区付家庙脱硫厂使用过。

目前铁基脱硫工艺—络合铁法脱硫倍受瞩目。适宜的络合剂铁生成足够稳定的络合物，使铁络离子保持在弱碱性水溶液中，并能快速脱硫和再生。假定：①脱硫液采用单一络合剂，②Fe^{3+}、Fe^{2+} 络合物组成形式相同，③三价铁络合物和二价铁络合物浓度相同。用络合常数代入式(13)可得：

$$E = 771 + 58.16 \times \log(K^{3+}/K^{2+}) \quad (13)$$

式中，K^{3+}、K^{2+} 分别为 Fe^{3+}、Fe^{2+} 络合物的不稳定常数。

从式(14)知，络合铁体系的氧化还原电位由络合常数决定，如 $E = 0$mV，则 $K^{3+}/K^{2+} = 5.54K \times 10^{-14}$ 以上计算作了若干简化假定，对两种以上络合剂，不同组成形式的络合物电位的计算囿于篇幅不赘述。实际络合铁脱硫体系，因方法不同采用不同的络合剂，氧化还原电位大致在 $-200 \sim +200$mV 之间。当 $E = -91$mV 时，理论上可使净化气硫化氢浓度达到 1μg/kg。液相氧化还原法对硫化氢的净化度要远比克劳斯装置高得多。

2.2　国内外概况

液相氧化还原法是国外低硫天然气脱硫常被选用的方法。按所使用的脱硫剂可分为铁基和钒基。铁基是以络合铁为脱硫剂。属于络合铁的有若干方法，其中以 ARI(美国空气资源公司)开发的 LO-CAT 法最为有名，1979 年工业化。1984 年推出第一套自循环流程工业装置，胺法和 LO-CAT 自循环相结合，常被用于处理高压低硫天然气。1991 年开发出 LO-CAT Ⅱ。LO-CAT Ⅱ 主要特点是铁处于亚化学计量减少了催化剂浓度和利用内循环控制硫代酸盐的生成率等。LO-CAT 法目前有 155 套装置。另一个络合铁为壳牌的 Sulferox，现有 30 套装置运行，有资料声称每 t 硫需溶液循环量仅 50gal，折合硫容高达 3.67g/L(实际工业装置硫容要低得多)。IGI 公司开发的

Sulfint 法已有 20 多年应用历史，共 12 套装置处理低压气。

钒基是脱硫剂含有偏钒酸钠、醌类或有机氮化物等。以英国煤气公司的 ADA 法历史最悠久，联合油公司的 Unisulf 和林德公司的 Sulfolin 法亦属此类，Sulfolin 单套最大处理量为 $660\times10^4m^3/d$ 冷甲醇尾气，硫 110t/d。近些年来，由于钒污染环境，有些国家新装置已不推荐钒基。

我国液相氧化还原法都在低硫高碳含氧的合成气脱硫中所用。使用过的方法有三十多种，相当部分是国内针对上述合成气开发的。其中较有名的氨水催化法、FD、MSQ、ADA、栲胶、KCA、PDS 等方法。我国现使用的方法净化度低，硫容低，生成硫代硫酸钠的副反应严重，工业装置需排放废液或流程中配备提硫代硫酸钠操作单元。废液中二价硫超标，需经处理才能达标排放。

赤天化 ADA 法脱硫装置是我国数百套液相氧化还原法装置中唯一一套成功用于天然气脱硫的液相氧化还原法装置，装置投产 25 年，几经改造。除中间有两个月用 PDS 法置换 ADA 法使操作恶化而被迫重新返回 ADA 法外，未出现致命问题，现处理量为 $2\times8.0\times10^5m^3/d$，压力 1MPa，$H_2S$ 0.3~2.8g/m³。但硫容仅有 0.14g/L。按 1999 年厂方核定的 1000m³ 化学品消费指标计算，吨硫化学品费用高达 8000 元左右。需排放废液。

PDS 法的引人注目，曾几次在天然气脱硫中应用，但未见成功的报道。

3　主要成果

西南油气田分公司四川天然气研究院在 20 世纪 70 年代起曾对络合铁法进行过 4~5 年的研究，并进了 $2\times10^4m^3/d$ 规模的中试，压力 4MPa。由于硫堵和络合剂降解严重，中试是不成功的。80 年代后期又对自循环流程进行过研究，证明处理胺法酸气在技术上可行。90 年代中期开展过对抑制降解的探索试验。研究结果与酸气焚烧放空的经济性相比相差较大而中断。

GB 16297—1996 气体排放标准和 GB 17280—1999 天然气气质标准实施后，发现在我国天然气脱硫中非常需要络合铁脱硫技术。于是

在 2000~2003 年，针对络合铁法脱硫中存在的化学品消费高和硫堵等问题进行了研究，取得了一些成果。

3.1　开发出络合铁法脱硫液体系
主要开发内容为：

3.1.1　络合剂降解的抑制
络合剂降解发生在络合铁再生阶段，再生反应中重要的两步：

$$2Fe^{2+}L^{n-}+O_2+2H^+ \Longrightarrow 2Fe^{3+}L^{n-}+H_2O_2 \quad (14)$$

$$Fe^{2+}L^{n-}+H_2O_2 \Longrightarrow Fe^3L^{n-}+OH^-+OH\cdot \quad (15)$$

过氧化氢（H_2O_2）的存在已被研究者认同；游离基（$OH\cdot$）的生成步骤曾有争论，研究者利用电子自旋光谱已经在络合铁再生环境中发现了 $OH\cdot$ 游离基的存在。众所周知 $Fe^{2+}-H_2O_2$ 和 $OH\cdot$ 游离基对许多有机物（包括络合剂）都有很强的分解作用。消除 H_2O_2 和/或 $OH\cdot$ 游离基是抑制络合剂降解的有效办法。

通过在脱硫溶液中添加一系列对 H_2O_2 及游离基剂有清除作用的物质并进行对比试验，发现 S 和 N 两类物质对络合剂的降解有明显的抑制效果。当抑制的浓度超过某一浓度时，与未加工抑制剂的空白试验相比可以抑制 70% 的络合剂降解。络合铁法中络合剂消耗费用占总化学品费用的 70%~80%，试验得到络合剂降解率意味着整个化学品费用有较大幅度的下降。于是脱硫成本下降。

3.1.2　铁离子稳定剂
络合铁在 pH 值大于 9 或 10 时（随络合剂不同）易生成 $Fe(OH)_3$ 沉淀，该沉淀不易再溶解，$Fe(OH)_3$ 的生成将使脱硫工况恶化，生成的硫黄难过滤。铁离子稳定剂的作用是使络合铁在高 pH 值时都不生成 $Fe(OH)_3$ 沉淀。试验中添加了各种羧酸类、氨羧类及羟基类物质进行实验。从防止生成 $Fe(OH)_3$ 沉淀和抗氧化能力考虑，通过试验找到代号为 G 的系列物。G 单独与铁生成的络合物不与硫化氢反应生成硫黄，'富液'也不能以空气再生，它的加入不改变原络合铁的性能。G 与铁生成的络合物在 pH = 14 时不产生 $Fe(OH)_3$ 沉淀。这就给工业应用时补充碱带来方便。G 系列物中任一种物质都可以作为稳定剂，实际选择时往往考虑经济性。

3.1.3　分散剂
液相氧化还原法脱硫反应细小的微粒硫，造

成工艺管线和设备堵塞是此方法与生俱来的缺欠。硫堵发生在析硫最快最多的部位，这些新生成的粒度极小的硫黏附性很强，吸收喷头和喷孔是最易发生硫堵的地方。用分散剂来缓解除硫堵是络合铁法的重要措施之一。分散剂是一种表面活性剂，它的作用是使细小的硫粒悬浮于溶液中，使其长大成黏附性较小的大颗粒，于是堵塞减轻。通过试验，WT 型表面活性剂，作为常规流程的分散剂，合适的加入量，既能产生解堵效果又不明显影响气体分布。经过常规流程连续运行发现，分散剂对解决硫堵十分有效。

3.1.4　与脱硫液匹配的工艺操作条件

考查了各项操作条件对络合铁脱硫性能的影响，确定了络合铁脱硫液体系的工艺操作参数和减缓硫堵的吸收操作方式。

3.2　建立了与工艺配套的分析方法

为了提高研究精度和工业应用的配套性，建立了与络合铁脱硫技术相配套的分析方法。采用反相离子对液相色谱法，对络合铁法脱硫工艺中的多元络合剂及其降解产物进行了分析监测。同时对运行过程的各项溶液监控都建立了相应的仪器和化学分析方法，试验证明该方法的精密度和准确度，可以满足科研和实际生产的需要。

3.3　完成了络合铁法脱硫工业试验

2003 年 3 月在蜀南气矿沈 17 井建成一套 $5 \times 10^4 m^3/d$ 装置，装置由天然院自行设计，压力范围 2.5~3.5MPa，脱硫能力 250kg/d。装置设计充分注意防堵，在国内液相氧化还原法中第一次使用鼓泡吸收塔，充分体现络合铁法脱硫速度快的特点。设计中对吸收分配器喷嘴采用特殊防堵措施。由于脱硫液对碳钢、铜、锌等的腐蚀，设备选材借鉴国外已有工程经验，高压部分使用了 1Cr18N9Ti 不锈钢，常压容器内衬环氧玻璃布。当经费允许时，液体阀门尽量使用不锈钢。

2003 年 4~8 月进行了工业试验，主要试验成果如下：

1）净化度高。试验过程中 55% 净化气 H_2S 浓度小于 $1mg/m^3$，最大 $13mg/m^3$，只要脱硫液 pH 值大于 8 并且再生合格，该装置净化气 H_2S 浓度容易达到 $1mg/m^3$，至少低于 $6mg/m^3$。试验室正常运行中，净化气 H_2S 浓度小于 0.1ppm（$0.142mg/m^3$，未检出）。

2）硫容高。试验中较高硫容平均为 0.39g/L，最高 0.5g/L。因再生塔容积不足和/或容压机风量偏小，0.5g/L 硫容没能保持太长时间。在高净化度下，此硫容在国内液相氧化还原法中未见报道。比赤天化 ADA 法的 0.14g/L 硫容高得多。

3）脱硫过程无三废排放问题。装置废气是再生塔顶无硫废空气，工业试验中测到再生塔顶最大 H_2S 浓度 $1.1mg/m^3$。笔者认为在开发的络合铁法这是不正常的。原因是因再生塔停留时间不够和再生吹风强度偏小，致使贫液中三价铁比例太低，富液中太多的 HS^- 进入再生塔造成。实验室小试验中，经常用硫化氢监测仪测定，再生排放气从未检测出硫化氢。国内 PDS 法在再生塔析硫，这种现象属正常。由于络合铁法副反应低，产生的硫代硫酸盐随硫饼夹带形成排放，最终和硫饼一起作为易于使用的农用硫出售。正常操作时无固体和液体排放。

4）装置设计合理。由于关键部位采取了防堵措施，整个试验过程中并未出现堵塞问题，可以长期运行。工业试验获得的设计数据和经验，为以后设计提供了有力支持。

4　络合铁脱硫法的工业应用前景

液相氧化还原法历来是天然气脱硫中不可缺少的方法，主要是我国过去缺少今天这样的天然气质量标准和 SO_2 排放标准。据不完全统计，西南油气田分公司有近 $15 \times 10^8 m^3/a$ 含硫量天然气未得到开发利用。这些气不可能都采用醇胺+克劳斯+尾气处理及氧化铁两种脱硫模式。据悉，川渝气田中还有约 60 口已完井的分散天然气井，其总产能估计为 $300 \times 10^4 \sim 400 \times 10^4 m^3/d$，急待开发利用。这些天然气的存在给络合铁法的应用提供了空间。其中一些气可直接采用络合铁法，一些气可采用胺+络合铁（自循环流程，也可以是常规流程）。随着西气东输战略的实施。除川渝气田外，长庆等西部气田的高碳低硫气和胺法酸气都需要这种技术加快气田开发。

在炼油行业，许多小潜硫量含硫酸气和排放气无法用克劳斯回收硫使其达标。据调查，中油公司炼油厂系统有多处潜硫量在 1.5~3t/d 的酸水汽提气和胺法酸气不能用克劳斯装置使尾气二氧化硫达标。经过考察和论证后，络合铁法有望在这些领域内代替克劳斯和尾气装置处理排放气。

5　结论

西南油气田分公司四川天然气研究院针对中等含硫天然气脱硫的需要，开发出的络合铁法脱硫溶液体系，形成了完善的络合铁法液相氧化还原天然气脱硫技术，建立了络合铁法液相氧化还原天然气脱硫的工业装置以及完善了相关配套分析检测方法。总结目前在研究中取得的成果，可以得出如下结论：

1）完成了络合铁法液相氧化还原天然气脱硫技术中的脱硫溶液体系的开发，包括脱硫催化溶剂、脱硫补充剂、降解抑制剂、硫分散剂、消泡剂和杀菌剂等。

2）溶液体系中采用性能优良的降解抑制剂，明显降低了脱硫过程中化学品消耗，使络合铁法液相氧化还原脱硫化学溶剂成本低于国内其他类型的液相氧化还原脱硫溶剂。

3）建立的与络合铁法脱硫工艺相配套的分析方法适用性强、精确高。能满足络合铁法脱硫工业生产装置溶液体系的分析检测。

4）开发出的络合铁法液相氧化还原天然气脱硫技术在脱硫过程中无废液、固体废物，废气可直接达标排放，属环保型脱硫工艺技术。

5）工业试验较好地验证了室内开发成果，平均硫容高达 $0.3kg/m^3$，原料气中 H_2S 含量在较大范围内波动时，可保持净化气中的 H_2S 含量始终低于 $5mg/m^3$ 可达一类天然气气质标准。装置操作平稳。用于中等含硫天然气净化处理时其成本低于醇胺法和干法脱硫工艺，各项指标表明，该配套脱硫技术已达国内先进水平。

硫黄回收装置尾气回收系统生产运行分析

吴 飞

(中国石油辽阳石化分公司炼油厂)

摘 要 本文介绍了硫黄回收装置尾气回收系统的概况、工艺原理、流程,对影响日常生产的各种因素进行分析,阐述了尾气回收装置存在的问题,并提出了相应的解决措施。

关键词 尾气回收 生产运行 分析

1 前言

辽阳石化分公司炼油厂硫黄回收装置尾气回收系统由原齐鲁石化分公司炼油厂设计院设计,采用 SSR 还原—吸收工艺,总投资 399.51 万元,设计处理能力与 8000t/a 硫黄回收装置配套,排放废气中有害组分的浓度和数量均低于国内现行环境保护的要求。本套尾气回收装置于 2002 年 11 月 23 日开车运行。

尾气回收是将原硫黄回收装置从波纹板捕集器出来进尾炉的尾气进行加热后,与 H_2 混合进行加氢反应,使尾气中的 S_2、SO_2 和 COS、CS_2 水解生成 H_2S,这部分气体经冷却,在吸收塔中用脱硫再生系统送来的胺液吸收其中的 H_2S,从吸收塔中出来的净化尾气(总含硫≤300μg/g)进入原焚烧炉烧成 SO_2 后经冷却排入大气。经焚烧烟气中 SO_2 的浓度设计值为 $630mg/m^3$,总硫回收率设计值可达 99.9%。

2002 年 11 月开车以来,遇到了诸多影响装置运行的因素. 经过不断的对生产工艺的分析和优化,使装置得到了进一步的改善,基本上满足了生产需求,为安、稳、长、满、优生产创造了有利的条件。

2 工艺原理与流程

2.1 尾气回收工艺原理

2.1.1 在加氢反应器中

来自硫回收装置的制硫尾气经加热器加热到 300℃,混入 H_2 后进入加氢反应器,在催化剂的作用下,保证加氢反应器入口温度在 280~300℃

范围内,尾气中的 SO_2、COS、S_2、CS_2 与 H_2 进行加氢反应(主要反应):

$$3H_2 + SO_2 \Longrightarrow H_2S + 2H_2O + Q$$
$$8H_2 + S_8 \Longrightarrow 8H_2S + Q$$

2.1.2 在尾气急冷塔中

在加氢反应器反应后的高温气体经蒸汽发生器冷却至 170℃,进入尾气急冷塔下部,与从顶部进入的急冷水逆向接触,水洗冷却至 36℃。

2.1.3 在吸收塔中

急冷降温后的尾气自塔顶出来进入吸收塔,用溶剂再生系统送来的胺液(15% 的 MDEA 胺液)吸收其中的硫化氢,主要反应:

$$2(HOCH_2CH_2)_2NCH_3 + H_2S \Longrightarrow$$
$$[(HOCH_2CH_2)_2N(CH_3)_2]_2S + Q$$
$$[(HOCH_2CH_2)_2N(CH_3)_2]_2S + H_2S \Longrightarrow$$
$$2[(HOCH_2CH_2)_2N(CH_3)]CH_3S + Q$$

2.2 尾气回收工艺流程

由硫回收装置来的制硫尾气,进入尾气加热器(E3701),与中压蒸汽换热至 300℃,混氢后进入加氢反应器(R3701),在加氢催化剂的作用下 SO_2 及 COS 等被加氢水解,还原为 H_2S。进入反应器的氢气量由流量调节器控制。进加氢反应器(R3701) 的尾气温度由 TIC702 调节阀控制。从尾气加氢反应器(R3701) 出来的尾气进入蒸汽发生器(E3702),经蒸汽发生器冷却至 170℃,同时蒸汽发生器壳层发生 0.3MPa 蒸汽,回收热量后的加氢尾气进入尾气急冷塔(T3701) 下部,与急冷水逆流接触,水洗冷却至 36℃,尾气急冷塔(T3701) 使用的急冷水用急冷水泵(P3701A.B) 自 T3701 底部抽出,经急冷水冷却器(E3703) 冷却至36℃后，返 T3701 循环使用，因尾气温度降低而凝析下来的急冷水送至酸性水汽提单元处理。为防止设备腐蚀，需在急冷水中注入氨，以调节 pH 值保持在 7～8。急冷降温后的尾气自塔顶出来进入吸收塔（T3702），用溶剂再生系统送来的胺液（15%的 MDEA 胺液）吸收其中的硫化氢，尾气吸收塔顶出来的净化气（总硫≤300μg/g）进入尾气焚烧炉（F3502）焚烧。在尾气焚烧炉 500℃

炉膛温度下，净化气中残余的硫化氢被燃烧为二氧化硫，剩余氢气和烃类燃烧成二氧化碳和水，自尾气焚烧炉出来的高温烟气再掺入冷空气混合降温至 300℃后由烟囱（S3501）排放。尾气吸收塔（T3702）使用后的富液用富液泵（P3702A.B）送返溶剂再生系统进行再生。

2.3 尾气回收原则流程

尾气回收原则流程图见图1。

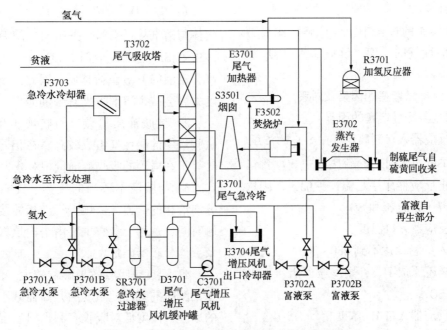

图 1　硫回收装置尾气回收系统工艺流程示意

3　影响生产运行的各种因素

3.1　影响加氢反应器床层温度的因素及对策

3.1.1　影响加氢反应器床层温度的因素及对策

（1）加氢反应器入口制硫尾气中 SO_2 的浓度

反应器进料中 SO_2 含量极限由催化剂床层允许最大温升决定，催化剂床层温升的允许范围是<120℃，为保证催化剂的使用寿命，通常床层温度应小于 400℃。当硫黄主炉配风大时，制硫尾气中 SO_2 含量超高，若按比例配氢，由于是放热反应，结果使加氢反应器床层温度超高。

（2）加氢反应器入口温度

为了使 S_8 和 SO_2 全部进行加氢还原反应为 H_2S，必须保证进入反应器的温度在 280～300℃范围内，这也是 COS 和 CS_2 全部水解为 H_2S 的必要条件，若反应器入口温度达不到 280～300℃，S_8 和 SO_2 就不能完全还原成 H_2S，床层温度会很低。

（3）加氢反应器入口 H_2 浓度

加氢反应器入口的配氢量，直接影响到床层温度。当制硫尾气中 S_8 和 SO_2 含量超高时，配氢量增大时，参与反应的 SO_2 量增大，放热量增大，结果床层温度升高。当制硫尾气中 S_8 和 SO_2 含量小或正常时，配氢小，床层温度低。同时配氢大，造成氢气浪费。

（4）加氢反应器入口、出口 O_2 浓度

克劳斯尾气中 O_2 组份与 H_2 还原反应生成水，导致尾气中还原组分减少，并且 0.1%（v）的 O_2 可使温升达 15℃，可导致反应器床层温度升高，且反应器出口出现没被还原的 SO_2。

3.1.2　应对策略

1）应正确配比克劳斯反应的风与酸性气的比值，控制制硫尾气中的 SO_2 浓度，在短时间内尾气中 SO_2 的允许最大浓度为 1%（v）。为保持较低的温升，在不降低总硫回收率的条件下，尽可能地降低制硫尾气中 SO_2 浓度，通常保持尾气中

H_2S/SO_2 比值在 3~6 范围内。

2）保证尾气加热器的入口中压蒸汽压力在 3.5MPa 和温度 400℃，控制好 TICR702，以保证尾气加热器的出口的制硫尾气在 300℃。

3）在正确配比克劳斯反应的风与酸性气的比值时，可通过定期分析净化气中的氢浓度数据，适时调整混氢阀，控制净化气中氢浓度稍高于正常值，为 3% 左右，保证制硫尾气中 SO_2 和 S_8 全部还原为 H_2S。

4）在连续操作的过程中，应正确配比克劳斯反应的风与酸性气的比值，反应器入口 O_2 浓度应控制在 0.4%（v）以下。

3.2 造成急冷塔堵塞的因素及对策

3.2.1 造成急冷塔堵塞的因素

（1）加氢反应器入口制硫尾气中 SO_2 的浓度

当硫黄主炉配风大时，制硫尾气中 SO_2 含量超高，若为防止反应器床层超温，少配氢，则反应器出口有没被还原的 S_8 和 SO_2。

（2）加氢反应器入口温度

若反应器入口温度达不到 280~300℃，S_8 和 SO_2 就不能完全还原成 H_2S，则反应器出口有没被还原的 S_8 和 SO_2。

（3）加氢反应器入口 H_2 浓度

加氢反应器入口的配氢量，直接影响到急冷塔的堵塞现象的发生。当制硫尾气中 SO_2 含量超高，保证了床层温度不超高，就有 S_8 和 SO_2 不能完全还原成 H_2S。当制硫尾气中 SO_2 含量小或正常时，配氢小，也有 S_8 和 SO_2 不能完全还原成 H_2S。

（4）反应器入口、出口 O_2 浓度

克劳斯尾气中 O_2 气组份与 H_2 还原反应生成水，导致尾气中还原组分减少，也有 S_8 和 SO_2 不能完全还原成 H_2S。

3.2.2 应对策略

1）这四种原因，在反应器中都有没有还原的 S_8 和 SO_2 存在，这部分气体到急冷塔后，在急冷水碱性环境下，会形成水溶性的聚硫化物（黄色）和连多硫酸盐，大量的 SO_2 将使 pH 值酸性，并且形成单质硫。急冷塔的急冷水将阻止 SO_2 穿透急冷塔到吸收塔，硫的积累将导致急冷塔填料、管线堵塞。

2）通过急冷塔的压力指示可及时判断填料堵塞与否。防止反应器出口出现 SO_2 的方法是调整反应器条件保持过量的氢，并优化克劳斯单元的操作。急冷水循环设立的过滤器，用于除去硫颗粒和铁锈。另外因急冷水的 pH 值降低，对 SO_2 的吸收量降低，对设备腐蚀增大，这时应补充液氨增大急冷水的 pH 值。

3.3 吸收塔中影响吸收效果的因素及对策

3.3.1 吸收塔中影响吸收效果的因素

1）胺液 H_2S 的吸收能力太小。在吸收塔底，气体与溶剂接近平衡，平衡相中的 H_2S 浓度与气体中 H_2S 的分压及溶剂中 CO_2 浓度有关，后者越高，富液的 H_2S 负荷越低。因此，吸收的 CO_2 浓度太高会减少溶剂吸收 H_2S 的能力。

2）贫胺液质量差。当胺液再生不充分时，贫胺液中的酸性气组成较高，在相同溶剂循环量时等于在塔顶的吸收溶剂量相对减少了。

3）与胺液不适当的接触。气相中酸性气组分向液相的传递，依赖于气液相的接触面积和接触时间，这两个参数主要由塔内填料高度、效率及液体分布器确定。

4）温度对吸收效果影响较大。由于 N-甲基二乙醇胺的碱性随温度的升高而减小，根据吸收的原理，温度低对吸收有利，但温度太低也不利于吸收，所以温度一般控制在一个最佳范围内，一般控制在 30~40℃。

5）贫液温度对吸收的影响较大。温度较低，胺液的吸收能力较大，对吸收有利，贫胺液的 H_2S 和 CO_2 的平衡分压较低，即净化气的酸性气浓度较低。适宜的贫液温度推荐为：25~40℃。

6）压力、胺液浓度及循环量对吸收效果的影响。吸收塔压力的提高，有利于吸收的进行。胺液浓度的改变不像期望的那么大，其理由是在溶剂中 H_2S/SO_2 浓度比恒定的条件下，随着胺液浓度的增加，气相中的酸性气分压也增加。另外，如果用数量较少的高浓度的胺液吸收相同数量的酸性气，吸收的放热量将胺液温度升得较高，这就导致胺液的酸性气分压相对增加，对吸收不利。

3.3.2 应对策略

1）稳定上游干气、液化气的操作，控制好闪蒸罐温度，减少入硫黄主炉酸性气中的烃含量，正确配比克劳斯反应的风与酸性气的比值。

2）稳定脱硫部分再生塔的操作，提高贫液质量。

3）应改善吸收塔内的构造，以提高气液相的接触面积及接触时间。

4）控制好急冷塔急冷水的入口温度在 40℃，及尾气出蒸汽发生器温度≤170℃，以保证急冷塔顶尾气出口温度约 40℃，并且应尽可能的低，其目的是使气体带入吸收塔的水尽可能的少，并且低温有利于吸收。

5）注意脱硫部分贫胺液冷却器的循环冷水入口温度，控制贫液温度 25~40℃。

6）由于尾气回收的特殊工艺，使进入吸收塔的气体只有 0.015MPa，而达不到更高的吸收压力，所以采取大的胺液浓度和循环量来保证对 H_2S 的吸收效果。胺液浓度一般控制在 15% 左右。胺液循环量一般在 10~15t/h。

4　总结

1）通过技术改进和相应问题的解决，达到了预期的设计效果。

① 在设备的优化运行方面取得了很好的效果。

由于尾气回收系统的开车，使硫黄过程气中的 H_2S 和 SO_2 得到了充分回收，避免了因焚烧过量的 H_2S 使尾气焚烧炉超温及烟道超温过热等现象。

② 在环境污染治理方面取得了很好的效果。

烟囱排放烟气中 SO_2 含量下降，在硫黄装置主炉配风适当的情况下，能满足国家环境保护局制定的（GB 16297—1996）标准<小于 960mg/m³ 的要求。

表 1 是 2004 年标定以来各月实测烟囱排放烟气中 SO_2 浓度。

表 1　烟囱排放烟气中 SO_2 浓度　mg/m³

时间	2004. 8	2004. 9	2004. 10	2004. 11	2004. 12	2005. 1	2005. 2
SO_2 浓度	132	132	377	248	321	639	349

③ 在资源的充分回收方面，硫黄产量每年增加 220t。

2）尾气回收系统存在的问题。

硫黄在线分析仪及尾气氢分析仪一直不能完好投用，在风量、氢量的控制上一直凭经验操作，有时造成制硫尾气中 SO_2 含量超标，配氢不准，加氢反应器超温，而采取氮气降温，造成氮气的巨大浪费及烟囱 SO_2 浓度超标。对于该问题目前正在积极解决中。

CLAUS+SCOT 工艺总硫回收率主要影响因素探讨

师彦俊

（中国石化镇海炼化股份有限公司炼油二部）

摘　要　硫黄回收装置是炼油化工行业的主要环保装置，总硫回收率高低直接关联到硫黄回收装置的运行水平，本文通过对镇海炼化公司两套 70kt/a 硫黄回收装置运行情况的考察分析，从多个方面讨论了 Claus+SCOT 工艺总硫回收率的主要影响因素。

关键词　硫黄装置　CLAUS SCOT　硫回收率　影响因素

1　前言

随着我国进口高硫原油比例的增加以及环保法则的日益严格，炼油化工行业中的硫黄回收装置显得愈加重要。在众多硫黄回收及尾气处理工艺中，荷兰 Comprimo 公司设计的常规 Claus + SCOT 尾气处理工艺较为理想，其硫回收率高达 99.9%，完全满足国家《大气污染综合排放标准》（GB 16297—1996）的排放要求。但由于该种工艺联锁多、自控程度高、操作难度大。如何提升国内硫黄装置的操作水平，提高常规 Claus+SCOT 尾气处理工艺的总硫回收率并消除环境污染，对硫黄回收装置来说至关重要。笔者从多个方面分析总结了 Claus+SCOT 工艺的总硫回收率影响因素。

2　工艺特点

1）装置采用二级常规 Claus 制硫加 SCOT 尾气净化工艺，其中 Claus 部分采用在线炉再热流程，SCOT 部分设还原加热炉和尾气焚烧炉，液硫池设脱硫化氢设施。

2）装置一级常规 Claus 反应器采用 Claus 反应催化剂。这种催化剂需具有超大孔结构，有利于反应物更容易到达活性中心并容易消除扩散限制，较低的 Na_2O 含量（低于 $2500\mu g/g$）有利于抗硫酸盐化。同时在第二 Claus 反应器中使用了抗氧催化剂，该催化剂含有铁盐促进剂，不仅具有常规氧化铝催化剂相同的 Claus 转化率，还可以避免"漏氧"造成的硫酸盐化。SCOT 还原反应器采用进口钴/钼（CR-534）催化剂，尾气净化部分

采用一定浓度的 MDEA 脱硫溶液。

3）在 SCOT 尾气处理部分，采用两种循环方式：吸收塔负荷低于 30% 时，经急冷塔和吸收塔的尾气利用增压机长循环，避免吸收塔漏液，保证吸收塔正常操作。在线风机入口负荷低于 60% 时，尾气进行短循环，避免风机发生喘振。

4）SCOT 反应炉通过扩展双比率交叉限位控制方案，使燃料气和空气在一定比例下次化学计量燃烧，加热炉既产生热量又能产生还原气，并通过急冷塔后的氢分仪在线监测和控制配风。

5）为了使尾气中的 H_2S 充分燃烧成 SO_2，同时为了最大限度地减少空气和燃料气的消耗以及 NO_x 的生成，焚烧炉采用三级配风的单交叉限位控制方案。

6）为了保证装置正常操作和较高的硫回收率，在二级 Claus 后设置 H_2S、SO_2 在线分析仪，在急冷塔后设置 H_2 在线分析仪，在急冷塔的工艺水中设置 pH 分析仪，在焚烧炉后设置 O_2 分析仪。

7）地下液硫池内的液硫采用 Shell 液硫脱气工艺，脱气后液硫中硫化氢含量 $<10\mu g/g$，脱气废气被蒸汽抽气器抽至焚烧炉焚烧。

3　主要影响因素分析

镇海炼化两套 70kt/a 的硫黄回收装置分别于 1999 年 6 月、2001 年 8 月投产，皆采用 Claus + SCOT 尾气处理工艺，总硫转化率高为 99.9%，其中 Claus 部分为 93.6%，SCOT 部分为 6.3%，操作弹性为 30%~105%，每天可生产优等品硫黄

200t。硫黄回收装置的总硫回收率影响因素主要有以下几点：

3.1 燃烧炉配风量的影响

根据 Claus 制硫原理，主燃烧炉中所需的空气量是燃烧酸性气进料中烃所需空气量和燃烧三分之一硫化氢所需的空气量的总和，只有进炉空气量与进料中烃和 1/3 的硫化氢总量相匹配，保证过程气中 $H_2S : SO_2 = 2 : 1$，硫黄回收装置才能获得最大的硫回收率。

我们作以下计算来说明配风量的多少对硫转化率的影响程度（假设转化的单质硫完全被回收）。设有 6mol 的硫化氢，其中 2mol 硫化氢与氧气反应，生成了二氧化硫，根据 Claus 原理，发生以下反应：

$$2H_2S + 3O_2 \longrightarrow 2SO_2 + 2H_2O \qquad (1)$$
$$4H_2S + 2SO_2 \longrightarrow 6S + 4H_2O \qquad (2)$$

由式（1）、（2）可知，2mol 硫化氢与 3mol 的氧气生成 2mol 二氧化硫，这 2mol 二氧化硫与剩下的 4mol 硫化氢正好以 1:2 的最佳比例完全反应，6mol 的硫化氢总共生成 6mol 的单质硫，此时的硫回收率应为最大值。

当氧气与硫化氢的配比不合适时，如氧气不足（少 1mol），即供硫化氢反应的氧气只有 2mol，则由反应式（1）可得出：

$$4/3H_2S + 2O_2 \longrightarrow 4/3SO_2 + 4/3H_2O \qquad (3)$$

生成的 4/3mol 的二氧化硫依反应式（2），可表示如下：

$$8/3H_2S + 4/3SO_2 \longrightarrow 4S + 4/3H_2O + 2H_2S \qquad (4)$$

式（4）及式（2）比较可以看出，少提供了 1mol 的氧气，则会少回收 2mol 的硫黄，6mol 的硫化氢经反应只回收了 4mol 单质硫，硫回收率为 67%。

当氧气过量（如多 1mol），即提供 4mol 氧气与 6mol 的硫化氢反应，根据反应式（1）可以得出以下关系：

$$8/3H_2S + 4O_2 \longrightarrow 8/3SO_2 + 8/3H_2O \qquad (5)$$

剩下 10/3mol 的硫化氢按反应式（2），表示如下：

$$10/3H_2S + 5/3SO_2 \longrightarrow 5S + 4/3H_2O + SO_2 \qquad (6)$$

式（6）及式（2）比较可以看出，多提供 1mol 的氧气，则会少回收 1mol 的硫黄，6mol 的硫化氢经反应只回收了 5mol 单质硫，回收率为 83%。

可见，要获得最高的总硫回收率，必须提供适当的空气量，使得 H_2S 与 SO_2 的比值始终维持在 2:1，多于或少于该空气量，都会导致硫回收率不同程度的降低。从以上计算我们还可以看出，燃烧炉中氧气量不足比氧气量过剩对装置硫回收率的影响要明显，硫回收率与燃烧炉空气量的关系见图 1。

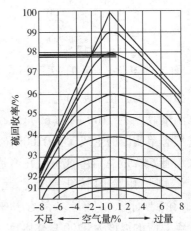

图 1　硫回收率与燃烧炉空气量的关系曲线

从图 1 中可以看出，在有三级转化器 Claus 装置中最大硫回收率为 98%，燃烧空气每不足 1%，将使硫回收率下降 0.2%；而每过量 1% 的燃烧空气，则硫回收率下降 0.1%。所以对于常规 Claus 装置，空气量不足要比空气量过剩对硫回收率影响大，这与以上计算结果是相吻合的。

在操作过程中我们还可以发现，不合适的空气量进入燃烧炉不但影响到硫回收率，还会带来其他异常情况。若空气量太少的话，可能造成催化剂床层积炭、管道堵塞甚至还会出现黑硫黄；空气量过多，易造成 Claus 催化剂硫酸盐化而失去活性，而且过多的 SO_2 带入了 SCOT 床层还会造成 SCOT 反应器超温，甚至击穿反应器床层导致急冷水酸化、除沫丝网堵塞，影响 SCOT 部分的正常运行。

3.2 燃烧炉温度

酸性气经过预热后直接进入燃烧炉，发生 Claus 反应，具体反应方程如下：

$$H_2S + 3/2O_2 \longrightarrow H_2O + SO_2 \qquad (7)$$
$$2H_2S + SO_2 \longrightarrow 2H_2O + 3/2S_2 \qquad (8)$$

燃烧炉中发生的 Claus 反应是吸热反应，升高温度有利于气态单质硫的生成，具体反应趋势如图 2 所示：

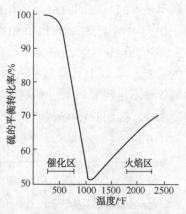

图 2　硫转化率与温度的关系曲线

图 2 为硫平衡转化率(%)与温度(℉)关系曲线图。在温度高于约 1100℉时(600℃),升高温度会促进气态单质硫的生成,在 2200℉(1200℃)左右时大约有 65%的总硫生成。但并不是温度无限升高,燃烧炉中硫的转化率就会无限接近 100%,如图 2 所示火焰区最多有约 78%的总硫生成,此点对应的温度为 2700℉(1482℃)。如温度继续升高,反应炉中也不再会有过多的硫黄生成,反而会对设备的安全运行带来危害,所以我们必须确保反应炉温度控制在 1100～1350℃之间,在环境温度过低或装置负荷不足,导致反应炉温度偏低时,则采用投用空气预热器和补充瓦斯的方法提高反应炉温度,以确保反应炉中的平衡转化率。

3.3　反应器温度

燃烧炉中温度一般控制在 1250℃左右,有约 65%的气态单质硫生成(如图 2 所示),经冷却捕集成液硫进入液硫池,未反应的 H_2S、SO_2(约含有 35%的硫)继续在催化区反应。因此,控制好 Claus 反应器入口温度,使催化剂活性得以充分发挥,对提高硫转化率也是很重要的。反应器催化剂床层上主要发生 Claus 反应与 COS、CS_2 的水解反应,其中发生的 Claus 反应是放热反应,而水解反应是吸热反应。

从图 1 中可以看出,"催化区"的反应温度只要足够低,Claus 反应就可以很高的转化率进行,甚至接近于 100%,但过低的反应温度却会带来液态硫析出催化剂失活及 COS、CS_2 水解率过低的不利情况。为此,一级 Claus 反应器入口温度常控制在 220～250℃之间,床层温度维持在 300℃左右,在这样的条件下硫转化率为 65%,

COS、CS_2 的水解率为 50%～60%。二级 Claus 反应器为了维持高的硫转化率,反应器入口温度控制在 200～230℃之间,床层温度维持在 210℃左右,这样 H_2S 与 SO_2 硫转化率高达 70%,但由于二级床层温度控制较低,剩余的 COS、CS_2 在其中基本不发生水解反应,继而在 SCOT 反应器中完全水解。

3.4　SCOT 反应器的投用效果

在 Claus 部分操作正常的情况下,Claus 尾气中会有约 6.3%的含硫化合物带入 SCOT 部分,因此,SCOT 反应器的加氢还原程度以及催化剂床层温度控制的高低直接影响到这一部分的硫转化率。

Claus 尾气是经过 SCOT 炉加热混合后进入 SCOT 反应器,在催化剂床层上主要发生加氢还原与 COS、CS_2 的水解反应。

SCOT 反应器床层温度是通过改变流入 SCOT 反应炉的燃料气量来控制的。SCOT 炉内燃料气和空气是按一定比例实现轻度燃烧,既产生热量又能产生还原气,因此对燃料气和空气的配比有十分严格的要求,尤其在燃料气组分发生变化情况下。为此我们采用了一个扩展双比率交叉限位控制方案,这个控制方案可以使燃烧点高于一个设定的低配比和低于一个设定的高配比,从而达到理想的配比,并通过急冷塔后的氢分仪监测控制,通常 SCOT 反应器出口尾气中氢含量应多出 3%～5%(v/v),以保证加氢还原程度。一般控制 SCOT 反应器入口温度为 270～300℃之间,床层温度要高于 300℃,使 Claus 尾气中的 S_8 与 SO_2 完全还原成 H_2S,同时 COS、CS_2 也在较高温度下近乎完全水解 H_2S,所产生的 H_2S 经水洗降温后对其进行脱硫处理。

操作控制过程中我们也应注意观察 SCOT 床层压降,该压降一般与装置负荷相关联,如 SCOT 床层压降异常增加,则可能是 SCOT 反应炉的配比不合适,使得床层积炭,压降增加,严重时会导致 SCOT 部分停工,影响到 SCOT 部分 6.3%的硫回收率。

3.5　COS、CS_2 含量的影响

原料气的进料中不可避免的会含有烃与二氧化碳(进Ⅳ硫黄装置酸性气中 CO_2 含量达 75%左右),燃烧炉中这两种物质的存在则会导致有机

硫 CS_2 与 COS 的生成，而且 CS_2 与 COS 都是随着原料气中的烃类与二氧化碳含量的增加而增加[1]，反应方程如下：

$$CH_4+2S_2 \longrightarrow CS_2+2H_2S \qquad (9)$$

$$H_2S+CO_2 \longrightarrow COS+H_2O \qquad (10)$$

只有 CS_2、COS 在催化剂床层中完全水解为 H_2S，这部分硫才得到有效的回收，反应方程如下：

$$CS_2+2H_2O \longrightarrow CO_2+2H_2S \qquad (11)$$

$$COS+H_2O \longrightarrow CO_2+2H_2S \qquad (12)$$

以上水解反应是吸热反应，催化剂床层温度越高越有利于 H_2S 的生成。在 Claus 反应器中为保证 CS_2 与 COS 高的水解率及 Claus 反应高转化率(放热反应)，一级 Claus 反应器床层温度控制在 300℃以上，二级 Claus 反应器床层温度控制在 220℃左右，CS_2、COS 水解率在一级 Claus 反应器中可完成 60%~70%，二级 Claus 反应器床层温度由于较低，其中基本不发生水解反应，因此，必须保证 SCOT 反应器床层温度在 300℃以上，以使剩下未水解的 CS_2、COS 能近乎 100% 完全反应。

如果 CS_2、COS 在 SCOT 反应器中没有得到完全水解，由于 MDEA 溶剂对它们没有明显的吸收作用[2]，这部分硫经过焚烧后会通过烟囱直接排空，造成了硫资源的浪费。

3.6　胺液的选择及吸收效果

SCOT 尾气净化工艺的核心部分在于溶剂脱硫部分。

吸收塔进料中约有 85% 的 N_2、2% 左右 H_2S、10% 以上的 CO_2 以及微量 CS_2 与 COS，合理选择溶剂，对 H_2S 进行选择吸附是极其重要的。表 1 列出胺的主要吸收特性[2]。

表 1　胺的主要吸收特性

分类	胺	分子结构（R 为取代基）	主要吸收特性
伯胺	单乙醇胺（MEA）	R—N—H ｜ H	CS_2、COS 易与 MEA 反应造成溶剂损耗，同时使 MEA 具有腐蚀性，易吸收 CO_2 与 H_2S
仲胺	二乙醇胺（DEA）二异丙醇胺（DIPA）	R—N—R ｜ H	吸收 H_2S、CO_2 受条件限制，反应热较高

续表

分类	胺	分子结构（R 为取代基）	主要吸收特性
叔胺	甲基二乙醇胺（MDEA）	R—N—R ｜ CH_3	对 H_2S 的选择性吸收高于 CO_2，与 CS_2、COS 几乎不反应，和氧气接触则会形成腐蚀性酸

由表 1 可看出，MDEA 在 CO_2 与 H_2S 同时存在的情况下，更易吸收 H_2S 的特性正是我们所希望的，MDEA 溶液对 H_2S、CO_2 的主要吸收机理如下：

吸收 H_2S：

$$R_2NCH_3+H_2S \longrightarrow R_2NH+2CH_3+HS^- \qquad (13)$$

吸收 CO_2：

$$CO_2+H_2O \longrightarrow H^+ +HCO_3^- \qquad (14)$$

$$R_2NCH_3+H^+ \longrightarrow R_2NH+CH_3 \qquad (15)$$

MDEA 溶液对 H_2S、CO_2 的主要反应均为可逆反应。在吸收塔中上述反应的平衡向右移动，尾气中酸性组分被吸收；在再生塔中则平衡向左移动，溶剂解吸出酸性组分得以再生。

从反应方程可以看出，MDEA 溶液对 H_2S、CO_2 在吸收机理有很大的区别：H_2S 与醇胺间的反应是质子传递反应，受气膜控制，反应瞬间即可达到平衡；而由于叔醇分子的氮原子上没有多余的氢原子，无法与 CO_2 反应形成氨基甲酸盐，CO_2 必须在有水参与的条件下才能与醇胺反应(反应 14)，反应速率很慢，受液膜控制。正是这种在反应速度上的巨大差别构成了 MDEA 溶液选择性吸收 H_2S 的基础。

虽然 MDEA 溶液可以对 H_2S 进行选择吸附，但对 H_2S 吸收效果的影响因素仍有很多，如反应温度、系统压力、停留时间、贫液贫度，另外还有胺液自身的浓度、流速也对其有影响，每个变量的相互影响又构成了一个复杂的体系，如果这些控制条件中有一个失控，就会明显影响到吸收效果。一般要求 H_2S 在尽可能多吸收的前提下，减少对 CO_2 的吸收量，那就应该在尽可能少的理论平衡塔板数并在较低温度下操作吸收塔，因为减少接触时间和降低温度都可导致气体中的 CO_2 逸出量增加，而且较低的吸收塔操作温度、较低的贫液贫度也可提高对 H_2S 的溶解能力。如果 MDEA 溶液中溶解了过多的 CO_2，不但会使再生塔的能耗增加，也会影响到 Claus 部分的正常操作，降低装置的总硫回收率。

4　结论

虽然，Claus+SCOT 尾气处理工艺成熟，硫转化率高，但其自控程度高、操作难度大，操作不稳会造成极大的硫资源浪费，对环境也带来不利影响。要提高装置的总硫回收率应主要在以下几个方面加以注意：

1）及时调整气风比，使进燃烧炉的空气量与进料中的烃和硫化氢含量相匹配；

2）根据装置负荷与环境温度正确控制主反应炉温度；

3）严格控制 Claus、SCOT 反应器床层温度，并注意消除 CS_2 与 COS 所带来的不利影响；

4）理解 MDEA 吸收机理，了解吸收效果的影响因素，提高溶剂的吸收能力。

影响 Claus+SCOT 工艺总硫回收率的因素很多，不但受到自身条件限制，也有许多外在的影响因素，一旦操作不当，则会影响全局。岗位人员有必要对整个工艺的关键技术特点及溶剂吸收机理进行了解，以便在工况变化时，能正确采取调节措施，这对装置提高总硫回收率是很有帮助的。

参 考 文 献

[1] 胡文宾，张义玲. 硫黄回收装置存在的主要问题分析[J]. 气体脱硫与硫黄回收，2004，1：22-24.
[2] 王淑兰. MDEA 和有机硫化物之间的反应与脱除[J]. 气体脱硫与硫黄回收，2002，1：1-5.

大型国产化硫黄装置运行与改造

刘玉法

（中国石化齐鲁分公司胜利炼油厂硫黄车间）

摘　要　介绍中国石化齐鲁分公司胜利炼油厂 80kt/a 硫黄回收装置的工艺原理和最近几年的运行状况，对该装置技术改造情况进行了总结，论述该装置存在的问题及采取的相应措施。目前该装置运行稳定，各项指标均达到设计要求，净化气排放合格。

关键词　大型制硫　国产化　瓶颈　改造效果

1　前言

随着原油加工量的增加和原油硫含量的升高，大型制硫装置越来越多。齐鲁分公司胜利炼油厂是国内加工高硫高酸原油的主要炼油装置，因此建造大型的制硫装置对其全局生产来说，具有重大意义。胜利炼油厂 80kt/a 硫黄回收及尾气处理装置成套技术开发是中国石化集团公司"十条龙"攻关课题之一，主要设备是自行设计、制造和安装的国产化装置，该装置代表了国内较先进的硫黄回收处理水平。装置于 2000 年 11 月 1 日一次开车成功，经过 5 年多时间的开车运行，目前硫黄装置运行良好，产品质量稳定，实现满负荷生产，尾气系统控制平稳，净化气质量远远低于国家排放标准，大型硫黄回收及尾气处理成套技术开发圆满完成。

2　工艺原理和主要设计特点

2.1　工艺原理及流程

制硫装置的生产是根据 Claus 工艺原理，即来自上游装置的酸性气进入制硫装置的酸性气燃烧炉，在一定配风量的情况下，酸性气中的 H_2S 燃烧生成 SO_2 和单质硫，其中酸性气燃烧炉的配风量按 1/3 的 H_2S 完全燃烧生成 SO_2 和其中的烃完全燃烧生成 CO_2。其反应如下：

1）H_2S 和烃在高温下和 O_2 发生燃烧反应：

$$2H_2S+3O_2\longrightarrow 2SO_2+2H_2O$$

$$2H_2S+O_2\longrightarrow 2S+2H_2O$$

$$2C_nH_{2n}+3nO_2\longrightarrow 2nCO_2+2nH_2O$$

2）H_2S 和 SO_2 在催化剂的作用下低温反应生成单质硫，其反应方程式如下：

$$2H_2S+SO_2\longrightarrow 3S+2H_2O$$

制硫装置来的硫黄尾气中所含少量的 CS_2、COS、SO_2、S 在加氢催化剂的作用下，加氢或水解转化成 H_2S，在装有甲基二乙醇胺（MDEA）溶液的吸收塔中，其中的 H_2S 被胺液吸收，吸收 H_2S 后的甲基二乙醇胺经再生塔，H_2S 被汽提出来，MDEA 溶液汽提出 H_2S 后继续循环使用。再生出的 H_2S 送入制硫装置；硫黄尾气中的 H_2S 被 MDEA 吸收，吸收后净化气焚烧后排放。其反应机理如下：

3）在加氢反应器中：

$$SO_2+3H_2\longrightarrow H_2S+2H_2O$$

$$S+H_2\longrightarrow H_2S$$

$$CS_2+H_2O\longrightarrow H_2S+CO_2$$

$$COS+H_2O\longrightarrow H_2S+CO_2$$

4）在 H_2S 吸收塔中：

$$R_2N—CH_3+H_2S\longrightarrow [R_2NH—CH_3]\cdot HS$$

5）在再生塔中的反应：

$$[R_2NH—CH_3]\cdot HS\longrightarrow R_2N—CH_3+H_2S$$

齐鲁分公司胜利炼油厂 83kt/a 硫黄回收及尾气处理工艺流程如图 1、图 2。

2.2　主要工艺设计特点

1）胜利炼油厂 80kt/a 硫黄回收装置是 SSR 工艺首次在大型硫回收装置上应用，该工艺最大

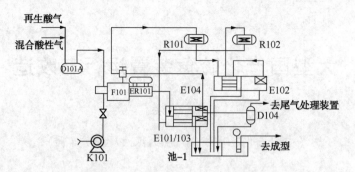

图1 83kt/a二硫黄装置硫黄回收工艺流程

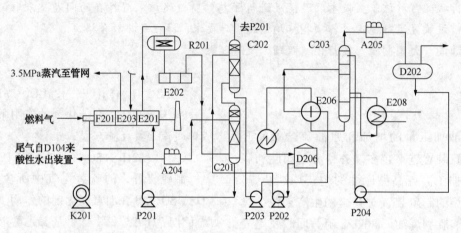

图2 83kt/a二硫黄尾气处理装置工艺流程

特点是取消了结构和控制复杂的加氢反应炉。

2）制硫余热炉设计为中压烟管锅炉，充分利用制硫燃烧炉的高温热源，发生3.5MPa蒸汽，并经净化气焚烧炉的高温烟气加热至450℃变为过热蒸汽送入3.5MPa蒸汽管网。

3）一级转化器的入口温度由高温掺合阀自动控制，调节灵活，结构简单；二级转化器的入口温度由过程气换热控制，减少了进入二级转化器过程气中单质硫的含量，有利于提高H_2S的转化率。

4）进制硫燃烧炉的酸性气和空气采用比值调节，在最后一级捕集器出口设置了H_2S/SO_2在线分析仪，保证了硫黄尾气中的H_2S/SO_2的比例接近2∶1。尾气设有氢气分析仪和pH值在线监测仪。

5）一级、三级冷凝器为组合式，共用一个壳程，减少了控制调节回路。尾气急冷塔和尾气吸收塔重叠组合为一体，冷捕合一，节省了占地面积和投资。

6）产品硫收集在一低位的硫坑内，减少了排污，采用蒸汽盘管保温使硫维持液态。

7）尾气急冷塔急冷水和尾气胺液解吸塔顶回流全部采用空冷，降低了能耗。

3 开工运行情况

3.1 酸性气反应炉运行状况

在Claus硫黄回收装置中，燃烧炉是一台关键的主设备。制硫生产中最怕发生炉体倒塌等事故，因为炉体损坏后的降温、维修、烘炉时间很长，大量酸性气将长时间无法得到处理。80kt/a硫黄回收装置根据原40kt/a硫黄回收10多年的运行经验，在炉体结构上进行了改造。胜利炼油厂80kt/a硫黄回收装置的炉体结构为：耐火层改为槽式大型砖（单砖重量30kg）；保温钉密度加大，并且保温钉的长度、材质、形状都做了改进。实践证明：这种改进能保证炉径较大的酸性气燃烧反应炉的长周期运转。经过5a多的运转，酸性气反应炉炉体结构完好，未出现塌陷、变形等损坏现象。开创了H_2S燃烧炉长周期运行新水平。

3.2 催化剂的使用状况

催化剂使用情况如表1所示。

表 1　LS-951、LS-300、LS-971 工业催化剂的物化性质

项　目	LS-811	LS-971	LS-95-1
外观/mm	$\phi 4\sim 6$ 白色球状	$\phi 4\sim 6$ 红褐色球状	$\phi 5\sim 100$ 三叶草条
比表面积/(m^2/g)	319	279	312
堆密度/(kg/L)	0.72	0.81	0.65
平均压碎强度/%	155	142	292
磨损率/%	0.15	0.12	
主要成分	Al_2O_3	Al_2O_3	Al_2O_3
助催化剂		A+B	钴钼成分

80kt/a 硫黄回收及尾气处理装置在催化剂的选用上，2000 年 10 月首次装剂大批量使用了"齐鲁石化研究院科力技工贸实业公司"生产的新型产品 LS-971 脱"O_2"保护型催化剂、LS-300 催化剂和 LS-951 加氢还原催化剂。LS-971 高活性和脱 O_2 保护硫黄回收催化剂，可使 Claus 过程气中的"漏 O_2"含量减少。LS-951 硫黄尾气加氢催化剂于 80kt/a 硫黄回收尾气加氢装置上的应用表明：其具有较强的工艺适应性，具有密度小、比表面积大、孔体积大、活性高和压降小等优点。该催化剂运行 5a 后，使用效果仍然良好。

3.3　在线仪表及连锁运行状况

900ADA 型分析仪是由加拿大"AMETEK 工艺分析仪表部"引进的 H_2S/SO_2 在线分析仪。其测量原理是基于 H_2S/SO_2 两种气体有其对应紫外光的特殊吸收光谱特性，由镍蒸汽灯或镉蒸汽灯来产生特定的单色光谱带用来检测 H_2S/SO_2。在近 4a 多的使用过程中，发生了两次硫凝结堵塞引出管的事故，都于短时间内在线解决了；还发生了一次控制板烧坏的事故，因为需要进口配件，用了半年的时间才维修好，目前又因取样电机故障缺少配件停用。总体上，900ADA 型分析仪数据指示准确，操作员可连续地根据其指示调整操作。另外，加氢反应器出口 H_2 含量和含硫污水 pH 值的在线分析仪表，使用效果都很好。80kt/a 硫黄回收装置原设计有硫黄自保（SV501）、尾气自保（SV502）的连锁装置，使用良好。现阶段，含硫原油加工量大，胜利炼油厂 80kt/a 硫黄回收装置需启用两台风机，才能满足供风需求。在运行中，若其中一台风机自停，会发生酸性气倒串入风线，引发酸性气泄漏、甚至爆炸着火的恶性事故。因此，在 2001 年 5 月的"填平补齐"项目中，增加了风机出口连锁阀，连锁启动条件是"单台风机停运"，连锁结果是"所对应的风机出口阀自行关闭"，从而消除了一大隐患。

3.4　高温掺和阀的运行状况

高温掺合阀使用寿命的问题，是制硫装置经常遇到的一个难题。因为高温掺合阀直接与 1250℃ 的高温气接触，易发生阀芯高温腐蚀烧结的状况，从而使反应器的温度失控。胜利炼油厂 80kt/a 硫黄回收装置，针对高温掺合阀阀芯的高温腐蚀，将实心阀芯改造为空心阀芯，阀芯材质改用 CrMoV 高温钢，内部接入了脱氧水循环冷却，运行至今效果较好，满足了装置长周期运行要求。在操作中要特别注意，阀芯冷却水应该保证供应稳定，若冷却水中断，在线不得冒然加水，否则会损坏阀芯。

3.5　SSR 工艺在大型硫黄回收装置的应用

SSR 工艺利用焚烧烟气余热加热制硫尾气，达到加氢反应的温度。与常规的 SCOT 尾气处理工艺相比，取消了 SCOT 工艺中的在线加热炉，流程如图 3。

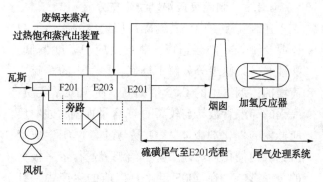

图 3　80kt/a 硫黄回收装置 SSR 工艺流程示意
注：F201—尾气焚烧炉；E203—中压蒸汽过热器；E201—气-气换热器

胜利炼油厂 80kt/a 硫黄回收装置是 SSR 工艺首次在大型硫回收装置上应用。尾气加热器采用方式为气-气换热器，最初选用的是工艺较先进的热管换热器，但该设备本体设计制造缺陷较严重，已于 2002 年更换为列管换热器。SSR 工艺技术已经在大型硫回收装置中成功运行 5a 多的时间，表明该工艺利用自身余热作热源，开停工灵活、完全满足尾气加氢反应温度要求，对减少投资、节省能源、降低运行费用非常有利。

3.6　能耗情况

目前炼油厂 3 套硫黄回收装置能耗对比如表

2 所示。

表 2　3 套硫黄回收装置能耗(标油)数据对比

kg

时间	10kt/a 装置	80kt/a 装置	40kt/a 装置
2004-03	135.28	-60.63	197.51
2004-04	137.64	-88.3	160.23
2004-06	133.85	-51.35	217.34
2004-07	136.2	-48.57	189.48
2004-11	131.24	-54.89	224.99
2004-12	132.7	-17.07	178.92

从表 2 可以看出,胜利炼油厂 80kt/a 硫黄回收装置能耗数据远远低于其他两套硫黄回收的数据,这与设计的节能思路是分不开的:①中压锅炉所产中压蒸汽(设计值为 21t/h)对该装置的能耗数据起重要的作用;②SSR 工艺的采用,不仅大大降低了电耗,而且使 H_2 耗大大降低;③空冷的采用,大大降低了循环水的用量。

4　存在问题及改造情况

4.1　存在问题及原因分析

4.1.1　制硫反应炉燃烧不充分

在制硫装置中,若制硫反应炉内的酸性气与风混合不好,则会造成:制硫反应炉温度偏低,酸性气中某些组分分解不彻底;尾气中的总硫负荷增加;烟气中的 O_2 含量偏高,使 MDEA 变质;废锅的高温管板易与较高的 O_2 含量加剧腐蚀;反应器内的催化剂载体 Al_2O_3 易与过多的 O_2 生成硫酸铝,使催化剂活性下降,给装置运行带来极大的负面影响。在 2005 年 4 月以前的生产中,胜利炼油厂 80kt/a 硫黄回收的制硫反应炉 F101 为进口的烧氨火嘴,炉温平均温度在 1100℃左右,过程气中的 O_2 含量在 4%左右,加氢完后的过程尾气中 H_2S 含量在 1.5%左右,贫胺液颜色发黑,说明酸性气反应炉内酸性气与风混合不够充分。经过分析,原炉子火嘴采用酸性气旋转、空气平流的方式,存在缺陷,致使反应炉空间未充分利用,废锅管板负荷分布不均,炉子过程气停留时间短,有害组分分解不够彻底。

4.1.2　尾气处理系统能力偏小

胜利炼油厂 80kt/a 硫黄回收装置投产后负荷较低,尾气处理系统能力不足的矛盾被掩盖了,但随着装置的处理量提高,尾气处理系统能力不足的问题暴露出来,在大负荷的情况下,胺液再生塔 C203 的循环量无法提到设计的一半,若一味提高负荷,则 C203 出现拦液、冲塔,严重时造成胺液从塔顶大量跑损,所以不得不降量维持运行。胺液再生效果大打折扣,贫液不贫,而尾气吸收效果也随之大大下降,净化尾气中总硫一直不达标,形成了恶性循环。分别对再生塔的内构件、MDEA 入口、重沸器返回线进行了改造,包括全部换剂,但见效甚微。通过设计核算得出结论,再生塔 C202、C203 设计偏小。

4.1.3　E201 管程易结盐堵塞

胜利炼油厂 80kt/a 硫黄回收尾气处理装置的 E201 原设计为热管式换热器,在实际操作中由于使用条件苛刻、操作弹性小、设备质量差,2002 年更新为列管式换热器,但是 E201 投用后不久就出现堵塞导致系统压力升高的情况,而且有愈演愈烈之势,有时运行 3 个月左右就需停工处理。经分析,E201 的堵塞原因如下:①与 F101 的燃烧不好有着直接的关系,未能分解的氨及氮氧化物在有氧及一定温度的条件下,容易生成较为稳定的硫酸铵。②与尾气处理装置设计偏小也有很大的关系,系统中的 O_2 成分与净化气中较高的总硫成分在一定条件下可以生成硫酸铁盐。

综上所述,矛盾可以集中于两点:一是如何解决 F101 的燃烧问题,二是提高尾气处理能力。

4.2　F101 及尾气处理系统改造情况

4.2.1　F101 的改造

2004 年 10 月检修,F101 增加一道花墙。2005 年 4 月检修中,对 F101 燃烧器进行了改造,风道内沿轴向增加导向叶片 10 片均布,斜度 20°角,风道出口火盆前加导向锥。目的是为了加强酸性气与空气的旋转混合,保证酸性气与空气在炉膛内有足够的停留时间,使反应尽可能地完全。2004 年 9 月改造前,F101 炉膛温度一般在 970℃,2005 年 4 月改造后炉膛温度一般在 1150℃,两次改造前后对比温升约 80℃。过程气中 O_2 含量降到了 3%左右,MDEA 系统运行相对平稳。并且对于提高硫收率,降低高温气流对废热锅炉高温管板的直射都起到了一定的作用。F101 火嘴和炉膛结构改造后,酸性气、空气混合充分，燃烧质量较好，火焰稳定，燃烧温度有一定提高，对于提高 F101 温度、降低 MDEA 溶液变质、减少废锅高温辐射、降低废锅高温腐蚀、减少 E201 管束结盐和提高催化剂寿命具有较为积极的作用。

4.2.2　尾气处理系统的改造

1）C203 改造，整体换塔，改造的情况如表3。

表3　C203 改造前后情况对比

项　目	旧　塔	新　塔
筒体直径/mm	φ1800	φ2400
浮阀数/个	256	320
塔体高度/m	25	30
降液方式	单溢流	双溢流
重沸器抽出口	DN200（1个）	DN300（2个）
重沸器返回口	DN400（1个）	DN600（2个）
MDEA 入口	第15/19层	第21/24层

2）C202 改造，整体换塔，换塔后的情况如表4。

表4　C202 改造前后情况对比

项　目	旧　塔	新　塔
筒体直径/mm	φ2400	φ2600
塔体高度/m	12	19
塔盘型式	填料	浮阀

3）C203 重沸器改为双重沸器，E208/A 为新加重沸器，E208/B 为利旧重沸器。

4）增加贫富液换热器 E206/CD，增加贫液冷却器 E207/C，C201 急冷水经过空冷 A204 后增加后冷器 E210，再生酸性气经过空冷 A205 后增加后冷器 E209。

5）SR201、SR202 更换为以色列 Amiad 生产的自动清洗过滤器。该过滤器采用时间、压差、连续和手动 4 种控制方式，控制功能丰富，实现了在线自动过滤，使用一段时间以来，胺液及酸性急冷水中的杂质明显减少，贫液颜色透亮，没有以前发黑的现象。

4.2.3　尾气处理系统改造前后效果对比分析

开工前后贫液质量及净化气总硫对比。前后各 10 组数据，选每周一、三、五 8：00 数据。分析方法相同。改造前后分析数据分别如表5、表6和图4所示。

表5　改造前胺液及净化尾气分析数据

日　期	酸气量/(m³/h)	胺液循环量/(t/h)	C202 总硫/(μg/g)	H₂S/(g/L) 贫液	H₂S/(g/L) 富液
2005-02-28T08：00	6581	60	500	5.74	9.02
2005-03-02T08：00	7030	60	800	5.65	9.53
2005-03-04T08：00	6881	60	800	4.62	9.45
2005-03-07T08：00	5136	59	1000	5.89	9.85
2005-03-09T08：00	6663	60	1600	5.48	9.36
2005-03-11T08：00	6306	62	800	5.85	9.96
2005-03-14T08：00	7308	66	1000	9.54	9.71
2005-03-16T08：00	6147	67	800	5.79	7.67
2005-03-18T08：00	6156	64	2000	6.09	9.70
2005-03-21T08：00	4398	62	1200	5.75	9.87
均值		62	1050	6.04	9.41

表6　改造后胺液及净化尾气分析数据

日　期	酸气量/(m³/h)	胺液循环量/(t/h)	C202 总硫/(μg/g)	H₂S/(g/L) 贫液	H₂S/(g/L) 富液
2005-04-20T08：00	5649	113	500	1.23	1.3
2005-04-22T08：00	5628	102	400	0.85	4.17
2005-04-25T08：00	5060	95	200	0.68	5.36
2005-04-27T08：00	5341	93	400	0.75	4.43
2005-04-29T08：00	5200	80	400	0.81	4.34
2005-05-09T08：00	5567	83	0	0.58	5.53
2005-05-11T08：00	5710	80	70	0.48	4.35
2005-05-13T08：00	5886	86	10	0.48	4.69
2005-05-16T08：00	5339	84	10	1.36	7.82
2005-05-18T08：00	5923	79	40	0.72	4.77
均值		89.5	203	0.79	4.68

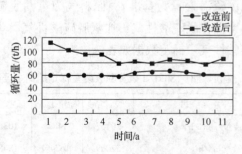

图4　改造前后胺液循环量对比

改造后胺液循环量有大幅度提高，开工前只能在 70t/h 以下运行，改造后可提到 150t/h。开工后，根据尾气负荷，胺液循环量逐步稳定在 80~100t/h。贫液再生效果提升明显，贫液 H₂S% 含量从 6.04g/L 降至 0.79g/L。净化气总硫达标，

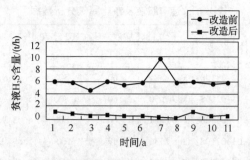

图5　改造前后贫液 H_2S 含量对比

吸收塔出口总硫从 1050μg/g 降至 203μg/g(比色管法)。6月1日、2日、3日，微库仑法连续分析了 C202 出口净化气总硫，数据分别为 20mg/m³、24mg/m³、22mg/m³。E201 运行大半年时间以来，管束未发生结盐现象。改造前后胺液循环量对比如图4，贫液 H_2S 含量对比如图5，C202净化气总硫对比如图6。

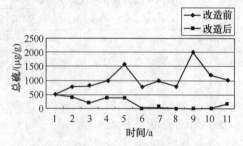

图6　改造前后 C202 净化气总硫对比

4.3　尾气处理系统改造后标定情况

胜利炼油厂 80kt/a 硫黄回收装置在 F101 火嘴及尾气改造完毕后，于 2005 年 11 月份进行了标定。装置标定期间，处理负荷接近 100%(以原料气中硫潜含量为基准)，原料气为重油脱硫酸性气、催化脱硫酸性气、加氢脱硫酸性气、焦化脱硫酸性气。标定数据如表7。

表7　胜利炼油厂 80kt/a 硫黄回收装置标定期间主要数据

项　　目	设计值	标定Ⅰ组	标定Ⅱ组
酸气流量/(m³/h)	10767	9482	10364
空流量/(m³/h)	22069	16740	18486
加氢反应器出口 H_2S/%	1.67	1.64	1.56
加氢反应器出口 SO_2/%	0	0	0
加氢反应器出口 COS/%	0.001	0	0
一级反应器温升/℃	68.7	75	78
R101 入口温度/℃	252	239	240
R101 床层温度/℃	320.4	314	328

续表

项　　目	设计值	标定Ⅰ组	标定Ⅱ组
二级反应器温升/℃	20.1	9	8
R102 入口温度/℃	225	244	245
R102 床层温度/℃	245	253	253
加氢反应器温升/℃	37.2	35	28
R201 入口温度/℃	300	300	296
R201 床层温度/℃	337	335	324
直排烟气流量/(m³/h)	33440	25937	26700
直排烟气 O_2 含量/%		2.9	3.2
烟气中总硫/(mg/m³)	55.8	50.8	96.7
F101 炉膛温度/℃	1298.2	1268	1247
ER101 出口温度/℃	350	324	329
E101 出口温度/℃	170	163	164
E102 出口温度/℃	170	161	162
E103 出口温度/℃	170	151	152
C201 顶温度/℃	40	38	40
C201 底温度/℃		55	57
C202 顶温度/℃	40	38	39
C203 顶温度/℃	115	115	116
F201 炉膛温度/℃	900	81	886
D101/A 酸气压力/MPa	0.05		
K101 出口风压力/MPa	0.048		
K201 出口风压力/MPa	0.015	0.014	0.014
ER101 蒸汽压力/MPa	3.7		
C203 塔顶压力/MPa	1.0	0.89	0.92
F201 炉前压力/MPa	0.002	0.002	0.002
氢气进装置压力/MPa	1.2	1.1	1.2
一级转化器入口压力/MPa	0.033	0.033	
一级转化器出口压力/MPa	堵塞	堵塞	
二级转化器入口压力/MPa	0.032	0.032	
二级转化器出口压力/MPa	0.029	0.029	
加氢转化器入口压力/MPa	0.015	0.016	
加氢转化器出口压力/MPa	0.013	0.013	
ER101 中压蒸汽产量/(t/h)	20	18	18
E101/103 蒸汽产量/(t/h)	5	5	5
E102 蒸汽产量/(t/h)	2	1.4	1.5
氢气用量/(m³/h)		110	480
C201 急冷水用量/(t/h)	200	197	198
含硫污水流量/(t/h)	5	4.8	4.9
C201 出口氢气含量/%	4	2.1	3.7
胺液循环量/(t/h)	100	118	120
E202 蒸汽产量/(t/h)	2	2	2
F201 瓦斯用量/(m³/h)	800	545	647
C203 塔顶冷回流/(t/h)	8	6.2	6.3

标定结果表明：齐鲁分公司胜利炼油厂80kt/a硫黄回收装置经过本次改造后，设备、电气、仪表等运行良好，装置处理量达到满负荷运转，产品质量、净化气质量、物耗、能耗等指标都达到或接近设计值。改造后运行半年多来，从未发生 E201 管束结盐、再生塔拦液冲塔、净化气不达标的现象，说明本次改造彻底解决了制约装置运行的瓶颈问题，达到了预期目的。

5 结语

1）齐鲁分公司胜利炼油厂 80kt/a 硫黄回收装置应用了诸多先进的技术、仪表、设备、工艺、材料，代表了国内较先进的设计水平。该装置投资省，占地面积少，操作灵活，能耗小。

2）从5年多的时间运行情况来看，硫黄回收装置工艺技术可靠先进，工程设计满足生产要求。

3）新型的高温掺合阀研制成功，具备长期运行的安全可靠性和良好的调节性能。

4）LS 系列硫黄回收催化剂完全能够满足大型硫黄回收装置的使用要求，可以进一步推广使用并替代进口催化剂进行使用。

5）F101 火嘴和炉膛结构改造后，燃烧质量较好，系统中 O_2 含量降低，废热锅炉使用寿命延长，胺液变质污染减轻，解决了 E201 管束结盐的问题。

6）尾气处理装置改造后胺液循环量完全达到生产要求，贫液再生质量合格，净化尾气排放总硫合格，低于尾气排放国家标准。

100kt/a Clauspol 装置尾气处理单元改造方案比较

王吉云

（大连西太平洋石油化工有限公司）

摘　要　大连西太平洋石化公司 100kt/a 硫黄回收装置由于不能达到环保排放要求正酝酿进行改造，本文从改造费用、改造难度、环保指标、新增占地等方面对改造方案进行了比较。通过比较可以看出，新建一套加氢还原吸收的尾气处理装置方案在各方面都优于在原 Clauspol 单元基础上进行升级改造的方案。

关键词　硫黄回收　尾气处理　加氢还原　Causpol 单元　装置改造　方案　环保

1　引言

大连西太平洋石化公司 100kt/a 硫黄回收装置是目前国内最大的一套硫黄回收装置。装置于 1997 年 10 月全面开工，至今已运行 8 年半左右。硫黄回收装置尾气处理单元采用法国 IFP 的专利技术，工艺为液相低温 Claus 法，设计总硫回收率为 99.5% 左右，排放烟气中 SO_2（标准态）约为 $700\sim1000\mu g/g$（约合 $2000\sim3000mg/m^3$），排放速率 120kg/h。由于达不到 GB 16297—1996《大气污染物综合排放标准》要求的硫黄回收装置 SO_2 排放浓度不大于 $960mg/m^3$ 的指标，所以对周边地区的大气环境造成了较严重的污染。为此，国家环保总局在对大连西太平洋石化公司"十五"二期项目环境影响报告书审查意见的批复中明确指出："现有硫黄回收尾气超标，必须进行改造，确保现有和新建的硫黄回收装置的尾气符合 GB 16297—1996《大气污染物综合排放标准》。"因此为了满足国家环保总局的要求，达到环保的排放标准，对 100kt/a Clauspol 硫黄回收装置的尾气处理部分进行改造是完全必要的。

2　装置运行状况

装置运行状况可分为 4 个阶段：①是 1997 年 10 月~1998 年 4 月装置第一次停工期间；②1998 年 5 月~2002 年 9 月；③2002 年 12 月~2004 年 3 月；④2004 年 4 月至今。第一阶段装置运行比较平稳，各项工艺技术指标基本上能控制在设计指标内，总硫收率也能达到 99.5% 左右。从第二阶段开始，由于首次停工期间溶剂在存放时没进行充氮保护而导致部分被氧化降解，使得反应生成的液硫很难与循环溶剂有效的分离；再加上该阶段 H_2S/SO_2 在线比例分析仪故障率较高，致使 Claus 尾气中的 H_2S/SO_2 不能严格控制在工艺要求的 2∶1 范围内，而不得不时常将尾气切除。特别是到后期，尾气切除的时间越来越长，最长一次切除时间超过了三个月。综合这几年来的情况，尾气被切除的时间要比引入的时间长得多，以致于在大多数时间里，烟道气中的 SO_2 浓度大大超过了国家标准，严重污染了周围环境。为彻底解决上述问题，在第三阶段利用全厂大检修的机会，将反应塔中的 $800m^3$ 填料全部扒出清洗，将循环溶剂进行了彻底更换，并且与有关部门密切配合，使 H_2S/SO_2 在线比例分析仪完全达到了平稳运行的条件。经过上述措施后，操作状况大为改观，可以说这期间是装置运行自开工以来最好的一段时间，各项工艺参数完全达到了设计指标。但这一状况并没持续很长时间，在 2004 年 3 月份停工时，由于溶剂储罐充氮保护系统出了问题，导致其中的溶剂部分被氧化降解，使得第 4 阶段装置的运行状况又变得恶劣起来。虽经多次调整，但效果不理想。监测如表 1 所示，由此可看出，第四阶段 Clauspol 尾气处理系统运行效果相当差，烟道气中 SO_2 排放浓度和排放速率都已经远远超出了环保要求的指标（参见表 1、表 2）。

表 1 2004~2005 年烟气排放情况

时　间	SO₂		NO₂/	H₂S/
	浓度/(mg/m³)	速率/(kg/h)	(mg/m³)	(mg/m³)
2004-09	3074	98	50	0
2004-10	6216	176	121	6
2004-11	4654	131	88	5
2004-12	5228	142	106	0
2005-01	3820	103	101	0
2005-02	2698	102	110	6
2005-03	3328	88	91	0

注：烟气每月分析一次。

表 2 各种硫收率数据比较

项　目	环保要求	设计值	现状
硫收率/%	99.88	99.5	97~99
SO₂ 排放浓度/(mg/m³)	<960	2000	3000~10000

因此，从目前装置运行状况来分析，对现在的 Clauspol 单元进行改造也是势在必行的。

3 改造方案的选择

3.1 方案一

原 100kt/a 硫回收装置的 Claus 工艺路线不变，更换制硫炉火嘴，使其能够处理酸性水汽提单元的含氨酸性气；Clauspol 工艺技术进行升级改造，使其总硫收率达到 99.9% 左右，满足环保的排放要求。

（1）制硫炉改造

● 更换制硫炉烧嘴为强混火嘴，满足分解 NH₃ 的要求；

● 增加制硫炉中部清洁酸性气分流管道；

● 核算 Claus 原有设备对增加含氨酸性气后的适应工况。

（2）增加除盐系统

该系统主要是由充满多孔瓷球的过滤罐、过滤泵和洗涤泵组成。其作用主要是将因加入催化剂而生成的 Na₂SO₄ 盐尽可能洗涤出来，使在反应塔内正常产生的液硫能快速沉降下来，以加速液硫与循环溶剂的有效分离，消除操作中的不稳定因素，彻底改善目前的操作状况，为接下来的该单元升级改造打下坚实的基础。另一方面，增加除盐系统后，80% 左右的盐可被除掉，使装置的操作周期可由原来的 2 年时间延长至 5 年。该系

统需新增土地面积 5~10m。

（3）增加填料层高度或新增一台溶剂循环泵，使总硫收率达到 99.8%

在现有三层填料床层高度的基础上，再增加一层填料以增加塔内接触面积，提高总硫收率。具体做法是在目前的第三层填料床和塔顶溶剂分布器之间再增加一层填料。为降低荷载，可选择金属填料。为此，反应塔高度将要增加 6m 左右，与之相连的管线和梯子平台的位置也要做相应的改动。由于装置已运行多年，具体实施时必须对其机械性能进行检查和核算。

增加塔内接触面积，提高总硫收率的另一种途径就是再增加一台溶剂循环泵，以加大溶剂循环量。但这样必须对泵的出入口管线进行相应的改动。该系统需新增占地面积 7m×15m。

（4）增加脱饱和回路使总硫收率达到 99.88%

计算结果表明，要使烟道气中的 SO₂ 含量低于 960mg/m³，其总硫收率必须在 99.88% 以上。若达到上述目标，除完成上面的几项整改外，还要在溶剂循环线上增加一个脱饱和回路。所谓脱饱和回路就是将 120℃ 左右的循环溶剂引出一部分冷却至 60℃，使溶解在其中的硫以固体形式分离出来，再将溶剂送回主回路继续进行循环。由于循环溶剂溶解的硫减少，使得净化尾气中硫分压降低，以达到降低总硫的目的，这样总硫收率即可达到 99.88%。该系统需新增占地面积 7m×10m。

3.2 方案二

原 100kt/a 硫回收装置的 Claus 工艺路线不变，更换制硫炉火嘴，使其能够处理酸性水汽提单元的含氨酸性气；拆除目前的 Clauspol 尾气处理单元，新建一套 100kt/a "加氢还原吸收" 尾气处理装置，使总硫收率达到 99.9% 左右，烟道气中的 SO₂ 含量低于 960mg/m³，以满足环保的排放要求。

（1）制硫炉改造

● 更换制硫炉烧嘴为强混火嘴，满足分解 NH₃ 的要求；

● 增加制硫炉中部清洁酸性气分流管道；

● 核算 Claus 原有设备对增加含氨酸性气后的适应工况。

（2）新建 1 套 100kt/a 加氢还原吸收尾气处

理装置

- 拆除目前的 Clauspol 尾气处理单元；
- 拆除尾气焚烧炉后部烟道，新增尾气加热器；
- 新增尾气分液罐 1 台、加氧反应器 1 台、蒸汽发生器 1 台、尾气急冷塔和尾气吸收塔 1 台、急冷水冷却器 1 组、急冷水泵 2 台、胺液冷却器 1 台、富液泵 2 台、贫液过滤器 1 台、急冷水过滤器 1 台；
- 核算尾气焚烧炉风机压头是否满足要求，确定是否更换；
- 装置内工艺配管；
- 增加 pH 在线分析仪 1 台、H_2 浓度在线分析仪 1 台，装置内仪表安装；
- 装置内电气、电信安装；
- 装置内总图竖向工程；
- 改造项目的土建工程；
- 装置内给排水安装；
- 350t/h 胺液再生单元供硫黄尾气的贫胺泵 2 台更换（加大流量），至硫黄的贫胺线加大或另敷设 1 条；
- 装置配电室改造；
- 仪表控制室改造。

该方案不需新增占地面积，拆除原 Clauspol 尾气处理单元后的面积足够新建装置使用。

4 改造方案对比

4.1 改造费用的比较

由于 Clauspol 工艺技术是法国 IFP 的专利技术，所以改造的设计工作必须委托外方进行。根据外方的初步报价，方案一的设计费为 22 万欧元，专利费为 5 万欧元，工程费约为 540 万欧元（以欧洲价格计算为准），若按国内情况考虑，预计工程费用为 3000 万元人民币左右。另外，反应炉的改造费用约 300 万元人民币。

根据山东三维工程公司的初步估算，方案二设计费约为 200 万元，工程费预计为 2650 万元人民币，其中增加制硫炉改造约 300 万元，新建一套 100kt/a "加氢还原吸收" 尾气处理装置约为 2350 万元。另外，拆除目前的 Clauspol 尾气处理单元约需工程费 400 万元。

4.2 难度比较

方案一属于旧装置改造，具体实施时与运行的装置交叉较深。另外，Clauspol 尾气处理单元已运行近 10a 时间，设备和管线腐蚀较重，所以在此基础上进行改造的难度很大。

Clauspol 尾气处理单元反应塔直径为 8m，高度为 40m。按照其改造方案，需在该塔顶再增加一层填料床，以提高其总硫转化率。这就需要将反应塔第三层填料床上部割开一圈，再加高一层 6m 高的新填料层。为降低载荷，可选用轻质的不锈钢填料。由于塔加高，与其相连的 $\phi600$ 循环溶剂入口管线和 $\phi800$ 的净化尾气出口管线以及相应的梯子平台都要进行动改。由于是高空作业，而且设备和管线直径都较大，其施工难度可想而知。另外，由于装置已运行多年，腐蚀状况比较严重（主要是酸腐蚀和垢下腐蚀），这样的条件下，新旧材料之间的焊接质量很难得到保证。方案二除拆除焚烧炉后部烟道与老系统有关外，其他部分属于新建工程，与运行装置基本上没有联系。由于其与新建的 80kt/a 硫黄回收装置尾气处理单元几乎完全相同，所以无论是设计还是施工，都将是很轻松的。

4.3 其他方面的比较

4.3.1 反应转化率的比较

Clauspol 工艺原理是在低温条件下继续进行 Claus 反应，一方面该工艺要求 Claus 尾气中的 H_2S/SO_2 严格控制在 2:1，这在实际操作中是很难做到的，否则转化率受影响。另一方面，受平衡转化率的限制，该反应很难达到 99.9% 的极限值；而 "加氢还原吸收" 工艺原理是加氢还原和胺液吸收，不受平衡转化率的限制，转化率可达到 99.9% 以上。另外，该工艺对 Claus 尾气中的 H_2S/SO_2 是否控制在 2:1 的范围内并不是十分严格，即使上游的 Claus 装置出现波动，造成转化率下降，也可以通过调整尾气处理单元的操作而获得较高的转化率，最后达到环保排放要求。

4.3.2 占地面积的比较

方案一由于是对旧装置进行改造，需要新增占地面积 $200m^2$ 左右，从目前的现场实际情况来看，做到这一点是比较困难的。

方案二是将目前的 Clauspol 装置拆除，新建一套 "加氢还原吸收" 尾气处理装置，而拆除 Clauspol 装置后的空地足够新建装置使用，不必新增占地。

4.3.3　综合指标比较

综合指标比较见表3。

表3　两种改造方案的综合指标比较

项目	改造费用/万元	改造难度	反应转化率/%	烟气中排放的SO_2浓度	新增占地/m^2
方案一	3600	大	<99.9	高	200
方案二	3250	小	>99.9	低	无

5　结论

通过以上的比较可以看出，综合考虑技术、环保、施工难度、经济和新增占地等方面的因素，方案二要大大优于方案一。特别是采用加氢还原吸收工艺技术的新建80kt/a硫黄回收装置的开车一次成功，更加增强了采用方案二的信心。

2×70kt/a硫黄回收装置开工技术总结

孙智华

(中国石油化工股份有限公司广州分公司)

摘　要　对广州分公司新建2×70kt/a硫黄回收装置的开工做技术总结，简要介绍装置的概况、工艺流程、技术特点，以及装置开工过程和装置存在的问题及解决方案。

关键词　硫黄回收　联合装置　尾气处理　催化剂　预硫化　达标排放

1　装置简介

新建2×70kt/a硫黄回收联合装置是广州分公司炼油千万吨改扩建工程的主体装置，由中国石化集团南京设计院(原南化集团设计院)和中国石化集团二建公司总承包(EPC)。装置总投资3.58亿元，占地1.37m²(不含液硫出厂设施)，其中包括一套90t/h的污水汽提氨精制、两套280t/h的溶剂再生、两套70kt/a的硫黄回收装置。装置于2005年3月开始施工建设，2005年12月26日建成中交，2006年2月26日单套硫黄回收装置投产。硫黄回收装置设计能力为年产硫黄140kt，操作弹性范围为50%~110%，硫回收率99.9%。装置Claus和尾气处理部分均采用双系列，烟囱、溶剂再生和公用工程系统共用一套。

2　主要工艺技术特点

1) 采用酸性气分区燃烧方式。

2) 酸性气燃烧炉废热锅产生4.0MPa中压蒸汽。

3) 硫黄回收采用二级转化Claus制硫工艺，过程气采用自产4.0MPa中压蒸汽加热方式。

4) 硫黄尾气处理采用常规还原-吸收工艺。

5) Claus尾气与加氢反应器出口过程气通过气-气换热器换热后，利用外补氢气作为加氢反应氢源，由电加热器加热到所需温度。

6) 尾气焚烧炉出口设置蒸汽过热器及余热锅炉，余热锅炉产生2.0MPa蒸汽。

7) 两个系列尾气处理共用一套溶剂再生系统和排空烟囱，以降低投资和消耗；配套溶剂再生系统的处理能力包括现有20kt/a硫黄回收的富液。

8) 按每个系列单独设置液硫脱气设施进行设计。

9) 尾气采用热焚烧后经100m高烟囱排放，烟气中SO₂量为25.6kg/h、浓度(标准态)为520mg/m³，满足国家大气污染物综合排放标准(GB 16297—1996)及广东省地方大气污染物排放限制标准(DB 44/27—2001)的要求。

10) 不再设置液硫成型设施，按液硫方式出厂，降低装置的投资、消耗和占地。

11) 设置尾气开工循环风机。

12) 为节省占地，一级、二级冷凝器采用同壳结构。

13) 三级冷凝器单独设置，发生低压蒸汽，低压蒸汽冷却后，凝结水循环使用。

14) 仪表控制采用DCS控制系统和ESD联锁自保系统；设置尾气在线分析控制系统，连续分析尾气的组成，在线控制进酸性气燃烧炉空气量，尽量保证过程气H₂S/SO₂为2/1，提高总硫转化率；在原料气总管上设置酸性气在线分析仪，连续分析酸性气的组成。

15) 联合装置内冷却设施采用空冷+水冷。

16) 除关键设备(酸性气燃烧炉烧嘴、尾气焚烧炉烧嘴和循环风机)、关键仪表(分析仪、火眼、高温仪等)、少量特殊阀门引进外，其他均采用国内设备。

17) 设置凝结水回收系统，回收溶剂再生及硫黄回收产生的凝结水。

3   工艺流程简介

分液后的酸性气经酸性气预热器进入酸性气燃烧炉。按照烃类完全燃烧和1/3硫化氢生成二氧化硫来控制90%的风量(前馈)和按Claus尾气中$H_2S/SO_2 = 2$控制10%的风量(反馈)。

燃烧后高温过程气进入废热锅炉冷却并发生4.0MPa蒸汽后进入一级冷凝冷却器,冷凝回收液硫后的过程气经蒸汽加热器加热后进入一级反应器,反应后过程气进入二级冷凝冷却器(与一级同壳体),冷凝回收液硫后的过程气经蒸汽加热器加热后进入二级反应器,反应后过程气进入三级冷凝冷却器回收液硫,尾气再经捕集器进一步捕集硫雾后,进入尾气处理系统。

Claus尾气在气-气换热器中用加氢反应器出口尾气进行换热,外补富氢气混合后经电加热器加热后进入加氢反应器,加氢反应后的过程气经气-气换热器换热后进入急冷塔,急冷后的尾气进入尾气吸收塔,从吸收塔顶出来的净化尾气进入尾气焚烧炉焚烧,两套尾气焚烧炉排出的烟气排入同一个烟囱排空。

尾气吸收塔及$2×10^4$t/a硫黄回收装置来的混合富液,经富液过滤器过滤后与贫液经贫富液换热器换热进入再生塔,塔顶酸性气经空冷器、水冷却器、酸性气分液罐分液后,酸性气循环入酸性气焚烧炉,塔底贫液经贫溶剂循环泵加压、富液换热器换热、贫液空气冷却器和贫液冷却器冷却后送至各尾气吸收塔和$2×10^4$t/a硫黄回收装置循环使用。

4   主要工艺技术参数

表1为主要工艺技术参数。

表1   主要工艺技术参数

工艺指标名称		设计参数	实际运行数据
酸性气体积流量/(hg/h)		5542~12191 (50%~110%)	3545 (2650)
配风体积流量/(hg/h)	一次风		6432 (4916)
	二次风	—	1160 (896)
酸性气性质/%	H_2S	72	71

续表

工艺指标名称		设计参数	实际运行数据
	CO_2	20.9	28
	HC	1.7	0.4
	NH_3	1.5	
主燃烧炉炉膛温度/℃		1250	1132
主燃烧炉炉膛压力/MPa		0.054	0.007
废热锅炉管程出口温度/℃		350	272
废热锅炉蒸汽压力/MPa		4.2	4.0
一级冷却器管程出口温度/℃		170	152
二级冷却器管程出口温度/℃		160	152
三级冷却器管程出口温度/℃		130	130
一、二级冷却器壳程蒸汽压力/MPa		0.35	0.39
三级冷却器壳程蒸汽压力/MPa		0.05	0.18
一级反应器温度/℃	入口	200	220
(上/中/下)	床层	—	266/313/327
	出口	290	319
一级反应器温度/℃	入口	220	222
(上/中/下)	床层	—	236/240/240
	出口	235	234
加氢反应器温度/℃	入口	285	287
	床层	—	295/296/296
	出口	336.6	250
再生塔塔底温度/℃		125	121
再生塔塔顶温度/℃		110	111
再生塔塔顶压力/MPa		0.1	0.005
尾气焚烧炉炉膛温度/℃		700	550
尾气焚烧余热锅炉蒸汽压力/MPa		2.0	1.1
烟气温度/℃		300~350	206
尾气浓度/%	H_2S	—	0.29
	SO_2	—	0.41
烟囱尾气排放浓度/(mg/m³)		<850	337

5   装置开工及运行情况

5.1   装置试车进度

2005年12月26日装置建成中交。

2006年1月18日至2月5日烘炉。

2006年2月6日反应器装剂。

2006年2月12日重新点火升温。

2006年2月25日加氢反应器预硫化。

2006年2月26日投酸性气,当日硫黄产品合格。

2006年2月27日引Claus尾气入尾气处理单元,烟囱尾气合格。

5.2   装置运行情况

装置开工以来酸性气负荷一直在3300kg/h

左右，仅仅高于装置的酸性气低流量联锁值（2350kg/h），酸性气全部进一区燃烧，烟囱尾气二氧化硫含量在 337mg/m³ 左右，达到广东省的地方标准（<850mg/m³）的要求。

5.2.1 催化剂的情况

Claus 催化剂的两个反应器上部装填 500mm 高度的 CT6-4B，下部装填 500mm 高度的 CT6-2B，加氢反应器装填 800mm 高度的 CT6-5B。从装置实际运行数据来看，一级反应器温升达 100℃，二级反应器温升达 18℃，加氢反应器温升 10℃，各反应器反应情况良好。由于酸性气量小，操作上采取全部进一区燃烧，配风微过量的方案，给定 Claus 尾气中（$H_2S + 2SO_2$）为 -0.3%，从结果看 Claus 尾气中（H_2S+2SO_2）浓度 <0.8%，Claus 单元转化率在 97%，说明催化剂的性能发挥良好。

5.2.2 仪表控制情况

装置操作系统（DCS）采用浙大中控的 ECS-100 系统，联锁自保系统（ESD）采用西门子的 S7-417H，国内集成。

开车程序有酸性气燃烧炉开车程序、引酸性气程序、停酸性气/引瓦斯程序和焚烧炉开车程序。

停车逻辑程序有 Claus 单元停车逻辑、尾气处理停车逻辑、焚烧炉单元停车逻辑和中压锅炉给水泵停车逻辑。

控制方案有酸性气燃烧炉配风前馈调节方案、酸性气燃烧炉配风反馈调节方案、废热锅炉三冲量调节方案、焚烧炉交叉限位调节系统、焚烧炉温度分程调节系统、烟气氧含量反馈调节系统和加氢反应器进口温度分程调节系统等。目前，除由于尾气焚烧炉的温度没达到正常温度，烟气氧含量反馈调节系统没有投自动外，其余全部投自动，运行情况良好。

5.3 存在问题及解决方案

5.3.1 主风机

由于主风机系统问题，装置一共出现 4 次联锁停车事故。一次是由于放喘振阀定位器故障，主风低流量造成装置联锁。另一次由于润滑油系统故障导致轴承温度超标联锁，装置停车。另两次主风机紧急停车回路遭雷击发生停机联锁事故。

风机还发生串轴，震动探头失灵等故障，由于发现及时，处理得当，未发生风机和装置停车事故。

通过更换定位器和对润滑油系统的彻底维修，目前风机运行良好。

在开工初期，风机启动时由于瞬时震动值很大，风机无法启动，通过在该值联锁程序加旁路开机，开机后再投入联锁解决。后对二选二的震动值联锁进行切除，仅设高高报警。另外，风机的噪声超标，而且存在高频噪声，通过加隔音室后有所降低，但还在 90 分贝以上。

5.3.2 开车逻辑

开工时正好跨过春节，由于 ESD 厂家的技术人员不到位，造成开车逻辑的投用时间严重滞后，影响装置的开工。

在开工过程中对开车逻辑进行了大量修改，并在引酸性气程序上增加了装置热启动程序。

5.3.3 烘炉

烘炉期间发现酸性气燃烧炉二区酸性气入口处外壁超温，后通过加大保护空气限流孔板的孔径和衬里加厚解决。

在点火后第一个温度点控制在 200℃ 左右，无法控制在 120℃，所以需要空气管线上增加空气预热器，在点火前用空气完成 150℃ 的恒温干燥，而且对于含氨的酸性气需要增加燃烧温度，保证氨的分解。

采用气法烘炉，Claus 反应器的温度只能达到 230℃，要达到所需的 300℃ 需要用电加热器进行烘烤。

5.3.4 循环风机

进口循环风机在预硫化时，发现无法建立循环，风机喘振，经排查发现是风机出口单向阀的问题造成。由于其出口单向阀采取垂直安装方式，单向阀过重造成压降升高，风机喘振。由于工艺管道改动工程量大、时间长，故采取直接摘掉单向阀阀芯解决。

5.3.5 装置低负荷运行及能耗

装置的设计操作弹性范围在 50%~110%，设计选择的测量及控制仪表在低负荷时难操作，部分阀门只能手动，如再生塔压力控制等。而且流量的测量值不准，影响操作。

由于装置的低负荷，且另一套硫黄装置采取

热备用状态，所以装置能耗较设计高。

5.3.6 蒸汽品质与锅炉加药

由于废热锅炉和余热锅炉的压力等级不同，一套加药装置供两个不同等级的锅炉使用，造成加药量难以把握，中压蒸汽的质量受影响。后采取一套加药装置供两个废热锅炉，另一套加药装置供两个余热锅炉，这样易于摸索到加药规律。

5.3.7 再生塔底贫液泵抽空

再生塔底贫液不经换热直接进泵，泵容易抽空，为了保持贫液泵的正常操作，不得不加大冷贫的回流量，增加了能耗。计划将再生塔底贫液改为经换热后再进贫液泵，但需要停工机会。

6 几点看法

6.1 主燃烧炉配风的要求

由于装置处于低负荷运行状态，Claus尾气中的SO_2含量少，加氢反应放热少，这样就造成水解反应的效果差，为了保证一定的加氢反应温度，需要将主燃烧炉的配风加大，这样对酸性气中烃类的完全燃烧有好处。但配风量不能过大，必须在可控制的范围内，保证Claus尾气H_2S/SO_2在一定的范围。

6.2 主燃烧炉烧嘴的操作

装置采用AECO公司的超强力的烧嘴，由于其充分混合作用，对于装置主燃烧炉配风稍微过量来讲，一般不会有"漏氧"情况发生。由于装置无法进行过程气氧含量分析，这只有在装置运行后期催化剂是否有硫酸盐中毒情况来最终判定。

主燃烧炉烧嘴在烘炉期间，虽然在中后期加入雾化蒸汽，但在后来对炉子的检查中还是发现酸性气火嘴有大量积炭产生。而在烘炉开始的早期就加入少量雾化蒸汽有助防止酸性气火嘴积炭，但容易吹熄火焰。

由于主燃烧炉烧嘴在酸性气管道与外壳间有隔空夹层，所以在主燃烧炉联锁时必须保证足够量的氮气吹扫3min。而且在酸性气引入后，不采用瓦斯增加炉膛温度时，瓦斯烧嘴要给氮气冷却保护。

6.3 主燃烧炉的测温手段

主燃烧炉的分区燃烧，最终目的是达到所需高温，以分解酸性气中的NH_3，故一区的温度测量比二区的温度测量要重要。本装置主燃烧炉的

一区设计采用热电偶和光纤温度计两种方法，二区采用红外测温仪。光纤温度计在一开始就断裂，热电偶在运行一段时间后也断裂，造成一区温度盲点。二区的红外测温仪在工作一段时间后就要清洗玻璃镜，这造成在大部分的时间里二区的温度比实际偏低。

对于光纤温度计和热电偶容易断裂的原因，分析原因认为有几种可能：①产品质量问题。②这两只温度计斜插在与水平面成约45℃角，由于根部受很大重力，易造成断裂。③保护氮气进入不均匀，造成前后受热不均断裂。④在使用AECO公司的烧嘴时，由于其采用酸性气和空气外混燃烧的特征，温度计为了测到有价值的温度，其工作在一段温度差较大的区间内，受热不均而断裂。

故需要将温度计装在炉子的顶部，让温度计自然悬挂，而且要保证保护空气的环状进入。温度计的长短要合适，在使用AECO公司的烧嘴时，是否合适用热电偶，是否增加红外测温手段还需进一步探讨。

6.4 三级冷却器的温度

采用一级、二级、三级硫冷凝器同体的设计，Claus尾气的温度在155℃。本装置采用一级、二级硫冷凝器同体的设计，三级硫冷凝器产生蒸汽经本身空冷回流后做冷却介质，这样温度可以控制在130℃。由于尾气的温度低，其携带的硫含量少，Claus的转化率高，还减轻加氢反应器的负荷。但会增加一定能耗，而且温度低更容易造成管束的腐蚀，故采用单独的三级硫冷凝器需要提高其管束材质。

6.5 预硫化

采用过程气预硫化比采用酸性气预硫化的风险大，而且在使用过程气预硫化时烟囱排放不合格的时间比后者长。

采用酸性气+N_2+H_2用循环风机建立循环，在250℃下，保证氢气的含量，在H_2S穿透后，提高床层温度到300℃，提高空速，确认H_2S穿透后预硫化完成。本装置在引酸性气投料前就开始预硫化，在投料后Claus反应器温度、尾气H_2S和SO_2的含量稳定后即引尾气入尾气处理系统，2h后烟囱尾气合格，实现了在投料24h内排放达标，大大缩短了烟囱尾气排放超标的时间。

6.6 废热锅炉

酸性气燃烧炉的废热锅炉产生 4.0MPa 的中压蒸汽，焚烧炉余热锅炉产生 2.0MPa 蒸汽。从设计数据和兄弟厂家的经验，在装置满负荷生产时，如果装置除氧水中断，5min 内锅炉就要"干锅"，在这么短的时间内要处理一些简单的故障都有困难，所以我认为在设计时，要适当放大锅炉的尺寸。

本装置焚烧炉余热锅炉产生 2.0MPa 蒸汽，经降压后送 1.0MPa 蒸汽管网。这使得在 Claus 单元联锁时，进蒸汽过热器的中压蒸汽中断，在很短的时间内焚烧单元也因蒸汽温度过高而联锁，扩大了影响。把焚烧炉余热锅炉设计成 4.0MPa 锅炉，在 Claus 单元联锁时，保持焚烧单元自产蒸汽送蒸汽过热器，给调整焚烧炉操作充分的时间，可以保证焚烧单元不因蒸汽温度过高而联锁。

6.7 循环风机进口管线的布置

由于循环风机进口管线是从急冷塔出口来，在时间长后会有水分集中在管道内，根据风机的要求，其进口管线不能存在 U 型，而且在进口导叶的前面要设置低点脱水包。

6.8 液硫管的设计

液硫管线是装置的主流程，由于液硫的特殊性，管线必须保持一定的坡度，在内管外设置蒸汽夹套保温。在弯位设置十字头连接和法兰盖，在检修时利于清堵。内管采用不锈钢材质，将大大减少内管腐蚀穿孔的机会。

6.9 开工时间的问题

由于跨越春节，对装置的开工影响较大。本装置的烘炉时间给定在 18d，占用了大量时间。如果通过科学优化，保证装置的保障人员，在 45d 左右可以实现联合装置的全面开工。

7 结论

1) 装置总体设计成功，平面布置设计合理，管线布置优秀。开工以来装置运行正常，催化剂表现良好，烟囱尾气达标，硫黄产品质量合格，装置开工试车一次成功。

2) 随着环保要求的越来越高，特别是广州石化处于市政府中心，对装置的运行要求越来越严格。所以，装置投入不能过度节省，在设计时要选用可靠的仪表、设备等。

3) 由于装置处于低负荷运行状态，装置能耗偏高，随着负荷的提高，装置能耗将大幅度减少。

6kt/a 硫黄回收-尾气处理装置开工运行总结

周洪利　　刘世祥

（中国石化湛江东兴石油企业有限公司）

摘　要　简要介绍了装置的工艺特点，对开工投运和生产过程中存在的问题进行分析，采取了相应的对策措施，提出了整改意见。

关键词　硫黄回收　运行总结　存在问题　对策措施

1　前言

为了满足东兴石油企业有限公司 5Mt/a 炼油装置扩能改造后对环境保护的需要，相应配套建设了 6kt/a 硫黄回收-尾气处理装置。该装置由茂名石化公司设计院设计，用于处理来自上游污水汽提和溶剂集中再生装置提供的 H_2S 含量>70%的混合酸性气。硫黄回收部分采用 Claus 工艺，设计总硫转化率≥95%，尾气处理部分采用还原吸收法工艺，设计装置硫黄回收率≥99.8%。此装置于 2005 年 3 月 27 日一次投料开车成功，生产的硫黄可达到优质品标准，迄今为止，已安全运行了 1 年半时间。其中 Claus 单元的硫黄回收率为 94.6%，但尾气处理单元因存在电加热器功率偏小、设备腐蚀堵塞、集中再生的贫液质量差等问题，正在整改之中。

2　装置工艺特点

该装置的工艺流程示于图 1，其主要技术特点为：

1）在 Claus 硫黄回收部分，采用了常规的高温热反应和两级催化转化工艺，利用制硫炉的高温热气流来加热冷凝除硫后的过程气，通过高温掺合阀来调节催化反应器的入口温度。

2）使用了在金属阀芯内通入除 O_2 水进行冷却降温的 HC6S41R~150LB 型内冷式专利高温掺合阀，可以确保 3 年以上不停工连续生产需要。

3）分层级配装填 PSR-41 和 PSR-I 组合硫黄回收催化剂和使用 LS-951 三叶草条形尾气加氢专利催化剂。

4）尾气处理装置中吸收塔使用的贫胺液溶剂，由上游集中再生装置提供，液硫脱气除 H_2S，采用喷射式蒸汽汽提工艺。

3　生产运行情况

装置开工投用以来遇到了一些问题，例如：

1）开工阶段因燃烧炉炉温低（1050~1100℃），达不到1200℃以上 NH_3 的分解温度（完全分解须>1300℃），而酸性气又时常带 NH_3 超标，且现场采样又不及时，因此二冷和一冷先后发生严重堵塞现象，经检查发现堵塞物为水溶性的铵盐。为了防止今后不再堵塞，经加大进炉空气量，使过量 H_2S 燃烧成为 SO_2，提高炉温后就没有再发生此类情况。

2）2 个反应器的入口温度一直提不上去，即便高温掺合阀全开也只有 150℃和 170℃，由于该阀的安装位置不当，远离了高温燃烧炉而靠近了反应器，并且炉后高温掺合线的管径细、弯头多且管线长，因而阻力大，加之在燃烧炉后还去除了本应安装的可供调节过程气的压力和流量大小的节流阀，因此在现场不允许停产检修处理的情况下，迫不得已只能采取向冷凝器少上冷却水，以提高其出口过程气温度的办法来解决问题。

3）酸性气流量（300~800m³/h）或/和 H_2S 浓度（70%~90%）经常变化且幅度很大，而现场采样分析频次却少，日常生产只能靠平时积累的经验来调节操作，远不能满足装置生产的需要。

4）酸性气负荷增加时，由于电加热器功率偏小，致使加氢反应器入口温度上不去（最高仅

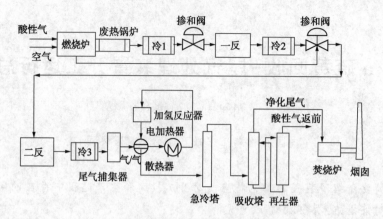

图1　装置工艺原则流程示意

260℃，工艺指标为300℃），又因上游集中再生装置操作不稳定，贫胺液溶剂含硫量偏大（设计残余 $H_2S<1g/L$，实际超过 $2g/L$），同时由普通碳钢制作的急冷塔和吸收塔因腐蚀严重而堵塞，故尾气处理在运行2周后就被迫停工。目前该装置已安全运行了1年半时间，表1为装置硫黄回收部分的主要控制操作参数，生产的硫黄产品分析结果见表2，数据表明已达到 GB 2449—1992 标准规定的一级品以上和优级品质量标准。

表1　装置硫黄回收部分的控制操作参数

燃炉炉膛温度/℃	1120
废热锅炉出口温度/℃	250~340
风气比	-1.75
汽包压力/MPa	1.0
一冷出口温度/℃	199
一反入口温度/℃	220~235
上层温度/℃	293
中层温度/℃	295
下层温度/℃	305
二冷出口温度/℃	190
入口温度/℃	200~220
上层温度/℃	215
中层温度/℃	220
下层温度/℃	230
捕集器出口温度/℃	140

表2　硫黄产品质量分析结果 %

项　　目	标准（GB 2449—1992）		硫黄质量分数
	一级品	优级品	
硫	≥99.5	≥99.90	99.98
水分	≤0.50	≤0.10	0.03

续表

项　　目	标准（GB 2449—1992）		硫黄质量分数
	一级品	优级品	
灰分	≤0.10	≤0.03	0.003
酸度（以 H_2SO_4 计）	≤0.005	≤0.003	0.002
有机物	≤0.30	≤0.03	0.021
机械杂质	无	无	无
砷	≤0.01	≤0.0001	0.00001
铁	≤0.003	≤0.003	≤0.002

4　催化剂评价

本装置由于采用过程气高温热掺合工艺，故在2个 Claus 反应器的上部均装填 PSR-41 $FeSO_4/Al_2O_3$ 催化剂，下部装填 PSR-1 Al_2O_3 催化剂，尾气加氢反应器则装填可有效降低床层阻力降的 LS-951 三叶草条形 Co-MO/Al_2O_3 专利催化剂，详见于表3。据有关材料介绍，其中的 PSR-1 是一种低 Na_2O 含量的 Al_2O_3 催化剂，比表面积和孔体积大，耐热老化和水热老化性能好；PSR-41 是一种脱"漏 O_2"保护型双功能硫黄回收催化剂，不仅对 H_2S 与 SO_2 的 Claus 反应具有很高的活性，而且还具有脱"漏 O_2"保护功能，使下面的 Al_2O_3 催化剂免受或减轻"漏 O_2"对活性的损害；LS-951 是国内新开发研制的尾气加氢专利催化剂，具有堆比小、水热稳定性好、加氢活性和水解活性高等特点。PSR-41、PSR-1 和 LS-951 催化剂的物化性质列于表4。上述催化剂在运行期间，各排污点和液硫管线均未发现有粉末沉淀堵塞现象，反应器出入口床层降压无明显变化，说明催化剂有较好的机械强度和抗磨损性能；LS-951 尾气加氢催化剂在开工初期入口操作温度为 265～290℃ 时，床层温度为 300～310℃，温升达 20～35℃，说明该催化剂活性水平能够满足装置生产要求，而 PSR-41 和 PSR-1 催化剂虽历经在硫的露点温度下长时间运行，并因为提高了炉温所致的 SO_2 过量操作而受到了较为严重的硫酸盐化损害，但当反应器入口一旦达到正常操作温度条件，便能很快恢复活性水平，这说明该组合催化剂具有良好的耐硫酸盐化性能和活性稳定性。据统计核算，装置自开工投料起

至 2006 年 6 月 30 日，期间处理的酸性气潜硫含量为 2020.6t，实际硫黄产量为 1911.5t，因此 Claus 单元的硫黄回收率为 94.6%，若装置停工检修后各项操作参数，尤其是一冷、二冷的出口温度恢复至正常，由于捕集和减少了进入催化反应器过程气中的气态硫，从而有利于进行 H_2S 与 SO_2 生成单质硫的 Claus 反应，可进一步提高 Claus 单元的总硫转化率。

表3 催化剂装填情况

项　目	催化剂/mm	体积/m³	质量/t
第一反应器	上部 300 PSR-41, FeSO₄/Al₂O₃	2.00	1.58
	下部 300PSR-1, Al₂O₃	2.25	1.62
第二反应器	上部 300 PSR-41, FeSO₄/Al₂O₃	2.00	1.58
	下部 300PSR-1, Al₂O₃	2.25	1.62
加氢反应器	全床层 600 LS-951, Co Mo/Al₂O₃	4.00	2.5

表4 催化剂的物化性质

项　目	PSR-41 江西克帕克环保化工公司	PSR-1 江西克帕克环保化工公司	LS-951 齐鲁科力化工研究院
外观	φ4~6mm，红褐色球形	φ4~6mm，白色球形	φ3×5~15mm，蓝灰色三叶草条形
组分质量含量/%			
Al₂O₃	>80	>93	>80
Na₂O		≤0.2	
助剂	≥6		
CaO			>2
MoO₃			>10
比表面积/(m²/g)	>260	≥300	>260
孔体积/(mL/g)	≥0.30	≥0.40	>0.40
堆密度/(kg/L)	0.72~0.82	0.65~0.72	0.60~0.65
压碎强度/(N/颗)	≥140	>150	>150N/cm
磨耗/%	<0.3	<0.3	<0.5

5 结论

1）用提高冷凝器出口温度来提升反应器入口温度的办法切实可行，解除了"瓶颈"制约，确保了装置的顺利投运和安全生产。

2）内冷式高温掺合阀开启、关闭调节自如，使用情况尚可，确保 3 年以上使用期则有待进一步观察；产品硫黄质量可达到国家一级品以上及优质品标准，特别是其中的酸值很低，由此印证和说明生产装置液硫脱气效果很好。

3）Claus 硫黄回收催化剂在经历了复杂工况的检验后，活性水平仍然很高，说明其耐硫酸盐化性能和活性稳定性好，且机械强度高，完全可以满足装置生产需要。

4）高温掺合管线应有足够的粗细管径，并应尽量减少变向弯头，高温掺合阀的安装位置应紧靠高温燃烧炉，并在炉后安装节流阀，以此确保冷、热二股过程气流达到工艺要求的掺合温度。

5）尾气加氢反应器前的电加热器功率偏小，

集中再生的贫液质量差，严重影响了净化尾气的达标的排放。建议在装置界区内建设专用富液再生塔，另外急冷塔和吸收塔不宜用普通碳钢，而应选用复合钢或不锈钢制作，以减缓和防止因设备腐蚀而严重堵塞。

6）硫黄回收和尾气处理是一项系统工程，唯有硫黄回收装置正常及优化生产，才能确保尾气处理达标的排放。为此建议要求，在捕集器后尽快安置 H_2S/SO_2 在线比例分析控制仪，在急冷塔后面安置氢气含量在线分析仪。

HAZOP 分析在硫黄扩能改造项目中的应用

戴学海

(大连西太平洋石油化工有限公司)

摘　要　以硫黄回收装置含氨酸性气线为节点例子，对酸性气系统流量、压力、温度等可能出现的偏差进行了分析，并通过危害及可操作性研究分析在硫黄扩能改造项目中的应用，进一步说明了危害及可操作性研究分析对石油化工企业的重大意义，以及在操作员工培训学习中发挥的突出作用。

关键词　HAZOP　硫黄　引导词　安全

HAZOP 是 Hazard and operability study 的简称，即危害及可操作性研究。是指应用标准的引导词(guide words)找出了与技术意图不符、存在安全隐患、对操作有不利影响的全部偏差的过程。HAZOP 研究技术是 20 多年前由英国帝国化学公司(ICI)首先开发应用的，经过不断改进与完善，HAZOP 作为工业进行过程危险性分析时使用的系统安全评价方法之一，在美国及国际上得到广泛的认同，有些欧洲国家甚至通过立法手段强制其在工程建设项目中推广应用。

1　HAZOP 分析

1.1　分析方法

HAZOP 分析是由专家组来进行的，它是一种系统潜在危害的结构化检查方法。专家组由不同背景的专家组成，借助他们的丰富经验，通过小组会议自由讨论方式，激发个人智慧和想象力，指出所有潜在问题，寻求解决机会以减少损失。HAZOP 可应用于工厂设计和操作的任何阶段，其方法是将一系列已建立的标准的引导词应用到正常的系统设计之上，针对某一过程或区段，有系统地找出具有潜在危害的过程偏离，并辨识其可能的原因、后果、以及安全防护，同时提出改善措施。它是一个定性的标准危害分析技术。

1.2　分析过程

HAZOP 分析中占 40%~50% 的问题是工艺装置操作安全性研究，其余问题是产品质量和可靠

性分析。HAZOP 分析是在设计范围内检查工艺装置和公用设施流程路线中工艺参数及操作控制可能出现的偏差，针对这堂偏差找出原因，分析结果并提出对策的一种研究方法。即从工艺参数(温度、压力、流量等)出发，研究工艺系统可能出现的偏差，并根据造成影响的程度，确定防止发生危险转变为事故的措施。HAZOP 分析主要步骤为：①建立专家组；②准备资料；③划分工艺系统；④进行分析；⑤形成分析报告。

2　HAZOP 的应用

2.1　硫黄扩能改造项目

大连西太平洋石油化工有限公司(简称WEPEC)硫黄回收装置扩能改造项目是新建 15Mt/a 加氢裂化装置的配套项目，其中包括新建一套 80kt/a 硫黄回收装置、一套 350t/h 胺液再生装置及一套 110t/h 酸性水汽提装置。为确保装置建成后能够顺利投产，达到国际一流的操作运行水平，公司委托美国 ABB LUMMUS 公司对硫黄回收装置扩能改造项目进行 HAZOP 分析。

2.2　应用步骤

2.2.1　准备工作

①支持文件：需要一系列文件供 HAZOP 分析时使用，最好放在进行 HAZOP 审查的地方，详见表 1，但不局限于此。②在真正进行 HAZOP 分析之前，在工艺管道和仪表流程图上划分区域或节点，以此来确定工作范围；③对在 HAZOP 分析中发现的问题，将采用风险分类的方法加以

区分；④在 HAZOP 分析开始前，准备好向小组成员简介系统、工艺情况。⑤准备好能够容纳分析小组成员和文件的办公设施。

表1　供 HAZOP 分析使用的文件

文　件	备　注
工艺管道和仪表流程图	HAZOP 分析的基础文件，缩小的一套文件提供给每个参与分析的小组成员
工艺原则流程图	缩小的一套文件提供给每个参与分析的小组成员
工艺描述	一套
安全阀汇总	一套
设备和材料规格表	一套

2.2.2　小组讨论分析

1) 小组组成：ABB LUMMUS 公司两名工程师、WEPEC 两名工艺工程师及设计院两名设计人员。

2) ABB LUMMUS 公司一名工艺安全工程师简要介绍分析使用方法，在小组成员头脑中建立起 HAZOP 分析的初步认识，对于富有成效的 HAZOP 分析十分必要。

3) 利用引导词进行分析讨论，常用的工艺引导词见表2。

表2　常用工艺引导词

序号	引导词	含　义
1	没流量	流量为零
2	逆向流	反向输送
3	大流量	流量高于正常值
4	小流量	流量低于正常值
5	压力高	压力高于正常值
6	压力低	压力低于正常值
7	温度高	温度高于正常值
8	温度低	温度低于正常值
9	液位高	液位高于正常值
10	液位低	液位低于正常值
11	噪音	机械噪音
12	燃烧	设备外部着火

4) 小组成员针对硫黄回收装置工艺管道和仪表流程图上划分出的 25 个节点，利用工艺引导词，选定一个中间状态偏差，反向推理寻找非正常原因，正向判断不利后果。并根据偏差原因，从工艺、设备、操作、检维修、管理等方面提出保护措施和建议。然后再对其他偏差进行分析讨论，直至所有与该节点相关的偏差全部分析完毕为止。

5) 以节点11(从酸性水汽提装置至硫黄反应炉的含氨酸性气线)的分析过程来加以说明。由酸性水汽提装置至硫黄回收装置反应炉的含氨酸性气线上设置有压控阀、紧急切断阀和手阀以及压力、温度、流量等测量装置。首先，假设出现含氨酸性气流量为零的情况，而压控阀、紧急切断阀或手阀的关闭均可造成此种情况。然后针对这几种原因分析其可能造成的后果。通过分析发现，压控阀的关闭会造成反应炉含氨酸性气进料中断、硫黄回收装置酸性气量减少、回流罐及汽提塔超压、反应炉配风不平衡。接着，按照不同后果分析制定相应的安全措施：①含氨酸性气进料中断可打开压控阀旁路阀恢复进料，通过流量表亦可及时发现进料中断的情况。②硫黄装置酸性气量减少。但由于清洁酸性气仍维持正常生产，所以对整个酸性气进料影响不大。③酸性水汽提系统超压。在回流罐上设置安全阀，对系统起到保护作用。④反应炉配风不平衡。反应炉无含氨酸性气进料仍可进行生产操作，并可根据酸性气量变化自动调整配风。最后，根据安全保护措施的情况，提出注意事项或建议。至此为止，压控阀关闭造成没流量情况的分析完成。

按照同样方法，可分析紧急切断阀或手阀关闭造成没流量的情况，综合在一起就构成了含氨酸性气进料中断的 HAZOP 分析。依次再分别对大(小)流量、高(低)温度及高(低)压力等情况进行分析，最终形成节点11的完整 HAZOP 分析详见表3。

表3　酸性水流提装置至硫黄反座炉的含氨酸性气线 HAZOP 分析情况

偏差	原因	结果	保护措施	注　意
没流量	含氨酸性气压力控制同路故障导致含氨酸性气压控阀关闭	硫黄反应炉烧氨火嘴失去含氨酸性气进料，硫黄装置进料量减少；污水汽提装置回流罐及上游系统超压；硫黄反应炉的配风平衡被打乱	含氨酸性气压控阀有旁路；酸性气线上设置流量表；其他单元的酸性气进料如再生塔的清洁酸性气仍维持不变；污水汽提装置回流罐设置有安全阀保护；硫黄反应炉失去含氨酸性气进料一样可以操作，且可根据进料自动调整配风	

续表

偏差	原因	结果	保护措施	注　意
	含氨酸性气线紧急切断阀被误关闭	硫黄反应炉烧氨火嘴失去含氨酸性气进料；硫黄装置进料量减少；污水汽提装置回流罐及上游系统超压；硫黄反应炉的配风平衡被打乱	含氨酸性气压控制有旁路；酸性气线上设置流量表；紧急切断阀开关位置情况能够被显示；其他单元的酸性气进料如再生塔的清洁酸性气仍维护不变；污水汽提塔装置回流罐设置有安全阀保护；硫黄反应炉失去含氨酸性气进料一样可以操作，且可根据进料自动调整配风	
	含氨酸性气线手动切断阀被误关闭	硫黄反应炉烧氨火嘴失去含氨酸性气进料；硫黄装置进料量减少；汗水汽提装置回流罐及上游系统超压；硫黄反应炉的配风平衡被打乱	含氨酸性气压阀有旁路；酸性气线上设置流量表；其他单元的酸性进料如再生塔的清洁酸性气仍维护不变；污水汽提装置回流罐设置有安全阀保护；硫黄反应炉失去含氨酸性气进料一样可以操作，且可根据进料自动调整配风	
大流量	含氨酸性气压力控制回路故障导致含氨酸性气压控制阀全开	过量含氨酸性气进入硫黄反应炉；硫黄反应炉入口压力升高；硫黄反应炉进料中的水含量增高；硫黄反应炉进料中的氨含量增高；硫黄反应炉中生成的氮氧化物将增加；对反应器床层造成污染，并降低转化率	酸性气线上有流量累计表；硫黄反应炉入口有压力高报警器；采样器连接必须保证穿过气压控制阀；在进入硫黄反应炉含氨酸性气线上有采样口；进入硫黄反应炉的清洁酸性气量与含氨酸性气量之比小于 1.3，含氨酸性气自动切除	修改含氨酸性气系统的设计，增加一个自污水汽提装置来的切水罐

2.2.3　形成 HAZOP 分析报告

一旦分析结束，分析小组立即起草并提交一个简要的报告。该报告向 WEPEC 项目组通报 HAZOP 分析范围内发现的任何危害。分析小组组长就 HAZOP 分析检查和其他小组成员的意见编写正式报告，该报告作为硫黄回收装置扩能改造项目 HAZOP 分析会议的永久记录，对硫黄回收装置扩能改造项目的基础设计提出修改建议。

3　结语

HAZOP 分析可以对整个设计或流程进行系统的研究和分析，其结果要比其他简单考察或研究的结论更客观。另外，HAZOP 分析还具有易学、开拓思路、易于决策等优点。

石油化工企业生产过程中潜在着很大危险性，一旦工艺参数发生偏差，将会导致重大事故，应用 HAZOP 分析能充分地识别危险，并在此基础上提出措施进行控制，对预防和减少事故具有重要意义。同时它也是对操作员工进行培训学习，提高员工事故应急处理能力和对装置的掌控能力的一种先进方法。

随着国家和中石油对企业生产和建设项目的 QHSE 管理工作要求的提高，各企业都将对生产经营活动和建设项目进行全风险管理，以期实现企业的经营和 QHSE 目标。而作为全风险管理的基础技术之一的 HAZOP 分析技术，就成为企业安全评价的优先选择，再加上随着计算机辅助 HAZOP 分析研究的进一步应用，HAZOP 分析在我国的石油天然气行业中必将得到更广泛的应用。

三套硫黄回收装置 RAR 尾气处理单元的比较

曾 波 朱正堂

（中国石化金陵分公司）

摘 要 介绍了中国石化金陵分公司三套硫黄回收装置 RAR 尾气处理单元的工艺原理，主要设计特点，通过操作运行指出三套 RAR 尾气处理单元的不同点及优缺点。

关键词 硫黄回收 RAR 技术比较

RAR（还原、吸收、循环）硫黄尾气处理技术是净化程度高的制硫尾气处理技术之一。具有操作简单、副产物腐蚀性小的特点。硫黄装置排放尾气中 SO_2 含量不大于 $960mg/m^3$，满足国家新的环保排放标准。着重介绍了中国石化金陵分公司 40kt/a、50kt/a、100kt/a 三套硫黄回收装置 RAR 部分的不同点及优缺点。

金陵分公司炼油厂 40kt/a、50kt/a、100kt/a 三套硫黄回收装置，是炼油厂为加工进口含硫原油而建的环保装置，40kt/a 硫黄回收装置与 2000kt/a 柴油加氢精制装置配套、100kt/a 硫黄回收装置与 2500kt/a 柴油加氢精制装置配套，对加氢精制脱硫后的富胺溶剂进行再生并提供贫胺溶剂，同时对由此产生的酸性气进行处理，回收硫黄。

三套硫黄回收装置都包括硫黄回收与尾气处理两个单元，由意大利 KTI 公司提供基础设计，采用的是 Claus 部分燃烧和 RAR 尾气处理技术，开工正常后，排放尾气中的 SO_2 含量不大于 $960mg/m^3$，完全可以满足国家环保排放标准对于制硫尾气中 SO_2 的排放要求。

1 工艺原理和主要设计特点

1.1 Claus 部分工艺原理及流程

来自尾气处理部分的循环酸性气（50kt/a、100kt/a 硫黄装置还处理来自化肥装置的酸性气）一部分与来自炼油厂各装置的炼厂酸性气混合后送热反应器第一区；另一部分进入热反应器第二区。酸性气在主燃烧器内与助燃风相遇，进入主燃烧器的风量控制在正好使酸性气中所有的烃和氨全部氧化，并维持 Claus 部分出口尾气中 H_2S/SO_2 达到 $2 : 1$（体积比）的要求。

工艺气离开热反应器后经余热锅炉回收热量、Claus 反应器、硫冷凝器冷却后液硫经硫封排入硫黄坑。而工艺尾气进入 RAR 部分或尾气焚烧部分。此单元回收的硫黄约占酸性气中总硫含量的 95%。

1.2 RAR 部分工艺原理及流程

Claus 尾气进入 RAR 部分经过加热后，与富 H_2 气混合送入加氢反应器，在催化剂的作用下，促使硫化物和气态硫转变为 H_2S。从加氢反应器出来的还原热气体经过急冷后，脱除气相中的饱和水分并将夹带物分离，进入吸收塔。在吸收塔内，气体与贫溶剂接触，H_2S 绝大部分被吸收下来，从塔底出来的富溶液送去再生塔再生。从吸收塔顶部流出的脱硫气体，送去焚烧炉进行焚烧，产生的烟气经烟囱排入大气。

1.3 工艺特点分析

1.3.1 无在线燃烧炉

RAR 工艺的显著特点是它的反应器入口没有燃料气在线燃烧炉。其优点在于：操作方式简单，可靠性高。燃料气在线炉的操作，需要精确的配风来维持燃料气的化学计量燃烧，过多过少的燃烧空气都会对加氢催化剂造成不良影响，严重时会造成超温或中毒。

1.3.2 热反应器（酸性气燃烧炉）采用分区操作

为了分解酸性气中的氨，热反应器的温度要求控制 1350℃以上。为了保证这一温度，采用分区操作的方式，把带氨的酸性气与炼油厂其他高浓度酸性气送入热反应器第一区，低浓度的循环酸性气则一部分送入第一区，另一部分送入热反应器第二区。进入第一区的循环酸性气流量根据一区反应的温度来调整。

1.3.3　共用溶剂再生系统

RAR 工艺产生的富胺可以与其他脱硫工艺产生的富胺集中再生。优点在于减少了设备数量，解决了酸性气因长距离输送造成的压降大的问题，且可减轻操作管理上的工作量，对稳定酸性气的质量也大有好处。

2　RAR 系统不同点的比较

40kt/a、50kt/a、100kt/a 三套硫黄回收装置 RAR 部分的不同点，主要集中于加氢还原部分和再生部分。有以下 4 个方面：加热方式、催化剂、冷却方式以及处理不同装置的溶剂。

2.1　加热方式不同

40kt/a、50kt/a 硫黄回收装置都采用气-气换热器和电加热器的方式来加热 Claus 尾气。其尾气处理简单，工艺流程见图 1 所示。

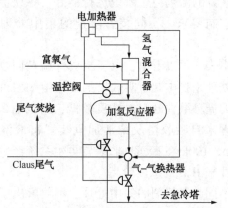

图 1　40kt/a、50kt/a 尾气处理工艺流程

使用电加热器及气-气换热器的优点在于投资少、操作简单。但这种操作方式存在一定的局限性：①开、停工过程中的预硫化和钝化时间长；

②负荷低或过高情况下，反应器不能保证反应器的入口温度。

100kt/a 硫黄回收装置采用了尾气加热炉来进行 Claus 尾气的加热。其工艺流程见图 2。

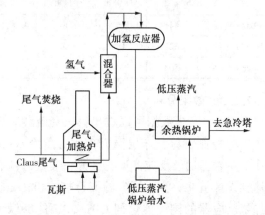

图 2　100kt/a 尾气处理工艺流程

100kt/a 硫黄回收装置使用尾气加热炉来进行 Claus 尾气的加热，与以前的加热方式相比具有温度可调节范围大、操作灵活的优点。在装置低负荷或高负荷下尾气加热炉都能够为加氢反应器提供稳定的入口温度保证。其缺点在于尾气加热炉投资高，操作难度有所增加，并且还受到瓦斯系统的影响。

2.2　催化剂不同点分析

40kt/a 硫黄回收装置在 2005 年 3 月的检修中使用了国产加氢催化剂 CT6-5B。50kt/a 硫黄回收装置采用了进口的新型低温加氢催化剂，该催化剂在国内是首次使用；100kt/a 硫黄回收装置采用了进口的 C29-2-04 型加氢催化剂。

2.2.1　主要操作数据

三套硫黄回收装置加氢部分主要数据对比见表 1。从表 1 数据可看出加氢反应器各项操作指标控制良好，温升正常。50kt/a 硫黄由于采用了低温催化剂，加氢反应器的入口温度较其他两套装置相比有明显的下降。

表 1　加氢部分主要数据

装置	生产负荷/%	总硫收率/%	温度/℃			急冷水 pH 值
			加氢入口	加氢床层	加氢出口	
40kt/a 硫黄	108	99.91	268	323	340	7.6
50kt/a 硫黄	95.86	99.94	245	287	277	7.1
100kt/a 硫黄	77.5	99.96	282	309	303	7.1

2.2.2 主要分析数据

三套装置的尾气分析结果见表2。

表2　尾气分析数据　　　　　　mg/m³

装置	SO₂ 含量	NO 含量	O₂ 含量	H₂S 含量
40kt/a 硫黄	841	96	7.4	4.00
50kt/a 硫黄	621	18	5.3	0.45
100kt/a 硫黄	503	90	4.9	0

2.2.3 效果分析

由表1、表2数据可以看出：三套硫黄装置操作指标控制良好，床层温升正常，急冷水 pH 值在 7 左右，加氢反应器运行良好，装置总硫收率达到设计值 99.9%，尾气检测合格：40kt/a 硫黄加氢反应器的国产催化剂 CT6-5B，能够满足装置的生产需要，成本较进口催化剂低。50kt/a 硫黄加氢反应器低温催化剂性能良好。由于入口温度较低，降低了装置的能耗，但催化剂价格较高，提高了成本。100kt/a 硫黄加氢催化剂性能优良，满足生产需要。

2.3 冷却方式的不同

40kt/a、50kt/a 硫黄回收装置采用了气–气换热器来进行反应热的有效利用，即用需要加热的 Claus 尾气来冷却热还原气。100kt/a 硫黄回收装置则采用余热锅炉来进行热还原气的冷却，通过余热锅炉产 0.4MPa 的蒸汽来回收热量。

采用气–气换热器来进行还原气的冷却，投资小，操作简单。但还原气至急冷塔入口的温度受加氢反应器出口温度影响，温度波动较大。过高的温度将导致急冷塔顶温度超过工艺指标。使用余热锅炉对还原气进行冷却，可通过控制蒸汽压力来保证冷却后的还原气有一个较稳定的温度，从而保证了急冷系统的良好运行。

2.4 溶剂再生系统的不同

40kt/a 硫黄回收装置能够对来自 2000kt/a 柴油加氢装置的富溶剂进行再生，50kt/a 硫黄回收装置处理自身吸收塔产生的富溶剂，100kt/a 硫黄能够对 2500kt/a 柴油加氢装置的富溶剂进行再生。

2.4.1 再生系统主要操作数据

三套硫黄回收装置溶剂再生系统的主要操作数据对比见表3。

表3　再生系统操作数据

装置	再生塔顶压力/kPa	再生塔底温度/℃	回流量/(m³/h)	贫液量温度/℃
40kt/a 硫黄	83	122	1.68	38
50kt/a 硫黄	85	120	0.95	38
100kt/a 硫黄	80	122	2.9	36

2.4.2 再生系统主要分析数据

三套装置的再生系统主要分析结果见表4所示。

表4　再生系统分析数据

装置	循环酸性气 H₂S 体积分数/%	富溶剂 H₂S 含量/(g/L)	贫溶剂 H₂S 含量/(g/L)	溶剂质量分数/%
40kt/a 硫黄	77.7	43.2	1.88	21.74
50kt/a 硫黄	46.0	12.3	1.52	23.66
100kt/a 硫黄	78.3	30.3	0.87	30.50

2.4.3 效果比较

综合表3、表4的数据可以看出：三套硫黄回收装置的溶剂再生系统运行良好，各项指标都达到控制要求。不同装置溶剂的集中处理是可行的。

由表4可以看出：由于 50kt/a 硫黄回收装置单独处理来自本装置吸收塔的富液溶剂，再生后产生的循环酸性气 H_2S 浓度较低，而其他 2 套同时处理来自吸收塔及柴油加氢装置富液溶剂的 40kt/a、100kt/a 硫黄回收装置再生系统产生的循环酸性气 H_2S 的浓度较高。

不同装置溶剂的集中处理，不仅解决了酸性气因长距离输送而造成的压力降大的问题，同时也为 Claus 部分，提供了质量平稳的酸性气，还减轻了装置操作和管理上的工作量。

3　结论

三套硫黄回收装置的 RAR 部分各有优势与不足。

1）40kt/a 硫黄回收装置最早建成投产，是 RAR 工艺在金陵石化分公司炼油厂首次使用。更新的国产催化剂性能良好，能够满足生产需要，且降低了装置成本。但由于加氢反应器入口温度的影响，装置操作弹性小。

2）50kt/a 硫黄回收装置采用了先进的低温

型催化剂，有效降低了加氢反应器入口温度，减少了电加热器的使用，增加了装置的操作弹性；但进口催化剂价格昂贵，增加了成本。

3）100kt/a 硫黄回收装置采用的尾气加热炉与 TGT 余热锅炉技术，有效而灵活的满足了加氢反应器出入口温度的要求，保证了 RAR 系统的良好运行，虽然成本较高且增加了操作的复杂性，但装置的操作弹性大大增加。

三套硫黄回收装置吸取了以往的操作经验，采用了不同方式对原有的 RAR 系统的操作进行了优化与改进，取得了良好的效果。

30kt/a 硫黄装置开工总结

张艳刚

（中国石化北京燕山分公司炼油厂）

摘　要　北京燕山分公司炼油厂 10Mt/a 炼油改造工程硫黄装置采用烧氨单炉区燃烧炉，由于设计负荷远大于实际负荷，装置用再生酸性气以 33% 的低负荷完成硫黄试投产。后酸性气中混入氢气助燃解决 H_2S 燃烧炉低负荷烧氨温度问题，污水汽提酸性气成功引入。尾气单元以 25% 的负荷投产运行，目前装置运行平稳，尾气排放达标。

关键词　硫黄炉　氢气助燃　烧氨

1　装置概况及主要特点

1.1　装置概况

硫黄回收装置处理来自溶剂再生单元的富 H_2S 酸性气及来自污水汽提单元的含 NH_3 酸性气，设计混合酸性气的氨含量为 12.2%。尾气经热焚烧后通过 120m 烟囱排入大气。装置采用两头一尾工艺，即 2 套 30kt/a 硫黄和 1 套 60kt/a 尾气处理系统，硫黄回收采用常规 Claus 两级转化工艺，尾气处理采用还原吸收工艺。使用成都能特科技发展有限公司生产的 CT6-4B 和 CT6-5B 型催化剂。

1.2 主要特点

1) 胺液再生酸性气和进炉空气采取蒸汽预热措施。

2) 制硫燃烧炉余热锅炉及尾气焚烧炉余热锅炉发生次高压蒸汽（4.8MPa、4.2MPa），直接用于制硫部分转化器入口过程气的加热，次高压蒸汽过热后（460℃）用于尾气进加氢反应器前升温。

3) 一冷、二冷及三冷为同壳组合设备；蒸汽过热器与尾气焚烧炉余热锅炉为组合设备；急冷水冷却器及贫富液换热器采用板式换热器。

4) 尾气处理单元设独立胺液再生系统，以提高硫黄回收单元操作的稳定性。

5) 仪表控制采用 DCS 控制和自动连锁自保系统。

2　流程简述

来自溶剂再生单元的富 H_2S 酸性气与尾气处理单元的循环酸性气混合后进入酸性气分液罐，分出凝液的富 H_2S 酸性气进蒸汽预热器加热，与来自污水汽提单元的含 NH_3 酸性气（约 90℃）混合，然后均分为两路进入两套制硫燃烧炉，在燃烧炉内发生高温转化反应。燃烧炉按烃和氨完全燃烧且 1/3 的 H_2S 生成 SO_2 来控制进入燃烧炉的空气量在燃烧炉内，H_2S 氧化生成单质硫，氨被分解，反应式如下：

（1）高温热反应

$$H_2S + 3/2O_2 \longrightarrow SO_2 + H_2O$$
$$2H_2S + SO_2 \longrightarrow 3/xS_x + 2H_2O$$

（2）总反应

$$H_2S + 1/2O_2 \longrightarrow 1/xS_x + H_2O$$

（3）氨主要反应

$$2NH_3 + 3/2O_2 \longrightarrow N_2 + 3H_2O$$
$$2NH_3 + SO_2 \longrightarrow N_2 + 2H_2O + H_2S$$

燃烧反应后的高温过程气进入燃烧炉余热锅炉，产生 4.8MPa 次高压蒸汽用来回收反应余热和降低过程气温度。过程气温度降至 318℃ 后进入第一硫冷凝器，硫冷凝器发生低压水蒸气（0.35MPa）用来回收反应余热和降低过程气温度。过程气温度降至 160℃ 并分出单质硫后进入一转入口加热器用次高压饱和蒸汽加热至 240℃，再进入一级转化器。在催化剂的作用下 H_2S 与 SO_2 继续发生催化转化反应生成硫黄，有机硫发生水解反应，其反应如下：

$$2H_2S + SO_2 \longrightarrow 3/xS_x + 2H_2O + Q$$
$$COS + H_2O \longrightarrow H_2S + CO_2$$

$$CS_2+2H_2O \longrightarrow 2H_2S+CO_2$$

反应后过程气温度上升到 292℃ 出一级转化器进入第二硫冷凝器，过程气温度降至 160℃ 并分出单质硫，后进入二转入口加热器，加热至 210℃ 后进入二级转化器，在催化剂的作用下 H_2S 与 SO_2 继续发生催化转化反应。过程气温度上升到 226℃ 出二级转化器进入第三硫冷凝器，过程气温度降至 155℃ 并分出单质硫后进入扑集器。自各硫冷凝器和扑集器分出的液硫进入硫封罐。液硫经硫封罐自流到地下液硫池并被输送至成型部分。自捕集器出来的气体即为制硫尾气。

制硫燃烧炉余热锅炉产生的 4.8MPa 饱和水蒸气部分用于加热进燃烧炉空气、各级转化器入口过程气及制硫尾气，剩余部分送入蒸汽过热器过热至 460℃。硫冷器产生的 0.35MPa 水蒸气装置内自用。

来自制硫部分的制硫尾气进入尾气一级加热器，经饱和次高压蒸汽加热后进入尾气二级加热器与过热（460℃）次高压蒸汽换热，升温至 290℃ 后进入加氢反应器，在 Co-Mo 催化剂的作用下，尾气中的 SO_2 和单质硫发生还原反应生成 H_2S，反应如下：

$$SO_2+3H_2 \longrightarrow H_2S+2H_2O$$
$$S_8+8H_2 \longrightarrow 8H_2S$$

与此同时，尾气中的 COS 和 CS_2 通过水解基本上完全转化为 H_2S，反应如下：

$$COS+H_2O \longrightarrow H_2S+CO_2$$
$$CS_2+2H_2O \longrightarrow 2H_2S+CO_2$$

加氢反应器出口高温尾气经蒸汽发生器回收热量后温度降至 170℃，然后进入急冷塔的下部。急冷塔顶尾气降温至 40℃ 进入吸收塔底部，与塔顶进入的贫胺液逆流接触，尾气中的 H_2S 及部分 CO_2 被贫液吸收，富胺溶液去再生塔再生后循环使用；尾气脱硫再生塔顶部出来的酸性气与主再生塔酸性气混合进入酸性气预热器。吸收塔顶流出的净化尾气进入尾气焚烧炉，尾气在焚烧炉中经过 750℃ 高温充分燃烧，全部硫化物转化为 SO_2。750℃ 的高温尾气经蒸汽过热器及余热锅炉回收能量降至 300℃，最后经 120m 高烟囱排入大气。

3 开工过程

3.1 再生酸性气引入

2007 年 6 月 26 日制硫催化剂升温到位准备就绪，当时进入装置的脱硫富液携带的总硫为 1200kg/h，相当于硫黄装置单套负荷的 33%，设计负荷为 60%~110%，且按照仪表控制逻辑当负荷低于 41% 时装置即发生连锁停车。为减少酸性气体排放，摘除低流量连锁信号，在低负荷情况下于 26 日 10 时成功将酸性气引入燃烧炉，由于预先精确计算配风量，除余热锅炉出口温度偏低外主要操作指标（见表1）在 15 时基本达到正常。

表 1 装置主要操作指标　　　　℃

酸性气预热温度	160	一转入口温度	240
进炉空气预热温度	175	一转床层温度	328
燃烧炉温度	1100	二转入口温度	220
余热锅炉出口温度	270	二转床层温度	233

3.2 试引入汽提含氨酸性气

溶剂再生塔酸性气引入燃烧炉运行稳定后，为进一步减少酸性气排放，降低火炬系统压力，决定引入含氨酸性气进行试验，引入后经 2h 调整在配风量略显偏大的情况下燃烧炉温度仅为 1190℃，未能达到设计给定的烧氨最低温度 1250℃ 要求，被迫将汽提含氨酸性气切除改排火炬。

3.3 进一步调整生产

1）上游装置提高含硫原油的掺炼比及加工量。采取上述措施后，到 7 月 6 日装置负荷勉强达到 41%，同时本装置进一步提高进炉空气预热温度到 240℃，使炉膛温度能够达到 1170℃，距离烧氨温度仍有差距，但从全厂的物料平衡看，此负荷将长期维持，因此如何能够提高燃烧炉温度即成为当务之急。

2）引入氢气助燃。由于燃烧炉采取单火嘴单炉区结构，不具备酸性气分流调温手段，也不能补充炼厂燃料气，因此经过讨论后决定在酸性气管线上采取补充氢气助燃手段以提高燃烧炉温度，流程如图 1 所示。

2007 年 7 月 6 日 14:00 成功将氢气注入燃烧炉，注入量约 200m³/h，炉膛温度从 1170℃ 提高到 1270℃，经考察，各部操作参数运行稳定，催化剂床层温度及温升无明显变化，系统压力正常。

3.4 汽提含氨酸性气引入硫黄炉

氢气助燃提温成功后，再次将汽提含氨酸性气引入燃烧炉获得成功。炉膛温度维持在 1270~

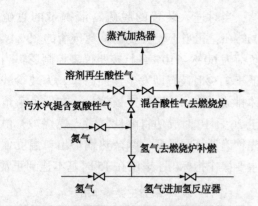

图1 采用助燃氢气提高炉温简单流程

1350℃，一级、二级反应器床层温度及温升正常，系统压力正常。消灭了酸性气直接排放火炬，硫黄回收操作负荷也提高到50%. 因此提高了装置运行平稳性。

3.5 尾气单元开工

7月8日尾气急冷水循坏正常，吸收、再生运行正常，加氢催化剂硫化完毕，装置成功切换硫黄尾气，以25.2%的负荷实现尾气处理单元投料开车运行，加氢反应器床层温升为25～40℃，急冷塔、吸收塔和再生塔全部运行正常。

3.6 运行效果考察

1）吸收塔出口气体经多次采样检测H_2S含量均为零。

2）硫黄质量合格。

3）热焚烧后排放尾气中SO_2含量为37mg/m³、NO含量42mg/m³，优于国家规定的排放标准。

4 结语

经短期考察，酸性气中混入氢气助燃提高H_2S燃烧炉温度，解决低负荷烧氨温度问题，在燕山石化分公司炼油厂取得了初步成功。目前装置仍然利用控制H_2流量作为H_2S燃烧炉炉膛温度的调节手段。

胜利炼油厂硫黄回收工艺中氨的处理

李铁军

（中国石化齐鲁分公司胜利炼油厂）

摘　要　通过分析齐鲁分公司胜利炼油厂 80kt/a 硫黄回收装置制硫燃烧炉烧氨效果不理想的实际情况，找出影响燃烧器烧氨效果的三要素：温度、停留时间及其混合程度，并对实际生产进行了合理改进，取得良好效果。

关键词　硫黄回收　烧氨效果　工艺　处理

硫黄回收工艺中的氨类物质，对装置的正常生产或多或少产生一定的影响，因此必须了解氨类在硫黄生产中的分布及其反应变化并在设计阶段或正常生产过程中预先消除氨类的影响，是确保硫黄回收装置正常运行的关键之一。

1　不同硫黄回收装置燃烧器烧氨效果对比

齐鲁分公司胜利炼油厂 80kt/a 硫黄回收装置于 2000 年建成投产，原料气中 NH_3 的体积含量在 3%~9% 之间，过程气在反应炉内的停留时间在 6~8s，反应炉炉膛温度在 1100℃（红外线测温仪）左右。燃烧器采用进口烧氨火嘴，但在开工初期酸气中氨的处理效果并不理想，多数氨不能分解成 H_2 和 N_2，而是生成 NO_x。具体表现在直排大气烟气中的 NO_x 物大于 $2000×10^{-6}$，在系统温度出现大幅度波动的部位（再热器管程）出现结

盐现象，曾一度导致装置系统压力升高丽被迫停工。

而齐鲁分公司胜利炼油厂 40kt/a 硫黄回收装置采用的是国内自行设计的普通酸气燃烧器，原料气中 NH_3 的体积含量一般在 15% 左右，过程气在反应炉内的停留时间在 16~20s，反应炉炉膛温度在 1180℃（红外线测温仪）左右，热偶温度指示一般在 1255℃ 左右，直排大气烟气中的 NO_x 化物基本上检测不到。

2　原因分析

针对两套装置截然不同的效果，对 80kt/a 硫黄回收装置检修过程中发现的容易结垢的部位进行采样分析，结果如表 1 所示，而 40kt/a 硫黄回收装置试验结果则列于表 2。

表 1　结构部位垢样组分分析结果　　　　　　　　　　　%

检测项目	部　位				分析方法
	再热器	胺液吸收塔	加氢反应器	烟　道	
铵离子	6.25	0.29	24.08	9.01	QG/SLI-02-15—98
铁离子	10.60	30.12	—	13.45	QG/SLI-03-03—98
硫酸根	36.83	—	58.76	63.27	QG/SLI-02-13—98
碳酸根	1.00	2.70	0.67	0.60	QG/SLI-03-12—98
总硫	14.59	25.5	18.78	13.84	GB/T 387
550℃/灼烧减量	68.09	45.00	99.28	59.49	QG/SLI-02-04—98

根据表 1 分析结果及定性检验情况，该装置垢样组成：①再热器主要成分是 $FeSO_4$ 或 $Fe_2(SO_4)_3$、$(NH_4)_2SO_4$、有机物和少量的单质硫及

碳酸盐；②胺液吸收塔主要成分是 $(NH_4)_2SO_4$ 占 81%，另外还有少量有机物和碳酸盐等；③加氢反应器主要成分是 FeS、单质硫、有机物和少量

的碳酸盐、铵盐等；④ 烟道主要成分是 Fe_2 $(SO_4)_3$、$(NH_4)_2SO_4$、有机物和少量的碳酸盐。即在 80kt/a 硫黄回收装置部分部位出现铵盐，原因是在硫黄回收工艺中采用了 SSR 工艺，尾气加氢换热器管程一侧过氧且存在较大的温度变化，所以铵盐析出结晶造成系统堵塞。

表 2　40kt/a 硫黄回收装置试验结果

炉膛温度/℃	净化气出口含量/10^{-6}	
	NO_x	SO_2
1265	0	390
1250	37	41
1245	64	75
1200	105	170
1190	183	153

分析实际情况，制硫燃烧炉在得到硫黄的同时将氨气烧掉的条件是可控的，但硫黄回收装置中氨处理不当，会引起以下问题：① 未燃烧的 NH_3，加剧了铵盐的形成；② 产生 NO_x 是 SO_2 氧化生成 SO_3 的良性催化剂，加速了设备腐蚀的速度；③ 硫回收率降低；④ 引起脱硫装置中循环胺液中 NH_3 的富集，这些氨携带大量的"黏附"的 H_2S 和 CO_2，降低了解析塔的解析能力，造成吸收塔吸收能力降低。

表 2 试验结果表明，当其制硫燃烧炉的温度为 1250℃时，过程气中残留 NO_x 浓度为 $37×10^{-6}$，温度愈高，分解愈完全。制硫燃烧炉的温度低于 1250℃之后，净化气中 NO_x 的含量急剧升高。因此，一般要求燃烧炉温度应高于 1250℃。同时，为保证 NH_3 的充分分解，必须保证酸性气在制硫燃烧炉中与空气充分的混合和足够的反应时间。在上述 3 个因素中，温度是最为主要的控制点，如果温度不够，再充足的停留时间和混合程度也达不到理想的烧氨效果，但在满足温度要求的前提下，增加其他两个因素中的任何一个，都会改善制硫燃烧炉的烧氨效果。从另外的角度分析，提高燃烧器的混合程度不仅仅可以提高燃烧炉的烧氨效果，同时由于混合充分，空气中氧的残留相应减少，可以抑制稳定铵盐的形成和尾气装置硫化氢吸收剂 MEDA 的氧化降解，从而提高硫黄回收及尾气装置的运行性能。

NH_3 在燃烧炉中主要完成氧化与分解的反应过程，其主要反应为：

$$2NH_3+3/2O_2 \longrightarrow N_2+3H_2O \tag{1}$$
$$2NH_3 \longrightarrow N_2+3H_2 \tag{2}$$
$$2NH_3+SO_2 \longrightarrow 2H_2O+H_2S+N_2 \tag{3}$$
$$2NH_3+5H_2S+4O_2 \longrightarrow S_2+2H_2S+SO_2+6H_2O+N_2 \tag{4}$$
$$NH_3+O_2 \longrightarrow NO_x+H_2O \tag{5}$$

反应式（1）~式（5）说明氨类在高温下与氧气的反应方向以及反应深度，取决于反应条件。结合胜利炼油厂 80kt/a 硫黄回收装置的实际情况，表明该装置制硫燃烧炉火嘴采用的酸气旋转、空气平流方式，会导致酸气与空气不能强制混合，单位体积内反应强度不足，降低了燃烧炉的整体温度，从而达不到氨的分解温度，同时部分氨同样是因为混合问题未能参与分解反应，有害组分分解不够彻底。

3　装置改进

为解决燃烧器的混合问题，于 2004 年 10 月和 2005 年 4 月两次对 F101 燃烧器进行了改造，分别增加了一道花墙并在风道内沿轴向增加导向叶片 10 片均布，斜度 20°角，风道出口火盆前加导向锥。目的是为了加强酸气与空气的旋转混合，保证酸气与空气在炉膛内有足够的停留时间，使反应尽可能地完全。

F101 火嘴和炉膛结构改造后，燃烧质量大幅提升，直排大气烟气中的 NO_x 物小于 $80×10^{-6}$，系统中 O_2 含量降低，E201 管束结盐的问题基本上得到解决。2005 年 5 月份检修之后装置开工运行直至目前已经平稳运行 36 个月，E201 运行正常，传热系数略有下降，属于正常情况。废锅使用寿命延长，胺液变质污染减轻，说明制硫燃烧器改造是正确的。

4　结论

经过实践证明，影响制硫燃烧器烧氨效果的主要因素为燃烧器温度、介质停留时间和混合程度，而且最为关键的因素是燃烧温度。由装置的实际运行表明，通过制硫燃烧器的改造，烧氨取得良好效果，制硫装置实现了长周期运行。

直接注入法烧氨工艺在国内的首次应用

金　洲

（中国石化镇海炼化分公司）

摘　要　介绍了直接注入法烧氨工艺原理、特点及在中国石化镇海炼化分公司的应用情况。运行以来，烧氨效果较为理想，排放烟气中 SO_2 和 NO_x 含量低，硫回收率高，操作弹性大，控制过程自动化程度高，运行情况良好。

关键词　烧氨工艺　硫黄回收　加氢还原　应用

硫黄回收装置烧氨工艺作为一项新兴的且较为成熟的工艺近年来在国际上广泛应用，从而取消了污水汽提装置氨精制系统，使污水汽提装置投资降低 40%，能耗降低 20%，彻底消除污水汽提装置液氨泄漏等安全隐患。但该工艺在国内很少应用。镇海炼化分公司作为"国家环境友好企业"，对环保装置一直非常重视，从 20 世纪 90 年代中期开始相继引进多项硫黄回收工艺新技术，使公司的硫黄回收装置达到国际先进水平，30kt/a MCRC 硫黄回收装置；第一套、第三套均为 70kt/a Claus+SCOT 工艺的硫黄回收装置。随着国家《大气污染综合排放标准》的颁布和实施，原先的 30kt/a MCRC 工艺已明显不能满足排放标准的要求。为此，公司于 2005 年开始建设 100kt/a 硫黄回收和 120t/h 污水汽提联合装置，装置采用目前国际上较先进的烧氨型硫黄回收工艺。于 2006 年 6 月 8 日一次试车成功并转入正常生产，尾气 SO_2 达到国家排放标准。

1　工艺原理

氨的分解主要基于 3 个反应，①燃烧分解；②热分解；③SO_2 对 NH_3 的氧化作用。这 3 个反应都需要在足够高的反应温度下进行，其机理如下：

$$2NH_3 \longrightarrow N_2 + 3H_2$$
$$4NH_3 + 3O_2 \longrightarrow 2N_2 + 6H_2O$$
$$2H_2S + 3O_2 \longrightarrow 2SO_2 + 2H_2O$$
$$2NH_3 + SO_2 \longrightarrow N_2 + 2H_2O + H_2S$$

在足够高的温度下，氨以热分解形式进行，

所以，从理论上不会有 NO_x 的生成，对环境不会造成影响。影响烧氨效果的主要因素为反应炉温度、停留时间、混合效果，这就是所谓的烧氨三要素，其中以反应炉温度最为重要，据试验表明在 1100℃时，90% 的氨气分解，在 1200℃时氨气的分解率接近 100%，但这是在没有 H_2S 和 H_2O 的状态下的测试结果，H_2S 和 H_2O 的出现会抑制氨气的热分解反应，如图 1 所示。

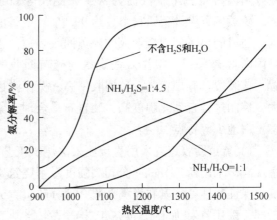

图 1　在 H_2O 和 H_2S 存在条件下 NH_3 的分解

从图 1 中可以看出当反应炉内水的含量与氨含量为 1:1 时，氨气的热分解率在 1200℃时低于 20%，所以，正常生产时要控制酸性气中的水含量，且反应炉温度不小于 1250℃。

由于原料气的进料中不可避免的会含有烃与 CO_2，到主反应炉中这 2 种物质的存在则会导致有机硫 CS_2 与 COS 的生成，而且 CS_2 与 COS 都是随着原料气中的烃类与 CO_2 含量的增加而增加，具体反应方程如下：

$$CH_4 + 2S_2 \Longrightarrow CS + 2H_2S$$
$$H_2S + CO_2 \Longrightarrow COS + H_2O$$

由于污水汽提装置酸性气为富氨酸性气，NH_3 与 H_2S 反应很容易生成固体状硫氢化氨晶体而堵塞管道。所以，要求污水汽提装置酸性气必须在大于硫氢化氨的结晶温度下进行输送。

120t/h 污水汽提装置的含氨酸性气设计组成见表1。

表1　120t/h 污水汽提装置的含氨酸性气设计组成

组　分	含量(φ)/%	含量(ω)/%
H_2O	26.56	20.90
H_2S	32.88	48.93
NH_3	40.56	30.17

2　装置概况和工艺特点

100kt/a 硫黄回收装置和 120t/h 污水汽提装置是公司 20Mt/a 炼油改造工程的配套项目，采用了目前国际上较先进的克劳斯加尾气加氢工艺，克劳斯部分采用烧氨型工艺，溶剂部分两级吸收两段再生、污水汽提为常压无侧线等新工艺。硫黄装置设计硫回收率可达 99.9%，是目前国内建成的单系列规模最大的硫黄回收装置，也是国内首套采用直接注入法烧氨的硫黄回收装置。该装置具有规模大，硫回收率高，操作弹性大，控制过程自动化程度高，装置布局合理、紧凑、占地少等特点。

1) 硫黄回收装置采用直接注入法烧氨工艺，主反应炉采用荷兰 Duiker 公司高强度专用烧氨烧嘴，保证酸性气中氨和烃类杂质全部分解。克劳斯部分采用在线加热炉再热工艺，操作控制简单，同时使装置具有较大的操作灵活性，易于催化剂再升温。尾气加氢部分还原所需氢由反应炉氨热分解和加氢还原炉通过燃料气次化学燃烧反应产生。克劳斯部分采用在线加热炉再热流程，它的好处是不会在过程气中引入硫，而且工艺简单、成熟、可靠、操作简单、能长周期运行。同时升温快捷，对负荷波动适应性强，开停工升温、催化剂还原再生、热浸泡方便。

2) 加氢还原部分采用性能良好的 MDEA 水溶性作为吸收剂，采用两级吸收，两段再生技术，可使净化后尾气的 H_2S 不大于 50×10^{-6}。同时具有较低的能耗，与常规的一级吸收、一段再生相比，可节省蒸汽约 30%，大大降低操作费用。与常规的溶剂相比，仅增 2 台半贫液－富液换热器。

3) 污水汽提装置采用了罐中罐与旋流除油器相结合的除油技术，使进塔污水的油含量达到小于 50mg/L 的要求，避免破坏汽提塔内的气液平衡，造成操作波动，影响净化水质量。

4) 全部采用国产催化剂。

3　装置运行情况

污水汽提装置 2006 年 1 月 16 日建成，硫黄回收装置 2006 年 4 月 30 日建成。5 月 28 日装催化剂，6 月 5 日点炉升温，6 月 8 日克劳斯单元引酸性气开工，6 月 10 口污水汽提装置引酸性水开工，含氨酸性气进硫黄回收装置反应炉，6 月 11 日引克劳斯尾气开工，净化后尾气 H_2S 含量为 $20\mu g/g$，装置全部正常。6 月 12 日环保检测站对排放烟气进行检测，SO_2 浓度上午为 $277mg/m^3$，下午为 $120mg/m^3$，13 日为 $114mg/m^3$。装置 31 个联锁和 10 个复杂控制回路全部投用正常.

3.1　反应炉烧氨效果

装置设计烧氨（体积分数，下同）为 5%~8%，烧嘴允许最高烧氨为 15%，正常生产时基本在 4%~8% 之间，最高为 22%，没有发生低温部位积盐。由于经反应炉燃烧后的过程气中还有 2% 左右的 H_2S，采样时过程气中 NH_3 和 H_2S 很容易反应，因此燃烧后过程气中的 NH_3 含量无法进行化验分析。为及时掌握装置烧氨效果，确保装置长周期运行，对现有装置采用急冷水中氨氮含量对比的方法来进行分析。7 月 26~31 日的具体测量数据见表2，其中第一套、第二套装置为非烧氧型硫黄回收装置，3 套装置均不注氨和急冷水置换。

表2　3 套硫黄回收装置急冷水中氨氮含量

mg/L

时间	第一套装置	第二套装置	新建装置
2006-07-26	124.3	496.3	422.5
2006-07-27	213.8	687.2	348.2
2006-07-28	198.5	636.1	348
2006-07-29	284	713.7	280.8
2006-07-30	337.5	743.6	292.6
2006-07-31	385.2	632	388.9

从表 2 数据可看出，3 套装置急冷水中的氨含量无较大差别，新建硫黄回收装置急冷水中的氨含量相对还较低，证明其烧氨效果较为理想，从运行一年未发现任何异常也同时证明了这一点。

3.2 烧氨对排放烟气的影响

如果烧嘴燃烧不理想，造成反应炉内漏氧较多，而 NH_3 在反应炉内热分解后生成 N_2 和 H_2，则反应炉内容易造成 NO_x，国家对 NO_x 的排放也有严格的排放标准，按照《大气污染物综合排放标准》(GB 16297—1996)规定，SO_2 最高允许排放浓度为 960mg/m³，氮氧化物最高允许排放浓度为 240mg/m³。装置运行两年来，环境监测站对装置排放烟气中的 SO_2、NO_x 含量进行了检测，检测结果为排放尾气中 SO_2 浓度平均 289.65mg/m³、NO_x 浓度平均 17.65mg/m³，均达到国家排放标准。

4　问题探讨

1) 从近一年的运行情况分析，烧氨反应炉温度最为重要，在反应炉温度不小于 1250℃ 的工况下烧氨能达到理想效果。但如何来保证反应炉温度是目前装置设计和运行过程中的难题，特别是进反应炉酸性气中 H_2S 浓度达不到 85% 以上时，需要补充燃料气来提高反应炉温度，操作难度较大。

2) 反应炉烧氨反应是吸热反应，而反应生成 H_2 容易与 O_2 反应放出大量的热，所以在设备要求指标范围内提高酸性气中的 NH_3 含量对提高反应炉温度有利。

3) 装置大型化后仪表联锁回路的可靠性和装置应急事故预案的可操作性尤为重要。

4) 从实际工况分析，烧氨工艺对排放烟气中 NO_x 含量没有影响。

5) 目前国内新建硫黄回收装置开始大规模采用尾气加氢还原吸收工艺，基本达到国际先进水平，但运行工况不是很理想，主要为急冷水 pH 值偏低、设备腐蚀严重、急冷塔结硫堵塞、硫冷凝器管板腐蚀泄漏、排放烟气 SO_2 超标等。而镇海炼化几套装置(采用烧氨工艺)，基本没有发生这些问题。

6) 在线分析仪在硫黄回收装置运行过程中起着致关重要的作用，特别是氢分仪、需氧分析仪和 pH 分析仪要投用好。

7) 国内硫黄回收催化剂已达到较高水平，镇海炼化大型硫黄装置催化剂全部采用国产催化剂。从实际运行工况分析，国内硫黄回收催化剂和尾气加氢催化剂性能完全能满足各种工艺硫黄回收装置要求。

8) 由于硫黄回收装置开停工期间对设备和环境影响大，所以装置大型化后应重点考虑装置的长周期运行问题，实现装置"五年一修"的目标。

9) 120t/h 污水汽提装置开工不久，出现酸性水回流罐压力引线、液位引线和酸性气出装置流量计引线铵盐结晶堵塞，仪表测量失准问题。这也是国内常压无侧线汽提装置普遍存在的问题，一直没有很好的解决办法。经与设计单位协同攻关，此问题已得到解决。

10) 随着硫黄回收装置规模的不断扩大，SO_2 排放对环境的影响也不断加大，减少装置开停工期间 SO_2 排放和装置非正常工况下的超标排放是重点解决的问题，为此，进行初步探索，目前基本实现了装置加氢催化剂提前预硫化，避免装置开工时的超标排放。

硫黄回收装置烧氨技术特点及存在的问题

王吉云

（大连西太平洋石油化工有限公司）

摘　要　简要概述了烧氨工艺技术的特性及提高烧氨反应温度的几种方法，并对此进行了比较，分析了烧氨工艺可能存在的堵塞和腐蚀剂化验分析问题，最后提出了通过物料衡算来确定相关组分的方法。

关键词　硫黄回收　烧氨　酸性气　温度分析

与传统的双塔汽提和单塔侧线抽氨工艺相比，由于常压酸水汽提工艺具有流程简单、易操作、投资省和能耗低等特点，逐渐成为了酸性水汽提的首选工艺，汽提出来的含氨酸性气送至硫黄回收装置制硫。早在 20 世纪 60 年代美国率先开展了含氨酸性气焚烧制硫技术的研究并很快在工业装置上应用，随后日本和欧洲以及加拿大等发达国家在反应炉的结构、烧嘴形式、操作条件及控制方案等方面作了大量的工作。经过几十年的发展，硫黄回收装置处理含氨酸性气技术在国外已得到广泛的应用。随着国内硫黄回收技术的不断提高和对引进技术的消化吸收，自 2000 年上海石化 30kt/a 硫黄回收装置首次采用该项技术以来，陆续在济南石化、沧州石化、齐鲁石化、大连西太平洋、海南石化、镇海石化和大连石化等企业都开始使用烧氨技术，装置规模从 20～100kt/a 不等。现就国内外硫黄回收装置烧氨工艺的技术特点及存在问题进行简要论述。

1　烧氨工艺技术特点

1.1　含氨酸性气的输送问题

含氨酸性气的输送温度不能过低（通常设计时要求控制温度在 90℃ 以上），否则可能出现铵盐结晶而导致管线堵塞，因此设计时首先应考虑酸性气输送管道的加热问题。目前国内外通常采用 3 种加热方式：①蒸汽伴热；②夹套加热；③电伴热。

蒸汽伴热通常采用 1.0MPa 蒸汽，多根伴热管伴热（如大连西太平洋石油化工有限公司 80kt/a 硫黄回收装置含氨酸性气管线采用 4 根 1.0MPa 蒸汽伴热，其入炉前温度可达到 100℃ 以上），1.0MPa 蒸汽一般炼油厂都有专门的管网，所以很容易获取到。

蒸汽夹套加热通常采用 0.3MPa 蒸汽（一般炼油企业都没有 0.3MPa 蒸汽管网，通常取自硫黄回收装置自产蒸汽），其加热温度可达到 140℃ 以上。

电伴热是采用外缠电加热带方式给管线加热，其加热温度可通过温控箱进行设定控制。由于用电量较大，所以设计时应考虑装置电气负荷是否有足够的余量。

相比较而言，3 种加热方式以蒸汽伴热最为适宜。夹套加热尽管可使含氨酸性气进炉前达到较高的温度，对提高炉温保证氨分解比较有利，但施工难度相对较大，特别是不适合长距离输送。电伴热的优点是温度可以准确控制，但投资较高而且要消耗大量的电能。

1.2　酸性气烧嘴的选择

酸性气烧嘴是整个硫黄回收装置非常关键的设备，也是硫黄回收装置能否彻底分解氨的基础。酸性气烧嘴不仅要满足反应炉内的高温段 Claus 反应达到 70% 左右的转化率，同时必须将酸性气中的氨和烃类等杂质分解完全，并将按化学当量配比的 O_2 消耗掉，而且还要求其在开停工期间能够在次化学当量的条件下燃烧燃料气。目前，国内还没有成熟的满足上述要求的硫黄回收装置酸性气烧嘴，而且正在使用的烧嘴大多数是属于传统类型的，其混合强度差，烃杂质分解率低，漏氧严重，更谈不上用于烧氨了。

近年来，随着硫黄回收工艺技术的引进，国内曾分别进口了意大利 NIGI 公司、德国 Lurgi 公司、荷兰 Duiker 公司、加拿大 AECO 公司和英国 Hamworthy 公司等不同类型的烧嘴。

1.3　提高烧氨反应温度的方法比较

通过对各种形式的硫黄回收反应炉的长期研究证明，影响烧氨效果的因素有 3 个，即人们常说的 3T：停留时间（Time）、温度（Temperature）和混合程度（Turbulence）。

通常制硫反应炉设计的停留时间为 1～2s，而选择了一个好的烧嘴就可保证达到比较理想的混合强度。温度则是这 3 个因素中的基础，若温度达不到要求，再长的停留时间和再强的混合强度也达不到好的烧氨效果。

大量的研究结果表明，要达到一个好的烧氨效果，温度至少应达到 1300℃，此时的氨分解率可达到 99% 以上，过程气中的残氨含量可控制在 $20×10^{-6}$ 左右。若温度过低，氨分解率就要相应降低，过程气中的残氨含量将提高而最终导致系统结盐垢或产生腐蚀而影响装置的平稳运行。

图 1 和图 2 分别是反应炉中的氨分解率和过程气中的残氨含量与温度的关系。

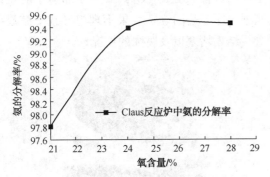

图 1　通过注入富氧来提高反应炉温度
后所测得的氨分解率

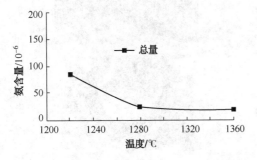

图 2　温度与过程气中的残氨含量之间的关系

目前硫黄回收装置烧氨工艺技术有两种流程，即带旁路流程和不带旁路的流程。所谓带旁路流程就是将部分清洁酸性气（10%～30%）引至反应炉炉膛中部，剩余的清洁酸性气和含氨酸性气混合后进入强混烧嘴中进行充分燃烧，炉膛前部温度通过分流至中部的清洁酸性气的量来调节（正常可达到 1350℃ 以上）。如图 3 所示。

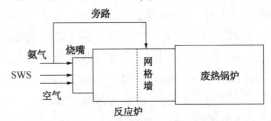

图 3　带旁路地烧氨工艺流程示意

所谓不带旁路流程（即直接注入法）就是将清洁酸性气和含氨酸性气在烧嘴前进行混合后进入烧嘴，经与空气进行混合后进入反应炉前部进行充分燃烧。如图 4 所示。

图 4　不带旁路烧氨工艺流程示意

带旁路流程的特点是反应炉前部由于是过氧 Claus 反应，容易达到所期望的温度，使氨充分分解，确保了下游中的残氨控制在一个较低的水平。但该工艺控制回路比较复杂并且对分流至中部的清洁酸性气中的氨及烃类有较严格的要求，通常其中的氨含量不大于 $1000×10^{-6}$，也不允许有重烃存在。

不带旁路的工艺流程由于全部的酸性气都在炉前部燃烧，所以没有上述限制，但酸性气和空气在进炉前通常需要加热至一定的温度，否则炉膛很难达到所要求的氨分解温度。如图 5 所示。

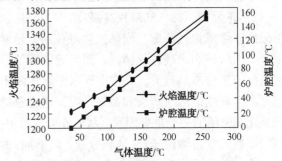

图 5　酸性气和空气预热对反应炉温度的影响

国内大多数硫黄回收装置采用的是带旁路的工艺流程（如济南炼厂、沧州炼厂、上海金山石化、齐鲁石化胜利炼油厂、西太平洋石化、大连石化和海南石化等），但也有采用不带旁路的直接注入工艺（如镇海石化）。从运行状况来看，两种工艺都可满足要求，反应炉温度也基本可达到烧氨条件。如西太平洋石化公司 80kt/a 硫黄回收装置酸性气中的氨含量在 10%~20% 左右，通过分流炉温可达到 1350℃ 以上。而镇海石化 2006 年 6 月份开工的 100kt/a 硫黄回收装置酸性气中的氨体积分数为 4%~6% 左右，采用直接注入工艺流程（但需对酸性气和空气预热且配烧一定量的瓦斯）也可以达到 1300℃ 以上。

实际操作时，一旦出现温度达不到烧氨要求时，则可采取诸如配烧燃料气和用富氧代替空气的手段来提高温度，如图 6 和图 7 所示。

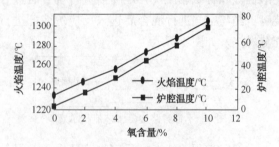

图 6　采用空气的炉温变化曲线

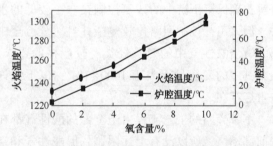

图 7　采用空气的炉温变化曲线

燃料气最好采用天然气（在法国 TOTAL 公司 Leuna 炼油厂则用纯氢气来提高温度），主要原因是天然气组成比较稳定，配风比较好控制，通常不会产生析碳和出现过氧情况。而普通的炼油厂瓦斯由于组分波动较大，经常出现因配风控制不当而产生催化剂床层结炭和漏氧情况，这也是造成催化剂失活的一个重要因素。从图 6 可以看出，当配烧氢气量占酸性气量（体积分数，以下同）的 10% 时，炉温可提高 70℃ 左右，反应炉温度由 1220℃ 升至 1290℃ 左右。由于天然气和瓦斯比氢气

的热值高，因此配烧天然气或瓦斯时反应炉的温度变化要根据燃料气组成，通过工艺计算后确定。

从图 7 可以看出，使用富氧代替空气对提高反应炉温度的效果是显而易见的。当富氧达到 28% 时，反应炉温度可提高 160℃ 左右，温度可由 1220℃ 升至 1380℃。法国 TOTAL 公司 Leuna 炼油厂在改用富氧工艺前，炉温仅能达到 1230℃，过程气中的残氨含量为 $150×10^{-6}$；采用 28% 富氧工艺后，反应炉温度升至 1350℃ 以上，过程气中的残氨含量降至 $25×10^{-6}$。

具体应用时，两种方法略有不同。通常情况下，低负荷时采用配烧燃料气的方法，而高负荷时则通过富氧工艺来提高温度。

2　烧氨工艺存在的问题

2.1　烧氨工艺操作过程中的问题

若烧氨温度不能达到所需要的 1300℃ 以上，过程气中的残氨含量将大大增加并有可能形成铵盐而结晶，造成催化剂床层及下游管线堵塞，有时不得不进行停工处理。另外，烧氨不完全也是造成装置设备和管线腐蚀的主要原因。这主要是温度低时，烧氨过程易产生 NO_x。进而与 SO_2 反应生成腐蚀性很强的 SO_3，最终便加速了对系统的腐蚀。图 8 是因烧氨效果不理想导致下游设备和管线结垢堵塞以及腐蚀的情况。

图 8　硫黄回收装置下游堵塞和腐蚀的情况

2.2　含氨酸性气的分析问题

由于没有系统的分析方法，国内硫黄回收装置普遍存在着含氨酸性气中的氨不能进行分析的尴尬局面。各家通常采用通过酸性水汽提装置的物料平衡来进行粗略计算，即根据原料水中的 H_2S 和 NH_3 含量、进汽提塔的酸水量和净化水中的 H_2S 和 NH_3 含量来计算含氨酸性气的量和组成，具体计算公式如下：

$$W_{酸性气} = W_{酸性水} \left[(C_{酸性水H_2S} - C_{净化水H_2S}) + (C_{酸性水NH_3} - C_{净化水NH_3}) \right] + W_{汽} \quad (1)$$

式中　$W_{酸性气}$——含氨酸性气的流量，kg/h；

$W_{酸性水}$——酸水汽提的酸性水进料量，t/h；

$C_{酸性水H_2S}$、$C_{净化水H_2S}$、$C_{酸性水NH_3}$、$C_{净化水NH_3}$——分别为原料水和净化水中的 H_2S 和 NH_3 浓度，mg/L；

$W_{汽}$——在含氨酸性气输送温度下的饱和水量。

由于净化水中的 H_2S 和 NH_3 的量与原料水相比通常要相差 3~4 个数量级，计算时可忽略不计。因此，式(1)可简化为：

$$W_{酸性气} = W_{酸性水} (C_{酸性水H_2S} + C_{酸性水NH_3}) + W_{汽} \quad (2)$$

如：酸性水进料量为 60t/h，原料水中的 H_2S 浓度为 9000mg/L，NH_3 浓度为 11000mg/L，净化水中的 H_2S 浓度为 4.4mg/L，NH_3 浓度为 40.1mg/L，酸性水汽提塔顶回流罐温度控制在 90℃，则含氨酸性气的量为（计算时净化水中的 H_2S 和 NH_3 量忽略不计）：

$$W_{酸性气} = 60000 \times (9000 \times 10^{-6} + 11000 \times 10^{-6}) + W_{汽} = 1200 + W_{汽}$$

查得 90℃时水的饱和蒸汽压为 71.5kPa，酸性水汽提塔顶回流罐的压力（表压）为 0.17MPa（绝压为 0.27MPa）

则 H_2O 摩尔数 = $0.265 \times (15.88 \text{kmol/h} + 38.82 \text{kmol/h}) / (1-0.265)2 = 19.72 \text{kmol/h}$

则 $W_{汽} = 19.72 \times 18 = 355 \text{kg/h}$

因此，$W_{酸性气} = 1200 + 355 = 1555 \text{kg/h}$

由于原料水的分析采样与实际操作不可能做到同步，所以上述计算结果肯定会出现不同程度的误差。

2.3　过程气中的残氨指标和问题分析

如何判断硫黄回收装置的烧氨是否彻底，过程气中的残氨含量控制在多少，才不会对相应的下游系统造成危害，目前国内外尚未有一个统一的标准，有的要求控制在 50×10^{-6}，有的则要求控制在 150×10^{-6}，甚至 200×10^{-6}。

通过与国外专家的技术交流和实地考察国外的烧氨情况，结合目前国内硫黄回收装置操作周期的延长（普遍实行 3a-修），笔者认为，保险起见烧氨过程气的残氨含量应控制在 20×10^{-6} 以下。否则，随着运行时间的延长，对操作将造成不同程度的影响。

同原料中的氨含量分析类似，过程气中的氨含量分析目前国内也是无法进行。烧氨是否达到要求，残氨是否超标，目前只能从系统压降是否上升或停工检修期间通过检查相应的设备管线是否有铵盐等方面进行定性判断，而且时间上往往存在着较大的滞后。

有关含氨酸性气的化验分析，法国 TOTAI 公司推荐了如图 9 所示的方法。

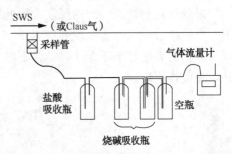

图 9　法国 TOTAL 公司推荐的含氨酸性气分析流程

第一个盐酸吸收瓶主要吸收含氨酸性气中的氨，根据消耗的酸量来计算氨的量。烧碱溶液主要是吸收其中的 H_2S，同样根据消耗的碱量来计算 H_2S 的量，最后用流量计测量出惰性组分的流量，从而可计算出 H_2S 和 NH_3 的浓度。

3　烧氨工艺实例

大连西太平洋石化公司 80kt/h 硫黄回收装置，由山东三维石化公司负责设计，采用其自主开发的 SSR 工艺技术，装置于 2005 年 3 月开始动工，12 月份建成并一次开车成功。采用荷兰 Duiker 公司的烧氨专用火嘴和带旁路的中部分流工艺流程（分流量为 10%~30%），反应炉温度控制在 1350℃ 以上。

由于酸水汽提装置开工较晚，所以整个装置的烧氨工况是从 2006 年 11 月份开始的。含氨酸性气采用 4 根 1.0MPa 蒸汽伴热，以避免其在输送过程中形成铵盐而堵塞管线。含氨酸性气进炉前的温度指示为 103℃，说明该管线伴热的效果是相当不错的。

为防止事故状态下含氨酸性气放火炬时堵塞火炬线，公司为此设了一条含氨酸性气放火炬专线。

装置设计满负荷时的含氨酸气量为 4880kg/h，烧氨体积分数为 15.54%。但由于日前酸水汽提运行负荷仅为 50% 左右，而且酸性水中 H_2S 的量达不到设计的一半（设计 H_2S 的量为 2.37%，NH_3 为 1.23%；实际指标为：H_2S 0.8%~0.9%，NH_3 0.9%~1.1%），因此含氨酸气总量目前仅为 1500kg/h，而其中的氨高达 50% 以上。由于装置的操作负荷变化较大，含氨酸性气与清洁酸性气混合后的氨在 10%~20% 之间。

考虑到含氨酸性气的热值较低，与清洁酸性气混合后所占的比例不宜过高，否则将影响燃烧效果，炉温难以达到烧氨所需的温度。因此设计时设了一个清洁酸性气与含氨酸性气大于 1.3 的比值联锁，当两者之比小于 1.3 时，含氨酸性气将自动切除而排火炬。

从装置运行一年多的情况来看，操作比较平稳，炉膛前部温度通过控制清洁酸性气中部分流量可很容易升至 1350℃ 以上。从系统压降和 2007 年 4 月份装置大检修对管线及设备的检查情况来看，无铵盐产生，说明烧氨效果比较理想。

4　结语

1）随着硫黄回收技术水平的不断发展，烧氨工艺得到了普遍的应用。

2）含氨酸性气的输送温度控制在 90℃ 以上较合适，采用 1.0MPa 蒸汽多根伴热形式比较适宜。

3）影响烧氨效果的因素除停留时间和混合强度外，温度则是最重要的因素，除采用带旁路的工艺流程外，通过对酸性气和空气预热、配烧燃料气和采用富氧工艺等手段提高反应炉温度。

4）烧氨工艺若达不到所要求的温度，可能出现因过程气中的残氨含量过高而装置下游堵塞和腐蚀。

5）含氨酸性气中的相关组分和过程气中的残氨含量目前还没有统一的、成熟的分析方法，通过酸性水的物料衡算以及系统压降变化来进行估算和定性判断可以达到指导生产操作的目的。

SCOT 工艺加氢瓶颈剖析及装置效能提升措施

陈昌介[1] 陈胜永[2] 何金龙[1] 王 军[3] 倪 伟[2]

(1. 西南油气田分公司天然气研究院；2. 西南油气田分公司开发部；3. 重庆天然气净化总厂)

摘 要 分析了西南油气田分公司 SCOT 装置运行现状及存在问题，对影响装置操作稳定性和催化剂使用寿命的关键问题进行了分析。结果表明，还原气量不足是工艺加氢瓶颈。同时就装置还原气量不足的原因进行了分析，并结合引进分厂实际，提出了 SCOT 装置优化措施。

关键词 SCOT 加氢 还原吸收 装置效能

1 SCOT 工艺概况

由于常规二级克劳斯硫黄回收工艺装置总硫回收率通常只能达到 94%~95%，即使采用三级克劳斯工艺，装置总硫回收率也只能达到 97% 左右，使排放尾气无法满足环保标准，因此需作进一步处理才能排放。SCOT 工艺就是一种广泛应用的尾气处理工艺。工艺流程见图 1。

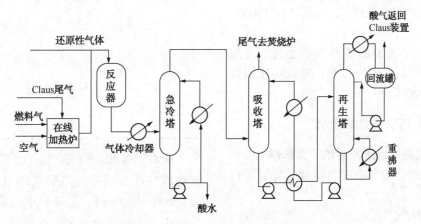

图 1 SCOT 尾气处理工艺流程

SCOT 工艺通常先将硫黄回收尾气在在线燃烧炉或热交换器加热到 250~300℃，如果在线燃烧炉制备的还原气不足，再外补还原气。尾气中所有的硫化物在催化剂作用下加氢或水解转化为 H_2S，并在热回收系统和水冷塔内冷却至 40℃ 左右，进入胺吸收塔进行选择性脱除 H_2S，使其排放尾气总硫降到 30×10^{-6}~100×10^{-6} 或总硫低于 300×10^{-6}。装置总硫收率通常可达 99.8%~99.9%。

1.1 工艺特点

SCOT 工艺具有总硫回收率高、装置操作稳定的特点，其排放尾气中 SO_2 含量通常小于 300×10^{-6} 或更低的水平。以 SCOT 为代表的还原吸收类尾气处理工艺是目前尾气排放达到 GB 16297—1996 标准的普遍选择工艺，发展前景广泛。但 SCOT 工艺的缺点有：①装置投资费用高，一套二级克劳斯加 SCOT 装置投资要比常规二级克劳斯装置高 80% 左右；②装置维护和操作费用较高。这就在一定程度上限制了 SCOT 工艺的普及。

1.2 工艺应用情况

目前 SCOT 工艺在国外得到了广泛应用，增设了 SCOT 尾气处理的硫黄回收装置数超过了 200 套。国内目前使用该工艺的尾气处理装置已有 10 多套，多集中在中国石油和中国石化所属各大炼油厂和天然气净化厂。

2　SCOT 装置运行现状

西南油气田分公司只有重庆天然气净化总厂引进分厂硫黄回收尾气处理装置采用 SCOT 工艺。筹建中的罗家寨、铁山坡、渡口河天然气净化厂也将采用 SCOT 类工艺。SCOT 工艺在引进分厂运行了 20 多年，积累了丰富的经验，为该工艺今后在罗家寨等天然气净化厂应用打下了良好的基础。近年来由于引进分厂原料气气质的较大变化，影响了 SCOT 装置效能的充分发挥。

1）近年来，特别是 2003 年以来，由于引进分厂原料天然气气质与设计值相比发生了较大变化，导致进入硫黄回收装置的酸气量和酸气中 H₂S 浓度大幅下降。目前引进分厂酸气流量只有约 4000m³/h，仅相当于设计值的 40% 左右。酸气中 H₂S 原设计值为 60%~70%，目前只有 30%~35%，极端情况下甚至只有 25% 左右；为维持装置正常运转，引进分厂将直流法工艺改造成了分流法工艺，以维持燃烧炉温度。目前，燃烧炉操作温度通常只有 850~900℃，与设计的 1300℃ 左右有较大差距。

2）由于加氢装置所需还原气量不足，使加氢催化剂遭受较严重的硫酸盐化，导致催化剂物化性能下降，影响其使用寿命。

3　SCOT 工艺加氢瓶颈剖析

3.1　还原气量不足所产生的不良影响

（1）使装置适应能力变差，降低了装置运行的可靠性

由于上游天然气气质的变化，使进入硫黄回收装置的酸气中的 H₂S 浓度降低，CO₂浓度增加，造成燃烧炉自身还原气生产能力不足，有机硫生成量和 SO₂量增加。以引进分厂为例，由于酸气中 H₂S 浓度降低了一半，使燃烧炉转化率比设计值低了近 20%，而燃烧炉生成的还原气量减少了 2/3，燃烧炉出口过程气中有机硫含量达到了 0.6%~0.7%。由于在线还原燃烧炉的制氢能力

不能大幅提高，外补还原气量跟不上加氢需要，使加氢不充分，出现 SO₂穿透和急冷塔中出现硫黄的现象。

（2）造成催化剂失活，缩短了催化剂寿命

由于还原气量不足，使尾气中的 SO₂加氢不完全，加剧了催化剂硫酸盐化，导致催化剂强度降低甚至粉化，缩短了催化剂的使用寿命。

3.2　还原气量不足的原因分析

（1）酸气气质和流量变化造成的影响

随着酸气量和酸气中 H₂S 的减少，CO₂的增加，导致燃烧炉温度降低，使燃烧反应产生的还原气（H₂ 和 CO）量减少。表1为用软件计算出的不同酸气含量下燃烧炉温度和生成的还原气含量。表2为引进分厂 2006 年 3 月 10 日装置酸气和燃烧炉出口过程气分析数据。

表1　不同酸气含量下燃烧炉温度和还原气含量

酸气中 H₂S 含量/%	燃烧炉理论燃烧温度/℃	生成的还原气(H₂+CO)含量/%
90	1393	3.13
80	1359	2.83
70	1311	2.55
60	1265	2.04
50	1179	1.66
40	1033	1.29
30	904	0.83

从表1可见，酸气含量严重影响燃烧炉温度和还原气的生成量。当酸气中 H₂S 体积分数从 90% 下降至 30% 时，燃烧炉中生成的还原气体积分数从 3.13% 降至 0.83%。同时，由于酸气量只有设计值的 40% 左右，使燃烧炉相对热损失增加，温度进一步降低，更加不利于还原气的生成。从表2可见，由于引进分厂酸气中 H₂S 体积分数仅有 35.98%，使燃烧炉出口过程气中的还原气体积分数只有 0.88%，远低于按照 70% 酸气计算出的理论值 2.55%。

表2　酸气、燃烧炉出口过程气和加氢反应器入口过程气分析数据

取样点	气体组成(干基)/%								
	H₂S	SO₂	CO₂	COS	CS₂	H₂+CO	N₂	O₂+Ar	CH₄
SC1206(酸气)	35.98	—	61.36	—	—	—	—	—	0.71
SC1403(燃烧炉出口过程气)	9.66	2.67	39.77	0.42	0.31	0.88	40.61	1.08	—
SC1501(加氢反应器入口过程气)	2.10	0.47	37.34	0.06	0.013	1.45	55.28	1.16	—

（2）过程气 H_2S/SO_2 比例失调

由于硫回收装置负荷远低于设计值，原配风系统在低负荷工况下适应酸气波动的调节能力有限，易出现 H_2S/SO_2 比例失调的情况。虽然 SCOT 工艺未对 H_2S/SO_2 比例作特殊要求，但为节约氢气量，引进分厂通常都将加氢前过程气中的 H_2S/SO_2 比例控制在大于 2∶1，通常希望能达到 10∶1 左右。由于调节困难，目前这一比例实际为 5∶1 左右。这使得过程气中 SO_2 含量偏高，增大了加氢负荷，加氢量不足的矛盾进一步加剧。

4 SCOT 装置效能提升研究

4.1 调整脱硫溶剂配方和装置操作参数提高酸气质量

在天然气气质发生变化以后，通过调整脱硫溶剂配方和装置的操作参数来稳定和提高酸气质量是治本的方法。以引进分厂为例，根据软件计算，要保证加氢反应器中 SO_2 和硫雾量与氢气量之比达到 1∶5 以上，如果只通过提高酸气中 H_2S 的含量以增加还原气量的方法来实现，则必须将酸气中的 H_2S 含量提高到 58% 以上。因此，可通过调整脱硫溶剂配方和装置操作参数，以尽量提高酸气中的 H_2S 含量，从而达到增加还原气量的目的。

4.2 外补还原气

解决还原气量不足的最直接办法是外补氢气。鉴于目前引进分厂加氢反应器 SO_2 和硫雾量与氢气量之比不到 1∶3，要将这一比例提高到 1∶5，则需外补氢气 70 m^3/h 左右，年耗氢气约 $55×10^4 m^3$。由于天然气净化厂普遍缺少外补氢气，因此通常这一措施仅在氢气气源充足的炼油厂使用。

4.3 改进燃烧炉操作增大热反应段还原气生成量

对于酸气含量较低且采用直流法工艺的装置，则可用分流法代替直流法，同时配入燃料气燃烧等措施提高燃烧炉炉温，可明显增大还原气生成量，从而改善加氢效果。

4.4 使用高性能催化剂

使用高性能催化剂保证催化剂具有较高的有机硫水解性可显著降低加氢段负荷。从表2可见，引进分厂加氢前过程气中含一定量的有机硫。如果将克劳斯段所使用催化剂由活性氧化铝型或助剂型更换为钛基型，则有机硫水解率可提高到 90% 以上，加氢装置有机硫水解负荷会明显降低，催化剂使用寿命得到延长。

4.5 稳定酸气气质与流量，控制过程气 H_2S/SO_2 比例

在尽量稳定酸气气质和流量的前提下，通过使用先进的仪器仪表和精心操作，维持适合的 H_2S/SO_2 比例。如果将 H_2S 与 SO_2 的比例从 5∶1 增加到 10∶1，则 SO_2 含量可从 0.47% 下降至 0.23%，所需氢气量几乎降低一半。加氢后总 H_2S 量仅有轻微增加，对后续脱硫段负荷的影响不大。

5 SCOT 装置优化措施

如前所述，引进分厂为提高 SCOT 装置还原气量，消除加氢瓶颈采取的主要措施有 5 项。①利用软件计算可知，在保证净化天然气合格的前提下，即将引进分厂所使用的 Sulfinol-M 脱硫溶剂更换为选择性脱硫溶剂，酸气中 H_2S 含量也只能提高到 40% 左右；②通过改变脱硫装置操作参数，比如增大回流比等手段最多也只能将酸气中 H_2S 含量再提高 5%，离理想的 58% 酸气含量相差较远，故这一措施的效果并不明显；③需另建制氢装置或扩建在线燃烧炉。由于引进分厂即将进行技改，不宜在目前的装置上作较大投资，故此项措施经济性较差；④尽管使用钛基催化剂可减少装置过程气有机硫含量，降低加氢段负荷。但由于装置过程气有机硫含量并不算高，故这一措施的改善效果有限；⑤控制过程气 H_2S 与 SO_2 的比例，降低参与加氢反应的 SO_2 量。但由于装置配风系统的限制，H_2S/SO_2 比例调节起来很困难，故操作难度较大。可见第三项措施只是改变燃烧炉操作参数，配入少量燃料气来增大燃烧炉还原气生成量，操作简单，实用性强。因此，结合引进分厂实际，改进燃烧炉操作是最切实可行的优化措施。

优化措施主要是采取分流法代替直流法，同时配入燃料气燃烧等措施提高燃烧炉炉温，可明显增大还原气生成量。详见表3。

表3　引进分厂改进措施分析对比

改造措施	燃烧炉温度/℃	硫回收段总转化率/%	燃烧炉出口还原气含量/%	加氢前过程气中SO₂+硫雾与还原气量之比
目前使用的60%酸气透炉，不配燃料气的部分分流法工艺	956	94.1	0.84	1:2.7
改造为1/3酸气进炉，不配燃料气的完全分流工艺	1147	93.2	0.93	1:2.9
改造为完全分流工艺，燃烧炉中配入0.8%的燃料气	1205	93.1	1.41	1:3.8
改造为完全分流工艺，燃烧炉中配入2.6%的燃料气	1287	93.0	1.94	1:4.9

从表3可见，将引进分厂目前使用的部分分流法改造成完全分流法后，燃烧炉温度可增加约190℃，但燃烧炉出口还原气量仅略有增加，且装置硫回收段总转化率会降低约1%。燃烧炉中配入0.8%的燃料气后可使加氢反应器中SO₂和硫雾量与氢气量之比基本达到1:4，虽不能彻底消除加氢瓶颈，但在一定程度上可缓减加氧量不足的矛盾。而如果配入2.6%的燃料气，则基本可保证这一比例达到1:5。但由于配入的燃料气较多，将会导致燃烧炉中生成的有机硫明显增加，影响装置总硫回收率。同时，配入的燃料气太多也会影响硫黄质量。故最优措施是将引进分厂硫黄回收装置改造为完全分流法，并在燃烧炉中配入0.80%左右的燃料气，在不影响硫黄质量的前提下减缓SCOT装置加氢量不足的矛盾。

6　结论

1）还原气量不足将造成SCOT装置适应能力变差和催化剂失活，是加氢工艺的主要瓶颈。

2）酸气量减少、酸气中H₂S含量降低和过程气中H₂S/SO₂比例偏低以及在线还原燃烧炉供氧量偏小是造成还原气量不足的主要原因。

3）结合引进分厂实际，推荐的SCOT装置优化措施是采用完全分流法，并在燃烧炉中配入0.8%左右的燃料气，在不影响硫黄质量的前提下减缓SCOT装置加氢量不足的矛盾。

炼厂硫回收装置技术选择

李志平

(中海石油炼化有限责任公司)

摘　要　介绍了国内外硫回收技术的发展和现状，对几种先进的硫回收技术进行详细说明，特别对国内硫回收技术进行了深入分析。根据国内外硫黄装置建设和运行情况，并针对近年国内硫黄装置建设规模大，提出对新建硫黄装置技术选择的建议。

关键词　硫黄　技术分析　选择

我国环保立法日趋严格，国家环保局 1997 年发布的《大气污染物排放标准》GB 16297—1996 环保法规的强制性实施，给加工高硫原油的炼油厂带来很大压力。为了贯彻国家环保局下发的 GB 16297—1996 环保法规，近年一些大型石化企业先后从国外引进了一批硫回收先进技术，消化吸收国外技术，提高我国技术水平，是炼油厂硫回收工作的一项重要课题。

1　国外硫回收技术状况及进展

1870 年英国化学家 C. F. Claus 发明了从含 H_2S 的酸性气中回收硫黄的工艺技术，并于 1883 年获得了专利，此方法称作 Claus 法。它是将酸性气和一定量的空气导入一催化反应器内，H_2S 直接氧化而生成硫黄。但由于反应放热量高，只能在低空速下才能控制反应温度，因而生产效率低，阻碍了该方法在工业上的应用。1938 年德国法本公司(IG. Frbenindustrie)对 Claus 法进行重大改革，推出改良 Claus 法，经过半个多世纪的努力，Claus 法硫回收工艺日趋完善。在工艺方面，发展了直流法、分流法、直接氧化法、硫循环法流程。工艺流程一般采用一段高温氧化，两级、三级或四级低温催化转化，可以加工含 H_2S 体积分数 5%~100%的各种酸性气体。在催化剂的研制和使用方面亦取得了很大进步，普遍采用活性氧化铝催化剂以及加有助剂的专门用途的催化剂。在自控仪表应用方面、自 20 世纪 70 年代美国杜邦公司开发成功 H_2S/SO_2 在线比值分析仪以来，大型硫回收装置采用计算机控制优化操作，大大提高了装置的效率和硫回收率。另外，在材料和防腐技术的改善等方面也取得了很大进展。

尾气处理工艺按其化学原理可分为 3 类：尾气加氢还原吸收工艺、低温 Claus 工艺和 H_2S 直接选择氧化工艺。广泛应用的是尾气加氢还原吸收工艺。

2　几种尾气加氢还原吸收法的技术特点

2.1　JACOBS 公司工艺

JACOBS 公司采用单燃烧区制硫燃烧炉，结构简单，造价低，操作方便。

该公司近几年推出的称为 LS-SCOT 工艺的低温 SCOT 尾气处理技术，它将加氢反应器进口温度由原来的 290~300℃ 降至 200℃，使用装置自产的中压蒸汽作加热介质即可满足要求。省去了原工艺流程中的在线加热还原炉，节省了投资，降低了消耗，而且方便了操作。JACOBS 公司在其工业化装置中采用低温催化剂已经有两年时间，效果理想。

JACOBS 采用 Shell 公司的专利液硫脱气技术，在液硫池中设置汽提塔(无内件)，空气通过汽提塔，液硫在空气流的强力搅拌下，溶解的多硫化氢(H_2S_x)分解成 H_2S，H_2S 随空气一起进入气相空间，分出 H_2S 的气体经蒸汽喷射器抽送至尾气焚烧炉。

JACOBS 技术的主要特点：

1) 采用酸性气和空气预热，单燃烧区制硫燃烧炉方案。强调燃烧温度、停留时间及混合程度是 NH_3 分解的关键参数。

2）Claus 部分一级、二级转化器入口过程气采用装置自产的饱和中压蒸汽加热，操作简单、运转可靠，硫转化率高。

3）尾气处理部分采用 LS-SCOT 工艺（即低温加氢还原工艺，加氢反应器入口温度降至 200~240℃），流程简单，能耗省，操作也简单。

4）加氢催化剂为专用的低温加氢催化剂。

5）用装置自产的饱和中压蒸汽加热加氢反应器进料。加氢反应所需还原气一般不需要外供，非正常情况下通过管线供给。

6）用蒸汽喷射器替代开工风机，用低压蒸汽驱动，占地小，易操作。

7）尾气焚烧炉后设置中压蒸汽过热器及余热锅炉以回收尾气热量。

8）制硫燃烧炉采用荷兰 Duiker 公司的高效燃烧器。

2.2　KTI 公司工艺

意大利 KTI 国际动力技术公司基于进入制硫燃烧炉的酸性气中 NH_3 和 H_2S 的摩尔比不宜超过 0.2，采用了双燃烧区制硫燃烧炉，控制进入制硫燃烧炉前后两个区的酸性气流量来保证氨分解的最低燃烧温度 1250℃。

KTI 技术的主要特点：

1）采用双燃烧区制硫燃烧炉，根据酸性气组分变化情况，随时调整非含 NH_3 酸性气进入制硫燃烧炉两个区的流量，以保证燃烧炉中适宜的操作温度。酸性气和燃烧空气勿需预热。

2）Claus 部分一级、二级转化器入口过程气用装置自产的过热中压蒸汽来加热，产生的冷凝水用作一级、二级硫冷凝器的供水。

3）一级、二级硫冷凝器为组合设备，发生低压蒸汽；三级硫冷凝器独立，发生低低压蒸汽，以降低三冷过程气出口温度，提高硫回收率。低低压蒸汽经空冷器冷凝后用作自身锅炉给水回用。

4）尾气处理部分采用 KTI 公司开发的 RAR 工艺，加氢反应器入口过程气升温采用与加氢反应器出口高温过程气换热，并辅以电加热器。

5）尾气焚烧炉后设置蒸汽过热器和余热锅炉以回收尾气热量。

KTI 采用 BP/Amoco 专利液硫脱气技术，汽提塔为 1 台催化填料塔，塔置于液硫池上方，液硫池中液硫经泵升压后与空气一起从下部进入汽提塔。液硫与空气通过填料层后，溶解的 H_2S_x 分解成 H_2S，H_2S 随空气一起进入气相空间，分出 H_2S 的气体经蒸汽喷射器抽送至 Claus 部分。

2.3　NIGI 公司工艺

NIGI 公司为了应对酸性气进料中 NH_3 含量趋高的问题，使 NH_3 能在制硫燃烧炉中完全分解不至于出现操作故障，采用双燃烧区制硫燃烧炉，控制进入制硫燃烧炉前后 2 个区的酸性气流量来保证氨分解的最低燃烧温度 1250℃。

NIGI 技术的主要特点：

1）采用双燃烧区制硫燃烧炉，根据酸性气组分变化情况，随时调整非含 NH_3 酸性气进入制硫燃烧炉两个区的流量，以保证燃烧炉中适宜的操作温度。酸性气和燃烧空气勿需预热。

2）Claus 部分一级、二级转化器的过程气用装置自产的过热中压蒸汽来加热，产生的冷凝水用作一级、二级、三级硫冷凝器（组合设备）的供水。

3）尾气处理部分采用 NIGI 公司开发的 HCR 工艺，该工艺特点是采用 H_2S/SO_2 比为 2~10，高于常规的 2∶1，其好处是 Claus 尾气中 SO_2 含量低，因而，H_2 消耗量少，正常操作情况下无需外供 H_2，酸性气在制硫燃烧炉内燃烧产生的还原性气体即可满足加氢反应的需要；缺点是胺液吸收部分胺液循环量及循环酸性气量有所增加。

4）加氢反应器进料的加热采用先饱和中压蒸汽加热、后过热中压蒸汽加热的方式，充分利用装置自身产生的热能。

5）尾气焚烧炉后设置中压蒸汽过热器以回收尾气热量。

液硫脱气采用 NIGI 公司的 SINI 工艺（正进行专利审批），保证脱气后液硫 H_2S 含量低于 $10×10^{-6}$。该工艺采用了筛板塔，塔置于液硫池上方，液硫池中液硫经泵升压后与空气一起从下部进入汽提塔。液硫与空气通过筛孔达到密切接触，溶解的 H_2S_x 分解成 H_2S，H_2S 随空气一起进入气相空间，分出 H_2S 的气体经蒸汽喷射器抽送至 Claus 部分。

NIGI 公司不但是工艺专利商，而且能够制造硫黄回收装置的相关设备，如使用其制造的制硫燃烧炉、制硫燃烧炉余热锅炉、硫冷凝器等关键设备，对装置的稳定操作及可靠性将有很大帮助。

3 国内引进技术的应用情况

从 20 世纪 80 年代起，国内大部分炼油厂都建成了自己的硫回收装置。但这些装置规模小（10kt/a 以下的占 80%）、大部分装置没有尾气处理部分，加上催化剂活性低，因此装置硫回收率低（85% 左右），SO_2 排放浓度高，造成环境污染。进入 20 世纪 90 年代后，我国炼油厂先后从国外引进了一批硫回收先进技术。如大连西太平洋石化公司于 1993 年从法国引进技术建成一套 300t/d 硫回收装置，尾气处理部分采用 IFP 公司的 Clauspol-300 工艺，硫回收率达到 99.5%；镇海炼化公司于 1995 年从荷兰 Comprimo 公司引进技术建成一套 210t/d 硫回收装置，尾气处理部分采用 SCOT 工艺，硫回收率达到 99.8% 以上；同期，茂名石化公司从意大利引进 KTI 公司的 RAR 工艺，建成两套 180t/d 硫回收装置，硫回收率达到 99.8% 以上；安庆石化总厂已于 1997 年从荷兰 Comprimo 公司引进 SupcrClaus 工艺，建成一套 60t/d 硫回收装置，装置总硫回收率达到 99.0%。截至 2000 年年底，国内共引进硫回收装置 12 套，涵盖 6 种工艺技术。

另外，我国硫回收催化剂的基础研究起步于 20 世纪 80 年代初，经道 20 多年的发展，彻底淘汰了活性较低的铝钒土催化剂，代之采用高活性的人工合成氧化铝催化剂。目前，国内有了自己的合成氧化铝催化剂系列，如齐鲁分公司研究院开发的 LS 系列硫回收催化剂和西南油气田分公司四川天然气研究院开发的 CT6 系列硫回收催化剂等。

尾气处理工艺国内引进的有以下几种：SCOT、SuperClaus、MCRC、RAR、Clauspol-300 等。

3.1 SCOT 工艺

SCOT 工艺系荷兰 Shell 公司开发，主要包括加氢还原和选择性吸收两部分。在加氢还原部分，Claus 尾气经在线加热炉加热到 280℃ 左右进入加氢反应器，在催化剂的作用下，尾气中的 SO_2 和单质硫还原成为 H_2S。

加氢反应器流出气进选择性吸收部分。在选择性吸收部分，加氢反应器流出气经急冷降温后

进胺吸收塔，在吸收塔中，气体与胺液逆流接触，气体中的 H_2S 被胺吸收，从吸收塔顶排出的净化气经尾气焚烧炉后排到大气；从吸收塔底排出的富胺液进再生塔，从再生塔顶排出的酸性气返回到 Claus 装置，从再生塔底排出的贫液返回到吸收塔循环使用。

Claus 制硫加 SCOT 尾气处理工艺技术成熟，抗干扰能力强（进料气中 H_2S/SO_2 之比，高到 10/1，低到 1/3），但该工艺装置投资高、操作费用高。为了降低投资和操作费用，各专利商又推出了 LS-SCOT 工艺、超级 SCOT 工艺、溶剂的串级使用或共同再生技术、物流之间的换热等节能技术，等等。

3.2 SuperClaus 工艺

SuperClaus 工艺是荷兰 Comprimo 公司等开发，该工艺属于直接将尾气中的 H_2S 氧化为单质硫的硫回收工艺。该工艺的特点是：以 H_2S 过量运转方式代替传统的 H_2S/SO_2 为 2∶1 的苛刻比例调节运转方式，操作灵活性大；催化剂仅对 H_2S 进行选择性氧化，H_2、CO 等组分不会被氧化，也不会因为副反应生成 COS 和 CS_2，即使是在超过化学计量的氧存在下，SO_2 的生成量也非常少，在缺氧的条件下，H_2S 将同催化剂上的金属氧化物反应生成金属硫化物，但只要 O_2 过量催化剂很容易再生；过程气中高浓度的水含量不会影响 H_2S 的转化率；装置投资和操作费用稍高于常规 Claus 装置；总硫回收率分为 99% 和 99.5%。

3.3 MCRC 工艺

MCRC 工艺是加拿大矿物和化学资源公司开发的一种硫黄回收与尾气处理一体化酌硫回收工艺。该工艺将最后一级或两级转化器置于低温下操作，在工艺流程和技术经济性方面有一定的特点。

3.4 RAR 工艺

RAR 工艺是意大利 KTI 公司开发的一种硫黄尾气处理工艺，是无在线还原气发生炉，因此，有人将它称为无燃烧炉的 SCOT 工艺。

3.5 Clauspol-300 工艺

Clauspol-300 工艺是法国 IFP 公司开发的，其在改进了 Clauspol 反应塔部分的溶剂循环回路冷却方式和采用精确可靠的在线分析仪改善 H_2S/SO_2 的比值控制后，推出了 Clauspol-300 工

艺，使装置的硫回收率由 98.5% 提高到 99.5%。

4　建议

4.1　制硫部分

通常国内炼油厂酸性气中 H_2S 含量较高（大于 50%），推荐采用改良 Claus 直流法（亦称部分燃烧法）硫回收工艺，全部酸性气进燃烧炉，按烃和氨类完全燃烧且 1/3 的 H_2S 生成 SO_2 控制进入主燃烧炉的风量。其流程设置为一段高温硫回收加两段低温催化硫回收，该部分硫回收率为 93%~95%。主燃烧炉废热锅炉及焚烧炉废热锅炉产生 3.5MPa 或 1.0MPa 的蒸汽，除自用外剩余部分送到全厂蒸汽管网；硫冷凝器产生 0.35MPa 的水蒸气，全部用于本装置设备和管线的保温和伴热。

国内一转和二转入口过程气升温大多采用传统的热掺合法，与其他过程气升温方法相比，热掺合法的优点是流程简单，投资低，调节灵活，操作弹性大。热掺合法的主要缺点是：由于掺合气体中含有单质硫，会导致平衡转化率、硫回收率下降，同时由于掺合温度高，对掺合阀材质要求高，制造难度和维护要求均高。在大型硫回收装置中，由于掺合阀的增大，以上缺点更加明显，因此国外基本上不采用掺合法，建议大型硫回收装置可根据炼厂蒸汽等级情况，优先选择蒸汽加热法或气-气换热法。

4.2　尾气处理部分

若工厂处在人口稠密地区，尾气处理部分推荐采用超级 SCOT 工艺。超级 SCOT 和标准 SCOT 之间，区别仅限于溶剂吸收和再生部分。超级 SCOT 工艺采用分段再生和两段吸收技术，它不但提高了排放气的净化度，而且还降低了操作成本。超级 SCOT 不足之处是由于采用分段再生和两段吸收，吸收塔和再生塔的结构要比标准 SCOT 复杂些，因而一次投资高于标准 SCOT。

4.3　溶剂选择

炼厂气脱硫广泛采用醇胺类液体脱硫剂。目前又普遍采用复配型 MDEA 溶剂。从上述溶剂对 H_2S 吸收的选择性来看，从前到后逐渐升高。溶剂循环量和蒸汽消耗量则逐渐降低。鉴于尾气处理部分吸收塔进料气中 CO_2 与 H_2S 比值高，而吸收塔压力低（接近常压），为了节约投资和降低能耗，因此推荐采用复配型 MDEA 溶剂。

4.4　液硫脱气

液硫脱气是硫回收装置安全生产的一个十分重要的措施，众所周知，如不进行液硫脱气，溶解在液硫中的 H_2S_x 和 H_2S，在液硫储存、运输和加工过程中 H_2S_x 就会分解生成 H_2S 并释放出来，当 H_2S 积聚达到一定浓度的时候，就会发生毒害甚至有爆炸危险。

液硫脱气目前在国内采用泵循环和汽提两种方法。泵循环法是在液硫池中设置液硫脱气泵，液硫池中加氨催化剂。在一定的时间内，通过泵不断地循环，溶解的 H_2S 进入到气相，氨催化剂则加速 H_2S_x 的分解。汽提法是 Shell 开发的液硫脱气技术，脱气是在汽提塔内进行的，汽提塔是一个上、下开口的箱式设备，在此液硫通过空气搅拌而得到千百次的升降达到脱气之目的。

推荐采用汽提法，尽管有专利费问题，但它投资低，操作费低，不加催化剂（液硫中加入催化剂后，会有盐类生成引超结垢和腐蚀问题影响硫黄的质量和使用），无转动设备。

5　结语

经过 30 多年不断的努力，国内硫回收工业有了很大发展，在石油天然气加工领域内建成了 60 多套硫回收装置，年产硫黄 20 多万吨，但与国外先进水平比还有相当大的差距。随着各装置对物料硫含量的限制及燃料油品质要求的不断提高、《大气污染物排放标准》GB 16297—1997 的强制执行，对装置的稳定性、硫回收率的要求越来越高。近年，引进国外先进技术、尤其是大型化装置的建设也逐渐增多。对硫黄回收来说，选择好的工艺设计及可靠的设备比节约投资更重要，因为保证装置连续、平稳、优质运行对环保装置就是最大的效益。

参 考 文 献

[1] 张德义. 含硫原油加工技术[M]. 北京：中国石化出版社，2003.

助燃氢气在硫黄回收装置中的应用

张　辉

（中国石化燕山石化分公司）

摘　要　近年来，随着原油品种的多元化，原油中硫、氮含量升高。越来越多的三废处理装置不再采用侧线抽氨，而是将污水汽提的含氨酸性气进硫黄炉烧掉。烧氨技术的应用越来越广泛。以燕山分公司第九作业部新区三废装置硫黄单元的实际生产操作为例，介绍了助燃氢气在硫黄单元烧氨及开停工过程中的应用，并对类似装置的生产和设备状况进行了总结和展望。

关键词　硫黄回收　烧氨　助燃氢气　燃烧炉

为生产符合欧Ⅳ排放标准的清洁燃料以满足华北区成品油市场需求的增长，以及乙烯原料优化的需要，燕化分公司炼油厂新上了"中国石化股份有限公司燕山分公司 10Mt/a 的炼油系统改造工程"项目。配套新建了 5 套工艺装置：8Mt/a 常减压装置、1.4Mt/a 延迟焦化装置、2Mt/a 加氢裂化装置、50000m³/h 制氢装置、第二套新区三废联合处理装置。

新建 60kt/a 硫黄回收装置原料为 NH_3 与 H_2S 混合酸性气。在开工低负荷及正常生产中，对于含氨酸性气的处理，成为硫黄装置操作的关键。装置在开工过程中，如何提高燃烧炉炉温是首要解决的问题。经过反复讨论，最终决定采用助燃氢气提高炉温、解决硫黄燃烧炉的烧氨问题，且效果良好。

1　工艺简介

配套建设的第二套新区三废装置由溶剂再生单元、污水汽提单元及硫黄回收单元组成。溶剂再生单元设计规模为 260t/h；污水汽提单元设计规模为 120t/h，采用单塔蒸汽汽提工艺；硫黄回收单元设计规模为 60kt/a，采用两头一尾（即两套 30kt/a 制硫配一套尾气处理）方案，原料为溶剂再生单元来的富 H_2S 酸性气和污水汽提来的 NH_3 与 H_2S 混合酸性气。

2　烧氨技术

2.1　氨气在反应炉内的化学反应原理

（1）NH_3 的氧化反应

试验显示 NH_3 与 O_2 的反应速度低于 H_2S 与 O_2 的反应速度，所以在缺氧的情况下 H_2S 夺走了反应炉内的绝大部分的 O_2。因此 NH_3 氧化反应不是反应炉内的主要反应。

$$2NH_3+3/2O_2 \longrightarrow N_2+3H_2O$$

试验表明 NH_3 与 O_2 在大于 1200℃的环境下开始发生实质的氧化反应而且反应微弱，H_2S 在 400℃时即大量与 O_2 发生氧化反应，因此在 1200℃以下时 H_2S 与 O_2 的反应速度大于 NH_3 与 O_2 的反应速度，而在硫黄回收反应炉中的反应是在缺氧的环境中发生的，因此在 NH_3 与 O_2 反应之前，H_2S 就与 O_2 发生反应而生成 SO_2。

据资料报道，反应炉中的反应顺序是，H_2S 最先与 O_2 发生反应，其次是 NH_3 与 SO_2 的反应，然后才是 NH_3 的氧化反应。

（2）NH_3 的热分解反应

NH_3 的分解反应直接受到反应温度的影响。在 1100℃时 90%的 NH_3 分解，在 1200℃时 NH_3 的分解达到 100%. 但这是在没有 H_2S 和 H_2O 的状态下的测试结果。H_2S 和 H_2O 的出现会抑制 H_2O 的热分解反应：

$$2NH_3 \longrightarrow N_2+3H_2$$

当反应炉内 H_2O 的含量与 NH_3 含量为 1：1 时，NH_3 的热分解率在 1200℃时低于 20%。

（3）NH_3 与 SO_2 反应

NH_3 与 SO_2 的反应贯穿着整个烧氨过程中。NH_3 和 SO_2 在 700℃时即开始反应，相对于 NH_3

与 O_2，在1200℃时才开始微弱氧化反应这一事实，说明 NH_3 在反应炉内的氧化反应其实是 NH_3 与 SO_2 的反应。

$$2NH_3 + SO_2 \longrightarrow 2H_2O + H_2S + N_2$$

2.2 燃烧炉的结构及火嘴形式

新建硫黄回收装置采用的是单火嘴单区燃烧，火嘴采用的是高强力硫黄回收反应炉烧嘴，火嘴特点是：空气、酸性气或燃料气在烧嘴燃烧室内混合充分；烧嘴调节比8∶1或更高，提高了烧嘴的适应能力；安全可靠、低阻力损失、适应能力强、使用寿命长、能直接烧含氨酸性气、燃烧完全无残氧等。

3 开工难点分析及对策

由于开工初期原油含硫量低，硫黄回收单元的负荷只能达到30%，在单套硫黄超低负荷情况下，首先将溶剂再生(不含氨)酸性气引入硫黄燃烧炉。控制正常配风，燃烧炉燃烧正常，系统操作稳定。但是，随之出现的问题是，燃烧炉炉膛温度1150℃。温度较低，污水含氨酸性气是无法正常引入燃烧炉烧掉的。如何解决炉膛温度过低的问题？

（1）提高配风比

首先尝试将配风比调高，在过氧燃烧的情况下，炉膛温度最高只是升到了1220℃；随后，将污水酸性气引入硫黄燃烧炉，寄希望于酸性气量增大后，将炉温提起，但是酸性气增大，配风调大后，炉膛温度仍然只达到了1240℃。随后将污水酸性气重新切出，改排火炬。

（2）增加酸性气助燃氢气

经过与设计、火嘴厂家的共同探讨，一致同意在酸性气线上增加一条助燃氢气线，通过调节氢气量的大小来控制炉温，这将是一个提高炉膛温度的有效途径。

由于氢气的燃烧相对容易，助燃氢气进炉后，首先与氧气发生反应并放出大量的热，可以将炉膛前区温度提至1300℃。这样的温度满足了烧氨温度的需要；同时，氢气燃烧产生的是水蒸气，对于炉膛及转化反应催化剂基本不会产生负面的影响。

4 助燃氢气使用效果分析

4.1 助燃氢气提高炉温效果明显

助燃氢气投用后，氢气入炉量为300～

500m^3/h，同时调整燃烧炉配风，炉膛温度由1150℃缓慢提升至1350℃。在氢气进炉量及炉膛温度稳定后，引污水含氨酸性气进燃烧炉烧氨。

4.2 助燃氢气应用后硫黄烧氨效果较好

（1）酸性气的组成分析

组成见表1。

表1 酸性气的组成

项　目	酸性气自溶剂再生单元来	酸性气自污水汽提单元来	酸性气自尾气处理部分来
气体体积分数/%			
H_2S	98.0		90
NH_3			0
H_2O	1.8		5.1
烃	0.2		0
总计/(mol/h)	127.5	66.1	6.52
温度/℃	40	90	42
压力/MPa	0.078	0.091	0.077

注：由于化验分析方法问题，污水汽提含氨酸性气无法测出 NH_3 含量。

（2）污水及净化水的组成分析

根据计算，进炉混合酸性气中的氨含量在10.1%～16%之间，低于设计值17.5%。

正常生产中，根据炉膛温度情况调节助燃氢气量，始终保持了炉膛温度1300℃以上，保证了烧氨温度。污水及净化水组成见表2。

表2 污水及净化水的组成(月平均)

时　间	含硫污水		净化水	
	硫化物/(mg/L)	氨氮/(mg/L)	硫化物/(mg/L)	氨氮/(mg/L)
2007-08	4695.6	2861.7	2.23	53.1
2007-09	6373.6	3526.4	2.3	52.6
2007-10	6796.6	3582.3	2.16	51
2007-11	6322.7	2976.3	2.65	58
2007-12	5490	2938.7	3.23	71.5
2008-01	4867	3019	2.35	73.7
2008-02	5293.7	3330.1	2.34	61.1
2008-03	4816.8	3012.7	2.1	68.6

表3为烟囱尾气中 NO_x 含量分析，证明烧氨效果较好。

表3 排烟尾气中 NO_x 含量分析数据

日　期	尾气排烟量/(m^3/h)	排烟 O_2 含量/%	NO 含量/(mg/m^3)
2007-11-25	20500	6.20	16.4
2007-12-28	19980	5.90	8.0

续表

日　　期	尾气排烟量/ (m³/h)	排烟 O₂ 含量/ %	NO 含量/ (mg/m³)
2008-01-19	20140	6.40	16.0
2008-02-21	22100	4.90	18.0
2008-03-24	27440	5.10	16.0
2008-03-28	29500	5.20	13.3
2008-04-01	26400	5.70	12.0

5　结语

（1）助燃氢气应用后，保证了烧氨效果

一套硫黄单元运行 3 个月后停工抢修期间，打开转化反应器及其他管线设备进行检查，没有铵盐结晶存在；同时，烟囱尾气的分析结果 NOₓ 的含量较低，证明了烧氨效果较好。

（2）助燃氢气在停工时的应用

停工吹硫时，可以利用助燃氢气代替瓦斯进行吹硫，可以有效地避免床层积炭，吹硫时的可

操作性更强。硫黄装置由于设备问题在 2007 年 10 月 25 日、2007 年 12 月 24 日分别停工，停工吹硫用的就是助燃氢气。用助燃氢气吹硫不用担心配风量过小时床层积炭，所以风量的控制更加灵活，床层温升较之于瓦斯吹硫更容易控制。两次停工吹硫过程中，床层最高升至 498℃。吹硫结束后，打开反应器检查，催化剂表面没有积硫，再次开工，床层温升正常，证明了氢气吹硫对催化剂没有显著影响。

（3）助燃氢气使用中需要注意的问题

氢气入炉后，应及时调整配风，保证氢气和酸性气都能完全燃烧；在装置紧急停工时，需要立即切断助燃氢气，防止氢气漏入燃烧炉发生爆炸事故。

通过对燃烧炉助燃氢气的使用，炉膛温度保证在 1300~1350℃ 的可控范围内，保证了含氨酸性气的燃烧。在硫黄燃烧炉炉温控制方面，又增加了一项新的控制手段。

100kt/a 烧氨硫回收装置能耗分析及节能途径探讨

师彦俊

（中国石化镇海炼化分公司）

摘　要　介绍了镇海炼化分公司 100kt/a 烧氨硫回收装置开工以来的能耗情况，在分析装置设计能耗、标定能耗以及历年能耗情况的基础上，从多个环节入手对降低装置能耗的措施进行探讨，提出了进一步降低装置综合能耗的思路。

关键词　烧氨　硫回收　能耗　节能途径

100kt/a 烧氨硫回收装置是中国石化镇海炼化分公司为达到 20Mt/a 改扩建工程配套新建的酸性气体回收装置，装置由镇海石化工程公司 EPC 总承包设计，处理能力为年回收优等品硫黄产品 100kt，硫回收率高达 99.9% 以上。装置于 2006 年 6 月 8 日建成投产，并实现一次开工。通过持续优化操作，100kt/a 烧氨硫回收装置的能耗水平逐年下降，2008 年装置累计综合能耗为 −1170.4MJ/t，达到了较好水平。

1　工艺技术特点介绍

100kt/a 烧氨硫回收装置采用镇海石化工程公司的"ZHSR"硫回收自有技术，主要处理 120t/h 低压污水汽提装置的富氨酸性气和其他装置的酸性气体。目前国内硫黄装置采用的烧氨工艺主要有"直接注入"与"分流注入"法，主要区别在于主反应炉的流程、烧嘴结构等，后部流程和设备与普通 Claus 法相同。镇海 100kt/a 硫黄装置选用"直接注入"烧氨工艺。"直接注入"与"分流注入"流程示意如图 1 所示。

"分流注入"式烧氨工艺是将低压污水汽提来的富氨酸性气全部注入在反应炉前部烧嘴处，而上游脱硫装置来的清洁酸性气（不含氨酸性气）则分为两部分，一部分注入前部烧嘴，另一部分被旁路导入反应炉中。这种设计机理是基于在反应炉前部形成一个按照化学当量或接近此条件配备的含氧环境，也能达到消除氨的高温条件。这种工艺要求严格分配前、后部清洁酸性气的流量，工艺控制回路比较复杂；同时由于反应炉烧嘴处

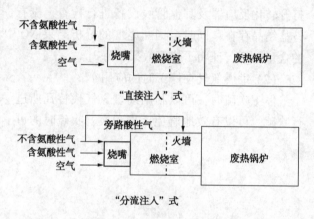

图 1　"直接注入"与"分流注入"烧氨工艺流程示意

全部消耗了氧气，反应炉中没有剩余氧气，就要求导入后部的酸性气中不能含有烃、氨等杂质，否则不能得到有效破坏分解；另外，由后部进入反应炉的酸性气停留时间相对减少，要提高硫转化率一般需要更大的反应炉尺寸，一次性投资大大增加。

相比之下，"直接注入"式烧氨工艺则是将低压污水汽提的富氨酸性气与脱硫装置清洁酸性气在预热后汇总，一同进入反应炉烧嘴进行回收处理，所以具有流程简单、操作控制方便、一次性投资省等显著特点。

无论是"直接注入"烧氨工艺，还是带旁路的"分流注入"烧氨工艺对反应炉烧嘴要求都是很高的。国内厂家引进过意大利 NIGI 公司、荷兰 Duiker 公司、加拿大 AECO 公司、英国 Hamworthy 等公司不同型号的烧嘴，镇海炼化 100kt/a 烧氨硫回收装置选择了 Duiker 公司的 1400 型专用高强度烧氨烧嘴，从近三年装置连续运行数据

来看，Duiker 公司烧嘴具有火焰稳定、强度高、过程气中的残余氨含量低于 50mL/m³，烟气中 NO_x 可控在 30mL/m³ 以下，无漏氧等显著特点。

另外，100kt/a 烧氨硫回收装置还具有以下主要工艺技术特点：

1）清洁酸性气设进料预热器，与富氨酸性气在预热后混合，避免产生氨盐结晶堵塞管道与设备；空气设预热器，作为提高反应炉温度的措施之一。

2）装置采用二级常规 Claus 制硫和加氢还原尾气净化工艺。克劳斯部分采用在线加热炉再热工艺，操作控制简单，同时使装置具有较大的操作灵活性，易于催化剂再生升温以及停工"热浸泡"操作。加氢单元设卧式在线加热炉进行尾气再热，通过"扩展双交叉限位控制系统"使燃料气发生次化学燃烧反应以提供尾气净化部分还原所需氢气，不需外供氢源。

3）尾气净化部分采用 MDEA 水溶液作为吸收剂，运用"两级吸收，两段再生"技术，

可使净化后尾气的 H_2S 不大于 50mL/m³，同时与"一级吸收，一段再生"相比具有较低的能耗。"一级吸收，一段再生"、"两级吸收，两段再生"，工艺技术流程示意分别见图 2、图 3。

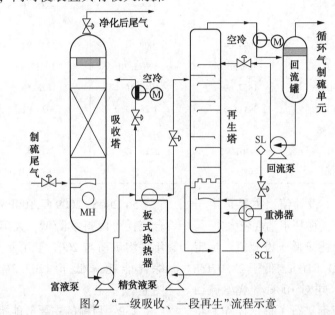

图 2 "一级吸收、一段再生"流程示意

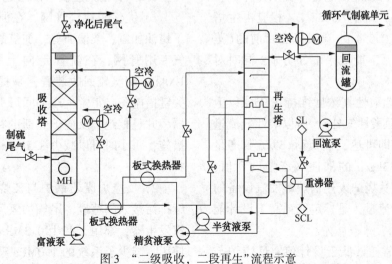

图 3 "二级吸收，二段再生"流程示意

4）采用了三合一冷凝器，二合一反应器，减少占地面积，降低一次性投资。

5）为了使尾气中的 H_2S 充分燃烧生成 SO_2，

必须控制一定的焚烧炉温度和尾气氧含量，同时为了最大限度地减少空气和燃料气的消耗以及 NO_x 的生产，采用了三级配的交叉限位控制

方案。

2 装置能耗情况及节能措施

2.1 能耗对比表

100kt/a 烧氨硫黄回收装置自 2006 年 6 月 8 日建成投产，至此已连续运行 34 个月，期间未进行过消缺与停工检修。表 1 列出了 100kt/a 烧氨硫黄回收装置能耗设计数据与标定数据，以及历年来装置的运行能耗数据。

表 1　100kt/a 烧氨硫回收装置能耗对比

项　　目	设计能耗/(MJ/t)	标定能耗/(MJ/t)	2006 年单耗/(MJ/t)	2007 年单耗/(MJ/t)	2008 年单耗/(MJ/t)
水					
新鲜水	0.42	0.42	0.42	0.41	0.42
循环水	13.52	27.21	27.21	32.23	36.0
除盐水	532.88	223.53	223.53	238.60	208.04
汽					
1.0MPa	2376.81	7009.04	7009.04	4291.91	2359.65
3.5MPa	−13781.4	−10685.20	−10685.20	−10035.90	−8566.65
电	1764.82	1357.69	1915.10	1878.68	1812.96
燃料气	4712.6	3411.35	3728.47	3625.91	2979.18
其他	218.38	—	—	—	—
累计能耗	−4161.97	−4101.98	2218.57	31.84	−1170.4
年均负荷/%	100	98.96	41.23	66.36	68.52

1) 循环水消耗量高于设计值，主要是由于标定时间为夏季高温季节，循环水消耗较大。

2) 1.0MPa 蒸汽的消耗量低于设计值。标定期间再生塔蒸汽流量为 21.81t/h，低于 23.97t/h 的设计值。镇海炼化分公司对 100kt/a 烧氨硫回收装置尾气加氢单元脱硫剂进行了提浓操作，将精贫液浓度由 301g/L 提至 502g/L，相应再生塔蒸汽单耗由（蒸汽）2.354 t/t 硫黄降至目前的（蒸汽）0.921 t/t 硫黄，节能效果十分明显，同时对烟气排放数据没明显影响。

3) 由于进装置酸性气浓度维持在 95% 以上（除污水汽提的富氨酸性气外），所以酸性气流量在 12000kg/h 左右即可达到满负荷（以硫黄产量计），远低于 17433kg/h 的酸性气流量设计值，直接导致反应炉、焚烧炉废热锅炉等发汽设备的发汽量都低于设计流量，是标定能耗高于设计能耗的主要原因。

4) 燃料气的消耗量低于设计值。反应炉与焚烧炉是燃料气消耗的主要设备，采用高浓度酸性气并合理设置尾气加氢还原炉的空气燃料气的比值增加制氢量，可有效减少燃料气消耗；同时反应炉并未补充燃料气提高炉温。

5) 2006~2009 年 100kt/a 烧氨硫回收装置综合能耗得以持续降低，尤其是 2008 年，在装置年平均负荷与 2007 年相差不多的工况下，装置综合能耗降低了 1202.2MJ/t，节能效果十分明显。

2.2 目前的主要节能措施

1) 优化酸性气管网，在原管网基础上设置了蜡油加氢、柴油加氢、加氢裂化等高浓度酸性气专用管网，在流程走向上要求其优先进入 100kt/a 烧氨硫回收装置，是提高反应炉温度的关键措施，在正常生产期间可完全停运空气预热器，并且杜绝了反应炉瓦斯的补充。据统计此项措施，每小时可以减少 3.5MPa 的蒸汽消耗 2.2×10^4 t。

2) 反应炉废热锅炉与焚烧炉废热锅炉的连续排污接入闪蒸罐，尾气加氢反应器后增设了蒸汽发生器，都用于产生 0.3MPa 蒸汽供系统伴热使用，减少了系统的 1.0MPa 蒸汽的补充量，同时降低了尾气进急冷塔温度，确保在较低的空冷电耗下即可满足吸收塔的吸收温度。此项措施一年可减少系统 1.0MPa 蒸汽补充量 2.6×10^4 t，节约电耗 5.8×10^5 kW·h。

3）加氢还原炉采用"次化学计量"燃烧方式产生 CO，利用"水煤气"法制氢，减少了外供氢气量，同时过量的氢气随尾气一同进入焚烧炉焚烧，减少焚烧炉的瓦斯消耗。此项措施 1 年可以节约氢气 $3.5×10^6 m^3$，节约燃料气 $1.5×10^5 m^3$。

4）尾气吸收单元的急冷塔与吸收塔采用了填料塔取代板式塔，减低了系统压降，使得取消尾气增压机得以实现，大大降低了装置电耗。此项措施一年可以节约用电 $2.6×10^6 kW·h$。

5）尾气吸收单元采用了"两段再生、两级吸收"工艺，与传统 SCOT 工艺相比，在相同净化后尾气吸收效果的前提下，一年可以节约 0.3MPa 蒸汽 $2×10^4 t$ 以上。

6）急冷水、贫液、酸性气的冷却全部采用空冷的方法，而非空冷加水冷，可以减少循环水消耗，还可减少能耗。据估算采用空冷加水冷的能耗约是采用空冷能耗的 1.5 倍。

3 其他节能措施探讨

1）Claus 尾气催化焚烧代替热焚烧，减少焚烧炉瓦斯消耗。尾气中含有一定浓度的 H_2S 和有机硫化物，为了满足严格的环保法则，必须焚烧后才能排放。由于 Claus 尾气中可燃组分含量很低，必须补充瓦斯气助燃才能将硫化物氧化为 SO_2 进行排放。

国内 Claus 尾气的焚烧通常采用热焚烧法，其要求过量的氧气，$650～720℃$ 的炉后温度，1300℃左右的烧嘴温度以满足焚烧效果，实际操作燃料气消耗较高，且较容易发生超温工况。催化焚烧是指在催化剂的作用下，可以相对较低的

温度（$300～400℃$）使尾气中的 H_2S、有机硫等含硫化合物氧化为 SO_2。催化焚烧的一次性投资比热焚烧略高，但是可燃气的消耗可以大大降低，有资料表明[3]对于 1 个 100t/d 的硫黄回收装置采用催化焚烧工艺，可以节约 $30m^3/h$ 的燃料气。但是由于此技术不够成熟，国内目前仍未见相关应用报道。

2）选用低温加氢催化剂。在传统的 SCOT 工艺中，进入加氢还原反应器的尾气必须升温至 $280～300℃$，否则钴/钼型催化剂难以发挥出催化活性。荷兰壳牌公司开发的新型低温催化剂，可以在保证同样的 SO_2 还原效率的前提下只需将尾气温度升至 $200～220℃$，此催化剂已成功应用于一套炼油厂 SCOT 尾气处理装置上，而且此催化剂的堆密度仅为原产品的 4/5，可进一步降低操作成本。这种催化剂的开发成功，可以明显降低加氢还原炉入口温度，这对于降低装置能耗是十分明显的。金陵分公司 100kt/a 硫黄回收装置也在使用一种进口低温催化剂，节能效果十分明显，加氢反应器入口温度可以降低30℃以上。

但这种催化剂较低的操作温度却不利于有机硫的水解，可能会增加烟气中 SO_2 排放浓度，所以选用能脱除有机硫的配方型脱硫剂或钛基制硫催化剂以提高有机硫的水解率应是较佳选择。

3）优化再生塔顶酸性气流程，进一步提高进反应炉酸性气浓度，减少燃料气消耗。尾气净化单元再生塔顶部返回至反应炉的酸性气中 H_2S 浓度低、水蒸气和 CO_2 含量高且流量大，2006 年再生塔顶部酸性气组成分析如表 2。

表 2　再生塔顶部酸性气组成分析

时间	2006-06-27 T9：00	2006-06-27 T16：00	2006-06-28 T9：00
再生塔顶分液罐酸性气流量/(t/h)	1.13	1.47	1.16
硫化氢体积浓度/%	45.13	44.88	47.82
二氧化碳体积浓度/%	54.59	54.65	52.05

再生塔顶部分低浓度酸性气与其他进装置酸性气相混合会使反应炉温度大大降低，为此，要确保反应炉烧氨温度，必然要增加反应炉预热器蒸汽消耗与反应炉瓦斯的补充量。

4）液硫长输管线采用电伴热替代蒸汽伴热。100kt/a 烧氨硫回收装置无固体硫黄成型设备，

液硫通过长输管线输送至液硫罐区利用鹤管装车。液硫长输管线采用了 0.3MPa 饱和蒸汽夹套伴热，由于这种方式只能利用一部分热能，同时效能不佳的疏水器使得蒸汽消耗更大。自控温式电伴热与这种方式相比节能明显，而且具有安装方便、温度均匀的技术优势。有资料测算表

明[4]，液硫夹套蒸汽伴热与电伴热工程费用之比为 1.83：1，运行费用之比为 2.5：1（工程费用不包括主管线费用），经济效益十分明显。另外，自动控温电伴热在根本上杜绝了"跑、冒、滴、漏"现象的发生，大大改善了作业环境，但要兼顾到电伴热升温周期过长以及电伴热带质量问题可能对装置带来的影响。

液硫蒸汽伴热管与夹套伴热相比，在施工和投资方面有更大的优越性，可由于蒸汽伴热管与主管线之间是"线接触"，热传递只能通过"加热空间"进行传递，故热效率远不如蒸汽夹套伴热管。但在主管和伴管之间填充传热胶泥以后，就可大大增加侍热面积，提高传热效率。有资料表明[5]，采用性能优越的传热胶泥，防止了液硫主管线由于腐蚀、冲刷导致内漏情况发生的同时，伴热效率可达到与蒸汽夹套管一样，而且蒸汽消耗更加节省。

5）尾气加氢净化单元选用加强型配方脱硫剂。炼油厂脱硫剂曾使用一乙醇胺（MEA）、二异丙醇胺（DIPA）和二乙醇胺（DEA）等脱硫溶剂。其中 MEA 和 DEA 对 CO_2 的选择性差，容易发生热降解和化学降解，且易发泡、腐蚀性强，DIPA 对 CO_2 的选择性差的同时反应热较高。针对以上

问题，20 世纪 70 年代末，国外开始采用选择性脱硫剂甲基二乙醇胺（MDEA），国内也于 80 年代中期完成 MDEA 中试并成功地应用于天然气脱硫（高压）和 SCOT 法尾气处理（常压）[6]。

80 年代初，美国联碳公司在 MDEA 选择性脱硫的基础上又提出了使用 HS 配方型溶剂的脱硫工艺。国内研究机构如西南油气分公司天然气研究院也于 20 世纪 90 年代初期开发成功 CT8-5 强选吸配方型溶剂，在齐鲁石化胜利炼油厂第一套 SCOT 法硫黄回收尾气处理装置上进行了与 MDEA 水溶液的工业对比试验，该装置设计处理能力为 $4000m^3/h$。数据显示[7]在使用 CT8-5 配方型溶剂之后，CO_2 的共吸率由 30% 降至 20% 以下，净化后尾气中 H_2S 含量由 343×10^{-6} 降至 89×10^{-6}，再生蒸汽量可减少 $0.25 \sim 0.50t/h$，即下降了 9.2%～16.6%，经济效益十分明显。

6）延长装置运行时间，降低单位时间的装置开停工能耗。硫黄回收装置在停工期间需要 SO_2 吹扫或"热浸泡"、CO_2 吹扫、钝化、系统降温等步骤，开工需要烘炉烘器、预硫化等步骤，这都要消耗大量的能量。具体能量消耗情况见表 3（以 70kt/a 为例）。

表 3　硫黄装置停、开工能耗

| 项 目 | 水 | | | 电/(kW·h) | 蒸汽/t | 燃料气/t | 能耗/MJ |
	新鲜水/t	循环水/t	软化水/t				
停工	82	7040	1166	88500	76	44	327×10^4
开工	150	3500	1900	131350	336	55	512×10^4

100kt/a 烧氨硫黄回收装置运行周期长，达 50～63 个月，停、开工能耗得到降低。

4　结论

随着镇海炼化分公司 100kt/a 烧氨硫黄回收装置运行操作的不断优化提升，能耗得到了持续降低，能耗水平已经进入国内同等规模硫黄回收装置前列，但与先进能耗水平相比仍存在一定差距。通过以上分析可以看出装置能耗在工艺优化调整上有着一定下浮空间，同时从长远来讲利用装置停工改造机会也可通过优化流程从而进一步使装置节能降耗。

参 考 文 献

[1] 王吉云，温崇荣. 硫黄回收装置烧氨技术特点及存

在的问题[J]. 石油与天然气化工，2008，（3）：218-222.

[2] 毛国平. 扩展双交叉限位控制系统以其在硫黄装置中的应用[J]. 石油化工自动化，2002，（4）：31-35.

[3] 朱利凯，曾文俊，向心容. 有关硫回收尾气灼烧资料的概况[J]. 石油与天然气化工，1980，9（4）：13-22.

[4] 郑利苗. 电伴热在液硫管线上的应用[J]. 湖北化工，2003，（3）：41-43.

[5] 马骏，唐文麒. 蒸汽夹套管设计中需注意的几个问题[J]. 化工设计通讯，2003，（4）：29-34.

[6] 陈赓良. SCOT 法尾气处理工艺技术进步[J]. 石油炼制与化工，2003，（10）：28-32.

[7] 陈赓良. 醇胺法脱硫脱碳工艺的回顾与展望[J]. 石油炼制与化工，2003，（3）：137-142.

两套80kt/a国产化硫黄回收装置运行对比

任建邦　徐永昌

（中国石化齐鲁石化分公司）

摘　要　简要介绍装置的概况、工艺技术特点。通过对齐鲁分公司两套80kt/a硫黄回收装置的运行情况进行对比，可以看出第二套80kt/a流磺装置达到了国内较先进的设计水平。

关键词　硫回收　国产化　运行情况　对比

齐鲁分公司第一套80kt/a硫黄回收及尾气处理装置成套技术开发是中国石化集团公司"十条龙"攻关课题之一，主要设备是自行设计、制造和安装，该装置代表了国内较先进的硫黄回收技术水平。装置于2000年11月1日一次开车成功，2005年进行技术改造后，硫黄装置运行良好，产品质量稳定，实现满负荷生产，尾气系统控制平稳，净化气质量远远低于国家排放标准。

齐鲁分公司第二套80kt/a硫黄回收及尾气处理装置属于重油深加工及安全隐患治理技术改造的重点建设项目，其中包括80kt/a硫黄回收部分、与其配套的尾气处理部分和溶剂再生部分。第二套80kt/a硫黄回收于2008年4月1日建成中交，2008年5月14日一次开车成功，2008年8月进行标定。开工以来运行正常，产品质量稳定，尾气总硫平均值低于国家排放标准，运行期间未出现任何非计划停工、环境污染和人身安全事故。

1 两套装置的工艺原理和主要设计特点

1.1 工艺原理

制硫装置的生产是根据克劳斯工艺原理，即来自上游装置的酸性气进入制硫装置的酸气燃烧炉，在一定配风量的情况下，酸性气中的H_2S燃烧生成SO_2和单质硫，其中酸气燃烧炉的配风量按三分之一的H_2S完全燃烧生成SO_2和其中的烃完全燃烧生成CO_2。

1）H_2S和烃在高温下和O_2发生燃烧反应：

$$2H_2S+3O_2 \longrightarrow 2SO_2+2H_2O$$
$$2H_2S+O_2 \longrightarrow 2S+2H_2O$$

$$2CnH_{2n}+3nO_2 \longrightarrow 2nCO_2+2nH_2O$$

2）H_2S和SO_2在催化剂的作用下低温反应生成单质硫，其反应方程式如下：

$$2H_2S+SO_2 \longrightarrow 3S+2H_2O$$

制硫装置来的硫黄尾气中所含少量的CS_2、COS、SO_2、S在加氢催化剂的作用下，加氢或水解转化成H_2S，加氢后的尾气经过装有甲基二乙醇胺（MDEA）溶液的吸收塔后，其中的H_2S被胺液吸收；吸收H_2S后的MDEA经再生塔，H_2S被汽提出来，MDEA溶液汽提出H_2S后继续循环使用。再生出的H_2S送入制硫装置；净化气焚烧后排放。

3）在加氢反应器中：

$$SO_2+3H_2 \longrightarrow H_2S+2H_2O$$
$$S+H_2 \longrightarrow H_2S$$
$$CS_2+H_2O \longrightarrow H_2S+CO_2$$
$$COS+H_2O \longrightarrow H_2S+CO_2$$

4）在H_2S吸收塔中：

$$R_2N-CH_3+H_2S \longrightarrow [R_2NH-CH_3] \cdot HS$$

5）在再生塔中的反应：

$$[R_2NH-CH_3] \cdot HS \longrightarrow R_2N-CH_3+H_2S$$

1.2 主要工艺设计特点

1）齐鲁分公司两套80kt/a硫黄回收装置均采用SSR加氢还原吸收工艺。该工艺最大特点是取消了结构和控制复杂的加氢反应炉，用装置自身热源作为加氢反应器热源，由外供氢作氢源，使过程气总量较有在线炉的同类工艺少5%~10%。形成了设备规模、尾气排放量和污染物（SO_2）绝对排放量相对较少的特点，对石油化工企业硫回收装置具有广泛的适应性。

2）进一级转化器的过程气温度由高温掺合阀自动控制；二级转化器的入口温度由过程气换热控制，减少了进入二级转化器过程气中单质硫的含量，有利于提高 H_2S 的转化率。

3）进制硫燃烧炉的酸性气和空气采用比值调节器进行配比调节，在尾气分液罐出口过程气线上设置 H_2S 与 SO_2 比值在线分析仪，根据在线分析仪的信号反馈，微调进燃烧炉的空气量。

4）制硫燃烧炉后设置的制硫余热锅炉，产生 4.0MPa 饱和蒸汽，经尾气焚烧炉后的烟气过热后并网，充分利用高温余热和烟气废热，降低装置能耗。

5）设置了凝结水—除盐水换热器，利用本装置凝结水加热进除氧器的除盐水，节省蒸汽消耗，充分利用余热，降低装置能耗。

6）尾气急冷塔和尾气吸收塔为重叠布置二合一设备，节省占地面积。

2 两套装置运行情况

2.1 在设计方面采取的改进措施

1）空气、酸性气增设预热系统。为使原料气中的氨在燃烧炉内充分燃烧，第二套 80kt/a 硫黄装置增设空气、酸气预热器，将进炉空气、酸气分别加热，以保证炉膛内达到烧氨温度。

2）酸性气系统增设调节阀。第二套 80kt/a 硫黄装置酸性气系统与其他硫黄装置酸气系统关联，若上游装置生产波动，将导致所有硫黄装置同时产生波动。增设调节阀后，在上游酸气波动的时候，可通过调节阀的调节作用维持第二套 80kt/a 硫黄装置平稳生产，增加了装置的运行平稳率。

3）使用酸性气密闭采样系统。酸性气中硫化氢为剧毒物质，采样作业存在较大风险且会对环境造成污染。为降低采样作业的风险同时保证环境不受污染，第二套 80kt/a 硫黄装置酸性气采用密闭采样系统，以氮气为气源，利用抽空器的原理，对酸性气进行密闭式采样。

4）尾气加氢反应器适当扩容。第一套 80kt/a 硫黄装置设计能力与第二套 80kt/a 硫黄相当，但在多年运行过程中发现加氢反应器设计能力偏小，成了装置大负荷运行的瓶颈。结合第一套 80kt/a 硫黄装置的经验，第二套 80kt/a 硫黄装置

加氢反应器适当进行扩容，并达到了预期的目的。

5）胺液系统采用全过滤。第一套 80kt/a 硫黄装置胺液过滤系统设计为部分过滤，过滤能力有限，装置长周期运行时，胺液变质加剧，导致系统压力升高，处理能力下降。结合第一套 80kt/a 硫黄实际操作经验，为保证装置长周期运行，第二套 80kt/a 硫黄胺液系统设计为全过滤。

6）改进中压锅炉加药设施。第一套 80kt/a 硫黄装置中压锅炉加药系统无搅拌装置，加药后磷酸钠不能充分溶解易造成加药泵出入口堵塞、不上量。第二套 80kt/a 硫黄中压锅炉加药系统增设搅拌装置，能保证磷酸钠充分溶解，降低了泵出入口堵塞的机率。

2.2 酸气燃烧炉运行情况

2.2.1 第一套 80kt/a 硫黄回收装置

在 2005 年改造以前的生产中，第一套 80kt/a 硫黄回收的制硫反应炉 F101 为进口的烧氨火嘴，炉子平均温度在 970℃ 左右，过程气中的 O_2 含量在 4% 左右。加氢后的过程尾气中 H_2S 含量在 1.5% 左右，贫氨液颜色发黑，酸性气反应炉内酸气与风混合不够充分。经过分析，原炉子火嘴采用酸性气旋转、空气平流的方式，存在缺陷，致使反应炉空间未充分利用，废锅管板负荷分布不均，炉子过程气停留时间短，有害组分分解不够彻底。2004 年 10 月检修，F101 增加一道花墙。2005 年 4 月检修中，对 F101 燃烧器进行了改造，风道内沿轴向增加导向叶片 10 片均布，斜度 20°角，风道出口火盆前加导向锥。加强了酸性气与空气的旋转混合，保证酸性气与空气在炉膛内有足够的停留时间，使反应尽可能完全。2005 年 4 月改造后炉膛温度一般在 1150℃，两次改造前后对比温升约 80℃。过程气中 O_2 含量降到了 3% 左右。自 2005 年改造后运行至今，硫黄装置运行正常，MDEA 系统运行平稳。

2.2.2 第二套 80kt/a 硫黄回收装置

第二套 80kt/a 硫黄回收装置根据第一套 80kt/a 硫黄回收装置对炉体改造后的运行经营，在炉体结构上进行了改造，耐火层改为槽式大型砖（单砖重量30kg）；保温钉密度加大，并且对保温钉的长度、材质、形状都作了改进。自 2008 年 5 月开工运行以来，炉膛温度平均在 1250℃ 左

右，过程气中的 O_2 含量在 2.5%左右。加氢后的尾气中 H_2S 含量在 4%左右，硫黄、尾气系统运行良好。2009 年 4 月 17 日装置首次停工，经检查酸性气燃烧炉结构完好，未出现塌陷、变形等损坏现象。

经过对比发现，由于借鉴了第一套 80kt/a 硫黄回收装置运行和改造经验，第二套 80kt/a 硫黄回收装置酸性气燃烧炉运行状况更优。

2.3　催化剂运行情况

2.3.1　第一套 80kt/a 硫黄回收装置

第一套 80kt/a 硫黄回收装置于 2005 年 4 月检修期间，将制硫一级转化器和二级转化器全部更换为 LS-300 氧化铝基制硫催化剂，尾气加氢反应器未进行催化剂更换，仍使用 2000 年 9 月装置开工前填装的 LS-951 催化剂。截至 2008 年 11 月，LS-300 制硫催化剂已使用三年半，LS-951 尾气加氢催化剂已使用 8 年多的时间。2008 年 11 月利用检修的机会，对尾气加氢催化剂进行更换，更换为齐鲁分公司研究院最新开发的 LSH-02 低温 Claus 尾气加氢催化剂。2009 年 3 月对第一套 80kt/a 硫黄回收装置进行了标定，主要考察一级转化器、二级转化器的 LS-300 催化剂运行 4 年后的活性和最新更换的 LSH-02 低温 Claus 尾气加氢催化剂使用性能（见表 1 和表 2）。2009 年 4 月，检修期间将一级转化器催化剂更换为 LS-981 新型多功能催化剂。

表 1　更换前工业催化剂的物化性质

项　目	LS-300	LS-951
外观/mm	φ4-6 白色球状	φ5-100 三叶草条
比表面积/(m²/g)	≥300	≥200
堆密度/(kg/L)	0.65~0.72	0.65
平均压碎强度/%	≥200	292
磨损率/%	≤0.5	
主要成分	Al₂O₃	Al₂O₃ 钴钼成分

表 2　更换后工业催化剂的物化性质

项　目	LS-300	LSH-02
外观/mm	φ4-6 白色球状	φ3×3~100 蓝灰色三叶草条
比表面积/(m²/g)	≥300	≥200
堆密度/(kg/L)	0.65~0.72	0.75~0.85
平均压碎强度/%	≥200	≥200

续表

项　目	LS-300	LSH-02
磨损率/%	≤0.5	≤0.5
主要成分	Al₂O₃	Al₂O₃+TiO₂ 钴钼成分

正常的硫黄回收装置一级转化器的催化剂活性高时，其温升一般在 80℃左右，此次标定时一级转化器的催化剂温升在 62℃，而且二级转化器的出口有一定含量的 COS 存在，说明有机硫的水解活性较低，标定结果证明 LS-300 催化剂使用三年后活性有降低趋势。

标定期间加氢反应器入口温度在 220~250℃ 之间，使用常规色谱仪加氢反应器出口检测不到非硫化氢的含硫化合物，使用微量硫分析仪检测未加氢的残余含硫化合物较低，特别是在加氢反应器入口温度 220℃ 的工况下，加氢反应器出口非硫化氢的含硫化合物小于 10mg/m³。加氢反应器入口温度 230~250℃，加氢反应器出口检测不到非硫化氢含硫化合物，且远小于国外报道的同类低温加氢催化剂加氢后残余的非硫化氢含硫化合物的量。

2.3.2　第二套 80kt/a 硫黄回收装置

第二套 80kt/a 硫黄回收装置催化剂选用中国石化齐鲁分公司研究院开发、山东齐鲁科力化工研究院有限公司生产的新型产品 LS-971 脱 O_2 保护型催化剂、LS-300 催化剂和 LS-951 尾气加氢还原催化剂。自 2008 年 5 月 14 日开工以来，催化剂活性良好未出现失活现象，2008 年 8 月进行了标定试验。标定期间一级反应器床层平均温升 70~80℃，二级转化器平均温升 15~20℃，加氢反应器运行正常，平均温升 20~25℃。

2.4　能耗情况

2.4.1　第一套 80kt/a 硫黄回收装置

加氢催化剂换剂后与换剂前相比较，加氢反应器入口温度平均下降 61℃；焚烧炉炉膛温度由 798℃ 降至 703℃ 左右，平均降低 95℃；焚烧炉瓦斯的消耗量由原来的 375m³/h 降至 277m³/h，平均节约瓦斯 98m³/h，装置能耗明显降低。

2.4.2　第二套 80kt/a 硫黄回收装置

第二套 80kt/a 硫黄回收装置全年能耗设计值为：-25608×10⁴MJ，设计产量 80020.5t，单位能耗为：-1462.58MJ/t。实际标定能耗为-27956×

10^4MJ，按标定期间负荷计算产量为 102492t，单位能耗为：-2727.6MJ/t，各项单耗指标均低于设计值。标定数值较设计值低，分析主要原因如下：

（1）装置规模较大，平均能耗较低。

（2）采用 SSR 硫回收工艺，有明显的节能降耗作用。

（3）标定期间胺液循环量分别为 77t/h 和 79t/h，远小于设计值 150t/h，使得再生部分蒸汽用量减少，降低了能耗。

2.5 产品质量及尾气达标情况

齐鲁分公司两套 80kt/a 硫黄回收装置硫黄产品质量合格，均达到优等品标准。第一套 80kt/a 硫黄回收装置，烟气总硫平均值为 $120.5mg/m^3$，第二套 80kt/a 硫黄回收装置烟气总硫平均值 $32.8mg/m^3$（2008 年 6 月至 2009 年 4 月统计数据），均远低于国家排放标准。

3 结语

齐鲁分公司胜利炼油厂两套 80kt/a 硫黄回收装置应用了诸多先进的技术，同时第二套 80kt/a 硫黄装置又借鉴第一套 80kt/a 硫黄装置的设计与操作经验进行了一系列改进，其仪表、设备、工艺、材料均代表了国内较先进的水平。目前两套装置生产平稳，各项工艺指标均达到或超过了设计要求。特别是第一套 80kt/a 硫黄回收装置应用了 LSH-02 低温尾气加氢催化剂后，装置节能效果十分显著。

100kt/a硫回收装置标定考核及技术分析

师彦俊

（中国石化镇海炼化分公司）

摘　要　介绍了采用镇海石化工程公司"ZHSR"硫回收技术设计的100kt/a硫回收装置的工艺技术特点，以及连续48h的装置性能标定考核、工艺计算和技术分析情况。结果表明采用ZHSR技术设计的大型硫回收装置工业应用成功，并体现了设计成熟、硫回收率高、能耗低、操作弹性大等运行特点，标志着国内大型硫回收装置的设计、运行达到了一个新的水平。

关键词　烧氨　硫回收　标定考核　技术分析

镇海炼化分公司100kt/a硫回收装置是目前国内最大的单系列硫回收装置，采用了镇海石化工程公司的"ZHSR"自主工艺技术，并由其EPC总承包设计。装置于2005年8月开工建设，2006年4月30日高标准中交，6月8日14：20引酸性气开工，16：30产出合格液流产品，6月11日120t/h低压污水汽提装置的含氨酸性气并入，6月12日尾气净化单元引尾气开工，顺利实现了100kt/a硫回收装置投料试车一次成功。

1　工艺技术特点

100kt/a硫回收装置由二级Claus、尾气加氢还原吸收、液硫脱气和尾气焚烧4个单元组成。

Claus单元采用了"直接注入"式烧氨技术处理来自120t/h低压污水汽提的含氨酸性气，主反应炉运用Duick1400高强度专用烧氨烧嘴，以保证酸性气中氨和其他烃类杂质的完全燃烧，制硫反应器采用在线加热炉再热工艺，操作控制简单，具有较大的操作灵活性，易于催化剂再生。

尾气加氢单元的开停工采用蒸汽抽射器，比循环风机操作简单、维护方便，同时也方便加氢催化剂的预硫化和钝化操作。Claus尾气中的SO_2、COS、CS_2及S_x等还原所需H_2由在线加热炉通过燃料气的次化学计量燃烧反应产生。吸收、再生部分采用性能良好、质量浓度为40%以上的MDEA水溶液作为脱硫剂，并运用了ZHSR"两级吸收，两段再生"新技术，可使净化后尾气中的H_2S不大于50×10^{-6}，同时具有较低的能耗。

采用地下液硫储槽，槽主体为水泥结构，内置蒸汽加热盘管，运用保温和抗腐蚀性能良好的保温层。槽内设有专用脱气设施，将溶解在液硫中的H_2S脱至10×10^{-6}以下。

为了使尾气中的H_2S充分燃烧生成SO_2，必须控制一定的焚烧炉温度和尾气氧含量，同时为了最大限度地减少空气和燃料气的消耗以及NO_x生成，尾气焚烧炉采用了三级配风的交叉限位控制方案，具有较好的节能、环保效果。

2　标定考核情况

为了考察100kt/a硫回收装置大负荷（装置负荷以硫黄产量计，以下同）运行情况，深入了解装置薄弱环节，装置于2007年6月27日9：00开始进行48h的标定考核。

2.1　原料情况

100kt/a硫回收装置标定期间酸性气流量为12645～13817kg/h，平均流量为13293.5kg/h，酸性气平均浓度94.46%，CO_2、烃浓度符合设计要求，具体原料数据见表1。

表1　标定期间装置原料情况

项　　目	（设计范围）	标定期间		
		最高值	最低值	平均值
酸性气流量/（kg/h）	18413	13817	12696	13293.5
H_2S含量/mol	（45～85）	94.88	93.78	94.46
NH_3含量/mol	（5～8）	13.3	7.4	9.89
CO_2含量/mol	（4.5～42）	5.81	5.04	5.3
烃含量/mol	（0～3.0）	0.01	0.01	0.01

注：由于酸性气体红氨浓度分析存在较大误差，标定期间酸性气中氨浓度采用120t/h低压污水汽提装置氨平衡计算值，以下同。

2.2 催化剂技术指标

100kt/a 硫回收装置反应器制硫催化剂、脱漏氧催化剂、加氢还原催化剂均装填了国产 CT 系列催化剂，其中二级制硫反应器上部三分之一装填脱漏氧催化剂。

1) Claus 制硫催化剂（CT6-2B）、脱漏氧保护催化剂（CT6-4B）主要技术指标见表2。

表2　CT6-2B、CT6-4B 技术指标

名　　称	制硫催化剂（CT6~2B）	脱氧保护催化剂（CT6~4B）
外形尺寸/mm	$\phi4\sim6$	$\phi4\sim6$
外观	白色球形	褐色球形
Al_2O_3 质量分数/%	>95	活性 Al_2O_3 负载活性金属化合物
Fe_2O_3 质量分数/%	0.05	—
$Na_2O/10^{-6}$	1000~2500	—
SiO_2 质量分数/%	0.04	—
平均压碎强度/(N/颗)	≥160	≥150
比表面积/(m^2/g)	>290(低温氮吸附法)	>260(低温氮吸附法)
比孔容/(mL/g)	≥0.40	≥0.40
磨耗率/(m/m)	<0.6	<0.6
堆密度/(kg/L)	0.65~0.75	0.75~0.85
空速/h^{-1}	>1500	>1500

2) 尾气加氢还原催化剂（CT6-5B）主要技术指标见表3。

表3　尾气加氢催化剂（CT6-5B）技术指标

名　　称	制硫催化剂（CT6~5B）	名　　称	制硫催化剂（CT6~5B）
外形尺寸/mm	$\phi4\sim6$	比表面积/(m^2/g)	>285(低温氮吸附法)
外观	蓝色球形	孔体积/(cm^3/g)	≥0.19
CoO 质量分数/%	>2.5	堆密度/(kg/L)	0.75~0.85
MoO_3 质量分数/%	>11	磨耗率/(m/m)	<0.6
平均压碎强度/(N/颗)	≥150	空速/h^{-1}	2500

2.3 主要运行数据

标定考核期间主要运行数据见表4。

表4　标定考核期间主要运行数据

项　　目	06-27T9：00	06-27T21：00	06-28T9：00	06-28T21：00	06-29T9：00
酸性气量/(kg/h)	12645	13425	12929	12740	13507
装置负荷/%	94.1	99.6	97.2	96.1	100.5
氨浓度/%	13.3	11.7	7.6	10.3	10.4
燃烧总风量/(kg/h)	37360	42040	40680	41800	41350
F301 温度/℃	1289	1338.7	1321.1	1355.5	1304.5
R-301 温度入口/℃	234.3	235.0	235.3	236.1	234.9
R-301 床层温度/℃	311.6	309.3	308.0	306.9	310.8
R-302 入口温度/℃	208.5	210.2	209.5	210.4	209.7
R-302 床层温度/℃	231.0	230.3	229.3	229.7	230.1

续表

项　目	06-27T9：00	06-27T21：00	06-28T9：00	06-28T21：00	06-29T9：00
R-303 入口温度/℃	279.4	280.2	280.3	280.3	279.7
R-303 床层温度/℃	313.9	306.1	298.6	307.6	303.6
过程气在线氢含量/%	4.39	4.15	3.57	4.79	4.12
过程气总流量/(t/h)	34.73	38.39	37.21	36.13	37.27
重沸器蒸汽流量/(t/h)	15.61	18.55	19.23	20.70	19.83
焚烧炉炉后温度/℃	690.2	699.4	703.6	701.4	703.1
过热蒸汽(出)流量/(t/h)	31.67	34.67	34.01	32.03	34.41
反应炉炉头压力 P15004/MPa	0.027	0.027	0.027	0.026	0.027
尾气单元压力 PIC6001/kPa	14.73	12.88	12.82	12.43	12.80
反应炉后过程气					
H_2S 体积浓度/%	3.86	—	3.66	—	—
SO_2 体积浓度/%	0.01	—	0.01	—	—
COS 体积浓度/%	0.29	—	0.22	—	—
一转出口过程气					
H_2S 体积浓度/%	1.68	—	1.26	—	—
SO_2 体积浓度/%	0.01	—	0.01	—	—
COS 体积浓度/%	0.01	—	0.02	—	—
二转出口过程气					
H_2S 体积浓度/%	1.04	—	0.93	—	—
SO_2 体积浓度/%	0.01	—	0.01	—	—
COS 体积浓度/%	0.01	—	0.01	—	—
急冷水 pH 值	7.58	—	8.06	—	—
净化后尾气/10^{-6}	160	40	55	10	10
精贫溶剂中 H_2S 浓度/(g/L)	0.21	—	0.17	—	—
烟道气中 SO_2 浓度/(mg/m³)	303	592	363	383	—

2.4　物料平衡

100kt/a 硫回收装置标定期间保持较高酸性气负荷。28 日 15 时装置负荷达到了最大值 104.1%，酸性气流量为 13817kg/h，装置物料平衡数据见表5。

表5　装置物料平衡表　　　　kg/h

输入		输出	
项目	数据	项目	数据
空气	63375.6	硫黄	12375
酸性气	13293.5	含硫污水	12000.0
瓦斯	1066.4	烟道气	51504.3
—	—	损失	1856.2
合计	77735.5	合计	77735.5

2.5　装置能耗

装置标定时能耗为-4101.45MJ/t，略高于-4161.97MJ/t 的设计值，48h 共回收液体优等品硫黄 594t，装置平均负荷为 103.8%（以硫黄产量计）。具体标定能耗数据与设计值对比见表6。

表6　Ⅵ套硫黄装置实际与设计能耗比较

项　目	设计/(MJ/t)	实际/(MJ/t)	实物消耗/(kW·h)/t	实际单耗/(kW·h)/t
新鲜水	0.42	0.42	0	0
循环水	13.52	27.56	3911	6.584
除盐水	532.88	312.88	1929	3.247
电	2376.81	1358.66	74100	124.775
1.0MPa 蒸汽	-13781.4	1034.43	193	0.325
3.5MPa 蒸汽	1764.82	-10252.20	-1652	-2.736

续表

项　目	设计/ (MJ/t)	实际/ (MJ/t)	实物消耗/ (kW·h)/t	实际单耗/ (kW·h)/t
瓦斯气	4712.6	3416.80	51	0.0856
其他	218.38	—	—	—
合计	-4161.97	-4101.45	—	—

注：负值代表输出能量。

2.6　装置产品质量

标定期间对硫黄产品质量进行了 2 次分析，性能优于国家工业优等品标准（GB/T 2449 - 2006），质量指标对比数据见表 7。

表 7　标定期间硫黄产品指标　　　　%

项　　目	质量指标	检测值	
		06-27	06-28
状态	液硫	液硫	液硫
颜色	亮黄 (以固体计)	亮黄 (以固体计)	亮黄 (以固体计)
纯度	≥99.9	99.98	99.98
水分	≤0.10	0.01	0.01
灰分	≤0.03	0.01	0.01
酸度(以 H_2SO_4 计)	<0.003	0.001	0.001
碳(有机物)	≤0.03	0.01	0.01
砷含量	≤0.0001	0	0
铁含量	≤0.003	0.001	0
机械杂质	无	无	无

2.7　烟道排放浓度分析

100kt/a 硫回收装置标定期间委托公司环境监测站对排放烟气中的 SO_2、NO_x、H_2S 浓度进行了检测，烟气检测数据见表 8。

表 8　烟道气排放浓度检测数据

项　　目	06-27 T9：00	06-27 T14：00	06-28 T9：00	06-28 T14：00
SO_2/(mg/m³)	303	592	363	383
NO_x/mg/m³)	4.02	5.36	5.36	6.70
H_2S/(mg/m³)	7.93	17.6	8.80	15.6
SO_2 排放速率/(kg/h)	13.80	26.95	16.53	17.44

国家环境保护局公布的 GB 16297—1996 标准要求 100m 烟囱 SO_2 最高允许排放浓度为 960mg/m³，SO_2 最高排放速率为 170kg/h（二级）。从本次标定结果来看，100kt/a 硫黄装置

SO_2 排放浓度和排放速率都远低于国家环境保护局公布的 GB 16297—1996 标准要求，同时 NO_x 的排放浓度也保持在较低水平。

3　工艺计算

3.1　装置硫回收率

100kt/a 烧氨硫回收装置标定期间净化后尾气中 H_2S 浓度平均值为 $66.2×10^{-6}$，烟气中 SO_2 排放浓度平均值为 410.25mg/m³。按照烟道气中 SO_2 平均浓度 410.25mg/m³，H_2S 平均浓度 12.48mg/m³，计算所得装置平均硫回收率为 99.916%。硫平衡情况见表 9。

表 9　标定期间硫平衡情况

物料输入		物料输出	
项目	数据	项目	数据
酸性气/(kg/h)	13293.5	硫黄产品中的硫/(kg/h)	12372.5
质量浓度/%	93.15	烟道气中硫/(kg/h)	9.87
合计硫/(kg/h)	12382.90	其他硫损失/(kg/h)	0.53
—	—	合计硫/(kg/h)	12382.90

3.2　第二级 Claus 反应器出口总硫回收率

100kt/a 烧氨硫回收装置标定期间二级 Claus 反应器出口气体平均体积浓度为：H_2S 0.87%、SO_2 0.01%、COS 0.017%，进装置酸性气中的 H_2S 平均体积浓度为 94.46%，第二级 Claus 反应器出口的平均硫转化率为 99.05%，完全满足技术协议中要求的第二级 Claus 反应器后总硫转化率不小于 96% 的要求。

3.3　COS 总水解率

标定期间第三硫冷凝器入口 COS 平均体积浓度为 0.017%，第一硫冷凝器入口 COS 平均体积浓度为 0.31%，所以 COS 平均水解率为 94.5%，满足技术协议中要求的二级 Claus 反应器后 COS 总水解率大于 90% 的指标。

4　技术分析

4.1　装置系统压差分析

100kt/a 硫回收装置正常生产时蒸汽抽射器停运，所以装置系统压差是影响装置处理量的主要因素，标定期间系统主要压力数据见表 10（由于焚烧炉为微负压，视其表压为 0）。

由表 10 可以发现，装置标定期间反应炉前

压力、尾气净化系统压力、装置 Claus 系统压差和尾气净化单元压差均低于设计值，装置负荷具有进一步提高的条件。分析原因为标定期间酸性气体积浓度均在 90% 以上，氢含量只有 0.01%，从而使过程气量相比设计减少较多，使得装置系统压力降低，即便满负荷系统压力仍旧能够满足装置生产需要，所以取消在线增压机对装置系统负荷并无影响，并使得操作简便。

4.2 标定期间装置最高负荷时关键数据

100kt/a 硫回收装置标定期间最高负荷出现在 2007 年 28 日 15 时，达到了 104.1%，主要操作条件见表 11。

表 10　标定期间系统压力数据

项　　目	设计值	标定数据						
		27T9：00	27T17：00	28T1：00	29T9：00	28T17：00	29T1：00	28T19：00
入反应炉酸性气流量/(kg/h)	18413	12645	12924	13504	12929	12990	13645	13507
装置负荷/%	100	94.1	100.6	99.3	97.2	98.1	99.5	100.5
反应炉前压力/kPa	37	27	28	27	27	27	27	27
尾气净化系统压力/kPa	20	14.73	12.94	12.97	12.82	12.51	12.93	12.8
Claus 系统压差/kPa	17	12.27	15.06	14.03	14.18	14.49	14.07	14.2

表 11　最高负荷时关键操作参数

项　　目	装置负荷/%	酸性气量/(kg/h)	反应炉空气总量/(t/h)	主空气阀门开度/%	反应炉前压力/kPa	反应炉温度/℃	反应炉瓦斯流量/(kg/h)
数　　值	104.1	13817	39440	100	27	1273.3	156

项　　目	反应炉后部温度/℃	尾气系统压力/kPa	尾气净化炉瓦斯/(kg/h)	PV6006 阀门开度/%	焚烧炉瓦斯流量/(kg/h)	焚烧炉后部温度/℃	3.5MPa 蒸汽流量/(t/h)
数　　值	367.2	12.28	160	52	528	700.5	35.36

4.3 能耗分析

100kt/a 硫黄回收装置标定期间的平均负荷为 103.8%，综合能耗为(硫黄)−4101.45MJ/t，略高于−4161.97MJ/t 的装置设计能耗，原因分析如下：

1) 循环水消耗高于设计值，主要是由于标定时间为高温季节，循环水消耗较大。

2) 1.0MPa 蒸汽的消耗量低于设计值。开工初期，再生塔蒸汽流量为 21.81t/h，净化后尾气 H_2S 为 11.2×10^{-6}，烟气 SO_2 排放浓度为 358mg/m³。通过对尾气加氢单元脱硫剂的提浓，再生塔蒸汽单耗由(蒸汽硫黄)2.354 t/t 以下降至目前的 0.921 t/t 以下，节能效果十分明显，同时对烟气排放数据没有大的影响。

3) 为了提高反应炉温度，将进 100kt/a 硫回收装置的酸性气体积浓度维持在 95% 以上(除污水汽提的含氨酸性气与再生塔顶酸性气)，酸性气流量在 12000kg/h 左右即可达到满负荷，远低于 17433kg/h 酸性气流量设计值。这也直接致使反应炉、焚烧炉废热锅炉发汽设备的发汽量都低于设计流量，是标定期间实际能耗高于设计能耗的主要原因。

4) 燃料气的消耗量低于设计。反应炉与焚烧炉是燃料气消耗的主要设备，采用高浓度酸性气并合理设置尾气加氢还原炉的空气燃料气的比值，可有效减少燃料气消耗。

5　结论

1) 100kt/a 硫回收装置标定期间酸性气进料达到并超过了满负荷，通过对装置的标定考核，装置满负荷运行工况良好，关键操作数据与设计数据基本一致，设备运行正常，硫黄产品质量优于国家工业硫黄优等品产品质量指标，烟气排放浓度与排放速率都远优于国标要求。同时检测结果表明，烧氨工艺对烟气中 NO_x 排放浓度没有影响，体现出 ZHSR 硫回收技术成熟、能耗低、操作弹性大、原料适应性强、安全联锁设置合理。

2) 尾气加氢单元的开停工采用蒸汽抽射器，比增压机、循环风机操作简单、维护方便，使设备运行更加可靠，还运用了"两级吸收，两段再生"新技术，实际测量净化后尾气中 H_2S 浓度远低于采用进口 SCOT 尾气净化工艺技术的 70kt/a 硫黄回收装置。

3）满负荷时系统压力能够满足装置生产需要，取消在线增压机对提高装置负荷并无影响，却有利于降低投资、电耗，以及减少装置联锁与故障。

4）国产制硫与加氢催化剂已达到较高水平，可以满足大型硫黄回收装置不同负荷下的生产需要。

5）100kt/a 硫回收装置连续运行时间达到了 36 个月，期间未发生一起因操作原因引起的非计划停工，系统压降与开工初期比较无明显变化，硫黄产品质量稳定，烟气中 SO_2 排放低于 500mg/m³，实现了装置长安稳运行。

220kt/a硫黄回收装置运行总结

王新力　　汪建华

（中国石化青岛炼油化工有限责任公司）

摘　要　青岛炼化220kt/a硫黄回收装置为21世纪中国石化首座千万吨炼油项目工程中的大型环保装置，装置于2008年5月16日投料开工一次成功。介绍了装置的首次开车情况并对一年来的运行情况进行了分析总结。结果表明有：220kt/a硫黄回收装置无论是生产优化，尾气排放，还是装置能耗，硫回收率都达到了国内同类装置先进水平。

关键词　烧氨　尾气　回收率　克劳斯　能耗

1　装置介绍

1.1　装置概况

220kt/a硫黄回收装置为青岛炼油化工有限责任公司新建千万吨炼油工程中的配套环保装置。该装置采用意大利KTI公司专利技术，由两列相同的克劳斯制硫单元及单系列尾气处理、尾气焚烧、液硫脱气4个单元组成，其中克劳斯（Claus）制硫每列设计规模为110kt/a硫黄，操作弹性为30%~120%；RAR尾气处理、液硫脱气及尾气焚烧单元为单列设计，设计规模为220kt/a硫黄，操作弹性为15%~120%；装置设计年运行时间8400h。

220kt/a硫黄回收装置由中国石化工程建设公司（SEI）提供基础设计，洛阳石化工程公司（LPEC）负责详细设计，中国石化第四建设公司承建。装置于2007年12月31日全面建成中交，2008年3月单机试车联运，2008年5月16日A列制硫引清洁酸性气进反应炉，在15%的超低负荷情况下试车成功，生产出高品质硫黄；5月30日尾气处理部分引Claus尾气，装置全流程打通开工正常。

1.2　工艺流程叙述

1.2.1　Claus硫回收单元

Claus单元有两股酸性气进料，即胺酸性气和含氨酸性气。胺酸性气来自联合装置区两列溶剂再生装置及尾气处理单元的独立再生塔；含氨酸性气来源于联合装置区两列酸性水汽提装置。

为了除去酸性气中夹带的凝液，两股进料都有各自分液罐，其分液罐分别为D-001和D-002，分液后的酸性气混合进入反应炉燃烧。自空气鼓风机（K101/001）来的燃烧空气在主烧嘴（BU-101）内混合进行燃烧反应，接着在燃烧二区内进一步达到平衡。供给充足的空气，使酸性气中的烃和氨完全燃烧，同时使酸性气中三分之一的H_2S燃烧成SO_2。反应炉的配风量是通过测量酸性气流量经计算得到的，大部分配风量是通过主空气调节阀来实现，大约负荷的10%空气流量是由微调空气调节阀来控制，其设定值由安装在尾气管线上的H_2S写SO_2比值在线分析仪给定，确保了反应炉空气与酸性气的最佳配比，从而提高装置硫转化率。

生成的过程气经废热锅炉（B-101）产生4.4MPa中压蒸汽后冷却，过程气进入第一硫冷凝器（E-102）被除氧水冷却至183℃，其中的硫蒸气被冷凝、捕集并与过程气分离，第一硫冷凝器（E-102）出来的过程气进入第一蒸汽加热器（E-105），被自产的4.4MPa中压蒸汽加热至220℃后进入第一级Claus反应器（R-101），过程气中的H_2S和SO_2在催化剂作用发生反应生成硫，直到平衡完成，同时也使部分COS和CS_2发生水解反应，反应后的气体进入第二硫冷凝器（E-103）进行冷却至176℃，其中的硫蒸气被冷凝并分离捕集出液硫。第二硫冷凝器（E-103）出来的过程气进入第二蒸汽加热器（E-106），由自产的4.4MPa中压蒸汽加热至205℃后进入第二级

Claus 反应器（R-102），在催化剂作用下发生克劳斯反应，过程气出第二反应器（R-102）后进入第三硫冷凝器（E-104）被除氧水冷却至133℃，其中的硫蒸气被冷凝、捕集分离。第三硫冷凝器（E-104）出来的 Claus 尾气经尾气捕集器（D-102）进一步分离出液硫后进入尾气净化系统。当尾气净化系统故障时，旁路直接去尾气焚烧炉（F-302）焚烧。

1.2.2　RAR 尾气处理单元

两列制硫来的 Claus 尾气混合后进入尾气加热炉（F-301），加热至290℃后尾气经氢气混合器（M-301）与外供氢混合后进入尾气加氢反应器（R-301）。在加氢反应器中，尾气在反应器内的催化剂作用下发生水解还原反应，尾气中的各种硫化物水解、加氢还原为 H_2S，使 SO_2 和 S_8 还原成 H_2S，COS 和 CS_2 发生水解，出加氢反应器后较高温度的反应气体进入尾气废热锅炉（B-301）被除氧水冷却至180℃，产生 0.45MPa 蒸汽充分节约回收能量。尾气出废热锅炉后进入急冷塔（C-301）下部，过程气在急冷塔中被逆流下来的冷却水直接接触冷却，其中的水蒸气组分被冷凝成工艺水。

冷却后尾气自急冷塔顶部进入吸收塔（C-302），并通过测量氢含量，控制氢气的加入量，尾气在吸收塔内与 MDEA 溶液充分接触，把绝大部分 H_2S 和部分 CO_2 固定在 MDEA 液相中，净化后的尾气从吸收塔顶出来，进入焚烧炉焚烧。

从急冷塔底部出来的急冷水由泵（P-30IA/B）加压送至急冷水空冷器（A-301）及急冷水后冷器（E-302A/B）冷却至40℃后送回急冷塔上部循环使用，多余的酸性水送至酸性水汽提装置，通过测量急冷水的 pH 值，来控制急冷水中氨的加入量。

出吸收塔底吸收了尾气中 H_2S 和部分 CO_2 的富溶剂，从吸收塔底部排出经泵（P-302A/13）加压，送至贫富液换热器（E-402A/B）与高温贫液溶剂加热后，进入再生塔（C-401）上部再生，从再生塔底出来的贫溶剂经贫富液换热器（E-402A/B）与富溶剂换热冷却后，由泵（P-40IA/B）送至贫液空冷器（A-402）及贫液后冷器（E-403A/B）进一步冷却后进入吸收塔循环使用。

进入再生塔的富溶剂经重沸器（E-401）蒸汽加热汽提，溶剂中的 H_2S 和 CO_2 被再生出来，再生塔顶出来的酸性气经空冷器（A-401）冷却后进入回流罐（D-401）脱除酸性气夹带的冷凝水，然后返回至 Claus 系统。回流罐底部的回流液经回流泵（P-402A/B）升压后返回再生塔上部回流，损耗的 MDEA 溶液由溶剂储罐（T-401）经泵（P-403）升压后补充。

1.2.3　尾气焚烧单元

来自尾气处理部分的净化尾气或旁路的 Claus 尾气进入焚烧炉（F-302）焚烧。瓦斯在燃烧器内与来自焚烧炉鼓风机（K-302A/B）的空气燃烧升温后进入焚烧炉，过剩的空气与尾气混合至适当的焚烧温度。进入焚烧炉的气体有来自尾气处理部分的净化尾气、液硫脱气部分的脱气空气、硫池废气，根据烟气中 O_2 的含量来调节焚烧炉配风，焚烧要求在650℃左右的高温和多余空气情况下进行。

在 Claus 废热锅炉中产生的饱和中压蒸汽在蒸汽过热器（E-304）中过热到约443℃。中压蒸汽经蒸汽减温器 S-303 减温到约420℃后输送到界区。最后320℃的烟气进入130m 的烟囱排放。

1.2.4　液硫脱气单元

从第一、二、三硫冷凝器（E-102/03/04）和捕集器（D-102）分离出来的液硫大约含有 300mg/L 的 H_2S，分别经硫封罐（S-102/103/104/105）后汇集到液硫池（T-501）分离部分，液硫由液硫脱气泵（P-501A/B）经过液硫冷却器（E-501）和脱气塔（C-501），液硫在脱气塔内与空气充分接触，大部分液硫中的 H_2S 氧化成硫黄，残余的 H_2S 与液硫进行分离，另外还使液硫中的多硫化物分解成 H_2S 和硫。脱气空气（含 H_2S）送到尾气焚烧炉（F-302）焚烧。

脱气后的液硫中含 H_2S 达到小于 10mg/L，进入液硫池储存区，通常情况下，液硫经液硫泵（P-502A/B）直接送至成型造粒，当成型系统故障时，液硫送至液硫储罐（T-502）储存，或由液硫输送泵（P-503A/B）送至液硫槽车装车。

1.3　装置技术特点

220kt/a 硫黄回收装置为引进意大利 KTI 公司专利技术，主要技术特点如下：①酸性气燃烧炉采用双区燃烧烧氨技术以分解酸性气中的 NH_3。由于污水汽提酸性气中含有约35%的 NH_3，装置将全部含氨酸性气和部分胺酸性气进入燃烧炉一区燃烧，另一部分胺酸性气进入燃烧炉二区燃烧，使一区湿度达到1350℃以上，保证NH₃的热分解；②Claus反应器入口温度控制采用中压蒸汽间接加热，降低了酸性气中NH₃对催化剂的危害；③末级硫冷器采用发生超低压蒸汽循环利用方案降低制硫尾气温度，提高Claus硫回收率；④尾气处理部分采用外混氢和间接加热炉的还原、吸收、循环（RAR）工艺，溶剂再生为单独设置；⑤液硫脱气采用BP/Amoco技术，液硫在催化剂及空气的作用下进行循环脱气；⑥尾气焚烧炉后设置中压蒸汽过热器，充分利用烟气余热过热中压蒸汽；⑦关键部位设置在线分析仪，便于重要参数的连续控制，如尾气捕集器出口H₂S与SO₂的比值分析仪、急冷塔顶出口H₂分析仪、急冷塔底出口pH分析仪、焚烧炉烟气SO₂、O₂分析仪；⑧装置设置SIS系统及开工点火程序，确保装置开工安全；⑨装置空冷多采用变频调节技术以节能。

2 装置开工情况

2.1 开工主要特点

2.1.1 低负荷开工

（1）低负荷引酸性气方案

根据青岛炼化首次开工加工低硫原油的现实情况，经硫平衡计算，硫黄单列的酸性气量仅达到10%~15%的负荷，开工难度很大，而且要维持10天左右的低负荷运行才能切换高硫油；考虑到环保压力，经专题会议讨论决定硫黄装置采取措施引酸性气低负荷开工。

（2）引酸性气初始条件

在系统加热后，确认下列项目在引入酸性气之前已完成：①关闭液态硫管线中的所有阀门，打开锁硫阀；②确认蒸汽已供入所有夹套管线，伴热管线，检查所有的疏水器畅通；③确认酸性气供应管线中的盲板已拆除（界区边界阀保持关闭）；④核实去尾气的上游盲板已被拆除（蝶阀保持关闭）；⑤确认去尾气的酸性气阀（硫化用）及去火炬的阀门关闭；⑥核实酸性气来硫黄的盲板及蝶阀已打开（入炉阀关闭）；⑦检查所有燃烧器操作稳定；⑧检查空气鼓风机操作稳定；⑨检查至火焰检测仪、视窗和引火烧嘴吹扫空气畅通；

⑩检查硫冷器和反应器的温度、压力正常；⑪氮气吹扫至主烧嘴的酸性气供应管线（至少15min），吹扫后关闭至主燃烧器第一道酸性气供应管线上的阀门。

（3）引酸性气前操作参数

燃烧反应炉温度：1100℃，实际控制1200℃；一级反应器入口温度：220℃，实际控制225℃；二级反应器入口温度：205℃，实际控制209℃；焚烧炉炉膛温度：大于或等于550℃，实际控制560℃；Claus尾气温度：大于或等于130℃，实际控制134℃；第一、二硫冷凝器蒸汽压力大于0.55MPa，实际控制0.55MPa；第三硫冷凝器蒸汽压力大于0.12MPa，实际控制0.15MPa；各硫冷凝器水位控制大于30%，实际控制30%。

2.1.2 低负荷开工措施

1）硫黄低负荷（10%~30%）开工，由于系统容量大，有可能局部温度不够，操作人员应严格监控盯表，及时汇报动态。

2）低负荷开工情况下需要配瓦斯保温，要求其占酸性气量不大于8%，否则烃含量过大会对催化剂不利。

3）反应器床层温度低于190℃时会积硫堵塞，应提高汽包蒸汽压力，保证第一反应器入口温度至少在220℃以上。

4）当酸性气引入1h后观察各点参数，若无异常时，再逐步提高溶剂再生温度。

5）低负荷开工锅炉产汽量小，需要关注热工系统的运行，特别要注意蒸汽过热器，严禁蒸汽超温，必要时倒补低压蒸汽确保蒸汽过热器的运行。

2.2 低负荷开工过程

2.2.1 A列硫黄回收装置

A系列硫黄回收装置于2008年4月30日18：10点焚烧炉升温，5月1日18：00点反应炉升温；5月16日15：40引溶剂集中再生装置酸性气进反应炉，酸性气流量1359.7m³/h，为设计负荷的15%。18：00硫冷器出口见硫黄，颜色纯黄，采样分析达到优质品，标志着A列Claus硫黄回收装置开车一次成功，5月18日含氨酸性气引入反应炉，酸性器流量120m³/h，低负荷生产持续到25日；5月28日引胺酸性气（100m³/h）进

尾气加氢反应器进行预硫化，5 月 31 日 13：47
将 Claus 尾气改入 RAR 尾气处理单元，装置转入
正常生产。酸性气组成见表 1，表 2 为 A 列 Claus
低负荷操作参数。

表 1　酸性气组成分析数据　%（体）

项目	胺酸性气	含氨酸性气	备
H_2S	77.05	55.95	低硫
CO_2	19.56		
NH_3	—	3.5	开工阶段氨氮低
烃类	2	1.09	
H_2O	1.39	39.46	
合计	100	100	

表 2　A 列 Claus 低负荷操作参数

项　　目	5-16	5-18	5-20	5-22
清洁酸性气量/（m³/h）	1310	1250	1420	1700
含氨酸性气量/（m³/h）	0	100	220	428
瓦斯量/（m³/h）	80	50	20	0
占设计负荷/%	15	14	17	20
主空气量/（m³/h）	5800	5600	4855	6600
微空气量/（m³/h）	0	1034	1200	1720
一区炉膛温度/℃	1296	1320	1310	1371
二区炉膛温度/℃	1256	1271	1248	1306
一反入口温度/℃	228	218	225	211
一反床层温度/℃	312	339	320	355
二反入口温度/℃	205	210	207	210
二反床层温度/℃	211	212	220	216
捕集器出口温度/℃	128	129	130	129
反应炉头压力/kPa	15	18	16	23
捕集器压力/kPa	13	15	13	18
旁路阀开度/%	23	22	25	25
焚烧炉温度/℃	530	540	550	551
尾气排放温度/℃	330	250	270	280

2.2.2　B 列硫黄回收开工

　　B 系列硫黄回收装置于 5 月 25 日 18：00 点
反应炉升温；6 月 3 日 7：00 点根据酸性气负荷
分流 A 系列酸性气进 B 系列反应炉，此时 A、B
系列酸性气流量分别为 3600m³/h、3000m³/h，
9：00B 系列 Claus 尾气并入 RAR 尾气处理，硫
黄产品分析合格。

3　装置运行及标定情况分析

　　硫黄回收装置开工后一直运行至今，已连续
运行一年，生产正常。两列 Claus 运行负荷基本
上在 70%～120%，装置于 2009 年 4 月 14 日进行
了首次标定。

3.1　装置的物料分析及物料平衡

　　青岛炼化加工中东高含硫原油，由于采用
复配的选择性溶剂及溶剂集中再生产方式，其
胺酸性气浓度比较稳定，基本上在 85%～97%
之间，胺酸性气总量保持在 13000～16000m³/h；
汽提含氨酸性气含量 1800～2500m³/h，全部
进 A 列硫黄烧氨，烧氨温度 1350℃，废锅后
过程气无残留氨，系统压降正常。表 3 为硫黄
装置标定分析数据，表 4 为硫黄装置标定物料
平衡。

表 3　为硫黄装置标定分析数据　%（体）

项　　目	4-14	4-15
ARU 酸性气		
H_2S	93.38	92.09
CO_2	3.49	4.2
N_2	3.09	3.61
烃	0.02	0.1
SWS 酸性气		
H_2S	47.43	42.64
氨	30.01	30.6
H_2O	22.5	26.7
烃	0.07	0.06
一级硫冷器出口过程气		
H_2S	7.34	10.28
SO_2	0.67	1.12
COS	0.05	0.33
CS_2	0	0
氨	0	0
二级硫冷器出口过程气		
H_2S	2.95	1.67
SO_2	0.12	0.01
COS	0.03	0.03
CS_2	0	0
尾气捕集器后过程气		
H_2S	0.86	1.06

续表

项　目	4-14	4-15
SO_2	0.39	0.06
COS	0.03	0.03
CS_2	0	0
加氢前尾气		
H_2S	0.56	0.53
SO_2	0.26	0.24
COS	0.02	0.01
CS_2	0	0
加氢后尾气		
H_2S	1.4	1.2
SO_2	0	0
COS	0	0
CS_2	0	0
H_2	3.03	3.01
急冷水		
pH 值	8.43	8.20
H_2S	304	680
SO_2	9.38	12.8
净化前尾气		
H_2S	1.4	1.2
CO_2	2.48	1.16
净化后尾气		
$H_2S/10^{-6}$	80	70
$CO_2/10^{-6}$	16708	15475
烟道气		
$H_2S/(mg/m^3)$	0	0
$SO_2/(mg/m^3)$	459	466
$NO_x/(mg/m^3)$	50.8	54.9
CO_2	12.1	9.7
贫溶剂质量分数		
$H_2S/(g/L)$	0.74	0.61
MDEA/%	32.58	32.19
富溶剂		
$H_2S/(g/L)$	3.96	3.43
MDEA/%	31.93	31.64
再生酸性气		

续表

项　目	4-14	4-15
H_2S	57.75	—
CO_2	28.84	—
烃	0.02	—

表4　硫黄装置标定物料平衡　　t/h

物料名称	设计值	实际值
进料		
清洁酸性气	33.187	19.243
含氨酸性气	3.397	2.993
燃烧空气	108.532	67.729
脱气空气	1.532	0
氢气	0.248	0.0173
燃料气	2.13	0.9848
液硫池吹扫气	3.173	0.928
吹扫氨气	0.045	0.045
总计	151.319	91.9401
出料		
液硫	31.542	18.578
酸性水	17.865	8.95
烟道气	101.882	64.412
总计	151.319	91.9401

标定进行 72h，考虑到实际负荷有限，前两天 A 列硫黄回收装置满负荷操作，平均 105%，最高达 107%，B 列硫黄回收装置平均 43%，最低 35%；最后一天 A 列负荷降为 69%，B 列负荷提高为 100% 标定。A 列硫黄装置处理清洁酸性气和全部含氨酸性气，B 列硫黄装置只进清洁酸性气。通过三天的不同负荷的标定生产，两列硫黄回收装置运行正常，操作平稳，硫黄产品合格，尾气排放达标。

表 4 所示硫黄回收装置物料平衡，设计物料平衡是以 120% 最大规模下考虑的，整个装置实际负荷在 70% 左右，还有很大的余量，即便上游装置处理量增大或者原油含硫量增大，仍能够满足生产的需求。

3.2　装置的主要操作参数

制硫、尾气单元主要技术参数见表 5、表 6。

表 5　制硫单元主要技术参数

序号	参数名称	控制指标	A 列标定值	B 列标定值
1	反应炉炉膛温度(红外)/℃	1250~1450	1365.3	1276.3
2	反应炉头空气压力/MPa	0~0.040	0.0299	0.0230
3	废锅出口过程气温度/℃	<368	353.6	288.5
4	废锅蒸汽压力/MPa	4.4	3.8	3.8
5	废热锅炉液位/%	40~55	49.95	0.1
6	一冷尾气出口温度/℃	177	176.1	171.4
7	一级反应器入口温度/℃	220~250	218.8	222.0
8	一级反应器床层温度/℃	<350	310.0	312.6
9	二级反应器入口温度/℃	200~230	204.2	210.5
10	二级反应器床层温度/℃	<350	225.3	236.2
11	二冷尾气出口温度/℃	170	170.1	168.9
12	三冷尾出口温度/℃	134	135.1	134.8
13	尾气捕集器后压力/MPa	0.028	0.0156	0.0149
14	ARU 酸性气量/(m³/h)	9260	8315	7984
15	SWS 酸性气流量/(m³/h)	1563	2728	0
16	主风量/(m³/h)	24083	19102	—
17	微调风量/(m³/h)	2142	1611	—
18	风气比/(t/t)	2.18	2.34	—
19	H_2S 在线体积分数/%	—	0.540	0.541
20	SO_2 在线体积分数/%	—	0.217	0.255

表 6　尾气单元主要技术参数

序号	参数名称	控制指标	标定值
1	尾气废热锅炉液位/%	40~60	55
2	加氢反应器入口温度/℃	280~330	291.9
3	加氢反应器床层温度/℃	≥400	307.7
4	急冷水入塔温度/℃	30~45	27.8
5	尾气出急冷塔温度/℃	≥45	40.1
6	急冷塔液位/%	40~60	50.0
7	急冷塔出口氢含量/%	1~6	3.14
8	吸收塔贫液温度/℃	35~45	37.7
9	吸收塔液位/%	40~60	50.2
10	再生塔底温度/℃	118~130	121.0
11	再生塔底液位/%	40~60	52.6
12	焚烧炉炉膛温度/℃	550~680	669.9
13	过热器后烟气温度/℃	300~350	324.8
14	过热蒸汽温度/℃	400~430	403.2

从 A 列硫黄回收装置满负荷标定情况看,其炉头压力 29kPa,尾部压力 16kPa,系统压降 13kPa 正常。由于 A 列硫黄回收装置采用双区燃烧技术,实际炉温足够高,红外仪温度指示均在 1350℃以上,可以认为荷兰杜克烧嘴烧氨效果极佳,特别是在单列制硫处理含氨酸性气超设计量

的情况下，装置仍运行可靠，为硫黄装置的安全运行提供了基础保证。

3.3 装置能耗

装置能耗见表7。

表7 硫黄回收装置标定能耗比较

序号	名 称	设计消耗	实际消耗	能耗指标	设计耗能	实际耗能
1	循环水/(t/h)	1383.67	1409.3	4.19	5797.5773	5904.967
2	除盐水/(t/h)	0.03	0	96.3	2.889	0
3	锅炉给水/(t/h)	103.94	58.31	385.19	40036.6486	22460.429
4	凝结水/(t/h)	-44.24	-25.497	-320.3	-16777.314	-8166.689
5	中压蒸汽/(t/h)	-63.6	-34.68	-3684	-234302.4	-127761
6	低低压蒸汽/(t/h)	16.22	1.847	2763	44815.86	5103.261
7	电/kW	3252.7	2047	11.84	38511.968	24236.48
8	燃料气/(t/h)	2.13	0.9848	41868	89178.84	41231.6
9	净化风/(m³/h)	725	533	1.59	1152.75	847.47
10	非净化风/(m³/h)	1187	0	1.17	1388.79	0
11	氮气/(m³/h)	144	152	6.28	904.32	954.56
12	污水/(t/h)	0.8	0	33.49	26.792	0
	合计	—	—	—	-29263.2791	-35189

如表7所示，硫黄回收装置标定实际负荷仅70%，而能耗远低于设计值，主要原因分析如下：①装置自产低低压蒸汽已基本满足硫黄装置自用，实际外用量小；②中压蒸汽全部外供管网，所有凝结水外送管网，使得装置能耗为净输出；③由于上游溶剂再生装置的闪蒸烃气为焚烧炉使用，瓦斯单耗降低，能耗降低；④液硫全部装车出厂，节约造粒系统消耗。

3.4 产品质量情况

青岛炼化硫黄回收装置主要产品是工业硫黄，同时外供过热中压蒸汽。标定期间液体硫黄产品质量及中压蒸汽品质与设计指标对照见表8。

表8 硫黄产品质量分析

项 目	指标（GB 2449—2006）			标定样品
	优等品	一级品	合格品	优等品
纯度	≥99.95	99.5	99.0	99.99
铁	≤0.003	0.005	不规定	0.00014
灰分	≤0.03	0.1	0.2	0.008
水	≤0.10	0.50	1	0.09
砷	≤0.0001	0.01	0.05	0.00002
有机物	≤0.03	0.30	0.8	0.005
酸度	≤0.003	0.005	0.02	0.001
机械杂质	无	无	无	无

如表8所示，装置所产工业硫黄质量达到GB 2449—2006优等品标准，砷、铁、灰分、有机物等杂质远低于设计优等品指标要求。

3.5 尾气排放及硫回收率

硫黄回收装置是炼油厂最为关键的环保装置，考核1套硫黄回收装置运行的主要指标是硫元素的转化回收情况及尾气排放情况。根据装置物料及分析数据，经过计算硫黄回收装置的硫转化率为99.94%，硫黄实际回收率为99.9%。

从装置尾气排放分析数据中可以看出，酸性气经过硫黄回收和尾气处理后，大部分的硫元素已经被转化成单质硫，只有微量的硫元素经过焚烧炉焚烧后以SO_2的形式排至大气。标定海化尾气H_2S为$75.5×10^{-6}$，低于设计$250×10^{-6}$的指标，尾气排放中SO_2含量为$462.5mg/m^3$，低于$580mg/m^3$设计指标。

4 装置标定结论及问题分析

硫黄回收及尾气处理装置标定期间运行平稳，标定结果具有代表性：

1）220kt/a硫黄回收及尾气处理装置操作弹性大，标定中单列制硫满负荷运行，各项指标正常。该新装置首次开工负荷在15%成功运行，单列制硫最大负荷在120%运行正常。

2）装置主反应炉火嘴采用进口杜克烧嘴，体现了其优良的烧氨效果，单列含氨酸性气量占清洁酸性气达 30%，反应炉温度 1350℃ 以上，系统压降正常，急冷水显中性，体现了良好的烧氨特点。

3）尾气 SO_2 排放低于设计指标，净化尾气 H_2S 含量低，整个装置总转化率高于 99.9%。

4）装置能耗（标油）−45kg，远低于设计值。

5）硫黄产品质量达到优级，符合国家最新 GB 2449—2006 标准。

通过标定装置还存几个问题：

1）加热炉排烟温度高，热效率低。要提高热效率必须要降低排烟温度，技术改造增加取热设施，降低瓦斯消耗是今后需要做的工作。

2）尾气 SO_2 分析仪选型不对。烟道气中 SO_2 分析仪由于选型错误，一直未能投入正常使用，相关数据均从定期化验分析采集得出，现正进行重新选型完善分析仪。

5　结论

青岛炼化 220kt/a 硫黄回收装置采用引进技术，15% 低负荷开工，并在低负荷连续运行 10d 后切换高含硫原油，通过合理的方案及周密的布置，低负荷开工取得了一次成功。低负荷开工保证了周围的环境及青岛奥运会的胜利开幕，为今后的生产打下了坚定的基础。

青岛炼化 220kt/a 硫黄回收装置开工后已运行 380d，两列制硫及 RAR 尾气处理运行正常，处理负荷已达到 70% 以上，最大单列硫黄回收装置负荷能达到 120%。硫黄产量每天达到 450t 以上，产品质量达到优质品，尾气排放远低于设计标准，硫黄回收率、装置能耗均低于设计指标。

下一步的工作重点是节能减排，进一步降低单位能耗，完善烟气 SO_2 分析仪，为实现长周期运行及装置的清洁生产努力。

80kt/a 硫黄回收装置开工运行总结

徐永昌

（中国石化齐鲁分公司）

摘　要　介绍齐鲁分公司胜利炼油厂第二套 80kt/a 硫黄回收装置的工艺流程，详细论述了该装置开工 3 个月后主要设备的运行情况，并提出存在的主要问题及下一步改进方向。

关键词　能耗　硫黄收率　回收

中国石化齐鲁分公司胜利炼油厂第二套 80kt/a 硫黄回收装置属于重油深加工及安全隐患治理技术改造重点建设项目，该装置于 2008 年 4 月 2 日实现中间交接，于 2008 年 5 月 14 日 14：30 引酸性气进装置进行投料试车，5 月 16 日全面正常。该装置的投产对优化原油加工、增产化工原料、保证安全清洁生产、全面提升技术指标和经济效益有着非常重要的意义。

该装置制硫单元和尾气加氢单元均使用齐鲁分公司研究院开发的 LS 系列催化剂，其中，一级转化器上部装填使用三分之一 LS-971 脱氧保护型催化剂，下部装填三分之二的 LS-300 氧化铝基制硫催化剂；二级反应器全部装填 LS-300 氧化铝基制硫催化剂；尾气加氢使用 LS-951T 新型 Claus 尾气加氢催化剂。

1　工艺流程简述

1.1　制硫部分

原料气进入反应炉，配给压缩空气，经燃烧，将酸性气中的氨和烃类等有机物全部分解。在炉内约 65% 的 H_2S 进行高温克劳斯反应转化为硫，余下的 H_2S 中有三分之一转化为 SO_2。自酸

气燃烧炉排出的高温过程气，一小部分通过高温掺合阀调节第一级转化器的入口温度，其余部分进入制硫余热锅炉冷却。从制硫余热锅炉出来的过程气进入一级冷凝冷却器。在一级冷凝冷却器末端，冷凝下来的液体硫黄与过程气分离，自底部流出进入硫池；顶部出来的过程气经高温掺合阀调节至所需温度，进入一级转换器，在催化剂的作用下进行反应。反应后的气体先经过过程气换热器管程与进二级转换器的冷气流换热，然后进入二级冷凝冷却器。二级冷凝冷却器冷凝下来的液体硫黄，在末端与过程气分离，自底部流出进入硫池，顶部出来的过程气经过程气换热器壳程与一级转换器出口的高温气流换热后，进入二级转换器，过程气在催化剂的作用下继续进行反应，反应收的过程气进入三级冷凝冷却器。在三级冷凝冷却器末端，被冷凝下来的液体硫黄与过程气分离，自底部流出进入硫池；顶部出来的过程气气经尾气分液罐分离后，进入尾气处理部分。分出的液态硫进入液硫脱气池后，注入氮气，有抽空器将 H_2S 气体抽出送至尾气焚烧炉焚烧后排烟囱；80kt/a 硫黄回收制硫部分工艺流程见图 1。

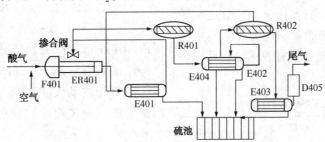

图 1　80kt/a 硫黄回收制硫部分工艺流程

F401—酸气燃烧炉；ER401—制硫余热锅；E401——级冷凝冷却器；E402—二级冷凝冷却器；E403—三级冷凝冷却器；E404—过程气换热器；R401——级转化器；R402—二级转化器；D405—尾气分液罐

1.2 尾气处理部分

制硫部分排出的尾气经过混氢,进入尾气加热器,与尾气焚烧炉出来的高温烟气换热,温度升到300℃后进入加氢反应器,在催化剂的作用下进行加氢、水解反应,使尾气中的二氧化硫、单质硫、有机硫还原、水解为H_2S。反应后的高温气体,进入蒸汽发生器,产生0.3MPa的饱和蒸汽,同时高温气体被冷却至160℃。再进入尾气急冷塔下部,与急冷水逆流接触,水洗冷却至40℃后,再进入尾气吸收塔下部。尾气急冷塔使用的急冷水,用急冷水循环泵自尾气急冷塔底部抽出,经急冷水冷却器冷却至40℃后循环使用。

MDEA贫液经贫胺液泵抽出送至尾气吸收塔上部,在塔内尾气与贫液逆流接触,其中的H_2S被吸收。自塔顶出来的净化气,进入尾气焚烧炉,在700℃高温下,将净化气中残留的硫化物焚烧生成SO_2。焚烧后的高温烟气经过蒸汽过热器和尾气加热器回收热量后,烟气温度降至329℃,最后经烟囱排入大气。吸收H_2S后的MDEA富液,由尾气急冷塔塔底经富液泵升压后,先经贫富液换热器换热,温度升至85℃进入溶剂再生塔上部进行再生。热源由再生塔底再沸器供给。塔底贫液经过贫液冷却器,温度由121℃降至79℃后再经贫液冷却器用循环水冷却至40℃后进入溶剂储罐储存,供尾气急冷塔循环使用。溶剂再生塔顶气体经再生塔顶冷凝冷却器,温度降至40℃进入再生塔顶回流罐分液。液相经再生塔顶回流泵打回溶剂再生塔顶;气体为解析的酸性气,返回一级冷凝冷却器制硫,流程见图2。

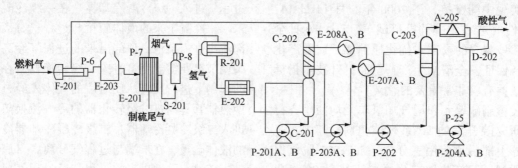

图2　尾气处理部分工艺流程

F-201—尾气焚烧炉;E-203—蒸汽过热器;E-201—尾气加热器;R-201—加氢反应器;E-202—蒸汽发生器;
P-201A、B—急冷水泵;C-201—尾气急冷塔;P-202A、B—富胺液泵;P-204/A、B—贫胺液泵;C-202—尾气吸收塔;
C-203—溶剂再生塔;D-203—再生塔顶回流罐;P-203A、B—再生塔顶回流泵

2 制硫反应炉运行情况

混合酸性气与含氨酸性气分别经混合酸性气分液罐(D401A)、含氨酸性气分液罐(D401B)脱水后,分两路进入制硫燃烧炉(F401)。在炉内通过控制配风量使约65%的H_2S进行高温Claus反应转化生成单质硫,剩余H_2S中又有三分之一转化成SO_2,并将酸性气中的氨和烃类等杂质全部氧化分解。制硫反应炉运行数据见表1,反应炉出口数据见表2。

表1　制硫反应炉运行数据

取样时间	炉膛温度/℃	炉内压力/MPa(绝压)	H_2S 转化率/%
时间1	1278	0.144	77.80
时间2	1282	0.144	75.46

表2　制硫反应炉出口分析　　%(体)

取样时间	气体含量		
	H_2S	COS	SO_2
时间1	4.0	0.20	1.9
时间2	4.5	0.19	2.0

理论上认为,制硫反应炉的转化率在65%左右,但表1数据表明转化率较高,可能与ER401出口采样分析不准确有一定的关系。另外,通常影响制硫炉H_2S转化率的因素还有:①原料气波动大;原料气流量和组分的频繁波动易造成配风滞后,而配风滞后的直接后果是空气不足;②H_2S与SO_2比率分析仪未投自动,造成H_2S与SO_2的比值在2附近波动;③生成较多的COS。

3 一、二级转化器及加氢反应器运行情况

3.1 一级转化器的运行情况

一级转化器运行数据见表3，一级转化器入口、出口酸性气分析数据见表4、表5。

表3 一级转化器运行数据汇总

时间	入口温度/℃	入口压力（绝压）/MPa	上部温度/℃	中部温度/℃	下部温度/℃	出口温度/℃	出口压力（绝压）/MPa	COS水解率/%	H₂S转化率/%
时间1	243	0.133	325	325	320	317	0.131	100	65.12
时间2	243	0.130	325	326	316	320	0.129	100	71.52

表4 一级转化器入口分析数据 %（体）

取样时间	H₂S含量	COS含量	SO₂含量
时间1	5.6	0.21	2.2
时间2	5.5	0.28	2.3

表5 一级转化器出口分析标定数据 %（体）

取样时间	H₂S含量	COS含量	SO₂含量
时间1	1.91	0	0.76
时间2	1.49	0	0.65

3.2 二级转化器的运行情况

二级转化器，其床层温度一般控制在230~260℃，由于在一级转化器内有机硫的水解反应已经基本完成，为提高制硫转化率，二转床层温度比一转要低，二级转化器运行数据见表6。

控制二转入口温度的方法，是通过TIC0602调节过程气换热器壳程过程气出口阀及其旁通阀全关仍不能将温度提至操作要求，可通过稍开一转与二转入口连通线来调节，二级转化器运行数据入、出口酸性气分析数据见表7、表8。

表6 二级转化器运行数据汇总

时间	入口温度/℃	入口压力（绝压）/MPa	上部温度/℃	中部温度/℃	下部温度/℃	出口温度/℃	出口压力（绝压）/MPa	H₂S转化率/%
时间1	236	0.124	251.5	251	247.5	246.5	0.123	42.58
时间2	236	0.125	251.5	252.5	249	248.5	0.124	49.32

表7 二级转化器入口分析数据 %（体）

取样时间	H₂S含量	COS含量	SO₂含量
时间1	1.81	0	0.58
时间2	1.43	0	0.63

表8 二级转化器出口分析数据 %（体）

取样时间	H₂S含量	COS含量	SO₂含量
时间1	1.15	0	0.38
时间2	0.74	0	0.31

3.3 加氢反应器的运行情况

制硫黄尾气进入尾气加热器进行预热，通过调节入口阀及旁通阀，可使加氢反应器入口温度达到要求，当入口温度偏高时，减小尾气入口阀开度；增大旁通阀开度，当入口温度偏低时，增大尾气入口阀开度，减小旁通阀开度。加氢反应

入口温度一般控制在 300℃ 左右，因为加氢还原反应为放热反应，故其床层温升受到尾气中 S_x、SO_2 含量的影响。尾气急冷塔出口过程气线设有

H_2 含量在线分析仪，用来实时跟踪调节加氢尾气中的 H_2 含量，运行数据见表 9~表 11。

表 9　加氢反应器运行数据汇总

时间	入口温度/℃	入口压力（绝压）/MPa	上部温度/℃	中部温度/℃	下部温度/℃	出口温度/℃	出口压力（绝压）/MPa
时间 1	291.5	0.115	311	314.75	315.25	305	0.115
时间 2	296	0.116	320.75	322.75	319.5	320	0.114

表 10　加氢反应器入口分析数据　　　　　　　　%（体）

取样时间	H_2S 含量	COS 含量	SO_2 含量
时间 1	1.405	0	0
时间 2	0.825	0.025	0.38

表 11　加氢反应器出口分析数据　　　　　　　　%（体）

取样时间	H_2S 含量	COS 含量	SO_2 含量
时间 1	1.725	0	0
时间 2	1.465	0	0

4　尾气急冷塔、吸收塔和再生塔运行情况

4.1　尾气急冷塔的运行情况

加氢反应器出来的过程气，经过蒸气发生器冷却至 165℃ 左右后，再进入急冷塔底部，通过急冷水将过程气温度降至 40℃ 左右，并对过程气进行洗涤，由此产生的酸性水外送。经急冷水冷却和洗涤后的过程气自尾气急冷塔塔顶进入吸收塔底部。尾气急冷塔运行参数见表 12，含硫污水分析数据见表 13。

表 12　尾气急冷塔运行数据汇总

时间	入口压力（绝压）/MPa	顶部温度/℃	急冷水量/（t/h）	含硫污水外送量/（t/h）	出口压力（绝压）/MPa
时间 1	0.1185	40	250	4.605	0.1125
时间 2	0.118	40	250	3.505	0.112

表 13　含硫污水分析结果　　　　　　　mg/L

分析项目	时间 1	时间 2
硫化物	240.12	231.38
pH 值	8.5	9.0
氰化物	0.021（不确定）	0.014（不确定）
挥发酚	0.31	0.59
氨氮	260.5	225.4

续表

分析项目	时间 1	时间 2
COD	395	373
油	35.85	17.99
悬浮物	15	12

通过表 13 计算得出：第一次急冷水中的 H_2S 含量在 48kg/h，第二次急冷水中的 H_2S 含量在 46kg/h；急冷水为无色透亮含硫污水，说明洗涤效果较好；压力温度各参数控制正常。

4.2　胺液吸收塔的运行情况

MDEA 贫液经贫胺液泵抽出送至尾气吸收塔上部，在塔内尾气与贫液逆流接触，其中的 H_2S 被吸收。自塔顶出来的净化气，进入尾气焚烧炉，在 700℃ 高温下，将净化气中残留的硫化物焚烧生成 SO_2。吸收 H_2S 后的 MDEA 富液，由尾气吸收塔塔底经富液泵升压后，先经贫富液换热器换热后进入溶剂再生塔上部进行再生。在尾气吸收塔中，一定浓度的 MDEA 选择性的吸收尾气中的 H_2S，吸收效果的好坏直接关系到硫收率的高低，同时对净化尾气总硫含量有重要影响。主要影响因素有：胺液浓度、胺液循环量、贫液温度、原料气质量等。运行数据见表 14，分析结果见表 15。

表 14　尾气吸收塔运行数据汇总

时间	入口压力（绝压）/MPa	顶部温度/℃	胺液循环量/(t/h)	净化气量/(m³/h)	出口压力（绝压）/MPa
时间 1	0.1125	36	77	15736	0.1045
时间 2	0.112	36	79	15821	0.1044

表 15　尾气吸收塔分析结果

分析项目	时间 1	时间 2
净化气总硫/(mg/m³)	8.65	162
胺浓度/%	21	20.71
硫代硫酸根/(g/L)	1.46	1.37
贫液中 H_2S 含量/(g/L)	0.705	0.725
富液中 H_2S 含量/(g/L)	7.55	6.30

通过表 15 数据看出，尾气吸收塔各参数运行稳定，净化气总硫合格。

4.3　溶剂再生塔的运行情况

吸收了 H_2S 的富胺液进入溶剂再生塔，在一定的温度、压力下发生解析产生再生酸气，胺液同时得到再生。再生酸气经空冷器冷却，然后进入再生塔顶回流罐进行气液分离，最终返回酸性气罐处理。胺液要发生解析，必须达到一定的温度，所需热量由再生塔底再沸器提供。运行数据见表 16，化学分析结果见表 17。

表 17 数据可看出溶剂再生塔各参数运行平稳，再生贫液指标合格。

5　烟气排放

烟气排放数据见表 18。

表 16　溶剂再生塔运行数据汇总

时间	底部压力（绝压）/MPa	顶部温度/℃	富液入塔温度/℃	重沸器蒸汽量/(t/h)	再生酸气量/(m³/h)	净化气量/(m³/h)	顶部压力（绝压）/MPa
时间 1	0.185	111	104	8.5	563	563	0.182
时间 2	0.185	112	104	9.1	594	594	0.182

表 17　再生塔部分化验分析结果

项目	时间 1	时间 2
再生酸气体积分数/%	42.84	39.23
贫液中 H_2S 含量/(g/L)	0.705	0.725

表 18　烟气排放情况

测试日期	名称	测量温度/℃	O_2/%	CO_2/%	CO/10^{-6}	NO/10^{-6}	NO_2/10^{-6}	NO_x/10^{-6}	H_2/10^{-6}	SO_2/10^{-6}
2008-08-28	吸收塔出口净化气	36.2	0.06	11.8	499	1	0	1	1123	0
2008-08-28	排放烟气	268	0.77	11.5	52	26	0.3	27	392	0
2008-08-29	吸收塔出口净化气	33.6	0.05	11.8	1377	0	0	0	11209	62
2008-08-29	排放烟气	277	1.39	11.1	55	25	0	25	487	79

注：Testo 335 型烟气析仪测定结果。

由表 18 可得出①SO_2 排放远远低于国家规定的标准；②净化气出口的 O_2 含量几乎没有，说明各反应充分；③烟气中的 NO_x 几乎没有，说明氨分解完全。

6　产品质量

硫黄产品质量分析见表 19。

表 19　硫黄产品质量分析　　%

采样时间	纯度(S)	硫黄酸度	灰分	有机物	砷含量	铁含量	机械杂质	水分
执行指标	≥99.50	≤0.005	≤0.10	≤0.30	≤0.01	≤0.005		≤2.0
内控指标	>99.60		<0.09	<0.29				<1.80
2008-08-28	99.91	0.001	0.011	0.078	0.000034	0.0013	无	0.05
2008-08-29	99.90	0.00091	0.012	0.087	0.000038	0.0014	无	0.05

从表 19 看出，80kt/a 硫黄回收装置硫黄产品达到了国家一级品标准。

8 月 28 日检尺计算硫黄产量为 11.2t/h，8 月 29 日检尺计算硫黄产量为 11.7t/h，年生产能力能达到 100kt。

7   结论

1）齐鲁分公司 80kt/a 硫黄装置能耗数值每年可达-27.96GJ，为产能装置。

2）该装置 H_2S 转化率在 95.83% 左右；硫黄收率在 99.98% 以上；制硫燃烧炉 H_2S 转化率在 77.60% 左右，比理论值高。

3）一级转化器转化率为 69% 左右，COS 水解率为 100%；二级转化器的 H_2S 转化率为 42.58%。使用的系列催化剂具有活性高，压降小等特点。

4）用 Testo 335 型烟气分析仪测定；过程气中的氧含量为 0.05% 左右，说明制硫燃烧炉的酸气和空气混合充分，说明制硫燃烧炉的酸气和空气混合充分，反应完全；排放烟气中的 NO_x 接近零，说明制硫炉内氨的分解完全。

5）SO_2 排放远远低于国家规定的标准。

6）80kt/a 硫黄装置，实际接近年产 100kt 硫黄的能力。

因 H_2S/SO_2 在线分析仪运行不稳定等因素，制硫炉配风未投自动调节，酸气波动，配风有所滞后，下一步需要在制硫炉自动调节配风上作一些改进。

汽油吸附脱硫烟气引入硫黄装置尾气加氢单元运行总结

徐永昌　任建邦

(中国石化齐鲁分公司胜利炼油厂)

摘　要　介绍了中国石化齐鲁分公司胜利炼油厂 900kt/a 汽油吸附脱硫(S Zorb)装置再生烟气全部引入 80kt/a 硫黄回收装置尾气处理单元的运行情况。硫黄回收装置未进行任何改动，仅增加一条 S Zorb 装置到硫黄回收装置加氢反应器入口的管线，并采用了中国石化齐鲁分公司研究院开发的 LSH-03 低温耐氧高活性的尾气加氢催化剂。近一年的运行结果表明，硫黄回收装置操作稳定，能耗低，总硫排放量远低于国家排放标准。

关键词　S Zorb 再生烟气　LSH-03 催化剂　加氢反应器 硫黄回收装置

1　前言

随着我国环保法规的日益严格，对车用汽油的质量要求不断提高。中国石化集团公司买断美国 ConocoPhillips(COP)石油公司 S Zorb 汽油吸附脱硫专利技术，该技术可以满足国 IV 排放标准对汽油硫含量的严格要求(硫含量不大于 50μg/g)。S Zorb 技术是基于吸附作用原理，通过采用流化床反应器，使用专门的吸附剂脱除原料中的硫，从而达到对汽油进行脱硫的目的。与加氢脱硫技术相比，该技术具有脱硫率高、辛烷值损失小、操作费用低的优点。S Zorb 技术中吸附剂吸附饱和后需循环再生，将催化剂上吸附的硫转化为 SO_2，随再生烟气送出装置，催化剂循环使用。因此，再生烟气中含有较高的 SO_2。在国外通常采用碱液吸收方法除去 SO_2，但中国石化买断的 S Zorb 技术工艺包中，未包含 S Zorb 再生烟气的处理技术。一是由于中国石化系统内多家企业无碱液吸收装置；二是废碱液处理也会产生二次污染，并浪费硫资源。考虑到中国石化各炼油厂均配备一套或多套硫黄回收装置，因此，选择烟气进入硫黄回收装置是较好的处理方式，既能达标排放，又回收硫。

900kt/a S Zorb 装置是中国石化齐鲁分公司汽油国 III 质量升级技术改造重点项目之一，2010 年 3 月 18 日装置开车成功，S Zorb 再生烟气全部引入 80kt/a 硫黄刚收装置尾气加氢反应器。在此之前，硫黄回收装置尾气处理单元更换了齐鲁分公司研究院针对 S Zorb 烟气处理开发的 LSH-03 低温耐氧高活性的尾气加氢催化剂，硫黄回收装置未进行任何改动，仅增加一条 S Zorb 装置到硫黄回收装置加氢反应器入口的管线，再生烟气直接引入尾气加氢反应器入口。近一年的运行结果表明，硫黄回收装置操作稳定，能耗低，净化尾气中 SO_2 排放平均值为 229mg/m³，远低于国家排放标准 960mg/m³。

2　S Zorb 再生烟气组成及特点

表 1 给出了 S Zorb 再生烟气的组成(设计值)及常规 Claus 尾气的组成。

表 1　S Zorb 再生烟气及常规 Claus 尾气的组成

项　　目	S Zorb 再生烟气 (设计值)	常规 Claus 尾气
出 S Zorb 装置温度/℃	205	
进硫黄回收装置温度/℃	160	≥280
气体体积分数/%	—	—
H_2O	3.12	3~30
O_2	0.2	≤0.05
N_2	89.33	余量
CO_2	1.9	—
SO_2	5.41	$S+COS+SO_2 \leq 0.5$
CO	0.04	0
流量/(m³/h)	1093	16000

从表 1 可以看出，S Zorb 再生烟气与常规的 Claus 尾气组成有所不同，S Zorb 再生烟气具有以

下几个特点：

1）进硫黄回收装置温度较低，设计值160℃，实际运行只有110~140℃。

2）O_2 含量较高，正常情况下体积分数为0.2%，非正常情况下最高可达5%以上，而且频繁波动。

3）SO_2 体积分数设计值高达5.41%，正常运行时 SO_2 体积分数在0~5%之间波动，比常规Claus尾气中 SO_2 含量高出几倍以上。

4）主要成分为氮气，体积分数在90%左右。

3　S Zorb 再生烟气引入硫黄回收装置流程优化选择

根据 S Zorb 再生烟气的特点，理论上计算可引入硫黄回收装置的3个部位：①与酸性气混合，引入制硫燃烧炉；②与制硫炉后过程气混合，引入制硫单元一级转化器或二级转化器；③与 Claus 尾气混合，引入 Claus 尾气加氢反应器。

齐鲁分公司现有硫黄回收装置4套，其中1套10kt/a、2套80kt/a、1套40kt/a。在反复论证的基础上，确定将 S Zorb 再生烟气引入1套80kt/a硫黄回收装置尾气处理单元，主要原因有：

1）S Zorb 再生烟气的主要成分为惰性气体 N_2，不参与反应，而且温度低，比热大，如与酸性气混合后，在制硫燃烧炉内要达到1200℃以上，将会导致装置运行能耗大幅增加。

2）S Zorb 再生烟气进入硫黄回收装置的温度较低，只有110~140℃，如与制硫炉后过程气混合，引入制硫单元一级转化器或二级转化器，需要增上加热器，将烟气温度提升至230~250℃方可引入，增加投资和装置运行能耗。

3）S Zorb 再生烟气中 O_2 及 SO_2 含量高，且波动范围较大，如引入制硫燃烧炉或一级、二级

转化器，装置配风难以随 S Zorb 再生烟气组成的变化随时进行调整。为了保证装置总硫转化率，使 H_2S/SO_2（体积比）接近2，必须配备酸性气组成在线分析仪表和 H_2S/SO_2（体积比）分析反馈仪表，而几套硫黄回收装置均未配备酸性气组成在线分析仪表，配备的 H_2S/SO_2（体积比）分析反馈滞后。因此，S Zorb 再生烟气不宜引入制硫燃烧炉或一级、二级转化器。

4）S Zorb 再生烟气引入 Claus 尾气加氢反应器，其中的 O_2 及 SO_2 需要增加氢气的消耗量，S Zorb 再生烟气的体积量占 Claus 尾气的比例大约为6%，经计算需增加氢气消耗量最大不超过1%，80kt/a 硫黄回收装置 Claus 尾气加氢后一般控制氢气体积分数的余量2%~4%，使用LSH-03低温耐氧高活性 Claus 尾气加氢催化剂后，由于催化剂加氢活性高，氢气余量可以控制在1%~3%内，因此，多余的氢气可以满足 S Zorb 再生烟气加氢的要求，不需要增加氢气的加入量。

5）S Zorb 再生烟气与 Claus 尾气混合，引入 Claus 尾气加氢反应器，目前在用的 LS-951T 常规 Claus 尾气加氢催化剂无法满足低温、含氧及高 SO_2 含量的 S Zorb 再生烟气加氢的要求，LSH-03 催化剂具有低温活性好、SO_2 加氢能力及耐硫酸盐化能力强、易于硫化、不易反硫化的特点，再生烟气可在不增设加热设施的情况下进入尾气加氢单元，不增加装置投资，而且加氢反应器的入口温度可由300℃降至220~230℃，从而可降低装置能耗。

4　80kt/a 硫黄回收装置处理 S Zorb 再生烟气运行情况

4.1　S Zorb 再生烟气处理工艺流程

S Zorb 再生烟气处理工艺流程见图1。

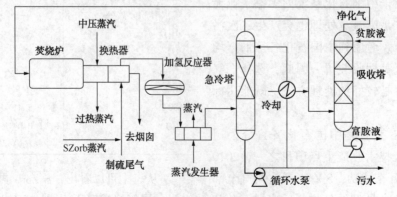

图1　SSR工艺尾气部分工艺流程示意

S Zorb 装置开车成功后，再生烟气全部引入 80kt/a 硫黄回收装置尾气加氢反应器。该装置采用 SSR 硫回收工艺，Claus 尾气再热方式采用气气换热，即经尾气焚烧炉焚烧后的 Claus 尾气先与中压蒸汽换热，产生过热蒸汽，产生过热蒸汽后的烟气与加氢反应器入口气体换热。S Zorb 再生烟气在换热器前与 Claus 尾气混合，混合后的气体经换热达 230℃后进入尾气加氢反应器。在 LSH-03 催化剂作用下，SO_2、COS、CS_2 及气态硫与氢气反应生成 H_2S，加氢反应后的气体经冷却塔冷却至 42℃以下，进入胺液吸收塔，其中的 H_2S 被胺液选择吸收。吸收液经再生塔，溶解在 MDEA 中的 H_2S 被汽提出来，MDEA 溶液继续循环使用。汽提出的 H_2S 返回制硫单元；尾气中的 H_2S 被 MDEA 吸收后，净化气进尾气焚烧炉焚烧后通过烟囱排至大气。

4.2 工业应用效果标定

为了考察 S Zorb 再生烟气引入 80kt/a 硫黄回收尾气处理单元对整个装置的影响，2010 年 6 月进行了 S Zorb 再生烟气引入后的第一次标定，2010 年 11 月进行了第二次标定。

4.2.1 S Zorb 再生烟气的组成

两次标定期间，S Zorb 汽油吸附脱硫装置再生烟气的组成见表2(其中数据为装置瞬时采样分析数据)。

表2 S Zorb 再生烟气的流量及组成

时间	流量/(m^3/h)	烟气组分体积分数/%		
		O_2	SO_2	CO_2
第一次标定				
2010-06-13	856	1.0	0	2.1
2010-06-14	947	1.2	3.0	2.2
2010-06-15	870	0.5	2.9	2.5
2010-06-16	760	0.9	1.6	1.8
第二次标定				
2010-11-17	961	1.8	1.7	4.4
2010-11-18	953	1.0	1.3	3.9
2010-11-19	902	1.1	0	6.4
2010-11-20	850	1.3	0.8	4.6

从表2可以看出，S Zorb 再生烟气 SO_2 体积分数为 0~3.0%，氧体积分数最大为 1.8%。

4.2.2 引入烟气前后催化剂床层温升变化

引入 S Zorb 再生烟气后加氢催化剂床层温度变化见表3。其中，2010 年 2 月 10~11 日为未引入 S Zorb 再生烟气前催化剂床层温度变化的情况，6 月 13~16 日、11 月 17~20 日为引入 S Zorb 再生烟气后催化剂床层温度变化的情况。

表3 引入烟气前后催化剂床层温升的变化 ℃

时间	入口	床层	温升
引入前			
2010-02-10	230	255	25
2010-02-11	228	257	29
引入后			
2010-06-13	245	282	37
2010-06-14	237	280	43
2010-06-15	240	272	32
2010-06-16	235	271	36
2010-11-17	230	270	40
2010-11-18	235	278	43
2010-11-19	238	285	47

从表3可以看出，正常的 Claus 尾气加氢，控制加氢反应器的入口温度为 228~230℃，催化剂床层温升 25~29℃；引入 S Zorb 再生烟气后，控制加氢反应器的入口温度为 229~245℃，反应器温升 32~47℃，床层温度最高达到 285℃，未出现床层超温及床层温度大起大落的现象。

4.2.3 加氢反应器入口气体组成变化

引入 S Zorb 再生烟气前后加氢反应器入口气体组成见表4。

表4 加氢反应器入口气体组成

时间	入口气体积分数/%		
	H_2S	SO_2	H_2
引入前			
2010-02-10	1.11	0.43	3.4
2010-02-11	0.46	0.20	2.2
引入后			
2010-06-13	0.82	0.70	3.2
2010-06-14	1.02	0.48	4.6
2010-06-15	0.76	0.58	2.8
2010-06-16	0.98	0.46	3.0
2010-11-17	0.89	0.56	4.0
2010-11-18	0.76	0.68	4.2
2010-11-19	0.95	0.45	3.6

从表4可以看出，引入 S Zorb 烟气后，入口气体 SO$_2$ 含量有所增加。

4.2.4 加氢反应器出口气体组成的变化

引入 S Zorb 再生烟气前后加氢反应器出口气体组成见表5。

表5 加氢反应器出口气体组成

时 间	体积分数/%		
	H$_2$S	SO$_2$	H$_2$
引入前			
2010-02-10	1.25	0	2.1
2010-02-11	1.68	0	2.0
引入后			
2010-06-13	1.75	0	2.8
2010-06-14	1.76	0	3.2
2010-06-15	1.89	0	1.2
2010-06-16	2.56	0	2.0
2010-11-17	1.56	0	1.8
2010-11-18	1.68	0	2.2
2010-11-19	1.23	0	1.6
2010-11-20	1.77	0	1.2

从表5可以看出，引入 S Zorb 烟气后，SO$_2$ 的加氢转化率仍然可以达到100%。由于 S Zorb 烟气中 SO$_2$ 和 O$_2$ 的含量不稳定，加氢后剩余氢气含量在一定范围内波动，但波动范围相对较小。

4.2.5 净化尾气 SO$_2$ 排放量的变化

2010 年 1~12 月硫黄回收装置净化尾气 SO$_2$ 排放检测结果（月平均值）为 187~361mg/m^3。由此可见，使用 LSH-03 低温 Claus 尾气加氢催化剂，将 S Zorb 再生烟气引入该装置 SCOT 单元后，净化尾气 SO$_2$ 排放量不超过 400mg/m^3，远低于 960mg/m^3 的国家环保标准，并且 SO$_2$ 排放没有出现增加的现象。说明 LSH-03 催化剂在较低的使用温度下，完全满足 S Zorb 再生烟气处理的要求。

5 装置运行能耗的比较

5.1 氢气消耗量的比较

S Zorb 再生烟气引入硫黄回收装置 Claus 尾气加氢反应器，按 S Zorb 再生烟气占 Claus 尾气的比例为6%（流量 1000m^3/h）、SO$_2$ 含量3%和

O$_2$ 含量2%计算，理论上需要增加 H$_2$ 消耗量为 0.78%。

硫黄回收装置在引入 S Zorb 再生烟气前，考虑到正常 Claus 尾气的组成在一定范围内波动，Claus 尾气加氢后 H$_2$ 需要有一定的富裕量，一般为 2%~4%。引入 S Zorb 再生烟气后，由于 LSH-03 催化剂加氢活性高，H$_2$ 余量可控制在 1%~3% 范围内。因此，多余的 H$_2$ 完全可以满足 S Zorb 再生烟气加氢的要求，不需要提高 H$_2$ 的加入量。运行一年的结果表明果真如此。

5.2 瓦斯消耗量的比较

硫黄回收装置尾气处理单元更换 LSH-03 催化剂之后，入口温度可降至 220℃，但为了保证过热蒸汽出装置的温度，焚烧炉和尾气换热器之间的跨线阀门在处于关闭状态时，加氢反应器的入口温度仍可维持在 230~250℃，高于 LSH-03 催化剂的最低使用温度。

S Zorb 再生烟气引入硫黄回收装置后，由于烟气中含有约90%的 N$_2$，理论上会增加硫黄回收装置的能耗。因此，在技术成熟的情况下，S Zorb 再生烟气的引入位置应为硫黄回收装置靠后的部位，即尾气加氢反应器的入口处。S Zorb 再生烟气引入硫黄回收装置尾气加氢反应器的入口处，同样会增加焚烧炉的瓦斯消耗量。按照烟气流量（标准态）900m^3/h，氮气含量90%，温度 120℃，氮气比热 1.05kJ/(kg·℃)，密度 1.25kg/m^3 计算，如使用常规 Claus 尾气加氢催化剂，烟气温度需要由 110℃升高到 280℃，增加能耗为：$900 \times 90\% \times 1.25 \times (280-110) \times 1.05 = 18.07 \times 10^4$ kJ/h。

使用低温 Claus 尾气加氢催化剂，烟气无需单独加热，与 Claus 尾气混合后即可达到 220℃以上。由于加氢反应器入口温度降低至 220℃，同时可以降低 Claus 尾气的再热温度，焚烧炉炉膛温度会大幅降低。齐鲁分公司 80kt/a 硫黄回收装置引入 S Zorb 烟气前后焚烧炉运行参数的变化见表6。

从表6可以看出，换剂前后加氢反应器入口温度平均下降 60℃；焚烧炉炉膛平均温度由 821℃降至 722℃，平均降低 99℃；焚烧炉瓦斯的平均消耗量由原来的 379m^3/h 降至 308m^3/h，平均下降 71m^3/h，每年节约瓦斯 716t。如果装置不

考虑产生中压蒸汽的因素，焚烧炉温度可进一步降低，瓦斯的消耗量可进一步减少。

表6   引入 S Zorb 烟气前后焚烧炉运行参数的变化

催化剂	时　间	瓦斯消耗量/ （m³/h）	炉膛温度/ ℃	加氢反应器入口温度/ ℃
LS-951T	2006-06-14	408	822	291
	2006-06-15	377	830	291
	2006-06-16	386	842	292
	2006-06-17	360	840	300
	2006-06-18	369	837	299
	2006-06-19	340	843	292
	2006-06-20	418	813	298
	平均值	379	821	296
LSH-03	2010-06-14	315	735	237
	2010-06-15	312	729	240
	2010-06-16	311	727	235
	2010-11-17	302	702	230
	2010-11-18	310	710	235
	2010-11-19	305	721	238
	2010-11-20	299	718	229
	平均值	308	722	236

总之，使用 LSH-03 低温高活性尾气加氢催化剂，将 S Zorb 再生烟气引入硫黄回收装置尾气处理单元，操作简单，装置能耗低，二氧化硫排放量低，是目前 S Zorb 再生烟气较理想的处理方式。

6   结论

1）齐鲁分公司 S Zorb 再生烟气引入 80kt/a 硫黄回收装置尾气处理单元，硫黄回收装置未进行任何改动，S Zorb 再生烟气不再需要加热，直接由管线引入加氢反应器前，与 Claus 尾气混合后进入加氢反应器进行反应。

2）近一年的运行结果表明，使用 LSH-03 低温高活性尾气加氢催化剂，将 S Zorb 再生烟气引入硫黄回收装置，操作简单，能耗低，净化烟气 SO_2 排放量低于国家环保标准，加氢反应器催化剂床层温升相对稳定，未出现床层飞温现象、LSH-03 催化剂完全满足 S Zorb 再生烟气引入硫黄回收装置尾气处理单元的要求，是目前 S Zorb 再生烟气较理想的处理方式。

3）焚烧炉温度稳定，未出现大幅波动，氢气消耗量未增加，焚烧炉瓦斯消耗量下降 71m³/h。

硫黄回收装置处理汽油吸附脱硫再生烟气试运总结

陈上访　金　洲

(中国石化镇海炼化分公司炼油二部)

摘　要　中国石化镇海炼化分公司两套 70kt/a 硫黄回收装置于 2010 年 2 月处理汽油吸附脱硫(S Zorb)装置再生烟气，经过 5 个月的试运，两套硫黄回收装置运行工况正常。从 S Zorb 装置再生烟气进硫黄回收装置流程及控制、硫黄回收装置引烟气操作及装置工况变化、S Zorb 装置再生烟气组分波动情况、处理该烟气对硫黄回收装置能耗影响、硫黄回收装置烟气二氧化硫排放情况等方面介绍了硫黄回收装置处理 S Zorb 再生烟气试运情况。

关键词　硫黄回收　S Zorb　再生烟气　总结

中国石化镇海炼化分公司(以下简称镇海炼化)1.5Mt/a S Zorb 装置是中国石化汽油升级重点项目之一，采用专利技术，将汽油中的硫含量降至 10×10^{-6} 以下。S Zorb 装置生产过程中，吸附剂再生产生含 SO_2 约 5% 的烟气，直接排放不能满足环保要求。国外同类装置一般采取碱液吸收净化烟气，但产生的废碱渣用途少，深加工不经济，因此中国石化在引进技术时，要求依托炼油厂现有环保设施，把该烟气引进硫黄回收装置处理。由于 S Zorb 装置再生烟气惰性组分多且复杂，含有 SO_2 和 O_2，烟气流量波动和组分波动较大，与硫黄回收装置的典型原料性质完全不同，进硫黄回收装置处理对装置反应炉炉温、反应器温升、硫回收率、烟气 SO_2 排放浓度等影响极大，甚至影响硫黄回收装置的正常生产。镇海炼化依托现有硫黄回收装置处理规模较大优势，根据 S Zorb 装置再生烟气性质，将烟气直接引进两套 70kt/a 硫黄回收装置(即Ⅳ、Ⅴ硫黄回收装置)，与装置原料酸性气混合后进入反应炉，处理并回收烟气中硫元素，可达到净化烟气、化害为利的效果。

1　S Zorb 装置再生烟气进硫黄回收装置流程与控制设计

1.1　S Zorb 装置再生烟气进硫黄回收装置流程

目前 S Zorb 装置再生烟气进硫黄回收装置处理的流程可以有 3 种：与硫黄回收装置 Claus 尾气混合进入加氢反应器处理；与硫黄回收装置过程气混合进入 Claus 反应器处理；与硫黄回收装置原料酸性气混合进入热反应炉处理。镇海炼化采取再生烟气与硫黄回收装置原料混合进入热反应炉流程，主要原因：

1) S Zorb 装置再生烟气量仅占 70kt/a 硫黄回收装置设计(100% 负荷)反应炉后烟气量的 4%、酸性气含硫量的 1%，因此对装置的处理能力影响不大。

2) 镇海炼化两套 70kt/a 硫黄回收装置采用 Claus+SCOT 工艺，没有用烧氨功能，反应炉温度控制指标为 1100~1250℃。经过核算，装置酸性气含量 80%、负荷 70%~100% 时，该烟气进反应炉后，只需提高酸性气和燃烧空气预热温度，就能控制反应炉温度在指标范围内。

3) 装置处理该烟气时，通过及时降低热反应炉空气量，可使硫冷凝器出口尾气中的 H_2S/SO_2 体积比、加氢反应器床层温升、加氢尾气 H_2 含量等指标恢复至工艺要求范围内。

4) 在硫黄回收装置正常运行工况下，可采取在酸性气进反应炉烧嘴水平管线上带压开口的方式施工布管，使烟气引进点尽量靠近反应炉酸性气烧嘴处。

5) 根据两套 70kt/a 硫黄回收装置具体生产工况，将该烟气分流同时引进两套硫黄回收装置处理，能大大减少对单套硫黄回收装置操作运行的影响程度，其流程见图 1。

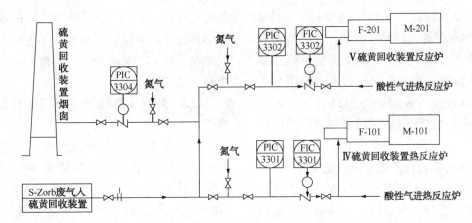

图1 S Zorb 装置再生烟气进硫黄回收装置流程示意

1.2 存在的问题及对策

如果 S Zorb 装置再生烟气的流量和组成波动较大，硫黄回收装置将无法正常运行。为此 S Zorb 装置必须采取相应措施，尽可能稳定再生烟气的流量和组成，同时要设计完善的烟气进硫黄回收装置的控制回路。

1) S Zorb 装置再生烟气进入硫黄回收装置热反应炉处理，关键在于热反应炉的配风控制。硫黄回收装置热反应炉的配风控制采用前馈(酸性气流量)+反馈(尾气中 H_2S、SO_2 的比例)控制，该烟气进入以后，由于其流量和组成波动比较大，只通过反馈控制不能满足要求，必须根据烟气流量及其氧含量折算成等量的空气量引入前馈控制。

2) 硫黄回收装置负荷低于 70%时，热反应炉可能需要通燃料气助燃以维持炉温，且随着装置负荷降低，该烟气对硫黄回收装置影响增大，为此必须要求硫黄回收装置达到一定的负荷工况下才允许处理该烟气。

3) 再生烟气组分、流量波动大或硫黄回收装置紧急停工时，再生烟气需要自动改至异常放空(即直接去烟囱高空排放)，为此必须设计合理的仪表控制回路和联锁逻辑回路。

4) 再生烟气与酸性气混合后的气体有一定氧含量存在，可能发生热反应炉酸性气烧嘴回火，为此必须合理控制硫黄回收装置负荷和烟气进单套硫黄回收装置流量，减少混合后酸性气氧含量，降低回火发生几率。

5) 镇海炼化硫黄回收装置制硫与加氢催化剂均为普通催化剂，处理再生烟气，可能引起硫黄回收装置热反应炉"漏氧"，导致制硫催化剂硫

酸盐化中毒。因此，首先要控制进反应炉烟气的氧含量，且当氧含量超过一定指标后，应立即切出烟气，尽可能减少反应炉"漏氧"情况发生；若在条件允许情况下，可把一级制硫反应器普通催化剂替换为抗"漏氧"催化剂。

6) 正常生产中，烟气全部进热反应炉处理，因此烟气进烟囱排放口控制阀前需设置氮封，防止正常工况下烟气泄漏到烟囱而影响硫黄回收装置烟气中二氧化硫排放浓度。

7) 由于再生烟气过氧操作，且二氧化硫浓度高、腐蚀性强，因此烟气设备和管线采用不锈钢(OCr18Ni9)材质。同时为保持烟气温度，防止烟气管线内产生凝液，提高烟气进装置热反应炉温度，烟气管线采用电伴热。

8) 镇海炼化两套 70kt/a 硫黄回收装置均采用 Claus+SCOT 工艺，设加氢炉自产还原性气体。正常生产中，加氢单元无需补充氢气。处理该烟气后，为确保加氢尾气氢含量，加氢炉必须持续补充一定量氢气。

1.3 控制方案

1.3.1 烟气流量、压力控制

如图1所示，S Zorb 装置再生烟气进两套硫黄回收装置热反应炉前设置压力控制器和流量控制器。正常生产中，一套装置直接采取流量控制维持进热反应炉烟气流量稳定(如 FIC-3301)，另一套装置采取压力串级流量并设定最大进炉流量的控制方案，以维持 S Zorb 装置再生烟气管网系统压力稳定的同时，控制进热反应炉烟气流量相对稳定，避免无序超量(如 PIC-3302、FIC-3302)。烟气去烟囱排放处设置压力控制器(PIC-3304)，并设定相对较高的压力。在烟气

流量相对稳定的情况下，烟气排放阀 PV-3304 全关，但 S Zorb 装置出现异常波动、烟气流量大幅度波动情况下，烟气进热反应炉流量达到控制的极限值，S Zorb 装置再生烟气管网系统压力上升，PIC-3304 控制排放阀 PV-3304 打开，以确保烟气后路畅通和烟气进硫黄回收装置热反应炉流量稳定。

1.3.2　硫黄回收装置热反应炉配风控制

再生烟气出 S Zorb 装置前设置烟气氧含量在线检测仪，实时分析烟气氧含量并传输到硫黄回收装置，各套硫黄回收装置根据进热反应炉再生烟气流量、烟气氧含量和烟气设计的 SO_2 含量，通过计算模块初步计算进热反应炉再生烟气折合的空气量，然后叠加到反应炉前馈控制上，实现烟气配风前馈控制。

1.3.3　联锁逻辑回路控制

烟气进热反应炉和去烟囱 3 个阀门均设置电磁阀，以实现对烟气的联锁逻辑控制，联锁条件为 3 个，分别为硫黄回收装置 Claus 单元联锁信号、烟气氧含量高高、烟气压力高高；当出现以上 3 种情况时，烟气联锁逻辑回路动作，切断烟气进热反应炉流程，并改烟囱直接排放。

2　硫黄回收装置引烟气操作及装置工况变化

2.1　硫黄回收装置引 S Zorb 装置再生烟气情况

镇海炼化硫黄回收装置采取逐套装置、逐渐增加处理量的方式引 S Zorb 装置再生烟气进热反应炉处理。

2010 年 2 月 3 日，S Zorb 装置再生烟气首次引进第二套 70kt/a 硫黄回收装置(即Ⅴ硫黄回收装置)热反应炉处理，并控制烟气量 0.5t/h，2 月 5 日烟气量提高到 0.7t/h，2 月 8 日烟气量提高到 1.0t/h，2 月 9 日 9：00 烟气全部改进Ⅴ硫黄回收装置，进行短时间处理测试，烟气最高流量达 1.9t/h，9 日 13：00 烟气流量降至 1.0t/h。测试期间，硫黄回收装置维持 80%～90% 负荷，装置烟气中二氧化硫排放合格(具体数据见表 4)，多余的 S Zorb 装置再生烟气由烟囱直接排放。3 月份进Ⅴ硫黄回收装置烟气量提高至 1.4t/h，约占总烟气量的 65%，4 月 9 日将剩余的烟气全部引进第·套 70kt/a 硫黄回收装置(即Ⅳ硫黄回收

装置)，并投用相关控制回路，进Ⅳ硫黄回收装置烟气流量基本控制在 0.5t/h。考虑到两套装置性能及负荷等工况的差异，其两套处理烟气一直维持上述比例。

2.2　处理 S Zorb 再生烟气硫黄回收装置工况变化

1) 2 月 3 日Ⅴ硫黄回收装置热反应由炉处理 S Zorb 再生烟气时，装置负倚为 90%，烟气流量 0.5t/h，引气后热反应炉温度由 1200℃ 下降至 1184℃。6 月 25 日，Ⅴ硫黄回收装置负荷为 90%，热反应炉处理 S Zorb 装置再生烟气量为 1.4t/h，10：40 该烟气因为氧含量超标而自动切出，且此时的反应炉温度则由 1200℃ 上升至 1216℃，12：40 烟气重新引进，热反应炉温度下降至 1820℃。Ⅳ硫黄回收装置负荷为 60%，控制烟气流量在 0.5t/h 左右，热反应炉温度下降值在 15℃ 左右。

2) 镇海炼化两套 70kt/a 硫黄回收装置进热反应炉酸性气和燃烧空气均设置预热器，提高热反应炉炉温。经过优化操作，两套硫黄回收装置酸酸性气和燃烧空气预热器均停用，以节约装置蒸汽耗量。但处理 S Zorb 装置再生烟气时，烟气和酸性气混合可能会引起 H_2S 与 SO_2 反应产生硫黄，并且在低温处结晶，为此必须重新投用酸性气预热器，控制酸性气进热反应炉温度在 120℃(硫黄熔点温度)以上，防止与烟气混合后产生硫黄结晶堵塞管线。控制酸性气预热温度为 1400℃。

3) 烟气氧含量高高联锁动作，烟气切出热反应炉，影响装置热反应炉配风，进而影响硫黄回收装置烟气二氧化硫排放浓度。

烟气氧含量高高联锁切出后，由于热反应炉配风自动调整滞后，引起装置烟气二氧化硫排放浓度增加。由于硫黄回收装置没有安装烟气二氧化硫排放浓度在线分析仪，因此无法连续对烟气进行跟踪检测，表 1 为 7 月 7 日 9：25 烟气氧含量高高联锁切出时，Ⅴ硫黄回收装置烟气二氧化硫排放浓度变化情况(便携式烟气分析仪检测)。由此可见，烟气切出瞬间，装置烟气二氧化硫排放浓度短时间出现超标情况。

表 1　S Zorb 烟气联锁切出硫罐回收装置烟气排放情况

时间	二氧化硫排放浓度/(μg/m³)	是否处理烟气
9：20	620	处理烟气
9：25	629	

续表

时间	二氧化硫排放浓度/(μg/m³)	是否处理烟气
9：28	1365	未处理烟气
9：30	859	
9：35	570	

4) 处理 S Zorb 装置再生烟气初期，V 硫黄回收装置加氢单元再生酸性气回流量由约 500kg/h 增至 600kg/h。通过外补氢后加氢尾气氢含量基本没有变化，而过程气 H_2S/SO_2 分析仪波动幅度增加。

2.3 酸性气管线及烧嘴回火情况检测

2 月 3 日 V 硫黄回收装置热反应炉引 S Zorb 装置再生烟气后，对 IV、V 两套硫黄回收装置热反应炉酸性气管线及烧嘴外壁温度进行跟踪检测并进行对比，具体检测数据列于表 2。由检测数据看管线及烧嘴目前工况下没有发生回火现象。

表 2　反应炉酸性气管线及烧嘴外壁温度

时 间	IV硫黄回收装置			V硫黄回收装置		
	热反应炉酸性气烧嘴法兰处	酸性气入烧嘴法兰后	酸性气入烧嘴法前前	热反应炉酸性气烧嘴法兰处	酸性气入烧嘴法兰后	酸性气入烧嘴法前前
02-03	93	86	85	94	87	87
02-04	91	86	84	91	87	84
02-05	95	86	85	93	91	86
02-08	90	87	84	92	89	87
02-10	96	92	86	100	96	92
02-12	94	91	85	95	93	87
02-14	93	86	85	92	90	84

3　再生烟气波动情况

S Zorb 再生烟气设计数据列于表 3。

表 3　S Zorb 再生烟气设计数据

质量流量/(kg/h)	1663.5
体积流量/(m³/h)	1248.51
温度/℃	204.7
压力/kPa	97.88
平均相对分子质量	29.86
组成/%	
H_2O	2.50
O_2	0.20
N_2	90.50
CO_2	1.90
SO_2	4.90
CO	0.00

该烟气进硫黄回收装置处理，除惰性组分稀释酸性气浓度、降低热反应炉温度外，其中 O_2 和 SO_2 对装置的安稳运行影响较大，它们对硫黄回收装置反应炉来说，均可看作氧化物，可减少反应炉理论配风空气量。S Zorb 装置运行期间，由于化验分析手段有限，不能对再生烟气的 SO_2 含量进行有效分析，只能由 S Zorb 装置质量守恒估算烟气 SO_2 含量。S Zorb 装置正常生产期间，初步估算烟气 SO_2 体积分数约为 2%~3%。烟气氧含量是烟气进硫黄回收装置处理联锁控制的条件之一（氧体积分数高于 2.0% 联锁动作），为此氧含量波动不仅影响硫黄回收装置热反应炉配风，也决定 S Zorb 烟气能否正常进硫黄回收装置处理。2010 年 2~6 月 S Zorb 装置氧含量化验分析数据如图 2 所示，氧体积分数最高 3.8%，最低 0.5%，平均 1.19%，烟气氧含量波动幅度较大，但由频率有限，烟气氧含量大于 2.0% 只有一次。

实际生产中，2~6 月 S Zorb 再生烟气氧体积分数已发生过多次超过 2.0% 情况，如图 3 所示。烟气氧含量波动，容易引起烟气氧含量高高联锁动作，导致烟气切出热反应炉，直接改去烟囱排放。再生烟气氧含量上升时，进热反应炉烟气流量就下降到 0，说明氧含量高高联锁动作。再生烟气氧含量波动主要原因为 S Zorb 装置再生系统闭锁料斗阀门运行出现问题。

4　再生烟气对硫黄回收装置能耗影响

目前处理 S Zorb 再生烟气对装置能耗影响主要有：① 投用酸性气预热器，增加了装置

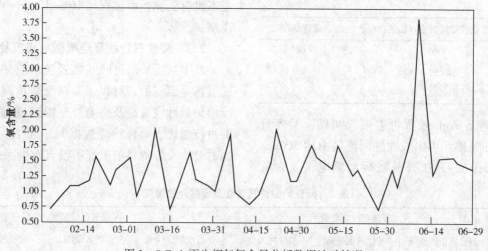

图 2　S Zorb 再生烟气氧含量分析数据波动情况

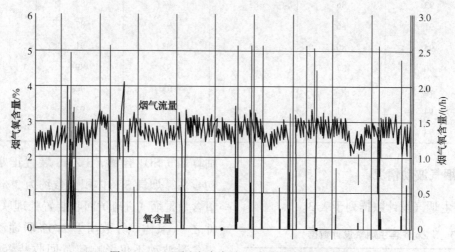

图 3　S Zorb 再生烟气氧含量在线检测数据情况

1.0MPa 蒸汽消耗；②过程气惰性气体流量增加，引起后续加热炉瓦斯耗量增加；③再生酸性气回流量增加，如果尾气要求达到原先的净化效果，必须增加重沸器蒸汽流量；④装置过程气氢含量下降，焚烧炉瓦斯流量增加。

1）装置 1.0MPa 蒸汽：处理 S Zorb 再生烟气前装置 1.0MPa 蒸汽耗量为 0.7t/h，处理后为 1.6t/h，增加 0.9t/h（投用酸性气预热器消耗 1.0MPa 蒸汽），计增加能耗（标油）68.4kg/h，按装置 90% 平均负荷计，增加装置能耗（标油）为 9.12kg/t。如果装置负荷下降，热反应炉温度低于指标，则要投用反应炉空气预热器，再增加 1.0MPa 蒸汽消耗 0.8t/h，合计增加 1.0MPa 蒸汽消耗为 1.7t/h，计增加能耗（标油）129.2kg/h，如装置负荷按 60% 计，能使装置能耗（标油）增加 25.84kg/t。

2）装置瓦斯：处理 S Zorb 再生烟气量按 1.2t/h 计，装置过程气增加惰性气体 1.2t，约为装置目前负荷 1/24，装置在线炉、焚烧炉瓦斯耗量相应增加 1/24，约增加瓦斯耗量 580kg/h×1/24＝24kg/h（装置当时工况瓦斯耗量约 580kg/h），计增加能耗（标油）22.8kg/h，按装置 90% 平均负荷计，能够增加装置能耗（标油）3.04kg/t。如果装置负荷下降，过程气增加的惰性气体比例增加。如装置负荷 60%，估算增加瓦斯耗量约 25kg/h，计增加能耗（标油）23.75kg/h，按装置 60% 平均负荷计，能够增加装置能耗（标油）7.13kg/t；如果装置负荷下降，酸性气、空气预热器全部投用后热反应炉温度依旧偏低，则热反应炉需要补充瓦斯以维持温度达到工艺指标，装置能耗还会增加。由于没有操作数据，不好估算。

3）目前装置烟气二氧化硫排放浓度正常，未明显提高再生塔重沸器蒸汽流量，同时加氢炉外补氢气后（外补氢气流量由 0 增至 5kg/h，氢气消耗未统计进能耗），焚烧炉瓦斯耗量增加也不明显。因此装置负荷 9% 左右情况下，初步估算增加装置能耗（标油）12.16kg/t，如果装置负荷下降到 60%，初步估算增加能耗（标油）32.97kg/t 以上。

5 烟气二氧化硫排放情况

处理 S Zorb 再生烟气 5 个多月以来．一直加强对两套硫黄回收装置烟气二氧化硫排放情况进行跟踪检测，具体数据列于表 4。

表 4 处理 S Zorb 再生烟气硫黄回收装置烟气二氧化硫排放情况   mg/m³

监测日期	V硫黄回收装置		IV硫黄回收装置	
	SO₂	NOₓ	SO₂	NOₓ
01-04	372	29.5	375	13.4
01-15	515	67	426	13.4
02-02	372	57.6	383	13.4
02-08	578	79.1	486	17.4
02-13	483	71	315	24.1
02-15	492	84.4	558	22.8
03-17	686	81	410	34
03-29	530	75	444	24
04-09	555	—	323	—
04-21	640	—	480	—
05-10	715	—	523	—
05-27	686	—	638	—
06-02	629	40	396	10
06-08	543	—	429	—
06-24	560	—	506	—

注：V硫黄回收装置自 2 月 3 日处理 S Zorb 烟气；IV硫黄回收装置自 4 月 21 日处理 S Zorb 烟气。

从表 4 可以看，正常工况下 IV、V 硫黄回收装置烟气二氧化硫排放浓度均小于 960mg/m³ 国家标准，排放情况正常。根据 V 硫黄回收装置 2 月 2 日与 3 日处理烟气前后数据和 IV 硫黄回收装置 4 月 14 日与 21 日处理烟气前后数据，初步判断处理 S Zorb 烟气对硫黄回收装置二氧化硫排放浓度影响在 148～166mg/m³。当然硫黄回收装置烟气二氧化硫排放浓度的影响因素很多，如 S Zorb 再生烟气稳定、硫黄回收装置运行稳定情况下，处理该烟气对硫黄回收装置烟气二氧化硫排放浓度影响有限。

6 结论

经过 5 个多月的跟踪检测，镇海炼化硫黄回收装置运行工况正常，装置烟气二氧化硫排放浓度正常，初步取得硫黄回收装置处理 S Zorb 装置再生烟气的成功。

1）在硫黄回收装置现有的工况条件下，如果 S Zorb 装置过来的再生烟气流量、组分相对稳定，通过技术攻关和流程优化，直接引该烟气进硫黄回收装置热反应炉处理技术上是可行的。

2）硫黄回收装置规模越大，装置负荷越高，S Zorb 装置再生烟气所占比例越小，处理该烟气对装置影响越小。

3）硫黄回收装置处理 S Zorb 再生烟气必须配备完善的工艺流程、控制回路和联锁逻辑，才能有效避免该烟气异常工况下对硫黄回收装置的影响，确保装置长周期运行。

4）S Zorb 装置再生烟气异常波动情况下，对硫黄回收装置烟气排放情况影响较大，同时对催化剂活性的影响要经过一个运行周期后才能判断。

5）装置负荷 90% 情况下，估算能耗（标油）增加 12.16kg/t，负荷 60% 情况下，能耗增加 32.97kg/t。

100kt/a硫黄回收装置尾气处理单元改造总结

王吉云

(大连西太平洋石油化工有限公司)

摘　要　为达到环保排放要求，大连西太平洋石化公司对100kt/a硫黄回收装置尾气处理单元进行了改造。从改造背景、改造方案的比选、改造方案的实施、改造后的效果评价等方面对整个改造过程进行了比较全面的总结，最后指出了改造后的遗留问题和解决方案。

关键词　硫黄回收　尾气处理　装置改造　方案　环保

大连西太平洋石化公司100kt/a硫黄回收装置是1992年从法国气体工程公司引进的，尾气处理单元采用法国IFP的专利技术，工艺技术为液相低温Claus工艺。装置于1996年全面建成并部分投入运行，1997年9月全面投入运行。装置设计总硫收率为99.5%左右，排放烟气中SO_2约为$2000 \sim 3000mg/m^3$，排放速率120kg/h。由于达不到GB 16297—1996《大气污染物综合排放标准》要求的SO_2排放浓度不大于$960mg/m^3$的指标，对周边地区的大气环境造成较严重的污染。特别是工艺自身的缺陷，采用的熔剂在操作和储存期间极易被氧化而产生降解物，这些降解物会逐渐积累与反应中生成的液硫很难有效分离，最后导致尾气不得不经常切除。另外，该工艺要求上游Claus单元H_2S/SO_2必须严格控制在2∶1的范围内，这是正常操作很难实现的。综合以上两方面的原因，100kt/a硫黄回收装置尾气处理单元的改造问题就显得非常迫切了。

1　改造方案的比选

1.1　备选方案的确定

目前能满足GB 16297—1996标准的尾气处理工艺主要有加氢还原工艺，这也是国内采用最多的一种工艺；另外，在此之前，大连西太平石油化工有限公司(简称：大连西太平洋公司)新建了一套SSR工艺的80kt/a硫黄回收装置，并一次开车成功，因此，SSR工艺确定为备选方案之一(方案1)。

法国IFP公司的Clauspol工艺经过近几年的不断革新，文献报道其总硫收率也可达到99.9%左右。正好此时法国IFP了解到大连西太平洋公司硫黄回收装置尾气处理单元计划进行改造的信息，便主动与我方联系，且提供了相应改造方案的技术报价。考虑到IFP对装置比较熟悉，其技术也可达到环保标准，因此，将其确定为另一个备选方案(方案2)。

1.2　备选方案的内容

1.2.1　方案1的内容

1) 拆除原装置的Clauspol尾气处理单元；

2) 拆除尾气焚烧炉后部烟道，新增尾气加热器；

3) 新增尾气分液罐1台、加氢反应器1台、蒸汽发生器1台、尾气急冷塔和尾气吸收塔1台、急冷水冷却器1组、急冷水泵2台、胺液冷却器1台、富液泵2台、贫液过滤器1台、急冷水过滤器1台；

4) 更换2台焚烧炉风机；

5) 装置内工艺配管；

6) 增加pH在线分析仪1台、H_2浓度在线分析仪1台，装置内仪表安装；

7) 装置内电气、电信安装；

8) 装置内总图竖向工程；

9) 改造项目的土建工程；

10) 装置内给排水安装；

11) 350t/h胺液再生单元供硫黄尾气的贫胺泵新增1台。

12) 装置配电室改造；

13）仪表控制室改造。

该方案不需新增占地面积，拆除原 Clauspol 尾气处理单元后的面积足够新建装置使用。

1.2.2 方案 2 的内容

1）增加除盐系统。该系统主要是由充满多孔瓷球的过虑罐、过虑泵和洗涤泵组成。其作用主要是将因加入催化剂而生成的 Na_2SO_4 盐尽可能洗涤出来，使在反应塔内正常产生的液硫能快速沉降下来，以加速液硫与循环溶剂的有效分离，消除操作中的不稳定因素，彻底改善目前的操作状况，为接下来的该单元升级改造打下坚实的基础。另一方面，增加除盐系统后，80%左右的盐可被除掉，使装置的操作周期可由原来的 2a 时间延长至 5a。该系统需新增占地面积 5m×10m。

2）增加填料层高度或新增 1 台溶剂循环泵，使总硫收率达到 99.8%。在现有三层填料床层高度的基础上，再增加一层填料以增加塔内接触面积，提高总硫收率。具体做法是在原装置的第三层填料床和塔顶溶剂分布器之间再增加一层填料。为降低荷载，可选择金属填料。为此，反应塔高度将要增加 6m 左右，与之相连的管线和梯子平台的位置也要做相应的改动。由于装置已运行多年，具体实施时必须对其机械性能进行检查和核算。

增加塔内接触面积，提高总硫收率的另一种途径就是再增加 1 台溶剂循环泵，以加大溶剂循环量。但这样必须对泵的出入口管线进行相应的动改。该系统需新增占地面积 7m×15m。

3）增加脱饱和回路使总硫收率达到 99.8%以上。计算结果表明，要使烟道气中的 SO_2 含量低于 960mg/m³，其总硫收率必须在 99.8 以上。若达到上述目标，除完成上面的几项整改外，还要在溶剂循环线上增加 1 个脱饱和回路。所谓脱饱和回路就是将 120℃左右的循环溶剂引出一部分冷却至 60℃，使溶解在其中的硫以固体形式分离出来，再将溶剂送回主回路继续进行循环。由于循环溶剂溶解的硫减少，使得净化尾气中硫分压降低，以达到降低总硫的目的，这样总硫收率即可达到 99.8%以上。该系统需新增占地面积 7m×10m。

1.3 备选方案的比较

1.3.1 改造费用的比较

根据法国 IFP 公司的技术报价，方案 2 的设计费为 22 万欧元，专利费为 5 万欧元，工程费约为 540 万欧元（以欧洲价格计算为准）。若按国内情况考虑，预计工程费用为 3000 万人民币左右。

根据山东三维工程公司的所做的投资估算，方案 1 设计费约为 200 万元，新建一套 100kt/a "加氢还原吸收"尾气处理装置约为 2350 万元。另外，拆除目前的 Clauspol 尾气处理单元约需工程费 400 万元，总计不足 3000 万人民币。

1.3.2 改造的难度比较

方案二属于旧装置改造，具体实施时与运行的装置交叉较深。另外，Clauspol 尾气处理单元已运行近 10a 时间，设备和管线腐蚀较重，所以在此基础上进行改造的难度很大。

Clauspol 尾气处理单元反应塔直径为 8m，高度为 40m。按照其改造方案，需在该塔顶再增加一层填料床，以提高其总硫转化率。这就需要将反应塔第三层填料床上部割开一圈，再加高一层 6m 高的新填料层。为降低载荷，可选用轻质的不锈钢填料。由于塔加高，与其相连的 φ600mm 循环溶剂入口管线和 φ800mm 的净化尾气出口管线以及相应的梯子平台都要进行动改。由于是高空作业，而且设备和管线直径都较大，其施工难度可想而知。另外，由于装置已运行多年，腐蚀状况比较严重（主要是酸腐蚀和垢下腐蚀），这样的条件下，新旧材料之间的焊接质量很难得到保证。

方案 1 除拆除焚烧炉后部烟道与老系统有关外，其他部分属于新建工程，与运行装置基本上没有联系。由于其与新建的 80kt/a 硫黄回收装置尾气处理单元几乎完全相同，所以无论是设计还是施工都比较容易。

1.3.3 反应转化率的比较

Clauspol 工艺原理是在低温条件下继续进行 Claus 反应，该工艺要求 Claus 尾气中的 H_2S/SO_2 严格控制在 2:1，这在实际操作中是很难做到的，否则转化率受影响；且受平衡转化率的限制，该反应很难达到 99.9%的极限值。而"加氢还原吸收"工艺原理是加氢还原和胺液吸收，不受平衡转化率的限制，转化率可达到 99.9%以上。另外，该工艺对 Claus 尾气中的 H_2S/SO_2 是否控制在 2:1 的范围内并不是十分严格，即使上游的 Claus 装置出现波动，造成转化率下降，也可以通过调整尾气处理单元的操作而获得较高的转化率，最后达到环保排放要求。

1.3.4 占地面积的比较

方案 1 由于是对旧装置进行改造，需要新增占地面积 200m² 左右，从目前的现场实际情况来看，做到这一点是比较困难的。

方案 2 由于是将旧的 Clauspol 装置拆除，新建一套"加氢还原吸收"尾气处理装置，而拆除 Clauspol 装置后的空地足够新建装置使用，不必新增占地。

1.3.5 综合指标比较

综合指标比较见表 1。

表 1 两种改造方案的综合指标比较

方案	方案 2	方案 1
改造费/万元	3300	2950
改造难度	大	小
反应转化率	<99.9%	>99.9%
烟气中排放的 SO₂ 浓度	高	低
新增占地/m²	200	无

经各方面综合比较，最终选择方案 1 作为改造方案。

2 改造方案的实施

2.1 改造方案的范围

考虑到配套设施的完善及消除影响装置平稳运行的瓶颈问题，最终将改造方案确定为：拆除原 100kt/a 硫黄回收装置尾气处理单元，新建一套 SSR 尾气处理装置；原有成型凉水塔移位，留出空间增建 2 台 500m³ 液硫储罐，以满足液硫存储和出厂装车需要；再生单元增建 1 台富胺液闪蒸罐，常温闪蒸 ARDS 和加氢裂化来的富胺液，以便消除富胺液来料波动和带烃对平稳操作的影响。

2.2 旧装置的拆除

旧装置的拆除从 2006 年 12 月初开始，到 2007 年 1 月 20 日全部完成。其中共拆除管线 6300m（1100t），拆除包括尾气反应塔在内的设备 1300t（含塔内件），卸出填料 830m³ 并运送到指定地点，拆除钢结构 60t，混凝土基础 355m³，原尾气单元仪表、电气系统同时也全部拆除。

为防止 80kt/a 硫黄回收装置运行不正常，公司决定在 Claus 单元与焚烧单元之间的加条临时跨线，以便使得 100kt/a 硫黄回收装置 Claus 单元在此期间处于备用状态。该管线于 2006 年 12 月 15 日焊接完成，检验结果全部合格后交付车间；循环水凉水塔 2006 年 11 月底开始拆除，12 月份完成土建基础，2007 年 1 月份完成移位并交付生产；新增的富液闪蒸罐 V-7006 在 2007 年 1 月份完成土建施工，3 月份完成设备安装，5 月份完成管线安装，6 月份交付生产投用。

2.3 新装置的施工

整个项目 2007 年 3 月份完成钢结构和静设备安装，4 月份完成液硫池移位以及与系统管线的 72 个碰头，5 月份完成空冷器和机泵的安装，6 月份完成管线安装及吹扫试压、空冷器和机泵单机试运、仪表和电气的现场安装，7 月中旬完成包括仪表调试、防腐保温等各种尾项。

3 改造后的效果评价

2007 年 10 月 6 日改造后的 100kt/a 硫黄回收装置点焚烧炉和反应炉，开始进入开工阶段。10 月 9 日引酸气进反应炉，10 日加氢反应器催化剂预硫化结束，尾气并入吸收塔，至此整个开工流程全部打通。由于两套硫黄回收装置同时运行，100kt/a 硫黄回收装置操作负荷仅为 34.71% ～ 42.72%（设计的操作弹性为 30% ～ 110%）。尽管装置处于较低负荷下的运行工况，但各项工艺指标仍达到了设计水平。经对连续平稳运行 72h 的尾气单元进行初步跟踪，烟气中的 SO₂ 排放浓度始终控制在 300mg/m³ 以下，远低于 960mg/m³ 的国家标准以及 600mg/m³ 的合同要求。这标志着 100kt/a 硫黄回收装置尾气处理单元开车一次成功并完全达到了设计要求。

为全面对改造后的装置进行考核评定，结合国家环保部对我公司"十·五"二期项目环保专项验收的需要，分别在 2007 年 12 月和 2008 年 3 月分两次对装置进行了标定。标定结果如下：

3.1 第一次标定情况

第一次标定情况见表 2。

从表 2 的化验分析数据可以看出：加氢反应器出口尾气中 SO₂、COS 的含量为零，H₂S 的含量很大，说明加氢反应器入口过程气中的 SO₂、

COS 已经全部转化为 H_2S，加氢催化剂反应活性很好，反应器运行正常。

表 2 加氢反应器进出口化验分析数据

位置	H_2S 体积分数/%	SO_2 体积分数/%	COS 体积分数/%
入口过程气	0.87	0.4	0.16
出口过程气	1.52	0	0

注：因为加氢反应器进出口采样时间无法实现同步，同时因为未分析入口过程气中的硫含量，所以进出口中 H_2S 和 SO_2 总和不完全一致。

标定期间的烟气排放情况见表 3。

表 3 烟气排放分析化验数据

项目	H_2S 含量	SO_2 含量	CO 含量	NO_x 含量
排放尾气/（mg/m³）	7	365	827	65

3.2 第二次标定情况

第二次标定情况见表 4。

表 4 加氢反应器进出口化验分析数据

位置	H_2S 体积分数/%	SO_2 体积分数/%	COS 体积分数/%
入口过程气	0.56	0.34	0.04
出口过程气	1.23	0	0

注：因加氢反应器进出口采用时间无法实现同步，同时因为未分析入口过程气中的硫含量，所以进出口中 H_2S 和 SO_2 总和不完全一致。

从表 4 的化验分析数据可以看出：加氢反应器出口尾气中 SO_2、COS 的含量为零，H_2S 的含量很大，说明加氢反应器入口过程气中的 SO_2、COS 已经全部转化为 H_2S，加氢催化剂反应活性很好，反应器运行正常。

标定期间的烟气排放情况见表 5。

表 5 烟气排放分析化验数据

项目	H_2S 含量	SO_2 含量	CO 含量	NO_x 含量
排放尾气/（mg/m³）	0	333.5	60	45

两次标定结论如下：

100kt/a 硫黄回收装置尾气处理单元改造效果很好，标定过程中烟道外排烟气中 SO_2 的量只有 333.5mg/m³ 和 365mg/m³，完全达到设计要求。

3.3 国家环保部环保专项验收

国家环保部委托国家环保监测总站 100kt/a

尾气处理单元在 2008 年 3 月份现场监测后向国家环保部所提交的监测报告：100kt/a 硫黄回收尾气焚烧炉排气筒排放废气监测结果，排放 SO_2 浓度范围为 90～107mg/m³；排放速率范围为 10.8～13.8kg/h；氮氧化物浓度值范围为 76～102mg/m³，排放速率范围为 9.8～13.2kg/h。

4 存在的问题及采取的措施

1）与上游 Claus 单元不匹配。本次尾气处理单元改造规模按 100kt/a 硫黄回收装置烧氨设计，而 Claus 单元要达到烧氨条件，除需要更换烧嘴和增加清洁酸性气中部分流流程外，废锅的能力是否达到 100kt/a 硫黄回收装置烧氨要求，也是一个主要制约因素。初步解决方案是更换废锅，或不更换废锅而改为富氧工艺，以减少过程气总量。实施时间计划安排在 2011 年全厂大检修期间进行。

2）进口的大口径夹套蝶阀未按时交货，导致工程进度延期。

3）原装置的液硫脱气投用后的效果不甚理想。为此，专门咨询了公司股东方法国道达尔公司，他们推荐了在道达尔公司已使用多年效果相当不错的注喹啉脱气工艺。从投用后的情况来看，脱气效果非常明显，液硫装车时现场 H_2S 气味大大降低，通过便携式检测仪分析液硫装车口气相中的 H_2S 浓度由脱气前的 10000～20000mg/m³ 减少到 1500mg/m³ 左右。

4）拆除抽子，新安装 1 台管道泵将换热后的水送至循环水回水线。该设施自投用至今，运行正常。每小时大约收集 10t 水，全年节水在 100kt 左右。

5 结语

1）100kt/a 硫黄回收装置尾气处理单元由于不能达到环保排放要求和工艺本身所存在的缺陷，对其进行改造是势在必行的。

2）经过对 SSR 工艺和改型的 Clauspol 工艺方案的改造难度、转化率、新增占地和投资等方面的综合比较，确定 SSR 工艺为改造方案。

3）改造范围包括拆除原 Clauspol 装置，新建一套 SSR 装置，同时新建 2 台液硫储罐和富液闪蒸罐。整个改造项目的实施按时完成，利用公司大检修的机会与系统的 72 处碰头也顺利完成。

　　4）装置投用后各项技术指标完全达到了设计要求，尾气排放远低于环保要求。

　　5）尾气处理单元是按烧氨工艺设计的，而 Claus 单元不具备烧氨条件。该单元若要达到烧氨条件，需要更换烧嘴和对工艺作一些必要的改动，此项工作计划在以后全厂大检修期间实施。

参 考 文 献

[1] 王吉云. 100kt/a Clauspol 装置尾气处理单元改造方案比较[M]//硫黄回收技术论文集 2006, 24-27.

[2] 王吉云. 100kt/a 硫黄回收装置操作中的主要问题及对策[J]. 石油与天然气化工 2004, 40(3)：164-168.

[3] 朱利凯. 天然气处理与加工[M]. 北京：石油工业出版社, 1997, 159-170.

[4] 戴学海. 胺液的发泡原因及处理措施[J]. 石油与天然气化工. 2002, 31(6)：304-309.

[5] 钟文坤, 王吉云. 10 万 t/a 硫黄回收装置自控系统运行情况[J]. 气体脱硫与硫黄回收. 2002, 38(2)：36-40.

[6] 王吉云. 硫黄回收装置烧氨技术特点及存在的问题[J]. 石油与天然气化工, 2008, 37(3)：218-222.

20kt/a 硫黄回收装置运行情况总结

范　宽

（中国石化青岛石油化工有限责任公司）

摘　要　主要介绍了青岛石化新建20kt/a硫黄回收装置开工后的运行情况，并对装置目前存在的问题进行了分析。

关键词　硫黄回收　Claus　SSR　低负荷　LSH-02

1　装置概括

20kt/a硫黄回收及溶剂再生装置是青岛石油化工有限责任公司（简称青岛石化公司）3.5Mt/a加工高酸原油适应性改造项目的配套装置，由青岛海工英派尔工程公司设计，装置采用成熟的SSR工艺。其中硫黄回收装置设计规模为20kt/a，主要处理催化、焦化、RSDS脱硫酸性气和污水汽提酸性气，操作弹性为30%~110%，总硫转化率为99.8%以上，产品符合GB/T 2449—2006中工业硫黄一等品的技术要求。溶剂再生装置设计规模为60t/h，主要处理焦化液态烃（本装置硫黄尾气脱硫的富液作为半贫液送至焦化继续使用）、气柜等装置富液，操作弹性为60%~110%。

2010年3月3日，反应炉、焚烧炉点火，系统升温；3月7日10：50引酸性气进反应炉；3月8日凌晨1：00，五个硫封全部建立，液硫流动正常；3月8日，SCOT反应器预硫化结束，尾气加氢部分转入正常运行。

2　运行情况

2.1　操作参数

装置操作参数见表1。

表1　装置操作参数

项　目	数　据
酸性气流量/（m^3/h）	1886
反应炉炉膛温度/℃	1184
瓦斯流量/（m^3/h）	0
总风量/（m^3/h）	3941

续表

项　目	数　据
运行负荷/%	70
一反入口温度/℃	234
一反床层温度/℃	338
二反入口温度/℃	221
二反床层温度/℃	242
反应炉炉头压力/kPa	27
H_2S/SO_2 比值分析仪的比值	0.96
SO_2 排放/（mg/m^3）	320
加氢反应器入口/℃	225
加氢反应器床层/℃	244
急冷水循环量/（t/h）	30
贫液循环量/（t/h）	15
焚烧炉温度/℃	598
焚烧炉瓦斯/（m^3/h）	50
过热蒸汽外送/（t/t）	3.8
过热蒸汽温度/℃	268
重沸器蒸汽流量/（t/h）	3.4
再生塔底温度/℃	121
乙醇胺循环量/（t/h）	59

2.2　运行能耗

开工后能耗始终不理想，基本上保持（标油）在-70~-60kg/t。装置设计能耗（标油）为-97.9kg/t，因此与实际偏差较大，根据GB/T 50441—2007《石油化工设计能耗计算标准》中的规定，重新对装置的基准能耗进行计算，计算结果（标油）是-64.46kg/t。虽然基本上符合了设计值，但是与集团公司先进水平相比，仍然落后很多。表2为装置的能耗。

表2　装置能耗计算

名称	实际消耗	能耗系数(标油)/(kg/t)	能耗(标油)×10⁴/kg
循环冷水/t	$142.8×10^4$	0.1	14.28
除氧水/t	$8.2×10^4$	9.2	75.44
电/kW·h	$222.26×10^4$	0.26(标油)/kW·h	57.7876
1.0MPa(g)蒸汽/t	$-4.89×10^4$	76	-371.64
0.3MPa(g)蒸汽/t	$-0.17×10^4 10^4$	66	-11.22
凝结水/t	$-1.68×$	7.65	-12.852
净化风/Nm³	$84×10^4$	0.038(标油)/(kg/m³)	3.192
燃料气/t	$0.084×10^4$	1000	84
污水/t	$1.85×10^4$	1.1	2.035
氢气/t	$0.032×10^4$	1000	32
综合能耗(标油)/(kg/t)			-64.46

2.3　低负荷下的运行

2011年6月青岛石化公司部分装置进行消缺，在3d左右的时间里酸性气负荷大幅减少，装置在低负荷下，经受住了考验。表3为装置低负荷运行的操作参数。

表3　低负荷下装置操作参数

项　　目	6月13日	6月14日	6月15日
酸性气流量/(m³/h)	474	465	447
反应炉炉膛温度/℃	1198	1237	1190
瓦斯流量/(m³/h)	0	0	0
总风量/(m³/h)	1274	1280	1206
运行负荷%	17.6	17.3	16.6
一反入口温度/℃	227	225	224
一反床层温度/℃	325	324	323
二反入口温度/℃	209	210	205
二反床层温度/℃	222	227	222
反应炉炉头压力/kPa	10.9	17	8
分析仪比值	-2.63	1.46	0.16
焚烧炉温度/℃	619	598	605

低负荷一共维持了几天的时间，装置整体运行平稳，并未出现堵塞等低流量下容易出现问题。这也得益于车间的前期准备工作，将可能出现的问题列出并制定了解决方案：

1）通过控制废锅后路蝶阀的开度来控制整个系统的压力，确要保证整个系统的推动力足够。

2）因为负荷低，Claus反应在一反已经完成大部分，所以无需对二反的入口温度进行控制。只要保证床层温度大于140℃，床层内残留的硫黄不凝结即可。无需去开一、二反跨线，来保证二反温度，否则将有可能造成一反温度太低堵塞。

3）尽量将再生塔顶酸性气压控阀打开，使用塔底蒸汽对塔内温度进行控制，这样虽然会多消耗一些蒸汽，但是可以提高酸性气进硫黄装置的压力。

4）为了保证反应炉温度，一般会大幅度配风，但此时Claus转化率就得不到保证，大概最高只能在70%，所以加氢的负荷就会很大，应做好对加氢部分的检查。

2.4　加氢反应器的低温运行

加氢反应器装填的是齐鲁研究院LSH-02低温催化剂，在20kt/a硫黄回收装置上也得到了良好的应用，取得不错的社会和经济效益。表4为尾气处理单元运行参数，表5净化尾气中二氧化硫排放情况。

表4　尾气处理单元运行参数

时间	加氢反应器/℃					急冷水pH值
	入口	上部	中部	下部	温升	
2010-7-29T9：00	213	239	239	240	27	7.3
2010-7-29T11：00	208	224	228	232	24	7.3

续表

时间	加氢反应器/℃					急冷水 pH 值
	入口	上部	中部	下部	温升	
2010-7-29T15：00	221	233	239	236	15	7.3
2010-7-30T9：00	223	238	235	234	15	7.3
2010-7-30T11：00	220	242	235	227	22	7.3
2010-7-30T15：00	217	238	231	231	21	7.3
2010-7-31T9：00	210	227	223	225	17	7.3
2010-7-31T11：00	213	238	229	225	25	7.3
2010-7-31T15：00	211	240	235	227	29	7.3

表5　净化尾气二氧化硫排放情况

时间	2010-7-29	2010-7-30	2010-7-31
二氧化硫/（mg/m³）	416	405	439

3　运行问题

3.1　安全联锁设置不够合理

一套成熟的安全连锁（SIS）系统是装置在开停工和正常生产过程中出现紧急情况时，防止重大事故发生的安全手段。太复杂，不便于操作或者容易产生误动作；太简单，根本起不到保护的效果。20kt/a硫黄回收装置存在的主要的问题是：

1）风机停电联锁使用的是风机运行信号二取二，可正常生产过程中都是会有一台风机处于备用状态，每台风机的运行都为单点测量信号，所以实际此联锁就是一取一，存在电气可靠不够的问题。

当然主风流量信号如果也只为单点测量的话，也存在误报的可能。最理想的情况是主风流量采用双点或者三点测量。此问题已整改为风机运行信号+主风流量低低三取三。

2）"酸性气进装置流量低低"和"酸性气进装置压力低低"原设计中以上两条件选用的是二选一，建议改为二取二来确保装置的运行。正常生产中以上两条件是成正比关系的，所以选二取二更符合平稳安全生产。

3）点火前未设置总的点火条件确认，此项看起来并无太大必要，但在目前装置操作人员越来越少的情况下，越发显得重要起来。在青岛石化公司1999年的引进的装置SIS中，此项设置的非常合理和详细。其中有：反应炉、焚烧炉风机

已开机；各锅炉有最低液位；系统瓦斯压力满足条件；反应炉相关的切断阀（瓦斯、酸性气、空气阀都在关闭位置）；系统此时是一个通畅的系统（从反应炉到烟囱是一个开路）；点火枪在抽出的位置；火检仪检测该炉无火焰。

当然装置联锁的设置是一个非常复杂的问题，对一个问题的修改往往牵一发动全身，所以目前仍然存在的问题还有待于在日后的生产中进一步检验。

3.2　焚烧炉火焰不稳定，抗干扰性差

开工后焚烧炉瓦斯火嘴火焰强度较弱，尾气流量发生波动（酸性气量波动引起），很容易造成焚烧炉灭火（基本上每月都会出现1~2次）。

从看火窗观察，助燃空气、尾气都对火焰稳定性的影响非常，导致火焰发飘。所以对焚烧炉瓦斯火嘴进行了改造，增加稳焰罩，以减少尾气流量波动或者脱硫醇尾气带液对其造成的影响。改造后的效果比较理想，火焰的稳定性增强了，而且使用的瓦斯量也有明显下降，由原来的60m³/h，下降至现在的40m³/h。图1改造后焚烧炉瓦斯喷嘴示意。

3.3　高稳掺合阀阀位异常波动

2010年4月23日4点21分一反温度由241℃突然开始迅速下降，直到5点19分下降到191℃，班上人员将高温掺合阀打开，由原来阀位16.5%一直开到34%才控制住，6点30分一反温度才到240℃。

5月14日开始第一反应器入口温度在其他条

图 1　改造后的焚烧炉瓦斯喷嘴

件未出现变化的前提下，逐渐升高，班组操作人员又只好逐渐关小高温掺和阀，阀位又关回至 21%。上述情况都出现在生产未见任何异常的情况下，车间也反复的同设计、厂家探讨原因，但还没有搞清什么原因。

3.4　反应炉废锅出口温度超标

开工一年左右的时间，反应炉废锅出口至第一硫冷器短管温度开始逐渐上升。在高负荷下温度最高上至 400℃，此时炉膛温度 1250℃，酸性气总量 2200m³。接下来装置还要逐渐进行烧氨，酸性气总量、炉膛温度还会有明显升高，废锅（设计温度 350℃）、管线都存在隐患。根据上述

情况，同时参考国外设计，此段管线内部确实还是非常有必要进行衬里的。

4　结语

青岛石化 200kt/a 硫黄回收及溶剂再生装置在 2010 年一次开车成功，开工后经历过高-低负荷的考验，目前已连续平稳运行 500 余天，各系统运行正常。SO_2 排放大大低于国家标准，产品满足国家标准。下一阶段的工作是在保证装置平稳达标排放的前提下，进一步降低装置能耗，逐步解决装置目前存在的问题，为整个公司挖潜增效作出更大的贡献。

20kt/a 硫黄回收装置技术改进及处理 S Zorb 烟气情况总结

范文豪

（中国石化沧州分公司，河北沧州　061000）

摘　要　介绍了 20kt/a 硫黄回收装置技术改造及将 S Zorb 烟气引入硫黄尾气加氢后的运行情况，根据出现的问题，提出了整改措施。

1 沧炼硫黄回收装置简介

20kt/a 硫黄回收装置 Claus 部分采用两级转化，高温外掺和加热的制硫工艺。制硫燃烧炉采用 AECOMETRIDC 公司生产的强力烧氨火嘴，在大于 1250℃下将酸性气中的氨全部转化为氮气和水。尾气处理部分采用 SCOT 法，硫黄尾气、S Zorb 烟气与富氢气混合经加氢反应器，在钴钼加氢催化剂作用下，尾气中单质硫、二氧化硫被加氢还原为 H_2S，COS、CS_2 被水解转化为 H_2S。尾气中的 H_2S 和 CO_2 被 MDEA 溶液吸收后送到溶剂再生装置，在再生塔内被加热汽提再生，脱出 H_2S 和 CO_2，从再生塔返回到 Claus 系统。再生后贫液返回尾气吸收塔循环使用，经吸收净化后的尾气采用热燃烧，将剩余的微量硫化物转化为 SO_2，由烟囱排放至大气。

2　2010 年装置改造情况

随着沧州分公司原油加工量的提高和原油酸值的不断增加，为满足油品质量升级后炼油尾气综合治理的需要，2010 年检修期间对硫黄回收装置实施扩能升级技术改造，硫黄回收装置由山东三维石化工程有限公司设计，改造后排放尾气 SO_2 浓度为 $550mg/m^3$，满足国家大气污染物综合排放标准（GB 16297—1996）要求。本次实施技术改造主要包括以下内容：

1）更换主燃烧炉鼓风机。采用 160kW 大功率鼓风机替代原 110kW 风机，在 0.06MPa 工作压力下，额定供风量从原 $3600m^3/h$ 提高到 $4800m^3/h$，以满足装置负荷提高后的生产需求。

2）在线仪表进一步完善。新上阿莫泰克公司 880-NSL 型硫黄过程气比值检测仪 1 台，实现精确指导调节燃烧炉配风量；引进西门子 CEMS 烟气 SO_2 连续监测系统，监测数据与环保局实现联网，便于随时掌握尾气达标排放情况；更新了急冷水 pH 值在线分析仪，及时了解急冷水的酸值变化情况，减轻设备腐蚀。

3）新建 40t/h 硫黄尾气溶剂再生装置。新再生装置，采用选择性较好的 CT8-5 硫黄尾气专用配方型脱硫剂进行吸附脱硫，再生后酸性气 H_2S 浓度可达到 50%以上，与原溶剂再生装置酸性气混合后酸性气 H_2S 浓度大于 70%，以满足东丽合资公司二甲基亚砜装置对酸性气原料浓度的要求。

4）尾气排放烟道部分更换。硫黄尾气排放采用框架钢结构烟囱，设计总高为 80m，排气筒径规格由 600mm 增加到 800mm，材质选用 ND 钢。

新上 1 台钢带式硫黄成型机。选用南京三普造粒装备有限公司制造的 CF 型回转钢带式冷凝造粒机，型号为 CF1.5-16.6-3L，生产能力为 6000kg/h，满足装置液硫出厂生产需求。

5）增加自动反冲洗过滤器。装置急冷水循环和贫液净化过滤采用以色列 AMIAD 公司生产的 CTF-S45 全自动冲洗式过滤器。

6）尾气吸收塔内部构件改造。为提高尾气吸收效果，吸收塔增加 1 套液体分布器，塔内金属鲍尔环散堆填料改为波纹板规整填料。

7）由于腐蚀堵塞严重，对尾气加热器进行了更换。

8）酸气燃烧炉配风增加副风流量微调节控制。配合酸气在线仪和过程气比值分析仪投用，燃烧炉配风量可以实现精确调节和自动控制。

9）更换高效催化剂。Claus 反应器内采用 CT6-4B 催化剂，尾气加氢反应器采用低温、耐氧性能良好的 LSH-03 催化剂。

3 装置运行基本参数

装置主要操作条件见表 1。

表 1　20kt/a 硫黄回收装置主要操作条件

项目名称		数据	备　注
酸性气	H_2S 含量/%	94.1	汽提富 NH_3 酸气
	流量/(m^3/h)	780	
	H_2S 含量/%	77.61	再生富 H_2S 酸气
	烃含量/%	1.2	
	温度/℃	43	
	流量/(m^3/h)	2030	
空气	流量/(m^3/h)	4597	酸性气燃烧炉
F-3501	炉膛温度/℃	1278	
E-3501	出口温度/℃	330	制硫废热锅炉
F-3502	炉膛温度/℃	798	尾气焚烧炉
E-3506	出口温度/℃	369	尾气余热锅炉
R-3501	入口温度/℃	226	一级转化器
	上部温度/℃	291	
	中部温度/℃	326	
	下部温度/℃	344	
R-3502	入口温度/℃	195	二级转化器
	上部温度/℃	196	
	中部温度/℃	207	
	下部温度/℃	213	
R-3503	入口温度/℃	244	加氢反应器
	上部温度/℃	294	
	中部温度/℃	308	
	下部温度/℃	287	
FIC-3540	氢气量	350	氢气流量
E-3502A	出口温度/℃	148	一级冷凝器
E-3502B	出口温度/℃	146	二级冷凝器
E-3502C	出口温度/℃	144	三级冷凝器
T-3501	顶部温度/℃	40	尾气急冷塔
	急冷水流量/℃	53	

续表

项目名称		数据	备　注
T-3502	溶剂循环量/℃	40	尾气吸收塔
	尾气氢含量/℃	2.4	
S-3501	排烟温度/℃	262	尾气烟囱
	SO_2 浓度/(mg/m^3)	452	

注：2011 年 3 月采集的各项数据。

4 装置改进及采用新技术情况

近年来，针对装置运行中遇到的问题，通过摸索总结，不断采取技术改进措施，实现了装置稳定高效运行。

1）解决高温掺和阀运行周期短的问题。硫黄联合装置投产初期，高温掺和阀使用寿命约在半年左右，现在通过对阀门结构进行改进，阀芯采用复合材料制作，连续运行周期可达 3a。

2）自制简易硫封实现废锅连续切硫。硫黄酸气燃烧炉废锅出口温度在 320℃ 左右，不断有液硫连续冷凝析出，需定时排污切除硫黄才能保持系统畅通。人工切硫污染环境，损害操作人员身体健康。通过在液硫池内安装简易硫封，废锅出口液硫自动溢流到硫池内，无需现场排放液硫。

3）采用螺杆泵输送液硫新技术。原设计使用 2 台液下式离心泵向成型机输送液硫进行造粒成型。由于工况恶劣，腐蚀严重，泵体故障较多。每次维修都需要拆装夹套管线，动用吊装机具将泵体提升到硫池外部进行检修，很不方便。车间采用螺杆泵在硫池外部输送液硫新技术，通过与制造厂家攻关，投用以来达到预期效果。

4）提高硫黄过程气捕集效果。由于装置负荷增加导致自产 0.3MPa 低压蒸汽过剩，管网压力升高达到 0.4MPa，硫黄尾气捕集效果较差，有时还会引起急冷塔填料积硫堵塞，影响装置正常运行。因此，将硫黄冷凝器产生的过剩低压蒸汽引到溶剂再生装置再生塔重沸器加热使用；同时将尾气捕集器夹套伴热蒸汽压力降低到 0.15MPa，从而提高末级分离的捕集效果。

5 S Zorb 烟气组成及工艺流程

5.1 S Zorb 装置简介

沧州分公司 900kt/a 催化汽油吸附脱硫 S

Zorb 装置于 2010 年 1 月竣工，2010 年 3 月试运成功。S Zorb 装置设计加工量 112t/h，实际加工量为 70t/h，生产负荷为 60%。原料油硫含量为 $(500\sim800)\times10^{-6}$，脱硫后的成品油硫含量最低可达 10×10^{-6}，综合考虑汽油辛烷值损失情况，目前生产控制汽油脱后硫含量 $(30\sim80)\times10^{-6}$。

汽油经吸附剂脱硫成为硫含量较低的清洁汽油，饱和的吸附剂在再生器内发生氧化反应，以脱除吸附剂上的硫，同时使吸附剂上的有效组分镍和锌转变成氧化物的形式，再生器顶部排出的尾气连续送至硫黄回收装置尾气加氢单元回收处理。

5.2　S Zorb 烟气流量及组成

S Zorb 装置尾气为汽油脱硫吸附剂在再生器内发生氧化反应后的烟气，其中主要成分是 SO_2 和 CO_2 以及少量水蒸气，另外还有少许 CO，S Zorb 装置开工后，各项成分实测数据见表 2，实际流量见表 3。

表 2　S Zorb 装置开工后实测数据　　　　　%（体）

时间	SO_2	CO_2	O_2	CO	N_2
07-22T16：24	2.83				
07-25T9：00	1.33	3.29	0.67	0	
07-26T9：00	2.44	2.79	2.07		

表 3　S Zorb 烟气流量操作数据　　　　　m^3/h

时间	输送氮气量（Ⅰ）	输送氮气量（Ⅱ）	流化氮气量	松动、反吹氮气量	再生风量	烟气流量
07-22T15：00	22	108	27	100	343	600
07-23T15：00	25	110	24	98	354	611
07-24T15：00	23	105	28	89	339	584

再生烟气的主要成分为 CO_2、SO_2、N_2，经过计算烟气中 SO_2 流量为 $23m^3/h$，S Zorb 烟气至硫黄回收装置没有流量计，烟气量由输送氮气量，松动、反吹氮气量，再生风量几部分组成，烟气总量约为 $600m^3/h$。

6　引进 S Zorb 烟气后硫黄回收装置运行情况

2010 年 11 月，硫黄回收装置扩能改造后开工，S Zorb 再生烟气切入硫黄尾气加氢单元，装置实现稳定操作，尾气 SO_2 浓度在 $400\sim500mg/m^3$，满足达标排放要求。装置开工初期，按原设计条件 S Zorb 烟气切出硫黄尾气加氢系统氧含量联锁值设定为 2%，但由于 S Zorb 装置吸附剂再生操作配风控制存在一定难度，导致尾气氧含量经常超标达到联锁数值，经过研究将联锁值最终调整为 5%，发现加氢反应器床层温升没有明显变化，可以正常运行。S Zorb 烟气引进加氢单元后主要运行参数见表 1 所示。

7　装置需改进措施

S Zorb 装置烟气在进入硫黄尾气加氢单元之前流程分为两路，一路经控制阀门直接排放到尾气烟囱，一路经过尾气加热器升温进入加氢反应器。在流程切换和联锁操作时，因阀门动作迟滞、卡涩等原因导致两个阀门动作响应时间不同，有时阀门故障开度不能到位，造成上游 S Zorb 装置尾气排放有时会产生憋压，影响装置正常运行。

对此，建议进一步完善改进措施，增加阀门动作状态回讯信号，接入 DCS 操作控制画面，同时对联锁程序进行调整，使其中一组阀门开度到位发出回讯信号，连锁系统再发出关闭另一组阀门的指令信号，避免引起 S Zorb 装置压力波动。

8　催化剂使用情况

针对处理 S Zorb 再生烟气的特点，改造后装置使用齐鲁研究院开发的 LSH-03 低温耐氧性 Claus 尾气加氢催化剂，在 S Zorb 烟气引入尾气加氢系统后，装置运行平稳，该催化剂具有良好的低温加氢和水解活性，适用于 S Zorb 再生烟气和 Claus 尾气的加氢处理。2011 年 1 月 20 日装置标定结果表明：该催化剂很好的满足了 S Zorb 再生烟气引入硫黄回收装置尾气加氢单元的使用要求，净化尾气总硫排放低于国家环保标准。

100kt/a硫黄成型包装装置运行总结

陈剑锋　冯海昌　李建威　王　雁　杨　敏

(中国石化茂名石化分公司)

摘　要　总结了100kt/a硫黄回收装置近2a的安全运行，对于装置的安、稳、长、满、优生产具有重要的指导意义。且用生产标定的办法对装置成型机处理能力、包装机处理能力、产品质量和对环境大气的影响等进行总结、分析和评价，完全符合大气排放标准。

关键词　硫黄回收　成型包装　运行总结

中国石化茂名石化分公司(简称茂名石化)100kt/a硫黄回收装置改扩建工程，是茂名石化炼油产品质量升级重点建设项目之一，由镇海石化工程股份有限公司负责设计。100kt/a硫黄成型包装装置(一期工程)建成投产至今，已安全运行近2a。文章总结了成型包装装置近2a的运行经验，对于以后安、稳、长、满、优生产具有重要的指导意义。

1　硫黄成型包装装置(一期工程)简介

1.1　硫黄成型包装装置简述

100kt/a硫黄回收成型包装装置于2009年9月25日完成中交，于10月28日投产。装置主要产品是粒状硫黄。产品出厂采用铁路运输和公路运输两种方式，其中铁路运输为主。硫黄成型包装装置设计规模为100kt/a，年开工时间为8400h。装置区域包括硫黄成型、硫黄包装和硫黄仓库区域，生产部分由硫黄成型、硫黄包装2个部分组成。硫黄成型部分由3台回转带式冷凝造粒成型机生产，每台机造粒生产能力按6t/h设计；硫黄包装部分是1条自动包装生产线，自动包装码垛生产线生产能力按200kt/a设计，由自动套袋包装、折边缝口、打码、在线检测、码垛5个单元组成。

1.2　硫黄成型包装装置流程简述

硫黄成型包装生产工艺流程见图1。

图1　硫黄成型包装生产工艺流程

1.3　成型机工作原理

回转带式冷凝造粒成型机是利用物料的低熔点特性，对尚处于可流动的热融态物料，依据其不同温度下的黏度变化范围，通过特殊的布料装置，将熔融料快速、均匀地滴落在其下方匀速移动的钢带上。在钢带下设有向上喷淋冷却及回水装置，使均布在钢带上面的热融态物料在被输送至卸料端的过程中，同时得到冷却、固化，从而达到固化及成型的目的。

2　成型装置生产运行总结分析

100kt/a硫黄成型包装装置于2008年10月开工建设，至2009年9月25日建成中交。2009年10月28日上午实现了一次投料生产出合格的食品级硫黄产品，标志着新硫黄成型包装装置一次安全经济开汽成功。经国家质量监督检验总局组织的专家现场监督评审和产品抽样检验，2009年10月31日，该装置生产线通过了食品级硫黄生产的认证，使茂名石化成为全国第四家食品硫黄生产企业。装置投产至2011年7月15日止共安全环保运行650d，生产硫黄114769.95t，其中生产工业硫黄51716.15t，食品添加剂硫黄63053.8t，各项生产技术指标跃上新的台阶。产品质量见表1。

表1　固体硫黄质量　　　　　　　　%

项　目	质量指标
硫	≥99.90
水分	≤0.10
灰分	≤0.03
酸度(以H_2SO_4计)	≤0.003

续表

项　目	质量指标
有机物	≤0.03
砷（As）	≤0.0001
铁（Fe）	≤0.003
筛余物	
孔径 150μm	无
孔径 75μm	≤0.5

注：表中筛余物指标仅用于粉状硫黄。

2.1　成型装置运行优点

1）成型机造粒稳定，下料密封故障率低，有连锁保护系统，操作方便，劳动强度低。

2）成型机造粒系统的参数和成型机冷却水自动调节达到了屏幕监控操作，确保了装置的平稳生产。

3）包装机自动化生产程度高，生产量每班可包装 50kg 硫黄 2200 包，24h 产量可达到 6600 包，共 330t。班组定员为 8 人，人工成本和劳动强度大大降低。

4）仓储系统设计合理，节能环保。仓库与生产现场距离短，可节约叉车用生产柴油和降低叉车故障。仓库有自然采光系统和自然通风系统，节能环保。

2.2　成型装置运行存在问题及整改措施

硫黄成型包装装置投产运行以来，暴露出许多问题，还存在一些不足，影响着装置长周期运行。

1）没有设置液体硫黄罐。因装置用地面积的受限，没有设置液体硫黄罐。当设备出现故障时就可能造成后路不通，影响整个硫黄回收装置的运行，而且，当液硫黄管线出现故障时，则会导致硫黄回收装置的停工。主要措施是：平衡新、旧硫黄回收装置酸性气量负荷，或者增设新、旧硫黄回收装置装置液硫联通管线。

2）成型机和皮带输送系统粉尘大，对环境影响大。成型机抽风系统没有除尘器，直接厂房楼顶排放，而皮带输送系统没有密封和粉尘系统，对工作环境影响大。主要的改进措施：设计增加成型机和皮带输送系统粉尘除尘器；皮带输送系统密封处理。

3）仓库内地坪采用不发火水泥地坪，容易产生粉尘，将在 2012 年 11 月前对仓库内地坪铺设环氧树脂，降低粉尘对空气的影响。

4）只有 1 台包装码垛机生产，若出现故障时，处理时间过长会造成硫黄回收装置的停工。改进措施是增设 1 条包装生产线，增加包装码垛机。

5）硫黄倒串伴热蒸汽线，造成伴热失效和硫黄管线堵塞。2009 年 11 月 24 日，成型机公用过滤器出口波形补偿器破裂，造成硫黄倒串伴热蒸汽线，造成伴热失效，导致本装置硫黄进料管线堵和上游装置冷凝水回收系统硫黄堵塞管线失效，装置停工抢修 6d。分析原因是由于设计时上游装置没有流量自动控制装置，生产时容易造成压力波动较大，对厚度为 2mm 波纹管造成损坏，而导致硫黄串入蒸汽系统。主要的改进措施：将在新 10 万 t/a 硫黄回收装置二期工程新增加一条循环管线，在液硫主管线与硫坑之间建立循环系统，使液硫以稳定的压力进入成型机；将波形补偿器伴热系统独立，蒸汽进口安装单向阀，出口安装疏水阀管沟排放，防止波形补偿器内漏造成硫黄串入蒸汽系统。

6）成型机钢带冷却系统能力不足，造成包装机连续生产能力不强和计量准确度低。自 2009 年 10 月 28 日开汽到 2010 年 10 月 21 日 1a 间，包装机下料不畅，包装机连续生产能力不强和计量准确度低。主要原因：冷却水回水管路阻力大，造成成型机钢带冷却系统排水不畅通，冷却水流量偏少，使料状硫黄成型后温度偏高，料仓停留后硫黄之间黏结，对包装机下料和计量造成很大的影响。主要的改进措施：将冷却水回水管浸入水池部分切断，减少气阻；成型机钢带表面增加冷却风扇；料仓和下料斗增加空气锤，防止硫黄之间黏结影响下料。该措施已实施取得很好的效果。

7）钢带开裂。2010 年 9 月份，3 台成型机边缘出现裂纹，但钢带没有出现变型现象。但到 2011 年 7 月，每条钢带边缘出现 1~2mm 裂纹几百条。原因：成型机 24h 生产，生产量过大，钢带疲劳开裂。主要的改进措施：3 台成型机要根据产量而轮换生产，使设备有时间得到合理"休息"；设计考虑增加成型机，防止成型机超负荷工作；保证冷却系统喷头畅通，防止钢带表面温差过大；采用高质量钢带。

8）成型机下料造粒不稳定，造粒效果差。

成型机造粒系统造粒不均匀，出现部份小片状硫黄，造成包装时体积增大，影响下料和计量。主要原因：上游装置硫黄杂质多，对成型机机头造粒喷头和下料分布条堵塞；机头伴热系统温度过高，造成喷头垫片失效。落实主要的改进措施：及时清理、更换进料过滤网；及时清理喷头和下料分布条；及时更换失效的喷头垫片；严格控制上游装置硫坑液位，当液位低于30%时，成型机停止生产，防止硫坑底部杂质抽起堵塞造粒喷头和下料分布条；控制好机头造粒系统伴热温度，温度控制135~145℃之间。

9）高空阀门没有设置操作平台，给正常操作和检维修工作带来很大的安全隐患。主要的改进措施：设计考虑设置高空操作平台；增加一组排凝疏水系统，将阀门引到地下，方便操作和检查。

3 结论

1）成型机处理能力。经测试得知，成型机在液硫总管压力为0.7MPa，布料器温度为140℃时的造粒效果较为理想。就实际生产情况来看，平常生产只需开2台成型机就能满足液硫的生产处理，如遇到上游装置加大酸气处理量，则全开3台成型机也能保持硫坑的正常液位，因此3台成型机的处理量能满足生产需求。

2）包装机处理能力。采取标定办法测定包装机的最大包装量为288t/d，最低包装量为252t/d，包装机的平均处理能力为15.5t/h。能满足成型机满负荷的生产要求。

3）产品质量。连续3d对硫黄产品进行采样分析，通过分析数据与质量指标对比，硫黄产品分析结果全部符合质量指标要求，其中硫黄纯度能达到99.99%。

600kt/a 酸性水汽提装置改造及运行分析

吕忠波

(中国石化青岛石油化工有限责任公司)

摘　要　分析了青岛石油化工有限公司污水汽提装置改造后，尤其是延迟焦化装置开工后的运行情况，并针对存在问题，提出相应技术改进措施。

关键词　酸性水　注碱　固定铵　焦粉

随着企业加工规模的扩大及新建装置的投产，含硫污水量大幅度增加。同时，酸性水中硫化氢、氨含量大幅提高。原酸性水汽提装置的设计能力为 45.5t/h，原设计的原料水浓度较低，现已不适应污水的处理要求。故在 2009 年全公司改造中原有装置进行扩能改造，使其处理能力增加至 80t/h。

1　装置改造的主要内容

1.1　生产流程更改简述

结合改造前装置实际的运行情况，本次改造对原有流程进行适当调整。在原有流程中，第二级分凝液的冷却器是循环水换热，因为在实际生产中此换热器的管程（循环水）多次发生结垢堵塞，所以此次改造将此换热器改为原料水一级加热器。从目前的运行效果来看，基本上达到了预期的效果，既解决了二级冷却器堵塞的问题，又保证了热进料的进料温度。图 1 为改造后工艺流程示意图。

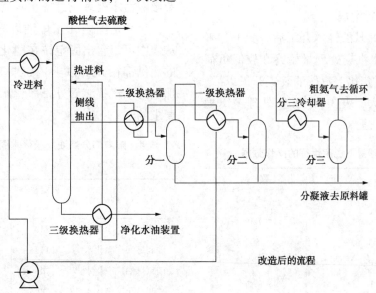

图 1　改造后工艺流程示意

重沸器流程调整：原重沸器换热面积不够，故新增一台重沸器，采用两台重沸器并联控制。控制方案更改：改原控制蒸汽流量为控制凝结水流量。

1.2　塔的改造

在本次改造中，在不改变塔径的前提下，只对塔盘进行扩能改造，经过计算可以满足生产需要。具体改造的内容如表 1。

表1　汽提塔改造内容

项　目	开孔率/%	降液管总面积与塔的截面积比	出口堰高/mm	塔盘开孔/个
1~16层（原）	4.5	22.7	50	38
17~49层（原）	8	16.5	50	160
1~16层（改造）	5.53	22.7	20	71
17~49层（改造）	13.37	16.5	30	224

1.3　工艺管线

对部分工艺管线也进行了更换，更换内容见表2。

表2　工艺管线更换情况

管道名称	尺寸/mm	备　注
原料水进	直径换为100	管道流速为3.78m/s，大于要求值3m/s
侧线气出	直径扩大到350	侧线气流速为20.7m/s，大于要求值15m/s
二级分凝器气相	直径扩大到150	管道气流速为22.1m/s，大于要求值15m/s
粗氨气出	直径扩大到150	管道气流速为15.26m/s，大于要求值15m/s

2　开工情况

2.1　满负荷运行情况

2009年11月18日酸性水开工后，受上游来水量的影响，酸性水汽提处理量始终在较低负荷下运行。12月28日焦化、汽柴油装置开工以后，含硫污水量明显增大，表3为80t/h处理量下稳定的运行后的操作数据。

表3　80t/h处理量下稳定运行的操作数据

项　目	数据
冷进料/t	13.54
热进料/t	67.04
总进料/(t/h)	80
蒸汽压力/MPa	0.6
重沸器A/(t/h)	8.5
重沸器B/(t/h)	5.4
凝结水/(t/h)	14.53
塔顶温度/℃	43.6
第1段填料温度/℃	48.8
第2段调料温度/℃	49
第1层塔盘温度/℃	95.4

续表

项　目	数据
第5层塔盘温度/℃	129
第11层塔盘温度/℃	142
第17层塔盘温度/℃	148
第33层塔盘温度/℃	155
塔底温度/℃	159
塔顶压力/MPa	0.42
分一压力/MPa	0.39
分二压力/MPa	0.31
分三压力/MPa	0.16
分一液位占总液位的百分数/%	9.88
分二液位占总液位的百分数/%	3.93
分三液位占总液位的百分数/%	0.5

2.2　汽提塔注碱工艺的应用

2.2.1　工艺简介

加氢、制氢、常减压产生的酸性水，氨氮大部分以游离氨（NH_3）的形式存在，在汽提过程中容易去除。而重整、催化、焦化产生的酸性水，其中除有游离氨以外，还有相当一部分氨氮是以铵盐形式存在，这部分氨氮在汽提过程中很难去除，使净化水中氨氮偏高。影响净化水回用质量及影响污水处理场总排水氨氮超标。

表4是国内几家炼油厂净化水的分析数据，从表中可以看出固定铵在净化水中总氨氮中所占的比例都在60%以上，如果不采取有限的手段，那么污水汽提装置外排净化水是不可能满足环保要求的[1]。

表4　国内部分炼油厂净化水固定铵及氨氮的含量

名　称	固定铵/(mg/L)	氨氮/(mg/L)	固定铵所占比例/%
锦州炼油厂净化水	240	370	64
胜利炼油厂净化水	112	124	89
南京炼油厂净化水	78	100	78
广州石化厂净化水	57	71	81

通过对酸性水中形态铵进行分析，在酸性水溶液中，H_2S、CO_2 和 NH_3 是以硫化氢铵（NH_3·HS）、碳酸氢铵（NH_4HCO_3）的状态存在的，是一种弱酸和弱碱的盐。在这种溶液中进行水解，形成游离的 NH_3 和游离 H_2S、CO_2。液相中的 NH_3、

H_2S、CO_2 是挥发性组分，用蒸汽或加入另外介质来降低这些组分的分压就可以把 NH_3、H_2S、

$$NH_4^+HS^-(NH_4HS)+H_2O \Longrightarrow NH_3+H_2S+H_2O(液) \Longrightarrow NH_3+H_2S+H_2O(气)$$

$$NH_4^++HCO_3^-(NH_4HCO_3) \Longrightarrow NH_3+CO_2+H_2O(液) \Longrightarrow NH_3+CO_2+H_2O(气)$$

提高汽提蒸汽量和增加汽提塔塔板数可降低汽提塔底出水即净化水中氨的浓度，但氨的降低是有限的。耗费大量的蒸汽也无法将净化水中的氨浓度降到 30mg/L 以下。主要酸性水中有 SO_3^{2-}、$S_2O_3^{2-}$、CH_3COO^-、HSO_3^-、CN^- 等强酸或弱酸的阴离子存在，这就促使 NH_4^+ 被固定成铵盐，而单靠增加汽提深度是无法将其脱除。

由于在酸性水中存在着上述的 NH_4^+ 离解反应，在汽提过程中通过 pH 值（OH^-），促使该反应向形成游离氨的方向进行，即：$NH_4^++OH^- \Longrightarrow NH_3+H_2O$。这样，在汽提过程中，固定铵基本上

CO_2 来溶液中转入到气相。对 $NH_3-H_2S-CO_2-H_2O$ 四元体系的汽提过程用以下反应式表示：

都可以脱除。

2.2.2 具体实施及效果

酸性水装置开 2009 年 11 月 18 日开工后，生产基本正常，净化水中的氨氮平均在 $31×10^{-6}$，而到了 4 月时的净化水中氨氮已经上升为 $72×10^{-6}$。

焦化装置 3 月份开工后从化验数据上看，原料水中的氨氮从 3 月开始直线上升。装置操作也及时根据此进行调整。但净化水中的氨氮始终在较高浓度下波动，可以说水质在接收焦化污水后突然间恶劣起来，结果如图 2 所示。

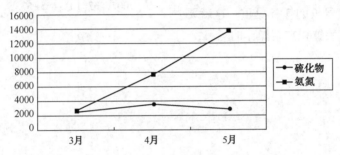

图 2 原料水氨氮、硫化物 3~5 月变化趋势

因此，车间决定投用汽提塔注碱，经过反复的调整，取得了良好的效果。从图 3 可以看出投用前后净化水数据对比，4 月份氨氮平均为 $72×10^{-6}$，硫化物为 $39.8×10^{-6}$；5 月份氨氮平均为 $52.8×10^{-6}$，硫化物为 $25.7×10^{-6}$。

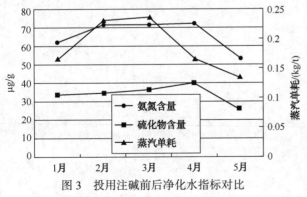

图 3 投用注碱前后净化水指标对比

3 存在的问题及措施

3.1 净化水外排能力有限

净化水地下排污管线（$DN150$）过细，80t/h

以上时，排水管能力有限无法正常外排，尤其是上游回用净化水的装置减少使用量时，装置目前的净化水去污水处理场的管线明显不够用。

3.2 含硫污水管网偏小

全厂含硫污水管网为 $DN200$ 管线，正常情况下各装置外送酸性水没有问题，但当焦化装置开始集中外送冷焦水等非连续外送的含硫污水时，部分装置外送就会憋压。

3.3 焦化污水带碳粉

焦化装置开工后，尽管还没有出现像其他炼油厂由于焦粉堵塞塔盘、重沸器，导致停工的情况。但是原料水携带焦粉严重，塔底净化水第一组换热器已经改跨线；汽提塔塔盘压降增加；塔底重沸器结垢，加热效果下降。短时停止进料新鲜水加热冲洗 12h 后，可以勉强继续生产。图 4 是被焦粉堵塞的塔盘和换热器示意图。

3.4 焦化污水中固定铵含量较高

投用注碱后，注碱量、注碱浓度都在逐渐上

图 4　被焦粉堵塞的塔盘和换热器示意

升，从一开始加入 5% 的 NaOH，到现在直接加注 30% 的浓碱才能保证产品合格。造成很大的辅材消耗，车间也考虑在 2012 年的大检修中，使用液态烃碱渣来代替新鲜碱液。

4　结语

随着城市的发展，原来地处郊区的炼油厂都逐渐进入了市区范围内，炼油厂的环保压力越来越大，酸性水汽提装置肩负的任务更重，这就要求改变以往对于酸性水装置粗放型操作的陋习，加强装置的日常管理和技术提高，以便使酸性水汽提装置得以安全、平稳、达标运行。

参 考 文 献

[1] 郑慧珍，孙秋荣. 注碱脱铵在污水汽提装置的应用 [J]. 化工环保，2003，4，第 23 卷 (2)：92-96.
[2] 刘春燕，张江东. 炼厂酸性水单塔加压汽提侧线抽氨及氨精制装置工艺设计 [J]. 炼油技术与工程，2007，37 (10)：55-57.

200kt/a硫黄回收装置运行优化

曹生伟　逯敬一　蒲涂伟　李军强

（中国石化中原油田普光分公司）

摘　要　针对中国石化中原油田普光分公司高含硫净化装置200kt/a硫黄回收装置开工及生产运行中出现的问题，对装置运行进行了优化，节约了大量开工及运行成本，实现了装置开工及运行期间事故率为"0"及环保生产的目标。

关键词　硫黄回收　尾气处理　运行　优化　联锁

中国石化中原油田普光分公司天然气净化厂（简称普光净化厂）是国内首座百亿方级高酸性天然气净化工程，是川气东送工程的核心组成部分。普光净化厂共有联合装置6套，每套联合装置分2个系列，每套联合装置包括2个脱硫、2个硫黄、2个尾气及脱水、酸水汽提8个单元。

1　工艺流程简述

来自天然气脱硫单元的酸性气进入酸气分液罐进行分液后，进入Claus反应炉。在燃烧器及反应炉内，部分H_2S与O_2反应生成SO_2，生成的SO_2与H_2S继续反应生成S_x。Claus反应为放热反应，高温过程气进入与反应炉直接相连的余热锅炉，在锅炉中回收余热产生中压饱和蒸汽。液硫经过一级硫冷器被冷凝后经一级硫封罐送入液硫池，未反应的H_2S经蒸汽加热后进入一级Claus转化器中。转化器内装有大孔隙率的活性氧化铝催化剂，过程气在催化剂作用下继续发生反应生成S_x，然后经过二级硫冷器被冷凝后送入液硫池。过程气被加热到211℃后进入二级Claus转化器，与催化剂接触发生反应，生成的液硫经末级硫冷器后送入液硫池。

硫黄回收单元设置有液硫流动系统和脱气单元。液硫自各级硫冷器重力自流至液硫池，在池内通过BV的专利MAGR脱气工艺将液硫中的H_2S脱除至$10×10^{-6}$以下。在MAGR脱气工艺中液硫在液硫池的不同分区中循环流动，并通过一、二级喷射器进行机械搅动，溶解在液硫中的H_2S释放到气体中并由抽空器送入尾气焚烧炉。

设计规模为200kt/a液硫产品，操作弹性30%~130%，硫回收率为93%~95%。

2　主要工艺特点

装置采用二级常规Claus工艺，直流法硫回收净化工艺，保证装置有稳定的较高的硫回收率。

在末级硫冷凝器出口设置H_2S/SO_2比值分析仪，并根据二级Claus尾气中H_2S/SO_2的比例值，调节空气/酸性气控制回路中的空气量，使尾气中的H_2S/SO_2比值达到4比1。反应炉采用进口高强度专用烧嘴，同时使装置具有较大的操作弹性。地下液硫储槽，内贴防酸耐热磁砖，内置蒸汽加热盘管，外置保温性能和抗腐蚀性能良好的保温层，减少散热损失保证长周期运行。对反应炉采用联锁保护，对炉温、炉压、酸气分液罐、废锅液面等重要参数采取多点测量，三取二检测方式，极大地提高仪表的可靠性，保证了装置的安全运行。

3　装置运行优化措施

联合装置硫黄单元自2009年10月开工以来，经过实践检验，各项工艺指标基本达到设计指标，但仍有不足之处需优化。

3.1　增加热启动程序

硫黄单元Claus炉正常点炉程序分4个步骤：氮气吹扫、点长明灯、点主燃料气、引酸气。在硫黄单元冷态开工过程中，按此程序点Claus炉是没有问题的，但此程序在硫黄单元热态恢复生产时，显出以下不足：①是按正常点炉程序点炉，需花费时间较长；②长明灯因其长时间未使用，不能保证及时有效点燃；③在点主燃料气时，因硫黄单元未除硫，对主燃料气流量要求800m³/h以上，为降低炉温，需通入降温蒸汽，配风时只能次氧燃烧，控制较复杂。

以上不足使 Claus 炉恢复时间长达2h以上，造成整个硫黄单元恢复生产时间长达3~4h。为缩短硫黄单元生产恢复的时间，车间技术人员与仪表人员配合，实行模拟点炉的方法，将酸气在炉温800℃以上时直接引入，但此方法受仪表现场操作人员的技术水平约束，车间操作工不能直接操作。为根本解决此问题，对 Claus 炉点炉程序进行修正，增加 Claus 炉热启动程序，在 Claus 炉炉温800℃以上，15min 内可启动热启动程序，可直接引入酸性气，恢复硫黄单元生产。

增加 Claus 炉热启动程序后，首先缩短了Claus 单元恢复生产的时间，恢复生产时间降为45min 以内，最短时间只有20min；其次简化了程序。联合装置内操即可启动此程序，大大降低了技术复杂性；最后，由于 Claus 单元的即时恢复生产，大大降低了脱硫单元的酸气放火炬量，甚至可达到酸气零排放。

3.2　解决了 Claus 炉长明灯积硫问题

Claus 炉在正常运行时，由于炉温达1150℃，为避免长明灯损坏，在900℃以前，长明灯需要退出。但当需要启用时，长明灯无法及时有效点燃，检查后发现长明灯有积硫现象，造成燃料气喷嘴堵塞。分析原因是因长明灯在停用后无介质通过，造成积硫现象的发生。对 Claus 炉长明灯增加氮气线，在长明灯停用后，保证燃料气管线有氮气通过。通过生产实际检验，有效解决了Claus 炉长明灯积硫问题。

3.3　大型硫封问题的处理

普光净化厂联合装置 Claus 单元硫封在运行过程中能够基本满足运行要求，但大型硫封也暴露出了一些问题。在开工时容易发生堵塞问题；在运行过程中三级硫封也容易发生堵塞现象。

通过对开工时硫封堵塞现象的观察，发现堵塞部位在硫封底部，对堵塞介质取样，发现大部分是凝固的液硫，且中间夹杂黑色颗粒物，说明液硫中含有杂质，但主要原因是硫封热负荷不足，液硫流动性变差，造成硫封堵塞。

在对生产运行中三级硫封堵塞现象观察，发现是三级硫冷凝器产硫量小，三级硫封过液硫量自然就小，积聚在液硫封底部的杂质无法通过液硫带出，且在硫黄装置负荷调整时，三级硫封液硫会出现短时间断流现象，加上伴热本身热负荷不足，使三级硫封在生产运行中出现堵塞现象。

为保证 Claus 单元的正常生产，保证硫封的安全运行，对硫封的操作进行了优化，对硫封及液硫流程进行了改造。具体措施如下：

1) 首先对硫封基座进行了处理，对漏水的防水基座进行了封堵；对硫封伴热进行了优化，提高硫封的整体伴热温度，保证液硫流淌通畅。

2) 对开工时硫封建立操作进行了优化，硫封建立时间根据 Claus 单元负荷调整，在打开入硫封的蝶阀时，保证液硫无溢出情况下，硫封入口阀尽量保持开大，以大流量液硫带出开工初期可能存在的杂质，防止在硫封内积聚。

3) 对入三级硫封的液硫流程进行了改造，增加了一条旁路排空线，以解决在三级硫封出现堵塞时造成硫黄单元系统压力升高。

4) 对硫封本体进行改造，在硫封顶部增加氮气吹扫流程，在 Claus 单元停工时，将硫封中的液硫尽量通过氮气压出，减少停留在硫封中的液硫量，且在用氮气吹出硫封中的液硫时，由于氮气压力高，可将硫封底部部分杂质带出，防止杂质积聚。同时可防止液硫中的酸性气体逸出，在硫封中聚集，减小硫封的腐蚀。

通过以上措施的优化及改造，普光净化厂联合装置 Claus 单元36台硫封在开工或生产运行中，硫封运行正常，未发生硫封堵塞现象，通过操作优化及技术改造，有效解决了普光净化厂大型硫封的堵塞问题。

3.4　尾气 SO_2 排放控制优化

在联合装置运行过程中，尾气过程气 SO_2 排放由正常时的100~300mg/m³缓慢上涨至600~700mg/m³，虽然未超过960mg/m³，但此数据的异常上涨，对整个尾气焚烧炉的长周期运行造成一定影响。因此，为控制 SO_2 排放，对流程进行了改造优化：

1) 对尾气旁通阀 XV-31007B 伴热进行了改造，将原伴热0.4MPa 低压蒸汽改用3.5MPa 中压饱和蒸汽,解决因伴热负荷不足造成硫黄析出,引起阀门卡塞无法完全关闭;对尾气旁通阀XV-31007B前反吹氮气量进行了优化,控制反吹氮气量50m³/h,既满足了反吹效果,又降低了能耗。

2) 对液硫池抽射器操作进行了优化,当尾气SO₂排放数据如表1时,可基本确认是Claus单元液硫抽射器(EJ-301)造成的。检查EJ-301进出口管线夹套伴热,确认伴热温度正常,各伴热疏水正常。对液EJ-301进行蒸汽吹扫。为保证吹扫效果,要求控制吹扫蒸汽量1~1.5t/h,吹扫分成正吹扫和反吹扫两步,以保证整个流程吹扫干净。

表1 影响SO₂排放含量的主要因素的数据分析

项 目	闪蒸气量/m³	尾气吸收塔出口H₂S含量/10⁶	尾气单元烟囱入口SO₂含量/(mg/m³)
正常生产时在线仪表数据	623	157	325
	536	164	358
	584	175	361
尾气排放指标偏高时在线仪表数据	512	205	624
	572	189	780
	545	133	650

3) 对尾气吸收塔操作进行了优化,提高吸收塔压力,提高胺液再生效果,调整吸收塔胺液循环量。

通过以上操作优化,尾气SO₂排放控制在350mg/m³左右,大大低于设计指标,为联合装置的节能减排提供了技术支持

4 结语

高含硫普光净化厂硫黄回收装置Claus优化运行后,成功解决了装置恢复生产及运行中存在的问题,且运行经验在后续装置中的成功运用,节约了大量开工及运行成本,对装置恢复生产及生运行工作,实现装置为"0"及环保生产的目标。

硫黄回收及尾气吸收装置工艺优化

赵景峰　仇芝勇　李　杏　张苏猛

（中国石化中原油田普光分公司）

摘　要　总结了普光天然气净化厂自投产以来对硫黄回收工艺进行的各种优化措施，提高了整个工艺的安全平稳性和硫黄回收率，达到了节能减排的目的，有助于硫黄回收及尾气处理工艺流程的深入开发和研究。

关键词　天然气　高含硫　净化　硫黄回收　尾气处理

1　工艺流程

中国石油中原油田普光天然气净化厂（简称普光净化厂）硫黄回收装置采用 Claus+SCOT 尾气处理工艺，总硫回收率高达 99.93%（其中 Claus 部分为 93.6%，SCOT 部分为 6.3%），共有 12 套装置，每套装置每年硫回收量为 200kt。Claus 部分和 SCOT 部分工艺流程分别见图 1、图 2。

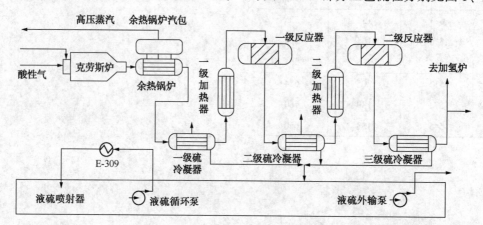

图 1　硫黄回收单元流程

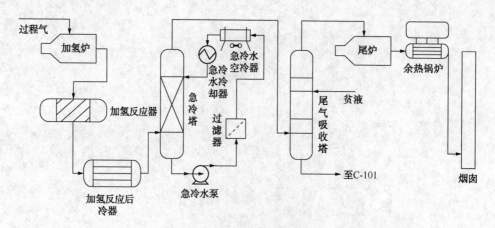

图 2　尾气处理单元流程

2 优化运行技术策略

2.1 原料控制

普光净化厂酸性气量大且不稳定、酸性气中硫化物及烃类浓度变化较大。因此，要严格按照工艺卡片指标操作，控制好冷热进料比、稳定再生塔顶压力、再生塔的整体温度梯度，同时，结合化验分析结果，及时调整操作，保证脱硫单元酸性气各项指标合格，并保持酸性气流量与组成稳定。再生酸性气的组成取决于脱硫单元的运行情况。如果脱硫单元运行不平稳或出现波动，原料酸性气中就会带来大量的烃类、二氧化碳，这些组分的存在降低了原料气中硫化氢的浓度，增加 Claus 副反应，干扰主要硫生成反应的进行，降低硫黄回收装置的硫转化率，同时也可能造成管线堵塞等危害。因此，在生产中要加强脱硫单元的平稳及原料天然气处理量的稳定，避免因操作波动造成酸性气组成的大幅波动。酸性气中 H_2S 含量直接影响到装置的硫回收率，见表 1。

表 1 酸性气中 H_2S 含量与硫回收率的关系

H_2S 体积分数/%	16	24	58	93
硫回收率/%	93.68	94.20	95.0	95.9

2.2 工艺操作条件优化

2.2.1 控制燃烧炉温度

Claus 反应可大致分为热反应阶段和催化反应阶段两部分。在热反应阶段，提高温度对化学平衡有利；在催化反应阶段降低温度对化学平衡有利，但为了保证有机硫水解，一级催化反应器宜适当提高反应温度，缩短反应达到平衡转化率的时间，从而提高转化率。Claus 反应炉在 600～1000℃时易产生 CS 和 COS，因此，根据酸性气组成及配风条件，将 Claus 反应炉温度控制在 1000～1100℃，以尽量减少 CS 和 COS 的生成，提高炉内酸性气的转化率。

2.2.2 控制燃烧炉内酸性气流速

由于普光净化厂酸性气量大且不稳定，而实践表明，酸性气在炉内的停留时间与转化率存在一定关系，通过控制硫黄单元至尾气单元的调节阀开度，保证酸性气在反应炉内的停留时间，使得硫黄回收率得以提高，停留时间与转化率的关系见图 3。

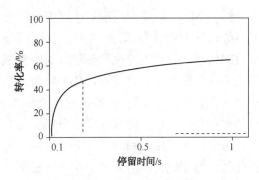

图 3 炉转化率与停留时间的关系

2.2.3 优化配风比

稳定 H_2S 与 SO_2 的比值，配风比为入炉酸性气总量与空气量之比。通过调节配风比来控制反应产物中 H_2S/SO_2 的比值。当过程气中 H_2S 与 SO_2 的体积比为 2 时，Claus 反应的平衡转化率最高。在装置设计时，除了设置空气和酸性气流量比例控制（主调）外，还要考虑到酸性气组成的变化对 H_2S 与 SO_2 比例的影响。在捕集器后安装在线分析仪，通过在线分析，得到尾气中 H_2S 与 SO_2 的含量，得出比值情况，通过调整配风比，尽可能实现 H_2S 与 SO_2 体积比为 2 的要求。

2.2.4 控制反应器入口温度

Claus 催化反应是放热反应，因此反应器床层有一定的温升。设计一级反应器平均床层温升为 75℃，二级反应器平均床层温升为 20℃。反应器床层的温升标志着硫元素催化转化的程度。一般来说，温升正常，说明发生催化转化效果较好，硫回收率高，反之硫回收率低。在正常操作中，一旦发现床层温升较低，应及时调整反应器入口加热器调节阀开度，提高反应器入口温度，保持床层有较高的温升，以获得高的硫回收率。

2.2.5 Claus 催化剂的控制

国内硫黄装置使用的催化剂主要有氧化钛催化剂和铝基催化剂（活性氧化铝催化剂、添加助剂的氧化铝催化剂），普光净化厂硫黄回收装置使用的是活性氧化铝催化剂。

在生产过程中，硫蒸气被吸附在催化剂表面活性中心上，表面活性中心会被硫覆盖或占据，导致催化剂活性下降，催化剂床层温升变小、反应器床层阻力变大，制硫炉前背压上升、转化率下降，特别是有机硫水解率明显下降。可以采取将反应器入口按 20～30℃/h 升温，一级反应器床层控制在 350℃左右，二级反应器控制在 330℃

左右，恒温 24 h，以除去反应器床层中的积硫。

当酸性气中烃含量超过 4% 时，在配风比调整滞后的情况下，烃不能完全燃烧，就会生成焦炭和焦油状含碳物质，容易被催化剂吸附并沉积在一级反应器床层顶部。若沉积的焦炭量太大，将会延伸到整个床层，之后床层温升变小、反应器床层阻力变大，制硫炉前背压上升，经常会生成黑硫黄，影响硫黄产品质量。如无法保证产品质量时，采取烧炭操作，首先进行正常停工前的床层除硫，然后再进行烧炭。烧炭要严格控制氧含量，控制好床层温度，防止床层温度升高太快而导致超温。

2.2.6 控制夹套伴热温度

液态硫在温度达到 159℃ 以前主要以 S_λ 和 S_π 的形式存在，温度达到 159℃ 以后开始变成 S_μ，随着温度的继续升高，S_μ 含量增加。在 120℃ 时液态硫的动力黏度约为 11mPa·s，在 157℃ 时下降到 7.6mPa·s；之后开始上升，160℃ 时达到 30mPa·s，187℃ 时达到 93000mPa·s；之后又下降较快，在 306℃ 时，动力黏度为 2000mPa·s。由于硫黄物性的特殊性，从冷凝冷却器出口开始全程夹套伴热，防止液硫凝固堵塞管线，造成后路不畅。夹套伴热温度控制在 155~160℃，既防止过程气露点腐蚀，又保证液态硫在最小的黏度下流动，防止系统积硫堵塞。

2.2.7 加氢催化剂的控制

C-234 催化剂是标准催化剂公司针对尾气处理工艺开发的尾气加氢专用低温催化剂。在加氢反应部分中，Claus 尾气所含的 SO_2 和单质硫与还原性气体（H_2+CO）在 C-234 催化剂的作用下反应，全部转化为 H_2S，反应为放热反应，反应后加氢反应器的温升约为 30℃。

较低的操作温度，COS 和 CS_2 的水解平衡温度也较低。然而较低的温度反应速度也较慢，因此随着装置运转或误操作，催化剂活性会降低，这就需要提高反应温度来弥补。

反应器出口的氢含量为 1% 或更低时，仍具有良好的效果。但建议控制较高的氢含量（为 3% 以上），这样一旦装置出现小的波动时，尾气中的 SO_2 和单质硫含量上升时，确保有足够的氢气来还原这些物质。当空气/燃料气的比值高于 90% 时，会有一定量的氧气进入催化剂床层，在催化剂表面形成硫酸盐，导致催化剂活性降低，且不可逆。较低的空气/燃料气比，会导致结焦，这些小颗粒的焦粉会堵塞催化剂的孔道，从而降低催化剂活性。大量的烟灰会最终堵塞催化剂床层，使得催化剂床层压降上升，最终会导致整个装置停工。为了优化空气/燃料气的比例，应对燃料气和空气流量压力和温度间断进行校正。空气/燃料气比值应控制在 70%~90% 之间。

2.2.8 尾气的吸收

尾气离开急冷塔顶后进入尾气吸收塔，尾气中的 H_2S 气体在塔中几乎全部被贫液吸收，吸收塔顶经净化的尾气 H_2S 含量低于 250×10^{-6}，CO_2 含量约为 20%，然后自压进入尾气焚烧炉。离开尾气吸收塔的半富液自吸收塔底用半富液泵送至天然气脱硫主吸收塔，进一步吸收酸性天然气中所含的酸性气体。

在尾气工艺中为维持经过尾气吸收塔后的尾气达标，对尾气吸收塔胺液循环量控制是有必要的。将尾气吸收塔胺液循环量维持在 280~300t/h，同样可以达到较好的吸收效果，还可控制尾气中 CO_2 的吸收，减少对胺液再生系统的负荷影响。

3 优化运行效果分析

硫黄回收装置总硫回收率受到多种因素的影响，有时往往几个条件互相作用，抑制反应向正反应方向进行，不可避免地会引起硫回收率的损失，实际的硫回收率要比设计值低。

通过采取上述原料控制、工艺操作条件优化等技术措施，普光净化厂硫黄回收装置总硫回收率达到了 99.93%，实现了装置开工总硫回收率一直保持在先进水平。

4 结语

硫黄回收装置承担着天然气净化过程硫平衡、确保含硫污染物达标排放、减少环境污染的任务，是企业正常运行不可缺少的环保装置。普光天然气净化厂硫黄回收装置通过实施优化运行方案，总硫回收率、产品质量、操作平稳率、催化剂性能等都得到了大幅度提高，为装置安全、平稳、经济、长周期运行奠定了基础。

参 考 文 献

[1] 王开岳. 天然气净化工艺[M]. 北京：石油工业出版社，2005：282-351.

[2] 何生厚. 高含硫化氢和二氧化碳天然气田开发工程技术[M]. 北京：石油工业出版社，2008. 315-400.

[3] 游少辉. 硫黄回收装置的工艺优化[D]. 天津：天津大学，2005.

[4] 肖生科. 硫黄回收提高总硫回收率的技术对策[J].
天然气与石油，2009，27(3)：35-36.

[5] 胡文宾，张义玲，唐昭睁. 影响硫黄回收装置回收的主要因素[J]. 石油化工与环境保护，2002，25(1)：32-34.

[6] 吕岳琴. 高含硫天然气硫黄回收及尾气处理工艺技术[J]. 天然气工业，2003，23(3)：95-97.

[7] 中国石油化工集团公司人事部，中国石油天然气集团公司人事服务中心. 硫黄回收装置操作工[M]. 北京：中国石化出版社，2008：1-76.

HAZOP 分析在硫回收联合装置中的应用

王占顶

(中国石化洛阳工程有限公司)

摘　要　介绍了工艺过程危险性与可操作性分析(HAZOP)程序。根据 HAZOP 原理, 分析了硫回收联合装置工艺过程中有意义的偏差、偏差发生的原因, 可能导致的后果, 并提出相应的措施。

关键词　HAZOP 分析　硫回收　应用

危险性与可操作性分析(HAZOP, Hazard and Operability study)是以系统工程为基础的一种可用于定性分析或定量评价的危险性评价方法, 用于探明生产装置和工艺过程中的危险及其原因, 依此寻求对策。通过分析生产运行过程中的工艺状态参数的变动, 操作控制中出现的偏差, 以及这些变动与偏差对系统的影响可能导致的后果, 从中找出出现偏差的原因, 明确装置或系统内及生产过程中的主要危险、危害因素, 并针对变动与偏差可能导致的后果提出应对措施。

HAZOP 分析方法最初是由英国帝国蒙德化学公司(ICI)于 20 世纪 70 年代开发。该方法是目前国际过程工业领域应用最为广泛的工艺过程定性危害评价方法之一。在发达国家, 所有的新建及改扩建工艺装置, 均需要开展 HAZOP 分析工作[2]。国内新建炼油生产装置均趋向大型化, 集中处理, 生产过程连续, 自动化程度高, 一旦发生事故造成的危害和损失也随之增大。随着各个企业对安全重视程度的提高和认识的逐步深入, 新建炼油厂或新建装置开始在设计过程中引入 HAZOP 分析方法, 以求将设计缺陷和安全隐患消灭在最初的设计阶段, 尽量做到事前预防, 防患未然[3]。

本文简述了 HAZOP 分析过程, 并应用 HAZOP 分析方法对中国石油某石化分公司的硫回收联合装置进行研究分析。

1　HAZOP 分析方法介绍

HAZOP 中文的意思是"危险性和可操作性分析", 是由有经验的跨专业小组对装置的设计和操作提出有关安全上的问题, 共同讨论解决问题的办法。研究中, 连续的工艺流程分成许多节点, 根据相关的设计参数引导词, 对工艺或操作上可能出现的与设计标准参数偏离的情况提出问题, 组长引导小组成员寻找产生偏离的原因, 如果该偏离导致危险发生, 小组成员将对该危险做出简单的描述、评估已设计安全措施是否充分, 并可为设计和操作推荐更为有效的安全保障措施。如此对每段工艺反复使用该分析方法, 直到每段工艺或每台设备都被讨论后, HAZOP 分析才算完成[4]。

1.1　HAZOP 审查小组的组成

HAZOP 分析工作是由专家小组来完成, 该小组有设计方案权, 所以小组的成员必须具有丰富工作经验和广泛知识。组长必须具备一定的工作经验和工作能力, 他的责任是组织和指导专家小组高质量的完成 HAZOP 分析研究工作[5]。

1.2　需准备的文件

HAZOP 分析会议前需准备一些会议资料, 这是开好分析会的基础。主要包括: 工程设计基础、工艺叙述、供审查用的工艺流程图、物料和热量平衡、仪表逻辑框图或因果关系图、装置平面布置图、主要设备数据表等。当资料不详时, 将来再作 HAZOP 分析。

1.3　HAZOP 分析过程

在分析开始时, 工艺工程师对整个装置设计做一个详细介绍, 由组长将 P&ID 划分为若干个节点, 节点可以是一段管线、一个设备, 也可以是设备与相关管线组成的一个系统。选定一个节点，由工艺工程师讲解节点的设计意图和正常的操作参数，讲解内容由秘书记录下来。根据表 1 中的标准引导词，结合适当的偏差，组长将以引导词和偏差结合得到合理的意义，针对装置的某段提出问题。如果对压力偏高的情况的分析满意

的话，组长可在表中选择这个引导词与下一个偏差结合时可能发生什么情况。同样的程序完成这个节点中所有引导词与偏差结合并进行分析后，就可以进行下一个节点的工作。

HAZOP 分析步骤简图见图 1。

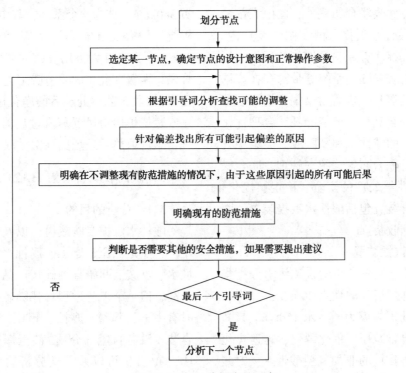

图 1　HAZOP 分析步骤示意

引导词和偏差说明见表 1。

表 1　引导词与偏差

引导词	引导词与偏差结合	说　　明
压力	压力高	与标准值相比数量增加，压力过高
	压力低	与标准值相比数量减少，压力过低
	真空	无压力，压力为 0
流量	流量高	与标准值相比数量增加，流量过大
	流量低	与标准值相比数量减少，流量过低没有物料输入，流量为 0
	无流量	
	反向流量	发生反向输送
	方向错误	
温度	温度高	与标准值相比数量增加，温度过高
	温度低	与标准值相比数量减少，温度过低
液位	液位高	与标准值相比数量增加，液位过高
	液位低	与标准值相比数量减少，液位过低
	无液位	没有物料输入，流量为 0
组分或成分不同	组分或成分发生变化
其他反应条件	不同于设计与操作要求的反应条件
其他	因条件原因导致的各种偏差

1.4　HAZOP 报告

HAZOP 研究报告应明确说明设计中已有的安全措施，并记录针对每个引导词和偏差的讨论，要清楚记录安全措施并落实到具体的人员和时间，保证下一阶段执行 HAZOP 安全措施的人员能够正确理解。

1.5　HAZOP 报告的执行

业主单位的工程项目部应重视 HAZOP 小组提出的推荐性意见。被确定的后续行动责任方应负责执行所有的设计变更和回答提出的质询。建立和执行后续行动进展的跟踪系统。记录变更的完成情况或完成的实际日期，而且每两周应向项目管理层提交一份供其审查的正式进展状态报告，直到所有的后续行动项目全部关闭。

如果某项推荐性意见没有得到执行，应对相关的理由进行记录。被指定跟踪进展的人员应负责确保做到这一点。如果对某项后续行动项目没有达成协议，承包商的项目代表应通过

把有关问题提交给业主项目代表来解决相关问题[6]。

2　某硫回收联合装置概况

目前，除新建的硫回收联合装置将酸性水汽提和溶剂再生与硫回收联合布置外，国内大部分脱硫溶剂再生和酸性水汽提分散在主体装置内，这样的设置方式，存在着原料酸性气的质量、压力无法保证、工艺装置区及系统管带都存在高浓度 H_2S 泄露的安全隐患。本着污染集中治理、节省投资与占地、综合利用、节能降耗、合理优化等原则，某炼油厂的酸性水和富胺液分类集中处理，与硫回收装置联合布置、统一管理、联合操作，实现全厂酸性气处理的安全、稳定、优化、长效。硫回收联合装置包括酸性水汽提装置、胺液再生装置和硫回收装置。

2.1　酸性水汽提装置

某炼油厂各工艺装置产生的含硫污水分类集中处理。装置公称规模为酸性水 300t/h，分为两个系列，单系列处理规模为酸性水 150t/h。1#酸性水汽提处理来自常减压、催化裂化、延迟焦化以及硫回收等装置排放的非加氢型酸性水。2#酸性水汽提处理来自渣油加氢、加氢裂化、直柴加氢精制、石脑油加氢、汽油加氢等装置排放的加氢型酸性水。加氢型和非加氢型酸性水分开处理，既满足了工厂根据水质情况分别回用的要求，又实现了酸性水分类集中处理的目的。

由于液氨有就近保障的销售渠道，故对氨氮含量较高的 2#酸性水汽提采用单塔加压汽提侧线抽氨及氨精制工艺技术路线，回收液氨，减少废气排放。1#酸性水汽提原料中氨含量较低，采用流程简单、能耗低的单塔全抽出汽提工艺。

2.2　胺液再生装置

某炼油厂各工艺装置产生的富胺液分类集中处理。装置公称规模为富胺液 1500t/h，分为 3个系列，单系列处理规模为富胺液 500t/h。1#液再生处理来自常减压、催化裂化、延迟焦化、酸性水汽提以及加氢裂化装置低分气脱硫等脱硫单元的非加氢型混合富胺液；2#和 3#胺液再生处理来自渣油加氢、加氢裂化、直柴加氢精制、石脑油加氢、汽油加氢等脱硫单元的加氢型混合富胺

液。采用常规蒸汽汽提再生工艺，再生塔底重沸器热源采用 0.4MPa 蒸汽。

2.3　硫回收装置

硫回收装置处理酸性水汽提装置和胺液再生装置产生的酸性气体。装置公称规模为：回收硫黄 360kt/a。分为 4 个系列，其中 1#、2#硫回收装置规模均为 12kt/a，3#、4#硫回收装置规模均为 60kt/a，两者互为备用。硫回收部分采用部分燃烧法、两级转化 Claus 制硫工艺。尾气处理采用还原-吸收工艺。处理后的净化尾气进行热焚烧，尾气焚烧炉出口设置蒸汽过热器及焚烧炉废热锅炉，烟气取热后经烟囱高空排放。

3　硫回收联合装置 HAZOP 分析过程

3.1　分析的目的

酸性水汽提、胺液再生以及硫回收等装置的生产特点是低压、剧毒、腐蚀严重。从接收的酸性水、富胺液开始直到硫黄产品，虽然工作压力不高，但整个工艺过程均伴随硫化氢的存在。随时有中毒、泄漏、腐蚀、超压、自燃（硫回收联合装置没有自燃的介质）甚至爆炸的风险。进行 HAZOP 分析可以系统地分析这些潜在风险，提高装置工艺过程的安全性和可操作性。

3.2　分析结果

由于硫回收联合装置工艺复杂，以 1#酸性水汽提为例，对设计中容易出现的问题分析描述如下。

自上游装置来的非加氢型酸性水，在装置外合并后进入酸性水脱气罐，脱出的轻烃送至脱硫系统。脱气后的酸性水进入酸性水罐沉降除油，再经酸性水进料泵加压并与净化水换热后进入主汽提塔上部。塔底用 0.4MPa 蒸汽通过重沸器间接加热汽提，主汽提塔底净化水经净化水泵加压，再经原料水–净化水换热器与原料水换热后，通过净化水空冷器及净化水冷却器冷却，大部分送至上游装置回用，剩余部分排至污水处理场进一步处理。主汽提塔顶酸性气经酸性气空冷器冷凝冷却至 85℃后，进入塔顶回流罐，分凝后的酸性气送至硫回收装置回收硫黄；凝液经塔顶回流泵返塔作为回流。工艺流程简图见图 2，分析结果见表 2。

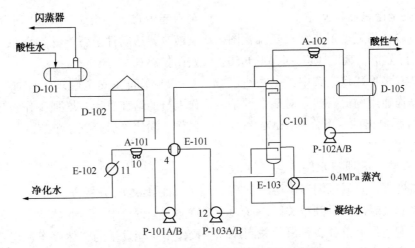

图 2　单塔全抽出酸性水汽提工艺流程简图

D-101—酸性水脱气罐；D-102—酸性水罐；P-101A/B—酸性水进料泵；E-101—酸性水-净化水换热器；C-101—汽提塔；
A-102—酸性气空冷器；D-105—酸性气分液罐；P-102A/B—塔顶回流泵；E-103—重沸器；A-101—净化水空冷器；
E-102—净化水冷却器；P-103A/B—净化水泵

表 2　单塔全抽出酸性水汽提分析结果

偏差	原因	后果	安全措施	建议措施
无流量	D-101 至 D-102 手阀关闭	D-101 压力可能超过设计压力	D-101 顶部 PICA 高报	D-101 安全阀应考虑到这种工况
无流量	E-101 管程介质出口手阀关闭	E-101 管程温度增加至 C-101 塔底温度，并且将超过管程设计温度	没有	确定 E-101 管程设计温度应考虑到这种工况
无流量	E-101 管程介质出入口手阀关闭	热膨胀造成 E-101 超过设计压力	操作规程	由于热膨胀造成换热器管程超压，可通过阀门铅开或者加安全阀予以解决
无流量	汽提塔 C-101 入口阀关闭	E-101 管程温度会升高至汽提塔塔底温度，从而超过换热器管程设计温度	没有	确定 E-101 管程设计温度应考虑到此种工况
高液位	D-101 顶部压控阀失效	D-101 压力升高，并且可能超过设计压力	D-101 顶部 PICA 高报	确保 D-101 安全阀能满足这种泄放工况
无流量	A-102 入口手阀关闭	C-101 压力升高并且会超过设计压力	C-101 顶部设置了安全阀	建议 C-101 顶部增加压力高报
高温度	A-102 失效	D-105 温度升高	没有	建议 A-102 出口温度设置高报
高压力	A-102 失效	C-101 和 D-105 压力迅速升高	C-101 顶部设置了安全阀	建议 C-101 顶部增加压力高报
无流量	E-102 管程介质出入口手阀关闭	净化水出装置温度会增加至空冷后温度	E-102 壳程出口净化水设置温度指示	E-102 壳程出口净化水增加温度高报
无流量	E-102 管程介质出入口手阀关闭	热膨胀造成 E-102 超过设计压力	操作规程	由于热膨胀造成换热器管程超压，可通过阀门铅开或者加安全阀予以解决
高温度	E-102 管程介质循环水中断	净化水出装置温度会增加至空冷后温度	E-102 壳程出口净化水设置温度指示	E-102 壳程出口净化水增加温度高报
高温度	A-101 失效	E-102 温度升高，但不会超过壳程设计温度	没有	E-102 壳程出口净化水增加温度高报

3.3 提出的安全措施及建议

会议以硫回收联合装置的工艺和仪表流程图（P&ID）为基础进行分析，耗时 15d，共划分 50 个节点，提出了 240 多项建议。其中，一些建议是对某类设备或操作通用的，一些是对某个设备或某种操作条件特别提出的。下面是 HAZOP 分析小组提出的一些建议。

1）酸性水汽提装置的原料水脱气罐是接收上游各装置来的酸性水，并低压闪蒸出溶解的轻烃气体。当原料水脱气罐出口手阀被关闭，该设备的操作压力有可能达到上游各装置泵的关闭压力，建议采取的措施为该设备的设计压力应不小于上游各装置泵的关闭压力，或者罐顶部安全阀不仅考虑最大的闪蒸量，而且考虑最大的来水量。（安全阀不能排水，没有出路）

2）酸性水汽提装置的原料水–净化水换热器管程出口手阀被关闭，管程的最高操作温度将到达壳程介质的最高温度，管程的设计温度应考虑该工况。

3）酸性水汽提装置氨精制系统氨气泄放气排至酸性水罐可能导致水罐压力急剧升高，应考虑分布器使氨气与水的充分吸收及溶解（通过紧急泻氨器来进行降温和溶解）。

4）胺液再生装置的富液闪蒸罐是接收上游各装置来的富胺液，并低压闪蒸出溶解的轻烃气体。当富液闪蒸罐出口手阀被关闭，该设备的操作压力有可能达到上游各装置泵的关闭压力，建议采取的措施为该设备的设计压力应不小于上游各装置泵的关闭压力，或者罐顶部安全阀不仅考虑最大的闪蒸量，而且考虑最大的来水量（安全阀不能排溶剂，没有出路）。

5）硫回收装置带有蒸汽保护的切断阀后应增设排凝设施，避免凝结水进入系统而导致衬里或炉管破损（燃烧炉的降温蒸汽是应该在切断阀的前面排凝，先排凝，再开阀）。

6）对于成套设施，例如除油器、氨压缩机、在线胺液净化设施、加药设施等，需要在招标阶段技术协议中明确应对成套设施完成 HAZOP 分析。

7）联合装置生产的废胺液，自流至地下的废胺液收集罐，由于胺液中含有 H_2S 可能会析出，如果管线或设备泄漏，将造成大气污染，甚至引起中毒。因此，HAZOP 研究小组建议在废胺液收集罐附件设置 H_2S 检测仪。废胺液地下罐密闭排放。

8）车间在安全管理上应加大力度，提高操作人员的培训质量，增强工作责任心，避免因误操作、漏检等引起安全事故。

4 结语

将 HAZOP 分析方法应用于石油化工生产装置的安全评价中，不仅排除了工艺装置在设计和操作中可能发生的突然停车、设备损坏、产品不合格以及爆炸、着火、中毒的恶性事故，而且，其 HAZOP 分析研究成果对于装置的日常生产与维护以及装置的安全管理提供了良好的指导作用，从而提高装置的生产效能和经济效益。另一方面，通过 HAZOP 的分析研究，可以使设计和操作人员更加全面的了解装置的性能，既完善了设计、保障了装置的生产安全，又充实了生产操作规程。

进行 HAZOP 分析中，应该注意以下几点：

1）应对该方法的有关专业术语有比较深入的了解，避免在应用中出现概念不清的问题。

2）HAZOP 分析的效果过分依赖于 HAZOP 组长的能力、经验和参会人员的经验，专家小组成员每个人都应该是本专业领域内有丰富经验的人。缺乏经验的小组不仅不能成功地完成审查，而且还容易得出不当的结果和错误的建议。

3）要重视 HAZOP 分析报告中的建议，跟踪报告的执行情况，不能因为对项目投资和进度而放弃合理建议，以致埋下安全隐患。

4）HAZOP 是一种风险识别技术方法，它独立地考虑了系统中的部分及每个部分中工艺偏差的影响，无法有效解决工艺系统之间的问题。另外对于复杂系统，HAZOP 分析方法不能完全识别出系统所有的危害或操作性问题，因此不应完全依赖于 HAZOP 分析，应综合运用其他风险分析方法。

参 考 文 献

[1] 王秀军，陶辉. HAZOP 分析方法在石油化工生产装置中的应用[J]. 安全、健康和环境，2005，5(2)：6-9.

[2] 董小刚，李国美. HAZOP 在国外的发展和应用[J]. 现代职业安全，2011，12：53-57.

[3] 冷传斌. HAZOP 分析在新建炼厂酸性气处理装置中的应用[J]. 安全与环境评价，2012，1：14-17.

[4] 刘艳苹，王志刚，龙钰. 浅谈 HAZOP 分析法在催化裂化工艺中的应用[J]. 广州化工，2010，6：218-221.

[5] 王若青，胡晨. HAZOP 安全分析方法的介绍[J]. 石油化工安全技术，2003，19(1)：19-22.

[6] 任立元，翁乐宁，孟庆丽. 危险性和可操作性评审过程的特点和应注意的问题[J]. 石油和化工设备，2006，9(1)：57-64.

S Zorb 再生烟气引入硫回收装置的流程比较

王明文

（中国石化上海石油化工股份有限公司）

摘　要　S Zorb 汽油吸附脱硫装置的再生烟气中含有较多的 SO_2，需要引入硫回收装置加以回收处理。对 S Zorb 再生烟气引入硫回收装置的 3 种流程的优缺点进行了比较，结果表明采用低温耐氧高活性加氢催化剂，将 S Zorb 再生烟气引入加氢反应器的工艺流程操作最稳定，能耗最低，经济效益最好。

关键词　汽油吸附脱硫　再生烟气　处理　硫回收

随着我国环保法规的日益严格，对车用汽油的质量要求不断提高。为了实现汽油质量升级，中国石化买断了美国 ConocoPhillips（COP）公司开发的 S Zorb 汽油吸附脱硫专利技术，并在此基础上进行消化吸收再创新，相继建成多套 S Zorb 汽油吸收脱硫装置。可生产硫含量小于 $50\mu g/g$ 的欧Ⅳ汽油，也可生产硫含量小于 $10\mu g/g$ 的欧Ⅴ汽油。S Zorb 技术是基于吸附原理，通过采用流化床反应器，使用专门的吸附剂对汽油进行脱硫。与加氢脱硫技术相比，不仅产品中硫含量低，辛烷值损失小，而且能耗、操作费用低。

S Zorb 吸附剂吸附饱和后需循环再生，将吸附的硫化物转化为 SO_2，并随再生烟气送出装置，吸附剂循环使用，因此再生烟气中含有较多的 SO_2。国外通常采用碱液吸收法除去 SO_2，但 S Zorb 汽油吸附脱硫工艺包中未包含 S Zorb 再生烟气的处理技术。考虑到炼油厂配备有硫回收装置，因此，使烟气进入硫回收装置是较好的处理方式，既能实现达标排放，又使硫资源得到回收。

1　S Zorb 再生烟气的组成及特点

1.5Mt/a S Zorb 汽油脱硫装置再生烟气的组成（以体积分数计）及运行条件的设计值和实际值分别见表 1、表 2。S Zorb 再生烟气具有以下几个特点：①进入硫回收装置的再生烟气温度较低，设计值 160℃，实际运行只有 110～140℃；②O_2 含量（以体积分数计）较高，设计氧含量为 0.2%，实际运行时在 0～3%，非正常情况下最高可达 5% 以上，而且频繁波动；③SO_2 含量设计值高达 5.10%，正常运行时 SO_2 含量在 0～5% 之间波动；④主要成分为 N_2，其含量在 90% 左右。

表 1　S Zorb 再生烟气的组成　　　　%

组分	设计值	实际值
H_2O	2.30	
O_2	0.20	0～3（最高 5）
N_2	90.60	
CO_2	1.80	
SO_2	5.10	0～5

表 2　再生烟气进入硫回收装置的主要运行条件

项　目	设计值	同类装置运行值
出 S Zorb 装置温度/℃	205	205
进硫黄装置温度/℃	160	110～140
流量/(kg/h)	1 347	
压力/MPa	0.098	

2　S Zorb 再生烟气进入硫回收装置流程比较

根据 S Zorb 再生烟气的特点，S Zorb 装置再生烟气进入硫回收装置有以下几种流程：①与硫黄装置原料中的酸性气体混合后进入制硫燃烧炉；②与制硫炉后的过程气混合后进入制硫反应器；③将 S Zorb 再生烟气引入加氢反应器，但需采用低温耐氧高活性尾气加氢催化剂。

2.1 与酸性气体混合后进入制硫燃烧炉

S Zorb 再生烟气与硫黄原料中的酸性气混合后进入制硫燃烧炉的流程见图1。

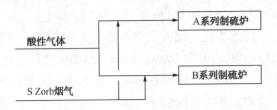

图1 S Zorb 再生烟气与酸性气体混合进制硫的流程

S Zorb 再生烟气与硫黄原料中的酸性气混合后进入制硫燃烧炉的流程具有以下优点：①由于将 S Zorb 再生烟气引至酸性气管线即可，投资少，施工方便；②烟气进反应炉后，只需提高酸性气预热温度就能将反应炉温度控制在指标范围内；③通过及时降低反应炉空气量，可将第三硫冷器出口尾气中的 H_2S 与 SO_2 的体积比、加氢反应器床层温升、加氢尾气中 H_2 含量等指标恢复至工艺要求范围内。

该流程的缺点有：①S Zorb 再生烟气与酸性气混合后的气体有一定量的 O_2 存在，可能发生反应炉酸性气烧嘴回火，为此必须合理控制硫黄装置负荷和烟气流量，减少混合后酸性气中 O_2 含量，控制好炉头压差，降低回火发生率；②S Zorb 再生烟气中 O_2 及 SO_2 含量高，且波动范围较大，引入制硫燃烧炉带来的直接问题是装置配风难以随 S Zorb 再生烟气组成的变化随时进行调整，会造成装置操作波动及制硫单程转化率降低，还会造成硫黄尾气 SO_2 体积分数升高；③S Zorb 再生烟气的主要成分为 N_2，而 N_2 为惰性气体，不参与反应，与酸性气混合后，在制硫燃烧炉内的温度达到 1100℃ 以上，会导致装置能耗大幅增加。

2.2 与制硫炉后过程气混合后进入制硫反应器

S Zorb 再生烟气与制硫炉后过程气混合后进入制硫反应器的流程见图2。

S Zorb 再生烟气与制硫炉后过程气混合后进入制硫反应器的流程具有以下优点：①与 S Zorb 再生烟气和原料酸性气混合引至制硫燃烧炉流程相比，该流程不会增加酸性气预热器 1.3MPa 蒸汽的消耗量，处理 S Zorb 再生烟气所增加的能耗相对较低；②S Zorb 再生烟气引入位置在反应器前面，不会发生回火；③制硫燃烧炉操作相对稳定。

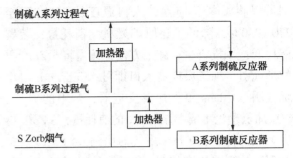

图2 再生烟气与制硫炉后过程气混合后
进入制硫反应器的流程

该流程存在以下缺点：①S Zorb 再生烟气进入硫黄装置的温度较低，只有 110~140℃，如与制硫炉后过程气混合后引入制硫一级转化器或二级转化器，需要增上加热器，以便将烟气温度提升至 230~250℃，增加了投资和装置运行能耗；②S Zorb 再生烟气中 O_2 及 SO_2 含量高，且波动范围较大，如果引入一级、二级转化器，装置配风难以随 S Zorb 再生烟气组成的变化随时进行调整，将会造成装置操作波动及硫的单程转化率降低；③由于 S Zorb 再生烟气中含有 O_2 且含量波动频繁，可能会引起制硫催化剂中毒，因此制硫催化剂最好为抗漏氧催化剂；④S Zorb 再生烟气中的 N_2 会增加第一、第二再热器的蒸汽消耗量，以及还原炉和焚烧炉的瓦斯消耗量，增加了装置的能耗。

2.3 S Zorb 再生烟气与制硫尾气混合后进入加氢反应器

S Zorb 再生烟气与制硫尾气混合后进入加氢反应器流程见图3。

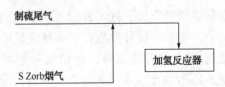

图3 S Zorb 再生烟气与制硫尾气混合后
进入加氢反应器流程

将 S Zorb 再生烟气引入加氢反应器流程优点：①S Zorb 再生烟气引入尾气加氢反应器能使制硫工序的操作保持相对稳定；②S Zorb 再生烟气中含有约90%的 N_2，理论上会增加硫黄装置的能耗，在技术成熟的情况下，S Zorb 再生烟气的引入位置越靠后，硫黄装置的能耗越低，因此该流程相较于前两种流程能耗低；③采用低温催化

剂可以将加氢反应器的入口温度从 290℃降至
230~240℃，降低了还原炉燃料气消耗量，装置
能耗低；④投资少，施工方便，只需将 S Zorb 再
生烟气引至加氢反应器入口即可；⑤S Zorb 再生
烟气引入 Claus 尾气加氢反应器，其中的 O_2 及
SO_2 加氢理论上需要增加 H_2 的消耗量，S Zorb 再
生烟气的体积占 Claus 尾气的比例大约 3%左右，
经理论计算需要增加 H_2 消耗量最大不超过 1%。
使用 LSH-03 低温耐氧高活性 Claus 尾气加氢催
化剂，由于催化剂加氢活性高，与普通加氢催化
剂相比，氢气余量可以控制在较小的范围内(1%
~3%)，因此，多余的 H_2 可以满足 S Zorb 再
生烟气加氢的要求，不需要增加 H_2 的加入量。

该流程的缺点是：由于 S Zorb 再生烟气具有
温度低、SO_2 和 O_2 含量高等特点，需采用低温耐
氧高活性尾气加氢催化剂，目前国产的有工业应
用的这类催化剂只有齐鲁分公司研究院开发的
LSH-03 专用催化剂，这种催化剂价格比普通加
氢催化剂高 7~8 万元/t，因此装置的催化剂费用
较高。

3　三种方案投资、能耗及经济效益比较

3.1　三方案投资、能耗比较

在投资方面，将 S Zorb 再生烟气引入制硫燃
烧炉和加氢反应器的投资较少；若将再生烟气引
入制硫反应器，需要增上再热器，增加投资较
高，约为前两种方案的 10 倍。从节省投资方面
考虑，应该选择将 S Zorb 再生烟气引入制硫燃烧
炉和加氢反应器。

在装置能耗方面，将 S Zorb 再生烟气引入制
硫燃烧炉，增加的能耗最高；引入制硫反应器增
加的能耗约为前者的 40%；使用低温加氢催化
剂，将 S Zorb 再生烟气引入加氢反应器，由于加
氢反应器入口温度比常规加氢催化剂降低 50℃，
可以降低装置的能耗。因此从能耗角度来看，应
该选择将 S Zorb 再生烟气引入加氢反应器的
流程。

3.2　三种方案经济效益比较

中国石化镇海炼化分公司 1.5Mt/a 年 S Zorb
汽油吸收脱硫装置的再生烟气，引入 2 套 70kt/a

硫黄装置的制硫燃烧炉进行处理。根据实际运行
数据，在负荷 90%左右情况下，装置每生产 1t 硫
黄能耗增加(标油) 12.16 kg；如果装置负荷下降
到 60%，能耗增加(标油) 32.965 kg 以上。

造成能耗增加的原因有以下 4 个方面：①投
用酸性气预热器，增加了装置 1.3MPa 蒸汽消耗；
②过程气惰性气体流量增加，引起各炉子瓦斯耗
量增加；③再生酸性气回流量增加，如果尾气要
求达到原先的净化效果，必须增加重沸器蒸汽流
量；④装置过程气氢含量下降，焚烧炉瓦斯流量
增加。

中国石化上海石油化工股份有限公司新建 S
Zorb 装置和硫黄装置规模与镇海炼化基本相同，
硫回收装置处理 S Zorb 再生烟气增加的能耗也应
该基本相同。以装置负荷 90%，每年制硫 144kt
计算，按照增加能耗相同，三种方案的经济效益
如下：①将 S Zorb 再生烟气与原料中的酸性气混
合引入制硫炉，增加能耗 0.01216×160000×90%
=1751.040(标油)t/a，约合 290 万元/a；②将 S
Zorb 再生烟气与制硫过程气混合引入制硫反应
器，增加的能耗为第一种流程的 40%，增加能耗
为 1751.040×40%=700.416(标油)t/a，约合 116
万元/a；③将 S Zorb 再生烟气引入加氢反应器，
降低的能耗约为第一种流程增加能耗的 20%，因
此减少能耗 1751.040×20%=350.208(标油)t/a
，约合 58 万元/a。由于低温加氢催化剂比常规
加氢催化剂价格高 8 万元/t，硫回收装置加氢催
化剂的装填量为 42.4t，使用寿命为 6a，因此每
年增加的催化剂费用为 42.4×8÷6=56.5 万元，
这部分费用与能耗减少的费用基本持平，因此将
S Zorb 再生烟气引入加氢反应器(低温催化剂)流
程经济效益最好。

4　结论

经过比较，三种方案中采用低温耐氧高活性
催化剂，将 S Zorb 再生烟气引入加氢反应器的流
程，操作最稳定，装置能耗最低，经济效益最
好。同类装置的实际运行情况表明，净化后烟气
的 SO_2 排放量低于国家环保标准，是目前 S Zorb
再生烟气较理想的处理方式。

S Zorb 再生烟气引入硫回收装置实践与探讨

王公炎　颜世山

（中国石化济南分公司）

摘　要　介绍了中国石化济南分公司 900kt/a S Zorb 装置再生烟气引入 40kt/a 硫回收装置处理的运行情况。通过优化 S Zorb 装置再生操作，严格控制加氢后过程尾气的氢含量等措施，保证了硫回收装置尾气加氢反应器的平稳运行，实现了 S Zorb 再生烟气中 SO_2 的资源化回收利用，硫回收装置排放尾气中 SO_2 含量控制在 $200\sim280mg/m^3$，低于 $960mg/m^3$ 的国家排放标准，年减排 SO_2 约 $960\sim1000t$，环保效益和社会效益显著。

关键词　S Zorb　再生烟气　硫回收　尾气加氢

为适应汽油质量升级需要，中国石化济南分公司于 2009 年 12 月 8 日投产 900kt/a S Zorb 汽油吸收脱硫装置。原设计 S Zorb 再生烟气进入 200kt/a 硫回收装置制硫单元一级反应器，考虑到 S Zorb 再生烟气流量及烟气组成 SO_2 和 O_2 含量变化较大，容易造成制硫炉 H_2S/SO_2 在线比值控制系统紊乱，无法实现自动配风；另一方面，并入 S Zorb 再生烟气后需较大幅度减少制硫炉配风，燃烧热减少，制硫炉温度降低，难以满足烧氨温度要求，因此 S Zorb 再生烟气一直经烟囱排放。由于烟气中 SO_2 高达 3.9%，流量为 $1070m^3/h$，由此造成烟气 SO_2 年外排量超过 1000t，环保代价巨大。为解决 S Zorb 再生烟气污染问题，实现清洁生产，济南分公司采用 S Zorb 再生烟气引进硫回收装置尾气加氢工艺技术路线。

济南分公司 40kt/a 硫回收装置由山东三维石化工程有限公司设计，由硫回收、尾气处理、液硫脱气、尾气焚烧和液硫成型等单元组成。该装置是为了适应济南分公司不断发展以及原油加工能力不断提升的需要，由原 5kt/a 硫回收装置技术改造扩建而成。为处理 S Zorb 再生烟气，设计完善了再生烟气进尾气加氢工艺流程，采用了中国石化齐鲁分公司研究院开发的低温、耐氧、高活性 Claus 尾气加氢催化剂。该装置于 2012 年 4 月 16 日建成投产，先后引入气体脱硫酸性气、污水汽提含氨酸性气进料，制硫单元顺利开车，4 月 18 日尾气加氢单元开工正常，尾气达标排

放。2012 年 4 月随全厂大检修停工，5 月 18 日装置重新开工。5 月 23 日 S Zorb 再生烟气逐步引入尾气加氢单元，将再生烟气直排烟囱流程全部关闭。投用至今，经过 1 年多的工艺运行实践，尾气加氢催化剂对 S Zorb 再生烟气原料适应性强，在 S Zorb 再生烟气流量及氧含量发生小幅度波动情况下，装置运行平稳，排放烟气中 SO_2 含量大大低于国家标准，取得了理想效果。

1　工艺流程

1.1　S Zorb 吸附剂循环以及再生烟气流程

S Zorb 装置以催化裂化全馏分稳定汽油为原料，在高压临氢环境下，通过吸附剂活性组分氧化锌的吸附储硫作用把原料汽油中的硫原子以硫化锌的形态吸附转移至吸附剂上，从而实现脱除汽油中硫化物的目的。从反应器流出的待生吸附剂，经过待生吸附剂收集罐进入闭锁料斗，经热氮气置换合格后进入再生器进料罐，并通过氮气提升至再生器，在低压含氧环境、500℃温度条件下，烧去待生吸附剂上的硫和炭，吸附剂的脱硫活性得以恢复。再生器流出的吸附剂，经过再生接收器后进入闭锁料斗，用热氢气置换氧气合格后，经过还原器进入反应器，继续参与吸附脱硫反应，完成吸附剂的循环过程。再生烟气则经过再生器顶部旋分器流出后，经过进一步冷却、过滤，然后出装置送至硫回收装置尾气处理单元。

硫黄回收二十年论文集

1.2 硫回收装置尾气处理流程

设计 S Zorb 装置再生烟气进入 40kt/a 硫回收装置尾气加氢单元，与加热后的制硫尾气一起经过混氢后进入尾气加氢反应器，在 LSH-03 低温耐氧高活性加氢催化剂的作用下，尾气中携带的单质硫、SO_2 进行加氢反应，COS、CS_2 进行水解反应。反应后所有的硫组分全部转化成 H_2S，反应后的高温尾气先后经过急冷塔冷却、吸收塔脱

硫后成为净化气，然后再进入焚烧炉，将净化尾气中残留的硫化物焚烧生成 SO_2，剩余的 H_2 和烃类燃烧成 H_2O 和 CO_2。焚烧后的高温烟气先后经过蒸汽过热器、尾气加热器回收热量，烟气温度降至 300℃ 左右经烟囱排入大气。富胺液经再生后重复使用，再生酸性气作为硫回收装置的进料。济南分公司 40kt/a 硫回收装置尾气处理工艺流程见图 1。

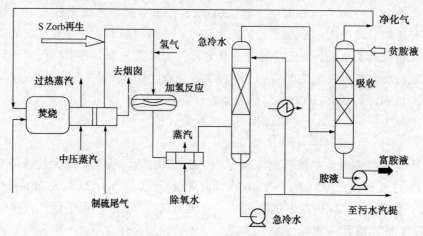

图 1　济南分公司 40kt/a 硫回收装置尾气处理工艺流程

2　S Zorb 再生烟气与尾气加氢催化剂

2.1　S Zorb 再生烟气及常规 Claus 尾气的性质

济南分公司 900kt/a S Zorb 装置再生烟气及硫回收装置 Claus 制硫尾气的组成见表 1。

表 1　S Zorb 再生烟气及 Claus 制硫尾气的组成

%

项目	S Zorb 再生烟气设计值	S Zorb 再生烟气生产数据	Claus 制硫尾气
H_2O	2.4	2.6	35.3
H_2	0	0	2.3
O_2	0.2	0.0	0
N_2	90.2	90.8	55.6
CO_2	1.9	2.7	5.86
H_2S	0	0	0.7
SO_2	5.3	3.9	0.2
S_x	0	0	0.04

2.2　LSH-03 低温尾气加氢催化剂性能指标

LSH-03 低温耐氧高活性加氢催化剂的性能指标见表 2。

表 2　LSH-03 低温耐氧高活性加氢催化剂的性能指标

项　目	质量指标	实测指标
外观		
颜色及形状	灰绿色三叶草(条)	灰绿色三叶草(条)
外形尺寸/mm	$\phi2.5\sim3.5$	$\phi2.5\sim3.5$
MoO_3/%	11~13	11.7
CoO/%	1.5~2.1	1.74
抗压强度/(N/cm²)	≥150	234
比表面积/(m²/g)	≥180	218
堆密度/(kg/L)	0.75~0.9	0.76

3　工业实践过程

3.1　S Zorb 再生烟气引入硫回收装置

40kt/a 硫回收装置开工后，受济南分公司炼油装置负荷的限制，实际生产负荷仅为 11kt/a，不足设计负荷的 30%，Claus 制硫尾气的流量仅为 4400m³/h，而 S Zorb 再生烟气的流量为 1070m³/h，占到制硫尾气的 24.3%。为避免 S Zorb 再生烟气引入硫回收装置后尾气加氢操作条件波动以及尾气排放二氧化硫超标，对实施方案进行了进一步的改进和完善。首先将 S Zorb 再生

烟气由原 20kt/a 硫回收装置改至 40kt/a 硫黄装置烟囱排放，缓慢关小放烟囱调节阀 HC-1002B，至管线压力大于加氢反应器压力 10kPa，再逐步打开尾气进加氢反应器调节阀 HC-1002A；整个切换过程始终保持管线压力大于加氢压力 10kPa 以上，最后将放烟囱调节阀全关，进加氢反应器调节阀全开。

切换过程中密切关注加氢反应器操作温度、硫回收装置急冷塔 H$_2$ 在线仪表指示值的变化，及时增加尾气注氢量，始终保持 H$_2$ 在线仪表指示值在 2%左右。

3.2 尾气加氢主要操作条件的变化

S Zorb 烟气引入前后尾气加氢反应器操作条件对比见表 3。

表 3 S Zorb 烟气引入前后尾气加氢反应器操作条件对比

项目	反应器入口温度/℃	反应器床层温度/℃	吸收后过程气总量/(m³/h)	过剩氢量/%	耗氢量/(m³/h)
引入前	260	280.7	4400	2	120
引入后	235	280	5470	2	185

从引入 S Zorb 再生烟气前后尾气加氢反应器操作条件对比情况看，主要有以下变化：

1）S Zorb 烟气引入硫回收装置前，加氢反应器温升为 20℃左右；引入后，加氢反应器温升平均为 45℃，较引入前增加了 25℃。

2）尾气吸收塔吸收后过程气总量增加了 1070Nm³/h，较引入前增幅为 24%。

3）在控制过剩氢含量相同的情况下，耗氢量增加约 60m³/h(H$_2$ 纯度为 90%)。

4）根据过程气化验分析结果，制硫尾气中 SO$_2$ 含量在 0.3%左右，S Zorb 烟气并入后，混合尾气中 SO$_2$ 均值达到 0.9%，在加氢反应器温度为 235℃的操作条件下，加氢后过程气中未检出 SO$_2$，说明加氢催化剂 LSH-03 的低温活性高，反应充分。S Zorb 再生烟气引入硫回收装置后，SO$_2$ 在线仪表显示的烟气中 SO$_2$ 排放浓度为 200~280mg/m³。为确认运行结果，委托齐鲁分公司研究院现场进行了 SO$_2$ 排放跟踪，监测结果在 200~250mg/m³ 之间，大大低于大气污染物综合排放标准(GB 16297—1996)SO$_2$ 排放浓度不大于 960mg/m³ 的要求。

3.3 长周期工业运行面临的问题及对策

S Zorb 再生烟气引入硫回收装置后，增大了硫回收装置尾气处理单元的操作变数。由于 40kt/a 硫回收装置实际运行负荷只有 11kt/a，S Zorb 再生烟气量在制硫尾气中占的比例高达 24.3%，一旦再生烟气量或者再生烟气的氧含量出现大幅波动，会直接影响到尾气加氢反应器的温升，严重时导致尾气加氢反应器床层超温，不利于硫回收装置的长周期运行。为此，采取了以下措施：

1）S Zorb 装置严密监视再生烟气 O$_2$ 在线分析数据，严格控制再生供风量，保持再生烟气贫氧状态。

2）完善事故应急处理预案，当 S Zorb 装置出现因处理设备问题需要大幅度降低再生风量的情况时，及时联系硫黄车间，必要时改出 S Zorb 再生烟气。

3）硫回收装置严格控制过程气氢含量不小于 2%，防止过程气加氢不足，造成急冷塔堵塞。

4）优化控制制硫炉配风操作，H$_2$S/SO$_2$ 比值控制给定值设定为 3~4，增加 S Zorb 再生烟气流量及组分波动时的操作弹性，防止反应器超温。

5）为防止再生烟气管线出现 SO$_2$ 低温腐蚀，再生烟气管线使用电伴热及中压蒸汽伴热，确保装置进料温度大于 160℃。

4 效益

4.1 经济效益

根据济南分公司 S Zorb 装置实际脱硫负荷计算，S Zorb 再生烟气引入硫回收装置后，每年可以回收硫黄 480~500t，按目前价格 1800 元/t 计算，直接经济效益约 86~90 万元/a。同时实现了催化汽油中硫组分的资源化回收利用，有利于降低企业炼油损失，对改善济南分公司炼油经济指标具有积极作用。

4.2 环保效益

S Zorb 再生烟气成功引入 40kt/a 硫黄装置后，烟气中 SO$_2$ 实现资源化回收，年减排二氧化硫 960~1000t，既改善了周边生产区、生活区的空气质量，又真正实现了 S Zorb 装置的清洁生产。S Zorb 再生烟气引入硫回收装置工业实施以来，硫回收装置排放尾气的 SO_2 浓度始终保持在 $200\sim280mg/m^3$，远远低于国家标准，环保和社会效益十分显著。

5　结论

1）S Zorb 再生烟气引入硫回收装置尾气加氢单元，经过较长周期的运行实践，装置运行平稳。该技术操作简单，运行费用低，是目前较理想的 S Zorb 再生烟气处理方式。

2）中国石化齐鲁分公司研究院开发的 LSH-03 尾气加氢催化剂，具有低温、耐氧、高活性特点，为 S Zorb 装置再生烟气 SO_2 资源化回收利用提供了技术支持。采用 LSH-03 催化剂后，尾气进加氢反应器温度由 260℃ 降低至 235℃，床层温度控制不高于 300℃，装置有较大的操作弹性。

3）济南分公司 S Zorb 装置再生烟气资源化回收利用工业实践的成功，为国内低负荷硫回收装置回收 S Zorb 再生烟气中 SO_2 积累了宝贵的生产经验。

齐鲁硫回收装置工艺改进

徐永昌　王凯强　任建邦　李勤树　徐向峰

（中国石化齐鲁分公司）

摘　要　介绍中国石化齐鲁分公司胜利炼油厂为实现优化生产、节能降耗，对硫回收装置进行的一系列改进情况。实施工艺改进后，烟气 SO_2 排放低于 $200mg/m^3$，取得了良好的经济与社会效益。

关键词　新工艺　节能减排　尾气 SO_2　排放

1　装置简介

中国石化齐鲁分公司（简称齐鲁石化）有 4 套硫回收装置（1#、2#、3#、4#硫黄），年设计生产能力分别为 10kt/a、40kt/a、80kt/a、80kt/a，生产工艺分别为 Claus-SCOT、Claus-SCOT、Claus-SSR、Claus-SSR。为实现生产优化、节能减排，齐鲁石化硫回收装置在原有工艺基础上进行了一系列工艺改进，降低了烟气 SO_2 的排放，且取得了良好的经济与社会效益。

2　工艺改进情况

2.1　4#硫黄停工采用酸性气吹硫

2.1.1　改进前后工艺对比

4#硫黄传统的停工吹硫工艺为：反应炉酸性气切除，改瓦斯气与空气燃烧，用燃烧后的烟气，对硫黄装置系统内的残硫进行吹扫。期间克劳斯尾气通过跨线直接去焚烧炉，虽时间短（48~72h），但由于系统内的残硫和 FeS 发生反应，生成大量 SO_2 直接排放烟囱，排放浓度高（$30000mg/m^3$），对环境影响大。改进后：4#硫黄本次停工吹硫采用了 H_2S 完全燃烧后气体进行吹硫，燃烧烟气进尾气系统再处理技术，大幅度降低了烟气中 SO_2 的排放量。

2.1.2　改进后对尾气 SO_2 排放量的影响

齐鲁硫黄历年来停工均采用"瓦斯吹硫"，吹硫烟气不经过尾气处理单元，直接排放烟囱，尾气排放 SO_2 含量在 $20000\sim30000mg/m^3$。

2013 年 3 月 4#硫黄检修首次采用酸气完全燃烧吹硫，燃烧烟气进尾气系统再处理。齐鲁石化研究院跟踪分析烟气排放 SO_2 含量，结果列于表 1。

表 1　4#硫黄酸性气吹硫后排放烟气 SO_2 含量

mg/m³

检测时间	3月3日	3月3日	3月4日	3月4日	平均值
排放烟气 SO_2 含量	262	292	267	297	279.5

本次采用酸气完全燃烧吹硫，4#硫黄烟气排放 SO_2 含量为 $279.5mg/m^3$，远远低于历年来采用"瓦斯吹硫"时的尾气排放 SO_2 含量。

2.1.3　改造后对催化剂的影响

采用"酸气完全燃烧吹硫"，避免了"瓦斯吹硫"析碳影响催化剂性能，有利于延长催化剂的使用寿命（图 1、图 2）。

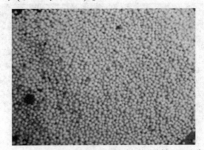

图 1　酸性气吹硫后制硫催化剂外观示意

图 2　酸性气吹硫后加氢催化剂外观示意

从图1可以看出，制硫催化剂外观为白色球状，与新催化剂颜色接近，且制硫催化剂表面未发现有残存的硫黄。说明酸气完全燃烧吹硫效果好，可以将系统中的硫黄吹扫干净。

从图2可以看出，加氢催化剂外观为灰色三叶草形，与新催化剂颜色接近。

2.1.4 改造后系统残硫情况

改造后系统残硫情况见图3~图5。

图3 制硫燃烧炉炉膛外观示意

图4 废热锅炉出口外观示意

图5 一级冷却器入口外观示意

酸性气吹硫后，制硫炉、废热锅炉、硫冷凝器处理较干净，无残硫存在，设备打开后，无自燃事故发生。

2.1.5 改造后经验总结

1) 在酸气降量及加大配风时，应密切关注系统各部位温度的变化，若反应器床层出现剧烈温升现象，说明吹扫风量过大，可能已引起自燃，此时应立即停止酸性气的进一步降量，并降低配风来控制温度。如有必要，可用氮气或蒸汽降温。根据催化剂的不同，反应器床层温度控制也不一样（一般催化剂不超过400℃，最高不超过500℃，但也有例外），吹扫中要严格按催化剂要求控制床层温度，严禁超温，以免造成催化剂的永久性失活。

2) 当系统各部位温度不继续上升时，可以进一步降低酸气量或加大配风量，加大配风吹扫24h。加大配风过程应缓慢，可按5%递增，在加大配风时应注意温度的变化，如出现剧烈温升，应立即恢复原来配风量。吹扫过程中，冷却器用蒸汽保护。

3) 当加大配风，系统各部位温度继续下降，则表明系统内已基本吹扫干净。此时若打开各冷却器及捕集器液硫拷克阀，如无液硫流出，可以认为系统已吹扫干净。

4) 酸气吹硫时间一般控制在48~72h之间。

在以上经验的基础上，2013年10月份齐鲁3#硫黄装置停工酸气吹硫时，准备投用H_2S、SO_2、H_2、O_2比色管，做到及时准确地检测过程气中各组分的变化，根据实时数据及时调整酸性气与风量的配比情况，防止反应器超温或新硫黄产生。

2.2 4#硫黄加氢催化剂预硫化流程优化

2.2.1 改造前后流程对比

硫黄装置传统的加氢催化剂预硫化工艺为：制硫单元操作正常，加氢催化剂床层温度升到200℃时，制硫单元调整操作，使尾气中(H_2S+COS)/SO_2的比值达到4~6，同时加氢反应器入口注氢，使急冷塔出口氢含量维持在4%~5%。由于加氢尾气中含有SO_2，故加氢尾气不经过胺液吸收，进入尾气焚烧炉焚烧后直接排放烟囱。48h后，预硫化操作结束。

优化后用酸性气直接预硫化为：尾气系统建立闭路循环，补充50m³/h氮气和50m³/h酸性气，然后加氢反应器注入氢气，急冷塔（C501）出口氢气含量控制3%~8%。预硫化后的尾气先进入尾气冷却器冷却后，再进入急冷塔冷却，之后经过风机循环气线和电磁阀HV0901后返回加氢反应器。系统压力过高时，少量循环气通过循环气压控阀PIC1401进入尾气焚烧炉焚烧后，排放烟囱。8h后预硫化结束。

2.2.2　酸气直接预硫化效果

齐鲁硫黄历年来停工均采用硫黄尾气预硫化，排放烟气 SO_2 浓度约为 $30000mg/m^3$，对环境影响大。2013 年 3 月，$4^\#$ 硫黄加氢催化剂预硫化采用了直接引酸性气预硫化，排放烟气 SO_2 含量最高为 $243mg/m^3$，同时，预硫化时间缩短 40h，大大缩短了开工时间。

2.3　$4^\#$ 硫黄液硫脱气单元技术改造

2.3.1　$4^\#$ 硫黄液硫脱气单元流程简介

液硫中一般含有 $100\sim300\mu g/g$ 的 H_2S，若这部分 H_2S 不能有效脱除，则液硫装车现场及固体硫黄生产单元化工异味较大，并且还存在液硫输送的安全隐患。$4^\#$ 硫黄在 2013 年 6 月 3 日投用了一种与齐鲁石化研究院联合开发的新的液硫脱气技术，其工艺流程简介如下：

自尾气吸收塔塔顶引出部分净化尾气，用引风机（$600\sim800m^3/h$）将净化尾气引到液硫池，在液硫池底设盘管，盘管上开 $\phi6\sim10$ 的孔，在液硫池内鼓泡。通过鼓泡搅动液硫池中的液硫，同时降低液硫池气相空间中 H_2S 的分压，使液硫池中的 H_2S 不断溢出。池顶含 H_2S 和硫蒸气的废气用抽空器抽到加氢反应器入口，硫蒸气在加氢反应器中反应生成 H_2S，生成的 H_2S 进入胺液吸收系统吸收，H_2S 再生后返回制硫系统制硫。

2.3.2　液硫脱气技术投用效果

投用效果见表 2 和表 3。

表 2　新技术投用前后液硫中 H_2S 含量数据

时　间	未鼓泡脱气的液硫中 $H_2S/(\mu g/g)$	鼓泡脱气后液硫中 $H_2S/(\mu g/g)$
2013-06-24	189.6	2.56
2013-06-25	132.9	1.99
2013-06-26	127.8	2.73
2013-06-27	178.2	4.58
2013-06-28	205.2	3.59

从表 2 结果可以看出，未鼓泡脱气的液硫中硫化氢无法达到小于 $10\mu g/g$ 的指标要求，存在极大的安全隐患和环境污染。液硫池增加液硫鼓泡器后，液硫中硫化氢含量小于 $10\mu g/g$。说明液硫脱气效果良好，达到改造的目的。

表 3　烟气 SO_2 的排放量　　mg/m³

检测时间	6月24日	6月25日	6月26日	6月27日	平均值
排放烟气 SO_2 含量	128	42	33	84	72

3　增上胺液脱除热稳态盐流程

3.1　胺液脱除热稳态盐流程简述

2012 年 3 月胺液集中再生单元胺液中热稳态盐达到 10.75%，严重影响了 H_2S 的吸收效果和胺液集中再生单元的安稳运行，故增上了胺液脱除热稳态盐流程，见图 6。

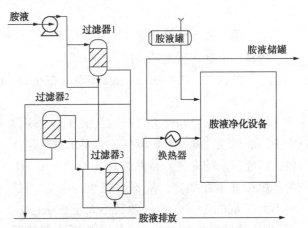

图 6　胺液脱除热稳态盐装置原则流程

3.2　投用后的效果

经过厂家指导及对后续设施一系列的改造，胺液脱除热稳态盐单元运行正常。自 2013 年 4 月份运行至今，胺液中的热稳态盐由 10.75% 降至 5.22%。

4　结语

齐鲁石化硫回收装置通过实施一系列工艺改进后，优化了生产，降低了装置能耗，使每吨硫黄生产成本降低 50 元。按 $4^\#$ 硫黄年生产硫黄 80kt 来计算，仅这 1 套装置年增效 400 万元。同时也降低了烟气 SO_2 排放量。从 2013 年 4 月改造以来，烟气 SO_2 排放量一直在 $100mg/m^3$ 左右，低于即将实施的新的《大气污染物综合排放标准》中规定的特殊地区烟气 SO_2 排放小于 $200mg/m^3$ 的标准，经济和社会效益显著。

降低硫回收装置烟气 SO_2 排放浓度的措施

郭绍宗

（中国石化齐鲁分公司）

摘　要　介绍齐鲁分公司胜利炼油厂 1# 硫回收装置围绕降低烟气 SO_2 排放所采取的多项措施，通过实际应用取得了良好效果。

关键词　烟气 SO_2　低温加氢　催化剂　CT8-5　H_2S/SO_2 在线比值仪

随着经济发展和社会进步，人民群众的环保意识不断增强，国家对环境保护的要求越来越严格，措施越来越完善。特别是对各种烟气中 SO_2 的排放标准不断提高，从不大于 $960mg/m^3$ 降低到不大于 $400mg/m^3$，特殊地区不大于 $200mg/m^3$（即将实施的新标准规定），其降低幅度和处理难度都大大增加。这就要求现有硫黄回收装置进行相应技术改造，选用新型催化剂和 H_2S 吸收溶剂，优化装置运行操作。齐鲁分公司胜利炼油厂 1# 硫回收装置，在提高尾气净化效果方面做了大量的工作，并取得了较好的成绩。烟气 SO_2 排放由原来的小于 $960mg/m^3$，2011 年 10 月达到 $320mg/m^3$ 以下，2012 年 12 月已达到 $200mg/m^3$ 以下，实现了质的飞跃。同时，胺液的使用周期从原来的不到 4 个月延长到 2011 年 10 月至今的 24 个月以上，且设备、管线的腐蚀大大减轻。这些成绩的取得与不断地使用先进的催化剂、胺液吸收剂有着重大的关系。为了更进一步地开好硫回收装置，降低生产运行成本，更好的保护大气环境，本文总结了近几年来采取的一些措施，以期能够为同类装置提供借鉴。

1　硫回收装置 Claus 尾气处理工艺流程简介

胜利炼油厂 1# 硫回收装置 Claus 尾气处理工艺流程见图 1。两级 Claus 转化后，尾气中仍含有 1%～3% 的含硫化合物，包括 H_2S、SO_2、S、COS、CS_2 等。SO_2、S 与氢气反应转化成 H_2S，COS、CS_2 水解转化为 H_2S。还原、水解后的气体经冷却塔冷却至 42℃ 以下，其中的 H_2S 在装有甲基二乙醇胺（MDEA）溶液的吸收塔中被胺液选

择吸收。富液经再生塔，溶解在 MDEA 中的 H_2S 被解吸出来，MDEA 溶液继续循环使用，H_2S 返回 Claus 单元。净化尾气引至尾气焚烧炉焚烧后通过烟囱排入大气。

2　采取的措施与效果

2.1　制硫催化剂的选择与合理级配

硫黄回收装置运行的好坏，关键取决于制硫催化剂的活性及稳定性。因此，催化剂的选择尤其重要。

1# 硫回收装置一直以来选择使用齐鲁分公司研究院研制的 LS-300 氧化铝基制硫催化剂。此系列催化剂经过多年的使用，证明具有较高的活性、水解能力以及长周期运行稳定性，在 1# 硫回收装置已经运行 4～6a，完全能够满足上游装置 4～6a 长周期运行的需要。另外，检修时将 LS-971 氧化铝基脱漏氧保护型催化剂与 LS-300 氧化铝基制硫催化剂搭配装入反应器，经过 1 个周期的应用证明，减少了制硫催化剂的硫酸盐化中毒，也减少了过程气中漏 O_2 的含量，有利于 SCOT 尾气加氢处理装置胺液吸收单元的稳定运行，并减轻了腐蚀。

2.2　低温尾气加氢催化剂的使用

尾气加氢处理装置运行的好坏，加氢催化剂的选用至关重要。1# 硫回收装置尾气加氢单元先后使用过四川天然气研究院研制生产的 CT6-5 加氢催化剂、齐鲁公司研究院研制生产的 LS-951 和 LSH-02 低温 Claus 尾气加氢催化剂，上述三种催化剂都具有较好的加氢活性、稳定性和较高的水解能力。尤其是使用 LSH-02 低温 Claus 尾

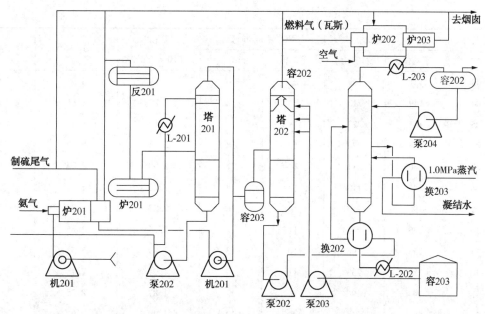

图 1　第一硫回收装置 Claus 尾气处理工艺流程示意

气加氢催化剂可降低催化剂床层压降，并使加氢反应器入口温度降至 220℃，较常规催化剂降低 60℃以上，节能降耗效果显著。

2.3　CT8-5 吸收剂的使用

H₂S 吸收剂的选择使用是气体脱硫运行效果好坏以及是否减轻设备腐蚀的关键。选择具有较强的抗氧化性、高选择性和抗降解能力的胺液吸收剂，不但大大提高胺液使用的性价比，而且有利于降低净化尾气中 H₂S 的含量，从而降低烟气 SO₂ 的排放。同时也可以实现装置的长周期运行，减轻胺液再生系统的设备、管线腐蚀。1# 硫回收装置先后使用过一乙醇胺、二异丙醇胺、N-甲基二乙醇胺和中石油西南油气田分公司研究院研制的复合型 CT8-5 溶剂。效果最好的是 CT8-5 溶剂，运行周期达到 24 个月，且溶液使用过程中热稳态盐生成速度慢、含量低，设备腐蚀较轻。2010 年 4 月 5 日更换过其他厂家生产的 N-甲基二乙醇胺，仅使用不到 5 个月，热稳态盐上升到 10g/L 以上，且贫富液换热器入口附近出现大面积严重腐蚀，而不得不更新换热器壳体。2010 年 8 月份又

重新更换为 CT8-5 溶剂，使用效果较好。

2.4　H₂S/SO₂ 在线比值分析仪的投用

影响硫回收装置转化率、操作平稳率以及总硫收率的因素很多，硫回收装置尾气中 H₂S、SO₂ 的分析数据是指导硫回收燃烧炉合理配风的依据。以前，仅依靠人工化验分析，不仅数据误差大，且分析结果滞后，特别是上游酸性气质量变化和波动时，操作和生产调节滞后严重，对尾气加氢处理带来很大影响：①很难保证 SO₂ 完全的加氢；②胺液吸收超负荷或吸收溶剂不能及时得到有效调整而使 H₂S 得不到完全吸收，从而造成净化尾气中总硫含量大幅升高；③还会造成尾气处理冷却洗涤塔的堵塞而被迫停工，造成大量含硫尾气直接排入大气，污染环境。

2012 年 11 月份，本装置安装使用了美国产的 AAI 型 H₂S/SO₂ 在线比值分析仪。经过近 1a 的连续运行，数据稳定可靠，维护率较低，调节自动及时，尾气加氢处理生产更加平稳，烟气 SO₂ 排放浓度明显降低。2013 年烟气 SO₂ 排放浓度及总硫收率如表 1。（随意截取 5 月 SO₂ 排放在线监测数据）。

表 1　烟气排放连续监测日平均值月报表数据

日期	SO₂/(mg/m³)		NOₓ/(mg/m³)		流量/(10⁴m³/d)	O₂/%	温度/℃
	平均值	折算值	平均值	折算值			
2013-05-01	143	249	27	55	1.91	10.40	147.2
2013-05-02	136	193	19	27	2.16	8.77	144.4

续表

日期	SO$_2$/(mg/m^3)		NO$_x$/(mg/m^3)		流量/ (10^{4}m^3/d)	O$_2$/%	温度/℃
	平均值	折算值	平均值	折算值			
2013-05-03	151	209	22	30	2.19	8.50	142.9
2013-05-04	149	213	22	32	2.20	8.81	141.6
2013-05-05	161	222	18	25	2.19	8.42	143.8
2013-05-06	155	220	13	18	2.13	8.73	148.4
2013-05-07	140	211	14	21	2.08	9.34	145.7
2013-05-08	145	178	14	18	2.26	7.37	152.9
2013-05-09	190	213	14	16	2.27	5.74	149.7
2013-05-10	239	248	11	12	2.23	4.35	162.0
2013-05-11	153	196	10	13	1.89	7.51	149.6
2013-05-12	187	233	11	14	1.91	7.14	151.3
2013-05-13	144	196	9	12	1.87	8.25	147.5
2013-05-14	101	146	8	12	1.79	8.97	143.8
2013-05-15	73	126	9	17	1.64	10.96	138.7
2013-05-16	55	101	12	24	1.60	11.41	133.2
2013-05-17	67	103	11	19	1.70	9.83	136.4
2013-05-18	73	114	13	21	1.71	9.92	133.1
2013-05-19	101	134	11	16	1.75	8.22	141.4
2013-05-20	79	121	9	14	1.68	9.56	142.7
2013-05-21	145	182	10	13	1.82	7.75	145.8
2013-05-22	159	190	10	12	1.93	6.40	153.5
2013-05-23	219	254	9	11	2.07	5.95	153.6
2013-05-24	251	285	10	11	2.12	5.63	152.7
2013-05-25	217	272	13	17	2.08	7.07	144.5
2013-05-26	182	221	12	15	2.00	6.60	146.5
2013-05-27	141	188	15	20	1.95	7.97	139.9
2013-05-28	137	186	18	25	1.96	8.27	135.1
2013-05-29	98	140	17	27	1.88	9.11	133.2
2013-05-30	129	184	18	29	1.82	9.21	147.3
2013-05-31	188	269	18	32	1.88	9.63	152.6
平均值	146	193	13	20	1.96	8.25	145.2
最大值	251	285	27	55	2.27	11.41	162.0
最小值	55	101	8	11	1.60	4.35	133.1

通过表1数据可以看出，烟气SO$_2$排放浓度平均值低于200mg/m^3，通过计算得出总硫收率为99.99%。

2.5　新的液硫脱气工艺应用

1#硫回收装置使用循环溢流解析法脱除液流中的的H$_2$S，但是长期以来存在溶解气解析不完全、液硫中H$_2$S含量较高的问题，并且脱出的

H$_2$S直接进入净化尾气焚烧炉进行了焚烧，又造成了烟气SO$_2$排放浓度升高。2012年底采用液硫脱气新工艺，即利用净化尾气代替空气进行鼓泡，使液硫中H$_2$S含量降至10μg/g以下，脱出的含硫气体再引入尾气加氢反应器，不仅生产过程安全，大大降低了烟气中SO$_2$的排放浓度，而且净化尾气中的多余氢气也得到了进一步利用，

从而节省部分氢气资源。

3　下一步建议

就胜利炼油厂 1# 硫回收装置来说，受各种条件的限制，比如装置负荷较大，满负荷或超负荷运行，酸性气来源的多样等，要长周期稳定达到

烟气 SO_2 排放浓度 200mg/m³ 以下的国家新标准要求，在考虑装置改造投资不大的情况下，建议在净化尾气进焚烧炉前再进行一次碱液吸收。这样烟气 SO_2 排放浓度会大幅降低，如果不考虑净化尾气中氢气的污染，甚至可以停掉焚烧炉，节约大量的瓦斯，经济效益非常可观。

硫回收装置烧氨过程分析及条件优化

马恒亮

（中国石化洛阳分公司）

摘　要　通过在实际生产操作中的探索和分析，不断优化烧氨的条件，改善了烧氨效果。结果表明：采取适当提高风气比、提高酸性气进炉温度、调节燃烧气氨的负荷和优化仪表控制方案等措施后，一、二级反应器的入口过程气温度和床层温度间的温差均增大，系统压力基本维持在 0.020MPa 左右，急冷水中 NH_3-N 含量大约控制在 300mg/L，取得了较好的综合效益。

关键词　酸性气　氨　Claus 工艺　烧氨　硫回收

单塔加压汽提侧线抽氨工艺与传统的双塔汽提和单塔侧线抽氨工艺相比，具有流程简单、易操作、投资省和能耗低等特点，逐渐成为各厂家和设计单位解决酸性气烧氨效果的首选工艺。汽提出来的含氨酸性气，送至硫回收装置制硫。20 世纪 60 年代，美国率先开展了含氨酸性气焚烧制硫技术的研究，并很快在工业装置上应用。随后，日本和欧洲以及加拿大等发达国家，在燃烧炉的结构、烧嘴形式、操作条件及控制方案等方面做了大量的工作[1]。经过几十年的发展，硫回收装置处理含氨酸性气技术在国外已得到广泛应用。随着硫回收技术的不断改进和对引进技术的消化吸收，近年来烧氨技术在我国很快获得重视[2]。自 2000 年中国石化上海高桥分公司 30kt/a 硫回收装置首次采用该项技术以来，陆续有多家炼化企业先后使用该工艺技术，装置规模 20 ～ 100kt/a 不等[3]。本文就洛阳石化分公司硫回收装置在烧氨过程中遇到的问题进行深入探讨，并结合操作实际，提出优化方案。

1　装置及烧氨运行状况

1.1　装置概况

中国石化洛阳分公司 40kt/a 硫回收装置、300t/h 溶剂再生装置和 110t/h 污水汽提装置，是油品质量升级改造工程的配套项目。40kt/a 硫回收装置采用 Claus 制硫工艺，把上游装置来的酸性气高温燃烧和低温催化转化后，再采用逐级冷凝的方法回收硫黄。酸性气燃烧炉采用意大利 Lissone-Milan 公司强制混合火嘴，将污水汽提装置来的含氨酸性气进行燃烧，经高温燃烧和热分解成氮气和水后，再进入加氢还原吸收部分和尾气焚烧部分，由烟囱排放大气，排放烟气中 SO_2 浓度约为 585mg/m³，可以满足《大气污染物综合排放标准》（GB 16297—1996）的要求。

1.2　烧氨工艺原理

酸性气中氨的分解主要基于 3 个反应机理：①燃烧分解；②热分解；③可能的反应机理是 SO_2 对 NH_3 的氧化作用。H_2S 的燃烧反应比 NH_3 快，因此在混合较好的情况下，H_2S 首先被烧掉，特别是在次当量反应条件下，H_2S 燃烧形成的 SO_2 会与混合气中的氨等组分进行反应。上述反应机理都需要足够高的反应温度（≥1250℃），从而将 NH_3 彻底分解。以上 3 个氨分解机理的主要反应如下：

（1）氨的燃烧分解

$$2NH_3+3/2O_2 \longrightarrow N_2+3H_2O$$

（2）氨的热分解

$$2NH_3 \longrightarrow N_2+3H_2$$

（3a）H_2S 与 O_2 反应生成 SO_2

$$H_2S+3/2O_2 \longrightarrow SO_2+H_2O$$

（3b）氨与 SO_2 反应

$$2NH_3+SO_2 \longrightarrow N_2+2H_2O+H_2S$$

影响酸性气燃烧炉烧氨效果的因素有 3 个，即反应温度（Temperature）、酸性气停留时间

(Time residence)和紊流混合强度(Turbulence mixing)。三"T"相互关联,缺一不可,高的反应温度和紊流混合强度可缩短酸性气的停留时间。温度是3个因素中的基础,若温度达不到要求,再长的停留时间和再高的混合强度也达不到好的烧氨效果。其中,影响反应温度的因素有:酸性气中H_2S的浓度和烃的浓度、瓦斯组分和含量等;影响酸性气停留时间的因素有酸性气负荷等;紊流混合强度主要与燃烧火嘴的类型有关[4]。

1.3 硫回收装置烧氨运行情况

洛阳石化硫回收装置自2008年建成运行以来,尾气入尾炉分布器和硫封过滤网分别在2009年7月和2010年9~11月出现了多次堵塞现象,酸性气预热器(E2507)在2010年11月出现了管线蒸汽泄露现象。结合本装置烧氨的特点进行分析,认为在保证上游粗氨气来量稳定的同时提高酸性气燃烧炉(F2501)的炉温(≥1250℃),增大含氨酸性气的停留时间,并增强空气、燃料气和含氨酸性气的混合强度,可以有效提高烧氨效果。

在烧氨的实际生产操作中发现,当酸性气中H_2S体积分数大于75%、NH_3与H_2S体积比小于0.2时才能保证燃烧炉的温度在1250℃以上。装置酸性气中H_2S体积分数在65%~85%之间波动,造成温度达不到1250℃,最终导致NH_3的燃烧分解、热分解以及SO_2对其的氧化作用不充分。酸性气组成的波动也可能使NH_3与H_2S体积比大于0.2,从而降低燃烧炉的温度,并导致NH_3的燃烧不完全。

当NH_3燃烧不完全时,可造成如下后果:①NH_3燃烧不完全可加剧铵盐的形成。NH_3不完全分解产生的NO_x是SO_2氧化生成SO_3的催化剂,在游离氧存在时,极易将SO_2氧化生成SO_3,为形成稳定的硫酸盐创造了条件,铵盐易在低温部位结晶析出堵塞过程气系统;②SO_2氧化生成的SO_3会促使Claus制硫催化剂硫酸盐化失去活性;另外,SO_3与水蒸汽结合形成H_2SO_4,会加速设备腐蚀;③NH_3燃烧不完全会引起SCOT尾气脱硫循环胺液中NH_3的富集,该部分NH_3携带"黏附"的H_2S和CO_2,会造成尾气吸收塔吸收H_2S的能力降低,也降低了再生塔的解析效果;④酸性气总硫回收率降低。由于烧氨条件比较苛刻,

一旦燃烧效果不好,可能会造成硫回收装置系统堵塞,影响装置的安全长周期运行。

2 优化烧氨条件

2.1 适当提高风气比

F2501内空气与原料气量的体积比,简称为风气比。适当提高风气比,一方面可以迅速提高炉膛温度,增大NH_3转化率;另一方面可以提高炉内SO_2的生成量,再经加氢反应后,生成的H_2S被吸收塔吸收,重新返回污水汽提装置进行处理,从而可以在一定程度上提高汽提出来的酸性气浓度,增大含NH_3酸性气燃烧炉的温度,提高NH_3燃烧效果。理论上,通过调节风气比将H_2S/SO_2(v/v,下同)的比值控制为2时,是最佳的酸性气燃烧条件;但在实际操作中发现,提高风气比,控制H_2S/SO_2比值为2.5时,含NH_3酸性气中H_2S浓度可提高7.1个百分点,燃烧炉温度可升高5~10℃。因此,在实际操作中,一般将H_2S与SO_2比值控制在2~3左右。

2.2 提高酸性气进炉温度

2010年11月,E2507投用时,由于管束存在泄漏现象,使蒸汽进入其中,降低了含氨酸性气温度,造成预热效果不佳,F2501的炉膛温度只能达到970℃,造成气氨不能完全燃烧分解,烧氨效果较差。而将E2507停止投用后,酸性气直接进入F2501进行燃烧,此时炉膛温度可提高200℃,达到1170℃左右,这在一定程度上提高了烧氨效果,但还未达到气氨只能在1250℃以上才能充分分解的条件,气氨的分解仍不充分。当E2507检修投用后,酸性气可在其中与蒸汽充分换热,达到理想的预热效果,使F2501炉膛温度达到1250℃,在气氨来量稳定的前提下,其能完全燃烧分解。

2.3 调节燃烧气氨的负荷

当气氨产量过大,超过F2501的燃烧处理负荷时,可造成H_2S和NH_3均不能完全分解,进而导致两者发生反应生产铵盐,导致系统堵塞和压力升高。因此,通过投用氨精制系统的氨气冷却器来调节燃烧气氨的负荷,使其在酸性气中体积分数不超过25%。这样,不但提高了操作的灵活性,亦可根据实际情况将NH_3进行燃烧或精制。

2.4 优化仪表控制方案

目前,酸性气与NH_3燃烧时的配风方案是将

硫黄回收二十年论文集

两者的量相加后乘以同一系数进行。在此情况下，当酸性气或 NH₃ 来量波动时，可导致配风的波动，从而使 F2501 炉膛温度不稳，NH₃ 的燃烧效果不理想。因此，建议在停工检修中优化仪表控制方案，使 F2501 的配风按照酸性气和 NH₃ 分别乘以相应的系数再相加后进行。

3 效果验证与评价

3.1 一级和二级反应器入口与床层间温差增大

一级反应器和二级反应器均为 Claus 催化转化器，其中发生的反应是：含氨酸性气经 F2501 燃烧后生成的 SO_2 与 H_2S 在 Claus 催化剂的作用下反应生成硫黄。当 NH₃ 在 F2501 中充分燃烧时，一级反应器的床层温度与过程气进入其中时入口温度间的温差变大（如表1所示）。两者间的温差越大，过程气中的硫蒸气就越不容易在催化剂床层上冷凝堵塞催化剂的孔道，从而对催化剂活性的影响就越小，硫回收率也会随之增大。

表1 优化前后一级反应器入口与床层间的温差 ℃

采样日期	不烧氨			烧氨优化前			烧氨优化后		
	入口	床层	温差	入口	床层	温差	入口	床层	温差
2010-03-27	215	309	94	217	302	85	220	312	92
2010-04-03	217	311	94	215	299	84	218	309	91
2010-04-09	216	311	95	219	301	82	220	311	91
2010-04-15	219	312	93	216	298	82	216	305	89
2010-04-21	217	310	93	216	294	78	219	309	90
2010-04-27	220	314	94	218	293	75	217	306	89

注：采样时的风量和酸性气量大致相同，其分别为 7000m³/h 和 4000m³/h；烧氨时的采样日期均为引 NH₃ 燃烧后连续一个月的采样时间。

从表1中可以看出，不烧氨时，一级反应器的床层温度与过程气入口温度间的温差大致维持在 94℃ 左右。当烧氨时，两者间的温差在优化操作前后存在显著差异，且均低于不烧氨时的温差；另外，两者间的温差在优化前随时间的变化逐渐减小，而在优化后几乎不随时间的变化发生变化。分析其原因是，优化操作前，NH₃ 在 F2501 中的不完全燃烧可分解产生 NO_x，当有游离氧存在时，可将过程气中的 SO_2 氧化成 SO_3，促使 Claus 制硫催化剂硫酸盐化失去活性，从而导致一级反应器床层上的反应不充分而造成床层温度降低。同理，二级反应器的床层温度与过程气入口温度间的温差在优化操作前后也存在同样的现象（数据未列出）。所以，优化烧氨操作条件后，一级反应器和二级反应器入口与床层间温差增大，保证了其中发生的反应更加充分和彻底。

3.2 系统压力基本不变

优化操作烧氨条件前后，系统的压力如表2所示。由表2可见，不烧氨时的系统压力基本不变，约为 0.018MPa。烧氨时，优化烧氨操作条件前后的系统压力均大于不烧氨时的压力；优化前的系统压力随时间变化逐渐增大，而优化后的系统压力几乎不随时间发生显著性变化。其原因就是 NH₃ 不完全燃烧时，可在低温条件下的入尾炉管线中与 SO_2 发生反应而盐化，从而导致系统或硫封过滤网的堵塞。在实际操作中发现，当优化烧氨条件后，不但系统压力基本稳定在 0.038MPa 左右，而且清理硫封过滤网堵塞的次数也减少到0，保证了装置的平稳运行。

表2 优化前后的系统压力 MPa

采样日期	不烧氨系统压力	采样日期	烧氨优化前系统压力	采样日期	烧氨优化后系统压力
2010-03-27	0.016	2010-07-27	0.019	2010-09-27	0.024
2010-04-03	0.019	2010-08-03	0.025	2010-10-03	0.019
2010-04-09	0.018	2010-08-09	0.042	2010-10-09	0.037

续表

采样日期	不烧氨系统压力	采样日期	烧氨优化前系统压力	采样日期	烧氨优化后系统压力
2010-04-15	0.018	2010-08-15	0.110	2010-10-15	0.045
2010-04-21	0.017	2010-08-21	0.203	2010-10-21	0.040
2010-04-27	0.019	2010-08-27	0.421	2010-10-27	0.051

注：采样时的风量和酸性气量大致相同，其分别为7000m³/h 和 4000m³/h；烧氨时的采样日期均为引 NH_3 燃烧后连续一个月的采样时间。

3.3 急冷水中 NH_3—N 含量降低

由于对过程气中的 NH_3 含量进行采样分析时，过程气中不完全燃烧的 H_2S 和 NH_3 很容易发生反应生成结晶盐 NH_4HS 堵塞管线，从而无法对其含量进行准确分析。因此，为及时掌握装置烧氨效果，确保装置长周期运行，采用了对比急冷水中 NH_3—N 含量的方法进行烧氨效果分析。优化前后急冷水中的 NH_3—N 含量见表3。由表3

可以看出，不烧氨时急冷水中的 NH_3—N 含量基本不变。烧氨时，优化前后的 NH_3—N 含量均大于不烧氨时的 250mg/L；优化前的 NH_3—N 含量随时间变化逐渐增大，而优化后大致维持在300mg/L 左右，这也在一定程度上说明了烧氨条件优化后，NH_3 的燃烧较为理想。这与某炼油厂硫回收装置的首次应用[5]是一致的。

表3 优化前后急冷水中的 NH_3—N 浓度　　　　　　　　mg/L

采样日期	不烧氨 NH_3—N 浓度	采样日期	烧氨优化前 NH_3—N 浓度	采样日期	烧氨优化后 NH_3—N 浓度
2010-03-27	254.3	2010-07-27	263.5	2010-09-27	278.6
2010-04-03	243.9	2010-08-03	273.8	2010-10-03	280.4
2010-04-09	248.7	2010-08-09	304.8	2010-10-09	285.2
2010-04-15	251.0	2010-08-15	343.4	2010-10-15	304.5
2010-04-21	238.5	2010-08-21	352.9	2010-10-21	299.8
2010-04-27	264.6	2010-08-27	401.1	2010-10-27	312.7

注：采样时的风量和酸性气量大致相同，其分别为7000m³/h、4 000m³/h；烧氨时的采样日期均为引 NH_3 燃烧后连续一个月的采样时间。

3.4 较好的综合效益

通过优化烧氨操作条件，取得了经济综合效益。在经济效益方面，通过烧氨可释放较多热量，酸性气燃烧炉锅炉可产生更多 3.5MPa 蒸汽，如表4 所示。

表4 优化前后的蒸汽产量　　　　　　　　t/h

采样日期	不烧氨蒸汽量	采样日期	烧氨优化前蒸汽量	采样日期	烧氨优化后蒸汽量
2010-03-27	12.3	2010-07-27	13.0	2010-09-27	12.8
2010-04-03	10.8	2010-08-03	12.4	2010-10-03	14.5
2010-04-09	12.1	2010-08-09	12.4	2010-10-09	14.7
2010-04-15	11.6	2010-08-15	11.8	2010-10-15	13.0
2010-04-21	11.5	2010-08-21	10.4	2010-10-21	11.5
2010-04-27	10.9	2010-08-27	11.7	2010-10-27	14.9

注：采样时的风量和酸性气量大致相同，其分别为7000m³/h、4000m³/h；烧氨时的采样日期均为引 NH_3 燃烧后连续一个月的采样时间。

从表4得知，不烧氨时的锅炉蒸汽产生量平均为11.5t/h，烧氨时优化前后的产生蒸汽量分别为 11.9t/h 和 13.5t/h。按 2013 年上半年

3.5MPa 蒸汽价格平均为 200 元/t 计算，优化前后每小时可多产生效益为 320 元，每年按 360d 计算，每年的效益为 276.48 万元，具有较好的

经济效益。在环境效益方面，将 NH_3 进行充分燃烧后，减少了尾气中 NO_x 的生成和排放，对环境保护具有重要的作用。

4　结论

1）酸性气氨燃烧效果与风气比、炉膛温度、氨负荷、配风等操作因素密切相关，合适的操作条件可提高燃烧效果。

2）优化烧氨操作条件后，保证了反应更加充分和彻底，NH_3 的燃烧更加理想，也取得了较好的综合效益。

参 考 文 献

[1] 林霄红. 7 万吨/年硫回收装置设计特点及问题探析[J]. 炼油，2001，（1）：53-58.

[2] 李学翔，马培培. 含氨酸性气对 Clause 硫回收工艺的影响及对策[J]. 石油技术与应用，2008，26(2)：158-162.

[3] 王吉云，温崇荣. 硫回收装置烧氨技术特点及存在的问题[J]. 石油与天然气化工，2008，37(3)：218-222.

[4] 王伟，张联强，李延萍，等. 硫回收装置热反应炉及燃烧器[J]. 炼油技术与工程，2008，38(1)：37-39.

[5] 金洲. 直接注入法烧氨工艺在国内的首次应用[J]. 硫酸工业，2007，（6）：17-20.

液硫脱气及废气处理新工艺的应用

徐永昌　　任建邦　　李勤树　　徐向峰　　王凯强

（中国石化齐鲁分公司）

摘　要　开发的液硫脱气及废气处理新工艺，采用硫回收装置自产的净化尾气作为液硫脱气鼓泡的气源，将脱气废气引入尾气加氢反应器处理。采用 LS-981 多功能制硫催化剂和氧化铝基催化剂合理级配，尾气处理采用 LSH-03 低温耐氧高活性加氢催化剂与 MS-300 进口胺液。工业应用结果表明：液硫脱气后硫化氢含量小于 $10\mu g/g$，烟气二氧化硫排放浓度小于 $100mg/m^3$，率先达到国际领先水平。

关键词　硫回收　液流脱气　废气处理　二氧化硫　排放浓度

1　前言

我国一直倡导节能减排工作，严格控制大气二氧化硫排放量。国家有关部门正在酝酿修订大气污染物综合排放标准，要求新建硫回收装置二氧化硫排放浓度小于 $400mg/m^3$（特定地区排放浓度小于 $200mg/m^3$）。中国石化积极实施绿色低碳发展战略，把降低硫回收装置烟气二氧化硫排放浓度作为炼油板块争创世界一流的重要指标之一，要求 2015 年二氧化硫排放浓度达到世界先进水平（$400mg/m^3$）、部分企业达到世界领先水平（$200mg/m^3$）。

齐鲁分公司通过总结归纳中国石化部分硫回收装置在生产运行管理上好的做法与经验，围绕二氧化硫排放浓度达到 $200mg/m^3$ 以下的新要求，主要做了以下工作：①开发了液硫脱气及废气处理的新工艺。采用硫回收装置自产的净化尾气作为液硫脱气鼓泡的气源，将脱气废气引入尾气加氢反应器处理。②利用 2013 年 3 月份检修机会，将胺液全部更换为美国 HUNSTMAN 公司的 MS-300。③优化了催化剂级配方案，制硫催化剂采用 LS-981 多功能制硫催化剂和氧化铝基催化剂的合理级配，尾气加氢催化剂使用 LSH-03 低温耐氧高活性加氢催化剂。

装置开工正常后，于 2013 年 4 月 24 日至 6 月 26 日进行了标定考核，考察了美国 HUNSTMAN 公司的 MS-300 胺液的性能，液硫脱气的效果，催化剂的性能，烟气 SO_2 的排放浓度等等。标定结果表明：美国 HUNSTMAN 公司的 MS-300 胺液净化度高，净化气硫化氢含量可低至 $20\mu g/g$；液硫脱气效果好，脱后硫化氢含量小于 $10\mu g/g$；级配催化剂水解性能及水热稳定性，可满足液硫脱气废气处理的要求；上述措施实施后，烟气二氧化硫排放浓度小于 $100mg/m^3$，率先达到国际领先水平。

2　液硫脱气及废气处理新工艺流程简述

液硫中一般含有 $100\sim300\mu g/g$ 的 H_2S，若这部分 H_2S 不能有效脱除，则液硫装车现场及固体硫黄生产单元化工异味剧烈，并且还存在液硫输送的安全隐患。目前国内外通常使用的液硫脱气技术为：

① 用空气给液硫鼓泡，脱气后的尾气进入焚烧炉，但增加硫回收装置的 SO_2 排放浓度 $100\sim200mg/m^3$；有这股尾气存在，就很难达到总部要求的 2015 年二氧化硫排放浓度达到世界领先水平的要求。

② 用喹啉中和，现场化工异味较大，污染严重。

③ 靠液硫进入液硫池闪蒸，再用汽抽子将液硫池挥发的 H_2S 引入焚烧炉焚烧，液硫内部部分 H_2S 未能完全脱除，导致液硫装车及成型单元化工异味很大。

④ 有的企业采用空气鼓泡，鼓泡后尾气进入

一碱洗罐用碱中和，但碱洗罐经常被硫粉堵塞，需不定期清理，比较麻烦。

以上工艺都多少存在一些不理想的地方。

齐鲁分公司炼油厂第四硫回收装置，采用自主开发的液硫脱气及废气处理专利技术，有效解决了上述技术存在的问题。其工艺过程简述如下：

硫回收装置的净化尾气，其主要成分为氮气，含微量的 COS 和少量 SO_2、CO_2 等。齐鲁 4# 硫黄装置，自尾气吸收塔塔顶引出部分净化尾气，用引风机将净化尾气引到液硫池，在液硫池底设盘管，盘管上开 $\phi 6 \sim 10$ 的孔，在液硫池内鼓泡；通过鼓泡搅动液硫池中的液硫，同时降低液硫池气相空间中 H_2S 的分压，使液硫池中的 H_2S 不断溢出；池顶含 H_2S 和 S 蒸气的废气用抽空器抽到加氢反应器入口，S 蒸气在加氢反应器中反应生成 H_2S；生成的 H_2S 进入胺液吸收系统吸收，H_2S 再生后返回制硫系统回收单质硫。

3 标定期间 4# 硫黄酸性气来源

标定期间齐鲁 4# 硫黄酸性气来源：清洁酸气、含氨酸气、甲醇尾气、S Zorb 装置再生烟气、液硫脱气废气。其中齐鲁 S Zorb 装置再生烟气和液硫脱气废气进入加氢反应器进行处理，二化甲醇尾气进入制硫炉进行处理。相关数据见表 1~表 4。

表 1 齐鲁三套硫黄酸性气组成 %（体）

组成	清洁酸气	含氨酸气
H_2S	91.81	60.39
氢气	0.65	1.04
空气	6.83	37.72
甲烷	0.06	0.03
丙烷	0.03	0.08
异丁烷	0.02	0.04
丁烯-异丁烯	0.01	0
异戊烷	0	0.03
碳六	0	0.14
CO_2	0.6	0.47
合计	100	100

表 2 S Zorb 装置再生烟气组成及条件

%（体）

组成及条件	数值
SO_2	1.424
O_2	0.989
CO_2	3.261
N_2	90.6
H_2O	3.726
流量/（m^3/h）	1000
温度/℃	140~160

表 3 二化甲醇尾气组成及条件 %（体）

组成及条件	数值
O_2	5.30
H_2S	11.54
CO_2	75.46
H_2	2.74
N_2	4.43
有机硫	0.53
流量/（m^3/h）	2200
温度/℃	60

表 4 液硫脱气废气中 H_2S 含量

日期	比长管数据/（μg/g）	微库仑数据（硫）/（mg/m^3）	色谱数据/（μg/g）
2013-06-06	500	1008	620
2013-06-07	—	1320	730
2013-06-08	—	785	564
2013-06-20	300	598	412
2013-06-21	750	1635	1003
2013-06-24	1500	2626	1542
2013-06-25	1900	3745	1998
2013-06-26	1800	2735	1566

4 4# 硫黄催化剂运行情况

4.1 4# 硫黄催化剂装填情况

2013 年 3 月 14 日一级反应器（R401）催化剂装填情况：R401 底部铺丝网，网上依次铺 50mm 高 $\phi 30mm$ 瓷球、30mm 高 $\phi 20mm$ 瓷球、50mm 高 $\phi 10mm$ 瓷球；$\phi 10mm$ 瓷球上铺丝网，网上装 LS-300 催化剂 19.36t，高度 500mm。LS-300 催化剂上部装填 LS-981 催化剂 12.44t，高度 300mm。

2013 年 3 月 14 日二级反应器（R402）催化剂装填情况：R402 底部铺丝网，网上依次铺 50mm 高 φ30 瓷球、30mm 高 φ20mm 瓷球、50mm 高 φ10mm 瓷球；φ10mm 瓷球上铺丝网，网上装 LS-300 催化剂 29.56t，高度 800mm。

2013 年 3 月 15 日加氢反应器催化剂（R501）装填情况：R501 底部铺丝网，网上依次铺 50mm 高 φ30mm 瓷球、40mm 高 φ20mm 瓷球、50mm 高 φ10mm 瓷球；φ10mm 瓷球上铺丝网，丝网上装 LSH-03 催化剂 25t，高度 800mm。

4.2 4#硫黄催化剂运行情况

一级转化器、二级转化器和尾气加氢反应器入口温度、床层温度和床层温升见表 5。从表 5 数据可以看出，一级转化器入口温度控制 230～243℃，床层温升为 63～82℃；二级转化器入口温度控制 231～240℃，床层温升为 9～15℃；加氢反应器入口温度控制 208～231℃，在 S Zorb 再生烟气和液硫脱气废气全部引入 4#硫黄加氢反应器处理时，床层温升大约 30～40℃，未出现飞温和反应不完全的现象。

表 5 三个反应器的温升情况   ℃

时间	R401 入口	R401 床层	R401 温升	R402 入口	R402 床层	R402 温升	R501 入口	R501 床层	R501 温升
2013-06-06	240	313	73	240	253	13	229	262	33
2013-06-07	239	318	79	239	254	15	231	258	27
2013-06-08	240	314	74	238	250	12	220	263	43
2013-06-20	236	316	80	239	254	15	208	248	40
2013-06-21	235	310	75	236	245	9	228	241	13
2013-06-24	243	306	63	238	249	11	230	262	32
2013-06-25	232	310	78	231	240	9	227	272	45
2013-06-26	230	312	82	235	247	12	225	260	35
平均值	236	312	76	237	249	12	225	258	34

标定期间用氧气比色管对 R501 出口的氧气含量进行了检测，结果是零，说明催化剂脱氧效果良好；对急冷水 pH 值进行了监控，没有发生 pH 值下降的趋势，也没有发生急冷塔堵塔的现象，说明二氧化硫和单质硫加氢反应完全。

S Zorb 汽油吸附脱硫再生烟气、液硫脱气废气都进入加氢反应器进行处理，这两股气中都含有少量氧气，但因 LSH-03 的抗氧及脱氧效果较好，带入的少量氧气未对加氢操作产生不良影响，这从氧气检测结果和 R501 的温升情况都得到了印证。说明 LSH-03 催化剂能满足 S ZORB 再生烟气和液硫脱气废气同时处理的要求。

5 新型胺液 MS-300 的应用效果

4#硫黄装置利用检修之际，将胺液全部更换为美国 HUNSTMAN 公司的 MS-300 胺液，MS-300 对 H2S 的吸收具有较强的选择性。于 2013 年 4 月 24 日至 5 月 22 日对 MS-300 进行了间断性标定。标定期间，液硫脱气及废气处理新工艺尚未施工完毕，但液硫池闪蒸气和 S Zorb 再生烟气均引入加氢反应器，2000m³/h 的甲醇尾气引入制硫炉。标定期间工艺条件、胺液质量、净化气和烟气分析数据见表 6。

表 6 标定期间工艺条件、胺液质量、净化气和烟气分析数据

日　　期	2013-04-25	2013-04-27	2013-04-28	2013-05-16	2013-05-17	2013-05-20	2013-05-22
酸性气总量/（m³/h）	7850	7850	7850	8918	6221	7840	6624
配风量/（m³/h）	20050	20273	19700	20410	11510	16560	15471
尾气炉配风量/（m³/h）	8500	9200	9000	7055	7060	7140	7263
吸收塔 C502 顶温度/℃	41.5	43.0	42.8	40.5	40.9	41.7	40.5
胺液循环量/（t/h）	95	105	90	95	80	100	100
重沸器蒸汽量/（t/h）	8.5	11.0	9.0	11.0	8.5	8.8	10.0

续表

日　　期	2013-04-25	2013-04-27	2013-04-28	2013-05-16	2013-05-17	2013-05-20	2013-05-22
贫液浓度/%	40.78	41.64	41.71	37.94	—	39.22	—
贫液中 H_2S 含量/(g/L)	0.4	0.3	0.3	0.1	0.2	0.6	0.3
泡高/cm	1.6	3.2	3.0	未分析	—	—	—
消时/s	1.0	2.4	3.5	未分析	—	—	—
净化气/(mg/m³) H_2S	83	50	52	20	40	92	52
净化气/(mg/m³) COS	32	30	21	16	20	20	29
烟气/(mg/m³) SO_2	123	59	42	33	49	130	84
烟气/(mg/m³) NO_x	50	59	55	53	44	81	46
烟气/(mg/m³) O_2/%	6.5	4.02	4.48	3.63	7.16	1.30	5.13

从表6结果可以看出：①在相同的工艺条件下，吸收塔顶温度越低，贫液贫度越贫，烟气排放二氧化硫含量硫越低。②胺液浓度在36.61%~42.28%之间，均能满足烟气排放二氧化硫含量达到100mg/m³以下，且胺液系统无发泡及其他异常现象。③烟气排放二氧化硫含量最低值操作条件：胺液循环量95t/h；重沸器蒸汽量11t/h；吸收塔顶温度≤41℃。此条件下烟气排放二氧化硫含量在33~35mg/m³左右。④烟气排放二氧化硫含量最经济操作条件：胺液循环量80t/h；重沸器蒸汽量8.5t/h；吸收塔顶温度≤43.3℃。此条件下烟气排放二氧化硫含量在49~85mg/m³左右，能够满足烟气排放二氧化硫含量在100mg/m³以下。⑤吸收塔顶部温度上限为43.3℃，且急冷塔顶部温度不能高于吸收塔顶温度2℃。

6 液硫脱气及废气处理新工艺应用情况

2013年3月4#硫黄液硫脱气及废气处理项目开始施工，5月31日施工完毕，6月1日、2日进行吹扫气密单机试运等开工工作，6月3日投用正常。

6.1 液硫脱气废气对烟气 SO_2 排放浓度的影响

6月6日~28日进行了标定。标定期间处理的酸性气有清洁酸气、含氨酸气、2000m³/h含76% CO_2 的甲醇尾气，这些酸性气都进入制硫反应炉；1000m³/h的S Zorb汽油吸附脱硫再生烟气进入加氢反应器，600~800m³/h（含水蒸气2t）的液硫脱气废气进入加氢反应器。标定期间，6月8日和9日因上游装置大幅波动，硫回收装置操作受到较大影响，6月20日、21日、26日因气温较高，吸

收塔温度在44℃，胺液循环量为95t/h，重沸器蒸汽量为11t/h。烟气分析结果见表7。

表7　烟气分析结果

日期	SO_2 含量/(mg/m³)	NO_x 含量/(mg/m³)	O_2 体积分数/%
2013-06-06	38	25	9.88
2013-06-07	69	24	10.98
2013-06-08	58	28	10.11
2013-06-20	106	46	1.71
2013-06-21	167	21	4.96
2013-06-24	85	25	3.86
2013-06-25	84	45	4.83
2013-06-26	150	49	4.95

从表7结果可以看出，6月20日、21日、26日因气温较高，吸收塔温度在44℃以上，使得烟气 SO_2 排放浓度超过100mg/m³，其余时间烟气 SO_2 排放浓度均低于100mg/m³。在S Zorb汽油吸附脱硫再生烟气和液硫脱气废气同时进入加氢反应器的工况下，烟气 SO_2 排放浓度低于200mg/m³。可以说明，液硫脱气废气引入加氢反应器，没有导致烟气 SO_2 排放浓度增加。

6.2 液硫脱气效果标定

4#硫黄液硫池吹扫气硫化氢分析结果见表8。

表8　4#硫黄液硫池吹扫气硫化氢含量

日期	比长管检测 H_2S/(μg/g)	微库仑检测总硫（硫）/(mg/m³)	色谱检测 H_2S/(μg/g)
2013-06-06	500	1008	620
2013-06-07	—	1320	730
2013-06-08	—	785	564

续表

日期	比长管检测 H₂S/(μg/g)	微库仑检测总硫 (硫)/(mg/m³)	色谱检测 H₂S/(μg/g)
2013-06-20	300	598	412
2013-06-21	750	1635	1003
2013-06-24	1500	2626	1542
2013-06-25	1900	3745	1998
2013-06-26	1800	2735	1566

从表 8 可以看出，液硫池吹扫气硫化氢含量较高，直接焚烧排放对烟气 SO_2 排放浓度影响较大，同时，液硫中硫化氢不及时脱除，在装车和成型的过程中会存在极大的安全隐患。

采用净化气鼓泡脱气前后液硫中硫化氢的含量分析结果见表 9。

从表 9 结果可以看出，未鼓泡脱气的液硫中硫化氢无法达到小于 $10\mu g/g$ 的指标要求，存在极大的安全隐患和环境污染。液硫池增加液硫鼓泡器后，液硫中硫化氢达到小于 $10\mu g/g$ 的指标要求。说明液硫脱气效果良好，达到本次改造的目的。

表 9　液硫分析结果　　　μg/g

时间	未鼓泡脱气的液硫中 H₂S	鼓泡脱气后液硫中 H₂S
2013-06-24	189.6	2.56
2013-06-25	132.9	1.99
2013-06-26	127.8	2.73
2013-06-27	178.2	4.58
2013-06-28	205.2	3.59

7　结论

1）液硫脱气及废气处理新工艺可将硫黄烟气中的 SO_2 排放浓度降至 200mg/m³ 以下，从数十次的监测结果看，大多数的时间在 100mg/m³ 以下，最低能达到 30mg/m³。

2）液硫脱气及废气处理新工艺可有效脱除液硫中的 H₂S，能使其中的 H₂S 降低至 5μg/g 以下。现场的化工异味明显降低，使液硫装车、固硫生产等环节杜绝了因 H₂S 超标而造成的各种隐患。

3）选择合适的催化剂，也是降低 SO_2 排放的关键。齐鲁 4# 硫黄制硫部分多功能催化剂与 LS-300 的合理级配，可有效避免有机硫及氧气对吸收部分的影响，从而有效降低了硫黄烟气 SO_2 的排放。选用 LSH-03 低温耐氧高活性的 Claus 尾气加氢催化剂，可将水蒸气含量较高，且含氧的液硫脱气废气引入加氢反应器处理，使烟气 SO_2 排放浓度降至 100~200mg/m³。

4）选用选择性高的胺液，也是降低硫黄烟气 SO_2 的关键。

5）胺液系统的贫液越贫越好，选择好胺液循环量与再生蒸汽量的配比，可将胺液中的 H₂S 降低至 0.2g/L，烟气 SO_2 排放浓度降至 100mg/m³ 以下。

影响硫黄回收装置长周期运行问题及分析

陈育坤

(中国石油玉门油田分公司)

摘　要　详细论述了硫黄回收装置中设备及管线的腐蚀、系统压降高、催化剂失活及酸性气性质不稳定等问题的形成原因及对正常生产的影响，并结合实际生产操作，针对每个问题逐一提出了具体的应对措施，保证装置的安、稳、长、满、优运行。

关键词　硫黄回收　装置　运行问题　措施

随着炼油厂加工原油的劣质化和低硫油品的生产，必然产生大量的富含 H_2S 酸性气体，带来严重的社会公害——硫化物对环境的污染，为了保持炼油厂的可持续发展和适应日益严格的国家环保标准的要求，硫黄回收装置作为全厂性配套的环保装置，愈来愈成为企业及环保部门关注的焦点。

中国石油玉门油田分公司炼化总厂的硫黄回收装置采用酸性气部分燃烧、高温热掺、二级催化转化 Claus 制硫和 SCOT 尾气加氢处理工艺，其装置能否安、稳、长、满、优运转直接影响和决定着整个炼油厂的环保排放指标，为环境保护发挥着重要的作用。

1　影响装置长周期运行的若干问题

1.1　设备及管线的腐蚀

设备和管线的腐蚀是影响硫黄回收装置长周期安全运行的的一个重要因素。根据腐蚀机理[1]的不同，硫黄回收装置主要腐蚀类型有：①高温硫腐蚀；②低温湿 H_2S 腐蚀；③低温露点腐蚀；④RNH_2（乙醇胺）-CO_2-H_2S-H_2O 腐蚀。以上 4 种腐蚀几乎遍布到硫黄回收装置的每一个设备及管线。

1.2　系统的压降高

硫回收装置的压力降是一个非常重要的参数，很多不正常的工况都首先在装置的压力降上反映出来。装置压力降异常的最明显表现是在处理量不变的情况下，制硫炉的入炉风量明显降低，炉前压力大幅升高。系统压力升高，导致酸性气及配风进炉受阻，极大地影响装置的正常运行。造成装置压力降异常的原因[2]主要有以下几种：①原料气带烃严重，配风不足，造成催化剂床层顶部积炭，导致压力降增加；②硫冷凝器换热管束或夹套伴热内管的泄漏。由于大量水或蒸汽进入到工艺系统中会导致气体量的增加，从而造成装置压力降上升，严重者将导致装置的非正常停工；③液硫输送不畅或凝固堵塞设备和管线。由于液硫的凝点比较高（118℃），在装置开工和低负荷运行时非常容易因操作不当造成凝固堵塞，甚至不必要的停车；④转化器床层催化剂底部的支撑网安装不当。支撑网安装不当或腐蚀开裂往往造成催化剂的泄漏堵塞管束，从而造成装置压力降的异常。

1.3　催化剂的失活

日益严格的环保法规，要求硫回收装置在长周期安全运行的同时还必须保持高的总硫回收率。硫回收装置在高温热转化阶段最高只能达到 60% ~ 70% 的硫回收率，须通过催化转化以进一步提高硫收率。因此需选择高活性的制硫催化剂，而催化剂在装置运行中会因为某些原因导致失活，催化剂失活的原因很多，但与日常操作相关的有以下几种：①装置系统操作温度过低造成催化剂床层温度过低，低于或接近硫的露点温度会因液硫的生成而造成催化剂的临时性失活，同时催化剂遇液态水浸泡而粉化，造成永久性失活；②原料中带烃（尤其是重烃），或在装置开停工时用燃料气预热的过程中对燃烧所需的配风比控制不当，都会使催化剂因积炭而临时性失活；

③装置工艺系统中过量氧的存在会造成催化剂硫酸盐化而致临时性失活。

尽管临时性的失活可以通过热浸泡的方式来进行再生，但催化剂活性会因为高温的热冲击而衰退。

1.4 酸性气性质不稳定

硫黄回收装置进料酸性气主要来自溶剂再生和酸性水汽提，实际操作中其流量和组成通常是不稳定的，其 H_2S 含量的高低对装置的安全平稳运行和硫回收率有着很大的影响。

1.4.1 酸性气中 H_2S 含量

硫黄回收装置采用部分燃烧法工艺，所以要求酸性气中的 H_2S 含量不小于 40%，若含量过低则会难以维持制硫炉稳定的火焰和达到有效操作的最低温度（约 927℃）。火焰稳定性差，热反应不好，冷凝器出口气流中经常出现游离氧，会引起转化器中单质硫氧化乃至燃烧，使催化剂床层温度急剧上升，残氧的存在还会加速催化剂的硫酸盐化，导致装置无法正常运转。进料酸性气中 H_2S 浓度越高，对于相同催化反应级数装置而言，H_2S 转化率及装置硫回收率相对较高。

1.4.2 进料酸性气中的杂质

（1）烃类和醇胺类溶剂

烃类和醇胺类溶剂含量高时不仅会使燃烧炉温度升高，锅炉热应力、热负荷增加，还增加了进炉空气的需要量，使燃烧生成的 CO_2 和 H_2O 增加而稀释了 Claus 反应的反应物浓度，抑制了 Claus 反应。而过多的烃类存在则会增加反应炉内 COS 和 CS_2 的生成量，这些都影响了硫的转化率。

烃含量波动大时，易导致燃烧部分配风不及时，一方面可能会产生漏氧，另一方面较重的烃类特别是芳烃和烷基醇胺，在缺氧的情况下，会分解产生积炭，堵塞催化剂床层并使其失活。这时，系统压力降升高，严重时装置被迫停工。因此酸性气原料中一般要求烃含量小于 3%。

（2）氨

原料气带氨是硫黄回收装置另一个常见的问题，一般原料气中氨含量不得超过 3%。原料气带氨对硫黄回收装置的正常运行危害也是不可低估的。具体表现在：酸性气入炉前，由于各种铵盐堵塞设备、管线，影响酸性气的正常输送。进

入系统后，焚烧氨产生的氮、水对 Claus 反应是惰性组分，降低了硫分压，从而降低硫收率。氨燃烧不完全会和工艺气流中酸性气组分反应，形成硫氢化铵或多硫化铵结晶堵塞冷凝器管程、增加系统压降，甚至迫使装置停产。氨和氧化铝反应引起催化剂失活，其副产氮氧化物会造成环境污染，且氮氧化物对二氧化硫的进一步氧化有催化作用，从而引起硫酸腐蚀，造成设备腐蚀和催化剂中毒。

（3）CO_2

大多数情况下，H_2S 和 CO_2 共同形成酸性气的主体。酸性气中的 CO_2 除了稀释作用外，它的主要有害影响是降低了反应炉的火焰温度、增加了燃烧炉出口过程气中的 COS 和 CS_2 含量，假如在低温催化反应阶段不能充分水解，将影响装置的转化率和收率。

（4）水

水作为一种实际的惰性物质又是 Claus 反应的产物之一，因此对 Claus 平衡和反应物有效分压都有影响，将会降低硫化氢的转化率和硫收率。一般酸性气中的水汽含量约为 2%~5%。

2 相应对策及措施

2.1 防腐的措施及建议

由于硫黄回收装置是全厂的配套装置，原料来源多、组分复杂，因此硫黄回收装置的腐蚀问题是不可避免的，几乎贯穿整个工艺过程，而且腐蚀不仅仅是一种类型，是多种腐蚀类型共同存在。因此对硫黄装置各设备和管线部位腐蚀产生的原因和机理应认真研究，针对不同腐蚀原因采取有效的防护措施，合理选择设备管道材质，相对减慢腐蚀速度，才能既考虑经济性又保证装置安全平稳长周期运行。

2.1.1 设备方面

根据不同的腐蚀特点，合理选择设备和管道材质，同时改善设备和管道内外保温隔热结构，维持金属体温度，减少高温硫腐蚀及低温露点腐蚀。

加强设备管理，增强腐蚀状态检测，开展定点测厚，采样分析监控，掌握装置关键部位腐蚀动态，提高设备维护管理的主动性。

设备壳体内部衬里可以降低设备壁温，减少

高温硫腐蚀，但设备壁温也不能过低，必须高于露点腐蚀温度，硫黄回收装置设备的外壳一般要求在 150~250℃，否则就会导致较为严重的低温露点腐蚀，影响设备的使用寿命。

2.1.2 工艺方面

严格按照工艺指标，精细操作，减少频繁开停工。频繁的开停工使硫化腐蚀层不断的更新，加快腐蚀。优化工艺操作，搞好仪表维护，完善和保证 H_2S/SO_2 在线分析仪正常运行，实现精确配风，防止过程气中过量氧的存在及 SO_2 和 SO_3 的生成。

装置停工后，当设备打开检查时，应用 N_2 吹扫，不能滞留酸性介质及腐蚀产物。凡不需要打开检查的设备管线内应充满氮气，保持密封；防止系统中湿气的冷凝，保持温度在系统压力的露点以上。

对于有内衬结构的设备，应该尤其注意保持预热升温过程的平稳(应严格遵守内衬生产厂商提供的升温曲线)和防止超温。

2.2 系统压降高的预防措施

硫黄回收装置整个系统的压力均很低，最高允许压力仅为 0.05MPa(反应炉前风线压力)。从设备设计角度讲，压降主要产生在一、二、三级冷凝器的管束内；从实际生产角度讲，压降主要产生在泄漏的冷换设备、捕集器丝网、易结盐的部位、反应器床层上部积炭、催化剂硫酸盐化、液硫系统等部位。制硫装置的压降越大，酸气的处理量越小。

解决系统压降大的问题，应从以下几方面入手：

1) 控制好设备和管线温度，预防液硫输送不畅或凝固堵塞设备。由于液硫的黏度受其温度影响较大，其最适宜的输送温度为 150℃ 左右，所以液硫管线和设备的夹套温度应控制好，不宜过低和过高。

2) 优化操作，严格控制工艺指标，防止系统因积炭、结盐、积硫等造成的压降增大。特别是三器同壳的硫冷凝器必须保证足够的蒸汽压力，以避免所发生的蒸汽温度过低造成管束壁温过低，同时发生蒸汽所注的软化水温度应尽量的高，不能过低。

3) 做好系统内各设备和管线的防腐工作，

防止和减少发生腐蚀泄露而引起的压降升高。

2.3 催化剂失活的预防

首先硫回收催化剂的选型是催化剂保持高活性和提高硫回收率的关键。在机械强度和磨损率均能满足使用要求的前提下，还应选择使用大的比表面积和孔体积的催化剂，以尽可能增加足够数量的活性中心的面积及减少对反应物和产物分子扩散阻力的影响。另外，由于原料酸气量及性质变化较大，配风难以精确，过程气组成复杂的特点，单一 Claus 活性功能的催化剂已难适应工况频繁波动的生产要求，需要制硫催化剂不但具有良好稳定性、Claus 活性、硫回收率和有机硫水解率高，而且还要具备较强的脱"漏 O_2"保护作用，即多功能催化剂。在实际生产中，采用催化剂组合装填技术能够较好的满足多功能催化剂的要求。本装置采用 A918Claus 氧化铝催化剂和 A958Claus 高活性"脱漏氧"保护双功能催化剂，两种催化剂以 2：1 的比例分层组合装填取得了较好的效果。

其次，在工艺操作上控制好酸性气中烃含量、转化器入口温度、配风量的大小等参数，对于预防催化剂的失活、保持高活性都有着重要的作用。

2.4 酸性气的质量控制措施

在溶剂再生系统，选用高效选择性脱硫剂，使之在完成 H_2S 吸收反应基础上，尽量少进行 CO_2 的吸收反应，以提高选吸性能，降低 CO_2 吸收率，从而提高酸性气中 H_2S 的浓度和降低 CO_2 含量。

控制好再生塔顶回流罐的液面，加强酸性气缓冲罐的排液，防止液面过高酸性气携带较多水分进入制硫炉。加强生产管理，协调上游装置平稳操作，减少进装置酸性气中油及烃类携带量。

优化工艺操作参数，做好汽提单元酸性水的脱气、除油和再生单元闪蒸罐的低压和低液面操作，合理调整汽提侧线抽出量和塔顶温度的控制，以降低和控制酸性气中烃和氨的含量。

3 结语

只有全面的掌握并解决好设备管线的腐蚀、系统压降、催化剂活性及酸性气质量等方面对硫黄回收装置的影响，才能较好地保证硫黄回收装置的安、稳、长、满、优运行，最大限度地回收 H_2S 气体，减少其对环境的污染，满足即将实施的新的 SO_2 排放标准。

参　考　文　献

[1] 梁晓乐. 硫黄回收装置腐蚀与防护[J]. 石油化工腐蚀与防护，2001，28(2)：30-32.

[2] 张晓华. 硫回收装置安全操作考虑[J]. 炼油技术与工程，2005，34(8)：59-62.

三、催化剂开发与应用

LS-901 TiO$_2$ 基硫黄回收催化剂工业应用试验总结

金铁垒

（武汉石油化工厂）

武汉石油化工厂硫黄回收装置是采用酸性气部分燃烧法、入口气体高温热掺和二级催化转化工艺的克劳斯制硫装置，原设计硫黄生产能力为2000t/a，因采用福建天然铝矾土催化剂，总硫转化率只有84%（v）左右，自1985年底开始改用LS-811Al$_2$O$_3$催化剂后。在同一装置和相同工艺条件下，总硫转化率可提高10%（v）左右。近年来，随着厂里催化裂化装置炼重油和新建一套常压-催化联合装置，硫黄回收装置规模也相应的改造成为3000t/a。后又配套建成为5000t/a，在建成了60×10^{4}t/a催化裂化装置后，酸性气亦由原料的100×10^{4}t/a催化裂化装置和含硫污水汽提装置以及气体回收装置三路进料成为四路进料，并将脱硫装置的溶剂由原来的单乙醇胺改为对H$_2$S选择性更好的N-甲基二乙醇胺，从而使混合酸性气中的H$_2$S浓度（体积分数）从40%~60%（v）提高到了50%~80%（v），CO$_2$则降至20%~50%（v），烃类的含量仍为2%~4%（v）。

根据中国石化总公司对引进装置实现"三剂"国产化的科研计划安排，齐鲁石化公司研究院和中国科学院大连化物所合作开发研制了LS-901 TiO$_2$基硫黄回收催化剂，在1994年4月通过了中国石化总公司发展部组织的技术鉴定后，经商定于1995年5月在武汉石油化工厂进行工业应用试验，用以考察工业放大生产的LS-901催化剂在工业装置条件下的活性和稳定性，并为引进装置使用国产催化剂提供技术依据。LS-901工业催化剂经过近半年时间的运行，于1995年10月进行了现场标定。工业试验结果表明，在酸性气进料大幅度增加，负荷较高的苛刻条件下，第一转化器中装填使用LS-901催化剂后，与装填使用LS-811催化剂相比，有机硫水解率可由92%（v）提高到100%（v），装置总硫转化率从94.6%（v）进一步提高到97.0%（v）水平，尾气中的硫化合物含量则从0.96%（v）降至0.71%（v）左右。现将工业应用情况总结如下。

1 装置工艺流程

武汉石油化工厂硫黄回收装置的工艺流程图1。从两套催化裂化装置、气体回收装置和污水汽提装置来的含H$_2$S酸性气体，经过气液分离罐后，全部进燃烧炉燃烧。燃烧所需空气出罗茨鼓风机供给，并按酸性气体中所含烃类完全燃烧和H$_2$S的1/3完全燃烧配风，炉温约1150℃。燃烧后的含硫混合气进入余热锅炉冷却到350℃左右，同时产生981kPa的饱和水蒸气送入蒸气管线。从余热锅炉出来的混合气进入一级冷凝器冷却到150~160℃，产生的液硫从一级捕集器底部进入液硫储罐，同时产生294kPa水蒸气进入低压管网。剩余气体由一级捕集器顶部出来，与燃烧炉尾部来的部分高温气体掺合后进入一级转化器。转化器内一般装填0.8m高的催化剂，入口温度为260~280℃，反应后的含硫混合气进入二级冷凝器，冷却到150℃左右，同时产生294kPa水蒸气进管网，然后再进二级捕集器。液硫由捕集器底部进入液硫储罐，未经转化的混合气从顶部出来，与来自燃烧炉尾部的高温气掺合后，再进二级转化器，入口温度为250~270℃，随后进三级冷凝器降温至130~135℃，再进三级捕集器，分离捕集的液硫进入硫黄储罐。经过二级转化器反应后的混合气体中还含有少量的H$_2$S、SO$_2$和COS，则从三级捕集器顶部出来，通过四级捕集器进一步捕集单质硫后，送往尾气焚烧炉处理，并经由60m高的烟囱排入大气。

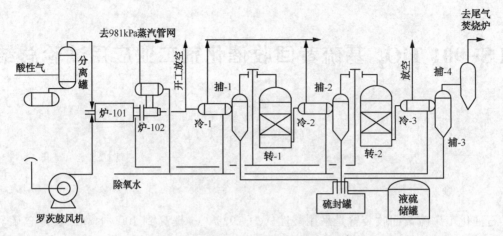

图 1　硫黄回收装置工艺流程示意

2　催化剂使用情况

2.1　催化剂装填

为了适应上游新建一套 $60 \times 10^4 \text{t/a}$ 催化裂化装置后酸性气流量的增加，在 1995 年 4 月停工检修扩建装置时，根据 LS-901TiO$_2$ 基催化剂具有高活性和高空速运行的待点，第一转化器内径由最初设计装置时的 1.6m 改造成为 2.2m 后，在这次检修中保持不变，而第二转化器因使用常规 LS-811 Al$_2$O$_3$ 催化剂，内径由 2.2m 扩至 3m。本次工业试验时，在第一转化器装填 LS-901 催化剂 2t，床层高度约 0.6m；在第二转化器装填 LS-811 催化剂 4t，床层高度为 0.8m。催化剂的装填方法与以前相同，即先在两个转化器的底部铺上 8 目不锈钢丝网，分别装入 10cm 高的 30~40mm 和 5cm 高的 15~20mm 硬质铝矾土块，然后从转化器顶部头盖用绳捆方式将包装的催化剂吊入床层，卸出后均匀铺开，接着再装入 15cm。

高的 ϕ30~40mm 硬质铝矾土块，用以缓减气流对催化剂表层的冲击。试验所用 LS-901 工业催化剂的性质列于表 1[2]。

表 1　LS-901 工业催化剂的性质

项　　目	LS-901 催化剂
化学组成的质量分数/%	
TiO$_2$	87.61
黏结剂	专利
助催化剂	专利
其他	余量
物理性质	

续表

项　目	LS-901 催化剂
外观/mm	ϕ3.8×5~15
比表面积/(m^2/g)	128
比孔体积/(mL/g)	0.28
堆密度/(kg/mL)	0.88
平均压碎强度/(N/cm)	98.7
磨损率/%	0.85

2.2　装置生产

工业装置使用 LS-901 催化剂的典型操作条件和酸性气组成情况分别列于表 2 和表 3，均为现场标定记录数据。需要指出的是在开工初期，由于酸性气带烃带胺液严重，H$_2$S 浓度低，且酸气流量小并经常回零，再加上装置检修扩建时将设备加大和管线改粗的影响，以及新安装的部分仪表一时还未自控操作、热偶型号装错等原因，系统温度一直较低，特别是一转入口温度提不上来，床层压差很大，结果被迫于 5 月 16 日停工处理，经由一转侧孔疏通床层，卸出了近 200kg 严重积硫积炭的催化剂，此后装置才逐渐转入正常生产，但总硫转化率水平一直徘徊在 95%(v) 左右，半个月后才逐步回升，说明催化剂性能已受到了一定程度的损害。据不完全统计，在整个试验过程中，因加工不同硫含量的轻质和重质原油，使酸性气流量和 H$_2$S 浓度变化幅度一直很大，详见于图 2。同时因上游装置生产不正常带来的烃类冲击，造成装置非正常开停工 5 次，床层降温积硫积炭 4 次，烃类超标高达 11 次，尤其是在新建的常压—催化裂化装置开工投运后不久的 9 月 3 日，因脱硫装置生产不稳定，导致酸性气携带大量的烃类和胺液冲击装置，致使催化剂表面严重积炭和中毒，造成了 50t 黑硫黄，经调整操作和置换设备管线内黑硫黄达 10 天之久才恢复正常，至于对催化剂活性的影响则需长达一个月时间才能有所缓解。

表 2　工业装置使用 LS-901、LS-811 催化剂的操作条件

工艺条件	LS-901 催化剂（1995-10-17）	LS-811 催化剂（1986-09-20）
酸性气流量/(m³/h)	585	232
酸性气中 H₂S 的体积分数/%	82.3	52.3
空气流量/(m³/h)	1456	475
风气比	2.49	2.05
酸性气进装置压力/kg	44	27.5
一转压力/kg		
入口	24	9.8
出口	14	8.8
二转压力/kg		
入口	10	6.9
出口	8	5.9
一反炉膛温度/℃	1167	1120
二反出口温度/℃	334	336
一转入口温度/℃	225	270
一转床层温度/℃	300	310
一转床层温升/℃	75	40
一转出口温度/℃	286	273
二转入口温度/℃	265	271
二转床层温度/℃	275	274
二转床层温升/℃	10	3
二转出口温度/℃	264	244

表 3　LS-901 工业催化剂运行数据和转化率计算结果

项目	LS-901 催化剂（1995-10-17）	LS-811 催化剂（1986-09-20）
一转入口体积分数/%		
H₂S	4.49	3.93
SO₂	2.22	1.70
COS	0.25	0.60
一转出口体积分数/%		
H₂S	0.79	0.83
SO₂	0.89	0.85
COS	0	0.08
二转入口体积分数/%		
H₂S	1.27	1.73
SO₂	1.17	0.94
COS	0.05	0.15

续表

项目	LS-901 催化剂（1995-10-17）	LS-811 催化剂（1986-09-20）
二转出口体积分数/%		
H₂S	0.43	0.63
SO₂	0.28	0.28
COS	0	0.05
尾气总硫含量/%	0.71	0.96
有机硫水解率/%	100	92
总硫转化率/%	97.0	94.6

注：系催化剂工业应用实验装置标定数据。

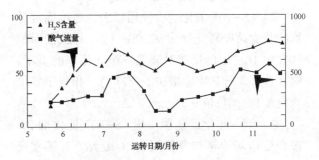

图 2　进装置酸性气流量和 H₂S 浓度变化情况

2.3　标定和计算

LS-901 催化剂自 1995 年 5 月 14 日投入生产，于 1995 年 10 月 17 日进行装置标定，催化剂的工业运行数据和转化率计算结果列于表 3。从表 3 计算结果可以看出，LS-901 TiO₂ 基催化剂的活性水平明显优于 LS-811 Al₂O₃ 催化剂。在酸性气流量大幅度增加的情况下，装置在第一转化器装填使用 LS-901 催化剂后，有机硫水解率可从原来的 92%(v) 提高到 100%(v)，尾气中的硫化合物含量从 0.96%(v) 降低至 0.71%(v)，从而使装置总硫转化率由 94.6%(v) 进一步提高到 97.0%(v) 水平。另外，根据现场操作数据逐日统计的计算结果，由图 4 所示的月平均总硫转化率变化情况也可以看出，催化剂在经历了频繁的开停工吹扫、降温积硫和积炭后，虽然受到了不同程度的损害，但对其使用活性还未有严重影响，即使在高负荷接近于 1000h⁻¹ 高空速的苛刻条件下，仍然保持了几乎不变的 100%(v) 的有机硫水解率和非常高的克劳苦斯活性，说明该催化剂能够适应较宽的操作条件变化范围，抗工况波动能力强，具有较 Al₂O₂ 催化剂更为优越的活性和活性稳定性。

3　技术经济评价

1) LS-901 TiO_2 基催化剂具有高活性、高稳定和高空速运行的特点，因此在相同工艺条件下使用时，与常规的 LS-811 Al_2O_3 催化剂相比，可以缩小转化器的体积。以武汉石油化工设计规模为 5000t/a 硫黄回收装置为例，第二转化器的直径为 3.2m，重 7.137t，建造费用为 27 万元。而第一转化器的直径仅为 2.4m，重量为 5.143t，按可比口径核算的建造费用为 18.5 万元，因此可以节省装置建设费用 8.5 万元。

2) LS-901 催化剂自投用以来，通过标定计算的装置总硫转化率为 97.0%(v)，若除去因酸性气中 H_2S 浓度提高对装置平衡转化率的贡献，则装置总硫转化率净增加 1.7%(v)，相当于年增产硫黄 90t，价值 9 万元。

3) 第一转化器装填使用 LS-901 催化剂 2t，按今后市场价格核算费用为 16 万元。若按常规设计方案，即第一转化器尺寸与第二转化器一样大小，则需装填同样体积的 LS-811 催化剂 4t，接今后市场价格核算费用为 4.32 万元。因此实际上用于催化剂的增支费为 1.68 万元，投产后不到 16 个月就可以收回成本。若进一步算上即

将要实施的排放 1t SO_2 需缴付 300 元排污费，则年增产硫黄 90t，福当于少排放 180t 二氧化硫，可节省摒污费 5.4 万元，故在投产后当年就可以收回成本并开始赢利。

另外，硫回收率提高，减少了硫化合物排放量，减缓了对周边地区的大气污染，其社会环境效益亦非常可观。

4　结论

1) 经过工业装置使用考察，证实 LS-901 催化剂具有高活性、高稳定性和高空速运行的特点。在第一转化器装填使用 LS-901TiO_2 基催化剂，第二转化器装填使用 LS-811 Al_2O_3 催化剂时，装置有机硫水解率可达到 100%(v)，尾气中的硫化合物含量降低到 0.7(v) 水平，总硫转化率净提高 1.7%(v)，具有较好的经济效益和社会环境效益。

2) 在设计规模为 5000t/a 的硫黄回收装置上使用 LS-901 催化剂，转化器体积可缩小约三分之一。从而可以节省装置建设费用。

3) LS-901 TiO_2 基催化剂可以代替进口的法国 CRS-31 TiO_2 催化剂在引进装置上使用，并可在国内其他硫黄回收装置上推广使用。

LS-931 硫黄回收催化剂的工业应用

尹大军

（洛阳石化总厂炼油厂五联合车间）

1　概述

洛阳石化总厂硫黄回收装置采用部分燃烧法。二级 Claus、高温外掺合和尾气焚烧工艺，设计生产能力为 3000t/a 工业硫黄。以催化裂化装置及含硫污水汽提装置的酸性气为原料，原料气中 H_2S 浓度为 40%～70%，其余为 CO_2，烃含量<4%。

装置自 1987 年投产以来．一直采用 LS-811 活性氧化铝催化剂。工业生产表明，使用该催化剂装置总硫转化率 92%～95%，有机硫水解率为 85%～92%，与天然铝钒土相比，具有显著经济效益和社会效益。但由于受到操作条件的限制，主要是工艺过程中"漏 O_2"的存在，硫酸盐化中毒严重，活性下降快，床层温升由初始使用的 50～60℃，一年后下降到 40℃以下，造成 H_2S 转化率的大幅度下降，且强度不足，周期生产中装填过程更加剧了粉化。为提高硫收率，长周期使用，减少环境污染，1996 年 4 月投用了国内最新研制的 LS-931 催化剂。

LS-931 催化剂是在 LS-811 催化剂基础上由齐鲁石化公司研究院与山东铝业公司研究合作开发研制的一种 Al_2O_3 基硫黄回收催化剂。通过 15 个月的生产使用表明，在同一装置、相近工艺条件下，该催化剂的克劳斯反应活性、有机硫水解活性、活性稳定性及耐硫酸盐化中毒性能均优于目前工业上使用的 Al_2O_3 催化剂。在正常生产条件下，LS-931 催化剂的活性稳定性及耐硫酸盐化能力更突出，可长时间不进行再生处理。与单纯使用 LS-811 催化剂相比，装置总硫转化率提高了 1.2%以上，COS 水解率近 100%，尾气中硫化物含量由 1.0%左右降到 0.77%以下。

2　装置工艺流程简述

从催化干气、液态烃和含硫污水汽提装置来的酸性气，压力<0.05MPa，温度≤40℃，H_2S 体积分数 40%～70%，烃含量<4%，在塔（T_{201}）分液切液后，进入酸性气燃烧炉（F_{101}），所需空气由罗茨风机供给，按烃类完全燃烧和 1/3H_2S 燃烧生成 SO_2 控制配风，炉温控制在 950～1200℃。燃烧后的过程气进入废热锅炉（E_{101}），冷却到 170℃左右，使其中的硫蒸气冷凝、E_{101} 出口有丝网，捕集硫雾后再用高温气掺合到 230～260℃，进入一级转化器（R_{101}），在催化剂作用下，使剩余的 H_2S 与 SO_2、COS（CS_2）与 H_2O 发生反应。反应后的过程气经一级冷凝器降温至 145℃±5℃，使 R_{101} 中生成的硫蒸气冷凝、E_{102} 出口丝网捕集硫雾后，再用过程气掺合至 230～250℃，进入二级转化器（R_{102}），在催化剂作用下，使剩余的 H_2S 与 SO_2 继续反应生成单质硫，反应后过程气经三级冷凝器（E_{103}）、丝网捕集器（V_{103}）后进入尾气焚烧炉（F_{102}），用燃料气维持炉温 500～800℃，使过程气中残留的硫及其他含硫化合物燃烧生成 SO_2，经 70m 烟囱高空排放。

3　工业应用情况

3.1　催化剂的装填

1996 年 4 月大修时，将原 R_{101}、R_{102} 的催化剂进行改装。原 R_{101} 和 R_{102} 中装填的均为 5t LS-811 催化剂，检修后，在直径为 2.95m 的一级转化器中装填 5t LS-931 新型催化剂，在直径 3.2m 二级转化器中装填已在装置上运行了一年的 LS-811 催化剂 5t。装填前先在转化器的钢蓖上铺不锈钢 8 目丝网两层，堆放摊平 80mm 高中 20mm 的瓷球，其上约为 1.1m 催化剂。外掺合流程不变。

装置所用 LS-811 及 LS-931 催化剂性质见表 1。值得提出的是：R$_{102}$ 装填的旧催化剂其性质未检测，但考虑到该催化剂在运转中未受非正常操作的冲击，运转时间不长，活性损失不大，故除去粉化细粒后，重新利用。这样，一方面降低生产成本，另一方面可以更好地考查 LS-931 的性能。

表1 LS-931 与 LS-811 催化剂性质对比

项目		LS-931	LS-811	
			再利用样	新鲜样
化学组成(m/m)/%	助催化 A	1.09	—	—
	SiO$_2$	0.1	未测	0.22
	Fe$_2$O$_3$	0.06	未测	0.03
	Al$_2$O$_3$	92.5	未测	93.35
	SO$_4^{2-}$	—	未测	—
	其他	余量	余量	余量
物化性能	外观	φ4~6mm 白色球形	不规则	φ4~7mm 球形
	物相	γ-Al$_2$O$_3$	γ-Al$_2$O$_3$	γ-Al$_2$O$_3$
		少量 α-AlOOH	少量 α-AlOOH	少量 α-AlOOH
	比表面积/(m^2/g)	211	未测	230
	比孔体积/(mL/L)	0.33	未测	0.41
	堆比重/(kg/L)	0.75	未测	0.65
	平均压碎强度/(N/颗)	115	未测	80~100
	磨损率(m/m)/%	<1.0	未测	<1.0

3.2 使用新催化剂前后操作条件对比

表 2 列出了装置使用新催化剂前后操作条件对比。

表2 新旧催化剂操作条件对比

项 目	LS-811		LS-931	LS-811
	95.5.13	96.3.15	96.5.20	97.4.23
酸性气流量/(Nm^3/h)	680	676	760	780
酸性气中 H$_2$S 含量(v)/%	50.53	50.42	50.80	50.93
空气流量/(Nm^3/h)	1075	1048	1261	1264
气风比	1.58	1.55	1.61	1.62
F$_{101}$前压力(系统压力)/MPa	0.01	0.016	0.008	0.008
F$_{101}$炉膛温度/℃	1180	1090	1125	1140
F$_{102}$炉膛温度/℃	520	540	510	560
转 1 入口温度/℃	245	255	245	247
转 1 床层温度/℃	305	300	315	312
温升/℃	60	45	70	65
转 2 入口温度/℃	250	255	255	256
转 2 床层温度/℃	252	259	254	257
温升/℃	2	4	-1	1

表 3 列出了装置使用新催化剂前后原料酸性气组成分析数据。

表3 酸性气组成分析数据

催化剂	标定时间	H$_2$S	CO$_2$	ΣC	空气
		体积分数/%			
LS—811	1995-05-13	50.53	48.10	0.45	1.1
	1996-03-15	50.42	47.93	0.90	0.75
LS—811	1996-05-20	50.80	46.68	1.02	1.0
LS—931	1997-04-23	50.93	48.00	0.96	0.11

鉴于克劳斯反应转化率受热、力学平衡条件的限制,在相同的工艺条件下,F$_{101}$内的平衡转化率与原料气中H$_2$S浓度有直接关系。因此标定时,尽可能在原料气H$_2$S浓度相近的情况下进行。为了定量分析催化剂的性能,对LS-811和LS-931分别进行两次标定。一次安排在开工初期;一次安排在开工11个月之后。每次标定原料气中H$_2$S浓度相近,从而为标定计算结果的准确性和可比性提供了条件。

3.3 标定结果

在相近的硫化氢浓度条件下,从表2、表3可以看出,主要操作参数有明显的变化。分析如下:

(1) LS-931催化剂活性稳定性

初始稳定性:在开工初期使用LS-931-Al$_2$O$_3$基催化剂,转1床层温升比单独使用LS-811催化剂高10℃。而催化剂床层温升与反应速度成正相关线性函数关系,说明LS-931比LS-811原始活性较高。

活性稳定性:比较开工11个月之后的操作条件,使用LS-931催化剂时,R$_{101}$床层温升几乎如初,而LS-811催化剂比初期降低15℃。说明LS-931催化剂活性受热老化、水热老化及硫酸盐比作用影响较小,耐积硫和积炭能力强,耐硫酸盐化中毒能力强,有较高活性稳定性。

苛刻工艺条件下的稳定性:在今年5月15日小修开工烘炉时,由于掺合阀失控打开,床温高达407℃。开工生产后床层反应温升仍维持在使用11个月前的水平(65℃,转化率如初),说明LS-931经苛刻热老化后,仍保持较高活性稳定性。

(2) LS-931催化剂耐硫酸盐中毒能力

到目前为至LS-931催化剂经过15个月使用,没进行一次再生操作,床层温升仍维持在65℃左右。而LS-811催化剂在使用11个月后床

层温升只有45℃左右,说明新催化剂在抗硫酸盐化方面大大优于旧催化剂。

对二级转化器,出于进入的反应物减少、放热少、床层温升下降,甚至负温升。表明反应过程偏重在一级转化器内进行,这是新催化剂活性优于旧催化剂的又一重要表现。

(3) LS-931催化剂的机械强度

使用LS-931与LS-811催化剂,初期系统压力降相近,但后者稍偏离。表明后者粒度不及前者均匀,催化剂床层孔隙率不十分理想。

比较11个月之后,系统压力降前者几乎不变;后者上升较快。表明前者机械强度高、耐磨。不易粉化,催化剂床层孔隙率保持良好,气体不走沟流和短路。克服了LS-811催化剂使用一年后强度不足,粉化严重,周期性掏装困难的问题。

3.4 转化率计算

对表3标定数据和表4转化率计算结果分析看出:

1) 装置R$_{101}$内更换使用LS-931Al$_2$O$_3$基催化剂后,在处理量增加、转化器空速提高的情况下,装置总硫转化率由94.9%提高到96.1%;尾气中硫化物含量由使用LS-811时1.0%左右降低到0.75%左右。在相近工艺条件下,转化率提高,尾气中硫化物含量的下降,充分体现了LS-931催化剂克劳斯活性高于LS-811催化剂。

2) 从装置运转11个月后的总硫转化率计算结果看,使用LS-811催化剂其转化率比开工初期降低了0.8%,而使用LS-931催化剂则几乎不变,这与床层温升情况吻合,进一步说明LS-931催化剂活性稳定性较高。

3) 使用LS-811催化剂有机硫水解率达92.1%,而使用LS-931催化剂尾气中几乎检测不出有机硫,其水解率近100%。可以说明LS-931催化剂有较高的有机硫水解性能和耐硫酸盐中毒能力。

表4　使用 LS-931 催化剂前后工业运转数据和转化率计算结果

项　目			LS-811		LS-931	LS-811
			95. 5. 13	96. 3. 15	96. 5. 17	97. 4. 23
转1入口	H_2S	(v)%	4.09	3.78	3.55	3.46
	SO_2		2.2	2.05	2.01	1.92
	COS		0.63	0.55	0.72	0.65
转1出口	H_2S	(v)%	0.69	0.63	0.47	0.32
	SO_2		1.1	1.14	0.80	0.90
	COS		0.08	0.08	—	—
转2入口	H_2S	(v)%	1.75	1.87	1.92	1.44
	SO_2		0.91	0.74	0.59	0.56
	COS		0.13	0.1	0.06	0.07
转2出口	H_2S	(v)%	0.36	0.20	0.48	0.35
	SO_2		0.56	0.80	0.25	0.41
	COS		0.05	0.055	0.01	0.01
尾气中硫化物含量 H_2S+SO_2+COS		(v)%	0.97	1.06	0.74	0.77
COS 水解率		%	92.1	90	98.6	98.46
总硫转化率		%	94.9	94.1	96.1	95.9

3.5　非正常操作对 LS-931 催化剂的影响

催化剂在运转过程中，因受外部生产条件的影响会发生积硫、积炭、硫酸盐化中毒、超温等。在处理过程中，会遇到提温除硫、烧炭、热浸泡、再生、风吹扫等过程。若处理不当都会不同程度的影响催化剂物化性质，造成活性稳定性、有机硫水飀率、总硫转化率的下降。若补救措施得当，LS-931 催化剂确有较强的适应能力，可操作区间大，仍能保留较好的活性稳定性。

（1）积硫、积炭影响

我厂 1996 年 4 月至 1997 年 8 月使用 LS-931 催化剂期间曾发生过二次积硫、积炭过程，第一次，1996 年 5 月 21 日，因脱硫装置换装 YXS-93 脱硫剂，经验不足冲塔，烃含量 >9.4%。第二次，1997 年 2 月 18 日，脱硫操作不正常，烃含量 >7.3%。两次均产生大量黑硫黄。系统压力降由正常 0.008MPa 上升到 0.038MPa，装置几乎无法运行。采取处理办法是：先将床层提温到 350℃"热浸泡"，运行 8h，同时配一定的 N_2 保护，然后恢复 320℃操作，停 N_2 保护，32h 后积硫、积炭除去，完全恢复正常。此时床层温升、转化率几乎如初。两次均没有进行"烧炭"操作。

在过去使用 LS-811 催化剂的 7 年间，曾进

行过短时"烧炭"操作，效果比较好。对 LS-931 没有操作经验。

（2）超温影响

超温易加剧催化剂的粉化，形成热老化。1997 年 5 月 25 日装置小修后，开工烘炉时因掺合阀失控，自动打开，床温一度上升到 470℃，发现后及时处理事故。正常生产后，床层温升及转化率如初。

这说明 LS-931 催化剂在抗热老化方面占据优势，但应尽可能避免超温，否则影响催化剂寿命，不利周期使用。

（3）再生操作

催化剂使用一段时间后，由于"漏 O_2"存在，发生硫酸盐化中毒，导致床层温升下降，COS 水解率及总硫转化率下降，需进行再生操作。

方法：

1）其他操作参数不变，将床层温度提高到 340~350℃运行 12h，吹掉吸附在催化剂上的积硫、积炭。

2）降低进炉风量，调整一转入口的 $(H_2S+COS)/SO_2=(3~4)/1$ 运转 24h，以还原催化剂上的硫酸盐。再生后的催化剂活性可大大改善。

在使用 LS-811 催化剂期间，一般 10 个月后

要进行第一次再生。以后2~3个月进行一次。LS-931催化剂到目前为止，已运转15个月。床温及其转化率如初，没进行再生操作，具体情况待以后总结。

（4）停止大风量吹扫系统的 N_2 保护操作

每次停工吹扫系统，总要加大入炉风量，氧气的过剩，加剧了催化剂的硫酸盐池。对此，我们用几年来有效解决 LS-811 催化剂停工吹扫氧过量人为造成的硫酸盐中毒的办法来解决 LS-931 催化剂的。

方法是：加入一定比例的 N_2 来保护催化剂，效果明显。

N_2 的作用是：

1）增大气体流量和床层空速，便于吹扫积硫、积炭。

2）载热克服过氧，封闭床层着火。

4　经济效益

1）通过标定，LS-931 催化剂自投用以来，装置总硫转化率平均值达 96.0%。以装置年开工330 天和日均产硫黄 14t 计，相当年产硫黄4620t。当两转化器全部使用 LS-811 催化剂，以标定数据，总硫转化率 94.5%。两者相比，年增产硫黄 72.6t；按当地销售价￥800/t，年增加产值￥5800。

2）装填 LS-931 催化剂 5t，费用￥5900；而减少同体积 LS-811 催化剂 5t，费用￥54000。实际多支出￥5000，投产后两个多月可回收成本。

此外，使用新催化剂年可减少 SO_2，排放 $7.26×10^4$kg，取得良好的环境效益和社会效益。

5　结论

LS-931 催化剂经过 15 个月的工业应用，得出如下结论：

1）LS-931 催化剂外观光滑，粒度均匀，机械强度高，耐热老化能力强，适合周期生产掏装需要。

2）床层孔隙率台适，不易产生沟流、短路，系统压力降小，操作弹性大。

3）耐硫酸盐中毒能力强，是 LS-931 催化剂最大优点。

4）本征活性高，稳定性好。床层温升长时间可保持 60℃ 以上，总硫转化率由旧催化剂的 94.9% 提高到 90.1%；尾气硫化物由 1% 以上下降到 0.77% 以下，COS 水解率接近 100%。若两转化器都用新催化剂，效果会更好。

5）LS-931 是目前国内硫回收催化剂最新的品种。具有经济效益、环境效益和应用价值，值得推广。

浅析 LS-811 硫黄回收催化剂的使用

魏文东　李铁军

（齐鲁石化公司胜利炼油厂）

1　前言

胜利炼油厂 40kt/a 硫黄回收及尾气处理装置由两套 20kt/a 硫黄回收装置和一套相应的尾气处理装置组成，用于处理 H_2S 含量为 90%(v) 左右的酸性气，其中硫黄回收单元采用高温热掺合二级催化转化的克劳斯工艺。自 1991 年开工投运以来，一直使用 LS-811 Al_2O_3 催化剂。工业装置生产使用实践表明，该催化剂具有粒度均匀、活性高、强度大、寿命长等特点，是一种较为理想的硫黄回收催化剂，在减污增效和保护环境的工作中发挥了重要的作用。

《硫黄回收技术通讯》1999 年 10 月第 3 期（总第 31 期）上，曾详细总结了 40kt/a 硫黄回收及尾气处理装置的运行及问题、技术改造及效果情况，本文对该装置使用 LS-811 硫黄回收催化剂进行了总结，以期与同行交流操作使用经验。

2　LS-811 催化剂的使用情况

LS-811 硫黄回收催化剂的更换和使用情况列于表 1。由表 1 可以看出，101 和 102 转化器自 1996 年 10 月 31 日更新使用 LS-811 催化剂以来，未有大批量更换催化剂，并且经历了 3 次开停工，基本上能够反映出 LS-811 催化剂的性能变化情况，因此具有一定的代表性和参考价值。

表 1　LS-811 催化剂使用情况

时间	催化剂状态	备　注
1996. 10. 01—1996. 10. 31	催化剂 N_2 保护	催化剂全部更新后用 N_2 保护
1996. 10. 03—11997. 06. 15	催化剂投入使用	1996. 10. 31 装置开工，1997. 6. 15 装置停工
1997. 06. 15—1998. 08. 31	催化剂 N_2 保护	1997. 6. 15 催化剂撤顶，更换 0.68t 催化剂
1998. 03. 31—1998. 08. 31	催化剂投入使用	1998. 3. 31 装置开工，1998. 8. 31 装置停工，更换 2.24t 催化剂
1998. 08. 31—1999. 07. 25	催化剂投入使用	1998. 8. 31 装置开工

3　装置生产运行结果

LS-811 催化剂在使用期间，虽然在 1998 年 3 月发生过一起酸气夹带二异丙醇胺的操作失误和 1998 年 8 月因酸气大幅波动而造成转化器 101、102 床层积炭，但催化剂经受住了使用性能的考验。自 1999 年 1 月至今，转化器 101 床层温升一直保持在 70℃以上，维持了较高的活性，说明该催化剂具有较强的抗冲击能力和活性稳定性。图 1 和图 2 分别为两个转化器床层的温升变化曲线和装置总硫转化率变动情况。由图 1 看出，催化剂虽然经历了两次操作失误的冲击，致使转 101 床层的温升有所下降，但始终一直保持在 70℃以上，并通过反映催化剂活性水平高低的转 102 床层温升的增加而予以补偿，最终则反映在图 2 所示的装置总硫转化率没有大的下降，由此可见该催化剂可以满足持续 3 年以上使用寿命要求。图 3 为 LS-811 催化剂对有机硫的水解反应活性变化示意图，可以看出催化剂在前两个运行周期，COS 几近得到完全水解，第 3 周期之后，水解活性有所下降，但仍能保持在 90% 高的水解率水平，若适当提高床层温度，则能进一步达到 90%～100% 期望值要求。另外该催化剂在使用过程中，因积炭和积硫或粉化造成的床层阻力降上升幅度不大，详细情况示于图 4。每次停工检修催化剂过筛后的细粒、炭黑粉末质量大约为总质量的 4% 左右，且催化剂过筛后重新使用性能良好，由此说明该催化剂的机械强度较高，足以满足装置现场使用要求。

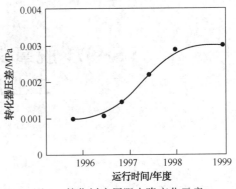

图 4　催化剂床层阻力降变化示意

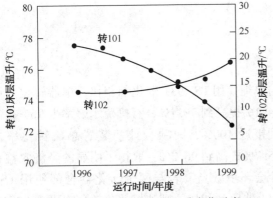

图 1　转 101 和转 102 床层温升变化示意

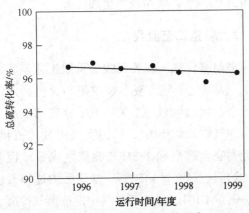

图 2　装置总硫转化率变化示意

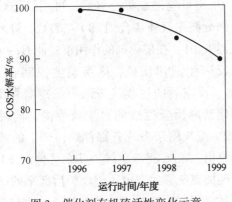

图 3　催化剂有机硫活性变化示意

4　高活性使用注意事项

LS-811 Al_2O_3 催化剂的高活性使用应从催化剂

的装填、升温，正常使用和开停工等多方面着手，精心操作，严格规程，才能保证长周期高效运行。

1）催化剂装填操作时应注意落差、机械磨损等问题，必须使用木质器具，严禁使用金属器械；装填数量和床层高度应符合工艺要求，表层应装填惰性保护用瓷球；转化器上部的过程气入口应使用气体分布器，以确保气流分布均匀和减少对中心部位催化剂的冲刷，从而避免产生沟流和粉化现象。

2）系统升温应按照开工方案先升转 102，再升转 101，同时保持各冷凝器的出口温度在 150℃ 以上，避免凝结水对催化剂的损害并防止气态硫凝聚在催化剂表面而影响使用活性；

3）正常生产中须随时协调上游装置的供气质量，定时采样分析原料气中的烃类、NH_3 和水等组分，根据波动情况及时采取调控措施，以避免或尽量减少对催化剂的损害和不利影响。

4）停工过程"热浸泡"吹扫除硫一定要完全彻底，上中下床层温度要全部达标，并可采用化学分析和实物检测相结合的方法手段以确保不超温、超氧和析碳；停工期间若采用 N_2 保护，还可取得更好的效果。

由于我们采取了以上综合措施，确保了 LS-811 催化剂的 4 年长时间运行，预计可达 4～6 年甚至更长时间使用，三个周期后仍能保持高达 95.6% 以上的总硫转化率，并且基本上没有产生过催化剂的粉碎和阻力增加现象，另外机械强度一直令人满意，价格较低，运输、装填和卸剂都非常方便，与国外普遍推广使用 Al_2O_3 催化剂一样，是一种适合国内克劳斯硫回收装置使用的比较理想的催化剂，关键是催化剂的正确操作和使用。

LS-971脱氧保护型硫黄回收催化剂
工业应用试验总结

尹大军　郝孟忠　阮中伟

（洛阳石化总厂炼油厂）

1　前言

洛阳石化总厂硫黄回收装置是采用酸性气部分燃烧法、入口气体高温热掺合二级催化转化工艺的克劳斯制硫装置，由催化裂化装置和含硫污水汽提装置两路酸性气进料，酸性气波动较大，混合酸性气中 H_2S 浓度为40%~80%(v)，CO_2 为20%~60%(v)，烃类<4%(v)。装置原设计能力为年产硫黄5000t，2000年3月大修中扩能到年产10000t硫黄。

该装置自投产以来一直使用 LS 系列硫黄回收催化剂，先后装填使用了齐鲁石化公司研究院与山东铝业公司研究院合作开发的 LS-811 Al_2O_3 催化剂和 LS-931 Al_2O_3 基催化剂。工业生产表明，LS-931 Al_2O_3 基催化剂的克劳斯反应活性和有机硫水解活性优于 LS-811 Al_2O_3 催化剂，当两床层全部使用 LS-931 催化剂时装置总硫转化率达到了97.7%的先进水平。为了实现硫黄回收的优化生产，进一步提高装置的净化效能，减少环境污染，2000年3月我们在现场生产工艺条件基本不变的情况下，又部分装填使用了齐鲁石化公司研究院新开发的 LS-971 高活性和脱 O_2 保护双功能硫黄回收催化剂(以下简称 LS-971 脱氧保护型硫黄回收催化剂)，经过6个月生产应用表明，LS-971 催化剂对 H_2S 和 SO_2 进行克劳斯反应催化活性很高，其表面浸渍的活性金属氧化物使催化剂具有脱"漏 O_2"保护功能，抗硫酸盐化性能强，活性稳定性好，适合长周期运行。经标定，在一级转化器均装填使用 LS-931 Al_2O_3 基催化剂的前提下，二级转化器上部装填 LS-971 脱氧保护型催化剂、下部装填 LS-811 Al_2O_3 催化剂后，

与单纯使用 LS-931 催化剂相比，单器转化率由64.1%提高到70.1%，有机硫水解率由96%提高到接近100%，两项合计使装置总硫转化率由95.7%提高到96.2%，取得了明显的经济效益和社会环境效益。若与两个转化器全部使用 LS-811 催化剂相比，则装置总硫转化率可由94.4%提高到96.2%，使用效果更加显著。

2　装置工艺流程

洛阳石化总厂硫黄回收装置的工艺流程示于图1。从催化干气、液态烃脱硫和含硫污水汽提装置来的混合酸性气，在 V101 分离切液后，进入酸性气燃烧炉 F101，所需空气由鼓风机供给，按烃类完全燃烧和 $1/3 H_2S$ 燃烧生成 SO_2 控制配风，炉温控制在≯1450℃。燃烧后的过程气进入废热锅炉 E101，经冷却使其中的硫蒸气冷凝，产生的液硫自底部流出，汇入液硫总线，剩余气体经 E101 出口丝网捕集硫雾后，再用燃烧炉后部来的部分高温气体掺合到230~260℃，进入一级转化器 R101，在催化剂的作用下，使 H_2S 和 SO_2 发生反应生成单质硫，床层温度控制在280~320℃。反应后的过程气进入一级冷凝器 E102，使转化器内反应生成的单质硫冷凝，同时产生0.3MPa 蒸气用于系统各部伴热，产生的液硫自底部流出，汇入液硫总线，其余气体经 E102 出口丝网捕集硫雾后，再用燃烧炉后部来的部分高温气体掺合到230~250℃，进入二级转化器 R102，使剩余的 H_2S 和 SO_2 继续反应，床层温度控制在240~280℃，随后进入二级冷凝器 E103 降温到130℃左右，产生的液硫自底部流出，汇入液硫总线。反应尾气通过丝网捕集器 V103 进

一步捕集单质硫后,送往尾气焚烧炉焚烧,使尾气中硫及其他硫化合物燃烧生成 SO_2,再经由 70m 烟囱高空排放,所有汇入液硫总线的液硫流入置于储槽内的统一硫封,然后溢流入储槽。

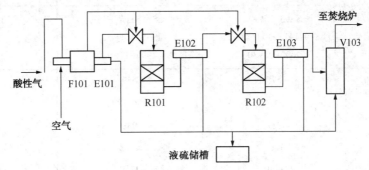

图 1　硫黄回收装置工艺原则流程示意

3　催化剂使用情况

3.1　催化剂装填

洛阳炼油厂硫黄回收装置的两个转化器为立式上下叠放,转化器的规格为 2950mm/3200mm×10266mm×10mm,内壁衬有 125mm 厚的隔热层。为了降低生产成本,更好地考查 LS-971 催化剂的性能,2000 年 3 月大修时在一级转化器中仍然装填 LS-931 新鲜催化剂,在二级转化器中则采用分层装填的方式,上部装填 2.1t LS-971 催化剂,下部装填 2.5t LS-811 催化剂。催化剂的装填方法与以前相同,即先在两个转化器的底部铺两层不锈钢丝网,堆放摊平高度为 8cm 的 ϕ20mmMH 五孔硬质瓷球,再装填床层高约 1100mm 的催化剂。催化剂装填在干燥条件下进行,装完后立即封上人孔,启用前避免水汽进入转化器,有关催化剂的物化性能技术指标列于表 1。

表 1　几种工业催化剂的物化性质

项　　目	LS-811	LS-931	LS-971
外观	ϕ4~6mm 白色球形	ϕ4~6mm 白色球形	ϕ4~6mm 褐色球形
比表面积/(m^2/g)	239	236	279
堆密度/(kg/L)	0.68	0.69	0.81
平均压碎强度/(N/颗)	151	153	142
磨损率(m/m)/%	0.15	0.15	0.12
主要组分	Al_2O_3	Al_2O_3	Al_2O_3
助催化剂	—	助剂 S	助剂 A+B

3.2　装置生产

3.2.1　工艺条件

工业装置历次使用 LS 系列催化剂的典型操作条件和酸性气组成情况列于表 2 和表 3,均为装置开工 4 个月后的现场标定数据。其中工况 1 的一级转化器装填 5t LS-931 催化剂,二级转化器上部装填 2.1t LS-971 催化剂,下部装填 2.5t LS-811 催化剂,作为对比的工况 2 和工况 3,分别各自在其两个转化器中均装填 5t LS-931 和 LS-811 催化剂。

表 2　酸性气组成和分析结果　　　　　　　　　　　%(体)

项目	催化剂装填情况	标定时间	H_2S	CO_2	ΣC	其他
工况 1	LS-931(转-1) LS-971+LS-811(转-2)	2000.8.30	54.40	43.57	0.92	1.11
工况 2	LS-931(转-1) LS-931(转-2)	1999.11.8	56.72	41.47	0.58	1.23
工况 3	LS-811(转-1) LS-811(转-2)	1995.5.13	50.53	48.10	0.45	0.92

表 3　工业装置应用 LS 系列催化剂的操作条件

催化剂使用工艺条件	工况 1	工况 2	工况 3
	LS-931(转-1) LS-971+LS-811(转-2) (2000-08-30)	LS-931(转-1) LS-931(转-2) (1999-11-08)	LS-811(转-1) LS-811(转-2) (1995-05-13)
酸性气流量/(m³/h)	575	559	680
酸性气中 H₂S(v)/%	54.4	56.72	50.53
空气流量/(m³/h)	937	938	1075
风气比	1.63	1.68	1.58
F101 炉膛温度/℃	1140	1150	1180
E101 出口温度/℃	155	157	151
转-1 入口温度/℃	238	240	245
床层温度/℃	307	309	305
床层温升/℃	69	69	60
出口温度/℃	298	303	291
转-2 入口温度/℃	234	242	250
床层温度/℃	255	258	252
床层温升/℃	21	16	2
出口温度/℃	247	250	241

从表 2 和表 3 标定数据可以看出，工况 1 和工况 2 的酸性气组成情况差别不大，尤其是操作条件基本相近，从而为标定结果的可比性提供了条件。例如一级转化器由于装填使用 LS-931 Al₂O₃ 基催化剂，故其表征反应深度的床层温升也相同，然而在装有不同催化剂的二级转化器中，工况 1 上部装填 LS-971 脱氧保护型催化剂后床层温升高达 21℃，比工况 2 单纯使用 LS-931 Al₂O₃ 基催化剂提高了 5℃，若与工况 3 单纯使用 LS-811 Al₂O₃ 催化剂相比，则提高了 19℃，由此充分表明 LS-971 催化剂与 LS-931 催化剂相比，其性能又提高到了一个新水平，明显地优于目前正在工业上使用的 Al₂O₃ 催化剂。

3.2.2　转化率

LS-971 催化剂的工业运行数据和转化率计算结果列于表 4。从表 4 可以看出，装置部分使用 LS-971 催化剂后，总硫转化率由工况 3 的 94.4% 和工况 2 的 95.7% 提高到了 96.2%，有机硫水解率由 92.1% 提高到了 100%。若将二级转化器入口温度进一步降低和减少燃烧炉 F101 高温气体的掺合量，还可以进一步提高反应深度和总硫转化率，其良好的低温使用性能还可提高装置的操作弹性，尤其对低负荷运行的装置具有现实指导意义。

表 4　LS 系列催化剂的工业运转数据和转化率计算结果

催化剂使用工艺条件	工况 1	工况 2	工况 3
	LS-931(转-1) LS-971+LS-811(转-2) (2000-08-30)	LS-931(转-1) LS-931(转-2) (1999-11-08)	LS-811(转-1) LS-811(转-2) (1995-05-13)
转-1 入口气体组成(v)/%			
H₂S	3.64	3.78	4.09
SO₂	2.19	2.20	2.20
COS	0.41	0.55	0.63
转-1 出口气体组成(v)/%			

续表

催化剂使用工艺条件	工况 1	工况 2	工况 3
	LS-931(转-1)	LS-931(转-1)	LS-811(转-1)
	LS-971+LS-811(转-2)	LS-931(转-2)	LS-811(转-2)
	(2000-08-30)	(1999-11-08)	(1995-05-13)
H$_2$S	1.13	1.22	1.10
SO$_2$	0.63	0.55	0.69
COS	0	0	0.08
转-2 入口气体组成(v)/%			
H$_2$S	1.81	1.79	1.75
SO$_2$	0.78	0.72	0.91
COS	0.02	0.03	0.13
转-2 入口气体组成(v)/%			
H$_2$S	0.51	0.58	0.48
SO$_2$	0.27	0.33	0.56
COS	0	0	0.05
尾气中硫化物含量(v)/%	0.78	0.91	1.09
有机硫水解率/%	100	100	92.1
总硫转化率/%	96.2	95.7	94.4

3.2.3 标定与计算

LS-971 催化剂自 2000 年 4 月投入生产运行，于 2000 年 8 月 30 日进行装置标定，标定计算结果列入表 5。从表 5 可以看出，工况 1 和工况 2 因一级转化器均装填 LS-931 催化剂，故其燃烧炉和一级转化器的阶段转化率相近，分别为

91.49% 和 91.64%，但二级转化器却差别较大，分别为 70.11% 和 64.17%，工况 1 比工况 2 大致可提高 6% 左右，若与工况 3 相比，则增幅高达 9.21%，说明 LS-971 催化剂的使用效果明显地优于 Al$_2$O$_3$ 和 Al$_2$O$_3$ 基催化剂。

表 5　燃烧炉和转化器标定计算结果　　　　　　　%(体)

催化剂使用工艺条件	工况 1	工况 2	工况 3
	LS-931(转-1)	LS-931(转-1)	LS-811(转-1)
	LS-971+LS-811(转-2)	LS-931(转-2)	LS-811(转-2)
	(2000-08-30)	(1999-11-08)	(1995-05-13)
F101 及一级转化器	91.49	91.64	90.45
二级转化器	70.11	64.17	60.90

注：废热锅炉出口无采样口。

4　装置非正常操作

LS-971 催化剂在装置 6 个月运转过程中，因受外部条件变化影响，转化器床层曾发生过氧运行、积炭及超温等非正常操作，其间虽然没有进行再生操作，但二级转化器床层温升几乎不变，单器转化率也没有变化，由此说明其抗冲击能力强，活性稳定性好，能够适应较宽的环境条

件变化范围。

4.1　过氧影响

过氧影响易加剧 Al$_2$O$_3$ 催化剂硫酸盐化，使其活性降低。在 4 月份开工初期，由于二催化脱硫装置操作不稳，酸性气来量波动，经常性回零，造成燃烧炉配风过大，转化器床层长达 15 天时间在过氧环境下运行，而过氧操作前后二级转化器的温升及单器转化率无明显变化，说明

LS-971 催化剂在轻微过氧条件下，耐硫酸盐化能力强，活性稳定性好，其脱"漏 O_2"保护和克劳斯反应的双重功能得到了充分体现。

4.2　积炭影响

在 3 月份大修中，燃烧炉内衬涂抹了一层红外线反射有机高分子材料，由于施工用量过多及施工方法不规范，生产过程中因燃烧不完全而使废热锅炉及冷凝器出口丝网结炭堵塞，产生大量黑硫黄，系统压力亦由正常时的 0.008MPa 上升到了 0.028MPa，结果装置被迫停工更换废热锅炉及冷凝器出口丝网。开工后只对一级转化器进行了短时间的"热浸泡"，二级转化器未作任何处理，但二级转化器单器转化率及床层温升基本不变，说明催化剂抗冲击能力比较强。

4.3　超温影响

4 月 30 日因燃烧炉热偶失灵，操作人员配风不当，引起床层着火，造成两个转化器床层超温。其中二级转化器床层温度一度达到 465℃，恢复正常坐产后，床层温升和单器转化器却没有发生明显变化，说明 LS-971 催化剂的耐热老化和水热老化性能亦较好。

5　效益分析

（1）增产硫黄效益

通过标定，在二级转化器上部装填使用 LS-971 催化剂后，装置总硫转化率为 96.2%。若依装置年开工 365d 和日产硫黄 30t 计，相当于年产硫黄 10950t，而工况 2、工况 3 总硫转化率分别为 95.7% 和 94.4%，相当于年产硫黄 10893t 和 10745t。两者比较后可分别增产硫黄 57t 和 205t，按当地市场销售价 800 元/t 计算，每年可增加效益 45600 元和 164000 元，而用于新催化剂的增支费用仅为 38220 万，不足 1 年时间就可以收回

成本。

（2）节省催化剂费用

LS-971 催化剂的性能与法国 AM 催化剂相当，但其价格费用却远低于 AM 催化剂。以二级转化器上部装填保护催化剂为例，使用 LS-971 催化剂费用为 6.3 万元，而使用 AM 催化剂的费用则为 1.218 万美元（离岸价），相当于人民币 12.18 万元，因此可节省催化剂费用 5.88 万元。

（3）节省排污费用

装置部分装填使用 LS-971 催化剂后，与原来单纯使用 LS-931 或 LS-811 催化剂相比，每年可分别增产硫黄 57t 和 205t，相当于少排放 SO_2 114t 和 410t。若以排放 1t SO_2 需缴纳 200 元排污费进行核算，则每年可节省排污费用 22800 元和 82000 元。

（4）硫回收率高

由于硫回收率的提高，减少了硫化物的排放量，减缓了对周边地区的大气污染，故其社会环境效益亦非常可观。

6　结论

1）经过工业装置运行考察，证实了 LS-971 催化剂的优良性能，按照工况 1 的催化剂装填方案，在二级转化器上部装填 LS-971 脱氧保护催化剂后，与原来两个转化器单纯使用 LS-811 Al_2O_3 或 LS-931 Al_2O_3 基催化剂相比，单器转化率分别提高了 9% 和 6%，总硫转化率则分别提高了 1.8% 和 0.5%，达到了 96.2% 的水平。

2）LS-971 催化剂具有高活性和脱"漏 O_2"保护功能及较好的技术经济性，该催化剂的开发研制和工业应用试验成功，为国内其他装置，尤其是采用高温热掺合工艺的装置以及引进装置使用国产催化剂创造了条件。

LS-951催化剂在胜利炼油厂硫黄尾气加氢装置上的工业应用

刘玉法　魏文东　徐永昌　李铁军

（齐鲁石化公司胜利炼油厂）

1　前言

随着环保法规的日趋严格和人们环保意识的进一步增强，对石油加工和石油化工装置中含硫化合物排放标准的要求也越来越严格。GB 16297对SO_2排放要求新污染源$SO_2 \leqslant 960mg/m^3$，现有污染源$SO_2 \leqslant 1200mg/m^3$，并对硫化物的排放量也作出了新的规定。按此标准要求炼油厂和天然气净化厂硫黄回收装置总硫回收率必须达到99.70%~99.9%以上，普通的Claus、低温Claus及超级Claus等工艺均难以满足上述要求。还原吸收法处理工艺（如SCOT）不仅硫回收率高，而且操作稳定，投资收益好，普遍受到青睐，也是目前发展最快，开工装置最多的工艺之一。

"九五"期间，我国沿江沿海部分炼油企业均将增加进口高含硫原油的加工量，为了满足新的环保法规的要求，均需要配套改扩建或新建硫黄回收及尾气处理装置。齐鲁石化公司胜利炼油厂是国内最早加工含硫原油的企业之一，具有丰富

的硫回收及尾气处理装置的设计、生产经验。近年来，齐鲁石化公司在原先Claus-SCOT工艺基础上又研究开发成功SSR硫回收及尾气处理专利技术。LS-951催化剂就是针对SSR工艺要求，而研制开发的一种新型硫黄尾气加氢专用催化剂。

LS-951催化剂于1999年11月应用于胜利炼油厂第三硫黄尾气加氢装置上，装置自开工以来，运行平稳，反应器床层压降较小，加氢反应器出口未检测到非硫化氢的含硫化合物。该催化剂表现出很好的加氢活性及有机硫水解活性。环保部门检测结果：胜利炼油厂在尾气装置处理量超负荷40%~50%的情况下总硫排放量一般小于$30mg/m^3$，远远小于总硫排放量小于$960mg/m^3$的国家环保标准，取得了良好的工业应用效果。

2　第三硫黄装置SCOT尾气处理工艺流程简介

第三硫黄装置SCOT尾气处理工艺示意图见图1。

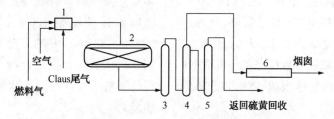

图1　第三硫黄装置SCOT尾气处理工艺示意
1—燃烧炉；2—加氢反应器；3—冷却塔；4—吸收塔；5—再生塔；6—焚烧炉

来自硫黄回收装置的Claus尾气在加氢催化剂的作用下进行加氢处理，将尾气中的单质硫、SO_2加氢还原为H_2S，COS、CS_2水解转化为硫化氢，还原、水解后的气体经冷却塔冷却至42℃以

下，进入吸收塔，与吸收剂（甲基二乙醇胺）逆流接触，硫化氢被胺液选择吸收，剩余的净化尾气排入烟囱或送往尾气焚烧炉焚烧，吸收了硫化氢的胺液进入再生塔，经换热再生，汽提出硫化

氢,提浓的硫化氢经冷却返回到硫黄回收装置,胺液循环利用。

3　催化剂的装填和预处理

(1) 催化剂的装填

LS-951 催化剂于 1999 年 11 月装填于胜利炼油厂第三硫黄尾气加氢装置上,装量为 14.9t,由于该催化剂堆密度较小,相对该装置原使用催化剂 A 装量 24t 减少了 9.1t,该催化剂的使用大大节约了生产成本。催化剂装填示意图如图 2。

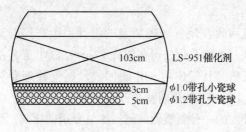

图 2　LS-951 催化剂装填示意

(2) 催化剂的硫化

1999 年 11 月 26 日 13:00 时加氢反应器拆盲板开始升温,于 11 月 26 日 22 时催化剂床层温度达到 200℃,调整 Claus 单元操作,使尾气中 H_2S/SO_2=4-6/1,提高配氢气量,控制反应器入口气中氢含量在 3% 左右,缓缓将尾气引入加氢反应器。尾气引入后,反应器入口以 20℃/h 的速度升至 250℃,于 27 日 0 时催化剂床层温度达到 250℃,尾气全部引入加氢反应器,提高加氢反应器出口氢含量至 4%~5%,开始恒温硫化,每小时分析一次加氢反应器出入口 H_2S、SO_2、H_2 含量。于 11 月 27 日 12 时反应器出入口 H_2S 浓度基本平衡,确认预硫化完毕。然后以 20~30℃/h 速度将床层温度提至 300℃恒温 4h。Claus 单元(H_2S+COS)/SO_2 调整为 2/1,转入正常生产,反应器入口温度控制在 300℃±5℃,每两小时分析一次反应器出入口气体组成,加氢反应器升温曲线见图 3。

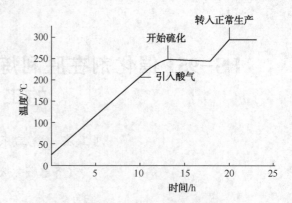

图 3　硫黄尾气加氢反应器升温曲线示意

4　LS-951 催化剂工业标定

LS-951 催化剂于 1999 年 11 月 27 日 12:00 硫化结束,转入正常生产。该装置原设计空速为 400~600h^{-1}(使用 A 催化剂),由于近期胜利炼油厂加工高硫原油,装置一直超负荷运转,开工以来装置在空速 600~800h^{-1} 下运行,最高达到 900h^{-1},催化剂表现出较高的加氢活性及有机硫水解活性,加氢反应器出口未检测到非硫化氢的含硫化合物。

4.1　工艺条件及气体组成的测定

工业装置运行半年后,我们于 2000 年 5 月 18 日~6 月 7 日对尾气加氢装置运行的工艺条件及反应器出入口气体组成进行了标定。考察了配氢量及反应器入口温度的变化对催化剂活性的影响,装置运行工艺条件及反应器出入口气体组成列于表 1。

从表 1 结果可以看出,反应器床层压降较小,约为 0.001MPa。催化剂床层温升约 30~40℃,反应器入口温度控制 260~305℃,反应器出口氢含量控制 1.0%~7.0%,在尾气量达到 13024~18334m^3/h 的工况下,反应器出口未检测到非硫化氢的含硫化合物。说明该催化剂具有较高的加氢活性和有机硫水解活性及抗工业装置波动能力。

表 1　第三硫黄尾气加氢装置标定结果

时间	尾气量/(m³/h)	入口压力/MPa	出口压力/MPa	反应器温度分布/℃					反应器入口气体组成(v/v)/%					反应器出口气体组成(v/v)/%				
				入口	上部	中部	下部	出口	H_2S	COS	SO_2	H_2	CO_2	H_2S	COS	SO_2	H_2	CO_2
5.18	17344	0.010	0.009	295	325	320	320	300	0.45	0.03	0.96	8.90	—	1.54	—	—	6.86	—
5.19	17338	0.010	0.009	295	322	316	312	300	0.61	—	0.63	9.23	—	1.76	—	—	6.73	—

续表

时间	尾气量/(m³/h)	入口压力/MPa	出口压力/MPa	反应器温度分布/℃					反应器入口气体组成(v/v)/%					反应器出口气体组成(v/v)/%				
				入口	上部	中部	下部	出口	H_2S	COS	SO_2	H_2	CO_2	H_2S	COS	SO_2	H_2	CO_2
5.20	16404	0.010	0.009	295	325	325	310	300	0.63	0.02	1.09	8.90	—	1.87	—	—	5.46	—
5.21	16774	0.010	0.009	275	300	300	300	288	0.62	0.03	0.48	7.62	—	1.64	—	—	6.70	0.09
5.22	17381	0.010	0.009	265	290	298	280	274	0.63	0.02	0.86	9.05	—	1.95	—	—	5.72	—
5.23	17360	0.014	0.013	290	310	315	310	290	0.89	0.03	0.45	7.22	2.6	2.02	—	—	6.22	3.79
5.24	17592	0.014	0.013	290	312	312	310	300	0.53	0.02	0.84	8.28	—	2.04	—	—	5.64	0.6
5.25	17626	0.014	0.013	295	309	319	315	308	0.67	0.03	0.69	7.08	—	1.82	—	—	3.73	0.8
5.26	18334	0.014	0.013	290	320	315	306	300	0.61	0.03	0.69	6.17	0.4	1.92	—	—	4.02	0.6
5.27	16182	0.014	0.013	290	318	319	312	308	0.72	0.02	0.65	5.42	0.5	1.61	—	—	3.81	1.10
5.28	16708	0.014	0.013	295	321	319	319	302	0.46	0.02	0.52	5.32	0.3	1.46	—	—	3.80	0.54
5.29	16692	0.014	0.013	298	325	322	320	300	0.78	0.02	0.50	4.68	0.3	1.70	—	—	3.64	1.08
5.30	15668	0.014	0.013	298	328	329	328	318	0.63	0.02	0.38	4.59	0.4	1.14	—	—	3.50	0.85
5.31	15930	0.014	0.013	298	320	315	298	298	0.51	0.02	0.77	4.19	1.26	1.46	—	—	3.37	2.49
6.1	13348	0.011	0.010	295	324	320	315	299	0.48	—	0.58	4.12	0.62	1.44	—	—	2.36	1.20
6.2	13024	0.011	0.010	295	320	320	316	301	0.56	—	0.60	4.02	0.40	1.38	—	—	2.28	0.85
6.3	14397	0.011	0.010	305	345	340	330	320	0.65	0.02	0.52	4.26	0.52	1.61	—	—	1.63	0.84
6.4	15430	0.011	0.010	270	305	318	315	306	0.77	0.01	0.48	3.86	0.83	1.48	—	—	1.84	1.12
6.5	15601	0.011	0.010	300	345	340	330	315		0.04	0.67	3.03	1.14	1.67	—	—	1.46	2.48
6.6	15229	0.011	0.010	295	332	328	325	310	0.62	0.05	0.39	2.55	1.42	1.23	—	—	1.47	2.0
6.7	14392	0.011	0.010	305	345	340	330	320	0.58	0.03	0.46	3.32	1.38	1.38	—	—	1.58	2.02

4.2　吸收液中 $S_2O_3^{2-}$ 含量的测定

从尾气加氢反应器出口排出的加氢后尾气，含有硫化氢、二氧化碳及微量未加氢的含硫化合物，经胺液吸收净化，然后胺液再生解析出硫化氢、二氧化碳，返回到硫黄回收装置，净化后尾气经焚烧炉焚烧后排入大气。如果加氢反应器出口含有微量的未被加氢的二氧化硫，二氧化硫与胺液反应生成 $S_2O_3^{2-}$，则胺液长期吸收二氧化硫后会导致胺液中 $S_2O_3^{2-}$ 含量的逐渐增加。为了进一步考察 LS-951 催化剂的加氢活性，我们跟踪测定了 LS-951 催化剂在胜利炼油厂第三硫黄回收尾气加氢装置上投用后，尾气吸收液（胺液）中 $S_2O_3^{2-}$ 含量，结果列于表2，表2中的结果为每月测定4次的平均结果。

表2　吸收液中 $S_2O_3^{2-}$ 含量的测定结果　%

项目	1999 年	2000 年					
	12 月	1 月	2 月	3 月	4 月	5 月	6 月
$S_2O_3^{2-}$	0.89	0.90	0.90	0.56	0.50	0.56	0.56

从表2结果可以看出，装置自开工至2000年2月胺液中 $S_2O_3^{2-}$ 的含量基本保持不变，2000年3月由于胺液损耗，浓度下降，新补充胺液3t，因此，2000年3月胺液中 $S_2O_3^{2-}$ 的含量有所降低，但补充胺液后4个月 $S_2O_3^{2-}$ 的含量基本保持不变，说明尾气中二氧化硫经 LS-951 催化剂加氢后彻底转变为硫化氢。LS-951 催化剂对二氧化硫具有良好的加氢活性。

4.3　胺液吸收后尾气排放总硫含量的测定结果

国家环保局规定，硫黄回收尾气经净化处理后排入大气的总硫含量不得超过 $960mg/m^3$，LS-951 催化剂在胜利炼油厂第三硫黄尾气加氢装置上使用以来（1999.12～2000.6）尾气中总硫结果见表3。表3中结果为在不同空速范围内，经胺液吸收后尾气中总硫每月测定6次的平均结果。

从表3结果可以看出，使用 LS-951 催化剂在尾气流量超负荷运转时（装置设计负荷 $8000～1200m^3/h$），尾气经加氢和胺液吸收后总硫排放量一般小于 30mg/m³。LS-951 催化剂完全能满足胜利炼油厂第三硫黄尾气加氢装置的要求。

表3 经胺液吸收后尾气中总硫含量的测定结果

mg/m³

时　　间	尾气量	总硫排放量
1999 年 12 月	15869	20.4
2000 年 1 月	16000	11.5
2000 年 2 月	17236	27.0
2000 年 3 月	17800	32.0
2000 年 4 月	17524	30.0
2000 年 5 月	12652	16.8
2000 年 6 月	14676	15.2

5　结论

1) 采用 LS-951 催化剂，在装置现有反应器入口温度 260~305℃，反应器出口氢含量 1.0%~7.0%，尾气量达到 13024~18334m³/h 的工况下，反应器出口均未检测到非硫化氢的含硫化合物。

2) LS-951 催化剂具有良好的加氢活性及有机硫水解活性，完全能满足胜利炼油厂第三硫黄尾气加氢装置的要求。

3) LS-951 催化剂在工业装置上具有较好抗工况波动性能。

4) 采用还原吸收工艺及专用 LS-951 尾气加氢催化剂，可使硫黄回收装置总硫排放量远远低于国家环保标准。

硫黄回收催化剂床层温升与再生的应用研究

陈彩明

(中国石化茂名分公司)

摘　要　本文主要介绍了硫黄回收装置一、二级 CLAUS 转化器和加氢反应器催化剂床层温升曲线，包括再生后的温升曲线，进而从催化剂床层温升的角度探讨催化剂失活与再生的机理，找出催化剂再生的准确时间和更加有效的催化剂再生的方法。

关键词　硫黄回收　催化剂　床层温升　再生

1　前言

考察催化剂的一个重要数据是催化剂床层温升。通过催化剂床层温升变化的记录，得出催化剂床层温升曲线(催化剂床层温度分布曲线)。根据国外催化剂厂家资料介绍，因为反应器内发生的反应都是放热的，催化剂床层的温升和反应深度非常接近一个线性函数，所以温度分布的形状与反应分布的形状相同。从催化剂床层温升曲线也可以得出催化剂的失活机理，更重要的是可以从曲线看出催化剂活性沿床层深度的变化，从而可以及时掌握催化剂是否需要再生的准确时机和如何进行催化剂的再生操作。

2　催化剂的使用情况

某石化公司硫黄回收装置的工艺是硫化氢与空气不完全燃烧二级克劳斯转化工艺和 RAR(还原、吸收、循环)尾气处理工艺。共 2 套，单套处理能力为 60kt/a。

2.1　硫黄回收装置催化剂装填情况

2.2　催化剂运行数据

装置于 2000 年 1 月投产，催化剂经过三年半的生产运行，对床层温升变化情况进行了详细考察。在 4 个催化剂床层不同深度设置了 8 个热电偶套管。温升即是测量点温度与入口温度之差。

表 1　反应器装催化剂情况 (Ⅰ套)

反应器名称	催化剂名称	催化剂填装量/t	填装高度/mm
一级反应器	S201/S501	14.5/7.4	600/300

续表

反应器名称	催化剂名称	催化剂填装量/t	填装高度/mm
二级反应器	S201	23.0	900
加氢反应器	N39	8.27	650

注：催化剂全部为进口催化剂表。

表 2　反应器装催化剂情况 (Ⅱ套)

反应器名称	催化剂名称	催化剂填装量/t	填装高度/mm
一级反应器	CT6-4B	24.2	900
二级反应器	CT6-4B	23.9	900
加氢反应器	CT6-5B	13.5	650

注：催化剂是四川天然气研究院研制开发的。

由表 3 可以看出，催化剂床层温升是催化剂活性的反映，其直接影响到总硫回收率。催化剂新的时候，温升是在床层顶部发生，如果床层顶部的催化剂失活，温升慢慢向床层下面移动。如果整个床层温升永久下降通常表明催化剂失活。在催化剂使用二年半以，床层温升出现较大幅度下降，同时总硫回收率也下降了 1 个百分点，这是由于催化剂活性下降所致。在进行催化剂再生后，床层温升又有所回升，总硫回收率几乎又回升到较高的水平，说明这是催化剂暂时性失活。但随着催化剂再生的次数增多，再生后床层的温升达不到先前较高的水平，而是在慢慢降低，总硫回收率也在慢慢降低，这说明催化剂慢慢失去活性。原因可能是催化剂的寿命已到或者再生的方法还不够有效。下面再来研究催化剂床层温升曲线与再生的关系。

表3　催化剂运行数据表　　　　℃

时　间	一级 Claus 转化器		二级 Claus 转化器		加氢反应器	
	入口温度	平均温升	入口温度	平均温升	入口温度	平均温升
2000-01	220	92	205	19	312	71
2000-01	220	90	205	19	312	72
2002-01	223	89	205	18	312	71
2002-07	216	72	201	13	300	59
2002-10(再生后)	217	86	202	17	302	69
2003-01	220	69	197	12	318	60
2003-04(多次再生后)	216	76	200	13	315	62

3　催化剂床层温升

根据催化剂投用三年半以来的考察和催化剂的温度分布记录，可以得到以下曲线。

3.1　一级 CLAUS 转化器催化剂在使用过程中的温升曲线

从图1可以看到，曲线3表示后期催化剂温升曲线(用"后期"不一定准确，因为催化剂可以多次再生)，实际上是催化剂运行两年半到三年时的温升曲线，温升已经较大下降，并且集中在较底部，稍有波动，反应就不完全，这时催化剂要进行再生或其他处理。从曲线4和曲线5来看，再生后催化剂床层中上部温升有较大提高，但到底部已不能提高到原先的水平，说明催化剂总整活性不是很强了。

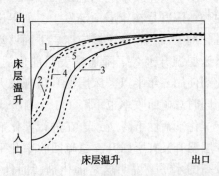

图1　一级 Claus 反应器催化剂床层温升曲线

1—新鲜催化剂；2—中期催化剂；3—后期催化剂；

4—第一次再生后催化剂；5—多次再生后催化剂

3.2　二级 CLAUS 转化器催化剂在使用过程中的温升曲线

从图2可以看出二级转化器催化剂床层温升变化情况与一级的相似。但后期曲线3上层倾斜度相对变小，说明温升向下移动不是很快，但中下层倾斜度相对较大，该催化剂可能先是从上到下失活，然后是均匀失活。曲线5表明再生后的催化剂活性下降较快。

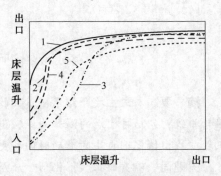

图2　二级 Claus 反应器催化剂床层温升曲线

1—新鲜催化剂；2—中期催化剂；3—后期催化剂；

4—第一次再生后催化剂；5—多次再生后催化剂

3.3　加氢反应器催化剂在使用过程中的温升曲线

从图3可以看出该催化剂的温升几乎都是从上向下很快移动的，后期催化剂床层温升很快转移到底部。再生后的曲线很接近，并且再生后的温升较高，说明再生效果较好。

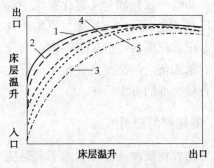

图3　加氢反应器催化剂床层温升曲线

1—新鲜催化剂；2—中期催化剂；3—后期催化剂；

4—第一次再生后催化剂；5—多次再生后催化剂

4　催化剂床层温升与再生机理

根据催化剂产品提供的资料和研制试验资料，催化剂可以在床层内均匀失活或者从上到下失活，温升曲线见图4：

根据图1、图2、图3与图4的对比，可以得到相应的催化剂失活机理，从而进行有效的催化剂再生操作。

一级 CLAUS 转化器催化剂，从后期开始，催化剂从上到下失活，该催化剂主要是发生硫沉

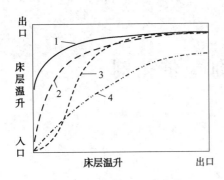

图4　催化剂床层温升曲线

1—新鲜催化剂；2—床层内催化剂均匀失活；

3—从上到下催化剂失活；4—全部失活催化剂

积、硫酸盐化或硬壳化失活，可能有碳沉积。这是应该进行以硫酸盐化再生为主的催化剂再生操作。

二级 CLAUS 转化器催化剂床层温升曲线与一级的相似，催化剂从上到下失活。但从中后期可以看出催化剂有可能是均匀失活，而不是从上到下失活。后期曲线会很快转移到失活曲线，所以要在后期之前就要进行催化剂再生操作。

加氢反应器催化剂可能是发生水热老化、硫沉积和结块失活。该催化剂是均匀失活的，并且中后期时间间隔很难分得清楚，相对抵抗失活的时间较长，再生间隔可以稍长些，从硫沉积失活的角度来看，再生的方法一般是提高温度到 $400\sim410℃$ 来烧掉硫并且使催化剂回到原来的氧化状态（平时操作就是这样的），这是正确的。但这样的再生次数应尽量少，因为这种烧掉硫的氧化物可能产生硫酸化，使催化剂永久失活。

由上可知，除了加氢反应器的催化剂再生方法得当外，一级、二级 CLAUS 转化器的催化剂的再生操作可以说是不十分正确的（或者是催化剂的本身技术问题）。一般一级、二级 CLAUS 转化器的催化剂的再生操作是提高入口温度 $10\sim15℃$ 运行 24h 后，改变尾气的 H_2S/SO_2 的比例为 $(3\sim4)/1$。提高入口温度 $10\sim15℃$ 再继续运行 24h。很明显这不是十分理想。如果再生后的催化剂温升曲线应该在后期曲线 3 之上为最好。通过及时再生可以有效地延长催化剂的寿命，也可以为催化剂生产商反馈有用数据。

5　结语

自从英国化学家克劳斯发明用克劳斯法回收硫以来，经过 100 多年的发展硫黄回收工艺得到极大的发展。近几年尾气处理工艺也得到了较大的发展，使得总硫回收率达到了较高的水平。我国主要是以引进工艺为主，在消化外国资料上还不理想，总硫回收率还不令人十分满意。原因是除对高的硫回收率重视程度不够外，一个最重要的影响因素就是催化剂的操作。国内催化剂主要是 LS 系列和 CT 系列，这两个系列的催化剂都达到了较先进的水平，但在对催化剂的使用控制方面还不够理想，未能很好地控制催化剂在最佳活性状态下操作，甚至在催化剂失活及再生方面控制不及时，很大程度上影响了硫的回收率。

硫黄回收及尾气处理国产催化剂的适用经验积累资料不足，虽然我国硫黄回收催化剂经过 20 多年的发展，已经在研制和推广使用 Al_2O_3 催化剂的基础上研制开发和推广使用各种性能及用途的催化剂，但当前我国硫回收技术有关催化剂的问题还有很多，推广使用工作还没有跟上，尤其是对使用不同系列和品种的催化剂进行技术经济性比较，以便优化催化剂的装填使用，还缺少经验和现场数据积累。催化剂的技术水平和使用情况还需要在实践中不断提高。

参 考 文 献

[1]　Kinetics Technology International S. P. A. Sulphur Recovery Plant（60000mt／Y）Operating Manual.

[2]　G Bohme. J. A. Sames. He Seven Deadly Sins Of Sulphur Recovery. Sulphur ´99 International Coference, Calgary Aberta（1999.11）

LS-951T Claus 尾气加氢催化剂

刘爱华

（中国石化齐鲁分公司研究院）

　　摘　要　根据环保法规的要求以及 Claus 尾气的特点，研制开发了新型 Claus 尾气加氢催化剂，该催化剂物化性质优良，加氢活性、水解活性高，能满足低温、大空速、低配氢量反应的要求。

1　前言

随着环保法规的日趋严格和人们环保意识的进一步增强，对石油化工装置中含硫化合物排放标准的要求也越来越严格，国家环保标准 GB 16297 对工业装置 SO_2 排放要求新污染源不大于 $960mg/m^3$，现有污染源 SO_2 不大于 $1200mg/m^3$，并对硫化物的排放量也做出了新的规定。为了满足新的环保法规要求，近年来，我国沿江、沿海的部分炼油企业正在改扩建或新建硫黄回收及尾气处理装置，国内新建或改扩建的硫黄回收及尾气处理装置普遍采用 Claus+SCOT 工艺。

在 CLaus + SCOT 工艺中，原料气经二级 CLaus 转化后，进入加氢转化反应器，将其中的含硫化合物（COS、SO_2 等）和单质硫，加氢处理转化成 H_2S，然后经胺液吸收、脱附后，富含硫化氢的气体返回 Claus 装置进一步进行硫黄回收，使装置含硫化合物的排放量达到国家排放标准。

Claus 尾气如氢主要存在以下反应：

$$SO_2 + 3H_2 \Longrightarrow H_2S + 2H_2O$$

$$S + H_2 \Longrightarrow H_2S$$

$$COS + H_2O \Longrightarrow H_2S + CO_2$$

$$CS_2 + 2H_2O \Longrightarrow 2H_2S + CO_2$$

即 SO_2 和单质硫的加氢反应及 COS、CS_2 的水解反应。目前工业上有的采用两段工艺，即加氢反应器上部装入水解催化剂，下部装入加氢催化剂。如 1994 年 5 月 10 日日本专利（专利号 JP06127907 A2）公开一种含硫 Claus 尾气加氢处理工艺及催化剂，该专利中采用两种催化剂装入同一反应器中，上部为 MoO_3/TiO_2 催化剂，其中 MoO_3 含量达 16%；下部为 Co-Mo/Al_2O_3 催化剂，其中 MoO_3 含量达 13%，CoO 为 3.5%。国际壳牌公司在中国申请的专利 CN1230134，该专利公开了一种硫黄尾气加氢催化剂，该催化剂以二氧化硅和氧化铝为载体，其中氧化硅含量大于 25%，以镍、钼为活性组分，需与 COS、CS_2 水解剂（K/TiO_2）同装于一个反应器中使用。国内多采用单剂加氢工艺，现用的硫黄尾气加氢催化剂有四川天然气研究院、开发的 CT6-5B $CoMo/Al_2O_3$ 催化剂及齐鲁研究院开发的 LS-951 $CoMo/Al_2O_3$ 催化剂。

但随着中国加入 WTO 以后，国外的硫黄尾气加氢催化剂因其生产量大、生产成本相对较低，具有更强大的市场竞争力。因此，提高催化剂性能，简化催化剂制备工艺，降低催化剂生产成本已势在必行。

硫黄尾气加氢反应是在压力较低（约 0.01 ~ 0.02MPa），水蒸气含量较高（约 10% ~ 30%），气量及组成波动范围较大的工况下进行的。为此，硫黄尾气加氢催化剂应具有以下特点：①外观能有效降低催化剂床层的阻力降；②侧压强度高，具有良好的抗工况波动性能；③磨耗低，耐水热稳定性好，具有良好的抗粉化性能；④孔体积、比表面积大，活性组分高度分散，具有较多的活性中心；⑤孔结构合理，具有较多的反应孔道；⑥堆密度轻，减少催化剂的装量（重量），降低企业生产成本。

根据催化反应及工艺对催化剂性能的要求，通过优化催化剂的载体原料、活性组分含量以及制备工艺研究，研制出了 LS-951T 三叶草型尾气加氢催化剂。在胜利炼油厂第一硫黄尾气加氢装置上建成了工业侧线装置，在不同温度、空速、氢含量的情况下考察了 LS-951T 催化剂对 Claus 反应尾气中含硫化合物的加氢活性和水解活性，并进行了 2200h 的活性稳定性的评价。结果表明：LS-951T 催化剂具有良好的低温活性，能适应大空速反应的要求，在较低配氢量的情况下，仍能满足工业装置的要求。

2 LS-951T 催化剂与其他同类催化剂物化性质的比较

表 1 给出了 LS-951T 催化剂与其他同类催化剂的物化性质比较。C 催化剂为国外某公司开发的硫黄尾气加氢催化剂，也已在国内多套工业装置上应用。L、T 催化剂均为国内开发的硫黄尾气加氢催化剂，均已在多套工业装置上应用。从表 1 数据可以看出，LS-95IT 催化剂与其他 3 种催化剂相比，具有更高的孔体积、比表面积，堆比较轻，相同体积催化剂的装量较少，在催化剂装填体积相同的情况下，可以大幅降低催化剂的用量(质量)。

表 1　LS-951T 催化剂与其他同类催化剂物化性质的比较

项目	LS-951T	L	C	T
外观	蓝灰色三叶草条	蓝灰色三叶草条	蓝灰色小球	蓝灰色小球
规格/mm	$\phi3\times2\sim8$	$\phi3\times2\sim8$	$\phi3\sim5$	$\phi3\sim5$
侧压强度/(N/cm)	162	280	136	120
磨耗/(m/m)%	0.5	0.5	0.5	0.5
比表面积/(m²/g)	336	292	294	192
孔体积/(mL/g)	0.55	0.50	0.39	0.24
活性组分含量/(m)%　　CoO	1.9	2.8	2.32	2.86
MoO₃	9.7	11.5	10.6	12.6
堆比/(kg/L)	0.64	0.66	0.80	0.80

3 LS-951T 催化剂的测试试验

3.1 侧线试验工艺流程

LS-951T 催化剂的工业侧线试验在胜利炼油厂第一硫黄回收尾气加氢装置(10kt/a 硫回收装置)上进行，胜利炼油厂第一硫黄回收装置酸性气主要来源于液化气脱硫装置、催化焦化干气脱硫装置、重整循环氢脱硫装置、含硫污水双塔气

体装置等。来源于上述装置的酸性气首先经二级 Claus 硫黄回收装置回收单质硫，从硫黄回收装置排出的 Claus 尾气中仍含有 1%~3% 的单质硫及含硫化合物(主要为 H_2S、SO_2、COS 等)。上述硫黄尾气经加氢后采用胺液选择吸收，净化后的尾气排入大气。侧线试验装置并联于胜利炼油厂第一硫黄回收尾气加氢装置旁，其工艺流程见图 1。

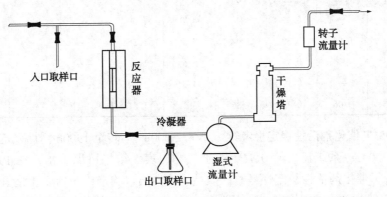

图 1　硫黄尾气加氢侧线试验工艺流程示意

经装置正常配氢后的 Claus 尾气，进入加氢　　反应器，加氢后的尾气经冷凝塔冷凝，由湿式流

量计计量，经干燥塔干燥后的尾气，再由转子流量计计量。最后与装置加氢后尾气合并，一起进入吸收塔。

3.2 催化剂的侧线试验

催化剂采用原料气预硫化，待出入口硫化氢浓度基本平衡或出口硫化氢浓度略高于入口时，硫化结束，转入正常试验。分别考察了反应温度、反应空速、配氢量对催化剂加氢活性及水解

活性的影响，并对 LS-951T 催化剂进行了 2200h 的活性稳定性考察。

3.2.1 不同反应温度对 LS-951T 催化剂活性的影响

在反应空速 2000h^{-1}、系统压力 0.011MPa 的反应条件下，进行了反应温度对催化剂活性的考察。表 2 给出了不同反应温度对 LS-951T 催化剂活性的影响结果。

表 2　不同反应温度对 LS-951T 催化剂活性的影响

温度/℃	反应器入口气体组成(v/v)/%					反应器出口气体组成(v/v)/%				
	H$_2$S	COS	SO$_2$	CO$_2$	H$_2$	H$_2$S	COS	SO$_2$	CO$_2$	H$_2$
240	0.14	0.28	—	5.44	4.7	1.19	—	—	7.36	3.1
260	0.48	—	0.18	4.64	5.1	0.85	—	—	5.28	4.2
280	0.41	—	0.36	5.12	6.3	1.05	—	—	6.16	5.1
300	0.41	0.06	0.23	5.6	6.3	1.29	—	—	6.88	5.1
320	0.10	—	0.53	6.24	4.3	1.46	—	—	8.80	2.9
340	0.36	0.06	0.38	6.40	6.3	1.36	—	—	6.72	5.3

从表 2 结果可以看出，反应温度在 240~340℃之间时，加氢反应器出口均未检测到非硫化氢的含硫化合物，说明 LS-951T 催化剂具有很好的低温活性。从加氢反应器出口硫化氢的含量可以看出，经 LS-951T 催化剂加氢后反应器出口硫化氢含量明显高于反应器入口含硫化合物加氢后的理论硫化氢含量。说明 LS-951T 催化剂将单质硫加氢转化为硫化氢。

3.2.2 不同反应空速对催化剂活性的影响

在反应温度 300℃、系统压力 0.011MPa 的反应条件下，进行了反应空速对催化剂活性影响的考察。表 3 给出了不同反应空速对 LS-951T 催化剂活性的影响结果。从表 3 结果可以看出，反应空速在 1000~4000h^{-1}时，加氢反应器出口均未检测到非硫化氢的含硫化合物。LS-951T 催化剂具有良好的活性稳定性及很好地适应高空速的能力。

表 3　不同反应空速对 LS-951T 催化剂活性的影响

空速/h^{-1}	反应器入口气体组成(v/v)/%					反应器出口气体组成(v/v)/%				
	H$_2$S	COS	SO$_2$	CO$_2$	H$_2$	H$_2$S	COS	SO$_2$	CO$_2$	H$_2$
1000	0.44	0.06	0.46	5.76	4.7	1.16	—	—	6.40	3.1
1500	0.41	0.06	0.23	5.60	6.3	1.29	—	—	6.88	5.1
2000	0.24	—	0.15	4.48	4.7	1.09	—	—	6.40	3.6
2500	0.17	0.06	0.30	7.04	5.5	1.36	—	—	7.64	4.3
3000	0.34	—	0.15	7.68	5.5	1.22	—	—	9.92	3.9
3500	0.17	—	0.19	6.08	4.3	1.09	—	—	7.68	3.1
4000	0.26	0.06	0.31	5.86	3.1	1.21	—	—	6.24	2.3

3.2.3 LS-951T 催化剂活性稳定性考察

在反应温度 300℃、系统压力 0.011MPa 的反应条件下，进行了催化剂活性稳定性考察。表 4 给出了 LS-951T 催化剂在空速 2000h^{-1}条件下 1000h 活性稳定性考察结果，表 5 给出了 LS-951T 催化剂运转 1000h 后，将空速提高至

3000h^{-1}运转至 1900h 活性稳定性考察结果。从表 4、表 5 结果可以看出，在 1900h 之内，加氢反应器出口均未检测到非硫化氢的含硫化合物，说明 LS-951T 催化剂具有良好的加氢活性及活性稳定性，能够适应大空速长周期运转的要求。

表4　LS-951T 催化剂空速 2000h⁻¹ 活性稳定性考察结果

时间/h	反应器入口气体组成(v/v)/%					反应器出口气体组成(v/v)/%				
	H_2S	COS	SO_2	CO_2	H_2	H_2S	COS	SO_2	CO_2	H_2
300	0.44	—	0.26	7.52	4.7	1.26	—	—	8.64	3.2
400	0.41	—	0.30	6.40	5.5	1.29	—	—	7.68	4.7
500	0.31	0.06	0.46	7.20	5.5	1.39	—	—	10.8	4.1
600	0.17	0.06	0.38	7.68	5.9	1.15	—	—	9.28	4.6
700	0.34	—	0.18	5.12	4.7	1.33	—	—	7.68	3.2
800	0.48	—	0.15	7.20	5.9	1.19	—	—	8.16	4.3
900	0.34	—	0.23	6.24	5.9	1.33	—	—	7.84	4.1
1000	0.65	0.08	0.29	6.72	6.7	1.33	—	—	8.00	5.9

表5　LS-951T 催化剂空速 3000h⁻¹ 活性稳定性考察结果

时间/h	反应器入口气体组成(v/v)/%					反应器出口气体组成(v/v)/%				
	H_2S	COS	SO_2	CO_2	H_2	H_2S	COS	SO_2	CO_2	H_2
1100	0.14	0.06	0.61	6.24	3.1	1.60	—	—	8.48	1.5
1200	0.58	0.06	0.34	8.00	7.1	1.19	—	—	8.32	6.3
1300	0.34	—	0.15	6.08	5.9	1.43	—	—	7.68	5.1
1400	0.20	—	0.38	7.36	5.9	1.50	—	—	8.48	4.7
1500	0.58	0.02	0.34	7.76	6.2	1.19	—	—	8.16	5.3
1600	0.75	0.06	0.23	7.12	7.1	2.24	—	—	10.0	5.3
1700	0.14	0.06	0.34	6.24	3.1	1.60	—	—	6.48	1.5
1800	0.24	0.02	0.39	7.52	5.5	1.16	—	—	7.98	4.5
1900	0.10	—	0.21	6.24	3.9	1.40	—	—	7.08	3.0

表6给出了催化剂运转 1900h 后,降低配氢量,控制加氢反应器出口氢含量小于1%,继续运转至 2200h 的活性稳定性考察结果。从表6结果可以看出,降低配氢量,控制加氢反应器出口氢含量小于1%,即加氢反应进行后氢气略有剩余,加氢反应器出口仍未检测到非硫化氢的含硫化合物,说明该催化剂在氢含量较低的情况下,仍然具有较高的加氢活性及有机硫水解活性。

表6　LS-951T 催化剂空速 3000h⁻¹ 低氢含量活性稳定性考察结果

时间/h	反应器入口气体组成(v/v)/%					反应器出口气体组成(v/v)/%				
	H_2S	COS	SO_2	CO_2	H_2	H_2S	COS	SO_2	CO_2	H_2
2000	0.51	0.06	0.26	8.00	1.5	1.22	—	—	8.26	0.2
2100	0.07	—	0.13	6.88	2.3	1.41	—	—	8.32	0.2
2200	0.23	0.04	0.38	5.86	2.0	1.29	—	—	6.10	0.0

3.2.4　LS-951T 催化剂运转前后物化性质比较

LS-951T 催化剂在工业侧线装置内,以两级转化后的 Claus 尾气为原料运转了 2200h。由于胜利炼油厂 10kt/a 硫回收装置建设较早,设计较原始,在线燃烧炉一直存在超温的现象,为了解决这一问题,车间采用了注入水蒸气的方式进行降温,注入水蒸气的量大约为原料气的30%,再加上反应生成的水,系统总水量为30%~40%。因此,要求催化剂具有良好的水热稳定性及结构稳定性。为了考察 LS-951T 催化剂的结构稳定性及抗老化性能,测定了运转 2200h 后催化剂的强度、物相组成、结炭量,并对运转后催化剂进行了再生,再生条件 500℃,空气气氛再生 4h,测定了再生后催化剂的比表面积、孔体积、强度、物相组成、活性组分含量等物化性质,结果列于表7。

表7　LS-951T 催化剂运转前后物化性质

项　目	新鲜样品	运转后样品	再生后样品
外观	蓝灰色三叶草条	黑色三叶草条外观完整，未出现粉化现象	蓝灰色三叶草条
侧压强度/(N/cm)	176	148	201
比表面积/(m²/g)	331	—	312
孔体积/(mL/g)	0.54	—	0.56
物相	$\gamma\text{-}Al_2O_3$		$\gamma\text{-}Al_2O_3$
结炭量/%	—	1.08	—

从表 7 结果可以看出，催化剂运转 2200h 后，有少量炭沉积，主要原因是 Claus 尾气中含有少量烃(裂解积炭)及少量杂质，沉积到催化剂中造成的；运转后催化剂的强度有所下降，是因为 Claus 尾气中水蒸气含量过高所致。LS-951T 催化剂工业侧线运转 2200h 再生后，其物相组成基本没有变化。说明该催化剂具有良好的抗水热稳定性。孔体积、比表面积基本恢复新鲜催化剂水平，催化剂经再生后强度较新鲜催化剂还略有升高。由此说明，在较苛刻的反应条件下，LS-951T 催化剂具有良好的结构稳定性，并具有良好的可再生性能。

4　结论

1) 制备的 LS-951T 催化剂具有较高的机械强度，较大的孔体积、比表面积，活性组分高度分散。

2) 在较宽的反应温度(240~340℃)、较宽的反应空速(1000~4000h⁻¹)下，LS-951T 催化剂具有良好的加氢活性及有机硫水解活性。

3) LS-951T 催化剂具有良好的活性稳定性及很好地适应高空速的能力，可在较低的反应温度、较大的空速、较低配氢量的条件下使用。

4) LS-951T 催化剂具有良好的结构稳定性及抗老化性能。

硫黄回收催化剂活性评价方法改进设想

汪忖理[1]　　陈昌介[2]

(1. 中油西南油气田分公司重庆天然气净化总厂；2. 中油西南油气田分公司天然气研究院)

摘　要　对硫黄回收催化剂活性评价方法作了初步介绍，并指出了常用评价方法存在的若干不足之处。从评价装置加热炉、装置水蒸气携带方式、催化剂老化试验、催化剂活性评估方法等方面提出了改进常用评价方法的设想。采用新的评价方法后，反应器催化剂床层温升将更小、水蒸气含量将更稳定，新鲜催化剂的转化率和老化处理后的催化剂转化率都将比旧评价方法要稳定得多。另外，新评价方法使用的"苛刻水热老化"处理方法，使处理后的催化剂催化性能更接近工厂中使用3年后的催化剂的真实情况，因而能更好地模拟催化剂寿命试验。

关键词　硫黄回收　评价　催化剂　活性

对天然气脱硫过程，特别是以醇胺法为代表的物理—化学溶剂法脱硫过程产生的含 H_2S 酸性气，工业上通常采用克劳斯工艺对其进行硫黄回收，以减轻装置尾气排放造成的酸雨和其他严重的环境问题。目前，国内现有硫黄回收及尾气处理装置(包括处理炼厂酸气的装置)达70套左右。近20多年来，我国对环境保护不断重视，对硫黄回收装置尾气污染物排放的控制也越来越严格，先后从国外引进了一些先进工艺和技术，也在此基础上进行消化吸收自行设计和建造了一些生产装置。天然气净化厂排放的 SO_2 均来自 Claus 装置尾气。因此提高硫黄回收率，减少 SO_2 排放所造成的大气污染问题一直是该领域技术发展的重点，而提高催化剂性能是达到上述目标的重要措施。

在硫黄回收系列催化剂的开发过程中，催化剂的活性评价一直是一个重要环节。评价数据的可靠性与准确性是催化剂开发成功的保证。催化剂活性评价方法的高效和快捷能促进硫黄回收催化剂开发效率的提高和开发周期的缩短，使开发者可以把精力更多地集中在催化剂制备和催化剂物化性质分析等其他工作上。因此，建立一种高效、快捷和易操作的催化剂活性评价方法具有十分重要的意义。

1　常用硫黄回收催化剂活性评价方法介绍

1.1　常用评价方法概述

鉴于硫黄回收催化剂活性评价方法的独特性，国内外采用的硫黄回收催化剂活性评价方法并未形成统一的标准，但普遍遵循以下基本思路：模拟工厂中硫黄回收装置过程气组成，通过控制 N_2、空气、CO_2、H_2S、SO_2、CS_2、COS 和水蒸气等的流量，配置一定组成的混合气，经预热到一定温度后通入一个装填有催化剂和填料的固定床反应器。该反应器通过加热系统控制一定的反应温度，气体经克劳斯反应后进入分离器分离出硫黄，再经冷凝器分离出水后经灼烧或固体脱硫剂脱硫后排放。在催化剂评价过程中，定时对进入和离开反应器的过程气进行组分分析，通过气体组成计算克劳斯反应转化率。

1.2　常用评价装置

图1为国内常用硫黄回收催化剂活性评价装置流程图。

空气、H_2S 和 SO_2 气体由钢瓶气经减压至196.2~294.3kPa 后经转子流量计计量，然后直接进入混合器。装置上有一个加热至70~80℃的蒸馏水水饱和器。经计量后的 N_2 先进入水饱和器鼓泡，然后将一定含量的水蒸气带入预热器。经计量后的 CO_2 进入装有加热至40~50℃的 CS_2 液体的瓶中，将一定量的 CS_2 气体带入混合器。所有气体经混合后进入预热器预热到100~200℃，然后进入温度控制在200~400℃的固定床反应器中进行克劳斯反应。反应后的气体经分

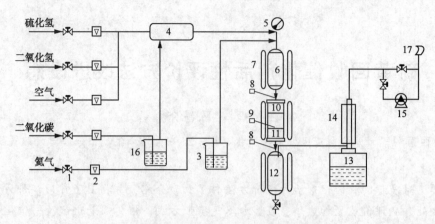

图 1　传统硫黄回收催化剂活性评价装置流程
1—阀门；2—流量计；3—水饱和器；4—混合器；5—压力计；6—预热器；7—加热炉；8—取样点；
9—测温点；10—反应器；11—催化剂；12—分离器；13—容器；14—冷凝器；15—尾气计量器；16—CS₂ 瓶；17—灼烧

离器和冷凝器分离出硫黄和水后灼烧排放。反应器催化剂床层设有上、中、下三个测温点。试验每 2h 分析一组原料气和尾气组成，作为计算催化剂克劳斯转化率和有机硫水解率的依据。试验所用催化剂通常先破碎至 1.5~2.5mm 后再装入反应器中。通过调节各种气体流量和改变催化剂装填量，可以调节原料气组成和反应空速。原料气中水蒸气和 CS₂ 含量通常通过改变水饱和器温度和 CS₂ 瓶的温度来改变。

1.3　硫黄回收催化剂加速老化试验

硫黄回收催化剂活性评价过程通常仅持续 1~2 天。对新催化剂而言，1~2 天的连续运转对催化剂使用性能的影响并不大。为评估运转时间对催化剂使用性能的影响，试验采用了加速老化的方法来人为对催化剂进行一定的破坏，以在短时间内模拟出催化剂使用较长时间后的情况。加速老化通常分为"轻度老化"和"重度（苛刻）老化"两种。具体条件见表 1。

表 1　"轻度老化"和"重度老化"试验条件

名　称	轻度老化	重度（苛刻）老化
处理条件	在温度 320℃，空速 300h⁻¹ 条件下通入体积比为 3.7 的 SO₂ 和空气，持续时间 2h	先将催化剂于 700℃ 下高温处理 2h，再按轻度老化条件处理
相当于催化剂运转时间	1000h	3a

1.4　硫黄回收催化剂克劳斯转化率和有机硫水解率计算

试验所使用的克劳斯转化率和有机硫水解率

计算公式如下：

首先计算克劳斯反应前后过程气的体积校正系数：

$$Kv = [100-(yH_2S+ySO_2+yO_2)] / [100-(y'H_2S+y'SO_2+y'O_2)]$$

式中　Kv——体积校正系数；

y——原料气各组分干基含量，%；

y'——尾气各组分干基含量，%。

克劳斯转化率 η_S 按下式计算。

$$\eta_S = \{1-Kv(y'H_2S+y'SO_2) / [yH_2S+ySO_2+2(yCS_2-Kv\times y'CS_2)]\} \times 100\%$$

式中　η_S——克劳斯转化率，%。

有机硫水解率（主要是 CS₂ 水解率）η_0 按下式计算。

$$\eta_0 = (1-Kvy'CS_2/yCS_2) \times 100\%$$

式中　η_0——CS₂ 转化率，%。

2　常用硫黄回收催化剂活性评价方法存在的不足

2.1　常用评价装置的不足

尽管图 1 所示的常用硫黄回收催化剂活性评价装置具有操作简单、造价低廉的特点，通过实际使用，存在以下不足。

2.1.1　绝热式电加热炉造成催化剂床层温升较大

众所周知，克劳斯反应为一个放热反应，在一个绝热反应器中，由于反应热的释放，催化剂床层不可避免地会产生温升。实验证明，在本装置上，催化剂床层上部、中部、下部的温度不一致。其中上部温度最低，下部次之，中部温度最高。催化剂床层温差约为 20~30℃。由于床层温度的不一致，为确定克劳斯转化率的温度计算基准带来困难，常用评价装置一般以床层最高温度为计算基准。由于克劳斯反应平衡严重依赖于反应温度，因此温度操作误差对评价方法影响较大。

2.1.2　水蒸气携带方式不合理

为了在过程气中配入一定量的水蒸气，常用硫黄回收催化剂活性评价装置采用气体通过水饱和器(增水器)携带水蒸气的方式来实现。由于水蒸气携带量受水饱和器温度、气体流量和水饱和器结构的影响，使水蒸气含量不易控制。实验证明，用此方法控制 20% 的水蒸气含量，在气体流量和水饱和器温度均较稳定的情况下，水蒸气含量波动仍较大，波动范围为 22%~98%。而水蒸气含量不但会影响克劳斯反应平衡，而且会影响克劳斯催化剂的寿命，特别是氧化铝系列催化剂的寿命，使评价结果不准确。

2.2　老化试验的不足

常用评价方法使用轻度老化和苛刻老化的方法来模拟考核使用一段时间后的催化剂性能。但由于老化过程中温度、气体含量等因素均会影响老化结果，因此模拟结果并不十分准确。比如，

对同一批催化剂，取两个样品进行条件相同的老化试验，老化后的催化剂评价结果中克劳斯转化率往往会相差 1%~2%。这表明，仅仅通过减小催化剂比表面积，改变催化剂孔结构和加速催化剂硫酸盐化是不能准确模拟催化剂寿命的。

2.3　催化剂活性评估方法不合理

常用硫黄回收催化剂通常通过计算其克劳斯转化率来评估其催化活性。这种方法本身没问题，但由于克劳斯反应平衡受操作温度、气体组成、过程气压力等因素的影响，不同操作条件下评价出的催化剂克劳斯转化率不同。如果仅仅使用绝对的克劳斯转化率来评估催化剂催化活性，就无法反映出评价条件对催化剂催化活性的影响，使研究者无法对催化剂催化活性作出直观比较。因此有必要提出一种通用而直观的催化剂活性评估方法。

3　改进常用硫黄回收催化剂活性评价方法的设想

3.1　评价装置的改进

由于常用硫黄回收催化剂活性评价装置存在若干不足，笔者设想对其电加热炉和水蒸气加入方式进行了改进(见图 2)。

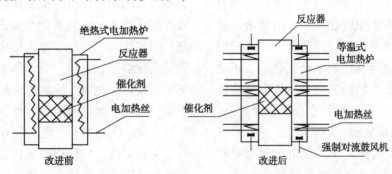

图 2　硫黄回收催化剂活性评价装置电加热炉改进前后对比

针对绝热式电加热炉会造成催化剂床层产生温升的情况，笔者构想了一个用鼓风式电加热炉代替绝热炉的方案。要解决催化剂床层产生温升的问题，必须改进加热炉结构，即以"等温反应器"代替"绝热反应器"，消除反应器床层温升。笔者构想的加热炉采用双桶体结构，桶体空腔内采用四组环状电加热丝加热。其中上下两组加热丝加热功率稍高于中间两组加热丝，以弥补反应器上下两端散热大于中间而造成的中间温度高于

两端的问题。同时，桶体间的空腔中安装四组鼓风设备，使桶体中空气进行强制对流，以保持整个反应器温度的一致性。

综合反应空速、克劳斯反应热、加热炉尺寸、各组加热丝功率、对流鼓风机产生的空气量及加热炉保温状况等各种因素，可估算出改进后催化剂床层上中下各点温度。改进前催化剂床层实测温度值和改进后的估算温度值见表 2。

表2　改进前催化剂床层实测温度值和改造后的估算温度值

试验空速/ h^{-1}	改进前实测值			改进后估算值		
	催化剂床层 上部温度/℃	催化剂床层 中部温度/℃	催化剂床层 下部温度/℃	催化剂床层 上部温度/℃	催化剂床层 中部温度/℃	催化剂床层 下部温度/℃
1000	303	324	319	302	303	303
2000	301	327	322	300	301	302
5000	304	331	328	305	305	308
10000	302	332	330	304	307	306

从表2可见，使用改进前的加热炉时，催化剂床层温差达21~30℃。通过计算，若使用改进后的加热炉，催化剂床层温差仅1~3℃。预计对加热炉进行改进后将获得比较理想的效果。

常用评价装置原料气中的水蒸气采用惰性气体携带方式加入。即将水装入一个可调节温度的水饱和器中，将惰性气体通入水饱和器，然后将水蒸气带入混合器，与其他气体一起混合后进入反应器，以达到加入水蒸气的目的。通过调节水饱和器温度和惰性气体流量来调节携带的水蒸气含量。通过对水蒸气含量的分析发现，用此方法携带的水蒸气含量不稳定，相对误差大于10%。如果要通过调节水饱和器温度的方法，来调节水蒸气含量十分困难。因为水蒸气浓度的变化对水饱和器温度十分敏感，常规温度控制器很难实现水饱和器温度的微小变化，使水蒸气含量不易控制。如果用流量范围为10~100mL/h的微量计量泵将蒸馏水注入预热器汽化，代替水饱和器实现水蒸气的加入，则更容易控制水蒸气含量。用此种方式加入水蒸气具有结构简单、操作方便的特点，且准确性较高。由于无合适的微量计量泵，笔者用1台流量范围为50~500mL/h，控制精度为±10%的水泵作了试验。表3为用水饱和器时和用水泵时评价装置的水蒸气含量数据对比。

表3　用水饱和器时和用水泵时评价装置的
水蒸气含量数据对比

水蒸气 含量控制 指标/%	用水饱和器时 实测水蒸气含量/%				用水泵时实 测水蒸气含量/%			
	数据1	数据2	数据3	数据4	数据1	数据2	数据3	数据4
20	18.8	18.5	19.4	19.0	19.3	19.7	19.3	19.4
25	26.1	25.5	24.3	25.1	24.5	24.3	24.8	24.8
30	32.3	32.8	30.3	29.6	30.5	30.3	30.8	29.9

从表3可见，用水饱和器时水蒸气含量最大相对误差达9%，而用水泵时最大相对误差为3%。若选用量程合适且控制精度更高的计量泵时，则水蒸气含量的相对误差会更小。对水蒸气加入方式进行改进后，装置水蒸气含量会更好控制，而且控制精度也大大提高了。

3.2　老化试验的改进

如前所述，常用评价方法使用轻度老化和苛刻老化的方法来模拟考核催化剂使用寿命，但由于老化过程中温度、气体含量等因素会影响老化结果，使模拟结果不准确。轻度老化可以模拟硫酸盐化因素，苛刻老化可以模拟硫酸盐化因素和热老化因素。但二者均无法模拟水热老化因素，使催化剂老化试验不全面，无法全面考察影响催化剂寿命的所有因素。通过对"苛刻老化"后的催化剂进行的物化性质测试发现，其比表面积下降幅度较使用3年后的催化剂大，说明条件过于苛刻，使催化剂受损坏程度大于实际情况，有必要降低老化温度。另外，为评估水蒸气对催化剂的影响，应在老化时的原料气中配入比硫黄回收装置实际水蒸气含量高的水蒸气，以加速催化剂的水热老化。通过试验，笔者发现使用下列老化条件，可使老化后的催化剂各物化指标和活性指标更接近使用3年后的催亿剂的真实水平：

1）将新鲜催化剂置于500℃条件下高温处理2h；

2）用空速1000h^{-1}，温度260℃，组成为SO_2：空气：水蒸气＝1：2.5：6.5的气体对催化剂进行处理，时间2h。

笔者称此方法为"苛刻水热老化"。"苛刻水热老化"后的催化剂、"苛刻老化"后的催化剂与使用3年后的催化剂物化指标和克劳斯转化率对比见表4。

表4 "苛刻水热老化"后的催化剂、"苛刻水热老化"后的催化剂
与使用3年后的催化剂物化指标和克劳斯转化率对比

催化剂种类		比表面积/(m^2/g)	孔容积/(mL/g)	半径<2nm孔所占总孔孔体积分数/%	硫酸盐含量/%	克劳斯转化率/%
"苛刻水热老化"后的催化剂	样品1	105	0.244	4.5	3.69	52.2
	样品2	107	0.252	4.9	3.98	50.8
"苛刻老化"后的催化剂	样品1	87	0.211	0.3	3.54	54.4
	样品2	82	0.205	0.8	3.31	55.0
使用3a后的催化剂	样品1	104	0.256	3.4	3.24	51.1
	样品2	101	0.244	2.2	3.77	53.2

从表4可见，经"苛刻水热老化"处理后的催化剂，无论从催化剂比表面积、孔体积积、半径<2nm孔所占总孔孔体积百分比、硫酸盐含量还是克劳斯转化率指标来看，均比经"苛刻老化"处理后的催化剂更接近使用3年后的催化剂，从而更能真实模拟催化剂使用3年后的情况。

3.3　催化剂活性评估方法的改进

如前所述，常用评价方法直接计算催化剂克劳斯转化率和有机硫水解率，以此衡量催化剂催化活性的高低。由于催化剂活性随评价条件(气体组成、浓度、温度、压力)而变化，在评价过程中，不可避免会发生评价条件的波动，而且各次评价条件也会有所不同，因此仅以催化剂"绝对转化率"衡量催化剂性能是不妥当的，无法反映出评价条件对催化剂活性的影响。为直观评价催化剂催化活性的高低，笔者采用"相对转化率"

概念。在评价催化剂时，某一时刻对过程气进行取样，对应可计算出一个催化剂"真实"转化率。同时，这一时刻具有一个确定的评价条件(气体组成、浓度、反应温度、压力)。计算此评价条件下催化剂的理论转化率，即催化剂具有理论上的最大活性时可能达到的转化率，以此为100%作基准。催化剂"相对转化率"即催化剂在此条件下的"真实"转化率与理论转化率的比值。此值直观反映了催化剂距离理论最大活性的距离。此方法具有很多优点，它不受催化剂评价条件的影响，可直接衡量催化活性的高低。

实验室在240℃、280℃和320℃三个温度条件和5000h^{-1}下，对活性氧化铝催化剂A、助剂型催化剂B、助剂型催化剂C和钛基催化剂D进行了活性评价，评价结果见表5。

表5 4种催化剂活性评价结果

催化剂样品名称		活性氧化铝催化剂A	助剂型催化剂B	助剂型催化剂C	钛基催化剂D
实际克劳斯转化率/%	204℃	74.7	76.8	77.2	77.6
	280℃	71.3	72.8	73.0	73.5
	320℃	66.8	67.1	67.1	67.3
克劳斯"相对转化率/%"	204℃	92.5	95.0	95.5	96.0
	280℃	95.4	97.5	97.7	98.4
	320℃	99.1	99.6	99.6	99.8

从表5可见，在相同操作温度下，四种催化剂活性次序为：钛基催化剂D>助剂型催化剂C>助剂型催化剂B>活性氧化铝催化剂A。两种计算方法均得出一致的结果。另外，从表5还可得出另一个结论，即对同一种催化剂而言，操作温度越低，虽然其实际转化率和"理论转化率"均越高，但克劳斯"相对转化率"却越低。这是因为低温虽然有利于克劳斯平衡，但却降低了克劳斯反应速度，增大了催化剂距离理论最大活性的距离，使

其克劳斯"相对转化率"降低。因此，克劳斯"相对转化率"可作为衡量催化剂催化活性的指标。"相对转化率"越接近1，则说明其催化活性越高，催化剂实际转化率越接近理论值。

4　结论

在采用等温反应器代替绝热反应器，微量计量泵代替水饱和器，"苛刻水热老化"代替传统轻度老化和苛刻老化以及"克劳斯相对转化率"代替克劳斯转化率等措施基础上，笔者作出了改进常

用硫黄回收催化剂评价方法的设想。采用新的评价方法后反应器催化剂床层温升将更小、水蒸气含量将更稳定、新鲜催化剂的转化率和老化处理后的催化剂转化率都将比旧评价方法要稳定得多。另外，新评价方法使用的"苛刻水热老化"处理方法使处理后的催化剂催化性能更接近工厂中使用 3 年后的催化剂的真实情况，因而能更好地模拟催化剂寿命试验。

如果本设想能够在今后的硫回收催化剂评价工作中得到实现，将可提高评价数据的准确性和稳定性，对缩短催化剂开发周期和提高催化剂质量具有一定的意义。

低温型 Claus 尾气加氢催化剂的开发

刘爱华　刘剑利　陶卫东

（中国石化齐鲁分公司研究院）

摘　要　介绍了中国石化齐鲁分公司研究院最新开发的低温高活性 Claus 尾气加氢催化剂的研发情况及 1200h 侧线试验结果。在反应器入口温度 220℃、空速 1200h^{-1} 的工况下，低温尾气加氢催化剂完全满足硫黄装置要求，节能降耗效果显著。该催化剂经载体改性及活性组分优化后，满足 S Zorb 汽油吸附脱硫再生烟气进尾气加氢反应器的要求。

关键词　Claus　尾气加氢　催化剂　低温型

在传统的 Claus+SCOT 工艺中，加氢段使用的常规加氢催化剂以 $\gamma\text{-}Al_2O_3$ 为载体，以 Co、Mo 或 Mo、Ni 为活性组分，催化剂床层温度一般为 300~330℃，加氢反应器的入口温度控制在 280℃以上，经加氢后的尾气残余非 H_2S 的总硫含量小于 300×10^{-6}。中国石化齐鲁分公司研究院开发的 LS-951T 催化剂的使用温度较普通催化剂有所降低，加氢反应器的入口温度可降至 260℃，但使用温度仍然较高，装置能耗大，设备投资费用高。

通过新型载体的开发及制备工艺、活性组分的优化，开发了一种在较低的反应温度下加氢和水解性能良好的 Claus 尾气加氢催化剂（LSH-02），LSH-02 催化剂在反应温度 230℃ 的条件下，加氢反应器出口使用常规色谱检测不到非 H_2S 的含硫化合物。使用该催化剂可简化硫黄回收装置工艺流程，加氢反应器前不需要设置在线燃烧炉或气—气换热器，可直接采用电加热；加氢反应器后也不需要设置废热锅炉，可直接进入急冷塔。由此，装置总投资节约 18%，操作费用降低 30%。

中国石化集团公司为了提高汽油的质量，买断美国 Conocophillips（COP）公司 S Zorb 汽油吸附脱硫专利技术，拟在中国石化系统建设 13 套 S Zorb 汽油脱硫装置。燕山石化 1200kt/a 汽油脱硫装置于 2007 年 3 月投产，可生产硫含量低于 10×10^{-6} 的低硫清洁汽油，汽油各项指标达到欧IV标准。S Zorb 汽油脱硫装置再生烟气中含有较高的

SO_2，配套的处理方法是采用碱液吸收，但会带来碱渣处理的问题，造成硫资源损失和二次污染。因此，烟气进入硫黄回收装置是较好的处理方式，既不会造成污染，同时也能够变废为宝。但是由于 S Zorb 汽油脱硫烟气的组成及流量不稳定，进入 Claus 单元会降低整个硫回收装置的处理量，造成装置操作波动；进入尾气加氢单元，由于烟气中 SO_2 和 O_2 含量较高，常规 Claus 尾气加氢催化剂容易发生 SO_2 穿透，同时由于 SO_2 烟气温度较低（160℃左右），达不到尾气加氢单元的温度要求，需增设加热器，使得装置能耗升高。在此情况下，通过对 Claus 尾气低温尾气加氢催化剂载体改进及活性组分优化，开发了低温耐氧高活性的催化剂（LSH-03），LSH-03 催化剂在反应温度 240℃、O_2（体积分数，下同）含量 0.2%、SO_2 含量 1.2% 的情况下，满足 Claus 尾气加氢反应的要求，可以使烟气在不增设加热器的情况下直接进入尾气加氢单元，减少设备投资，降低装置能耗。

1　LSH-02 低温 Claus 尾气加氢催化剂

催化剂活性评价在 10mL 反应装置上进行，催化剂装填量为 10mL。采用日本岛津 GC-14B 气相色谱仪在线分析反应器入口及出口气体中 H_2S、SO_2、CS_2 的含量，色谱柱装填 GDX-301 担体，采用热导检测器。考察了反应温度、反应空速对低温尾气加氢催化剂 SO_2 加氢和 CS_2 水解活性的影响。

1.1　反应空速对 LSH-02 催化剂 CS_2 水解活性的影响

在常压，反应温度 220℃、240℃，体积空速为 $1250h^{-1}$，反应气组成为 CS_2 0.6%、H_2 4%、H_2O 30%，其余为氮气的条件下，反应空速对 LSH-02 低温 Claus 尾气加氢催化剂 CS_2 水解活性的影响结果见图 1。

从图 1 结果可以看出，在常压、反应温度为 220℃ 和 240℃ 的条件下，随反应空速的加大，催化剂 CS_2 水解率降低，CS_2 水解率与反应空速基本上呈线性关系。在反应温度 220℃、空速 $1250h^{-1}$ 的条件下，反应温度 240℃、空速 $1750h^{-1}$ 的条件下 CS_2 水解率可达到 100%。

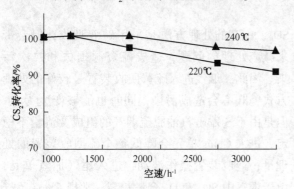

图 1　反应空速对催化剂 CS_2 水解活性的影响

1.2　反应空速对 LSH-02 催化剂 SO_2 加氢活性的影响

在常压、反应温度 220℃、240℃，反应气体积组成为 SO_2 0.6%、H_2 4%、H_2O 30%，其余为氮气的条件下，考察了反应空速对低温尾气加氢催化剂 SO_2 加氢活性的影响，结果见图 2。

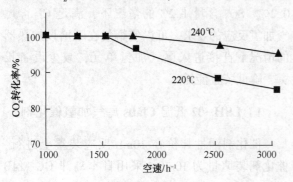

图 2　反应空速对催化剂 CO_2 加氢活性的影响

图 2 结果可以看出，随反应空速加大 SO_2 加氢转化率降低。在反应温度 220℃、空速 $1500h^{-1}$，反应温度 240℃、空速 $1750h^{-1}$ 的反应条件下 SO_2 加氢转化率达到 100%。

1.3　LSH-02 催化剂的侧线试验

LSH-02 催化剂的工业侧线试验在齐鲁分公司胜利炼油厂第一硫黄（10kt/a 硫回收装置）尾气加氢装置上进行。侧线试验装置工艺流程见图 3。

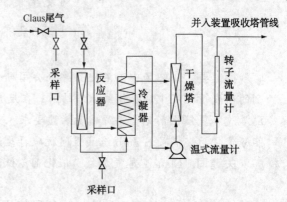

图 3　硫黄尾气加氢侧线试验工艺流程

经装置正常配氢后的 Claus 尾气，进入加氢反应器，加氢后的尾气经冷凝塔冷凝，由湿式流量计计量，经干燥塔干燥后的尾气，再由转子流量计计量。最后与装置加氢后尾气合并，一起进入吸收塔。

催化剂装量为 800mL（3~8mm，条形），催化剂采用原料气预硫化，经稳定一定时间后取样分析反应器出入口各组分含量，待出入口 H_2S 浓度基本平衡或出口浓度略高于入口时，硫化结束，转入正常试验，定时采样分析反应器出入口气体组成。考察了反应温度、反应空速对催化剂加氢活性及水解活性的影响，并对 LSH-02 催化剂进行了 1200h 的活性稳定性考察。

1.3.1　不同反应温度对 LSH-02 催化剂活性的影响

在反应空速 $1200h^{-1}$、系统压力 0.011MPa 的反应条件下，进行了反应温度对催化剂活性的考察。在反应温度 220~300℃ 时，LSH-02 低温催化剂加氢反应器出口均未检测到非 H_2S 的含硫化合物。采用微量硫分析仪分析了反应器出口残余微量非 H_2S 含硫化合物的总量，LSH-02 催化剂与 LS-951T 催化剂对比结果见表 1。

从表 1 数据可以看出，在反应温度 220~300℃，LSH-02 低温型 Claus 尾气加氢催化剂表现出良好的低温活性，加氢反应器出口非 H_2S 的含硫化合物较低，反应温度在 230℃ 以上加氢反

应器出口非 H_2S 的总硫含量小于 $100mg/m^3$。因此，推荐工业装置上 Claus 尾气加氢反应器的较佳入口温度控制在 $220\sim280℃$。

表 1　反应温度对催化剂活性的影响(微量硫测定结果)

反应温度/℃	反应器出口非硫化氢含硫化合物总硫/(mg/m^3)	
	LSH-02	LS-951T
220	126	428
230	90	307
250	61	102
260	49	56
280	38	32
300	0	0

1.3.2　反应空速对催化剂活性的影响

在反应温度 250℃、系统压力 0.011MPa 的反应条件下，进行了反应空速对催化剂活性的考察。在反应空速 $800\sim3000h^{-1}$，LSH-02 低温催化剂加氢反应器出口均未检测到非 H_2S 的含硫化合物。采用微量硫分析仪分析了反应器出口残余微量非 H_2S 含硫化合物的总量，表 2 给出了不同反应空速对 LSH-02 催化剂和 LS-951T 催化剂活性的影响结果。

从表 2 结果可以看出，随反应空速的提高 2 种催化剂加氢反应器出口非 H_2S 的残余含硫化合物的浓度增加，但在高空速下 LSH-02 催化剂的活性明显优于 LS-951T，说明 LSH-02 催化剂具有很好的适应高空速的能力，在酸性气气量大幅波动时，催化剂的活性能满足装置要求。

表 2　反应空速对 LSH-02 催化剂活性的影响(微量硫分析结果)

空速/h^{-1}	2 种催化剂在反应器出口残余非 H_2S 含硫化合物总硫/(mg/m^3)	
	LSH-02	LS-951T
800	28	22
1000	40	43
1500	58	69
2000	82	106
2500	101	268
3000	138	342

1.3.3　LSH-02 催化剂活性稳定性考察

LSH-02 催化剂的活性稳定性考察结果见表 3。

表 3　反应器出口残余非 H_2S 含硫化合物总硫

mg/m³

运转时间/h	催化剂	
	LSH-02	LS-951T
400	90	307
500	86	292
600	75	209
700	105	312
800	81	256
900	89	288
1000	93	295
1100	118	342
1200	97	234

在反应温度 230℃、反应空速 $1200h^{-1}$、系统压力 0.011MPa 的反应条件下，进行了 2 种催化剂 1200h 活性稳定性考察，在此期间，LSH-02 催化剂使用常规色谱仪加氢反应器出口未检测到残余的非 H_2S 的含硫化合物，LS-951T 可以检测到未加氢 CS_2 的存在。表 3 给出了 2 种催化剂 1200h 活性稳定性考察期间，加氢反应器出口残余非 H_2S 的含硫化合物。可以看出，LSH-02 催化剂的低温加氢活性明显优于 LS-951T 催化剂。

2　LSH-03 低温耐氧高活性 Claus 尾气加氢催化剂

2.1　S Zorb 再生烟气的组成及特点

表 4 给出了 S Zorb 再生烟气的组成(设计值)及常规 Claus 尾气的组成。

表 4　S Zorb 再生烟气及常规 Claus 尾气的组成比较

项　　目	S-Zorb 再生烟气	常规 Claus 尾气
出 S Zorb 装置温度/℃	205	—
进硫黄装置温度/℃	160	≥280
气体组成的体积分数/%		
H_2O	3.12	3~30
O_2	0.2	≤0.05
N_2	89.33	余量
CO_2	1.9	1~20
SO_2	5.41	S+COS+SO_2 ≤0.5
CO	0.04	0

从表 4 中数据可以看出，S Zorb 再生烟气与常规的 Claus 尾气组成有所不同，S Zorb 再生烟气具有以下几个特点：①进硫黄回收装置温度较低，只有 160℃；②O_2 含量较高，正常情况下为 0.2%，非正常情况下可能会更高；③SO_2 含量高

达 5.41%，是常规 Claus 尾气中 SO_2 含量的 10 倍以上；④再生烟气的气量及组成波功较大。

目前中国石化燕山分公司 S Zorb 再生烟气进 12kt/a 制硫装置 Claus 单元，制硫装置进行了以下改造：①由于 S Zorb 再生烟气中 SO_2 体积含量高达 5.41%，要想达到理想的硫平衡反应，必须降低燃烧炉 H_2S 燃烧转化为 SO_2 的量，因此，产生的燃烧热减少，这样就要对燃烧炉蒸气发生器进行堵管处理，燃山分公司蒸气发生器堵管 68 根，装置处理量降低三分之一，由原来的 12kt/a 降至 9kt/a；②由于进制硫装置气体温度低，只有 160℃，而 Claus 反应的一级转化器的入口温度在 230~250℃，在进 Claus 装置前需增加加热装置，从而增加投资，增加装置的能耗。

根据中国石化总部的要求，考察 S Zorb 再生烟气能否进 12kt/a 硫黄装置尾气加氢单元。目前工业装置上使用的普通 Claus 尾气加氢催化剂不能满足 S Zorb 再生烟气加氢的要求，需要开发低温耐氧高活性尾气加氢催化剂。

2.2 低温耐氧高活性催化剂的设计思路

根据表 4 中 S Zorb 再生烟气的特点及与常规 Claus 尾气的不同之处，开发的低温耐氧高活性尾气加氢催化剂应具有以下特点：①低温活性好；②耐硫酸盐化能力强；③催化剂加氢活性高；④具有良好的脱氧活性，齐鲁分公司研究院根据上述特点，自主研发了 LSH-03 低温耐氧高活性尾气处理催化剂。

2.3 LSH-03 催化剂的活性评价

催化剂活性评价在 10mL 反应装置上进行，与 LSH-02 催化剂评价流程相同。

2.3.1 反应空速对 LSH-03 催化剂 SO_2 加氢活性的影响

在常压、反应温度 240℃、260℃，气体 SO_2 含量 1.2%、O_2 含量 0.2% 的条件下，反应空速对 LSH-03 催化剂 SO_2 加氢活性的影响结果见图 4。

从图 4 结果可以看出，随反应空速加大，SO_2 加氢转化率降低。在反应温度 240℃、空速 $1500h^{-1}$，反应温度 260℃、空速 $1750h^{-1}$ 的反应条件下 SO_2 加氢转化率达到 100%。

2.3.2 LSH-03 催化剂稳定性试验

在 10mL 评价装置上，进行了催化剂的 SO_2

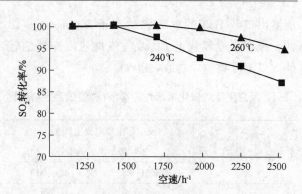

图 4　反应空速对催化剂 SO_2 加氢活性的影响

加氢活性及 CS_2 水解活性的 1000h 稳定性试验。

反应气体积组成为 H_2S 0.3%、SO_2 1.2%、CS_2 0.2%、O_2 0.2%、H_2 10%、H_2O 30%，其余为氮气，反应条件为常压、体积空速为 $1250h^{-1}$、反应温度为 250℃，1000h 试验期间，采用常规色谱仪加氢反应器出口未检测到非硫化氢的含硫化合物，采用微量硫分析仪分析了催化剂 1000h 活性稳定性试验期间，加氢后尾气中残余的非硫化氢含硫化合物的含量，结果见表 5。

表 5　微量形态硫测定结果

运转时间/h	加氢后尾气残余非硫化氢的含硫化合物/(mg/m³)
100	36.2
200	25.8
300	44.6
400	48.9
500	33.6
600	19.8
700	45.6
800	40.5
900	38.9
1000	43.2

从表 5 数据可以看出，反应器出口非 H_2S 的含硫化合物含量较低，小于 $50mg/m^3$。说明在反应温度 250℃ 时，反应进料中的 CS_2 几乎全部水解为 H_2S，SO_2 几乎全部加氢转化为 H_2S。可以看出，LSH-03 低温耐氧高活性 Claus 尾气加氢催化剂具有良好的加氢活性，在反应温度 250℃，入口原料气 SO_2 含量 1.2% 的情况下，加氢转化深度高，催化剂活性稳定性好。因此，开发的低温耐氧高活性的 Claus 尾气加氢催化剂完全可以满足 S Zorb 烟气进 Claus 尾气加氢单元的要求。

3　结论

（1）开发的 LSH-02 低温型 Claus 尾气加氢催化剂具有良好的低温活性，实验室 10mL 微反评价结果表明：在常压、反应温度 230℃、空速 1250h^{-1} 条件下，加氢后尾气中使用常规色谱检测不到非硫化氢的含硫化合物，达到合同要求。

（2）LSH-02 催化剂侧线试验结果表明：在反应温度（220～300℃）、反应空速（800～3000h^{-1}）范围内，具有良好的加氢活性及有机硫水解活性，特别是 LSH-02 催化剂表现出良好的低温加氢活性，使用该催化剂尾气加氢反应器入口温度可降至 220℃，较常规催化剂降低 60℃ 以上，节能降耗效果显著。

（3）LSH-03 催化剂具有良好的低温活性，耐硫酸盐化能力强，加氢水解活性高。实验室评价结果表明：在反应温度 250℃，入口原料气 SO_2 含量 1.2%、O_2 含量 0.2% 的情况下，加氢转化率达到 100%，完全可以满足 S Zorb 烟气进 Claus 尾气加氢单元的要求。

LS-981 多功能硫黄回收催化剂的工业试验

王洪堂　冯国涛

（中国石化胜利油田有限公司石油化工总厂）

摘　要　介绍了 LS-981 多功能硫黄回收催化剂在 1kt/a 硫黄回收装置上工业应用试验结果，使用 LS-981 多功能硫黄回收催化剂，同原来的催化剂相比，有机硫水解率提高 10% 以上，装置总硫转化率提高 1% 以上。

关键词　多功能　硫黄回收　催化剂　工业应用　试验

1　前言

LS-981 多功能硫黄回收催化剂于 2005 年 9 月应用于胜利油田石化总厂 1kt/a 硫黄回收装置上。该装置是采用酸性气部分燃烧法，入口气体高温热掺合，一、二级催化转化工艺的克劳斯法制硫装置，原料气由催化裂化装置、加氢装置和酸性水汽提装置产生的含硫酸性气组成，混合酸性气中 H_2S 浓度（体积）为 50% ~ 80%，CO_2 为 5% ~ 40%，烃类 5% ~ 30%。

1kt/a 硫黄回收装置自投产以来先使用了齐鲁分公司研究院开发的 LS-811 催化剂，2004 年 9 月更换了国内某企业生产的 A 牌号硫黄回收催化剂。由于酸性气中含有较高的烃类，容易导致催化剂结炭和中毒，因此，该装置使用上述两种普通氧化铝催化剂活性下降速度快，寿命只有一年。2005 年 9 月在生产工艺条件不变的情况下，使用了齐鲁分公司研究院开发的 LS-981 多功能硫黄回收催化剂，经过三年的工业应用表明，LS-981 多功能硫黄回收催化剂具有良好的 Claus 活性和有机硫水解活性以及脱"漏 O_2"保护功能，抗硫酸盐化性能强，活性稳定性好，适合长周期运行。使用 LS-981 多功能硫黄回收催化剂，同原来的硫黄回收催化剂相比，有机硫水解率提高 10% 以上，装置总硫转化率提高 1% 以上，取得了明显的经济效益和社会效益。

2　工业应用

2.1　装置流程简介

自催化、加氢、酸性水汽提装置来的酸性气经脱水罐脱水后进入酸性气反应炉，燃烧空气由离心鼓风机供给。炉温为 1000 ~ 1300℃。燃烧后的高温过程气经余热锅炉进行热量回收，温度降至 300 ~ 320℃ 进入一级冷凝冷却器，冷却至 160℃ 后，再由除沫器分出液硫。除沫后的过程气通过一级高温掺合阀与反应炉来的高温过程气掺合，温度升至约 240℃ 后进入一级反应器，进行催化转化反应。反应后的过程气进二级冷凝冷却器冷却至 160℃，再通过除沫器分出液硫。除硫后的过程气通过二级高温掺合阀将温度升至 220℃ 后，进入二级反应器进行催化转化反应。反应后的过程气再进入三级冷凝冷却器冷却至 150℃，由除沫器分出液硫。除硫后的过程气再通过丝网扑集器进一步回收液硫。含微量二氧化硫、硫黄的过程气进入尾气加氢处理单元。工艺流程见图 1。

2.2　硫黄回收催化剂的物化性质

表 1 给出了 LS-981 多功能、LS-300 氧化铝基硫黄回收催化剂的物化性质。

表 1　两种硫黄回收催化剂的物化性质

物化性质	LS-981	LS-300
外观	$\phi4×5~15$ 土黄色条形	$\phi4~6$ 白色球形
强度/(N/cm)	293	202
磨耗/(m/m)/%	≤0.5	≤0.5
堆密度/(kg/L)	0.97	0.70
比表面积/(m²/g)	236	305
孔体积/(mL/g)	0.34	0.43

2.3　催化剂的装填

胜利油田石化总厂 1kt/a 硫黄装置的两个转

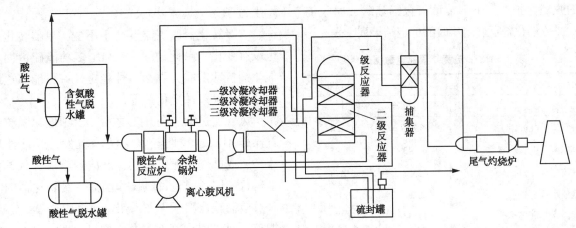

图1　1kt/a硫黄回收装置的工艺流程

化器为立式上下叠放，转化器的规格为1192mm×900mm。2005年9月大修时在一级转化器中装填720kg LS-981多功能硫黄回收催化剂，二级转化器装填620kg LS-300氧化铝基硫黄回收催化剂（见图2）。

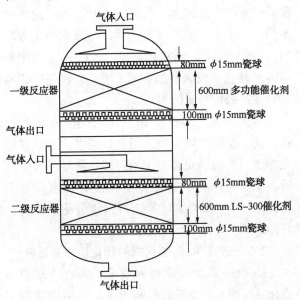

图2　一、二级转化器催化剂装填示意

2.4　工业应用效果标定

2005年9月装置转入正常生产。2006年3月LS-981多功能硫黄回收催化剂运转半年后进行了应用效果标定，标定结果见表2。

表2　1kt/a硫黄装置标定数据

标定时间	8：00		10：00	
工艺条件	一转	二转	一转	二转
酸性气流量/(m³/h)	159.4		166.5	
酸性气中H₂S体积含量/%	64.31		63.17	

续表

标定时间	8：00		10：00	
空气流量/(m³/h)	374.4		386.2	
氧气体积含量/%	1.98		2.12	
烃类体积含量/%	15.4		13.2	
入口温度/℃	250.5	231.4	251.7	231.2
床层温度/℃	296.2	255.6	297.7	256.0
床层温升/℃	45.7	24.2	46.0	24.8
反应器入口气体体积组成/%				
H_2S	3.01	1.04	4.00	1.81
SO_2	1.42	0.76	2.44	1.25
COS	0.74	0.38	0.71	0.23
CO_2	12.5	12.8	9.89	9.98
出口气体体积组成/%				
H_2S	0.69	0.62	1.75	0.52
SO_2	0.23	0.26	1.21	0.35
COS	0.06	0.06	0.05	0.05
CO_2	12.8	13.0	10.2	10.5
一转有机硫水解率/%	91.9		93.0	
总硫转化率/%	96.2		96.4	

从表2标定数据可以看出，原料气硫化氢含量只有60%~70%，并且含有较高的烃类；一级转化器的平均温升为45.9℃，二级转化器的平均温升为24.5℃；一级转化器COS的平均水解率为92.45%，平均总硫转化率为96.3%。

2.5　与原使用牌号A催化剂应用效果对比

胜利油田石化总厂1kt/a硫黄回收装置原使用山东某企业生产的牌号A硫黄回收催化剂，第一转化器、第二转化器催化剂床层上部装填三分之一的脱氧保护剂，下部装填氧化铝基硫黄回收催化剂，原催化剂运转半年时的标定结果列于表3。

表3　1kt/a 硫黄装置标定数据

标定时间	14：00		16：00	
工艺条件	一转	二转	一转	二转
酸性气流量/(m³/h)	168.57		151.4	
酸性气中 H₂S 体积含量/%	61.43		67.95	
空气流量/(m³/h)	325.8		316.8	
氧气体积含量/%	2.20		1.16	
烃类体积含量/%	17.45		6.82	
入口温度/℃	267.4	228.1	268.6	230.1
床层温度/℃	297.5	252.1	297.8	253.0
床层温升/℃	30.1	24.0	29.2	22.9
反应器入口气体体积组成/%				
H₂S	2.14	1.34	2.84	2.39
SO₂	1.60	0.15	1.21	0.44
COS	0.56	0.28	0.50	0.17
CO₂	12.37	14.96	20.47	19.62
出口气体体积组成/%				
H₂S	1.71	0.86	2.58	0.99
SO₂	1.223	0.59	0.92	0.33
COS	0.16	0.15	0.12	0.10
CO₂	13.51	15.58	21.74	22.56
一转有机硫水解率/%	71.4		76.0	
总硫转化率/%	94.2		94.7	

从表3标定结果可以看出，使用原催化剂半年后一级转化器的平均温升为29.7℃，二级转化器的平均温升为23.5℃，一级转化器 COS 的水解率平均值为73.7%，总硫转化率平均值为94.5%。

两次标定数据对比可以看出，运转相同时间（半年）后，使用 LS-981 多功能硫黄回收催化剂比使用原催化剂一级转化器入口温度由267℃降到250℃，降低17℃，床层平均温升由29.7℃提高到45.9℃，提高了16.2℃；二级转化器的平均温升较原工况提高1℃。一级转化器 COS 的平均水解率由原来的73.7%提高到92.45%，提高了18.75个百分点，平均总硫转化率由原来的94.5提高到96.3%，提高了1.8个百分点。

2.6　装置非正常操作

LS-981 多功能硫黄回收催化剂在装置半年的运转过程中，因受外部条件变化影响，床层曾发生过氧运行、积炭及超温等非正常操作，但一、二级转化器床层温升几乎不变，单器转化率也没有变化。由此说明 LS-981 多功能硫黄回收催化剂抗冲击能力强，活性稳定性好，能够适应较宽的工况条件变化范围。

风气比过大。在开工之初，由于催化脱硫装置操作不稳，酸性气气量波动较大，经常性回流，造成燃烧炉配风过大，反应器床层过氧条件下运行一周，但是过氧操作前后一级转化器的温升及单器转化率无明显变化。说明 LS-981 多功能硫黄回收催化剂在过氧条件下，脱"漏 O₂"保护功能优良，耐硫酸盐化能力强，稳定性高。

烃的影响。原料气中烃含量较高，标定期间一般在 6%~20%，正常生产时最高烃含量达到30%。烃的存在会增加制硫炉内有机硫的生成量，影响硫的转化率，如配风量不足，没有完全反应的烃类则会在催化剂上形成积炭，使催化剂失活，并产生黑硫黄。在开工之初，由于配风比不当，产生了一些黑硫黄，系统压降亦由正常时的 0.008MPa 上升到 0.024MPa，但是一、二级单器 H₂S 转化率及床层温升基本没变，说明催化剂具有良好的抗结炭能力。

超温影响。2005 年 10 月 12 日由于燃烧炉热偶失灵，操作配风不当，引起床层着火，造成转化器床层超温，最高达到 453℃。恢复正常生产后，床层温升和单器转化率并没有发生明显变化，说明 LS-981 多功能硫黄回收催化剂具有良好的结构稳定性和耐热老化的性能。

2.7　运行 3a 后催化剂的物化性质及活性

LS-981 多功能硫黄回收催化剂在胜利油田石化总厂 1kt/a 硫黄回收装置上运行周期达到了三年，采集了使用三年后一级转化器的 LS-981 催化剂样品，二级转化器的 LS-300 催化剂样品，委托齐鲁分公司研究院对催化剂进行了分析测试，结果见表4。

表4　卸出催化剂与新鲜催化剂物化性质

项目	一转 LS-981			二转 LS-300		
	上	下	新鲜样	上	下	新鲜样
外观	黑色条形	黑色条形	黄褐色条形	黑色球形	黑色球形	白色球形
侧压强度/(N/cm)	262	258	241	98	120	202
孔体积/(mL/g)	0.26	0.28	0.33	0.32	0.35	0.43

续表

项　目	一转 LS-981			二转 LS-300		
	上	下	新鲜样	上	下	新鲜样
比表面积/(m²/g)	171	186	228	192	201	305
硫含量/%	3.0	2.7	0.2	2.9	2.7	0
碳含量/%	3.81	3.00	0	5.68	4.32	0

　　酸性气进入燃烧炉部分燃烧后，经硫冷凝，首先进入一级转化器。一级转化器催化剂使用温度较高，催化剂床层 300℃ 左右，在过量氧气存在的情况下，发生克劳斯反应和有机硫水解反应，在高温、烃类及氧气存在的情况下，催化剂发生结炭和硫酸盐化的速率较快。另外，一级转化器受工况波动较大，发生超温现象较多，理论上对催化剂物化性能的影响较大。过程气经一级转化器转化后进入二级转化器，进入二级转化器的气体质量有了明显的改善，并且二级转化器主要发生克劳斯反应，使用温度较低，催化剂床层 250℃ 左右，受工况波动较小，理论上发生结炭和硫酸盐化的速率较慢。

　　从表 4 数据可以看出，LS-981 多功能硫黄回收催化剂虽然装填在一级转化器，受气流冲击较大，但强度没有下降；LS-300 催化剂强度下降幅度较大。LS-981 催化剂中的硫含量（包括催化剂中残余的硫和反应生成的硫酸根）与装填在二级转化器的 LS-300 氧化铝基催化剂相当，结碳量明显低于 LS-300 催化剂。LS-300 氧化铝基催化剂虽然装填在二级反应器，其催化剂强度、孔体积、比表面积相对 LS-981 催化剂下降幅度较大，特别是 LS-300 催化剂上结炭量高于一级转化器的 LS-981 催化剂。由此可以说明，LS-981 多功能硫黄回收催化剂结构稳定，耐硫酸盐化能力强，抗结炭效果优良。

3　结论

　　1）工业装置应用结果表明：LS-981 多功能硫黄回收催化剂与同装置原使用催化剂相比，具有较好的克劳斯反应活性和有机硫水解活性，优良的脱"漏 O_2"保护功能及抗硫酸盐化能力，总硫转化率提高 1.8 个百分点，有机硫水解率提高 10 个百分点以上。

　　2）使用 LS-981 多功能硫黄回收催化剂具有良好的经济效益和社会效益。

　　3）LS-981 多功能硫黄回收催化剂在工业装置上运行三年，催化剂物化性质变化较小，说明催化剂具有良好的耐硫酸盐化和抗结炭能力，抗工况波动能力强。

LS-951Q尾气加氢催化剂在镇海炼化的工业应用

师彦俊

(中国石油化工股份有限公司镇海炼化分公司)

　　摘　要　镇海炼化100kt/a硫黄回收及尾气处理装置第二个运行周期装填了国产LS-951Q尾气加氢催化剂，通过对其主要物化特性、装置运行标定数据等与国外某型号尾气加氢催化剂的对比，表明国产LS-951Q尾气加氢催化剂的物化性能、低温操作，以及抗干扰等特性良好。

　　关键词　LS-951Q　催化剂　尾气加氢　标定

　　100kt/a硫黄回收装置是镇海炼化分公司为达到20Mt/a改扩建工程配套新建的酸性气体回收处理装置，装置由镇海石化工程公司EPC总承包设计，主要处理上游柴油加氢、蜡油加氢、加氢裂化装置的高浓度酸性气以及来自120t/h低压污水汽提装置的富氨酸性气。尾气加氢催化剂在第二个运行周期选择了国产LS-951Q　Co-Mo加氢催化剂，此种催化剂可将SO_2、S_x、COS、SC_2在有还原气存在的前提下还原和水解为H_2S。2010年3月装填此型号催化剂，目前运行工况良好。

1　装置主要技术特点

　　装置采用二级常规Claus制硫和加氢还原尾气净化工艺，Claus部份采用在线加热炉再热流程，Claus尾气还原设在线加热炉再热。尾气净化部分采用性能良好的、浓度为35%的MDEA水溶液作为吸收剂，采用两级吸收，两段再生技术，可使净化后尾气的H_2S不大于$50×10^{-6}$。同时具有较低的能耗，与常规的一级吸收、一段再生相比，可节省蒸汽约30%。

　　急冷塔后设置H_2分析仪实现闭环控制，根据尾气中H_2含量，调节加氢还原再热炉的燃料气/空气的比例值，使尾气中H_2有一定的过量，保证尾气还原完全。当这一调节控制失效时，还可通过与系统连接的流量控制阀，由系统外供H_2，确保尾气中H_2含量。在焚烧炉后设置O_2分析仪，根据尾气中O_2的含量调节焚烧炉配风以防生成

NO_x有害物，并能降低能耗。

　　反应炉采用进口高强度专用烧氨烧嘴，保证酸性气中氨和烃类杂质全部氧化。反应炉、在线炉和焚烧炉均配备可伸缩点火器、火焰检测仪，并采用光学温度计测量反应炉温度，点炉、引气开工实现全自动。

2　催化剂特性与装填情况

2.1　催化剂特性对比

　　表1列举了LS-951Q与国外某型号催化剂主要特性对比情况。

表1　催化剂物化特性对比

项　目	LS-951Q	国外某型号
外形	$\phi4～\phi6mm$， 兰色球形	$\phi3.7～\phi4.3mm$， 兰色球形
主要化学组成/%	$CoO≥2.3$， $MoO_3≥10$	$Co=2.0±0.2$； $Mo=6.0±0.4$
堆密度/(kg/L)	0.75～0.85	0.75～0.85
比表面积/(m²/g)	≥285(低温氮吸附法)	≥285(低温氮吸附法)
孔体积/(cm³/g)	≥0.47	≥0.47
压碎强度/(N/颗)	≥170	≥135
空速/h⁻¹	2500h⁻¹	2500h⁻¹
磨耗指数/%	≥98%	≥98%
保证使用寿命/a	≥5	≥5

2.2　催化剂装填情况

　　尾气加氢反应器中由上向下依次装填了6.5m³直径10mm的开孔活性瓷球、41m³的LS-951Q催化剂、6.5m³直径10mm惰性瓷球。为了

确保反应器中不同截面催化剂与瓷球高度均匀，在装填过程中，在距丝网 100mm、400mm、750mm、850mm 高度处事先画好记号，装填过程对瓷球与催化剂不断进行摊平处理，并动态检查反应器边缘的丝网压紧情况，避免瓷球或催化剂泄漏到下面的发汽器中，造成管束堵塞。尾气加氢反应器催化剂装填情况见图1。

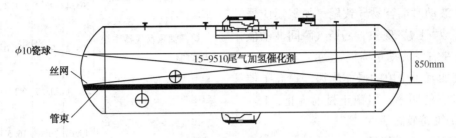

图1　尾气加氢反应器催化剂装填

3　LS-951Q 尾气加氢催化剂工业应用情况

3.1　LS-951Q 预硫化

预硫化采用了入装置酸性气进行提前预硫化（制硫单位仍未开工的工况下进行预硫化）操作，预硫化酸性气中 NH_3 含量小于 1%，重烃含量小于 3%，循环系统完成氮气置换后利用蒸汽抽射器打循环，并通过在线尾气加氢炉"扩展双交叉限位控制系统"将系统氢含量控制在 4% 左右。2010 年 3 月 25 日 20：00 引硫化氢气体进入尾气加氢反应器后，LS-951Q 钴/钼加氢催化剂开始预硫化，预硫化过程中主要通过分析尾气加氢反应器出入口气体的 H_2S 含量，并观察加氢反应器温升与急冷水颜色变化判断加氢催化剂的预硫化进度，当反应器出入口气体中 H_2S 浓度平衡时并且反应器温升不明显时说明催化剂预硫化进度即将完成。

本次催化剂预硫化在没有 H_2S 存在时，避免在大于 200℃ 的高温条件下与 H_2 接触，以免损害催化剂，影响加氢活性。预硫化时间为 48h，预硫化结束后再将加氢反应器床层温度提高至 300℃，恒温 4h，最后把反应器入口温度降至 280℃，加氢催化剂预硫化完成。

3.2　催化剂标定数据对比

2010 年 10 月 27 日 8：00 对装置检修后新换的催化剂进行了 48h 标定。表2 对 LS-951Q 和国外某型号加氢催化剂的典型标定数据进行了列举对比，数据显示 LS-951Q 催化剂加氢效果与国外某型号催化剂效能相差不多，同时此次标定将加氢反应器入口温度按照 260℃ 控制，不是常规的 280℃，数据显示 LS-951Q 已体现出了一定的低温特性，尾气加氢炉的瓦斯消耗下降 10% ~ 20% 左右，操作效果比较理想。

表2　催化剂标定数据对比

项　目	LS-951Q		国外某型号
酸性气流量/(kg/h)	9829	10976	9364
酸性气中硫化氢浓度/%	97.63	97.51	86.2
装置负荷/%	85.6	96.7	62.3
尾气加氢反应器入口硫化氢含量/%	0.325	0.341	0.464
尾气加氢反应器入口二氧化硫含量/%	0.191	0.187	0.156
尾气加氢反应器入口温度/℃	260.5	260.3	276.8
尾气加氢反应器上层温度/℃	278.8	282.7	302.4
尾气加氢反应器中层温度/℃	278.3	281.4	303.6
尾气加氢反应器下层温度/℃	275.9	282.9	303.1
尾气加氢反应器平均温升/℃	17.2	22	26.63
尾气中氢含量/%	4.53	4.91	3.96
尾气加氢反应器出口硫化氢含量/%	1.15	1.21	3.96
净化后尾气中硫化氢浓度/(mL/L)	20	25	150
净化后尾气中二硫化碳浓度/(mg/Nm³)	1.38	1.07	—
净化后尾气中氮氧化合物浓度/(mg/Nm³)	<0.134	—	—
烟气中二氧化硫排放浓度/(mg/Nm³)	381	438	432
烟气中氮氧化合物排放浓度/(mg/Nm³)	48	44	31

3.3　瓦斯波动的影响

镇海炼化100kt/a硫黄回收装置在尾气加氢单元采用了在线炉加氢配风方式，还原气主要依靠尾气加氢炉瓦斯的"次化学计量"燃烧产生，所以在瓦斯发生波动时很容易导致尾气加氢反应器床层发生积炭或"飞温"现象。瓦斯气瞬间波动值在10kg/kmol左右，波动量有时超过了40%，大大影响到尾气加氢还原炉的操作配风，提高了催化剂积炭与过氧的频率，但截止目前为止，LS-951Q催化剂仍维持较高活性。

3.4　对硫回收率的影响

取2010年8月全月的平均化验数据，加氢反应器入口含硫化合物浓度为：1.93%，通过脱硫焚烧后烟气中H_2S与SO_2排放浓度分别为：5.2mg/m³，188mg/m³。硫回收率由加氢前的98.07%提高至99.93%，LS-951Q显示出明显的社会效益和经济效益。

3.5　尾气加氢催化剂低温操作

2010年7月初开始对尾气加氢催化剂尝试进行低温操作，120h后逐步达到260℃左右，具体数据见表3。数据显示尾气加氢催化剂低温特性良好，净化后尾气以及烟气中SO_2排放比较理想，在装置负荷70%左右时，瓦斯流量可以降低20kg/h左右，同时降低了急冷水空冷的电耗。目前LS-951Q一直保持低温操作，总体工况良好。

表3　尾气加氢催化剂低温操作数据

项目	7月7日	7月8日	7月12日	7月13日	7月14日
酸性气流量/(kg/h)	7863	8254	8078	8100	8374
酸性气中H_2S浓度/%	96.27	96.10	96.2	96.41	96.78
装置负荷/%	66.7	68.8	67.5	69.1	71.3
尾气加氢炉瓦斯流量/(m³/h)	23.89	22.35	24.60	19.47	21.13
尾气加氢炉空气流量/(m³/h)	2.19	2.20	2.13	2.03	2.08
尾气加氢反应器入口温度/℃	281.6	275.5	266.1	263.1	262.1

续表

项目	7月7日	7月8日	7月12日	7月13日	7月14日
尾气加氢反应器上层温度/℃	294.4	290.3	281.4	279.7	274.8
尾气加氢反应器中层温度/℃	298.2	293.8	284.0	283.0	281.3
尾气加氢反应器下层温度/℃	296.1	292.3	282.5	279.9	277.2
尾气加氢反应器平均温升/℃	14.6	16.6	16.5	17.8	15.7
尾气中氢含量/%	4.71	3.69	4.53	4.06	4.29
瓦斯量/(kg/kmol)	24.18	24.42	21.07	24.82	23.78
精贫液入塔温度/℃	29.0	31.1	30.7	32.5	28.0
尾气加氢反应器出口H_2S含量/%	0.52	0.97	0.99	—	1.20
净化后尾气中H_2S浓度/(mL/L)	70	60	100	110	80
烟气中SO_2排放浓度/(mg/m³)	362	297	435	351	326

4　结论

1）LS-951Q在镇海炼化分公司100kt/a硫黄回收装置催化剂性能标定过程中总体性能较好，能满足大型硫黄装置高负荷运行的需要，加氢、水解率等关键性能指标可以满足工况要求，烟气中SO_2排放比较理想。

2）LS-951Q可以满足相对分子质量波动等恶劣工况条件的冲击，催化剂活性表现良好，表现出较强的抗干扰性。

3）LS-951Q低温加氢活性良好，可在比常规低出20℃时操作，据统计这样可以节约瓦斯消耗20kg/h，大大减少装置能耗。

LSH-02低温硫黄尾气加氢催化剂的工业应用

刘爱华　刘剑利　陶卫东

（中国石化齐鲁分公司研究院）

摘　要　通过新型载体的开发、制备工艺及活性组分的优化，开发了一种在较低的温度下加氢和水解活性良好的LSH-02硫黄尾气加氢催化剂。工业应用结果表明：LSH-02催化剂在加氢反应器入口温度220℃的条件下，加氢尾气中残余非H2S的含硫化合物很低，活性和稳定性良好，与常规尾气加氢催化剂相比操作温度可降低60℃以上。使用该催化剂，新建装置可减少投资，并降低操作费用。

关键词　Claus尾气　低温加氢催化剂　开发　工业应用

1　前言

在传统的Claus+SCOT工艺中，SCOT单元使用的加氢催化剂通常以 $\gamma\text{-}Al_2O_3$ 为载体，以Co、Mo为活性组分，催化剂使用温度较高，为了使尾气中非 H_2S 的含硫化合物全部能转化为 H_2S，加氢反应器的入口温度一般控制在280℃以上。目前，较大规模的工业装置为保证加氢反应器入口温度，均设置在线加热炉或气—气换热器；而加氢后的气体温度较高，反应器后还要设置废热锅炉，经换热冷却后方可进入急冷塔。为简化加氢段再热操作，减小下游冷却器热负荷，节能降耗，国内外正在致力于开发低温加氢催化剂，并由此推动新的工艺设计改进。

本研究通过新型载体的开发、制备工艺及活性组分的优化，开发了一种在较低的温度下加氢和水解活性良好的LSH-02硫黄尾气加氢催化剂。该催化剂先后应用于中国石化齐鲁分公司80kt/a、10kt/a，中国石化青岛石化厂20kt/a，中国石化高桥分公司55kt/a硫黄回收装置上，均取得了良好的工业应用效果。使用该催化剂Claus尾气加氢反应器入口温度可降至220℃，与使用常规加氢催化剂相比，入口温度降低60℃以上，吨硫黄加工成本降低50元左右，满足工业装置使用要求。

该催化剂开发成功以后，可使新建硫黄回收装置简化工艺流程，加氢反应器前不需设置在线加热炉或气—气换热器，可直接采用装置自产的中压蒸汽加热或采用电加热；现有装置应用该剂可减少瓦斯、天然气等燃料气的用量；小型装置加氢反应器之后也不需设置废热锅炉，加氢尾气可直接进入急冷塔。

2　齐鲁分公司80kt/a硫黄回收装置工业应用

LSH-02低温Claus尾气加氢催化剂于2008年10月装填于中国石化齐鲁分公司胜利炼油厂80kt/a硫黄回收装置上。该装置尾气处理单元采用中国石化齐鲁分公司开发的具有自主知识产权的SSR硫回收工艺，Claus尾气与产生中压蒸汽之后的焚烧炉烟气换热，其换热流程见图1。

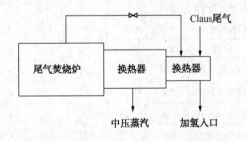

图1　80kt/a装置Claus尾气换热流程示意

加氢反应器Claus尾气的入口温度靠焚烧炉温度来调整，焚烧炉首先要保证产生中压蒸汽所需要的温度，在使用常规Claus尾气加氢催化剂时，依靠跨线阀门的开度调节加氢反应器入口温度。催化剂经装填、干燥、硫化于2008年11月14

日开工正常，转入正常生产。2009 年 3 月对 LSH-02 催化剂进行了工业应用效果标定。表 1 给出了更换催化剂前后装置运行参数的变化情况。

更换 LSH-02 低温加氢催化剂之后，跨线阀门一直处于关闭状态，加氢反应器的入口温度维持在 230~240℃之间。从表 1 数据可以看出，换剂前后加氢反应器入口温度平均下降 61℃，加氢反应器床层温度下降 72℃；焚烧炉炉腔温度由 800℃左右降至 700℃左右，平均降低 93℃；焚烧炉瓦斯的消耗量由原来的 340~460m³/h 降至 260~350m³/h，平均每小时节约瓦斯 100m³/h 左右。

表 2 给出了 2009 年 3 月催化剂标定时装置运行各项参数，表 3 给出了加氢反应器出入口气体组成(色谱常规测定数据)，表 4 给出了使用微量硫分析仪检测出的加氢反应器出口非 H_2S 的含硫化合物的量。

表 1　更换催化剂前后装置运行参数的变化

	时间	焚烧炉瓦斯量/ (m³/h)	焚烧炉炉腔温度/℃	尾气R201 入口温度/℃	R201床层温度/℃	急冷水pH 值
换剂前	2008-06-13	338	790	290	315	8.1
	2008-06-14	408	822	291	330	8.1
	2008-06-15	377	830	291	325	8.2
	2008-06-16	386	842	292	325	8.1
	2008-06-17	360	840	300	330	8.1
	2008-06-18	369	837	299	320	8.2
	2008-06-19	340	843	292	327	8.1
	2008-06-20	418	813	298	338	8.1
	2008-06-21	365	792	302	330	8.2
	2008-06-22	385	771	297	339	8.1
	平均值	372	796	295	328	8.1
换剂后	2008-12-08	300	682	235	246	8.1
	2008-12-09	266	716	233	256	8.1
	2008-12-10	253	720	235	247	8.1
	2008-12-11	277	679	232	255	8.0
	2008-12-12	264	683	232	256	8.1
	2008-12-13	277	723	237	260	8.2
	2008-12-14	260	718	230	258	8.2
	2008-12-15	287	712	233	257	8.1
	2008-12-16	290	740	240	258	8.0
	2008-12-17	284	719	236	261	8.1
	平均值	277	703	234	256	8.1

表 2　装置运行参数

时间		焚烧炉瓦斯量/ (m³/h)	焚烧炉炉腔温度/℃	尾气R201 入口温度/℃	R201床层温度/℃	急冷水pH 值
2009-03-05	9：00	320	685	250	275	8.1
	14：00	315	691	250	261	8.1
2009-03-06	9：00	324	652	238	270	8.0
	14：00	327	656	239	257	8.1
2009-03-07	9：00	354	644	229	257	8.0
	14：00	321	638	230	263	8.1
2009-03-08	9：00	360	649	230	257	8.1
	14：00	280	632	230	246	8.1
2009-03-09	9：00	275	618	220	280	8.1
	14：00	266	628	221	284	8.0
2009-03-10	9：00	277	619	223	246	8.1
	14：00	260	605	222	248	8.1

表 3　加氢反应器出入口气体组成

%(体)

气体组成			H_2S 含量	SO_2 含量	COS 含量	CO_2 含量	H_2 含量
2009-03-05T	9：00	入口	0.99	0.27	0.03	2.92	5.01
		出口	1.61	0	0	3.33	4.02
	14：00	入口	1.07	0.18	0.03	2.96	3.59
		出口	1.50	0	0	3.08	3.02
2009-03-06T	9：00	入口	0.65	0.49	0.02	2.26	5.20
		出口	1.35	0	0	2.73	3.07
	14：00	入口	1.30	0.25	0.02	2.86	4.09
		出口	1.78	0	0	3.00	3.20
2009-03-07T	9：00	入口	0.83	0.33	0.03	3.56	4.72
		出口	1.48	0	0	3.93	3.50
	14：00	入口	0.75	0.52	0.03	3.02	5.01
		出口	1.45	0	0	3.29	3.50
2009-03-08T	9：00	入口	1.00	0.48	0.04	3.60	4.52
		出口	1.78	0	0	3.90	3.41
	14：00	入口	0.76	0.46	0.04	2.98	4.88
		出口	1.56	0	0	3.08	3.35
2009-03-09T	9：00	入口	0.68	0.93	0.04	2.99	4.45
		出口	1.78	0	0	3.02	2.22
	14：00	入口	0.53	0.67	0.03	2.90	4.35
		出口	1.38	0	0	3.01	2.98

续表

气体组成			H_2S含量	SO_2含量	COS含量	CO_2含量	H_2含量
2009-03-10T	9：00	入口	0.53	0.28	0.04	3.32	3.98
		出口	1.27	0	0	3.40	3.02
	14：00	入口	0.76	0.35	0.04	2.88	4.68
		出口	1.39	0	0	3.02	3.51

表4　加氢反应器出口微量非 H_2S 的含硫化合物检测结果

时间		SO_2含量/（mg/m³）	COS含量/（mg/m³）	非H_2S总硫/（mg/m³）
2009-03-05T	9：00	≤0.1	≤0.1	≤0.1
	14：00	9	16	25
2009-03-06T	9：00	≤0.1	10	10
	14：00	10	16	26
2009-03-07T	9：00	8	26	34
	14：00	≤0.1	20	20
2009-03-08T	9：00	≤0.1	≤0.1	≤0.1
	14：00	≤0.1	10	10
2009-03-09T	9：00	≤0.1	≤0.1	≤0.1
	14：00	≤0.1	4	4
2009-03-10T	9：00	≤0.1	≤0.1	≤0.1
	14：00	≤0.1	8	8

LSH-02催化剂共计标定6d，每天上午9点、下午14点进行采样，加氢反应器入口温度为220～250℃。从表2装置运行数据可以看出，加氢反应器入口温度由250℃降低至220℃，焚烧炉的温度由690℃降低至605℃，瓦斯的流量有降低的趋势，但与反应器温度的降低不成比例，主要原因是焚烧炉产生中压蒸汽的量有波动，瓦斯的组成也有波动；急冷水的pH值没有降低，因此SO_2的穿透量已低至可忽略不计的程度。从表3数据可以看出，使用常规色谱仪加氢反应器出口检测不到非H_2S的含硫化合物，加氢后H_2S的含量较入口有较大幅度的提高。从表4数据可以看出，使用微量硫分析仪分析加氢反应器出口非H_2S的含硫化合物较低，特别是在加氢反应器入口温度220℃的工况下，加氢反应器出口非H_2S的含硫化合物小于10mg/m³。

齐鲁分公司80kt/a硫黄回收装置使用LSH-02催化剂2a以来，净化尾气SO_2排放检测结果见表5，表5中数据为每月多次检测的平均结果。

表5　净化尾气 SO_2 排放数据

时间	SO_2含量/（mg/m³）	时间	SO_2含量/（mg/m³）
2008-12	336	2009-12	242
2009-01	198	2010-01	193
2009-02	253	2010-02	284
2009-03	167	2010-03	361
2009-04	151	2010-04	227
2009-05	277	2010-05	187
2009-06	135	2010-06	220
2009-07	153	2010-07	238
2009-08	206	2010-08	212
2009-09	118	2010-09	195
2009-10	198	2010-10	222
2009-11	221	2010-11	208

由表5可见，使用LSH-02低温Claus尾气加氢催化剂2a以来，净化尾气SO_2排放量每月平均值低于400mg/m³，远低于960mg/m³的国家环保标准，说明LSH-02催化剂在较低的使用温度下，完全满足工业装置的使用要求。

3　青岛石化厂20kt/a硫黄回收装置应用

青岛石化厂20kt/a硫黄回收装置SCOT尾气处理单元工艺流程与齐鲁分公司80kt/a硫黄回收装置相同，Claus尾气的再热方式均采用气—气换热器，即Claus尾气与尾气焚烧炉的烟气换热。LSH-02催化剂经干燥、硫化后，转入正常生产，装置正常运行4个月后于2010年7月29—31日进行了催化剂应用效果标定。表6给出了尾气加氢反应器的操作温度及急冷水pH值的变化情况。

表6　20kt/a硫黄回收装置SCOT单元运行参数

时间	加氢反应器/℃					急冷水pH值
	入口	上部	中部	下部	温升	
2010-7-29T9：00	213	239	239	240	27	7.3
2010-7-29T11：00	208	224	228	232	24	7.3
2010-7-29T15：00	221	233	239	236	15	7.3
2010-7-30T9：00	223	238	235	234	15	7.3
2010-7-30T11：00	220	242	235	227	22	7.3
2010-7-30T15：00	217	238	231	231	21	7.3
2010-7-31T9：00	210	227	223	225	17	7.3
2010-7-31T11：00	213	238	229	225	25	7.3
2010-7-31T15：00	211	240	235	227	29	7.3

从表6可以看出，尾气加氢反应器入口温度

最低控制 208℃，一般控制在 220℃ 左右，在此温度下，催化剂床层温升 15～29℃，急冷水的 PH 值没有降低，因此，SO$_2$ 的穿透量已低至可忽略不计的程度。

表 7 给出了加氢反应器出入口气体组成的变化情况。

表 7　加氢反应器出入口气体组成

%(体)

气体组分		H$_2$S 含量	SO$_2$含量	COS 含量	H$_2$含量
2010-7-29T9：00	入口	0.72	0.52	0.10	5.20
	出口	1.63	0	0	3.92
2010-7-30T9：00	入口	1.02	0.38	0.28	4.81
	出口	1.75	0	0	4.03
2010-7-31T9：00	入口	0.56	0.50	0.12	4.65
	出口	1.12	0	0	3.25

从表 7 数据可以看出，在反应器入口温度 208～223℃ 之间，使用常规色谱仪加氢反应器出口检测不到非 H$_2$S 的含硫化合物，加氢后 H$_2$S 的含量较入口有较大幅度的提高，说明经 LSH-02 催化剂加氢后，除 SO$_2$ 加氢和 COS 水解为 H$_2$S 外，还有部分单质硫加氢转化为 H$_2$S。另外，由于酸性气中含有较高的烃类(一般大于 5%)，导致过程气 COS 含量较高，但经 LSH-02 催化剂加氢水解后，使用常规色谱仪加氢反应器出口检测不到 COS 的存在，说明 LSH-02 催化剂具有良好的低温有机硫水解活性。

表 8 给出了标定期间净化尾气 SO$_2$ 排放量。

表 8　净化尾气 SO$_2$ 排放情况

时　　间	SO$_2$含量/(mg/m^3)
2010-7-29	416
2010-7-30	405
2010-7-31	439

由表 8 可见，净化尾气 SO$_2$ 排放量低于 500mg/m^3，远低于 960mg/m^3 的国家环保标准，

说明 LSH-02 在较低的使用温度下，完全满足工业装置的使用要求。

该装置 SCOT 单元尾气加氢反应器设计使用常规 Claus 尾气加氢催化剂，设计数据与实际运行数据的比较见表 9。其中，运行数据为 2010 年 7 月、8 月两个月的平均值。

表 9　SCOT 单元设计数据与实际运行数据的比较

项　　目	设计值	运行数据	降低值
装置负荷/%	60～110	70	—
加氢反应器入口温度/℃	300	222	-78
加氢催化剂床层温度/℃	330	253	-77
焚烧炉炉膛温度/℃	750	635	-115
焚烧炉瓦斯消耗量/(kg/h)	100	40	-60

由表 9 可以看出，在装置设计负荷 70% 的工况下，与设计值相比较，加氢反应器的入口温度降低 78℃，催化剂床层温度降低 77℃，焚烧炉炉膛温度降低 115℃，焚烧炉瓦斯消耗量每小时降低 60kg，降幅达到 60%。按此计算，在装置负荷达到 110% 时，瓦斯消耗量应该为 62.5kg/h，与设计值相比较，降幅达到 37.5%，每年节约瓦斯理论值为 315t，按青岛石化厂 2010 年 8 月份瓦斯每吨 3700 元计算，每年理论节能产生的效益为 116 万元，相当于生产硫黄节约成本 58 元/t。

4　结论

1) 工业装置应用结果表明：使用 LSH-02 低温加氢催化剂 Claus 尾气加氢反应器入口温度可降至 220℃，较常规催化剂降低 60℃ 以上，节能降耗效果显著。

2) LSH-02 低温加氢催化剂开发成功后，新建装置可优化工艺流程，加氢反应器前不需设置在线加热炉或气-气换热器，可直接采用装置自产的中压蒸汽加热或采用电加热，节约装置投资。

LSH-03 S Zorb 再生烟气处理专用催化剂的开发及应用

刘爱华　　陶卫东　　刘剑利

（中国石化齐鲁分公司研究院）

摘　要　根据 S Zorb 汽油吸附脱硫装置再生烟气的组成特点，提出了将 S Zorb 再生烟气与 Claus 尾气混合引入尾气处理单元加氢反应器的技术路线，开发成功了适用于 S Zorb 再生烟气加氢处理的 LSH-03 低温高活性 Claus 尾气加氢催化剂。LSH-03 催化剂在中国石化燕山分公司 12kt/a 和沧州分公司 20kt/a 硫回收装置上进行了工业应用，硫黄装置未进行任何改动，S Zorb 再生烟气与 Claus 尾气混合后直接引入尾气加氢反应器。运行结果表明，硫黄装置操作稳定，能耗低，净化尾气中 SO_2 排放量远低于国家环保标准 960mg/m³。采用此工艺技术处理 S Zorb 再生烟气，不需要增加投资，并且能降低硫黄装置能耗，回收硫资源，保护环境，是目前 S Zorb 再生烟气较理想的处理方式。

关键词　汽油吸附脱硫　再生烟气　处理技术

对于 S Zorb 汽油吸附脱硫技术中吸附剂连续再生产生的含硫烟气，国外通常采用碱液吸收方法[1]除去其中的 SO_2，但废碱液的处理会产生二次污染，同时也浪费了硫资源。国内大多数炼油厂均配套硫回收装置，选择烟气进入硫回收装置是较好的处理方式，既不会造成污染，同时也能够变废为宝。但烟气中 90%（ϕ）以上为 N，且 SO_2 和 O_2 含量波动较大，进入硫黄装置的前半部分（如制硫炉和一级、二级转化器）时，由于 N_2 不参与过程气反应，加上 SO_2 含量瞬间波动，会降低整个硫回收装置的处理量，造成装置波动，增加装置能耗。如果进入尾气加氢单元，由于烟气中 SO_2 和 O_2 含量较高，普通加氢催化剂容易发生 SO_2 穿透，很难达到装置要求；同时由于烟气温度较低（160℃左右），达不到尾气加氢单元的反应温度要求，需增设加热器，使得装置能耗升高。

中国石化齐鲁分公司研究院开发成功了低温、耐氧、高活性的 LSH-03 尾气加氢催化剂，在加氢反应器入口温度 220℃ 的条件下，具有良好的加氢和水解活性，在不增设加热设施的情况下，烟气可直接进入尾气加氢单元。

LSH-03 催化剂开发成功后，先后应用于中国石化齐鲁分公司 80kt/a、燕山分公司 12kt/a、沧州分公司 20kt/a、高桥分公司 55kt/a 硫回收装置尾气处理单元。硫回收装置未进行任何改动，仅增加一条 S Zorb 装置到硫黄装置加氢反应器入口的管线，S Zorb 再生烟气直接引入尾气加氢反应器入口。运行结果表明，硫黄装置操作稳定，能耗低，净化尾气中 SO_2 排放量远低于国家环保标准[2]（960mg/m³）。

本文介绍了适用于 S Zorb 再生烟气处理的 LSH-03 尾气加氢催化剂的开发及在中国石化燕山分公司和沧州分公司硫黄装置引入 S Zorb 再生烟气的应用情况。

1　LSH-03 催化剂的开发

1.1　S Zorb 再生烟气的组成及特点[3]

S Zorb 再生烟气具有以下特点：①进硫黄装置的温度较低，设计值 160℃，实际运行只有 110~140℃；②O_2 含量较高，正常工况下 O_2 含量为 0~2%（ϕ），非正常工况下最高可达 5%（ϕ）以上，且频繁波动；③SO_2 含量在 0~5%（ϕ）之间波动，是常规 Claus 尾气的几倍，且频繁波动；④S Zorb 再生烟气的主要成分为 N_2，含量在 90%（ϕ）左右。

1.2　LSH-03 催化剂的性能特点

根据 S Zorb 再生烟气的组成及特点，开发的

LSH-03 催化剂应具有以下特点：①低温活性好。由于 S Zorb 再生烟气温度较低，进硫黄装置的烟气只有 160℃，而常规 Claus 尾气加氢催化剂的使用温度为 280~320℃，S Zorb 再生烟气进尾气加氢反应器前须增设加热或换热装置。而使用低温 Claus 尾气加氢催化剂，不需要增设加热或换热装置，与 Claus 尾气混合后可直接进 Claus 尾气加氢反应器，减少了装置投资。②耐硫酸盐化能力强。由于 S Zorb 再生烟气 SO₂ 含量高达 5.41%（φ），而常规 Claus 尾气中 SO₂ 含量小于 0.5%（φ），较高浓度的 SO₂ 如不能全部加氢，会导致加氢催化剂反硫化，而且载体氧化铝发生硫酸盐化，最终导致催化剂 SO₂ 穿透而失活。因此，开发的 LSH-03 催化剂具有不易反硫化及耐硫酸盐化的特点。③加氢活性高。由于 S Zorb 再生烟气 SO₂ 含量高，如催化剂活性低，不能满足高含量 SO₂ 加氢的要求，则催化剂床层很容易发生 SO₂ 穿透现象。因此，开发的 LSH-03 催化剂较常规催化剂具有更高的加氢活性。④具有良好的脱氧活性。S Zorb 再生烟气 O₂ 含量较高，加氢催化剂的活化状态为硫化态，O₂ 会导致催化剂由硫化态变为氧化态[4]而失去活性。因此，开发的 LSH-03 催化剂具有很好的脱氧活性。

1.3 LSH-03 催化剂的物化性质

表 1 给出了满足 S Zorb 再生烟气处理要求的 LSH-03 催化剂的主要物化性质及使用温度。

表 1 LSH-03 催化剂的主要物化性质及使用温度

比表面积/（m²/g）	孔体积/（mL/g）	测压强度/（N/cm）	堆密度/（kg/L）	入口温度/℃
≥180	≥0.3	≥150	0.80±0.05	220~280

2 在燕山分公司硫回收装置上的应用

燕山分公司 1200kt/a S Zorb 汽油吸附脱硫装置产生的再生烟气引入 12kt/a 硫回收装置尾气处理单元，与 Claus 尾气混合后，进入加氢反应器。尾气加氢反应器装填 LSH-03 催化剂，装填量为 5.6t。

2.1 S Zorb 再生烟气的组成、流量及温度

表 2 中给出了 2009 年 7 月 16—24 日每天 18：00 采集的 S Zorb 再生烟气的组成、流量及温度。由表 2 可看出，S Zorb 烟气流量波动较大，

现场仪表显示瞬时流量最高 770m³/h，最低 95m³/h；烟气中 SO₂ 含量波动也较大，最大 3.32%（φ），最小 0.09%（φ）；烟气入口温度较低，仅 126~133℃，冬季烟气入口温度会更低。

表 2 燕山分公司 S Zorb 再生烟气的流量和组成

日 期	流量/（m³/h）	φ(SO₂)/%	入口温度/℃
2009-07-16T18：00	554	3.32	129
2009-07-17T18：00	664	1.76	125
2009-07-18T18：00	611	1.58	132
2009-07-19T18：00	636	0.51	132
2009-07-20T18：00	506	2.40	128
2009-07-21T18：00	371	0.17	129
2009-07-22T18：00	256	1.96	126
2009-07-23T18：00	261	0.09	133
2009-07-24T18：00	95	3.16	133

2.2 引入再生烟气前后催化剂床层温升的变化

表 3 给出了加氢反应器入口温度及床层上部、中部和下部温度分布，其中 2009 年 7 月 11—14 日 14：00 未引入 S Zorb 烟气，7 月 14 日 14：00 之后引入 S Zorb 烟气。由表 3 可见，Claus 尾气加氢反应器正常床层温升为 32~37℃，引入 S Zorb 再生烟气后，床层温升增至 53~79℃。因 LSH-03 催化剂具有良好的低温加氢活性，入口温度较低，生产正常后可控制入口温度为 230~240℃；但由于开工初期装置操作不稳定，工艺参数调整期间暂定加氢反应器入口温度控制为 240~250℃。尽管 S Zorb 烟气流量及组成不稳定，床层温升有变化，但未出现床层超温或床层温度急剧变化的现象，说明 LSH-03 催化剂能满足 S Zorb 烟气处理的要求。

表 3 燕山分公司引入再生烟气前后催化剂床层温升的变化

再生烟气	日 期	入口温度/℃	床层温度/℃	温升/℃
引入前	2009-07-11T18：00	234	266	32
	2009-07-12T18：00	243	280	37
引入后	2009-07-16T18：00	246	325	79
	2009-07-17T18：00	244	321	77
	2009-07-18T18：00	247	320	73
	2009-07-19T18：00	247	315	68
	2009-07-20T18：00	247	319	72
	2009-07-21T18：00	244	297	53
	2009-07-22T18：00	243	314	71
	2009-07-23T18：00	244	299	55
	2009-07-24T18：00	246	311	65

2.3　净化尾气 SO₂ 排放的检测结果

引入 S Zorb 烟气后，净化尾气由燕山分公司环保部门检测，检测结果见表4。由表4可见，引入 S Zorb 烟气后，净化尾气 SO₂ 排放浓度为 160~408mg/m³，远低于 960mg/m³ 的国家环保标准和 850mg/m³ 的厂控指标。在使用原催化剂时，加氢反应器入口温度 280~300℃，未引入 S Zorb 烟气时，装置净化尾气 SO₂ 排放浓度为 500~800mg/m³。由此可见，更换 LSH-03 催化剂后，尽管引入了 S Zorb 再生烟气，但净化尾气 SO₂ 排放浓度不但没有升高，反而降低，说明 LSH-03 催化剂在较低温度下具有更好的加氢和水解活性。

表4　燕山分公司净化尾气 SO₂ 排放检测结果

日　期	$\rho(SO_2)/(mg/m^3)$	$\rho(NO_2)/(mg/m^3)$
2009-07-12	385	21
2009-07-13	228	25
2009-07-16	203	50
2009-07-20	222	36
2009-07-27	254	31
2009-08-12	297	5
2009-08-17	160	121
2009-08-24	408	30

总之，燕山分公司 S Zorb 再生烟气引入 12kt/a 硫回收装置尾气处理单元后，尽管 S Zorb 再生烟气的流量及组成波动较大，但催化剂床层温升维持在 70~80℃，未出现床层飞温现象，加氢部分操作相对稳定；加氢后尾气中未检测到非 H₂S 的含硫化合物，净化后尾气中 SO₂ 排放量较低。LSH-03 催化剂具有良好的低温加氢和水解活性，满足 S Zorb 再生烟气处理的要求。

3　在沧州分公司硫回收装置上的应用

沧州分公司 900kt/a S Zorb 汽油吸附脱硫装置于 2010 年 2 月开车成功。2010 年 10 月硫黄装置更换了 LSH-03 催化剂，装填量为 7.8t，2010 年 11 月初硫黄装置开车成功。开工正常后，2010 年 11 月 12 日 S Zorb 再生烟气全部引入 20kt/a 硫回收装置尾气加氢反应器。

3.1　S Zorb 再生烟气的组成

沧州分公司 900kt/a S Zorb 汽油吸附脱硫装置再生烟气的组成见表5，表5中的数据为采样分析的瞬时数据。

表5　沧州分公司 S Zorb 再生烟气的组成及流量

日期	$\phi(O_2)/\%$	$\phi(SO_2)/\%$	流量/(m³/h)
2010-11-09	1.95	9.64	568
2010-11-10	1.55	4.45	632
2010-11-11	3.21	1.56	625
2011-07-22	0	2.83	600
2011-07-25	0.67	1.33	611
2011-07-26	2.07	2.44	584

正常 Claus 尾气中 SO₂ 含量小于 0.5%(ϕ)，O₂ 含量小于 0.05%(ϕ)。从表5可看出，沧州分公司 S Zorb 再生烟气 SO₂ 含量最高为 9.64%(ϕ)，是正常 Claus 尾气中 SO₂ 含量的 20 倍；O₂ 含量最高为 3.21%(ϕ)，是正常 Claus 尾气中 O₂ 含量的 64 倍。S Zorb 再生烟气的引入使得加氢催化剂的操作条件更加苛刻。

3.2　引入再生烟气前后床层温升的变化

2010 年 11 月 8 日装置转入正常生产，2010 年 11 月 12 日 14 时 S Zorb 再生烟气全部引入 20kt/a 硫回收装置尾气加氢单元。表6给出了引入再生烟气前后床层温升的变化。

表6　沧州分公司引入再生烟气前后床层温升的变化

再生烟气	日　期	入口温度/℃	床层温度/℃	温升/℃
引入前	2010-11-08T09：00	233	261	44
	2010-11-09T09：00	236	272	36
	2010-11-10T09：00	233	256	34
引入后	2010-11-12T17：00	239	268	48
	2010-11-13T09：00	238	270	47
	2010-11-14T13：00	234	271	54
	2010-11-15T09：00	234	308	74

从表6可看出，正常的 Claus 尾气加氢，控制加氢反应器的入口温度为 230℃，催化剂床层温升 40℃ 左右；引入 S Zorb 再生烟气后，控制加氢反应器的入口温度为 230~240℃，床层温升一般在 50℃ 左右，最高为 74℃，床层温度最高达到 308℃，未出现床层超温及床层温度大起大落的现象。

3.3　净化尾气 SO₂ 排放的检测

沧州分公司 20kt/a 硫回收装置引入 S Zorb 再生烟气后于 2011 年 3 月 25—3 月 28 日进行了为

期 4d 的标定，7 月 13—15 日又进行了为期 3d 的标定，净化尾气 SO₂ 排放的检测结果见表 7。

表 7　沧州分公司净化尾气 SO₂ 排放检测结果

日　　　期	$\rho(SO_2)/(mg/m^3)$
2011-03-25	289
2011-03-26	292
2011-03-27	356
2011-03-28	273
2011-07-13	452
2011-07-14	338
2011-07-15	269

由表 7 可见，引入 S Zorb 再生烟气后，净化尾气 SO₂ 排放浓度低于 500mg/m³，远低于 960mg/m³ 的国家环保标准，并且 SO₂ 排放浓度没有出现增加的现象。说明 LSH-03 催化剂在较低的使用温度下，完全满足 S Zorb 再生烟气处理的要求。

4　结论

1）根据 S Zorb 再生烟气的组成特点，开发了适用于 S Zorb 再生烟气加氢的 LSH-03 低温高活性尾气加氢催化剂。

2）使用 LSH-03 催化剂，可将 S Zorb 再生烟气与 Claus 尾气混合后直接引入加氢反应器，硫回收装置改动小，S Zorb 再生烟气不需要加热，节约投资和操作费用。

3）使用 LSH-03 催化剂处理 S Zorb 再生烟气，硫黄装置操作稳定，加氢反应器入口温度降至 230℃，装置能耗低，净化尾气 SO₂ 排放量低于国家环保标准，是目前 S Zorb 再生烟气较理想的处理方式。

参 考 文 献

[1] 朱云霞，徐惠. S-Zorb 技术的完善及发展[J]. 炼油技术与工程，2009，39(8)：7-11.

[2] 中华人民共和国国家标准. 大气污染物综合排放标准：中国，GB 19297—1996.

[3] 徐永昌，任建邦. 汽油吸附脱硫烟气引入硫黄装置尾气处理单元运行总结[J]. 齐鲁石油化工，2011，39(1)：1-5.

[4] 李立权. 加氢催化剂硫化技术及影响硫化的因素[J]. 炼油技术与工程，2007，37(3)：55-58.

LSH-02低温尾气加氢催化剂的应用

梁慧军　　戴国儒

（中国石化茂名分公司）

摘　要　茂名石化6#硫回收及尾气处理装置使用LHS-02低温尾气加氢催化剂。本文通过对催化剂主要物化性质、装置运行数据等与常规尾气加氢催化剂的对比，表明LSH-02低温尾气加氢催化剂具有良好的低温操作性能。

关键词　硫回收　尾气加氢催化剂　低温　LSH-02

茂名石化6#硫回收装置是中国石化茂名分公司为达到20Mt/a原油加工能力而配套的环保生产装置，装置设计能力为100kt/a。主要处理来自溶剂再生和尾气处理装置的胺酸性气，以及来自汽提装置的汽提酸性气。装置采用二级常规克劳斯制硫和加氢还原尾气净化工艺。一、二级克劳斯反应器入口气体再热采用饱和中压蒸汽加热流程，尾气加氢反应器采用在线加热炉再热。装置于2012年12月10日正式投产成功。尾气加氢催化剂选用的是LSH-02型低温尾气加氢催化剂。到目前为止，该催化剂的运行工况良好。

1　工艺流程及主要技术特点

1.1　工艺流程简介

6#硫回收装置采用镇海石化工程公司的ZHSR硫回收技术。Claus尾气进入尾气净化炉进行燃烧反应。出来的过程气进入尾气加氢反应器，在加氢催化剂的作用下进行加氢、水解反应。使尾气中的SO_2、S_2、COS、CS_2还原水解为H_2S。反应后的过程气先进入蒸汽发生器吸收气体中的热量，然后进入急冷塔冷却。从急冷塔顶出来的过程气进入吸收塔被MDEA半贫/精贫溶剂分两段吸收H_2S。从吸收塔顶出来的净化尾气进入焚烧炉焚烧，出口烟气由烟囱排入大气。

1.2　主要技术特点

装置采用二级常规克劳斯制硫和加氢还原尾气净化工艺。克劳斯部分采用饱和中压蒸汽加热流程，尾气还原设在线加热炉再热。尾气净化部分采用性能良好的、浓度为35%(w)的MDEA水

溶液作为吸收溶剂，采用两级吸收，两段再生技术，可使净化后尾气的$H_2S \leqslant 50\mu g/g$。同时具有较低的能耗，与常规的一级吸收、一段再生相比，可节省蒸汽约30%。

急冷塔后设置H_2分析仪实现闭环控制，根据尾气中H_2含量，调节加氢还原再热炉的燃料气/空气的比例，使尾气中H_2有一定的过量，保证尾气还原完全。当这一调节控制失效时，还可通过与系统连接的流量控制阀，由系统外供H_2，确保尾气中H_2含量。在急冷塔的循环水中设置pH值分析仪，检测循环水的pH值，当pH值偏离设定值时，由外置的液氨瓶向循环水注氨，以保证急冷塔的pH值。在焚烧炉后设置O_2分析仪，根据尾气中O_2的含量调节焚烧炉配风以防生成NO_x有害物，并能降低能耗。

反应炉采用进口高强度专用烧嘴，保证酸性气中氨和烃类杂质全部氧化。克劳斯部分采用饱和中压蒸汽加热工艺，操作控制简单，同时使装置具有较大的操作灵活性，易于催化剂再生升温。尾气净化部分还原所需H_2，由尾气净化炉通过燃料气次化学当量燃烧反应产生。

2　催化剂性质与装填情况

2.1　催化剂物化性质对比

Claus尾气加氢单元使用中国石化齐鲁分公司研究院开发、山东齐鲁科力化工研究院生产的LSH-02低温尾气加氢催化剂。表1列举了LSH-02与某型号常规加氢催化剂物化性质对比情况。

表 1　催化剂物化性质对比

催化剂型号	LSH-02 低温催化剂	常规催化剂
外观	灰绿色三叶草	灰蓝色小球
直径/mm	φ3×3~10	φ4~6
压碎强度/(N/cm)	≥150	≥160
堆积密度/(kg/L)	0.70~0.80	0.75~0.85
比表面积/(m²/g)	≥200	≥220
孔体积/(mL/g)	≥0.3	≥0.19
CoO(w)/%	1.6~2.0	2.5~3.0
MoO3(w)/%	11.0~13.0	11.0~13.0
助剂(w)/%	≥1.0	

2.2 催化剂装填情况

2012 年 12 月 LSH-02 低温尾气加氢催化剂在茂名石化 6# 硫回收装置进行首次装填，装填量为 35.25t。装填方案为：栅格板上由下往上，下支撑为直径 10mm 的瓷球，装填高度 100mm；LSH-02 催化剂的装填高度 800mm（50m³）。为确保反应器中不同截面催化剂与瓷球高度均匀，在装剂前，先确定好有关尺寸，并在器内画好标志线；装填过程中，每装填 300mm 高度时，进入扒平后再装。尾气加氢催化剂装填情况见图 1。

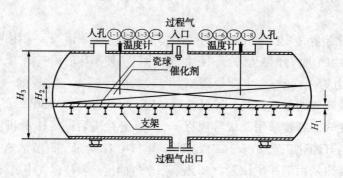

$H_1 = 100mm,\ H_2 = 800mm,\ H_3 = 4300mm$

图 1　尾气加氢反应器催化剂装填示意

3　催化剂工业应用情况

3.1　LSH-02 催化剂预硫化

LSH-02 催化剂的活性组分钴/钼为氧化态，需经预硫化处理转为硫化态，才对加氢还原反应起催化作用。其预硫化的原理为：

$$9CoO + 8H_2S + H_2 \longrightarrow Co_9S_8 + 9H_2O$$
$$MoO_3 + H_2 + 2H_2S \longrightarrow MoS_2 + 3H_2O$$

炼油厂催化剂预硫化操作一般使用以下两种方式进行：①采用 $N_2 + H_2 + H_2S$ 作预硫化气源；②采用 Claus 过程气尾气 + H_2 作预硫化气源。

本次预硫化采用了 $N_2 + H_2 + H_2S$ 作预硫化气源。入装置酸性气进行提前预硫化（克劳斯单元未开工的工况下进行预硫化）操作，预硫化酸气采用胺酸性气，循环系统用 N_2 置换后，利用蒸汽汽抽进行循环。2012 年 12 月 9 日 17 点开始引胺酸性气进入在线炉（F-3202）预硫化，但由于现场磁子流量计和氢气涡街流量计指示不准，只能根据加氢反应器床层温升和进出口过程气组分分析来控制预硫化进程。9 日 18 点，加氢反应器第一层床层开始出现温升，21 点 55 分反应器入口温度提至 230℃，10 日凌晨 3 点 45 分，反应器入口温度提至 250℃，凌晨 5 点反应器床层温升结束，进出口 H_2S 含量不变且反应器温升不明显，预硫化结束，历时 11h。比传统常规加氢催化剂用时约 48h 大幅降低。

3.2　催化剂运行情况

尾气处理装置在加氢催化剂预硫化完成后转入正常生产。表 2~表 4 为装置开工以来的运行数据。

表 2　酸性气分析数据　　　　　　%

时　间	硫　化　氢	CO₂
2013-01	65.34	14.27
2013-02	72.41	13.65
2013-03	69.00	11.68
2013-04	78.90	11.26
2013-05	78.20	6.78

表3 加氢反应器出入口分析数据 %

催化剂	H_2S		SO_2		COS		H_2	
	入口	出口	入口	出口	入口	出口	入口	出口
LHS-02	0.35	1.26	0.1	0	0	0	0	3.41
	0.32	1.20	0.09	0	0	0	0	4.12
催化剂	0.30	1.13	0.06	0	0	0	0	3.56
	0.45	1.40	0.04	0	0	0	0	3.87
	0.38	1.31	0.02	0	0	0	0	4.51
常规催化剂	0.51	1.28	0.01	0	0	0	0	3.91

表4 加氢反应器操作运行数据

项目	2013-01	2013-02	2013-03	2013-04	2013-05	常规催化剂
酸性气流量/(m^3/h)	8352	9435	9644	11202	10948	11861
装置负荷/%	76.67	86.85	90.66	105.24	103.14	108
床层温度/℃						
入口	228	226	225	223	223	280
上部	258	253	247	247	248	283
中部	260	258	250	250	251	298
下部	261	258	251	251	247	306
出口	260	256	244	244	247	304
温升	33	32	26	28	28	26

从表3数据可以看出,在LSH-02催化剂反应器入口温度220~240℃之间,使用常规色谱仪加氢反应器出口检测不到非硫化氢的含硫化合物,说明催化剂具有很好的加氢和水解性能。加氢后硫化氢的含量较入口有较大幅度的提高,说明经LSH-02催化剂加氢后,除SO_2加氢为H_2S外,还有部分单质硫加氢转化为硫化氢。

从表4数据可以看出,使用LSH-02低温催化剂的反应器入口温度控制在220~240℃,床层温升在20℃以上;使用常规加氢催化剂的反应器入口温度控制在270~290℃,床层温升在20℃以上,说明两种催化剂的活性均良好。运行期间LSH-02床层温升幅度变化不大,说明催化剂活性稳定性好。

3.3 烟气排放检测结果

表5为2013年1~5月6#硫回收装置烟气每月检测结果的平均值。

表5 烟气SO_2排放数据

时 间	烟气SO_2/(mg/m^3)
2013-01	581
2013-02	500
2013-03	411
2013-04	436
2013-05	514

从烟气中SO_2的排放(大气)情况可以看出,经尾气加氢净化处理后,烟气中的SO_2含量远小于960mg/m^3,达到国家环保排放标准的要求,说明LSH-02型尾气加氢催化剂在较低的使用温度下,完成满足工业装置的使用要求。

4 经济分析

在装置满负荷的工况下,低温加氢催化剂与常规加氢催化剂相比,加氢反应器的入口温度降低57℃,催化剂床层温度降低56℃。同样使用在线炉进行入口过程气加热,瓦斯消耗量每小时降低46kg,降幅达41%,每年节约瓦斯约386t。按瓦斯单价1444元/t计算,年效益56万元,降低能耗(标油)3.67kg/t。表6为LHS-02与常规催化剂运行数据的比较。

表6 LHS-02与常规催化剂运行数据的比较

项 目	常规催化剂	LHS-02	降低值
装置负荷/%	100	100	—
加氢反应器入口温度/℃	280	223	57
加氢反应器床层温度/℃	306	250	56
在线炉瓦斯消耗量/(kg/h)	111	65	46

5 运行总结

1) 从装置运行的情况来看,LSH-02低温尾气加氢催化剂在茂名石化6#硫回收装置上的应用效果良好,能够满足生产需要。该催化剂具有较高的加氢活性和有机硫水解活性,使尾气中的硫和硫化物还原成H_2S,装置的尾气排放达到了国家排放标准的要求,实现了装置安全平稳长周期运行。

2) LSH-02低温尾气加氢催化剂活性良好,可比常规加氢催化剂降低50℃以上操作,加氢温度大幅下降,节能效果显著,可节约瓦斯46kg/h,大大降低了装置能耗。

新型有机硫水解催化剂的研制

陶卫东　刘剑利　刘爱华　刘增让

（中国石化齐鲁分公司）

摘　要　介绍了 LS-04 新型有机硫水解催化剂的研制、表征及活性评价。该催化剂以氧化铝为主要原料，采用转动成型法制备载体；碱金属氧化物为活性组分，浸渍法制备催化剂。该催化剂相比国外同类催化剂具有高的侧压强度，更优异的水解活性及良好的活性稳定性，综合性能优于国外同类催化剂。

关键词　氧化铝　有机硫　水解　催化剂　研制

根据可持续发展战略和环境保护国策的要求，我国正在大力发展天然气工业，一些新的高硫大型气田被开发。目前，中国石化中原油田普光分公司天然气净化厂是我国最大的气体净化厂，该厂拥有 12 套单套规模为 200kt/a 的硫黄回收装置，采用美国 Black&Veatch 公司的工艺包设计建设，配套使用的催化剂均为进口。进口催化剂价格昂贵，更换一次催化剂花费巨大。

天然气中有机硫含量较高，一般在 200~400mg/m³，为保证天然气出厂质量，一般在克劳斯单元前单独设置有机硫水解反应单元。普光天然气净化厂有机硫水解单元使用的为英国庄信万丰（Johnson Matthey）公司的 PURASPEC-2312 催化剂，该催化剂主要成分为氧化铝，低温水解活性较好。

目前，我国还未开发出拥有自主知识产权适用于大型天然气田的有机硫水解催化剂。作为大型天然气田生产的关键环节，如果不能开发拥有自主知识产权的催化剂，存在极大的公共安全隐患，并且使用进口催化剂成本较高，花费大量外汇。为此，中国石化齐鲁分公司研究院进行了适用于大型天然气田的有机硫水解催化剂的研究，开发出 LS-04 新型有机硫水解催化剂。该催化剂性能优于同类进口催化剂，COS 水解率可达到 95%以上，可满足大型天然气净化厂有机硫水解反应单元的使用要求。

1　催化剂的制备及表征

LS-04 新型有机硫水解催化剂是以氧化铝为主要原料，添加助剂以提高催化剂的比表面积，采用转动成型工艺制备载体；以碱金属氧化物为活性组分，浸渍法制备催化剂，催化剂制备工艺流程见图 1。表 1 列出了 LS-04 和 PURASPEC-2312 催化剂物化性质的比较，图 2 和图 3 列出了 LS-04 和 PURASPEC-2312 催化剂的氮气吸附等温线和孔径分布曲线，图 4 列出了 LS-04 和 PURASPEC-2312 催化剂的 XRD 谱图。

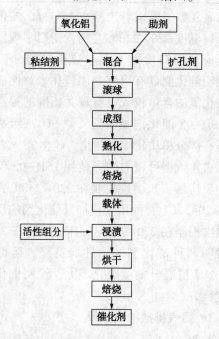

图 1　催化剂的制备流程

表 1　催化剂物化性质比较

项　　目	LS-04	PURASPEC-2312
外观	白色球形	白色球形
外形尺寸/mm	φ3~5	φ2~3
比表面积/(m²/g)	325	332
孔体积/(mL/g)	0.36	0.35
平均孔径/nm	4.30	4.36
强度/(N/颗)	103	65
组分	氧化铝	氧化铝+碱金属氧化物

从表 1 结果可以看出，PURASPEC-2312 催化剂比表面略高于 LS-04 催化剂，孔体积略低，LS-04 催化剂的强度要明显高于 PURASPEC-2312 催化剂。

从图 2 可以看出，PURASPEC-2312 催化剂主要成分为氧化铝和一水铝石，LS-04 催化剂主要成分为氧化铝、一水铝石和三水铝石。

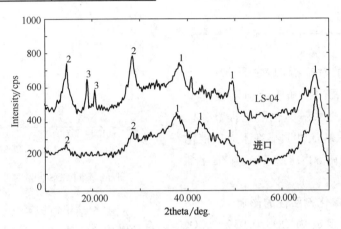

图 2　催化剂 XRD 谱图
1—氧化铝；2——水铝石；3—三水铝石

2　催化剂活性评价

2.1　试验装置

催化剂的评价是在 10mL 微反评价装置上进行的，其工艺流程如图 3 所示。

2.2　反应温度对催化剂活性的影响

在入口气体体积组成为 COS 0.03%、CO_2 3%、H_2O 3%，其余为 N_2，气体体积空速为 3000h⁻¹ 条件下，进行了不同反应温度对 LS-04 和 PURASPEC-2312 催化剂活性影响的考察，结果见图 4。

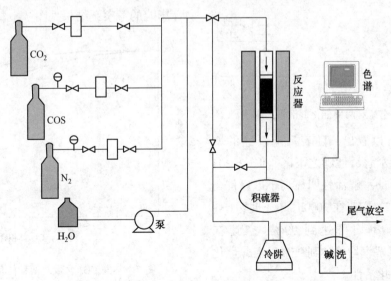

图 3　实验室催化剂微反活性评价装置流程

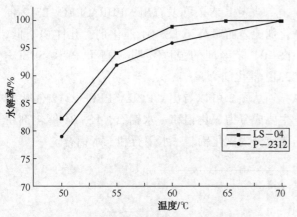

图4　不同反应温度对催化剂活性的影响

从图 4 结果可以看出，随着反应温度的升高，两种催化剂 COS 的水解率也随之提高，但 LS-04 催化剂的低温水解活性明显高于进口催化剂 PURASPEC-2312。在 60℃ 时，LS-04 催化剂水解率即可达到 99% 以上。

2.3　反应空速对催化剂活性的影响

在入口气体体积组成为 COS 0.03%、CO_2 3%、H_2O 3%，其余为 N_2，反应温度为 60℃ 条件下，进行了不同反应空速对 LS-04 和 PURASPEC-2312 催化剂活性影响的考察，结果见图5。

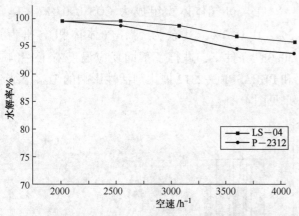

图5　不同反应空速对两种催化剂活性的影响

从图 5 结果可以看出，随着反应空速的增大，两种催化剂的水解活性随之下降，但 LS-04 催化剂在高空速下的水解活性明显高于进口催化剂 PURASPEC-2312。空速在 $3000h^{-1}$ 以下时，LS-04 催化剂的水解率均可达到 99%，空速在 $4000h^{-1}$ 以下时，水解率均可达到 95% 以上，催化剂表现出良好的催化活性。

2.4　原料气中 COS 含量对催化剂活性的影响

在入口气体体积组成为 COS 0.01%~0.06%、

CO_2 3%、H_2O 3%，其余为 N_2，气体体积空速为 $3000h^{-1}$，反应温度为 60℃ 条件下，进行了不同 COS 含量对 LS-04 和 PURASPEC-2312 催化剂活性影响的考察，结果见图6。

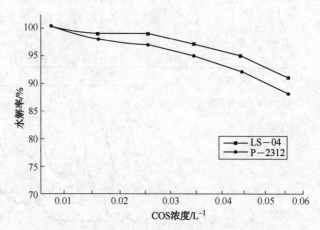

图6　不同 COS 含量对两种催化剂活性的影响

从图 6 结果可以看出，随着原料气中 COS 含量的增加，两种催化剂的水解率随之下降，但 LS-04 催化剂对高浓度 COS 的水解活性明显高于进口催化剂 PURASPEC-2312。

2.5　原料气中 CO_2 含量对催化剂活性的影响

在入口气体体积组成为 COS 0.03%、CO_2 1%~6%、H_2O 3%，其余为 N_2，气体体积空速为 $3000h^{-1}$，反应温度为 60℃ 条件下，进行了不同 CO_2 含量对 LS-04 和 PURASPEC-2312 催化剂活性影响的考察，结果见图7。

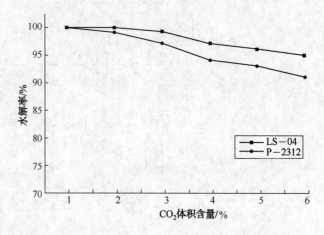

图7　不同 CO_2 含量对两种催化剂活性的影响

从图 7 结果可以看出，随着原料气中 CO_2 含量的增加，两种催化剂的水解率随之下降，这是由于 COS 水解反应具有碱催化的特征，CO_2 是酸性气体，它与 COS 竞争吸附水解催化剂表面上的活性位，导致催化剂活性下降。此外，CO_2 是 COS 水解的生成产物，对水解反应有抑制作用。

2.6　LS-04 催化剂活性稳定性考察

在入口气体体积组成 COS 0.03%、CO_2 3%、H_2O 3%，其余为 N_2，气体体积空速为 3000h^{-1}，反应温度为 60℃ 条件下，对 LS-04 催化剂和 PURASPEC-2312 催化剂进行了 500h 的活性评价，结果见图 8。

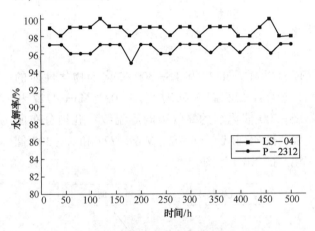

图 8　催化剂活性稳定性比较

从图 10 结果可以看出，在活性稳定性评价期间，LS-04 催化剂的水解活性变化不大，基本保持在 98%~100%，催化剂表现出较好的活性稳定性。LS-04 催化剂相比 PURASPEC-2312 催化剂水解率要高 1~3 个百分点，表现出良好的催化活性。

把运转前后的样品进行了物理性质的比较，结果见表 2 和图 9。

表 2　运转前后催化剂物理性质比较

项　　目	新　鲜　样	运　转　后
比表面积/（m^2/g）	325	323
孔体积/（mL/g）	0.36	0.36

从表 2 结果可以看出催化剂在运转前后物化性质基本保持稳定，没有显著变化，催化剂具有较佳的结构稳定性。

从图 11 可以看出，运转后样品物相谱图中三水铝石的特征峰相比新鲜剂有所减弱，一水铝石和氧化铝的特征峰基本没有变化。在有机硫水解催化剂中起活性作用的物相为一水铝石和氧化铝，因此可以说催化剂具有良好的稳定性。

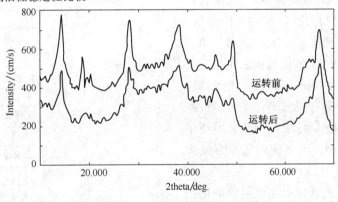

图 9　运转前后催化剂 XRD 图

3　结论

1) 以氧化铝为主要原料，添加部分助剂，采用转动成型法制备载体；以碱金属氧化物为活性组分，采用浸渍法制备了 LS-04 新型有机硫水解催化剂。

2) LS-04 有机硫水解催化剂具有良好的有机硫水解活性及活性稳定性。

3) LS-04 催化剂相比 PURASPEC-2312 催化剂具有高的侧压强度，更优异的水解活性及良好的活性稳定性，综合性能优于国外同类催化剂。

新型氧化铝基制硫催化剂的研制

刘剑利　　刘爱华　　陶卫东　　刘增让

摘　要　介绍了 LS-02 新型氧化铝制硫催化剂的研制、表征及活性评价。该催化剂以氧化铝为主要原料，采用转动成型工艺制备。该催化剂较 LS-300 催化剂具有更高的比表面积、更大的孔体积、更合理的孔分布及更高的克劳斯活性和水解活性，综合性能达到国外同类催化剂水平。

关键词　氧化铝　大比表面积　制硫　催化剂　研制

硫回收催化剂经历了一系列发展阶段，早期工业装置使用天然铝矾土催化剂，硫回收率只有 80%~85%，未转化的各种硫化物灼烧后以 SO_2 的形式排入大气，严重的污染了环境。随后，开发了氧化铝基硫回收催化剂，总硫回收率显著提高，并在工业装置上推广应用。目前，国内工业装置上普遍使用的氧化铝基硫回收催化剂就是此类氧化铝基硫回收催化剂。

随着催化剂制备技术的不断进步，硫回收催化剂向具有大比表面积和大孔体积的方向发展。国外已有少数此类催化剂实现了工业应用，如美国 Porocel 公司的 Maxcel727 催化剂比表面积大于 $350m^2/g$，孔体积大于 0.4mL/g，且活性较高。目前，中国石油化工股份有限公司普光天然气净化厂 12 套单套规模为 200kt/a 的硫回收装置使用的就是 Maxcel727 催化剂，而在国内还没有此类催化剂开发成功的报道。

为了实现大比表面积氧化铝基硫回收催化剂国产化，中国石化齐鲁分公司研究院在原有的 LS-300 硫回收催化剂基础上进行创新，开发了 LS-02 新型氧化铝基制硫催化剂。该催化剂具有较大的比表面积和孔体积，以及合理的孔结构，综合性能达到 Maxcel727 催化剂水平。

1　催化剂的制备及表征

LS-02 新型氧化铝基制硫催化剂是以氧化铝为主要原料，添加氢氧化铝干胶作为助剂以提高催化剂的比表面积，采用转动成型工艺制备而成，催化剂制备工艺流程见图 1。表 1 列出了

LS-02、Maxcel727 和 LS-300 催化剂物化性质的比较，图 2 和图 3 列出了 LS-02、Maxcel727 和 LS-300 催化剂的氮气吸附等温线和孔径分布曲线，图 4 列出了 LS-02、Maxcel727 和 LS-300 催化剂的 XRD 谱图。

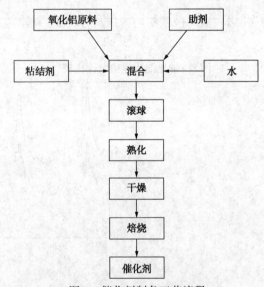

图 1　催化剂制备工艺流程

表 1　三种催化剂的物化性质比较

项　目	LS-300	LS-02	Maxcel727
外观	白色小球	白色小球	白色小球
外形尺寸/mm	φ4~6	φ4~6	φ4~6
比表面积/(m²/g)	315	361	365
孔体积/(mL/g)	0.41	0.45	0.44
大孔体积/(mL/g)	0.14	0.17	0.17
平均孔径/nm	4.89	5.06	4.88
堆密度/(kg/L)	0.65~0.70	0.60~0.70	0.65~0.70
强度/(N/颗)	165	160	158

续表

项　目		LS-300	LS-02	Maxcel727
化学组成（w）/%	Al_2O_3	≥92	≥92	≥92
	Na_2O	<0.3	<0.3	<0.3
	SiO_2	<0.3	<0.3	<0.3
	其他	余量	余量	余量

注：大孔体积是指孔径大于75nm的孔体积（压汞法测定）。

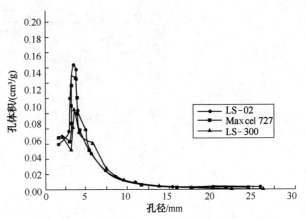

图3　三种催化剂的孔径分布曲线

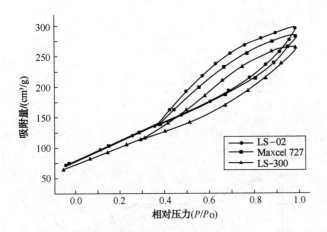

图2　三种催化剂的氮气吸附等温线

从表1结果可以看出，LS-02、Maxcel727催化剂比LS-300催化剂具有更高的比表面积、更大的孔体积和大孔体积。从图2的氮气吸附等温线可以看出，LS-02和Maxcel727催化剂相比LS-300催化剂吸附量大，说明LS-02和Maxcel727催化剂具有较大的孔体积。从图3可以看出，在孔径为3~10nm的范围内，LS-02和Maxcel727相比LS-300具有更多数量的中孔，具有更合理的孔分布，这都有助于提高催化剂的活性。

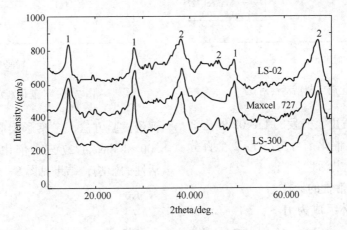

图4　催化剂样品的XRD谱图

1——一水铝石；2——γ-氧化铝

3种催化剂的XRD结果见图4，可以看出，LS-02、Maxcel727和LS-300催化剂的物相主要为一水铝石和γ-氧化铝。

2　催化剂活性评价

2.1　试验装置

催化剂的活性评价是在10mL微反评价装置上进行的，其工艺流程如图5所示。

2.2　催化剂克劳斯反应活性比较

在反应器入口气体组成为H_2S 2%、SO_2 1%、O_2 0.3%、H_2O 30%，其余为N_2，气体体积空速为2500h^{-1}，反应温度为230℃的条件下，对LS-02、LS-300和Maxcel727三种催化剂进行了克劳斯反应活性的考察，结果见图6。

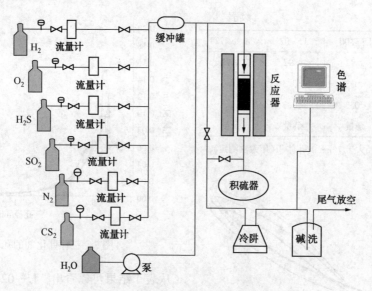

图5　实验室催化剂微反活性评价装置流程

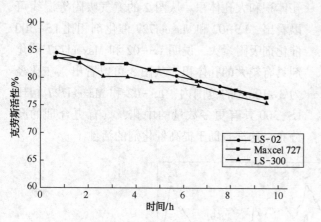

图6　三种催化剂克劳斯活性对比

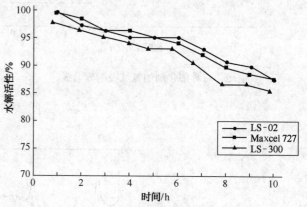

图7　三种催化剂水解活性对比

从图6结果可以看出，开发的LS-02催化剂克劳斯活性较LS-300催化剂可提高1~2个百分点，与Maxcel727催化剂活性相当。

2.3　催化剂水解活性的比较

在反应器入口气体组成为 H_2S　2%、CS_2 0.6%、SO_2　1%、O_2　0.3%、H_2O 30%，其余为 N_2，气体体积空速为 $2500h^{-1}$，反应温度为300℃的条件下，对LS-02、LS-300和Maxcel727三种催化剂进行了水解反应活性的考察，结果见图7。

从图7结果可以看出，开发的LS-02催化剂水解活性较LS-300催化剂可提高2个百分点，与Maxcel727催化剂活性相当。

2.4　反应温度对催化剂克劳斯反应活性及水解活性的影响

按2.2和2.3介绍的克劳斯活性和水解活性

评价试验方法，考察了反应温度对LS-02、LS-300和Maxcel727三种催化剂克劳斯活性及水解活性的影响，结果见图8、图9。

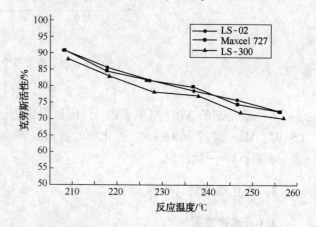

图8　反应温度对三种催化剂Claus反应活性的影响

由图8结果可以看出，随温度的升高，催化

剂的克劳斯反应活性呈下降趋势。说明温度越低，对克劳斯反应越有利。

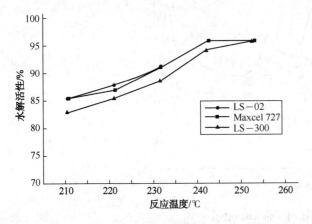

图9　反应温度对三种催化剂水解活性的影响

由图9结果可以看出，随着温度的升高，催化剂的水解活性明显升高，当反应温度在320℃以上，催化剂水解活性可达到100%。

2.5　反应空速对催化剂克劳斯反应活性及水解活性的影响

按2.2和2.3介绍的克劳斯活性和水解活性评价试验方法，分别考察了反应空速对LS-02、LS-300和Maxcel727三种催化剂克劳斯反应活性及水解活性的影响，结果见图10和图11。

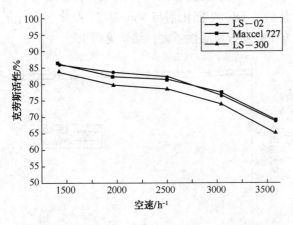

图10　反应空速对三种催化剂克劳斯活性的影响

由图10和图11结果可以看出，随着空速的增加，催化剂的克劳斯活性和水解活性均呈降低趋势。但空速为1500~2500h⁻¹时，下降幅度较小；空速为2500~3500h⁻¹时，下降幅度较大。目前，工业装置上反应空速一般为800~1200h⁻¹，因此LS-02催化剂完全可以满足工业装置的使用需要。

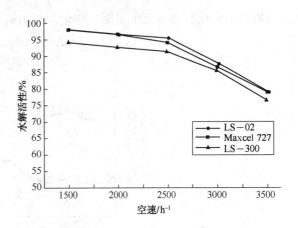

图11　反应空速对三种催化剂水解活性的影响

2.6　催化剂的苛刻老化试验

为考察运转时间对催化剂使用性能的影响，按照苛刻老化条件对LS-02、LS-300和Maxcel727三种催化剂进行试验，模拟工业装置催化剂使用3a后的性能情况。

苛刻老化条件：①催化剂550℃焙烧2h；②空速1000h⁻¹，温度260℃，气体组成SO₂：空气：蒸汽=1：2.5：6.5对催化剂进行处理，时间2h。

2.6.1　苛刻老化后物化性质对比

苛刻老化后LS-02、LS-300及Maxcel727催化剂物化性质见表2。

表2　苛刻老化后物理性质比较

催化剂		孔体积/(mL/g)	比表面积/(m²/g)	硫酸根含量(w)/%
LS-300	新鲜样	0.41	305	0
	苛刻老化后	0.37	208	3.88
LS-02	新鲜样	0.45	356	0
	苛刻老化后	0.42	226	3.76
Maxcel727	新鲜样	0.44	360	0
	苛刻老化后	0.41	219	3.81

从表2结果可以看出，三种催化剂经过苛刻老化后，比表面积和孔体积都有明显降低，均发生了明显的硫酸盐化。苛刻老化后LS-02催化剂剩余的比表面积和孔体积大于LS-300催化剂，与Maxcel727催化剂相当。

图12列出了苛刻老化后LS-300、LS-02和Maxcel727三种催化剂的XRD谱图。对比图4三种新鲜催化剂的XRD谱图可以看出，新鲜催化剂的晶相主要为一水铝石和γ-氧化铝为主，催

化剂经苛刻老化后晶型发生了明显变化，一水铝　石晶相基本转化为 γ-氧化铝。

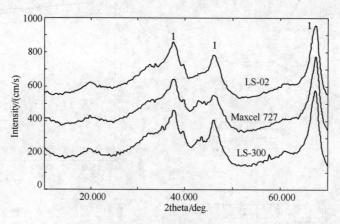

图 12　苛刻老化后催化剂样品 XRD 谱图
1—γ-氧化铝

2.6.2　苛刻老化后催化活性的对比

按 2.2 和 2.3 介绍的克劳斯活性和水解活性评价试验方法，对苛刻老化后催化剂进行了活性评价，结果见图 13 和图 14。

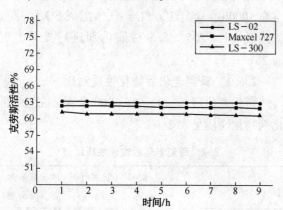

图 13　苛刻老化后催化剂克劳斯活性对比

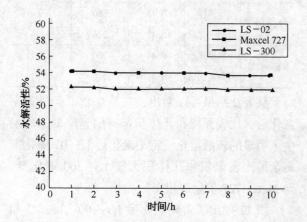

图 14　苛刻老化后催化剂水解活性对比

从图 13 和图 14 结果可以看出，苛刻老化后

LS-02 催化剂的克劳斯活性最高，比 LS-300 催化剂高 2 个百分点，比 Maxcel727 催化剂高 1 个百分点；苛刻老化后 LS-02 催化剂的水解活性与 Maxcel727 催化剂相当，比 LS-300 催化剂高 2 个百分点。

2.7　催化剂的活性稳定性考察

在反应器入口气体组成为 H_2S 2%、SO_2 1%、O_2 0.3%、H_2O 30%，其余 N_2，气体体积空速为 2500h^{-1}，反应温度为 230℃ 的条件下，对苛刻老化后的 LS-02 催化剂与 Maxcel727 催化剂进行了 1000h 克劳斯活性考察，结果见图 15。

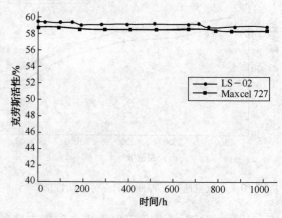

图 15　克劳斯活性稳定性比较

在反应器入口气体组成为 H_2S 2%、CS_2 0.6%、SO_2 1%、O_2 0.3%、H_2O 30%，其余为 N_2，气体体积空速为 2500h^{-1}，反应温度为 300℃ 的条件下，对苛刻老化后的 LS-02 催化剂与 Maxcel727 催化剂进行了 1000h 水解活性考察，

结果见图 16。

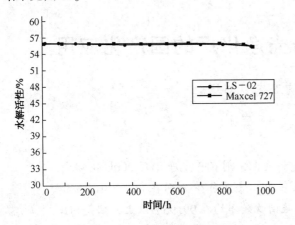

图 16　水解活性稳定性比较

从图 15 和图 16 结果可以看出，在 1000h 评价期间，LS-02 催化剂的克劳斯活性和水解活性变化不大。LS-02 催化剂相比 Maxcel727 催化剂克劳斯活性高 1 个百分点，水解活性相当。LS-02 催化剂表现出良好的催化活性及活性稳定性。

把运转前后的样品进行了物理性质的比较，结果见表 3。

表 3　运转前后催化剂物理性质比较

项目	运转前		运转后	
	LS-02	Maxcel727	LS-02	Maxcel727
比表面积/(m^2/g)	226	219	218	207
孔体积/(mL/g)	0.42	0.41	0.41	0.40
硫酸根含量(w)/%	3.76	3.81	3.86	3.96

从表 3 中结果可以看出 LS-02 催化剂和 Maxcel727 催化剂运转后相比运转前比表面积和孔体积稍有下降，催化剂本身硫酸盐化程度有所加大，但这是催化剂运行过程中不可避免的，并且变化幅度很小，说明 LS-02 催化剂具有较佳的结构稳定性。

3　结论

1) 以氧化铝为原料，添加助剂，采用转动成型工艺，开发了 LS-02 新型硫回收催化剂。

2) LS-02 催化剂较 LS-300 催化剂具有更高的比表面积、更大的孔体积、更合理的孔分布及更高的克劳斯活性和水解活性。

3) LS-02 催化剂在物化性质和催化活性上达到国外同类催化剂水平。

Claus 尾气加氢催化剂在普光净化厂的国产化应用

刘剑利　刘爱华　陶卫东　刘增让

（中国石化齐鲁分公司研究院）

摘　要　介绍了 LSH-02 低温 Claus 尾气加氢催化剂在普光净化厂 200kt/a 硫黄回收装置上的工业应用试验，装置标定结果表明：装置负荷分别在 80%、100% 和 110% 条件下，各项参数运行正常，标定期间硫回收效率均在 99.95% 以上，烟气 SO_2 排放浓度均低于 $400mg/m^3$，催化剂国产化工业应用试验取得成功。

关键词　Claus 尾气　加氢催化剂　国产化应用

随着我国高硫大型天然气田的开发，天然气净化厂单套能力大于 200kt/a 的硫黄回收装置已经投产，装置使用的催化剂均为进口。普光天然气净化厂原使用的尾气加氢催化剂是美国标准公司的 C-234 催化剂，该催化剂采购成本高，同时，作为高含硫天然气生产的关键环节如果不能开发拥有自主知识产权的催化剂，存在极大的公共安全隐患。因此，开发出适用于大型天然气净化厂的低温尾气加氢催化剂，以替代进口同类催化剂。

为实现大型引进硫回收装置催化剂国产化，中国石化齐鲁分公司研究院通过新型钛铝复合载体的开发、制备工艺及活性组分的优化，开发了一种在较低的反应温度下加氢和水解活性良好的 LSH-02 硫黄尾气加氢催化剂。该催化剂具有良好的低温加氢活性，同时具备耐氧、抗积炭性能，其综合性能均优于 C-234 催化剂水平。2013 年 6 月，在工业生产装置上完成了 LSH-02 新型氧化铝基制硫催化剂的工业放大生产。2013 年 10 月，工业放大生产的尾气加氢催化剂在中国石化普光净化厂第六联合 2 列（简称 162 系列）200kt/a 硫黄回收装置上进行了装填应用试验。装置稳定运行 3 个月后，2014 年 3 月对装置负荷分别在 80%、100% 和 110% 条件下进行综合考察，装置各项参数运行正常，标定期间，烟气 SO_2 排放浓度均低于 $400mg/m^3$，远低于国家环保法规规定的 $960mg/m^3$，满足即将执行的国家环保标准，装置总硫回收率均在 99.95% 以上，取得了较好的应用效果。

1　LSH-02 催化剂工业应用试验

1.1　装置流程简介

普光净化厂 162 系列硫回收装置设计规模为 200kt/a，操作弹性为 30%~130%，年操作时间为 8000h，硫回收率可到 99.8% 以上，其尾气处理单元流程简见图 1。

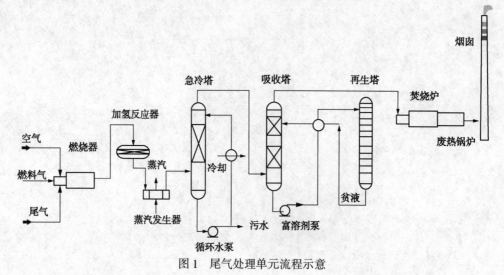

图 1　尾气处理单元流程示意

1.2　催化剂的装填

尾气加氢反应器催化剂装填示意见图 2，底层装填 φ13mm 支撑瓷球，高度为 75mm，上层装填 φ6mm 支撑瓷球，高度为 75mm；催化剂床层装填 LSH-02 低温 Claus 尾气加氢催化剂，高度为 1190mm；催化剂上部装填封顶瓷球 30mm。

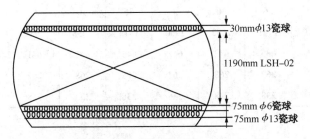

图 2　尾气加氢反应器催化剂装填示意

1.3　催化剂物化性质

LSH-02 催化剂的物化性能见表 1。

表 1　LSH-02 尾气加氢催化剂物化性质

项　目	LSH-02
外观	灰绿色三叶草条
尺寸/mm	φ3×5~10
CoO(m/m)/%	1.6~2.0

续表

项　目	LSH-02
MoO_3(m/m)/%	10.0~13.0
比表面积/(m²/g)	≥180
孔体积/(mL/g)	≥0.35
堆密度/(g/mL)	0.7~0.8
磨耗(m/m)/%	≤0.5
强度/(N/cm)	≥150

2　装置工业标定

2014 年 3 月，在装置正常运行 3 个月后，开展了装置性能标定工作。标定试验考察硫黄回收装置负荷为 80%、100% 和 110% 时运行情况，每个负荷标定时间为 3d。每个负荷阶段标定前需进行工况调整，待装置运行稳定后方可进行数据录取和分析，每天 9：30、16：00 和 19：00 进装置运行参数记录和采样分析。

2.1　装置运行参数

装置性能标定期间，加氢反应器入口温度控制在 250℃ 左右，不同负荷下尾气单元主要操作参数见表 2~表 4。

表 2　162 系列 80% 负荷硫黄回收单元操作参数

项　目	2014-03-23			2014-03-24			2014-03-25		
	9：30	14：00	19：00	9：30	14：00	19：00	9：30	14：00	19：00
加氢反应器入口温度/℃	257	254	253	258	253	255	253	251	255
加氢反应器出口温度/℃	272	268	270	270	272	278	266	272	274
加氢反应器床层温升/℃	20	19	22	17	23	25	17	26	23
急冷水循环量/(t/h)	371	372	374	376	375	375	374	376	371
急冷塔顶出口在线氢含量/%	2.9	3.1	3.1	2.9	3.3	2.9	3.1	2.8	2.9
尾气吸收塔顶过程气温度/℃	35	35	36	35	35	35	35	35	35
焚烧炉燃料气流量/(m³/h)	1745	1723	1715	1750	1682	1840	1715	1763	1721
尾气焚烧炉炉膛温度/℃	641	641	641	641	646	644	642	641	641
排烟温度/℃	265	265	264	265	266	265	265	265	265
贫液入吸收塔流量/(t/h)	240	241	237	237	236	235	249	244	243

表 3　162 系列 100% 负荷硫黄回收单元操作参数

项　目	2014-03-23			2014-03-24			2014-03-25		
	9：30	14：00	19：00	9：30	14：00	19：00	9：30	14：00	19：00
加氢反应器入口温度/℃	255	254	257	247	250	252	253	256	258
加氢反应器出口温度/℃	270	275	279	271	265	268	267	271	277

续表

项　目	2014-03-23			2014-03-24			2014-03-25		
	9：30	14：00	19：00	9：30	14：00	19：00	9：30	14：00	19：00
加氢反应器床层温升/℃	19	25	27	29	18	20	18	19	22
急冷水循环量/(t/h)	379	373	371	372	377	377	374	372	370
急冷塔顶出口在线氢含量/%	2.9	2.8	3.0	2.8	2.8	2.6	2.9	2.4	2.6
尾气吸收塔顶过程气温度/℃	35	36	35	36	36	36	36	36	35
焚烧炉燃料气流量/(m³/h)	1918	1875	1898	1941	1882	1930	1913	1978	1982
尾气焚烧炉炉膛温度/℃	642	644	642	635	642	642	643	641	641
排烟温度/℃	268	268	267	267	268	267	268	268	267
贫液入吸收塔流量/(t/h)	243	238	235	238	238	236	238	237	238

表4　162 系列 110%负荷硫黄回收单元操作参数

项　目	2014-03-23			2014-03-24			2014-03-25		
	9：30	14：00	19：00	9：30	14：00	19：00	9：30	14：00	19：00
加氢反应器入口温度/℃	256	254	254	258	252	257	256	253	258
加氢反应器出口温度/℃	264	266	263	273	266	273	270	263	273
加氢反应器床层温升/℃	12	15	12	18	18	18	17	15	19
急冷水循环量/(t/h)	372	368	374	369	372	375	369	372	373
急冷塔顶出口在线氢含量/%	2.9	2.5	2.8	2.5	3.0	3.0	2.3	2.2	2.6
尾气吸收塔顶过程气温度/℃	35	35	35	35	35	35	35	35	35
焚烧炉燃料气流量/(m³/h)	1948	2025	2069	2095	1913	2011	2120	2142	2005
尾气焚烧炉炉膛温度/℃	645	644	644	644	643	641	649	642	642
排烟温度/℃	269	270	270	269	269	269	269	270	269
贫液入吸收塔流量/(t/h)	237	239	243	240	241	237	237	241	237

从表2～表4中的数据可以看出，标定期间加氢反应单元运行正常，在装置不同运行负荷下加氢反应器温升一般在10～30℃，加氢催化剂表现出良好的加氢及水解活性。

2.2　加氢反应器出入口气体组成测定

为考察 LSH-02 加氢催化剂在不同负荷下的加氢效果，采用常规色谱分析加氢出入口气体组成，分析数据见表5～表7。

表5　80%负荷下加氢出入口气体组成　　　　　　　　　　%（体）

分析项目	位置	2014-03-23			2014-03-24			2014-03-25		
		9：30	14：00	19：00	9：30	14：00	19：00	9：30	14：00	19：00
H₂S	入口	1.21	1.69	1.50	1.23	1.55	1.09	1.58	1.64	1.26
	出口	1.89	1.89	1.90	1.70	1.58	1.64	1.58	1.66	1.80
SO₂	入口	0.00	0.00	0.01	0.00	0.07	0.00	0.00	0.00	0.00
	出口	0.00	0.00	0.00	0.00	0.00	0.00	0.00	0.00	0.00
COS	入口	0.01	0.01	0.01	0.01	0.01	0.01	0.00	0.00	0.00
	出口	0.00	0.00	0.00	0.00	0.00	0.00	0.00	0.00	0.00
CS₂	入口	0.00	0.00	0.00	0.00	0.00	0.00	0.00	0.00	0.00
	出口	0.00	0.00	0.00	0.00	0.00	0.00	0.00	0.00	0.00

表6　100%负荷下加氢出入口气体组成　　　　　　　　　　　　%(体)

分析项目	位置	2014-03-27			2014-03-28			2014-03-29		
		9:30	16:00	19:00	9:30	14:00	19:00	9:30	14:00	19:00
H₂S	入口	1.55	2.06	1.70	1.07	1.16	0.94	1.25	1.26	1.24
	出口	1.97	2.56	2.14	1.19	1.28	1.23	1.38	1.89	1.63
SO₂	入口	0.00	0.03	0.029	0.00	0.00	0.00	0.00	0.00	0.00
	出口	0.00	0.00	0.00	0.00	0.00	0.00	0.00	0.00	0.00
COS	入口	0.01	0.01	0.01	0.01	0.01	0.01	0.01	0.01	0.01
	出口	0.00	0.00	0.00	0.00	0.00	0.00	0.00	0.00	0.00
CS₂	入口	0.00	0.00	0.00	0.00	0.00	0.00	0.00	0.00	0.00
	出口	0.00	0.00	0.00	0.00	0.00	0.00	0.00	0.00	0.00

表7　110%负荷下加氢出入口气体组成　　　　　　　　　　　　%(体)

分析项目	位置	2014-03-30			2014-03-31			2014-04-01		
		9:30	14:00	19:00	9:30	14:00	19:00	9:30	14:00	19:00
H₂S	入口	1.08	1.19	1.39	1.30	1.78	1.17	1.07	1.21	0.96
	出口	1.39	1.41	1.44	1.64	1.86	1.45	1.23	1.56	1.29
SO₂	入口	0.00	0.00	0.01	0.00	0.00	0.00	0.00	0.03	0.00
	出口	0.00	0.00	0.00	0.00	0.00	0.00	0.00	0.00	0.00
COS	入口	0.01	0.01	0.01	0.00	0.00	0.01	0.01	0.01	0.01
	出口	0.00	0.00	0.00	0.00	0.00	0.00	0.00	0.00	0.00
CS₂	入口	0.00	0.00	0.00	0.00	0.00	0.00	0.00	0.00	0.00
	出口	0.00	0.00	0.00	0.00	0.00	0.00	0.00	0.00	0.00

从表5~表7中数据可以看出，加氢反应器出口过程气使用常规色谱法进行检测，硫化物只有硫化氢存在，其他硫化物检测不出。由于硫化物含量在 $100\mu g/g$ 以下使用常规色谱法无法测定。

为了进一步考察加氢催化剂的加氢转化率，使用带 FPD 检测器的气相色谱对加氢反应器出口气体中的微量硫化物进行检测，使用该方法可精确测定硫化物含量到 $0.1\mu g/g$，来深层考察催化剂的加氢和水解活性，结果见图3。

从图3可以看出，加氢反应器出口过程气中 COS 含量一般在 $20\mu g/g$ 以下，这说明尾气加氢催化剂具有优异的催化活性。

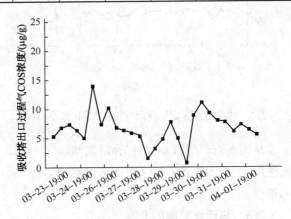

图3　FPD 检测器检测加氢出口 COS 含量

2.3 急冷水 pH 的考察

急冷水的 pH 值变化情况间接反应加氢催化剂加氢效果,如果加氢效果不理想,SO_2 将穿透床层进入急冷塔,穿透的 SO_2 与水反应生成亚硫黄或硫酸,造成急冷水 pH 值急剧下降,严重腐蚀设备,标定期间,急冷水 pH 值数据见图4。

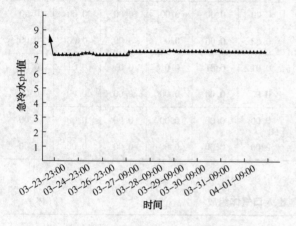

图 4　标定期间急冷水 pH 值数据

从图4可以看出,标定期间,急冷水 pH 值稳定在 7.6 左右,说明加氢催化剂加氢效果良好。

2.4 烟气排放情况考察

标定期间,162 系列在各负荷下烟气 SO_2 排放浓度数据(烟气在线仪显示数据)见图5~图7。

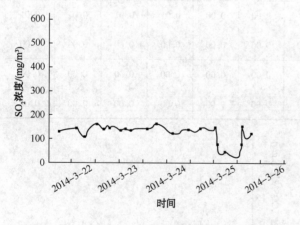

图 5　80%负荷标定期间烟气排放数据(每小时)

从图5~图7可以看出,标定期间烟气 SO_2 排放浓度均低于国家环保法规所要求的 $960mg/m^3$ 的指标。

2.5 总硫回收率的考察

为考察装置总体运行情况,在各负荷下对装置总硫回收率进行考察,其结果见图8。

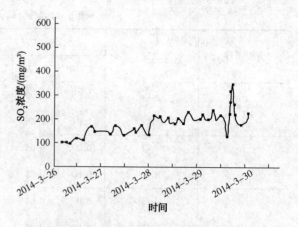

图 6　100%负荷标定期间烟气排放数据(每小时)

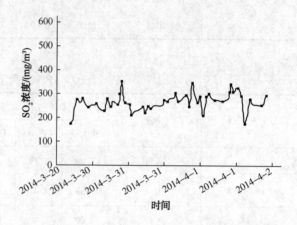

图 7　110%负荷标定期间烟气排放数据(每小时)

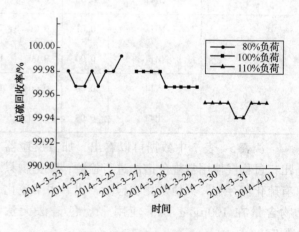

图 8　各负荷下总硫回收率

从图8中结果可以看出,80%负荷下,总硫回收率99.97%以上;100%负荷下,总硫回收率99.97%以上;110%负荷下,总硫回收率99.95%以上。随着装置运行负荷的增加,硫回收效率略有降低,但硫回收效率均在99.95%以上,这说明硫回收装置整体运行良好,催化剂活性高,能满足高负荷下运行的要求,抗工况波动能力强。

3　结论

1）LSH-02 低温 Claus 尾气加氢催化剂在 80%、100%和110%负荷标定期间，各项参数运行正常，烟气 SO_2 排放浓度均低于 $400mg/m^3$，满足即将执行的国家环保标准。

2）在装置现行运行条件下（入口温度 250℃），总硫回收率均在 99.95%以上，抗工况波动能力强，完全满足装置使用要求。

3）LSH-02 低温 Claus 尾气加氢催化剂工业应用试验取得成功，满足天然气净化厂大型硫黄回收装置使用要求，可以取代进口催化剂应用于天然气净化厂大型硫黄回收装置上。

LS 系列硫黄回收催化剂在普光净化厂的工业应用

刘增让　刘爱华　刘剑利　陶卫东

（中国石化齐鲁分公司研究院）

摘　要　介绍了 LS-981 多功能硫黄回收催化剂和 LS-02 新型氧化铝基制硫催化剂在普光净化厂 200kt/a 硫黄回收装置上的工业应用试验。装置标定结果表明：装置负荷分别在 80%、100% 和 110% 条件下，各项参数运行正常，标定期间单程硫回收率均在 95% 以上，有机硫水解率均在 98% 以上，催化剂国产化工业应用试验取得成功。

关键词　氧化铝　制硫　催化剂　工业应用

硫黄回收装置大型化是当前硫回收行业的发展方向，装置大型化可减少操作费用，提高企业的效益。目前，随着我国高硫大型天然气田的开发，天然气净化厂单套能力大于 200kt/a 的硫黄回收装置已经投产，装置使用的均为进口氧化铝基催化剂，其比表面积和孔体积较大、活性高，但采购成本高。如中国石化普光天然气净化厂 12 套单套规模为 200kt/a 的硫黄回收装置均使用美国 Porocel 公司的 Maxcel727 氧化铝基硫回收催化剂，比表面积大于 350m²/g，孔体积大于 0.4mL/g。此外，随着炼油企业的大型化、原油劣质化、产品清洁化和加工高硫原油比例的增加，产生的酸性气也越来越多，炼油厂硫黄装置规模也向大型化发展，已引进多套大型硫回收装置。在这种背景下，需要开发新型硫黄回收催化剂来满足大型硫黄装置的使用要求，同时取代进口催化剂，实现同类催化剂国产化。

为实现大型引进硫回收装置催化剂国产化，中国石化齐鲁分公司研究院在原有的 LS-300 氧化铝基硫黄回收催化剂基础上进行技术创新，开发出 LS-02 新型氧化铝基制硫催化剂，该催化剂具有较大的比表面积和孔体积，以及合理的孔结构，综合性能达到 Maxcel727 催化剂水平。2013 年 6 月，在工业生产装置上进行了 50t LS-02 新型氧化铝基制硫催化剂的工业放大生产。2013 年 10 月，工业放大生产的催化剂在中国石化普光净化厂 6 联合第二列 200kt/a 硫黄回收装置（简称 162 系列）上进行了应用试验。装置稳定运行 3 个月后，2014 年 3 月对装置运行情况进行综合详细考察，装置各项参数运行正常，一般情况下单程硫回收率在 95% 以上，有机硫水解率均在 98% 以上，烟气 SO_2 排放浓度低于 $400mg/m^3$，远低于国家环保法规规定的 $960mg/m^3$，所产硫黄满足工业一级硫黄质量指标要求，硫黄回收催化剂取得了较好的应用效果。

1　LS-02 催化剂工业应用试验

1.1　装置流程简介

普光净化厂 162 系列设计规模为 200kt/a，操作弹性为 30%～130%，年操作时间为 8000h，硫回收率可到 99.8% 以上，硫黄回收单元流程图见图 1。

硫黄回收单元采用直流法（也称部分燃烧法）Claus 硫回收工艺，其流程设置为一段高温硫回收加两段低温催化硫回收，该部分硫回收率为 93%～97%。来自天然气脱硫单元的酸性气进入酸气分液罐进行分液后，进入 Claus 反应炉。在反应炉内，部分 H_2S 与 O_2 燃烧生成 SO_2，生成的 SO_2 与 H_2S 继续反应生成 S_x。反应炉废热锅炉产生 3.5MPa 等级的饱和蒸汽，硫冷凝器产生 0.4MPa 等级的蒸汽，一级反应器和二级反应器入口过程气升温采用 3.5MPa 等级的饱和蒸汽加热。

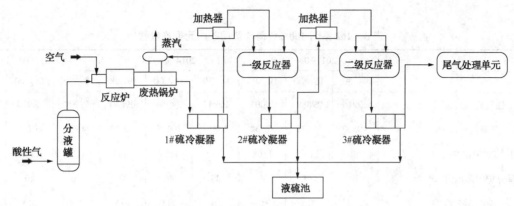

图1 硫黄回收单元流程简图

1.2 催化剂的装填

普光净化厂硫黄装置反应炉温度较低，酸性气中CO_2含量较高，在反应炉中生成大量的有机硫化物。为了增加有机硫水解活性，需在一级转化器上部装填部分有机硫水解活性高的LS-981多功能硫黄回收催化剂。催化剂装填方案如下：一级转化器上部装填三分之一的LS-981多功能硫黄回收催化剂，下部装填三分之二LS-02催化剂；二级转化器不换剂，继续使用在用的Max-cel727催化剂；

一级转化器催化剂装填示意见图2。

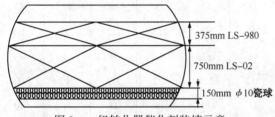

图2 一级转化器催化剂装填示意

1.3 催化剂物化性质

LS-981催化剂和LS-02催化剂的物化性能见表1。

表1 两种硫黄回收催化剂的物化性能

物 化 性 能	LS-02催化剂	LS-981催化剂
外观	白色球形	土黄色条形
规格/mm	$\phi4\sim6$	$\phi4\times3\sim10$
强度/(N/cm)	≥140N/颗	≥200
磨耗（m/m)/%	≤0.5	≤0.5
堆密度/(g/mL)	0.65~0.72	0.90~1.00
比表面积/(m²/g)	≥350	≥200
孔体积/(mL/g)	≥0.40	≥0.30
主要成分	Al_2O_3	助剂+TiO_2+Al_2O_3

2 装置工业标定

2.1 装置运行参数

2014年3月，对162系列进行工业应用标定试验。一转入口温度控制在214~216℃，二转入口温度控制在212~213℃之间，标定负荷为80%、100%、110%。硫黄回收主要操作参数见表2~表4。

表2 162系列80%负荷硫黄回收单元操作参数

项 目	2014-03-23			2014-03-24			2014-03-25		
	9：30	14：00	9：30	9：30	14：00	19：00	9：30	14：00	19：00
酸性气流量/(m³/h)	23925	23960	23946	23946	23967	23889	23952	23954	23963
空气流量/(m³/h)	32534	32539	32308	32667	32801	32892	33215	33910	33154
反应炉炉膛温度/℃	1112	1113	1109	1116	1120	1123	1117	1132	1123
反应炉炉前压力/kPa	30	30	30	30	31	30	31	32	31
一转入口温度/℃	214	215	215	216	215	216	216	216	215
一转床层温升/℃	83	83	83	82	83	81	83	81	81
二转入口温度/℃	213	213	212	212	212	212	212	212	213
二转床层温升/℃	10	10	11	11	10	12	11	11	10

表3 162系列100%负荷硫黄回收单元操作参数

项　目	2014-03-27			2014-03-28			2014-03-29		
	9：30	16：00	19：00	9：30	14：00	19：00	9：30	14：00	19：00
酸性气流量/(m³/h)	29916	29889	30001	29947	29959	29840	29974	29914	29960
空气流量/(m³/h)	40300	39172	38654	38812	40425	40923	40553	40215	39215
反应炉炉膛温度/℃	1121	1107	1108	1087	1107	1111	1104	1108	1097
反应炉炉前压力/kPa	39	39	39	38	40	41	40	40	39
一转入口温度/℃	215	215	215	216	215	215	215	215	215
一转床层温升/℃	83	85	81	78	79	79	81	80	80
二转入口温度/℃	213	213	212	212	212	212	212	212	212
二转床层温升/℃	11	11	12	11	10	11	11	11	12

表4 162系列110%负荷硫黄回收单元操作参数

项目	2014-03-30			2014-03-31			2014-04-01		
	9：30	14：00	19：00	9：30	14：00	19：00	9：30	14：00	19：00
酸性气流量/(m³/h)	32812	32906	33028	32986	32955	32759	32940	32861	33049
空气流量/(m³/h)	44144	44717	44546	44089	42826	43467	43622	44843	42976
反应炉炉膛温度/℃	1104	1109	1107	1112	1099	1108	1104	1125	1105
反应炉炉前压力/kPa	44	45	44	44	43	43	43	44	43
一转入口温度/℃	215	215	215	215	215	215	215	215	215
一转床层温升/℃	81	81	82	81	81	82	81	81	80
二转入口温度/℃	212	212	212	212	212	212	212	212	213
二转床层温升/℃	10	11	11	11	12	11	11	11	10

从表2~表4可以看出：装置负荷在80%~110%的情况下，一级转化器床层温升80℃左右，说明一级转化器催化剂催化性能较高。

2.2 酸性气组成

标定期间，在气相色谱上对酸性气组成进行了分析，分析结果见表5~表7，从表5到表7中数据可以看出酸性气组成相对稳定，变化不大，相比炼油厂酸性气浓度较低，CO_2浓度较高。

表5 162系列80%负荷时酸性气分析数据

分析项目	2014-03-23			2014-03-24			2014-03-25		
	09：30	14：00	19：00	09：30	14：00	19：00	09：30	14：00	19：00
H_2S 体积含量/%	60.84	60.84	58.97	61.12	61.23	61.34	61.50	62.62	62.24
CO_2 体积含量/%	38.45	38.30	37.71	38.42	38.45	38.26	38.35	37.05	37.62
烃体积含量/%	0.17	0.09	0.22	0.45	0.33	0.40	0.15	0.33	0.14

表6 162 系列 100% 负荷时酸性气分析数据

分析项目	2014-03-27			2014-03-28			2014-03-29		
	09：30	14：00	19：00	09：30	14：00	19：00	09：30	14：00	19：00
H_2S 体积含量/%	60.73	62.31	61.04	62.84	62.11	60.40	62.26	61.33	61.58
CO_2 体积含量/%	37.12	37.54	38.89	36.78	37.75	38.68	37.65	38.53	38.29
烃体积含量/%	0.12	0.15	0.07	0.38	0.14	0.92	0.09	0.13	0.13

表7 162 系列 110% 负荷时酸性气分析数据

分析项目	2014-03-30			2014-03-31			2014-04-01		
	09：30	14：00	19：00	09：30	14：00	19：00	09：30	14：00	19：00
H_2S 体积含量/%	61.54	61.72	61.76	61.41	61.66	59.68	60.96	61.49	61.61
CO_2 体积含量/%	38.34	38.15	38.16	38.48	38.21	37.11	38.92	38.37	38.32
烃体积含量/%	0.12	0.13	0.08	0.11	0.13	0.11	0.12	0.14	0.08

2.3 单程总硫转化率的计算

硫黄回收装置单程总硫转化率 η 计算公式：

$\eta =$ ［1−第三冷凝器出口气体（$H_2S+SO_2+COS +2CS_2$）摩尔总数／入反应炉（$H_2S + SO_2 + COS + 2CS_2$）摩尔总数］×100%

其中：入反应炉（$H_2S+SO_2+COS+2CS_2$）摩尔总数=酸性气流量×酸性气中（$H_2S+SO_2+COS + 2CS_2$）体积浓度÷22.4

第三冷凝器出口气体中（$H_2S+SO_2+COS+ 2CS_2$）摩尔总数=第三冷凝器出口过程气中（$H_2S+ SO_2+COS+2CS_2$）体积浓度×克劳斯尾气流量÷22.4

COS 总水解率计算方法为：

（1−第三硫冷凝器出口 COS 摩尔总数／第一硫冷凝器入口 COS 摩尔总数）×100%。

CS_2 总水解率计算方法为：

（1−第三硫冷凝器出口 CS_2 摩尔总数／第一硫冷凝器入口 CS_2 摩尔总数）×100%。

标定期间，装置单程总硫转化率、COS 总水解率及 CS_2 总水解率结果见图 3~图 5。

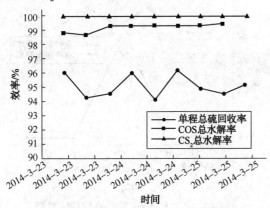

图3 162 系列 80% 负荷标定期间数据

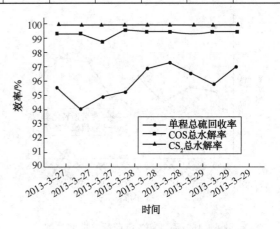

图4 162 系列 100% 负荷标定期间数据

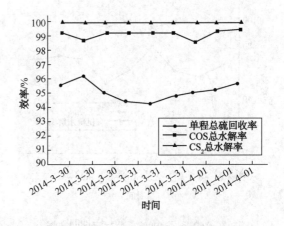

图5 162 系列 110% 负荷标定期间数据

从图 3 到图 5 中可以看出，硫回收单元单程总硫回收率较高，均大于 95%，只有一次低于 95%，原因为该时间点普光净化厂发生晃电，整个装置运行不平稳造成的。标定期间 CS_2 总水解率均为 100%，COS 总水解率均在 98% 以上，这

硫黄回收二十年论文集

说明在硫回收单元有机硫的水解反应进行得比较彻底。

2.4 一级转化器的性能考察

一级转化器床层温度一般控制在 280~330℃。在转化器中，硫化氢和二氧化硫反应生成硫的反应是放热反应，因此较低的温度有利于反应的进行，而主要副反应有机硫的水解反应是吸热反应，该反应至少应在 300℃以上才能进行，而且温度高有利于反应的进行。一级转化器床层温度控制较高的目的，就是使过程气中的 COS、CS_2 尽量水解完全。

标定期间一级转化器克劳斯转化率和有机硫水解率结果见图 6~图 8。

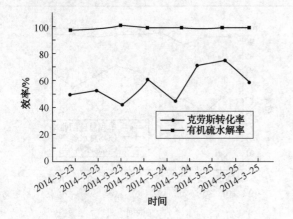

图 6 162 系列 80%负荷标定期间数据

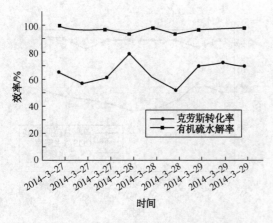

图 7 162 系列 100%负荷标定期间数据

从图 6 到图 8 可以看出，一级转化器克劳斯平均转化率一般在 50%以上，有机硫平均水解率均在 95%以上，这说明在一级转化器中水解反应进行得比较彻底，同时也进行了大部分克劳斯反应，表明新更换的 LS-981 多功能硫回收催化剂和 LS-02 氧化铝基硫回收催化剂的级配使用取得

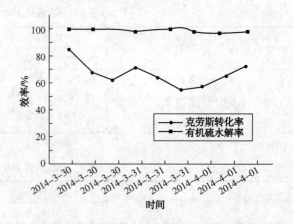

图 8 162 系列 110%负荷标定期间数据

了良好效果，在一级转化器中既保证了克劳斯反应的进行，又兼顾了有机硫水解反应的进行。

2.5 二级转化器的性能考察

二级转化器其床层温度一般控制在 210~230℃，由于在第一转化器内有机硫的水解反应已经基本完成，为提高克劳斯转化率，二级转化器床层温度比一级转化器要低。

标定期间二级转化器克劳斯转化率和有机硫水解率结果见图 9~图 11。

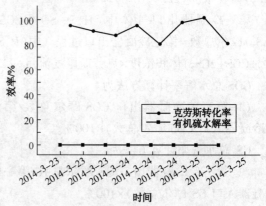

图 9 162 系列 80%负荷标定期间数据

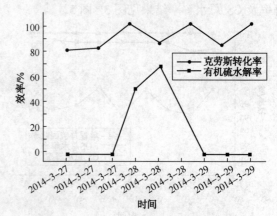

图 10 162 系列 100%负荷标定期间数据

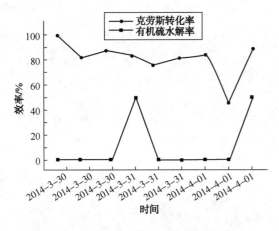

图 11　162 系列 110% 负荷标定期间数据

从图 9 到图 11 中可以看出二级转化器克劳斯平均转化率一般在 60% 以上，但有机硫水解率基本丧失，这是由于二级转化器装填的为氧化铝基制硫催化剂，有机硫水解活性较差，并且催化剂已使用 3a，催化活性有一定下降，同时二级转化器床层温度较低，不利于水解反应进行。

2.6　硫黄质量分析数据

标定期间硫黄质量分析数据见表 8。

表 8　硫黄质量分析数据		%
项　　目	工业一级质量指标	实　测　值
纯度	≥99.50	99.97
灰分	≤0.10	0.028
酸度($以 H_2SO_4$ 计)	≤0.005	0.0008
有机物	≤0.30	0.0018
铁(Fe)	≤0.005	0.0046
水分	≤0.10	0.01

从表 8 中数据可以看出，在标定期间装置所产硫黄满足工业一级硫黄质量指标要求。

3　结论

1）162 系列硫回收装置在 80%、100%、110% 和 130% 运行负荷下分别进行了标定，装置各项参数运行正常，4 种工况下单程硫回收率均在 95% 以上，有机硫水解率均在 98% 以上，产品硫黄满足工业一级硫黄质量标准。

2）LS-981 多功能催化剂和 LS-02 新型氧化铝基制硫催化剂组合使用，具有较高的克劳斯转化活性和有机硫水解活性。

3）国产催化剂工业应用试验取得成功，满足天然气净化厂大型硫黄回收装置使用要求，可以取代进口催化剂应用于天然气净化厂大型硫黄回收装置上。

四、设备、仪表与防腐

硫黄回收装置反应炉燃烧器的腐蚀与防腐

严伟丽　材宵红

（中国石化镇海炼化公司研究中心）

我公司从加拿大 DELTA 公司引进技术，采用目前世界上较为先进的"MCRC"亚露点硫黄回收工艺，建成了一套 3.0 万 t/a 的硫黄回收装置。该装置设计处理浓度为 45%～85%（v）的来自各脱硫装置和污水汽提装置的酸性气，操作弹性为 30%～105%，设计硫转化率为 99%，年生产硫黄 30kt。装置于 1996 年 12 月 21 日引酸性气开工以来，至 1997 年 4 月份因炼油 Ⅰ 系列（Ⅰ 常减压、催化、焦化）停工检修，酸性气量少，装置停工时，发现酸性气烧嘴叶片腐蚀严重，瓦斯烧嘴气孔熔堵。

1 硫黄反应炉系统工艺简介

硫黄反应炉投用前，首先要根据烘炉曲线用瓦斯进行烘炉，烘炉完毕后恒温在 1200℃ 左右，然后引酸性气进炉，关闭瓦斯进口。酸性气和适量空气在反应炉烧嘴内混合进行燃烧反应，并在反应炉内进一步平衡，其总的反应方程式为：$2H_2S+O_2 \Longrightarrow 2H_2O+S_2-Q$，其中入反应炉酸性气流量控制在 982～3437m³/h，反应炉空气流量 1911～6678m³/h，反应炉压力<70kPa，反应炉炉膛温度 980～1440℃。反应炉结构示意见图 1。

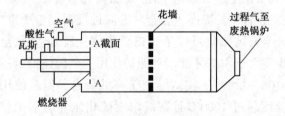

图 1　硫黄回收反应炉系统示意

鉴于脱硫装置酸性气存在着一定量的烃，污水汽提装置酸性气含有一定量的氨（规定酸性气中烃含量小于 3%，氨含量小于 5%），若烃类不完全燃烧则会生成炭黑，黏结在催化剂上，会造成催化剂结炭、失活，造成反应器床层压降增

大，硫黄颜色发黑；氨若不能完全燃烧转变成 N_2，会进一步生成 NO，而 NO 会使 SO_2 氧化成 SO_3，SO_3 与水会形成酸雾，腐蚀设备，同时催化剂载体 Al_2O_3 会硫酸盐化造成催化剂失活。因此作为装置的一个重要特点，反应炉采用特殊设计的高强度烧嘴，能使酸性气和空气完全混合，保证酸性气中氨和烃类彻底燃烧。整个燃烧器由加拿大 AECO-METRIC CORPORATION 制造，其中酸性气烧嘴和瓦斯烧嘴均为 3IOS 不锈钢。设计操作压力：0.058MPa，温度：1210℃，进炉酸性气组成（v）：H_2S 45%～70%、H_2O 2%、CO_2 16%～44%、N_2 1.5%～4%、CH_3 3%、NH_3 5%，空气组成（v）：H_2O 3.7%～4%、O_2 20%、N_2 76%。

2 燃烧器腐蚀情况

燃烧器宏观腐蚀部位如图 2 所示，为 A－A 截面腐蚀部位的照片。

图 2　燃烧器宏观腐蚀形貌示意

从 A—A 截面可以看出，中间的瓦斯烧嘴的腐蚀产物已将气孔堵死，剩余厚度最小为 12mm（原设计为 31.5mm，见图 3），腐蚀速度为：57mm/a，外壁上积有约 5mm 厚的黑色垢层，瓦斯烧嘴气孔被带有一定金属光泽的黑色熔融物堵塞，酸性气烧嘴叶片最薄处只剩 1.8mm。

图 3　新瓦斯烧嘴结构示意

3　燃烧器化学成分

对腐蚀后燃烧器瓦斯烧嘴基体进行化学成分分析，与设计要求材质比较，结果如表 1 所示。

表 1　烧嘴基体化学成分

项目	C	Si	Mn	P	S	Cr	Ni
测试值	0.068	0.6	1.480	0.022	0.011	24.260	19.230
要求值	<0.08	1.5	2.0	<0.035	<0.030	24~26	19~22

所有材质符合 310S 耐热不锈钢。

4　腐蚀产物成分

对瓦斯烧嘴表面取下黑色腐蚀产物进行 X 射线能谱分析，腐蚀产物主要是 $(Fe.Ni)_9S_8$、$(Cr.Ni.Fe)_9S_8$、Cr_7S_8，即主要为硫化物，同时通过金相观察得到：整个基体晶粒较粗大。

5　腐蚀原因讨论

5.1　高温硫化—氧化腐蚀

在该高温工作环境下，不仅含有 O_2、CO_2、H_2O，而且含有 H_2S、S 等，亦即含有两种氧化剂：O 和 S，在两种氧化剂存在情况下，金属和合金会与 S、O 反应从而遭受氧化、硫化或硫化—氧化为主的腐蚀，但由于 S 的强侵蚀性，虽在反应初期只生成氧化物，会在初始氧化物中扩散渗透，在氧化物内部、金属/氧化物界面、金属基体内部形成硫化物，所以在含硫混合气氛中硫化—氧化又是主要的腐蚀形式。基体表面倾向于生成各种 Cr、Ni、Fe 的硫化物膜，但该膜易于破裂、剥落无保护作用，有些情况下不能形成连续的膜层，与高温氧化相比，高温硫化速度要快 1~2 个数量级。从 X 射线能谱分析结果为硫化物亦证明了这一点。

5.2　生成低熔点共晶体

金属硫化物的熔点常低于相应氧化物的熔点。例如：铁的熔点为 1539℃，铁的氧化物的熔融温度大致接近于这一温度，但铁的硫化物共晶体的熔融温度只有 985℃大大低于铁的熔点。特别在高温含 H_2S 场合，极易形成 $Ni － Ni_3S_2$（熔融温度 645℃），$Cr － Cr_2S_3$（熔融温度 1350℃），$Fe － FeS$（熔融温度 985℃），这些低熔融点化合物一方面不断地腐蚀金属使垢源点进一步扩大，另一方面不断地黏附其他灰分如烃类、残炭颗粒及低熔点化合物液滴，吸收酸性气与其发生反应，致使垢源点进一步扩大，逐渐形成黏结性垢，不但极难清除，且破坏金属表面保护膜。

5.3　烘炉过程超温，造成材料耐蚀性降低

装置开工烘炉时，曾发生反应炉尾部与废热锅炉接口处局部烧红，内部保温层烧坏事故。主要原因是硫黄反应炉只有一个红外线测温仪，用于监测炉子温度，烘炉前，根据外国专家意见将红外测温仪视窗风由仪表风改为反应炉风机风，由于反应炉风机风压低吹扫不干净，造成视窗玻璃被污染，使红外测温仪指示温度低于实际温度，导致飞温，最高达 1800℃左右。所以硫黄反应炉烧嘴已承受过超过 1200℃的高温，从而使材料的基体晶粒变得粗大，亦生成 Cr_3C_6 粗大碳化物，造成耐蚀性降低，这从金相观察到基体晶粒粗大亦证明了这一点。

5.4　3IOS 材质的局限性

高温硫化腐蚀对温度依赖性大，材质内多元素的使用温度明显地受到限制，所以要找出 850℃以上长期使用的抗高温硫化合金较困难。随 Ni 含量的提高，合金的 S 腐蚀反而趋于严重。合金要抗硫化形成单相铬硫化物，其 Cr 含量至少要大于 40%才能起到保护作用。奥氏体不锈钢 310S，虽含 Cr 较高可用于高温场合，但若使用温度超过 1000℃且在高浓度硫化氢环境下工作时，其耐蚀性将会降低。

6　防腐蚀对策

1) 对高温硫化氢场合使用的不锈钢材质进行表面处理（复以抗 S 腐蚀涂层），Cr、Al、Y 均能显著提高 Cr、Ni、Fe 基合金的抗硫化腐蚀能力。例如：对基体材质表面进行渗铝处理，在高

温高 S 或硫化氢介质中，铝元素的加入能大大提高其耐蚀性。$1Cr_{18}Ni_9Ti$ 钢使用温度上限为 800~850℃，渗铝后可用到 1000~1050℃ 左右。虽在烘炉和正常生产时反应炉炉膛指标控制温度最高达 1400℃（正常生产一般在 1300℃ 左右），但烧嘴处的最高温度亦就 1000℃ 左右；所以烧嘴可使用该渗铝钢，耐高温硫化物腐蚀，渗铝钢是经济耐蚀的材料。另外合金表面施敷 Cr、Al、Cr-Al 或 M-Cr-Al-Y 涂层亦具有良好的抗高温 S 腐蚀性能。

2）使用或在关键部位使用更耐高温 S 腐蚀的合金，高 Ni 合金易遭受 S 腐蚀，高 Cr 含 Al 稀土合金耐硫腐蚀十分理想，50Cr-50Ni 合金具有优良抗 S 腐蚀性。

3）加强全方位监测，严禁任何过程中的超温超压。在烘炉过程中严格按照升温曲线进行升温，严禁出现大的波动。另外为防止红外线温度检测仪的失灵，在炉头和炉尾增设热电偶温度计，在炉外增设测量壁温的热电偶，有效地杜绝由于某点温度失灵而产生的误操作，确保炉子的正常升温和系统的干燥。从而避免烘炉过程中的超温，同时在日常操作过程中，严格按工艺指标进行控制，杜绝超温超压现象的发生。

4）对反应炉烧嘴结构加以改造。将瓦斯进口烧嘴与酸性气进口烧嘴进行分离，这样瓦斯喷嘴的工作温度将大大降低，承受硫化氢浓度亦降低，从而大大降低对烧嘴的腐蚀，延长其使用寿命。改造后的结构如图 4 所示。

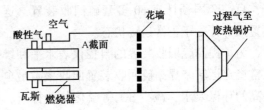

图 4　瓦斯烧嘴移位后的反应炉示意

国外引进的 H_2S/SO_2 在线比例控制仪的使用情况调查报告

吴振起　　王　骏　　徐荣德

(上海石化股份公司芳烃厂)

1　前言

我国石油炼制和石油化工发展很快,特别是 20 世纪 80 年代后发展更快,硫回收装置作为石油炼制和石油化工装置的伴生环保装置建设起来,目前全国预计有 60 多套硫回收装置,这些装置大部分处于正常运转状态。

为了提高硫回收装置的自控仪表水平和维持正常稳定运转,提高硫回收装置回收率满足愈来愈高的环保要求,减少 SO_2 等硫化物的排放,中国石化总公司内有关厂家共引进 7 套 H_2S/SO_2 在线比例控制仪,但在使用中存在一些问题,影响了仪表功能的发挥。

受总公司硫回收技术协作组委托,我厂于 1991 年 6~7 月对引进 H_2S/SO_2 在线比例控制仪的使用情况进行调查,由于我们水平有限,我们的工作做得不尽人意。

2　H_2S/SO_2 在线比例分析控制仪概述

2.1　分析仪安装位置

在硫回收装置中,含 H_2S 酸气,首先在空气不足的情况下部分燃烧成 SO_2,然后 H_2S 与 SO_2 按如下反应生成硫:

$$2H_2S+SO_2 \longrightarrow 3/nS_n+2H_2O$$

根据研究,为了获得最大硫回收率,尽可能减少 SO_2 的排放,达到保护环境的目的,及时分析和控制 H_2S 与 SO_2 的比例是关键。当硫回收装置的尾气中 $H_2S:SO_2=2:1$,能获得最佳效果,H_2S/SO_2 在线比例分析仪具有这种功能,快速连续分析和控制。美国杜邦公司和日本岛津公司均生产 H_2S/SO_2 在线比例分析仪,H_2S/SO_2 在线比例分析仪通常安装在硫回收装置离心分离器之后,尾气处理装置(或焚烧炉)之前。

2.2　分析仪构造

H_2S/SO_2 在线比例分析仪主要由四个部分组成:一个现场单元,一个控制台,一个电源供给单元,一个记录单元。

现场单元包括光源部、感光部、样品槽和采样系统。

1) 光源部:H_2S 用钨丝汞蒸汽灯,SO_2 用钨丝镉蒸汽灯。

2) 感光部:包括校正滤光片、分光器、滤光片、光电管、放大器。

3) 样品槽:在光源部和感光部之间,样品从这里流过,试样中 H_2S 和 SO_2 分别在二个样品槽被检测,每一被分析组份有两个对称窗口,窗口提供检查观察,这是圆柱状石英玻璃。

4) 采样系统由喷射器和除雾器组成。喷射器用 $4.5kg/cm^2G$ 蒸汽引射,使样品槽造成负压,吸进样品气,并将分析后样品气送至焚烧炉,喷射器与分析仪组成一整体,安装在现场仪器箱中。

因为硫回收装置尾气中含有极少量气态单质硫和机械杂质,这些物质对分析造成干扰,在分析仪进样的工艺管道上设置一个除雾器,目的就是除去单质硫和机械杂质。

3　情况调查

我们于 1991 年 6 月下旬至 7 月中旬,对总公司引进的 7 套 H_2S/SO_2 在线比例控制仪使用情况进行调查,情况见表 1。

茂名石化公司炼油厂有二套硫回收装置,互为备用,处理液态烃和 LPG 脱硫装置来的 H_2S 酸气和酸性水汽提的 H_2S 酸气。H_2S 酸气含 H_2S 60%~70%,CO_2 30%,烃类 2% 左右,日产硫黄 25t 左右。在捕集器后和焚烧炉之前,安装一台 H_2

S/SO_2 在线比例控制仪。1990 年 10 月调试没有成功，镜片发霉需要更换。1991 年 6 月还没有购买到镜片，因此仍没有投入使用。

表 1　H_2S/SO_2 比例分析仪情况表

单位	表型号	制造厂商	安装日期	投用日期	使用情况
茂名石化公司炼油厂	4620	美国杜邦	90.9	90.10	不正常
广州石化总厂炼油厂	4620（2 台）	美国杜邦	88.7	88.12	不正常
镇海石化总厂化肥厂	UVP-302D	日本岛津	81	84	投用正常
南京炼油厂	UVP-302	日本岛津	88	89	不正常
扬子石化公司芳烃厂	4620	美国杜邦	83-89	90	不正常
上海石化总厂芳烃厂	4620	美国杜邦	84-85	装置没投运	没投用

广州石化总厂炼油厂有二套硫回收装置，一套硫回收装置年产硫黄 4000t 左右为一期配套工程，另一套硫回收装置年产硫黄 7500t 左右为二期配套工程，处理 MEA 脱硫和单塔汽提产的 H_2S 酸气。H_2S 气含 H_2S 50%，CO_2 48%，烃类 ≤1%，有两台 H_2S/SO_2 在线比例控制仪都安装在捕集器后和焚烧炉之前，调试时发现有这样一些问题，香港代理商发现电源为 220V，而仪表电源为 110V，仪表烧坏，1991 年 6 月在维修，由于蒸汽漏入受潮，检测 SO_2 的分光片发霉，仪表分析值与实验室采样化学分析比较为偏低，仪表投用时，应先手动操作考察一段时间，不应过急切自动操作，装置负荷太低，对仪表运转有困难，由于订货的备品没到，当时仪表停用。

镇海石化总厂化肥厂有一台日本岛津生产的 H_2S/SO_2 在线比例控制仪，仪表安装在克劳斯硫回收装置尾气管线上，在投用过程中，发现光源灯中途坏，后更换上灯电压 ≥1000V，装置投运操作正常后才能投此仪表，现在仪表使用正常。

南京炼油厂有一套硫回收装置年产硫黄 4000t，处理加氢脱硫和酸水汽提来的 H_2S 气，含 H_2S 70%，CO_2 10%，1988 年底安装一台 H_2S/SO_2 在线比例控制仪，由于仪表安装管线太长，超过 30m，伴热蒸汽压力不稳定，管线堵塞，使用二天后停止使用，准备在 1993 年移作控制尾气处装置。

扬子石化公司芳烃厂，硫回收装置有一台 H_2S/SO_2 在线比例控制仪，处理液态烃和 LPG 脱硫和酸性水汽提以及尤尼卡来的 H_2S 气。由于装置负荷比较低，仪表使用困难多，发现石英玻璃有硫黄污染和镜片发霉。

4　建议

1）除雾器的操作，直接影响 H_2S/SO_2 比例控制仪使用和精确度，从捕集器出来的硫回收尾气，温度为 130℃ 左右，除雾器夹套蒸汽温度应该 120~125℃，这实际上是将尾气冷却，而不是加热。饱和蒸汽的压力应 1~1.5kg/cm²G，若用大于 1.5kg/cm²G 的蒸汽，要影响除雾器脱除单质硫的效果。

现在设计流程是采用一只除雾器，建议安装并联的二个除雾器，配备必要的阀门和吹扫蒸汽，一个在脱除单质硫操作，另一个切入清扫，互为切换使用。

2）石英柱加工：上海嘉定新沪玻璃厂。

3）滤色片加工：长春光检所。

4）石英柱两端面污垢处理，全国各大光学玻璃加工厂均可。

关于硫黄回收装置在线分析仪表的探讨

张明会

（中国石化洛阳设计院工艺室）

1　前言

随着技术的进步和环保要求的日益严格，世界各国对硫黄回收技术的研究和改进都做了大量的工作，虽然 Claus 硫黄回收的基本工艺路线并无多大变化，但在工艺流程、设备、催化剂、自动控制等方面都有较大的改进和发展。所有的一切都是为实现最大可能的提高硫回收率，降低排放尾气中 SO_2 含量这一目标。

常规 Claus 硫黄回收工艺是由一个热反应段和若干个催化反应段组成，即含 H_2S 的酸性气在燃烧炉内用空气进行不完全燃烧，严格控制风量，使 1/3 的 H_2S 燃烧后生成的 SO_2，满足 H_2S/SO_2 分子比等于或接近于 2，2/3 H_2S 和 SO_2 在高温下反应生成单质硫，剩余的 H_2S 和 SO_2 进入催化反应段在催化剂作用下，继续进行生成单质硫的反应。生成的单质硫经冷凝分离，达到回收硫的目的。

实际生产中，要取得高的硫转化率，就必须严格控制酸气/空气比例。空气的过剩虽然可以减少原料中烃类杂质，提高氨的分解率，但可能造成反应气流中 SO_3 的生成，以致造成催化剂的硫酸盐化失去活性，并降低 COS、CS_2 的水解率；空气的不足所造成的效率损失以及对过程的危害要大于相应的空气过剩情况。每不足 1mol 的 O_2，将有 2mol 的 H_2S 不能被部分氧化，每过剩 1mol 的 O_2，只有 0.5mol 被氧化为 SO_2。

空气量不足可能造成烃类不能充分燃烧，氨分解率降低，造成积炭，氨盐结晶沉积堵塞设备、管道；造成热反应段硫转化率降低。

同时反应级数越多，空气量的偏差对 $H_2S + SO_2$ 的损失影响越大。尾气中 H_2S/SO_2 是否达到 2：1 是判断反应达到平衡的关键参数。因此，国内外大部分硫黄回收装置在比值控制的基础上，都引入了以保持系统中 H_2S/SO_2 比值为 2：1、为目标的质量控制系统。

2　在线分析仪表方案

目前，硫黄回收配风控制方案主要有两种：

1）用紫外光分析仪分析尾气中 H_2S/SO_2，并将进炉空气分为两部分：一部分约 80% ~ 90% 作为流量比值控制系统控制参数；另一部分由尾气分析仪的输出信号（$\Delta = H_2S - 2SO_2$）控制 10% ~ 20% 的进炉风量。

2）采用气相色谱在线分析仪分析原料酸性气的 H_2S、烃类、NH_3 等组分浓度，用 PMK 可编程单回路调节器将浓度信号和流量信号进行叠加运算，并对酸性气和空气压力、温度进行补偿计算，来调节进炉风量。可以采用一路调节，也可以采用两路调节。

加拿大拉姆河脱硫厂是世界上最大的硫黄回收装置，其采用一种更为完善的控制系统，该系统将空气分为两部分：一部分空气（80%）随酸性气流量变化，构成比例控制系统，酸性气采用色谱仪分析组成，前馈计算器根据酸性气和空气压力、温度及酸性气组成的变化对比值进行校正；另一部分 20% 的空气由尾气分析仪分析尾气 H_2S/SO_2 比率进行反馈微调。

国外大部分装置及国内引进的装置都是采用尾气在线分析控制系统，但由于上游装置操作波动、分析仪维护及其他因素的影响，国内大部分尾气在线分析仪运转均不理想。据不完全统计，国内花费大量外汇（一套约 8 万 ~ 10 万美元）引进 13 套，目前尚能运转的只有镇海、川西北矿两套，其他均因无法运转而废弃一边。为此，茂名石化公司在两套 10000t/a 硫黄回收装置尾气在线分析仪无法运转，原料酸性气来源多、硫化氢烃含量波动快、硫黄回收率低、装置操作不稳定，经常出现黑硫黄、排放尾气超标的情况下，采用酸性气气相色谱在线分析控制系统。该方案是采用气相色谱在线分析仪分析原料酸性气的 H_2S、烃类、NH_3 等组分浓度，用 PMK 可编程单回路调节器将浓度信号和流量信号进行叠加运算，并对酸性气和空气压力、温度进行补偿计算，来调节进炉风量。该控制系统已成功运用于茂名石化公司第一套 10000t/a 硫黄回收装置，第二套硫黄回收装置已实施完毕。该控制系统投用后，经三个月的考核取得令人满意的效果。根据装置运转统计数据对比，H_2S 转化率较往年同期平均提高 1.5%~3.35%，并且基本消除了出现黑硫黄的现象，投资仅为国外引进尾气在线分析仪的 1/3。

3　讨论与建议

针对国内炼厂气组成不稳定、波动大、操作维护水平跟不上、尾气在线分析控制系统投资高、运转不理想的具体情况，认为目前国内中小型硫黄回收装置采用上述酸性气在线分析控制系统较为经济合理。

当酸性气烃含量稳定，理论上讲通过精心操作、严格控制上游脱硫装置的闪蒸、酸性水汽提装置脱气脱油操作，烃含量是可以控制在一定范围内，但在实际生产中烃含量受上游装置的影响所造成的小范围波动，将对硫黄回收的配风引起大的变化。通过下列反应式就可以看出：

主反应：$H_2S+3/2O_2 \longrightarrow SO_2$　　　　（1）

$$2H_2S+SO_2 \longrightarrow 3/2S_2 \qquad (2)$$

由于原料气含有烃类、NH_3 等杂质，在高温段将发生下列耗氧副反应。

$$C_nH_{(2n+2)}+(3n+1)/2O_2 \longrightarrow (n+1)H_2O+nCO_2$$
$$(3)$$

$$2NH_3+3/2O_2 \longrightarrow 3H_2O+N_2 \qquad (4)$$

酸性气燃烧炉内发生的 Claus 反应，仅有原料酸性气 $1/3H_2S$ 被 O_2 燃烧成 SO_2。若烃类为 C_2H_6，烃含量变化 1% 的耗氧量相当于 H_2S 波动 7% 的耗氧量；若烃类为 C_3H_8，烃含量变化 1% 的耗氧量相当于 H_2S 波动 10% 的耗氧量；若烃含量为大于 C_4 烃类，危害更大。所以烃含量的波动对硫黄回收装置的影响大大高于 H_2S 波动的影响，仅考虑酸性气 H_2S 含量的变化，对于在硫黄回收装置配风的优化已失去意义，所以必须考虑烃类波动的影响。

采用紫外光酸性气在线分析仪仅分析 H_2S 一个组分，无助于酸性气配风控制的优化，仅仅是事倍功半，建议增设酸性气烃类在线分析仪；否则，建议不上酸性气在线分析，仍采用传统的酸性气流量与配风量的比值控制方案，因为在一定程度上，原油硫含量一定，上游加工手段一定，酸性气 H_2S 含量变化不大，反而是因为装置操作的波动引起烃含量变化的情况经常发生，国内、国外同类装置的实际生产经验已多次证明。因此，花费几万美元起不到应有的效果，技术经济是不合理的。

高 H_2S 含量高 CO_2/H_2S 比
酸性气脱硫过程的计算机模拟与优化操作

曹长青[1]　叶庆国[1]　姜亦文[1]　吕清茂[2]　刘玉法[2]

(1. 青岛化工学院化工系；2. 齐鲁石化公司胜利炼油厂)

摘　要　本文以实际脱硫装置的运行数据为基础，提出了 H_2S、CO_2 在 MDEA 水溶液的反应机理和反应速率方程，根据物、热衡算，建立了描述该脱硫系统的数学模型，经模拟计算，得到了现装置的实际处理能力，确定限制装置生产能力的瓶颈为吸收塔，提出了现有装置的优化操作，为工业优化生产提供了一定理论指导。

1　前言

N-甲基二乙醇胺为一优良的脱硫溶剂，可以高选择性地吸收含有 H_2S 和 CO_2 气体中的 H_2S。20 世纪 80 年代以来，我国围绕 MDEA 脱硫进行了大量实验研究，并已实现工业化，取得了良好的效果。

随着 MDEA 选择性吸收 H_2S 工业的发展，其应用领域不断拓宽。齐鲁石化公司胜利炼油厂用 MDEA 溶液将甲醇酸性尾气中的 H_2S 提浓，该甲醇酸性尾气含有高浓度的 CO_2(90% 左右)和一定量的 H_2S(6% 左右)以及 HCN、CO、COS 和 CH_3OH 等少量气体。由于 H_2S 浓度低，杂质多，组分复杂，不能直接用克劳斯工艺回收硫黄。目前，国内外用 MDEA 溶液处理这种组分复杂、杂质多的气体未见有文献报道，也没有成熟的工业经验。该厂有两套吸收塔装置，目前只启用一套。该装置原设计的处理能力为 4000m^3/h，目前工况的最大处理量为 2100m^3/h。该装置运行一年后，出现了胺液降解严重、管道设备不同程度的腐蚀、净化率降低、净化气达不到排放标准等问题。针对上述情况，我们以该装置实际运行数据为基础，提出了 NIDEA 和 H_2S、CO_2 反应机理和反应速率方程，建立了物热衡算数学模型，通过对单一吸收塔和双吸收塔的模拟计算，找到了影响净化率的关键因素，验证了单塔处理气量不够。针对上述工业实际操作状况，我们对现有装置操作方案进行了优化，启用两个吸收塔，通过

模拟计算得知，净化气中的 H_2S 含量低于 2000μg/g，净化气达到排放标准，为工业生产优化提供了理论依据。

2　脱硫装置流程

装置流程见图 1 及图 2。

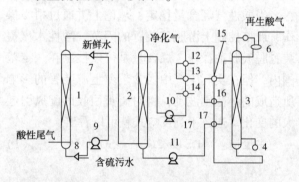

图 1　单塔吸收脱硫装置流程示意
1—水洗塔；2—吸收塔；3—再生塔；4—再沸器；
5—冷凝器；6—收集槽；7, 8—过滤器；9~11—泵；
12~17—换热器

甲醇酸性尾气(其组成如表 1)进入水洗塔(T-201)的底部，循环水用泵(P-201)送到水洗塔的顶部，水与甲醇酸性尾气逆流接触，并吸收尾气中的 CH_3OH 和 HCN，同时少量的 H_2S 也溶解在水中。水洗气从水洗塔顶排出，塔釜排出含硫污水。

水洗气进入吸收塔(T-202)的底部，MDEA 水溶液用贫胺液泵送到吸收塔的顶部，贫胺液与气体逆流接触，气体中的 H_2S 和部分 CO_2 被吸收，从塔顶排空。在吸收塔顶喷淋的贫胺液吸收

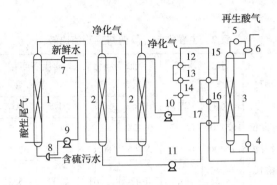

图2　双吸收塔全逆流流程示意
1—水洗塔；2—吸收塔；3—再生塔；4—再沸器；
5—冷凝器；6—收集槽；7，8—过滤
器；9~11—泵；12~17—换热器

了 CO_2 和 H_2S 成富液，从塔底排出与从再生塔出来的高温贫胺液进行热交换，之后用泵送到再生塔（T-203）的中部，与上升的水蒸气逆流接触而获得再生的 MDEA，用 H-203 重沸器产生的汽提蒸汽提供再生所需的热量，使吸收反应逆向进行。汽提蒸汽促使酸性气析出，而后被冷凝，从酸性气中分离出来并作为回流返回再生塔，再生酸气继续去硫黄回收装置。

表1　甲醇酸性尾气组成[*]

组分	H_2S	CO_2	COS	CO	CH_4
组成	6.81	79.04	0.18	6.882	0.13
组分	CH_4O	N_2	H_2	$HCN/(cm^3/m^3)$	
组成	0.50	1.12	5.30	31.4	

[*] 表中数据为气体的干基组成，%。

3　数学模型的建立

3.1　H_2S 与 MDEA 反应机理及动力学方程

MDEA 是借助其氮原子上未配对的电子而显碱性来和 H_2S 反应的。反应式如下：

$$H_2S \longrightarrow HS^- + H^+$$
$$H^+ + R_3N \longrightarrow R_3NH^+$$
$$H_2S + R_3N \longrightarrow R_3NH^+ + HS^- \quad (1)$$

式中，R_3N 代表 $CH_3-N-(CH_2CH_2OH)_2$。

上式反应为快速反应，因为反应只涉及质子的转移，所以在接近界面极窄的液膜反应面上瞬间完成。

根据国内外有关文献资料，在路易斯双膜理论的基础上建立 H_2S 和 CO_2 在 MDEA 中共吸收的数学模型，把界面液膜处的浓度分布线性化，将

微分方程简化成代数方程，通过模拟计算表明，浓度分布线性化是合理的。

由图3知，单位界面上 H_2S 的吸收速率为：

$$R_s = K_{og.s} \times \{P_s - [H_2S] \times H_8\}$$
$$= K_{g.s} \times \{P_s - [H_2S]_i \times H_8\}$$
$$= K_{L.s} \times \{[H_2S]_i - [H_2S]_L / \xi_8\} \quad (2)$$

$\beta_s = 1/\xi_s$ 为瞬间可逆反应的化学增强因子

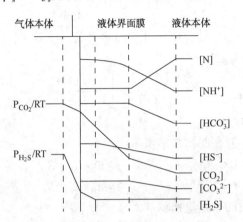

图3　双模理论界面浓度分布线性示意

3.2　CO_2 与 MDEA 反应的机理及动力学方程

（1）CO_2 与水发生缓慢的反应

$$CO_2 + H_2O \longrightarrow H^+ + HCO_3 \quad 慢反应$$
$$R_3N + H^+ \longrightarrow R_3NH^+ \quad 质子反应$$
$$CO_2 + H_2O + R_3N \longrightarrow R_3NH^+ + HCO_3^- \quad (3)$$

（2）CO_2 和 MDEA 中的 -OH 缓慢反应生成烷基羧酸盐

$$-C-OH + OH^- \longrightarrow -CO^- + H_2O \quad 快反应$$
$$-CO^- + CO_2 \longrightarrow -CO-COO^- \quad 慢反应$$
$$-CO^- + CO_2 + OH^- \longrightarrow -CO-COO^- + H_2O \quad (4)$$

（3）CO_2 与 OH^- 反应生成 HCO_3^-

$$R_3N + H_2O \longrightarrow R_3NH^+ + OH^- \quad 质子反应$$
$$CO_2 + OH^- \longrightarrow HCO_3^- \quad 中速反应$$
$$CO_2 + H_2O + R_3N \longrightarrow R_3NH^+ + HCO_3^- \quad (5)$$

式（5）是起主要作用的反应，它基本决定了吸收 CO_2 的反应速率，因此单位界面上 CO_2 与 MDEA 反应速率方程可表示为：

$$R_c = K_{og.c} \times \{P_c - H_c \times [CO_2]_L\}$$
$$= K_{g.c} \times \{P_c - H_c \times [CO_2]_i\}$$
$$= K_{L.c} \times \Phi / \tanh\Phi \times \{[CO_2]_i - [CO_2]_L / \cosh\Phi\}$$

3.3 板式吸收塔的物料衡算和热量衡算

（1）物料衡算

如图4所示，气相以惰性气质量流率 G 为基准，对 i 板而言，显然 $i+l$ 板气相出口即为 i 板的气相进料组成，同样 $i-l$ 板液相出口即 i 板的液相进料组成。

由物料平衡知：

$$\left\{\left[\frac{[H_2S]}{1-[H_2S]-[CO_2]}\right]_{in}-\left[\frac{[H_2S]}{1-[H_2S]-[CO_2]}\right]_{out}\right\}=$$
$$a_D\times H_{FR}\times R_S$$

$$G\times\left\{\left[\frac{[CO_2]}{1-[H_2S]-[CO_2]}\right]_{in}-\left[\frac{[CO_2]}{1-[H_2S]-[CO_2]}\right]_{out}\right\}=$$
$$a_D\times H_{FR}\times R$$

液相的物料平衡为：

$$L\times[Am]\times(a_{i,j-1}-a_{i,j})=a_D\times H_{FR}\times R_S$$
$$L\times[Am]\times(a_{i,j+1}-a_{i,j})=a_D\times H_{FR}\times R_C$$

（2）热量衡算

$$L\times[Am]\times[\Delta H_C\times a_c+\Delta H_s\times a_c]=G\times\Delta l\times\Delta T_x+L\times\rho\times\Delta T_L$$

$$\Delta T_L=[Am]\times\Phi\times[\Delta H_C\times a_c+\Delta H_s\times a_c]/p=(G/L)\times\Delta T_x/\rho$$

式中 $\rho\approx1000kg/m^3$

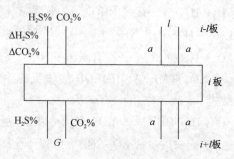

图4 第 i 板物料衡算示意

由表2可见，主要物流的主要参数测量值与计算值相对误差小于5%，说明所建立的数学模型能较好地模拟本装置系统的脱硫过程。

4 结果与讨论

4.1 计算值与实际值的比较

单吸收塔脱硫装置主要物流计算值与实测值比较见表2。

表2 主要物流计算值与实测值比较

项目	水洗塔水洗气含量/%		吸收塔净化气含量/%		再生塔再生气含量/%	
	HCN	CH₄	H₂S	CO₂	H₂S	CO₂
实际值	1.65×10^{-5}	0.115	0.735	80.29	34.10	63.75
计算值	1.734×10^{-5}	0.120	0.766	80.67	35.34	62.24
相对误差/%	-4.35	4.05	0.47	3.64	2.37	-3.21

胺液循环量为12t/h时单吸收塔和双吸收塔净化气中 H_2S 脱除率的比较见表3。

表3 单吸收塔和双吸收塔部分模拟结果比较

项 目	单吸收塔	双吸收塔全逆流
H₂S脱除率/%	90.09	97.84
CO₂共吸收率/%	14.28	13.97
选择性/%	6.31	7.00

由表3可知：当胺液循环量为12t/h，其他条件不变的情况下，单吸收塔和双吸收塔全逆流操作相比较，H_2S 的脱除率由90.09%提高到97.84%，选择性由6.31%提高到7.00%。

由此可见，双吸收塔全逆流操作优于单吸收塔操作，启用双吸收塔全逆流操作，就可以完全处理目前该厂的甲醇酸性尾气量（最大量2100m³/h），净化气达到排放标准。

4.2 现有装置实际处理能力

经模拟计算，推荐现有装置生产的主要工艺指标如表4所示。

表4 现有装置生产的主要工艺指标推荐值

水洗塔	甲醇酸性尾气量	1400~1600m³/h
	循环水量	16~18t/h
	补充新鲜水量	2~3t/h
	水洗温度	<35℃
吸收塔	胺液浓度	20%~25%
	贫胺液入塔温度	25~30℃
	气液比	90~100
再生塔	塔底温度	119~121℃
	塔顶温度	110~115℃
	操作压力	0.06~0.08MPa
	塔顶回流量	1000~1200kg/h
	富液进塔温度	<95℃

在上述操作条件下，CH_3OH 和 HCN 脱除率

分别为90%和75%，H_2S 脱除率在98%以上，净化气中 H_2S 含量小于 $2000cm^3/m^3$，净化气达到排放标准。

4.3 双塔逆流流程模拟计算

要安全处理甲醇酸性尾气量，胺液循环量对双吸收塔全逆流流程的 H_2S 脱除率影响，经模拟计算，结果见表5。

表5 胺液循环量对双塔全逆流流程的影响

项目	胺液循环量/(t/h)				
	11	12	13	15	18
出Ⅰ塔 H_2S 的摩尔分数/%	1.9601	1.6481	1.3992	1.0428	0.7353
出Ⅱ塔 H_2S 的摩尔分数/%	0.1711	0.1375	0.1136	0.0223	0.0073
总脱出率/%	97.32	97.84	98.22	99.65	98.89
出Ⅱ塔 CO_2 的摩尔分数/%	64.79	63.78	62.83	60.62	57.05
CO_2 共吸收率/%	12.57	13.97	15.23	18.22	23.04
选择性	7.73	7.00	6.45	5.47	4.34

由表5可知：随胺液循环量的增长，H_2S 的总脱除率不断增加，当胺液循环量增加到15t/h时，H_2S 的脱除率由单塔的95%提高到99.65%，这是由于吸收塔的理论板增加的缘故。另外，当胺液循环量大于15t/h时，H_2S 的脱除率增大的幅度不明显，但 CO_2 共吸收率增加明显，选择性下降，且能耗也会相应增加，所以应综合考虑并选择胺液循环量。

5 结论

1) 通过对主要物流参数的模拟计算值和实测值的比较得知，所建立的数学模型能较好地模拟该装置系统的脱硫过程。

2) 处理 $2100m^3/h$ 的甲醇酸性尾气，仅启用一个吸收塔达不到净化气中 H_2S 含量小于 $2000cm^3/m^3$ 的要求。限制装置生产能力的瓶颈为吸收塔。

3) 可采用双吸收塔胺液全逆流流程，使净化气中 H_2S 含量小于 $2000cm^3/m^3$，通过改变胺液循环量来改变净化效果。

符号说明

A_m——醇胺；

C——比热容，$kJ/(kg \cdot ℃)$；

$[CO_2]_I$，$[CO_2]_L$——CO_2 在相界面和液相主体中的浓度，mol/L；

G——以惰性气体为基准的质量流率，$kg/(m^2 \cdot S)$；

H_c，H_8——CO_2，H_2S 溶解度系数，$(kPa \cdot m^3)/kmol$；

H_{FR}——泡沫层高度，泡沫层体积(m^3)/塔板截面积(m^2)；

ΔH——反应热，$kJ/kmol$；

ΔI——气体的焓，$kJ/kmol$；

$K_{og \cdot c}$，$k_{og,s}$——以 CO_2 和 H_2S 为基准的气相总传质系数，$kmol/(m^2 \cdot kPa \cdot s)$；

$K_{g \cdot c}$，$k_{g,s}$——以 CO_2 和 H_2S 为基准的气膜传质分系数，$kmol/(m^2 \cdot kPa \cdot s)$；

L——液相质量流率，$kg/(m^2 \cdot s)$；

P_c，P_s——气中 CO_2 和 H_2S 的分压，kPa；

R_c，R_s——CO_2 和 H_2S 的反应速率，$kmol/(m^2 \cdot s)$；

$[H_2S]_I$，$[H_2S]_L$，$[H_2S]$——相界面、液相主体和气相主体的浓度，mol/L；

T——反应温度，K；

Φ——因次吸收准数；

β——瞬时可逆反应的化学增强因子；

ρ——液相密度，kg/m^3；

a_D——比相界面，相界面(m^2)/泡沫层体积(m^3)；

a_c，a_s——CO_2 和 H_2S 的活度，m_3/kg。

硫黄回收废热锅炉泄漏原因分析及对策

陈金长

（中国石化安庆分公司炼油厂）

摘　要　分析了硫黄废热锅炉泄漏的原因，提出了相应的改进措施，保证了装置长周期安全平稳运行。

关键词　硫黄　废热锅炉　泄漏原因　对策

1　前言

随着我国原油硫含量升高，进口高硫原油比例逐年上升，硫黄回收装置作为回收硫资源、防止大气污染的重要环保装置已越来越受到石油化工企业的高度重视。硫黄回收装置的重要工艺设备——废热锅炉，其作用是将酸性气燃烧反应后的工艺气体冷却下来，一方面产生蒸汽回收热量，另一方面为后续工艺过程做准备，同时工艺气中的很多反应是在废热锅炉中继续进行。进废热锅炉工艺气体入口温度一般控制在 1050～1400℃，出口温度在 350℃ 左右。由于工艺气体中的主要成分为 H_2S、SO_2 及硫蒸气，均为腐蚀性较强的气体，加上工艺条件要求较高，因此废热锅炉的工况直接影响硫黄回收装置的长周期安全运行。

2　废热锅炉泄漏概况

安庆分公司炼油厂有两套硫黄回收装置。一套生产能力为年产硫黄 5kt，1995 年 4 月投产，1996 年 1 月其废热锅炉 E3501 出现第一次泄漏，4 根管束腐蚀穿孔；1996 年 12 月第二次泄漏，又有 4 处管接头和管板焊缝处出现裂纹；2000 年 3 月出现第三次泄漏，这次是废热锅炉靠燃烧炉一侧管接头与管板焊缝处绝大部分出现裂纹，补焊和堵管处理已无法消除泄漏，无奈只得报废处理，该设备累计运行 46 个月。另一套装置生产能力为年产硫黄 20kt，1999 年 3 月投产，2000 年 12 月停工小修时发现废热锅炉 E401 管接头与管板焊缝出现裂纹，处理 31 根，占换热面积的

10%；2001 年 2 月第二次泄漏，泄漏情况与第一次相同，堵管达 20 多根，根据分析，管束、管板和管接头焊缝处大面积出现裂纹或开裂，占换热面积的 30% 以上，预计使用寿命不长，为了装置长周期安全运行，遂于 2001 年 3 月报废更新。该锅炉累计运行时间只有 20 个月。

3　泄漏原因分析

针对两套硫黄回收装置废热锅炉运行时间短的原因，详细检测并对泄漏情况进行统计，发现泄漏部位有个共同特征，即管接头与管板焊缝处开裂严重，绝大多数泄漏点都在这个地方，而且全部集中在分布管区域中上部，见图 1 所示，下面就废热锅炉开裂泄漏原因进行分析。

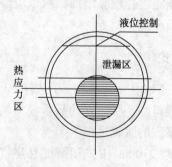

图 1　泄漏区域示意图

3.1　结构形式选择不合理

两台废热锅炉的结构全部是壶型（即无独立汽包），锅壳内部只有下半部排管，上半部则完全是一个蒸发空间。正常工作时水位控制在筒体 2/3 处，锅筒顶部设置蒸汽出口、汽水分离设施等。这种炉型锅炉优点是锅炉蒸发面较大、蒸汽离开水面线速度低、其品质较高，水位易控制、

液面波动缓慢,炉型简单,制造方便、成本较低;但这种炉因此管板过厚,管板冷热面温差加大,引起温度应力加大,进一步恶化管板受力状态,我厂两套硫黄回收装置废热锅炉均采用刚性厚钢板,其膨胀量引起的应力远远超过换热管的稳定应力,换热管失稳曲屈,引起管束或焊缝开裂泄漏。两套硫黄回收装废热锅炉结构相同,泄漏情况也一样。附废热锅设计参数见表1。

表1 两台废热锅炉技术参数

设备位号	内径	管长/mm	管材质	管规格	管数量	管板厚度/mm
E3501	φ1500	5000	0Cr$_{18}$Ni$_{11}$Ti	φ38×3.5	100根	20
E401	φ2200	4272	20G	φ38×4.5	301根	20

3.2 使用材质不当

废热锅炉E3501管束材质是0Cr$_{18}$Ni$_{11}$-Ti,管板采用20G,这可能出于防止硫腐蚀目的,但这种使用方法严重失误,因0Cr$_{18}$Ni$_{11}$-Ti的热膨胀系数是17.42×10^{-6}mm/mm℃,20G热膨胀系数仅为12.56×10^{-6}mm/mm℃,如按20℃的管壳程温差(管程270℃壳程250℃)5m管长计算,则管壳之间膨胀差将达8mm,如此人的膨胀差则要靠管板来吸收是很困难的,其后果只能是管板屈服或管子屈曲或管接头裂纹泄漏。

由于管束壁温一般最多比饱和蒸汽温度高30℃,因此从耐温角度考虑,完全没有必要使用0Cr$_{18}$Ni$_{11}$-Ti,从耐稀酸腐蚀的角度考虑,0Cr$_{18}$Ni$_{11}$-Ti并不比普通碳钢好;虽然废热锅炉的两端管板采用耐高温、耐腐蚀的浇注料填注,在管壳循环和屈曲过程中发生管壳移动,导致耐火材料的损坏,高温过程气到达管板或管束中,就会出现高温硫腐蚀,最终导致管束损坏[1]。

3.3 工艺气体对设备的腐蚀

管板受力状态较差,需采用较厚管板,由于锅炉前后管板未布管面积较大,在1050~1400℃高温工作环境下,硫黄反应炉工艺气体中不仅含有O$_2$、CO$_2$、H$_2$O而且还含有H$_2$S、SO$_2$、硫蒸汽,由于上述原因,造成耐火衬里损坏,使高温工艺气体侵入管板,导致工艺气体中H$_2$S与金属产生氢极化腐蚀,随着温度升高,对钢材腐蚀加

剧;而SO$_2$和S与金属反应生成金属硫化物,随着温度升高,腐蚀速度增加,持续生成的金属硫化物最终使管板或管束减薄,致使管板、管束产生裂纹而腐蚀。

3.4 操作不当致使设备产生裂纹

由于硫黄回收装置地理位置于炼油厂边缘地带,除氧水系统管线较长,又是处于除氧水管网的末端,一旦其他装置锅炉需要大量除氧水时,硫黄装置除氧水压力会突然下降,这样除氧水就进不了废热锅炉(锅炉壳程控制压力在1.25~1.40MPa),短时间内废热锅炉液面急剧下降,如果处理不当会造成"干锅现象"。E3501曾多次发生"干锅现象",而E401也曾两次发生"干锅现象","干锅现象"的发生,使废热锅炉的管板和管束烧红,一旦除氧水压力恢复,除氧水注入废热锅炉,瞬间锅炉温度急剧下降,由1300℃下降至一百多度,温度变化太大,这也是管板与管接头部位产生裂纹开裂原因所在。

4 改进措施及对策

4.1 锅炉车体结构

锅炉本体结构采用热虹吸型,本体与汽包之间用4根升汽管和4根降液管连接而成,见图2所示

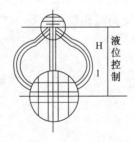

图2 锅炉本体结构示意

从汽水流动原理分析,汽水从中间的上升管流向汽包,汽水分离后,水从两侧降液管流入锅筒本体底部,形成水的循环,使炉管得到有效冷却;从受力看,管板、炉体和汽包均处于理想受力状态,由于有独立汽包,短时间除氧水压力下降时,临时采取其他补救措施,可避免温度的急剧变化,有效地保护了炉体。

4.2 采用碳钢渗铝工艺,材质采用20G普通碳钢

渗铝钢无论是在含硫的氧化环境中还是在高

温硫化氢介质中均有良好的耐腐蚀性能。硫黄回收装置挂片试验表明，碳钢渗铝后抗高温耐硫腐蚀性能提高 30~45 倍，其腐蚀速率仅为 0.001~0.012mm/a，因此两套废热锅炉炉管管板均采用 20G 碳钢材质，内壁进行渗铝工艺处理，同时管板采用薄钢板。

4.3　管板与管束连接部位采用保护套管

由于管束与管板连接部位接触高温，必须用绝缘体加以保护，我们选用陶瓷-99 保护套管对管束和管板连接部位加以保护，避免与高温工艺气体接触的管板、管束及焊缝超温而导致金属强度降低或碳化开裂。附陶瓷-99 保护套管的物理性能表(见表2)。

表 2　陶瓷-99 保护套管物理性能表

物 理 性 能	数值	化 学 成 分	含量/%
体积密度/(g/cm³)	>3.4	SiO_2	<0.5
耐压强度/MPa	>100	Al_2O_3	>99
抗折强度/MPa		Fe_2O_3	<0.3
显气孔率/%	<0.5	耐火度	>1790℃

在使用保护套管时，我们加强对该产品的验收、施工安装等各个环节的把关，防止使用不合格产品，只要各个环节保证质量就能确保管束与管板接头部位不发生高温硫腐蚀而损坏本体。

另外，前后管板采用耐火衬里材料进行浇注。由于管板受高温硫腐蚀严重，尤其是靠近燃烧炉一侧的管板还受到 1050~1400℃ 高温的热冲击，因此耐火衬里材料要求有较稳定的导热系数和高温强度，一般使用含 Al_2O_3 85%以上、SiO_2 15%以下的浇注衬里材料可取得良好的效果。

4.4　废热锅炉出口端封头型式采用偏心结构

废热锅炉出口端封头型式采用偏心结构易于气体流动，可以避免 FeS 和液硫再结垢，从而堵塞和腐蚀废热锅炉下部管束，特别是停工前进行气体吹扫置换后废热锅炉出口封头处不会积存 FeS 和固体硫，减少了因局部管束堵塞而使残存的 SO_2 气体与 H_2O 反应生成的亚硫酸对设备的腐蚀。

5　结语

两套硫黄回收装置的废热锅炉更新设计时，设计部门已全部采纳了上述改进措施和建议。E401 废热锅炉于 2001 年 3 月进行了更新，到目前为止已安全运行 20 个月，该设备各项技术性能良好，做到了长周期安全平稳运行。

实际上废热锅炉能否长周期安全平稳无故障运行，不仅反映了设计人员的精心设计，也体现了制造过程中的施工质量，更决于操作运行人员的精心操作和维护。只要各个环节都能得到充分保证，废热锅才能实现以上的目标。

高浓 H_2S 在线分析仪的开发与研究

陈　怡　江光灵　袁文章

（南化集团研究院）

摘　要　本文介绍了一款基于比尔定律而开发的 H_2S 在线分析仪，该仪器主要应用于克劳斯硫黄回收系统，以替代价格昂贵的进口仪表。在扬子石化公司的克劳斯装置上的工业考核表明，该款仪器的研发已获成功。

关键词　H_2S 在线分析仪　克劳斯装置

1　前言

H_2S 浓度的在线测量是克劳斯工艺的一个重要测量要求。克劳斯工艺要求在反应炉中控制 H_2S 和 SO_2 的比例为 2∶1 从而达到理想的硫黄收率。因此，克劳斯装置中原料气的 H_2S 浓度测量是必须的，通过对原料气中 H_2S 浓度的测量，可以及时调整 H_2S 燃烧炉的供风量。控制 H_2S 的部分燃烧量，实现 H_2S 和 SO_2 的前向比例控制。南化集团研究院按中国石油化工集团公司的要求开发了紫外吸收光度法 H_2S 在线分析仪，并在扬子石化公司的克劳斯硫黄回收装置上进行了工业考核。

2　仪器的工作原理

紫外吸收光度法硫化氢在线分析仪是利用硫化氢对特定波长紫外光的吸收遵从比尔定律进行设计开发的。

朗伯—比尔定律可用下式表示为：

$$I = I_0 e^{-kAL} \tag{1}$$

式中　I——吸收后光的强度；

I_0——物质浓度为零（即不存在吸收物质）时光的强度；

A——气体或溶液的浓度；

L——比包皿（工作气室）的长度；

k——吸收常数。

对一个特定的测量工作气室和测量波长以及特定的被测物质，其工作气室的长度 L 和吸收常数 k 是一定的，因而通过测量硫化氢吸收前、后的紫外光的强度，便可以测量出 H_2S 的浓度。在实际仪表中，一般使用二个特征波长的紫外光源，其中一个波长能被 H_2S 所吸收称为测量波长，另一个波长不被 H_2S 所吸收的称为参比波长，并用这二个光波强度来分别代表 H_2S 吸收前、后的紫外光的强度 I_0 及 I，如此根据式（1）就可以得出 H_2S 的浓度。

3　仪器的构成

整个仪器按功能划分，主要由预处理系统、测量系统以及控制系统三个部分构成，其示意图如图 1。

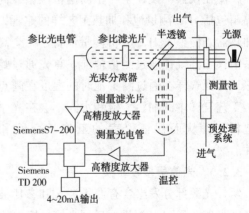

图 1　仪器构成示意

3.1　预处理系统

为了保证进入仪器的工艺气样能符合要求，本仪器设计的气样预处理系统主要是纤维网层部分。气样通过一层纤维网层，这个网层可以有效除去大部分尘粒和气雾，从而进一步减少杂质对光学系统的影响。

3.2　测量系统

测量系统是本仪器的关键部件，实际上是本仪器的传感器，负责将光信号采集放大转化为电信号。它可简单分成紫外光源、光信号接收转换、气体分析测量池三个部分。

3.2.1　紫外光源

紫外光源部分要求稳定发出含有二种特征波长的平行光束。其中一波长为测量波长，另一波长为参比波长。

紫外灯的工作寿命关系到分析仪的寿命。我们在本分析仪中采用特种镉元素灯，并对镉元素灯，采用了高占空比的脉冲工作方式，即灯只在脉冲的瞬间工作，其持续时间为几个毫秒，其周期为 1 秒左右。这种方式有效解决了灯的光强和灯的寿命的矛盾。目前灯的光强在 $10^{-2}\,W/cm^2$ 水平，寿命在 $1\sim3$ 年左右。其信号通过采样保持器保持信号有连续性。

3.2.2　H_2S 测量池

H_2S 测量池是一个两端带光学窗口的圆柱型流动气室。H_2S 气体在此气室中吸收紫外光源发出的平行光束中测量波长的光波，测量池的长短将决定仪器的测量量程。

为了保持仪器的长期稳定工作，要防止工艺气样中的水气以及其他介质在光学窗口上析出。为此我们在仪器中设计了一个高温恒温箱，高温恒温箱包括 H_2S 测量池和加热工艺样的蛇管以及电加热器。使整个 H_2S 分析测量池置于一个高温体系中，工艺气样通过测量池前，首先通过蛇管加热，保证气样在通过测量池时的温度在露点以上，工艺气样中的油污、硫和水露不会在光学窗口上析出，从而保证仪表的工作长期性和稳定性。

3.2.3　光信号接收转换

紫外光源部分发出含有测量波长和参比波长的紫外光束。经 H_2S 测量池后到光信号接收部。

在光信号接收部中紫外光源通过半透半反镜分成两道光束，各光束首先分别通过光学滤光片。光学滤光片只能透过特定波长的光。这样，到达和它们配套的光电管上就成为单一波长的光。其中一片滤光片只能透过 228nm 测量波长紫外光，另一片滤光片只能透过 362nm 参比波长紫外光。

当各光束到达光电管时，两个光电管会产生与光强度成正比的电流，该电流分别通过电流-电压变换并采样，放大，变换成为两个 $0\sim2V$ 的标准电压信号对应测量和参比信号送 SiemensS7-200，再对这两个变换出来的电压信号进行对数变换，产生与负对数成正比的信号，并对它们按比尔定律进行计算，得到与 H_2S 浓度成正比的输出电压信号。

在电路的设计中，对整个光的强度变化也作了固有补偿。由于光源变化和比色皿窗污染等因素对测量侧光强和参比侧光强有相同的影响，所以参比侧输出电压与测量侧输出电压变化是相同的。通过减法运算，这两个的影响被补偿，即光源强度变化和窗口污染对最后输出电压没有影响。

3.3　仪器控制系统

本仪表控制系统采用 Siement S7-200PLC 处理仪表的各种信号和实现仪表的各种控制。它可以有效地实现各种零点校正和参比校正。并有效实现浓度的对数计算，及浓度输出线性化。同时，也能实现测量池的恒温系统测量和控制，保证恒温温度波动在 ±3℃ 以内。

4　仪器安装和现场使用情况

4.1　仪表的安装与取样

仪表取样进口选择在 H_2S 工艺气体主管道，气体压力 3MPa 左右，温度为常温，H_2S 浓度在 $70\%\sim90\%$ 之间，气体中含有大量油脂及溶剂。样气出口直接送 H_2S 燃烧炉，在仪表进、出口，设置截止阀门，因为燃烧炉压力低。故通过仪表取样阀门，可控制流过仪表的气样流量。气样流量一般控制在 $0.5\sim2L/min$，要求不十分严格。

由于仪表的光学测量系统及管路本身置于高温腔内，仪表具有防油和水污染的能力。故仪表除设置进口纤维网过滤器外，不设其他净化装置，从目前 5 个多月的运行情况看，可以保证光学测量系统的稳定与不污染性，不存在仪表测量污染漂移。

4.2　现场考核情况

本分析仪目前已在扬子石化公司的硫黄回收系统中运行。分析取样点在燃烧炉入口处。仪器值显示值与化学分析值见图 2。

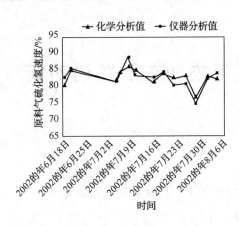

图 2　仪器显示值与化学分析值的比较

从以上数据看，两者间的最大误差值约为 3%，相当于 ±1.5%FS 误差，表明测量值与化学分析值基本一致。其误差满足小于 ±5%FS 的仪表误差要求，能满足现场使用需要。

仪表在扬子石化的硫回收系统中工业运行考核至 45 天时，发现参比与测量信号约有 5% 的漂移。但由于参比相减计算故不影响 H₂S 浓度测量计算，不影响仪表测量误差。仪表设计允许参比测量有 50% 的漂移，不影响硫化氢测量计算。一旦信号漂移大于 50% 时仪表给出告警信号，一般只要对测量池的光学窗进行擦洗或更换紫外灯，即可恢复正常。

5　小结

在线分析仪不仅要求准确，更要求能长期稳定工作。从本仪器至今的运行情况来看，完全可以达到这个目的，同时仪器国产化后，不仅可以大大降低仪表成本，而且可以为用户提供更为可靠直接的售后服务工作，使得 H₂S 在线分析仪在硫黄回收装置上起到应有的作用。

沧州炼油厂有机硫化合物恶臭污染调查及防治对策

沈志刚

（中国石化集团公司沧州炼油厂）

摘　要　对本厂当前有机硫类恶臭气体污染源的产生、排放和污染情况进行了深入全面的调查，并基于调查情况提出了治理对策。

关键词　有机硫　恶臭污染　调查防治

1　概述

在炼油厂生产过程中，由于原油中含有硫、氧、碳等烃类化合物，在加热加压、催化裂化、重整等工艺过程中，经多种化学反应产生大量的无机硫化物、有机硫化物、有机胺、有机酸、酚、醛等恶臭物质。其中硫化氢是主要的恶臭污染物。这些污染物在生产及储运过程以排放、挥发、泄漏等多种方式进入环境，造成恶臭污染。

通常有害气体对人体生理影响与气体的浓度呈正比，但由人的嗅觉能对臭味及其敏感，即嗅阈值极低（见表2），恶臭给予人的感觉量与恶臭物对人嗅觉的刺激量（即恶臭物浓度）的对数呈正比。就是说把恶臭物质浓度去除了90%，但人只感觉到臭气浓度减少了一半，因此，恶臭物质的治理难度比较大。恶臭物的分类和性质见表1，某些恶臭物质的感觉阈值见表2，恶臭污染物标准见表3。

表1　恶臭物质的分类及臭味性质

分　　类		主要恶臭物质	臭味性质
无机物	硫化物	硫化氢、二氧化硫、二硫化碳	腐蛋刺激味
	氮化物	二氧化氮、氨、硫化铵	尿素刺激臭
	卤化合物	氯、氯化氢、溴	刺激味
有机物	烃类	苯乙烯、苯、甲苯、二甲苯	电石臭
	硫醇类	甲硫醇、乙硫醇、丙硫醇	烂洋葱臭
	硫醚类	二甲基硫醚、二甲硫、二乙硫	大蒜臭
	胺类	二甲胺、三甲胺、乙二胺	烂鱼臭
	醇和酚	甲醇、乙醇、苯酚、甲酚	刺激味
	卤代烃	甲基氯、三氯乙烷、氯乙烯	刺激味

表2　某些恶臭物质的感觉阈值

名　　称	嗅阈值/（µg/g）	沸点/℃	嗅味
硫化氢	0.00047	-61.8	臭鸡蛋
甲硫醇	0.0001	5.96	烂洋葱味
乙硫醇	0.005	92~93	蒜臭味
二硫化碳	0.21	46.3	臭蛋味
氨	0.1	-33.5	刺激味
三甲胺	0.0001	3.2~3.8	鱼腥味
苯乙烯	0.017	146	芳香味
二甲胺	0.17	139.3	芳香味
苯酚	0.047	182	刺激味

表3　恶臭污染物排放标准

控制项目	排气筒高度/m	排放量/（kg/h）	三界标准一级~三级/（mg/m³）
硫化氢	15~60	0.33~0.2	0.33~0.6
甲硫醇	15~60	0.04~0.69	0.004~0.035
甲硫醚	15~60	0.33~5.2	0.03~1.1
二甲二硫醚	15~60	0.43~7.0	0.03~0.71
二硫化碳	15~60	1.5~24	2.0~10
氨	15~60	4.9~75	1.0~5.0
三甲苯	15~60	0.54~8.7	0.05~0.8
苯乙烯	15~60	6.5~104	3.0~19

2　恶臭物来源、产生情况

2002年1月，经过近一周时间对全厂各生产装置的细致调查，共发现恶臭物排放源 111 个（见表4），其中多数为无组织排放源，少数为有组织排放源。

表 4　全厂恶臭物排放污染源

装置名称	常减压装置	重油催化裂化	延迟焦化装置	氧化沥青装置	加氢装置	重整装置	污水汽提装置	精制装置	污水场	油品罐区
排放源	9	13	12	4	9	8	6	10	12	28
有组织排放	3	1	2	2	2	3	3	1	1	—
无组织排放	6	12	10	2	7	5	3	9	11	28

2.1　正常生产情况下空气污染物（恶臭物）有组织排入源

主要分布如下：

常压装置：常压加热炉烟气、减压加热炉烟气、减顶不凝气；

重油催化装置：催化剂再生器烟气；

延迟焦化装置：加热炉烟气、除氧器放空；

氧化沥青装置：加热炉烟气，尾气焚烧炉烟气；

加氢装置：反应进料加热炉烟气，分馏塔进料加热炉烟气；

重整装置：四合一加热炉、热载体加热炉、预氢加热炉烟气；

制氢装置：转化炉、加氢反应炉烟气；

污水气提装置：脱氨塔氨气；

硫黄回收装置：2kt/a、6.5kt/a 装置尾气焚烧炉烟气；

瓦斯管网：火炬燃烧瓦斯气、氨缺陷、酸性气；

产品精制：汽油脱硫醇、液态烃脱硫醇尾气；

联合水厂：碱渣处理装置碱渣酸化尾气（目前尚未开工）；

工贸公司污油加工厂常压塔、减压塔塔顶不凝气放空。

二甲基亚砜车间硫醚合成尾气。

2.2　无组织排放

主要有以下排放源：

1）常减压装置加热炉高压瓦斯罐的静密封点瓦斯泄漏，汽柴油采样口油气挥发，电脱盐切水气体挥发；

2）催化装置干气、富气、液态烃和轻油及烟气采样时气体挥发，液态烃泵、气压机凝缩油泵密封泄漏，两个蜡油罐、两个污油罐罐顶呼吸挥发。

3）重整、加氢装置：原料油罐、污油罐、产品罐的呼吸挥发；含硫污水泵密封泄漏。

4）油品车间所有轻油罐、污油罐呼吸散发。

5）工贸特油厂循环加氢压缩机密封泄漏。

6）污水汽提装置脱氨塔一级回流泵气体泄漏。

7）油品精制车间双脱和汽油碱洗系统的机泵泄漏，无碱脱臭塔蒸罐时气体散发（每隔 1~3 月蒸塔一次），碱渣装车后吹扫散发，含碱污水池、中和池、催化汽油碱洗配碱罐呼吸、6 个碱渣储罐罐顶呼吸发散，碱渣泵、循环碱泵泄漏；MTBE 罐、甲醇罐呼吸阀散发。

8）管网气柜工段：气柜侧壁蚀漏瓦斯散发，丙烷机排放口排放，酸性气分液罐、瓦斯气分液罐和酸性气线非正常情况下的原地排液气体散发。

9）联合水厂污水场隔油池、浮选池、曝气池、氧化沟气体的自然散发，污油罐的呼吸散发。

10）延迟焦化装置：焦碳塔出焦时气体挥发，储焦池、沉淀池，冷焦水隔油池、热水池、冷水池的气体挥发；凝缩油泵、富气压缩机轴封泄漏气体排放。

2.3　非正常工况下进火炬、临时放空和检修吹扫放空

主要指在事故状态下塔、罐安全阀放空；检修状态下塔、罐容器及管线吹扫进火炬排放和就地排放。主要有：

常减压装置的"三顶"安全阀非正常排放，检修吹扫由火炬和原地排放；

催化裂化装置分馏塔和吸收稳定塔、气压机出口安全阀放空，检修吹扫由火炬和原地排放。

加氢装置高低压分离器排放火炬，增压机、循环机进行切换时放火炬；原料油罐和停工吹扫就地放空。

重整装置预加氢高压分离器事故状态排放火炬，四台压缩机置换时排放火炬；高压分离器预分馏塔停工吹扫放火炬和原地排放。

制氢装置干气脱硫塔、干气压缩机、低压含硫瓦斯脱硫塔安全阀排放；两个脱硫塔停工吹扫排放火炬；开停工时分离器的就地放空。

脱硫富液再生系统溶剂再生塔（塔 404）安全阀放火炬、停工吹扫放火炬；污水汽提双塔安全阀放火炬。

3　主要恶臭污染源及分析

根据现场调查和对现有资料进行分析，可知含硫原油加工过程的恶臭来源包括：装置各种临时性放空口、设备吹扫口、工艺气体排放口、敞口污水池挥发、法水喷溅、储罐呼吸口、采样口、脱水排凝口及设备的跑冒滴漏等。

目前我厂恶臭污染的主要来源为：

3.1　有组织排放源

1）催化裂化再生器烟气：主要含硫化氢、二氧化硫、氮氧化物。

污染特点：排放烟囱高（高度 120m），烟气排放量大，风速较大时在下风向感觉不明显；在低风速或逆温天气在下风向和排放源周围半径 1000m 范围内可感觉到烟气的二氧化硫和废催化剂刺激味。

2）硫黄回收焚烧炉尾气：主要含二氧化硫、硫化氢、硫蒸气。

污染特点：排放烟囱较高（80m），二氧化硫排放量大，下风向 800～1200m 范围感觉非常明显，为炼厂主要空气污染源。

3）油品精制双脱尾气：主要含硫化氢、甲硫醇、乙硫醇、二甲基硫醚。

污染特点：属低点放空，排放管高度不到 30m，尾气中污染物浓度高，不仅污染大气而且严重危害人体健康，为炼油厂主要恶臭污染源。

4）一部常压装置减压塔顶不凝气：主要含硫化氢、甲硫醇、乙硫醇、丙硫醇、二甲基硫醚、二己基硫醚等。工贸公司污油处理厂常顶、减顶瓦斯排空（量较少，但也含有这些污染物）。

污染特点：属就地低点排放，加工的原料油含硫高时近距离区域恶臭气污染严重。

5）火炬排放：酸性水汽提装置氨气在火炬的不完全燃烧，主要污染物为二氧化硫、硫化氢、氨气等。

6）二甲基亚砜车间硫醚合成尾气污染：含硫化氢、甲硫醇、二甲基硫醚等恶臭污染物质，排放或泄漏将会导致严重的污染。

污染特点：氨气（硫化氢含量高）和酸性气量较大，氨气和硫化氢燃烧效果受配烧瓦斯、蒸气和风速影响较大，氨气和酸性气燃烧不充分。为我厂主要恶臭污染源。

3.2　阵发性污染源

硫回收装置或其他生产装置不正常时，酸性气进入火炬燃烧不完全，主要排放硫化氢、二氧化硫；

硫黄进火炬酸性气线和氨气进火炬线吹扫时臭气排放，主要污染物是氨气和硫化氢。

精制无碱脱臭塔蒸塔时臭气排放，主要污染物为硫化氢、硫醇、硫醚等。

瓦斯带凝缩油时，热电锅炉燃烧烟气排放，主要污染物是硫化氢等。

污染特点：以上几个阵发性污染源受装置运行平稳状况的影响，自 2001 年 10 月份以来，由于掺炼塔河原油，脱硫、硫回收系统超负荷运转，阵发性污染频频发生。对环境影响比较严重，污染程度有时超过有组织排放源。

3.3　无组织排放源

延迟焦化装置焦碳塔出焦时和焦碳池石油焦气体排放，主要污染物为焦粉、烃类、硫化氢等。

污水处理场浮选池、曝气池气体恶臭气散发，主要污染物为硫化氢、甲硫醇、乙硫醇等。

延迟焦化装置富气压缩机轴封排气，主要污染物是硫化氢、硫醇、硫醚等；污水汽提脱氨塔一级回硫泵密封泄漏，主要污染物硫化氢和氨气。

全厂轻污油罐罐顶呼吸，主要污染物是烃类和硫化氢；MTBE 罐区 MTBE 罐和甲醇罐的呼吸挥发，主要污染物是 MTBE 和甲醇。

二甲基亚砜硫醚罐顶和液位计连通处的挥发性污染。

4　恶臭污染防治对策

4.1　采用先进工艺、技术消除恶臭污染

1）硫黄尾气二氧化硫治理：加快建设 1kt/a 硫回收和尾气处理装置的速度，扩大酸性气处理

能力，消除酸性气进火炬燃烧的现象；提高装置总硫回收率：由目前的 94% 提高到 99.5% 以上，大幅度降低硫回收装置二氧化硫排放总量：由 600~700t/a 降低到 200t/a 以下。

2）污水汽提氨气治理：近期对现有生产装置进行整改后，将气氨经水吸收生成氨水外售。对拟建 80t/a 含硫污水汽提装置采用生产液氨或将氨气通过专用火嘴燃烧转化为氮气排放。彻底消除目前的含硫氨气进火炬燃烧排放恶臭气体的现象。

3）减压塔顶不凝气治理：将减压塔顶不凝气引进加热炉做燃料，减顶油水分离器挥发气也可以引入加热炉燃烧。

4）二甲基亚砜车间硫醚合成尾气治理：将尾气通过压缩机全部送全厂瓦斯气柜，通过加热炉燃烧利用处理。因尾气量与瓦斯总量相比份额很低，因此各加热炉排气不会超标。

5）提高设备管理水平，对全厂凝缩油、液化气及循环加氢等压缩机密封问题进行攻关，通过不断提高设备管理水平达到逐步消减跑冒滴漏污染环境的现象。

6）了解和掌握目前恶臭污染治理的状况和发展趋势，应用和开发先进技术工艺。迅速开展空气污染治理调研工作，到同行业先进单位调研取经；加强与科研院校横向联合，合作攻关根据不同的恶臭污染形成原因和组分，研究出可行的预防和治理方案。

4.2　加强环保管理，控制恶臭排放

1）制订恶臭源排放申报制度，建立恶臭污染源档案。加强对有组织恶臭排放源的管理，杜绝各类恶臭源随意排放。加强对各恶臭产生装置及厂界和周边地区的巡回检查，及时发现和消除跑、冒、滴、漏引起的无组织恶臭排放。

加强日常岗检和经济责任制的考核，严格执行环保奖惩制。

2）加大对恶臭污染的监测力度，成立恶臭监测队伍，配备必要的监测仪器设备，实现对恶臭源的有效监控。

3）根据目前污水汽提氨气和酸性气持续进入火炬焚烧的实际情况，制定火炬操作环保管理规定，车间和生产调度认真执行，环保部门做好监督考核。

4.3　采取可行措施治理现有恶臭污染

4.3.1　装置停工检修吹扫恶臭治理

装置停工检修时期间，在装置吹扫过程中，设备管线内的固体、液体在蒸气加热时随蒸气排入环境。全厂用于检修吹扫或管线疏通吹扫放空口，停工吹扫时如果工作不细，准备和预处理工作不充分，很可能发生比较严重的恶臭污染，对此，我们在吹扫前应该采取以下处理对策：

1）装置在吹扫前进行充分处理：脱硫系统设备和其他含硫化物较多的塔、器设备在吹扫前要充分用碱水（脱硫塔器可用 MEA 或 MDEA）充分浸泡，可使大部分硫化氢、硫醇等溶于水中。

2）合理调配，集中吹扫：对检修期间全厂进行停工吹扫的恶臭污染主要设备在吹扫时间安排上应统筹考虑，合理调配，密切关注天气情况，选择最佳风向时进行集中吹扫，并尽量缩短吹扫时间。

4.3.2　利用焚烧炉进行处理

1）污水汽提氨气引入硫黄装置尾气焚烧炉焚烧处理：在新的 80t/a 污水汽提装置建设之前，可以考虑将氨气引进硫黄尾气焚烧炉进行焚烧处理。

2）油品精制双脱尾气引入本装置配套的尾气焚烧炉处理：工艺完全可行，目前已经完成改造。投用后效果很好。

3）碱渣处理尾气引进焚烧炉进行处理：就近引入硫回收装置尾气焚烧炉进行处理。目前已经完成实施，待碱渣装置开工后投用。

4）污水处理场第一浮选池恶臭气治理：将浮选池进行密封加盖，气体经收集后用风机送正在建设的 1kt/a 硫黄回收装置进行焚烧处理，尾气通过加氢返回硫回收装置，实现达标排放。目前，本治理方案正在实施中。

4.3.3　油品和气体采样臭气治理

逐步实现有害气体采样密闭化。对酸性气、瓦斯、液态烃、干气采样尽量安装循环系统密闭采样。未安装循环系统酸性气体采样必须将放空气经氢氧化钠溶液吸收，吸收液要经常更换。手动采样位置应安装两道截止阀。

4.3.4　储罐呼吸和无组织排放臭气治理

对污油罐、MTBE 罐、甲醇罐、二甲基硫醚储罐等采取增设水封或在罐的呼吸口投加吸附剂治理的方法。对污水处理场构筑物、焦化装置冷焦冷水池、热水池则易采取密闭、集中回收、无害化处理的措施。将无组织散发的气体经密闭收集后采用物理或化学或生物法进行集中处理。可以进行评估的方法有：物理吸附法、(催化)燃烧法、生物脱臭法以及高空排放法等。目前我们已经确定污水处理场曝气池恶臭气体的治理方案是：曝气池加盖密封(玻璃钢材料、用龙骨支架)，收集的气体通过60m高的烟囱(利用原2kt/a硫回收烟囱)高空排放，达到减少污染的目的。

70kt/a 硫黄生产装置除尘系统的设计与研究

王乐勤[1]　王循明[1]　朱永花[1]　徐如良[2]　张颂光[2]　司专征[2]　周松顺[2]

(1. 浙江大学材料与化学工程学院；2. 中国石化镇海炼油化工股份有限公司)

摘　要　概述了硫黄粉尘回收系统的研究现状，简要介绍了一套较为成功的设计方案和几个关键设计环节，指出了今后推广应用的研究重点和发展趋势，该设计方案突出的特点为：防爆性能好的高效多管式旋风除尘器的设计，对管网和排风罩的优化防爆设计，多层次的防爆抑爆设施的设计。

关键词　硫黄粉尘　除尘系统　防爆抑爆　设计

工业生产中的粉尘污染，尤其是易燃易爆粉尘污染，对操作人员的健康和安全构成很大的威胁，硫黄粉尘污染就是其中的一个典型例子。由于硫黄粉尘除尘系统的特殊性和危险性，其设计要求相对苛刻，目前国内化工行业尚无成熟的设计先例，而且这方面的文献报道很少。

镇海炼油化工公司二联合硫黄包装车间的硫黄粉尘浓度一般为 $30 \sim 40 mg/m^3$（国家标准为 $10 mg/m^3$）[1]，较高的粉尘浓度对人的鼻、喉、眼睛等器官有很强的刺激作用，对皮肤有腐蚀作用。经调查，发现国内其他厂家硫黄包装车间的情况也类似，甚至更为严重。种种情况表明，设计开发硫黄粉尘除尘系统极为必要。

1　除尘系统

一套完整的机械除尘通风装置，一般包括吸气罩、输送管道、除尘器、风机及有关设备，设计时应根据车间的实际情况，确定尘源点和排风罩的位置，并进行管网及风管附件的设计。本系统的总体设计如图1所示。

以下对几个关键环节的设计进行简要介绍。

1.1　除尘器的选型与设计

除尘器是将气流中粉尘颗粒予以分离的设备，它是除尘系统的核心部件，其工作性能直接影响到整个除尘系统的性能，因而应慎重选择。

除尘器的选择必须综合考虑各项指标。好多电除尘器尽管具有除尘效率高、阻力低等优点，但由于运行时容易产生电火花，不适用于易燃易

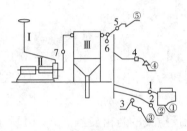

图 1　除尘系统总体设计
1—烟囱；2—通风机；3—除尘器；4~7—相应直径的
调风阀和阻火器；①~⑤—对应部分的排风罩

爆的硫黄粉尘爆炸环境。重力除尘器和惯性除尘器捕集粉尘的临界直径为十几微米以上，难以满足除尘效率的要求。湿式除尘器可以有效地防止硫黄粉尘燃烧和爆炸，其安全性能是其他除尘器难以比拟的。此外，它还可以节约防爆系统的费用。但由于硫黄粉尘对水具有不浸润性，因此，采用湿式除尘器对硫黄粉尘的除尘效率有影响，并且增加了处理二次污染的难度。袋式除尘器的除尘效率高，捕集粉尘的临界直径可达 $0.1 \mu m$，但其结构较复杂，设备投资和运行费用都较高，更重要的是，该除尘器难以完全可靠地消除静电，因此，在使用时必须采取极严格的防爆措施。旋风除尘器的结构简单，除尘效率高，操作简易，价格低廉，因此使用最为广泛。旋风除尘器捕集粉尘的临界直径较袋式除尘器大，为 $1 \mu m$ 以上。使用旋风除尘器时，其中有高速旋转的带有静电的粉尘云，可能夹带钢或石子等杂物，它们对器壁的摩擦、撞击，会产生摩擦或撞击火花、静电火花，这些稍有不利，但对硫黄粉尘来

说，其也有容易消除静电的优点。选用合适的多管式旋风分离器，可在保证处理气体量不变的情况下兼备小型旋风分离器高效低临界直径的优点。

本系统工作环境下，因其最终产品为片状硫黄，成品中粉尘含量较低，除尘器中硫黄粉尘的浓度较低，可以控制在爆炸下限以下，因此可从根本上消除爆炸因素。此外，在除尘器中还可以采取泄爆、隔爆等措施，以进一步提高除尘系统的安全性。因此，采用高效率的多管式旋风除尘器是一种合理的选择。

1.1.1 旋风分离器选型计算[2]

螺旋流的任意半径(R)处气体的速度(v)一般具有圆周分速度(μ)、轴向分速度(ν)和径向分速度(ω)。其中：

$$\mu R_n = 常数 \tag{1}$$

式(1)中，指数n一般为$0.5 \sim 0.9$，小型旋风分离器取较小值；R_1/R_2较大，大型旋风分离器取较大值。n为1时，表示回旋流没有紊流，即没有能量损失的自由旋涡。式(1)所示的回旋流称为准自由旋涡，而把其所占有的空间称为分离室。

假设处理的气体量(Q_1)一定，在准自由旋涡的圆周速度(μ)的分布指数(n)为0.5、外筒中气体的圆周分速度为μ_1时，则：

$$D_c = \left[\frac{5.03\mu A_i^2}{\pi\rho_s Q_1 H_c}\left(\frac{D_2}{D_1}\right)\right]^{1/2} \tag{2}$$

式中　D_c——是旋风分离器捕集的粉尘的临界直径，m；

ρ_s——粉尘的密度，kg/m^3；

D_1——外筒直径，m；

D_2——外筒直径，m；

H_c——圆柱状旋涡心的长度，即分离室的高度，m；

A_i——气体进口管的截面积，m^2；

μ——进口气流速度，m/s。

即在处理同一气体量时，粉尘临界直径与气体入口管的截面积成正比。

下面进一步讨论用几何上相似的旋风分离器来处理同一气体量时的情况，即在式(2)中假设$A_i = b\ D_2^2$；，$D_1 = aD_2$，$H_c = cD_2$，代入式(2)中，则：

$$D_c = \left[\frac{5.03\mu\ b^2 D_2^3}{\pi\rho_s Q_1 ac}\right]^{1/2} \tag{3}$$

若a、b、c一定，则粉尘临界直径与内筒直径的平方根成正比，因此，捕集细小粉尘时应选用小型旋风分离器。硫黄粉尘是片状硫黄在输送过程中摩擦产生的，粒径小于$1\mu m$的达3%以上，因此，根据上述分析，选择多管式旋风除尘器除尘。

若以N个旋风分离器并联(称为多管式旋风分离器)来处理气体量Q时，假设气体均等分布于每一个旋风分离器，则由每一个旋风子处理的气体量Q_1为：

$$Q_1 = Q/N \tag{4}$$

代入式(3)中，则：

$$D_c = \left[\frac{5.03\mu\ Nb^2 D_2^3}{\pi\rho_s Qac}\right]^{1/2} \tag{5}$$

同时，每一个旋风子处理的气体量Q_1还应满足：

$$Q_1 = 3600 \cdot \frac{\pi}{4}D^2 v \tag{6}$$

式中　Q_1——单个旋风子处理气量，m^3/h；

D——单个旋风子的直径，m；

v——旋风子截面气速，m/s。

一般旋风子的气速为$3.5 \sim 4.75 m/s$，进一步增大气速不但不能提高除尘效率，反而会增加旋风子的磨损。当旋风子的气速小于$3.5 m/s$时，除尘效率会明显下降，而且会有被粉尘堵塞的危险。根据各排风罩的排风量之和，加上11%的漏风量，可列表计算旋风子的直径和个数。

1.1.2 排放浓度估算

这里仅举例说明，镇海炼化硫黄车间年产硫黄50kt，以每年300个工作日、每个工作日16h计，硫黄每小时的平均产量为：

50000t/a÷(300d/a×16h/d) = 10.4t/h = 10400kg/h

其中，逸散的需要捕集的硫黄粉尘量约为硫黄产量的0.1%，则需捕集的粉尘量为：

10400kg/h×0.1% = 10.4kg/h = 10400g/h

处理气体量为$700m^3/h$时，除尘器入口粉尘浓度为：

10400g/h÷7000m^3/h = 1.49g/m^3

除尘器的粉尘捕集率以93%计，出口气中的粉尘浓度为：

1.49g/m³×(1-93%) = 0.1043g/m³ = 104.3mg/m³

因此,采用该除尘器处理此气体,出口气中粉尘的浓度能达到我国的 GB 16257—1996"大气污染物综合排放标准"或参考文献报道的国外标准[3,4]中的指标(小于 120mg/m³)。

1.2 防爆抑爆问题的解决

硫黄粉尘除尘系统的防爆抑爆的问题,是设计方案的基本要求,也是重点和难点。硫黄粉尘爆炸发生的充分条件为:足够的粉尘浓度、氧浓度、点火能量、粉尘分散度、空间封闭程度。针对镇海炼化硫黄包装车间的实际情况和硫黄粉尘的性质,系统采取了一系列、多层次的防爆抑爆措施。

1.2.1 控制点火源

硫黄粉尘爆炸是需要有点火源的爆炸,因此,分析点火源的形成和来源,采取相应的措施,是防止爆炸的主要手段。点火源可以为电点火源、化学点火源、冲击点火源、高温点火源。针对不同的情况,采取不同的防护措施;首先,保证电气设备及其配线的设计、安装、使用、维护、检修制度和其他防爆措施符合防爆要求,如在爆炸危险环境中禁止使用电炉等电器,采用防爆灯具,电气设备加设静热和通风设施,设专人检查,防止由于设备过热等引发爆炸的点火源;其次,规定维修时保持一定的安全距离,采取断开或加盲板、惰性介质置换等措施,严格遵守安全动火规定;再次,防止易燃物与高温设备、管道接触,经常清除高温设备表面的污垢和物料,防止因高温引起物料自燃。

1.2.2 防止静电[5]

静电电位 30kW 的绝缘体在空气中放电地,放电能量可达到数百微焦耳,而悬浮状硫黄粉尘的最小点火能为 15MJ,层积状硫黄粉尘的最小点火能仅为 1.6MJ,因此很容易被点燃而发生爆炸。

为控制粉尘静电,应尽量选择光滑的管道,设计无急转弯的管道;限制粉尘在管道中的流速。在静电逸散区域装设导电性网格、叶板等,可以增大介质与接地设备的接触面积,以便消除静电。对输送硫黄粉尘的皮带输送机及相关设备的传动部分,防止过载或打滑,尽可能地限制流速,采取静电接地措施,防止摩擦起电。用旋转

式风扇喷雾器从墙外向空气中喷水雾,增大空气湿度,防止静电荷集聚。

1.2.3 预防雷电

根据国家标准,对排放硫黄粉尘的烟囱装设避雷针,针尖比烟囱顶高 3m 以上。为了防止静电感应,建筑物内的金属设备、管道等构件和突出屋面的金属管都应接到防雷电感应的接地装置上。防止静电感应的接地装置与电气设备接地装置共用。

1.2.4 爆炸的阻隔

采用工业阻火器,一旦一处失火即能迅速隔断管路,避免波及他处。通过设置防爆墙把除尘器与操作区间隔离,万一发生爆炸火灾,可以有效地减少冲击波对人的危害和对设备的损坏。

1.2.5 其他措施

为加强爆炸危险区域的气流流动,设置防爆轴流风机。泄爆技术比其他技术的成本低而且较易实现,因而在除尘器设计中采用了泄爆技术。为了防止多管式旋风除尘器内粉尘云中所夹带杂物对器壁产生摩擦或撞击火花、静电火花,对旋风除尘器中设置泄爆装置[6]进行可靠接地。同时,为了防止局部的爆炸通过除尘器的风管向其他部分传播,将风管设计成相互独立的系统,不构成连通的大型风网。由于现场实际条件限制,除尘器设置在厂房内,用隔爆墙与厂房其他区域隔开,厂房外墙及顶部设有泄爆装置。

1.3 除尘系统调试

通风除尘系统的设计、施工完成以后,需进行测定、调试后才能交付使用,同时在日常运行中需经常测试,了解其工作情况,及时发现、解决问题,以保证系统的正常工作。通风除尘系统测试的主要目的是,把各排风罩的风量调节到符合或接近于设计值,以保证系统的正常运行。

1.3.1 通风除尘系统风量的调节[7,8]

待处理气体通过管网时受到的阻力(P)与其流量(L)的平方成正比,即:

$$P = KL^2 \qquad (7)$$

式中　P——管网阻力,Pa;

L——气体流量,m³/h;

K——管网阻力系数(或称管网特性系统),当系统状况不变时 K 为固定值。

另外,可根据流量等比分配法进行风量的

调节。

1.3.2　风机最佳工况点的调节

风机最佳工况点的调节可以采用改变系统管道特性曲线的方法，也可以采用改变风机本身的特性曲线的方法来实现，这里不再赘述。

2　结语

镇海炼化硫黄包装车间硫黄除尘系统的设计、施工完成后，经过初步调试和试运行的结果表明，车间环境中硫黄粉尘的浓度大大降低，除尘效果明显，达到了设计要求，工人现场操作完全可以不用防护面具，真正改善了现场工人的操作条件，该设计达到了安全、高效、经济的设计目的。

由于国内硫黄包装车间普遍存在硫黄粉尘的污染问题，危害操作工人的身体健康，因此本项目具有很好的推广应用价值。本系统的管道和除尘器中硫黄粉尘的浓度均较低，在爆炸下限以下，因此本项目如果应用于高浓度硫黄粉尘系统，需对除尘系统的安全性进行进一步研究，特别是对根据爆炸信号自动控制抑爆技术的研究和

设计。

参 考 文 献

[1] GB 5817—1986[S]. 生产性粉尘作业危害程度分级. 1986.
[2] 金国淼. 除尘设备设计[M]. 上海：上海科学技术出版社，1991.
[3] 日本产业公害防止协会编，陈静滨译. 新订公害防止的技术与法规（大气篇）[S]. 世界图书出版公司. 1988.
[4] Paul N. Cheremisinoff and Richard A. Young. Air Pollution Control and Design Huandbook [M]. Marcel Dekker, lnc, New York and Basel, 1997.
[5] （日）菅义夫. 静电手册[M]. 北京：科学技术出版社. 1981.
[6] 中华人民共和国劳动部职业安全卫生与锅炉压力容器监察局. 工业防爆实用技术手册[M]. 沈阳：辽宁科学技术出版社，1989.
[7] 谭天佑，梁风珍. 工业通风除尘技术[M]. 北京：中国建筑工业出版社，1984.
[8] 孙一坚. 工业通风[M]. 北京：中国建筑工业出版社，1985.

电伴热在液硫管线上的应用

郑利苗

（中国石化镇海炼化股份有限公司）

摘　要　电伴热是利用电能致热在线长度或大平面上发出均匀热量，以弥补被伴物料在工艺流程中的耗热，从而维持介质温度的一种伴热方式。它是一种新的伴热工艺，具有设施简单、发热均匀、温度准确、减少环境污染、节约能源和运行成本低等优点，已越来越广泛地应用于石油、化工、电力、医药等行业。本文以镇海炼化的液硫管线进行电伴热改造为内容，重点介绍了电伴热的计算、选型和控制原理，并简要作了经济效益分析。

关键词　电伴热　液硫　应用

1　前言

电伴热是利用电能致热在线长度或大平面上发出均匀热量，以弥补被伴物料在工艺流程中的耗热，从而维持介质温度的一种伴热方式。随着现代工业的发展，电伴热工艺方式已被越来越广泛地应用于石油、化工、电力、医药等行业，可以对管线、容器、储罐和阀门等进行伴热、防冻防凝和保温。它与石油化工中传统的蒸汽伴热相比，具有设施简单、发热均匀、温度准确、减少环境污染、节约能源和运行成本低等优点，以对一条长 500m、补充热量为 25W/m 的管线为例进行费用测算，对比结果如表 1 所示。

表 1　电伴热、蒸汽伴热费用对比表

伴热方式对比项目	电伴热	夹套蒸汽伴热	蒸汽半管伴热
工程费用(不包括主管线)	1	1.5~2	0.3~0.8
能耗费用	1	2~3	0.7~1.5
维护费用	1	4~6	2~4

注：此表以供电和产汽能依托已有设施为计算，蒸汽伴管分三伴热管、单伴热管等。

镇海炼化股份有限公司（简称 ZRCC）现有一套液体硫黄储运和装车设施，由输送管线、储罐和装车鹤位组成。根据设计，长 1km、管径 φ168×7 的硫黄输送管线采用某外商的电伴热设施，但因实际伴热功率达不到要求，伴热管线实际表面温度只有 90℃ 左右，液硫输送管线难以正常投运，整个设施基本处于闲置状态，造成液硫出厂困难。随着 ZRCC 高硫原油加工量的不断增加，硫黄产量也随之上升，因此迫切需要对液硫储运设施进行改造、恢复液硫设施的正常运行，以满足炼油加工量不断提升的液硫出厂需要。

2　电伴热的改造

ZRCC 制订了 4 种改造方案：①在原有长输管线上增设夹套，用蒸汽伴热，其余设施利旧；②新敷一条带夹套长输线，蒸汽伴热，其他设施利旧；③在靠近硫黄回收装置旁重建液硫输送和装车设施；④在原有长输管线上更换电伴热设施，其他设施利旧。经过论证认为：第 1 方案要对原管线动火作业，因管线内充满固体硫黄，因而不可行；第 2、第 3 方案可行，但经概算，第 2 方案需 220 万元，第 3 方案需 350 万元，改造费用大，工期长；第 4 方案费用为 60 万元，改造方便，但有过不成功的教训。经 ZRCC 和无锡环球电器公司（简称 WXEC）的技术人员对液体硫黄的输送特性和电伴热的功能反复研究和计算，现有电伴热设施经过改造可以用于硫黄管线伴热，从而达到投入少、见效快和安全运行的目的。

2.1　电伴热的计算

硫黄在常温下为浅黄色晶体，熔点为 112～119℃，液硫具有独特的黏温性，130～155℃时黏度小，为 10～14mPa·s，流动性最好；温度高于 165℃时黏度直线上升，达 800mPa·s 以上；在温度高于 190℃以上时，黏度又变小。因此为达到管输液硫最佳状态，其温度必须控制在 130～155℃之间。

2.1.1　原始条件

输送物料：液体硫黄

原有管线材质规格长度：

20[#]无缝钢管　$\phi168\times7$　　1000m

保温材料及厚度：

硅酸铝镁　厚度 100mm

管道托架数量：141 个

维持温度：

160℃　（可设定在 140℃±5℃）

最低环境温度：-6℃

防爆等级：

电热带 ExeIIT3　　　附件 dⅡCT4

2.1.2　分析计算

（1）管线热损失

根据管道热损失公式：

$$P_1 = 2K\pi\lambda\Delta T/\ln[(d+2\delta)\div D]\quad(W/m)$$

管托托架热损失公式：

$$P_2 = 3NQ_1\quad(W)$$

式中　K——风速和极端低温修正系数，本项目取 $K=1.6$；

λ——保温材料导热系数，硅酸铝镁在 10 时的导热系数为 0.042（kcal/h·m·℃）；

ΔT——维持温度与最低环境温度之差，℃；

D——管线外径，mm；

δ——保温材料厚度，mm；

N——管道托架数量，个；

经计算：

$P_1 = 2\times1.6\times3.14[160-(-6)]/\ln[168+2\times100\div168] = 89.28$（W/m）

则 $P_2 = 3\times141\times89.28 = 37765$（W）

由此得：实际管线每米热损失功率为

$P = 89.28+37765/1000 = 127$（W）

（2）单线阻值和芯线截面积

每根电热带的功率为

$P_{单} = 500\times127/9 = 7050$（W）

电阻为

$R_{单} = U^2/P_{单} = 220^2/7050 = 6.86$（Ω）

每千米电阻为

$R = 6.86/0.5 = 13.7$（Ω/km）

根据电阻的温度变化公式

$$R_t = R_{20}[1+a(t-20)]$$

式中　R_t——工作温度时的电阻值，Ω；

R_{20}——常温下（20℃）时的电阻值

a——电阻温度系数，$a=0.00393$；

t——工作温度，℃。

电伴热带在给液硫正常伴热时，其芯线温度约为 180℃。

因此

$R_{20} = 13.7/[1+0.00393（180-20）]$

　　　$= 8.41$（Ω/km）

根据电阻公式计算可知截面积为 1mm² 铜芯芯线的电阻值为 16.9Ω/km，因此上述阻值的芯线面积约为 2mm²。为增加保险系数，决定采用截面积 $S=3mm^2$ 芯线。

（3）实际功率、电流密度和日耗电量的计算

3mm² 芯线电阻值

$R_{20} = 16.9/3 = 5.63$（Ω/km）

芯线工作温度 180℃时

$R_t = 5.63\times[1+0.00393(180-20)] = 9.17$（Ω/km）

则每根 500m 长的单芯电伴热带实际功率为

$P_{单} = U^2/0.5R_t = 220^2/(0.5\times9.17) = 10556$（W）

芯线的电流密度

$I_{密} = P/US = 10556/(220\times3) = 16.0$（A/mm²）

电伴热带正常工作时，电伴热带每日工作时间约为 10h，因而求得日耗电量

$Q = P_{单}Mt/1000$

　　$= 10556\times9\times2\times10/1000 = 1900$（kW·h）

式中　M——正常工作时的电伴热带数量；

t——正常运行时间，h。

2.2　电伴热的改造情况

根据被伴热介质的不同，电伴热产品有多种规格，目前电伴热带的系列产品有单相并联、三相恒功率并联、自控温、单相串联、三相串

联、单相变功率等电伴热带。其产品附件有电源接线盒、中间接线盒、尾端接线盒、防爆温控器、铝胶带、压敏带、喉卡等。配电控制方式有开关直通式和温度控制形式，前者主要用于对温度要求较严格的场所，需对被伴热介质进行较精确的温度追踪，特点是温控精确，能对被伴管线进行温度测量，并能自动控制，具有较好的节能效果。对于长距离的管道，电伴热带宜采用串联形式，其特点是整根芯线电流处处相等，单位长度的发热功率相同，电热带发热均匀，无局部过热现象，缺点是产品须定制。根据上述条件，考虑到管线两端附近均已设有配电箱，因此决定电源由两头向中间供电，单根长度500m。根据管线管径和电伴热的特点性能，可选9根单芯串联型电伴热带，平行敷设，芯线材质为铜，绝缘层为PF4氟塑料，电源为三相380V供电，如图1所示为双电源管线两头向中间供电示意图。

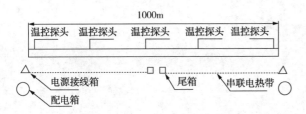

图1　双电源管线两头向中间供电示意

根据上述计算可知，9根单芯串联型电伴热带可以满足本项目的正常生产要求，由于现有管线内充满固体硫黄，为了熔化固硫的需要，所以又增加了三根单芯串联带以辅助加热，因此实际的电伴热带分布情况为3根2芯+6根单芯串联带，平行敷设，如图2(a)、(b)所示。

2.3　电伴热的控制方式

本项目配电箱内装有二套温度测控装置，一台温控测出管壁温度及控制电伴热带的工作，另一台温控测量电伴热带的表面温度(防止电热带超温)。控制柜为防爆和非防爆各一台，电柜具有短路、漏电保护功能，采用热电阻敷设在管道表面上来探温，热电阻连接数控显式温控仪，由温控仪连接交流触器来控制电伴热带的工作电源，由数显温控仪显示管道的伴热温度，控温范围在0~400℃。这种温控方式安全可靠，易于维护，能满足工艺要求。

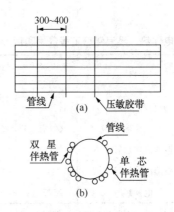

图2　电伴带在管线上的分布示意

2.4　改造后的电伴热投用情况

根据以上计算、选型和控制的电伴热带应用于充满固体硫黄的管线上后，效果明显。投用三天后，管线表面温度即达145℃，十天后，管线首末两端阀门可以转动，半个月后，管内硫黄全部熔化，启动液硫长输泵后，液硫输送一次成功，流量达70t/h，达到液硫泵的设计要求。整个液硫储运系统正常投运。

3　改造效果及经济效益分析

本次改造主要材料有电伴热带及附件、局部保温层更换，施工便捷，劳动强度小，其供电设施依托ZRCC原有设施，本项目共计费用约60万元。经过一段时间试运行，日常管理方便，维护保养工作量小，运行安全稳定可靠，使用场所清洁干净。

同时，电伴热还体现一次性投资和日常运行费用少的优势。电伴热的主要设施为电伴热带、配电箱、电缆及附件，如果供电不能依托，最多配置一台费用少于10万元的小变压器；而蒸汽伴热尤其是夹套蒸汽伴热，需要使用大量的钢材、蒸汽减温减压装置及自控设施，如蒸汽无处依托，需要增设费用达几十万的锅炉设施。为了便于比较，现分别以长1km，管径168×7的液硫管线和酸性气管线为例，分供电和蒸汽有无依托两种情形，比较一下使用电伴热和蒸汽伴热的运行费用和工程费用(括号内为供电和蒸汽无依托情形)。如表2所示。

表 2　电伴热、蒸汽伴热工程费用和运行费用

介质	项目	工程费用/万元	运行费用/(元/d)
液硫	夹套蒸汽伴热	110(170)	2500
	电伴热	60(75)	1000
	三根蒸汽伴热管伴热	20(60)	1200
酸性气	单根蒸汽伴热管伴热	9(40)	500
	电伴热	25(35)	800

注：（1）工程费用不包括主管线的费用；

　　（2）蒸汽以 0.3MPa 饱和蒸汽结算，耗量依 ZRCC 经验数据；电价套用居民用电价格。

4　结论

1）电伴热工艺与传统的蒸汽伴热相比，具有许多优点，应用前景广阔，尤其对于温度控制要求高的介质、长距离的管线、大面积的设备更体现优势。

2）对于蒸汽富余的工厂且用蒸汽伴管伴热可以达到要求的介质，可以用蒸汽伴热，也可以用电伴热。

3）电伴热升温时，必须缓慢且匀速，并切忌伴热时无介质。

对炼油厂酸性水单塔加压侧线抽出
汽提装置的设计理解与认识

刘春燕

（洛阳石油化工工程公司）

1　概述

含硫污水汽提装置是炼油厂中重要的环保装置之一。炼油厂含硫污水的主要来源是原油蒸馏装置或二次加工装置各油品分馏塔顶回流罐的排水、油气分离器的冷凝水或洗涤水。它除了含有硫化氢、二氧化碳和氨以外，还含有油、酚、氰等物质，毒性较大，不能直接排至污水处理场，以免影响生化处理的正常操作。酸性水中硫化氢、二氧化碳和氨的含量随原油的硫氮含量的变化而相应变化，也随炼油厂加工装置的不同而不同。也就是说，全厂总酸性水的水质不仅与原油性质有关，还和炼油厂装置组成有关。

随着原油加工深度的提高和石油化工的迅速发展，特别是加工高硫原油的比例上升，各炼油装置产生的污水量以及污水中的污染物含量也不断增加。因此，扩大含硫污水装置的处理能力；提高工艺技术水平；优化工艺流程；使其在既满足环境保护的要求、化害为利、变废为宝的同时，又满足技术经济上的合理，仍是石油化工领域的重要课题之一。

2　单塔加压侧线抽出汽提工艺基本原理

炼油厂含硫污水所含有害物质中以 H_2S、NH_3、CO_2 为主。单塔加压侧线抽出汽提法以净化含硫污水并回收酸性气（合 H_2S、CO_2）及 NH_3 为主要目的。

2.1　汽提的基本原理

根据炼油厂含硫污水的组成及其理化性质，可将酸性水简化为一种含 H_2S-CO_2-NH_3-H_2O 的四元溶液，H_2S-CO_2-NH_3 都是挥发性弱电解质并能以不同程度溶解于水，构成 H_2S-NH_3-CO_2-H_2O 挥发性弱电解质水溶液的化学、电离和相平衡共存体系。

氨溶于水后一部分被电离成 NH_4^+ 和 OH^- 离子，

即：$NH_3 + H_2O \longrightarrow NH_4^+ + OH^-$

氨溶解于水是放热的，故温度升高，电离平衡常数 K_A 随温度升高而降低，且温度越高，K_A 降低越明显，氨的电离平衡常数很小（$K_A = 2.01 \times 10^{-5}$ mol/kg），因此，氨在水中主要以游离的氨分子存在。

硫化氢在水中也会电离成 H^+、HS^- 和 S^{2-} 离子，即：

$$H_2S \Longrightarrow H^+ + HS^-$$

$$HS^- \Longrightarrow H^+ + S^{2-}$$

在 40℃ 时第一级电离平衡常数 Ks 很小（$Ks = 1.62 \times 10^{-7}$ mol/kg），较低温度下 Ks 随温度升高而升高，当温度高于 125℃ 以后，Ks 随温度升高而降低，因为硫化氢的电离平衡常数 Ks 比 K_A 还小，所以硫化氢在水中几乎全部以游离的硫化氢分子存在。

二氧化碳在水中也产生电离作用，即：

$$CO_2 + H_2O \longrightarrow 2H^+ + CO_3^{2-}$$

$$H^+ + CO_3^{2-} \longrightarrow HCO_3^-$$

当氨和硫化氢、二氧化碳同时存在于水时，则生成硫氢化铵、硫化铵、碳酸铵、碳酸氢铵等弱酸弱碱盐，这些离子态组分与水中的 H_2S、CO_2、NH_3 分子呈电离平衡状态，即：

$$NH_4^+ + HS^- + H^+ + HCO_3^- \Longrightarrow (NH_3 + H_2S + CO_2 + H_2O)_{液}$$

同时，在液相中的游离氨、硫化氢和二氧化碳分子又与气相中的氨、硫化氢和二氧化碳呈相平衡，即：

$$(NH_3 + H_2S + CO_2)_{液} \longrightarrow (NH_3 + H_2S + CO_2)_{气}$$

在汽提操作条件下，气相中的氨、硫化氢和

二氧化碳是分子态，液相中的氨、硫化氢和二氧化碳有分子和离子两种形式，离子不能挥发，故称"固定态"，分子可以挥发，故称"游离态"，氨、硫化氢和二氧化碳在水中的离子态和分子态的数量，与温度、压力及它们在水中的浓度有关。

根据 $H_2S-CO_2-NH_3$ 的水解常数的性质，硫氢化铵等在水中的水解反应常数 K_H 同样受温度影响，温度升高，K_H 增加，温度降低，K_H 减少。

$$NH_4^+ + HS^- \longrightarrow (NH_3 + H_2S)液$$

当温度降低时，K_H 减小，溶液中 NH_4^+ 和 HS^- 离子浓度逐渐增加，因此在低温段是以离解反应为主；当温度升高时，K_H 增加，硫氢化铵不断水解，溶液中游离的氨、硫化氢和二氧化碳分子逐渐增加，相应气相中氨、硫化氢和二氧化碳的分压也随之升高，因此在高温段是以硫氢化铵的水解反应为主。由实验可知，当温度高于 110℃ 以后，水解反应常数 K_H 随温度升高而迅速增加，因此，要将污水中氨、硫化氢和二氧化碳脱除，温度应高于 110℃。

氨、硫化氢和二氧化碳在水中的溶解度随温度升高而降低，随压力升高而增大，而且硫化氢、二氧化碳在水中的溶解度远比氨小，饱和蒸汽压却比同温度下氨大得多，由于硫化氢、二氧化碳的饱和蒸汽压大于氨，相对挥发度也比氨大，因此，只要溶液中有一定数量的游离硫化氢和二氧化碳分子存在，则与其呈相平衡的气相中浓度就很可观了。正是由于氨的溶解度大于硫化氢和二氧化碳，而硫化氢和二氧化碳的相对挥发度大于氨，所以，单塔加压侧线抽出流程的汽提塔顶部可获得含氨很少的酸性气体。

酸性水汽提过程就是基于 $H_2S-NH_3-CO_2$ 挥发性弱电解质水溶液在不同条件下的汽—液平衡特性。由于 H_2S、NH_3 和 CO_2 三种组份与 H_2O 的气液相平衡常数相差很大，同时在低温时若液相中 NH_3 的浓度比 H_2S、CO_2 相对较高时，则系统中的 H_2S、CO_2 基本上被 NH_3 固定下来。利用这两个特点，可用一个塔从塔顶获得挥发度最高的组份 H_2S、CO_2，从塔底获得挥发度最低的组份 H_2S，从塔的中部（侧线）抽出含有富氨的混合气体。如果该侧线抽出气体中的 NH_3 含量大大超过 H_2S、CO_2 时，则在冷凝过程中即可将 H_2S、CO_2

固定下来，从而获得纯度较高的氨气。因为在低温下 NH_3 的相对挥发度比 H_2S、CO_2 低，所以大部分 H_2S、CO_2 已在低温的塔顶放出，而塔底采用高温蒸汽汽提，净化水中 NH_3、H_2S、CO_2 含量很低，因此在塔的中部容易形成较高浓度的含 NH_3 混合气体，也正因为如此，用 NH_3 来固定 H_2S、CO_2，并将 NH_3 气体作为侧线产品是可行的。

侧线气体经冷凝后，作为富 NH_3 的冷凝液（分凝液）必须回到塔内循环处理。

为了用最少的侧线抽出量，即最低的冷凝液循环量，取得一定数量的 NH_3 气产品，根据侧线气中 NH_3 浓度远远高于 H_2S 和 CO_2 总浓度的条件，采用多级分凝，是实现这一目的的较好办法。利用三种组份挥发度的差异，分凝的过程也就是 NH_3 气浓缩和 H_2S、CO_2 被固定的过程。分凝的级数愈多，NH_3 气的纯度愈高，分凝液的数量也愈少。这同精馏过程是相似的，即精馏塔的板数愈多，产品的纯度愈高，需要的回流量也愈少。

这就是单塔加压侧线抽出汽提机理的基本分析。

2.2　氨精制的基本原理

单塔加压侧线抽出汽提工艺经三级分凝后的富氨气中硫化氢含量较高（可达 $10000\mu g/g$ 左右）并含有微量 CO_2，还不能直接进行工业应用（如配制成氨水，用于液化石油气脱硫化氢及催化分馏塔顶注氨等），必须经过精制过程。

氨精制过程也是基于 H_2S-NH_3 挥发性弱电解质水溶液在不同条件下的汽-液平衡。H_2S、NH_3 与 H_2O 的气液相平衡常数相差很大，NH_3 和 H_2S 在水中的溶解度随温度升高而降低，在低温时若液相中 NH_3 的浓度比 H_2S 相对较高时，则系统中的 H_2S 基本上被 NH_3 固定下来，生成硫氢化铵，即：

$$(NH_3+H_2S)液 \rightleftharpoons NH_4^+ + HS^-$$

因硫氢化铵是弱酸和弱碱生成的盐，在水中被大量水解又重新生成游离的氨和硫化氢分子，即：

$$NH_4^+ + HS^- \rightleftharpoons (NH_3+H_2S)液$$

通过在低温条件下（-10~0℃），使富氨气在氨精制塔内经高浓度、高分子比的氨水循环洗涤（或鼓泡通过）精制，氨精制塔的温度利用外补液氨蒸发降温来维持，由汽-液平衡原理，富氨气中的硫化氢及水分转入低温溶液，塔顶得到高浓度、低含硫量的氨气。积累了硫化氢的溶液，根据一定的氨/硫化氢分子比，从塔底排至原料水罐，塔内补入软化水及液氨，以保证系统在同一操作条件下的物料平衡和循环液应具有的高浓度、高分子比要求。

出氨精制塔的氨气中硫化氢含量可小于 $100\mu g/g$，经过进一步的精脱硫、压缩、冷凝后得到的产品液氨中硫化氢含量一般小于 $1\mu g/g$。

3 工艺流程

处理含硫污水的方法很多，由于水蒸气汽提法适用于污水中氨和硫化氢含量很宽的范围，采用适当的流程和操作条件都能把污水净化到符合排放标准和各种回用水质的要求，并能根据需要，得到副产品硫化氢和氨，因此，水蒸气汽提法近年来发展得很快。目前单塔加压侧线抽出汽提工艺应用较多。

单塔加压侧线抽出汽提工艺典型工艺流程如图 1 所示；常用的氨精制工艺典型工艺流程如图 2 所示。

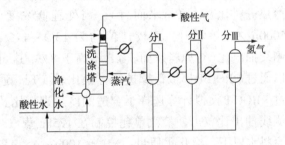

图 1 单塔加压侧线抽出汽提原则流程示意

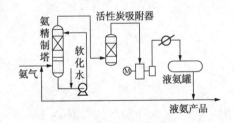

图 2 氨精制系统原则流程示意

流程特点：该流程系我国自行开发的具有先进技术经济指标的新工艺，可同时回收高纯度的含硫化氢酸性气和氨。与同样可同时回收高纯度的酸性气和氨的双塔流程相比，工艺简单、投资少、能耗低。

来自工厂各工艺装置的酸性水，经脱气后，进入原料水罐除油，再经进一步脱油后，分二路进入主汽提塔，主汽提塔塔体上段设有填料段，填料段顶部打入冷进料，热进料先后与汽提塔侧线气及塔底净化水换热后进入填料段下第一层塔盘，塔底用重沸器供热，在塔的中部氨浓度最高的部位，抽出气体，经三级分凝后，得到浓度较高的氨气，送氨精制系统，经精制、压缩、冷却得到液氨产品。塔底为净化水，塔顶得到纯度很高的酸性气。

4 对新设计酸性水单塔加压侧线抽出汽提装置的认识

下面以新的含硫含氨污水单塔加压侧线抽出汽提装置设计为例，讨论在酸性水汽提设计过程中对几个问题的认识。

4.1 优化流程、合理选型

（1）在原料水除油系统增设螺杆泵

原料水除油是酸性水汽提的重要环节。污水中油含量高，会破坏汽提塔内的汽液平衡，直接影响塔的平稳操作和净化水水质，同时污水中油含量的多少是影响酸性水汽提装置长周期运转的一个重要因素，含油多将造成油在塔、换热设备及容器内积累、乳化，使汽提效果下降、净化水质变差，塔顶气中烃含量升高甚至波及硫回收操作及产品质量。

多年来，许多炼油厂针对这一问题采取了不同的处理方法，取得了一些经验。在最新设计的含硫含氨污水汽提装置中，采用原料水罐串联沉降除油，中间设置严格的除油设施。进入装置的酸性水首先在装有特殊内构件的原料水罐 A 中进行沉降粗脱油，然后再经原料水除油器进一步除油，然后再进入原料水罐 B。这样做可使进入汽提塔的原料水含油量 $\leqslant 50\mu g/g$。

为避免因原料水除油器压降过大，原料水不能进入原料水罐 B，在原料水除油器前设置酸性水泵，在泵的选用上，为减小因流体搅动太厉害使得酸性水中油滴产生乳化，不利于沉降分离，选用转速较低的螺杆泵。

（2）设富氨气氨冷器

为减少进氨精制塔富氨气中硫化氢含量，在三级分凝器前设置富氨气氨冷器，使三级分凝器出口富氨气温度为 10℃。降低富氨气进氨精制塔温度，减少了蒸发降温的补氨量及氨精制塔的操作负荷。

（3）取消低压液氨循环罐

在以往进行的一些设计中，氨液分离器底部排出的液体，排往低压液氨循环罐，根据各炼油厂实际操作情况，氨液分离器底部排出的液体可直接排至原料水罐，低压液氨循环罐没有投用，因此，现设计中取消了低压液氨循环罐，节省了投资与占地。

4.2　采取措施、防止堵塞

装置内产生堵塞主要是因在低温下，高浓度的 NH_3、H_2S、CO_2 产生铵盐结晶引起。处理堵塞的方法是采用热水冲洗，蒸汽吹扫等。

在温度和组成波动可能较大的地方，如汽提塔顶、分凝罐出口等易产生结晶堵塞。为此，在汽提塔底设置安全阀以防堵塞超压，分凝器出口管道保温伴热。

冬天，单塔汽提装置中有时出现铵盐结晶堵塞酸性气管线，尤其在压控阀上下游死角处严重。控制好塔顶温度（40℃以下），是防止酸性气系统铵盐堵塞的关键。塔顶温度可以用冷进料调节。足够低的温度一方面可以把上升到塔顶部的气相中的氨组分最大限度地溶于冷进料中，同时，还可把气相中的水蒸气基本上冷凝下来，由于酸性气系统中氨大大减少，这样就破坏了铵盐生成的物质基础。

另外，设计时亦采取在压控阀阀芯附近加吹扫接头、对酸性气管道保温伴热、在平面布置上对酸性气及侧线气管道采用"步步低"的原则等措施，以减少堵塞的发生。

4.3　加强换热、降低能耗

从能耗构成看，蒸汽占全装置总能耗的 90% 以上。因此，降低能耗和消耗指标主要应从降低蒸汽单耗来实现，蒸汽单耗与原料预热温度、冷热进料比的关系如图 3 所示。

由图 3 可以看出，冷热进料比一定时，蒸汽单耗随原料水预热温度的提高而降低，因此在设计时，必须最大限度地、合理地回收净化水或侧线气体的热量，尽可能提高原料预热温度，减少蒸汽单耗。

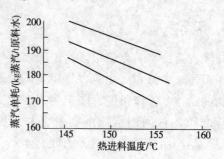

图 3　蒸汽单耗与原料预热温度、热冷进料比的关系

冷热进料比高，侧线抽出比高，都会使能耗增加。因此在保证产品质量的前提下，选择合适的冷热进料比及侧线抽出比可以降低能耗。一般冷热进料比（对原料水而言），当处理低浓度（5000μg/g）污水时，其较佳值约为 13% ~ 14%；侧线抽出比（对原料水而言），不高于 8%。这可以通过 PROCII 模拟计算进行方案比较实现。通过 PROCII 模拟计算选择了合适的冷热进料比及侧线抽出比，可使蒸汽单耗控制在 175kg 蒸汽/t 原料水以下，净化水质量：$NH_3 \leqslant 100μg/g$，$H_2S \leqslant 50μg/g$，达到了国内先进水平。

Clinsulf SDP 硫黄回收自控特点及原理

谭志强[1]　罗　斌[1]　陈小波[2]

(1. 中国石油西南油气田分公司重庆天然气净化总厂；
2. 中油西南油气田分公司重庆天然气净化总厂垫江分厂)

摘　要　Clinsulf SDP 硫黄回收工艺是目前比较先进的克劳斯延伸工艺之一，是我国引进的第一套，也是世界上第二套工业化装置。该工艺过程简洁明了，但控制相对复杂。文章将重点介绍 Clinsulf SDP 硫黄回收装置的控制思想，进一步剖析各个控制环节的基本特点，通过对该控制方案的介绍、分析，有助于我们认识 Clinsulf SDP 硫黄回收装置控制思想的先进性。

关键词　Clinsulf SDP 硫黄回收　自控

1　工艺说明

Clinsulf SDP 硫黄回收技术是重庆天然气净化总厂垫江分厂 2002 年的引进项目，该硫黄回收装置由热转化段和催化转化段两部分构成。热转化段采用的是 Amoco 公司许可的经过改良的 Claus 技术，催化转化段采用的是 Linde AG 的两级反应器 Clinsulf SDP(亚露点)技术。在生产过程中这两级转化器处于不同的工作状态，其中一级为"热态"(再生或解吸状态)，另一级处于"冷态"(SDP 操作或吸附状态)，在一定条件下两级转化器通过四通阀进行"热态"与"冷态"的状态切换。两级转化器的催化剂装填结构形式相同，在转化器等温段的上层装有一层 TiO_2 成份催化剂，该催化层在温度大于 315℃ 条件下，对 COS 和 CS_2 进行高效的水解反应。在转化器的等温段内装填的是铝基催化剂，该催化剂不仅具有高效的催化反应活性，而且在低温状态下对硫蒸汽有很强的吸附能力。"热态"转化器床层中的各点温度在硫的露点之上，这就保证了高温水解反应所需足够高的温度又兼顾了克劳斯放热反应所放出的热量被及时取走，使反应进行更彻底；而"冷态"转化器床层除绝热段外其余各点温度则在硫的亚露点状态下，有利于装置收率的提高。该装置工艺流程为：自脱硫装置来的酸气经过分离器 D-1401 除去游离水分后，进入酸气预热器 E-1406。在酸气预热器中，酸气将被加热至 226℃ 左右，加热的大部分酸气进入燃烧炉 H-1401 的

主燃烧室(如果酸气中硫化氢含量超过 40% 可全进炉)与来自主风机 K-1401A/B 经过 E-1407 预热器加热的热空气发生燃烧反应，少部分酸气(正常操作条件下约为 11%)直接进入燃烧炉的二次燃烧区。从燃烧炉出来的高温过程气经过废热炉 E-1401 冷却至 405℃ 后，进入一级硫黄冷却器 E-1404 冷却至 132℃，分离出过程气中的硫蒸汽后进入一级再热器 E-1402，过程气在一级再热器中被加热至 255℃，被加热的过程气进入"热态"转化器，在转化器绝热段的催化剂作用下发生 Claus 反应，使过程气的温度进一步升高，由于转化器绝热段中装填有对 COS 和 CS_2 水解性能好的 TiO_2 成份催化剂，使热转化段生成的有机硫在此绝热段得到充分的水解。经过此绝热段之后，将使过程气的温度升高至约 350℃，在此温度下进入"热态"转化器 R-1401A(或 R-1401B)下部的恒温段，过程气在略高于硫露点温度(286℃)条件下发生 Claus 反应。生成的液态硫从转化器底部离开系统，尚未转化的过程气和气态硫通过二级硫黄冷凝器 E-1405 进行冷凝，冷凝分离出的液态硫离开系统，冷却后的过程气经过二级再热器 E-1403 加热至 198℃ 后，进入处于"冷态"的转化器 R-1401B(或 R-1401A)，在转化器的绝热段进行 Claus 反应，因此处绝热段温度较低，故在此绝热段不会发生水解反应，然后经过转化器下部的恒温段，该部分通过冷却盘管使反应器的床层的温度降低到约 125℃，在绝热

段生成的硫黄在等温段被吸附在铝基催化剂上，从"冷态"转化器出来的尾气进入尾气灼烧炉 H-1403，在 600℃ 左右的条件下进行充分地灼烧，然后经烟囱 X-1402 排放到大气。工艺流程简图如图 1 所示：

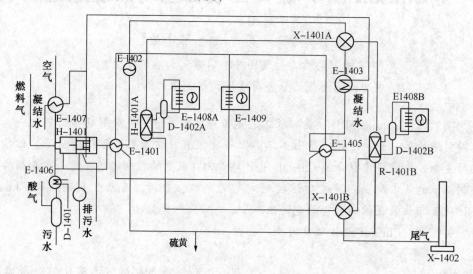

图 1　Clinsulf-SDP 工艺流程示意

2　自控特点

装置控制系统由室内 DCS 系统和现场 BMS 燃烧管理系统两部分组成，DCS 系统主要实现生产过程控制、逻辑程序控制和 ESD 联锁控制；BMS 主要负责燃烧炉点火操作管理等工作。自控特点主要有：

1) 过程尾气中 H_2S 含量和 SO_2 含量的比是 2:1，该控制系统采用前馈—串级调节控制方案，构成了过程尾气中 H_2S/SO_2 含量比与空气流量的串级调节系统；

2) 在低负荷需求状态下通过采取控制离心式鼓风机进出口管线及放空管线上的调节阀来避免风机的喘振；

3) 燃烧炉的炉膛温度控制采取变比值调节控制方案；

4) 反应器床层温度的变频压力控制；

5) 四通阀切换的逻辑程序控制；

6) 完善的紧急联锁停车系统 ESD；

7) 点火过程 BMS 的半自动化管理；

8) 燃烧状态 BMS 的管理。

3　过程控制回路原理

3.1　进炉空气量的闭环控制

克劳斯反应表明：当硫化氢与二氧化硫的含

量比在过程气中保持 2:1 时，装置就具备了高转化率的最佳条件。能否使过程气中的硫化氢与二氧化硫的含量比达到 2:1，关键取决于进炉空气流量的准确控制。对于本装置而言，决定进炉空气流量的因素有：酸气流量、酸气组分含量、燃料气流量、燃料气组分含量，从这些干扰因素的变化、控制角度两方面考虑，除酸气流量及其组分含量不能控制和确定之外，其余均能控制和确定。鉴于这一点本装置进炉空气流量采取前馈—反馈调节控制方案，该方案实现了进炉空气流量前馈控制的快速粗调和 2:1 反馈的细调。方案中以硫化氢与二氧化硫的含量比作为被调参数，并把酸气流量和燃料气流量作为可测量的干扰，前馈调节是按照可测量的酸气和燃料气量干扰作用进行调节的开环系统，它不需要等到干扰影响到被调参数后再来调节，即不必等到硫化氢与二氧化硫的含量比偏离 2:1 时才产生调节动作，就能及时地克服干扰的影响。因此，前馈调节具有调节速度快的特征，能及时地根据酸气流量和燃料气流量的变化快速地改变燃烧 1/3 酸气和进炉燃料气所需的空气流量，实现了空气流量的粗调控制。虽然前馈调节系统具有快速调节的特点，但是前馈调节系统对酸气组分含量的变化没有丝毫的调节能力，因此，仅仅采取前馈控制措施是不能够满足高精度的控制要求，故在方案中引用了反馈控制来弥补前馈调节系统对酸气组分干扰所不能调节的缺点。反馈部分主要是根据过程尾气中硫化氢和二氧化硫的含量比信号来进一步修正粗调过程中的空气流量，实现了空气流量的细调控制。进炉空气控制方案如图2所示。

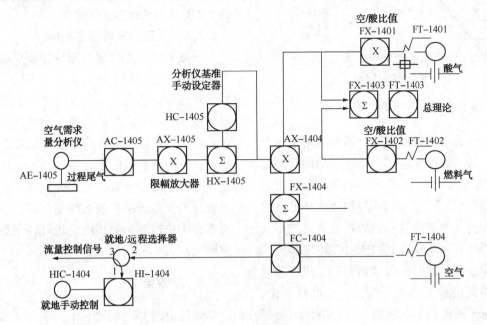

图2　空气控制方案示意

3.2　鼓风机防喘振控制

一般情况下，离心风机喘振是因为负荷减小，风机的入口流量小于该工艺工况下特征曲线的喘振点流量。风机喘振是很危险的，轻则造成出口压力大幅度波动，重则造成风机部件的损坏。因此，在低负荷运行状态下控制进口流量大于该工况下特征曲线的喘振流量是避免风机喘振的根本措施。

装置鼓风机防喘振的控制方案如图3所示。

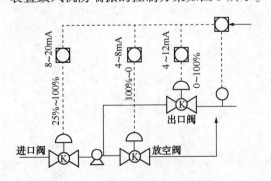

图3　鼓风机防喘振控制方案示意

从图3中可以看出，这是个典型的分程控制方案。通过控制风机进出口管线上的阀组，实现了在小负荷运行状态下风机进口流量大于喘振临界流量，避免了风机的喘振。当进炉风量为大负荷（流量调节器的控制信号为 100%～50%）时，出口调节阀全开，放空调节阀全关，这时鼓风机的进口流量恒等于进炉空气流量，进炉空气量控制只需调节进口阀；当进炉风量为中负荷（流量调节器的控制信号为 50%～25%）时，放空调节阀关闭，进、出口调节阀处于调节状态，风机出口侧压力将有所上升，这时鼓风机的进口流量仍等于进炉空气流量，进炉空气量控制通过调节进、出口调节阀；当进炉风量为小负荷（流量调节器的控制信号为 25%～0）时，进口调节阀固定在 25%的开度位置，放空、出口调节阀将处于调节状态，风机出口侧压力将进一步提高，这时鼓风机的进口流量大于进炉空气流量同时也大于该工况下的喘振极限流量，进炉空气量的调节通过控制出口阀和放空阀来完成。

调节过程中各调节阀的动作关系曲线图如图4所示。

3.3　转化器切换的程序控制

Clinsulf SDP 硫黄回收装置的两级反应器在任何时刻均处于不同的工作状态，其中前级反应器工作于"热态"，后一级反应器工作于"冷态"。"冷态"反应器运行一段时间后催化剂的吸附能力随着吸附量的增加而降低，为使装置长期处于高

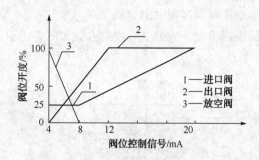

图4　调节阀分程动作关系曲线

收率状态，一方面两级反应器必须按吸附量进行位置交换；另一方面反应器必须在四通阀转动之前大约1.5h启动预冷步骤。反应器切换以进炉空气累积量和"热态"反应器出口温度为条件。启动预冷步骤的基本条件是：当回收装置进炉空气的累积量等于1143kmol时，"热态"转化器将执行预冷操作步骤，同时一级预热器、二级预热器温度控制回路的设定值相互交换。在此过程中，"热态"30min转化器蒸汽包的压力控制设定值将在30min时间间隔内按下列斜率线性地改变（6700kPa $\xrightarrow{30min}$ 800kPa $\xrightarrow{30min}$ 600kPa $\xrightarrow{30min}$ 440kPa $\xrightarrow{30min}$ 310kPa $\xrightarrow{30min}$ 210kPa $\xrightarrow{30min}$ 130kPa）；一级预热器的温度设定值由原来的255℃自动地改变为198℃；二级预热器的温度设定值由原来的198℃自动变为255℃。在预冷过程中，当热态转化器的出口温度等于200℃时，转化器切换条件具备。四通阀完成90°的转动，实现了R-1401A、R-1401B转化器位置变换；在四通阀转动的同时控制系统还自动地完成了以下操作："冷态"反应器的压力

设定值由原来的130kPa自动地改变为6700kPa；一级预热器的温度设定值由原来的198℃自动地改变为255℃；二级预热器的温度设定值由原来的255℃自动地改变为198℃。

3.4　反应器床层温度的控制

反应器的温度控制是通过控制反应器冷却盘管密闭循环系统的蒸汽压力来实现的。由于反应器冷却盘管的蒸汽压力与反应器等温段催化剂床层温度有着相互对应的关系，因此选择温度或者压力均能够实现反应器床层温度的控制。然而从温度、压力两参数的变化特征来看，由于压力变化速率优于温度参数，故在控制方案上选择蒸汽包的压力作为被调参数的控制方案，通过调节压力有利于快速地克服其他干扰对转化器床层温度的影响。

4　结束语

通过近半年时间的运行，考察Clinsulf-SDP硫黄回收装置整体运行情况良好。收率数据表明，该装置收率高于设计期望值99.2%。但是，由于该系统高温、高压部位较多，装置运行过程中蒸汽的泄漏现象时有发生，给我们的正常生产管理带来许许多多的不便。此外，系统另一个不足之处是，在反应器切换的瞬间容易引起酸气量大幅度的波动，这种变化一是造成尾气灼烧炉及烟囱胴体在短时间内的超温；二是有可能导致燃烧炉熄火故障引起装置的联锁停车。

硫黄回收装置酸性气燃烧炉衬里的设计

许永伟

（中国石化洛阳石化工程公司）

摘　要　对不同的酸性气燃烧炉设计不同的衬里结构，从而可以实现投资的最小化和装置的安全、长周期运行。

关键词　酸性气燃烧炉　衬里　设计

1　概述

随着含高硫原油的大量进口和炼油装置的大型化，国内硫黄回收装置的数量和规模也在以很快的速度发展。作为硫黄回收装置的主要设备——酸性气燃烧炉，担负着硫化氢的燃烧反应和与燃烧生成的二氧化硫和单质硫的反应。因此保证酸性气燃烧炉的安全长周期运行是非常重要的，酸性气燃烧炉的衬里结构设计就尤为重要。

早期的硫黄回收装置主要是砖结构，一般由三至四层组成，最里面为耐高温的高刚玉砖，里面为隔热砖。炉子的设计壁温偏低，约为 $80 \sim 100℃$。这种衬里结构比较安全，但是壁板的设计温度偏低，造成低温露点腐蚀。同时，衬里厚度大造成投资增加。

随着耐火材料工艺技术的不断进步，相继出现了浇注料和捣打料等结构，在小型硫黄回收装置中广泛应用，运行效果非常理想。

酸性气燃烧炉衬里结构目前可分为两种：①耐火浇注料结构；②耐火砖结构。在进行炉子设计时，首先要对衬里的结构类型选用进行确定。

2　耐火浇注料结构

在衬里设计时，首先确定衬里的层数和各层的厚度。用传热学公式算出衬里内部各点的工作温度，确保各层衬里在其安全的使用温度下工作。

耐火浇注料结构一般由两层或三层浇注料组成，迎火面为耐高温耐磨材料（最高使用温度 $1650℃$，Al_2O_3 含量 $>90\%$），第二层为隔热材料（最高使用温度 $1400℃$）；如果有三层，第二层仍为耐高温和耐磨材料（最高使用温度 $1500℃$），第三层为隔热浇注料（最高使用温度 $1200℃$）。在计算衬里厚度时应以炉体表面温度为准，一般炉体表面温度取 $>200℃$。如果炉体外面有防雨罩，衬里设计时的环境温度以设备工作时防雨罩内的温度为准。在控制炉体表面温度的同时还应对各层衬里的温度进行计算，计算出衬里界面的最高工作温度，防止内层衬里因不能承受高温而失效。为了保证衬里的质量，应对衬里的性能和化学组分进行严格控制。迎火面的耐高温和耐磨材料，应对其 Fe_2O_3、P_2O_4、Cr_2O_3 等杂质含量要进行量化检测，防止其在高温环境中的化学反应，最主要的还是 Fe_2O_3 与 H_2S 的还原反应，因此对 Fe_2O_3 含量的控制应更加严格（$<0.4\%$）。供货厂商须对硫黄回收装置很熟悉并有良好的产品质量信誉才可以选用。目前洛阳石化工程公司选用比较多的有派力固（大连）系列 PLIBRICO 系列捣打料、宜兴凯达 QSM、GCL 系列隔热、耐磨材料等。

这种由两层或三层浇注料组合而成的衬里结构的锚固结构比较复杂，主要是用非金属锚固砖+金属保温钉的结构形式，锚固砖主要分布于炉体的上半部，其长度贯通整个衬里部分，对衬里进行锚固，在锚固砖之间用金属保温钉对非迎火面衬里进行锚固，避免保温钉高温氧化。这种结构安全可靠已在很多硫黄回收装置上得到广泛应用。

耐火浇注料结构的主要优点是结构简单，施工方便，施工质量易于保证，在过渡段（前后封头部分）和燃烧器的燃烧道等变形段内比其他结构更容易施工，与筒体直段的连接质量非常好。同时由于在酸性气燃烧炉上有许多开口，在炉体衬里施工时就可以直接浇注（或涂抹），这样开口比较方便且质量可靠。酸性气燃烧炉与其后部的废热锅炉的对接也比较方便。在运行过程中衬里局部脱落或者裂纹后易于进行修补。耐火浇注料的另一个优点是施工时不受筒体椭圆度的影响，可以在筒体的圆度不满足制造要求的情况下进行施工。

同时这种结构也存在一些缺点：①由于是浇注料结构，衬里需要进行烘炉养护，这就延长了装置的开工准备时间；②由于是整体浇注，在装置开工后易在衬里表面形成龟裂纹，长期会对衬里的寿命和性能产生影响。这就要求在衬里的养护和使用过程中严格按照衬里的使用说明进行并进行烘炉养护，尽量减小龟裂纹的数量、宽度和深度，这样几乎不影响衬里的各种性能。禁止开工时快速升温和停工时快速降温，这有可能使衬里的温度快速不均匀变化而导致衬里的深度裂纹或局部崩裂；③由于浇注料的耐火能力的限制，炉膛操作温度不能超过 1350℃，对于酸性气中氨气含量比较多的装置，需要对氨气进行分解燃烧，提高炉膛操作温度，使其达到 1400℃，使氨气完全分解成氮气和水蒸气，衬里性能在工作状态下的熔点 >1750℃。此时普通浇注料就很难在此环境下安全工作，就目前的耐火材料性能来讲迎火面必须用砖结构，才能保证装置的安全工作。

3　耐火砖结构

耐火砖结构一般也有两到三层组成，迎火面是耐火耐磨的高铝耐火砖（最高使用温度 1750℃，Al_2O_3 含量 >90%），如果为三层，则第二层仍为耐火耐磨的高铝耐火砖（最高使用温度 1500℃），最后一层为隔热砖（最高使用温度 1300℃）。对于耐火砖的性能和组分要像前面提到的耐火浇注料的检测那样进行检测。由于全部采用圆弧形砖，砖的外形尺寸误差和弧度就必须满足安装质量要求，因为安装质量是直接影响拱形砖在高温状态下是否会坍塌的重要因素。目前在硫黄回收装置酸性气燃烧炉中应用比较多的是江苏省耐磨材料总厂、无锡晨光耐火材料有限公司等生产的高铝砖和隔热砖。其主要特点是质量可靠稳定，外形尺寸误差小，安装经验比较丰富，在砖缝的连接中采用先进的互嵌式结构，增加了圆弧部分的安全性。

耐火砖结构的优点是：①迎火面为高温耐磨高铝莫来石砖，提高了炉膛的操作温度，可以使炉膛操作温度达到 1400℃；②开工前不用烘炉，和耐火浇注料相比可以节省许多准备时间；③砖表面在工作过程中一般不会形成龟裂，延长了装置的使用寿命；④由于在高铝砖中混入莫来石，减小了砖的温度骤变敏感性。

相反，耐火砖结构的缺点也是很明显的：①砖结构是靠拱形结构的原理来保持其圆形的，这就对砖的形状和性能要有特别高的要求，如果砖的形状不符合设计尺寸，就有可能使砖缝松弛，使砖结构的稳定性降低，这就影响了结构的安全性。②在同一圈砌的砖中现场不允许对其进行切割加工，以免影响砖缝的大小，这就要对每块砖的尺寸误差进行严格控制；③砌砖对筒体的椭圆度有比较高的要求，如果椭圆度过大，就有可能无法垒砌，施工质量很难得到保证，同时每层砖之间也要涂抹高温胶泥，以增加层与层之间的结合力，增强拱形结构的抗坍塌能力，这对于高温胶泥的性能要求也是非常高的；④拱形结构对于砖的要求很高，在运行过程中如果有一块砖开裂变形，就有可能导致整个砖拱的塌陷，就是说它们之间的相互之间的影响性太大；⑤砖结构对于炉体异形结构的处理存在着一些缺陷，如果让制造商设计制造难度是很大的，有些地方须用浇注料进行处理；⑥对于人孔、热电偶等开孔比较麻烦，不如浇注料方便。总之，从砖的设计、制造、安装等很多环节都是要求很苛刻的。

随着硫黄回收装置的大型化，酸性气燃烧炉的直径也在逐步随着增大，应该考虑纯砖结构垒砌对于大直径结构的安全性。

4　复合结构

综上所述可以看出，单纯的浇注料结构和单纯的砖结构都各有优缺点，适用的场合也不尽相同。如果用耐火浇注料+耐火砖结构，就可以把砖和浇注料的优点结合起来。具体形式是：在迎火面用耐火砖，在第二、第三层用浇注料结构，迎火面可以承受高温，里面的浇注料能在允许使用范围内隔热、保温，这种结构的优点是：结构安全可靠，施工方便快捷，浇注料结构能弥补筒体的椭圆度，使最内层的砖结构更好的施工。同时衬里可以挤压砖结构，增加砖的牢固性。如果在炉体上开孔，只影响迎火面的一层砖，而浇注料可以很方便地进行开孔。特别是采用双区反应的酸性气燃烧炉，炉体上的开孔更多，采用浇注料+耐火砖的复合结构是比较科学的。

但是这种结构也存在着一些问题，比如烘炉时浇注料内的水蒸气如何排出去等问题，当然在筒体上开孔也是可以的，等烘炉完毕后再补焊。

另外，筒体开口接管的保护也是不容忽视的问题。通常情况下，诸如人孔、检查孔的保护用浇注料，而像酸性气引入管等有介质流动的接管用耐磨、耐高温的陶瓷管进行保护，防止高温磨损。目前用的比较多的是 GD850 型陶瓷套管（专利产品），在废热锅炉入口的保护套管是这种牌号。衬里的锚固钉和锚固砖的形状和分布对衬里的保护有很大的作用，可以借鉴其他装置衬里锚固的先进技术，提高酸性气燃烧炉衬里设计水平。

醇胺法脱硫脱碳装置的腐蚀与防护

陈赓良

（中国石油天然气股份有限公司西南油气田分公司）

摘　要　影响醇胺法装置腐蚀的因素甚多，但工业试验表明，装置的腐蚀严重程度总是随原料气中酸性气体浓度增加而增加。因此，可以认为装置上最主要的腐蚀剂就是酸性气体本身。醇胺法装置上出现的腐蚀形态主要有全面腐蚀、局部腐蚀和硫化氢应力腐蚀开裂三种。醇胺的各种降解产物对装置的电化学腐蚀有重要影响，尤其是醇胺氧化降解而生成的酸性热稳定性盐有很强的腐蚀性，故对草酸盐之类降解产物必须严格控制，醇胺法装置的防腐蚀必须采取综合性措施，可归纳为合理的设计条件、严格的操作控制、恰当的材料选用与必要的工艺防护。

关键词　天然气　炼厂气　脱硫　脱碳　腐蚀

1　概况

1.1　腐蚀破坏状态

醇胺法脱硫脱碳装置腐蚀的影响因素甚多，但经验表明：通常装置的腐蚀严重程度总是随着所处理原料气中酸性气体（H_2S 和 CO_2）浓度的增加而增加。因此可以认为，主要的腐蚀物质就是酸性气体。上述现象在使用一乙醇胺（MEA）的装置上尤其明显，这也是近年来国内外新建装置均很少采用 MEA 溶剂的主要原因。

H_2S 和 CO_2 对醇胺法脱硫脱碳装置的腐蚀主要有以下 3 种形态：

1）全面腐蚀：又称为总体失重（General Thinning），即装置的全部或大面积上均匀地受到破坏，常用单位时间、单位面积上金属材料损失的质量或单位时间内材料损失的平均厚度来表示。

2）局部腐蚀：在醇胺法装置上局部腐蚀有多种形态，但经常遇到的是点蚀（Pitting Corrosion）和流动诱使局部腐蚀（Flow Induced Localized Corrosion）。点蚀的敏感性一般随酸性气体分压增高与介质温度上升而增强。流动诱使腐蚀又称为冲刷腐蚀，是指流体高速冲刷材料表面，破坏了保护膜并形成各种各样的微电池，后者的阳极部分就成为局部腐蚀区域。局部腐蚀对装置的破坏甚大，必须采取多种措施来防护。

3）应力腐蚀开裂（SCC）与氢致开裂（HIC）：在有 H_2S 存在条件下产生的应力腐蚀又称为硫化氢应力腐蚀开裂（SSCC）。在处理天然气的醇胺法装置上出现虽相对较少，但一旦发生后果极其严重。印尼 Badak 公司处理天然气（含 CO_2 约 6% 的微量 H_2S）的多套 MEA 法装置，曾多次在 ASTM SA516Cr70 碳钢制汽堤塔内壁出现裂纹，最长的达 20cm。甚至在吸收塔的焊接区也出现过裂纹。最终是将 MEA 更换为以甲基二乙醇胺（MDEA）为主体的配方型溶剂后才彻底解决问题[1]，吸收塔（高压设备）发生 SCC 非常危险，1984 年美国伊利诺斯州 Romeoville 炼油厂处理丙烷的 MEA 法装置曾发生过一起因吸收塔 SCC 破裂而引起的重大爆炸和火灾事故，造成 7 人死亡[2]。此外，对醇胺法装置的调查表明，HIC 也是常见的开裂形式，必须充分重视。

1.2　腐蚀机理

1）H_2S 的腐蚀机理：干燥的 H_2S 对金属材料无腐蚀破坏作用，但溶解于水后则具有极强的腐蚀性。同时，H_2S 还是一种很强的渗氢介质，但其促进渗氢过程的机理、氢在钢材中存在的形态和氢脆现象的本质等问题，迄今为止看法尚不一致。

H_2S 溶于水后立即电离而呈酸性：

$$H_2O \longrightarrow H^+ + HS^- \quad HS^- \longrightarrow H^+ + S^{2-}$$

上述反应释放出的氢离子是强去极化剂，易在阴极夺取电子，促进阳极溶解反应而导致钢材腐蚀。阳极反应的产物硫化铁与钢材表面的黏结力甚差，易脱落且易被氧化，于是作为阴极与钢材基体构成一个活性微电池，继续对基体进行腐蚀。这是 H_2S 在醇胺法装置上产生电化学腐蚀的基本原理。

H_2S 作为强渗氢介质，不仅能提供氢来源，还通过毒化作用阻碍氢原子结合成氢分子的反应，若提高钢材表面的氢浓度，其结果则加速了氢向钢材内部的扩散溶解过程。这是醇胺法装置产生 SSCC 破坏的基本原理。

2）CO_2 的腐蚀机理：干燥的 CO_2 同样对金属材料无腐蚀作用，但溶解于水后会促进化学腐蚀。就本质而言，CO_2 水溶液（碳酸）中的腐蚀是电化学腐蚀，具有一般的电化学腐蚀特征，按不同温度，CO_2 对碳钢和含铬合金钢的腐蚀可分为 3 类：

① 在 60℃ 以下，钢材表面存在少量软而附着力小的 $FeCO_3$ 腐蚀产物膜，金属表面光滑，易发生均匀腐蚀。这类腐蚀对醇胺法装置的影响不大。

② 在 100℃ 附近，形成的腐蚀产物层厚而松，易发生严重的均匀腐蚀和点蚀。这类腐蚀极易在醇胺法装置的再生系统发生，其机理尚缺乏深入研究，故应予以特别重视。

③ 在 150℃ 以上，腐蚀产物是细致、紧密、附着力强、具有保护性的 $FeCO_3$ 膜，可降低金属腐蚀速度。由于温度原因，在醇胺法装置正常操作时基本上不发生这类腐蚀。

铁在 CO_2 水溶液中的腐蚀的基本过程也是阳极溶解反应：

$$CO_2 + H_2O + Fe \longrightarrow FeCO_3 + H_2$$

1.3 腐蚀影响因素

醇胺法装置的腐蚀主要影响因素可大致归纳为以下 5 个方面。

1）所有醇胺的类型。总体而言，MEA 装置的腐蚀最严重，二乙醇胺（DEA）次之，MDEA 比较轻微。目前国内的天然气和炼厂气处理装置几乎已全部使用 MDEA，除了选择性吸收和节能降耗外，减轻装置腐蚀也是重要原因。

2）溶液的酸性气体负荷。一般情况下，装置腐蚀程度均随酸气负荷上升而增加。MEA 装置的酸气负荷约为其平衡溶解度的 30%（0.3mol/mol），但 MDEA 溶剂通常可取 0.5 或更高。

3）溶液中的污染物。污染物的来源有 2 个途径：原料气带入以及溶剂降解而产生。由于天然气和炼厂气的上游处理装置各不相同，涉及的工艺与化学添加剂品种名目繁多，故这是一个非常复杂的影响因素，也是当前研究的重点。

4）操作条件。通常在操作温度与酸气分压较高且又可能有液相水存在的部位，如重沸器返回线、汽提塔顶冷凝器出口、富液控制阀入口与出口等部位容易发生腐蚀。

5）溶液流速。溶液流速过高会加剧设备腐蚀。根据工业经验确定的设计准则为：溶液在碳钢设备中的流速不应超过 1m/s；在不锈钢设备中的流速应在 1.5~2.4m/s 的范围。

研究过原料气中 CO_2/H_2S 含量比例对装置腐蚀的影响，但迄今尚无明确结论。

2 醇胺降解产物对腐蚀的影响

在醇胺法装置上溶剂存在 3 种不同类型的降解（变质）[3]，分别介绍如下。

1）热降解：在汽提系统正常操作的条件下（最高温度不超过 130℃）醇胺的热稳定性均较好。相对而言，DEA 的热稳定性比 MEA 和 MDEA 差。MEA 和 DEA 装置的再生温度通常在 125℃ 左右，而 MDEA 较容易再生，再生温度可降到约 117℃，进一步缓解了热降解。因此，可以认为 MDEA 装置基本上不存在热降解，也不存在热降解产物而导致的腐蚀问题。

2）化学降解：主要是指原料气中的 CO_2。有机硫化合物等醇胺反应生成难以再生的碱性化合物。MDEA 分子结构中不存在活泼氢原子，对于化学降解相当稳定。但当与 DEA 组成 MDEA/DEA 混合胺溶剂时，DEA 在温度与 CO_2 分压均较高时容易发生化学降解，其主要是降解产物为羟乙基恶唑烷酮（HEOZD）、三羟乙基乙二胺（THEED）和二羟乙基哌嗪（DHEP）。由于 THEED（乙二胺衍生物）对金属有螯合作用，是腐蚀促进剂，对装置腐蚀有一定影响。实验室中在压热釜内，对溶液中 MDEA 含量 30%（w）、DEA

含量 26%（w）的混合胺溶液，于 CO_2 分压 0.17MPa 与温度 127℃的条件下，经 28d 反应后，DEA 的浓度降至 12.7%，THEED 浓度上升至 8.47%，溶液中铁的浓度约为 37μg/g。但国外对 100 多套 MDEA/DEA 工业装置的调查结果表明，大多数装置 DEA 的降解和腐蚀不太严重，原因是工业装置上很少有机会同时达到如此高的 CO_2 分压和温度，实际在装置上检测到的 THEED 最高浓度为 2%左右[4]。

氧化降解和酸性热稳定性盐：原料气中的氧或其他杂质与醇胺反应能生成一系列酸性盐，它们一旦生成很难再生，故称为热稳定性盐（HSAS）。其中常见的有甲酸盐、乙酸盐、草酸盐、硫酸盐、硫代硫酸盐等，大多数 HSAS 对装置有腐蚀作用，尤其草酸盐有强烈的腐蚀作用。美国 Dow 公司的研究表明，MDEA 虽然对热降解和化学降解相当稳定，但其抗氧化降解能力却不及 DEA 和 MEA。在原料气中有 CO_2 存在的条件下，MDEA 容易发生氧化降解。上述 3 种醇胺抗氧化降解的能力依次为：DEA>MEA>MDEA。

根据以上研究结果，Dow 公司推荐 HSAS 在 MDEA 溶液中含量的上限如表 1 所示。

表 1　HSAS 在 MDEA 溶液中含量的上限[3]

HSAS	含量/(μg/g)	HSAS	含量/(μg/g)
草酸盐	250	硫氧酸盐	1000
硫酸盐	500	氧化物	500
甲酸盐	500	硫代硫酸盐	10000
乙酸盐	1000	HSAS（总量）	0.5%（溶液量）

连续地从醇胺溶液中除去 HSAS，不但能保持醇胺循环中低的污染物含量、保证平稳运转，也能有效地控制装置腐蚀。最近的文献中介绍了一种使用离子交换技术的 AmiPur 在线 HSAS 脱除系统，这是一个值得注意的发展动向[5]。

3　开裂型破坏（SSCC 与 HIC）

有关标准规定：当醇胺法装置处理的原料气中 H_2S 分压超过 0.34kPa 则为酸性环境。在酸性环境中 SSCC 与 HIC 是开裂的主要形式，且 SSCC 还可能进一步发展为应力导向氢致开裂（SOHIC）。美国对一系列醇胺法装置上的开裂型破坏的调查表明，开裂型破坏是危害性最大的一种破坏形态，必须引起充分重视。

上文提及的 Romevill 炼油厂的事故发生后，美国腐蚀工程师协会（NACE）专门成立工作组进行了深入调研，并得出若干有价值的结论[6]。该厂的 MEA 吸收塔也是由 ASTM SA516Cr70 号碳钢制作，全塔自下而上分为 6 段，投产 2 年后就在第 1 和第 2 塔段发现大量氢鼓泡和内部小裂纹，因此更换了以同样材料制作的第 2 塔段。更换过程中，由于形成了环向淬硬马氏体组织，导致沿圆周方向的氢应力开裂（HSC），大量氢积聚于此，又产生了沿壁厚方向的氢压力开裂（HPC）。从此设备及随后对近 300 套醇胺法装置的调查，大致可归纳出以下几点认识：

1) 出现典型 SSCC 的设备，开裂主要发生于压力焊缝与接管焊缝的熔合线中或焊缝的热影响区（HAZ）。其裂纹往往始于焊缝的热 HAZ 或邻近的母材，而终止于软母材，且大多数裂纹平行于焊缝。开裂呈穿晶型，裂纹内有硫化物存在。

2) 在醇胺法装置上也常出现 HIC，而且其出现的机率与溶剂类型密切有关（见表 2）。被检查的 34 套 MDEA 装置均未出现 HIC；37 套砜胺法（Sulfinol）装置中，则有 19%出现（HIC）；DEA 装置比 MEA 装置更容易出现 HIC。

表 2　醇胺溶液类型与 HIC 的关系

醇胺溶液类型	检查数/个	出现开裂几率/%
MEA	47	2
DEA	183	8
MDEA	34	0
Sulfinol	37	19

3) 在 HIC 中，有一种由于应力集中而产生的应力导向氢致开裂（SOHIC）。在应力集中区，由氢积聚引起的微裂纹常沿着壁厚方向发展形成开裂，这类开裂的破坏性极大，在醇胺法装置上常发生在 H_2O 浓度较高的区域，如吸收塔底部、汽提塔顶部等部位。

4) 对新建设备提出恰当的技术要求是必要的。这些要求通常包括：焊后热处理（PWHT）前接管焊缝的超声波探伤和 PWHT 后设备内表面焊缝的湿萤光磁粉测试（WFMT）。由于 WFMT 不能降低钢材的 HIC 敏感性，对工作在湿 H_2S 酸性环境中有明显 HIC 趋势的设备壳体及封头材料，必须按有关标准的要求（如 NACE TM 0284）对其进行测试，以满足抗 HIC 的要求。由于 PWHT 不能有效地防止 HIC，故在有可能发生 HIC 的情况下，应选用抗 HIC 钢材，如美国的 ASTM/ASMEA/SA516、德国的 DIN17102 以及英国的BS1501-224 等。

5）湿荧光碳粉法 WFMT 可以探测出为其他探伤技术所忽略的裂纹。鉴此，对在 H₂S 浓度大于 50mg/L 条件下操作的设备，HACE 工作组制定了专门的 WFMT 检查计划。

4　防护措施

综上所述，醇胺法脱硫脱碳装置中存在多种腐蚀介质，故必须采取综合性的防护措施。大致可归纳为 4 方面，即合理的设计条件、严格的操作控制、恰当的材料选用与必要的工艺防护。下文重点讨论后两个方面[7]。

1）所有设备应避免使用镀黄铜或铜基合金材料和铝材。容易发生腐蚀的部位可选用奥氏体不锈钢，如重沸器管束是腐蚀严重部位，尤其是采用 MEA 或 MDEA/MEA 混合胺的装置，应使用1Cr18Ni9Ti 钢管。贫/富液换热器可以使用碳钢无缝管，但管材的表面温度超过 120℃时，应考虑使用 1Cr18Ni9Ti 钢管。

2）操作温度超过 90℃的设备和管线，如再生塔、重沸器等应进行焊后热处理以消除应力，控制焊缝的热影响区的硬度小于 HB200。

3）重沸器管束等接触高温醇胺溶液的部位应定期维护，彻底清除管壁上的锈皮和沉积物，避免发生点蚀和垢下腐蚀。

4）重沸器有多种形式，如釜式、热虹吸式、强制循环式等，应优先采用带有蒸发空间的重沸器以降低金属表面温度，应避免使用热虹吸式。

5）醇胺溶液本身的腐蚀性不强，但其降解产物（尤其是氧化降解产物）往往腐蚀性很强。同时，溶液夹带的腐蚀产物（FeS）有强烈的腐蚀作用。因此，在流程上设置各种类型的过滤器以除去杂质。

6）循环冷却水处理是醇胺法装置重要的工艺防腐蚀措施，必须引起充分重视。

7）使用 MEA 和 DEA 溶剂的装置，加注缓蚀剂是有效的工艺防腐蚀措施，国外 20 世纪 70 年代开发的 Amine Guard ST 工艺即是十分成功的一例。该工艺使用钝化型缓蚀剂，在设备的金属表面形成一层钝化保护膜，从而使 MEA 溶液的浓度可提高到 30%（w）；DEA 的溶液浓度提高55%，具有明显的节能效果。MDEA 溶剂腐蚀性较轻微，通常在溶液浓度不超过 50%的情况下，不必加注缓蚀剂。但若使用混合胺溶剂，特别在高酸性气负荷的操作条件下，应由室内试验来确定装置的腐蚀速率，必要时应采用加有缓蚀剂的配方型溶剂。

总体而言，由其他醇胺改为 MDEA 本身就是重要的工艺防腐蚀措施。以加拿大的 Rimbey 工厂为例即可说明上述问题。该厂 1960 年投产，规模为 11×10⁶m³/d，以 20%的 MEA 溶液处理含H₂S 2%，CO₂ 1.3%的天然气。至 20 世纪 90 年代初，天然气中 H₂S 含量降至 75mg/m³ 左右，CO₂ 则上升至 3%，因而产生了包括腐蚀在内的一系列问题。1992 年改用以 MDEA 为主体的配方型溶剂 HS-101。既解决了选择性吸收问题，也相应解决了设备腐蚀问题[8]。在腐蚀重点部位挂片测定数据表明（参见表 3），在刚开工时测定的腐蚀速率略高（第 1 组挂片），HS-101 配方型溶剂在稳定运行时对装置的腐蚀则相当轻微（第 2组挂片）。

表 3　Rimbey 工厂的腐蚀挂片数据

部位	腐蚀速率/（mm/s）	
	第 1 题	第 2 题
重沸器反回线	0.162	0.045
再生塔冷凝器入口	0.048	0.036
再生塔冷凝器出口	0.112	0.005
回流罐酸性气出口	0.005	0.030
富液控制阀入口	0.058	0.005
富液控制阀出口	0.013	0.005
贫液冷却器	0.003	0.003
贫液缓冲罐出口	0.025	0.003

5 结论

1）影响醇胺法装置腐蚀的因素甚多，但工业经验表明，装置的腐蚀严重程度总是随原料气中酸性气体（H₂S+CO₂）浓度增加而增加。因此，可以认为装置上最主要的腐蚀剂就是酸性气体本身。

2）醇胺法装置上出现的腐蚀形态主要有 3种：全面腐蚀、局部腐蚀和硫化氢应力腐蚀开裂（SSCC）。装置上 SSCC 的出现机会虽相对较少，但一旦发生后果极其严重。

3）醇胺的各种降解产物对装置的电化学腐蚀有重要影响，尤其是醇胺氧化降解而生成的酸性热稳定性盐（HSAS）有很强的腐蚀性，故对草酸盐之类降解产物必须严格控制。

4）防护醇胺法装置的腐蚀必须采取综合性的措施，大致可归纳为 4 个方面：合理的设计条件、严格的操作控制、恰当的材料选用与必要的工艺防护。

参 考 文 献

[1] R. Safruddin et al. Twenty years experience controlling corrosion in amine unit, Badak LNG plant, Corrosion 2000, Paper NO. 00497(2000).

[2] M. G. Mogul. Reduce corrosion in amine gas absorption columns[J]. Hydrocarbon Processing, 1999, 78(10)：147-54, 56.

[3] 陈赓良. 炼厂气脱硫的清洁操作问题[J]. 石油炼制与化工, 2000, 31(8)：20-23.

[4] M. S. Dupart et al. Comparing laboratory and plant data for MDEA/DEA blends[J]. Hydrocarbon Processing, 1999, 78(4)：81-86.

[5] lJ. Shao et al. 解决胺厂操作问题的最新进展[J]. 石油与天然气化工, 2003, 32(1)：29-45.

[6] 王海雷. 脱硫装置酸性环境下的腐蚀开裂[J]. 石油与天然气化工, 1994, 23(1)：58-62.

[7] 卢绮敏等主编. 石油工业中的腐蚀与防护[M]. 北京；化学工业出版社, 2001.

[8] H. Y. Mak. Gas plant converts amine unit to MDEA-based solvent[J]. Hydrocarbon Processing, 1992, 71(10)：91-96.

锆刚玉莫来石制品在硫黄回收反应炉中的应用

许宝元[1]　邵承宏[2]　王新军[2]　初尔军[2]

(1. 无锡市晨光耐火材料有限公司；2. 大连西太平洋石油化工有限公司)

摘　要　分析了硫黄回收反应炉的特性以及反应炉内耐火炉衬存在的问题，并与通常采用的捣打料、刚玉浇注料、刚玉砖等进行了对比分析。结合实际情况，采用了锆刚玉莫来石制品作为炉衬的向火面。近6年的运行表明：在不改变炉衬厚度及炉膛有效容积的情况下，大幅度提高了反应炉的适应能力和抗热震稳定性能，延长了反应炉衬的使用寿命，消除了生产运行中的不稳定因素，使装置具备了三年一修的条件。

关键词　硫黄回收　反应炉　耐火衬里

1　前言

大连西太平洋石油化工有限公司(简称WEPEC)是加工高含硫原油的全加氢型炼化企业。单套硫黄回收装置是目前国内加工能力最大的，设计年产硫黄100kt，采用Claus工艺。1997年6月开工投产后，硫黄反应炉炉衬多次发生脱落，炉外壁超温。因WEPEC以加工高硫原油为主，硫黄回收又为单套装置，一旦硫黄反应炉出现问题，使得公司相关装置生产出的H_2S等有害气体得不到有效处理，不仅影响安全平稳运行，还直接影响周边环境，甚至可能影响全公司生产计划的完成。基于硫黄反应炉具体情况，1999年6月无锡市晨光耐火材料有限公司在不改变原设计炉衬总厚度和炉子有效体积的情况下，对硫黄反应炉炉衬彻底进行了改造。在2004年装置停工检修期间，对硫黄反应炉炉衬进行了全面检查，向火面锆刚玉莫来石砖完好、表面光洁无磨损、无H_2S侵蚀。在装置正常运行期间，反应炉外壁也没有超温的情况出现。就目前状况看，该反应炉炉衬可以实现再运行二个检修周期(三年一修)。

2　硫黄回收反应炉炉衬改造前的情况

2.1　失效情况

硫黄回收装置自1997年6月投产以来，不到两年的时间反应炉炉衬就出现严重塌陷脱落，炉壁筒体的不同部位均出现超温。停工检查中发现，塌陷主要表现为砖缝收缩导致炉顶部位砖拱变形下沉，以及砌砖断裂松动。

2.2　失效原因分析

1) 向火面选用的是刚玉砖，刚玉砖的缺点是抗热震稳定性差，由于进入炉内的酸性气体流量波动大(硫黄回收装置生产特点是被动接受来料酸性气)，热负荷不稳定，使炉内温度忽高忽低，导致向火面刚玉砖断裂。

2) 原设计采用三层耐火砖结构，向火面为刚玉砖，耐火层为高铝砖，隔热层为轻质砖。砖形都为刀口形，砖小、砖缝多，砖与砖之间用火泥砌筑。经过高温以后火泥收缩比较大，而炉本体钢结构随着温度提高而膨胀，导致顶部炉衬失圆下沉，从而使炉顶部壁板和砖之间脱离，并留有空间，使炉膛内高热气体在砖缝中和上部脱离空间形成对流，导致炉顶部超温。而顶部拱砖下沉以后，再经过几次反复膨胀和收缩，先是砖缝火泥脱落，从而使上顶部拱砖变形越来越大，最终致使反应炉顶部拱砖塌陷。

3) 耐火衬里没有采用锚固钉与炉壁固定。顶部衬里出现裂缝拱砖下沉的过程中没有锚固钉的加固作用，起初只有小部分衬里脱落，当炉顶拱砖失去支撑作用后，炉顶部衬里就会发生大面积塌陷。

3　反应炉各种炉衬的性能分析

根据资料介绍，国内外硫黄回收反应炉普遍采用的有以下三种炉衬结构：

1）三层砖结构。向火面为刚玉砖，中间层为轻质高铝砖，第三层为轻质隔热砖，这种衬里结构在前面已作过分析。

2）三层浇注料结构。向火面为刚玉质浇注料，中间层采用耐热浇注料，隔热层采用陶粒加蛭石浇注料。这种衬里结构一是由于浇注料采用高铝水泥结合，水泥中含有碱性物质 CaO，CaO 很容易跟酸性的制硫过程气反应，导致材料强度下降。二是浇注料线变化大，高温后一般为 -1.0% ~ -0.5%，衬里表面极易产生裂缝。衬里层虽然采用不锈钢锚固钉固定，但是酸性气体很容易从衬里表面的裂缝中渗透进去，和锚固钉接触，使锚固钉强度降低，逐渐失去固定衬里层的作用，最终导致衬里大面积脱落。

3）双层衬里结构。第一层磷酸铝刚玉耐磨层，第二层采用高铝矾土水泥陶粒隔热层。这种结构采用磷酸铝结合刚玉捣打料方式，比三层浇注料衬里结构性能好了许多。但是该种结构最大的缺陷是，捣打料收缩特别大，残余线变化一般情况下 110℃ 为 -1.1%，1000℃ 为 -1.3%，1300℃ 为 -1.5%，因此衬里裂缝最多，并且这种裂缝往往都是贯穿性的。通常硫黄回收反应炉内操作压力为 0.053MPa，酸性过程气直接从贯穿性裂缝渗透到金属外壁，将导致外壁超温和腐蚀，最终使衬里大面积塌陷。

4　硫黄反应炉炉衬改造的依据

反应炉是硫黄回收装置的核心设备，其工作原理是：酸性气体 H_2S 与空气中的 O_2 在反应炉内发生部分高温氧化反应，大约有 60% ~ 70% 的 H_2S 转化为单质硫黄。反应方程式如下：

$$H_2S + 3/2O_2 \longrightarrow H_2O + SO_2 + Q$$
$$3H_2S + 3/2O_2 \longrightarrow 3H_2O + 3/XS_x + Q$$

反应方程式可以看出，此过程是放热反应，产生的热量使炉膛温度高达 1100℃ 以上。由于硫黄回收装置来料酸性气量波动大，炉内温度也随之大幅度波动，因此对反应炉耐火衬里的抗热震稳定性能要求相当高。另外，从反应方程式中还

可以看出，反应物和生成物中均有强危害性物质，因而对设备适应能力的要求也是非常苛刻的。

硫黄回收反应炉相关参数如表 1 所示。

表 1　硫黄回收反应炉相关参数

项　目	数　据
设备尺寸/mm	$\phi 3200 \times 14 \times 11915$
设计压力/MPa	0.25
操作压力/MPa	0.053
外壁设计温度/℃	200
炉内设计温度/℃	1600
外壁操作温度/℃	160
炉内操作温度/℃	1100 ~ 1400
介质组成	H_2S, SO_2, H_2O, CS_2, COS, CO_2, N_2, 单质硫等
有效体积/m³	55
衬里厚度/mm	242

通过对硫黄反应炉工作原理、相关参数和硫黄回收装置生产特点的分析，为适应炼制高硫原油对硫黄回收装置的高要求，硫黄回收反应炉炉衬的材料及结构应具备以下特性：

1）具有很好的抗高温酸性气体侵蚀的能力。

2）具有优异的高温性能，即较高的耐火度和荷重软化点。

3）具有较高的高温强度、高耐磨性能。

4）具有良好的体积稳定性和较好的抗蠕变性，线变化小。

5）热震稳定性好，以适应反应炉开、停频繁的工况，有效防止温度高低急变在材料内部产生热应力而导致衬里剥落和开裂。

6）施工方便，烘炉时间短。

5　炉衬材料及结构的选用

根据反应炉的工况和特性，反应炉炉衬采用一层砖两层浇注料的三层结构。采用了 CG-GM 锆刚玉莫来石砖作为向火面工作层，厚度为 114mm；中间层采用 CG-C3 轻质莫来石衬里作为耐热层，厚度为 114mm；最外层采用 CG-D2 轻质料作为隔热层，厚度为 114mm，如图 1 所示。另外，炉内花墙采用 CG-M 锆莫来石砖，花

墙墙体厚度为330mm。

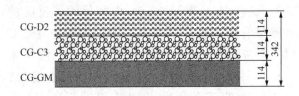

图1　炉衬采用的三层结构

经过计算，当炉内温度为1600℃（设计参数）时，采用图1所示的三层结构，反应炉外壁温度在155℃左右。各层用材的性能指标详见表2。

表2　硫黄回收反应炉选用的耐火材料的性能

项　　目	CG-D2	CG-C3	CG-GM	CG-M（花墙）
体积密度/（g/cm³）	≤1.0	≤1.37	3~3.2	2.4~2.8
最高使用温度/℃	1000	1350	1650	1600
耐火度/℃		≥1200	≥1800	≥1790
抗压强度/MPa	110℃时≥8 540℃时≥6 815℃时≥6	110℃≥25 540℃时≥20 815℃时≥15	常压 ≥100	常压 ≥100
Al₂O₃含量/%	≥30	≥40	≥55	≥64
FeO₂含量/%	≤2.0	≤2.0	≤0.3	≤1.5
ZrO₂含量/%			≥6.0	≥6.0
置烧线变化/%	815℃≤-0.2	825℃时≤-0.2	1500℃×3h时为+0.2	1500℃×3h时为±0.2
热置稳定性			1100℃≥30次	1100℃≥30次
等热系数/[W/(m·K)]	540℃时，0.25 815℃时0.28	540℃时0.3 815℃时0.35		

从表2中可以看出，CG-GM锆刚玉莫来石砖具有很强的抗侵蚀能力、耐温高、耐磨性能好、强度高、线变化小等特点。且添加了莫来石后，利用莫来石微裂缝增韧的特性，大大提高了材料的热震稳定性。因为工作层CG-GM锆刚玉莫来石砖经过高温烧结，在炉子高温运行中，砖的环向膨胀系数和耐火层、隔热层的收缩系数正好抵销，从而达到三层衬里能够紧密地贴合在一起。

5.1　锆刚玉莫来石砖砖型的选择

对于向火面的CG-GM锆刚玉莫来石砖，采用了体积较大且四面带有凹凸槽的砖型，如图2所示，这样不仅使砖与砖之间能紧密结合不致脱落，而且可有效地隔焰和隔绝酸性气体渗透到第二层和第三层，大砖可以减少砌筑泥浆的收缩。反应炉内各物料接口、仪表接口等不规则处采用整体大块锆刚玉莫来石异形砖，它们均与炉筒体采用的规则砖很好衔接，这样使炉衬向火工作面形成完美的整体。

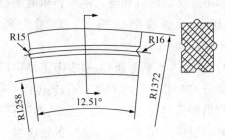

图2　锆刚玉莫来石砖的砖形

5.2　耐热层和隔热层锚固件的选用

反应炉内耐热层和隔热层的锚固件选用特殊的二层结构，如图3所示。这种结构的优点是便于隔热层施工，同时对耐热层同样有很好的锚固效果。

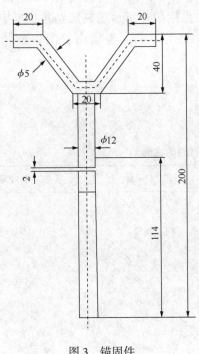

图 3　锚固件

6　施工方法

1）首先进行全炉隔热衬里 CG-D2 的捣打（也可采用喷涂），厚度以第一层锚固钉高度 114mm 为基准，并留有收缩缝，缝间距离 2000mm×2000mm。

2）隔热衬里施工结束后安置第二层锚固钉，再进行炉筒体下半段中间层 CG-C3 衬里施工，厚度以第二层锚固钉高度为基准，留有的收缩缝必须和第一层收缩缝错开，缝间距离也是 2000mm×2000mm。

3）炉筒体下半部分 CG-C3 施工结束后进行下半部分 CG-GM 锆刚玉莫来石砖施工，施工时必须找出炉筒体中心点，以此为基准进行施工，施工时必须纵向每 1.5m 留设一条膨胀缝，且必须和第二层膨胀缝错开。

4）下半部整体施工结束后进行上半部施工，先施工 CG-GM 锆刚玉莫来石砖，施工方法为支模退步施工法，每摸砖施工完成后进行中间层 CG-C3 衬里材料捣打，必须夯实，不得留有空隙，直至施工结束。

7　使用效果

硫黄反应炉使用本结构炉衬后，1999 年投

入使用，2004 年停工检修打开检查，衬里材料完好无损。在装置正常运行期间检测，反应炉外壁没有局部过热的现象，炉外壁均在 165℃以下。WEPEC 硫黄回收为单套装置，使用本结构炉衬后，消除了不稳定因素和安全隐患，解决了影响硫黄回收装置长周期运行的"瓶颈"问题，同时为公司炼制高硫原油奠定了坚实基础。

8　效益分析

1）潜在的经济效益以加工高硫原油为主的炼化企业，硫黄回收又为单套装置，如果硫黄反应炉耐火衬里出现较大问题，硫黄回收装置需要停工检修，这样一来装置停、开、修所需时间至少半个月，如果反应炉耐火衬里需要重做，那么装置停、开、修所需时间会更长。在装置停工检修期间公司不得不改变原生产计划，加工价格较高的低硫原油，这样原油加工的价格成本提高，从而减小利润空间，使得公司整体经济效益受到影响。

硫黄反应炉耐火衬里如果出现问题不太严重，外壁局部有过热点，为了保证设备能够继续运行下去，那么势必要限制反应炉的使用温度，这样影响装置酸性气的处理量。公司为保证加工计划完成，必须掺炼低硫原油，同样会使原油加工的价格成本提高。

总之，硫黄回收装置安全平稳运行是公司取得好的经济效益不可缺少的必要条件，而硫黄反应炉又是装置的核心设备，其创造的潜在经济效益不可低估。

2）节约维修费用。

硫黄回收反应炉这种新型结构的炉衬预计使用寿命可达 10 年以上。改造一次性总投资 180 万元，与原来的炉衬两年需要重做一次相比，预计可节约 900 万元。按目前已运行 6 年的时间计算，已经节约了 540 万元。

9　社会效益

硫黄反应炉耐火衬里如果经常出现问题，装置始终处于不稳定状态，装置就会有停工处理问题的情况发生，造成富含 H_2S 的酸性气直接排放到火炬，富含 H_2S 等有害物质的酸性气得不到有

效处理，会直接影响周边环境，还有可能造成环保事故。

所以硫黄反应炉能否正常运行将是公司安全生产不可缺少的重要条件之一，硫黄反应炉衬里的改造成功，在为公司创造良好的经济效益的同时，对环境保护也将起到重大作用。

10　结论

通过对硫黄回收装置反应炉衬里脱落原因的分析，充分利用优质材料和采用新型结构，找到了解决改造衬里的方法，并通过严格的施工，实现了硫黄装置长周期运行，并为炼制高硫原油的炼油厂提供了可借鉴的经验。

硫化氢采样器的改造及应用

李世祥

（中国石化沧州炼油厂）

摘　要　为了保证酸性气(含 H_2S)采样时的安全性和密闭性，我们对酸性气采样器系统进行了改造，实践证明，改造后的采样器既能满足生产，又能保证安全。

关键词　硫化氢　配风　采样器　密闭

1　前言

沧州炼油厂硫黄回收装置的原料是含 NH_3 的酸性气，其中 H_2S 约为 84%左右，NH_3 约为 16%左右，装置采用目前国内外比较成熟的烧氨技术，既将含氨的酸性气直接送入 Claus 硫黄回收装置反应炉，在得到硫黄的同时将氨气烧掉。

部分氧化法燃烧炉中进行的热克劳斯反应，适宜的条件为：温度约 950～1450℃（国内装置炉膛温度多数为 1000～1200℃）范围；配风量只满足使原料酸性气中的 H_2S 三分之一氧化，同时使原料气中所含其他可燃成分，如：H_2、CO、烃、氰化物等完全燃烧，也就是燃烧室内进行的高温反应是缺氧氛围，燃烧炉进料风气比为 2.0 左右，但当原料酸性气中氨含量超过一定浓度，在普通克劳斯炉中处理富氨酸气时，会因缺 O_2 与反应温度低而使 NH_3 燃烧不完全，残余 NH_3 量高，铵盐给装置操作带来麻烦，还会因 NO_x 生成量大造成对环境的污染，因此必须控制烧氨火嘴酸性气中 NH_3、H_2S、O_2 的比例，使烧氨温度稳定在 1250℃以上，并且有一定的过氧量。但总配风过大，又会降低反应炉硫黄转化效率，增大转化器负荷，使尾气加氢反应不完全，尾气中有较多单质硫生成直至尾气急冷塔堵塞。同时，由于前部烧氨不好及过氧原因，部分 SO_2 及 SO_3 增多，使急冷水显酸性，导致急冷塔及其相连的管线、急冷水泵腐蚀极其严重。因此，必须根据出现的情况及时减少配风量，调整增大再生酸性气进炉中部量，达到使前部烧氨有一定的过氧量，整体配风量不变，防止产生过多的二氧化硫。根据实验

可知，烧氨时酸性气浓度控制风气比为 1.35～1.50 为宜。

由以上所述可知，要保证氨气燃烧最好，同时又能提高硫回收率，减少硫损失，最大限度地保护环境，理论上应该使烧氨时酸性气浓度控制风气比为 1.35～1.50，为了保证这个等式成立，必须及时采样，分析酸性气中 H_2S 和烃、NH_3 的含量，然后根据 NH_3 和烃完全燃烧以及 2/3 的 H_2S 完全燃烧的原则来配风。

2　改造前的酸性气采样系统

改造前酸性气采样系统如图 1 所示。其中 1 为酸性气管线，2 为采样球阀，3 为胶皮管，4 为水槽。

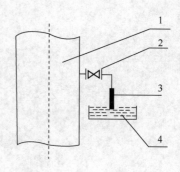

图 1　改造前采样系统

2.1　工作原理

1）采样时，先将胶皮管置于水槽中，然后微开采样阀，进行酸性气置换，以保证样品的即时性和代表性。

2）关闭采样阀，将胶皮管套在采样用注射器上，再打开采样阀，利用酸性气自压，使针管内的气体达到一定的刻度，然后关闭采样阀，将

胶皮管置于水槽中。

3）采样时必须佩戴空气呼吸器，两个人同时到现场，一人作业，一人监护，以保证安全。

2.2　弊病

1）国家规定有毒有害气体必须密闭回收或排放，虽然此处采样时用水槽吸收残余的硫化氢，但不符合密闭要求，同时 H_2S 溶于水同样具有剧毒性。

2）在样品的置换过程中，由于设备因素或人为因素，样品置换不充分的情况会经常发生，如果置换不充分，样品就不具有代表性，将会误导操作，导致配风不当。配风过大会产生过量的 SO_2，由于加氢反应器中 H_2 含量是一定的，所以前部生成的一部分 SO_2 与 H_2 反应生成 H_2S，另一部分与反应器中生成的 H_2S 继续反应生成 Sn（气态），Sn（气态）进入急冷塔后受冷变为固态的硫黄粉末，由此导致急冷塔的填料层堵塞，最终使装置被迫停工，有关方程式如下：

$$2H_2S+3O_2 \longrightarrow 2H_2O+2SO_2（过氧反应）$$

$$SO_2+3H_2 \longrightarrow 2H_2O+H_2S$$

$$SO_2+2H_2S \longrightarrow 2H_2O+3S（固态）$$

配风过大还会产生一个严重的后果：产生的过量的 SO_2 会随过程气进入急冷塔，遇到急冷水形成亚硫酸，也就是说，维持急冷塔液位的急冷水呈弱酸性，急冷水在急冷塔、塔底泵、急冷水换热器中不停地循环，最后会导致急冷水系统设备的严重腐蚀，这种腐蚀在我厂的硫黄回收中已发生过几次，根本的原因就是配风不当。

3）采样时必须佩戴空气呼吸器，同时有人临护，虽然保证了安全，但是操作不方便，也增加了人工成本。

3　改造后的酸性气采样器

1）改造后的酸性气采样系统如图2所示，其中 5 为入口采样球阀，6 为出口采样球阀，7 为采样器。为了保证采样时酸性气能够充分置换，5 的入口段 8，6 的出口段 9 插入深度应接近酸性气中心线，且 8 为逆向安装，9 为顺向安装。

2）采样器装配图如图3所示，其中 10 为采样器，11 为采样器法兰压盖，12 为 12mm 的胶皮垫。

3）工作原理：采样前先打开 5，再打开 6，

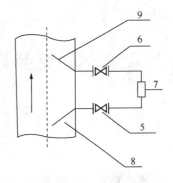

图2　改造后采样系统

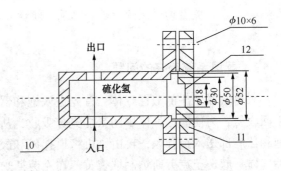

图3　采样器装配示意

通过自流，进行酸性气自流置换，12min 后，将采样用注射器（带针头）插入胶皮垫中，通过酸性气自压，使针管内的酸性气达到一定刻度，然后关闭 5 和 6。

4）优点：

①自始至终不用排放，真正实现密闭采样。②采样时不用佩戴呼吸器，也不需要人监护，既安全又节省人工成本。③由于设计合理，采样过程中置换充分，样品具有代表性，对制硫配风起着指导作用。

4　建议

1）由于装置采样频繁，胶皮遇酸极易老化，所以胶皮垫必须定期更换，建议更换周期为一个月。

2）由于 H_2S 的腐蚀性强，采样器系统材质应采用 1Cr18Ni9Ti。

克劳斯炉配风系统的改造

刘海明

（本钢焦化厂）

摘　要　通过对克劳斯炉内配风系统存在的问题的分析，找出了问题存在的原因，并提出了技改措施，收到了好的效果。
关键词　克劳斯炉　配风　粗调　改造

1　配风系统存在的问题

来自蒸氨工序的酸性气体，首先进入饱和器中回收氨，为使酸性气体中的氨能充分吸收，从饱和器底部送入搅拌风，再由风机将搅拌风和酸性气体一起送至克劳斯炉制取硫黄。在克劳斯炉中，要使酸性气体中的硫化氢完全转化成硫黄，首先由1/3的酸性气体与空气燃烧生成 SO_2，其余的2/3酸性气体再与 SO_2 反应生成硫黄。若空气量过大，就会生成过量的 SO_2，反之则会造成硫化氢的过剩。这些硫化物随尾气进入系统后，不仅影响后续工序的正常操作，而且会造成净煤气中硫化氢含量的超标。

为正确控制克劳斯炉内的配风，一般是在尾气管线上安装需氧分析仪，以检测尾气中 H_2S 和 SO_2 的含量，再根据测值判断转化率的高低，其最佳配风量为 2:1。在实际生产中，配入的空气量先由操作工凭经验粗调，再由需氧分析仪与配风量形成串级微调，尽管如此，上述配风系统还存在如下问题。

（1）搅拌风压系统控制问题

如图1所示，将搅拌风压作为控制对象的单回路调节。风量只显示累计功能，而没有调节功能。由于饱和器的母液浓度、液面高度和饱和器前后的煤气压力等因素随时在变，即使将搅拌风的压力控制在一定范围内，其风量也是不稳定的，必将影响克劳斯炉的配风量。另外，饱和器内的搅拌风分配管易因硫铵堵塞而使风量变小和风压提高。因原设计中只对风压进行跟踪调节。因此，当搅拌风因管道堵塞而

变小时，调节阀也随之关小，从而加速了风管的堵塞速度和增加了清扫搅拌风管的次数，极大地增加了克劳斯炉配风的难度，也根本无法实现稳定生产。

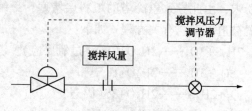

图1　搅拌风压力调节系统

（2）粗调系统搅拌风有问题

原粗调系统控制器的设定值由经验公式（FY=酸性气体量×0.5＋煤气量×4.6）确定。但在实际生产中，存在粗调期间需氧分析仪无法正常显示、硫黄产量少等问题，致使系统管理腐蚀严重，生化废水处理困难，分析其原因是粗调经验公式中没有排除酸性气体中的搅拌风量。

2　改进措施

（1）搅拌风调节系统的改进

首先将搅拌风系统由压力调节改为流量调节，即将控制器的输入信号由压力改接到流量一次元件输出信号上，而将压力信号接到流量显示上。另外，将定值调节改为随动调节。由于压力是变量，通过孔板测得的气体体积的压缩性很强，风压变化必然会引起风量的变化。因此，我们将流量调节系统由定值控制改为随动控制系统。在实际生产中，我们选用了 FOXBORO 公司的 I/A 集散控制系统的计算块，并采取了汇编语

言编程,所有的运算都在堆栈中进行。图2为改造后搅拌风流量调节系统,其数学模型为:$FY = 140000/(PR-0803+100)$,式中的 $PR-0803$ 为搅拌风压力检测值。

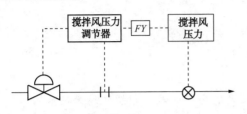

图2 改进后的搅拌风流量调节系统

(2)粗调系统的改进

我厂为两系同时生产,酸性气体全部送入克劳斯炉中,改进后酸性气体中的搅拌风量也按下式计算:

搅拌风量 $= [1FR-1001/(1FR-1001+2FR-1001)] \times FR-0802$

粗调系统的设定值可按化简后的公式计算:

$1FY = 1FR-1001 \times 0.5 + 1FR-1003 \times 4.6 - 1.5 \times [1FR-1001/(1FR-1001+2FR-1001)] \times FR-0802$

式中,$1FR$ 为一系配风量;$1FR-1001$ 为一系酸体气体量;$2FR-1001$ 为二系酸性气体量;$FR-0802$ 为搅拌风量;$1FR-1003$ 为一系煤气量。

3 改进效果

1)管道阻力增加后,风量减少,调节阀开启,风压增加,管道自洁性增强。搅拌风管道堵塞次数大为减少,由每天3~4次降至一星期或半月一次。

2)硫黄产量由 0.5~1.0t/班提高到 1.5~2.0t/班,净煤气中的硫化氢含量由 1.5~2.0g/m³ 下降至 400~800mg/m³。

3)需氧配风实现了自动调节,且调节水平可满足工艺的要求。

硫黄尾气处理装置腐蚀与防护技术

李学翔

（山东三维石化工程公司）

摘　要　阐述炼油厂硫黄尾气处理装置中常见的腐蚀问题，介绍防腐蚀技术的进展和应用情况，对装置的防腐蚀提出参考性意见。采用正确的防腐结构设计和先进的工艺防腐控制、严格的工艺生产操作及合理的材料选择，可控制和减轻装置腐蚀，确保环保和安全双达标。

关键词　硫黄回收　尾气处理　腐蚀防护

随着人们环保意识的增强，国家环保法规的日益严格，硫黄尾气处理装置越来越受到重视，近年来新建的硫回收装置均带有尾气处理。迄今为止，国内已有约 40 套硫黄尾气处理装置。作为全厂污染控制的关键装置之一，搞好腐蚀防护，适应炼油厂长周期安全运转的要求，已成为迫在眉睫的任务。

1　腐蚀介质腐蚀形式及部位

1.1　腐蚀介质

硫黄回收装置排出的制硫尾气，仍含有少量的 H_2S、SO_2、COS、S_x、CO_2、H_2O 等有害物质，直接焚烧后排放达不到国家规定的环保要求，因此必须对尾气进行处理。为有效控制尾气排放中的 SO_2，国内多选择尾气加氢还原吸收工艺。该工艺是将硫回收尾气中的单质 S、SO_2、COS 和 CS_2 等，在很小的氢分压和极低的操作压力下（约 $0.102 \sim 0.103MPa$），用特殊的尾气处理专用加氢催化剂，将其还原成水解为 H_2S，再用醇胺溶液吸收，吸收了 H_2S 的富液经再生处理，富含 H_2S 气体返回上游的硫回收装置；经吸收处理的净化气中的总硫不大于 $300mg/m^3$，焚烧后烟气中 SO_2 浓度不大于 $960mg/m^3$，经烟囱排放。以某炼油厂为例，原料气，净化气及排放烟气介质及含量如表 1。

表 1　原料气、净化气及烟气体积组成　　　　　　　　　　　　　　　　　　　　%

组成	H_2S	SO_2	COS	CS_2	CO_2	H_2O	O_2	N_2	H_3	S
原料气	0.81	0.43	0.02	0.03	8.45	31.63		56.90	1.69	0.04
净化气	0.03				11.12	6.33		80.66	1.86	
烟气		0.02			10.01	9.51	1.29	79.17		

1.2　腐蚀形式及部位

根据介质及操作条件不同，装置主要存在高温硫化腐蚀、低温电化学腐蚀和应力腐蚀 3 种不同的腐蚀形式。其中，高温硫化腐蚀的部位主要是燃烧炉、反应器的内构件；低温电化学腐蚀主要存在于急冷塔系统、烟囱、再生塔系统、贫富液换热器等；应力腐蚀的主要部位是再生塔塔顶酸性气冷却系统以及胺液循环系统的设备和管线等。

2　腐蚀状况及原因分析

2.1　高温硫化腐蚀

高温硫化腐蚀属于化学腐蚀。在腐蚀过程中，高温 H_2S、SO_2 与钢铁表面直接作用而产生腐蚀，其腐蚀速度随各种因素，例如温度、硫化物浓度、介质组成、材质等不同而改变。当碳钢设备温度超过 310℃，就会发生高温硫化腐蚀，温度越高，高温硫化腐蚀越严重。因此，燃烧炉和反应器的内构件易发生硫化腐蚀。此外，如果燃烧炉和反应器的衬里损坏后，则会产生较严重的高温硫化腐蚀。由于该装置的硫化物含量，操作温度都较硫回收装置低，因此高温硫化腐蚀并不是很突出的矛盾，腐蚀速度较为缓慢。

2.2　SO_2-CO_2-H_2O 的腐蚀

2.2.1　腐蚀状况

该腐蚀环境主要存在于尾气急冷塔，急冷水空冷器及水冷器管束，急冷水循环泵及管线等。以齐鲁分公司胜利炼油厂硫黄尾气处理装置为例，1994 年检修时，打开急冷塔人孔，发现塔内铁锈很多，塔顶内部急冷水线被腐蚀 6 处，固定塔盘的螺柱被锈蚀得无法拆卸，塔盘上的浮阀有许多爪都腐蚀掉，致使浮阀掉入下一层塔盘。在生产接近末期时，急冷水泵经常被塔内掉下来的浮阀堵住入口，而使急冷水泵被迫停运修理。

检修打开急冷水泵，将塔盘全部拿出之后，发现塔盘被腐蚀的像纸一样薄，有一戳就破的感觉，浮阀差不多都掉光了，有的浮阀开口直径由小于 39mm 腐蚀到接近 70mm。将塔盘及浮阀材质升级为 18-8，而到 1995 年检修时发现调节堰板又腐蚀坏了，没有办法只好又将调节堰板、连接件、卡子一同升级为 18-8，装置运行 3 年情况良好。至 1998 年检修打开，除不锈钢材质的部件完好外，其余碳钢配件例如：支持圈、溢流堰、受液盘等全部腐蚀掉，由此可见急冷塔腐蚀非常严重。

2.2.2　腐蚀原因分析

1）SO_2 的腐蚀：正常生产时，控制反应器出口的 SO_2 的含量为 0，急冷水量无色透明态。但是当加氢不足，反应器出口便有较多的 SO_2 产生。进入急冷塔后，急冷水由无色透明状态变成黑色，急冷水中固体颗粒增加，pH 值下降，当 pH 值低于 6.5 时，对系统设备和管线产生腐蚀。反应器出口 SO_2 增加通常有如下 4 种情况：①催化剂预硫化阶段，一般采用硫黄尾气预硫化，硫黄尾气中含有一定量的 SO_2。②催化剂再生期间，该过程产生大量的 SO_2 和 CO_2。③停工时，加氢催化剂钝化处理，该过程的产物为 SO_2。④正常生产时，原料气来量不稳，忽大忽小，若装置没有 H_2S/SO_2 和 H_2 在线分析仪，仅凭定点采样分析调节操作，势必会造成制硫尾气中 SO_2 浓度过高

或氢气的浓度过低，不能及时提供足够的氢气进行加氢反应，致使 SO_2 还原不完全穿透催化剂床层，进入急冷塔，造成急冷水循环系统酸性腐蚀，其反应过程如下：

$$SO_2+H_2O \longrightarrow H_2SO_3$$
$$H_2SO_3+Fe \longrightarrow FeSO_3+H_2$$

2）CO_2 的腐蚀：反应器出口的过程气中含有大量的 CO_2，进入急冷塔后，溶解于水，生成 H_2CO_3，腐蚀设备，其反应过程如下：

$$CO_2+H_2O \longrightarrow H_2CO_3$$
$$H_2CO_3+Fe \longrightarrow FeCO_3+H_2$$

3）腐蚀的影响因素：经过加氢或水解反应的过程气，以气相存在时，腐蚀是轻微的。但是当过程气中含有 SO_2 时，一旦进入急冷塔后便生成腐蚀性很强的 H_2SO_3，从而造成设备的腐蚀，急冷水循环系统的腐蚀速度随各种因素例如浓度、温度、流速、材质的不同而改变，腐蚀的程度主要取决于 SO_2 的浓度。SO_2 浓度越高，腐蚀性越严重。

2.3　SO_2-O_2-H_2O 的腐蚀

在装置的低温部位，当温度低于 SO_2、SO_3 等酸性气体的露点时，就会有酸液形成，从而造成露点腐蚀。最典型的低温露点腐蚀发生在烟囱上。在一定条件下，烟气中的 SO_2 与 O_2 反应生成 SO_3，它与水蒸气形成的硫酸蒸气可大幅度提高烟气的露点，从而在烟囱等温度较低部位形成严重的硫酸露点腐蚀，其反应过程如下：

$$SO_2+1/2O_2 \longrightarrow SO_3$$
$$SO_3+H_2O \longrightarrow H_2SO_4$$

硫酸露点腐蚀要比硫酸腐蚀严重，这是因为露点腐蚀开始时生成的 $FeSO_4$ 在沉积物的催化作用下，可与烟气中的 SO_2 和 O_2 进一步反应生成 $Fe_2(SO_4)_3$，而 $Fe_2(SO_4)_3$ 对 SO_3 的生成具有促进作用。在酸性条件下（pH 值<3），$Fe_2(SO_4)_3$ 本身也可对碳钢造成腐蚀，生成 $FeSO_4$，从而形成恶性循环。烟囱腐蚀通常发生在烟囱上部，如锦州、锦西、武汉等炼油厂的钢制烟囱，没有采用任何防腐措施，于是在烟囱出口以下 5～8m 的部位腐蚀极为严重，使用不到几年就从此处折断。另外，露点腐蚀还有 3 种情况：①燃烧炉、反应器等设备衬里损坏，如脱落后，尾气窜入衬里内层造成设备腐蚀。②水平安装的波纹补偿器，窜

入尾气后容易在补偿器的波形底部冷凝和积存，随着冷凝液的增加，尾气中的硫化物等腐蚀性介质溶解在冷凝液中，加速了腐蚀过程的进行。其腐蚀特征是局部穿孔，通常发生在补偿器的底部。③装置停工时，操作处于开、停切换（热、冷切换）。停工后，大量空气进入系统，由于在露点以下，从而产生凝结水并吸附在设备、衬里和管线上，与残留在系统中的 SO_2 等生成 H_2SO_3，其腐蚀较装置运行期间要严重得多。

2.4　RNH_2（乙醇胺）$-CO_2-H_2S-H_2O$ 的腐蚀

该环境中的腐蚀主要发生在温度较高的部位，如再生塔塔底系统、再坐塔进料段、贫富液换热器、贫液和半贫液管线等。再生塔随操作温度不同有不同程度的腐蚀，以进料段和下段塔体最为严重，如某厂原厚 10mm 碳钢再生塔，投用 4a 在重沸器返塔入口塔壁腐蚀穿孔，年腐蚀率为 2.5mm/a。再生塔塔底重沸器碳钢管束使用寿命不足一年即腐蚀穿孔，未穿孔处呈腐蚀深坑。在重沸器的汽-液交界面上，尤其是加热蒸汽入口端由于溶液激烈沸腾发泡而产生"泡蚀"。工艺管线的腐蚀部位主要是重沸器至再生塔入口线和再生塔塔底抽出管线，腐蚀特征为管线焊缝熔合线、热影响区的局部穿孔。本系统的腐蚀主要是酸性气体引起的，游离的或化合的 CO_2 均能引起腐蚀，而且在高温以及有水存在时尤其严重，其腐蚀反应为：

$$Fe+2CO_2+2H_2O \longrightarrow Fe(HCO_3)_2+H_2$$
$$Fe(HCO_3)_2 \longrightarrow FeCO_3+CO_2+H_2O$$

CO_2 和水结合生成碳酸可直接腐蚀设备，其反应为：

$$H_2CO_3+Fe \longrightarrow FeCO_3+H_2$$

H_2S 也同样腐蚀设备，生成不溶性的 FeS，并在金属表面形成膜，由于流体的冲刷，促使反应往复进行，造成设备腐蚀。溶液在运行一段时间后变黑就是由于 FeS 进入系统溶液的缘故。此外，胺液中的污染物对钢材与 CO_2 的反应起着显著的促进作用。

2.5　应力腐蚀开裂

湿 H_2S 应力腐蚀开裂是硫黄尾气处理装置常见的一种破坏形式，发生 H_2S 应力腐蚀开裂的钢材主要为碳钢和低合金钢。该装置可能发生 H_2S 应力腐蚀开裂的部位主要是再生塔塔顶冷却系统

的设备和管线以及酸性水返回污水汽提装置的管线。此外，乙醇胺溶液也能引起金属的碱性应力腐蚀开裂，该腐蚀一般发生在温度大于 90℃，pH 值大于 10 的环境中。凡未经消除应力热处理的设备和管线容易在材料的焊缝和热影响区发生应力腐蚀开裂。

3　防腐蚀技术及发展

30 多年来，硫黄尾气处理工艺和相应的防腐蚀技术得到了快速的发展。据调查，该装置的防腐蚀主要有 3 条途径：即防腐结构设计；采用先进的工艺防腐控制；选用耐腐蚀材料。

3.1　防腐结构设计

1）反应器设隔热耐磨衬里，设隔热防雨层；燃烧炉设耐热耐火衬里，为防止腐蚀，燃烧炉炉壁温度应高于 SO_2 的露点温度，国内设计一般按 150~300℃ 考虑。炉壁外上方设置一弧度为 270℃或 180℃防护罩，以防因环境温度变化而引起炉壁温度变化过大。

2）波纹补偿器应尽可能安装在垂直管线上，并设保温套。当安装在水平管线上时，应采用蒸汽夹套式补偿器。

3）加强胺液过滤，目前采用较多的是在贫液管线上设置活性炭过滤器和前后两个机械过滤器，溶液可全量或部分通过；为避免由于磨损破坏金属保护层以减轻腐蚀，应控制合适的液体流速。当采用碳钢管线时，液体最高流速为 0.9m/s，当采用不锈钢管线时，液体流速可达 1.5~2.4m/s。重沸器返塔管线宜适当加大管径或加扩散管减缓冲刷。

3.2　采用先进的工艺防腐控制

1）开工过程中，利用硫黄尾气对催化剂预硫化时以及催化剂再生期间，为防止 SO_2 由反应器进入急冷塔产生腐蚀，应在急冷水泵入口及时补充氨液中和 SO_2，保证急冷塔出门排水 pH 值不小于 7；停工时，为防止空气进入开放设备，造成系统腐蚀，推荐使用 2% Na_2CO_3 溶液中和洗涤系统和管线。凡不需打开的没备和管线，停工清洗后应充满氮气保护。

2）生产中，充分利用好、维护好 H_2S/SO_2 和 H_2 在线分析仪表，严格控制 H_2S/SO_2 比例，稳定尾气工艺操作、应该强调的是，过低的 H_2S/SO_2

比例要绝对禁止，尾气中 SO_2 含量太高，不但会引起加氧反应器超温，而且来不及加氢的 SO_2 进入急冷塔，势必造成系统积硫堵塞；带有 SO_2 的尾气一旦进入到胺液循环系统，对溶剂的损害也非常大；急冷水系统应设 pH 在线分析仪，以便及时准确地控制急冷水水质。

3）为防止胺液污染，胺液储罐和缓冲罐应使用氮气覆盖，以保证空气不进入胺液系统；系统不能超负荷，维护溶液负荷酸气与胺溶液之比在 0.15～0.20 之间；根据 MEA、DEA、DIPA、MDEA 溶剂性能，如果再生温度过高，将使溶剂降解变质，根据资料和生产经验，再生塔底溶液最高温度为 127℃，故需采用 0.4～0.5MPa、140～150℃ 的饱和蒸汽加热，当采用 1.0MPa 过热蒸汽时，必须采用减温减压设施；为减少富液中酸性组分的解吸而引起设备和管线腐蚀，富液换后温度应控制在低于 100℃，并且调节阀位置应靠近再生塔。

3.3　选用耐腐蚀材料

1）根据国内炼油厂材料的使用经验，该装置主要设备和管线可使用碳钢制造。对于腐蚀较严重的部位，如急冷塔、吸收塔和再生塔及其内构件，重沸器和贫-富液换热器的管程、燃烧炉及反应器内构件等，可选用不锈钢或复合钢板以防止腐蚀。总之，应根据不同的腐蚀环境选用相应的耐蚀材料。

2）处于湿 H_2S 环境及介质温度不小于 90℃、溶液的 pH 值为 10～12 的胺溶液碱性环境的设备和管线，应采用焊后热处理以消除应力腐蚀，控制焊缝和热影响区硬度（HB）不大于 200。

3）20 世纪 90 年代开发的新钢种 09CrCuSb（ND 钢），是目前国内使用较多的耐硫酸低温露点腐蚀用钢材，ND 钢主要的参考指标（70℃，50%H_2SO_4溶液中浸泡 24 h）如表 2。与碳钢、日本进口同类钢、不锈钢相比，ND 钢的耐腐蚀性能较好。该产品已经在济南、大庆、抚顺等多家炼油厂烟囱上使用。但实际情况表明，即使采用 ND 钢，尚需适当提高排烟温度，方可取得比较满意的防腐效果。因此，低温部位的选材仍有大量工作要做。

表 2　抗硫酸露点腐蚀性能对比

钢　　种	ND	20G	CRIA（日本）	TP321
腐蚀速率/[mg/(cm²·h)]	7.3	103.5	13.4	21.7
倍数	1	14.18	1.84	2.97

另据资料介绍，国内研制的耐高温防腐烟囱漆，用于某炼油厂硫黄尾气碳钢烟囱的内外防护，取得了良好的效果，已使用 6～7a，未见明显腐蚀。

4　结语

1）腐蚀是不可避免的，但是采取有效的防护措施，可以使腐蚀速度相对减慢。防止设备和管线的非正常腐蚀是确保装置长周期安全运行的一个重要措施。

2）正确的结构设计、严格的生产操作及合理的材料选择，可控制和减轻装置腐蚀。

3）防腐蚀工作是十分重要的，也是企业可持续发展的保证，需要在实践中不断摸索和总结，任重而道远。

酸水罐超压过程可视化数值分析及对策

江建峰

（扬子石化股份有限公司）

摘　要　运用可视化数值分析方法，分析酸水罐一次超压过程，确定罐内闪蒸气体流量以及安全附件存在的问题，为酸水罐长周期安全运行提供依据和建议。

关键词　常压罐　硫化氢　安全　数值分析

酸水罐是酸水汽提装置的进料缓存罐，为常压罐，设计压力为 3.0kPa。酸水利用压力势能入罐。

酸水中夹带大量液态轻质烃时，轻质烃在进罐过程中快速闪蒸、汽化、膨胀，造成罐内部压力快速升高，严重时甚至可能造成储罐破裂。

为保证酸水罐安全运行，采取了一系列安全措施，见图1。

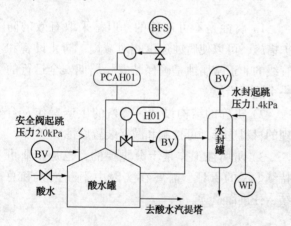

图1　酸水罐的流程

BV—大气；BFS—火炬；H01—遥控放空阀；

PCAH01—压力指标高报警仪表；WF—工业水

罐顶有水封罐，其设定起跳压力为 1.4kPa；有仪表 PC01 压力高报警器，报警值为 1.5kPa；有安全阀，设定起跳压力为 2.0kPa。罐压力高时，可通过火炬管线调节阀 PC01 和遥控阀 H01 排放；当压力继续升高时，应及时关闭酸水进料阀，切断酸水中液态轻质烃的继续进入；同时还编写了《酸水罐超压事故应急预案》，方便操作人员培训学习。

图2是一次罐压力从升高到下降过程的趋势图，图中操作数据取自集散控制系统（DCS）仪表 P001 的指示数据，数据的时间间隔为10s；一段时间里（600～1090s），压力超过了仪表的量程（3.0kPa），超压部分在图中呈现水平直线。

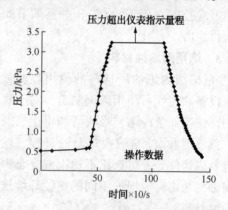

图2　罐压力变化

这次事件中，操作人员严格按照《酸水罐超压事故应急预案》及时果断处理，罐体未发生损伤、破裂。

1　压力升高过程数值分析

1.1　分析罐压力升高后酸水中的气体流量

随着时间的增加，罐压力不断升高时，闪蒸的气体流量为最低（应为零），罐内气体仍不断向外排放，使得罐压力下降速率绝对值最大。

计算可知，时间为 116.42×10s 时，压力下降速率最低值为 -0.1293，对应压力为 2.44kPa，向外排放气体量为 $735 m^3/h$，约 32.81kmol/h；根据柏努利方程可知，排放的气体流量正比于压力的平方根，随着压力不断降低，排放的气体流量也下降，所以压力下降速率呈现上升。

显然，从（109.0～116.4）×10s 这段时间内，进料阀门不断关小，因此，关闭进料阀门至少花了 1.2min 以上。

1.2 安全阀未起跳

罐安全阀设计起跳压力 2.0kPa，设计通气流量 323m³/h，起跳后回座压力为 1.0kPa；安全阀回座前后，排放气体总流量应大幅度减低，压力下降速率应大幅变化。

2 数值分析结果

通过对酸水罐超压过程的数值分析，得到了以下结论：

1）水封罐起跳压力为 1.34kPa，与设计起跳压力 1.4kPa 一致。

2）罐压力高时，关闭酸水进料阀至少需 1.2min 以上。

3）罐顶安全阀排气不畅，可能阀体或管线出现故障或阻塞。

4）酸水中夹带轻质烃时，短时间内产生的闪蒸气体最大流量为 1241m³/h，约 55.4kmol/h。

5）罐内压力的 2.44kPa 时，向外排放气体量为 735m³/h，约 32.81kmol/h，超过安全阀设计通气流量 323m³/h。按气相中 H_2S 浓度 20% 计，有 147m³/h 的纯 H_2S 排放了大气，严重污染环境，造成工作场所 H_2S 浓度严重超标。因此，罐超压排放是重要的危险源和重大的污染源，必须采取相应的纠正预防措施，防止事件的再次发生。

3 采取的应对措施

酸水罐超压排放，引起厂领导高度重视。在数值分析的基础上，采取了以下措施：

1）上游装置严格控制高、低压分离罐的油水分离界面，避免液相轻质烃随酸水进入储罐。

2）保持火炬管线畅通，罐内气体应尽可能向火炬排放。

3）调低贮罐压力高报警值，由原来的 1.5kPa 调整到 1.0kPa，以缩短处理类似事件的时间。

采取了以上措施后，未曾出现超压现象，罐内气体基本通过火炬焚烧排放，大大改善了工作环境，杜绝了 H_2S 直接排放大气造成的污染。

为了进一步保证罐的安全，计划装置检修期间，进一步完成以下两项工作：

1）罐顶安全阀或管线可能出现故障或阻塞，但由于安全阀前无手动切断阀，且 H_2S 气体对人体有剧毒，因此暂时无法检查、维修安全阀。计划在装置停车检修时，在安全阀前增设手动切断阀。

2）含 H_2S 气体的排放，是重大的危险源和重要的污染源，为保证操作的安全，减少发生类似事件关闭进料阀的时间，同时降低操作人员暴露在有毒环境中带来的风险，计划将酸水进料阀移至离酸水罐一定距离空旷地面上。建议最好将酸水进料阀改成遥控切断阀，杜绝操作人员暴露在高浓度 H_2S 环境中。

炼厂气脱硫胺液的途径选择

许建东

(中国石化高桥分公司炼油事业部)

摘　要　对 1# 气体脱硫装置溶剂再生能力和操作工况进行分析,比较相关装置的生产状况。对存在的问题进行分析探讨,提出了在装置改造期间,在一定条件下能够为 1# 硫黄尾气脱硫和火炬气脱硫装置提供脱硫胺液,且具有较好的经济效益。

关键词　气体脱硫　胺液　集中再生　负荷试验

因 1# 溶剂再生装置要进行扩能改造,无法向 1# 硫黄回收装置尾气吸收塔提供 25 t/h 质量分数为 30% 的 N-甲基-二乙醇胺溶液,用于吸收尾气中的 H_2S,同时塔底的富液也无法送至 1# 溶剂再生装置处理。为了吸收硫黄尾气中的 H_2S,减少 SO_2 的大气排放量,炼油事业部、技术开发部设想在 1# 溶剂再生装置扩能改造期间,1# 硫黄装置胺液的提供和再生由 1# 气体脱硫装置承担,为此,需对该装置溶剂再生塔系统处理能力进行评价。

1　胺液脱硫工艺

1.1　硫黄 SCOT 尾气处理工艺

SCOT 尾气处理脱硫工艺,即加氢还原法,它用氢气作还原剂,将硫回收尾气中的硫化物在催化剂作用下还原成 H_2S,然后 SCOT 反应过程气进入水急冷塔,冷后的过程气进入吸收塔进行选择性吸收。在吸收塔中过程气和选择性吸收剂(GTS-98)、脱硫剂逆流接触,脱除几乎全部 H_2S 及相当少的 CO_2,吸收塔顶出来的净化气含 H_2S 要求小于 376.7×10^{-6},焚烧后由高空排入大气。吸收了 H_2S 和 CO_2 的富液,经泵送到气体脱硫装置溶液再生塔,汽提脱除 H_2S、CO_2 后的贫液循环使用。塔顶出来的酸性气经冷凝冷却后返回硫回收装置,凝液作为全回流进入溶液再生塔。

1.2　干气及液化气脱硫

将含硫液化石油气和含硫干气,分别在不同脱硫塔中用选择性吸收剂(GTS-98)、脱硫剂逆

向接触进行抽提,脱除几乎全部 H_2S 及相当少的 CO_2,吸收塔顶出来的净化液化气和净化干气 H_2S 含量要求小于 20×10^{-6},吸收了 H_2S 和 CO_2 的富液靠自压送到本装置溶液再生塔脱除 H_2S,回收的 H_2S 回到硫黄装置制硫。

2　胺液脱硫原理

1) 吸收。在脱硫塔中进行的反应如下:

$$2(C_2H_4OH)_2NCH_3 + H_2S \rightleftharpoons [(C_2H_4OH)NHCH_3]_2S$$

$$[(C_2H_4OH)_2NHCH_3]_2S + H_2S \rightleftharpoons 2(C_2H_4OH)_2NCH_3HS$$

$$2(C_2H_4OH)_2NCH_3 + H_2O + CO_2 \rightleftharpoons [(C_2H_4OH)_2NHCH_3]_2CO_3$$

$$2(C_2H_4OH)_2NCH_3HCO_3 + H_2O + CO_2 \rightleftharpoons 2(C_2H_4OH)_2NHCH_3HCO_3$$

在低温时,反应由左向右进行,而当温度升高到 125℃ 及更高时,则反应向左进行。

2) 解吸。在溶液再生塔中发生如下的反应:

$$2[(C_2H_4OH)_2NCH_3]HS \longrightarrow [(C_2H_4OH)_2NCH_3]_2S + H_2S$$

$$[(C_2H_4OH)_2NCH_3]_2S \longrightarrow 2(C_2H_4OH)_2NCH_3 + H_2S$$

$$2[(C_2H_4OH)_2NCH_3]HCO_3 \longrightarrow [(C_2H_4OH)_2NCH_3]_2CO_3 + H_2O + CO_2$$

$$[(C_2H_4OH)_2NCH_3]_2CO_3 \longrightarrow 2(C_2H_4OH)_2NCH_3 + H_2O + CO_2$$

解吸反应为吸热反应,因此高温低压有利于解吸向右进行。

3　脱硫剂集中再生工艺

常规的 SCOT 尾气脱硫工艺(如图1),溶液再生装置设在硫黄装置内,溶剂再生需要提供热源,这样会造成硫黄装置能耗高。为了降低硫黄装置因增加脱硫设施的基建投资和硫黄装置能耗,在设计硫黄尾气脱硫时,通常以脱硫剂集中再生进行设计(如图2)。由于尾气中硫经过SCOT 尾气脱硫工艺后,富液中 H_2S 含量较低,为此,在设计时可以采用脱硫剂串级吸收工艺(如图3)。

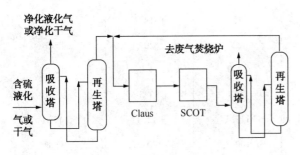

图1　常规 SCOT 工艺流程

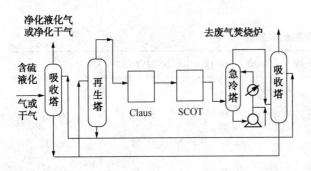

图2　脱硫剂集中再生工艺流程

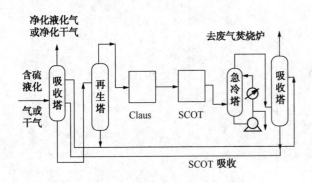

图3　脱硫溶剂串级吸收流程

4　1#气体脱硫溶剂再生塔系统负荷试验

2007 年 6 月 7~8 日进行提高和降低溶剂再

生塔系统负荷试验,干气脱硫塔贫液量由设计值28 t/h 提到 40t/h,液化气脱硫塔贫液量由设计值18t/h 提到 28t/h,装置胺液循环量由原设计值46t/h 提高到 68t/h,增加了 43.47%。塔、机泵及冷换设备运行正常,操作工况基本正常,再生塔底重沸器蒸汽量由 5.6t/h 提高到 6.6 t/h,贫液浓度为 25.04g/L,贫液中 H_2S 含量为 1.02g/L,胺液再生质量稍差。贫液冷后温度由原来的 32℃提高到 36℃,贫液冷后温度要求不大于 40℃,如果在夏天贫液冷后温度会更高;要达到贫液中 H_2S 含量不大于 1.0g/L,按再生 1t 胺液需要再生蒸汽 120kg 计算,则还需要增加蒸汽 1.64t/h,即再生塔底重沸器蒸汽量要达到 8.24t/h。因此,胺液循环量 68t/h 可视为操作上限。硫黄尾气脱硫塔贫液量设计 30.329t/h,在正常生产情况下该塔贫液量由 25t/h 降到 16t/h,吸收后尾气中的 H_2S 含量为 0。6 月 9~20 日进行降低溶剂再生塔系统负荷试验,干气脱硫塔贫液量由设计值40t/h 降到 20t/h,液化气脱硫塔贫液量由 28t/h 降到 18t/h,胺液循环量由 68t/h 降到 38t/h,再生塔底重沸器蒸汽量由 6.6t/h 降到 5.35t/h,装置胺液循环量由原设计的 46t/h 降到 38t/h,减少了17.39%,再生塔底重沸器蒸汽量由设计值的7.706t/h 降到 5.35t/h。塔、机泵及冷换设备运行正常,工艺操作参数正常,净化 f 气和精制液化气质量合格。

2007 年 9 月 1 日处理 1#等、3#催化液化气,处理量为 38t/h,液化气中 H_2S 的含量为6000mg/m³,液化气脱硫塔贫液量提到 25t/h,9月 4 日 3#催化干气改进装置,干气脱硫塔处理1#、3#催化干气,其处理量为 16000m³/h,干气中 H_2S 含量为 15000mg/m³,干气脱硫塔贫液量由 20t/h 提高到 25t/h,贫液浓度为 25.51/L,贫液中 H_2S 含量为 1.02g/L,净化干气中 H_2S 含量不合格达 500mg/m³;9 月 5 日 22:30 贫液量由25t/h 提高到 35t/h,9 月 6 日 2:00 补样,净化干气中 H_2S 含量 300mg/m³,3:15 贫液量由 35t/h 提高到 40t/h,6:00 补样净化干气中 H_2S 含量 200mg/m³,16:00 质量合格,净化干气中 H_2S 含量为 0。此时,胺液总的循环量为 65 t/h,再生塔底重沸器蒸汽量 6.5t/h. 贫液浓度26.47g/L,贫液中 H_2S 含量为 0.68g/L。但由于胺液循环量较大为 65t/h，室外温度高达 34℃，加上 EC -401/1 一只风机损坏，空冷冷却效果差，致使贫液温度高达 42℃。工艺操作条件见表1、酸性气及脱硫剂质量情况见表2。

表1　1#气体脱硫装置主要操作条件

项　　目	2007-06-06	2007-06-08	2007-06-12	2007-06-20	2007-09-05
干气脱硫塔顶压力/MPa	0.69	0.68	0.68	0.68	0.70
液化气脱硫塔压力/MPa	0.96	0.96	0.96	0.96	0.97
再生塔回流罐压力/MPa	0.046	0.045	0.046	0.045	0.070
液化气脱硫塔进料/(t/h)	28.0	30.7	33.1	28.5	40.1
干气脱硫塔进料/(m³/h)	11915	11459	11638	10685	16000
液化气脱硫塔贫胶/(t/h)	22	28	18	18	40.0
干气脱硫塔贫液/(t/h)	28	40	22	20	25.5
贫液遗塔温度/℃	31.3	36.1	32.0	34.0	41.8
富液脱气罐进料温度/℃	91.5	91.4	89.7	89.5	93.3
溶剂再生塔底温度/℃	112.5	112.2	112.1	112.4	117.0
溶剂再生塔阀温度/℃	101.7	101.1	100.3	100.5	95.8
溶剂再生塔底蒸汽量/(t/h)	5.6	6.6	5.4	5.35	6.50

表2　酸性气及脱硫剂质量

项　　目	2007-06-06	2007-06-08	2007-06-12	2007-06-20	2007-09-05
酸性气(φ)/%					
H_2S	68.52	72.21	77.33	65.82	76.70
CO_2	14.11	13.41	14.06	11.03	9.55
烃	0.20	0.09	0.16	0.16	0.03
空气	17.05	14.18	8.32	22.90	13.72
H_2O	0	0	0	0	0
MDEA 富液					
醇胺/%	23.37	23.23	22.63	21.72	23.91
H_2S/(g/L)	2.21	2.04	2.04	2.73	2.04
MDEA 贫液					
醇胺/%	25.37	25.04	25.04	24.44	26.47
H_2S/(g/L)	0.68	1.02	0.68	1.20	0.68

注：净化液化气，净化干气中 H_2S 含量皆为 0mg/m³。

当胺液循环量增加到 68t/h，为了保证贫液再生质量，溶剂再生塔底重沸器加热蒸汽用量增加 17.85%。贫液冷后温度上升到 36.5℃，贫液冷后温度要求控制在 40℃ 以下，这制约了溶剂再生塔再生能力继续的提高。

5　可供胺液可行性分析

1#气体脱硫装置提供脱硫溶剂的各脱硫塔主要设计和生产数据比较见表3。

表3　各脱硫塔主要设计和生产数据比较

项　目	进料量/(t/h)		贫液流量/(t/h)		贫液浓度/%		贫液H₂S含量/(g/L)	脱前H₂S含量/10⁻⁶		脱后H₂S含量/10⁻⁶	
	设计	实际	设计	实际	设计	实际	实际	设计	实际	设计	实际
1#气体脱硫											
干气脱硫塔	15.354	8.33	28	40~20	25	25.04	1.02	4000	12000	20	0
液化气脱硫塔	33.6	30.5	18	28~18	25	25.04	1.02	7000	5000	20	0
胺液循环量(min)	—	—	46	38							
胺液循环量(max)	—	—	46	68							
需提供胺液的脱硫工艺											
可提供胺液量	—	—	—	30							
1#硫黄回收尾气脱硫塔	1.785	1.2	30.329	12	25	25.5	1.2	—	—		0
火炬气脱硫塔	5.35		12	10	25.0	25.0	—	—	35000	≤100	
新增加胺液量	—	—	42.329	28							

注：1#硫黄回收装置进料量为硫黄产量。

从表3可以看出：干气脱硫塔干气处理量未达到设计要求，仅为设计量的54.25%，但催化干气中H₂S含量为设计值3～4倍，因此，实际上干气脱硫塔脱硫能力已达到设计要求。液化气脱硫塔液化气处理量和原料中H₂S含量已接近设计值，脱硫能力也已达到设计要求。1#硫黄装置生产1.2t/h硫黄，年生产硫黄10kt时尾气脱硫需胺液16 t/h，1#气体脱硫装置溶剂再生能力上限为68t/h，溶剂再生能力富余30t/h。因此，在当前生产状况下可以满足硫黄尾气脱硫和火炬气脱硫对胺液的需求。由此可知：

1）1#气体脱硫装置溶剂再生能力上限为68t/h，在催化干气和液化气处理量分别为8.33、30～33.5 t/h，干气中H₂S含量为12 000×10⁻⁶～15 000×10⁻⁶，液化气原料中H₂S含量在5 000×10⁻⁶以下，干气脱硫塔和液化气脱硫塔用38t/h的贫液吸收能达到脱除H₂S的质量要求。在上述生产条件下，1#气体脱硫装置溶剂再生能力富余30t/h；

2）1#硫黄回收装置在年产10kt硫黄下，尾气脱硫用16t/h，浓度为25%的MDEA胺液能脱除尾气中H₂S。

3）当1#硫黄回收装置年产硫黄10kt，火炬气脱硫装置按设计祭件（即处理量为4.5×10⁴t/a）生产时，脱硫胺液12t/h，共新增胺液22t/h。

4）在当前生产条件下1#气体脱硫装置溶剂再生能力恰好满足硫黄尾气脱硫和火炬气脱硫。

6　经济效益

1）增加胺液循环量，相应增加了再生蒸汽量。反之减少胺液循环量，可减少再生蒸汽量。按再生1 t胺液需要再生蒸汽120kg，胺液循环量增加22t/h，每天需增加63.36t蒸汽，每年增加蒸汽为22176t，按每吨蒸汽120元计，全年增支达266.112万元。气体脱硫胺液循环量比装置扩能改造前（改造前胺液环量30t/h）减少8t/h，每天可节约23.04t蒸汽，每年可节约蒸汽为8064t，全年节支达96.768万元。

2）向1#硫黄尾气脱硫和火炬气脱硫装置提供胺液，通过努力最大限度发挥了1#气体脱硫装置胺液再生潜能，一方面为"十一五"原油适应性改造，降低溶剂再生装置改造规模提供了条件，另一方面胺液的集中再生虽然会造成本装置能耗大幅度上升，但为炼油事业部降耗节能作出了贡献。

7　存在问题和建议

1）1#硫黄回收装置按设计年产 15kt 硫黄时，尾气脱硫需胺液 30.329t/h，用常规的溶剂集中再生工艺，1#气体脱硫装置溶剂再生能力无法同时满足 3 套装置对胺液量的需要，只能满足其中 2 套。如果采用脱硫剂串级吸收工艺（如图 3），即气体脱硫干气脱硫塔塔底富液或硫黄尾气脱硫塔塔底部分富液，打入火炬气体脱硫塔中部作为吸收剂进行二次吸收，此时 1#气体脱硫装置溶剂再生能力就可以同时满足 3 套装置对胺液量的需要。

2）当本装置于气和液化气处理量以及其中 H_2S 含量增加的情况下，用干气脱硫塔和液化气脱硫塔总共用 38t/h，体积分数为 25% 的 MDEA 的贫液无法完全脱除原料中 H_2S，会造成净化干气和精制液化气质量不合格。

3）在气体脱硫装置溶剂再生能力不进行扩能改造的条件下，如果脱硫效果不佳，产品质量达不到要求时，建议提高胺液浓度以确保产品质量。

4）因提供硫黄尾气脱硫和火炬气体脱硫，1#气体脱硫装置溶剂循环量增加较多，因其总处理量变化不大，装置的能耗和溶剂消耗会上升，这对装置降耗节能带来一定的影响。

5）贫液空冷器冷却能力是提高溶剂再生塔再生能力的主要瓶颈。

酸性水单塔低压汽提工艺的能耗分析及节能措施

李菁菁

（中国石油华东设计院）

摘　要　通过酸性水单塔低压汽提工艺的能耗分析，可以看出减少蒸汽耗量是降低装置能耗的重要措施。其次要控制合适的回流比和净化水出装置温度、尽量采用空冷器和 0.5MPa 蒸汽等节能措施。

关键词　单塔低压汽提　能耗分析　节能措施

酸性水汽提装置是炼油厂重要的环保装置。目前国内采用的汽提工艺主要有双塔加压汽提、单塔加压侧线抽出汽提和单塔低压汽提 3 种汽提流程。前 2 种流程可分别回收 H_2S 和 NH_3，后一种汽提流程不能分别回收 H_2S 和 NH_3，混合气体直接进烧 NH_3 喷嘴。

国外大部分装置都采用单塔低压汽提工艺为主，国内由于受烧 NH_3 喷嘴的限制，大部分汽提装置都采用能分别回收 H_2S 和 NH_3 的单塔加压侧线抽出汽提和双塔加压汽提工艺。随着烧 NH_3 技术及烧 NH_3 燃烧器在硫黄回收装置的应用和推广，国内酸性水采用单塔低压汽提工艺正在越来越广泛。

本文即以单塔低压汽提为例，进行酸性水汽提工艺的能耗分析，并在此基础上提出节能措施。

1　单位能耗

根据中华人民共和国行业标准《石油化工设计能量消耗计算方法》（SH/T 3110—2001），各种工艺公用工程消耗指标及能耗指标见表 1。

表 1　各项公用工程单位耗量及单位能耗

项　　目	单塔低压汽提工艺						单塔加压侧线抽出汽提工艺		双塔加压汽提工艺	
	A 厂		B 厂		C 厂		E 厂		F 厂	
	单位耗量	单位能耗	单位耗量	单位能耗	单位耗量	单位能耗	单位耗量	单位能耗	单位耗量	单位能耗
循环水/(MJ/t)	0.11	0.46	1.48	6.2	1.411	5.91	4.84	20.3	3.34	13.99
电/[MJ/(kW·h)]	2.26	26.76	2.2	26.05	1.958	23.18	4.7	55.5	3.61	42.74
0.5MPa 蒸汽/(MJ/t)	0.175	483.5							0.081	223.8
1.0MPa 蒸汽/(MJ/t)			0.18	572.76	0.167	531.33	0.198	629.7	0.174	553.67
凝结水/(MJ/t)	-0.175	-56.05	-0.18	-57.65	-0.167	-53.38	0.198	-63.4	-0.261	-83.6
除盐水/(MJ/t)					0.003	0.29	0.017	1.64		
净化空气/(MJ/m)	0.43	0.68	0.5	0.8		0.8	0.45	0.72	0.5	0.795
氮气/(MJ/m³)					1.0	6.28	0.625	3.93	0.23	1.44
		455.35		548.16		514.41		648.5		755.145
单位能耗(标油)/(kg/t)		10.88		13.1		12.29		15.49		18.04

各项公用工程在装置能耗中所占比例见表2。

表2　各项公用工程在装置能耗中所占比例　　　　　　%

项　目	单塔低压汽提工艺				单塔加压侧线抽出汽提工艺	双塔加压汽提工艺
	A厂	B厂	C厂	D厂	E厂	F厂
循环水	0.1	1.13	1.15	2.36	3.13	1.853
电	5.88	4.75	4.51	7.15	8.57	5.66
(0.5MPa)蒸汽+凝结水	93.87					26.452
(1.0MPa)蒸汽+凝结水		93.97	92.91	89.11	87.33	65.435
除氧水						0.305
除盐水			0.06	0.39	0.25	
净化空气	0.15	0.15	0.15	0.06	0.11	0.105
氮气			1.22	0.93	0.61	0.19
总计	100	100	100	100	100	100

2　能耗分析及节能措施

表1数据表明,酸性水的单位能耗和汽提工艺的选择有很大关系,3种汽提工艺的单位能耗从高到低的顺序依次为双塔加压汽提、单塔加压侧线抽出汽提和单塔低压汽提。

下面以近几年采用较多的单塔低压汽提工艺为例进行能耗分析及节能措施分析。

2.1　减少蒸汽耗量是降低能耗的重要措施

表2数据表明,无论采用哪一种汽提工艺,蒸汽的能耗约占单位能耗的90%甚至更高,因此能耗分析和节能措施的重点是减少蒸汽用量,可以说减少蒸汽用量是降低装置能耗的有效途径。

汽提塔的蒸汽供热量用于:①原料水从进塔温度加热至塔底温度所需热量;②回流罐冷凝液从进塔温度加热至塔底温度所需热量;③酸性气(包括H_2S、NH_3和H_2O)汽化所需的热量;④原料水中电解质电离所需热量及热损失。

以上各项热量占总供热量的比例见表3。

其中酸性气汽化和电解质电离所需热量随原料水中H_2S和NH_3含量的增加而增加,当原料水组成和汽提效率一定时,酸性气汽化和电解质电离所需热量也相对固定,因此节能措施主要是考虑降低加热原料水和冷凝液所需热量。

表3　各项热量占总供热量的百分比　%

项　目	A厂	资料
加热原料水	33.8	21
加热回流液	4.5	1.4
酸性气汽化	16.6	23
电解质电离及热损失	45	54.6

(1)减少加热原料水所需热量

要减少加热原料水所需热量,就要尽量提高原料水进塔温度,提高原料水的进塔温度是减少蒸汽用量的重要手段。由于原料水是和净化水换热后进塔的,为提高进塔温度可采取的措施是:①保证原料水—净化水换热器有足够的换热面积;②应定期对换热器进行清洗,防止结垢影响换热效果;③搞好设备和管道保温,减少由于热损失降低进塔温度。

通常单塔低压汽提工艺原料水进塔温度为95~100℃。此外汽提塔的操作压力应在保证酸性气进硫黄回收装置前尽量低,以减少蒸汽耗量。

(2)减少加热回流液所需热量

回流比会影响产品质量、蒸汽耗量及汽提塔操作。回流比太小,影响产品质量,回流比太大,蒸汽耗量增加,造成部分蒸汽随酸性气抽出,再经冷凝返塔,形成恶性循环。

当采用冷回流时,回流液返塔位置以比原料水进塔位置高出2~4块塔盘为宜,当装置规模较小时,为简化流程,回流液也可和原料水合并进塔。两种不同的返塔位置直接影响所需蒸汽量。资料介绍分开进塔比合并进塔可节省蒸汽12~24kg/t原料水,因此推荐分开进塔。几种回流方式示意流程分别见图1~图3。

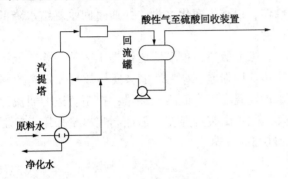

图1　冷回流与原料水合并进塔流程示意

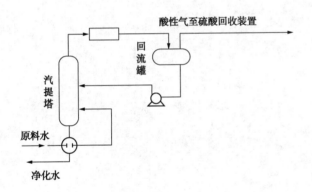

图2　冷回流与原料水分开进塔流程示意

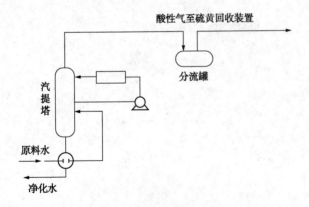

图3　塔顶循环回流流程示意

当采取顶循环回流时,能耗要比冷回流增加,采用顶循环回流能避免塔顶酸性气空冷器因受气温变化而影响酸性气组成及操作,但能耗相对增加较多。

2.2　控制合适的净化水出装置温度

净化水出装置温度可根据各上游装置对净化水的回用要求确定,如回用至催化裂化富气水洗,通常要求回用水温度为40℃左右;回用至常减压电脱盐的净化水温度应在尽量满足原料水换热前提下,不需经空冷器冷却直接送至常减压装置的电脱盐注水罐,流程示意见图4。

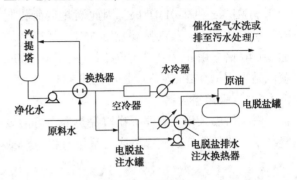

图4　净化水至电脱盐流程

由于电脱盐温度一般为120~145℃,净化水需经电脱盐排水—注水换热器换热后和已换热至120~145℃的原油一起进入电脱盐罐,目前较多汽提装置的净化水相继经空冷器和水冷器冷却至40℃后再送往电脱盐注水罐,造成汽提装置冷却水量增加和常减压装置电脱盐注水温度不高的现象。

表1中A厂和C厂循环水的单位能耗分别是0.46MJ/t和5.91MJ/t,二者相差较大,其原因是:A厂仅是回用至重油催化裂化装置的净化水用冷却水冷却至40℃,其余净化水都是经空冷器冷却至55℃后分别回用至常减压装置、加氢处理装置、柴油加氢装置及排放至污水处理场;而C厂是全部净化水都用循环水冷却至40℃后,再分别回用,剩余部分排放至污水处理场。

没有回用的剩余净化水排放至污水处理场,按规范要求排放温度要等于或低于40℃,但部分装置净化水冷后温度较低,浪费了大量循环水。

2.3　采用空冷器

采用空冷器虽然一次性工程投资增加,但可有效减少循环水量,降低能耗。以A厂为例,净化水温度从70℃降至55℃,采用空冷所消耗能量是采用水冷所消耗能量的58.5%,可见采用空冷替代水冷,能量消耗的减少量是很可观的。

2.4　尽量使用0.5MPa蒸汽

当炼厂具有0.5MPa蒸汽时,尽量采用0.5MPa蒸汽,而不采用1.0MPa蒸汽,此时由于平均温差缩小,换热面积和一次性投资增加。

由于 0.5MPa 蒸汽和 1.0MPa 蒸汽的能耗指标(能量折算值)分别为 2763MJ/t 和 3182MJ/t,当蒸汽用量相同时,采用 0.5MPa 蒸汽是采用 1.0MPa 蒸汽能量消耗的 86.8%。此外由于 0.5MPa 蒸汽和 1.0MPa 蒸汽的冷凝热不同,分别为 2.11MJ/kg 和 2.01MJ/kg,因此当热负荷相同时,所需 1.0MPa 蒸汽量要比 0.5MPa 蒸汽量增加 1.046 倍。由于上述 2 个原因,采用 0.5MPa 蒸汽是采用 1.0MPa 蒸汽能量消耗的 83%。

2.5 采用重沸器

汽提塔底采用重沸器提供汽提热源,可回收凝结水,降低能耗。汽提塔底可采用直接蒸汽或采用重沸器提供热源,2 种方式比较。采用直接蒸汽的优点是可利用炼厂用途不大的低压蒸汽,缺点是用于加热原料水的蒸汽全部冷凝为水致使净化水量增加,尤其是当装置规模越来越大时,净化水量的增加更加可观,因此更多的是采用重沸器,以减少净化水量,并通过回收凝结水降低能耗。

综上所述,单塔低压汽提工艺的主要节能措施是:增强原料水-净化水换热效果,提高原料水进塔温度以降低蒸汽耗量;控制合适的回流比和净化水出装置温度;因地制宜尽量采用空冷器和 0.5MPa 蒸汽。

硫黄回收装置余热回收器失效分析及改造

韩莹莹　张书玲　何智灵

（山东三维石化工程股份有限公司）

摘　要　通过对硫黄回收装置余热回收器的失效原因分析，认为吸氧腐蚀及高温硫化腐蚀导致了设备损坏，针对上述问题进行了改造。投用后使用状况良好。

关键词　硫黄回收　热回收器　失效分析　改造

辽阳瑞兴化工有限公司硫黄回收装置余热回收器的结构为管壳式余热锅炉，其作用是将制硫燃烧炉产生的高温过程气通过热量交换，降至冷凝冷却器所需要的温度，同时产生低压饱和蒸汽，回收热量。该设备2005年投用半年后，发现部分换热管与管板连接接头泄漏，换热管穿孔。停工修复后，运行不到半年又出现同样问题，严重影响了装置的正常生产。为此，委托山东三维石化工程股份有限公司进行原因分析和改造。

1　设计参数及设备结构

1）设计的主要参数见表1。

表1　设计的主要参数

项　　目	管　　程	壳　　程
最高工作压力/MPa	0.035	0.8
设计压力/MPa	0.039	0.88
操作温度/℃	1314~260	184
设计温度/℃	300	200
操作介质	过程气（H_2S、SO_2、S、H_2）	除氧水，蒸汽
管、壳程壳体、管板材质	16MnR	
换热管根数/规格/材质	138/ϕ60×5/20#	

2）原设备结构示意见图1。

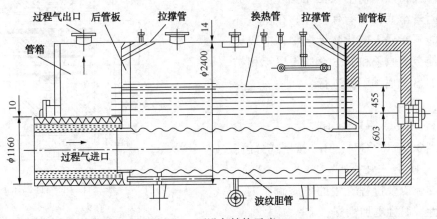

图1　原设备结构示意

2　腐蚀现状及失效分析

2.1　换热管

经现场对损坏的换热管进行解剖，发现靠近高温端管板附近100mm左右，换热管外壁有大量深浅不一的凹坑，凹坑周围有贯穿性裂纹，从腐蚀特征分析为高温吸氧腐蚀。查找出现的原因后发现该装置虽设有除氧设备，但未投用，锅炉进水为40℃的除盐水，而不是设计要求的104℃的除氧水。因此，水中含有大量的氧气，在温度较高的情况下，造成严重的高温吸氧腐蚀。

碳钢在水中会构成氧的浓差电池而遭受吸氧

腐蚀，腐蚀速度随水中氧含量的增加而加大。水处于流动状态和密闭系统内，水的温度升高会使钢材在水中的腐蚀加剧。

碳钢在水中的腐蚀产物，初为 $Fe(OH)_2$，次为 $Fe(OH)_3$，最后被氧化为铁锈腐蚀。$Fe(OH)_2$ 与 $Fe(OH)_3$ 虽然溶解度很小，但由于水中离子的影响，这些腐蚀产物不能形成保护膜，疏松的覆盖在钢铁表面上，最后在水、氧的共同作用下，生成铁锈，造成阳极区孔蚀，直至穿孔破坏。

2.2　换热管与管板的连接接头

打开管箱后发现，管箱及管板表面积硫相当严重，积硫清理后管板表面附着一层薄薄的锈蚀物，管头表面高低不平，壳程的水从管头裂纹处渗水。从腐蚀特征看明显为高温硫腐蚀。

由于本装置采用 Claus 硫黄回收工艺流程，制硫燃烧炉产生的过程气温度达 1300℃ 以上，余热回收器的炉管与管板连接接头无保护套管、管板无衬里，受高温过程气冲刷严重。由于过程气中含有大量的 H_2S、H_2、SO_2 气体，具有很强的高温硫化腐蚀。当炉管材质为碳钢，管口温度超过 371℃ 时，将会导致快速的高温硫化腐蚀。随着温度的升高，腐蚀速度将迅速增加，当管头腐蚀到不能承受强度时，即产生损坏。

余热回收器的高温硫化腐蚀形态为 H_2S 气体对钢材的化学腐蚀，在氢的促进下可使 H_2S 加速对钢材的腐蚀。其腐蚀产物不像在无氢环境生成物那样致密、附着牢固，具有保护性。在富氢环境中，原子氢能不断侵入硫化物垢层中，造成垢的疏松多孔，使金属原子和 H_2S 介质得以互相扩散渗透，因而 H_2S 的腐蚀不断进行。

腐蚀反应：

$$Fe + H_2S \longrightarrow FeS + H_2$$

当温度达到 350～400℃ 时，H_2S 按下式分解：

$$H_2S \longrightarrow S + H_2$$

分解出来的硫以及过程气中的单质硫比 H_2S 具有更强的活性，腐蚀更加剧烈。

3　结构存在的问题分析

1）从该设备的结构分析，该设备型式为一种常规的火管式工业锅炉结构，在硫黄回收装置无使用先例，其波形炉胆增大了设备直径，设备造价增加，并且减少了传热面积，同时对管板无

支撑作用，管板受力不好。

2）壳程汽相空间无换热管，用拉撑杆支撑，虽然相关标准允许，但尽可能不用，因管板为折边挠性固定薄管板结构，其折边圆弧起到变形协调，降低锅壳层温差应力的作用，而拉撑杆制约了这种作用，使管板受力不均，增加了管子与管板接头处的附加应力。

3）换热管与管板连接接头的坡口为 V 形 45° 坡口，从接头表观看，其焊缝成形不规则，焊条收弧时留下了明显的焊疤，可以断定为手工焊条焊接的焊缝。焊接质量较差，从接头解剖情况看，其根部未焊透，存在明显的空隙。减少了接头的承载面积，且原设计未要求对该焊缝进行任何无损检测。因此，在其他条件相同的情况下，增加了焊缝开裂的可能性。

4　改造措施

1）启用锅炉水的除氧设施，改善锅炉水的水质，防止再一次发生吸氧腐蚀。

2）前端管板（高温端）上增加一层高强度的耐火浇注料，避免管板遭受高温过程气的直接冲刷，降低管板气侧的温度，防止高温硫化腐蚀。管头增加防止高温硫化腐蚀的双瓷保护套管结构，防止管头遭受高温硫化腐蚀，见图2。

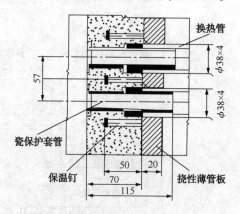

图2　换热管与前端管板保护结构

3）前端管子伸出管板越短，管端离高温气体越远，管端温度相对低一些，因此前端管子伸出管板的长度为 1mm。焊缝坡口由 V 形改为 U 形，深 8m，我国制造技术和装备水平完全满足加工 U 形坡口的要求，这样可以保证根部全焊透和增加焊缝面积。同时将手工电弧焊改为氩弧焊，减少接头缺陷，提高接头强度。GB 151—

1999《管壳式换热器》规定：强度焊必须是填丝的氩弧焊，否则只能作为密封焊。目前国外已有用于V形坡口的根部自熔合的氩弧焊，但国内还很少使用。如果该焊接工艺普遍应用，可大大节约制造成本，提高焊接质量。换热管与前端管板连接结构见图3。

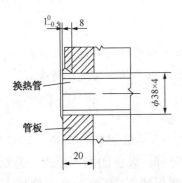

图3 换热管与前端管板连接结构

4）余热回收器结构改造。本着尽量少动改的原则对本设备进行改造，设备基础利旧，前管箱与刮硫炉连接结构不变，重新对设备进行工艺核算，改造结构见图4。

改造后有以下成效：①相炉胆增加换热管，减小设备直径，降低了设备投资；②壳程增加开工蒸汽分布管，可以避免开工时换热管的积硫堵塞，影响设备正常操作；③整个管板布满换热管，使管板受力均匀、合理；④增大蒸汽气相空间，减少蒸汽中饱和水的雾沫夹带；⑤设备滑动支座改为滚动支座，减少热态下的摩擦力；⑥设备进出口由一侧改为两侧，减小过程气的压力降。

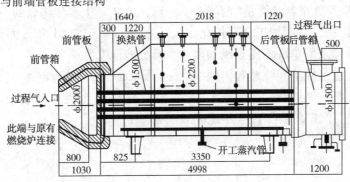

图4 改造后的余热回收器结构示意

5 结束语

本设备经过针对性的改造后，使用效果良好，彻底解决了原有设备存在的问题。根据以上分析表明，要保证余热回收器安全长周期运行，需从以下几方面注意：①掌握设备的腐蚀特点，合理的选择设备材质；②必须根据装置特点，选择合适设备结构型式；③锅炉水质必须满足相应的标准要求，减轻设备的腐蚀；④开工时要下通壳程的开工蒸汽管，停工后，管程立即进行吹扫，然后进行氮气保护，以防止设备停工后造成湿 H_2S 露点腐蚀。

480kt/a 酸性水汽提及氨精制装置开工技术总结

王亚峰

(兰州石化公司炼油厂)

摘　要　本文总结了兰州石化公司酸性水汽提及氨精制装置工艺技术改造成果，并就开工情况及存在问题进行了分析、探讨和总结，并提出了相应的改进措施。

关键词　酸性水　汽提　氨精制　总结

1　装置简介

1.1　概述

480kt/a 酸性水汽提及氨精制装置是"两酸改扩建工程"的三套装置之一，主要加工全厂催化、加氢装置酸性水。本装置采用单塔加压侧线抽出汽提工艺，塔顶酸性气送往硫黄回收装置，侧线富氨气作为氨精制的原料。氨精制采用浓氨水循环洗涤、脱硫精制工艺。汽提装置自 1994 年建成投产，到 1999 年装置扩能改造，氨精制系统由于工艺未完善、设备泄漏等原因一直没有开工，为了发挥环保装置"变废为宝、造福人类"的宗旨，2001 年上半年将新到一台螺杆氨压机安装到位，炼油厂于 2001 年 6 月份组织人员对氨精制系统进行攻关。

1.2　工艺流程概述

480kt/a 酸性水汽提及氨精制装置原则流程见图 1。

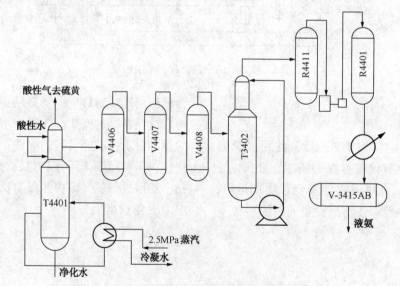

图1　480kt/a 酸性水汽提及氨精制装置原则流程

1.2.1　汽提部分

全厂混合酸性水经过 833 单元的脱气、破乳、除油设施后，分两路进入主汽提塔，塔底用 2.5MPa 蒸汽通过重沸器加热汽提，侧线气由塔的第 17 层塔盘抽出，经过三级分凝后得到浓度为 97%(V) 的粗氨气进入氨精制系统。塔顶酸性气经冷却脱液后送至硫黄回收部分，塔底净化水送至常减压电脱盐。

1.2.2　氨精制部分

三级分凝后的粗氨气进入氨精制塔，塔底浓氨水经氨液循环泵加压后送至塔顶进行循环洗涤。氨精制塔温度由液氨储罐来的液氨进行蒸发降温。塔顶氨气经氨液分离罐后进脱硫罐，再经氨气过滤罐进入氨压机，压缩后的氨气进入氨油分离器，再进入精脱硫反应器进一步精脱硫。后经氨冷凝器冷却降温后，液氨自流进入液氨储罐。其中 V4411 填装的是北京三聚公司的 JX-1 脱硫剂，R4401 填装的是航天四院西安天华化工实业公司的 TS-3 型氧化锌脱硫剂。

1.3　装置设计特点

混合酸性水采用减压脱气、破乳、沉降及高效除油器除油，保证酸性水汽提稳定操作。

酸性水采用单塔加压侧线抽出汽提工艺，侧线富氨气经分凝、精制、压缩得到产品液氨作为化工原料；塔顶酸性气作为硫黄回收装置原料，做到综合治理，化害为利。

氨精制采用浓氨水循环洗涤、两段脱硫剂脱硫工艺，液氨纯度达 99.6%（wt），$H_2S \leq 1\mu g/g$。

2　装置现状及工艺改造

2.1　装置现状

184kt/a 酸性水汽提装置设计有氨精制系统，但由于工艺未完善、设备泄漏等原因一直没有开工，三分富氨气返原料水缓冲罐（V4410），造成原料水中氨氮积累，浓度高于设计值 30 倍左右，这在原料上给 480kt/a 酸性水汽提及氨精制装置开工造成了很大的困难。

2.2　改造内容

1）解决一、二分与三分脱液线相互顶压问题。

由于一、二分和三分压力各不相同，三条脱液线并在一起，相互顶压，三分液位无法控制。改造后将一、二分跟三分脱液线分开。

2）将一、二分和三分压力表由罐的中部移至罐顶，避免压力引线结晶堵塞。

3）解决原料水氨氮浓度高的问题。采取以下措施：

措施①：新上一条从 83/3 至原料水缓冲罐（V4410）的酸性水线，使汽提塔既可以处理 V4410 酸性水，又可以直接处理原料水储罐（V4402/AB）的酸性水，且 V4410 高浓度酸性水可以转至 V4402/AB 进行稀释，以降低 V4410 氨浓度。

措施②：氨水罐（V3420/AB）上新鲜水喷淋设施，保证装置工作环境，三分富氨气可以配氨水，降低原料水缓冲罐（V4410）氨浓度。

措施③：汽提塔（T4401）底净化水部分返原料水缓冲罐（V4410）。

措施④：螺杆氨压机（C3401）的安装与调试。

措施⑤：氨精制塔（T3402）增上一条蒸汽吹扫线，可以对氨精制系统进行单独吹扫。

措施⑥：将两级脱硫反应器的脱硫剂由设计的 KC-2 活性炭脱硫剂改为国内净化度最高的 JX-1 新型脱硫剂和 TS-3 型脱硫剂。

措施⑦：解决液氨后路问题。

由于原设计其产品作为氨水供催化注氨用，但未投用，加之 82 单元也无法保证液氨出路，针对这种情况，开工小组积极与催化剂厂协商，生产液氨供催化剂使用，增加一条液氨装车线。

3　装置开工

3.1　装置吹扫、试压、气密情况及开工过程

2002 年 5 月 3 日至 29 日，氨精制系统吹扫，填装脱硫剂及填料，详见表 1。

表 1　氨精制脱硫剂及填料一览表

名称	型号规格	数量/t	产地
脱硫剂	JX-1	9	北京三聚
脱硫剂	TS-3	4	航天四院
陶瓷矩氨环	60×30×4	1.6m³	—

2002 年 5 月 29 日至 6 月 2 日，氨精制气密试压。

2002 年 6 月 5 日，184kt/a 汽提装置停工，480kt/a 汽提系统吹扫试压。

2002 年 6 月 6 日，480kt/a 酸性水汽提装置开工。

2002 年 6 月 15 日，净化水送 12 单元。

2002 年 6 月 26 日，三级分凝器（V4408）富氨气引入氨精制塔（T3402），氨精制系统开工。

3.2　原料水浓度调整情况

原料水浓度调整情况，见表 2。

表 2　进塔原料水浓度分析（2002 年）

项目	单位	6月7日	6月30日	7月15日	7月25日	7月31日	8月7日	8月8日
H_2S	mg/kg	28428	19044	12119	10388	7358	11253	8224
NH_3	mg/kg	63318	21221	24098	24462	24463	26986	22909

3.3　装置运行情况分析

由于原料水性质差，氨浓度高达 60000mg/kg，硫化氢浓度在 30000mg/kg 左右，且带油严重，而我们又没有适合这种原料水的汽提、氨精制操作条件（表 3），再加上分析跟不上使汽提塔的分割效果不好，侧线系统结晶严重，仪表引线、脱液线堵塞，装置被迫停工处理，经过 3 次停车 4 次开车，反复处理，初步摸索出了适宜的操作条件，使装置生产于 2002 年 8 月初趋于平稳，除汽提塔顶温大幅度偏出设计值外，其余工艺条件基本上靠近设计值，原料及产品质量见表 4。

表 3　汽提及氨精制装置操作参数对比（2002 年）

参数	单位	设计值	实际值		
			6 月 28 日	7 月 23 日	8 月 9 日
冷进料	t/h	8	14.0	8.0	7.0
热进料	t/h	58	30.0	32.0	32.0
塔顶压力	MPa	0.6	0.58	0.55	0.55
T4401 顶温	℃	45	76	115	110
一层塔盘温度	℃	—	140	147	144
热进料温度	℃	150	150	149	147
T4401 底温	℃	160	164	163	163
一分压力	MPa	0.53	0.50	0.50	0.52
一分温度	℃	120	124	125	134
二分压力	MPa	0.48	0.36	0.40	0.43
二分温度	℃	90	82	76	80
三分压力	MPa	0.43	0.32	0.30	0.32
三分温度	℃	36	52	36	40
T3402 顶温	℃	0	17	6	5
循环量	t/h	—	0.032	0.053	0.042
T3402 塔顶压力	MPa	0.34	0.28	0.23	0.26
氨压机入口压力	MPa	0.1~0.30	0.26	0.20	0.24
原料水	H₂S mg/kg	1554	14283	8873	8224
	NH₃ mg/kg	1403	20681	21938	22909
净化水	H₂S mg/kg	≤50	16	15	17
	NH₃ mg/kg	≤100	90	99	89
三分氨气	H₂S μg/L	—	—	—	519
液氨	残留物 %(v)	≤0.4		5	2.5

表 4　原料及产品质量分析（2002 年）

项目	单位	设计值	8 月 6 日	8 月 7 日	8 月 8 日	8 月 9 日
原料水 H₂S	mg/kg	1554	11686	11686	8224	11686
原料水 NH₃	mg/kg	1403	28345	27180	22909	17762
净化水 H₂S	mg/kg	≤50	23	19	17	19
净化水 NH₃	mg/kg	≤100	105	99	89	97
三分富氨气 H₂S	μg/L	—	495	649	519	579
液氨 残留物	%(v)	≤0.4	1	0.6	2.5	1.5

对以上参数进行对比分析后进行了如下改进：

1）操作思路的调整过程。开工初期，主要以控制汽提塔（T4401）顶温、一层塔盘温度为主，塔顶压力在 0.58~0.60MPa，冷热进料比为（1∶2）~（1∶1.5）之间。在这种操作条件下，侧线富氨气硫含量高，严重影响氨精制系统的正常生产。后经过车间的讲座研究，并经开工小组同意，放宽净化水质量指标和塔顶温度，确保侧线富氨气质量，塔顶压力在 0.54~0.56MPa，顶温在 100~120℃，冷热进料比在（1∶4）~（1∶5）之间，目前装置生产基本趋于平稳。

2）由于原料水中硫化氢含量高，一般在 10000mg/kg 左右，且带油严重，致使汽提塔（T4401）顶温高，在 100~120℃之间，距设计值 ≥45℃相去甚远。

3）侧线氨负荷高，一级分凝器（V4406）温度在 130~135℃之间，高出设计值 10℃左右。

4）由于二级冷凝冷却器（E4407）换热面积不够，无法满足使三分温度控制在 40℃以内，故将二分温度控制在 75~85℃，低于设计值 10℃。

5）装置运行过程中，由于侧线富氨气硫含量高，且氨精制塔（T3402）浓氨水的氨浓度和硫含量分析未做，浓氨水的置换没有依据，使硫化氨盐结晶，T3402 循环线被堵塞 3 次。

6）氨压机因润滑油变质严重，故障率高。

7）液氨通过反复的调整操作，残留物由开始的 20%下降至 1%，使液氨纯度达到 99%以上。

8）在氨精制调整操作过程中，为了保证液氨质量，对净化水质量指标有所放宽，故净化水合格率下降，随着氨精制系统的正常运行，这一问题将自然消除。

4　存在问题

①原料水硫化氢浓度高，在 10000mg/kg 左右，最高可达 15000mg/kg（设计值为 1554mg/kg），且带油严重，塔顶温度的控制尚需进一步摸索。②氨精制分析方法不健全，如氨精制塔（T3402）浓氨水硫含量、氨浓度分析未做。液氨硫含量、油含量、水含量及液氨纯度未做，目前只做液氨中残留物且分析滞后。③氨精制塔（T3402）循环线易堵塞，需尽快完善氨精制分析方法。④氨压机只有一台，无备用机，且故障率高，严重制约着氨精制系统的平稳运行。若要保证该系统平稳、长周期运行，必须再上一台氨压机。⑤目前液氨纯度已达到 99%～99.6%。基本符合无水液氨国家合格品标准（GB 536—1988），用于催化剂厂作为化工原料，但质量还需进一步提高。

5　总结

1）经过不断的摸索和调整，480kt/a 酸性水汽提及氨精制装置生产基本平稳，净化水质量合格，取得了良好的经济效益和环保效益，充分证明这种汽提、氨精制工艺是成熟可靠的。

2）目前液氨纯度已达到 99%～99.6%，基本符合无水液氨国家合格品标准（GB 536—1988）。

3）工艺条件除汽提塔塔顶温度外，其他与设计值基本接近。

4）需要解决的问题主要是原料水带油和氨压机不能长周期运行，应加强原料水的脱油工作，再上一台氨压机，健全氨精制分析方法，这样才能保证装置的安、稳、长运行。

五、气体脱硫与环境保护

甲基二乙醇胺的现状与预测

李正西

(中国石化金陵石化分公司南京炼油厂)

1　概况

甲基二乙醇胺(英文缩写为 MDEA)是美国 Fluor 公司于 20 世纪 50 年代初开发的脱硫工艺溶剂,由于当时其价格太贵(约为乙醇胺的 7 倍),再加上当时对选择性脱硫的要求也不迫切,故未能推广使用。20 世纪 70 年代末期,在环保和节能等因素的刺激下,才开始迅速发展起来。由于 MDEA 对 H_2S 有很高的选择性、能耗低、投资省、抗降解性强、腐蚀性小等优点,被广泛应用于天然气和炼厂气的脱硫,油田气和煤气的脱硫净化,克劳斯硫黄回收原料气的提浓、斯科特法硫回收尾气的处理,低热值气体的脱硫等过程。

50 年代初期,美国的陶(DOW)氏化学公司也完成了 MDEA 的脱硫小试和工业放大试验,Glaff 工程公司报道了用 MDEA 法脱除燃料气和克劳斯尾气中的 H_2S;菲利浦石油公司发表了中型试验和工业试验报告,德国巴斯夫公司、壳牌化学公司都申请了用 MDEA 脱 H_2S 的专利。70 年代,美国就有十余套 MDEA 装置投产,随后,加拿大、印度也有约 10 座天然气净化厂由二乙醇胺(DEA)法改为 MDEA 法。据资料报道,德士古化学公司、联合碳化物公司(以下简称联碳公司)、陶氏化学公司等已推出 MDEA 溶剂的第二代产品(以 MDEA 为主体,添加活化剂)。如美国联碳公司生产的 HS-101 纯溶剂,其 MDEA 含量为 98%左右,其余成分为特殊的专利配方;联碳公司生产的 ES-501,也是甲基二乙醇胺类活性气体脱硫溶剂。

我国对 MDEA 的研制及应用起步较国外晚些,80 年代后期,四川天然气研究院等单位为 MDEA 做了大量的工作,90 年代以后,我国已有

20 多套工业装置采用了 MDEA 法脱硫,普遍收到了好的效果。

2　生产 MDEA 的四种技术路线

(1)甲醛与氰乙醇催化加氢

$$CH_2O + 2HOCH_2CN + 7/2H_2 \xrightarrow{Ni} CH_3N(CH_2CH_2OH)_2 + H_2O$$

甲醛与氰乙醇混合物在镍催化剂作用下加氢,生成甲基二乙醇胺和水。此法因氰乙醇混合物毒性较大,用得较少。

(2)甲醛与二乙醇胺反应

$$CH_2O + HN(CH_2CH_2OH)_2 \xrightarrow{HCOOH} CH_3N(C_2H_4OH)_2 + CO_2 + H_2O$$

甲醛与二乙醇胺在催化剂甲酸的作用下生成 MDEA、CO_2 和水。此法因产品 MDEA 与过量的原料甲醛分离不干净,造成产品 MDEA 在应用时因有微量甲醛和甲酸(催化剂)存在而对设备的腐蚀性较大。据说,北京化工厂原先生产的 MDEA 走的就是这条路线,因产品质量不好,后才改用其他路线。目前我国乡镇企业生产的所谓高效脱硫剂(其实质就是 MDEA),走的也是这条路线。

(3)甲醛与二乙醇胺催化加氢

$$CH_2O + HN(C_2H_4OH)_2 + H_2 \xrightarrow{CuO 等复合物} CH_3N(C_2H_4OH)_2 + H_2O$$

甲醛与二乙醇胺在催化剂 CuO 等复合物的作用下加氢,生成 MDEA 和水。此法因采用催化加氢,产品质量比第二种方法好。因催化加氢一般均需高温高压,一般乡镇企业是力所不能胜任的。

(4)甲胺与环氧乙烷反应

$$CH_3NH_2 + 2 \quad \overset{CH_2 \!\!-\!\! CH_2}{\underset{O}{\diagdown}} \longrightarrow CH_3N(C_2H_4OH)_2$$

一甲胺加环氧乙烷生成 MDEA，目前较多的是采用这条技术路线来合成 MDEA，产品质量也好。甲胺是重要的有机化工原料：一甲胺（MMA）主要用于农药等的合成；二甲胺（DMA）主要是合成液体火箭推进剂的原料；三甲胺（TMA）的用途较少。

甲醇和液氨在一定比例、一定温度、压力和空速下，脱水胺化生成一甲胺、二甲胺和三甲胺，同时还发生一系列深度裂解和聚合等副反应。甲醇加氨水生成一甲胺和水。

3　产业现状

在我国，MDEA 的研制和应用起步较晚。上海第十三制药厂曾采用甲醛法合成 MDEA，用于合成抗肿瘤药物盐酸氮芥的中间体。北京化工厂原先也采用甲醛法，后采用环氧乙烷法间歇反应合成 MDEA，用作化学试剂，产量较少。它的产品纯度含 MDEA 在 96.0% 以上。

随着我国石油与天然气工业的迅速发展和环保要求，四川省自贡市精细化工研究设计院于 1981 年开始研制 MDEA。该院首先采用甲醛法获得了收率 84%、纯度 97% 的 MDEA。产品供应四川石油管理局泸州天然气研究院和南化公司研究院开展脱除 H_2S 的试验。试验结果表明，在同样条件下，用 MDEA 比用 DIPA（二异丙醇胺）溶剂的循环量减少 40%，其再生蒸汽仅为二异丙醇胺法的 60% 左右，达到国外水平。

1983 年，四川自贡精细化工研究院又采用环氧乙烷法进行了小试和中试研究，产品经四川石油管理局等单位用于天然气脱硫，获得了理想的结果。1986 年，MDEA 被正式列为国家级开发的新产品，该所建了扩大装置，生产能力达 90～100t/a，质量符合要求，产品纯度小于 97%（有时含 MDEA 可高达 99.56%），含单乙醇胺（MEA）杂质 0.3%，含水 0.12%。近几年来，该院 MDEA 的产量和质量不断提高和发展，不仅满足了四川的需求，而且还远销山东、江苏、上海、南京等地市，为 MDEA 在我国工业化生产和应用奠定了基础。

江苏省宜兴市星光化工厂（又叫炼油助剂厂）生产的 YXS-93 高效脱硫剂，是一种复合型脱硫溶剂，其主要活性组分为 N-甲基二乙醇胺，加有消泡剂、缓蚀剂、抗氧剂、稳定剂等助剂而制成，其性质如表 1。

表 1　YXS-93 脱硫剂性质

项　目	指　标	实 际 值
外观	无色或淡黄色透明液体	淡黄色透明液体
密度/(g/mL)	1.04～1.05	1.04
凝固点/℃	≤-48	-48
始沸点/℃	142±2	142
黏度(20℃)/(Pa/s)	0.117	0.117
折光指数(20℃)	1.46～1.47	1.46
pH 值	7.5～10	8.5
纯度/%	≥95	96.8

中国石化总公司推荐产品—GHF 新型高效脱硫剂，是山东高密华丰工贸总公司有机化工厂与山东大学等单位最新研制开发成功的一种液体脱硫剂。1995 年通过了山东省科委的成果鉴定。经山东广饶石化集团股份有限公司等单位使用，齐鲁石化公司研究院分析测试，其综合性能已达到进口 HS-101 脱硫剂的水平，在国内具有领先地位，并被中国石化总公司列为石油化工生产所需推荐产品。

GHF-新型高效脱硫剂能有效地除去天然气、煤气、液化气等气体中的 H_2S。该脱硫剂与水互溶，使用方便，用户可根据气体中 H_2S 含量，配制成不同浓度的溶液，以达到令人满意的脱硫效果。

GHF-新型高效脱硫剂的主要成分为 N-甲基二乙醇胺，并配有一定比例的活化剂、消泡剂、稳定剂、缓蚀剂、抗氧剂等。与单组分脱硫剂（二异丙醇胺、二乙醇胺、单乙醇胺、环丁砜、N-甲基二乙醇胺等）相比，具有以下特点：

1) 对 H_2S 有很好的选择性，吸收性能强，气体净化率高；

2) 脱硫液再生容易，硫容量较高，脱硫效果好，可使无机硫脱至零，有机硫达到 0.1μg/g 以下；

3) 溶剂稳定，没有明显的发泡现象，不

降解；

4）溶剂消耗较低，明显低于二乙醇胺等法脱硫的损耗，能耗也相应比其他方法低，经济效益显著。

山东省微山县化工厂是生产石化助剂产品的化工厂，该厂产品均达到进口同类产品标准，已在齐鲁石化、燕山石化、吉化、兰化、上海氯碱总厂等厂使用，该厂为市、省系统先进企业，山东省重合同守信用企业。该厂生产的脱硫剂N-甲基二乙醇胺含量>95%。

江苏武进（精细）化工厂，该厂在1988年曾到我厂推销过他们厂生产的MDEA。

江苏省常熟市第三化工厂引进江苏省化工研究所的技术，于1993年3月上旬一次试车成功新型、高效脱硫脱碳溶剂—N-甲基二乙醇胺。

4 消费状况

4.1 茂名石化公司炼油厂

该厂加氢裂化车间的液态烃及干气脱硫装置，原设计为单乙醇胺（MEA）法脱硫，因该厂改炼中东的高含硫原油后，使进料的硫含量有很大的增加，原脱硫系统已不能满足生产的需要，于1992年7月决定改用美国联碳公司的HS-101，取代了原溶剂MEA。HS-101其主要成分是甲基二乙醇胺，约占98%，其余成分为专利的特殊配方，估计是活化剂或消泡剂之类的物质。其使用浓度可高达50%，换用HS-101后，脱硫系统脱除硫化氢的能力提高53%，生产成本降低约60%，而且，它不单脱除H_2S，还能脱除COS、RSH、CS_2，有利于降低液化气中的总硫。HS-101目前国内尚无生产，进口到珠海交货的价格为4000美元/吨（1993年价格），这还属于优惠价，比国产的价格还高。据说，该厂已改用国产的MDEA了。

4.2 齐鲁石化胜利炼油厂

该厂在还原吸收法处理克劳斯法制硫尾气的工业装置上，进行了以甲基二乙醇胺代替二异丙醇胺作为选择脱除H_2S溶剂的试验。由于MDEA溶液的循环量低于DIPA溶液，加上MDEA溶液易再生，从而可使用较低的回流量，故蒸汽消耗可从DIPA溶液（$15m^3/h$）的1.46t/h降至MDEA溶液的（$11m^3/h$）0.96t/h，下降34%。以年开工

800h、蒸汽9.5元/t计算（当年标定时的价格），每年节约的蒸汽费用为3.80万元，与此同时，循环冷却水的费用也可降低约30%。这是胜利炼油厂的标准数据。

4.3 胜利炼油厂二脱硫装置

胜利炼厂1995年5月在第二气体脱硫装置上使用MDEA高效脱硫剂进行了工业试验。该脱硫装置处理孤岛蜡油催化裂化产生的干气和液态烃。装置设计处理能力120kt/a。工业运转表明，同使用MEA溶剂相比，MDEA脱硫剂有如下优点：贫液循环量降低，由44～48t/h，降至22～25t/h，下降了43%；该溶剂运行中不易发泡；选择性好，CO_2脱除率由90%降至40%以下，再生酸性气中H_2S浓度提高10%以上，有利于克劳斯硫黄回收装置；净化效果好，净化气含H_2S小于10μg/g；可提高装置处理能力20%～30%。经初步核算每年可增收节支80万元以上，且不包括酸性气H_2S浓度提高，为克劳斯硫回收装置带来的经济效益。目前该厂第一气体脱硫装置也采用了MDEA高效脱硫剂。

4.4 济南炼油厂

该厂气体脱硫装置处理RFCC装置的液化气及干气原来使用MEA溶剂脱硫，存在不少问题。为此改用MDEA，装置安全平稳运行5个多月后进行了技术标定。工业运转结果表明，使用MDEA有如下优点：装置操作平稳，净化气质量好。原来使用MEA时，净化干气含硫经常超标，使用MDEA后，净化气合格率为100%，含硫量<10mg/m^3；再生酸性气质量大大提高。因MDEA对H_2S选择性好，酸性气中H_2S由原来的10%～20%（v）提高到40%（v），CO_2含量由60%～70%降至40%～50%，稳定了硫黄回收装置的操作，使硫回收率由78.6%提高到90.4%，每年可增产硫黄330多吨，仅此一项每年可增加经济效益33万元；气体脱硫装置能耗大幅度下降，由353.52MJ/t原料降至200.86MJ/t原料。另外，溶剂降解和消耗也明显减少。

4.5 燕山石化公司炼油厂

该厂两套催化裂化干气、液化气脱硫装置原来均采用单乙醇胺做脱硫剂，由于MEA蒸汽压高，平衡蒸发损失大，使用浓度低，脱硫负荷受限制，选择性差，能耗高。为了解决这些问题，

1995 年 1 月改用 MDEA 脱硫剂，工业运转结果表明，MDEA 有如下优点：①脱硫效果好，在溶剂循环量大幅度降低的情况下，净化干气中 H_2S 含量为零，净化指标合格。贫液循环量下降了 25%～45%，除了节约了冷却水、电以外，仅再生蒸汽每小时就节约 0.9t，仅此一项每年节约 33 万元；②溶剂选择性好，酸性气质量大为改善，再生酸性气中 H_2S 含量平均增加了 9.21%，CO_2 下降了 0.23%，为后续克劳斯硫回收装置提高效益创造了条件。

4.6　武汉石油化工厂

该厂催化裂化装置干气、液态烃脱硫原来一直使用单乙醇胺溶剂，可以适应低硫原油催化裂化气体的脱硫精制。近几年存在着设备腐蚀严重、溶剂再生塔热源不足和净化气质量难以保证等问题。为了解决这些影响安全、平稳生产的问题，采用 MDEA 脱硫剂进行了工业试验。1994 年 11 月开始试用，1995 年 2 月进行了装置标定。工业运转结果表明，使用 MDEA 脱硫剂，装置运转平稳，易操作，溶剂无起泡、无降解现象；从标定结果看出，使用 MDEA 脱硫剂，净化度高，H_2S 脱除率达到 99.98%，保证了产品质量；降低了溶剂循环量，在保证产品质量和处理量的情况下，胺液循环量下降了 32.2%，节约了冷却水、电和再生蒸汽，相当于节省能量 71.52×10^4 kcal/h，得到了很大的节能效益；MDEA 选择性好，CO_2 脱除率由原来的 79.84% 下降至 62.8%，再生酸性气中 H_2S 含量由 50.91% 提高到 66.38%，提高了 15.67%。为后续硫黄回收装置提高效益创造了条件。

4.7　洛阳石油化工总厂

该厂气体脱硫装置与重油催化装置组成联合装置，其中气体脱硫装置用于处理来源于重油催化产生的干气、液态烃，年设计处理能力为液态烃 22×10^4 t/a，干气 4×10^4 t/a。该装置自 1984 年投产以来一直使用单乙醇胺作溶剂，该装置在实际工业生产中暴露出不少问题（略），为了解决生产中暴露出的这些矛盾，经调查决定试用 MDEA 脱硫剂。新型的脱硫剂在该厂的应用中，已经初步地表现出良好的脱硫效果，很低的设备腐蚀性和较好的脱硫选择性及其适应苛刻的操作条件而不分解的性能。

4.8　广州石化总厂炼油厂

该厂脱硫装置是为重油催化裂化装置的两气脱硫与加氢装置含硫尾气和减黏裂化装置含硫干气脱硫的配套装置。该装置自 1990 年 9 月投产以来，一直使用单乙醇胺法脱硫。但随着该厂生产的不断发展，原料油来源渠道增多，高含硫原油也增多，给脱硫装置带来新的问题。而且该厂为提高原油加工能力，重油催化裂化装置将进行加大处理量的改造，还新上一套 1Mt/a 延迟焦化即将投产。那么，现有的脱硫装置能否适应该厂加工高含硫原油的需要，脱硫装置能否在不作较大改造的前提下满足处理重油催化裂化装置和延迟焦化装置增加干气的生产要求。为解决这个问题，该厂采用 MDEA 作为新的脱硫剂。①使用新溶剂后装置生产能力有余量。在试验期间，无论是干气还是液化气，其原料中酸性气含量都达到了装置开工以来的顶峰，因此浓度的提高有利于循环量的降低。当重油催化装置改造后处理量增大或原料中酸性气含量增大时，可通过提高装置潜能的方法来实现不改动设备而提高处理能力的目的；②降低了能耗。由于循环量降低了 31.78%，因而液相进入再生塔的流量也相应减少，因此，当提高胺液浓度后循环量将进一步下降，能耗亦可下降。由于降低了溶剂循环量，因而作为动力部分的电耗也有下降。

4.9　金陵石化南京炼油厂

该厂重油催化车间在原有二异丙醇胺法液化气、干气脱硫的工业装置上（胺浓度为 24%），加入一定量 N-甲基二乙醇胺（浓度约 33%）进行脱硫试验，取得了较好的效果。首先，从干气脱硫塔来看，干气中 H_2S 含量 1.52% 以下、气液比达 750 时，净化效果仍然很好，因此，干气脱硫塔处理能力提高了很多。其次，改善了再生塔的操作。由于可在高气液比下操作，溶液的循环量较低，这对于设计负荷较小的再生塔来讲也是有利的，它改善了再生塔内的气、液相负荷分配，塔的操作稳定，塔底的温度和液面也不会因冲塔或漏塔而急剧波动。由于贫液再生质量得到保证，酸性气质量和酸性气量亦能保持平稳。再次，降低了能耗。在处理量大致相同时，与 DIPA 法相比，溶液循环量可降低 25%～40%，节约了机泵的用电量。蒸汽单耗比 DIPA 法可降低 30% 左右，具有明显的节能效果。最后，因为 MDEA 选择性比 DIPA 好，酸性气中 H_2S 浓度也得到了提高，致使硫黄回收率较高，放空的尾气含硫少，对环境污染小。

4.10　四川垫江卧龙河脱硫厂

该厂原用环丁砜-二异丙醇胺-水作溶剂，现改为环丁砜-甲基二乙醇胺-水作溶剂脱硫。该装置以前使用 DIPA 溶剂时，处理量为 $(67 \sim 87) \times 10^4 m^3/d$，改为 MDEA 溶剂后，处理量达到了 $(132 \sim 142) \times 10^4 m^3/d$。

4.11　其他厂

到目前为止，使用 MDEA 脱硫剂的单位除上述十个单位外，还有：福建炼油厂、巴陵石化长岭炼油厂、浙江镇海石化股份有限公司炼油厂、荆门石化总厂炼油厂、九江石化总厂炼油厂、沧州炼油厂、锦西炼化总厂炼油厂、兰州炼油厂、乌鲁木齐石化总厂、吉化公司炼油厂等。共有 20 多套工业装置采用了 MDEA 新型脱硫溶剂，普遍收到了好的效果。对一套 100kt/a 工业装置，每年可创造经济效益 50 万～100 万元。全国 20 多套工业装置使用了选择性胺液脱硫，仅节能降耗一项，每年可为国家创造 1000 万元以上的经济效益，这是炼厂气脱硫技术的一大进步。

5　MDEA 与 DIPA 相比的优点

1）MDEA 的选择性比 DIPA 好，MDEA 对 CO_2 的共吸收率比 DIPA 少 20% 左右；

2）使用 MDEA 溶剂节能比 DIPA 多，这已由茂炼、胜炼、南炼等厂家证实；

3）MDEA 不会产生降解物质，而 DIPA 则会，故 MDEA 的化学消耗较低，因它属叔胺结构，氮原子上无活泼的氢原子；

4）在装置尺寸不变的情况下，更换 MDEA 溶剂，可加大处理量。这也已由茂炼、南炼、广炼等厂家得到证实；

5）MDEA 的碱性比其他胺液弱，解吸温度又低，因此对设备的腐蚀极微（MDEA 溶液对碳钢的腐蚀率约为 0.04mm/a），所有设备都可用碳钢制造，原有的 MEA、DEA 或 DIPA 脱硫装置只须稍加改动，即可用于 MDEA，因此不会增加设备

投资。

6　近期价格变化及供求数量

1997 年初华东地区从日本进口的甲基二乙醇胺（99% 药用）价格为 2.68 万元/t。我厂买的以 MDEA 为主的 YXS-93 高效脱硫剂计划价为 3 万元/t。（我厂买的国产二异丙醇胺为 1.35 万元/t，进口二异丙醇胺为 2.4 万元/t）。

我厂重油催化车间脱硫装置每年约用 MDEA50～60t，我厂气分车间一套脱硫和二套脱硫装置约用 DIPA60～70t。现拟建第三套脱硫装置，使用何种溶剂，尚未决定。就目前而言，即将来 DIPA 全部改换为 MDEA，全年约需 MDEA110～130t。有此数据，其他炼油厂也就可以大致类推了。

7　存在的问题及建议

1）提高 MDEA 溶剂的质量，降低成本。甲基二乙醇胺是四川自贡精细化工研究院开发研究成功的，并在 80 年代中期，实现了工业化生产。国内虽有几家工厂生产 MDEA，但规模小，成本高。宜兴市炼油助剂厂开发的 YXS-93 配方溶剂，目前价格比较高，溶剂质量如色泽、性能等也有待改进。作为溶剂生产单位，应该努力改革工艺，降低成本，提高质量，赶上进口溶剂的水平。

2）当应用 MDEA 的厂家在试用 MDEA 的期间，供应 MDEA 的生产厂家对产品质量是非常的注重。但当应用厂家试用期一过，工艺路线决定采用 MDEA 后，这时供应 MDEA 的厂家对产品质量就不那么注意了，而且有给人质量越来越差的感觉。

3）MDEA 对碳钢的腐蚀平均为 0.04mm/a，对设备的腐蚀极微。但是，不少应用 MDEA 的厂家在一段时间后发现设备腐蚀得利害，塔盘堵塞得利害，为什么呢？这就是买 MDEA 时最好不要买甲醛法生产的 MDEA。即使买甲醛法生产的 MDEA，也要买甲醛与二乙醇胺催化加氢法生产的 MDEA，产品质量会好些。一般乡镇企业是搞不了催化加氢法的，只能用甲酸（HCOOH）做催化剂，用甲醛和二乙醇胺反应，加之后面的分离系统总分不干净，产品 MDEA

中总会含有微量的甲酸和甲醛，势必会造成对设备的加剧腐蚀。

4）发展建议：对 MDEA 的研制与应用，我国虽比国外起步较晚，但在 80 年代以后其发展速度是惊人的。在天然气和炼厂气的脱硫中，MDEA 已得到了广泛的应用，相信在不久的将来，在化工系统的气体净化中也一定会得到广泛的应用。

鉴于我国几家生产 MDEA 的厂家规模小、成本高，建议化工部或中国石化总公司或石油天然气总公司建几个环氧乙烷法的年产 1000 ~ 2000tMDEA 的大厂，生产规模上去了，成本自然也就下来了。

沧炼 5kt/a 硫黄回收装置尾气 SO$_2$ 排放现状及治理对策

沈志刚　赵　跃

（中国石化集团沧州炼油厂环保处）

1 存在问题及原因分析

我厂新建 5kt/a 硫黄回收装置于 1999 年 4 月 26 日进料投产，至今开工运行已有半年。经过车间及各有关单位共同努力，装置运行基本稳定，硫黄收率也达到较高水平。经过对开工以来装置运行进行总结，我们认为装置运行及污染物排放控制方面还存在下述问题。

1）装置总硫收率尚未达到设计指标：原设计三级转化工艺转化率为 97.1%，总硫收率为 96.4%；目前装置转化率为 96.0% ~ 96.5%，总硫收率为 95.5% 左右，距离设计要求还有较大差距。

2）排放尾气中 SO$_2$ 浓度严重超标。原设计装置总硫收率达到 96.4% 时尾气中 SO$_2$ 浓度为 5200μg/g，合 14900mg/m^3，按目前的总硫收率 95.5% 计算，则尾气中 SO$_2$ 浓度达到了 20000mg/m^3，不但远远超过 1200mg/m^3 的国标要求，而且严重影响了本厂厂区、生活区的大气环境质量。

经过与车间共同分析研究，我们认为造成装置总硫转化率低、SO$_2$ 排放超标的主要原因为：

1）原料气波动大。现有装置操作弹性不够。装置设计进料量为 560Nm^3/h，而实际上酸性气进料量低时 300Nm^3/h，高时达到 1000Nm^3/h 以上，并长期在 600 ~ 700Nm^3/h 以上，受现有装置操作弹性限制，装置经常处于超负荷运行状态。随着原油加工量加大，原油含硫浓度的上升，此问题将越来越突出。

2）现有过程尾气分析方法严重滞后，影响装置总硫收率。过程尾气分析的目的是为及时调节燃烧炉配风提供依据，现有过程尾气分析为每

4h 一次，由于原料气量和原料气中硫化氢含量波动较大，因此经常造成用 4h 以前的分析结果，来指导调节现在的燃料炉配风，分析结果常常失去意义，导致总硫收率降低。

3）受现有工艺所限，尾气排放必然超标。现有 5kt/a 硫黄回收装置工艺为三级转化、四级冷凝，尾气进尾气焚烧炉焚烧后排放，装置总转化率和总硫收率最高只能达到 97.1% 和 96.4% 的水平，尾气中 SO$_2$ 排放超标为必然结果。

2 对策和实施方案

为能大幅度提高装置总硫收率，从根本上解决尾气 SO$_2$ 排放超标，迅速改善厂区空气环境质量，结合我厂现有装置状况，我们建议应采取以下对策和治理方案：

2.1 增设在线分析仪

各厂经验表明，应用良好的 H$_2$S/SO$_2$ 在线比例分析仪能够至少提高总硫收率 2% 左右。有以下两种方案可供选择：

方案一：引进国外进口产品。目前国内硫黄回收装置引进的国外进口在线仪表主要有美国杜邦公司 4620 型产品、日本岛津的 UVP-302 型和日本横河公司产品。日本岛津和美国杜邦公司的产品均为紫外光度法，日本横河公司采用的是色谱分析法。我国应用最多的是美国杜邦公司的 4620 型硫化氢/二氧化硫比例分析仪，它基本上代表了国际上 H$_2$S/SO$_2$ 比值分析仪的发展水平。杜邦 4620 产品分析数据准确度高，响应时间短，自动化程度领先，日常维护量小，但据总公司硫黄协作组调研表明，该进口机应用好的不多，而且价格较贵（10 万多美元一套），零配件和服务

不好。

方案二：选用国内产品。国内目前已开发并使用较好的成型产品有两种，一是中国石化北京设计院与北京分析仪器厂共同研究开发的紫外分光光度法比值分析仪，价格在 35 万元/套上下，目前已在武汉石油化工厂安装使用 3 年，使用情况较好；二是洛阳设计院与深圳、成都两家科研单位及茂名石化公司联合开发的色谱法前馈式硫化氢/二氧化硫比值分析仪。目前已有两套在茂名石化炼油厂硫回收装置使用，经咨询反映使用情况良好。建议尽快安排对两家使用单位进行考察并确定安装。计划今年年底前完成考察调研，明年一季度完成仪表安装。

2.2　引进富氧工艺，提高装置操作弹性

在现有装置和工艺的基础上，燃烧炉采用富氧工艺以提高装置处理能力，增加装置操作弹性。具体实施方案有二。

方案一：采用低浓度富氧工艺。将氧浓度提高到 28% 左右，就可以将处理能力在原来的基础上提高 20%。该方案对设备不需进行改造，只需将氧简单掺入燃烧用空气中即可。氧气来源为本厂现有空分装置。

方案二：采用中等浓度富氧工艺。氧浓度提高到 28%~45%，装置处理能力能提高 75%，装置改造内容是更换燃烧器，改造现有的燃料炉、废热锅炉和一冷取热能力。总投资大约为现有装置投资的 15%，约 250 万~300 万元人民币，可将现有装置由 5kt/a 提高到 8kt/a 以上。

建议年底前完成项目调研和方案确定，明年利用检修期完成实施。

2.3　增加尾气处理设施，提高总硫收率

降低总硫排放，实现尾气排放达标，增加尾气处理设施是唯一途径。按目前已知的尾气治理方法，共有三种方案可供选择。

方案一：干、湿法烟气脱硫工艺。该方法为燃煤电厂传统和典型的尾气治理方法。SO_2 脱除原理为氧化钙、氢氧化钙及氢氧化钠等碱性物质与 SO_2 进行中和反应，生成亚硫酸钙、硫酸钙、硫酸钠等。二氧化硫脱除效率干法为 60%~70%，湿法为 80%~90%。诙方法设施投资为 20 万元，该方法的缺点是处理成本较高，$1tSO_2$ 处理费用为 3800~4200 元，我厂 5kt/a 硫黄回收装置目前年排放 SO_2 300~400t，年处理费用为 140 万元；另外该工艺的最终产生的废弃物的处理、处置有困难。本方法适用于还原吸收尾气处理工艺实施前较短时间内的对硫黄尾气进行处理。

此方法可大大降低尾气中二氧化硫排放浓度，但如实现尾气中二氧化硫浓度达标还有困难。

方案二：采用传统的 SCOT 工艺。SCOT 工艺已在国内成熟应用，投用装置国内已有 10 多套。本工艺的优点是总硫转化率高，与克劳斯配套后总硫转化率可达到 99.8%，尾气排放实现达标没有问题。

本方案投资较高，投资估算为 800 万~1000 万元，改造所用时间比较长。另外，本工艺对需要的氢源(纯度)要求高，要求有外供氢源或由在线还原炉产生；催化还原所需热源需另外提供(一是由在线炉热气流混合调配，二是由外供热源提供)。

方案三：采用胜利炼油设计院的 SSR 工艺。本工艺的基本原理与 SCOT 相同，胜利炼油设计院在原 SCOT 的基础上结合克劳斯工艺进行了改进，目前已在胜利炼油厂和济南炼油厂等建成装置并投用，效果非常理想，装置总硫转化率达到了 99.8% 以上。据调研，1999 年 9 月份投用的济南炼油厂 SSR 工艺尾气处理设施在负荷只有 40% 的情况下总硫收率达到了 99.9%，尾气排放 SO_2 浓度已经降到了 $300mg/m^3$ 以内。投资估算：400 万元以内。

改造设想：将现在的克劳斯三级转化工艺改造为二级克劳斯十尾气处理工艺。装置所用氢源采用加氢装置的富裕氢气，以双脱的 MDEA 为吸收剂，富液返回双脱作半贫液使用，这样对双脱再生塔的负荷增加不大。装置改造所需地域没有问题；改造工程预计三个月以内完成，施工时完全可以做到不影响装置正常生产，停工大检修时进行系统碰头即可投运。

MDEA 和有机硫化物之间的反应与脱除

王淑兰

（中国石化石油化工科学研究院 江苏武进第五化工厂）

摘　要　本文在调查、研究的基础上，结合选择性高效脱总硫新溶剂开发研制工作中小试和中试阶段的科研成果，论述 MDEA 同 COS 和 CH_3SH 之间的相互作用。探讨了提高以 MDEA 为主剂的配方脱硫剂脱总硫效率的途径，推荐对于 COS 与 CH_3SH 以使它们转化成另外化合物的化学反应方式彻底脱除。

关键词　MDEA　COS　CH_3SH　脱硫

1　前言

MDEA 作为脱硫剂，由于其本身所固有的一些优点，使其在选择性脱硫领域得到广泛应用。我国于 20 世纪 80 年代后期在天然气工业首先实现工业化，随后在炼厂气脱硫中得到推广应用。MDEA 水溶液的优点是，在 H_2S 和 CO_2 共存的场合，具有选择性脱除 H_2S 的能力，且由于它的碱性弱于伯、仲胺，所以腐蚀性小；它的饱合蒸汽压较低，蒸发损失较少；化学性质比较稳定，不易被酸性杂质引起降解；MDEA 与 H_2S（CO_2）反应热较低，且可以采用高浓度水溶液，使脱硫装置节能效果明显等。

采用 MDEA 作脱硫剂，一般只要装置设计合理、操作条件得当，大多数场合都能使净化产品中残存 H_2S 量合格（例如：$H_2S \leqslant 20mg/m^3$）。但其主要缺点是有机硫脱除率低，致使净化产品总硫（主要为有机硫）残存量过高。为脱除残存的绝大部分有机硫，往往还要采用多道后处理工序（例如：脱 COS、脱 RSH）。这些后处理工序不但麻烦、产生许多不易处置的废弃物（如碱渣）。而且由于普通胺法（尤其 MDEA 选择性脱 H_2S）对有机硫的脱除率太低（或者有时原产气中有机硫含量太高）；甚至由于某些原因造成 H_2S 亦未能很好地脱除，这类状况都会导致后处理工序超负荷运行，增加后处理消耗指标，且造成最终脱除效果达不到做化工原料的规格。因此寻求高效脱总硫的方法就成为业界人士所长期关注的课题了。

国外在该领域有大量的研究工作与部分工业实践的结果。国内天然气有关研究单位亦进行过许多有效的研究、开发工作，例如，物理-化学溶剂法选择性脱总硫的一些方法，在天然气脱硫装置得到推广应用并取得良好效果。但这类溶剂往往由于其中的物理溶剂对于烃类（尤其是 ≥C_3，烯烃有时少量存在的芳烃）共溶量过高而不适合用于炼厂气（干气和液化气，下同）脱硫。显然，寻求适合于炼厂气脱总硫（H_2S+有机硫）的工艺，尤其是筛选优良的脱硫剂就得另辟蹊径。

无疑，由于 MDEA 的一系列优点，尤其是对 H_2S 的选择性，使人们在选择脱硫剂配方时成为主剂的首选组分。有鉴于这种认识，我们在多年调研与文献调查的基础上筛选出一些对有机硫高效助溶与高效脱除的反应性组分与 MDEA 配合组成十余种配方由武进第五化工厂与清华大学化工系合作进行实验室小试（由石油化工科学研究院提供相关各种样品的检测、分析）。在取得好结果的诸多配方中再筛选出几个最优配方，对其配比做局部调整、优化，形成用于中试考察的脱硫剂配方。由武进第五化工厂与清华大学化工系及华北石油管理局任丘炼油厂合作经过一年多的半工业试验，取得良好的预期效果。

本文结合小试、中试工作中的一些体会以及有关文献的调查研究工作，探讨 MDEA 与某些有机硫化物（COS、CH_3SH）之间的一些反应机制，以利于炼厂气脱总硫的开拓工作。

2 MDEA 同 COS 的反应

2.1 无水或非水溶液中的 MDEA 与 COS 间的反应

（1）无水 MDEA 与 COS 反应

COS 的许多性质居于 CS_2 和 CO_2 之间[1]，说明它虽然酸性比 CS_2 强，但弱于 H_2S 和 CO_2。故所有的胺同 COS 之间的反应，其动力学反应速度均慢于胺同 CO_2 的反应，在数量级上相差 10^2 左右[2,3]。在无水条件下，对比分析纯 MDEA 和 MDEA-COS 样品的核磁共振谱，没有显示 MDEA-COS 体系有化学反应的迹象。但体系的压力降表明 MDEA 与 COS 之间作用形成了 Lewis 酸-碱络合物（Lewis acid-base complex）[4]。之所以观测不到 MDEA 用 COS 处理前后 NMR（核磁共振）谱线的变化是因为检测对样品浓度太低（采样时由于压力降低，Complex 分解了）。

（2）COS 在非水酸气溶剂中的 MDEA 催化水解

有研究者[5]于环境条件下，在一台气-液反应器中研究了 COS 被各种叔胺所催化发生水解的现象。其混合溶剂组成为：在混合聚乙二醇二甲醚中含 H_2O 量为 1% ~ 9.7%；胺浓度为 0.25 ~ 1.0kmol/m^3。原料气组成：底气为 He，含 1.91% CH_4，1.73%CO_2、2.16% H_2S 和 2.52% COS。

研究结果表明，COS 和 MDEA（含少量水）的反应，其反应机制如下：

$$COS+B \underset{-1}{\overset{1}{\rightleftharpoons}} \text{“complex”} \quad (1)$$

$$\text{“complex”}+H_2O \overset{2}{\longrightarrow} H_2S+CO_2+B \quad (2)$$

该研究者针对以上反应机制列出 COS 反应速度的方程，经简化、整理后：

$$r = k_1[COS][B] \quad (3)$$

式中　r——COS 反应速度，kmol/m^3·s；

[COS]——液相中 COS 浓度，kmol/m^3；

[B]——液相中胺浓度，kmol/m^3；

k_1——方程（1）正向反应的速度常数，m^3/（kmol·s）；

该研究实测 COS 在 MDEA 中的水解速度常数为 $3.4×10^{-4} m^3$/（kmol·s）。

2.2 COS 同 MDEA 水溶液的反应

（1）双分子反应机制[6]

由子 COS 和 CO_2 有类似的分子结构：O=C=O，S=C=O，所以他们同胺有类似的反应。许多研究证明，在 CO_2 水合反应过程中，MDEA 起碱催化剂的作用，其总反应如下：

$$R_3N+H_2O+CO_2 \longrightarrow R_3NH^++HCO_3^- \quad (4)$$

发现 COS 水解 $COS+H_2O \longrightarrow CO_2+H_2S$ （5）

类似 CO_2 水解，亦服从于碱催化反应规律，其总反应式如下：

$$R_3N+H_2O+COS \longrightarrow R_3NH^++HCO_2S^- \quad (6)$$

双分子反应论者，针对方程（6）的总反应式，提出如下的几个双分子反应：

$$R_3N+H_2O \longrightarrow R_3NH^++OH^- \quad (7)$$

$$COS+OH^- \longrightarrow HCO_2S^- \quad (8)$$

$$HCO_2S^-+OH^- \longrightarrow HCO_3^-+HS^- \quad (9)$$

研究者认为反应（7）是非常快速的反应，且其产物在所有时间都是处于平衡状态；式（8）反应速度比较慢，是受限制的；而式（9）即使该反应不可忽视，其反应速度也是非常慢的。事实上反应（9）是不能忽视的，不管它如何慢，否则 COS 水解产物之一 CO_2 何来？

COS 同 MDEA 水溶液的反应，对于 COS 和胺均为一级反应，总反应为二级反应，其二级反应速度常数：

$$k_2=4198.74\exp(-4575.80/T) \quad (10)$$

据称在实验过程中曾经检测出 HCO_2S^- 离子的存在，从而证明该反应机制的正确性。

（2）分步反应机制[7,8]

提出该机制的研究者，认为他的两步反应机制可以看作先前研究者所提出的 COS 水解的碱催化反应。该反应的第一步是：

$$COS+R_3N+H_2O \underset{k_{1.2}}{\overset{k_{1.1}}{\rightleftharpoons}} R_3NH^++HCO_2S^- \quad (11)$$

由实验数据拟合的反应速度常数公式：

$$k_{1.1}=-10896/T+1.765PKa+10.37 \quad (12)$$

PKa——胺的碱度。

第二步反应：

$$HCO_2S^-+R_3N+H_2O \underset{k_{2.2}}{\overset{k_{2.1}}{\rightleftharpoons}} R_3NH^++HCO_3^-+HS^- \quad (13)$$

其反应速度常数方程：

$$\ln k_{2.1} = -6891/T+1.06PKa \quad (14)$$

2.3 强化 MDEA 水溶液脱除 COS 的途径

（1）强化 COS 水解反应速度方程中的三个

要素

由前述 COS 同 MDEA 间的各种反应机制可见，COS 和 MDEA 水溶液之间的双分子反应理论的总反应方程，反应式（6）和两步反应论中的第一步反应，反应（11），完全相同，在 H_2O 大量过量的条件下，方程（6）和方程（11），其反应级数对于 COS 浓度和胺浓度均为一级，总的反应为二级，其反应速度方程：

$$r = k[COS][B] \qquad (15)$$

方程（15）形式完全和 COS 在非水溶剂中的 MDEA 之间反应的水解速度方程式（3）一样。说明前述三种理论有共同之处，可见若强化 COS 同水中 MDEA 的反应，首先可以从水解反应速度方程着手：提高有效胺浓度、增加 COS 在液相中的溶解度[9] 以及提高反应速度常数[3,10]。

（2）用碱度适当位阻因数高的胺促进 COS 水解

COS 在胺溶液中的反应过程可能比前述提到的那些机制更为复杂，因为不同研究者，在大致相当的实验条件下测出的反应速度常数值相差比较大。这固然和不同研究者采用的实验方法有关，也和反应本身的机制复杂有关。例如两步反应机制论的研究者对其由实验数据拟合得出的速度常数计算公式，方程（12）计算第一步反应的反应速度常数与实测值相比，误差范围为 15% 而对于 TEA 误差更大；同样由实验数据拟合推导出的第二步反应速度常数计算公式方程（14），对比计算值与实测值，据称误差约为 40% 以内，对293K 温度下的 MDEA 其误差更大。

由式（12）和式（14）可见，作者在拟合实验数据、推导速度常数计算公式时，除了温度因素，还考虑了胺的碱度，所以在某种程度上来说，他们的计算公式会比别人的更精确一点，但仍有那么大的误差，说明还有其他对 COS 反应速度影响较大的因素未考虑到。比如，前述研究 COS 在非水溶剂中与 MDEA 反应的作者，曾提到胺的碱性和位阻因素对 COS 水解反应有影响[5]，还有其他研究者有类似的研究[11]，可惜他们都没有把位阻因素的影响量化。

3　烷醇胺同硫醇（RSH）之间的反应

3.1　硫醇和胺水溶液之间的反应

硫醇（RSH）其与烷醇胺反应所显现的酸性比 COS、CS_2 更弱，而且随着分子结构中的烃基团（–R）的增大而变得越来越弱，所以有研究者断言[12]，随着 RSH 变重，其酸性强度降低，用胺溶液脱掉的可能性迅速下降。曾有报道[13]，MEA 与 DEA 对 RSH 的脱除率范围大致为：

甲硫醇（CH_3SH）　　　脱除率 45%~55%
乙硫醇（CH_3CH_2SH）　　脱除率 20%~25%
丙硫醇（$CH_3CH_2CH_2SH$）脱除率 0~10%

以上仅从 RSH 本身结构考虑所列出的脱除率，若用碱性更弱的烷醇胺处理，对 RSH 脱除率恐怕就更低了。

3.2　无水胺同甲硫醇（CH_3SH）之间的反应

有研究者[4] 对甲硫醇与醇胺反应的可能性进行过实验研究。对胺 – CH_3SH 系统分析检测表明，CH_3SH 与所研究的任何一种胺（MEA、DGA、DEA、DIPA 和 MDEA）在无水条件下均未有化学反应。但核磁共振波谱分析表明，RSH 和胺分子间合成了 Lewis 酸–碱加合物（ adducts）。

（1）甲硫醇与 MEA 之间的反应

MEA 在常用烷醇胺系列中，其碱性较强，但相对于苛性碱仍属弱碱，所以其碱性仍不足以使 CH_3SH 离子化生成 H^+ 和 CH_3^+。根据核磁共振谱线的分析，研究者认为 CH_3SH 与 MEA 的作用形式：

$$H_2N \cdot CH_2 \cdot CH_2 \cdot OH$$
$$\vdots \qquad\qquad \vdots$$
$$HS \cdot CH_3 \qquad\quad HS \cdot CH_3$$

（2）甲硫醇与仲胺之间的反应

1）DEA – CH_3SH 系统：

前述研究者研究 DEA – CH_3SH 体系后，发现 CH_3SH 虽有溶解（反应 30 分钟后其溶解度低于 10%），但核磁共振分析未发现有 H 键或化学反应现象。据认为是由于 DEA 液体黏度大，使得液相传质阻力相当大，导致 RSH 在 DEA 中不易溶解。DEA 水溶液虽然黏度可比无水时小，但大量水的存在亦不利于 RSH 的溶解。

2）DIPA – CH_3SH 系统：

DIPA 在烷醇胺系列中属于中等碱度，当然亦不能使 RSH 分子离解。据研究者推测 DIPA 分子中的胺与 CH_3SH 分子中的 H 质子有比较强的氢键；羟基质子也是形成 H 键的部位：

$$(CH_3 \cdot CHOH \cdot CH_2)_2 \cdot NH$$
$$\vdots \qquad\qquad \vdots$$
$$CH_3SH \qquad\quad HSCH_3$$

（3）硫醇和叔胺体系

文献中介绍，在实验过程中，通过分析未发现体系（CH_3SH-MDEA 与 CH_3SH – DMEA）存在化学反应。但当将这些叔胺通入装有 CH_3SH 的反应烧瓶时，即观测到原始充气压力下降了，据推测可能是 CH_3SH 与叔胺之间亦形成了 Lewis 酸–碱络合物。

3.3 强化醇胺法脱 RSH 的可行途径

（1）提高 CH_3SH 在醇胺溶液中的物理溶解度

从前述有关研究者的论述中可见，无水胺和 RSH 的反应藉范德华力连接的物理吸收。所以选用合适的物理溶剂配入 MDEA 水溶液中，提高 RSH 在吸收液中的物理溶解度肯定有效。但这种物理溶剂往往会在提高 RSH 溶解度的同时，增加烃的共熔作用，如本文前言部分所述对炼厂气是不适合的。

（2）促使 RSH 在醇胺水溶液中化学吸收

1）RSH –胺之间可逆化学反应。

醇胺水溶液，特别是 MEA 或 DGA 水溶液，对硫醇的脱除率均较好，是否有可逆化学反应存在？我们认为 RSH（特别是 CH_3SH 和 CH_3CH_2SH）呈酸性，尽管其酸性很弱，就有使它和胺发生可逆化学反应的可能。

2）使 RSH 在醇胺水溶液中发生不可逆化学反应，生成另一种化合物。

即使 RSH –胺之间有可能发生可逆化学反应，我们也不希望，因为首先不管产生哪种化学反应，都需 RSH 先溶解在液相。要提高 RSH 的溶解度就产生烃共溶量增加的问题；其次若是 RSH –胺为可逆化学反应，被吸收下来的 RSH 就会存在于再生酸气中[14]。这会给硫回收装置带来很大麻烦[15]。而发生不可逆化学反应，生成另一种化合物就不存在上述的种种问题。因为即使 RSH 在胺溶液中的溶解度比较小，也会随着已溶入吸收液的 RSH 和胺液中的某些组分发生反应形成新化合物从而达到彻底脱除的目的；而且也不存在再生酸气受 RSH 含量影响的问题。我们经多年努力研制开发的 SDS 系列脱硫剂中的相关型

号在脱硫过程中，溶剂中所含活性组分和 RSH 发生化学反应，生成 RSSR（可分层除去）；同时溶剂配方中还含有促进 COS 水解的组分共同将有机硫高效脱除。

4 结语

我们在经历了五年多"厂、校、研"型的生产、科研、实践的全面合作，经历"小试"和"中试"研究和试验过程，在选择性脱除硫化氢的基础上，将脱除有机硫的效果再提高到一个新水平，取得了较为令人满意的成果。为此，我们希望进一步与国内加工高含有机硫原油的炼油厂进一步开展工业化的新型脱硫剂的应用合作，为我国炼厂气、液化气的化工用途开拓更加广阔的美好前景；进一步简化后续加工工艺过程，减少物耗，节省能源，提高产品品质，增进经济效益，作出我们应有的贡献。

参 考 文 献

[1] Robert J. ferm., The chemisty of Carbonyl sulfide[J]. Chemical Reiews. 1957, Vol. 57, No. 4: 621–640.

[2] Sharma M. M., Kinetics of Reactions of Carbonyl Sulphide and Carbon Dioxide with Amines and Catalysis by Bronsted Bases of the Hydrolysis of COS[J]. Transactions of the Faraday Society. 1965, V61, No. 4: 681–688.

[3] 进赞扶. 二异丙醇胺溶液脱除裂解气中 CO_2 及硫化物[J]. 化肥工业. 1990, 5: 53 – 56.

[4] Mahum A. Rahman, Robert N. Maddox, and C. J. Mains., Reactions of Carbonyl Sulfide and Methyl Mercaptan with Ethanolamines. Ind. Eng. Chem. Res. 1989, Vol 28, No. 4: 470 – 475.

[5] Wiliam R. Emst., Hydrolysis of carbonyl sulfide: Comparison to Reactions of Isocyanates. The canadian joumal of chcmica Engineering. 1990, Vol. 68. 4: 319 – 323

[6] Hani A. Al–Ghawas, Gabriel Rniz–ibanez and Orville C. San–dall., Absorption of carbonyl Sulfide in aqueous Methyldiethanolamine. Chem. Eng. Sci. 1989, Vol. 44, No. 3: 631–639

[7] [8] Rob J. Littel, Geert F. Versteeg, and Wim P. M, VanSwaaij., Kinetic stady of COS with Tertiary Alkanolamine solution. 1. Experiments in an Intensely Stirred Batch Reacttor. 2. Modeling and Experiments in a Stirred Cell Reactor. Ind. Eng. Chem. Res. 1992, Vol. 31, No. 5: 1262–1269, 1269–1274.

[9] Hani A. Al–ghawas and orville C. Sandall., Simultaneous

absorption of carbom dioxide, carbonyl sulfide and hydro-
gen sulfide in aqueous Methyldiethanolamine. Chem.
Eng. Sci. 1991, Vol. 46, No. 2: 665-672.

[10] S. Travis Palomares, Aliso Viejo., Method and
apparatus for treating hydrocarbon gas streams con-
taminated with carbonyl salfide. U. S. P 5, 298,
228. 1994, 3, 29.

[11] W. R. Emst, M. S. K. Chen., Hydrolysis of carbonyl
sulfide in a Gas - Liquid reactor. AICHE J. 1998,
Vol. 34, No. 1: 158- 162.

[12] R. K. Goel, R. J. Chen, and D. G. Elliot., Data re-
quirements in gas and liquid treating. GPA. Proceed-
ings of the Sixty-First Annual convention. 185-193.

[13] K. F. Butwell, D. J. Kubek and P. W. Sigmund., Alka-
nolamine treating. Hysrocarbon Processing. 1982, 3:
108 -116.

[14] L. Gazzi, C. Rescalli, and O. Sguera., Selefining
process: A new route for selective H_2S remov-
al. CEP. 1986, 5: 17-19.

[15] J. S. Chou, D. H. Chen and R. E. Walker, and
R. N. Maddox., Mercaptans affect Claus u-
nits. Hydrocarbon processing. 1991, 4: 39-42.

WSA 尾气处理技术

李菁菁

（中国石化洛阳石化工程公司）

通常硫黄回收尾气处理工艺都是在克劳斯硫黄回收工艺的基础上加以延续和发展的，产品都是硫黄。而丹麦 Topsoe 公司的 WSA 湿法硫酸专利技术可使 H_2S 和其他硫化物转变为工业级浓硫酸，该技术可以处理不同 H_2S 含量的酸性气，也可处理硫黄尾气，本文主要介绍 WSA 硫黄尾气处理技术。

1　工艺流程

工艺流程主要包括二部分：①反应转化部分；②冷凝成酸部分。

1.1　反应转化部分

反应转化部分主要由转化器和以熔融盐为热载体的循环回路换热系统组成，见图 1。

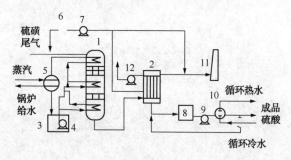

图 1　WSA 硫黄尾气处理工艺示意流程
1—转化器；2—冷凝器；3—熔融盐储罐；4—熔融盐泵；5—盐冷却器；6—空气预热器；7—热空气风机；8—酸槽；9—酸泵；10—酸冷却器；11—烟囱；12—冷空气风机

离开硫黄回收末级冷凝器约 130℃ 的硫黄尾气，加入已被预热的空气，使二者混合后温度约为 180℃，进入转化器。转化器内设有三层催化剂和三个换热器。顶层装填的是 Topsoe 公司的 CK 系列氧化催化剂，它可使 H_2、CO、H_2S 和 COS 氧化为 H_2O、CO_2，和 SO_2。中间层和底层装填的是 Topsoe 公司的 VK 系列硫酸催化剂，使

SO_2 转变为 SO_3，SO_2 转化率 >99%. 反应式如下：

$$SO_2 + 1/2O_2 \longrightarrow SO_2 + 99kJ/mol$$

三个换热器分别设在转化器顶部、中部（中间层和底层催化剂之间）和底部，顶部的换热器是为了加热硫黄尾气使其温度提高至约 300℃，进入催化剂床层，进行反应；中部换热器和下部换热器都是以熔融盐（钠和钾的硝酸盐和钠的亚硝酸盐的混合物）作为热载体，及时将反应热取走，使气体冷却至低于 300℃，SO_3 气体和水反应，生成气态的硫酸，反应式如下：

$$SO_3 + H_2O \longrightarrow H_2SO_4(gas) + 101kJ/mol$$

被加热后的熔融盐相继通过蒸汽过热器加热蒸汽和废热锅炉给水，冷却器冷却，组成循环回路。

1.2　冷凝成酸部分

冷凝成酸部分主要由 WSA 冷凝器、空气冷却系统和酸循环回路组成。离开转化器的气体在 WSA 冷凝器中被空气进一步冷却。在冷却过程中，酸被冷凝在 WSA 冷凝器的垂直玻璃管内侧，并流向于冷凝器底部，冷凝器底部温度约 240℃、浓度为 94% 的硫酸再与经成品酸冷却器冷却至 40℃ 的部分硫酸混合，使其温度控制在泵结构材料允许的温度（约 60℃），进入酸泵槽，然后再经成品酸冷却器冷却至 40℃，浓度 94%~98% 的硫酸除部分循环使用外，其余作为成品送出装置。冷凝器夹套中的空气被加热型 230℃，部分热空气用于预热空气，剩余部分和净化尾气混合进入烟囱。酸冷凝放出的热量如下：

$$H_2SO_4(gas) + 0.17H_2O(gas) \longrightarrow H_2SO_4(liq, 97\%) + 69kJ/mol$$

2　工艺特点

Topsoe 公司的 WSA 工艺特点可归纳如下：

1）H_2S 和其他硫化物转变为工业级浓硫酸。

2）硫回收率达 98%~99%。

3）不需添加任何化学药品。

4）不需要燃料和蒸汽。

5）不产生二次污染物。

6）工艺过程简单，操作弹性大。

由于上述特点，WSA 工艺有广阔的应用前景，目前已有几套装置在操作或建设中。我国巴陵公司长岭炼油厂已引进了湿法硫酸法专利技术。装置原料是炼厂酸性气及烷基化废酸。设计日产硫酸量为 218t。投资 6000 万元。产品是 98% 的工业硫酸。排放尾气中 SO_2 浓度 $884mg/Nm^3$。

以酸性气为原料和以硫黄尾气为原料二者流程基本相同，只是前者比后者增加一个制气部分，它由焚烧炉及废热锅炉组成。酸性气、燃料气和热空气一起进入焚烧炉焚烧，使酸性气中的 H_2S 或其他硫化物全部转变为 SO_2，经废热锅炉回收热量后进入转化器。

3 主要设备

装置的主要设备是转化器和冷凝器。转化器由壳体、三层催化剂和三个内置式换热器组成，可由国内生产。WSA 冷凝器是 Topsce 公司的专利设备，整台成套供货，该设备的核心部件是耐酸玻璃管组。来自转化器的过程气从冷凝器底部进入，冷凝的酸液沿管壁流入冷凝器底部的酸槽，净化尾气经上端的丝网除雾后至烟囱排放。壳程介质为空气。

4 实例

4.1 硫黄尾气流量、组成及边界条件

（1）流量

$12000Nm^3/h$

（2）组成（表1）

表1 硫黄尾气组成

组分	H_2O	CO_2	SO_2	H_2S	COS	其他（包括 H_2、CO 和 N_2）
组成（V%）	25	1.5	0.8	1.1	0.01	余量

（3）边界条件

温度：120~140℃

压力：8.7kPa

4.2 产品（硫酸）

温度：30~40℃

浓度：94%

流量：1046kg/h

4.3 主要设备表

主要设备见表2。

表2 主要设备名称

序号	设备名称	设备规格
1	空气预热器	
2	转化器	$\phi4000\times20000$
3	冷凝器	$\phi4500\times11000$
4	盐冷却器	换热面积 $20m^2$（光管）
5	酸槽	约 $1m^3$
6	酸泵	电机功率为 2.2kW
7	冷空气风机	电机功率为 75kW
8	热空气风机	电机功率为 30kW
9	盐系统	包括 $10m^3$ 的熔融盐储罐，电机功率为 11kW 的盐循环泵

4.4 公用工程消耗指标

（1）冷却水：（温差 10℃）$10m^3/h$

（2）电：75kW·h

（3）锅炉给水：1584kg/h

（4）蒸汽：（250℃，3.9MPa）-1521kg/h

4.5 催化剂及熔融盐

（1）催化剂

燃烧催化剂 CK-428；

SO_2 转化催化剂 VK-WSA。

（2）熔融盐

熔融盐的组成质量分数为：

KNO_3，53%；

$NaNO_3$，7%；

$NaNO_2$，40%。

盐的熔点约 145℃，操作几年后，熔点提高至约 165℃。盐用量约 15t。

4.6 污染物排放

（1）净化尾气流量 $15569Nm^3/h$

（2）组成（表3）

表3 净化尾气组成

组分	$SO_2/$ (mg/Nm^3)	$H_2SO_4/$ (mg/Nm^3)	O_2	H_2O	CO_2	N_2
组成/V%	810	22~45	3.1	19.6	1.4	余量

4.7　占地面积

装置的占地面积约 $400m^2$（不包括道路）。

5　结语

Topsoe 公司的 WSA 湿法硫酸专利技术可处理酸性气或硫黄尾气，和目前通常采用硫黄回收及硫回收尾气处理工艺相比，不仅改变了产品，也提高了装置的经济效益，但必须引进专利技术和专利设备，两种工艺可因地制宜，进行市场分析和技术经济比较后进行选择。

浅析川渝油气田天然气脱硫脱碳净化技术

温崇荣

（中国石油西南油气田分公司天然气研究院）

川渝地区拥有丰富的天然气资源，是中国最早也是最大的天然气生产基地，天然气田大都为含硫甚至高含硫气田，目前净化的含硫天然气占全部开采天然气 80% 以上，以后含硫净化天然气有可能超过 90%。目前川渝地区现有天然气净化厂 9 座共 15 套装置，全部为西南油气田分公司所有，设计规模 $2.820 \times 10^7 \text{m}^3/\text{d}$，年净化能力 $9.3 \times 10^9 \text{m}^3$，单套装置的最大处理能力达到 $4.00 \times 10^6 \text{m}^3/\text{d}$，独立的净化分厂处理能力最高达到 $6.80 \times 10^6 \text{m}^3/\text{d}$。1965 年 12 月 22 日，国内第一套醇胺法天然气净化工业装置在东溪脱硫车间建成投产，意味着从最初的处理能力 $1.5 \times 10^5 \text{m}^3/\text{d}$ 起步后，川渝地区天然气净化能力持续增长，到 2006 年底，天然气净化处理量累计超过 $1.250 \times 10^{11} \text{m}^3$。

从东溪脱硫车间投产后，天然气净化技术持续进步和日趋完善，不断推进川渝地区天然气净化能力的提高及大型高含硫天然气净化厂建设。从 20 世纪 60 年代的单一醇胺法脱硫脱碳发展到目前拥用全球多种类型的脱硫脱碳、硫回收和尾气处理等净化处理先进技术，已形成一系列成熟的规模化脱硫脱碳净化技术。包括以醇胺法和砜胺法为主的脱硫脱碳技术、以 Claus 法为主的硫黄回收技术、以固体脱硫剂为主的分散井脱硫技术和全球多种脱硫脱碳先进技术作为配套的净化处理技术，共同服务于川渝油气田开发。

1 川渝地区的脱硫脱碳技术

1.1 醇胺法脱硫脱碳技术

醇胺法是众多天然气净化技术中应用最广泛的工艺方法。醇胺法工艺已有 60 余年的发展历史，广泛应用于天然气和炼厂气的脱硫脱碳净化。国内外广泛采用的醇胺法，一直是川渝地区天然气净化的最主要的脱硫脱碳净化技术（见表 1），并已积累了较为丰富的科研成果和应用经验。早期使用的是单一醇胺脱硫脱碳，随着技术的不断发展，目前以甲基二乙醇胺为主要溶剂的脱硫脱碳已成为川渝油气田未来最基本的主体脱硫脱碳净化技术。2006 年川渝地区采用此净化技术超过当年总含硫净化天然气的 80%。由于川渝气藏气质特殊，用醇胺法并不能解决所有的净化问题，因为不同区域的天然气气质组成及条件差异很大（见表 1），因此需要对醇胺法进行完善，以适应不同的气质，使得净化后的天然气在最优化的条件下达标输送。下面是川渝地区特别是西南油气田分公司正在使用的两种典型的醇胺法脱硫脱碳技术。

1.1.1 甲基二乙醇胺脱硫脱碳技术

在川渝地区脱硫脱碳净化技术起步时主要使用伯胺单乙醇胺（MEA）。MEA 具有碱性强、与酸性气反应迅速、价格较便宜等优点，但不足之处是装置腐蚀较严重，溶剂只能在较低浓度下使用，以及与酸性气的反应热较大导致溶剂循环量大，能耗高。20 世纪 80 年代以来，具有一定选吸能力的二异丙醇胺（DIPA）、甲基二乙醇胺（MDEA）等脱硫脱碳工艺逐渐进入工业应用。川渝地区也曾短暂的使用过单一的二异丙醇胺脱硫脱碳。相比之下，由于 MDEA 具有高使用浓度、高酸性气负荷、低腐蚀性、抗降解能力强、高脱硫脱碳选择性、低能耗等优点，因此受到重视。在 20 世纪 80 年代后期，开始使用 MDEA 溶液脱硫脱碳，它的推广应用是川渝地区天然气净化技术一大进步，至今仍在大量使用。

表1　西南油气田分公司天然气净化厂净化技术现状

单　位	设计规模/(m³/d)	H₂S 含量/%	CO₂ 含量/%	压力/MPa	脱硫脱碳溶剂
重庆净化总厂					
引进分厂	400×10⁴	0.28	0.54	5.5	
	80×10⁴	4.88×10⁴	0.62	4.0	砜胺溶液
	200×10⁴	0.28×10⁴	0.54	5.5	
垫江分厂	400×10⁴	0.28	1.01	4.0	MDEA
渠县分厂	2×200×10⁴	0.56	1.01	4.2	MDEA
长寿分厂	400×10⁴	0.28	1.71	4.8	选择性脱硫脱碳溶剂
忠县分厂	2×300×10⁴	0.63	1.62	6.1	选择性脱硫脱碳溶剂
川中油气矿天然气净化厂	(50+80)×10⁴	1.74	0.54	4.0	MDEA
川西北气矿天然气净化厂					
蜀南气矿	120×10⁴	6.82	4.82	4.0	砜胺溶液
隆昌净化厂	40×10⁴	0.20	1.84	3.0	MDEA
荣县净化厂	2×25×10⁴	1.25	5.15	1.3/1.6	MDEA
川东北气矿罗家寨净化厂(建设中)	3×300×10⁴	11.50	8.00	7.1	MDEA

1.1.2　选择性溶剂脱硫脱碳技术

由于 MDEA 比 MEA、DEA、DIPA 等伯胺、仲胺具有更好的选择性，被广泛地用来选择性脱硫脱碳，但为了满足净化厂要求进一步提高 MDEA 水溶液脱硫脱碳选择性和改善其操作稳定性的需要，西南油气田分公司开发了更优的选择性脱硫脱碳技术，它是在 MDEA 溶剂中加入适量能抑制 MDEA 与 CO₂反应速度的添加剂，在保证净化气 H₂S 指标合格的前提下，提高溶液的脱硫脱碳选择性，并辅助加入微量消泡剂、缓蚀剂和抗氧剂来改善溶液的操作稳定性。目前该选择性脱硫脱碳技术已在天然气净化厂应用，并取得显著的经济效益和社会效益。

1.2　砜胺法脱硫脱碳技术

砜胺法也是众多天然气净化技术中应用较广泛的方法，主要应用于含有机硫的天然气净化。20 世纪 70 年代，卧龙河净化装置就曾使用砜胺法脱硫脱碳，以及后来的川西北净化厂和重庆天然气净化总厂引进分厂的其他装置也都使用砜胺法脱硫脱碳，并一直沿用至今。砜胺法脱硫脱碳也是川渝地区重要的脱硫脱碳技术，且已积累了较为丰富的应用经验。2005 年采用砜胺法处理含硫天然气约占含硫净化天然气 20%左右。

从已取得的地质资料来看，川东北渡口河、罗家寨、铁山坡气田地质储量大，储层特性好，单井产量高，具有良好的开发前景，是川气东输

和向川渝地区新增供气的重要后备资源。目前发现有些气井含有较多的有机硫，如坡 2#有机硫含量已达 530mg/m³。针对有机硫的情况，砜胺法仍将是首要考虑的基本方法。

2　川渝地区的硫黄回收技术

2.1　常规 Claus 反应技术

1970 年西南油气田分公司建成了第一套 500 kg/d 的分流法两级 Claus 装置，那时就开始了工艺设计、工艺操作参数以及催化剂等全方位的科研工作，并逐步深入。相继在燃烧炉的工艺参数、反应器各参数的控制、炉内各组分和过程气各组分同硫回收率的关系等方面做过大量的工作。通过几十年的发展和积累，目前川渝地区已拥有 10 多套硫磷回收装置，全部为西南油气田分公司所有(见表2)。这些装置涉及的硫黄回收工艺各异，但每一种工艺都离不开最基本的 Claus 反应技术。从工艺流程上来说，都有基本的设备单元即反应炉、废热锅炉、冷凝器、Claus 反应器、尾气灼烧炉以及共性的控制技术等。通常的工艺过程为，从脱硫装置来的含硫酸性气进入反应炉，在高温下反应生成单质硫，再经废热锅炉，回收热量，经冷凝回收硫，再进入 Claus 催化反应器，经过二级到三级催化反应后，灼烧排入大气或进入尾气。其他的硫黄回收工艺基本上都是在以上 Claus 工艺的基础上，通过添加一

些新的功能来发展硫黄回收技术。

表 2　川渝地区天然气净化装置硫黄回收及尾气处理技术

单　位	设计能力/(t/d)	酸性气 H₂S 含量/%	装置套数/套	硫回收率/%	硫黄回收及尾气处理技术
重庆净化总厂					
引进分厂	260	85	1	99.8	2-Claus+SCOT
垫江分厂	16	29	1	99.2	Clinsuif-SDP
渠县分厂	32	55	1	99.2	ScgrrClaus
长寿分厂	16	30	1	95.0	2-Claus
忠县分厂	25/25	51	2	99.2	SeperClaus
川中油气矿天然气净化厂	11/18	54	2	95.0	2/3-Claus
川西北气矿天然气净化厂					
蜀南气矿	46/52	85	2	99.0	MCRC
隆昌净化厂	1.13	22	1	99.99	Lo-Catll
荣县净化厂	8	25	1	86.0	2-Claus
川东北气矿罗家寨净化厂(在建净化厂)	465/465/465	57	3	99.8	2-Claus+串级 SCOT

2.2　硫回收尾气加氢技术

硫黄回收装置为了获得高的硫回收率，往往带有尾气处理部分，将二级反应后的 Claus 尾气加氢再作进一步处理。SCOT 工艺是最具有代表性的一种工艺，它将二级 Claus 后的过程气中的含硫化合物通过加氢反应器，全部转化为 H₂S，再脱硫脱碳后将酸性气返回到 Claus 装置。西南油气田分公司在 20 世纪 70 年代就开展这方面的研究，并在设计、催化剂制备、管理等方面获得了众多的成果。常规 SCOT 装置于 1980 年在引进分厂投产使用至今，川西北净化厂常规 SCOT 装置于 1982 年投产使用至 1990 年，此后因气质原因改用 MCRC 技术。目前这些相关技术已广泛应用于全国众多的硫回收加氢装置。

3　先进的脱硫脱碳净化技术

3.1　Lo-Cat 技术

在天然气脱硫领域，络合铁法目前是最先进的液相氧化还原技术，在国外被广泛应用在潜硫量不大的天然气脱硫和硫黄回收装置上。2001 年西南油气田分公司在隆昌净化厂引进了由美国 Filter 公司开发的 Lo-Cat 工艺技术，该装置至今运行稳定。该技术可用于处理含硫天然气、醇胺法脱硫脱碳装置再生酸气、Claus 尾气等。隆昌

净化厂处理后的天然气能满足管输要求，尾气不经焚烧即可达标排放。该法脱硫剂稳定，硫容较高，生成的细粒状硫可直接在氧化塔内沉降分离，工艺过程简单。

3.2　MCRC 技术

MCRC 是加拿大 Delta 公司的专利技术。MCRC 工艺核心是应用低温 Claus 技术，即最后一级或二级转化器中过程气在硫露点温度下进行反应，使实际转化率接近理论计算值。MCRC 装置流程简单、占地面积小、操作和维修都十分简便。川渝地区川西北净化厂于 1989 年引进 MCRC 技术，并消化吸收，于 1995 年自行建设了第二套 MCRC 装置，各项技术指标达到引进装置的水平。

3.3　Clinsulf-SDP 技术

西南油气田分公司于 2002 年在垫江分厂成功引进由 Linde 公司开发的 Clinsulf-SDP 技术，它是中国第一套、全球第二套 Clinsulf-SDP 硫黄回收装置，装置硫收率达到 99.2%，目前装置运行状况良好。它于 20 世纪 90 年代问世，是一种比较新的硫黄回收技术，集常规 Claus 与低温 Claus 反应于一体。Clinsulf-SDP 法仅使用两级冷凝器和两个反应器，与其他亚露点工艺，如 MCRC、Sulfreen 等相比，流程更简单。

3.4　SuperClaus 技术

西南油气田分公司于 2002 年在渠县分厂引进 Jacobs 公司拥有的 SuperClaus 工艺专利技术，它是目前一种倍受欢迎的流程简单、操作费用低的硫黄回收技术，硫收率达到 99.2%，装置运行状况良好。SuperClaus 工艺是在常规 Claus 工艺之后加一个直接氧化段。在催化剂的作用下，H_2S 在直接氧化反应器中被直接氧化成单质硫，基本上没有副反应发生，该工艺在世界范围内的推广比较迅速。

4　脱硫脱碳特色辅助净化技术

当天然气中 H_2S 含量较低，潜硫量较小，采用传统胺法脱硫脱碳加硫黄回收或液相氧化等工艺时，往往因投资大、操作复杂等原因难以实施。为此西南油气田分公司开发了专门适用于川渝地区的处理低含硫或 H_2S 总量不大的含硫气体固体脱硫脱碳净化技术。该技术用于含硫量在 1000 kg/d 以下的天然气脱硫脱碳，该干法脱硫脱碳工艺具有投资小、设备简单、操作方便、净化度高、处理气量弹性大等优点，特别适用于总硫量不大、缺电少水的边远分散气井、场站及相关装置的脱硫脱碳。已建成的大大小小的脱硫脱碳装置共有 140 多套，主要分布在蜀南气矿、重庆气矿、川中油气矿和川东北气矿，40%脱硫脱碳装置为供民用气，55%为场站自用气，其余处理气进入干线。目前需净化的天然气每年约为 $5 \times 10^8 m^3$。

5　高含硫天然气田脱硫脱碳净化技术

在四川发现的高含硫气田有可能成为未来川渝地区天然气的主流开发气田，渡口河气田含硫量高达 17%、罗家寨气田含硫量高达 10% 以及铁山坡气田含硫量达 14.5% 等，且气质条件比较复杂，含有较高的 CO_2、有机硫，给天然气的净化处理带来了一些新的技术需求和难度（见表 3）。面对高含硫天然气的开发，基本的和主要的技术是可以借鉴和依赖的，但需进行一系列的技术攻关，以确保川渝地区的脱硫脱碳净化技术在解决高含硫天然气的净化问题上仍处于国内领先，在国外也不落后。为了加快开发的进度，同时也需要拥有足够成熟经验的大公司参与，协助川渝地区高含硫气田的开发。

表 3　川渝地区近几年实施建设的天然气净化厂

名称	预计规模/(m³/d)	H₂S 含量/%	CO₂ 含量/%	有机硫含量/(mg/m³)	潜硫量/(t/d)
罗家寨净化厂	9.00×10^6	9.5~11.5	7~8	~230	~1390
铁山坡净化厂	6.00×10^6	~15	6~8	~530	~1170
渡口河净化厂	9.00×10^6	~17			~2060

6　脱硫脱碳净化技术建议

1) 川渝地区基本掌握了醇胺法脱硫脱碳、砜胺法脱硫脱碳技术、常规 Claus 硫黄回收技术和尾气处理加氢技术以及固体干法脱硫脱碳技术，未来在这些脱硫脱碳技术方面还存在优化和改进问题。

2) 面对川渝油气田几十年的成功经验，需要全面总结，建立起脱硫脱碳和硫黄回收装置工艺技术科学规范的评估系统，使各净化厂安全、长周期、优化平稳运行。

3) 消化吸收先进的脱硫脱碳净化技术，拓展创新拥有自主知识产权的技术，鼓励新工艺新技术的开发，使川渝地区脱硫净化技术得到良性发展。

4) 面对高含硫气田的开发，依靠川渝地区几十年对天然气净化技术的积累，结合外援技术的支持，积极探索一些新的脱硫脱碳技术，降低开发成本，推动脱硫脱碳净化技术向更高的水平迈进。

酸性气干法制硫酸工艺应用

冯凤全[1]　姚雪龙[2]

（1. 中国石化荆门分公司；2. 中国石化南化设计院）

摘　要　介绍了酸性气干法制硫酸装置的设计特点、开车、运行过程中遇到的问题和解决方法。

关键词　酸性气制酸　装置　原料特点　设计与运行

中国石化股份公司荆门分公司 50kt/a 硫酸装置，是以石油加工过程中的废气——酸性气为原料的干法制酸装置，共投资 3900 万元。该装置技术由南化设计院设计并通过中国石化股份有限公司审查，由荆门石化建安公司承建，临酸的关键设备由专业厂家制造，于 2004 年 7 月完成终交并做开工准备，7 月 27 日一次投料开车成功。为石化行业治理石油加工过程中产生的废气——酸性气处理开辟了新的途径，解决了荆门分公司硫黄回收装置长期以来硫回收率低、环境污染大的问题。但因存在一些设备问题，2005 年装置开工 323d 后停工。后对装置存在的问题进行了处理重新开工，2006 年装置开工 359d，生产硫酸 42.2kt，每星期对尾气进行一次监测平均含 SO_2 755mg/m³，达到了国家环保排放标准。

1　炼厂酸性气的组成、特点及危害

炼油厂将含有 H_2S 的混合气体统称为酸性气，其组成如表1。

表1　酸性气主要组成数据（正常值）　　%

成分	H_2S	CO_2	NH_3	烃
含量	60~70	20~30	<1	<1

特点如下：

（1）有毒易燃易爆炸

H_2S 是一种无色具有臭鸡蛋味，剧烈的神经性有毒气体，浓度高时能致人呼吸停止造成死亡。国家规定 H_2S 在空气中最高允许浓度为 10mg/m³。其熔点：−82.9℃，沸点−60℃，自燃点（纯 H_2S）：260℃，爆炸极限为：4.3%

~45.5%。

（2）酸性气的浓度不稳定

因原料由多套脱硫装置供给，各套装置酸性气组成各不相同，正常情况下含 H_2S 60%~70%，非正常时在 40%~80% 间波动。

（3）酸性气的流量不稳定

炼油厂均为连续化大规模生产，但因带液的酸性气经长距离管道输送，中途遇低点形成液封而造成流量波动。

（4）易带烃

正常情况下酸性气含烃量不大于体积分数 1%，但在炼油装置操作不稳定时含烃量大于 3%（有时会更高），此时一旦进入炉焚烧就产生大量的热量使炉内温度升高，使焚烧炉的内衬受到严峻的考验直至倒塌，同时消耗大量的氧使 H_2S 在缺氧的情况下产生 Claus 反应生成单质硫，堵塞冷却塔顶的循环喷嘴，影响电除雾器的正常运行使净化段温度和含水达不到工艺要求。

（5）带氨

因液态烃脱硫剂用的是二乙醇氨，含硫污水汽提脱硫装置的原料中也有氨，在装置不平衡的情况下酸性气中就易带氨，而氨产生的氮氧化物溶入稀硫酸中增加了稀硫酸组分的复杂性和对设备管线的腐蚀性。

（6）酸性气中的水分和氢气的影响

酸性气中的水分和氢气在焚烧的过程中产生水蒸气，会影响硫酸浓度的平衡，因此采用干法制酸能在净化工段除去其水分。

2 装置设计特点

荆门分公司与南化设计院将几十年的设计经验与炼油企业减少投资和占地、节能降耗、保护环境、方便操作的理念相结合，充分考虑到 H_2S 制酸的特点，设计了这套硫酸装置。

2.1 装置规模

2001 年荆门分公司的酸性气中的潜硫量为 9kt/a（合硫酸的产量约为 28kt/a），结合荆门分公司今后若干年的原油加工量、加工深度的增加和石油产品质量指标的升级，荆门分公司硫酸装置的设计规模为 50kt/a。

2.2 采用两转两吸干法制酸工艺

"3+1" 四段两级转化，一段的上部和四段用 S108M 低温催化剂，其他用 S101M 普通催化剂，提高硫的转化率，使总转化率不小于 99.6%。解决硫黄回收装置长期以来硫回收率低（仅 82%），造成环境污染的问题。

2.3 空气与原料配比

为了确保酸性气中的烃类和 H_2S 的完全燃烧，装置在正常运行的情况下空气流量是酸性气流量的 10~11 倍，因为不但要保证 SO_2 转化为 SO_3 的氧分和过程气带走焚烧炉内的热量；同时保证 SO_2 的浓度在设计范围内，不然就会造成不良的后果。

2.4 装置的自控率高

装置采用 DCS 控制调节，在原料缓冲罐和焚烧炉处安装 H_2S 浓度测量报警仪，监测现场的 H_2S 泄漏情况，并将环境中 H_2S 浓度在 DCS 上显示出来，保证装置操作人员的安全。SO_2 浓度在线分析指导配风调节；干吸工段上塔酸气管线采用阳极保护。

2.5 两级转化器的入口均增设电加热炉

设计中采用在一段和四段分别设置 550kW（五组）、36kW（三组）电加热炉，不但能解决开工中转化器烧烤和催化剂升温的问题，还能在原料负荷低不能满足一、四两段催化剂起燃温度时采用电炉加热的补救措施，解决酸性气量小时转化工段反应热不足的问题，提高装置的运行率。

2.6 SO_2 主风机由汽轮机推动

设计用汽轮机来推动 SO_2 主风机减少电力消耗。当酸性气负荷低所产的蒸汽少，不能推动汽轮机做功时用电机带动的 SO_2 风机，装置产的蒸汽用减温减压器降到 1.0MPa 汇入管网。

2.7 采用互补换热流程

利用第三、第四段出口热量交叉互补加热进转化器第一、第四段的冷气体，使得转化器各段进口温度及各段转化率的选取与进吸收塔的气体温度的选取无关，从而将进塔温度的优化与转化系统的优化相对独立起来。转化系统按照催化剂装填量最小，总转化率最大或者是对总转化率影响最小等方式实施真正意义上的优化，而两台吸收塔气体的温度可在总和不变的条件下，按照总换热面积最小、最适宜进塔气温、换热系统调节性能最佳等方式进行优化分配。

3 生产原理及流程

3.1 装置生产原理

含有 H_2S 的酸性气入焚烧炉与空气焚烧产生含 SO_2 的过程气，冷却洗涤净化、干燥后，SO_2 和 O_2 在催化剂（二段钒触媒）的作用下进行转化（即氧化）反应生成 SO_3，然后 SO_3 在吸收塔中由循环喷淋的 98.3% 硫酸吸收而生成硫酸。过程气中未转化的 SO_2 再经催化剂（一段钒触媒）层进行第二次转化生成 SO_3，经第二次吸收后 SO_3 生成硫酸，达到较高的 SO_2 转化率和 SO_3 吸收率（此工艺称为 3+1 工艺）。主要化学反应为：

（1）硫化氢的燃烧

$$2H_2S + 3O_2 == 2SO_2 + 2H_2O$$

（2）二氧化硫氧化

$$2SO + O_2 == 2SO_3$$

（3）三氧化硫吸收成酸

$$SO_3 + H_2O == H_2SO_4$$

以上 3 个反应都是放热反应，其中第一个反应放出的热量大部分被废热锅炉回收生产蒸汽（每吨硫酸可产 1.29t 蒸汽）。第二个反应的热用于加热气体到转化反应温度，第三个反应的热由于循环酸温度较低用循环冷却水带走。

3.2 装置工艺流程

装置工艺流程见图 1。

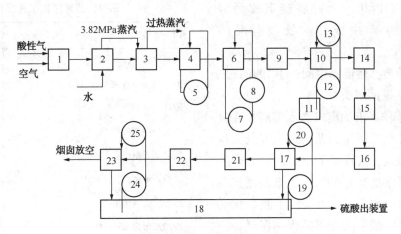

图 1　装置的工艺流程

1—焚烧炉；2—废热锅炉；3—过热器；4—冷却塔；5—循环泵；6—洗涤塔；7—循环泵；8—板式换热器；9—电除雾器；10—干燥塔；11—干燥循环槽；12—循环泵；13—冷却器；14—SO$_2$风机；15—换热器；16—一级转化器；17—第一吸收塔；18—吸收循环槽；19—循环泵；20—冷却器；21—换热器；22—二级转化器；23—第二吸收塔；24—循环泵；25—冷却器

4　运行过程中出现的问题和解决方法

4.1　焚烧炉和转化器的烘烤

焚烧炉选择的是炼厂瓦斯烘炉，但设计中一大一小两个瓦斯阀分别为 DN50 和 DN25，焚烧炉在低温段时（常温~310℃）用 DN25 无法实现调节，用瓦斯带接临时线再用 DN15 阀手动调节，温度达到 350℃ 时更换为 DN25 的火嘴，使焚烧炉的烘烤严格按理论曲线进行。为保证催化剂的干燥对新砌的转化器进行了烘烤，以 SO$_2$ 风机 3000~4500m^3/h 的干燥空气和启动电炉的组数控制转化器内温升不大于 20℃，最高烘到 280℃，其中分别在 110℃ 和 280℃ 处恒温 4h，为减少干燥酸的用量将第一吸收塔甩开。

4.2　解决稀酸循环泵腐蚀泄漏问题

装置开工第三天发现稀酸循环泵（301/1.2、302/1.2）严重泄漏，装置被迫停工。后分析是因为稀酸的浓度比较高，其中：硫酸的浓度为 12%，硝酸根离子的浓度为 6.8mg/L，增加金属泵的腐蚀。装置停工后将 4 台金属循环泵更换成宜兴工程塑料泵，该泵运行数月尚无质量问题。

4.3　解决稀酸玻璃钢管道泄漏问题

净化工段的稀酸玻璃钢管道，因是非专业人员安装，导致装置开工一个多月天天补漏，但天天漏，使操作工人的人身安全受到严重威胁。2004 年 10 月，将玻璃钢管道改用能抗强酸、强碱、强氧化剂、还原剂和各种有机溶剂腐蚀的聚烯烃（PO）衬里管，之后净化工段的稀酸再也没有发生泄漏现象。在更换玻璃钢管道时发现冷却塔顶 20 个喷嘴堵塞了 8 个，分析其原因是进行瓦斯与酸性气切换和原料组分不正常时发生了 Claus 反应所致。

4.4　解决原料管线形成液封造成流量波动的问题

设计中酸性气在入装置前有两个共 180m^3 原料缓冲罐，缓解酸性气流量不稳定、成分波动大给装置带来的不利影响。可在装置开工不几天原料又多次发生波动，不但影响硫酸装置的操作，还因整个管线的压力高，导致液态烃脱硫装置异常形成恶性循环。经查从 H$_2$S 缓冲罐前的酸性气管线均在伴热，而罐后至焚烧炉前的 400 多米管线没有伴热，缓冲罐前的液体汽化在焚烧炉前的低点冷凝形成液封。为此我们将此管线也加伴热保温，解决了原料流量大幅波动的问题。

4.5　解决成品酸管线泄漏的问题

成品酸管线由碳钢制成并沿装置管带走，由于成品酸的温度比较高（42℃左右）又存在冲刷，该管线投用 4 个月就开始泄漏，给装置的安全生产带来后患，为此将碳钢改为铸铁管并另辟走向，解决成品酸管线泄漏的问题。

4.6 解决"前高、后低、中间一小"的问题

（1）"前高"问题的解决

"前高"是夏季洗涤塔的出口温度偏高。在夏季由于气温、酸性气处理量、循环水温度及流量等多方面因素的影响，洗涤塔的出口温度通常在41℃左右，设计正常温度为38℃。因该温度越高过程气中所含的水分越多，导致装置不能产98%酸，不但装置开工母酸的浓度不能得到保证，还影响了装置的处理量。通过清理板式换热器的污垢、增加板式换热器的换热面积、增加稀酸的循环量等方法，使装置在夏季生产时净化工段的出口温度控制在设计的范围内。

（2）"后低"问题的解决

"后低"是转化器一、四段入口温度偏低。由于转化工段的保温效果不好，转化工段的热损失过大，转化器一、四段入口温度低于催化剂的起燃温度，长期需要开电炉加热，年消耗电费近80万元，增加了装置的运行成本。2007年2月在装置检修的过程中将转化工段部分外部温度高的设备和管线增加了保温，在电炉完全停运的情况下转化器一、四段入口温度也能达到工艺要求。

（3）"中间一小"问题的解决

由于SO₂风机的流量偏小，装置开工初期因酸性气量小装置处于低负荷运行，随着产品脱硫深度的加深酸性气量大幅增加（现处理酸性气2300m³/h左右），装置原设计为两台SO₂风机，分别为AI300（电驱动、额定流量18000m³/h）、AI400（汽轮机驱动、额定流量24000m³/h），酸性气量增加后因汽轮机存在问题无法正常运行，影响了装置处理量。将AI400风机改为450kW电机驱动，使装置的处理量上升到2400m³/h。

5 主要操作数据及环境监测情况

经过装置试运过程中操作条件不断摸索及优化，使装置正常的操作条件均在工艺设计范围内。根据不同生产方案，装置主要工艺操作参数见表2。

表2　装置主要工艺操作参数

项　　目	数据1	数据2
流量/(m³/h)	19964	23623
酸性气流量/(m³/h)	1939	2325
酸性气含H₂S/%	48.44	72.83
焚烧炉中部温度/℃	1230	1147
废热锅炉出口温度/℃	465	483
废热锅炉蒸汽压力/MPa	3.8	3.1
冷却塔入口温度/℃	319	308
冷却塔出口温度/℃	65.4	64.7
洗涤塔出口温度/℃	35.4	38.4
干燥塔入口气温/℃	50.2	50.5
干燥塔酸浓度/%	94.49	96.1
第一吸收塔进塔酸温度/℃	79	82.8
第一吸收塔入塔气温度/℃	182	185
第二吸收塔上塔酸温度/℃	80	82.7
第二吸收塔入塔气温度/℃	170	177
SO₂风机入口压力/kPa	-4.1	-5.9
SO₂风机(SO₂)浓度/%	6.8	7
转化器一段上部温度/℃	422	430
转化器一段下部温度/℃	580	593
转化器二段上部温度/℃	461	512
转化器二段下部温度/℃	486	528
转化器三段上部温度/℃	400	467
转化器三段下部温度/℃	387	477
转化器四段上部温度/℃	370	486
转化器四段下部温度/℃	375	485
H₂SO₄浓度/%	94.5	94.3
尾气监测数据/(mg/m³)	871.7	708
硫收率/%	99.6	99.6

注：数据1收集于2005年10月23日生产93%工业硫酸，数据2收集于2007年3月5日生产93%工业硫酸。

从表2转化的数据来看，由于采用了低温催化剂一段的温度低于410℃时有170℃的温差、四段温度低于380℃时还有8℃的温差。

6 运行过程中异常问题分析

6.1 焚烧炉倒塌

焚烧炉衬里采用钢玉材料耐温可超过

1350℃，但在 2004 年 11 月 16 日，焚烧炉前壳体外出现了火苗，停工后发现炉衬里已倒塌，装置停工 75d。经分析是炉外增加操作平台与炉体相连对炉体的膨胀产生较大的约束所致，该炉衬里大部分用旧材料进行恢复，至今运行良好。

6.2　稀酸反应槽内衬脱落

2005 年 6 月底发现稀酸反应槽内衬胶板脱落，经分析可能是超温所至。该槽设计温度 90℃，用于 506 的稀酸与 6% 的 NaOH 反应。实际工作中稀酸的流量、浓度和反应槽的温度无显示，NaOH 的浓度为 30%，可能导致稀酸反应槽超温，现已修复并改变了工艺操作条件。

7　结语

中国石化股份公司荆门分公司 50kt/a 硫酸装置，虽然在运行过程中暴露了一些问题，但随着这些问题的解决，装置已实现长周期运行。现正与南化设计院继续合作将该装置改造为 65kt/a 硫酸装置。

炼厂工艺环保装置的技术现状及展望

李菁菁

（中国石油华东设计院）

摘 要 对国内炼厂工艺环保装置(包括脱硫—再生装置、酸性水汽提装置和硫黄回收装置)的工艺流程、设备设计、操作关键、技术进步等现状和发展趋势作了较全面介绍。

关键词 环保装置 设计 操作 技术进步

随着炼厂规模的不断扩大、含硫原油加工量的不断增加和环保意识的日益提高，加工过程中产生的酸性气和酸性水的治理也越来越被重视，文章介绍了炼厂脱硫—再生装置、酸性水汽提装置和硫黄回收装置的技术现状和展望。

1 概况

1.1 工艺环保装置的规模不断扩大

随着炼油厂规模的不断扩大和含硫原油加工量的不断增加，工艺环保类装置的规模也不断增加。如硫黄回收装置 1995 年国内炼厂除齐鲁分公司胜利炼油厂于 1991 年投产的 2 套 $2×10^4$ t/a 装置外，其余规模都小于 $1×10^4$ t/a，大部分都是 $(0.3~0.5)×10^4$ t/a 装置。经过 10 a 多的发展，现规模为 $5×10^4$ t/a 以上装置约有 20 套(包括设计中装置)；酸性水汽提装置的规模也由原来 10~30t/h 扩大到目前约 150t/h；溶剂再生装置规模也由原来的小于 50t/h 扩大至目前最大规模 600 t/h。

1.2 溶剂集中再生

过去的习惯做法是每套脱硫装置设置脱硫和再生部分，其结果是设备多、占地面积大、管理复杂、能耗高，更主要的是有的脱硫装置远离硫黄回收装置，给酸性气的长距离输送及输送中的安全带来很多困难，有时还满足不了硫黄回收及尾气处理装置所需压降。1995 年洛阳石化工程公司学习国外先进经验，首次为安庆石化分公司设计了溶剂集中再生装置，即每套脱硫装置仅设脱硫部分，而再生部分全厂集中设置，而且平面布置紧靠硫黄回收装置，将原来直接输送酸性气改为输送贫、富液，克服了原来输送酸性气所带来的腐蚀、分液、泄漏及 H_2S 中毒等问题，满足了硫黄回收装置对酸性气的压力要求，也便于全厂统一管理，节约投资还减少占地面积。

1.3 酸性水分类、集中处理

炼油厂原有酸性水汽提装置只采用集中处理，而不采用分类处理，这样不但影响产品质量，也影响净化水的回用。现新建大、中型炼油厂都采用全厂酸性水分类后集中处理，通常设置二套汽提装置，分别处理加氢型和非加氢型酸性水。酸性水分类集中处理既满足了工厂根据水质情况分别回用的要求，又实现了酸性水分类集中处理的目的。老炼油厂应因地制宜，根据具体情况，逐渐做到分类、集中处理。

1.4 组成联合装置

老的炼油厂浴剂集中再生装置、酸性水汽提装置和硫黄回收装置分散设置，这样，不但会造成输送酸性气所带来的一系列问题，不便于统一管理，也不利于减少投资和占地面积。因此新建炼厂基本都采用溶剂集中再生、酸性水汽提和硫黄回收组成联合装置的模式。

2 脱硫再生装置的技术现状及发展

2.1 脱硫再生工艺

脱硫采用常规醇胺法脱硫工艺，再生采用常规蒸汽汽提工艺，上述工艺技术成熟，投资少，能耗低，操作简单，设备和溶剂可全部国产化。

2.2 采用复合型 MDEA 溶剂

复合型 MDEA 溶剂是以 MDEA 为基础组分，

加入适量添加剂改善溶液的脱硫选择性、抗降解和抗腐蚀能力，增加溶剂的抗氧化和抗发泡能力，具有以下特点：

1) 复合型 MDEA 溶剂对 H_2S 有较高的选择吸收性能，炼厂溶剂再生后酸性气中 H_2S 浓度高于 70%。

2) 溶剂损失量小，其蒸汽压在几种醇胺中最低，而且化学性质稳定，溶剂降解物少。

3) 碱性在几种醇胺中最低，故腐蚀性最轻。

4) 装置能耗在几种醇胺中最低。原因是溶液使用浓度和酸性气负荷高，可达 35%~45%；H_2S 加 CO_2 与 MDEA 的摩尔比为 0.4~0.5 时有良好的选择吸收性能；且与 H_2S、CO_2 的反应热最小，因此装置能耗和再生需要的蒸汽量也最少。

5) 因设备规格最小，设备投资也最少。

由于复合型 MDEA 溶剂的上述优点，因此目前各厂基本都采用该溶剂。

2.3 再生装置套数的设置

当全厂只有一套常减压装置时，集中再生装置套数通常采用 2 套，其原因是：

1) 目前装置规模越来越大，受设备规格的限制，宜设置为 2 套。以中国石油大连石化分公司为例，全厂溶剂再生规模为 1100t/h，分二系列设置，单套规模为 550t/h，再生塔塔径已达 5400mm，若设置为一套，势必给工程设计和设备制造带来困难。

2) 富液组成不同，采用适度集中，清污分离的原则更加科学。根据加氢类装置和非加氢类装置产生的富液性质不同分别设置再生系统，以减少相互污染，尤其是防止再生后贫液中含有的杂质影响高压系统安全操作。加氢富液和非加氢富液的区别是：加氢富液不含 CO_2，催化、焦化富液除含 CO_2 外，还可能含有硫的各种有机化合物。显然加氢类装置和非加氢类装置产生的富液分别设置再生系统更科学和合理。

3) 各装置对贫液质量要求不同，通常循环氢脱硫装置贫液质量比其他装置贫液质量更宽松，如青岛大炼油工程非加氢类装置贫液要求 H_2S 加 CO_2 与 MDEA 的摩尔比不大于 0.015，循环氢脱硫装置贫液要求 H_2S 加 CO_2 与 MDEA 的摩尔比不大于 0.05，根据不同的贫液质量要求，分类处理，既满足产品质量要求，又节能降耗。

为使生产更灵活和方便，两套再生系统的处理能力应尽量相互匹配，溶剂管道互相连通，互为备用，可实现分别检修的目的。当全厂常减压装置不止一套时，再生装置套数也要相应增加。

2.4 MDEA 溶液浓度

2.4.1 干气脱硫和液化气脱硫同时设置

由于胺在液态烃中有一定的溶解度，会造成胺的溶解损失。溶解损失的大小与操作条件（操作温度、操作压力和胺浓度）有关。通常胺在烃中的溶解量随着温度的增加或压力的降低而相应增加。工业生产中操作温度和操作压力变化范围不大，因此胺浓度是影响溶解损失的主要影响因素。例如在温度为 25℃、压力 2.1MPa 条件下，30%MDEA 与 50%MDEA 在丙烷中的溶解度分别为 90μg/g 和 300μg/g，在丁烷中的溶解度分别为 55μg/g 和 190μg/g。因此为降低胺的溶解损失，液体脱硫可采用较低浓度操作。但工业生产中，液化石油气脱硫和干气脱硫往往共用一套再生系统，较低的胺浓度会增加胺液循环量。所以应综合考虑选择胺的使用浓度，当有液化石油气脱硫时，美国 DOW 公司推荐 MDEA 溶液浓度采用 40%，国内多数采用 25%~35%。

2.4.2 国内溶剂质量不稳定

国外溶剂质量稳定，部分国家还有严格的组成要求（见表 1）。国内无溶剂质量国家标准，某些行业虽然也制定了行业标准，但一些地方小厂并没有严格执行，因此溶剂质量不稳定，为使装置长期稳定操作，多数装置溶液浓度采用 25%~35%，近几年设计的大、中型装置浓度都采用 30%，少数装置生产中采用浓度还要更低。

表 1 部分国家的溶剂组成要求

项 目	规格要求
MDEA 纯度(ω)/%	>98
其他叔基胺含量(ω)/%	<1.5
一级胺/二级胺含量/($\mu g/g$)	<1000
氯化物含量/($\mu g/g$)	<1.0
水分含量(ω)/%	<0.5

2.5 硫黄回收装置内的再生部分仍以单独设置为主

硫黄回收装置内的吸收-再生部分仍以单独设置为主，而没有和上游脱硫装置联合（即串级 SCOT 流程），其原因是：

1）溶剂再生装置和硫黄回收装置规模都越来越大。再生装置规模和塔径情况如前所述，同样硫黄回收装置规模也迅速增加，如青岛大炼油硫黄回收装置规模为 22×10^4 t/a，独立设置的再生塔塔径为 3100mm。福建炼油乙烯项目硫黄回收装置规模为 20×10^4 t/a，独立设置的再生塔规格为 3400mm；若采用串级 SCOT 工艺，设备规格势必很大，给工程设计和设备制造带来困难。

2）脱硫及尾气处理对贫液质量要求不同：尾气处理的贫液质量比脱硫装置要求高，若采用串级 SCOT 工艺，必然要提高原用于脱硫装置的贫液质量，由此而造成蒸汽耗量和能耗的增加。

3）减少了装置的独立性，增加了操作复杂性和装置检修安排难度。

4）受现有脱硫装置能力限制。虽然串级 SCOT 流程从工艺原理分析非常合理，但目前工业应用并不普遍。广州石化分厂由于受占地面积的限制，引进了分流式串级 SCOT 工艺，青岛石化厂由于上游脱硫装置换热和再生部分能力有余地，为节约投资，引进了共用再生塔的串级 SCOT 工艺。但之后国内再也没有引进和建设。

2.6 闪蒸温度由高温发展为中温

通常工业上采用富液闪蒸来降低酸性气中的烃含量，而温度、压力和停留时间是影响闪蒸效果的 3 要素，其中以温度的影响最大。程序计算结果表明，闪蒸温度从 55～65℃提高至 90℃时，虽然烷烃和烯烃的闪蒸率略有提高，而 H_2S 和 CO_2 的闪蒸率也大幅度提高。

国内老装置都采用高温(90～98℃)闪蒸，但在烃闪蒸的同时，H_2S 也被闪蒸，虽然可通过贫液洗涤来降低闪蒸气中的 H_2S 含量，但由于吸收效果受到接触时间短等因素限制，仍会有部分 H_2S 和 CO_2 逸出，引起燃料气管网和火炬的腐蚀，也影响了硫的回收，并产生环境污染。为此目前都已改为采用中温(60～70℃)低压闪蒸。

2.7 避免因发泡而引起胺的发泡损失

容易发泡是醇胺溶剂的固有特性，几种醇胺相比，MEA 最容易发泡，DEA 次之，MDEA 的发泡倾向相对较低。

引起醇胺系统发泡的原因有：

1）污染是发泡的引发剂。污染物包括冷凝烃、有机酸、水和化学品。

2）固体会稳定泡沫。稳定剂包括硫化铁颗粒、胺降解物和其他固体物。

3）操作不正常会引起发泡，如气体线速过高、塔顶和塔底操作压力相差太大或不稳定、塔内液面波动、再生塔进料不稳定等都会引起发泡。

上述情况中，出现一种或多种都会引起发泡。为减轻发泡现象，降低胺的发泡损失，可采取以下措施：

1）设置较完善的过滤设施。大部分装置都设置了贫液过滤系统，个别装置除设置贫液过滤系统外，还设置了富液过滤。贫液过滤系统通常由机械过滤器、活性碳过滤器和机械过滤器组合使用。贫液可全量通过也可部分通过。部分通过时，流量约为贫液总量的 10%～15%。

贫液首先经第一个机械过滤器脱除胺溶液中较大颗粒(约 50μm)的机械杂质，再经活性炭过滤器脱除冷凝的烃、胺降解产物及有机酸，最后经第二个机械过滤器脱除进入贫液中微小的(约 5μm)活性炭颗粒。活性炭要选择高碘值的褐煤或烟煤基碳。富液过滤包括采用网篮过滤器和反冲洗过滤器。

2）上游装置因操作不正常会引起干气携带重烃，故需设置于气水冷却器和气液分离罐，冷凝并分离干气中所带烃。

3）为防止干气中烃冷凝而产生发泡，贫液入塔温度一般高于气体入塔温度 5～7℃。干气中 H_2S 含量越高，二者温差也越大。该温差由干气组成和吸收塔操作压力通过计算来确定；设计和生产中可通过控制干气和贫液温差或贫液冷后温度来实现。

4）当液化石油气和干气含有较多杂质时，需设置原料过滤器，以免原料中的杂质影响发泡。

5）醇胺溶剂与氧作用会生成有机酸及其他不能再生的物质，除引起发泡外，还加剧了溶剂的腐蚀性，因此生产中采用脱氧水配制溶液。为避免补充水中带入杂质，应采用脱氧水，溶剂储罐顶部设置氮气密封措施。

6）根据溶剂性能，再生温度过高会引起溶剂降解变质，根据资料和生产经验，再生塔底溶液最高温度为 127℃，故需采用 0.4～0.5MPa、温度 140~150℃ 的饱和蒸汽加热，当采用 1.0MPa 过热蒸汽时，必须采用减温减压设施。

7）在干气脱硫塔、再生塔的塔顶和塔下部气相间设置差压指示和报警，可随时检测操作是否正常，并及早处理。

尽管采取了以上种种措施，也不可能完全控制发泡引起的胺损失，为此装置中往往设置阻泡剂加入设施或直接把阻泡剂加在溶剂中制成复配型溶剂。

2.8 减少设备和管道腐蚀

醇胺脱硫—再生装置由于腐蚀可能导致装置非计划性停工，缩短设备使用寿命，甚至引起人员伤亡事故。胺液腐蚀是一个影响因素众多，涉及多门学科的复杂问题。腐蚀类型及腐蚀程度取决于多种因素，如溶剂种类，溶液浓度和酸性气负荷、溶液中的杂质、再生塔及重沸器的操作温度及溶液流速等。一般以电化学腐蚀、化学腐蚀和应力腐蚀为主。

实验室的腐蚀数据和装置的操作经验说明，溶剂的相对腐蚀性排列顺序为：MEA ≥ DEA ≥ MDEA，而且随胺液浓度和酸性气负荷的升高，腐蚀性也增加，资料推荐了可控制腐蚀的胺液浓度及贫、富液的最高酸性气负荷(见表2)。

表2 胺液浓度及酸性气负荷

溶剂种类	浓度/%	酸性气负荷/(mol/mol)	
		富液	贫液
MEA	15~20	0.30~0.35	0.10~0.15
DEA	25~30	0.35~0.40	0.05~0.07
MDEA	50~55	0.45~0.50	0.004~0.010

最主要的腐蚀剂是酸性组分(H_2S 和 CO_2)本身，在高温及有水存在时腐蚀更严重。第二类腐蚀剂是溶剂的降解产物。其他如溶液中悬浮的固体颗粒(主要是硫化铁)对设备会产生磨蚀，溶液的线速太高，会对换热器管程及管线产生腐蚀。应力腐蚀是同时受张力和腐蚀介质作用引起的腐蚀，张力可能来自外加张力也可能来自金属内部残余应力，引起该腐蚀的主要因素是氯化物含量、操作温度、胺液化学组成、金属成分和金属结构等。如上所述，许多减少溶剂损失的措施同时也是降低设备腐蚀的措施，除此之外，主要的防腐措施有：

1）设备材质的选择。在设备的关键部位，如吸收塔和再生塔的筒体及内部构件、重沸器、贫—富液换热器、再生塔顶空冷器、再生塔顶后冷器的管程、活性炭罐的内部构件和富液管线等可采用不锈钢材质，其中铬元素的作用是抗电化学均匀腐蚀；钼元素的作用是抗局部腐蚀；镍元素的作用是抗应力开裂。通常塔的筒体采用复合钢板会更经济；当贫富液换热器采用板式换热器时，则主体材质宜采用 316L。虽然某些装置为降低投资，全部设备采用碳钢，也成功地长期运行并未出现腐蚀损坏问题，但操作能耗却较高。

2）控制合适的液体流速。资料介绍，当采用碳钢管线时，液体的最高流速为 0.9m/s，吸收塔至换热器的富液流速为 0.6~0.8m/s，换热器至再生塔的富液流速还可以更低些；当采用不锈钢管线时，液体的流速可达 1.5~2.4m/s。

3）合理选择设备形式。合理选择设备形式也是降低腐蚀的重要措施，再生塔底重沸器采用热虹吸式或釜式。以往以采用热虹吸式为主，管束处于气、液两相中，管、壳程均发生相变，腐蚀严重，近年来以采用釜式为主，管束全部浸泡在沸腾的液体内，腐蚀降低。

4）溶液过滤。溶液过滤的目的不仅是除去某些烃类及胺降解物，而且可除去溶液中导致磨蚀和破坏保护膜的固体颗粒，过滤器应除去大于 5μm 的颗粒。

5）应力消除。《石油化工容器设计技术规定》(70B208—2004)中规定：当容器接触的介质在液相中存在游离水，且符合下列条件之一者即可引起钢材的硫化物应力腐蚀开裂，其中条件之一是：H_2S 在气相中的分压大于 0.0003MPa。该装置内的富液闪蒸罐、再生塔顶回流罐、干气分液罐等设备都要采用热处理以消除应力。

6）合适的调节阀安装位置。当采用热闪蒸时，闪蒸罐的液位调节阀应尽量靠近再生塔，避免因酸性气闪蒸而引起管道腐蚀，并考虑到控制阀后可能出现高速的两相流动所带来的影响。

7）缓蚀剂，减少均匀腐蚀。

3 酸性水汽提装置的技术现状及发展

3.1 汽提工艺流程的选择

国内采用的汽提工艺主要有双塔加压汽提、

单塔加压侧线抽出汽提和单塔低压汽提 3 种流 程。3 种流程的比较见表 4。

表 4 不同汽提流程的比较

项　　目	单塔加压侧线抽出汽提	双塔加压汽提	单塔低压汽提
技术可靠程度	可靠	可靠	可靠
工艺流程	较复杂	复杂	简单
回收液氨	回收	回收	不回收
相对投资	~1.0	~1.2	~0.6
占地面积	较大	大	小
蒸汽单耗酸性水/(kg/t)	160~200	230~280	150~180
酸性气质量及输送	酸性气不含氨，压力高可满足远距离输送	酸性气不含氨，压力高可满足远距离输送	酸性气为硫化氢和氨的混合物，不宜远距离输送
净化水质量	较好	好	好
原料浓度适应范围×10^{-6}	≤50000	≥50000	任意
回收液氨的利润	有	有	无

表 4 仅仅是不同汽提流程的比较，实际上酸性气是否含 NH_3 对硫黄回收装置的影响是很大的，如果酸性水采用单塔低压汽提流程，酸性气中含有大量氨，则：①硫黄回收装置需要采用烧 NH_3 喷嘴；②因烧 NH_3 而引起气体量增加，致使管道和设备增大，投资也相应增加。

以某厂为例，由于酸性水采用单塔低压汽提流程，因酸性气中 NH_3 燃烧而引起硫黄回收装置过程气量约增加 3.5%~5%。

受国内不能生产和制造烧 NH_3 喷嘴的限制，20 世纪国内大部分汽提装置都采用能分别回收 H_2S 和 NH_3 的单塔加压侧线抽出汽提和双塔加压汽提工艺。随着烧 NH_3 技术及烧 NH_3 喷嘴在硫黄回收装置的应用和推广，酸性水采用单塔低压汽提工艺正越来越被广泛采用。

国内炼厂目前约有 10 套装置(包括正在设计)都引进了国外的烧 NH_3 喷嘴，同时酸性水也都采用单塔低压汽提工艺。

酸性水汽提工艺的选择原则通常是：

1) 根据酸性水中的 NH_3 含量，确定是否有回收 NH_3 的必要及回收 NH_3 的经济效益。通常加氢型炼厂酸性水中 NH_3 含量高，回收液氨的经济效益更好。有条件时可作技术经济比较后确定是否回收 NH_3，特别要注意该技术经济比较应包括酸性水汽提及硫黄回收 2 套装置。

2) 调查当地液氨的市场情况及前景，落实液氨的销路。若无销路，则采用单塔低压汽提工艺。

3) 当回收液氨的经济效益、液氨的市场情况及前景都良好时，则应采用能分别回收 H_2S 和 NH_3 的汽提工艺。因单塔低压侧线抽出工艺流程和设备简单、投资和能耗较低，应优先选用；当酸性水中 H_2S 和 NH_3 含量很高时，可采用双塔加压汽提。

3.2 酸性水汽提装置套数的设置

原有酸性水汽提装置只采用集中处理，而不采用分类处理，不但影响产品质量，也影响净化水的回用。

新建大、中型炼厂都采用全厂酸性水分类集中处理，通常设置 2 套汽提装置，分别处理加氢型和非加氢型酸性水，既满足了工厂根据水质情况分别回用的要求，又实现了酸性水分类集中处理的目的，利于根据酸性水的不同水质进行工艺方案选择。如氨浓度较低的非加氢水可采用单塔低压汽提，而氨浓度较高的加氢水采用单塔加压侧线抽出汽提回收氨加以利于，提高装置的经济效益。老厂应因地制宜，根据具体情况，逐渐做到分类、集中处理。

上述套数设置适合上游是一套常减压加后续装置。随着炼厂规模的不断扩大，当上游是 2 套或3套常减压装置加各自相应的后续装置时，为使装置的操作弹性控制在合适的范围，并适应全厂检修安排，汽提装置套数也要增加。

3.3　酸性水的预处理

长期的生产实践表明酸性水在进入汽提塔前，需进行脱气、除油、除焦粉等预处理设施，以保证汽提装置长周期安全平稳运行：

1）脱气。当上游装置操作不正常时，使酸性水中轻烃量突然增加，导致原料水罐因大量气体逸出而引起设备损坏或爆炸等事故。出于安全和环境保护考虑，应设置脱气设施。目前各装置基本都已设置了脱气设施。

2）脱油。酸性水带油会破坏汽提塔内的气液平衡，造成操作波动，影响产品质量。故进塔水的油含量越低越好，一般要求小于 50mg/L。目前各厂采用的除油设施基本上仍然是利用水和油密度不同的大罐重力沉降法，它要求沉降时间较长，因而罐容及占地面积都较大。已超过 10套装置采用"罐中罐"或油水分离器，或采用大罐沉降、罐中罐和油水分离器的不同组合方式。

"罐中罐"是在酸性水罐内增加一个内罐，所以称为"罐中罐"。其技术特点是利用水力漩流除油，自动收油并分离，已有 10 多套装置使用。镇海炼化公司采用"罐中罐"与漩流除油器相结合的除油技术，确保了进塔水中的油含量要求。

常减压和延迟焦化装置排放的酸性水经常会乳化，除采用除油设施外，还应加入破乳剂破乳。

3）除焦粉。延迟焦化装置排放的酸性水，由于携带焦粉，易引起塔盘结焦，堵塞浮阀及换热器等设备，严重影响汽提装置平稳操作及净化水质量，因此除要破乳外，还需经过滤器过滤，除去焦粉，但由于焦粉颗粒一般小于 20 μm，因此过滤效果并不理想。

采用大罐沉降时，要定期清除罐底焦粉，送去安全掩埋，以延长装置开工周期。

3.4　酸性水罐顶恶臭气体的治理

酸性水罐挥发气体的组成复杂，主要恶臭成分是烃、硫化氢、二氧化硫及氨氮等，这些气体若不进行处理，将严重污染环境和影响人体健康。恶臭气体治理方法很多，目前酸性水罐挥发气体的治理方法有吸附法、吸收法和吸收串联吸附法。

3.4.1　吸附法

1）南京君竹环保科技有限公司。酸性水罐顶气体先后通过脱硫罐和脱氨罐，2 个罐分别装填 DCS-051 脱硫剂和 DCN-05 脱氨剂，脱硫剂和脱氨剂都是以高孔体积活性炭为载体，前者负载催化剂及助剂，后者负载酸性化合物。目前完全采用吸附法脱臭的工业应用业绩还不多，2007年 8 月份独山子炼油厂酸性水罐顶恶臭气体脱硫要投产，其他厂都是与吸收法串连使用。

2）北京三聚公司。开发研制了新吸附剂 EP-100。该吸附剂以锌化合物为主要活性组分的不含铁碱性脱硫剂，同时也开发了恶臭气体处理的新流程：新流程特点是：酸性水罐顶部设置氮封，定压式呼吸阀或并联设置水封罐；脱臭罐进料线上设置阻火器；脱臭罐罐顶放空线上设置单向阀；脱臭罐床层温度引入装置 DCS 系统，随时监测床层温度等。该吸附剂已于 2007 年用于辽化酸性水罐顶的脱臭。

3.4.2　吸收法

1）WGTE-ERI 吸收法。WGTE-ERI 法是洛阳石油化工工程公司专有技术，其工艺特点是：①先后利用碱性吸收液在超重力旋转床和填料塔进行一、二次吸收，脱除 H_2S。吸收液循环使用，并定期排放至污水处理场；②利用净化水在超重力旋转床进行 NH_3 吸收，吸收了 NH_3 的净化水返回至酸性水罐再处理。

该工艺是在原吸收—吸附串连工艺基础上改进的，原工艺已应用于广州石化厂。

2）FYGTI 气体净化设备。FYGTI 气体净化设备是抚顺石油化工研究院研制的多用途一体化气体处理设备。技术特点是：气体以微气泡形式分散，气液接触好，净化效率高；结构简单，单机就可完成引气、反应、分离等过程；投资低，操作简单，维修方便。

该设备已用于多个碱渣处理装置碱渣罐顶恶臭气体的处理，正在进行酸性水罐恶臭气体处理工业应用试验。

3.4.3　吸收串联吸附法

SHSJ 型吸收串联吸附法是由上海交通大学和上海光辉集团慎江机械设备有限公司合作开发的专利技术，已先后用于中国石化镇海分公司等

10 套装置。

该方法的工艺特点是：①采用喷射器引入恶臭气体；②先后采用降膜吸收塔和旋流吸收塔进行一、二次吸收，使吸收更完全；③采用最新研制的 SJT-03 吸收液，该吸收剂对 H_2S 的脱除率大于98%，对有机硫的脱除率大于80%；④采用活性炭吸附恶臭气体。

由于采用了吸收串联吸附法，气体净化率较高，但设备和流程较复杂，投资较高。

综上所述，虽然目前工业上采用的方法较多，但许多方法还属于起步阶段，还需要不断摸索和改进，在保证净化率鉴础上，简化流程，降低投资和操作费用，消除二次污染。

3.5　采用注碱新工艺来降低净化水中 NH_3 的含量

酸性水中氨氮的存在形态和炼厂加工装置有关，例如加氢裂化和加氢精制等加氢型装置产生的酸性水，其氨氮大部分以游离 NH_3 的形式存在，在汽提过程中容易脱除；而催化裂化和延迟焦化等非加氢型装置产生的酸性水，除游离 NH_3 外，还有相当一部分氨氮是以铵盐态的固定铵形式存在，见表5。

表5　某厂部分生产装置酸性水中氨氮的组成

装置名称	总氨氮/(mg/L)	铵盐态氨氮/(mg/L)	铵盐态氮与总氨氮的比/%
延迟焦化	2920	512	17.53
催化裂化	1070	157	14.67
加氢裂化	14700	67.9	0.46
临氧降凝	6370	16.8	0.26
柴油加氢精制	5560	12.2	0.22

由于固定铵在汽提过程中很难脱除，即使增加汽提蒸汽量和汽提塔塔板数，也几乎没有效果，致使净化水中氨氮含量偏高，为此金陵石化公司炼油厂开发了"炼厂酸性水注碱汽提新工艺"。通过对注碱位置、注碱量、注碱浓度等多种工况试验，找出了脱除酸性水中固定铵的技术参数及影响脱除率主要因素的内在规律，已在工业生产中应用，并为配合该工艺，建立了固定铵的分析方法。

3.5.1　注碱脱除固定铵的机理

酸性水中有 SO_3^{2-}、$S_2SO_3^{2-}$、$CHCOO^-$、HSO_3^-、CN^- 等强酸或弱酸的阴离子存在，促使 NH_4^+ 被固定为铵盐，通过加碱，使固定铵向游离氨转变。以氯化铵为例，反应式如下：

$$NH_4Cl + NaOH \rightleftharpoons NH_4OH + NaCl$$
$$NH_4^+ + OH^- \rightleftharpoons NH_3 + H_2O$$

3.5.2　设计和操作关键

1）注碱量。通过分析净化水中固定铵的组成和含量确定理论注碱量，实际注碱量应是理论注碱量的1.0~1.2倍。注碱量过大，不仅增加了生产成本，加重设备腐蚀，还会使净化水的 pH 值超标，因此应在保证净化水氨氮达标的前提下，尽量减少注碱量。

2）注碱位置。要求在汽提塔 H_2S 浓度很低的位置注入碱，否则注入的碱将会固定水中的 H_2S，造成净化水 H_2S 含量超标，但注碱位置又不能过低，以满足必要的停留时间。因此无论采用那一种汽提流程，都是在汽提塔下部注碱。广州石化分厂采用单塔加压侧线抽出汽提工艺，在侧线抽出口下的第15~第19层塔盘注碱，效果良好。

注碱汽提新工艺具有流程简单、固定铵脱除率高、可使净化水中氨氮含量降至15~30mg/L，易操作、投资少、运行费用低等特点。近10年来，注碱汽提新工艺已在中石化系统被广泛采用。

镇海石化股份有限公司将重 C_4 碱渣、碱渣尾气吸收碱液代替新鲜碱液注入汽提塔取得成功，减少了碱渣，节约了新鲜碱液。

3.6　净化水的回用

酸性水经过汽提后的水称为净化水，各厂在较早时就已开始利用净化水作为电脱盐注水、催化裂化富气水洗水，其中以作为电脱盐注水最为普遍。

净化水的回用不仅减少了污水排放量，降低了装置能耗，而且还明显降低了净化水中的酚含量及 COD 值，工业生产数据表明，净化水经电脱盐后，酚及 COD 的去除率分别约为75%和80%。显而易见，净化水的回用有很好的经济效益及环保效益。但长期以来净化水回用率不高，采用净化水回用的装置也较少，各厂回用率差别也较大，约在30%~80%不等。

近几年，随着节能降耗认识的不断提高和酸性水的分类处理，净化水的回用范围也越来越广泛，已拓宽到加氢精制、延迟焦化、催化重整等装置。净化水最大限度的重复利用，可大大减轻污水处理场的处理负荷，减少新鲜水量和软化水量，降低生产成本。

新设计的青岛大炼油净化水回用率达 64%，除回用于常减压、催化裂化装置外，还回用于加氢处理、柴油加氢装置；中海油惠州炼油厂净化水回用率达 98.7%，回用于常减压、催化裂化、延迟焦化、高压加氢裂化、中压加氢裂化、汽柴油加氢和脱硫装置。

3.7　氨精制工艺

酸性水经蒸汽汽提所得到的副产品氨气中杂质含量约为 1000~10000μg/g，其成分也较复杂，除 H_2S 外，还含有 SO_2、RSH、酚、烃及水分等。因此必须经过精制才能得到可回用于炼油装置或作为化工原料的气氨或液氨产品。目前国内主要有以下 3 种氨精制工艺：①浓氨水洗涤工艺；②结晶—吸附工艺；③吸收—吸附工艺。

上述 3 种工艺的操作关键都是温度和液相中氨与硫化氢的分子比有关。温度越低、氨对硫化氢的分子比越大、精制效果越好。生产中温度控制为 -10~0℃，分子比一般大于 20。

3 种工艺精制后气 NH_3 中 H_2S 含量小于 $10mg/m^3$，还不能满足液氨产品质量要求，为此开发了精脱硫工艺，精脱硫后液氨中 H_2S 含量小于 $2mg/m^3$。

为解决氨压机因腐蚀等原因造成频繁检修，金陵石化公司炼油厂采用氨水精馏制液氨工艺。但随着氨精制工艺的完善和氨压机质量的提高，采用氨压机的运行周期也越来越长，镇海炼化、长岭炼化采用氨压机，运行状况良好，可进行总结。新设计装置氨压机采用无油氨压机，确保液氨产品不含油。

3.8　采取措施减少酸性水量

酸性水量是影响酸性水汽提装置和污水处理场占地面积、投资和操作费用的重要因素如，减少酸性水量 10t/h，酸性水汽提装置即可节省蒸汽约 1.8t/h，每年节约操作费用约 15.1 万元、污水处理场的进水水量减少，可降低污水处理场建设投资、显而易见，减少酸性水的环保效益和经济效益十分可观。

减少酸性水量的主要措施有：

1) 酸性水串连使用。如目前已被广泛采用的催化裂化装置利用分馏塔顶酸性水作富气水洗水，催化裂化装置酸性水量约可减 40%；镇海炼化将常减压装置常顶、减顶污水（含 H_2S、NH_3 皆为 $1000×10^{-6}$）作为焦化装置富气洗涤水，减少了含硫污水总量，该项技术已在长岭炼化推广使用。

2) 上游各装置改进操作，减少酸性水量。上游装置应在保证产品质量及平稳、安全运转前提下，改进操作，减少酸性水量。沧州炼油厂上游装置采取一系列减少酸性水量措施后，即使全厂原油加工量大幅升高，全厂酸性水量不但没有增加，反而有所下降。

3.9　腐蚀与防腐

由于酸性水中含有 H_2S、NH_3、HCN 等腐蚀性物质，在设计和操作中必须采取必要的防腐措施。主要易引起腐蚀的设备有原料水罐、酸性气分液罐、汽提塔、分凝器、氨压缩机及某些管线。目前采用的防腐措施是：

1) 根据《石油化工容器设计技术规定》规定，酸性水汽提装置中的酸性气分液罐、一、二、三级分凝器等设备要进行热处理以消除应力。

2) 大部分原料水罐都采用内涂防腐材料，大庆石化公司炼油厂采用钛钠米聚合物涂料效果良好，使用一年后开罐检查，涂层整体性完好，表面有光泽，无起皮、起泡、龟裂、脱落等现象。

3) 汽提塔采用复合钢板或进行热处理，通常单塔加压汽提塔侧线抽出层以上塔体、双塔加压汽提流程中的 H_2S 汽提塔、单塔低压汽提塔的顶部都采用复合钢板。

4) 改进气氨精制流程，降低氨压缩机入口气氨中 H_2S 及其他杂质含量，延长操作周期，局部腐蚀严重的管线采用不锈钢或钢塑复合管。

4　硫黄回收装置的技术现状及发展

4.1　硫黄回收部分

近年来硫黄回收部分工艺变化不大，只是在烧氨流程、过程气预热方式等方面变化较多，选择余地也更大。随着 1996 年我国大气污染物综合排放标准的颁布，随后新设计装置为满足上述排放标准，尾气处理全部采用还原吸收工艺。由于还原吸收工艺投资和操作费用都较高，造成中、小型规模装置技术经济不尽合理，个别小厂装置建成后并不投产。

4.2　硫黄回收装置套数的设置

当全厂只有一套常减压装置时，硫黄回收装置的设置方式通常有：

①二头一尾。二套 Claus 硫黄回收，一套尾气处理；②二头二尾。二套 Claus 硫黄回收，二套尾气处理。

为适应炼厂原油硫含量、生产方案、上游装置检修周期不同等多种因素引起硫黄回收负荷的大幅度变化，通常硫黄回收都按二头一尾设置，以节约投资和占地面积。

随着炼厂规模的扩大，有多套常减压装置时，硫黄回收装置套数也要增加。

4.3　大装置技术和关键设备以引进为主

近 10 年来，随着排放标准的严格和装置规模的大型化，相继引进了多种尾气处理技术，尤其是大装置技术和关键设备仍以引进为主。绕计数据表明 1995 年以来国内 11 个炼厂 16 套装置先后引进了工艺包和关键设备，引进的工艺包括 MCRC、Clauspol、Super-Claus、SCOT、串级 SCOT、RAR 和 HCR，其中以引进 RAR 工艺数量最多，共有 5 个厂的 8 套装置。

通常引进的关键设备是：酸性气燃烧炉燃烧器；焚烧炉燃烧器；DCS 系统；H_2S/SO_2 分析仪；H_2 分析仪；O_2 分析仪；SO_2 分析仪；pH 分析仪。

4.4　尾气处理技术

国内引进的尾气处理技术主要有 Sulfreen、MCRC、Clauspol、SuperClaus、SCOT、串级 SCOT、RAR、HCR、LO-CAT 等，上述技术中可分为以下几种情况：

1）引进后一直未投产，属于该种情况的有 Sulfreen 工艺，其原因是该技术于 20 世纪 80 年代初引进，当时排放标准较宽松，无 SO_2 排放浓度限制，仅和烟囱高度有关，容易满足排放标准要求；当然更重要的是人们的环保意识不够，对环境保护的重视不够。

2）不能满足国家综合排放标准要求，属于该种情况的有 SuperClaus、MCRC 和 Clauspol 工艺，上述 3 种工艺大约都在 1995 年引进，国家综合排放标准还未发布，应该说上述厂家的环保意识在当时是领先的，但随着国家综合排放标准的发布和实施，因上述工艺不能满足排放标准，纷纷进行技术改造，造成资金大量浪费。

国外 SuperClaus 工艺发展迅速，从工业化的 1988 年到 1991 年为 19 套，到 1998 年初达 70 余套，至 2004 年 9 月达 122 套，装置规模从 3~1200 t/d，而国内引进的 SuperClaus 装置规模为 20kt/a，却因排放标准不能达标，被迫改造为还原吸收工艺是值得总结的。

3）还原吸收工艺如 SCOT，串级 SCOT，RAR 等工艺，装置规模都较大，投产后运转正常。

虽然我国已引进多种尾气处理技术，但由于各种原因并没有有组织的消化吸收，造成多次重复引进。

4.5　工艺流程

（1）酸性气和空气的预热

温度是 NH_3 燃烧是否完全的关键因素，为保证足够高的燃烧温度，可采用预热酸性气和空气，供给燃料气和采用富氧 3 种方法，其中以预热酸性气和空气最简单。无论是引进装置或国内设计装置都是根据酸性气组成、燃烧温度要求采用同时预热酸性气和空气或单独预热酸性气的方法以提高燃烧温度，满足 NH_3 分解的温度需要。

（2）过程气的预热方法

过程气的各种预热方法包括掺合法、在线炉加热法、蒸汽加热法、气-气换热法和电加热法，以上各种方法国内装置都有使用。

Claus 反应器入口过程气的加热方法：小规模装置仍以掺合法为主，大、中型规模装置以装置自产中压蒸汽作为加热介质及燃料气在线炉加热为主，其优点是操作方便，温度控制灵敏，操作弹性大，缺点是操作费用较高。

加氢反应器入口过程气的加热方法：中、小型装置以采用气-气换热（包括和加氢反应器出口过程气换热或焚烧炉烟气换热）和燃料气在线炉加热为主；大、中型装置以采用燃料气在线炉加热和尾气加热炉加热为主。生产实践表明仅通过和加氢反应器出口过程气换热，不能满足加氢反应器入口温度的要求，还必须运转电加热器，这样势必增加能耗；通过尾气加热炉加热，不仅设备庞大，而且热效率低，燃料气消耗量大。如中国石油大连石化分公司的尾气加热炉(尾气处理部分规模为 $13.5×10^4 t/a$)本体设备平面尺寸为 15.4m×7m，吨硫黄的燃料气用量达 35 kg，炉子热效率仅为 65%~70%。

炼厂燃料气组成波动是否会影响在线还原炉的正常操作是大家特别关注的问题，通过镇海炼化分公司、广州石化分公司等装置的操作，说明只要设置合适的测量仪表和控制系统，炼厂采用在线还原炉是可以正常生产的，尤其是装置规模越大，在线还原炉设备体积小，操作和调节方便的优点也越明显。

总之目前采用的加热方法较多，而各种方法的设备费用和操作费用相差较大，因此应作技术经济比较后确定。

（3）烧 NH_3 流程

通常酸性气中 NH_3 含量高于 1%~2%时，推荐采用烧 NH_3 流程，随着酸性水汽提单塔低压汽提工艺的推广应用，烧 NH_3 喷嘴和烧 NH_3 流程的应用也越来越广泛。虽然烧 NH_3 流程较多，目前以采用同室同喷嘴和同室不同喷嘴两种流程为主。

同室同喷嘴即无旁路流程。含 NH_3 酸性气(酸性水汽提酸性气)和不含 NH_3 酸性气(脱硫酸性气)混合进入燃烧炉同一喷嘴，流程和操作简单，目前已可处理 NH_3 含量达 27%~30%的酸性气，为满足烧 NH_3 温度要求，通常采用预热空气和/或酸性气的方法：

同室不同喷嘴即有旁路的流程。含 NH_3 酸性气、部分不含 NH_3 酸性气和全部空气进入酸性气燃烧炉喷嘴，其余不含 NH_3 酸性气进入燃烧室后部。为避免生成 SO_3，形成还原气氛，理论上至少有37%的不含 NH_3 酸性气进入前部喷嘴。NH_3 燃烧温度可以通过调节不含 NH_3 酸性气的旁路流量来控制。旁路酸性气流量越多，则 NH_3 燃烧温度就越高。该流程和控制都比较复杂，但烧 NH_3 温度容易满足，并可在空气富裕工况下燃烧。

（4）液硫脱气

国内设计的脱气方法以循环脱气为主，多数引进装置以采用 Shell 脱气法和 Amoco 脱气法为主，这 3 种脱气方法的比较见表6。

表6　3种脱气方法的比较

脱气方法	脱气后液硫中 H_2S 含量/10^{-6}	主要特点	
		优点	缺点
循环脱气法	≤50	流程和设备较简单，无专利费	循环量大，循环时间长，电机功率消耗大，因而操作费用及能耗均较高。硫池容积较大，以满足停留时间需要，通常需加入催化剂
Shell 脱气法	≤10	所需空气流量小，压力低，容易获得，操作费用低。由于液硫所需停留时间较短，硫池容积较小，不需要加入催化剂，被汽提出的 H_2S 大部分氧化为元素硫，降低了 H_2S 的排放量	属专利技术，有专利费。若是改造项目，由于硫池内部结构需改造，则将延长装置停工时间
Amoco 脱气法	≤10	不需要加入催化剂，硫性能不受影响，被汽提出的 H_2S 大部分氧化为元素硫，降低了 H_2S 的排放量。由于接触器设置在硫池外，因而安装与维修灵活，方便	属专利技术，有专利费，增加脱气催化剂，硫提升泵，接触器，硫进料冷却器，空气预热器和压缩空气来源，增加了投资和操作费用

选择液硫脱气方法需考虑成品硫质量、操作可靠性、投资及操作费用。

4.6　硫黄出厂方式

硫黄出厂方式有液体和固体 2 种，为减少投资和占地面积、降低操作费用，只要有液体硫黄的固定用户，则首先推荐以液硫形式出厂。目前南方许多装置都以液硫形式出厂，或同时设置固硫形式出厂的可能性。

当装置规模较小或没有液硫供需关系时，仍以固硫形式出厂，固硫有块状、片状和粒状 3 种形式，国内上述 3 种形式均有生产。

4.7 仪表控制和自保联锁系统

为确保装置长周期安全生产，学习国外先进经验，新建装置都设置了过程控制和自保联锁逻辑系统。尤其是引进的大、中型装置采用先进的测量仪表、设置完善的控制回路和复杂的自保联锁逻辑系统。

新建装置普遍设置了 H_2S/SO_2 在线分析仪、pH 在线分析仪、H_2 在线分析仪、O_2 在线分析仪和 SO_2 在线分析仪。个别装置还设置了酸性气在线分析仪。

通常自保联锁逻辑包括以下 5 个主要系统：Claus 部分联锁、尾气处理部分联锁、液硫脱气联锁、焚烧炉联锁和风机联锁。上述联锁也可根据装置具体情况进行增减，如某些引进装置还设有电加热器联锁、尾气加热炉联锁、溶剂部分联锁、循环风机联锁及回流泵、富溶剂泵和地下溶剂泵联锁；也有引进装置操作中感到联锁系统过于繁琐，对联锁进行了删减。因此联锁内容的设置、联锁的可靠性和可操作性都很重要：当然联锁值是否合适，也会直接影响可操作性。

几年的生产实践使大家感到自保联锁逻辑系统的设置对装置长周期、安全可靠运转起到了重要作用。

4.8 设备设计

随着多套装置的引进，设备设计理念和设备结构越来越和国际接轨，主要表现在：

（1）设备设计压力的提高

根据国外设计经验，取消防爆膜，提高设备设计压力已被设计者广泛接受。通常设备设计压力为 $0.25 \sim 0.5MPa$。

（2）根据反应停留时间来确定酸性气燃烧炉的体积

学习国外设计理念，燃烧炉炉膛体积由原体积热强度改变为停留时间来确定。由于设计理念的改变，使炉膛体积缩小了 $5 \sim 8$ 倍。

通常停留时间采用 $0.8 \sim 1s$，因停留时间再增加，转化率提高很少，但投资和热损失却大幅增加，当然炉膛体积和气体的混合程度、燃烧质量都有关，这些都取决于燃烧器的性能，因此燃烧器良好的燃烧性能是缩小炉膛体积的前提，当采用国内燃烧器时，停留时间需适当延长。

（3）广泛采用设备组合

学习国外经验，广泛采用设备组合，有利于节省投资，减少占地面积，因此目前广泛采用设备组合，尤其是中、小型装置。如一、二、三级硫冷凝器、扑集器组合为同一壳体；一、二、三级 Claus 反应器或/和加氢反应器组合为同一壳体。

（4）根据需要确定废热锅炉产生蒸汽的压力等级

随着装置规模的扩大，利用废热锅炉自产中压蒸汽加热过程气的流程越来越被广泛采用，为满足一级 Claus 反应器入口温度需要，废热锅炉产生蒸汽的压力须高于 $4.0MPa$，同时该压力蒸汽能量利用更合理。小型装置过程气加热方法仍以掺合法为主，为节省投资，废热锅炉仍产生 $1.0MPa$ 蒸汽。

通过近 10 年的设计、制造和操作摸索，至今中压废热锅炉的设计已很成熟。设计者可根据需要确定废热锅炉产生蒸汽的压力等级。

（5）提高传热系数，缩小设备规格

废热锅炉和硫冷凝器的传热系数以往设计中都采用 $23 \sim 29 W/(m^2 \cdot K)$ 的经验值，造成传热面积和设备规格很大，而实际生产中往往操作负荷又达不到设计值，进一步降低了传热系数，这种恶性循环的现象维持了多年。

国外公司在压降允许的前提下，尽可能通过增加气体线速来提高传热系数，废热锅炉和硫冷凝器传热系数分别为 $40 \sim 80 W/(m^2 \cdot K)$ 和 $65 \sim 80 W/(m^2 \cdot K)$，是国内原传热系数的 $2 \sim 3$ 倍，由此传热面积也大大缩小。目前国内设计也都提高了气体线速和传热系数，但因还没有合适的理论计算方法，从设计安全考虑，仍采用较保守设计数据。

4.9 平面布置和竖向布置

学习国外经验，新设计装置的平面布置紧凑、竖向布置采用阶梯式，即硫池布置在地下，是全装置的最低点，燃烧炉、焚烧炉、废热锅炉和硫冷凝器布置在地面上，废热锅炉和硫冷凝器产生的液硫可自流至硫池，反应器布置在构架上，反应器出口可直接至硫冷凝器，管道最短。由于平面布置紧凑，竖向布置采用阶梯式，空间利用率提高，加上设备规格缩小并采用设备组合，因此占地面积比国内原设计大大减小。

4.10　催化剂

多年来国内在催化剂系列化、引进装置催化剂国产化、开发新催化剂方面都作了大量工作。中国石化齐鲁分公司研究院和中国石油天然气研究院在催化剂系列化方面都作了大量工作，目前齐鲁分公司研究院的 LS 系列催化剂包括 LS - 811 Al_2O_3 Claus 转化催化剂、LS - 300 大孔体积、大比表面积催化剂、LS-901 有机硫水解催化剂、LS - 971 保护型催化剂，LS - 951 尾气加氢催化剂、中国石油天然气研究院的 CT 系列催化剂包括 CT6-1、CT6 -2 Claus 转化催化剂、CT6- 3 有机硫水解催化剂、CT6 - 4B 低温 Claus 反应催化剂和 CT6 - 5B 尾气加氢催化剂。此外上述两家研究单位的低温加氢催化剂也都在研制中，并已取得可喜成果。

4.11　不足与差距

（1）基础研究工作不够

基础研究的面很宽，包括催化剂的研究、单体设备如喷嘴的研究、过程原理及计算程序的研究等等。以喷嘴为例，国内虽有专业生产厂家，但喷嘴设计和生产粗放、没有性能测试手段，更没有专业的研究单位，尽管已多次引进烧 NH_3 喷嘴，根据目前情况还需继续引进。

计算程序和标定程序是设计工作和装置实现最佳化生产必不可少的工具，但由于过程反应非常复杂，没有公认的计算数学模型，又缺乏准确的数据库和生产数据的长期积累，更缺乏过程原理的基础研究，使国内编制程序可信度不够，致使几个主要设计单位计算程序都是向国外购买。

（2）新工艺和新催化剂的开发工作不够

新工艺和新催化剂的开发是不可分隔的，例如只有开发出低温加氢催化剂，才能使低温 SCOT 工艺得以实现。由于国产低温加氢催化剂还在研制中，国外催化剂又较贵，直接影响了该工艺在国内的采用；又如低硫 SCOT 流程的技术关键是在溶液中加入一种廉价的助剂以提高溶液再生效果，即在相同蒸汽耗量时，贫液质量提高，贫液中的 H_2S 含量更低；在达到相同贫液质量时，蒸汽耗量降低，但目前还没有研究单位对助剂进行评选，也就直接影响了该工艺的使用，

影响了装置能耗和尾气净化度。

（3）工业装置情况参差不齐

国内硫黄回收装置无论是工艺流程或控制水平等情况参差不齐，引进装置和部分规模较大装置技术先进、管理水平较高，为环境保护发挥了重要作用；数量较多的中、小规模装置技术仍较落后，生产管理粗放，有待进一步提高。

5　展望

5.1　装置规模继续扩大

装置规模继续扩大的原因是：

（1）规模效益决定了炼厂规模的大型化

下列数据有力的说明炼厂规模大型化后所引起规模效益的变化：12Mt/a 炼油厂与 6Mt/a 炼油厂相比，相对投资节约 25%，生产费用节约 12%~15%；10Mt/a 的炼油厂比 5Mt/a 的炼油厂，投资可节约 20%，生产人员可减少 16 人，可提高劳动生产率 21%；10Mt/a 的炼油厂比 2.5Mt/a 的炼油厂，加工费可减少 0.15 美元/m^3。

因此炼厂规模的大型化是必然趋势。国内新建炼厂规模一般都大于 10Mt/a，而且还在继续扩大。

（2）原油中的硫含量及加工含硫原油比例不断增加

数据表明世界原油资源正在经历从低含硫原油到高含硫原油，从轻质原油到重质原油，从常规原油到非常规原油的变化。从 1995 年到 2005 年的 10 年间，重质含硫原油平均增长 100Mt/a（折合 200 万桶/d）。

国内加工进口油的比例不断增加，而进口油中一般硫含量都较高。如沙特、伊拉克、伊朗、阿联酋和科威特等 5 个超级石油大国所产的原油硫含量都在 1.5% 以上。

由于上述原因，炼厂工艺环保装置的规模不断扩大是必然趋势。

5.2　排放标准的严格

随着人类环保意识的加强，排放标准的要求也越来越严格。1996 年国家大气污染物综合排放标准（GB 16297—1996）颁布，不仅严格了排气筒和 SO_2 允许排放量的关系，而且还严格规定了 SO_2 的最高允许排放浓度，这意味硫黄回收装置的硫回收率必须大于 99.8%。某些地区还根据当

地具体情况，制定了地方标准，如广东省大气污染物排放限值（DB 44/27—2001）规定 2002 年 1 月 1 日前所建装置 SO_2 不大于 $960mg/m^3$，2002 年 1 月 1 日后所建装置 SO_2 不大于 $850mg/m^3$。此外净化水的水质要求也在不断提高，20 世纪 80 年代净化水水质的设计数据为 NH_3 不大于 $300mg/L$，H_2S 不大于 $100mg/L$，后又提高至 NH_3 不大于 $100mg/L$，H_2S 不大于 $50mg/L$。近几年某些炼厂要求 NH_3 不大于 $50mg/L$，H_2S 不大于 $25mg/L$。

可以预计，随着环境的日益恶化和人们环保意识的提高，排放标准的要求也会更苛刻。

5.3 节能降耗越来越受到重视

节约资源和保护环境是我国的基本国策，为此所有有利于节能降耗的措施越来越受到青睐。

（1）采用串级吸收工艺

SCOT 尾气处理脱硫塔底的半贫液作为干气脱硫塔的二次吸收溶剂：由于尾气中 H_2S 含量较低，通常（体积分数）约 2%，富液中 H_2S 含量也相应较低，通常为 $4\sim8g/L$，还有较大利用余地，该富液（也称半贫液）可作为干气脱硫塔的二次吸收溶剂，广州石化采用的串级 SCOT 就是该流程。

催化裂化液化气脱硫富液作为催化裂化干气脱硫的二次吸收溶剂。由于催化裂化液化气中 H_2S 含量较低，富液中 H_2S 含量也相应较低，一般为 $2\sim4g/L$，可作为干气脱硫的二次吸收溶剂，以降低总富液量，增加富液中 H_2S 含量，减少富液再生消耗的蒸汽量。四川某炼厂和齐鲁分公司炼油厂已实施该串级吸收工艺。

根据上述原理，各厂可因地制宜，灵活组合工艺，以降低富液量和再生蒸汽量。

（2）采用两段再生工艺

两段再生就是再生塔分为上、下二段，上段贫液采用浅度再生，再生后部分贫液返回至吸收塔中部作为吸收溶剂，其余部分进入下段进行深度再生，深度再生后贫液返回至吸收塔顶部。也可根据全厂情况，上段贫液至脱硫吸收塔，下段贫液至尾气处理吸收塔。可以看出两段再生是根据不同的贫液质量要求，采用不同的再生深度，避免不必要的再生蒸汽能量浪费。镇海炼化 100kt/a 硫黄回收装置 SCOT 尾气处理的再生塔已采用二段再生，上段贫液进入吸收塔中段，下段贫液进入吸收塔顶部，取得良好节能效果。

（3）采用低温加氢催化剂

由于加氢钴钼催化剂要求气体入口温度为 $280\sim300℃$，否则将极大影响加氢效果，为此要采用在线还原炉、气－气换热器或尾气加热炉等加热方式，不仅花费大量燃料气，增加了设备投资，还会因燃料气组成不稳定给生产带来各种困难。荷兰 Shell 公司最新开发的低温加氢催化剂，可在达到同样 SO_2 加氢效率的前提下，将气体入口温度降至 $240℃$ 以下。其好处是：和采用在线还原炉相比，设备投资约降低 15%；和采用尾气加热炉相比，不仅降低了设备投资，还减少燃料气用量和能耗。以某厂为例，原加氢催化剂改变为低温加氢催化剂，尾气加热炉加热改变为中压蒸汽加热，则每吨硫黄约减少 $54.6kg$ 燃料气量，单位能耗约降低 $1557.5MJ$。

该催化剂已成功运用于工业装置约 4 年，其缺点是催化剂价格较高，约 1.6 万欧元/t。可以预计，国产化低温加氢催化剂研制成功，必然会在工业上得到大力推广。

（4）溶液中加入助剂以提高再生效果，改进贫液质量

LS-SCOT 的技术关键是在溶液中加入一种廉价的添加剂以提高溶液再生效果，降低贫液中 H_2S 含量。添加剂对贫液质量和蒸汽耗量的影响见图 1。

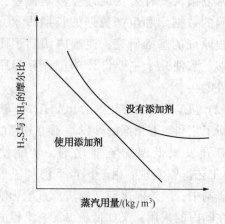

图 1　助剂对贫液质量和蒸汽耗量的影响

台湾某一装置，采用 LS－SCOT 工艺，富液再生蒸汽单耗为 $135kg/m^3$ 富液，可使净化气中总硫小于 50×10^{-6}（此时进料气中 H_2S 含量为 2.1%，CO_2 含量为 4.0%，溶液浓度为 53%，MDEA 溶

剂)。

(5) 尽量采用空冷，减少冷却水量

设计要尽量采用空冷，减少冷却水量。通常介质冷却都采用空冷加水冷的方法，而镇海炼化很多装置都无水冷，仅有空冷，不仅减少了冷却水量，还节约了能耗。以硫黄回收装置吸收—再生部分为例，采用空冷加水冷的能耗约是采用空冷能耗的 1.5 倍，因此应优先采用空冷，尤其是水资源紧张地区或气温较低地区。

总之节能降耗是功在当代、利在千秋的大事，必须重视。

加工高含硫原油气体脱硫装置存在问题

林霄红

（中国石化镇海炼化公司炼油厂）

2000 年 6 月份，镇海炼油厂加工原油超过 900kt，其中含硫原油超过 400kt，进入一次加工装置的原油总硫达到 8279t，原油平均含硫 0.92%，原油含硫为历史最高。从 6 月 1 日～15 日的统计数字来看，Ⅰ常加工原油 571.96t/h，平均含硫 0.5641%，Ⅲ常加工原油 753.3t/h，平均含硫 1.453%。进入炼油装置的总硫达到 13.7t/h，以含硫渣油形式进入化肥厂的总硫达到 0.47t/h。焦化、Ⅱ催化脱硫装置出现超负荷工况，富气、液化气脱硫装置显得尤为紧张。特别是Ⅰ、Ⅱ加氢富气出路，含硫化氢 40% 左右的富气排低压瓦斯，对系统管网产生严重安全隐患，同时造成大气污染，影响环保空气质量指标，气体脱硫装置能力不足的问题成为炼油厂扩大加工能力的瓶颈，为此我们对当前各脱硫装置存在问题及操作工况进行分析，讨论解决措施。

1　焦化脱硫装置

该装置尽管平均负荷在设计工况内，但存在焦化原料渣油硫含量最大时达 4.5% 工况，从实际生产情况看，当渣油硫含量在 4.0% 以上时，再生塔酸性气出现满量程（2000Nm³/h）情况，导致再生系统操作困难。

为了解决进一步大比例加工含硫渣油带来的焦化脱硫超负荷问题，2000 年 6 月 12 日安排二联合脱硫装置开工，处理Ⅰ、Ⅱ套加氢低分气，焦化脱硫装置处理本装置干气及油品回收干气。但回收的干气组成复杂、变化大，外来干气一般在 6000Nm³/h，最大流量达 8000Nm³/h，而由于低压瓦斯排放的复杂性及全厂脱硫装置的闪蒸

罐的闪蒸烃类都进入气柜，造成油品气柜干气 C₃ 以上组分最大时达 20% 以上，这些干气进入焦化脱硫装置后，闪蒸罐来不及闪蒸，往往造成酸性气带烃。目前，解决的办法：一是充分利用现有冷却设施，规范脱液管理；二是尽快实施第二步气柜低压瓦斯回收改造项目，基本实现低压瓦斯干湿分开；三是依托焦化吸收稳定，增加低压吸收系统，彻底解决低压瓦斯干湿分开问题。

焦化液态烃脱硫原设计处理本装置液态烃，现Ⅲ重整 T202 顶液化气和焦化液化气合并入焦化脱硫系统脱硫，受Ⅲ重整原料的影响，T202 顶的液化气产量波动较大，因此与焦化液化气合并后总量在 8～15t/h 之间波动，经常超过其脱硫能力，胺液受冲击后随液化气带出，脱硫率也随之降低。焦化装置为了防止胺液被液化气带出，严格控制液化气的外排量在 10t/h 以内，因此经常出现Ⅲ重整 T202 顶液化气去焦化的后路撤压情况。5 月中旬发现Ⅲ重整 T301 液化气也受原料硫含量高出现腐蚀不合格的情况，现在也并入焦化脱硫，Ⅲ重整 T202 顶液化气后路撤压情况将会更加严格。Ⅲ重整 T202 液化气不得以只能往 T202 底压，最后结果这部分液化气仍从气分 T104 顶出来经二联合碱洗后进罐，不仅增加加工成本，占用轻碳五罐空间，妨碍了轻碳五的周转，并且影响到碳五罐的储存安全。

由于使用的 MEA 脱硫剂，加上干气含硫较高，脱硫装置 2000 年有 40 多个地方出现泄漏，设备腐蚀严重（见表 1）。

表 1　焦化脱硫装置工况

项　　目		设　　计	实　　际
焦化进料	含硫(w)/%	3.6(1999 年 1100kt/a 项目)	2.975
	加工量/(t/h)	132(1999 年 1100kt/a 项目)	125
干气及液化气入脱硫	干气 1H$_2$S/(m^3/h)	12000	8600
	干气 2H$_2$S/(m^3/h)	12000	8500
	液化气 H$_2$S/(t/h)	10t/h	7
干气及液化气脱硫出	净化干气/(m^3/h)	24000	17000
	H$_2$S/(μg/g)	<20	平均<10
	液化气/(t/h)	4~15	7
	H$_2$S/(μg/g)		小于 1
	酸性气 H$_2$S/(m^3/h)	300(1994 年改造数据)	1900(加工沙中渣油时达满量程超 2000)

2　II 催化脱硫装置

该装置存的主要问题是加工高含硫原油期间，催化原料的含硫不能有效控制。进入 6 月份，催化原料硫含量逐渐升高，6 月 1 日原料硫含量 0.38，6 月 2 日 0.35，6 月 5 日 0.52，6 月 6 日 0.6038，6 月 7 日 0.6844，6 月 8 日 0.6729，原料硫含量的升高(指标小于 0.4)导致干气脱前硫化氢含量大大超过设计工况，脱前干气硫化氢含量在 4.0%以上，6 月 6 日~7 日脱后硫化氢含量超过 1000μg/g，再生塔顶酸性气流也出现满量程情况。

II 催化液态烃脱硫设计时，未考虑 III 常液化气进装置，III 常 3~8t/h 液化气进催化脱硫。尽管目前液态烃脱硫的平均值未超设计，但间断性超负荷的情况比较频繁，脱硫塔长时间处于满负荷和超负荷运行，预碱洗的碱液平均每两天要更换一次，不但碱液消耗量大，而且碱渣的排放量也很大，脱硫脱臭后的液态烃总硫偏高。而且目前催化装置的加工负荷只有 84%，满负荷加工时，脱硫装置超负荷的工况将更加突出。另外，由于原料变化 III 常、II 催化液化气产量的波动较大，经常对脱硫、脱硫醇碱洗系统造成较大冲击，易使脱后液化气质量产生波动，并直接影响到成品液化气罐的产品质量(见表 2)。

表 2　催化脱硫装置工况

项　　目		设　　计	实　　际
焦化进料	含硫(w)/%	0.25~0.38	0.4905
	加工量/(t/h)	357	300
干气及液化气脱硫入	干气	20008kg/h(16673.3m^3/h)	15976m^3/h
	H$_2$S	350.14kg/h(1.75%)	3.1031%
	液化气	53815kg/h	53.07 t/h
	H$_2$S	188.35kg/h(0.35%)	0.3296%
干气及液化气脱硫出	净化干气	19097.24kg/h 合 15914.3m^3/h	14994m^3/h
	H$_2$S	0.39kg/h(20.42μg/g)	平均 278μg/g，平时多为 30~100μg/g (6 月 6~7 日超过 1000μg/g)
	液化气	53691.35kg/h	40~60t/h(原量程 60t/h 现已改为 80t/h)
	H$_2$S	0.48kg/h(8.9μg/g)	小于 1μg/g
	酸性气	1115.84kg/h(743.89m^3/h)	870m^3/h(6 月 7 日满量程超 1000m^3/h)
	H$_2$S	537.63kg/h(48%)	729kg/h

3 Ⅲ加氢脱硫装置

该装置目前使用 DEA 脱硫剂，浓度在 27% 左右，装置负荷在设计条件内，工况基本稳定，但再生塔顶温度和再生塔酸性气出装置压力和流量都有波动现象。Ⅲ加氢要制定内部操作规定，摸索操作经验搞好脱硫装置平稳操作，严格控制工艺指标。

加氢脱硫装置原与 1.2Mt/a 直馏柴油加氢装置配套，1998 年加氢处理能力扩大到 2.0Mt/a，对脱硫系统没有进行改造，设计采用脱硫溶剂由 DEA 改为高效的 MDEA，贫液浓度由 20%(w) 提高到 30%(w)，从而提高脱硫处理量。

从目前实际生产情况分析，脱硫溶剂仍为 DEA，使脱硫效果不佳(已和脱硫剂厂家签技术协议，准备试用高效脱硫剂)。虽然装置的负荷及硫含量没有设计条件苛刻，但目前脱硫后的低分气、干气及循环氢均达不到设计要求。造成脱硫装置生产不稳定的另一原因，原料性质变化大，轻组分中夹带 C_3、C_4 高，原设计为沙轻直馏柴油，目前装置加工催化柴油及直馏柴油(见表 3)。

表 3 加氢脱硫装置工况

项 目		设计	实际
Ⅲ加氢进料	含硫(w)/%	1.18	0.71
	加工量/(t/h)	238	209.503
干气、低分气及循环氢脱硫入	干气/(m³/h)	1410(推算)	731.8
	H_2S(w)/%	10.6	14.004
	低分气/(m³/h)	1820(推算)	2/6
	H_2S(w)/%	4.9	
	循环氢/(m³/h)	62600(推算)	0.762
	H_2S(w)/%	2.6	
干气、低分气及循环氢脱硫出	净化干气/(m³/h)	1270	731.8
	H_2S/(μg/g)	20	平均 330
	低分气/(m³/h)	1730	627.155
	H_2S/(μg/g)	20	44.106
	循环氢/(m³/h)	61000	48509
	H_2S/(μg/g)	5	71.031
	酸性气/(kg/h)	2875	848.37(Nm³/h)
	H_2S(w)/%		95.61

4 加氢裂化脱硫装置

该装置目前使用 HA-9510 高效复配脱硫剂，浓度在 24% 左右，脱后干气硫化氢在 50μg/g，现工况基本稳定。加氢裂化干气脱硫和液态烃脱硫的负荷均未达到设计负荷，干气负荷在 60% 左右，液态烃负荷在 16% 左右，这与加氢裂化干气和液态烃收率低有关。在循环氢脱硫开工后，再生塔将达到满负荷工况(见表 4)。

表 4 加氢裂化脱硫装置工况

项 目		设 计	实 际
加氢裂化进料	含硫(w)/%	2.2	1.9
	加工量/(t/h)	105(裂化)+150(精制)	100+100
干气及液化气脱硫入	干气/(m³/h)	11681	7500
	H_2S(w)/%	(23)	
	液化气/(t/h)	6.25	1
	H_2S(w)/%	8.9	
干气及液化气脱硫出	净化干气/(m³/h)	10765	7300
	H_2S/(μg/g)	20	平均 30~50
	液化气/(t/h)	5.7	1t/h
	H_2S/(μg/g)	20	小于 1μg/g
	酸性气/(m³/h)	3591	3073
	H_2S(w)/%	95	

5 二联合脱硫装置

二联合脱硫装置作为重油催化的配套后续处理装置，基本处于停工状态。6 月 12 日二联合脱硫装置干气脱硫部分开工，处理 Ⅰ、Ⅱ 套加氢低分气，现处理量在 2000Nm³/h。

二联合 V401 液态烃碱洗罐为卧罐(有效容积 6.3m³)，由原来的水洗罐改造而来，处理能力只有 8t/h，现在进二联合 V401 的液化气量大大超过了这一数值。因此，V401 中液化气和碱液的接触时间短、碱液的沉降时间短，液化气脱硫醇的效果差，并有大量的碱液随液化气带出装置，进入罐区，化验采样和油品脱水时经常发现液化气罐中的碱液存在，造成液化气腐蚀不合格。今年 3 月份开始，炼油厂通过上技措，增加了部分管线，利用原来处理重油催化液化气的碱洗塔

T204 对 V401 后的液化气再次碱洗，效果非常明显，不但大大降低了这路液化气中的总硫含量，解决了这路液化气的腐蚀问题，而且节省了碱液的消耗，减少了碱渣的排放。但若重油催化再次开工，这部分管线将重新复位，因此二联合 V401 的碱洗设施仍有待彻底改造。为了解决二联合 V401 碱洗能力不足的问题，基于公司研究中心开发的纤维膜接触式脱硫器侧线试验效果不错、且投资少，现准备对对 V401 进行纤维膜接触式脱硫器改造，已经立项报批（见表5）。

表5　二联合脱硫装置工况

项　　目		设计	实　　际
干气及液化气脱硫入	干气/(kg/h)	6632	干气脱硫现处理 I、II 加氢低分气，流量 2000m³/h。
	H_2S/(kg/h)	207	
	液化气/(kg/h)	30000	液化气脱硫停工
	H_2S/(kg/h)	316	
干气及液化气脱硫出	净化干气/(kg/h)	6102	
	H_2S/(mg/m³)	20	
	液化气/(kg/h)	29624	
	H_2S/(mg/m³)	20	
	酸性气/(kg/h)	952	
	H_2S/(kg/h)	523	

6　硫黄装置

III 硫黄装置设计处理 85% 浓度的酸性气 3088Nm³/h，IV 硫黄设计处理 70% 浓度的气体 8430Nm³/h，目前两套装置运行基本正常。6月1日~15日，III 硫黄的平均负荷为 1299Nm³/h，硫化氢浓度 93.58%，IV 硫黄平均负荷为 7139kg/h（约合 4759Nm³/h），硫化氢浓度 88.5%。两套硫黄装置原料含硫 7.769t/h，实际产硫 7.144t/h，总回收率为 91.95%。低于设计的 III 硫黄回收率 99%，IV 硫黄回收率 99.8%。主要原因是两套硫黄装置低负荷运行影响回收率，上游装置的酸性气流量波动和带烃也对回收率有相当的影响。

7　系统问题

低压瓦斯的平衡问题，所有装置全面投产后，系统容量小，低压瓦斯平衡难度大，为了不冒或少冒火炬，含硫的低压瓦斯必须烧掉一块，包括电站和常减压无法作到全回收全脱硫，6月

7日采样分析 CO 锅炉炉前瓦斯 H_2S 含量达到 8000μg/g。低压瓦斯管网、锅炉设备腐蚀及环保问题十分突出。

含硫液化气脱硫装置负荷不足的矛盾在新区显得比较突出，由于 III 常、III 重整装置没有液化气脱硫装置，III 常液化气进 II 催化脱硫，连续重整装置液化气进焦化装置脱硫，目前进 II 催化脱硫的液化气量已达到 53t/h，III 常只能把多余的液化气往石脑油压，做重整原料。而重整含硫液化气设计只 0.6t/h，现在高达 6t/h，不仅焦化脱硫装置处理能为不够，而且输送管径只有 50mm，也无法送至焦化脱硫装置，这样连续重整装置厂 202 含硫液化气无法对 C_4、C_5 有效的分离，C_4 随 C_5 进气分 T104 进行再分离，气分 T104 液化气再进已满负荷运行的二联合 V401，如此恶性循环给装置操作、产品质量、经济效益等带来不利。从本月上旬生产情况分析，液化气成品罐连续不合格罐出现，已存在液化气脱硫处理能力不足的矛盾。

8　结论

1）当前炼油厂脱硫装置存在的问题主要集中在加工高含硫原油时催化脱硫装置、焦化脱硫装置超负荷运行，及系统能力不配套带来的液态烃脱硫能力不够，I、II 加氢富气、低分气出路问题。

2）为了解决 II 催化脱硫装置和焦化脱硫装置间断性超负荷问题，首先要尽量均衡高硫原油的加工，为了进一步适应我公司高硫原油加工量不断增多的现实，对有关脱硫装置进行扩能技术改造要有提前意识。

3）为了解决液态烃脱硫能力不足问题，一车间准备在加氢脱硫区新增一套液化气脱硫装置、脱硫醇碱洗装置，以便有足够能力处理 II 催化、III 套常减压、III 重整 T202 顶和 T301 顶的含硫液化气，并将 T202 顶和 T301 顶装置的管线加粗，可提高液化气产量，解决后路不畅的问题，并消除对其他各路液化气脱硫系统的影响。二联合对 V401 进行纤维膜接触式脱硫器改造，增加脱硫能力和脱硫效果，这些项目均已立项报批。

4）对于 I、II 加氢含硫化氢 40% 左右的富

气排低压瓦斯问题，准备首先利用重油催化停工时期，二联合干气脱硫系统有富余的前提下，把部份贫液送至Ⅰ加氢。Ⅰ加氢利用空闲的塔进行改造，进行富气脱硫，富液返回至二联合溶剂再生塔。考虑重油催化装置开工安排，二联合对溶剂再生塔进行扩能改造，对Ⅰ加氢富液量进行充分考虑（Ⅰ加氢、Ⅱ加氢及航煤加氢的富气脱硫），要求明年大修期间完成，现已立项报批。

5）常减压装置加工原油 31806.24t/d，硫含量在 1.069% 时，脱硫装置已成为增加全厂加工量的瓶颈。

6）为了提高硫黄装置的硫回收率，各脱硫装置要平稳酸性气流量，避免带烃带水冲击硫黄装置，硫黄装置要投用好 H_2S/SO_2 在线分析仪。

用 AmiPur 胺净化技术除去胺液中的热稳定性盐

林霄红

(中国石化镇海炼油化工股份有限公司综合管理处)

摘　要　当前炼油厂气体和液化气脱除硫化氢普遍采用胺法脱硫工艺，普遍存在的主要问题是胺液中热稳定性盐 HSS(heat stable salts) 的积聚。HSS 浓度的增加不仅导致了装置设备和管线的腐蚀，而且导致胺液发泡，对脱硫装置的运行带来了诸多不利因素。AmiPur 胺净化的核心技术是通过阴离子交换树脂去除 HSS，并把胺回收到装置中，从而保证脱硫装置的稳定运行。本文分析了 HSS 的成因，介绍 AmiPur 胺净化技术特点和在镇海炼化的应用情况，胺净化设备投运后，胺液中 HSS 从 3.8% 下降到 0.5% 以下，设备的腐蚀速率从 2.286mm/a 下降到 0.0508mm/a，胺液消耗也下降了 25% 左右。

关键词　胺法脱硫　HSS　AmiPur 胺净化　工业运用

1　概述

胺法脱硫装置一个普遍存在的问题是胺液中 HSS(Heat Stable Salts) 的积聚，HSS 浓度的增加不仅导致装置设备和管线的腐蚀，胺液过滤器频繁更换，而且容易引起胺液发泡，增加胺液消耗，降低脱硫效率，消耗更多的再生蒸汽。通常 HSS 的去除方法是用新鲜胺液进行部分置换，或进行胺清洗，但这两种方法的胺耗较大。本文主要对 HSS 的成因进行分析，结合国内首套引进的 AmiPur 胺净化设施在镇海炼化 II 套催化裂化脱硫装置的投运情况，分析该工艺的技术特点。

2　镇海炼化 II 套催化脱硫装置存在问题及胺液中 HSS 测定

2.1　II 套催化脱硫装置存在问题

镇海炼化 3Mt/a 催化裂化联合装置(II 套催化)，该装置联合了年处理能力为 160kt 干气与 450kt 液化气的胺法脱硫装置，2001 年增加 III 套常减压和重整液化气脱硫系统，液化气脱硫能力扩大到 600~700kt/a。脱硫系统暴露出来的问题主要有：①胺液系统不溶性杂质多，过滤器频频堵塞，胺液发泡流失加剧、胺液系统结垢。②胺液系统尤其是重沸器(E3204)、中温部位管道和换热器处腐蚀严重。其他贫胺液、富胺液管道尤

其是中温、弯头处腐蚀均较为严重。2001 年 12 月 5 日气相入塔前弯头泄漏。2002 年 7 月，贫富液换热器 E320IC/D 及其进出管线也开始发生泄漏。2002 年 9 月初不得不临时停工检修，并排出了 60t 浓度为 24% 的劣质胺液。

检查发现贫富液换热器 E320IC/D 管束结垢严重，气液相侧小浮头螺栓均匀腐蚀变细，已失去紧固作用。在近管束一侧的螺母和螺杆被腐蚀掉大半，而近浮头端盖一侧的螺母和螺杆腐蚀程度相对较轻。滑动管板气液相则腐蚀严重，有大块剥落现象，管板上的螺栓孔被腐蚀变大，螺栓甚至可以自由取出。

2.2　腐蚀原因分析

宏观检查和渗透着色探伤结果均没有发现换热管和螺栓上存在裂纹类缺陷，排除应力腐蚀的可能性，材料成分分析未发现腐蚀部位材料成分异常，基本排除了用材失误原因。检查排出的废胺液呈黑色，有较明显的不溶性固体颗粒，浓度在 0.12% 左右；HSS 浓度 5.7%，Cl 浓度 1700μg/g，中温腐蚀率 0.6789mm/a。判断 HSS 是造成脱硫装置设备腐蚀的根本原因。由于形成 HSS 阴离子很容易取代硫化亚铁上的硫离子和铁离子结合，从而破坏致密的硫化亚铁保护层，造成设备和管线的腐蚀。华东理工大学对腐蚀产物

进行化学成分分析结果(表1)表明换热管和螺栓的腐蚀产物中都包含 SO_4^{2-}、S^{2-} 和 Cl^-，也证实了以上腐蚀原因分析。

表1　腐蚀产物分析结果　　　　　　　　　%

腐蚀样	C	O	S	Ca	Fe	SO_4^{2-}	S^{2-}	Cl^-
不锈钢换热管腐蚀产物	8.52	34.11	14.66	0.75	41.96	检出	检出	检出
螺栓腐蚀产物	11.80	45.17	17.44	1.47	24.12	检出	检出	检出

脱硫系统富胺液过滤器的黑色固体物除了催化剂粉末、沥青质、胶质、有机降解物外，大量的成分为硫化铁或硫化亚铁(表2)，这些物质沉积在换热器上形成结垢，影响传热，将直接加大胺液再生能耗、降低胺液再生效率和纯度。由于局部高温，加剧了胺液降解。这样一方面形成恶性循环，另一方面富胺中夹带的黑色固体物在高流速下破坏 FeS 保护膜，加剧了腐蚀。从而使换热器的进、出口，再生塔底返塔线三通焊缝处这些相对流速较大部位发生了严重的腐蚀。

表2　过滤器结垢物组分分析

组份	含量/%	干物质中的质量百分比/%
挥发分	36	0
C	19.8	30.6
S	18.7	28.9
Fe	17.8	27.5
N	4.9	7.6
H	3.4	5.3
合计	100.6	99.9

2.3　HSS 测定

镇海炼化逐步认识到，胺液中的热稳态盐(HSS)累积，是导致装置腐蚀和胺液发泡跑损的主要原因。准备在Ⅱ套催化裂化脱硫装置应用 AmiPur 胺净化技术，希望把胺液中的 HSS 浓度降低到1.0%，以降低装置腐蚀、改善脱硫装置的运行工况。为此镇海炼化测定了胺液中的 HSS 含量(表3)(2002年4月28日，ECO-TEC 公司对Ⅱ套催化裂化脱硫装置胺液中 HSS 浓度进行确认分析的结果是6.67%，胺液中溶解铁离子含量为 13.75μg/g)。

表3　2001年Ⅱ套催化裂化脱硫装置胺液中 HSS 积聚情况

日期	6.22	6.25	6.26	6.27	6.28	6.29	7.2
HSS/%	6.42	6.75	6.76	6.81	6.82	6.90	7.2

3　AmiPur 胺净化技术

AmiPur 胺净化的核心技术是通过阴离子交换树脂去除 HSS，并把胺回收到装置中(如图1所示)。其关键操作步骤为胺液净化和树脂加碱再生。贫胺溶液经过换热、冷却和过滤后进入离子交换树脂柱除去 HSS，净化后的贫胺液打回新鲜胺罐。从碱罐来的30%左右浓度碱液被自动稀释到4%用于再生树脂。经过再生后，用水冲洗树脂中的过量碱，自动开始新一轮循环。一般来说，树脂柱的使用寿命为6个月左右。

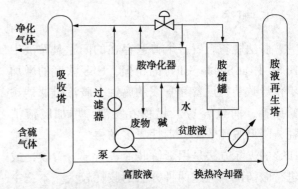

图1　胺净化设备工艺流程示意

根据表3，Eco-Tec 计算的Ⅱ套催化脱硫装置胺液中 HSS 累积速率为5600g/h，推荐镇海炼化采用 AmiPur(AM15)胺净化设施。AM15 胺净化设施有两种运行模式，胺液中 HSS 含量超过1%时为高盐模式，胺液中 HSS 含量低于1%可转入低盐模式运行。表4为胺净化设施的物料平衡。

表4　物料平衡

物料 L/H		低盐模式		高盐模式
		初期	后期	正常
进料	原料	1307	2259	590
	水	810	1400	1465
	NaOH(30%)	21	37	38

续表

物料 L/H		低盐模式		高盐模式
		初期	后期	正常
出料	产品	1706	2949	1312
	废碱	226	391	409
	废水	206	356	372
合计		2138	3696	2093
再生塔顶回流罐外甩水量		399	690	722

3.1　AmiPur 胺净化设施投运效果

2003 年 8 月 11 日 Eco-Tec 公司专家到现场进行调试和培训工作，8 月 22 日设施开始正式运行，至 2003 年 9 月 6 日一直以高盐模式运行了约 2300 个周期，胺液中 HSS 的含量从初期的 3.8% 下降到 10% 左右。2003 年 9 月 7 日转入低盐模式运行，至 2003 年 11 月份运行 4600 多个周期，热稳态盐逐步下降，最低降到 0.27% 左右，见图 2。由于装置原料优化（对含氯较高，硫化氢含量不高的重整液化气，采用脱氯后直接出厂）加上运行部加强操作控制等原因，目前胺液系统实际 HSS 的累积量低于 AM15 去除能力，Eco-Tec 公司建议，在 HSS<1% 时可以停开 AM15，此时胺液系统的发泡和腐蚀均较低，因此采用隔天运行，在保证胺液中 HSS<1% 的同时，使设备的消耗量减少，实现经济运行。

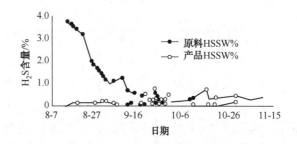

图 2　胺液中热稳态盐分析跟踪

AmiPur 胺净化设施能连续地去除胺溶液中的热稳态盐 HSS，较好地去除了醋酸根、甲酸根、硫酸根和其他阴离子（表 5），进而显著地降低腐蚀，并降低胺液发泡倾向。

表 5　胺净化设施开工前后系统阴离子分析　　μg/g

项　目	HSS	CL^-	SO_4^{2-}	$HCOO^-$	H_2CCOO^-	$C_2O_4^{2-}$	$S_2O_3^{2-}$	SCN^-
2003. 4. 9	3.95%wt	213.1	182.6	612.9	3529			
2003. 11. 4	0.45%wt	43.4	29.2	128	696			187
DOW 化学公司推荐的各种阴离子限制范围		250	500	500	1000	250	10000	10000

3.1.1　降低腐蚀速率

在胺净化设施投运前和投运前期，安装在再生塔气相返塔线上腐蚀探针测定的腐蚀速率（2003 年 8 月 15 日至 8 月 29 日）平均为 2.286mm/a（90mpy，1mil = 0.0254mm）。胺净化设施投运后，脱硫装置胺液系统的 HSS 下降很快，9 月 11 日以后基本保持在 0.5% 左右，10 月下旬腐蚀探针测定的腐蚀速率基本在 0.0508mm/a（2mpy）以下。同时胺液中金属离子含量也大为降低（表 6）。

表 6　胺液中金属含量分析　　μg/g

项　目	电导率	Fe^{3+}	Ni^{2+}	Cu^{2+}	Cr^{3+}	Zn^{2+}	Al^{3+}
2003. 7. 30	627us/cm	11.75	1.34	0.03	2.57	0.22	1.63
2003. 11. 5		1.12	0.67	未检出	1.05	未检出	0.45

3.1.2　降低胺液发泡趋势

随着胺液中 HSS 含量的降低，胺液的泡沫高度、消泡时间均控制在较低水平。而原来胺液系统中 HSS 含量在 6% 左右时，泡沫高度 20cm，消泡时间 20s 左右。表 7 数据显示，Ⅱ 催化胺液的发泡情况（尤其是消泡时间）明显好于未脱盐的另外两装置。装置的胺液消耗也从平均每月 8t，下降到 9 月至 10 月份的每月 6t，约下降了 25%。

胺液损耗的原因有机械损耗(如泄漏等)、蒸发、气液携带、气泡、液液溶解携带等[5]。比如DOW化学公司的经验数据表明脱硫过程中,胺液在液化气中的溶解度为50μg/g,II催化液化气

脱硫能力为70t/h,胺液在液化气中的月溶解损失就达2.5t以上。国外在这方面有许多经验可以借鉴。我们也将继续探索进一步降低胺液消耗的可行方法。

表 7   2003 年各套脱硫装置胺液中 HSS 含量(%)及泡沫高度(cm)、消泡时间(s)分析

时间	II套催化			I套催化			延迟焦化		
	HSS	泡沫高度	消泡时间	HSS	泡沫高度	消泡时间	HSS	泡沫高度	消泡时间
10.15	0.63	3.5	5	4.62	4.0	12	3.58	5.0	18
10.16	0.65	3.0	5	4.65	4.5	10	3.62	5.5	21
10.17	0.62	3.5	6	4.69	4.5	12	3.67	5.0	23
10.18	0.60	3.5	5	4.76	4.5	13	3.75	6.0	18
10.19	0.59	3.5	6	4.88	4.0	11	3.8	5.5	19
10.20	0.59	3.5	5	4.95	4.0	12	3.87	5.0	20
11.5	0.45	3.5	5						

通过胺净化设施的投运,胺液中 HSS 浓度从平均3.8%下降到0.4%,从而解除3.4%胺液和HSS 的结合,提高了有效胺容量,也提高了装置处理能力,使装置操作更加可靠。胺液的发泡高度从20cm下降到3.5cm,消泡时间20s下降到5s,减少胺损失。

4   存在问题及完善

镇海炼化公司的 AmiPur 胺净化装置是国内石化企业首套引进设备,在投运过程中也遇到一些问题。

1)由于用水冲洗树脂过程会造成胺液系统浓度下降,同时为平衡胺液系统水量,必须用蒸汽将水蒸到再生塔顶回流罐,再从回流罐适量外甩酸性水至污水汽提装置处理。第5步净化胺液冲洗步骤,进入胺系统水量原设计278L,每小时有2t水进入系统,靠回流罐外甩酸性水仍有困难。根据对冲洗水中的胺含量测试结果(树脂床出口水中胺含量从0.06%放宽至0.25%),Eco-Tec专家将该步骤的设定时间从3.37s降至1.45s,将冲洗水量调至120L。同时适当延长暂停步骤时间,基本维持了系统平衡。

目前国内脱硫装置再生塔顶回流罐普遍采用全回流操作,胺液系统的 NH_4SH 含量较高,再生塔顶气相管线的腐蚀情况较为突出。所以胺液再生塔顶回流罐的酸性水要部分送至污水汽提装置处理,这有利于控制胺液系统的 NH_4SH 含量,并进而降低再生塔顶气相管线的腐蚀。

Eeo-Tec 公司开发了 Sour Water Conditioning(SWC)的膜处理技术来处理再生塔顶回流罐的酸性水,从而去除溶解于水中的 H_2S。这样处理后的酸性水可用于的胺液冲洗步骤。不仅可以节约用水,也可以较好地解决胺液系统中的水平衡问题。

2)AmiPur 产生的废碱渣由于 COD 和有机氮含量较高(表8),特别是刚开工在高盐模式运行时,每天产生的混合废碱渣量有18.7t,给后续环保处理装置带来一定的压力。后将冲洗废水直排含油污水系统,废碱渣含碱2.5%进液化气碱洗系统回用。基本消除了胺净化设施运行过程中产生的污染物。

表 8   高盐模式运行时废碱、废水污染物分析

mg/L

项 目	COD	硫化物	凯氏氮
冲洗废水	670	—	49
再生废碱渣	60100	1650	2460
混合后废碱渣	14300	264	846

3)由于贫胺液返回到胺液储罐的胺液量只有160L/m,而胺净化设施设计的胺液处理量82.6L/m,由于脱盐过程实际上间隙操作,当设备打开进料阀和关闭进料阀时,均会对原输送管路流量造成一定影响,虽然管路上有压力控制进行配合,但自动控制的 PID 参数无法调整到满足间隙进料的要求,管路上的压力波动仍然偏大,

有时导致安全阀动作。因此准备在胺净化设施增加两位式控制阀的旁路。

5　结论

1）胺液与原料中的酸性组分反应生成盐，在胺液加热再生过程不会分解，从而形成 HSS。从镇海炼化公司的监测数据来看，催化和焦化脱硫装置胺液中 HSS 含量普遍较高，而且成了装置设备和管线腐蚀、胺液发泡的一个主要原因。

2）AmiPur 胺净化设施，采用阴离子交换树脂专利技术，能去除脱硫装置胺液中的 HSS。这是一套全自动的成套设备，具有占地小，高效率，操作维护费用低的特点。总体上看，胺净化设施 HSS 去除能力较强，从而有效地改善胺液质量，降低胺液发泡倾向，并使设备腐蚀速率大幅度下降。使胺液脱硫装置运行稳定、可靠，改善装置操作工况，减少装置维护费用。

3）国内其他炼油厂的胺液脱硫装置尚未进行 HSS 监测，但胺液发泡和装置腐蚀问题在各脱硫装置普遍存在，因此 AmiPur 胺净化技术具有重要的推广意义。

参 考 文 献

[1] J. Shao、陆侨治. 解决胺厂操作的最新进展——利用 AmiPur 在线去除热稳态盐[J]. 石油与天然气化 2003，1：29-30.

[2] Impact Of Continuous Removal Of Heat Stable Salts on Amine Plant Operation", D. Jouravleva, P. Davy, M. Sheedy, 2000 Laurance Reid Gas Conditionmg Conference, February—March 2000.

[3] 陈庚良. 炼厂气脱硫的清洁操作问题[J]. 石油炼制与化工，2000，8：20-23.

[4] 林霄红. 液化气脱硫脱臭工艺存在问题探讨[J]. 石油炼制与化工，2003，1：11-14.

[5] EJ Srewan and RA Lannjng. "Reduce amine plant solvent losses"[J]. Hydrocarbon Processing, May 1994.

醇胺脱硫溶剂的质量与应用中的污染

张庆安

(中国石化齐鲁分公司炼油厂)

摘　要　文章主要介绍了目前国内各种脱硫剂的质量及质量标准，同时也介绍了在应用过程中存在的污染与质变，由此提出了相应的改进措施。

关键词　脱硫剂　MDEA DEA DIPA MEA

1　引言

随着国内含硫原油加工量的增加，渣油掺炼比的增大，炼油厂生产装置(催化裂化、加氢、焦化、重整等)产生的干气及液化气的流量和硫含量也随之增大，由于炼厂气中含硫的不同和脱后硫含量要求不同，各炼厂所采用的流程也不尽一致。炼厂气脱硫最常用的方法是使用烷醇胺，虽然炼厂气净化只是炼油厂总体配置的一个很小的部分，但是非常重要，对环境保护，满足大气质量也有重大影响。

炼厂气脱硫装置将面临着从众多的工艺方法中进行选择。尽管脱硫方法众多，但对于较大型的装置而言，醇胺法经常是优先考虑的。这类方法技术成熟，溶剂来源方便，是炼厂气、天然气工业上最重要的一类脱硫方法。

目前，中国石化集团公司的 36 套脱硫装置，使用 N-甲基二乙醇胺(MDEA)脱硫剂共 29 套，使用浓度：最低 10%，最高 38%。使用二乙醇胺(DEA)脱硫剂的共 6 套，使用浓度：最低 14%，最高 32%，使用二异丙醇胺(DIPA)脱硫剂的共 1 套，使用浓度 31%。

2　脱硫溶剂标准及质量

脱硫溶剂：主要有单乙醇胺(MEA)、二乙醇胺(DEA)、二乙丙醇胺(DIPA)、N-甲基二乙醇胺(MDEA)和以 MDEA 为主体的脱硫剂。

配方型脱硫溶剂主要成分以 N-甲基二乙醇胺为母液和添加适量的符合工艺要求的化工助剂组合而成。添加剂包括消泡剂、活化剂、选择性改进剂、缓蚀剂、抗氧化剂和抗沉积剂等，应根据不同的净化度要求和操作工况，选择合适的配方型 MDEA 脱硫剂。

2.1　脱硫溶剂产品质量标准

目前，由于气体脱硫剂产品名目繁多，且用途又不尽相同，所以没有行业标准，仅有企业标准。表 1 列举某企业标准。

国家质量技术监督局于 2003 年颁布了行业标准 SY/T 6038—2002，具体指标见表 2。

表 1　脱硫剂的性能指标

序号	项目	指标	试验方法
1	外观	无色或淡黄色	目测
2	密度，20℃/(g/cm³)	1.035~1.055	按 GB/T 4472
3	运动黏度，20℃/(mm²/s)	90~115	按 GB/T 2651 测定
4	凝点/℃	≤-45	按 GB/T 510 测定
5	折光率	1.4600~1.4700	按 GB/T 6488 测定
6	溶解性	与水互溶	GB/T 6324.1 规定进行测定
7	有效组分含量/%	≥95.0	

表 2　SY/T6538 规定的脱硫剂技术指标

项　目		指标	试验方法
水/%(w)		≤2.0	GB/T 6283
Cl⁻/10⁻⁶%(w)		<1	GB/T 9729
凝点/℃		<-30	GB/T 510
水溶性试验		澄清	GB/T 6324.1
起泡趋势(w=	起泡高度/mm	<50	附录 A
40%水溶液，30℃)	消泡时间/s	<10	附录 A

续表

项　　目	指标	试验方法
脱硫性能(H_2S脱除率)/%	>99.0	附录 B
脱碳性能，与同浓度 MDEA（$w=$40%水溶液）比较，CO_2脱除率的减少量/%	≥5.0	附录 B

2.2 脱硫溶剂的质量

甲基二乙醇胺脱硫剂的质量直接影响它的使用性能，其中杂质组分对脱硫剂的酸碱度、表面张力等物化性质有影响，直接影响脱硫效果，所以对 MDEA 进行质量鉴定十分必要。现将某研究单位检验分析结果列于表3。

2.2.1 脱硫溶剂的水含量

合格产品的水含量应不超过 2%（以 GB/T 6283—1986 规定的方法测定）。抽样调查的结果，见表3。其中个别样品的水含量高达 20%。

表3　水含量测定数据

产品代号	取样及分析时间	水/%(w)
HS-101	1996 年 2 月	0.66
产品-1	1999 年 5 月	0.86
产品-2	2000 年 3 月	0.41
产品-3	1998 年 4 月	2.0
产品-4	1998 年 8 月	5.38
产品-5	1999 年 3 月	4.22
产品-6	2000 年 1 月	0.22
产品-7	2000 年 4 月	3.69
产品-8	2000 年 4 月	1.02
产品-9	2000 年 4 月	0.28

2.2.2 脱硫溶剂的起泡趋势

以氮气为介质，在发泡管中测定了各种配方型脱硫溶剂（40%的新溶剂水溶液）的起泡趋势，测定结果如表4所示。

表4　起泡趋势测定数据

产品代号	取样及分析时间	泡沫高度/mm	消泡时间/s
HS-101	1996 年 2 月	20	4.5
产品-1	1999 年 5 月	8	2.2
产品-2	1998 年 8 月	216	30.0
产品-3	1998 年 4 月	15	7.0
产品-4	1998 年 8 月	16	6.0
产品-5	1999 年 3 月	30	10.0

续表

产品代号	取样及分析时间	泡沫高度/mm	消泡时间/s
产品-6	2000 年 1 月	10	2.5
产品-7	2000 年 4 月	295	89.0
产品-8	2000 年 4 月	29	5.0
产品-9	2000 年 4 月	3.0	2.5

某使用单位检验分析结果见表5。

表5　脱硫剂检验分析结果

序号	水分/%	MDEA/%	发泡高度/cm	消泡时间/s
1	0.99	95.78	14	13
2	0.37	91.58	3.5	5
3	2.58	86.17	5.5	16
4	2.378	94.20	1.5	2
5		93.95	1	1
6	0.94	97.12	1.5	4
7	0.98	96.62	1.5	3
8	26.58	70.57	20	22
9	0.19	98.37	7.5	8

国内生产的复合型 MDEA 脱硫剂，质量参差不齐，发泡高度最低为1cm，个别最高为45cm，相差数倍。发泡高度大，消泡时间长，这意味着使用过程中带胺量增加，胺液跑损严重，尤其对于液化气带胺，严重时影响下游脱工序的操作。在选择脱硫剂时，必须重视发泡高度和消泡时间，在生产操作中，应定期或不定期分析贫富液的发泡高度和消泡时间，以便采取措施，改善操作。

3　脱硫溶剂的污染与质变

目前，国产脱硫剂甲基二乙醇胺纯度、杂质均可达到行业标准，完全可以满足脱硫装置的质量需求，但仅有极少数生产单位产品中的水分较高。由于配方型脱硫溶剂的要求或标准不同，可能出现使用效果的差异。由于原油类型众多，加工过程复杂，故炼厂气的组成均不尽相同。炼厂气中轻烃含量普遍较高，炼油厂中催化裂化、延迟焦化等装置生产的炼厂气则可能存在氧，容易导致醇胺发生氧化降解。各种杂质进入脱硫溶液后都会与醇胺发生反应而生成一系列热稳定性盐（HSAS），如甲酸盐、乙酸盐、草酸盐、氰化物、亚硫酸盐、硫酸盐、硫代硫酸盐和硫氰酸盐等，目前，各个企业生产的配方型脱硫溶液中，除甲基二乙醇胺主剂外，还加入了各种有机或无机助剂，故溶液的组分相当复杂，它们对溶液的腐蚀和发泡都有重要影响。

3.1　污染因素分析

甲基二乙醇胺（MDEA）溶液作为良好的脱硫剂，在天然气和炼厂气的脱硫处理中得到了广泛应用，随着溶液使用时间和使用条件的变化，溶液质量会发生变化，这对脱硫工艺装置的脱硫效果造成很大影响，这种影响主要来自于溶液中杂质的含量和杂质组分的构成。

脱硫溶液中杂质的来源主要包括来自气相携带的固体颗粒、烃类和脂类等有机杂质的凝聚物、金属管件设备的腐蚀产物以及在溶液使用过程中产生的老化降解产物。

进入脱硫塔的原料气在管输过程中，会有少量凝析油以及管道腐蚀物随着高流速的原料气进入吸收塔。同时，酸性气体对管道设备具有强的腐蚀性，尤其是在含 H_2O 的情况下，会产生大量的腐蚀物（以 FeO、FeS 为主），这些腐蚀产物也会随气流带入脱硫塔。在溶液的使用过程中，在溶液吸收、再生塔，气体会携带大量的水分，从而造成溶液水分的散失，需要补充大量水分。

补充水分主要补充软水或脱盐水。补充水分会带入氧和重金属离子，也包括软水管网中的腐蚀垢质，氧的存在会加剧溶液的氧化降解。对杂质组分的分析表明，铁的含量较高，约占杂质含量的50%。另外，油脂等因素都会对溶液质量的变化产生一定的影响。

3.2　醇胺溶液污染后的降解

3.2.1　溶液外观

新鲜溶液：淡黄、透明液体（溶剂与此相同，但黏度较水溶液大）。

使用后的溶液；一般为淡蓝色、淡黄色、棕红色或褐色液体，有氨味。还会出现绿色，这表明溶液中有亚胶态粒度的细分散硫化铁，一般硫化铁颗粒大于 $3\mu m$ 时所使用的溶液就会变黑色，如果静置放一段时间后黑色物质会沉淀溶液变清。

气体净化装置使用的脱硫溶液如单乙醇胺、二乙醇胺、二异丙醇按、甲基二乙醇胺等溶液，因处理不同组成的原料气所形成的降解产物也不同，溶液的外观颜色也有较大的差别，如溶液中的胺被氧化后其颜色呈现红棕-褐色，特别是伴有热降解时更是如此。

纯脱硫溶液如单乙醇胺、二乙醇胺、二异丙醇胺、甲基二乙醇胺等溶液，在接触原料气中 H_2O 后都会不同程度或微量产生黑色的降解物，溶液首先变成黑色的混浊液体或出现黑色的悬浮固体物，如低浓度溶液黑色悬浮物沉淀时间比纯溶剂要快，所以建议首先要对新溶剂进行预处理后再使用为宜。

3.2.2　降解及影响因素

一般来说采用 MDEA 在脱除酸性气体中 H_2S 的过程中是稳定的，但这只是一个相对的概念，仅指在净化过程中 MDEA 的降解速率是比较低或轻微的，但处在不同的条件下降解反应速度也将是不同的。由于 MDEA 与 CO_2 反应不会生成氨基甲酸酯而不降解，所以说它相对比较稳定。同时也由于 N-甲基二乙醇胺在氮上没有活性氢，又不会与 CO_2 生成恶唑烷酮的降解产物，对有机硫化合物不敏感，也不会与 COS、CS_2 作用，所以说 MDEA 的降解率是比较小的或低于其他醇胺。但 MDEA 与有机酸会发生降解反应，也可与无机酸如 HCN 起不可逆反应。

有机胺的降解是一个比较复杂的问题，不仅有化学降解也有热降解，如反应生成热稳定性盐，就不能再生而析出醇胺，同样会使 MDEA 降解。影响有机胺的降解的主要因素有：

（1）杂质

1）降低溶液中的 Fe^{2+} 含量：考虑到由于腐蚀造成溶液中悬浮的亚铁盐颗粒对溶液质量的破坏，有必要加强亚铁盐含量的控制。在工艺装置中，通常采用了过滤的方法来达到消除悬浮物的目的。由于腐蚀是造成亚铁盐的主要因素，因此有必要加强腐蚀段管线、容器内壁的防腐和除垢。

2）通常情况下，补充水是溶液系统中氧的主要来源之一，控制好补充水的质量，可以对溶液质量的保护起到明显的作用。建议补充软水。补充软水是现场补充系统水分的主要方式。因此，在软水质量上的控制有必要很严格，尤其是水中的 Cl^- 和溶解氧。一般补充水质量控制指标见表6。

表6　补充水质控制指标

总硬度	悬浮物	Cl	溶解氧	总碱度	pH 值
mg/L	mg/L	mg/L	mg/L	mg/L	8~8.5
<0.5	<0.5	<5	<0.4	<8	8~8.5

虽然过滤可以去除固体和液体杂质，但溶液中仍会含有气体杂质。氧气、氨、氢氟酸和 SO_2 都会混入进料气或空气中进入系统。

（2）氧

MDEA 是叔胺，其氮原子为三耦合稳定性好，在水溶液中呈碱性，pH 值一般在 10~12 范围内降解产物较少，但在工业装置系统中，因氧的存在会引起 MDEA 发生降解。所以装置系统如贫溶液缓冲罐、储罐可采用氮气或油类隔离空气。MDEA 溶液必须要用除氧水进行配制。装置系统胺溶液如逐渐变黑色或褐色并发出较强烈的氨味，则说明胺溶液已被氧化。MDEA 氧化降解主要是在胺的乙醇基团与氧之间的反应，一个乙醇基团就足够生成羟酸，当在胺分子中只有一个乙醇基团时更容易发生反应，单乙醇胺与二乙醇胺相比之下更易被氧化降解，二异丙醇胺较难氧化，一般氧化降解产物主要是有机酸类如甲酸、乙酸、乙醛酸。但上述有机酸类在溶液中含量较低一般仅为 1%~2%，虽然溶液降解生成的甲酸、乙酸、乙二酸等含量虽不高，但这些酸均比 H_2S、CO_2 要强，因其存在加速了 MDEA 的降解，并与 MDEA 作用生成热稳定性盐。这些盐在通常的条件下难以分解，这势必造成溶液有效胺的损失，而且增加了溶液的黏度，降低了溶液的吸收能力，这些有机酸还能引发装置系统溶液发泡。对 MDEA 降解的影响程度为乙二酸>甲酸>乙酸，一般有机酸与 MDEA 反应生成热稳定性盐成为溶液中的固体物。

（3）化学降解

化学降解主要指原料气中的 CO_2、有机硫化物（如 CO、CS_2）与醇胺反应而生成难以再生的碱性化合物。以 MEA 为例介绍，主要降解产物是由 MEA 与 CO_2 反应生成的碳酸盐转化而来的乙二胺衍生物的碱性比 MEA 强，大部分不能再生而导致醇胺降解。DEA 和 CO_2 反应生成的降解产物更为复杂，主要产物为羟乙基恶唑啉酮（HEOZD）、三羟乙基乙二胺（THEED）和二羟乙基

哌嗪（DEP）。工业实践证明，这些降解产物的生成量和原料气中 CO_2 含量有关。

（4）热降解

热降解对炼厂气脱硫溶液的影响较小。醇胺中二乙醇胺（DEA）的热稳定性较差，但在炼油厂中应用不多。乙醇胺（MEA）和甲基二乙醇胺（MDEA）的热稳定性良好，只要重沸器温度控制恰当，一般不会发生热降解。炼油厂中大量使用 MDEA 溶液脱硫，再生温度从原来 MEA 溶液的 127℃ 降至 120℃ 左右，进一步缓解了醇胺的热降解。

综上所述，可见 MDEA 的降解也是一个很复杂的问题，在工业装置实际运行中 MDEA 的降解状况也受到所处理的气体组成以及操作条件等诸多因素的影响，而这些因素的作用也不是孤立的。

3.2.3　热稳定性盐

所有采用胺从过程液体或气体中脱除酸性气的工艺都取决于酸性气和铵液形成铵盐的可逆吸收和解吸<汽提>过程。H_2S 和 CO_2 的这种过程非常明显。但是其他酸性气却只能被吸收而不能解吸出来。由于这些铵盐一旦形成，就不能从系统中解吸出来，故称做"热稳定性盐"，所有胺液都会形成这种盐。由于降解造成的溶液质量恶化是难以恢复的，而且对溶液的损失也是巨大的。道氏化学公司推荐各种 HSAS 在 MDEA 溶液中含量的上限见表7。

表7　HSAS 在 MDEA 溶液中的允许含量

MDEA 溶液中 HSAS 含量上限/(μg/g)（文献参考值）			
草酸盐	乙酸盐	硫酸盐	硫代硫酸盐
250	1000	500	10000
甲酸盐	硫氰酸盐	氯化物	HSAS 总量
500	10000	500	0.5%（溶液）

齐鲁石化公司炼油厂曾分别委托北京世博恒业公司和杭州金枫叶科技有限公司，对脱硫装置的溶液含量进行了分析，结果见表8。

表8　齐鲁炼油厂脱硫溶液 HSAS 含量

序号	装置名称	热稳定性盐含量/%	
1	联合装置气体脱硫	* 4.397	# 5.56
2	第二催化裂化脱硫	* 3.332	# 3.41
3	重油加氢脱硫	* 3.426	# 2.39

续表

序号	装置名称	热稳定性盐含量/%	
4	石脑油加氢脱硫	*2.547	#1.21
5	加氢精制脱硫	*3.015	#0.54
6	1400kt/a 加氢裂化脱硫	*2.362	#0.50
7	80kt/a 硫黄尾气脱硫	*4.895	#5.73

备注分析单位：*北京世博恒公司（2004.10.27）；#杭州金枫叶科技有限公司（2004.09.11）。

溶液中含有热稳定性胺盐的不利因素如下：会减少能用于吸收酸性气的胺液量；其沉积物的浓度较高，易产生磨蚀；胺盐具有腐蚀性，而且硫化铁的腐蚀产物还会继续促进磨蚀。在装置运行中能发现大量冻胶状稠液，沉积物有大量沥青状淤泥。说明降解是溶液变质的重要因素。

4 建议措施

4.1 胺液复活

积累在胺液中的多数化学杂质不能通过过滤的方式脱除。这些杂质的含量必须保持在最大推荐许可值之内。采用复活胺的方法可以将腐蚀降低到可接受的程度。

脱硫装置设计常设有溶液复活设备，一般分为正压、减压两种形式。所谓正压是指复活釜气体直接返回溶液再生塔。

如果使用 MEA 或 DIPA，可用蒸汽复活釜净化小股侧流溶液，然后再将其返回汽提塔。其他通用胺和专用胺沸点太高，可以使用减压蒸馏装置或其他分离技术达到相似的效果。

4.2 胺液净化

用于从专用胺中脱除热稳定性盐的工业化技术有离子交换和减压蒸馏。常用技术有加拿大 ET 公司开发的从烷醇胺水溶液中除去阴离子杂质的系统，称为 AmiPur 胺净化技术。其核心是通过阳离子交换树脂去除 HSS 并把胺回收到装置中，该技术已经在镇海石化使用多年。

4.3 溶液管理

使用中的溶液放入储罐中保存，对于自然环境中存放的溶液，会有大量空气进入溶液体系，在生产运行中会缓慢地造成溶液的氧化变质。所以，必须进行氮气或燃料气保护，确保溶液和空气隔绝。

在配制 MDEA 溶液时，对使用的水质提出严格的要求。同时，有必要对溶液质量做一个全样，在对溶液质量的研究中发现，FeS 颗粒是稳定溶液泡沫的主要因素之一。通过对溶液中不溶性 FeS 颗粒的监测，可以判断出溶液中不溶性亚铁盐的含量。事实上，富含 FeS 的溶液在外观上是呈绿色，而且有黑色的悬浮颗粒，可以采用清洗过滤设备和更换过滤器填料。为了消除活性炭悬浮颗粒的影响，在补充、更换活性炭时，应先对活性炭用水反复清洗，同时，在填装中也消除颗粒重力积压粉化的因素。

5 结论

1）目前国内生产的单乙醇胺（MEA）、二乙醇胺（DEA）、二乙丙醇胺（DIPA）、N-甲基二乙醇胺（MDEA）和以 MDEA 为主体的配方型脱硫剂的质量是可以满足现在实际气体净化需求的。

2）工业实践证明，保证醇胺法脱硫装置正常运转，首先要做到保持溶液清洁，防止设备腐蚀和降低消耗指标。只有保持溶液清洁才能有效地防止溶液发泡和装置腐蚀，从而达到合理控制操作条件。

3）部分单位脱硫装置吸收塔、溶液再生塔存在操作不平稳的工况，其主要原因是因工艺设计缺陷所致，并非溶液存在产品质量问题。要依据实际情况确保工程投资，才能保证脱硫装置正常运行。

4）在全厂统一集中使用一个品种的脱硫剂很不恰当，还会造成溶液的交叉污染，装置能耗增加，所以要慎重考虑。

炼厂气脱硫组合工艺浅析

张庆安

（中国石化齐鲁分公司胜利炼油厂生产技术处）

1　概述

随着高含硫原油加工负荷的提高和重油加工深度的增加，炼厂气脱硫装置的负荷和苛刻度相应增大。如何提高脱硫能力，适应原油市场的变化，成为人们关注的主题。保护环境，降低生产成本，提高工厂的生存能力，这是人们工作的目标。怎样运用现有设备来降低生产成本，就需要采取符合实际、适宜灵活的加工方案。本文提出对目前炼厂气灵活脱硫的工艺组合方案，以供参考。

2　炼厂气脱硫方案的灵活组合工艺

据炼厂气组成、性质、用途的差异，进行灵活的工艺组合，达到降低炼油厂的加工成本，带来的经济效益将是非常可观的。应根据不同炼厂气采取灵活、适宜的处理方案。

2.1　炼厂气脱硫结构

一类是将脱硫装置分散在各主要生产装置，或将脱硫吸收部分分散在各配套装置，将溶液集中使用1个溶液再生塔进行再生。例如：加氢裂化装置将释放气、循环氢、轻烃分别进行脱硫，溶液再生使用一个再生塔，隶属同一车间管理。另一类是脱硫吸收部分分散在各配套装置，富溶液集中到硫黄车间集中再生，分散管理。

2.2　分散脱硫的灵活性

2.2.1　不同浓度的溶液

不同的脱硫装置可以使用不同的溶液浓度。例如：加氢裂化、加氢精制释放气比较清洁，所以脱硫可以使用高浓度溶液（40%～50%），这样可以降低装置胺溶液循环量，达到节能的目的。再如：延迟焦化装置的干气脱硫，因焦化干气携带少量焦粉，会造成胺溶液污染，过高浓度胺液会造成较大的经济损失，不利于降低装置生产成本。

2.2.2　采用专用溶剂

可以依据净化气体的性质、用途。采用专用溶剂。例如：提高气体浓度的可以使用单乙醇胺脱硫溶剂。选择性脱除硫化氢、二氧化碳可以使用甲基二乙醇胺。脱除液化气中的有机硫，可以选择专用胺溶剂。并可降低固体脱硫剂的使用量，由此可降低生产成本。

2.3　适宜的处理方案

2.3.1　液化气脱硫富溶液串级使用

用催化裂化液化气吸收塔富溶液作为催化裂化干气吸收塔的贫吸收液使用，可降低酸性气中的烃含量，或停用富溶液闪蒸罐，省略富溶液输送泵，达到降低生产成本的目标。

2.3.2　制硫尾气净化富溶液串级使用

用制硫尾气 SCOT 净化富溶液作为催化裂化干气吸收塔的贫吸收液串级使用，两种原料气体都携带着一定量的二氧化碳，所以不会导致溶液的相互污染，也不会影响到溶液的再生质量。但是该串联方式，仅限于上述两塔的串级使用。

2.3.3　灵活处理多种气体

催化裂化、延迟焦化、石脑油、加氢裂化、加氢精制瓦斯、释放制硫尾气一般均经过脱硫；而常、减压顶瓦斯及火炬回收气等未经处理作为加热炉的燃料，经加热炉燃烧并排放大气，是不符合目前相关的环保要求的。建议通过采用螺杆压缩机升压后就近送到脱硫装置，经脱硫后进燃料管网。所以作为脱硫装置设计时，应考虑炼油厂加工不同含硫原油时带来的变化，同时包括所增加的释放的含硫气体。否则，炼油厂将无法面对原油市场的变化和更加苛刻的环保要求。

3 组合工艺分析

3.1 组合形式

1）加氢裂化装置将释放气、循环氢、轻烃分别进行脱硫，溶液再生使用一个再生塔。

2）催化裂化装置干气脱硫与催化裂化装置的液化气脱硫可用组合工艺。

3）硫黄尾气处理 SCOT 单元富溶液可以与催化裂化装置干气脱硫组合工艺

3.2 组合工艺的技术分析

3.2.1 液化气与干气脱硫溶液串联使用

将催化裂化装置的液化气脱硫后的富溶液，用作催化裂化装置干气脱硫吸收塔的贫吸收液使用。见图1。

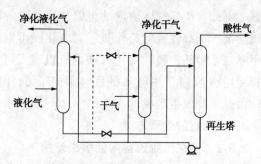

图 1 液化气串级脱硫工艺流程
（虚线部分为优化工艺流程）

（1）组合工艺

催化裂化液化气中的硫化氢含量比较低，一般均在 0.1% ~ 0.40% 范围，特殊情况略高，富溶液硫化氢含量为 2~4g/L。所以溶液负荷较低，完全可以作为干气脱硫吸收塔的贫吸收液使用。

（2）控制方案

1）催化裂化装置液化气脱硫后的富溶液，即塔底液位控制阀后，直接进入催化裂化装置干气脱硫吸收塔贫溶液进料口位置，原贫溶液进入催化裂化装置干气脱硫吸收塔的流量，作为辅助补充使用（四川某炼油厂使用）。

2）催化裂化装置液化气脱硫后的富溶液（即塔底液位控制阀后）直接进入贫溶液泵进料口位置，与再生塔贫溶液一起进入催化裂化装置干气脱硫吸收塔，作为贫溶液使用（齐鲁某厂已采用）。建议使用第一种控制方案。

（3）使用效果

可降低酸性气中的烃含量，或停用液化气富溶液闪蒸罐及省略富溶液输送泵，并降低了装置系统贫溶液循环量，节约再生蒸汽达到降低生产成本的目的。

采用该方案的经济效益的分析：设液化气脱硫塔的贫胺溶液循环量为 10t/h，既可减少催化裂化干气脱硫塔的胺溶液循环量为 10t/h，降低溶液再生蒸汽 0.8kg（设再生 1t 富溶液，需要使用 80kg 蒸汽）。年度可降低生产成本费用：

0.8×8000h×130 元/t = 83.2 万元/a。

3.2.2 硫黄尾气处理单元富溶液与干气脱硫溶液串联使用

将硫黄尾气处理 SCOT 单元富溶液，作为催化裂化装置干气吸收塔的贫吸收液串级使用。目前，国内已经有企业在使用。工艺流程见图2。

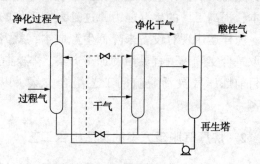

图 2 期考特串级脱硫工艺流程
（虚线部分为优化工艺流程）

将硫黄尾气处理 SCOT 单元富溶液，作为催化裂化装置干气吸收塔的贫吸收液串级使用，循环量较大，完全可以满足作为催化裂化装置干气吸收塔的贫吸收液的需求量。

硫黄尾气处理 SCOT 单元，富溶液中硫化氢含量为 2~4g/L。所以溶液负荷较低，也可以满足催化裂化干气脱硫处理作为燃料气的要求。

采用该方案的经济效益的分析：设硫黄尾气处理 SCOT 单元富溶液循环量为 50~80t/h，既可减少催化裂化干气脱硫塔的胺溶液循环量为 25t/h 或最大胺溶液循环量的需求，降低溶液再生蒸汽 2t/h（再生 1t 富溶液使用 0.8kg 蒸汽）。

年度可降低生产成本费用：

2×8000h×130 元/t = 208 万元/a。

4 组合工艺的经济分析

组合脱硫工艺的胺溶液再生蒸汽，一般均使用与其配套装置的低温热源（蒸汽发生器产生的 0.05MPa 蒸汽），北方厂冬季的低温热源不足，可补少量的 0.1MPa 蒸汽来提高压力和温度。

（1）装置运行费用分析

以某炼油厂为例：全厂胺溶液循环量 710t/h，溶液集中再生需要再生蒸汽约计 56.8t/h（0.1MPa 蒸汽）。即：56.8t/h×130 元/t×8000h = 5907.2（万元/a）。

（2）组合脱硫工艺装置

设补 0.1MPa 蒸汽，则需费用：10t/h×130 元/t×8000h = 1040（万元/a）；

综上所述：组合脱硫工艺比全厂溶液集中再生运行费用低，即使一次性投资略高一点，但在较短的时间内，就可以从运行费用中得到回收。

5 结论

依据炼油厂规模进行环保设计，使用灵活的运行方案，将炼厂气达到全部或部分脱硫净化，从而降低装置的生产成本，创造出一个美好的环境条件。

硫黄回收恶臭气体污染治理探讨

刘德君　王德海

（中国石油大庆石化公司炼油厂）

摘　要　本文列出硫黄回收联合装置发生过的大小污染事例，对常见的恶臭气体来源、恶臭气体的种类进行分析并对不同的治理方法进行探讨。

关键词　硫黄　回收　恶臭　治理

1　前言

在炼油厂和石油化工厂的厂区及周围下风向，经常会有一些难闻的气味，严重影响到人们的正常生活。这些难闻的恶臭气体，对人们的身体健康构成威胁。大庆石化公司炼油厂始建于 20 世纪 60 年代，不仅缺少环保设施，而且生活区在厂区的长年下风向，与生活区为零距离。因此必须把避免恶臭气体污染、减少恶臭气体排放、治理废气作为当前首要的攻关课题。

2　恶臭气体来源

大庆石化公司炼油厂是原油加工能力为 $650 \times 10^4 t/a$ 的集炼油、润滑油、化工为一体的综合型炼油厂。在炼油生产、储运、输送等环节，都可能是产生恶臭气体散发的因素。我厂造成大气污染的有害物质主要有：硫化氢、二氧化硫、硫醇类、硫化铵、硫氢化铵、挥发酚、氨、二硫化碳、二甲基二硫、苯、油气类等。这些有害气体最大的来源就是硫黄回收联合装置，即酸性水汽提、硫回收、醇胺液再生联合装置。

2.1　酸性水汽提

大庆石化公司炼油厂的硫黄回收联合装置有 $72 \times 10^4 t/a$ 和 $64 \times 10^4 t/a$ 酸性水汽提各 1 套。酸性水又称含硫、含氨污水，酸性水汽提装置的原料水罐排气、氨精制排气、含硫污油装车散发气体、检修时清扫原料水罐散发气体、管线阀门泄漏等，都可能散发出含有硫化氢、硫醇、硫化铵、硫氢化铵、氨等恶臭气体。

2.2　硫回收

大庆石化公司炼油厂硫黄回收联合装置中有 $1200t/a$ 和 $1800t/a$ 制硫各 1 套；硫黄尾气排放、硫黄成型机（池）散发气体、液态硫储罐排气、硫黄停工前的反应器二氧化硫热洗等，都会散发一些硫化氢、二氧化硫、羰基硫等恶臭气体。

2.3　醇胺再生

大庆石化公司炼油厂硫黄回收联合装置中还有 1 套 $32 \times 10^4 t/a$ 的 N-甲基二乙醇胺再生，该装置的醇胺液罐也有含硫化氢的气体散发，对大气有一定污染。

3　恶臭气体的危害

炼油厂、石油化工厂，在正常生产中，散发出的各类气体，虽然浓度不高，但这些大都是对人体有害的气体。达到一定浓度时，将会使人致伤、致残、甚至于致命。

3.1　污染事例

1995 年 6 月，某炼油厂按上级的要求，回收火炬气灭掉火炬。当时硫黄回收装置因酸性气量小、浓度低未开工，酸性气放火炬焚烧掉。当将火炬调小后，发生酸性气燃烧的不好，造成了下风向的某学校受到较重的污染，学校的师生苦不堪言。

2000 年 5 月，某厂酸性水汽提装置停工检修，因下水井堵，在清扫酸性水罐时，清除的罐底泥和少量的酸性污水从明沟排进一个水塘中。恰好某厂有少量的含盐酸废水（pH 值仅为 2 左右）也排入该水塘，2 个排水口距离很近，2 种污水自然混合后，立即发生反应，生成氯化钠和硫化氢。硫化氢从水中散发出来，造成水塘周围的居民、学校受到臭气的侵害。

2000 年 9 月 13 日，某厂酸性水汽提装置的氨气分液罐出口管线发生结晶堵塞。处理时将法兰卸开，用水冲洗。带有硫化铵、硫氢化铵等有害物的废液流到地面的洼处，现场没有及时处理，挥发出臭味气体，对下风向造成一定污染。

2000 年 11 月的一天，某厂新投用的硫黄回收装置原料水罐下，发现了 7 只死喜鹊。原来是喜鹊晚上在原料水罐上休息，原料水罐的排气将喜鹊熏死。经现场监测，该罐每 2~10min 排气 1 次，1 次排 0.5~1min，排气中的硫化氢浓度为 1300mg/m³、氨浓度为 1000mg/m³、总烃浓度为 27000mg/m³。该排气口排气时，对下风向有较严重的污染。

2001 年 7 月，某厂硫黄装置检修，酸性气需暂时排火炬焚烧处理。因为火炬的自动点火坏了，担心扫线时会造成火炬灭火，所以将火炬前的阻火器拆开进行扫线。扫线时将管线中残存的酸性气直接排到了大气，对下风向的居民区造成污染。

2004 年 9 月，某厂酸性水罐罐底泄漏、罐壁多处腐蚀，酸性水漏出散发异味，造成下风向大面积的大气污染，下风向居民多次举报。

2005 年 5 月，某厂酸性水汽提装置检修，将氨精制的脱硫吸附器人孔打开后卸出过饱和的吸附剂，废吸附剂散发臭味，造成下风向大气污染。

以上几个污染事例，虽然未造成任何严重的后果，但是炼油化工过程、污水处理过程中散发的各类臭气，足可以让炼油厂附近居民谈之色变，闻之畏惧。

3.2 毒气对人的危害

炼油厂各生产、辅助装置，特别是硫黄回收联合装置，在生产中和停工检修时，都会分别排出不同的各类有害气体。在生产中，如有毒物质泄漏会造成大气的污染。停工时，容器中残存的废液、废气散发出有害气体，会造成大气污染。这些气体，都不同程度的对人体进行着伤害（见表 1）。

表 1　硫黄回收联合装置排气中有害物对人体的毒性作用

名称	气味	毒 性 作 用
硫化氢	有特殊臭鸡蛋气味	轻度中毒：浓度 16~32mg/m³，短时间接触首先出现畏壳、流泪、眼刺痛、导物感、流涕、呛咳、胸痛、恶心、鼻及咽喉灼热感等
		中度中毒：短时内接触浓度 200~300mg/m³。出现中枢神经系统中毒症。头痛、头晕、乏力、恶心、呕吐、共济失调。全身皮肤湿冷、意识丧失、呼吸浅快、脉搏快而弱、心音低钝、不及时离现场抢救会中毒死亡
		重度中毒：接触浓度 700mg/m³ 以上时，头晕、心悸、呼吸困难、行动迟钝、如怄续接触。则出成烦躁、意识模糊、呕吐、腹泻、腹痛和抽搐。迅即进入昏迷状态，最后可因呼吸麻痹而死亡。
氨	有强烈的刺激臭味	人吸入 20µg/g 鼻中隔溃疡，结膜炎，气管或支气管结构或功能发生变化
笨	有强烈的芳香气味	男人吸入 600mg/m³/4Y-1，人类吸入 10µg/g/10Y-1 为治癌物，白血病。人经口 130mg/kg 嗜眠。运动活力变化、恶心呕吐。人吸入 210µg/g，幻觉，恶心呕吐。人吸入 100µg/g 嗜眠。恶心呕吐
甲苯	有苯味	人眼 300µg/g 料激作用，人吸入 200µg/g 对中枢神经和骨髓有影响
乙基苯	具有芳香气味	人吸入 100µg/g 睡眠障碍，对感觉器官、呼吸系统有影响
苯酚	特殊臭味和燃烧味	毒性：人经口 140mg/kg
间苯二酚	有甜味	人经口 29mg/kg 反应性皮类，条件性维生素缺乏症
二氧化硫	有窒息性恶臭	人吸入 100µg/g/月呼吸抑制，人吸入 30.6µg/g/d 对呼吸系统有影响

炼油厂散发出的有害气体、特别是恶臭气体，在浓度很低时就可觉察到。为确保人们在生活、工作时不受侵害，各国相应都制定了有害气体浓度标准。工作场所、居民区都对应有一定的浓度要求（见表 2）。

表 2　炼油厂硫黄回收主要大气污染物臭阈值及控制标准

名称	分子式	臭阈值/(μg/g)	居民区标准/(mg/m³)	车间标准/(mg/m³)
二硫化碳	CS$_2$	0.017~0.88	≤0.04	≤10
甲硫醇	CH$_3$SH	1.1μg/g	≤10μg/g(美)	
乙硫醇	C$_2$H$_4$S	0.00009μg/g	≤10μg/g(美)	
丙硫醇	C$_3$H$_6$S	0.075~0.75μg/kg		≤10μg/g(美)
丁硫醇	C$_4$H$_8$S	0.0008		
甲硫醚	CH$_3$SCH$_3$	1.0μg/kg		
乙醇胺	C$_2$H$_2$ON	3~4	≤3μg/g(美)	
苯	C$_6$H$_6$	0.16、0.86	≤2.4	≤40
甲苯	C$_7$H$_8$	0.96、2.6		≤100
乙基苯	C$_8$H$_{20}$	0.092		≤435(美)
邻二甲苯	C$_8$H$_{20}$	0.23		≤870(日)
间二甲苯	C$_8$H$_{20}$	0.44	≤0.3	≤100
对二甲苯	C$_8$H$_{20}$	0.44		≤440(日)
苯酚	C$_6$H$_6$O	0.073	≤0.02	≤5
邻甲酚	C$_7$H$_8$O	6.10×10^6		≤22(美)
间甲酚	C$_7$H$_8$O	1.6×10^4		≤22(美)
对甲酚	C$_7$H$_8$O	0.001		≤22(美)
氨	NH$_3$		≤0.2	≤30
硫化氢	H$_2$S		≤0.01	≤10
二氧化硫	SO$_2$		≤0.5	≤15

4　恶臭污染防治

有害废气的净化有多种方法：吸收、吸附、凝聚、焚烧、化学反应等。吸收法适用于处理能溶于液体的气体。吸附法适用于含多种污染物尤其是含有机物的废气。凝聚法适用于与环境温度相比其沸点适当高，以适当的浓度存在于气相中的碳氢化合物和有机成分。焚烧法适用于易燃物的处理。高空排放是将有害气体高空排放，靠大气稀释和与大气中的氧气缓慢进行化学反应。河南某厂是将酸性水罐排气，进到硫黄尾气的烟囱中高空排放没有根治，而是将污染转移。

4.1　吸附净化含硫气体

吸附脱硫剂净化，有一定的效果。即将脱硫吸附剂装入吸附罐中，酸性水原料水罐中外排气体经脱硫剂吸附后外排。气体中的 H$_2$S 浓度大幅度下降，经监测排气中的 H$_2$S 大多低于 5μg/g，可避免 H$_2$S 对大气的污染。但是对氨气、烃类没有净化作用，而且这种方法应用不好会发生安全

问题。2004 年 5 月某厂发生过吸附器内硫化亚铁燃烧；另一厂在 2004 年 10 月发生吸附净化器进空气，硫化亚铁自燃后引起原料水罐的罐顶爆裂。

4.2　吸收净化法

吸收法因采用吸收剂不同，吸收效果有一定差别。最简单的是水吸收，可吸收一定量的硫化氢、可吸收较多的氨和铵类。还有碱液吸收对硫化氢吸收较好，对氨、烃类等没有多少作用。

碱液吸收对二氧化硫、三氧化硫有较好的作用，但是产物亚硫酸钠、硫酸钠腐蚀性强，不好处理。某厂采用过该法，废碱液将管线、泵、阀、罐等腐蚀，使其无法运行。

专用吸收剂吸收效果较好，渤船重工、沈阳变压气等公司采用的吸收剂有广泛收作用，对硫化物、氨、烃类等都可去除。

4.3　化学法净化

采用液态 ZCJ-961 除臭剂吸收净化硫黄回收联合装置废气，在去除硫化氢的同时又可除氨

（见图1）。大庆石化炼油厂采用这种方法净化，效果较好。排气硫化氢合格，因为净化罐容积小，氨去除的不够好，排气有时超标。该除臭剂，对烃类无净化效果。

浙江某公司硫黄回收采用的方法与大庆石化炼油厂的相近，设施也好，多段吸收，只是采用的除臭剂不同。该公司排气硫化氢合格，氨、烃类等都不合格。

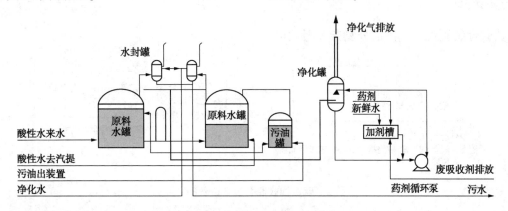

图1　酸性水汽提装置原料水罐排气净化

4.4　化学法除臭清洗

酸性水汽提装置检修时，对一些塔、罐、线、换热器等采用 ZCJ-961 除臭剂处理。将容器中、管线中的硫化氢、硫化铵、硫氢化铵、氨等恶臭物质反应生成稳定的物质，解决在检修中臭味污染发生。自 2000 年开始大庆石化炼油厂一直采用此法除臭，收到很好的效果。经 ZCJ-961 处理后，容器中硫化氢浓度特别低（见表3），不仅避免了污染发生，又缩短了装置停工、检修的时间。

逸出硫化氢气体，造成局部范围的空气污染。几年前我厂某装置的酸性水井井口处就曾因为无油封，井口硫化氢臭味很大，在井口附近硫化氢自然氧化为单质硫，使井口一片黄色。而其他车间的酸性水下水井，水面有一些污油，由此形成了油封，阻止了硫化氢挥发。运行多年实践证明，污油隔绝法效果很好。前几年大庆石化炼油厂的焦化、蜡催、加氢罐区排酸性水都是从下水井排走的，由于有污油封闭，从未发生过硫化氢大量逸出事故。

4.6　生物法

山东威海某公司，采用大连某大学技术"生物净化法"处理含有丙烯腈、丙烯酸乙酯、丙烯酸丁酯废气。净化效果较好，达标排放。黑龙江哈尔滨某制药厂污水处理场，采用哈尔滨某大学技术"碱吸收"加"生物降解"处理含硫化氢、烃类废气，净化后达标排放。北京某大学，最近也研究成功了"废气生物吸附、降解净化技术"，处理效果好、运行成本低。

"生物净化法"：对有害气体浓度和流量较稳定的场合适用，投资少、效果好，前景看好。而对硫黄回收联合装置讲，运行难，硫化氢、氨、烃类浓度、流量变化幅度太大。

表3　采用 ZCJ-961 净化后容器内 H₂S 浓度

采样时间	采样地点	H_2S/(mg/m³)	备注
2002-06-1178：00	酸性水罐	0.115	在罐内空间共采样两点
	酸性水罐	0.121	
2002-06-1278：00	酸性水罐	0.009	
	酸性气分液罐	0.003	
	结晶器	0.003	
	吸附器	0.033	
2002-06-12T14：00	酸性水罐	0.006	
	酸性气分液罐	0.017	带风线
	酸性气分液罐	0.014	停风后
2002-06-14T8：00	结晶器	0.014	
	吸附器	0.685	

4.5　隔绝法

有些厂的酸性水单设有下水管网，如果下水井中污油特别少，不能将水面封闭，就会从水面

4.7　焚烧法

北京某大学试验采用无外热源催化燃烧法焚烧有机气体，将有机废气收集，进到一装有燃烧催化剂反应器中，使有机气体燃烧后达标排放。

某公司炼油厂将污水处理场隔油池、浮选池散发的废气收集后进焚烧炉焚烧处理，收到较好的效果。

采用多种净化手段(见图2)。

5 方案选择

对硫黄联合装置说，气体成分复杂，因此应

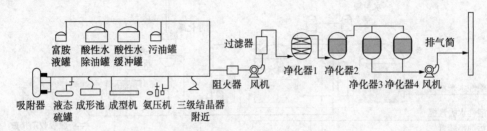

图2　硫黄回收联合装置废气净化

采用综合法净化硫黄回收联合装置废气，可将废气中各种有害物尽可能的全部去除。一级净化去除硫化物为主，二级净化去氨(铵类)为主，三级净化除烃类为主，废气经三级净化，达标徘

放。另外再配备有移动式废气净化机，即在某处发生泄漏时，用移动式净化机现场处理。这样就可避免在任何地点发生泄漏时，异味污染发生。

炼油厂酸性水治理问题的探讨

夏秀芳

（中国石化金陵分公司）

摘　要　通过对我国炼油厂酸性水治理技术的初步调研，阐述了目前酸性水治理的基本状况，并对各类汽提工艺及存在问题提出一些看法和建议。

关键词　炼油厂酸性水　治理　汽提

1　酸性水治理概况

酸性水主要来源于石油炼制一次加工装置及大部分二次加工装置油水分离罐的排水和富气洗涤水。由于这部分废水含有较高的硫化物、氨，同时含有酚、氰化物和石油类等污染物，是一种高污染负荷的炼油废水。例如加氢裂化装置的酸性水含硫含氨量分别高达数万 mg/L。酸性水中各污染物浓度随着原油中硫、氮含量的增加和加工深度的提高而增加。部分炼油装置产生的酸性水（含硫污水）水质水量见表1。此类酸性水不能直接排入污水处理场进行生化曝气处理，须进行预处理，并回收有用资源。

表1　部分炼油装置含硫污水水质水量（典型数据）

装置		水量/(t/h)	水质/(mg/L)				
名称	规模/(t/a)		硫	氯	碘	酚	氨
常减压（常压）	3300	6	35	104	306	23	15
（减压）		10	103	321	1357	130	32
催化裂化	1000	8~14	2700	2100	54	460	50
延迟焦化	1400	7~13	5100	3300	~3000	531	21
重油催化	1000	16~19	4400	2550	52	320	69
加氢裂化	800	6~7	34500	17500	63	92	45
临氢降凝	200	4~6	5550	2350	33	100	25
重整加氢	150	3~5	13500	8500	26	45	45
柴油加氢	400	7~9	13200	300	64	110	35
汽油加氢	300	6	11200	5400	56	125	30

酸性水预处理方法大致可分为两大类：氧化法和汽提法。在工业上普遍采用蒸汽汽提法；我国 1976 年起，由抚顺石油研究院、洛阳石化工程公司、浙江大学及长岭、镇海、金陵石化炼油厂等单位就酸性水单塔加压侧线抽出汽提和双塔加压汽提技术开展研究，1981 年取得成功并在国内炼油厂广泛应用。经蒸汽汽提处理所得的净化水可供工艺装置回用或进行生化曝气处理；分离出的副产物——硫化氢气体可送 Claus 装置回收

硫黄，氨可通过深度脱硫后生产液氨和氨水。1997 年，国内研究开发的"炼厂酸性水注碱汽提新工艺"解决了汽提后净化水中残存氨氮脱除的技术难题，使污水中氨氮含量可直接由每升数千毫克以上降至 30mg/L 左右，从根本上减少了污染物排放总量。

20 多年来，酸性水汽提工艺在不断地改进、完善。至今，炼油行业已有 50 多套酸性水汽提装置。

2　汽提方法

2.1　回收硫化氢而不回收氨的汽提工艺

（1）单塔低压汽提

该工艺流程简单、操作方便、投资和占地面积少、净化水质较好，在国外广泛采用，国内以前采用较少。其原因有三：

1）不能回收有用资源氨。

2）大部分含氨酸性气仅靠热焚烧后排放不能满足排放标准，限制了使用范围。

3）塔顶的含氨酸性气必须排至硫黄回收装置的烧氨火嘴，将氨焚烧成氮气。烧氨火嘴需要引进，影响了该工艺的应用。

2002 年，济南分公司在 20kt 硫黄回收装置反应炉中采用了加拿大 AECOMETRIC 公司的专用烧氨火嘴，将含硫污水汽提装置 NH_3 含量高达 40% 以上的酸性气直接引入制硫反应炉，以达到单塔加压汽提装置停开 5kg/t 原料水降到 140kg/t 原料水。

海南炼化将于近期建成投产 2 套 40kt/a 的硫黄回收装置，且采用单塔常压（即单塔低压）无侧线抽氨酸性水汽提加硫黄反应炉直接烧氨的工艺技术[1]。镇海炼化正在建设的一套 100kt/a 硫黄回收装置，采用荷兰 DUIK-ER 公司的专用烧氨火嘴和单塔低压酸性水汽提工艺。此外，已投产及即将投产的还有上海石化、沧州炼油厂、大连西太平洋石化公司等企业。

（2）双塔高低压汽提

和单塔低压汽提一样，受烧氨火嘴的限制。国内曾在 1979 年由西德鲁奇公司引进 2 套装置（上海石化、扬子石化）。而后，未新建采用此类流程的装置。

该流程操作可靠，净化水质好（引进硫黄装置净化水指标为：$NH_3 < 50mg/L$，$H_2S < 17mg/L$），但流程和设备较复杂，蒸汽单耗高，引进硫黄装置蒸汽单耗为 237~381kg/t 原料水。

2.2　分别回收硫化氢和氨的汽提工艺

该工艺主要有单塔加压和双塔加压汽提两种方法。

双塔汽提采用硫化氢汽提塔分离污水中的酸性成分，而氨汽提塔分离氨并得到净化水。

单塔汽提流程实质上是把双塔汽提流程中的氨汽提塔和硫化氢汽提塔重叠在一起，其含硫含氨污水汽提原理是一样的。

概括起来，单塔汽提热损失较双塔小，能耗较低，单塔蒸汽单耗一般为 150~230kg/t 原料水，双塔蒸汽单耗为 180~280kg/t 原料水（与原料水浓度有关），单塔工艺流程和设备较简单，投资较低，但操作弹性、灵活性不及双塔。双塔特别适宜处理高浓度污水。单塔、双塔汽提的共同特点是：对污水的浓度变化适应性强，产品质量稳定，易于调整操作。目前石化企业普遍采用单塔加压侧线抽氨三级冷凝工艺。茂名石化、金陵石化在 1999 年各建成一套处理能力为 100t/h 的双塔加压汽提装置，开工情况良好。

2.3　注碱汽提新工艺

酸性水中氨氮存在的形态和炼油厂加工装置有关。加氢裂化、加氢精制等装置产生的酸性水，其氨氮大部分以游离氨（NH_3）的形式存在，在汽提过程中比较容易脱除；而催化裂化、延迟焦化等装置产生的酸性水，除游离氨外，还有相当一部分氨氮是以铵盐态的固定铵形式存在，见表 2。

表 2　部分生产装置酸性水中氨氮的组成

装置名称	pH 值	总氨氮/ （mg/L）	铵盐态 氨氮/ （mg/L）	铵盐态氨氮 与总氨氮的 百分比/%
延迟焦化	9.0	2920	512	17.53
催化裂化	9.0	1070	157	14.67
加氢裂化	9.0	14700	67.9	0.46
临氢降凝	9.0	6370	16.8	0.26
柴油加氢	9.0	5560	12.2	0.22
进汽提装置	9.0	8313	173.1	2.08

在酸性水中发现有 SO_3^{2-}、$S_2O_3^{2-}$、CH_3COO^-、HSO_3^-、CN^- 等强酸或弱酸的阴离子存在，这就促使 NH_4^+ 被固定成铵盐，这部分氨氮在汽提过程中很难脱除，提高汽提蒸汽量和增加汽提塔塔板数可降低汽提塔塔底出水即净化水中氨的浓度，但氨的降低是有限的。即使耗费大量的蒸汽，也无法使净化水中氨浓度降到 30mg/L 以下。一般氨氮含量在 80~150mg/L，硫化氢含量在 20~50mg/L，使净化水中氨氮含量偏高。

在中国石化集团公司环保处的指导下，金陵石化公司炼油厂开发了"炼油厂酸性水注碱汽提新工艺"。该工艺具有流程简单、固定铵脱除率高、易操作、投资少、运行费用低等特点，对净化水回用及污水处理后氨氮达标排放创造了条件。已在金陵石化炼油厂、镇海炼化炼油厂、广州石化总厂等工业装置应用，运行情况良好。为配合该工艺，建立了固定铵的分析方法。镇海炼化炼油厂进一步将重 C_4 碱渣、碱渣尾气吸收碱液替代新鲜碱液注入汽提塔取得成功，减少了碱渣，解决了碱渣尾气吸收碱液的处理问题，节约了新鲜碱用量。

3 氨精制工艺

炼油厂主要采用浓氨水循环洗涤法和低温结晶—吸附法将来自汽提塔氨液分离罐的气氨含 H_2S 0.5%左右，且含少量有机硫、挥发酚等进行精制，使气氨中的 H_2S 脱除到 $10mg/m^3$ 以下，所获得的液氨纯度在 99.6%以上。

金陵石化公司炼油厂采用了浓氨水循环洗涤，结晶—吸附串联与氨水精馏法制取液氨的联合流程进行精脱硫，提高了液氨质量，使液氨中 H_2S 小于 $2mg/m^3$，总硫含量小于 $20mg/m^3$。用氨水精馏法制取液氨以取代氨压机工艺已在燕山石化炼油厂、齐鲁石化炼油厂等炼厂工业应用。

氨精制最初使用的吸附剂仅用 $\gamma-Al_2O_3$，其吸附效果不理想，20 世纪 90 年起工业上采用的吸附剂和脱硫剂，主要有西北化工研究院的 NT-03、NT-13；昆山化工研究院的 KT-310、KC-2；北京三聚化工技术有限公司的 JX 型脱硫剂；溧阳活性炭厂生产的 KL-16 型活性炭吸附剂，使用寿命在一年半以上。

4 含硫污水串级使用与净化水回用

4.1 含硫污水串级使用

镇海炼化将重油催化裂化装置和Ⅱ套催化裂化装置的分馏塔含硫污水用作富气洗涤水使用，并将Ⅰ套常减压装置常顶减顶污水（含 H_2S、NH_3 分别为 1000mg/L 左右）用作焦化装置富气洗涤水使用，减少了含硫污水总量，该项技术已在长岭炼化推广应用。

4.2 净化水回用

酸性水经过蒸汽汽提后得到的净化水中不含 Ca^{2+}、Mg^{2+}，且 NH_3、N、H_2S 含量很低，可供工艺装置回用。普遍回用于常碱压电脱盐系统及用作催化裂化富气洗涤水。各石化企业净化水回用率在 30%~80%不等。

目前，净化水的回用范围已拓宽到汽柴油加氢精制、临氢降凝、延迟焦化、催化重整等装置。净化水最大限度的重复利用，可大大减轻污水处理场的处理负荷，特别是氨氮的负荷。回用净化水，节省了工艺新鲜水和软化水，可以降低生产成本。

5 原料污水的预处理设施

长期生产实践表明原料污水在进入汽提塔前，需采用脱油、脱气、除焦粉等预处理设施，以保证汽提装置长周期安全平稳运行。

5.1 脱油

原料污水带油，会在汽提塔塔板和分液罐积累，破坏系统气液平衡，造成操作混乱。一般要求污水含油量小于 50mg/L。目前各厂采用的储存、除油设施基本上是利用油水相对密度不同，采用大罐重力沉降法。要求沉降时间较长，因而罐容量及占地面积都较大。

金陵石化炼油厂先后共建了 5 个 3000m³储罐，采用两罐串联流程，使原料污水实际停留时间不少于 36h。经沉降的污水再进入装置内的两个串联的 200m³储罐进行二次沉降，并集中对大、小罐中的油层进行回收，保证进塔污水中油含量小于 50mg/L，操作平稳。九江石化、镇海炼化等企业采用油水分离器及联合使用大罐沉降法，效果良好。

5.2 脱气

脱气可集中设置或在各加氢类装置设置脱气罐，以防止溶解在含硫污水中的油气经降压后释放出来，引发严重的安全与环境污染事故。

5.3 除焦粉

延迟焦化装置汽油回流罐切出的含硫污水携带焦粉，经常造成汽提塔塔盘、冷换设备堵塞，使装置被迫停工清扫。采用大罐沉降措施，定期清除罐底焦粉，送去安全掩埋，可延长装置开工周期。镇海炼化设置专罐储存焦化含硫污水，并与华东理工大学合作，采用重力沉降/二级旋流除油除焦粉技术。经工业试验，油和焦粉平均去除率分别为 74.2%和 70.7%。同时控制焦炭塔料位，应用消泡剂，降低泡沫焦(焦粉)的产生，减少焦粉的逸出[2]。

6 脱臭

原料污水储罐呼吸口排气严重污染环境，使装置内带有恶臭味，直接影响操作人员的身心健康。炼油厂普遍采用水封设施，抚顺石油二厂、上海石化含硫污水储罐采用微负压防止罐顶气排出，起到一定作用。原料污水罐区设置围堰，可防止事故状态下污水溢出。济南分公司、镇海炼化采用了脱臭处理，效果显著。

济南分公司对储罐罐顶气采用氨吸收，水洗措施。镇海炼化对原料污水储罐，碱液罐罐顶气采用高效吸附剂，通过二级旋流塔吸附，将硫化氢、硫醇、硫醚等恶臭物质除去，实现尾气达标排放[3]。

7 问题探讨

我国酸性水汽提技术在科研、设计、大专院校、生产单位的合作下，从无到有逐步趋于完善。多年来，在工艺流程、设备结构、脱硫剂的研制、分析控制等方面都有很大的进步。部分大中型装置采用国内开发的汽提工艺，技术上已达到国际先进水平，但总体水平还是不高。在工艺路线的选择、设备结构、净化水水质、原料污水的脱油脱焦粉、生产管理等方面还存在一系列问题和差距，有待进一步改进和提高。

1) 随着烧氨技术在硫黄回收工艺中的应用，处理酸性水采用单塔常压无侧线汽提的工艺正在被重视。于2000年首家引进烧氨技术的上海石化(采用德国 LURGI 公司的专用烧氨火嘴)，对30kt/a硫黄回收装置处理酸性水汽提含氨酸性气运行过程中出现的问题提出了相应对策并进行改进，为同类装置提供了借鉴[4]。沧州炼油厂2003年投产的60t/h酸性水单塔常压汽提装置，其塔顶含氨酸性气进10kt/a硫黄回收装置(采用加拿大 AECOMETRIC 公司专用烧氨火嘴)，运行情况良好。燃烧后的过程气中游离氨的浓度小于50μg/g，氮氧化物未作分析[5]。

对采用酸性水单塔常压汽提工艺的几点建议：

① 若所回收的氨销路不畅，可省去脱氨及氨精制设施，节省投资及占地面积。

② 采用专用烧氨火嘴的制硫反应炉的长周期平稳运行是实现该汽提工艺的必要条件。可进一步开展对硫黄回收装置处理含氨酸性气的调查工作，并对国内烧氨火嘴使用情况进行比较。

③ 进一步完善含氨酸性气、制硫过程气及排放尾气中氮氧化物的分析、监控，确保氨的完全分解，达标排放。

2) 通过对近20多套汽提装置的调查，其净化水中 NH_3 含量普遍偏高，一般在 80～150mg/m^3，有的高达 200mg/m^3 左右。而进一步脱除净化水中的固定铵，必须采用加碱汽提工艺。

3) 建有延迟焦化装置的企业，酸性水中焦粉含量比较多，且含乳化油。尽管有些企业采取了过滤及沉降措施，但从根本上解决问题还需进一步做工作。镇海炼化采用旋流除油除焦粉技术可推广应用。

4) 金陵石化所开发的氨水精馏法制取液氨新技术取代氨压机，解决了氨压机运行过程中频繁检修而造成的气氨泄漏等环境污染问题。镇海炼化、长岭炼化采用氨压机，运行状况良好。可进行比较、鉴定。

5) 对济南分公司、镇海炼化酸性水储罐除臭技术可推广应用。

参 考 文 献

[1] 王泉. 浅谈硫黄回收反应炉中的烧氨技术[J]. 气体脱硫与硫回收，2005，(1)：5.
[2] 程风珍、侯天明、汪华林. 焦化含硫污水旋流除油除焦粉技术研究[J]. 石油化工环境保护，2003，(2)：33-37.
[3] 张颂光. 污水汽提酸性水罐密闭除臭[J]. 石油化工环境保护，2005，(4)：32.
[4] 胡正明. 浅析硫黄回收装置处理含氨酸性气的技术[J]. 气体脱硫与硫回收，2003，(2)：6-11.
[5] 刘占松. 炼油厂工业污水中氨的回收与处理工艺[J]. 石油化工环境保护，2004.(4)：36-38.

关于炼厂气胺法脱硫问题的探讨

郭宏昶

(中国石化洛阳石化工程公司)

摘　要　在装置现场操作数据和模拟计算结果的基础上，对炼厂气胺法脱硫的一些问题进行了初步的探讨。提出了如何优化设计和操作的一些设想。优化的目的主要在于稳定装置的操作、保证脱硫效果和产品质量以及提高吸收过程对 H_2S 的选择性。

关键词　炼厂气　胺法脱硫　工艺设计　脱硫溶剂　选择吸收　优化

1　前言

炼油厂气体脱硫装置肩负着保证产品质量（H_2S 含量）和保护环境的双重任务，受到越来越多的重视。由于胺法脱硫工艺具有投资少、运行成本低、三废排放少、溶剂再生后的含 H_2S 酸性气可以送 Claus 单元回收硫黄等优点，在炼油厂得到了广泛的应用。如何优化炼厂气胺法脱硫的设计和操作，以取得更好的经济效益和社会效益，是目前面临的问题。文章就炼厂气胺法脱硫的一些问题进行了初步的探讨。

2　过程分析

要研究和优化炼厂气脱硫的过程，需要对过程进行分析，找到各个因素对过程的影响和它们之间的相互的关系。

2.1　原料对过程的影响

2.1.1　原料的组成

在炼油厂，通常需要处理的原料气为干气（来自催化、加氢和焦化等装置）、加氢装置的循环氢气、硫黄尾气以及炼厂排放的其他气体。

对于加氢干气和循环氢，由于其组成中不含有 CO_2，使得对吸收过程的要求相对简单；而对于催化干气和焦化干气，由于其中不仅含有 H_2S，还有大量的 CO_2，这要求胺法脱硫剂具有更好的选择性，才能保证富胺液再生后的酸性气具有较高的 H_2S 浓度，利于下游硫黄回收装置的运行。为了保证良好的选择性，从溶剂的选择、浓度的确定、溶剂循环量的计算、吸收塔的设计等诸多方面都需要进行优化。

原料中含有的非酸性组分通常并不参与和胺的反应，但其中一些还是会对过程产生影响。

重烃：如果气体中含有的重烃在吸收塔内冷凝下来，会导致溶剂系统的不稳定，严重的会引起系统的发泡并冲塔，从而造成严重的后果。

氧气：某些气体如减压塔塔顶气含有一定量的氧气，如果采用胺法进行脱硫处理，会使溶剂产生氧化作用，产生单质硫和有机酸。同时还会因为氧气的带入而给系统带来安全隐患。所以，对于这种情况，一方面需要适当加大溶剂循环量以起到"稀释"的作用，另一方面建议设置单独的溶剂再生系统以避免对其他的脱硫单元造成不利的影响。同时对于安全问题需要采取必要的手段进行检测和控制。

催化干气中含有的 HCN 也会在吸收过程中被转化成不可再生的氨基化合物，并在溶剂系统中不断积累，从而导致溶剂中有效浓度降低，发泡倾向性增加。

2.1.2　原料的温度和压力

理论上，原料气保证相对低的温度和高的压力有利于吸收过程的进行。实践中，原料气的温度和压力通常是取决于上游装置的操作条件。对于压力，仅仅为了强化吸收而采用额外的手段来提升压力在经济上是非常不合理的，故此需要首先调整其他参数使系统能够在较低的压力下进行操作。关于温度，除加氢后的硫黄尾气由于温度较高需要用急冷水直接接触冷却到40℃外，其他多数的炼油厂气体在装置的边界条件已经具备了相对合适于吸收过程的温度。即使如此，采用一定的措施降低温度并分离气体中的重烃依然相当重要，因为这样可以保证吸收系统乃至整个溶剂系统的稳定运行。

2.2 溶剂的选择和浓度

国内常用的脱硫溶剂有单乙醇胺（MEA）、二乙醇胺（DEA）、二乙丙醇胺（DIPA）、N-甲基二乙醇胺（MDEA）。

1）MEA是工业用醇胺中碱性最强的。对H_2S和CO_2的吸收无选择性，具有最大的酸性气负荷，腐蚀性强，溶剂损失量大。

2）DEA是仲胺，和MEA的主要区别是与COS及CS_2的反应速度较慢，DEA对CO_2和H_2S也没有选择性，但腐蚀性较MEA轻。

3）DIPA是仲胺，对H_2S有一定的选择性，其特点是有部分脱除有机硫的能力，腐蚀性较小。

4）MDEA是叔胺，虽然其与H_2S的反应能力不及MEA，但在CO_2和H_2S共存时，对H_2S有良好的选择性。且具有能耗低、腐蚀性轻、不易降解变质等特点。表1是各种脱硫剂的物化性能。

表1　脱硫剂的物化性质

项　　目	MEA	DEA	DIPA	MDEA
相对分子质量	61.09	105.14	133.19	119.17
密度(20℃)/(g/mL)	1.0179	1.0919	0.989	1.0418
凝点/℃	10.2	28	42	-14.6
黏度(20℃)/(mm/s)	24.1	380 (30℃)	198 (45℃)	101
蒸汽压(20℃)/Pa	28	<1.33	<1.33	<1.33
沸点(101.3kPa)/℃	170.4	268.4	248.7	230.6
反应热(H_2S)/(kJ/kg)	1905	1119	1140	1050
CO_2含量/(kJ/kg)	1920	1510	2180	1420

N-甲基二乙醇胺（MDEA）溶剂与传统的其他醇胺脱硫溶剂（MEA、DEA、DIPA）相比主要有以下特点。

1）对H_2S有较高的选择吸收性能，溶剂再生后酸性气中H_2S浓度可以达到70%以上。

2）溶剂损失量小，其蒸汽压在几种醇胺中最低，而且化学性质稳定，溶剂降解物少。

3）碱性在几种醇胺中最低，故腐蚀性最轻。

4）装置能耗低。与H_2S、CO_2的反应热最小，同时使用浓度可达45%甚至更高，溶剂循环量低，故再生需要的蒸汽量减少。

5）节省投资。因其对H_2S选择性吸收率高，溶剂循环量降低且使用浓度高，故减小了设备尺寸，节省投资。

由于MDEA具有以上的优点，目前国内各炼油厂已经广泛地采用MDEA作为气体脱硫溶剂。就设计者而言，需要针对不同的工况类型、工厂已有脱硫装置和溶剂再生装置的溶剂选择和流程设置情况等因素来选择合适的溶剂。

对于溶剂浓度的选择和确定，是综合比较装置投资、操作费用、操作稳定性和可靠性的过程。

采用过低的溶剂浓度会使溶剂的循环量增加，从而导致装置投资和运行成本的增加；而过高的浓度会使得吸收效率下降，且溶剂系统的发泡几率增加。

以某厂催化裂化干气脱硫装置为例，采用DBR公司开发的AMSIM模拟计算软件对溶剂浓度及气体吸收过程的影响进行了分析，其中干气的组成示于表2。

表2　某厂催化干气的组成　　　　%

H_2O	CO_2	H_2S	N_2	H_2	C_1	C_2	C_3	$\geq C_4$
6.5	8	2	17.5	11	27	25	2	1

干气的温度为40℃，压力为0.66MPa；采用45℃的MDEA作为吸收溶剂，在固定富液酸性气（H_2S/MDA）负荷为0.34mol/mol的前提下，将溶剂的循环量从22%浓度下的108t/h下降到32%浓度下的74t/h，从图1可以看到，产品的质量随浓度的上升呈现不断恶化的趋势，且恶化的速度不断加快。

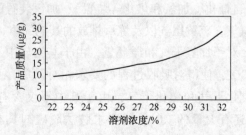

图1　溶液浓度对产品质量影响

高浓度溶剂的吸收效果下降有两个方面原

因。一是动力学方面由于黏度的增加使得酸性气组分在气液相的转移更加困难，影响了传质速度；另一方面的原因就是：在相同的酸性气负荷下，溶剂的浓度越高，吸收反应放出的热量将使温度升的更高，酸性气组分的气化平衡分压就越高，传质的平衡朝向不利于吸收的方向发展。从图2中可以看出相同酸性气负荷下溶剂浓度对塔内最高温度的影响。

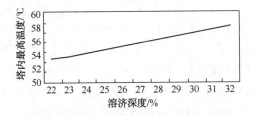

图2　溶剂浓度对塔内最高温度的影响
（富液酸性气负荷一致）

在这两方面原因的综合作用下，使得过高浓度的溶剂并不利于吸收。其中温度的影响尤其需要引起重视，因为对于不同酸性气组分浓度的气体，其吸收过程释放的单位热量也是不同的，即溶剂浓度的变化所能产生的影响是不同的。

上述分析的一个前提就是取"富液中酸性气负荷一致"，需要指出的是：当提高溶剂浓度并同时适当降低富液酸性气负荷的时候，可以降低塔内的温度并抵消因温度因素而造成的吸收效率的下降。总之，在保证产品质量的前提下，采取同样的硬件设施，不能期望因为增加溶剂浓度而按比例减少吸收塔的溶剂循环量。

在现场操作中，直接根据添加纯脱硫溶剂的量和系统中的溶剂藏量估算出来的现场溶剂浓度往往是不准确的。这是因为在装置运行过程中，溶剂系统不可避免地会产生部分杂质，这些不可再生的物质降低了溶剂的实际浓度。只有通过分析化验得到溶剂中实际可以用来吸收并能够再生的胺组分的浓度才能够对生产起到指导作用。

经过理论计算和生产实践的验证，对 MDEA 溶剂，在不同的工况下适宜采用的浓度范围为20%～50%。具体需要综合比较装置投资、运行成本和吸收的效果而定。

2.3　溶剂的流量和贫液质量的影响

在完成溶剂的选择后，贫液的质量（贫液中酸性气组分的浓度）将成为至关重要的因素。贫液质量的意义在于确定吸收塔顶部在当前温度下的 H_2S 气液相的平衡，从而能够对净化气体所能达到的理论最好产品质量做出评估。产品质量的理论最佳值等于贫液入口塔盘温度下贫液 H_2S 液相浓度所对应的平衡 H_2S 气相分压。无论是在设计上还是操作中，如果不能保证一定的贫液质量，调整其他诸如溶剂循环量，入塔温度等意义就不大了。

溶剂循环量对过程的影响主要在于调整气体吸收塔内的传质推动力。理论上的最小循环量指的就是塔内气液相中目标组分（H_2S）达到平衡时的循环量，此时传质推动力等于0。在工程实践中，必须保证在塔内各层面上具有一定的传质推动力。传质推动力是气相中 H_2S 分压、溶剂中 H_2S 负荷和温度的函数。当增加溶剂循环量时，溶剂酸性气负荷变小，温度降低，从而得到更大的传质推动力并使吸收平衡朝向有利于酸性气组分吸收的方向进行。

3　过程的设计和优化

3.1　全厂溶剂系统的设置

基于降低投资和增加安全性等考虑，采用全厂脱硫溶剂的集中再生的方式是很有吸引力的。但是，由于各个脱硫单元由于原料的不同，被带入溶剂系统的"污染"也在程度和方式上有所不同，所以，应该避免污染程度比较高的溶剂（如处理催化干气，减顶气的溶剂）和相对比较干净的溶剂（如处理加氢气体，LPG 的溶剂）进行混合。原料不同，采用的具体解决方案也应该有所不同。从全厂角度而言，在规划溶剂系统的集中再生时，采用脱硫溶剂的"适度集中，清污分离"的原则将有利于全厂各脱硫系统的稳定，并减少因为定期更换溶剂而造成的操作成本。

3.2　气体的分液

如前所述，原料气的冷却和分液的目的是为了得到相对低的温度并且去除气体中的重烃液体，保证吸收过程的稳定和吸收效果。根据工厂的实际情况，如果工厂能够提供的冷却介质的入口温度较高，不能期望得到理想的冷却效果时，则可以省略原料气冷却器。但是因为原料气在管道输送过程中，极易由于环境温度的降低而出现凝液，要避免这些凝液被带入吸收塔内，所以在

硫黄回收二十年论文集

进入吸收塔前设置合适的原料气分液罐是必须的。且分液罐距离吸收塔还要尽可能的近，有条件的情况下还要对这段管线进行保温伴热。

通常情况下，对于吸收后的净化气体进行水洗和分液也是十分必要的，其目的在于防止气体中携带的胺液会对下游管线和设备带来腐蚀和损害(尤其是当气体下游有压缩机的情况)、防止在吸收塔溶剂发泡冲塔时，大量的胺液会被气体带出造成经济损失。从净化气体洗涤和分离出来的胺液返回富液系统。

对于硫黄装置尾气处理的吸收塔，由于硫黄尾气中的杂质很少，系统发泡的倾向性很低，可以不对净化尾气设置分液罐以降低投资。但是，依然要有监测和控制手段使得在吸收塔操作不正常的情况下对下游的尾气焚烧炉提供保护。

3.3 贫液的温度控制

要保证贫液入塔的温度比原料气高 5~10℃，就必须对贫液的温度进行监测和控制。控制的手段是调节溶剂再生部分贫液冷却器的循环水量。对于全厂性的集中再生，需要根据现场情况调整贫液冷却器的出口温度，尽可能使各个含烃气体的吸收塔的贫液入口温度在一个合适的范围内。

3.4 富液系统

气体吸收塔出口的富液会含有一定量的烃类。一方面是来源于溶剂自身溶解的烃类，另一方面是由于夹带所至。即使富液在进行再生前会先进行闪蒸以去除烃类，但在气体吸收塔内也要尽可能地降低富液的烃含量，尤其是夹带的烃类。不推荐采用较高的塔底液体停留时间，因为这样做的效果并不理想，且无谓地增加了设备的投资。通过在塔底设置聚结措施，使夹带的小的烃类液滴逐渐聚结成大液滴并最终由于密度差而上升至液面位置。并通过塔釜设置的排油口，定期排出。

3.5 吸收塔的热效应

气体吸收的过程是放热反应，每一层塔盘都会因为吸收 H_2S 和 CO_2 而放出热量并导致温度的变化。通常情况下，温度的上升幅度是塔盘上溶剂酸性气负荷的变化值的函数。研究吸收塔热效应的意义在于温度的变化会引起气液相平衡的变化，而液相中的酸性气组分在相应温度下的平衡气相分压又影响了在该层塔盘上的吸收传质推

动力。

相同的原料，相同的溶剂类型，吸收放热的理论值是一定的。改变温度的方式就是调整溶剂的循环量。不使温度上升得太高，有利于提高塔盘上的传质推动力。

研究吸收塔热效应，计算出吸收塔内的温度分布还会得到塔内的最高温度，从设计角度而言，需以此温度为基准确定吸收塔的设计温度并选择材质。

以图 3 为例，虚线表示的是高浓度气体吸收过程各层塔盘的温度情况，实线则对应的是低浓度气体的情况。在保证一定产品质量的前提下，大多数塔盘上的温度是类似且自上而下缓慢上升的，但是从 20 层塔盘到最底部的 24 层塔盘，高浓度气体工况下的塔盘温度出现急剧上升。这种温度分布显示出在原料气进入吸收塔和溶剂接触后，由于酸性气组分在气相中的浓度高，大量的酸性气组分被吸收下来，吸收在相对较高的温度下达到平衡。

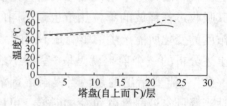

图 3　吸收塔内各层塔盘的温度分布

图 3 中的温度分布形态具有一定的代表性，但并不全面。根据原料、溶剂以及设备情况的不同，塔内的温度分布形态也会有所不同。

还需要指出的是，尽管由于吸收过程的热效应使得塔内的温度高于原料气的温度，理论上不会导致原料气中重烃的冷凝，似乎没有必要控制贫液入塔的温度高于原料气的温度。但是从工程实践角度来讲，避免和控制吸收系统发泡倾向是需要一系列的措施来保证的。与原料气分液、溶剂过滤甚至离子交换等手段一样，控制贫液的温度依然是十分重要的。

3.6 气体吸收塔塔盘或填料的选择

浮阀塔盘、散堆填料和规整填料都可以用来作为气体吸收塔的吸收传质设备，根据不同的情况，选择合适的传质设备。

通常采用判断气液相流动参数的方法来进行选择。

$$FP = \frac{Q_L}{Q_V}\sqrt{\frac{\rho_L}{\rho_V}}$$

式中　Q_L——液相体积流量，m^3/h；

　　　Q_V——气相体积流量，m^3/h；

　　　ρ_L——液相密度，kg/m^3；

　　　ρ_V——液相密度，kg/m^3。

FP 的物理意义是液体动能与气体动能之比的平方根。低流动参数（<0.03）是典型的低液体流量操作，高流动参数（>0.3）是典型的高液体流量操作。比较结果如下：

当 $FP \approx 0.02 \sim 0.1$ 时，塔盘和散堆填料具有相同的分离效率和处理能力；规整填料分离效率高出前两者约50%，但处理能力的优势随 FP 的增加而减小。

当 FP 为 $0.1 \sim 0.3$ 时，塔盘和散堆填料具有相同的效率和处理能力；规整填料的处理能力与塔盘和散堆填料相同，而传质效率的优势随 FP 的增加而逐渐下降。

当 FP 为 $0.3 \sim 0.5$ 时，塔盘、散堆填料、规整填料的效率和处理能力均随 FP 增加而降低；规整填料处理能力和效率的下降速度最快，而散堆填料则最缓慢。

当然，以上只是一般性的原则，在决定选择采用板式塔还是填料塔的时候还需要兼顾考虑装置的规模、系统允许的压力降、对气液相流率波动的预测、允许的系统发泡倾向性和持液量要求等因素。然后结合工艺计算（包括水力学计算）的结果，经过综合的考虑，才可以做出更为合理的选择。

3.7　塔盘数或填料高度的选择

无论是塔盘数还是填料高度，都是由吸收过程的传质单元数和传质单元高度来确定的。传质单元数是根据吸收过程通过计算得到的，与物质的相平衡以及进出口的浓度条件有关。传质单元高度是根据传质设备经过实验得到的，与设备的型式，设备中的操作条件有关。关于这部分内容，前人已经总结出大量的经验可供借鉴和参考，此处不再赘述。

需要讨论的是对于选择性吸收 H_2S 的工况。如何确定传质高度，在满足 H_2S 脱除效率的同时要尽可能降低 CO_2 的共吸收率。

尽管 MDEA 作为脱硫溶剂能够提供选择性，

但是依然需要合理的设备设计以提供确保吸收过程具有选择性的物质基础。塔设计的优化除了保证塔盘上的吸收传质处于动力学控制范围内，经过计算选择合理的塔盘数或填料高度也是非常重要的内容。过低的塔盘数或填料高度将难以保证净化气体中的 H_2S 浓度指标，而过高的塔盘数或填料高度将使更多的 CO_2 被吸收下来。

以上文中的例子来说明对塔盘数影响选择性吸收效果，如图4所示。

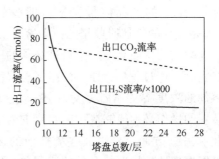

图4　吸收塔塔盘总数与
出口气体中酸性气组分流率的关系

根据图4可以看出，当规定其他诸如溶剂循环量、贫液质量、贫液温度、塔径等参数不变时，吸收塔采用不同的塔盘总数，出口气体中的酸性气组分的流率变化情况。随塔盘总数的增加，出口气体中的 CO_2 基本呈现线性减少的趋势。而 H_2S 则在出现较明显拐点后，出口的 H_2S 流率变化微乎其微。这说明在拐点附近的 $18 \sim 20$ 层塔盘总数即是该工况下的理论最佳塔盘数。

以一台具有25层塔盘的吸收塔为例，通过计算得到该塔内各层塔盘上气相中 H_2S 和 CO_2 的浓度数据。从根据这些数据绘制的曲线图中可以直观的了解塔内 H_2S 和 CO_2 的吸收情况，如图5所示。

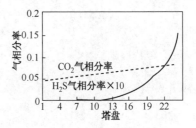

图5　吸收塔内气相酸性气组分的浓度分布

从图5可以看出：对于这个例子，CO_2 的吸收沿塔自上而下以基本固定的速率进行吸收。而

对于 H_2S，大部分的吸收过程是在塔的中下部完成的，而在塔的上部由于 H_2S 基本达到了平衡，吸收的推动力已经很小。所以在塔的上部塔盘完成的更多的是 CO_2 的吸收。可以说对于这个例子而言，采用 25 层塔盘不仅增加了无谓的投资（塔高增加），而且吸收了更多的 CO_2 还会增加下游硫黄回收装置的负荷。

应该指出，对于装置的设计，其优化的内容不是设计"绝对"合理的塔盘数或填料高度，使得即达到了 H_2S 的产品质量又尽可能少的吸收 CO_2。而是设计的气体吸收塔必须具备一定的适应性，即适当的传质高度的余量是必须的。因为装置在实际生产过程中，原料的组成、温度、压力、溶剂的浓度等因素都是处于不断变化的过程，装置的操作必须能够在一定的范围内适应这些变化。另一方面，采用吸收塔贫液的多点进料，可根据现场的情况来有效的调节 CO_2 的共吸收率。

4　结论

1) 在大的胺法工艺框架下，对于不同的原料和产品要求，综合考虑各种因素的影响提出有针对性的解决方案。

2) 从全厂角度而言，在规划溶剂再生系统集中处理的时候，需要考虑到各种原料中的杂质对脱硫溶剂的负面影响。避免由于某些甚至是单个脱硫单元而污染了整个溶剂系统。所以采用适度集中，清污分离的原则更加科学。

3) 选择科学合理的溶剂类型和溶剂浓度，在满足产品质量的同时，降低装置的投资和操作费用。

4) 对吸收塔内温度以及其分布的分析，可以作为对溶剂循环量、塔内传质推动力乃至富液酸性气负荷辅助判断的手段。

5) 选择和计算合适的吸收塔内传质设备和高度，为建立良好的气液相接触条件、保证产品质量和吸收选择性提供物质基础。

酸性水汽提装置的恶臭气体治理

丁延彬

（中国石油大庆石化分公司）

摘　要　分析了酸性水汽提装置的恶臭气体的分布，找出了恶臭气体产生源，并对恶臭气体治理方法进行了讨论。

关键词　酸性水　汽提　恶臭　治理

在炼油厂的各装置区经常会有一些难闻的气味，它们是造成大气污染的有害物质。主要有：硫化氢、二氧化硫、硫醇类、硫化铵、硫氢化铵、挥发酚、氨、二硫化碳、二甲基二硫、苯、油气类等。由于炼油厂各装置生产的油品一般不能直接作为商品，还需进行精制、调合、添加添加剂改善性能以满足实际要求。在油品进行精制的过程中，产生的酸性水需要酸性水汽提装置处理后才能排到污水处理场。在炼油厂的恶臭气体污染中尤以酸性水汽提装置的酸性气为重。

1　工艺流程简述

各装置来的含硫酸性水进入原料脱气罐，再经过原料水罐进行沉降脱油。除油后的原料水由原料水泵抽出，分为冷热2路：①先经分凝液换热器、净化水换热器、侧线换热器换热至153℃左右，使 H_2S 和 NH_3 都以解离态的分子存在于热料中，然后进汽提塔第44层作为热进料进行汽提；②经原料水冷却器冷却后作为冷进料从塔顶进入，在塔顶端的精馏段进行吸收和分离，H_2S 从塔分离出来，经脱液罐分液后送往硫回收装置。

塔底净化水经过换热冷却至40℃后，去各上游装置回用，剩余部分排入二污水管网。在塔底重沸器提供的热量作用下，经各层塔盘及反复汽提，富 NH_3 气从侧线抽出；经过三级高温分水，再经过结晶吸附进一步脱掉 H_2S 后，进入 NH_3 分液罐进行分液，然后进入氨压机压缩，压缩后进入氨油分离器分油；再进入 NH_3 脱硫罐，使 NH_3 中的 H_2S 浓度降到 $0.71mg/m^3$ 以下。一部分经空冷器冷却后 NH_3 去上游装置使用；一部分经空冷却

器冷却后为液氨进入液氨储罐，作为合格产品至回用点回用。

2　恶臭气体来源

1）原料水脱气：来自上游工艺装置的高压、低压油水分离罐的含硫污水溶解了相当数量的油气，进入常压原料水储罐，溶解在其中的油气经降压后释放出来，会造成大气污染。

2）氨压机停机排空时，残留在机体内的 NH_3 排放会造成大气污染。

3）污油罐装车时，由于气相排气线易堵塞，因此罐顶排空线与气相排气线同时打开，罐顶排气排出的轻油气等会造成大气污染。

4）无组织排放气：

① 设备泄漏。装置区最易发生设备故障造成泄漏的区域是酸性气系统和液氨系统。散发出的酸性气及富 NH_3 气，不但会造成大气污染，还会出现人员中毒。

② 采样口气体泄漏。正常生产时汽提装置有2种气体：酸性气和 NH_3；3个液相采样口：原料水、净化水、液氨。采样时伴随着有毒有害气体的排放，对大气造成污染。

5）停工吹扫：检修时系统吹扫，以及清扫原料水罐散发气体伴随着有毒有害气体的排放，对大气造成污染。

6）卸剂：酸性水汽提装置氨系统的脱硫剂卸剂时，还存在大量的 H_2S 及 NH_3，不但气味非常难闻，且容易自燃。

在正常生产中，散发出的各类气体，虽然浓度不高，但这些大都是对人体有害的气体。达到

一定浓度时，将会使人致伤、致残、甚至于致命。停工吹扫阶段，散发的有毒有害气体浓度不高，但是恶臭的气味往往影响到周边居民的正常生活。

3　恶臭气体治理

1) 原料水脱气：在原料水储罐前必须进行脱气处理。采取集中设置或在各相应装置设置脱气罐，将脱除的油气引入到轻油气焚烧炉进行焚烧处理。原料水罐设置水封罐，并将原料水罐顶排气引入污水处理剂吸收罐处理排放(如图1)。

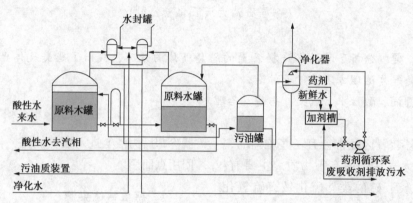

图1　酸性水汽提装置原料水罐排气净化

2) 氨压机停机排空的氨气用水洗罐吸收后排放。

3) 污油罐罐顶的气相排气线引入污水处理吸收罐处理排放。

4) 无组织排放

① 设备泄漏。含硫污水经汽提后产生的酸性气中 H_2S 体积含量达65%以上，送至硫黄回收装置回收硫黄。这部分气体有剧毒，必须对该系统的设备、管线进行重点监护。在酸性气系统设备管线易泄露的部位，除了安装固定式的 H_2S 报警仪器外(固定式 H_2S 报警仪的报警值及位置均传输到装置 DCS 控制台上，并在 DCS 上进行红色闪烁报警)，还应配备便携式 H_2S 报警仪。

酸性气系统设备、管线泄漏，应紧急停工，并用蒸汽将残余气体吹扫至火炬系统，加配瓦斯，使酸性气中的 H_2S 达到完全燃烧排放。液氨系统设备、管线泄漏，可立即停用该部分设备、管线，同时将 NH_3 改去另一套系统处理或直接制取氨水。

② 采用密闭的采样口能有效的防止有毒有害气体外泄，改善工作环境。对于采样管线中残余气体，可以采取水吸收等措施，对于采样前所置换的液体应集中送回原料罐，本装置现阶段还未实现。

5) 停工吹扫：检修时酸性水汽提系统先用污水处理剂清洗，之后水冲洗，最后氮气吹扫。在系统吹扫时，酸性气系统向火炬吹扫；其余系统向原料水罐吹扫(原料水罐水封罐投用，污水处理剂吸收罐投用)。

现阶段酸性水汽提装置系统蒸汽吹扫还在完善中。

6) 卸剂：酸性水汽提装置氨系统的吸附器及脱硫罐都是一投一备，运行一年切换卸剂，避免脱硫剂进水增加卸剂难度，增加大气污染。脱硫剂卸剂前，用污水处理剂清洗循环，由专业的卸剂公司在无氧的情况下作业，卸出的脱硫剂直接封闭装车去水气厂焚烧，最大程度的减少大气污染。

4　结语

1) 装置正常运行时对排放气进行处理后减少环境污染，能够达到标准排放。

2) 无组织排放做到早发现早处理，采取有效措施进行治理，减少泄漏，减轻污染。

3) 装置停工吹扫、脱硫剂卸剂通过污水处理剂清洗及系统吹扫，设备打开后大气监测能够达到工业卫生监测标准。

总之，经过对酸性水汽提装置正常生产及开停工阶段的恶臭气体的治理，减少了恶臭气体对大气的污染，有效地改善了周边区域的大气质量。

影响硫黄回收装置 SO_2 排放浓度因素分析

李　鹏[1]　刘爱华[2]

(1. 中国石化股份有限公司炼油事业部；2. 中国石化齐鲁分公司)

摘　要　阐述了硫黄回收装置烟气 SO_2 的主要来源，分析了影响装置烟气 SO_2 排放浓度的各种因素。针对装置目前的排放现状、存在问题及适应新标准的要求，提出了装置优化设计、操作、标准配置、溶剂选择和催化剂级配等改进建议，对提高硫黄回收装置操作水平和降低 SO_2 排放浓度具有指导意义。

关键词　硫黄回收　烟气　SO_2　影响因素

1　前言

随着国家环保法规的日趋严格，对 SO_2 的排放要求越来越高。国家环保部门正在酝酿修订大气污染物综合排放标准，要求新建硫黄回收装置 SO_2 排放质量浓度小于 $400mg/m^3$（标况，下同）（特定地区小于 $200mg/m^3$）。中国石化积极实施绿色低碳发展战略，把降低硫黄回收装置烟气 SO_2 排放浓度作为炼油板块争创世界一流的重要指标之一。要求 2015 年 SO_2 排放浓度达到世界先进水平（质量浓度小于 $400mg/m^3$），部分企业达到世界领先水平（质量浓度小于 $200mg/m^3$）。

目前国内硫黄回收装置大多采用 Claus 工艺回收硫黄，Claus 尾气再经 SCOT 单元净化处理，烟气 SO_2 排放浓度执行 GB 16297—1996《大气污染物综合排放标准》，标准规定 SO_2 排放质量浓度小于 $960mg/m^3$。现有工艺技术无法满足即将执行的新的环保标准。因此，研究硫黄回收装置烟气 SO_2 排放浓度的影响因素，开发降低硫黄回收装置烟气 SO_2 排放浓度的新技术，是满足新的环保标准的迫切要求。

2　烟气 SO_2 的主要来源

硫黄回收装置主要由热反应单元、催化反应单元和尾气净化处理单元组成，工艺流程示意见图 1。其中，热反应单元为含 H_2S 的酸性气在反应炉中部分燃烧转化为 SO_2，在高温下 H_2S 与 SO_2 发生 Claus 反应生成单质硫和过程气。单质硫进入液硫池得到液体硫黄，过程气进入催化反应段的一级转化器和二级转化器，经 Claus 催化转化后，单质硫进入液硫池，反应后的 Claus 尾气进入尾气净化处理单元；Claus 尾气首先在加氢催化剂的作用下，含硫化合物加氢转化为 H_2S，然后经急冷塔降温，进入胺液吸收塔，胺液吸收加氢尾气中的 H_2S；净化后含少量 H_2S 的净化尾气和液硫脱气的废气混合，引入焚烧炉焚烧后排放，烟气 SO_2 排放质量浓度小于 $960mg/m^3$。

目前，硫黄回收装置烟气 SO_2 的来源主要有两类，即硫黄回收装置自产和外部装置供给的含硫废气。装置自身产生的含硫气体为净化尾气、液硫脱气废气、、阀门泄漏的过程气和开停工产生的含硫废气；外部装置供给的含硫废气主要为 S Zorb 再生烟气、其他含硫废气（如脱硫醇尾气）等。以下对各种烟气 SO_2 来源进行讨论。

2.1　净化尾气

原料酸性气中 H_2S 经过二级 Claus 制硫和尾气还原+溶剂吸收，净化尾气中残余含硫化合物（包括 H_2S 和有机硫）进焚烧炉焚烧后生成了 SO_2，这是硫黄回收装置烟气 SO_2 的主要来源。净化尾气 H_2S 的含量主要取决于单程总硫回收率和胺液的净化度，有机硫的含量主要取决于催化剂的有机硫水解活性。

2.2　液硫脱气的废气

液硫中一般含有 $300\sim500\mu g/g$ 的 H_2S[1]，在出厂前需要进行脱气处理。液硫脱气的方式主要有：鼓泡、喷淋、循环脱气和蒸汽抽射器等，不

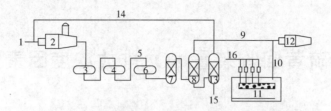

图1　硫黄回收装置工艺流程示意

1—酸性气；2—制硫炉；3——级转化器；4—二级转化器；5—Claus

尾气；6—加氢反应器；7—急冷塔；8—吸收塔；9—净化尾气；

10—液硫脱气废气；11—液硫池；12—焚烧炉；13—再生塔；

14—再生酸性气；15—贫液；16—空气或氮气

同脱气方式产生的废气组成不同。在液硫脱气时，如果废气不进行处理直接进入焚烧炉，废气中所带的硫化物燃烧转化为 SO_2，会对烟气 SO_2 排放浓度带来较大影响。目前液硫脱气的废气均采用与净化尾气混合引入焚烧炉焚烧进行处理，会使烟气 SO_2 排放浓度增加 $100 \sim 200 mg/m^3$。因此，必须回收处理液硫脱气后废气中的硫。

2.3　阀门内漏的过程气

硫黄回收装置 Claus 单元跨线和尾气处理单元开工线上的阀门腐蚀内漏，会有少量未处理的过程气直接进入焚烧炉燃烧生成 SO_2。

2.4　燃料气携带的含硫化合物

焚烧炉燃料气含有硫化物，燃烧后也会增加烟气 SO_2 排放浓度，但影响较小。若以低硫燃料气硫化物含量 $20 \mu g/g$ 计算，仅增加烟气 SO_2 排放质量浓度 $1 mg/m^3$ 左右，所以该因素可以忽略不计[2]。

2.5　装置开停工的废气

硫黄回收装置尾气加氢单元催化剂预硫化原料为酸性气，在装置常规开工的 48h 催化剂预硫化阶段，Claus 过程气无法进尾气处理单元进行加氢脱硫净化，直接经焚烧炉焚烧后通过烟囱高空排放，SO_2 排放浓度会略高。在装置停工操作中，Claus 反应尾气通过 Claus 单元跨线到焚烧炉焚烧后经烟囱排放。由于 Claus 反应尾气中的硫没有得到回收，烟囱高空排放的烟气中 SO_2 浓度会在短时间内较高。

2.6　S Zorb 再生烟气

S Zorb 汽油吸附脱硫技术可以生产硫含量小于 $10 \mu g/g$ 的满足国 V 标准的汽油，因此该技术在国内得到快速推广。多数企业吸附剂再生产生的含 SO_2 的再生烟气引入硫黄回收装置处理，如直接引入烟囱排放，将会导致排放 SO_2 质量浓度增加 $1000 \sim 10000 mg/m^3$。引入硫黄回收装置制硫炉和尾气单元处理后排放，可满足质量浓度小于 $960 mg/m^3$ 的现行国家排放标准，但引入不同的部位处理，对烟气 SO_2 的影响略有不同。

2.7　其他含硫废气

炼油厂脱硫醇尾气、酸性水罐罐顶气等恶臭气体含有大量的硫醇、硫醚等有机硫化物，送到焚烧炉燃烧后也会产生大量的 SO_2，会增加烟气 SO_2 排放质量浓度 $50 \sim 100 mg/m^3$ 左右。

3　影响烟气 SO_2 排放浓度的因素

3.1　酸性气质量

进硫黄回收装置酸性气的质量是影响总硫回收率的主要因素，应尽可能稳定上游装置的操作，保证硫黄回收装置平稳运行，提高总硫回收率，降低 SO_2 的排放。应设置上游装置酸性气出装置边界条件考核指标，防止酸性气流量大幅度波动以及酸性气带烃、带胺液、带水对硫黄回收装置的冲击；干气脱硫塔贫液入塔温度一般应高于气体入塔温度 $5 \sim 7$℃，避免凝缩油进入胺液；污水汽提装置要加强隔油，防止酸性气带烃。

3.2　脱硫溶剂质量

脱硫溶剂的吸收效果和选择性是影响 SO_2 排放的主要因素，国外目前已开发出多种用途、满足不同使用要求的脱硫溶剂，如 H_2S 高净化度脱硫剂、有机硫脱硫剂、CO₂选择性脱硫剂等。普通脱硫剂在处理高 CO₂含量较高的原料气时，净化度与选择性分离的要求将会产生矛盾，造成在吸收 H₂S 的同时，对 CO₂的吸收也有较好的选择性，这样就会造成大量的 CO₂在反应系统内循环，降低了对 H₂S 的吸收效果。

3.3　吸收塔温度

随着温度的升高，净化气体中 H₂S 的含量呈先降低后升高的变化趋势。这是因为以 MDEA 为主剂配制的脱硫剂与气体中 H₂S 的反应是吸热反应，温度的升高不利于 H₂S 的脱除，从而导致净化气中 H₂S 含量较高，对烟气 SO₂排放浓度的影响较大；但温度升高，脱硫剂的黏度变小、表面张力降低，有利于在喷雾时形成更小、更细的液珠，有利于脱硫剂在填料表面铺展，使气液接触更加充分，使反应进行得更快。研究表明，35～50℃时脱硫效果最好[3]。

3.4　催化剂性能

采用高活性的制硫催化剂可显著提高制硫单元总硫回收率和有机硫的水解率，减轻尾气净化单元的负荷，胺液再生塔返回制硫单元的 H₂S 量减少，净化尾气总硫含量（包括 H₂S 和有机硫）降低，从而烟气 SO₂排放浓度降低。

采用高活性 Claus 尾气加氢催化剂，特别是选用水解性能较佳的 Claus 尾气加氢催化剂，可显著降低净化尾气有机硫的含量。有机硫水解性能较差的加氢催化剂，净化尾气中会有 50～100mg/m³ 的有机硫，烟气 SO₂排放质量浓度会增加 50～100mg/m³；有机硫水解性能良好的加氢催化剂，净化尾气中只有 10μg/g 以下的有机硫，对烟气 SO₂排放影响较小。现有工艺采用高性能催化剂合理级配，配套吸收效果较佳的脱硫溶剂，装置总硫回收率可以达到 99.93%以上，SO₂排放浓度可小于 400mg/m³。

3.5　液硫脱气的废气

液硫脱气的废气直接引入尾气焚烧炉处理，对硫黄回收装置烟气 SO₂排放浓度影响较大，可使烟气 SO₂排放值增加 30%～40%。镇海炼化开发了液硫脱气新工艺：液硫脱气后废气进入脱硫罐进行除硫，除硫后废气引至焚烧炉焚烧，能够有效降低液硫脱气废气对装置烟气 SO₂排放浓度

的影响。废气脱硫罐投用期间，装置烟气 SO₂排放质量浓度能够降至 200mg/m³ 以下。据国外资料介绍，液硫脱气的废气如改入制硫炉处理，可降低硫黄回收装置 SO₂排放质量浓度 50～150mg/m³。

3.6　S Zorb 再生烟气

中国石化镇海炼油化工股份有限公司依托现有硫黄回收装置规模较大的优势，根据硫黄回收装置实际工况和 S Zorb 装置再生烟气性质特点，将烟气引进两套 70kt/a 硫黄回收装置，与装置原料酸性气混合后进入反应炉处理[4]。

齐鲁分公司 S Zorb 再生烟气引入 80kt/a 硫黄回收装置尾气处理单元，硫黄回收装置未进行任何改动，S Zorb 再生烟气不需要加热，直接由管线引入加氢反应器前与 Claus 尾气混合后进入加氢反应器，加氢反应器装填 S Zorb 再生烟气处理专用 LSH-03 低温 Claus 尾气加氢催化剂，加氢反应器入口温度可降至 220℃。2010 年硫黄回收装置净化尾气 SO₂排放检测结果为 187～361mg/m³[3]，与未处理 S Zorb 再生烟气前相比，烟气 SO₂排放浓度没有增加，无任何负面影响。该技术已先后应用于中国石化北京燕山分公司 12kt/a、齐鲁分公司 80kt/a、沧州分公司 20kt/a、济南分公司 40kt/a 及高桥分公司 55kt/a 硫黄回收装置上。综合各装置标定结果表明：使用 LSH-03 低温高活性尾气加氢催化剂，将 S Zorb 再生烟气引入硫黄回收装置尾气处理单元，装置操作稳定，能耗低，SO₂排放浓度低，是目前 S Zorb 再生烟气较理想的处理方式[5,6]，具有良好的经济和社会效益。

3.7　非常规酸性气等含硫气体

催化裂化、焦化等装置脱硫尾气、酸性水罐罐顶气等非常规酸性气，引入焚烧炉焚烧处理后排放，对于大型硫黄回收装置所占比例较低，可满足现行环保法规的要求；对于小型硫黄回收装置，由于所占比例较大，会导致硫黄回收装置排放超标。因此，应禁止此类气体引入硫黄回收装置尾气焚烧炉焚烧。可采用中国石化抚顺石油化工研究院开发的低温柴油吸收处理技术[7]

4 降低烟气 SO$_2$ 排放建议

4.1 尾气净化单元改造

硫黄回收装置 SO$_2$ 排放浓度取决于尾气处理单元的尾气净化度，如达到世界先进排放标准，净化后尾气中 H$_2$S 体积分数浓度必须降至 100μg/g 以下。建议尾气处理单元采用二级吸收、二级再生等技术，提高 H$_2$S 吸收效果。

4.2 液硫脱气尾气处理单元改造

对采用氮气鼓泡脱气技术的装置，脱后废气可由入焚烧炉改为入制硫炉；对采用循环脱气技术的装置，可更换原蒸汽抽射器，把脱后废气引入制硫炉；对采用空气鼓泡脱气技术的装置，可采用中国石化镇海炼油化工股份有限公司脱后尾气再处理技术。

4.3 关键设备升级改造

装置开停工跨线上的阀门应选择泄漏等级高的阀门，并采用双阀控制，避免过程气泄漏导致烟气 SO$_2$ 排放浓度增加，并设置氮气吹扫线。

4.4 优化催化剂选择

目前国产硫回收催化剂物化性质、活性和稳定性已全面达到进口催化剂水平，部分性能优于进口催化剂，所有种类的制硫催化剂和尾气加氢催化剂全部可以实现国产化。建议制硫催化剂采用多功能硫黄回收催化剂或钛基催化剂和氧化铝基催化剂合理级配，使净化尾气中 COS 浓度小于 10μg/g；尾气加氢催化剂选用水解活性较佳的低温加氢催化剂，在提高有机硫水解性能的前提下，降低催化剂的使用温度，进一步降低装置能耗，延长催化剂使用寿命。

4.5 设置独立的溶剂再生系统

硫黄回收装置吸收塔操作压力低，尾气脱 H$_2$S 难度相对较大，对溶剂品质的要求较高，要求贫液中的 H$_2$S 质量浓度不大于 1g/L。因此，溶剂再生系统必须独立设置，溶剂浓度控制在 35 ~ 45g/(100mL)，重沸器蒸汽温度 135~150℃，并定期分析溶剂中的热稳态盐含量，控制溶剂中的热稳态盐含量小于 2 g/(100mL)。建议增设溶剂沉降和过滤系统。

4.6 降低吸收塔温度

胺液选择性吸收 H$_2$S 的过程是放热过程，会引起胺液温度升高 10℃左右，而胺液最佳的吸收温度为 35~50℃。此外，贫胺液温度高也易引起胺液发泡，造成胺液质量下降，所以要严格控制贫胺液进吸收塔的温度为 35~42℃。

4.7 合理安排 S Zorb 烟气处理方式

由于 S Zorb 再生烟气的组成不稳定，并且含有 90% 左右的 N$_2$，引入硫黄回收装置前端会导致装置操作不稳定，能耗大幅增加。建议采用中国石化齐鲁分公司研究院开发的 S Zorb 专用尾气加氢催化剂，将 S Zorb 再生烟气直接引入硫黄回收装置尾气加氢单元，不需增设任何设施，装置操作稳定、能耗低，SO$_2$ 排放量低。

如果催化裂化烟气脱硫装置离 S Zorb 装置较近，可考虑将 S Zorb 尾气与催化烟气混合，引入催化烟气脱硫装置处理。

4.8 控制酸性气质量

进硫黄回收装置酸性气设置原料质量控制指标，如因上游脱硫装置波动引起硫黄回收装置酸性气进料异常，应稳定上游操作，并对上游装置严格考核，保证硫黄回收装置安稳运行。

4.9 配备完善的在线仪表

配备 Claus 过程气 H$_2$S、SO$_2$ 比值分析仪、氢含量分析仪、急冷水 pH 值分析仪、净化后尾气 H$_2$S 含量分析仪、烟气 SO$_2$ 分析仪、烟气氧含量分析仪等在线分析仪。硫黄回收装置是企业内部最末端的环保装置，任何一套装置产生的含 H$_2$S 的酸性气都必须无条件的接收，并且上游任何一套装置的波动都会引起硫黄回收装置操作波动，酸性气经处理后含硫化合物的排放浓度有严格的限定值。因此，硫黄回收装置稳定操作困难重重，波动大，人工调整严重滞后，只有完善在线仪表，并且用好在线仪表，才是硫黄回收装置稳定运行的前提和保障。

参 考 文 献

[1] Mahin Rameshni P E. 集液硫脱气于一体的硫黄收集系统新标准(RSC-D)™[J]. 硫酸工业, 2010(5): 41-49.

[2] 刘奎. 炼油厂 SO$_2$ 排放控制[J]. 炼油技术与工程, 2007, 37(9): 54-58.

[3] 唐汇云, 孟祖超, 刘祥. 用于炼厂恶臭气体的液体

脱硫剂研制[J].西安石油大学学报(自然科学版),
2009,24(6):67-70.

[4] 陈上访,金州.硫回收装置处理汽油吸附脱硫再生
烟气试运总结[J].齐鲁石油化工,2011,39(1):
11-17.

[5] 徐永昌,任建邦.汽油吸附脱硫再生烟气引入硫黄
回收装置尾气处理单元运行总结[J].齐鲁石油化
工,2011,39(1):10-16.

[6] 王明文.S Zorb 再生烟气进入硫黄回收装置的流程比

较[J].石油化工技术与经济,2012,28(4):35
-38.

[7] 方向展,刘忠生,王母海.炼油企业恶臭气体治理
技术[J].石油化工安全环保技术,2008,24(5):
48-50.

[8] 中国石油乌鲁木齐石化分公司 QC 小组.降低硫黄回
收装置烟气中 SO_2 排放浓度[J].中国质量,2011
(2):82-88.

降低硫回收装置烟气 SO₂ 排放浓度的研究

刘爱华　刘剑利　陶卫东　刘增让

（中国石化齐鲁分公司）

摘　要　通过分析影响硫回收装置烟气二氧化硫排放浓度的因素，系统研究了降低二氧化硫排放浓度的方法，并对各种方法进行了分析比较，开发成功了投资省、运行成本低、操作稳定的新技术。

关键词　硫回收　烟气　二氧化硫　排放浓度

1　前言

随着社会的发展，环境污染问题已成为经济高速发展的制约因素，是各国政府立法必不可少的重要内容。工业发达国家对硫化物排放非常严格，美国联邦政府环境保护局法规规定石油炼制工业加热炉烟气、硫黄尾气和催化裂化再生烟气 SO₂ 排放浓度限值为 $50\mu L/L(v)$，约折合 143mg/m³。空气中 SO₂ 浓度过高时，会对人体健康造成危害。SO₂ 氧化后还可形成硫酸雾以及酸雨，酸雨可导致结肠癌、眼病和先天性缺陷患者的大量增加。二氧化硫在湿度高、气温低并有颗粒物存在时容易形成硫酸雾，使雾霾天气增多。

目前国内硫回收装置烟气 SO₂ 排放浓度执行 GB 16297—1996《大气污染物综合排放标准》，标准规定 SO₂ 排放浓度小于 960mg/m³。国家有关部门正在酝酿修订大气污染物综合排放标准，要求新建硫回收装置二氧化硫排放浓度小于 400mg/m³，特定地区排放浓度小于 200mg/m³。现有硫回收装置烟气中 SO₂ 浓度难以达到 200mg/m³ 标准要求。

本文通过研究影响硫回收装置烟气二氧化硫排放浓度的因素，提出降低烟气二氧化硫排放浓度的措施，并对各种方法措施进行了比较，推荐了投资低、装置运行能耗低、操作稳定的新技术。

2　影响硫回收装置烟气 SO₂ 排放浓度的因素分析

正常工况下，硫回收装置烟气主要由净化尾气和液硫脱气废气组成，烟气 SO₂ 排放浓度取决于净化尾气和液硫脱气废气中的总硫含量。另外，跨线阀门内漏以及燃料中的硫都会对烟气 SO₂ 排放浓度有不同程度的影响。

2.1　净化尾气的总硫含量

原料酸性气中硫化氢经过二级克劳斯制硫和尾气还原+溶剂吸收，净化尾气中残余硫化物进入焚烧炉焚烧后生成了二氧化硫，这是硫回收装置烟气二氧化硫的主要来源。

按酸性气 H₂S 浓度 80%(v)，在线炉加热工艺计算尾气净化度与尾气二氧化硫排放浓度的关系见表 1。

表 1　尾气净化度与尾气二氧化硫排放的关系

净化后尾气 总硫/(μg/g)	装置总硫回 收率/%	烟道气中 SO₂ 浓度/ (mg/m³)
400	99.89	758
350	99.91	664
300	99.92	572
250	99.93	477
200	99.95	383
150	99.96	289
100	99.97	197
50	99.99	103

从表 1 中结果可以看出，烟气二氧化硫排放浓度小于 760mg/m³，净化尾气的总硫含量必须小于 400μL/L(v)，装置总硫转化率达到 99.9%；烟气二氧化硫排放浓度小于 400mg/m³，净化尾气的总硫含量必须小于 200μg/g，装置总硫转化率达到 99.95%；烟气二氧化硫排放浓度小于

$200mg/m^3$，净化尾气的总硫含量必须小于 $100\mu g/g$，装置总硫转化率达到 99.97%。

表 2 为三套硫回收装置净化气含硫化合物的组成。其中，装置 1 酸性气含烃 2%～3%，硫化氢浓度 80%～90%；装置 2 酸性气不含烃，硫化氢浓度 90% 以上；装置 3 为掺炼 CO_2 含量为 76% 的甲醇尾气的炼厂硫回收装置。

表 2　硫回收装置净化气含硫化合物的组成

装　置		1	2	3
净化气组成/$(\mu g/g)$	H_2S	200	180	220
	COS	65	18	110
	总硫	265	198	330

从表 2 数据可以看出，硫回收装置净化气含硫化合物主要为 H_2S 和 COS。酸性气烃含量、CO_2 含量不同，会导致净化气中有机硫的含量不同。硫化氢含量的高低主要取决于胺液的吸收效果，COS 含量主要取决于酸性气的组成，以及制硫催化剂和尾气加氢催化剂的水解活性和稳定性。

2.2　液硫脱气废气总硫含量

制硫单元产生的液硫中一般含有 200～ $500\mu g/g$ 的 H_2S 及 H_2S_x，液硫在运输和成型前需要进行脱气处理。目前，液硫脱气废气直接进入焚烧炉焚烧后排放，废气中所带的硫化物和硫蒸汽燃烧生成二氧化硫，造成烟气二氧化硫排放浓度增加。表 3 给出了 5 套硫回收装置液硫脱气废气对烟气 SO_2 排放浓度的影响。

表 3　液硫脱气废气对烟气 SO_2 排放浓度的影响

　　　　　　　　　　　　　　　　　　mg/m^3

装置	焚烧炉进液硫脱气烟气 SO_2	焚烧炉不进液硫脱气烟气 SO_2	差值
1	756	616	140
2	222	60	162
3	805	664	141
4	326	223	103
5	451	261	190

从表 3 结果可以看出，液硫脱气废气引入焚烧炉，烟气二氧化硫排放浓度增加 100～200mg/ m^3。要降低烟气二氧化硫排放浓度，必须回收液硫脱气废气中的硫及硫化物。

另外，装置克劳斯跨线和尾气处理单元开工

线上的阀门由于内漏，会有少量未处理的过程气燃烧生成二氧化硫。该股气中硫化物浓度很高，因此对烟气二氧化硫排放的影响很大。焚烧炉燃料气含有硫化物，燃烧后也会增加烟气二氧化硫排放浓度，但影响较小，可以忽略不计。

3　降低硫回收装置烟气 SO_2 排放浓度的研究

3.1　净化尾气中硫化氢含量与脱硫剂性质的关系

目前硫回收装置所用脱硫剂为国产单一配方（MDEA）型产品，由于硫回收装置系统压力较低，对吸收效果产生了一定的影响。国外开发出了配方型脱硫剂，相同条件下对硫化氢的吸收效果显著增强。

采用国外 HS 103 高效脱硫溶剂、MS300 配方型脱硫剂和国产普通脱硫剂分别处理硫化氢体积分数为 4%、3%、2%、1% 的克劳斯尾气，试验条件为：吸收温度 38℃，气液体积比 300∶1，净化尾气的硫化氢含量见表 4。

表 4　净化尾气的硫化氢含量　　$\mu g/g$

原料 H_2S 体积分数/%	4	3	2	1
HS103 脱硫剂净化气 H_2S	11	9	8	6
MS300 配方型脱硫剂净化气 H_2S	26	15	11	8
普通脱硫剂净化气 H_2S	480	398	305	190

表 4 结果可以看出，配方型进口脱硫剂对硫化氢净化效果明显优于国产普通脱硫剂，使用配方型高效脱硫溶剂可显著降低净化尾气 H_2S 含量 184～469$\mu g/g$。折算烟气中转化为 SO_2 的浓度大约降低 300～800mg/m^3。

采用 MS300 脱硫剂在齐鲁分公司 80kt/年硫回收装置上进行了工业应用试验，结果表明，净化尾气硫化氢含量由原来的 100～300$\mu g/g$ 降至 50$\mu g/g$ 以下，降低烟气二氧化硫排放浓度 200～500mg/m^3。在液硫脱气废气直接引入焚烧炉处理的工况下，烟气二氧化硫排放浓度由原来 400～800mg/m^3 降至 100～300mg/m^3；将液硫脱气废气改出尾气焚烧炉，改入 Claus 尾气加氢反应器，烟气二氧化硫排放浓度降至 30～150mg/m^3。

3.2　净化尾气中硫化氢浓度与胺液贫度的关系

采用 MS300 脱硫剂在齐鲁分公司 80kt/a 硫

回收装置上考察了胺液再生蒸汽消耗量、净化尾气中硫化氢浓度与溶剂贫度的关系，结果见表5。

表5　净化尾气中硫化氢浓度与胺液贫度的关系

净化尾气硫化氢/(mg/m^3)	胺液循环量/t	贫液 H_2S/(g/L)	蒸汽消耗/t
120	95	0.6	8.0
83	95	0.4	8.5
56	95	0.3	9.5
40	95	0.2	10.0
20	95	0.1	11.0

从表5中结果可以看出，再生蒸汽消耗量越大，贫液中 H_2S 含量越低，净化后尾气硫化氢含量越低，但装置能耗增加不大，推荐贫液中 H_2S 含量 $0.4\sim0.2g/L$。

3.3　净化尾气中硫化氢浓度与胺液循环量的关系

采用 MS300 脱硫剂在齐鲁分公司 80kt/年硫回收装置上考察了净化尾气中硫化氢浓度与胺液循环量的关系，在胺液浓度为 40%～41%、贫度为 0.3g H_2S/L、塔顶吸收温度 40～41℃ 的工况下，结果见表6。

表6　净化尾气中硫化氢浓度与溶剂循环量的关系

净化后尾气硫化氢/(mg/m^3)	溶剂循环量/t
92	80
70	90
56	95
52	100
38	105

从表6结果可以看出，随着胺液循环量的增加，净化后尾气中硫化氢浓度降低。

3.4　催化剂性能对烟气二氧化硫浓度的影响

采用高活性的制硫催化剂可显著提高制硫单元总硫回收率和有机硫的水解率，减轻尾气净化单元的负荷，胺液再生塔返回制硫单元的硫化氢量减少，净化尾气总硫含量(包括硫化氢和有机硫)降低，从而烟囱二氧化硫排放浓度降低。方案一：采用一、二级转化器装填普通的氧化铝基催化剂，使用 3a 跟踪标定装置单程总硫转化率和有机硫水解率，结果见表7；方案二：一级转化器装填钛基多功能制硫催化剂，二级转化器装填氧化铝基制硫催化剂，使用三年跟踪标定装置

单程总硫转化率和有机硫水解率，结果见表7。

表7　催化剂性能对净化尾气总硫和烟气二氧化硫浓度的影响

mg/m^3

运转时间	方案一			方案二		
	净化尾气		烟气	净化尾气		烟气
	H_2S	COS	SO_2	H_2S	COS	SO_2
3 个月	280	19	380	276	10	319
1a	326	38	485	318	17	388
2a	353	89	572	329	26	450
3a	420	129	676	338	38	480

从表7结果可以看出，采用普通氧化铝基制硫催化剂，随着运转时间的延长，催化剂的制硫转化率下降，导致净化尾气中硫化氢的含量逐渐增加，特别是催化剂的有机硫水解活性下降幅度较大，导致净化尾气中 COS 增幅较大。一级转化器装填多功能制硫催化剂，净化气中硫化氢含量的增幅变小，特别是 COS 增幅显著降低，说明多功能制硫催化剂具有良好的水解活性及活性稳定性。

另外，采用高活性 Claus 尾气加氢催化剂，特别是选用水解性能较佳的 Claus 尾气加氢催化剂，也可显著降低净化尾气有机硫的含量。有机硫水解性能较差的加氢催化剂，净化尾气中会有 $50\sim200\mu g/g$ 的有机硫，对烟囱二氧化硫的排放贡献值达到 $100\sim300mg/m^3$；有机硫水解性能良好的加氢催化剂，净化尾气中只有 $20\mu g/g$ 以下的有机硫。

目前现有装置不需要进行任何改造，采用高性能催化剂合理级配，配套吸收效果较佳的脱硫溶剂，装置总硫回收率达到 99.93% 以上，烟气二氧化硫排放浓度小于 $400mg/m^3$。

3.5　液硫脱气废气的处理

液硫脱气废气引入焚烧炉焚烧排放，增加烟气二氧化硫排放浓度 $100\sim200mg/m^3$。因此，烟气二氧化硫排放浓度降至小于 $200mg/m^3$ 的标准要求，必须将液硫脱气废气净化处理。目前液硫脱气废气处理的方式主要以下几种：水洗注氨处理，引入制硫炉处理，引入催化反应器处理，引入加氢反应器处理等。以下介绍几种工艺的优缺点。

3.5.1　水洗注氨工艺

镇海炼化 100kt/a 硫回收装置为了处理液硫

脱气废气，增上了液硫脱气废气水洗罐，通过水洗、注氨，净化后引入尾气焚烧炉，焚烧后排放。通过水洗罐废气中的硫化氢与氨水反应生成硫化氨，硫蒸汽冷凝到水洗罐中，因此，对烟气 SO₂ 浓度影响非常小，可使烟气 SO₂ 排放浓度降至 200mg/m³ 左右。但是，硫蒸汽在水洗罐冷凝后，逐渐积累会堵塞水洗罐，需要定期清理水洗罐。

3.5.2　引入制硫炉处理

由于液硫脱气的工艺不同，液硫脱气废气的组成不同。对于以蒸汽作为动力，带有蒸汽抽射器的液硫脱气装置，液硫脱气废气中含有大量的水蒸气，此气体如引入制硫炉处理，水蒸汽的存在会对制硫炉的炉温产生较大的影响，会使炉温降低 20~30℃，必须采取酸性气预热的措施，弥补炉温降低的损失。因此使装置的能耗大幅增加。

对于以空气为气源，采用脱气塔循环脱气的液硫脱气装置，脱气废气的组成主要为空气、硫化氢和硫蒸气，该股气体可以作为空气注入引风机的入口。经进一步回收硫黄后排放。

3.5.3　引入催化反应器处理

由于液硫脱气废气中含有部分氧气和水蒸气，会加速制硫催化剂的硫酸盐化，并且由于废

气的温度较低，需要加热到 220~250℃，方可引入制硫反应器，因此，增加了装置的能耗。

如将含水蒸汽和微量氧气的废气引入制硫反应器，需开发水热稳定性好，脱氧性能较佳，并耐硫酸盐化能力较强的制硫催化剂，满足该气体处理的要求。含大量空气的废气不可能引入制硫反应器处理。

3.5.4　引入加氢反应器处理

对于含大量空气的废气不可能引入加氢反应器，建议代替空气直接引入制硫炉。对于含水蒸气的废气，可引入加氢反应气处理。齐鲁分公司和山东三维石化工程有限公司开发了液硫脱气和废气处理新工艺。该工艺液硫脱气采用硫回收装置自产的净化尾气作为气源，用引风机将净化尾气引到液硫池，在液硫池底设盘管，盘管上开 ϕ6~10 的孔，在液硫池内鼓泡，通过鼓泡搅动液硫池中的液硫，同时降低液硫池气相空间中 H₂S 的分压，使液硫池中的 H₂S 不断溢出；池顶含 H₂S 和 S 蒸气的废气用抽空器抽至加氢反应器入口，S 蒸气在加氢反应器中反应生成 H₂S，生成的 H₂S 进入胺液吸收系统吸收 H₂S，H₂S 再生后返回制硫系统回收单质硫。工艺流程见图 1。

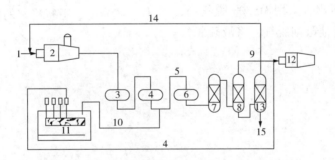

图 1　液硫脱气及废气处理工艺

1—酸性气；2—制硫炉；3——级转化器；4—二级转化器；
5—Claus 尾气；6—加氢反应器；7—急冷塔；8—吸收塔；9—
净化尾气；10—液硫脱气废气；11—液硫池；12—焚烧炉；
13—再生塔；14—再生酸性气；15—贫液

此工艺的核心是开发了专用低温 Claus 尾气加氢催化剂，液硫脱气废气不需要加热，直接与 Claus 尾气混合，加氢反应器入口温度控制 200~240℃，催化剂同时具有脱氧、有机硫水解、SO₂ 和 S 加氢等多种功能，保证非硫化氢的含硫物质在 3s 内瞬间加氢或水解转化为硫化氢，避免硫

穿透现象发生。

齐鲁分公司 80kt/a 硫回收装置采用该工艺进行了改造，液硫池引净化后尾气进行了鼓泡脱气，脱气废气引入加氢反应器处理，加氢反应器装填最新开发成功的 LSH-03B 催化剂。该催化剂是在 LSH-03 催化剂的基础上，添加助剂，提

高了催化剂的水热稳定性和加氢活性。

标定结果表明，S Zorb 汽油吸附脱硫再生烟气和液硫脱气废气同时引入 Claus 尾气加氢反应器，加氢反应器操作条件见表8。

表8　加氢反应器操作条件

加氢反应器入口/℃	床层最高温度/℃	床层温升/℃
229	262	33
231	258	27
220	263	43
208	248	40
228	241	13
230	262	32
227	272	45
225	260	35
225	258	34

表8结果可以看出，控制加氢反应器入口温度208～231℃，床层最高温度272℃，床层最高温升45℃。

表9给出了在此工况下采用 MS300 脱硫剂，连续15d烟气 SO_2 排放浓度。

表9　烟气 SO_2 排放浓度　　　　mg/m^3

1	2	3	4	5	6	7	8	9	10
65	78	32	54	69	86	52	53	78	67

从表9结果可以看出，采用 MS300 脱硫剂，引净化后尾气进行液硫池鼓泡脱气，将液硫脱气废气引入加氢反应器处理，烟气 SO_2 排放浓度降低至 $100mg/m^3$ 以下。

在试验过程中，将含二氧化碳75%以上的二化甲醇尾气引入制硫炉处理，该气体的引入导致一级转化器入口有机硫的含量高达 1.0%以上，净化尾气中有机硫 50～130mg/m^3，烟气 SO_2 排放浓度为 50～150mg/m^3。

4　结论

1) 正常工况下，硫回收装置烟气主要由净化尾气和液流脱气废气组成，烟气 SO_2 排放浓度取决于净化尾气和液流脱气废气中的总硫含量。

2) 胺液的质量、循环量、贫液贫度对净化后尾气的硫化氢影响较大。

3) 催化剂的性能是影响烟气二氧化硫排放浓度的重要因素。采用高性能催化剂合理级配，配套吸收效果较佳的脱硫溶剂，装置总硫回收率达到 99.93%以上，二氧化硫排放浓度小于 400mg/m^3。

4) 液硫脱气废气经合理处理后，可降低烟气二氧化硫排放浓度 100～200mg/m^3。

5) 采用齐鲁分公司开发的液硫脱气及废气处理新工艺，可将现有硫黄回收装置的烟气 SO_2 排放浓度降至 50～150mg/m^3。该工艺具有节能环保、投资低、运行稳定的特点。

影响硫回收装置 SO_2 减排的因素及解决方法

刘　浩　朱正堂

（中国石化金陵分公司）

摘　要　伴随国家大气污染物综合排放新标准的修订实施，各硫回收装置纷纷寻找相应减排烟气 SO_2 的方法。本文结合金陵石化分公司炼油二部3套硫回收装置现状，分析了影响烟气 SO_2 排放的因素，并指出了相应解决办法及措施。

关键词　环境保护　硫回收　SO_2 减排

随着国家环保工作的逐步加强，国家有关部门正在酝酿修订大气污染物综合排放标准，要求新建硫回收装置 SO_2 排放浓度小于 $400mg/m^3$（特定地区排放浓度小于 $200mg/Nm^3$）。金陵石化分公司（简称金陵石化）炼油二部现有3套硫回收装置，设计烟气 SO_2 含量小于 $960mg/m^3$，满足大气污染物综合排放标准 GB 16297—1996 要求。本文结合金陵石化3套硫回收装置现状，分析了影响装置烟气 SO_2 减排的因素，提出了相应的措施及建议。

1　装置简介

金陵石化炼油二部3套硫回收装置均为意大利 KTI 国际动力技术公司专利技术，采用两段催化转化加 RAR（加氢还原、吸收、循环）尾气处理工艺。包括硫回收与尾气处理两个单元，加氢单元利用外供氢源，入口预热采用气—气换热或尾气加热炉加热两种方式，与在线燃烧炉法相比操作简单，避免了在线炉工艺因燃料气组成不稳定而产生的问题。装置设计规模分别为 40kt/a、50kt/a、100kt/a，烟气 SO_2 排放浓度小于 $300\mu g/g$，满足大气污染物综合排放标准 GB 16297—1996 要求。

2　烟气 SO_2 排放影响因素

参考中国石化集团公司《降低 SO_2 排放指导意见》，结合自身装置特点，总结目前硫回收装置正常运行状态下进一步降低烟气 SO_2 排放量的因素，详见图1。

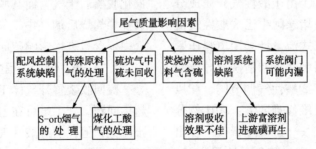

图1　金陵石化硫回收装置烟气 SO_2 排放影响因素

2.1　特殊原料气的处理
2.1.1　S-Zorb 烟气的处理
$3^\#$ 硫回收装置处理来自 S-Zorb 汽油吸附脱硫

装置的再生烟气，其设计与实际运行数据见表1。

表1　汽油吸附脱硫装置再生烟气设计与运行数据

	温度/℃	压力/MPa	流量/(m³/h)	体积分数/%				
				氧气	SO₂	氮气	二氧化碳	水
设计值	205	0.11	1175	0.2	5.2	90.5	1.8	2.3
实际值	150~160	0.13~0.16	500~700	0.5~2	2~4.5	—	2~7	—

由表1可见，S-Zorb再生烟气主要含有大量的氮气，部分SO_2及少量氧气。由于硫回收装置缺少对该烟气组分的监测手段，经过对此烟气一段时间的处理，发现在S-Zorb装置切换原料汽油进行加工时，因为原料汽油硫含量的不同，造成S-Zorb再生烟气氧含量多次出现大幅波动，而受无监测手段限制，氧含量波动对硫回收装置烟气SO_2含量造成了较大影响。

2.1.2　煤化工酸性气的处理

金陵分公司现有一套煤制气装置，采用NHD脱硫工艺，设计原料为50%煤与50%石油焦，脱硫酸性气硫化氢浓度30%。由于现改为全部烧煤，因此酸性气硫化氢浓度降至5%~9%。极低浓度的煤化工酸性气降低了热反应器内硫化氢分压，影响了克劳斯反应的制硫转化率。同时对于溶剂吸收单元MDEA溶剂而言，硫化氢与煤化工酸性气中大量的二氧化碳存在共吸，造成溶剂的硫化氢吸收效果降低，影响了烟气SO_2的排放。

2.2　配风控制系统缺陷

3#硫回收装置配风采用比值加反馈控制系统，但目前无法投用，影响了装置的运行效果。无法投用的主要原因有：①由于酸性气介质成分复杂多变、杂质多，容易堵塞阿牛巴式酸性气流量计背压孔，同时阿牛巴式流量计采用填料压紧式安装方式，发生堵塞后无法拆卸清洗，导致酸性气流量指示普遍不准；②酸性气调节阀、配风调节阀故障率高，无副线维修难度大；③比例分析仪故障率高，维修周期长。进口分析仪一旦出现故障需要更换配件时，进口配件采购周期长，影响正常使用。

2.3　溶剂系统缺陷

2.3.1　溶剂吸收效果

根据吸收反应原理，较低的温度有利于加氢尾气H_2S吸收，但低温会降低吸收速率。目前工业化装置溶剂吸收温度一般控制在40℃，因此在溶剂吸收塔、再生塔处理能力一定情况下，吸收能力受到限制。在环保新要求下，溶剂单元需做相应改进增强硫化氢吸收能力。

2.3.2　外部富溶剂无独立再生

由于上游2#、3#柴油加氢精制装置无富溶剂再生设施，因此该富溶剂进硫回收装置再生塔，与硫回收装置富溶剂采用同一再生塔进行解吸。而装置又无法对上游来富溶剂性质与质量及时跟踪，容易造成装置再生塔的波动，由此造成再生酸性气的波动，对硫回收装置造成较大冲击。

2.4　过程气阀门内漏

克劳斯单元旁路阀、急冷塔至焚烧炉压控阀均只有一个阀门，历次检修发现阀门泄漏率高。装置正常运行过程中两处阀门一旦泄漏，高浓度硫化物势必增加烟气SO_2排放。

2.5　硫坑气相硫回收

液硫脱气废气中含硫化合物主要为硫化氢和硫蒸气。目前，3套装置液硫脱后废气均直接去焚烧炉焚烧，增加烟气SO_2排放100~200mg/m³，必须采取相应处理措施。

2.6　燃料气硫含量高

硫回收装置焚烧炉所用燃料气为上游焦化、催化脱硫后干气，而其脱硫效果好坏也直接影响焚烧炉灼烧后烟气中二氧化硫含量。因此，燃料气中硫含量直接影响硫回收装置烟气中SO_2含量。

2.7　开、停工过程中的硫排放

硫回收装置开、停工期间均存在尾气硫排放超标问题。开工虽可在引酸性气前对加氢催化剂预硫化，但在引进酸性气后调整至正常生产状态过程中，仍存在8h左右超标时间。

而停工期间，装置催化剂除硫操作不可避免产生大量SO_2，该部分SO_2未加处理直排至焚烧炉经烟囱排大气，并且除硫操作需2~3d，超标时间较长。对于该部分除硫尾气的处理，在2010年3#硫回收装置检修时，由于克劳斯旁路阀积硫堵塞无法开启，采取克劳斯催化反应器烧硫后尾气进加氢反应器方式处理。实施过程中加氢反应器多次出现催化剂床层超温现象,操作难度较大,需谨慎操作,以免烧坏加氢催化剂。

3 烟气 SO$_2$ 含量超标

除了在装置平稳运行状态时的减排,故障时的超标排放也是影响装置烟气 SO$_2$ 排放的重要因素。针对 3 套硫回收装置 2012 年全年烟气 SO$_2$ 出现的超标进行了统计,2012 年 3 套装置烟气 SO$_2$ 含量总共超标 115 次(为便于统计超标原因,集中时间段内同一原因超标算作一次),统计结果见图 2。

从图 2 可以看出,影响装置烟气 SO$_2$ 超标排放的主要因素有:上游炼油装置来酸气波动(包括流量、组分)、上游炼油装置来富溶剂波动(包括流量、硫化氢浓度)、仪表故障、操作人员失误、管网蒸汽波动、瓦斯硫含量超标等。另外,还有硫坑着火、动设备故障、冷换设备泄漏等偶然因素。

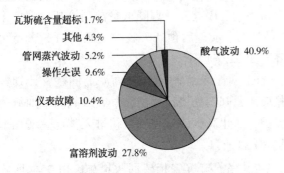

瓦斯硫含量超标 1.7%
其他 4.3%
管网蒸汽波动 5.2%
操作失误 9.6%
仪表故障 10.4%
富溶剂波动 27.8%
酸气波动 40.9%

图 2　金陵石化烟气 SO$_2$ 含量超标原因统计

3.1 工艺原因
3.1.1 原料波动

上游酸性气、富溶剂的流量、组分等波动是引起硫回收装置烟气 SO$_2$ 含量超标的主要原因。当上游装置来原料气、富溶剂波动时,阿牛巴式酸性气流量计受压力波动影响明显,指示失准,无法为装置提供准确的流量变化参考,操作人员只能通过加氢反应器床层温升、焚烧炉瓦斯流控阀开度的变化判断配风偏差;而此时配风调整已滞后 1~5min,原料波动幅度较大时,调整前配风偏差较大导致烟气 SO$_2$ 排放超标。

以 2$^#$ 硫回收装置为例,假设装置在设计条件即工况一(100% 处理量)状态下,酸气量急剧波动 500m^3/h 而配风无法跟踪情况下,估算因配风偏差而增加的硫化物含量,并比较进吸收塔入口

气相中硫化物的含量变化。

从表 2 看出,在装置负荷 100% 情况下配风无法跟踪时,酸气增加 500m^3/h 时,吸收塔入口气相中硫化物含量增加到 2.75 倍;酸气降低 500m^3/h 时,吸收塔入口气相中硫化物含量增加到 1.98 倍。因此酸气波动导致吸收塔负荷和出口气相硫化物含量增加,烟气 SO$_2$ 含量增加甚至超标。

表 2　酸气波动时硫化物含量比较

项　目	工况一(100% 负荷)	酸性气急剧增加	酸性气急剧减少
硫化物含量/(μg/g)	15291	42023	30262

注:酸性气浓度为 90%(v/v),气相压力 114.3kPa,气相温度 40℃。

同理,富溶剂波动时,会造成再生循环酸气波动,影响烟气 SO$_2$ 排放。而上游装置开、停工期间,若富溶剂脱油效果不佳,会导致硫回收装置富溶剂带烃、带油;进入硫回收再生塔后烃类的存在直接破坏再生塔解吸操作,影响再生酸气质量,进而破坏硫回收装置的正常运行,甚至导致烟气 SO$_2$ 含量超标。

表 3 统计了装置负荷与烟气 SO$_2$ 超标次数占全年比例的关系。从 2012 年烟气 SO$_2$ 超标统计数据发现,超标重点出现在 1~5 月,超标次数占总超标次数的 51.3%,而此时装置负荷较高,均接近甚至超过装置最大设计负荷。由于 6 月份 4$^#$ 硫回收装置投产,原有 3 套装置负荷下降,相应因原料波动导致的烟气 SO$_2$ 超标次数也降低。

表 3　装置负荷与烟气 SO$_2$ 含量统计

月份	1	2	3	4	5	6	7	8	9	10	11	12
装置负荷/%	125	123	122	110	115	93	94	82	96	110	110	107
超标比例/%	51.3	48.7										

此外,分析原料波动对尾气影响时发现,如果装置在较高负荷下运行,烟气 SO$_2$ 含量更容易超标,即原料波动是造成烟气超标排放的直接原因。而装置的高负荷运行虽不一定直接造成烟气超标排放,但无形中加大了原料波动的危害程度,成为烟气超标的一种间接原因。

3.1.2　燃料气硫含量超标

由于硫回收装置焚烧炉所用燃料气为上游焦化、催化脱硫后干气，当上游干气脱硫装置出现异常导致干气硫含量急剧升高时，该部分燃料气进入焚烧炉进行燃烧，燃料气中硫组分经热灼烧后会以 SO_2 形式进入烟气排放，直接导致硫回收烟气 SO_2 含量急剧上升甚至超标。

3.1.3　其他因素

其他超标因素包括蒸汽管网压力波动、硫坑内液硫自燃、操作人员的误操作等。蒸汽管网压力波动导致溶剂再生质量变差，溶剂吸收效果降低引起烟气 SO_2 含量超标。硫坑内液硫若发生自燃，大量含硫组分随气相进入焚烧炉，大幅增加烟气中 SO_2 含量，甚至导致烟气 SO_2 含量超标。此外操作人员误操作，如 DCS 操作调整中的误输入、工况变化时误判断等均直接导致烟气 SO_2 含量的波动。

3.2　设备原因

设备因素包括仪表类故障和动设备故障。仪表类故障主要包括烟气 SO_2 分析仪故障直接导致数据失准，主风机入口导叶、防喘振阀及其他自控类阀门异常动作导致配风大幅波动引起烟气 SO_2 含量超标等。同时，装置内过程气阀门可能发生的内漏，也是导致烟气 SO_2 含量超标的重要因素，若阀门发生内部泄露，高含硫组分直接进入尾气焚烧炉，大幅增加烟气中 SO_2 含量，甚至导致超标。动设备故障主要包括机泵的故障停机等，导致装置运行异常，烟气 SO_2 含量升高甚至超标。

4　解决措施

4.1　降低排放浓度

1) 完善 S-Zorb 烟气组分的监测，并保证硫回收装置能够及时观察调整。同时尝试该烟气进加氢反应器处理，探索该烟气不同方法下的处理效果。另外，I 催化裂化准备增设再生烟气脱硫脱硝设施，由于 S-Zorb 烟气流量仅为 $700\ m^3/h$，亦可将其引至此处，作为异常工况下的应急处理。

2) 煤化工超低浓度酸性气不适合采用克劳斯工艺处理。金陵分公司煤化工运行部建有一套采用美国 Merichem 公司 LO-CAT 硫化氢氧化技术制硫装置，目前停工技改，技改完成后该部分煤化工酸性气仍需引到 LO-CAT 硫回收装置处理。

3) 将酸性气流量计改为超声波流量计以提高计量精度，保证配风系统的正常投用，增加装置操作的准确性。此外，增加酸性气、配风调节阀副线，便于控制阀的及时维修。

此外，吸收塔出口气相是焚烧炉燃烧成 SO_2 的主要过程气，该气相中的 H_2S 及 COS 的浓度直接影响到烟气 SO_2 排放浓度，可在吸收塔出口增设 H_2S 和 COS 的在线分析仪，以便对装置配风及其他工艺指标进行提前调整。

4) 为外部富溶剂装置设置独立的溶剂集中再生设施，避免外部富溶剂对硫回收装置再生塔操作产生冲击。

5) 金陵分公司炼油区域总硫回收能力为 290kt/a，原油设计加工能力 18Mt/a，按原油硫含量 1.2% 计算约能生产硫黄 216kt/a，装置生产负荷不高。因此，计划降低贫溶剂冷却后温度至 20~25℃，实施后预计吸收净化尾气 H_2S 含量可降至 $20\mu g/g$ 以下。

6) 对于系统阀门存在内漏的问题，计划在相应泄漏阀门处增设阀门，并在双阀间增加氮气保护，防止高含硫过程气直接进入焚烧炉增加烟气 SO_2 排放量。

7) 完善硫坑气相硫回收措施。由 3# 硫回收装置建有 BP Amoco 工艺脱气设施，计划投用并实施硫坑气相改进热反应器或加氢反应器，对所有装置硫坑气相中硫进行回收。

8) 对于开停工期间烟气超标排放，通过提前预硫化使加氢反应器提前进入开工状态，减少开工时克劳斯尾气直排焚烧炉造成的污染。停工过程可尝试将克劳斯单元除硫尾气进入加氢反应器处理，经吸收后排放。通过优化开、停工顺序，降低烟气 SO_2 排放量，同时在吸收塔出口设置碱液吸收设施，在开、停工期间或烟气 SO_2 有超标可能情况下用碱液吸收，保证硫回收装置烟气 SO_2 达标排放。而对于吸收后产生的废液可送至运行部含硫碱渣再生装置处理或高含硫污水汽提装置处理。

4.2　达标排放

由于影响装置烟气 SO_2 超标排放的最主要因

素是上游来原料的波动，因此，重点分析解决克服上游原料波动的措施。

1）由于工区无溶剂集中再生装置，因此对于上游来原料的处理非常被动，无法保证原料平稳进入硫回收装置。2#硫回收装置有独立的溶剂再生系统，1#硫回收溶剂与 2#柴油加氢装置溶剂进行共同再生，3#硫回收装置溶剂与 3#柴油加氢装置溶剂共同再生，将硫回收装置溶剂再生系统与上游加氢装置溶剂分开处理，在硫回收装置建立溶剂集中再生，并完善闪蒸、脱油系统；该再生系统处理 2#、3#柴油加氢、轻烃回收装置、蜡油加氢装置以及在建的 4#柴油加氢装置的富溶剂，再生后贫液作为以上装置贫液使用。

2）为减小生产波动给装置带来的影响，3 套装置可根据配风量判断即时负荷，从而合理分配酸气，使各装置即时负荷在较低状态下运行，最大程度地发挥目前条件下的尾气吸收单元作用。

3）日常生产过程中需要进一步加强仪表维护。目前，主风机入口导叶正加强其长执行机构连接件缝隙，提高执行机构定位效果，其他自控阀门需备好配件做好仪表预防性维护，加强阀门控制精度和可靠性。为避免生产调整过程中 DCS 输入失误，计划 DCS 增设配风量调整幅度限位，同时结合分公司培训主题加强操作人员技能培训，将操作失误降到最低。此外，加强与上游各装置沟通与联系，及时了解生产运行情况，在上游炼油、公用工程装置波动时做好硫回收装置的提前调整，提高烟气 SO₂ 排放达标率。

5　结论

1）通过增加 S-Zorb 装置吸附剂再生烟气组分监测措施、优化煤化工低浓度酸性气的处理、配风控制系统完善，降低贫溶剂温度，设置双阀加氮气保护克服过程气阀门内漏，硫坑气相处理等措施，可进一步降低硫回收装置在正常运行情况下烟气 SO₂ 排放量，以满足环保新标准要求。

2）通过建立炼油装置富溶剂集中再生装置，以保证硫回收装置原料性质的稳定。同时，多套装置间合理分配酸性气避免单套装置高负荷运行；加强仪表预防性维护，对操作人员进行技能培训提升技能水平，加强各炼油装置间生产调整信息沟通等，保障装置尾气 SO₂ 的达标排放。

3）优化开停工方案，减少开停工操作产生的过量 SO₂。

4）增设吸收塔出口碱液吸收设施，在装置出现生产故障导致 SO₂ 排放量增加并可能超标，装置开停工调整期间投用，保障装置烟气 SO₂ 的达标排放。

参 考 文 献

[1] 李菁菁，闫振乾. 硫回收技术与工程[M]. 北京：石油工业出版社，2010.
[2] 陈赓良. 克劳斯硫回收工艺技术[M]. 北京：石油工业出版社，2007.